Series of books
With your good teachers and
helpful friends is the inexhaustible spiritual wealth

本书部分案例

DOLPHINS

本书部分案例

Series of books
With your good teachers and helpful friends is the inexhaustible spiritual wealth

你和我
TONGNIAN

STUNNER
LOVE AND COMMITMENT

本书部分案例

Series of books
With your good teachers and
helpful friends is the inexhaustible spiritual wealth

风轻水碧。时光缓慢。
品味这一刻的浮生静好。
悠雅居
照顾你的悠闲生活。

CHIANTI
CLASSICO
LAMORETTA
尊享品质
时光逝　情永恒

翡翠天境
IADE PARADISE
心，需要空间
唯天境，可养心

TRIP

THiNK

本书部分案例

Series of books
With your good teachers and
helpful friends is the inexhaustible spiritual wealth

rain

ILOVEYOU

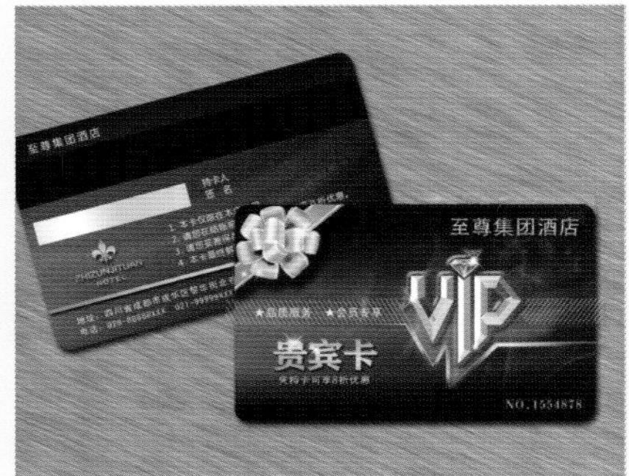
至尊集团酒店
至尊集团酒店
VIP
贵宾卡
NO.1554878

colours

Photoshop

沛 鑫 集 团
PEIXINJITUAN
真心真意 为您服务

Series of books
With your good teachers and
helpful friends is the inexhaustible spiritual wealth

YANIV-K PRESENTS
23th JULY
SUMMER BASH
DJ ONE DAVID.S
DJ TWO DJ CHOOP
BIGGEST EVENT OF THE SUMMER
PAPAYA BEACH PARTY - FREE ENTRY
FOR MORE INFO - WWW.SUMMER-BASH.NET

BO'WEISI
珀维丝
缤纷色彩
无限幻想
韩国第一化妆品公司维也莉旗下销量最大品牌

温暖的开始
Warm star

好礼相送
下单有好礼
下单包邮!
20
活动规则 RULE
活动期间，下单即可免费获得
1.免费包邮服务
2.KATE猫布偶猫一只（5CM高）
3.20元产品抵用券
3重好礼

Spring
2008
春之物语

Series of books
With your good teachers and
helpful friends is the inexhaustible spiritual wealth

Summer
Your text here

STRAWBARRY
100% Natural
PREMIUM QUALITY
STRAWBARRY
NATURAL & FRESH
Juice
Chocolate
STRAWBARRY
& Chocolate
100% Organic & Fresh
STRAWBARRY

BRASIL
2014

100 %
NATURAL

the Enjoy
Summer
designed by freepik.com

Summer!
Your text here

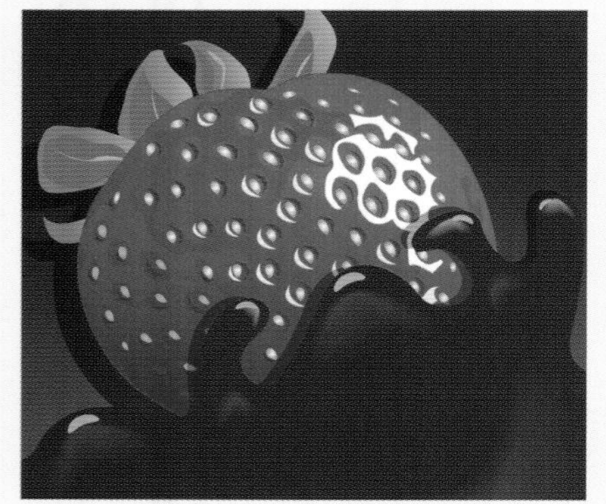

BREAD
DAIRY PRODUCTS
SWEETS
SPICES
VEGETABLES
FRUITS
SEA FOOD
MEAT
POULTRY PRODUCTS

Summer
Your text here

2014
HAPPY New Year

>>>学电脑从入门到精通

中文版Photoshop CC从入门到精通（全彩版）

九州书源　编著

清華大學出版社
北　京

内容简介

Photoshop广泛应用于平面设计、广告设计、插画设计和图像后期处理等领域，是广大图像处理爱好者不可或缺的一款软件。Photoshop CC是Adobe公司最新发布的一个版本，在以前版本的基础上不断完善，并增加了更多新功能，为用户提供更为便捷的图像处理途径。本书以Photoshop CC为蓝本，讲解Photoshop CC软件各个工具和功能的使用方法。全书共20章，主要包括Photoshop CC基础知识、图像编辑、选区的创建与编辑、图像色彩调整、图层、颜色设置与填充、图形绘制、文本、蒙版和通道、滤镜、Web图形输出、打印图像、3D图像和视频制作等内容。

本书知识讲解由浅入深，以大量实例为基础，让用户能更快、更有效地掌握使用Photoshop CC处理图像的方法。本书将所有内容有效地分布在入门篇、实战篇和精通篇中，书中具有大量的实例操作及知识解析，配合光盘的视频演示，让学习变得轻松。

本书适合广大Photoshop的初学者，以及有一定Photoshop经验的用户。可作为高等院校相关专业的学生和培训机构学员的参考用书，同时也可供读者自学使用。

图书在版编目（CIP）数据

中文版 Photoshop CC 从入门到精通：全彩版 / 九州书源编著. —北京：清华大学出版社，2016
（学电脑从入门到精通）
ISBN 978-7-302-40500-9

I. ①中…　II. ①九…　III. ①图像处理软件　IV. ① TP391.41

中国版本图书馆 CIP 数据核字（2015）第 136816 号

责任编辑：朱英彪
封面设计：刘洪利
版式设计：魏　远
责任校对：王　云
责任印制：王静怡

出版发行：清华大学出版社
网　　址：http://www.tup.com.cn，http://www.wqbook.com
地　　址：北京清华大学学研大厦 A 座　　**邮　　编**：100084
社 总 机：010-62770175　　**邮　　购**：010-62786544
投稿与读者服务：010-62776969，c-service@tup.tsinghua.edu.cn
质量反馈：010-62772015，zhiliang@tup.tsinghua.edu.cn
印 刷 者：北京鑫丰华彩印有限公司
装 订 者：北京市密云县京文制本装订厂
经　　销：全国新华书店
开　　本：203mm×260mm　**印　　张**：31.75　**插　　页**：4　**字　　数**：923 千字
（附 DVD 光盘 1 张）
版　　次：2016 年 10 月第 1 版　**印　　次**：2016 年 10 月第 1 次印刷
印　　数：1 ～ 3500
定　　价：99.80 元

产品编号：058785-01

认识Photoshop CC

在电脑、手机已成为人们生活必需品的今天，PS全名Photoshop，从专业的平面设计领域走向大众。相机“咔嚓”一声，如果照片效果不尽如人意，没关系，PS一下；公司文档、宣传海报、平面广告效果太过平庸，同样，用PS，它是平面设计的有力工具，是打开职业之门的神奇钥匙。在今天，PS已成为一个与时尚、工作息息相关的代名词。PS是图像处理的“航母”级软件，而Photoshop CC则是其经过数年“进化”而荟萃的最新版本。

本书的内容和特点

本书将所有与平面设计和制作相关的知识分布到入门篇、实战篇和精通篇中，每篇内容安排及结构设计均从实用的角度出发。下面介绍各部分的内容。

{ 入门篇 }

入门篇讲解使用Photoshop CC进行图像处理的所有基础知识，包含Photoshop CC基础知识、图像的基本操作、选区的创建与编辑、图像调色、图层的使用、颜色设置与填充、绘图工具、形状的绘制、照片修复、文本的使用、通道和蒙版、滤镜、自动化与Web应用，以及打印图像等内容。本篇可让读者对Photoshop CC的功能有一个整体认识，并可制作出具有一定水平的图像效果。为帮助读者更好地学习，本篇知识讲解灵活，或以正文描述，或以实例操作。穿插的操作解谜、技巧秒杀和答疑解惑等小栏目，不仅丰富了版面，而且使知识更加全面。

{ 实战篇 }

实战篇是入门篇知识的灵活运用。它将Photoshop CC与生活、工作结合起来，或以轻松的方式制作出幽默的图片，或合成创意图片，或美化人像，或制作宣传画册。实战篇分为4章，每章均有一个实战主题，每个主题下又包含多个实例，从而立体地将Photoshop CC与现实应用结合起来。读者只需稍加修改即可将这些实用的例子应用到现实工作中。实战篇中的实例多样，配以“操作解谜”和“还可以这样做”等小栏目，使读者不仅知道当前知识的操作方法，更明白其操作的含义，以及该效果的多种实现方式，使读者达到提升、综合应用的目的。

{ 精通篇 }

精通篇主要对使用Photoshop CC制作3D对象和视频进行介绍，让读者不仅能够通过前面的学习制作出静态的图片，还能制作出动画、视频和3D图像的效果，提高读者制作和处理图像的能力。

本书的配套光盘

本书配套多媒体光盘，书盘结合，使学习更加容易。配套光盘包括如下内容。

- 视频演示：本书所有的实例操作均在光盘中提供视频演示，并在书中指出相对应的路径和视频文件名称，打开视频文件即可学习。
- 交互式练习：配套光盘提供交互式练习功能，光盘不仅可以看，还可实时操作，以查看自己的学习成果。
- 超值设计素材：配套光盘不仅提供图书实例需要的素材、效果，还附送多种类型的笔刷、图案、样式等库文件，以及经常使用的设计素材。

为了使读者更好地使用光盘中的内容，保证光盘内容不丢失，最好将光盘中的内容复制到硬盘中，然后从硬盘中运行。

本书的作者和服务

本书由九州书源组织编写，参加本书编写、排版和校对的工作人员有廖宵、向萍、彭小霞、何晓琴、李星、刘霞、陈晓颖、蔡雪梅、罗勤、包金凤、张良军、曾福全、徐林涛、贺丽娟、简超、张良瑜、朱非、张娟、杨强、王君、付琦、羊清忠、王春蓉、丛威、任亚炫、周洪熙、冯绍柏、杨怡、张丽丽、李洪、林科炯、廖彬宇。

如果您在学习的过程中遇到什么困难或疑惑，可以联系我们，我们会尽快为您解答，联系方式如下。

- QQ群：122144955、120241301（注：只选择一个QQ群加入，不重复加入多个群）。
- 网址：http://www.jzbooks.com。

由于编者水平有限，书中疏漏和不足之处在所难免，欢迎读者不吝赐教。

九州书源

目录 CONTENTS

Introductory 入门篇…

Chapter 01 Photoshop CC 基础................2

1.1 Photoshop的应用领域....................................3
1.1.1 平面视觉..3
1.1.2 网页设计..3
1.1.3 界面设计..3
1.1.4 数码插画与动画..3
1.1.5 摄影后期..4
1.1.6 效果图后期..4
1.2 Photoshop CC的安装与卸载..........................4
1.2.1 系统配置要求..4
1.2.2 安装 Photoshop CC.......................................4
※ 实例操作：在电脑中安装Photoshop CC.................4
1.2.3 卸载Photoshop CC..6
※ 实例操作：从电脑中卸载Photoshop CC.................6
1.3 Photoshop CC的启动与退出..........................6
1.3.1 启动 Photoshop CC.......................................7
1.3.2 退出 Photoshop CC.......................................7
1.4 Photoshop CC工作界面.................................7
1.4.1 菜单栏..8
1.4.2 工具属性栏..8
1.4.3 工具箱..8
1.4.4 面板..10
1.4.5 图像编辑窗口..12
1.4.6 状态栏..12
1.5 Photoshop CC常规设置...............................13
1.5.1 颜色设置..13
1.5.2 配置文件设置..14
1.5.3 键盘快捷键设置..14
1.5.4 菜单设置..14
1.5.5 首选项设置..15
1.6 图像辅助工具...18
1.6.1 标尺..18
1.6.2 网格..18
1.6.3 参考线..18
1.6.4 智能参考线..19
知识大爆炸——参考线的其他操作........................19

Chapter 02 图像基础知识与操作.............20

2.1 图像的基础知识...21
2.1.1 位图和矢量图..21
2.1.2 像素和分辨率..21
2.1.3 图像的颜色模式..22
※ 实例操作：将图像转换为双色调模式.................23
2.1.4 常用的图像文件格式..................................24
2.1.5 图像的位深度..25
2.2 图像文件的管理...25
2.2.1 新建图像文件..25
2.2.2 打开图像文件..26
2.2.3 保存图像文件..27
2.2.4 关闭图像文件..27

2.2.5 置入图像文件 28
※ 实例操作：为图像添加文字素材......28
2.2.6 导入/导出图像文件 28
2.2.7 复制、剪切和粘贴对象 29
2.2.8 撤销和还原图像操作 30
2.3 查看图像的多种方法......30
2.3.1 在不同的屏幕模式下工作 31
2.3.2 以不同的排列方式查看图像 31
2.3.3 使用旋转视图工具查看图像 31
2.3.4 用缩放工具调整窗口比例 32
2.3.5 用抓手工具移动画面 32
2.3.6 用“导航器”面板查看图像 32
2.3.7 使用缩放命令查看图像 33
2.4 调整图像尺寸和分辨率......33
2.4.1 调整图像尺寸 33
2.4.2 调整画布尺寸 34
2.4.3 调整图像分辨率 34
2.5 裁剪与裁切图像......35
2.5.1 运用裁剪工具裁剪图像 35
2.5.2 运用“裁切”命令裁剪图像 35
2.6 对图像进行变形......36
2.6.1 缩放图像 36
2.6.2 旋转图像 36
2.6.3 斜切图像 37
2.6.4 扭曲图像 37
2.6.5 透视图像 37
2.6.6 变形图像 37
※ 实例操作：制作车体贴图......37
2.6.7 翻转图像 39
2.6.8 内容识别比例 39
※ 实例操作：用内容识别比例功能缩放图像......39
2.6.9 操控变形 40
2.6.10 自由变换图像 41
知识大爆炸——图像的其他常用操作......42
Chapter 03 创建并应用选区......44
3.1 认识选区......45
3.1.1 选区的基本含义 45
3.1.2 常用创建选区的方法 45
3.2 通过选框工具组创建选区......47
3.2.1 矩形选框工具 47
3.2.2 椭圆选框工具 47
3.2.3 单行选框/单列选框工具 48
3.3 通过快速选择工具组创建选区......48
3.3.1 快速选择工具 48
※ 实例操作：制作宣传资料图像......48
3.3.2 魔棒工具 50
※ 实例操作：制作相框......50
3.4 通过套索工具组创建选区......52
3.4.1 套索工具 52
3.4.2 多边形套索工具 52
3.4.3 磁性套索工具 52
※ 实例操作：更换图像背景......53
3.5 快速模板编辑工具......54
3.6 “色彩范围”命令......55
3.7 编辑选区......56
3.7.1 移动选区 56
3.7.2 存储与载入选区 57
3.7.3 边界选区 57
3.7.4 变换选区 58
3.7.5 扩大选取 58
3.7.6 选取相似 58
3.7.7 平滑选区 58
3.7.8 扩展/收缩选区 58
3.7.9 羽化选区 59
※ 实例操作：制作图像边缘朦胧效果......59
3.7.10 调整边缘 60
3.8 应用选区......61
3.8.1 选区描边 61
※ 实例操作：为图像中的电脑描边......61
3.8.2 选区填充 62
知识大爆炸——选区的其他操作......63
Chapter 04 调整图像色彩......64
4.1 了解并识别颜色......65
4.1.1 颜色的三要素 65
4.1.2 颜色的情感色彩 65
4.1.3 调色命令的分类 66
4.2 快速调整命令......67
4.2.1 自动色调 67
4.2.2 自动对比度 67
4.2.3 自动颜色 67
4.3 图像色彩的基本调整......68

4.3.1 亮度/对比度 68
4.3.2 色阶 68
※ 实例操作：制作泛黄老照片 69
4.3.3 曲线 70
※ 实例操作：调整图像为亮色 70
4.3.4 曝光度 72

4.4 图像色调的高级调整 72
4.4.1 自然饱和度 72
4.4.2 色相/饱和度 73
※ 实例操作：改变头发的颜色 73
4.4.3 色彩平衡 74
※ 实例操作：调整海浪的颜色 74
4.4.4 黑白 75
※ 实例操作：制作黑白照片 75
4.4.5 照片滤镜 76
※ 实例操作：制作夕照暖色调照片 76
4.4.6 通道混合器 76
※ 实例操作：制作淡雅初秋风格图片 76
4.4.7 颜色查找 77
4.4.8 反相 78
4.4.9 去色 78
4.4.10 色调分离 78
4.4.11 阈值 78
4.4.12 色调均化 79
4.4.13 渐变映射 79
※ 实例操作：制作橙黄暖色照片效果 79
4.4.14 可选颜色 80
※ 实例操作：将黄色花朵调整成粉色花朵 80
4.4.15 匹配颜色 81
※ 实例操作：制作晚霞斜照效果 81
4.4.16 替换颜色 82
※ 实例操作：改变苹果的颜色 82

4.5 特殊色彩调整 83
4.5.1 阴影/高光 83
※ 实例操作：调出色调分明的图片 83
4.5.2 HDR色调 84
※ 实例操作：打造奇幻天空效果 84
4.5.3 变化 85
※ 实例操作：制作清新明信片 85

知识大爆炸——“变化”命令使用技巧 87

Chapter 05 使用图层 88

5.1 图层概述 89
5.1.1 图层的作用 89
5.1.2 图层的类型 89
5.1.3 “图层”面板 90

5.2 创建图层 91
5.2.1 在“图层”面板中创建图层 91
5.2.2 通过“新建”命令创建图层 91
5.2.3 将“背景”图层转换为普通图层 91
5.2.4 使用“通过拷贝的图层”命令 92
5.2.5 使用“通过剪切的图层”命令 92
5.2.6 创建“背景”图层 92
5.2.7 创建“调整”图层 92
5.2.8 创建“填充”图层 93

5.3 编辑图层 94
5.3.1 选择图层 94
5.3.2 显示和隐藏图层 94
5.3.3 删除和重命名图层 94
5.3.4 调整图层顺序 95
5.3.5 锁定图层对象 95
5.3.6 链接图层 95
5.3.7 栅格化图层对象 96
5.3.8 合并与盖印图层 96
5.3.9 设置图层不透明度 97
5.3.10 对齐与分布图层 97
※ 实例操作：排列水果 98
5.3.11 图层组的创建与管理 98

5.4 图层的混合模式 99
5.4.1 设置图层混合模式 99
※ 实例操作：设置夜空闪电效果 99
5.4.2 图层混合模式的种类 100

5.5 应用图层样式 103
5.5.1 添加图层样式 103
5.5.2 斜面和浮雕 104
5.5.3 描边 105
5.5.4 内阴影 105
5.5.5 内发光 106
※ 实例操作：制作七彩文字 106
5.5.6 光泽 107
5.5.7 颜色叠加 108
5.5.8 渐变叠加 108
5.5.9 图案叠加 108
5.5.10 外发光 109
※ 实例操作：制作外发光文字 109
5.5.11 投影 110

5.6 编辑图层样式 110
5.6.1 修改图层样式 111
5.6.2 复制与粘贴图层样式 111
5.6.3 清除图层样式 111
5.6.4 缩放效果 112
5.6.5 隐藏效果 112
5.7 使用智能对象 112
5.7.1 创建智能对象 112
5.7.2 创建链接的智能对象实例 113
5.7.3 创建非链接的智能对象实例 113
5.7.4 编辑智能对象内容 113
5.7.5 智能对象转换到图层 113
5.7.6 导出智能对象内容 114
知识大爆炸——“调整”图层相关知识 114

Chapter 06 颜色设置与填充 116

6.1 颜色设置的方法 117
6.1.1 前景色与背景色 117
6.1.2 使用拾色器设置颜色 117
6.1.3 使用吸管工具设置颜色 118
6.1.4 使用“色板”面板设置颜色 118
6.1.5 使用“颜色”面板设置颜色 119
6.2 填充与描边 119
6.2.1 通过“填充”命令 120
※ 实例操作：为衣服填充花纹 120
6.2.2 通过油漆桶工具填充 121
※ 实例操作：为手机添加图案 121
6.2.3 自定义填充图案 122
※ 实例操作：为白裙子填充花纹图案 122
6.2.4 通过“描边”命令填充 123
※ 实例操作：制作海报 123
6.3 使用渐变工具 124
6.3.1 渐变工具选项 124
6.3.2 设置渐变颜色 125
※ 实例操作：制作彩虹字 125
6.3.3 编辑渐变效果 127
6.3.4 杂色渐变效果 128
※ 实例操作：制作放射线背景 128
6.3.5 存储渐变效果 129
6.3.6 载入渐变库 130
6.3.7 重命名与删除渐变效果 130
知识大爆炸——更多色板的知识 131

Chapter 07 绘画工具 132

7.1 使用与设置“画笔”面板 133
7.1.1 “画笔预设”与“画笔”面板 133
7.1.2 画笔笔尖形状 135
7.1.3 形状动态 136
※ 实例操作：制作天空图样 136
7.1.4 散布 138
※ 实例操作：制作蝶恋散布花纹 138
7.1.5 纹理 139
7.1.6 双重画笔 140
7.1.7 颜色动态 141
※ 实例操作：制作彩色粉笔效果 142
7.1.8 传递 143
7.1.9 画笔笔势 144
7.1.10 其他选项 144
7.2 画笔编辑操作 144
7.2.1 新建画笔预设 144
7.2.2 载入画笔 145
※ 实例操作：添加画笔样式 145
7.2.3 存储画笔 145
7.2.4 替换画笔 146
7.3 使用工具绘制图像 146
7.3.1 画笔工具 146
※ 实例操作：为帽子换色 147
7.3.2 铅笔工具 148
7.3.3 颜色替换工具 148
※ 实例操作：为气球换色 149
7.3.4 混合器画笔工具 150
※ 实例操作：制作水粉画 151
7.3.5 历史记录画笔工具 152
7.3.6 历史记录艺术画笔工具 152
7.4 清除图像 152
7.4.1 使用橡皮擦工具擦除图像 153
7.4.2 使用背景橡皮擦工具擦除背景 153
7.4.3 使用魔术橡皮擦工具擦除图像 154
※ 实例操作：制作梦幻图像 154
知识大爆炸——笔刷的获取方法与类型 155

Chapter 08 形状的绘制 156

8.1 绘图基础 157
8.1.1 了解绘图模式 157

8.1.2 认识路径 158
8.1.3 了解“路径”面板 158
8.1.4 认识锚点 159

8.2 使用钢笔工具绘制 159
8.2.1 钢笔工具选项 159
8.2.2 使用钢笔工具绘制直线 160
8.2.3 使用钢笔工具绘制曲线 160
※ 实例操作：绘制装饰图标 160
8.2.4 使用磁性钢笔工具 163
※ 实例操作：提取宠物形状 163
8.2.5 使用自由钢笔工具 164

8.3 编辑路径 164
8.3.1 选择与移动锚点和路径段 165
8.3.2 添加锚点与删除锚点 165
8.3.3 转换点工具 165
8.3.4 调整路径形状 166
8.3.5 路径的常见操作 166
8.3.6 对齐与分布路径 168

8.4 使用形状工具组绘制形状 169
8.4.1 矩形工具 169
8.4.2 圆角矩形工具 170
※ 实例操作：绘制“刷新”按钮 171
8.4.3 椭圆工具 172
8.4.4 多边形工具 172
※ 实例操作：绘制唱片 173
8.4.5 直线工具 174
8.4.6 自定义形状工具 175
※ 实例操作：绘制盾牌图标 176

知识大爆炸——路径的运算 179

Chapter 09 修复照片的方法 180

9.1 修复照片 181
9.1.1 “仿制源”面板 181
※ 实例操作：仿制蝴蝶图像 182
9.1.2 污点修复画笔工具 182
※ 实例操作：去除耳套与雪 183
9.1.3 修复画笔工具 184
※ 实例操作：使用修复画笔工具修复眼袋 184
9.1.4 修补工具 186
※ 实例操作：去除图像中多余杂色 186
9.1.5 内容感知移动工具 188
9.1.6 红眼工具 188
※ 实例操作：去除人像红眼 188
9.1.7 仿制图章工具 189
※ 实例操作：去除人物多余图样 189
9.1.8 图案图章工具 190
※ 实例操作：制作特殊纹理 190

9.2 为图像局部添加色调 192
9.2.1 模糊与锐化工具 192
※ 实例操作：制作朦胧雨景效果 192
9.2.2 减淡与加深工具 194
※ 实例操作：淡化背景 195
※ 实例操作：加深人物立体感 196
9.2.3 涂抹工具 197
※ 实例操作：调整卧室地毯毛料 197
9.2.4 海绵工具 198
※ 实例操作：突出照片主题 198

知识大爆炸——修复老照片的技巧 199

Chapter 10 认识并使用文字 200

10.1 认识文字 201
10.1.1 文字的类型 201
10.1.2 文字工具属性栏 201

10.2 输入并编辑普通文字 202
10.2.1 创建点文字 203
※ 实例操作：制作广告词 203
10.2.2 创建段落文字 204
10.2.3 创建蒙版文字 204
※ 实例操作：制作海报文字 204
10.2.4 设置字符样式 205
10.2.5 设置段落属性 206

10.3 创建并编辑路径文字 207
10.3.1 创建路径文字 207
※ 实例操作：制作路径文字 207
10.3.2 移动和翻转路径文字 208
10.3.3 编辑路径文字 208

10.4 创建并编辑变形文字 209
10.4.1 创建变形文字 209
※ 实例操作：制作变形文字 209
10.4.2 重置与取消变形 210

10.5 文本的其他操作 211
10.5.1 拼写检查 211
10.5.2 查找和替换文本 211
10.5.3 点文字和段落文字转换 212
10.5.4 替换所有的缺失字体 212

10.5.5 基于文字创建工作路径 212
10.5.6 文字转换为形状 213
知识大爆炸——OpenType字体 213

Chapter 11 使用蒙版和通道 214

11.1 认识蒙版 215
11.1.1 蒙版的作用 215
11.1.2 蒙版的类型 215
11.1.3 认识蒙版“属性”面板 215
11.2 使用矢量蒙版 216
11.2.1 创建矢量蒙版 216
※ 实例操作：为照片添加相框 216
11.2.2 为矢量蒙版添加效果 217
11.2.3 为矢量蒙版添加形状 217
11.2.4 编辑矢量蒙版 217
11.3 使用剪贴蒙版 218
11.3.1 创建剪贴蒙版 218
11.3.2 设置剪贴蒙版的不透明度 219
11.3.3 设置剪贴蒙版的混合模式 219
11.3.4 图层加入/移出剪贴蒙版组 220
11.3.5 释放剪贴蒙版 220
11.4 使用图层蒙版 220
11.4.1 图层蒙版的原理 221
11.4.2 创建图层蒙版 221
※ 实例操作：更换图像场景 221
11.4.3 应用图层蒙版 222
11.4.4 停用/启用/删除图层蒙版 222
11.4.5 复制与转移图层蒙版 223
11.4.6 链接与取消链接图层蒙版 223
11.4.7 图层蒙版与选区的运算 224
11.5 认识通道 224
11.5.1 认识“通道”面板 224
11.5.2 通道的分类 225
11.6 通道的基本操作 225
11.6.1 快速选择通道 226
11.6.2 显示/隐藏通道 226
11.6.3 新建通道 226
※ 实例操作：调整图像背景颜色 226
※ 实例操作：通过专色通道调整图像颜色 227
11.6.4 重命名、复制与删除通道 229
11.6.5 存储与载入通道 230
11.6.6 合并与分离通道 230
※ 实例操作：制作梦幻图像效果 230
11.6.7 将通道内容粘贴到图像中 231
※ 实例操作：通过通道美白皮肤 231
11.6.8 将图像粘贴到通道中 232
11.7 通道的高级操作 232
11.7.1 使用“应用图像”命令 233
※ 实例操作：制作合成图像效果 233
11.7.2 使用“计算”命令混合通道 234
11.7.3 使用通道调整颜色 234
11.7.4 通道抠图 234
※ 实例操作：更换图像的背景 234
知识大爆炸——蒙版和通道的其他操作 236

Chapter 12 使用滤镜 238

12.1 认识滤镜 239
12.1.1 滤镜的作用 239
12.1.2 滤镜的种类 239
12.1.3 内置滤镜的使用技巧 239
12.1.4 提高滤镜效率的技巧 239
12.2 智能滤镜 240
12.2.1 创建智能滤镜 240
12.2.2 编辑智能滤镜 240
※ 实例操作：将图像转换为手绘风格 240
12.2.3 停用/启用智能滤镜 241
12.2.4 删除智能滤镜 241
12.3 滤镜库 241
12.3.1 认识滤镜库 242
12.3.2 效果图层 242
12.4 特殊滤镜 243
12.4.1 “自适应广角”滤镜 243
※ 实例操作：制作猫眼镜效果 243
12.4.2 “镜头校正”滤镜 244
12.4.3 Camera Raw滤镜 245
※ 实例操作：调整图像白平衡 245
※ 实例操作：调整图像对比度 246
12.4.4 “液化”滤镜 247
※ 实例操作：制作融化的水果 247
12.4.5 “油画”滤镜 250
12.4.6 “消失点”滤镜 251
※ 实例操作：替换屏幕图像 251
12.5 “风格化”滤镜组 252

12.5.1 查找边缘 252
※ 实例操作：制作绘画效果......252
12.5.2 等高线 253
12.5.3 风 253
12.5.4 浮雕效果 254
12.5.5 扩散 254
12.5.6 拼贴 254
12.5.7 曝光过度 254
12.5.8 凸出 255
※ 实例操作：制作晶体纹理......255
12.5.9 照亮边缘 256

12.6 “模糊”滤镜组......257
12.6.1 表面模糊 257
12.6.2 动感模糊 257
12.6.3 方框模糊 257
12.6.4 高斯模糊 258
※ 实例操作：为人物磨皮......258
12.6.5 进一步模糊 259
12.6.6 径向模糊 259
※ 实例操作：制作动感图片......259
12.6.7 镜头模糊 260
12.6.8 模糊 261
12.6.9 平均 261
12.6.10 特殊模糊 261
12.6.11 形状模糊......261
12.6.12 场景模糊 262
12.6.13 光圈模糊 262
※ 实例操作：编辑动物图片......262
12.6.14 倾斜偏移 263
※ 实例操作：制作微缩效果......263

12.7 “扭曲”滤镜组......264
12.7.1 波浪 264
12.7.2 波纹 265
12.7.3 极坐标 265
12.7.4 挤压 266
12.7.5 切变 266
12.7.6 球面化 266
12.7.7 水波 266
12.7.8 旋转扭曲 267
※ 实例操作：制作搅动的咖啡......267
12.7.9 置换 268
※ 实例操作：制作碎冰图像......268
12.7.10 玻璃 269
12.7.11 海洋波纹......270
12.7.12 扩散亮光 270

12.8 “锐化”滤镜组......270
12.8.1 USM锐化......270
12.8.2 防抖 271
12.8.3 进一步锐化 271
12.8.4 锐化 271
12.8.5 锐化边缘 271
12.8.6 智能锐化 272

12.9 “视频”滤镜组......272
12.9.1 NTSC颜色 272
12.9.2 逐行 272

12.10 “像素化”滤镜组 273
12.10.1 彩块化 273
12.10.2 彩色半调 273
12.10.3 点状化 273
12.10.4 晶格化 274
12.10.5 马赛克 274
12.10.6 碎片 274
12.10.7 铜版雕刻 274

12.11 “渲染”滤镜组 275
12.11.1 分层云彩......275
12.11.2 光照效果......275
12.11.3 镜头光晕......276
12.11.4 纤维......276
12.11.5 云彩......276
※ 实例操作：制作星空......277

12.12 “杂色”滤镜组......279
12.12.1 减少杂色 279
12.12.2 蒙尘与划痕 280
12.12.3 去斑 280
12.12.4 添加杂色 280
12.12.5 中间值 280

12.13 “其它”滤镜组......281
12.13.1 高反差保留 281
12.13.2 位移 281
12.13.3 自定 282
12.13.4 最大值 282
12.13.5 最小值 282

12.14 Digimarc滤镜组......282
12.14.1 嵌入水印 283

12.14.2 读取水印 283

12.15 “画笔描边”滤镜组 283

12.15.1 成角的线条 283
12.15.2 墨水轮廓 283
12.15.3 喷溅 284
12.15.4 喷色描边 284
12.15.5 强化的边缘 284
12.15.6 深色线条 284
12.15.7 烟灰墨 285
12.15.8 阴影线 285

12.16 “素描”滤镜组 285

12.16.1 半调图案 285
12.16.2 便条纸 286
12.16.3 粉笔和炭笔 286
12.16.4 铬黄渐变 287
12.16.5 绘图笔 287
12.16.6 基底凸现 287
12.16.7 石膏效果 287
12.16.8 水彩画纸 288
12.16.9 撕边 288
12.16.10 炭笔 288
12.16.11 炭精笔 289
12.16.12 图章 289
12.16.13 网状 289
12.16.14 影印 289

12.17 “纹理”滤镜组 290

12.17.1 龟裂缝 290
12.17.2 颗粒 290
12.17.3 马赛克拼贴 291
12.17.4 拼缀图 291
12.17.5 染色玻璃 291
12.17.6 纹理化 292
※ 实例操作：制作牛仔布纹理 292

12.18 “艺术效果”滤镜组 293

12.18.1 壁画 294
12.18.2 彩色铅笔 294
12.18.3 粗糙蜡笔 294
12.18.4 底纹效果 295
12.18.5 干画笔 295
12.18.6 海报边缘 295
12.18.7 海绵 296
12.18.8 绘画涂抹 296
12.18.9 胶片颗粒 296
12.18.10 木刻 297
12.18.11 霓虹灯光 297
12.18.12 水彩 297
12.18.13 塑料包装 298
12.18.14 调色刀 298
12.18.15 涂抹棒 298

12.19 外挂滤镜 299

12.19.1 安装外挂滤镜 299
12.19.2 常见的外挂滤镜 299

知识大爆炸——Photoshop增效工具 299

Chapter 13 自动化与 Web 应用 300

13.1 创建与编辑动作 301

13.1.1 认识“动作”面板 301
13.1.2 创建动作 301
※ 实例操作：录制黑白效果动作 301
13.1.3 应用动作 302
13.1.4 在动作中插入命令 302
13.1.5 指定回放速度 302

13.2 管理动作和动作组 303

13.2.1 调整动作排列顺序 303
13.2.2 复制与删除动作 303
13.2.3 重命名动作 303
13.2.4 存储与载入动作 304
13.2.5 复位动作 304
13.2.6 替换动作 304

13.3 自动化处理图像 305

13.3.1 批处理图像 305
※ 实例操作：统一为图像添加细雨效果 305
13.3.2 创建快捷批处理 306
13.3.3 PDF演示文稿 307
※ 实例操作：输出可放映的演示文稿 307

13.4 了解Web安全色 308

13.5 创建与编辑切片 308

13.5.1 了解切片和切片工具 309
13.5.2 创建切片 309
※ 实例操作：切片登录页面 309
13.5.3 选择与移动切片 310
13.5.4 调整切片 310

13.5.5 删除切片 310
13.5.6 锁定切片 310
13.5.7 转换切片 310
13.5.8 划分切片 310
13.5.9 设置切片选项 310
13.5.10 组合切片 311

13.6 优化与输出图像 311
13.6.1 存储为Web所用格式 311
13.6.2 Web图形优化选项 312
13.6.3 Web图形输出 313

知识大爆炸——脚本和切片注意事项 313

Chapter 14 打印图像 314

14.1 印刷图像前的准备工作 315
14.1.1 选择图像色彩模式 315
14.1.2 选择图像分辨率 315
14.1.3 选择图像存储格式 315
14.1.4 识别图像色域范围 315

14.2 了解图像印刷 315
14.2.1 图像印刷流程 315
14.2.2 图像印刷前的处理 316
14.2.3 校正图像的色彩 316
14.2.4 图像的打样 316

14.3 设置打印属性 317
14.3.1 打印机设置 317
14.3.2 色彩管理 317
14.3.3 位置和大小 317
14.3.4 打印标记 318
14.3.5 函数 318
14.3.6 特殊打印 319

14.4 陷印 320

知识大爆炸——图像输出的相关知识 320

Instance 实战篇…

Chapter 15 字体设计制作 324

15.1 制作数码霓虹字 325
15.2 制作彩色糖果字 327
15.3 制作积雪字 329
15.4 制作金属字 332
15.5 制作泼水字 334
15.6 制作钻石镶边字 337
15.7 制作可爱甜心字 339
15.8 制作斑驳文字 343
15.9 制作金色焦糖字 345
15.10 制作玻璃字 349
15.11 制作水晶字 350
15.12 制作可爱毛绒字 354
15.13 扩展练习 359
15.13.1 内发光文字 359
15.13.2 玻璃文字 359

Chapter 16 特效制作 360

16.1 制作烟雾人像效果 361
16.2 制作水下美女 364
16.3 多图合成特效 369
16.4 制作水珠雾化玻璃特效 377
16.5 制作美女变恶魔特效 383

16.6 扩展练习......387
16.6.1 制作雪景特效......387
16.6.2 制作液化鼠标......387

Chapter 17 影楼人像处理......388

17.1 美白人物皮肤......389
17.2 修改人物身形......391
17.3 打造古铜色肌肤......393
17.4 调出冷色系图像......395
17.5 调出阳光温暖色调......397
17.6 调出小清新色调......399
17.7 调出怀旧色调......401
17.8 制作唯美艺术照......403
17.9 制作蓝色调婚纱照......407
17.10 扩展练习......411
17.10.1 制作夕阳人物图像......411
17.10.2 制作单色图像......411

Chapter 18 平面设计制作......412

18.1 制作VIP卡......413
18.2 制作企业名片......419
18.3 制作企业画册......423
18.4 制作餐饮店海报......429
18.5 制作房地产广告......432
18.6 制作企业标志......437
18.7 制作茶品包装......441
18.8 制作手提袋......448
18.9 扩展练习......453
18.9.1 狗粮宣传海报......453
18.9.2 商场打折海报......453

Proficient 精通篇…

Chapter 19 创建与编辑 3D 图像......456

19.1 认识3D......457
19.1.1 3D的作用......457
19.1.2 了解3D的组成元素......457
19.1.3 认识3D轴......458
19.1.4 认识3D工具......458
19.1.5 认识3D面板......460
※ 实例操作：为花生酱瓶赋予材质......462
19.1.6 调整光源......464
19.2 创建3D对象......466
19.2.1 从3D文件新建图层......466
19.2.2 从选区新建3D对象......466
※ 实例操作：制作巴士3D对象......466
19.2.3 从路径创建3D对象......467
※ 实例操作：制作狗爪3D对象......467
19.2.4 从所选图层创建3D对象......468
19.2.5 创建3D明信片......468
19.2.6 创建3D形状......468
19.2.7 创建3D网格......469
19.3 编辑3D对象......469
19.3.1 将3D图层转换为2D图层......469
19.3.2 将3D图层转换为智能对象......469
19.3.3 从3D图层生成工作路径......470
19.4 绘制并编辑3D对象的纹理......470
19.4.1 编辑2D格式的纹理......470
19.4.2 显示或隐藏纹理......470
19.4.3 创建绘制叠加......471

19.4.4 重新设置参数化纹理映射 471
19.4.5 在3D对象上绘制纹理......472
19.5 渲染3D对象......472
19.5.1 渲染 472
19.5.2 恢复渲染 473
19.6 存储和导出3D文件 473
19.6.1 存储3D文件......473
19.6.2 导出3D图层......473
※ 实例操作：制作3D文字......473
知识大爆炸——渲染软件 475

Chapter 20 视频和动画的编辑与制作....476

20.1 了解视频和动画......477
20.1.1 认识“视频”图层 477
20.1.2 “时间轴”动画面板 477
20.1.3 “帧”动画面板 478
20.2 创建视频文档和“视频”图层 478
20.2.1 创建视频文档 479
20.2.2 新建“视频”图层 479
20.3 打开并导入视频文件......479
20.3.1 打开视频 479
20.3.2 导入视频 480
20.3.3 导入图像序列 480
20.4 编辑视频......481
20.4.1 校正像素长宽比 481
20.4.2 修改“视频”图层的属性 481
※ 实例操作：制作字幕动画......481
20.4.3 插入、复制和删除视频帧 483
20.4.4 替换素材 483
20.4.5 解释素材 483
20.4.6 恢复视频帧 484
20.5 创建与编辑帧动画 484
20.5.1 创建帧动画 484
※ 实例操作：制作飘雪效果......484
20.5.2 “帧”动画图层的属性 487
20.5.3 编辑动画帧 487
20.6 输出视频和动画......488
20.6.1 存储文件 489
20.6.2 预览视频 489
20.6.3 视频渲染输出 489
20.6.4 存储GIF动态图像......489
知识大爆炸——其他视频处理软件......490

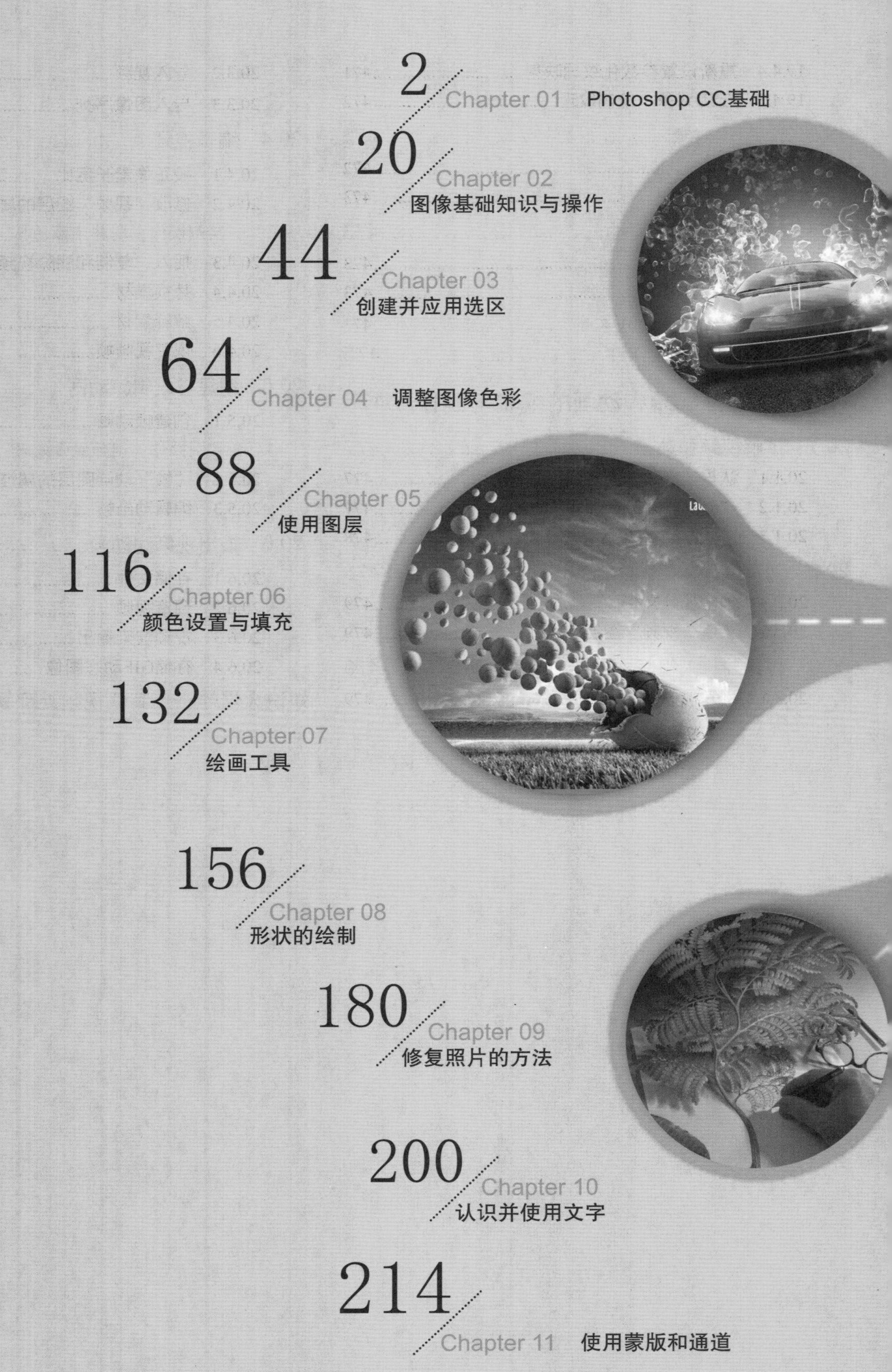

2 Chapter 01 Photoshop CC基础
20 Chapter 02 图像基础知识与操作
44 Chapter 03 创建并应用选区
64 Chapter 04 调整图像色彩
88 Chapter 05 使用图层
116 Chapter 06 颜色设置与填充
132 Chapter 07 绘画工具
156 Chapter 08 形状的绘制
180 Chapter 09 修复照片的方法
200 Chapter 10 认识并使用文字
214 Chapter 11 使用蒙版和通道

入门篇 Introductory

Photoshop是目前最流行的一款图像处理软件，广泛应用于平面与广告设计、插画设计、网页图形设计和图像后期处理等领域，备受各行各业的青睐。本篇以最新版本的Photoshop CC为例，向读者讲述该软件的基础知识、图像、选区、调色、绘图、文字、照片修复、滤镜、Web图形和打印等知识。通过本篇的讲解，使用户能够掌握该软件的使用方法，并轻松完成图像的设计与制作。

>>>

314 Chapter 14 打印图像

300 Chapter 13 自动化与Web应用

238 Chapter 12 使用滤镜

01 02 03 04 05 06 07 08 09 10 11 12 13 14 ......

Photoshop CC 基础

本章导读

Photoshop CC是一款图形图像处理软件，是设计行业中必不可少的工具。为使用Photoshop CC对图形图像进行处理，首先应掌握Photoshop CC的一些基础知识，如Photoshop CC的应用领域、Photoshop CC的安装与卸载、Photoshop CC工作界面的组成以及常规设置等知识。

1.1 Photoshop的应用领域

Photoshop是Adobe公司旗下最为出名的图像处理软件，由于其功能强大，被广泛应用于广告设计、商标设计、包装设计、插画设计、网页设计、照片处理和效果图的后期处理等领域。

1.1.1 平面视觉

Photoshop的出现为平面视觉行业带来了革命性的变化。平面视觉行业是Photoshop应用最为广泛的领域，无论是图书封面，还是招帖、海报，这些平面印刷品都需要Photoshop软件对图像进行处理。如图1-1所示为电影海报设计；如图1-2所示为食品包装设计。

图1-1　电影海报设计

图1-2　食品包装设计

1.1.2 网页设计

网页的建设和制作都离不开Photoshop，将处理好的图像导入到Dreamweaver，可以制作出相当美观的网页作品。如图1-3所示为AlleyOop网站登录页面。

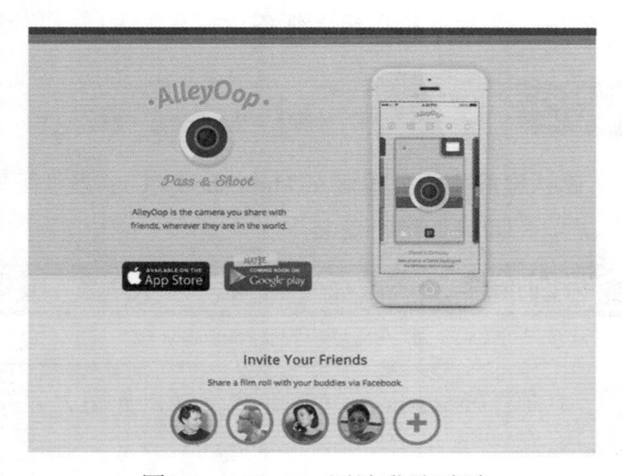

图1-3　AlleyOop网站登录页面

1.1.3 界面设计

目前，移动终端，如手机、平板电脑的出现和迅猛发展，使得人们对它们的使用量在不断增加，而这推动了系统、游戏、网页等界面设计行业不断发展。如图1-4所示为一款名为noTE'd的APP应用界面。

图1-4　noTE'd的APP应用界面

1.1.4 数码插画与动画

利用Photoshop可以在电脑上模拟画笔手绘艺术，不但能绘制出逼真的传统绘画效果，还能制作出画笔无法实现的特殊效果。如图1-5所示为使用Photoshop CC绘制的CG图像。

图1-5　使用Photoshop CC绘制的CG图像

1.1.5 摄影后期

Photoshop提供的图像调色命令和图像修饰工具在照片处理中发挥着巨大作用，通过它们可以快速合成需要的照片特效。如图1-6所示为THE WADE BROTHERS网站上使用Photoshop处理的图像。

图1-6　使用Photoshop处理的图像

1.1.6 效果图后期

许多三维场景的建筑效果图、影视效果图等，其中的人物与场景，以及场景的颜色等经常需要在Photoshop中进行添加和处理，以增强画面的美感。如图1-7所示为使用Photoshop处理的建筑效果图。

图1-7　使用Photoshop处理的建筑效果图

1.2 Photoshop CC的安装与卸载

Photoshop CC是Photoshop的最新版本。要想使用它对图形图像进行处理，首先需要在电脑中进行安装；当Photoshop CC出现问题或不再需要使用时，还可将其从电脑中卸载。下面对安装与卸载Photoshop CC的方法进行讲解。

1.2.1 系统配置要求

目前，大部分电脑都使用的是微软公司推出的Windows 操作系统。不同的软件对系统的配置要求不同，安装 Photoshop CC 的最低电脑配置如下。

- 系统：支持Windows XP、Windows Vista、Windows 7、Windows 8、Windows 8.1，需要注意的是，Windows XP系统只能是最新版，即2014年发行的15.0.0.58版本。
- 硬件：Intel® Pentium 4或AMD Athlon 64处理器（2GHz或更快）；2.5GB的可用硬盘空间以进行安装；安装期间需要额外可用空间（无法安装在可移动存储设备上）；1024 × 768像素（建议1280 × 800像素），16位颜色和512MB显存（建议1GB）；支持OpenGL 2.0系统；DVD ROM驱动器。
- 网络：必须连接网络并完成注册才能启用软件，验证会员后可获得线上服务。

1.2.2 安装Photoshop CC

确认电脑中的配置满足 Photoshop CC 的最低配置要求后，即可开始进行安装。

实例操作：在电脑中安装Photoshop CC

● 光盘\实例演示\第1章\在电脑中安装Photoshop CC

下面将Photoshop CC安装光盘放入光驱，并在Windows操作系统中安装Photoshop CC。

Step 1 ▶ 将Photoshop CC安装光盘放入光驱，在光盘的根目录中双击setup.exe文件运行安装程序，开始初始化，如图1-8所示。

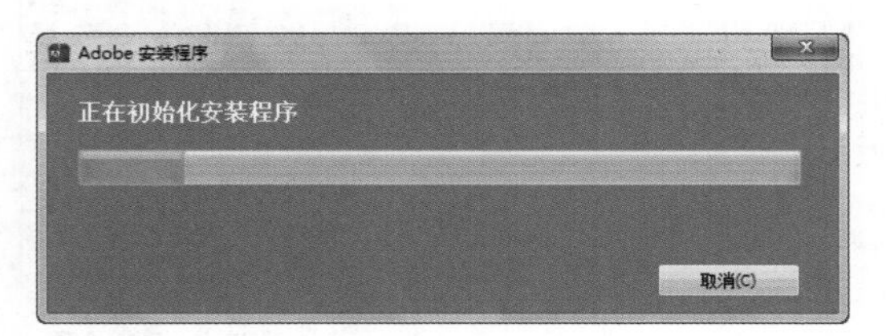

图1-8　初始化安装程序

Step 2 ▶ 打开“欢迎”窗口，选择“安装”选项，如图1-9所示。在打开的“需要登录”窗口中单击登录按钮。

图1-9　选择“安装”选项

Step 3 ▶ 打开Adobe ID窗口，在其中输入账号、密码，单击登录按钮，如图1-10所示。

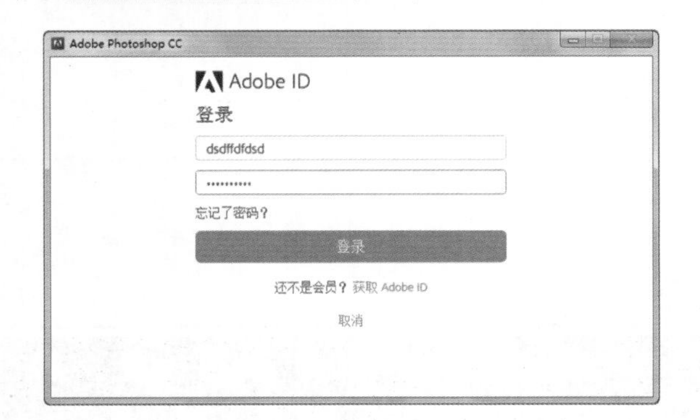

图1-10　输入账号和密码

Step 4 ▶ 在打开的“Adobe软件许可协议”窗口中单击接受按钮，打开“序列号”窗口，在其中输入序列号，单击下一步按钮，如图1-11所示。

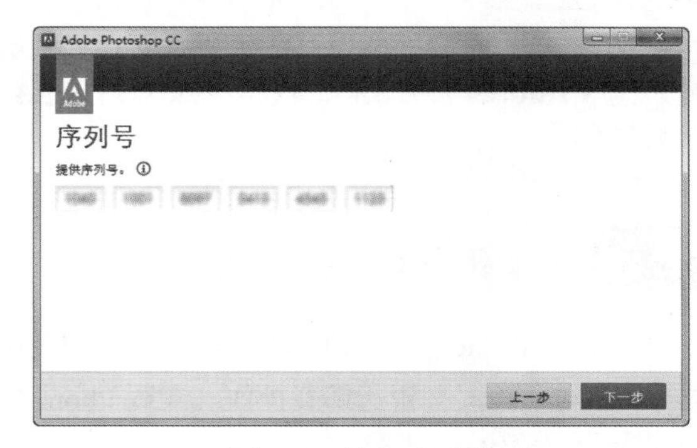

图1-11　输入序列号

Step 5 ▶ 打开“选项”窗口，在“语言”下拉列表框中选择“简体中文”选项。单击按钮，在打开的对话框中设置程序的存储位置。单击安装按钮，如图1-12所示。

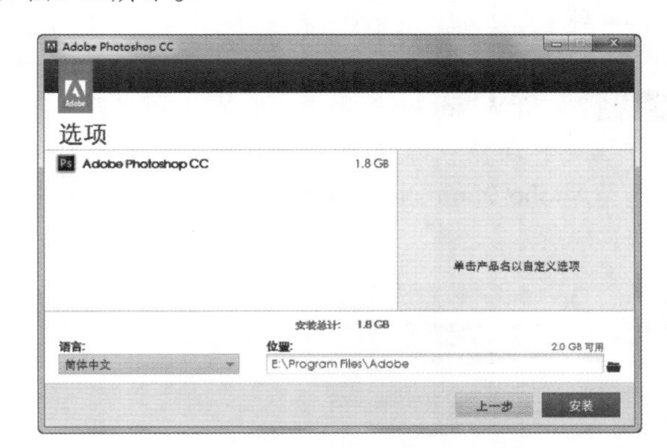

图1-12　设置语言和安装位置

Step 6 ▶ Photoshop自动进行安装，安装完成后显示“安装完成”窗口，单击关闭按钮，如图1-13所示。

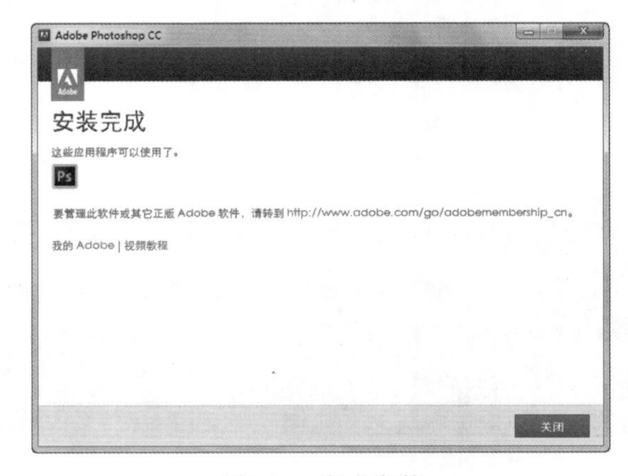

图1-13　完成安装

技巧秒杀

序列号可以在Photoshop CC的包装盒上找到。若用户是在Adobe的网站上下载试用版，则可在线购买序列号。

1.2.3 卸载Photoshop CC

当不再使用 Photoshop CC 软件或文件损坏需要重新进行安装时，可对其进行卸载操作。卸载 Photoshop CC 与卸载其他软件的方法相似。

实例操作：从电脑中卸载Photoshop CC

● 光盘\实例演示\第1章\从电脑中卸载Photoshop CC

下面通过控制面板对电脑中安装的Photoshop CC进行卸载。

Step 1 打开Windows控制面板，在大图标模式下单击“程序和功能”超链接，在打开窗口的软件列表中选择Adobe Photoshop CC选项，再单击 卸载 按钮，如图1-14所示。

图1-14 选择卸载软件

Step 2 在打开的窗口中选中 删除首选项 复选框，再单击 卸载 按钮，如图1-15所示。

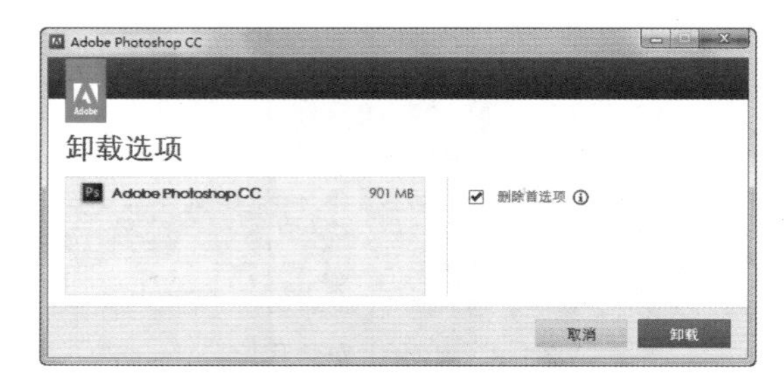

图1-15 卸载软件

Step 3 系统开始卸载Photoshop CC，卸载完毕后，在打开的窗口中单击 关闭 按钮关闭对话框，如图1-16所示。

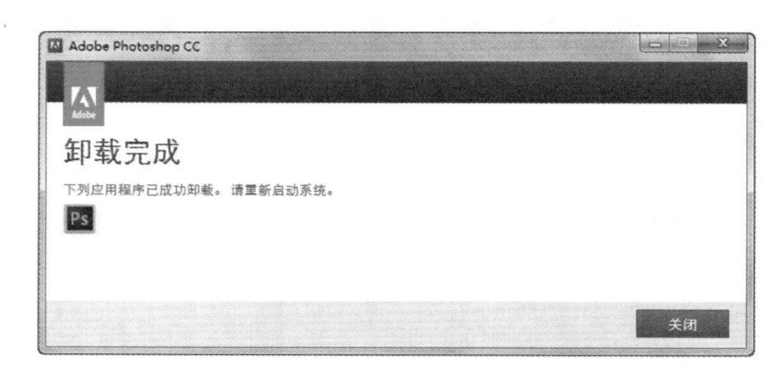

图1-16 完成卸载

读书笔记

1.3 Photoshop CC的启动与退出

安装Photoshop CC后即可进行启动，以在打开的工作界面中对图形图像进行处理，处理完成后，当不需要使用Photoshop CC时，可退出该程序，以提高电脑运行速度。下面对启动与退出Photoshop CC的方法进行讲解。

1.3.1 启动Photoshop CC

启动 Photoshop CC 的方法很多，下面主要对常用的方法进行介绍。

- **通过“开始”菜单启动：** 单击任务栏中的“开始”按钮，在弹出的菜单中选择“所有程序”/Adobe Photoshop CC命令，如图1-17所示。

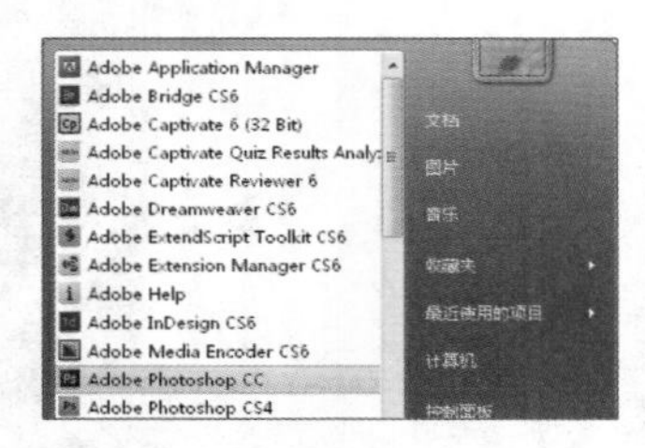

图1-17 通过“开始”菜单启动

- **通过桌面快捷图标启动：** 如果已为Adobe Photoshop CC建立了桌面快捷方式图标，直接在桌面上双击图标即可，如图1-18所示。

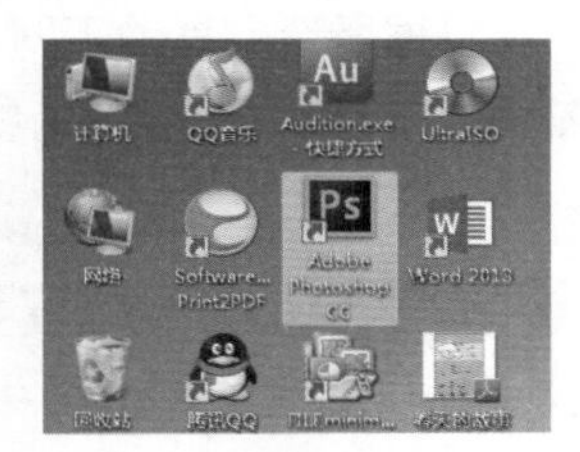

图1-18 通过快捷图标启动

?答疑解惑：

怎样在系统桌面上添加Photoshop CC快捷方式图标？

在任务栏中单击“开始”按钮，在弹出的菜单中选择“所有程序”/Adobe Photoshop CC/Adobe Photoshop CC命令，右击，在弹出的快捷菜单中选择“发送到”/“桌面快捷方式”命令，即可将快捷方式图标发送到桌面。

1.3.2 退出Photoshop CC

当不需要 Photoshop CC 处理图形图像时，可退出该程序。下面对退出 Photoshop CC 的方法进行介绍。

- **单击“关闭”按钮退出：** 在工作界面的菜单栏右侧单击“关闭”按钮。
- **单击程序图标退出：** 在菜单栏左侧的程序图标上右击，在弹出的快捷菜单中选择“关闭”命令即可，如图1-19所示。

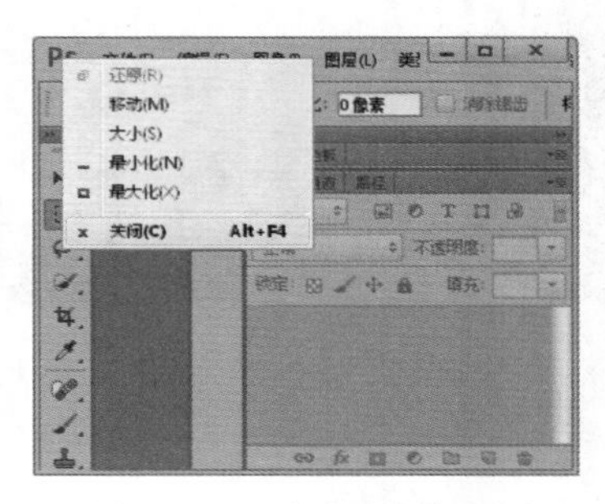

图1-19 右击程序图标退出

- **选择命令退出：** 在工作界面中选择“文件”/“退出”命令即可，如图1-20所示。

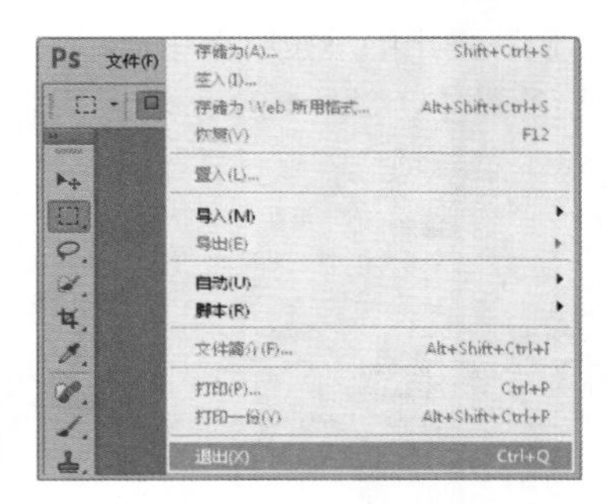

图1-20 选择命令退出

技巧秒杀

在Photoshop CC工作界面中，按Ctrl+Q组合键或Alt+F4组合键，可关闭文件并退出Photoshop CC。

1.4 Photoshop CC的工作界面

启动Photoshop CC后，就能看到Photoshop CC的工作界面。在学习前需对工作界面有一个深入的认识，并熟悉界面中各功能部分的作用，以更快地掌握Photoshop CC。Photoshop CC的工作界面由菜单栏、工具属性栏、工具箱、面板和图像编辑窗口等部分组成，如图1-21所示。

图1-21　Photoshop CC的工作界面

1.4.1 菜单栏

菜单栏中的 11 个菜单几乎包含 Photoshop CC 中的所有操作命令，从左至右依次为文件、编辑、图像、图层、类型、选择、滤镜、3D、视图、窗口和帮助。每个菜单项下以分类的形式集合了多个菜单命令。单击菜单项，然后在弹出的下拉菜单中选择相应的命令，可以实现需要的操作，如图 1-22 所示为“图像”、“选择”和“滤镜”菜单项。

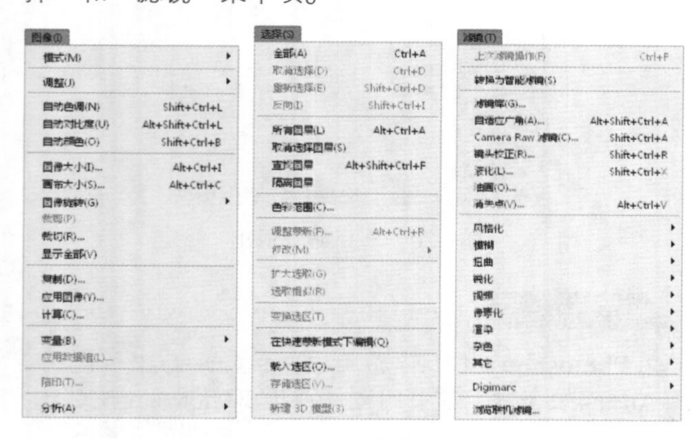

图1-22　菜单项

技巧秒杀

如果菜单中某一项命令后带有▶符号，表示该命令包含子菜单；若某一命令显示为灰色，表示该命令在当前状态下不可用；若某一命令后带有...符号，执行该命令，可打开相应的对话框。

1.4.2 工具属性栏

工具属性栏位于菜单栏下方，其作用是用来设置所选工具的属性，根据所选工具的不同，属性栏中的内容也会有所不同。如图 1-23 所示为矩形选框工具的属性栏。

图1-23　矩形选框工具的属性栏

1.4.3 工具箱

工具箱中集合了图像处理过程中使用最频繁的工具，使用它们可以绘制图像、修饰图像、创建选区以及调整图像显示比例等。工具箱的默认位置在工作界面左侧，通过拖动其顶部可以将其拖放到工作界面的任意位置。在工具箱中单击需要选择的工具按钮，即可选中该工具。若工具按钮右下角有一个三角形图标▸，表示这是个工具箱；在工具图标上右击可弹出隐藏的工具。如图1-24所示为工具箱中所有的工具。

读书笔记

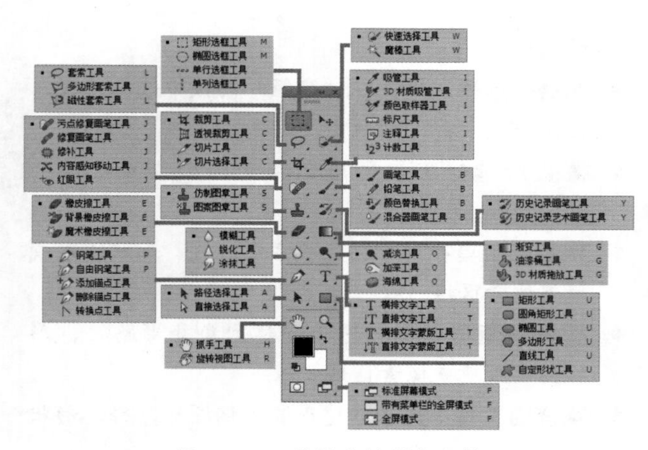

图1-24　工具箱中的所有工具

工具箱中各工具的作用介绍如下。

- **移动工具**：用于移动图层、参考线、形状或选区中的像素。
- **矩形选框工具**：用于创建矩形选区和正方形选区。
- **椭圆选框工具**：用于创建椭圆选区和正圆选区。
- **单行选框工具**：用于创建高度为1像素的选区，一般用于制作网格效果。
- **单列选框工具**：用于创建宽度为1像素的选区，一般用于制作网格效果。
- **套索工具**：自由绘制出形状不规则的选区。
- **多边形套索工具**：用于创建转角比较强烈的选区。
- **磁性套索工具**：能够通过颜色上的差异自动识别对象的边界。
- **快速选择工具**：用于调整圆形笔尖，快速绘制出选区。
- **魔棒工具**：使用该工具在图像中单击可快速选择颜色范围内的区域。
- **裁剪工具**：以任意尺寸裁剪图像。
- **透视裁剪工具**：使用该工具可以在需要裁剪的图像上制作出带有透视感的裁剪框。
- **切片工具**：用于为图像绘制切片。
- **切片选择工具**：用于编辑、调整切片。
- **吸管工具**：用于吸取图像中任意颜色作为前景色，按住Alt键进行吸取时，可将吸取颜色设置为背景色。
- **3D材质吸管工具**：该工具用于快速吸取3D模型中各部分的材质。
- **颜色取样器工具**：在“信息”面板中显示取样的RGB值。
- **标尺工具**：在“信息”面板中显示拖动对角线的距离和角度。
- **注释工具**：用于在图像中添加注释。
- **计数工具**：用于计算图像中元素的个数，也可自动对图像中的多个选区进行计数。
- **污点修复画笔工具**：无须设置取样点，自动在所修饰区域的周围进行取样，消除图像中的污点和某个对象。
- **修复画笔工具**：用图像中的像素作为样本进行绘制。
- **修补工具**：利用样本或图案来修复所选图像区域中不理想的部分。
- **内容感知移动工具**：在移动选区中的图像时，将智能填充物体原来的位置。
- **红眼工具**：用于去除闪光灯导致的瞳孔红色反光。
- **画笔工具**：使用该工具可通过前景色绘制出各种线条，也可使用它修改通道和蒙版。
- **铅笔工具**：可使用无模糊效果的画笔进行绘制。
- **颜色替换工具**：用于将选定的颜色替换为其他颜色。
- **混合器画笔工具**：使用该工具可以像传统绘制过程中混合颜料一样混合像素。
- **仿制图章工具**：用于将图像上的一部分绘制到同一图像的另一个位置上，或绘制到具有相同颜色模式的任何打开文档的另一部分，也可以将一个图层的一个位置绘制到另一个图层上。
- **图案图章工具**：使用预设图案或载入的图案进行绘画。
- **历史记录画笔工具**：将标记的历史记录状态或快照用作源数据对图像进行修改。

- **历史记录艺术画笔工具**：将标记的历史记录状态或快照用作源数据，并以风格化的画笔进行绘制。
- **橡皮擦工具**：使用类似于画笔描绘的方式将像素更改为背景色或透明。
- **背景橡皮擦工具**：是基于色彩差异的智能化擦除工具。
- **魔术橡皮擦工具**：清除与取样区域类似的像素范围。
- **渐变工具**：以渐变的方式填充指定的范围，在其渐变编辑器内可设置渐变模式。
- **油漆桶工具**：可以在图像中填充前景色或图案。
- **3D材质拖放工具**：在选项栏中选择一种材质，在选中模型上单击可为其填充材质。
- **模糊工具**：用于柔和图像边缘或减少图像中的细节。
- **锐化工具**：增强图像中相邻像素之间的对比度，以提高图像的清晰度。
- **涂抹工具**：模拟手指划过湿油漆时所产生的效果。可以拾取鼠标单击处的颜色，并沿着拖动方向展开这种颜色。
- **减淡工具**：用于对图像进行减淡处理。
- **加深工具**：用于对图像进行加深处理。
- **海绵工具**：增加或降低图像中某个区域的饱和度。如果是灰度图像，该工具通过灰阶远离或靠近中间灰色来增强或降低对比度。
- **钢笔工具**：以锚点方式创建区域路径，常用于绘制矢量图像或选区对象。
- **自由钢笔工具**：用于绘制比较随意的图像。
- **添加锚点工具**：将鼠标指针移动到路径上，单击即可添加一个锚点。
- **删除锚点工具**：将鼠标指针移动到路径上的锚点，单击即可删除该锚点。
- **转换点工具**：用于转换锚点的类型。
- **横排文字工具**：用于创建水平文字图层。
- **直排文字工具**：用于创建垂直文字图层。
- **横排文字蒙版工具**：用于创建水平文字形状的选区。
- **直排文字蒙版工具**：用于创建垂直文字形状的选区。
- **路径选择工具**：在“路径”面板中选择路径，显示出锚点。
- **直接选择工具**：用于移动两个锚点之间的路径。
- **矩形工具**：用于创建长方形路径、形状图层或填充像素区域。
- **圆角矩形工具**：用于创建圆角矩形路径、形状图层或填充像素区域。
- **椭圆工具**：用于创建正圆或椭圆形路径、形状图层或填充像素区域。
- **多边形工具**：用于创建多边形路径、形状图层或填充像素区域。
- **直线工具**：用于创建直线路径、形状图层或填充像素区域。
- **自定形状工具**：用于创建预设的形状路径、形状图层或填充像素区域。
- **抓手工具**：用于移动图像显示区域。
- **旋转视图工具**：用于移动或旋转视图。
- **缩放工具**：用于放大、缩小显示的图像。
- **前景色/背景色**：单击色块，可设置前景色/背景色。
- **切换前景色和背景色**：单击该按钮可置换前景色和背景色。
- **默认前景色和背景色**：恢复默认的前景色和背景色。
- **以快速蒙版模式编辑**：切换快速蒙版模式和标准模式。
- **标准屏幕模式**：用于显示菜单栏、标题栏、滚动条和其他屏幕元素。
- **带有菜单栏的全屏模式**：用于显示菜单栏、50%的灰色背景、无标题栏和滚动条的全屏窗口。
- **全屏模式**：只显示黑色背景和图像窗口，如果要退出全屏模式，可按Esc键。按Tab键，可切换到带有面板的全屏模式。

1.4.4 面板

面板位于工作界面右侧，主要用于对图像进行特定区域的操作，以及对参数进行设置等。下面对常用面板的作用和面板的基础操作进行讲解。

1. 常用面板介绍

Photoshop CC中的面板有很多，默认显示的面板有“颜色”、“色板”、“路径”、“图层”、“通道”、“属性”和“历史记录”面板等，其作用介绍如下。

- **“颜色”面板**：用于调整混色色调。在其中通过拖动滑块或设置颜色值，即可设置前景色和背景色。如图1-25所示为“颜色”面板。
- **“色板”面板**：该面板中的所有颜色都是预设好的，在其中单击颜色即可选择该颜色。如图1-26所示为“色板”面板。
- **“路径”面板**：用于保存和管理路径，面板中显示每条存储的路径、当前工作路径、当前矢量名称和缩览图。如图1-27所示为“路径”面板。

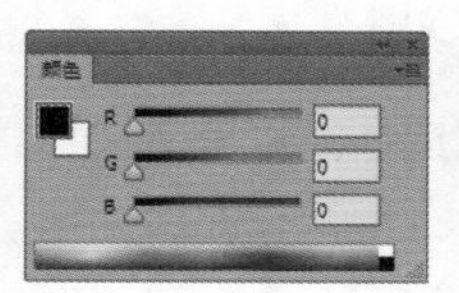

图1-25 “颜色”面板

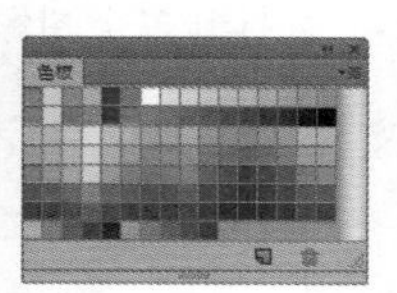

图1-26 “色板”面板

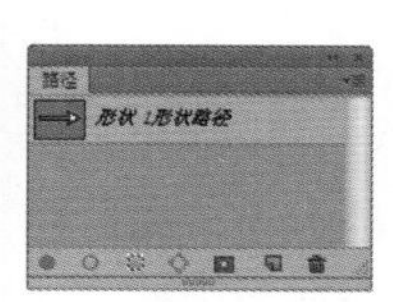

图1-27 “路径”面板

- **“图层”面板**：用于创建、编辑和管理图层。在该面板中列出所有的图层、图层组和图层效果。如图1-28所示为“图层”面板。
- **“通道”面板**：用于创建、保存和管理通道。如图1-29所示为“通道”面板。
- **“属性”面板**：用于调整多选择的图层蒙版属性和矢量蒙版属性、光照效果滤镜和图层参数等。如图1-30所示为“照片滤镜”的“属性”面板。

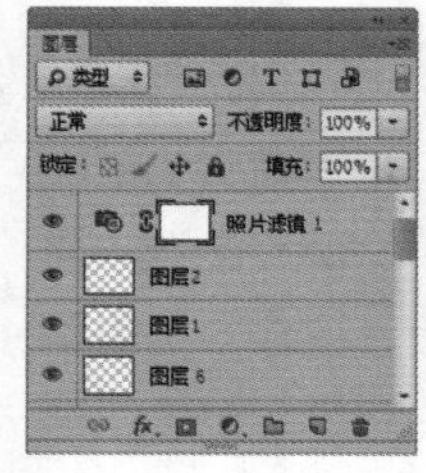

图1-28 “图层”面板

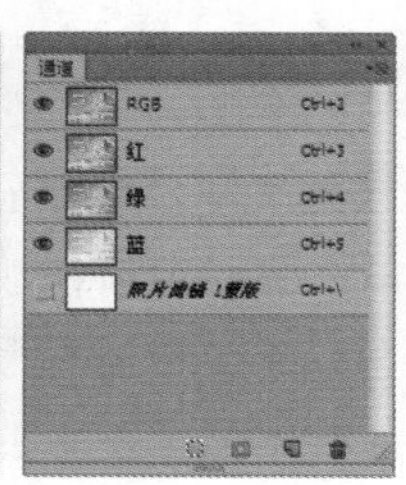

图1-29 “通道”面板

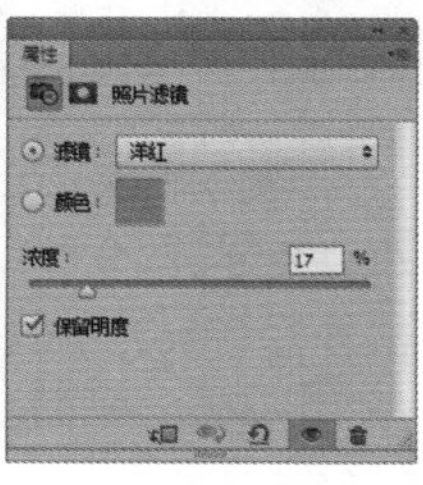

图1-30 “属性”面板

技巧秒杀

在默认情况下，“历史记录”和“属性”面板是折叠的，要想将其展开，需要单击“历史记录”按钮和“属性”按钮。

- **“历史记录”面板**：当编辑图像时，每步操作都记录在“历史记录”面板中。通过该面板，用户可将操作恢复到之前的某一步。如图1-31所示为“历史记录”面板。

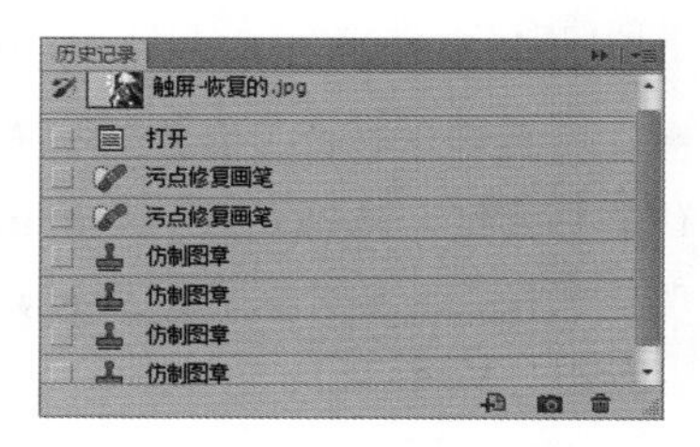

图1-31 “历史记录”面板

2. 面板的基本操作

在默认情况下，面板是以选项卡的形式成组出现在窗口的右侧，可根据需要展开/折叠、关闭、浮动、组合和连接面板等。其操作方法分别介绍如下。

- **打开面板**：如果需要的面板未在工作界面中显示，用户可选择“窗口”命令，在弹出的下拉菜单中列出所有面板的名称选项，选择相应的选项，即可打开对应的面板。
- **展开/折叠面板**：单击面板组右上角的双三角按钮，可将面板折叠为图标，如图1-32所示。单击按钮可将折叠的面板展开。

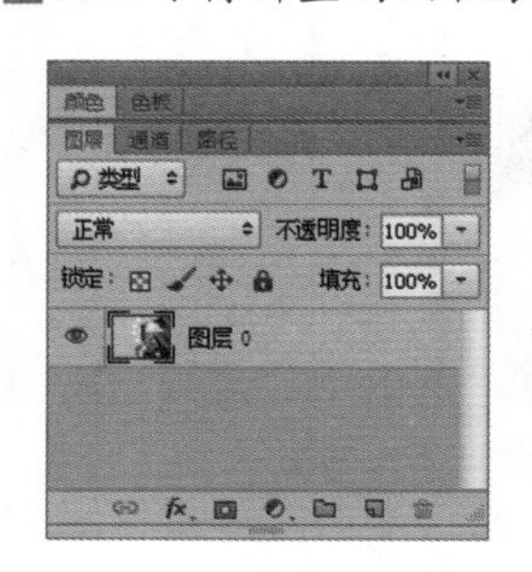

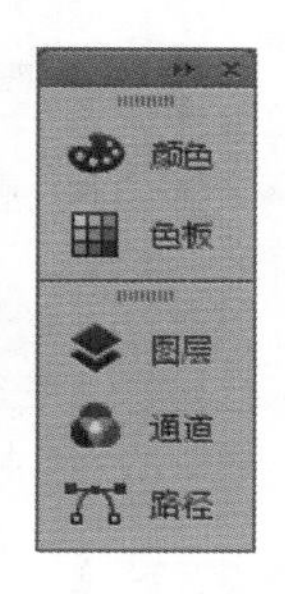

图1-32 折叠面板

- **关闭面板**：单击面板右上角的按钮，或在面板上方右击，在弹出的快捷菜单中选择“关闭”命

令，如图1-33所示，可关闭面板。

- **浮动面板**：将鼠标指针放置在面板名称上，按住鼠标左键，将其拖动至空白处，即可从面板组中分离出来，成为浮动面板，如图1-34所示。

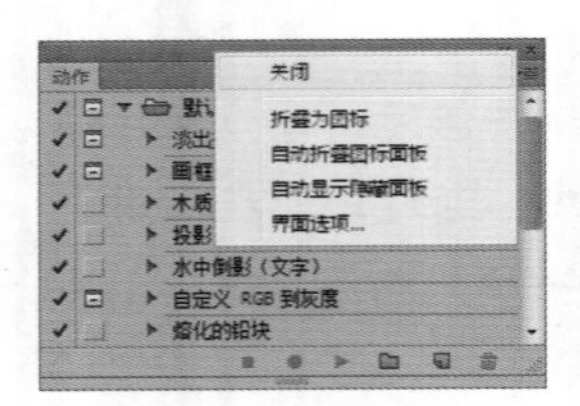

图1-33　关闭面板

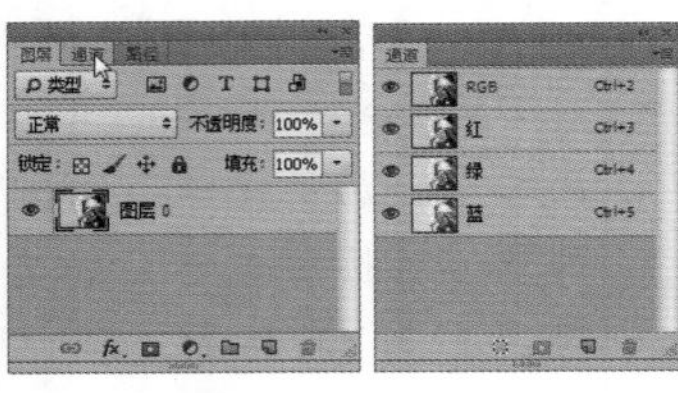

图1-34　浮动面板

- **组合面板**：将鼠标指针放置在需组合面板的名称上，按住鼠标左键，拖动到另一个面板的名称位置，出现蓝色横条时放开鼠标，可将其与目标面板组合，如图1-35所示。

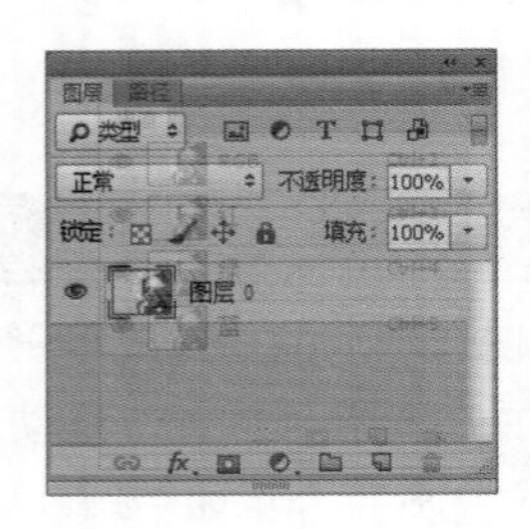

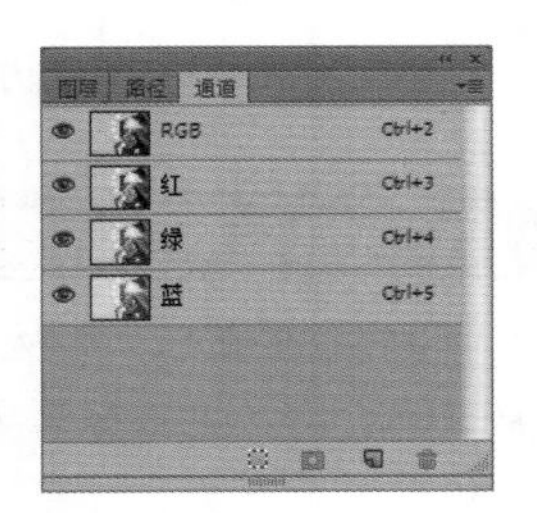

图1-35　组合面板

- **连接面板**：将鼠标指针放置在面板名称上，按住鼠标左键，将其拖动至另一面板下方，当两个面板的连接处显示为蓝色时放开鼠标，可以将两个面板连接，如图1-36所示。

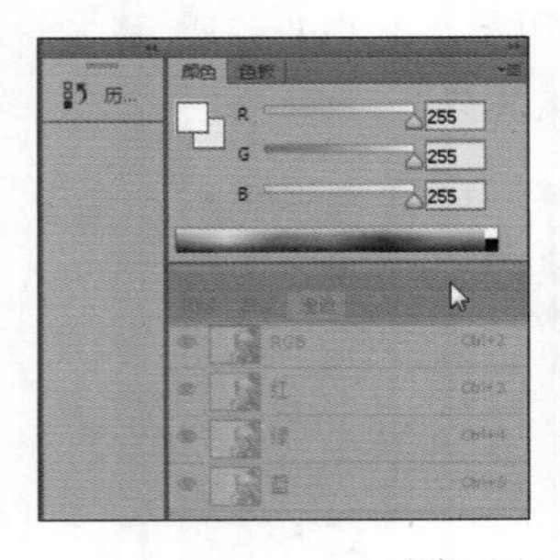

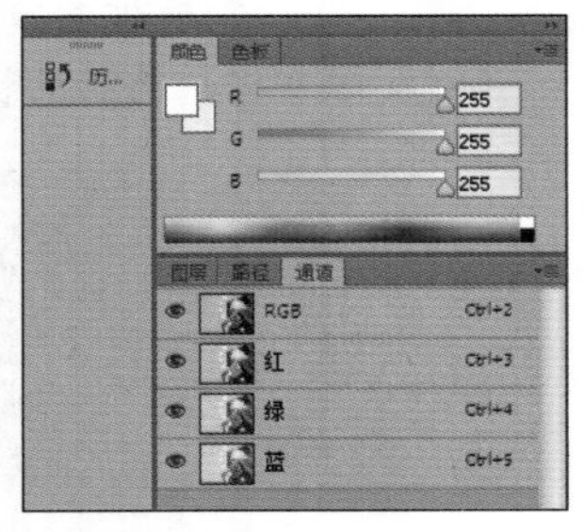

图1-36　连接面板

技巧秒杀

过多的面板会占用工作空间，将多个面板组成一个面板组，可增大工作空间。

1.4.5 图像编辑窗口

在Photoshop CC中打开一个图像文件后，就会创建一个窗口，在该窗口中既可查看图像的效果，还可对图形进行编辑操作。在Photoshop CC中同时打开多个图像文件时，文档窗口以选项卡的形式进行显示，如图1-37所示。

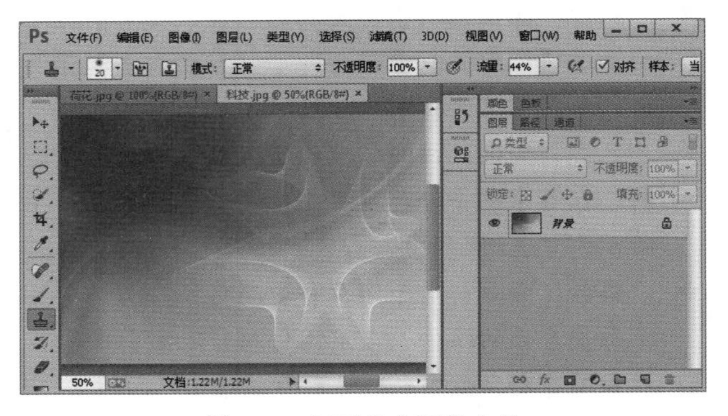

图1-37　打开多个图像文件

对这些图像文件编辑并保存完成后，可单击文件标题上的×按钮，或在文件标题上右击，在弹出的快捷菜单中选择“关闭”命令，关闭文档。

?答疑解惑：

如果打开的图像文件较多，不能显示所有文件标题怎么办？

打开的图像文件较多时，不能将所有的文件标题都显示出来，这时可单击标题栏右侧的»按钮，在弹出的下拉列表中显示所有打开图像文件的名称，选择需要的文件，即可在图像编辑窗口中显示出来。

1.4.6 状态栏

状态栏位于文档的底部，可以显示当前文档的大小、文档尺寸、当前工具和窗口缩放比例等信息。将鼠标指针移动到状态栏的文档信息上，按住鼠标左键不放，可在弹出的面板中显示图像的宽度、高度、通道和分辨率等信息，如图1-38所示。如果单击状态栏中的黑色小三角形按钮▶，在弹出的下拉列表中有多种显示选项，如图1-39所示，用户可根据需要选择相应的显示选项。

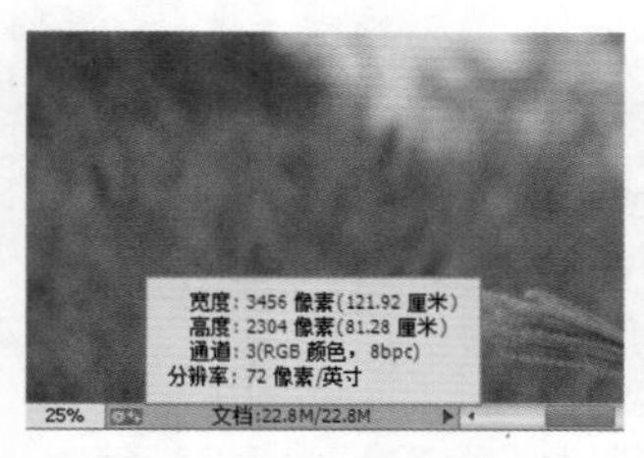

图1-38 显示文件信息

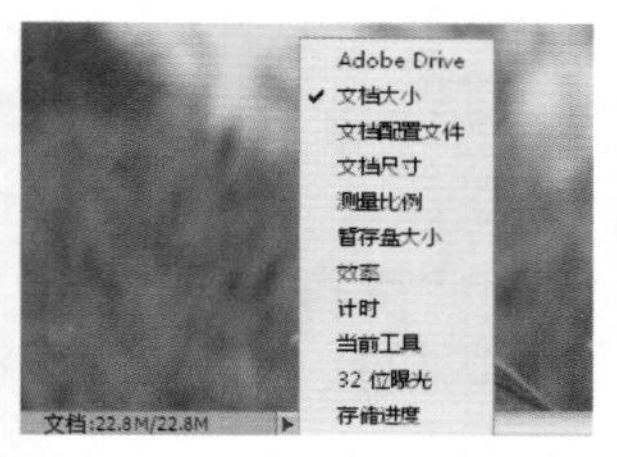

图1-39 选择显示选项

知识解析：状态栏显示选项

- ◆ Adobe Drive：系统启动时自动加载Photoshop CC进程，缩短调用的时间。
- ◆ 文档大小：显示相关文档的数据信息，为状态栏的默认显示状态。
- ◆ 文档配置文件：显示文档所使用的颜色配置文件名称。
- ◆ 文档尺寸：显示完整的文档尺寸。
- ◆ 测量比例：显示文档的比例。
- ◆ 暂存盘大小：显示当前文档虚拟内存的大小。
- ◆ 效率：显示Photoshop执行工作时的效率，如果该值经常低于60%，说明硬件系统可能已经无法满足需要。
- ◆ 计时：显示一个时间数值，该数值代表执行上一次操作所需要的时间。
- ◆ 当前工具：显示当前所选工具的名称。
- ◆ 32位曝光：用于调整预览图像，但只有曝光在32位时才起作用。
- ◆ 存储进度：显示当前文档的存储进度。

1.5 Photoshop CC常规设置

不同行业对Photoshop CC的设置要求有所不同。为了满足用户的需要，可以根据实际情况对Photoshop CC的颜色、配置文件、键盘快捷键、菜单、首选项等进行设置。下面对Photoshop CC常规的设置方法进行讲解。

1.5.1 颜色设置

颜色设置是指对程序的工作空间颜色和色彩管理方案颜色进行设置。其方法是：在工作界面中选择“编辑”/“颜色设置”命令，打开“颜色设置”对话框，如图 1-40 所示，在其中进行相应的设置即可。

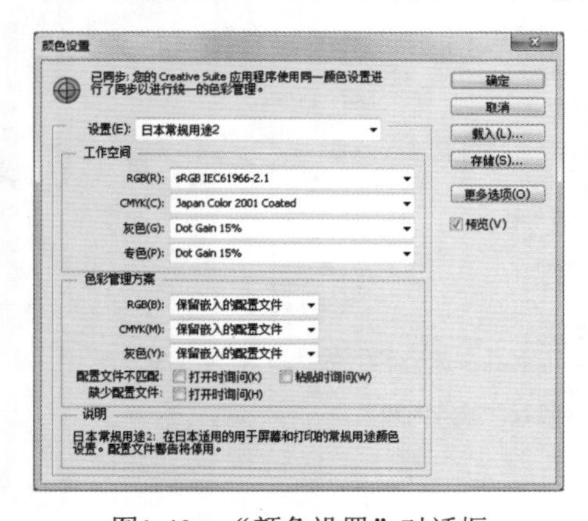

图1-40 “颜色设置”对话框

知识解析：“颜色设置”对话框

- ◆ 设置：该下拉列表框提供了多种颜色方案，用户可选择需要的颜色方案，在该基础上再进行设置。
- ◆ 工作空间：在该栏中可对工作中RGB、CMYK、灰色和专色配色文件的颜色进行设置。
- ◆ 色彩管理方案：在该栏中可对工作中RGB、CMYK和灰色配色文件的颜色进行设置。
- ◆ 打开时询问：若选中“配置文件不匹配”后面的☑打开时询问(K)复选框，只要新打开的文档中嵌入的颜色配置文件与当前的工作空间不匹配，就会发出通知，并且给出选项以覆盖不匹配的方案。若选中“缺少配置文件”后面的☑打开时询问(H)复选框，打开不带嵌入配置文件的现有文档即会通知，并提供选项以供指定颜色配置文件。
- ◆ 粘贴时询问：选中该复选框，每当将色彩导入文件中（经由粘贴、拖放等方式），发现色彩描述文件不符时，程序立即发出通知，并且让用户选择忽略规则的预设不符行为。

- 载入(L)... 按钮：单击该按钮，可在打开的对话框中选择需要载入的颜色配置。单击 载入(L) 按钮，可载入选择的颜色配置。
- 存储(S)... 按钮：在对话框中设置好颜色后，单击该按钮，在打开的对话框中可对颜色方案进行保存设置。
- 更多选项(O) 按钮：单击该按钮，可展开“颜色设置”对话框，在其中进行更多的设置。
- 预览：选中该复选框，可预览设置的颜色。

1.5.2 配置文件设置

配置文件设置的方法很简单，在工作界面中选择“编辑”/“指定配置文件”命令，打开“指定配置文件”对话框，在“指定配置文件”栏中选中相应的单选按钮，如选中 配置文件(R): 单选按钮，然后在其后的下拉列表框中选中相应的颜色方案，再单击 确定 按钮即可，如图 1-41 所示。

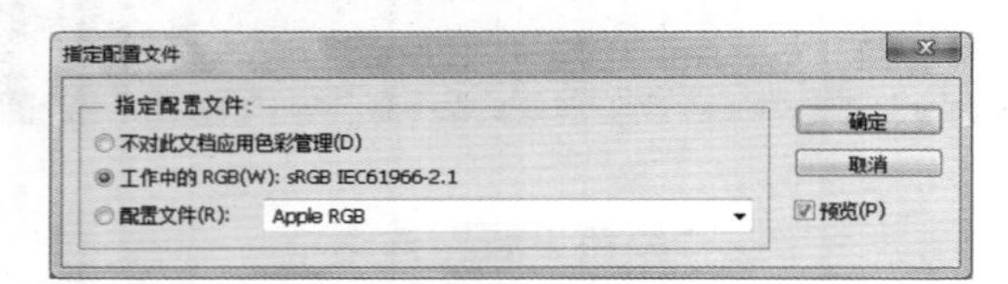

图1-41　指定配置文件

1.5.3 键盘快捷键设置

Photoshop CC中有很多命令，如果每次都通过菜单打开命令，会浪费不少时间。用户可以对常用的命令设置快捷键，以快速进行运用。其方法是：选择“编辑”/“键盘快捷键”命令，打开“键盘快捷键和菜单”对话框，在其中的下拉列表框中找到需要的命令，当其后方出现文本框后，按住待定义的快捷键，快捷键将自动导入文本框中，然后单击 确定 按钮，完成命令快捷键设置，如图1-42所示。

读书笔记

图1-42　设置命令快捷键

技巧秒杀

如果设置的快捷键格式不正确，或设置的快捷键与已设置的快捷键重复，会在对话框下方出现提示信息。

1.5.4 菜单设置

对于不用的菜单命令，可以将其隐藏，以提高选择菜单命令的速度，除此之外，还可为常用的菜单命令设置颜色，以使命令在菜单中变得醒目。其方法是：选择“编辑”/“菜单”命令，打开“键盘快捷键和菜单”对话框，在其中的下拉列表框中双击菜单项，在展开的子菜单中选择相应的菜单命令选项，在“可见性”栏中单击 按钮，隐藏该菜单命令，然后单击“无”选项，在弹出的下拉列表中选择设置的颜色，再单击 确定 按钮即可，如图1-43所示。

图1-43　菜单设置

1.5.5 首选项设置

在Photoshop CC中，还可进行优化调整，优化调整是通过对常规、界面、文件处理、性能、光标、单位与标尺等进行设置实现的，而这些设置都是通过“首选项”对话框来完成的。下面对其设置方法进行讲解。

1. 常规设置

在Photoshop CC工作界面中选择“编辑”/“首选项”/“常规”命令，打开“首选项”对话框，默认选择“常规”选项卡，在该选项卡中对常规选项进行设置即可，如图1-44所示。

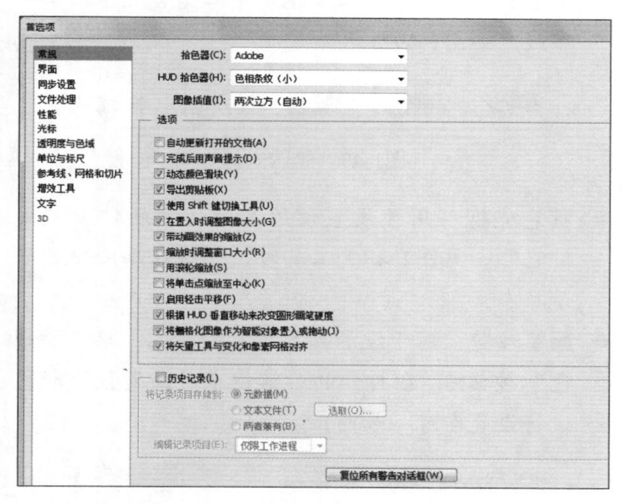

图1-44 常规设置

“常规”选项卡中包含很多参数。下面对主要参数项的作用进行介绍。

- **拾色器**：在该下拉列表框中可以选择是使用Adobe拾色器，还是使用Windows拾色器。Adobe拾色器可根据4种颜色模式来匹配颜色，而Windows拾色器仅涉及基本的颜色，只允许根据两种颜色模式来选择颜色。
- **HUD拾色器**：用于绘图时快速选择颜色，该下拉列表框中提供了7种选项，用户可根据需要进行选择。
- **图像插值**：用于在改变图像大小时增加或删除像素。在该下拉列表框中提供了6种选项，用户可根据需要进行选择。
- **选项**：该栏包括很多复选框，选中不同的复选框，可以对文档的一些操作进行相应的设置和控制。
- **历史记录**：选中☑历史记录(L)复选框后，可指定历史记录数据存储的位置，以及历史记录所包含信息的详细程度。
- 复位所有警告对话框(W)按钮：单击该按钮，在打开的提示对话框中单击 确定 按钮后，在执行某些命令时，会打开对话框进行询问。

2. 界面设置

界面设置主要对Photoshop CC外观、面板、文档、语言和字体大小等进行设置。其方法是：在“首选项”对话框左侧选择“界面”选项卡，在右侧进行相应的设置即可，如图1-45所示。

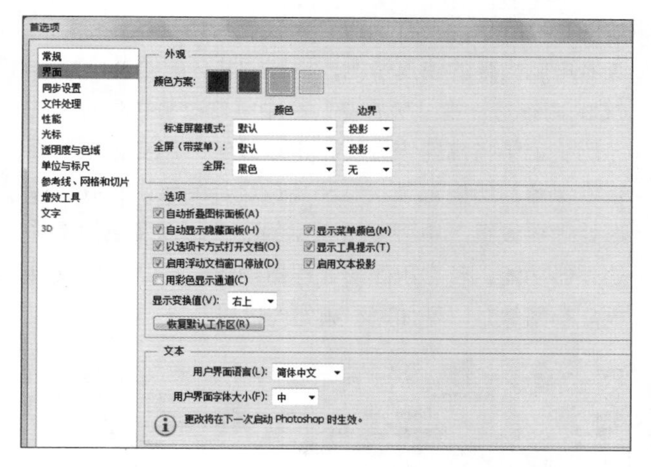

图1-45 界面设置

下面对“界面”选项卡各栏的作用进行介绍。

- **外观**：主要是对Photoshop CC工作界面配色方案、屏幕颜色和边界效果等进行设置。
- **选项**：主要是对面板、文档、菜单和文本等进行设置。
- **文本**：主要是对界面语言和界面字体大小进行设置。

3. 文件处理设置

文件处理主要对文件存储选项和文件兼容性进行

设置。在“首选项”对话框左侧选择“文件处理”选项卡，在右侧进行相应的设置即可，如图1-46所示。

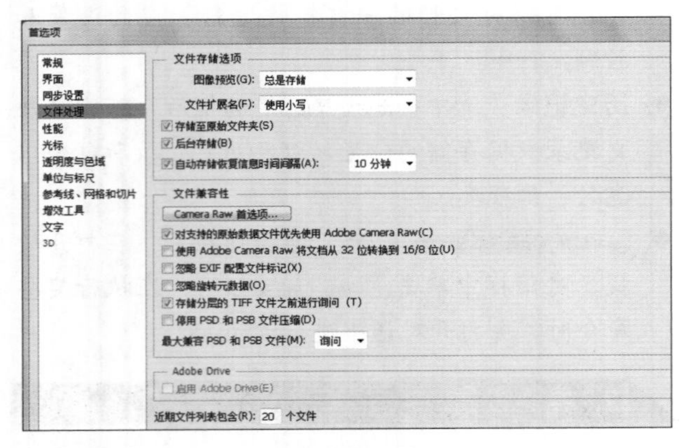

图1-46　文件处理设置

4. 性能设置

在“首选项”对话框左侧选择“性能”选项卡，如图1-47所示，在右侧的“内存使用情况”栏中既可查看电脑内存的使用情况，也可调整分配给Photoshop CC的内存量；在“暂存盘”栏中可修改暂存位置；在“历史记录与高速缓存”栏中可设置“历史记录”面板中保留的历史记录状态和高速缓存的级别；在“图形处理器设置”中可查看电脑的显卡，以及启用图形处理器功能，若启用图形处理器功能，在处理3D文件或复杂图像时，可加速视频处理过程。

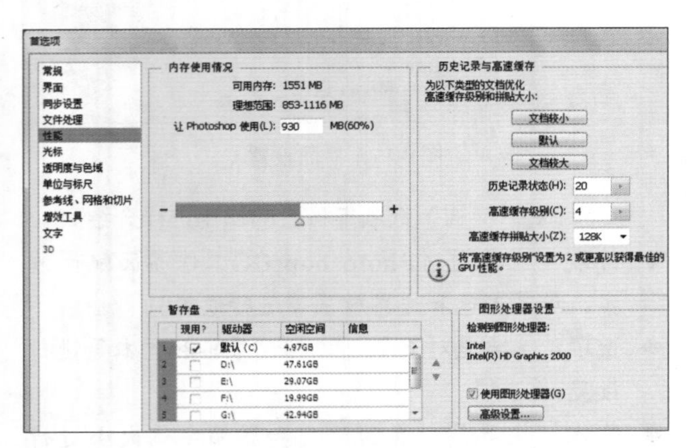

图1-47　性能设置

5. 光标设置

光标设置主要针对绘图的光标和绘图光标颜色进行。在“首选项”对话框左侧选择“光标”选项卡，在右侧进行相应的设置即可，如图1-48所示。

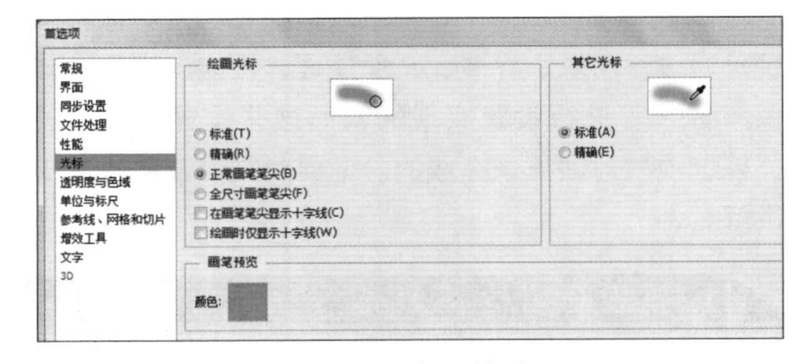

图1-48　光标设置

下面对“光标”选项卡各栏的作用进行介绍。

◆ 绘图光标：用于设置使用绘图工具时，光标在画图中的显示状态，以及光标中心是否显示“十”字线，如图1-49所示。

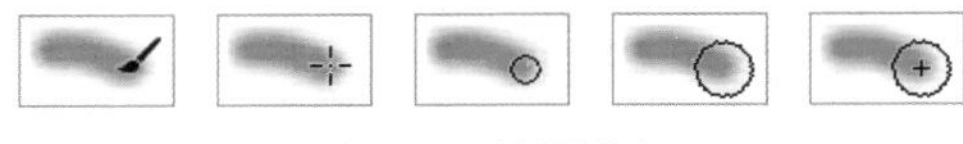

图1-49　绘图光标

◆ 其它光标：用于设置使用其他（原软件中使用“它”，见图1-48）工具时，光标在画图中的显示状态。

◆ 画笔预览：用于设置画笔预览的颜色。单击“颜色”按钮■，在打开的对话框中对画笔预览颜色进行设置即可，如图1-50所示。

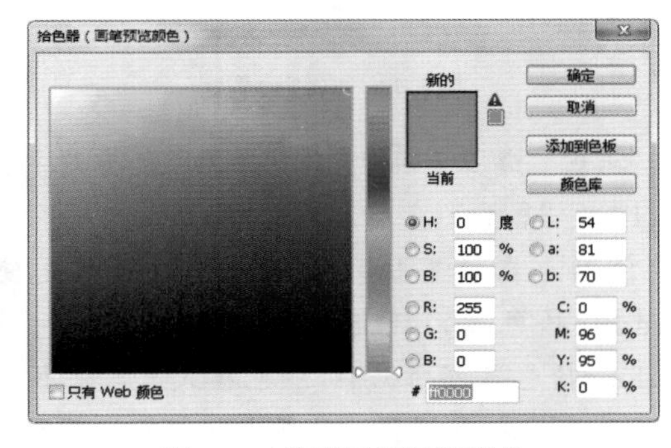

图1-50　设置画笔预览颜色

6. 透明度与色域设置

在“首选项”对话框左侧选择“透明度与色域”选项卡，在右侧的“透明区域设置”栏中可设置网格的大小和网格颜色，在“色域警告”栏中可设置文档中溢色的颜色和溢色的不透明度，如图1-51所示。

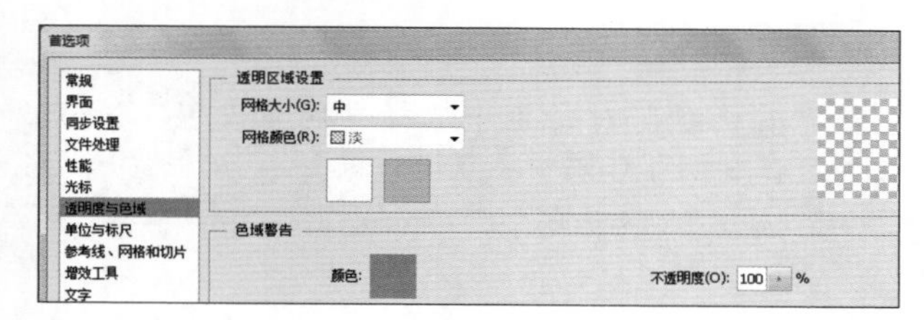

图1-51　透明度与色域设置

7. 单位与标尺设置

在“首选项”对话框左侧选择“单位与标尺”选项卡，在右侧的“单位”栏中可设置标尺和文字的单位，在“列尺寸”栏中可设置指定图像的宽度和装订线的尺寸，在“新文档预设分辨率”栏中可设置新建文档时预设的打印分辨率和屏幕分辨率，在“点/派卡大小”栏中可设置每英寸的点数，如图1-52所示。

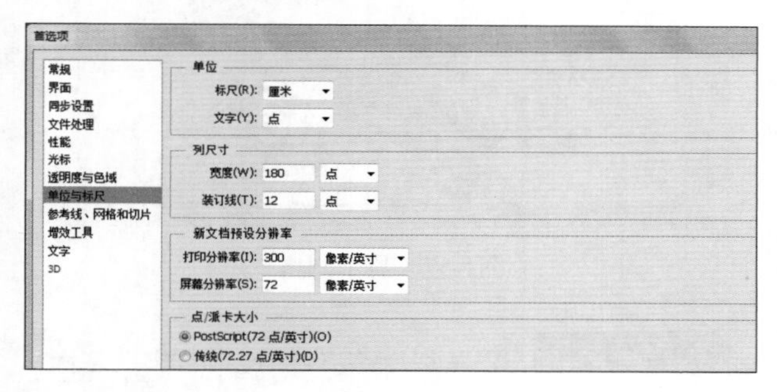

图1-52　单位与标尺设置

8. 参考线、网格和切片设置

参考线、网格和切片设置主要对参考线、智能参考线、网格和切片的颜色和样式进行设置。在“首选项”对话框左侧选择“参考线、网格和切片”选项卡，在右侧进行相应的设置即可，如图1-53所示。

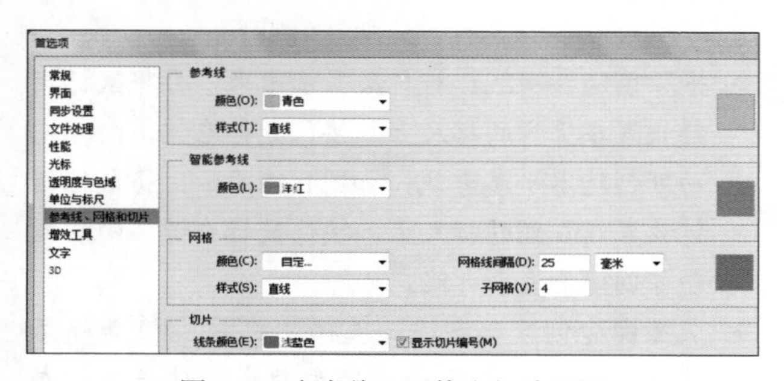

图1-53　参考线、网格和切片设置

9. 文字设置

文字设置主要对文字选项和选取文本引擎选项进行设置。在“首选项”对话框左侧选择“文字”选项卡，在右侧进行相应的设置即可，如图1-54所示。

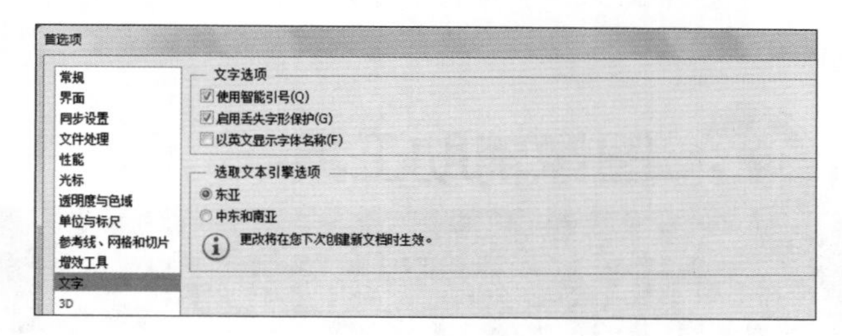

图1-54　文字设置

10. 3D设置

通过对3D进行设置，可以更好地对Photoshop CC的3D功能进行操作。在“首选项”对话框左侧选择3D选项卡，在右侧进行相应的设置即可，如图1-55所示。

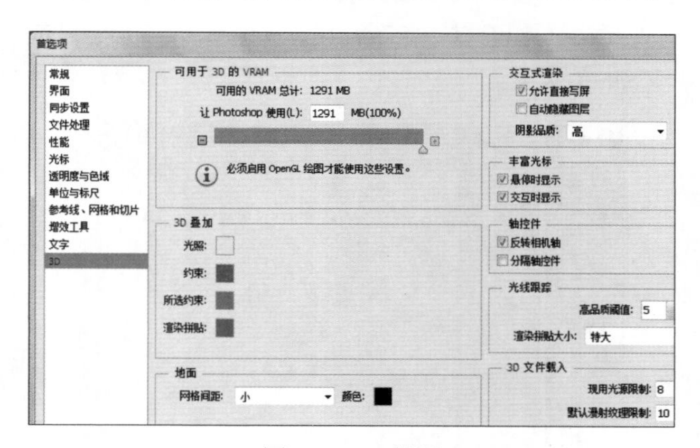

图1-55　3D设置

下面对3D选项卡各栏的作用进行介绍。

- **可用于3D的VRAM**：用于设置3D引擎可以使用的显存（VRAM）量。
- **3D叠加**：在该栏中可以设置各种参考线的颜色，以在进行3D操作时高亮显示可用的3D常见组件。
- **地面**：在该栏中可以设置进行3D操作时可用的地面参考线参数。
- **交互式渲染**：在该栏中可对3D对象交互和阴影品质进行设置。

- **丰富光标**：用于设置3D对象交互时光标的状态。
- **轴控件**：用于设置轴的属性。
- **光线跟踪**：用于设置光线跟踪渲染的图像品质阈值和渲染拼贴大小。
- **3D文件载入**：在该栏中可设置3D文件载入时的行为。

技巧秒杀

在“首选项”对话框中选择“同步设置”选项卡，在右侧可对同步参数进行设置。

1.6 图像辅助工具

在编辑图像时，可以使用如标尺、网格、参考线和智能参考线等辅助工具，它们可以帮助用户更好地完成选择、定位、排列和编辑图像等操作。

1.6.1 标尺

标尺可以帮助用户固定图像或元素的位置。选择“视图”/“标尺”命令，或按Ctrl+R组合键，可在图像编辑窗口顶部和左侧分别显示水平和垂直标尺，再次按Ctrl+R组合键可隐藏标尺。如图1-56所示为显示标尺时的效果。

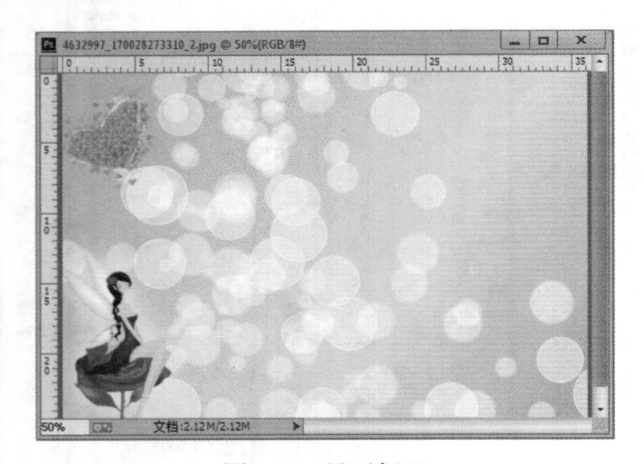

图1-56 显示标尺

1.6.2 网格

在查看和排列图像时，使用网格可以起到对准线的作用。在默认情况下，Photoshop CC不显示网格，使用时可将其显示出来。其方法是：选择“视图”/“显示”/“网格”命令。如图1-57所示为在图像中显示网格的效果。

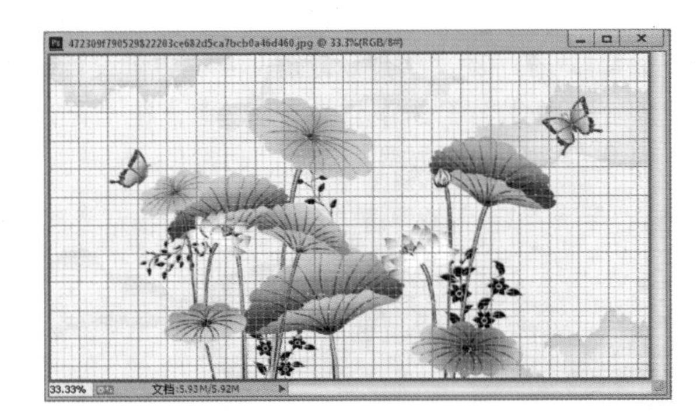

图1-57 显示网格

技巧秒杀

若要取消网格显示，再次选择“视图”/“显示”/“网格”命令即可。

1.6.3 参考线

在编辑图像的过程中，为了让制作的图像更加精确，可以使用参考线辅助工具。在Photoshop CC中创建参考线的方法有两种，分别介绍如下。

- **拖动创建参考线**：将标尺显示出来，再将鼠标指针放置在上方的标尺上，按住鼠标左键，向下拖动可创建水平参考线，如图1-58所示。将鼠标指针放置在左侧的标尺上，按住鼠标左键，向右拖动可创建垂直参考线。
- **选择命令创建参考线**：选择“视图”/“新建参考线”命令，打开“新建参考线”对话框，在

“取向”栏中选择创建水平或垂直参考线，在“位置”文本框中设置参考线的位置。如图1-59所示，使用“新建参考线”对话框在2厘米的位置创建一条垂直参考线。

图1-58　创建水平参考线

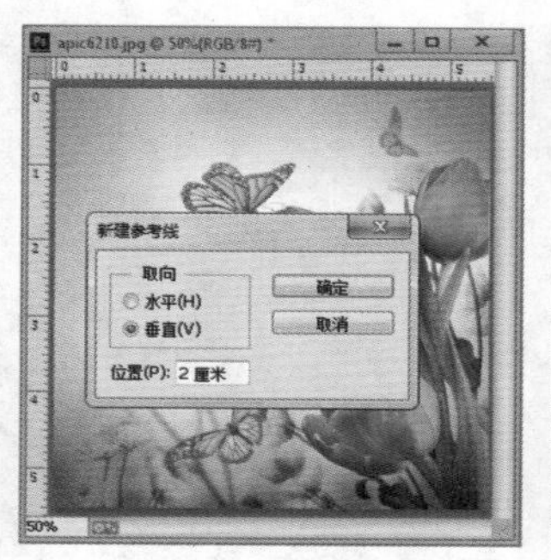

图1-59　创建垂直参考线

技巧秒杀

选择“视图”/“清除参考线”命令，可将本图像中所有的参考线清除。

1.6.4 智能参考线

智能参考线可以帮助用户对齐形状、切片和选区。其方法是：选择“视图”/“显示”/“智能参考线”命令，即可启动智能参考线，启动后，在绘制形状、切片以及选区时，Photoshop CC自动添加参考线，如图1-60所示。

图1-60　智能参考线

读书笔记

知识大爆炸——参考线的其他操作

在Photoshop CC中，除了可创建参考线外，还可移动、锁定和解锁参考线，其方法分别介绍如下。

- **移动参考线**：在图像文件中添加参考线后，单击工具箱中的“移动工具”按钮，将鼠标指针放置在参考线上，按住鼠标左键拖动，即可移动参考线。
- **锁定参考线**：确定图像中参考线的位置后，选择“视图”/“锁定参考线”命令，可锁定图像中的所有参考线，防止错误移动。
- **解锁参考线**：需要对参考线进行编辑时，可再次选择“视图”/“锁定参考线”命令，取消命令前的✔标注，以恢复参考线的可编辑状态。

01 02 03 04 05 06 07 08 09 10 11 12 13 14 ……

图像基础知识与操作

本章导读

为了更好地编辑处理图像，还需要掌握图像的一些基础知识，如什么是位图、矢量图、像素、分辨率等。除此之外，用户还需要对如新建文件、打开文件、置入图像、调整分辨率、调整画布、图像变形等基础操作有所了解。通过这些知识的学习，用户能更好地知道如何使用Photoshop CC进行图像处理。

2.1 图像的基础知识

Photoshop CC是处理图形图像的软件，所以，要想更好地掌握使用Photoshop CC制作图像的方法，就需要对图像的一些基础知识进行了解。

2.1.1 位图和矢量图

图像分为位图和矢量图两种类型，它们的原理和特点有所不同。下面分别对“位图”和“矢量图”的概念进行讲解。

◆ 位图：位图又称为像素图或点阵图，其图像大小和清晰度由图像中像素的多少决定。位图的特点是表现力强、层次丰富、精致细腻。缩放位图时图像变模糊。如图2-1所示为位图，如图2-2所示为将位图放大300%后的效果。

图2-1　位图

图2-2　放大后的位图

◆ 矢量图：矢量图是通过电脑指令来描述的图像，由点、线、面等元素组成，所记录的是对象的几何形状、线条粗细和色彩等。矢量图表现力虽不及位图，但其清晰度和光滑度不受图像缩放的影响。如图2-3所示为矢量图，如图2-4所示为将矢量图放大3倍后的效果。

图2-3　矢量图

图2-4　放大后的矢量图

2.1.2 像素和分辨率

像素是构成位图图像的最小单位，位图是由一个个小方格的像素组成的。一幅相同的图像，其像素越多，图像越清晰，效果越逼真。分辨率是指单位长度上的像素数目，单位通常为“像素/英寸”和“像素/厘米”。单位长度上像素越多，分辨率越高，图像就越清晰，所需的存储空间也越大。如图2-5所示即为图像分辨率为72像素/英寸下的图像和放大图像后的效果。被放大图像显示的每一个小方格代表一个像素。

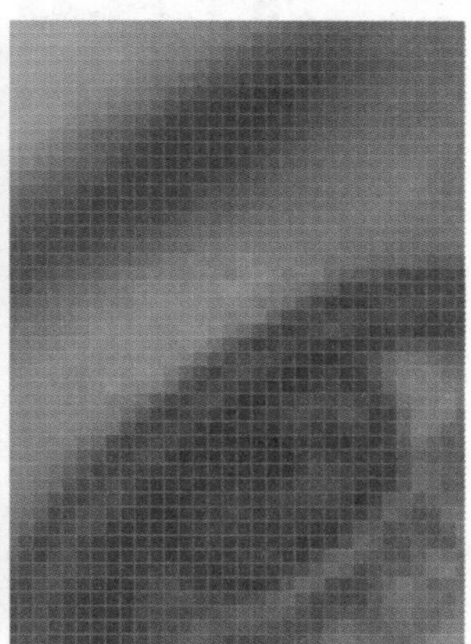

图2-5　像素

?答疑解惑：

制作印刷品和放在网上的样图需要使用一样的分辨率吗？

不需要，虽然分辨率越高图像越清晰，但分辨率越高图像文件也就越大，所以高分辨率的图像传输速度往往越低。一般用于屏幕显示和网络的图像，其分辨率只需要72像素/英寸；用于喷墨打印机打印时，可使用100~150像素/英寸的图像；用于写真或印刷时，可使用300像素/英寸的图像。

2.1.3 图像的颜色模式

在Photoshop CC中，颜色模式决定一幅电子图像用什么样的方式在电脑中显示或打印输出。Photoshop CC有RGB模式、CMYK模式、Lab模式、索引模式、位图模式、灰度模式、双色调模式和多通道模式等颜色模式。它们的构成原理和特点如下。

◆ 位图模式：位图模式是由黑和白两种颜色来表示图像的颜色模式。使用这种模式可以大大简化图像中的颜色，从而降低图像文件的大小。该颜色模式只保留亮度值，而丢掉色相和饱和度的信息。需要注意的是，只有处于灰度模式或多通道模式下的图像才能转换为位图模式。如图2-6所示为从多通道模式转换为位图模式的效果。

图2-6 多通道模式转换为位图模式

技巧秒杀

将RGB模式的图转换为位图模式时，需先将图像转换为灰度模式或多通道模式。

◆ 灰度模式：在灰度模式图像中，每个像素都有一个0（黑色）~255（白色）之间的亮度值。在8位图像中，图像最多有256个亮度级；在16位和32位图像中，图像的亮度级更多。当彩色图像转换为灰度模式时，将删除图像中的色相及饱和度，只保留亮度。如图2-7所示为从RGB模式转换为灰度模式的效果。

◆ 双色调模式：双色调模式是通过1~4种自定油墨创建的单色调、双色调、三色调、四色调灰度图像，而并不是指由两种颜色构成的图像模式，它在印刷行业市场被使用到。如图2-8所示为从灰度模式转换为单色调、双色调模式的效果。

图2-7 RGB模式转换为灰度模式

图2-8 灰度模式转换为单色调、双色调模式

◆ 索引模式：索引模式指系统预先定义好一个含有256种典型颜色的颜色对照表，可通过限制图像中的颜色来实现图像有损压缩。如图2-9所示为将灰度模式转换为索引模式的效果。

图2-9 灰度模式转换为索引模式

◆ RGB模式：RGB模式由红、绿和蓝等3种颜色按

不同的比例混合而成，也称为真彩色模式，是最为常见的一种色彩模式。在“通道”面板上可查看3种颜色通道的信息状态，如图2-10所示。

图2-10 RGB模式

◆ **CMYK模式**：CMYK模式是印刷时常使用的一种颜色模式，由青、洋红、黄和黑等4种颜色按不同的比例混合而成。CMYK模式包含的颜色比RGB模式少很多，所以在屏幕上显示时比印刷颜色丰富。在“通道”面板上可查看到4种颜色通道的信息状态，如图2-11所示。

图2-11 CMYK模式

技巧秒杀

印刷图像前，一定要确保图像的颜色模式为CMYK。若原图像的颜色模式是RGB，最好先在RGB颜色模式下对图像进行编辑，最后在印刷前将其转换为CMYK模式。

◆ **Lab模式**：Lab模式由RGB三基色转换而来。其中L表示“图像的亮度”；a表示“由绿色到红色的光谱变化”；b表示“由蓝色到黄色的光谱变化”。在“通道”面板上可查看到3种颜色通道的信息状态，如图2-12所示。

图2-12 Lab模式

◆ **多通道模式**：在多通道模式下图像包含多种灰阶通道。将图像转换为多通道模式后，Photoshop CC根据原图像产生对应的新通道，每个通道均由256级灰阶组成。在进行特殊打印时，多通道模式作用显著。在“通道”面板上可查看到颜色通道的信息状态，如图2-13所示。

图2-13 多通道模式

实例操作：将图像转换为双色调模式

- 光盘\素材\第2章\少女.jpg
- 光盘\效果\第2章\少女.psd
- 光盘\实例演示\第2章\将图像转换为双色调模式

下面打开“少女.jpg”图像，将其从灰色转换为双色调。素材和效果如图2-14和图2-15所示。

图2-14　原图效果　　　　图2-15　最终效果

Step 1 ▶ 打开“少女.jpg”图像。选择“图像”/“模式”/“双色调”命令，打开“双色调选项”对话框，在“预设”下拉列表框中选择“自定”选项，在“类型”下拉列表框中选择“双色调”选项，单击“油墨1”色块■，如图2-16所示。

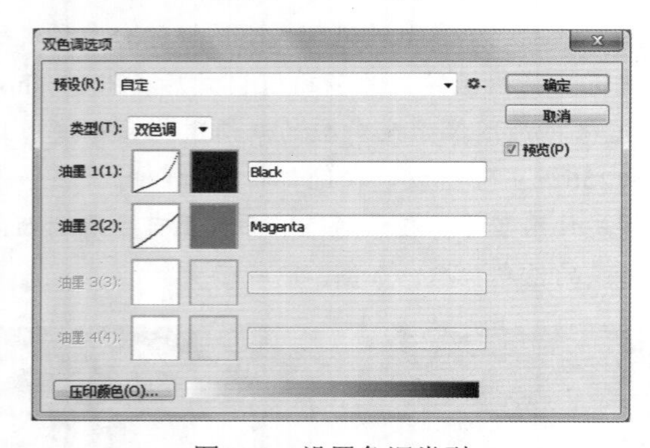

图2-16　设置色调类型

Step 2 ▶ 打开“拾色器（墨水1颜色）”对话框，在其中设置颜色为“深绿”（R:16 G:93 B:33），单击 确定 按钮，如图2-17所示。

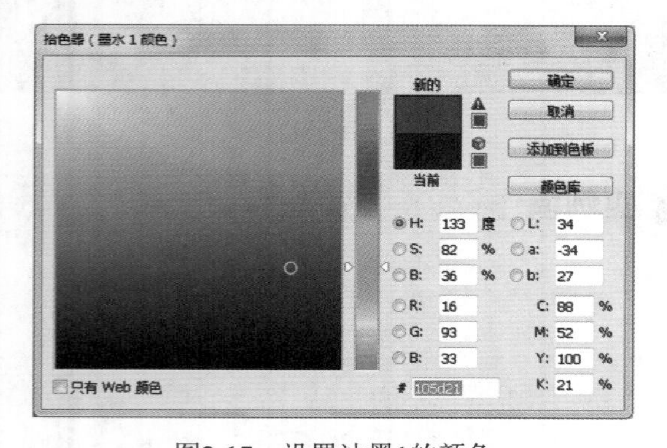

图2-17　设置油墨1的颜色

Step 3 ▶ 使用相同的方法，设置油墨2的油墨颜色为“橙色”（R:245 G:161 B:0），然后将“油墨1”和“油墨2”的名称设置为“深绿”和“橙色”，单击 确定 按钮，如图2-18所示。返回图像编辑区即可查看到效果。

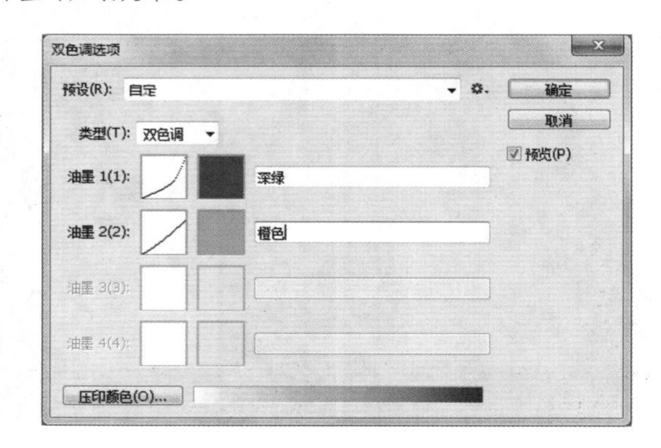

图2-18　设置油墨2的颜色

技巧秒杀

在“双色调选项”对话框的“类型”下拉列表框中提供“单色调”、“双色调”、“三色调”和“四色调”共4种类型，用户可根据需要进行选择，然后再根据设置双色调的方法进行设置。

2.1.4 常用的图像文件格式

在Photoshop CC中可以对多个格式的图像文件进行编辑，能满足大部分用户的需要。下面对Photoshop CC中常用的文件格式进行介绍。

- **PSD、PDD格式**：这两种图像文件格式是Photoshop CC专用的图像文件格式，有其他文件格式所不能包括的关于图层、通道的一些专用信息，也是能支持全部图像色彩模式的格式。
- **BMP格式**：BMP图像文件格式是一种标准的点阵式图像文件格式，支持RGB、灰度和位图等色彩模式。
- **GIF格式**：GIF图像文件格式是CompuServe提供的一种文件格式，将此格式进行LZW压缩，此图像文件就会只占用较少的磁盘空间。GIF格式支持BMP格式，支持灰度和索引等色彩模式，但不支持Alpha通道。

- EPS格式：EPS图像文件格式是一种PostScript格式，常用于绘图和排版。此格式支持Photoshop CC中所有的色彩模式，在BMP模式中能支持透明，但不支持Alpha通道。
- JPEG格式：JPEG图像文件格式主要用于图像预览及超文本文档。将JPEG格式保存的图像经过高倍率压缩后，可以将图像文件变得较小，但会丢失部分不易察觉的数据，所以在印刷时不宜使用此格式。
- PNG格式：PNG图像文件格式常用在World Wide Web上无损压缩和显示图像。与GIF不同的是，PNG支持24位图像，产生的透明背景没有锯齿边缘。此格式支持带一个Alpha通道的RGB、灰度色彩模式和不带Alpha通道的RGB、灰度色彩模式。

2.1.5 图像的位深度

位深度用于控制图像中使用的颜色数据信息的数量，有8位/通道、16位/通道、32位/通道共3种。位深度越大，图像中可使用的颜色就越多。用户选择“图像”/“模式”命令，在弹出的子菜单下方即可选择所需的位深度。不同位深度的作用如下。

- 8位/通道：表示图像的每个通道都包含256种颜色，图像可包含1600万或更多颜色值。
- 16位/通道：表示每个通道都包含6500种颜色，其颜色表现度远高于8位/通道的图像。
- 32位/通道：使用该位深度的图像又称为高亮度范围图像，这种位深度是亮度范围最广的一种图像。它可以很轻易地对很多亮度数据进行存储。

2.2 图像文件的管理

要真正掌握和使用Photoshop CC，除了要对软件有所了解外，还须掌握软件的一些基础操作，如新建图像文件、打开图像文件、保存与关闭图像文件等，这样才能更好地使用Photoshop CC对图像文件进行处理。

2.2.1 新建图像文件

新建图像文件是使用Photoshop CC时经常使用到的操作，新建图像文件后，用户即可使用新建的空白文档进行编辑。其方法是：选择“文件”/“新建”命令，打开“新建”对话框，如图2-19所示，在其中可设置名称、宽度、高度和分辨率等信息。

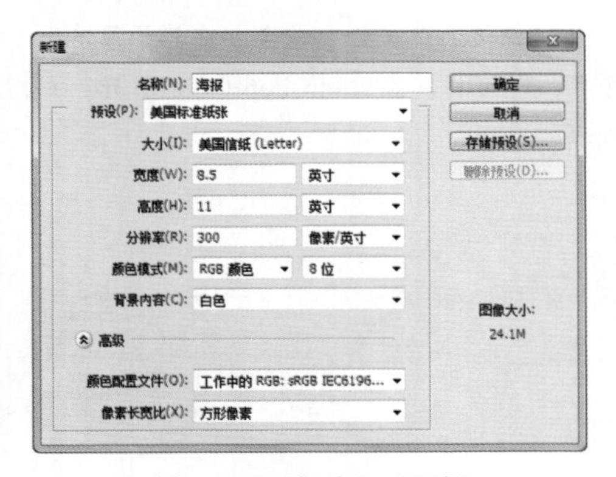

图2-19 “新建”对话框

“新建”对话框中各选项的作用如下。

- 名称：用于设置新建图像文件的名称。在保存文件时，文件名自动显示在存储对话框中。
- 预设/大小：在其中预设很多常用的文档预设尺寸。在进行设置时，可先在“预设”下拉列表框中选择需要预设的文档类型，再在“大小”下拉列表框中选择预设尺寸。
- 宽度/高度：用于设置图像的具体宽度和高度，在其右边的下拉列表框中可选择图像的单位。
- 分辨率：用于设置新建的分辨率，在右边的下拉列表框中可选择分辨率单位。
- 颜色模式：用于设置图像的颜色模式，包括位图、灰度、RGB颜色、CMYK颜色和Lab颜色。
- 背景内容：可以选择文件背景的内容，包括白色、背景色和透明。如图2-20所示为设置背景内容为白色，如图2-21所示为将背景色设置为绿色并设置背景内容为背景色，如图2-22所示为设置

背景内容为透明。

图2-20　白色背景　图2-21　背景色背景　图2-22　透明色背景

◆ 高级：单击按钮，显示隐藏的选项。在“颜色配置文件”下拉列表框中可为文件选择一个颜色配置文件；在“像素长宽比”下拉列表框中可以选择像素的长宽比，该选项一般在制作视频时才使用。

◆ 存储预设(S)... 按钮：单击该按钮，打开“新建文档预设”对话框，在其中新建预设的名称，将当前设置的文件大小、分辨率、颜色模式等创建一个新的预设。存储的预设自动保存在“预设”下拉列表中。

◆ 删除预设(D)... 按钮：选择自定义的预设后，单击该按钮可将当前预设删除。

2.2.2 打开图像文件

要对保存在电脑中的图像文件进行处理，首先需要打开图像文件，在Photoshop CC中打开图像的方法有很多。根据不同的情况，需要使用不同的打开方法，现分别进行介绍。

◆ 通过“打开”命令打开：在Photoshop CC工作界面中选择“文件”/“打开”命令，或按Ctrl+O组合键打开“打开”对话框，在其中选择需要打开的图像文件，单击 打开(O) 按钮，如图2-23所示。

读书笔记

图2-23　通过“打开”命令打开图像文件

◆ 通过“打开为”命令打开：若使用与文件实际格式不匹配的扩展名存储文件或文件没有扩展名时，Photoshop CC不能使用“打开”命令打开文件。此时可选择“文件”/“打开为”命令，打开“打开为”对话框，再在“打开为”下拉列表中选择正确的扩展名，然后单击 打开(O) 按钮。

技巧秒杀

如果使用“打开为”命令仍然不能打开图像，则可能选取的文件格式与实际文件格式不同，或文件已损坏。

◆ 通过“在Bridge中浏览”命令打开：一些PSD文件不能在“打开”对话框中正常显示，此时即可使用Bridge打开。其方法是：选择“文件”/“在Bridge中浏览”命令，启动Bridge。在Bridge中选择一个文件，并对其进行双击即可打开。

◆ 通过“最近打开文件”命令打开：Photoshop CC默认可记录最近打开过的20个文件，选择“文件”/“最近打开文件”命令，在其子菜单中选择文件名，即可将其在Photoshop CC中打开，如图2-24所示。

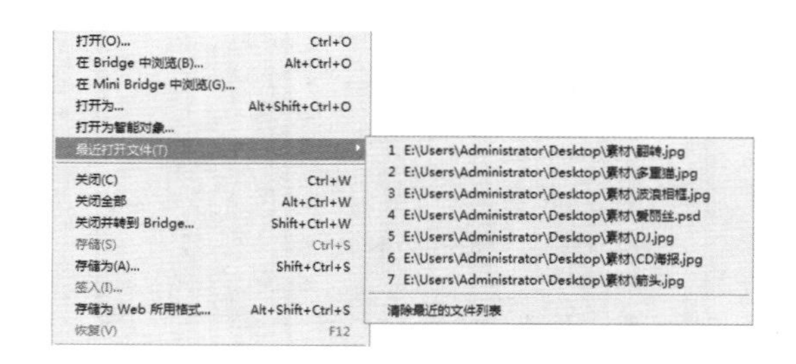

图2-24　通过“最近打开文件”命令打开图像文件

◆ 通过“打开为智能对象”命令打开：智能对象是一个嵌入到当前文档的文件，对它进行任何编辑都不会对原始数据有任何的影响。选择“文件”/“打开为智能对象”命令，打开“打开”对话框，此时图像以智能对象形式打开，如图2-25所示。此外，将图像文件直接拖曳到其他已经打开的图像中，被拖曳的图像文件也会成为智能对象，如图2-26所示。

图2-25　打开智能对象

图2-26　生成智能对象

技巧秒杀

启动Photoshop CC，在电脑中选择需要打开的图像文件，在图像文件上按住鼠标左键不放，将其拖动到Photoshop CC工作界面菜单栏的空白区域后释放鼠标，也可在Photoshop CC中打开该图像文件。

2.2.3 保存图像文件

对于创建的图像文件，或进行编辑后的图像文件，完成操作后都应该及时对图像文件进行保存，这样可避免因断电或程序出错带来的损失。保存图像文件同样分为两种情况，分别介绍如下。

◆ 直接保存：选择“文件”/“存储”命令或按Ctrl+S组合键即可对正在编辑的图像进行保存。如果是第一次对图像进行保存，那么选择“文件”/“存储”命令后打开“另存为”对话框，如图2-27所示。在其中对保存位置、文件名称和保存类型等进行设置。

◆ 另存为：选择“文件”/“存储为”命令或按Shift+Ctrl+S组合键，打开“另存为”对话框，在其中进行存储操作即可。

图2-27　“另存为”对话框

知识解析：“另存为”对话框

◆ 文件名：设置保存的文件名。

◆ 保存类型：用于设置图像文件的保存格式。

◆ 作为副本：选中该复选框，将为图像另外保存一个附件图像。

◆ 注释/Alpha通道/专色/图层：选中这些复选框，与之对应的对象被保存。

◆ 使用校样设置：选中该复选框后，可以保存打印用的校样设置。只有将文件的保存格式设置为EPS或是PDF时，该选项才可用。

◆ ICC配置文件：选中该复选框，可以保存嵌入到文件中的ICC配置文件。

◆ 缩览图：选中该复选框，图像创建并显示缩览图。

2.2.4 关闭图像文件

在编辑完图像后关闭图像。Photoshop CC提供多种关闭图像的方法，下面详细讲解。

◆ 通过“关闭”命令关闭：选择“文件”/“关闭”命令，或按Ctrl+W组合键关闭。需要注意的是，使用这些方法只会关闭当前的图像，不会对其他图像有影响。

◆ 通过“关闭全部”命令关闭：选择“文件”/“关闭全部”命令，或按Ctrl+Alt+W组合键，关闭所有的文件。

2.2.5 置入图像文件

置入图像文件是将图像或Photoshop CC所能识别的其他图像文件添加到当前图像中的操作。被置入的图像自动放置在图像中间，并自动调整它的位置使其与当前文件大小相同。

实例操作：为图像添加文字素材

- 光盘\素材\第2章\置入英文\
- 光盘\效果\第2章\情人节.psd
- 光盘\实例演示\第2章\为图像添加文字素材

本例打开“情人节.jpg”图像，再使用“置入”命令，为图像添加文字素材，美化图像效果。效果如图2-28和图2-29所示。

图2-28 原图效果

图2-29 最终效果

Step 1 选择“文件”/“打开”命令，在打开的对话框中选择“情人节.jpg”图像，单击打开(O)按钮打开图像。选择“文件”/“置入”命令，打开“置入”对话框，选择“英文字.pdf”图像，单击置入(P)按钮，如图2-30所示。

图2-30 选择文件

读书笔记

Step 2 置入的图像自动放置在当前图像的中间，如图2-31所示。按住Alt键不放，使用鼠标拖动置入图像四周出现的实心点，将置入图像放大到和当前图像相同的大小，如图2-32所示。按Enter键确定图像调整即可。

图2-31 置入图像

图2-32 调整置入图像

技巧秒杀

调整置入图像的大小后，单击“选择工具”按钮，在打开的对话框中单击置入(P)按钮，也可确认置入。

2.2.6 导入/导出图像文件

Photoshop CC不仅可以置入图像文件，还可导入一些特殊的对象和文件，或导出到电脑中。

1. 导入图像文件

Photoshop CC除编辑图像外，还可以编辑视频，但编辑视频时Photoshop CC并不能直接打开视频文件。此时，用户就可以将视频帧导入Photoshop CC。除此之外，用户还可以导入注释、WIA支持等内容。其方法是：选择“文件”/“导入”命令，在弹出的子菜单中选择相应的命令即可。

2. 导出图像文件

在实际工作中，人们往往同时使用多个图像处理软件来对图像进行编辑。这就需要使用Photoshop CC自带的导入功能。选择“文件”/“导出”命令，在弹出的子菜单中可以完成多种导出任务。导出的子菜单中各选项作用如下。

- 数据组作为文件：可以按批处理的方法将图像输出为PDF文件。
- Zoomify：可以将高分辨率的图像上传到网络上，利用播放器，用户可以移动或缩放图像。导出时生成JPG和HTML文件。
- 将视频浏览发送到设备：可以将视频浏览发送到设备上。
- 路径到Illustrator：将路径导出为AI格式，以便用户在Illustrator继续编辑。
- 视频预览：用于在视频设备上查看文件。
- 渲染视频：将视频导入为Quick Time影片。

2.2.7 复制、剪切和粘贴对象

在Photoshop CC中，使用“复制”命令可以为图像增加更多的图像元素。从而使图像看起来更加多元化。此外，除使用复制操作外，用户还可使用剪切操作来为图像添加图像元素。

1. 复制图像

建立选区后，选择“编辑”/“拷贝”命令，或按Ctrl+C组合键可以复制选区中的图像，如图2-33所示。再选择“编辑”/“粘贴”命令，或按Ctrl+V组合键将图像粘贴到图像中的同时生成一个新的图层，如图2-34所示。

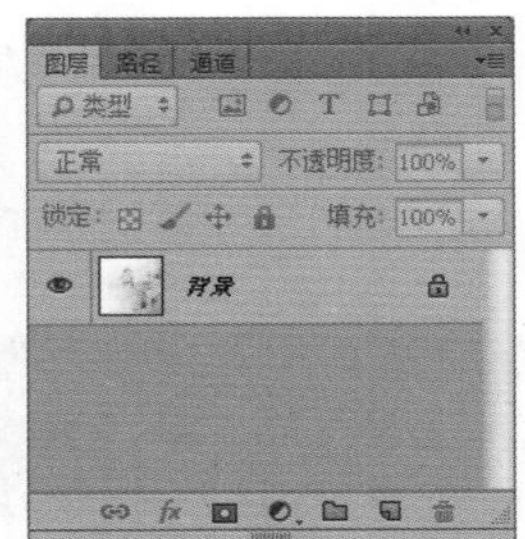

图2-33　复制图像

图2-34　粘贴图像

2. 剪切图像

建立选区后，选择“编辑”/“剪切”命令，或按Ctrl+X组合键可对选区中的图像进行剪切操作，再选择“编辑”/“粘贴”命令，或按Ctrl+V组合键可将剪切的图像粘贴到图像中的同时生成一个新的图层，如图2-35所示。

图2-35　剪切图像

操作解谜

本例黑色的蝴蝶被剪切后还显示在图像中，是因为Photoshop CC默认自动将剪切的图像填充为背景色的颜色。

读书笔记

技巧秒杀

图像包含很多图层时，选择“选择”/“全选”命令，再选择“编辑”/“合并拷贝”命令，或按Shift+Ctrl+C组合键，可将所有的可见图层合并到剪贴板中，最后按Ctrl+V组合键将合并复制的图像粘贴到图像中，如图2-36所示。

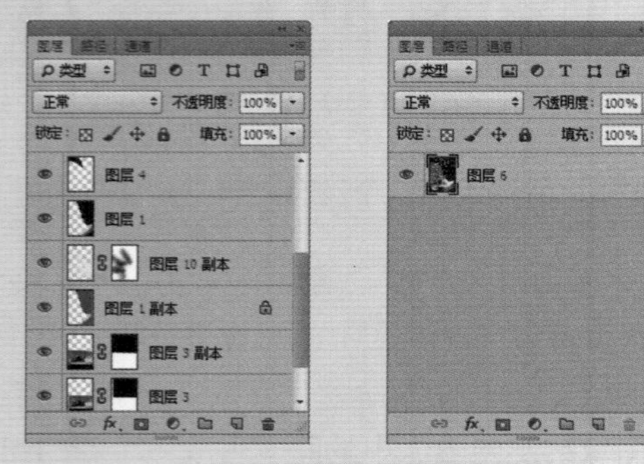

图2-36　合并剪贴图像

2.2.8 撤销和还原图像操作

在处理图像的过程中，经常需要进行多次尝试后才能制作出需要的效果，如果在制作过程中发现某些操作并不合适，可以通过撤销和恢复操作对图像效果进行恢复。

1. 使用命令快捷键

选择“编辑”/“还原”命令或按Ctrl+Z组合键可还原到上一步的操作。如果取消还原操作，可选择“编辑”/“重做”命令。

需要注意的是，还原操作以及重做操作都只针对一步操作。在实际编辑过程中经常需对多步进行还原，此时就可选择“编辑”/“后退一步”命令，或按Alt+Ctrl+Z组合键来逐一进行还原操作。若取消还原操作，则可选择“编辑”/“前进一步”命令，或按Shift+Ctrl+Z组合键来逐一进行取消还原操作。

2. 使用“历史记录”面板

“历史记录”面板用于记录编辑图像中产生的操作，使用该面板可以快速进行还原、重做操作。选择“窗口”/“历史记录”面板，如图2-37所示。

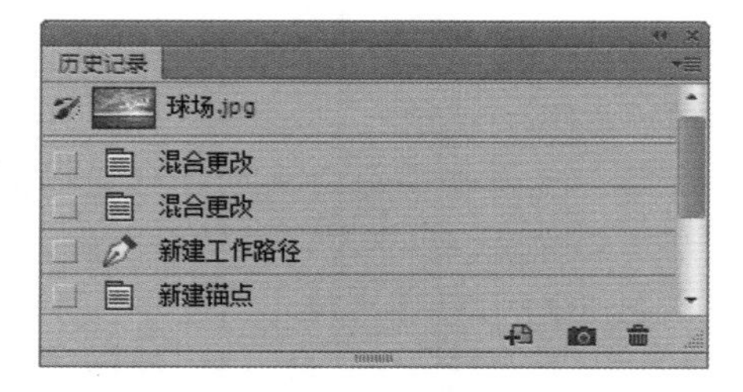

图2-37　“历史记录”面板

“历史记录”面板中各部分的作用介绍如下。

- 快照缩览图：用于显示被记录为快照的图像状态。
- 历史记录状态：记录Photoshop CC的每步操作，单击某个记录即可将操作状态返回到所选操作记录。
- 从当前状态创建新建文档：单击“从当前状态创建新建文档”按钮，以当前操作状态创建一个新的文档。
- 创建新快照：单击“新建快照”按钮，以当前状态创建一个新快照。
- 删除当前状态：选择某个记录后，单击“删除当前状态”按钮，可以将选中记录以及之后的记录删除。

读书笔记

2.3 查看图像的多种方法

在对图像文件进行编辑的过程中，经常需要对图像进行查看，如果图像太大，不能完全显示在窗口中时，可以使用一些特殊的方法使图像完全显示在窗口中。下面讲解使用工具、面板和命令查看图像文件的方法。

2.3.1 在不同的屏幕模式下工作

Photoshop CC提供多种屏幕模式，在不同的屏幕模式下，图像会有不同的显示效果。将鼠标指针移动到工具上，按住鼠标左键，在弹出的菜单中显示3种屏幕模式，如图2-38所示。用户可根据需要进行选择。

下面对3种屏幕模式分别进行介绍。

◆ **标准屏幕模式**：系统默认的屏幕模式，在该模式下，工作界面中显示菜单栏、标题栏和滚动条等，如图2-39所示。

标准屏幕模式 F
带有菜单栏的全屏模式 F
全屏模式 F

图2-38 屏幕模式 图2-39 标准屏幕模式

◆ **带有菜单栏的全屏模式**：在该模式下，工作界面带有菜单栏，并以全屏模式显示，如图2-40所示。

图2-40 带有菜单栏的全屏模式

◆ **全屏模式**：该模式会以全屏显示，并且不含菜单栏、标题栏和滚动条等。

技巧秒杀

在工作界面中选择“视图”/“屏幕模式”命令，在弹出的子菜单中显示屏幕的3种方式，选择所需屏幕模式即可。

2.3.2 以不同的排列方式查看图像

在Photoshop CC中同时打开多个图像文件后，可通过不同的排列方式来查看窗口中的图像。在Photoshop CC工作界面中选择“窗口”/“排列”命令，在弹出的菜单中提供了多种排列方式，如图2-41所示。用户可根据需要选择相应的排列方式对图像进行查看，如图2-42所示为以全部垂直拼贴方式排列的效果。

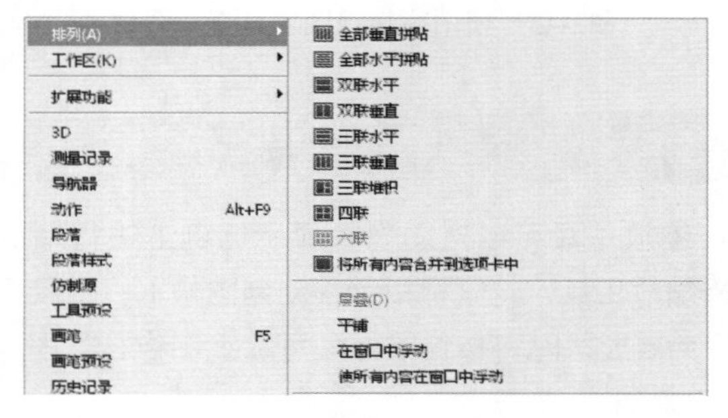

图2-41 排列方式

图2-42 全部垂直拼贴排列

2.3.3 使用旋转视图工具查看图像

使用旋转视图工具可以不同的角度对图像文件进行查看。其方法是：在工具箱中选择旋转视图工具，此时鼠标指针变成形状，然后将鼠标指针移动到图像上，拖动鼠标即可旋转图像，并查看效果，如图2-43所示。

读书笔记

图2-43　使用旋转视图工具查看图像

2.3.4 用缩放工具调整窗口比例

缩放工具可以对图像在显示比例上进行缩放。选择缩放工具，将鼠标指针移动到图像上，当鼠标指针变为形状时，按住鼠标即可放大图像，如图2-44所示。

图2-44　放大图像

选择缩放工具后，显示如图2-45所示的属性栏。

图2-45　缩放工具属性栏

该属性栏中各选项的作用如下。

- 放大/缩小：用于切换缩放方式。单击按钮，切换为放大模式；单击按钮，切换为缩小模式。
- 调整窗口大小以满屏显示：选中☑调整窗口大小以满屏显示复选框，在缩放窗口的同时自动调整窗口的大小。
- 缩放所有窗口：选择☑缩放所有窗口复选框，可以同时对所有打开的图像进行缩放。
- 细微缩放：选中☑细微缩放复选框，在图像中单击并向左侧或右侧拖动鼠标，可以慢慢地缩放图像。
- 100%：单击100%按钮，可将图像以实际像素显示图像。
- 适合屏幕：单击适合屏幕按钮，可在窗口中以最大化的方式完整地显示图像。
- 填充屏幕：单击填充屏幕按钮，可在整个屏幕范围内最大化显示完整的图像。

2.3.5 用抓手工具移动画面

在编辑较大的图像，且图像不能完全显示在画布中时，可使用抓手工具移动画布，以查看图像的不同区域。其方法是：选择抓手工具，鼠标在图像中进行拖动即可移动图像的显示区域，如图2-46所示。当鼠标指针向什么方向拖动时，图像就会显示什么方向的图像。

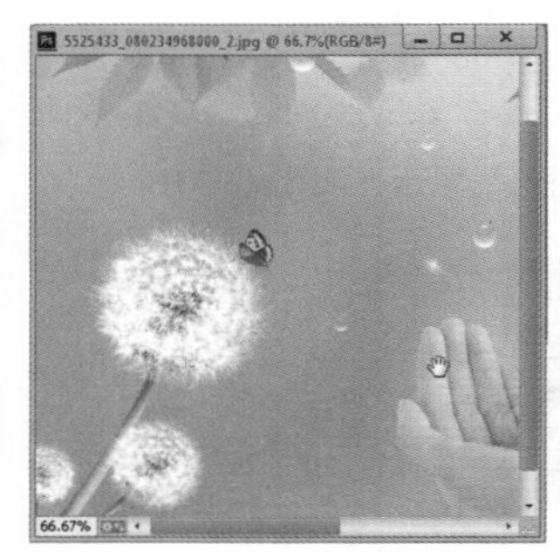

图2-46　使用抓手工具查看图像

技巧秒杀

选择抓手工具后，出现抓手工具属性栏，该属性栏中除☑滚动所有窗口复选框外，其余按钮都与缩放工具栏中的按钮相同。如果Photoshop CC中打开了多个图像文件，那么选中☑滚动所有窗口复选框，使用抓手工具移动画布的操作适用于所有不能够完全显示的图像。

2.3.6 用“导航器”面板查看图像

除了使用抓手工具查看未显示完整的图像外，还可通过“导航器”面板对图像的隐藏部分进行查看。

其方法是：选择“窗口”/“导航器”命令，打开“导航器”面板。将鼠标光标放在缩略图上，当鼠标光标变为形状时，使鼠标在预览图上拖动，移动图像的显示位置，如图2-47所示。需要注意的是，当图像能在工作界面中完整显示时，鼠标指针放在缩略图上，鼠标指针不会变为形状。

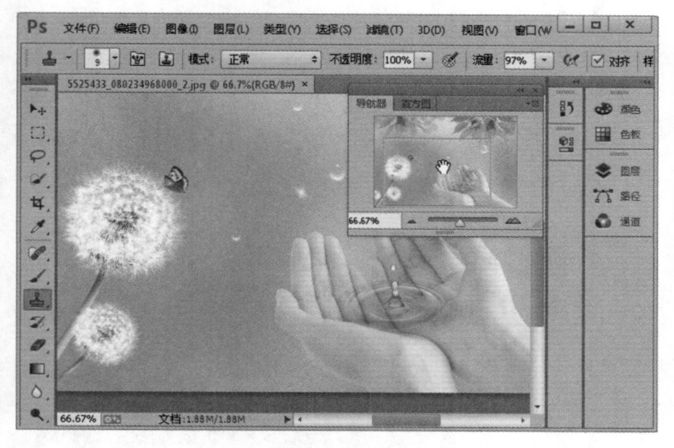

图2-47　使用导航器查看图像

技巧秒杀

在“导航器”面板中向左拖动滑块或单击按钮，可缩小图像在画布中的大小；向右拖动滑块或单击按钮，可放大图像在画布中的大小。

2.3.7 使用缩放命令查看图像

除了使用图像查看工具和“导航器”面板查看图像外，还可使用一些缩放命令对图像进行查看。其执行方法分别介绍如下。

- 放大图像：选择“视图”/“放大”命令，或按Ctrl++组合键，可以放大图像在文档窗口中的显示比例。
- 缩小图像：选择“视图”/“缩小”命令，或按Ctrl+-组合键，可以缩小图像在文档窗口中的显示比例。
- 按屏幕大小缩放图像：选择“视图”/“按屏幕大小缩放”命令，或按Ctrl+0组合键，可以自动调整图像的比例，使之能够完整地显示在窗口中。
- 按实际像素缩放图像：选择“视图”/“实际像素”命令，或按Ctrl+1组合键，图像按照实际的像素显示，即100%的比例显示。
- 按打印尺寸显示图像：选择“视图”/“打印尺寸”命令，图像按照实际的打印尺寸显示。

读书笔记

2.4 调整图像尺寸和分辨率

图像和画布决定图像文件的大小。用户制作图像一般都有一定的图像尺寸要求，修改图像尺寸和分辨率对图像有一定程度的影响。为了降低这种影响，用户最好在前期编辑时就确定图像尺寸和分辨率。下面讲解调整图像尺寸和分辨率的方法。

2.4.1 调整图像尺寸

不同的使用用途对图像的尺寸要求不同。当所需的图像尺寸不能满足需要时，可以对图像的尺寸进行调整。其方法是：选择“图像”/“图像大小”命令，打开“图像大小”对话框，如图2-48所示，在其中进行相应的设置即可。

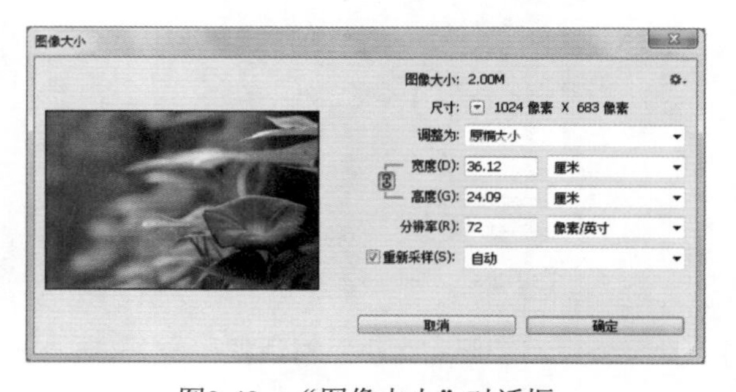

图2-48　“图像大小”对话框

知识解析：“图像大小”对话框

- 图像大小：显示图像文件的大小。
- 尺寸：显示当前图像的尺寸，默认以“像素”为单位。
- 调整为：在该下拉列表框中预设很多尺寸大小选项，用户可以根据需要选择图像的尺寸。
- 宽度：用于设置图像宽度大小和单位，如“像素”“厘米”“百分比”“毫米”等。
- 高度：用于设置图像高度和单位。
- 分辨率：用于设置图像的分辨率。
- 重新采样：修改图像的像素大小。减少像素的数量时，从图像中删除一些信息；增加像素的数量或增加像素取样时，添加新的像素。

技巧秒杀

在“图像大小”对话框的“宽度”“高度”数值框前有个图图标。该图标表示宽、高，目前是受约束比例的状态，缩放高度时同时按比例缩放宽度。在这种状态下缩放图像时，图像不会变形。单击图图标，可以解开图像的约束比例状态，此时，可以单独对宽度、高度进行设置。

2.4.2 调整画布尺寸

图像的显示区域称为画布，设置画布的尺寸可以影响图像的显示情况。其设置方法是：选择“图像”/“画布大小”命令，打开如图2-49所示的“画布大小”对话框，在其中可修改画布尺寸。

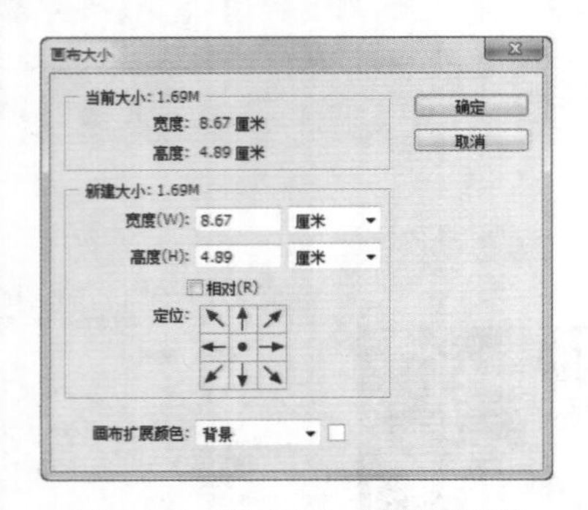

图2-49 “画布大小”对话框

知识解析：“画布大小”对话框

- 当前大小：显示当前图像的宽度和高度。
- 新建大小：用于设置当前图像修改画布大小后的尺寸。若是数值大于原来的尺寸，增大画布；若是数值小于原来的尺寸，缩小画布。
- 相对：选中该复选框，“宽度”“高度”数值框中的数值表达实际增加或减少的区域大小，而不是整个文件的大小。输入正值，增加画布；输入负值，减小画布。
- 定位：用于设置当前图像在新画布上的位置，如进行扩大画布操作，并单击左上角的方块，其画布的扩大方向就是右下角。如图2-50所示为使用不同的“定位”产生的画布扩大效果。

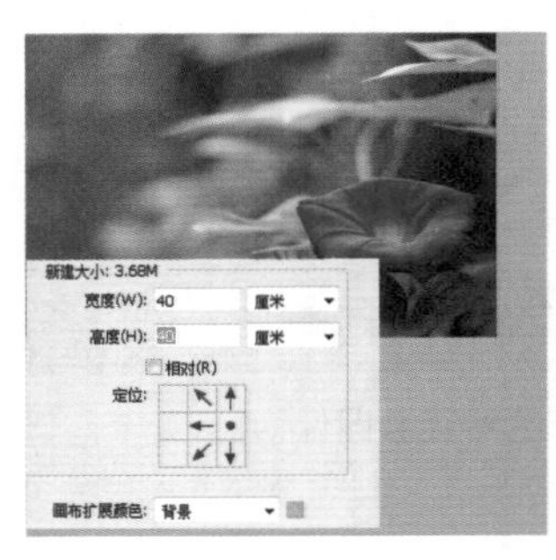

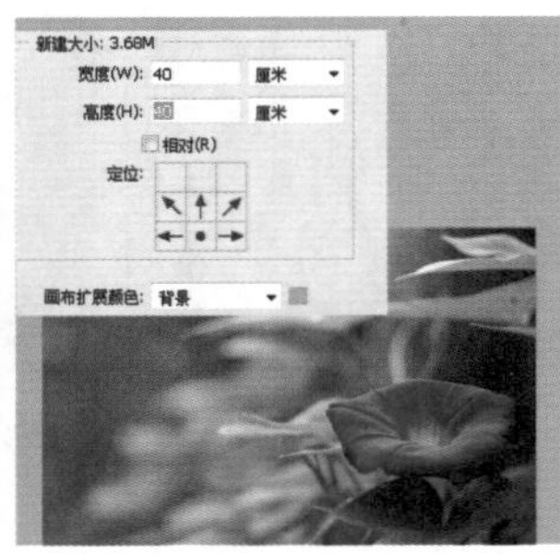

图2-50 使用“定位”产生的画布扩大效果

- 画布扩展颜色：在该下拉列表框中可选择扩大选区时填充新画布使用的颜色，默认情况下使用前景色（白色）填充。如图2-51所示为分别使用红色和黄色填充的画布效果。

图2-51 填充画布颜色

2.4.3 调整图像分辨率

分辨率可以影响图像的清晰度，分辨率越高，图像越清晰。如果图像的分辨率不能满足需要，可对其进行调整。在Photoshop CC中调整图像分辨率的方法很简单，在“图像大小”对话框的“分辨率”文本框中输入分辨率值即可。需要注意的是，在设置分辨率时最好不要将原本的低分辨率设置为高分辨率，因为这很可能使图像变模糊。

技巧秒杀

虽然分辨率越高的图像越清晰，但分辨率越高的图像文件也就越大，所以高分辨率的图像传输速率往往越低。

2.5 裁剪与裁切图像

在处理图像的过程中，经常需要对图像进行裁剪操作，以删除图像中不需要的部分，使图像更加符合需要。裁剪图像可通过裁剪工具以及“裁切”命令来完成，下面分别进行讲解。

2.5.1 运用裁剪工具裁剪图像

当图像画面过于凌乱时，用户可以将图像中多余杂乱的图像通过裁剪的方法删除。裁剪图像最常使用的方法是通过裁剪工具。鼠标在图形中拖动，出现一个裁剪框，按Enter键确定裁剪。在工具箱中选择裁剪工具后，其工具属性栏如图2-52所示。

图2-52　裁剪工具属性栏

裁剪工具属性栏中各选项的作用如下。

- 约束方式：在比例下拉列表框中提供裁剪的约束比例，用户可根据需要进行选择。
- 约束比例：用于输入自定的约束比例数值。
- 清除：设置约束比例后，单击清除按钮，可清除设置的约束比例。
- 拉直：单击按钮，可通过在图像上绘制一条直线拉直图像。
- 设置裁剪工具的叠加选项：单击按钮，可以对裁剪工具的叠加选项进行设置。
- 设置其他裁剪选项：单击按钮，可以对如裁剪拼布颜色、透明度等参数进行设置。
- 删除裁剪的像素：取消选中删除裁剪的像素复选框，可保留裁剪框外的像素数据，仅将裁剪框外的图像隐藏。
- 复位裁剪：如果对裁剪的效果不满意，可单击按钮，复位所进行的裁剪操作。
- 取消当前裁剪操作：单击按钮，可取消当前进行的裁剪操作。
- 提交当前裁剪操作：单击按钮，可确认当前进行的裁剪操作。

2.5.2 运用“裁切”命令裁剪图像

通过裁剪工具裁剪图像外，还可以使用“裁切”命令来裁剪图像。“裁切”命令是通过识别图像的像素颜色来裁剪图像的。选择“图像”/“裁切”命令，打开如图2-53所示的“裁切”对话框，在其中进行设置即可。

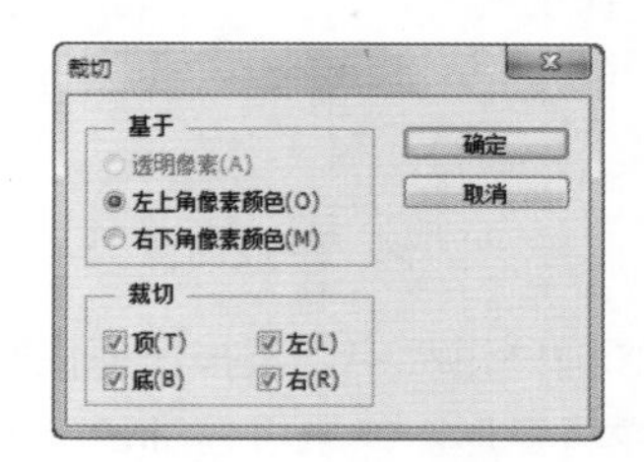

图2-53　“裁切”对话框

“裁切”对话框中各选项的作用如下。

- 透明像素：选中该单选按钮，可以将图像边缘的透明区域裁切掉。只有图像中存在透明区域时才能使用。
- 左上角像素颜色：选中该单选按钮，从图像中删除左上角的像素颜色区域。
- 右下角像素颜色：选中该单选按钮，从图像中删除右上角的像素颜色区域。
- 顶/底/左/右：用于修正图像区域。

技巧秒杀

使用工具在图像中选取一个选择区域，选择“图像”/“裁剪”命令，即可将图像中不需要的内容裁剪掉。

读书笔记

2.6 对图像进行变形

在编辑图像的过程中，经常需要对图像进行变形操作。Photoshop CC对图像进行变形操作的方法很多，如通过缩放图像、旋转图像、斜切图像、扭曲图像等方法来对图像进行变形。

2.6.1 缩放图像

“缩放图像”是指相对于变换对象的中心点对图像进行缩放。其方法是：选择需要进行缩放的图像所在的图层，再选择“编辑”/“变换”/“缩放”命令，此时，图像周围出现一个矩形框，然后将鼠标光标移动到矩形框的控制点上，同时拖动鼠标，可任意缩放图像，如图2-54所示。

图2-54　缩放图像

在缩放图像的过程中，不按任何快捷键而直接拖动鼠标，图像将变形。如果按住Shift键进行缩放，可等比例缩放图像，如图2-55所示。如果按住Shift+Alt组合键进行缩放，可以中心点为基准等比例缩放图像，如图2-56所示。

图2-55　等比例缩放图像

图2-56　以中心点缩放图像

2.6.2 旋转图像

“旋转图像”是指围绕中心点对图像进行转动。其方法是：选择需要进行旋转的图像所在的图层，再选择“编辑”/“变换”/“旋转”命令，此时，图像周围出现一个矩形框，然后将鼠标光标移动到矩形框的控制点上，当鼠标指针变成↶形状，同时拖动鼠标可旋转图像，如图2-57所示。

图2-57　旋转图像

技巧秒杀

“变换”子菜单还提供“旋转180度”“旋转90度（顺时针）”“旋转90度（逆时针）”等旋转命令，用户可以根据情况选择需要的旋转命令，对图像进行旋转。

技巧秒杀

在旋转图像的过程中，如果按住Shift键，可以15°为单位旋转图像。

2.6.3 斜切图像

“斜切图像”是指对图像进行倾斜操作，其方法是：选择需要斜切的图像所在的图层，再选择“编辑”/“变换”/“斜切”命令，此时，图像周围出现一个矩形框，将鼠标指针移动到矩形框上下左右中心控制点上，然后拖动鼠标即可自由倾斜图像，如图2-58所示。

图2-58 斜切图像

2.6.4 扭曲图像

需要对图像进行扭曲时，可以通过“变换”子菜单中的“扭曲”命令对图像进行扭曲操作。其方法是：选择需要扭曲的图像所在的图层，再选择“编辑”/“变换”/“扭曲”命令，此时图像周围出现一个矩形框，然后将鼠标光标移动到矩形框的控制点上，同时拖动鼠标，即可自由扭曲图像，如图2-59所示。

图2-59 扭曲图像

读书笔记

2.6.5 透视图像

在Photoshop CC中选择需要进行透视的图像所在的图层，再选择“编辑”/“变换”/“透视”命令，此时图像周围出现一个矩形框，将鼠标指针移动到矩形框的控制点上，然后拖动鼠标，即可对图像进行透视操作，如图2-60所示。

图2-60 透视图像

2.6.6 变形图像

在编辑图像的过程中，如果需要对图像中的某部分内容进行扭曲，可以使用“变形”命令来实现。

实例操作：制作车体贴图

- 光盘\素材\第2章\汽车.jpg、卡通.jpg
- 光盘\效果\第2章\汽车.psd
- 光盘\实例演示\第2章\制作车体贴图

本例打开“汽车.jpg”图像，使用“置入”命令将“卡通.jpg”图像导入汽车图像中，并使用“变形”命令将卡通图像贴合到汽车上。效果如图2-61和图2-62所示。

图2-61 原图效果

图2-62 最终效果

Step 1 ▶ 打开“汽车.jpg”图像，选择“文件”/“置入”命令，打开“置入”对话框，在其中选择“卡通.jpg”图像，单击[置入(P)]按钮，如图2-63所示。

图2-63 选择需要置入的图像

Step 2 ▶ 选择置入的图片，选择“编辑”/“变换”/“缩放”命令，将卡通图像缩小，将其移动到汽车侧边，效果如图2-64所示。

图2-64 缩放图像

Step 3 ▶ 选择“编辑”/“变换”/“变形”命令，鼠标指针移动到图像左下方的控制点，鼠标向右上方拖动，调整图像的位置。使用相同的方法拖动变形控制点，使图像与车身外侧完全贴合，效果如图2-65所示。

图2-65 调整图像变形

Step 4 ▶ 按Enter键确认，然后在“图层”面板的“图层混合模式”下拉列表框中选择“正片叠底”选项，如图2-66所示，使卡通图像与车身完全贴合。

图2-66 设置图层混合模式

操作解谜

本例之所以对图层混合模式进行设置，是因为卡通图像的背景不是透明色的，与车身贴合的痕迹很明显，所以需设置图层混色模式。

读书笔记

技巧秒杀

选择需要变形图像所在的图层，按Ctrl+T组合键，图像周围出现一个矩形框，在其上单击，在弹出的快捷菜单中选择“变形”命令，可进行变形操作。

?答疑解惑：

能不能只对图层中图像的某个部分内容进行变形操作?

可以，如果要对图层中图像的某部分内容进行缩放、旋转、斜切、扭曲、翻转、变形和透视等变形操作，可先使用矩形选框工具、椭圆选框工具和快速选择工具选取图像中需要“变形”的区域，然后再执行变形命令进行操作即可，如图2-67所示为对选区中的内容进行变形操作的效果。

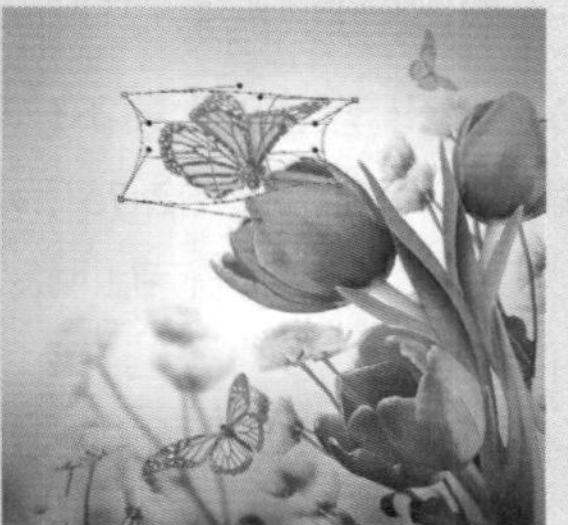

图 2-67　对选区内容进行变形操作

2.6.7 翻转图像

Photoshop CC提供“水平翻转”和“垂直翻转”两种翻转方式，用户可以根据需要选择翻转方式对图像进行翻转操作。其方法是：选择需要翻转的图像所在的图层，再选择“编辑”/“变换”/“水平翻转”或“垂直翻转”命令即可。如图2-68所示为原图效果，如图2-69所示为垂直翻转后的效果。

读书笔记

图2-68　原图效果

图2-69　垂直翻转后的效果

2.6.8 内容识别比例

内容识别比例是一个缩放功能，使用它对图像进行缩放时，主要影响图像中没有重要可视内容区域中的像素。

实例操作：用内容识别比例功能缩放图像

- 光盘\素材\第2章\美女.jpg
- 光盘\效果\第2章\美女.psd
- 光盘\实例演示\第2章\用内容识别比例功能缩放图像

本例打开“美女.jpg”图像，使用内容识别比例功能对图像进行无规律缩放。素材和效果如图2-70和图2-71所示。

图2-70　原图效果

图2-71　最终效果

Step 1 打开“美女.jpg”图像，在“图层”面板中双击“背景”图层，打开“新建图层”对话框，单击 确定 按钮，如图2-72所示。

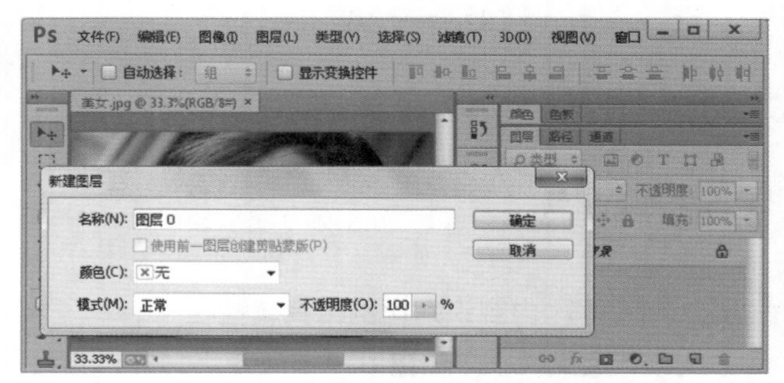

图2-72　转换图层

操作解谜

由于内容识别比例缩放功能不能处理“背景”图层，所以需要先将“背景”图层转换为普通图层，否则不能使用内容识别比例功能缩放图像。

Step 2 ▶ 选择“编辑”/“内容识别比例”命令，在图像中显示定界框和工具属性栏，在工具属性栏的W文本框中输入75.00%，在H文本框中输入90.00%，如图2-73所示。

图2-73　设置缩放值

Step 3 ▶ 按Enter键确认应用设置的缩放结果，即可查看缩放后的效果，如图2-74所示。

图2-74　完成缩放

技巧秒杀

在出现的定界框中使用鼠标拖动控制点，也可对图像进行缩放。

知识解析：内容识别比例工具属性栏

- 参考点定位符：单击▓图标上的方块，可以指定缩放图像时要围绕的参考点，默认情况下参考点位于图像的中心。
- 使用参考点相对定位：单击△按钮，可以指定相对于当前参考点位置的新参考点位置。
- 参考点位置：在X和Y文本框中输入相应的像素大小，可将参考点放置于对应的位置。
- 缩放比例：在W和H文本框中输入相应的百分比，可以指定图像按原始大小的百分之几进行缩放。
- 数量：在“数量”文本框中输入相应的值，可指定内容识别缩放与常规缩放的比例。
- 保护：单击按钮，可以保护含肤色的图像区域，使之不变形。

2.6.9 操控变形

使用“操控变形”命令可以解决因为人物动作不合适而出现图像效果不佳的情况。其方法是：选中要编辑的图像，如图2-75所示。选择“编辑”/“操控变形”命令，图像充满网格，如图2-76所示。在图像上钉上控制变形的“图钉”，移动图形位置，即可控制图像的变形效果，如图2-77所示。

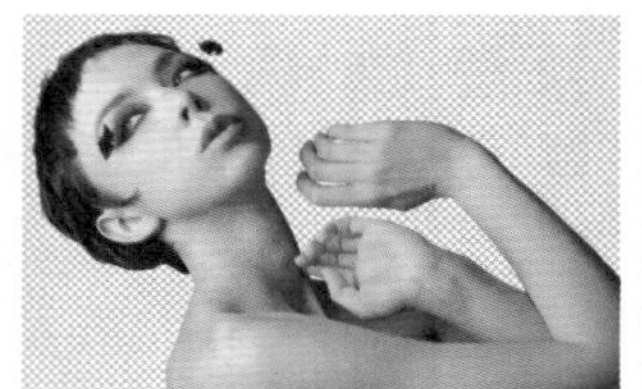

图2-75　原始图像

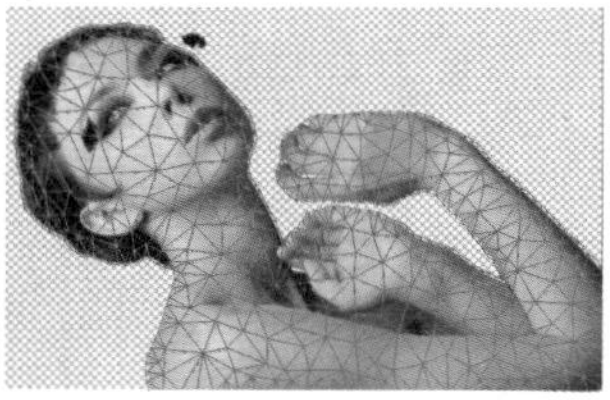

图2-76　使用操控变形

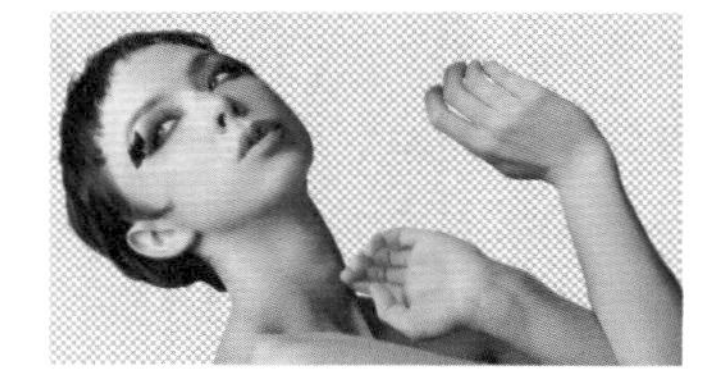

图2-77　完成效果

读书笔记

选择“编辑”/“操控变形”命令时，出现“操控变形”属性栏，如图2-78所示。

图2-78 “操控变形”属性栏

“操控变形”属性栏中各选项的作用如下。

- 模式：用于控制变形的细腻程度。其中，选择“刚性”选项，变形效果精确，但过渡效果较硬；选择“正常”选项，变形效果精确，过渡效果也较柔和；选择“扭曲”选项，在变形时可创建透视效果。
- 浓度：用于控制使用操控变形时，出现的网格点数量，网格点数量越少，表示用户可添加图钉的位置越少。如图2-79所示为选择“较少点”选项的效果；如图2-80所示为选择“正常”选项的效果；如图2-81所示为选择“较多点”选项的效果。

图2-79 较少点

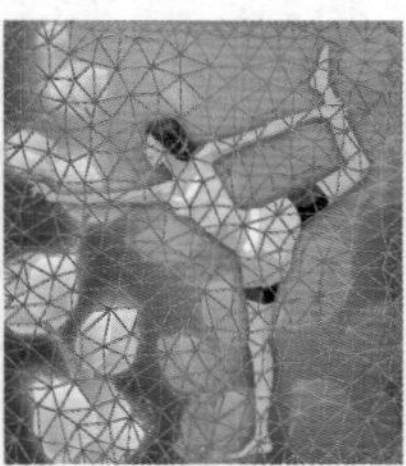

图2-80 正常

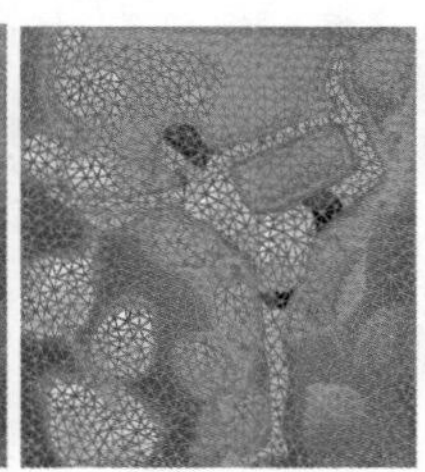

图2-81 较多点

- 扩展：用于设置变形效果的影响范围，当数值较大时，影响范围向外扩展。如图2-82所示为设置扩展为“50像素”的效果，此时图像的边缘较平滑；如图2-83所示为设置扩展为“-20像素”的效果，此时图像的边缘比较僵硬。

图2-82 扩展50像素

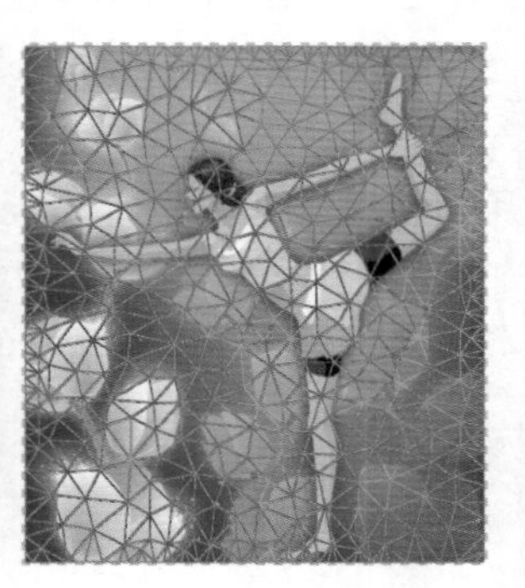

图2-83 扩展-20像素

- 显示网格：选中“显示网格”复选框，在变形的图像上出现网格。
- 图钉深度：选择某个图钉后，单击“将图钉前移”按钮，可将图钉向上层移动一个堆叠顺序；单击“将图钉后移”按钮，可以将图钉向下层移动一个堆叠顺序。
- 旋转：用于控制图像的方式。选择“自动”选项，在拖动图钉旋转图像时，Photoshop CC自动进行旋转；选择“固定”选项，用户若想旋转图像，只需在其后方的文本框中输入旋转度即可。

技巧秒杀

在使用“操控变形”命令时，必须在网状锚点上创建两个或两个以上图钉，才能对图像进行变形操作；如果只创建一个图钉，那么图像不会出现变形变化，只会对对象位置进行移动。

2.6.10 自由变换图像

自由变换图像与内容识别比例缩放图像的作用与操作方法都类似。选择需要自由变换的图像，选择“编辑”/“自由变换”命令，在图像中出现定界框，然后将鼠标指针移动到定界框的控制点上，拖动鼠标可缩放图像，如图2-84所示。

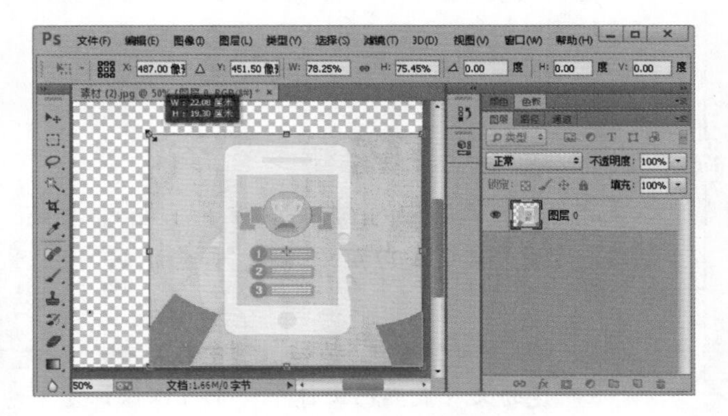

图2-84 自由变换图像

技巧秒杀

在对图像进行操控变形和自由变换操作时，必须在普通图层中才能进行。

知识大爆炸——图像的其他常用操作

1. 复制图像文件

如果需要创建一个与当前打开的图像文件相同内容的图像文件，可通过复制来进行创建。其方法是：在当前打开的图像文件中选择“图像”/“复制”命令，打开“复制图像”对话框，单击 确定 按钮，即可复制一张相同的图像文件，如图2-85所示。

图2-85　复制图像文件

2. 移动图像文件

在编辑图像的过程中，经常需要将一个图像文件移动到另一个图像文件中，通过合成或其他操作，以制作出需要的图像效果。移动图像文件的方法很简单，打开图像文件，在待移动的图像文件窗口中选择移动工具，然后将鼠标指针移动到图像上，按住鼠标左键不放，将其拖动到另一个图像文件所在的文档窗口中后释放鼠标，即可将图像移动到该图像文件中。

3. 选择性粘贴图像

复制和剪切选区中的图像后，除了可执行“粘贴”命令进行粘贴外，还可通过执行“选择性粘贴”命令来实现。“选择性粘贴”菜单提供“原位粘贴”、“贴入”和“外部粘贴”3种粘贴方式，其作用分别介绍如下。

- 原位粘贴：该命令与“粘贴”命令基本相同，唯一不同的是，该命令不论是在自身的图像文件中，还是在新建的文件或其他文件中，都可以保证复制的内容粘贴在原来的位置上。
- 贴入：该命令可以将复制的图形粘贴到事先绘制好的选区内，显示在选区外的内容以蒙版的方式将其隐藏起来。
- 外部粘贴：该命令与“贴入”命令完全相反。“贴入”命令将复制的内容粘贴到选区内，而“外部粘贴”命令则将复制的内容粘贴到选区外。

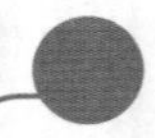

4. 利用快照快速恢复图像

“历史记录”面板中默认只能记录20步操作，超过限定的数量后操作不能返回。如果要对图像进行复杂的操作，则需很多操作步骤，这样势必出现历史记录不够用的情况。遇到该情况时，可对图像进行一个比较重要的操作后，通过创建一个快照将该画面记录下来。当需要恢复时，在历史记录中单击相应的快照选项即可。

读书笔记

01 02 03 04 05 06 07 08 09 10 11 12 13 14……

创建并应用选区

本章导读

为对局部图像进行编辑，而又不影响图像中其他部分的效果，创建选区是必不可少的。选区是Photoshop CC中最基本的功能，也是完成优秀作品的先决条件。掌握选区的使用方法后可以制作出更加精美的图像效果。本章对选区的创建与应用等知识进行讲解。

3.1 认识选区

对于初学者来说，首先应掌握选区的一些基础知识，这样才能更好地使用选区对图像进行处理。下面对选区的基本含义和常用的抠图方法进行讲解。

3.1.1 选区的基本含义

在Photoshop CC中，选区是指被选择的区域和被选择的范围，在编辑图形的过程中，它能够保护选区外的图像。由于图像是由像素构成的，所以选区也是由像素组成的。如图3-1所示图像中的虚线为被选择的选区。

图3-1 选择选区

3.1.2 常用创建选区的方法

为对图像中的局部进行调整以及编辑，则使用选区来指定可编辑的图像区域。由于图像的特性以及制作的要求不同，用户需要使用不同的方法对选区进行创建。下面对常用的创建图像选区的方法进行介绍。

1. 基本形状选择法

在选择一些简单的几何图形，如圆形、矩形时，用户可直接使用Photoshop CC工具箱中的矩形选框工具或椭圆选框工具，如图3-2所示为使用椭圆选框工具在图像中建立一个椭圆，以选择图像中的气球区域；在选择一些形状不太规则，但转折比较明显的图形时，则可使用多边形套索工具，对选区进行创建，如图3-3所示为使用多边形套索工具对图像中的天空部分进行选择。

图3-2 使用椭圆选框工具　　图3-3 使用多边形套索工具

2. 色调对比选择法

需要选择的对象形状较复杂，且图像的颜色对比强烈时，用户可尝试使用快速选择工具、魔棒工具、磁性套索工具和“色彩范围”对话框来对需要的图像区域进行选择。如图3-4所示为使用“色彩范围”对话框，选择红色的背景并将其删除。

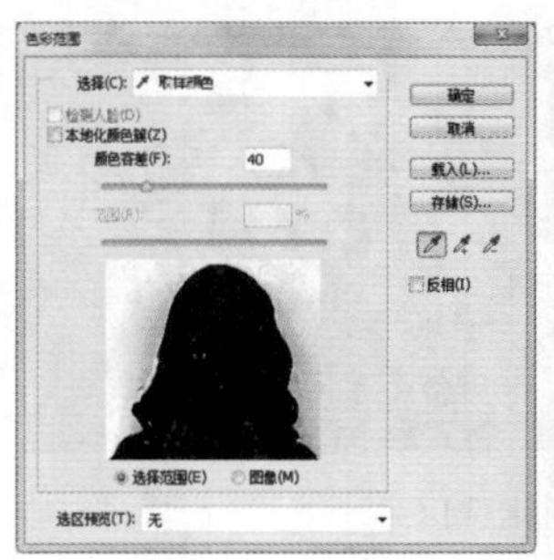

图3-4 使用“色彩范围”对话框

3. 快速蒙版选择法

使用快速蒙版可以通过更多的画笔工具以及路径对选区进行更加细致的处理。此外，用户还可以将普通选区转换为快速蒙版，以方便添加滤镜效果，并编辑图像。如图3-5所示为普通选区，如图3-6所示为快速蒙版状态下的选区。

图3-5　普通选区　　图3-6　快速蒙版状态下的选区

4. 简单选区细化选择法

当创建的选区不够精确时，可以用“调整边缘”命令对其进行调整，该命令可以轻松选择包含毛发等细微部分的图像，还能消除选区边缘的背景色。如图3-7所示为通过“调整边缘”对话框创建选区的方法。

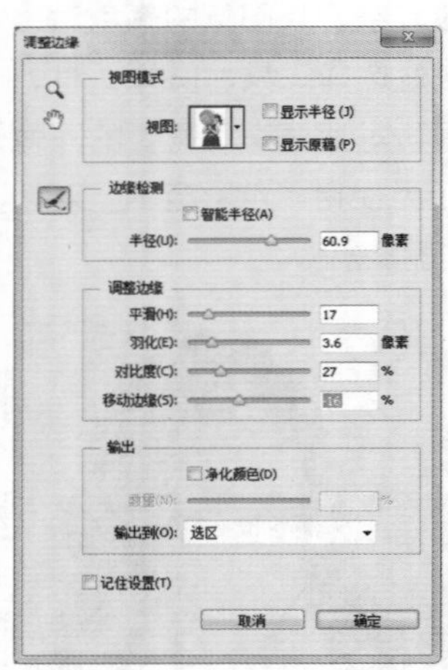

图3-7　细化选区

5. 通道选择法

通道选择法也就是常说的通道抠图，使用通道可以对图形复杂且含有图像细节的图像区域进行选择。这种抠图方法在抠取头发丝、婚纱、烟雾、玻璃时经常被使用到。如图3-8所示为使用通道选择法建立选区并为图像更换背景的效果。

图3-8　使用通道选择法

6. 钢笔选择法

需要选择陶瓷器皿、塑料公仔、花朵等富有很多曲线的对象时，使用可以绘制平滑或尖锐路径的钢笔工具建立选区无疑是最明智的选择。如图3-9所示为使用钢笔工具对黄色花朵建立选区的效果。

图3-9　使用钢笔选择法

技巧秒杀

除了使用上述几种方法创建选区外，还可使用插件选择法创建选区。很多软件公司开发过用于抠图的插件程序，如“抽出”滤镜、Mask Pro、Knockout等，将这些插件安装到程序中即可使用。

读书笔记

3.2 通过选框工具组创建选区

选框工具组提供矩形选框工具、椭圆选框工具、单行选框工具和单列选框工具，使用这些工具可快速选择需要的选区，创建有规则的几何图形。下面讲解通过工具创建选区的方法。

3.2.1 矩形选框工具

矩形选框工具用于在图像上建立矩形选区，使用时用户只需在工具箱中选择矩形选框工具，使用鼠标指针在需要建立选区的位置拖动鼠标即可创建。此外，在拖动鼠标时，按Shift键可创建正方形选区。如图3-10所示为绘制的矩形选区，如图3-11所示为绘制的正方形选区。如图3-12所示为矩形选框工具属性栏。

图3-10 矩形选区

图3-11 正方形选区

图3-12 矩形选框工具属性栏

工具属性栏中各选项的含义如下。

- **选区运算按钮组**：该组提供“新选区”、“添加到选区”、“从选区减去”和“选区相交”，分别用来新建选区，控制选区相加或者相减，或是将两个选区的交叉部分变为选区。
- **羽化**：用于设置选区边缘的模糊程度，其数值越高，模糊程度越高。如图3-13所示是羽化为5像素的效果，如图3-14所示为羽化为50像素的效果。

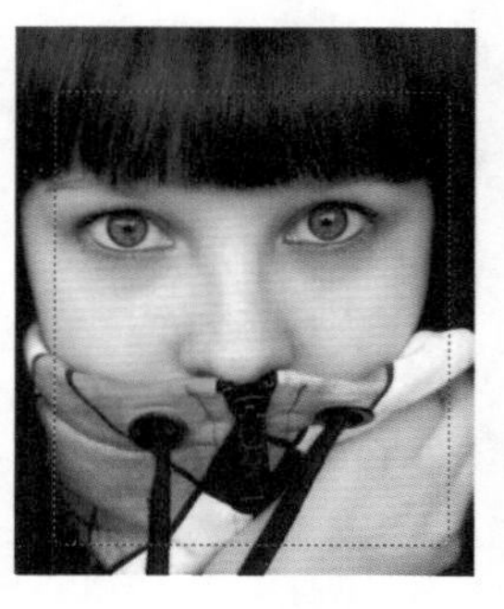

图3-13 羽化为5像素

图3-14 羽化为50像素

- **样式**：用于设置矩形选区的创建方法。选择“正常”选项时，用户可随意控制创建选区的大小；选择“固定比例”选项时，在右侧的“宽度”和“高度”文本框中可设置创建固定比例的选区；选择“固定大小”选项时，在右侧的“宽度”和“高度”文本框中可设置创建一个固定大小的选区。

技巧秒杀

羽化值的范围在0~250像素之间，羽化值越高，羽化的宽度范围越大；羽化值越小，创建的选区越精确。

3.2.2 椭圆选框工具

椭圆选框工具用于在图像上建立正圆和椭圆选区，其使用方法和矩形选框工具基本相同。如图3-15所示为绘制的椭圆选区，如图3-16所示为绘制的正圆选区。如图3-17所示为椭圆选框工具属性栏。

图3-15 椭圆选区

图3-16 正圆选区

图3-17 椭圆选框工具属性栏

工具属性栏中各选项的含义如下。

◆ 消除锯齿：选中☑消除锯齿复选框后，选区边缘和背景像素之间过渡变平滑。该复选框在剪切、复制和粘贴时非常有用。如图3-18所示为选中复选框后的效果，如图3-19所示为没有选中复选框的效果。

图3-18 选中“消除锯齿”复选框

图3-19 未选中“消除锯齿”复选框

◆ 调整边缘：单击该按钮，在打开的“调整边缘”对话框中可细致地对所创建的选区边缘进行羽化和平滑设置。

3.2.3 单行选框/单列选框工具

单行选框工具和单列选框工具用于在图像上建立高度、宽度为1像素的选区，它们在设计、制作网页时经常被用于制作分割线。其使用方法很简单，选择工具后，使用鼠标在需要的位置单击即可。如图3-20所示为绘制的单行选区，如图3-21所示为绘制的单列选区。

图3-20 单行选区

图3-21 单列选区

3.3 通过快速选择工具组创建选区

快速选择工具组提供快速选择工具和魔棒工具，在处理图像的过程中，使用这两种工具创建选区的频率较高。下面讲解通过快速选择工具组创建选区的方法。

3.3.1 快速选择工具

使用快速选择工具可以快速绘制出选区。其方法是：选择快速选择工具后，鼠标指针变为一个可调整大小的圆形笔尖，拖动鼠标，可以根据移动轨迹来确定选区边缘。如图3-22所示为“快速选择”工具的工具属性栏。

30 对所有图层取样 自动增强 调整边缘...

图3-22 快速选择工具属性栏

工具属性栏中各选项的含义如下。

◆ 选区运算按钮：单击“新选区”按钮，可创建新选区；单击“添加到选区”按钮，可在原有的基础上创建一个新的选区；单击“从选区减去”按钮，可在原有的选区基础上减去新绘制的选区。

◆ “画笔”选择器：单击按钮右侧的按钮，在弹出的“画笔”选择器中可以设置画笔的大小、硬度、间距等，通过对画笔的设置可以设置笔尖的形状样式。

◆ 对所有图层取样：选中☑对所有图层取样复选框，Photoshop CC对图像的所有图层进行取样。

◆ 自动增强：选中☑自动增强复选框，增加选取范围边界的细腻感。

实例操作：制作宣传资料图像

- 光盘\素材\第3章\背景.jpg、美女.jpg
- 光盘\效果\第3章\宣传资料.pdf
- 光盘\实例演示\第3章\制作宣传资料图像

本例使用快速选择工具在“美女.jpg”图像中创建人物选区，然后复制选区，将其粘贴到“背景.jpg”图像中，并对其效果进行调整。素材和效果如图3-23和图3-24所示。

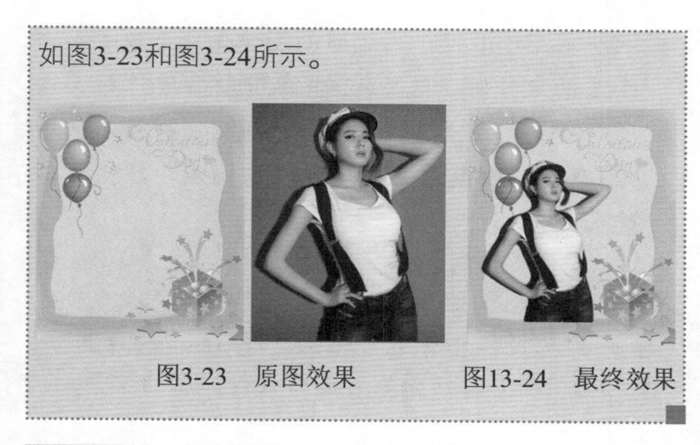

图3-23　原图效果　　图13-24　最终效果

Step 1 ▶ 打开“背景.jpg”和“美女.jpg”图像文件，选择“美女.jpg”图像，选择快速选择工具，使用鼠标从图像的左下方向右方拖动，再从左边拖动到右边，如图3-25所示。

图3-25　拖动鼠标创建选区

Step 2 ▶ 将鼠标指针移动到右侧手臂上，单击创建选区，然后单击快速选择工具属性栏按钮右侧的按钮，在弹出的“画笔”选择器中拖动“大小”滑块，将画笔大小调整到“36像素”，如图3-26所示。然后在图像人物上未选择的区域单击创建选区，如图3-27所示。

图3-26　设置画笔大小

图3-27　创建选区

Step 3 ▶ 在快速选择工具属性栏中单击按钮，对多创建的选区区域进行取消，然后使用相同的方法对选区进行调整，如图3-28所示。完成后选择“编辑”/“拷贝”命令，复制选区，然后切换到“背景.jpg”图像文件窗口，然后选择“编辑”/“粘贴”命令粘贴选区，如图3-29所示。

图3-28　调整选区

图3-29　粘贴选区

Step 4 ▶ 按Ctrl+T组合键，然后将鼠标指针移动到图像的控制点上，拖动鼠标并按住Shift键缩小图像，如图3-30所示。再将鼠标指针移动到图像上，按住鼠标左键并拖动，调整图像的位置，如图3-31所示。调整到合适位置后按Enter键确认，并将图像以“宣传资料”为名重新保存。

图3-30　缩小图像

图3-31　调整图像位置

操作解谜

本例之所以对复制的图像大小和位置进行调整，是为了更好地贴合背景，使其与复制的图像能更好地融合。

3.3.2 魔棒工具

魔棒工具可以快速选择图像中色彩相近的部分，在抠取图像时经常使用到，其使用方法与快速选择工具类似。在工具箱中选择魔棒工具后，其工具属性栏如图3-32所示。

图3-32　魔棒工具属性栏

工具属性栏中各选项的含义如下。

- 取样大小：用于控制建立选区的取样点大小，取样点越大，创建的颜色选区越大。
- 容差：用于确定将选择的颜色区域与已选择的颜色区域的颜色差异度。数值越低，颜色差异度越小，所建立的选区也越精确。如图3-33所示为容差为10时的效果，如图3-34所示为容差为60时的效果。

图3-33　容差为10

图3-34　容差为60

- 连续：选中☑连续复选框，只选中与取样点相连接的颜色区域。若不选中☐连续复选框，则选中整张图像中与取样点颜色类型的颜色区域。如图3-35所示为选中☑连续复选框的效果，如图3-36所示为没有选中☐连续复选框时的效果。

图3-35　选中复选框

图3-36　没有选中复选框

- 对所有图层取样：当编辑的图像是一个包含多个图层的文件时，选中☑对所有图层取样复选框，在所有可见图层上选择建立颜色选区。若没有选中☐对所有图层取样复选框，则在当前图层中建立相似选区。

技巧秒杀

在工具属性栏中单击 调整边缘... 按钮，在打开的“调整边缘”对话框中对选区进行相应的设置。

实例操作：制作相框

- 光盘\素材\第3章\相框.jpg、照片.jpg
- 光盘\效果\第3章\相框.pdf
- 光盘\实例演示\第3章\制作相框

本例使用魔法工具选择“照片.jpg”图像中的背景，并将其删除，然后将“照片.jpg”图像移动到“相框.jpg”图像中，并对其效果进行调整，素材和效果如图3-37和图3-38所示。

图3-37　原图效果

图13-38　最终效果

Step 1 ▶ 打开“照片.jpg”和“相框.jpg”图像文件，选择“照片.jpg”图像，选择魔棒工具，在其工具属性栏的“容差”文本框中输入40，选中☑消除锯齿和☑连续复选框，然后在图像背景上单击，以选择图像背景，如图3-39所示。

读书笔记

图3-39　拖动鼠标创建选区

Step 2 在“图层”面板的“背景”图层上双击，在打开的对话框中单击 确定 按钮，将其转换为普通图层，然后按Delete键删除选择的选区，如图3-40所示。

图3-40　删除选区

Step 3 按Ctrl+D组合键取消选区，选择移动工具，然后按住鼠标左键不放，将其拖动到“相框”图像文件中，如图3-41所示。

图3-41　移动图像

Step 4 按Ctrl+T组合键，然后拖动图像四周的控制点，将图像调整到合适大小，如图3-42所示。再通过拖动鼠标将其调整到合适的位置，如图3-43所示。

图3-42　缩小图像

图3-43　调整图像位置

Step 5 在“图层”面板中选择“图层1”图层，在“图层混合模式”下拉列表框中选择“正片叠底”选项，在其后的“不透明度”文本框中输入46%，完成相框的制作，如图3-44所示。

图3-44　设置图像效果

操作解谜

将“照片”图像拖动到“相框”图像中后，图像不能和相框完全融合，这时需要对图层混合模式和不透明度进行设置，设置后，会给人一种镶嵌在相框中的效果（图层的相关知识将在第5章中进行详细讲解）。

读书笔记

3.4 通过套索工具组创建选区

在处理图像的过程中，使用选框工具组可以创建有规则的选区，而通过套索工具组则可创建不规则的选区。套索工具组包含套索工具、多边形套索工具和磁性套索工具。下面讲解通过套索工具组创建选区的方法。

3.4.1 套索工具

套索工具使用自由度较高，可以创建任何形状的选区。其方法是：在工具箱中选择套索工具，然后在画布中单击并拖动鼠标绘制选区，绘制完成后释放鼠标即可显示创建的选区，如图3-45所示。

图3-45 使用套索工具创建选区

技巧秒杀

使用套索工具创建选区时，释放鼠标时，如果起点和终点没有重合，那么自动在起点和终点之间创建一条直线，使创建的选区闭合。

3.4.2 多边形套索工具

多边形套索工具适用于创建一些由直线构成的选区。其方法是：在工具箱中选择多边形套索工具，然后在画布中单击以创建选区起点，如图3-46所示。再在画布中的其他位置单击，继续绘制选区，绘制完成后在起点位置双击即可，如图3-47所示。

技巧秒杀

使用多边形套索工具创建选区时，选区至少需要三面，也就是至少应在画布中单击3次才能构成一个选区。

图3-46 创建选区起点

图3-47 完成选区创建

3.4.3 磁性套索工具

磁性套索工具具有自动识别绘制图像边缘的功能，如果图像的边缘比较清晰，且与背景对比明显，使用该工具可以快速创建选区。在工具箱中选择磁性套索工具后，显示出该工具的属性栏，如图3-48所示。

图3-48 磁性套索工具属性栏

工具属性栏中部分选项的含义如下。

◆ 宽度：用于设置工具检测到的宽度值。如果对象的边缘比较明显，可使用较大的宽度值，如图3-49所示宽度值为“200像素”；如果对象的边缘不明显，则可使用较小的宽度值，如图3-50所示宽度值为“10像素”。

图3-49 宽度值为“200像素”

图3-50 宽度值为“10像素”

- 对比度：用于设置工具感应图像边缘的灵敏度。灵敏度是根据图像边缘的清晰度来决定的。
- 频率：使用磁性套索工具创建选区的过程中产生许多锚点，而频率则决定这些锚点的数量。频率值越高，生成的锚点越多，捕捉到的边缘越准确。
- 钢笔压力：如果电脑配置有数位板和压感笔，单击按钮，Photoshop CC自动根据压感笔的压力调整检测范围。

技巧秒杀

锚点并不是越多越好，适当就可，因为过多的锚点造成选区的边缘不够光滑，影响图像的整体效果。

实例操作：更换图像背景

- 光盘\素材\第3章\卡通杯.jpg、背景1.jpg
- 光盘\效果\第3章\卡通杯.pdf
- 光盘\实例演示\第3章\更换图像背景

本例使用磁性套索工具选择“卡通杯.jpg”图像中的水杯，再通过“反选”命令选择背景并删除，然后将“背景1.jpg”图像移动到“卡通杯.jpg”图像中，将其作为背景。素材和效果如图3-51和图3-52所示。

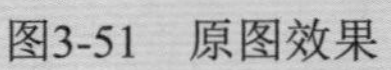

图3-51 原图效果

图13-52 最终效果

Step 1 ▶ 打开“卡通杯.jpg”和“背景1.jpg”图像文件，选择“卡通杯.jpg”图像，将其转换为普通图层，选择磁性套索工具，将鼠标指针移动到卡通杯边缘单击，然后沿卡通杯边缘拖动，Photoshop CC自动添加磁性锚点。沿卡通杯拖动一圈，当鼠标指针变为形状时，单击闭合选区，此时显示创建的选区，如图3-53所示。

图3-53 显示创建的选区

技巧秒杀

当锚点添加的位置不对时，可按Delete键删除当前锚点。

Step 2 ▶ 选择“选择”/“反向”命令，即可选择选区外的区域，如图3-54所示。然后按Delete键删除图像背景，也就是反选的选区，再按Ctrl+D组合键取消选区，如图3-55所示。

图3-54 反选选区

图3-55 取消选区

Step 3 ▶ 使用磁性套索工具在卡通杯的白色区域拖动鼠标创建选区，如图3-56所示。创建完成后按Delete键删除选区，再按Ctrl+D组合键取消选区，如图3-57所示。

图3-56 创建选区

图3-57 删除图像背景

Step 4 ▶ 选择“背景1.jpg”图像文件，将其转换为普通图层，并使用鼠标将图像拖动到“卡通杯.jpg”图像文件中，如图3-58所示。

图3-58 拖动图像

Step 5 在“图层”面板中选择“图层1”图层，将鼠标指针移动到该图层上，按住鼠标左键不放进行拖动，将其拖动到“图层0”图层下，再释放鼠标，如图3-59所示。

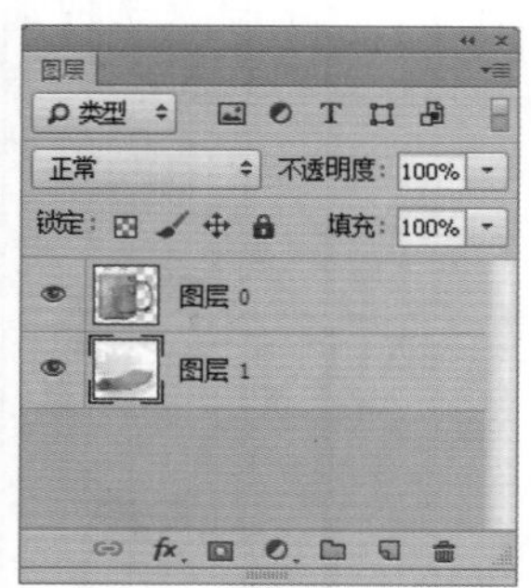

图3-59 调整图层

Step 6 此时，卡通杯在“背景1”图层前面，然后按Ctrl+T组合键，拖动图像四周的控制点，将图像调整到合适大小，如图3-60所示。再通过拖动鼠标将其调整到合适的位置，如图3-61所示。

图3-60 调整图像大小

图3-61 调整图像位置

读书笔记

3.5 快速模板编辑工具

快速蒙版是用于转换选区的工具，通过它用户可以创建使用其他工具无法创建的选区，也可使用画笔工具、滤镜、钢笔工具等对由快速蒙版工具创建的选区进行编辑。让编辑选区变得更加自由，制作出的图像效果也更加有创意。

在工具箱中选择以快速蒙版模式编辑工具，在画布中的图像上拖动鼠标绘制出不需要的部分，绘制出的部分呈红色显示，如图3-62所示。再次单击工具箱中的以快速蒙版模式编辑工具，即可退出快速蒙版状态，此时图像中未被涂抹的区域变成选区，如图3-63所示。

图3-62 拖动鼠标

图3-63 创建选区

为对快速蒙版区域的颜色进行调整，可双击工具箱中的以快速蒙版模式编辑工具，打开“快速蒙版选项”对话框，在“颜色”栏中单击色块，在打开的对话框中对颜色进行设置，完成后依次单击确定按钮即可，如图3-64所示。

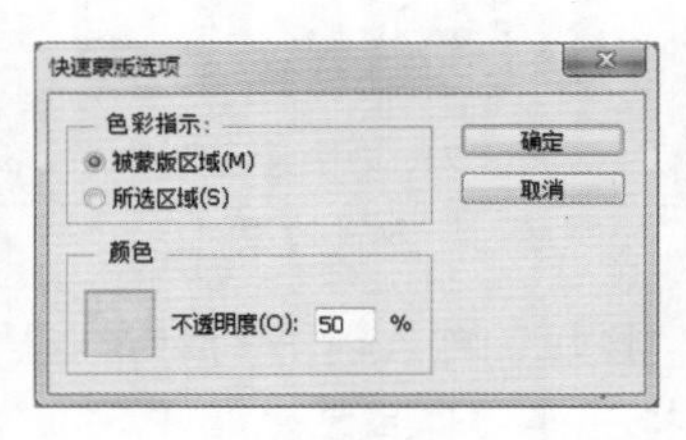

图3-64　设置快速蒙版区域颜色

知识解析：“快速蒙版选项”对话框

- 色彩指示：用于设置创建的选区。若选中被蒙版区域(M)单选按钮，把快速蒙版区域外的区域作为选区；若选中所选区域(S)单选按钮，把快速蒙版区域作为选区。
- 颜色：用于设置快速蒙版区域的颜色和蒙版的不透明度。

技巧秒杀

在Photoshop CC中，按Q键可进入快速蒙版编辑状态，再次按Q键可退出快速蒙版编辑状态。

3.6 “色彩范围”命令

“色彩范围”命令用于选择整个图像内指定的颜色，与魔棒工具选择创建的原理相似。如果已经使用其他工具在图像中创建选区，那么使用该命令，可作用于图像中的选区。

使用“色彩范围”命令的方法是：打开相应的图像文件，然后选择“选择”/“色彩范围”命令，打开“色彩范围”对话框，如图3-65所示。在其中对色彩范围进行设置，如图3-66所示是将图像背景作为选区，如图3-67所示为删除选区后的效果。

图3-65　“色彩范围”对话框

图3-66　将背景设置为选区

图3-67　删除选区

下面对“色彩范围”对话框中各参数的含义进行介绍。

- 选择：用于设置选区的创建方式。若选择“取样颜色”选项，将鼠标指针移动到图像上单击，对颜色进行取样；若选择其他颜色选项，可将图像中对应的颜色区域作为选区。
- 本地化颜色簇/范围：选中本地化颜色簇(Z)复选框，通过“范围”滑块可控制包含在蒙版中颜色与取样点的最大和最小距离。
- 颜色容差：用于控制颜色的选择范围，设置的值越高，包含的颜色范围越广。
- 选择范围/图像：用于设置“色彩范围”对话框预览区中显示的内容。选中选择范围(E)单选按钮，预览区中的白色表示被选择的区域；黑色代表未选择的区域。若选中◉图像(M)单选按钮，预览区域中显示原图像。

◆ 选区预览：用于设置在图像窗口中预览选区的方式，Photoshop CC提供“无”、“灰度”、“黑色杂边”、“白色杂边”和“快速蒙版”等5种方式，用户可根据需要选择。如图3-68所示为“无”方式效果；如图3-69所示为“灰度”方式效果；如图3-70所示为“白色杂边”方式效果；如图3-71所示为“快速蒙版”方式效果。

图3-68 “无”方式效果

图3-69 “灰度”方式效果

技巧秒杀

选择“灰度”方式和“黑色杂边”方式所达到的效果是一样的。

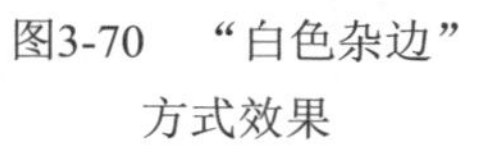

图3-70 “白色杂边”方式效果

图3-71 “快速蒙版”方式效果

◆ 载入：单击 载入(L)... 按钮，可在打开的对话框中选择一个选区的预设文件，将其载入。

◆ 存储：单击 存储(S)... 按钮，可将当前设置保存为选区预设文件。

◆ 取样运算按钮：单击按钮，在预览区域或图像上单击，可添加颜色；单击按钮，在预览区域或图像上单击，可减去颜色。

◆ 反相：选中☑反相(I)复选框，可反选选区，也就是将所选选区外的区域作为选区。

技巧秒杀

☑反相(I)复选框与“选择”/“反相”命令的作用是一样的。

3.7 编辑选区

创建选区后，为了制作出精美的效果，用户时常还要对选区进行编辑，以使选区范围更加准确。常用编辑选区的方法有：对选区的移动与变形，以及选区的存储与载入、平滑与羽化、扩展与收缩和边缘的调整等。下面对它们进行讲解。

3.7.1 移动选区

创建选区后，用户可通过移动选区对选区范围进行调整。创建选区后，可根据需要对选区的位置进行移动，其方法主要有以下两种。

◆ 使用鼠标移动：建立选区后，将鼠标指针移动至选区范围内，鼠标指针变为形状，按住鼠标左键不放，移动选区位置；在拖动过程中，按住Shift键不放，可使选区沿水平、垂直或45°斜线方向移动。

◆ 使用键盘移动：建立选区后，在键盘上按↑、↓、←和→各键，可每次以1像素为单位移动选区；按住Shift键的同时按↑、↓、←和→各键，可每次以10像素为单位移动选区。

读书笔记

3.7.2 存储与载入选区

编辑一些复杂的选区时需要大量的精力，而一些意外情况可能让用户之前的操作付诸流水。为了避免这种情况，用户可将编辑的选区进行存储，需要时再将其载入。

1. 存储选区

只有对选区进行存储后才能对选区进行载入操作。存储选区的方法很简单：选择选区后选择“选择”/“存储选区”命令，打开“存储选区”对话框，如图3-72所示，在其中可对需要存储的选区进行存储设置。

图3-72　“存储选区”对话框

“存储选区”对话框中各选区的作用如下。

- 文档：用于设置将存储选区保存到的文档，默认情况下选区保存在当前的图像中。若有需要，用户也可将选区保存到新建的文档中。
- 通道：用于设置将存储选区保存到通道，默认情况下保存到新建的通道，也可将其保存在其中的Alpha通道。
- 名称：用于设置存储选区的名称。
- 操作：如果选择存储选区的图像中已经有选区，则可在该选项栏中设置在通道中合并选区的方式。

2. 载入选区

需要使用已存储的选区时，可以选择“选择”/“载入选区”命令，打开“载入选区”对话框，如图3-73所示。在其中可以将以存储的选区载入到图像中。

图3-73　“载入选区”对话框

“载入选区”对话框中各选区的作用如下。

- 文档：用于选择载入已存储选区的图像。
- 通道：用于选择已存储选区的通道。
- 反相：选中☑反相(V)复选框，可以反向选择存储的选区。
- 操作：若当前图像中已包含选区，在该选项栏中可设置如何合并载入的选区。

3.7.3 边界选区

在制作一些特殊的效果时，需要将选区的边界向内或向外扩展，这时就可使用“边界”命令来对选区进行编辑。其方法是：在打开的图像文件中创建选区后选择“选择”/“修改”/“边界”命令，打开“边界选区”对话框，在“宽度”文本框中输入新生成选区边界与原有选区边界之间的距离，如输入15，如图3-74所示。单击 确定 按钮，即可查看边界选区的效果，如图3-75所示。

图3-74　设置边界选区　　图3-75　查看边界选区效果

技巧秒杀

使用“边界”命令对选区进行扩展，扩展后的选区边界与原来的选区边界形成新的选区。

读书笔记

3.7.4 变换选区

通过“变换选区”命令，不仅可以对选区的大小进行调整，还可以对选区进行旋转等操作。其编辑方法分别如下。

- 调整选区大小：选择“选择”/“变换选区”命令，此时选区的周围出现一个矩形的控制框，将鼠标指针移至控制框的任意一个控制点上，当鼠标变成↔形状时拖动鼠标调整选区大小，完成后按Enter键。
- 旋转选区：选择“选择”/“变换选区”命令，将鼠标指针移至选区控制框角点附近，当鼠标变为↷形状后，按住鼠标顺时针或逆时针方向拖动，可绕选区中心旋转，完成后按Enter键。

3.7.5 扩大选取

“扩大选取”命令在建立选区时经常使用到，它和魔棒工具属性栏中的“容差”作用相同，可以扩大选择的相似颜色，但“扩大选取”命令只针对当前图像中连续的选区。其方法是：在图像中建立选区后选择“选择”/“扩大选取”命令即可，如图3-76所示为使用“扩大选取”命令前后的效果。

图3-76　执行“扩大选取”命令的效果

3.7.6 选取相似

“选取相似”命令的作用和“扩大选取”命令作用基本相同，其使用方法也类似，在图像中建立选区后选择“选择”/“选取相似”命令，Photoshop CC把图像上所有和选区相似的颜色像素选中。如图3-77所示为使用“选取相似”命令前后的效果。

图3-77　执行“选取相似”命令的效果

3.7.7 平滑选区

在对图像进行处理的过程中，如果创建的选区比较生硬，可使用“平滑”命令对选区进行平滑处理。其方法是：在打开的图像文件中创建选区，选择“选择”/“修改”/“平滑”命令，打开“平滑选区”对话框，在“取样半径”文本框中输入选区的平滑范围大小，如输入15，如图3-78所示。单击确定按钮，即可查看平滑选区的效果，如图3-79所示。

图3-78　设置平滑选区

图3-79　查看平滑选区效果

3.7.8 扩展/收缩选区

在建立选区后，若对选区的大小不满意，可以通过扩展和收缩选区的方法来进行调整，而不需要再次建立选区。扩展和收缩选区的操作分别介绍如下。

1. 扩展选区

如果创建的选区范围不能满足需要，可执行“扩展”命令对已创建的选区进行扩展。其方法是：在图像中建立选区，选择“选择”/“修改”/“扩展”命令，打开“扩展选区”对话框，在“扩展量”文本框中输入选区扩展的宽度，如输入20，单击 确定 按钮，选区向外扩展，如图3-80所示。

图3-80　扩展选区

2. 收缩选区

收缩选区与扩展选区的操作基本相同，但创建的效果相反。在图像中建立选区后，选择“选择”/“修改”/“收缩”命令，打开“收缩选区”对话框，在“收缩量”文本框中输入选区收缩的宽度，如输入40，单击 确定 按钮，选区向内收缩，如图3-81所示。

图3-81　收缩选区

3.7.9 羽化选区

使用“羽化”命令可以对用户建立的选区进行羽化处理，即使选区与选区周围像素之间的转换边界来模糊边缘，使图像变得柔和，但会丢掉图像边缘的细节。

实例操作：制作图像边缘朦胧效果

- 光盘\素材\第3章\非主流.jpg
- 光盘\效果\第3章\非主流.psd
- 光盘\实例演示\第3章\制作图像边缘朦胧效果

本例使用多边形套索工具在图像上绘制选区，再使用“羽化”命令使选区边缘模糊。素材和效果如图3-82和图3-83所示。

图3-82　原图效果

图3-83　最终效果

Step 1 打开“非主流.jpg”图像，将其转换为普通图层，在工具箱中选择套索工具，拖动鼠标在图像上创建选区，然后选择“选择”/“修改”/“羽化”命令，如图3-84所示。

图3-84　创建选区

读书笔记

Step 2 ▶ 打开“羽化选区”对话框，在“羽化半径”文本框中输入羽化的范围，这里输入60，单击 确定 按钮，如图3-85所示。

图3-85 绘制选区

技巧秒杀

选择选区后，按Shift+F6组合键也可打开“羽化选区”对话框。

Step 3 ▶ 选择“选择”/“反向”命令，反选选区，如图3-86所示，然后按Ctrl+Delete组合键将选区填充为“白色”，如图3-87所示。最后按Ctrl+D组合键取消选区，完成本例制作。

图3-86 反选选区

图3-87 填充选区

技巧秒杀

选择选区后，按Shift+Ctrl+I组合键也可对选区进行反向选择。

3.7.10 调整边缘

“调整边缘”是指对选区的半径、平滑度、羽化和对比度等属性进行调整。其方法是：建立选区，选择“选择”/“调整边缘”命令，打开“调整边缘”对话框，在其中对各选项值进行设置，如图3-88所示。设置完成后单击 确定 按钮即可。

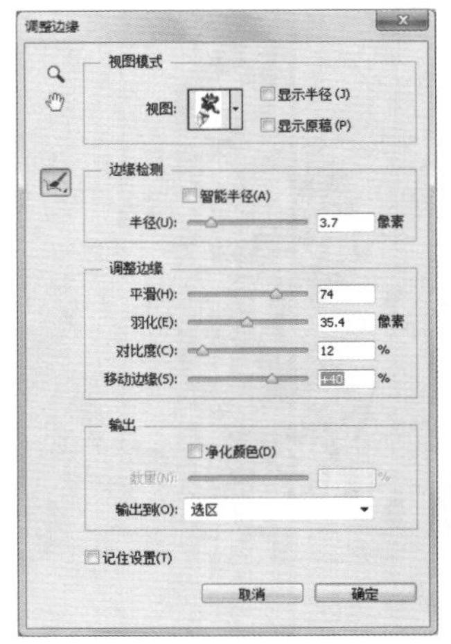

图3-88 设置“调整边缘”对话框

“调整边缘”对话框中各选项的含义如下。

- 视图：用于设置选区在图像中的显示效果，通过设置视图，用户可以更方便地观察选区的调整状态。如图3-89所示为叠加视图模式效果，如图3-90所示为背景图层视图模式效果。

图3-89 叠加模式效果

图3-90 背景图层模式效果

- 显示半径：选中 显示半径(J) 复选框，可显示按半径定义的调整区域。
- 显示原稿：选中 显示原稿(P) 复选框，将查看原始的选区。
- 智能半径：选中 智能半径(A) 复选框，Photoshop CC根据建立的选区自动调整选区显示的半径效果。
- 半径：用于设置选区边缘的大小，半径值越大，选区边缘越柔和。
- 平滑：用于设置选区边缘的圆滑程度，降低图像的菱角。如图3-91所示为设置不同平滑程度的效果。

图3-91　不同的平滑效果

- ◆ 羽化：用于设置选区的羽化效果，数值越大，羽化效果越强。如图3-92所示为设置不同羽化值前后的效果。

图3-92　不同的羽化效果

- ◆ 对比度：可控制选区边缘的清晰度，去掉选区边缘的模糊感。
- ◆ 移动边缘：用于扩展或者收缩选区，其中正值扩张选区大小，负值为缩小选区大小。
- ◆ 净化颜色：选中☑净化颜色(D)复选框后，拖动其下方的“数量”滑块可清除图像的彩色杂边，“数量”数值越大，清除范围越大。
- ◆ 输出到：用于设置选择选区输入的方式。

技巧秒杀

在很多工具的工具属性栏中，单击 调整边缘... 按钮可打开“调整选区”对话框。

读书笔记

3.8 应用选区

在制作某些图像效果时，需要将选择的图像区域填充为其他颜色，或为选择的区域绘制可见的边缘，这时可使用Photoshop CC提供的填充和描边功能对图像进行相应的操作，使制作的图像更加符合需要。下面对选区的描边和填充方法进行讲解。

3.8.1 选区描边

在使用Photoshop CC处理图像的过程中，如果需要对选区创建彩色或花纹的边框效果，可使用“描边”命令为选区绘制边缘。

实例操作：为图像中的电脑描边

- 光盘\素材\第3章\办公用品.jpg
- 光盘\效果\第3章\办公用品.psd
- 光盘\实例演示\第3章\为图像中的电脑描边

本例使用多边形套索工具在图像上绘制选区，再使用“描边”命令对选区进行描边。

Step 1 ▶ 打开“办公用品.jpg”图像，在工具箱中选择套索工具，拖动鼠标在图像上创建选区，如图3-93所示。

图3-93　创建选区

技巧秒杀

创建选区后，按Alt+E+S组合键也可打开“描边”对话框。

Step 2 ▶ 选择“编辑”/“描边”命令，打开“描边”对话框，在“宽度”文本框中输入“10像素”，其他保持默认设置，单击 确定 按钮，如图3-94所示。

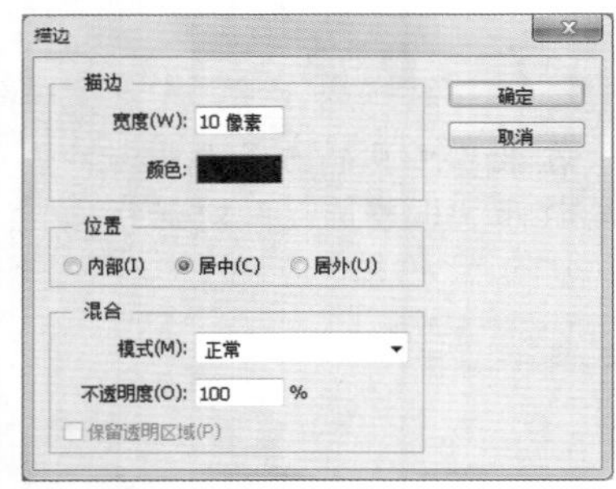

图3-94　设置描边参数

Step 3 ▶ 返回图像编辑区，取消选区，即可查看到为选区描边后的效果，如图3-95所示。

图3-95　查看效果

知识解析：“描边”对话框

◆ 描边：用于设置选区描边的宽度和颜色。默认的颜色是黑色。如果需将其更改为其他颜色，可单击颜色色块，在打开的对话框中重新设置需要的颜色即可。

◆ 位置：用于设置对选区描边的位置，包括“内部”、“居中”和“居外”等3个选项，用户可根据实际需要选中相应的单选按钮。

◆ 混合：用于设置描边颜色的混合模式和不透明度。如果选中 ☑保留透明区域(P) 复选框，则只对包含像素的区域进行描边。

3.8.2 选区填充

使用“填充”命令可以为选择的选区填充相应的颜色或图案。其方法与为选区描边的方法类似，在图像中选择需要填充的选区，选择“编辑”/“填充”命令，打开“填充”对话框，在“使用”下拉列表框中选择颜色选项，单击 确定 按钮即可，如图3-96所示。

图3-96　选区填充

?答疑解惑：

怎么将选区填充为图案？

其实很简单，在图像中创建选区后打开“填充”对话框，在“使用”下拉列表框中选择“图案”选项，再在“自定图案”下拉列表框中选择相应的图案选项，单击 确定 按钮，如图3-97所示。

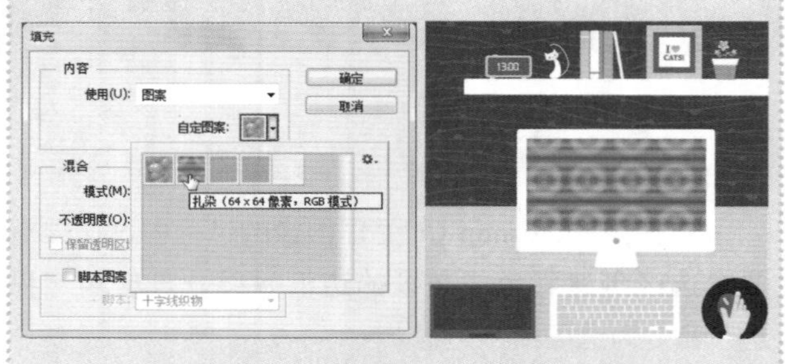

图3-97　图案填充选区

如果要对图案填充的方式进行设置，在“填充”对话框中选中 ☑脚本图案 复选框，“脚本”下拉列表框提供“砖形填充”、“十字线织物”、“随机填充”、“螺线”和“对称填充”等图案填充方式，用户可以根据需要进行选择。

知识大爆炸
——选区的其他操作

1. 全选图像

“全选图像”是指将整个图像作为选区，常用于复制整个文档中的图像。其方法是：选择“选择”/“全部”命令，或直接按Ctrl+A组合键可以将当前文档边界内的所有图像创建为选区，对其进行相应的操作。

2. 取消与恢复选区

创建选区后，用户如果对当前创建的选区不满意，可取消选区；如果不小心删除选区，可重新进行恢复。其方法分别介绍如下。

- 取消选区：创建选区后，选择“选择”/“取消选择”命令，或按Ctrl+D组合键可以取消选区状态。
- 恢复选区：如果要恢复被取消的选区，可选择“选择”/“重新选择”命令，即可将删除的选区恢复。

读书笔记

01 02 03 04 05 06 07 08 09 10 11 12 13 14……

调整图像色彩

本章导读

在拍摄照片时，由于天气、角度等客观因素的影响，很可能造成照片颜色出现偏差的情况。此时，就需要使用Photoshop CC的调色技术对图像颜色进行调整。Photoshop CC包含多个调色命令，对各个调色命名进行组合搭配，可制作出更丰富的图像色彩效果。

4.1 了解并识别颜色

光线是由波长范围很窄的电磁波产生的，不同波长的电磁波单独或混合出现后即表现为不同的颜色。通过Photoshop CC，用户可以自由地改变和调整图像的颜色。下面介绍在使用Photoshop CC进行调色前应了解的一些基础知识。

4.1.1 颜色的三要素

自然界中有很多种颜色，所有的颜色都由红、绿和蓝这3种颜色调和而成。一般所指的三原色就是指红（Red）、绿（Green）、蓝（Blue）3种光线，即在Photoshop CC中的RGB色彩模式，如图4-1所示。

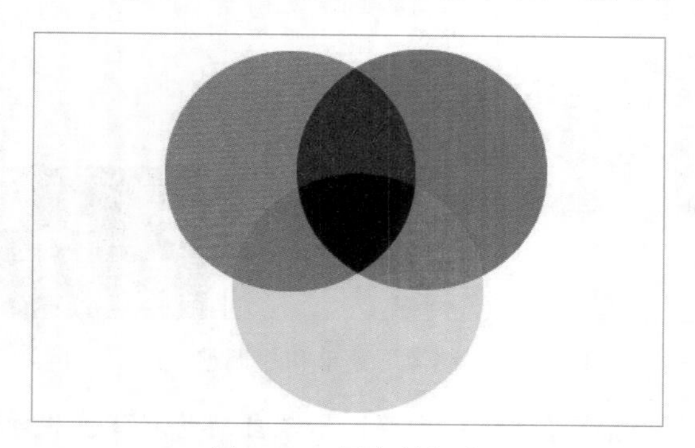

图4-1 三原色的组合

当颜色以它们各自对应的波长或各种波长的混合形式出现时，人们即可通过眼睛感知到不同的颜色。色彩包含色相、明度和纯度3种基本的要素，而当各种色彩彼此之间发生作用形成色调时，又显现出各自不同的色性和色调特性。

◆ **色相**：指色彩的相貌，由原色、间色和复色构成。在标准色相环中，以角度表示不同色相，取值范围为0°~360°。在实际生活工作中，则使用红、黄、紫红、银灰等颜色来表示。

◆ **纯度**：又称为饱和度，是指颜色的鲜艳程度，受图像颜色中灰色的相对比例影响，黑色、白色和灰色色彩没有饱和度。当某种颜色的饱和度最大时，其色相具有最纯的色光。饱和度通常以百分数表示，取值范围为0%~100%，0%表示灰色，100%则为完全饱和。

◆ **明度**：又称为亮度，即色彩的明暗程度，通常以黑色和白色表示：越接近黑色，亮度越低；越接近白色，亮度越高。取值范围为-150~150，-150表示黑色，150表示白色。

技巧秒杀

色性是指色彩的冷暖倾向，即一般所指的冷色系和暖色系。色调则是指画面中多种颜色呈现的总体趋向。在自然现象中，经常出现不同颜色的物体都带有同一色彩倾向的现象，这样的色彩现象就是色调。

4.1.2 颜色的情感色彩

颜色的情感色彩是指当不同波长色彩的光信息作用于人的视觉器官，并通过视觉神经传入大脑后，产生和形成一系列的色彩心理反应。不同的色彩形成的心理反应也呈现出丰富的多样化。下面对常见颜色的情感色彩进行介绍。

◆ **红色**：在可见光谱中，红色光的波长最长，属暖色系中的颜色。红色是一种有力的色彩，是热烈、冲动、警示的色彩。同时，红色也代表热情、兴奋、紧张、激动等情绪。如图4-2所示即为以红色为基调的图片。

◆ **橙色**：橙色光的波长仅次于红色，因此它也兼具长波长的效果，具有可以使人脉搏加速、体温升高的特征。橙色是十分活泼的光辉色彩，是暖色系中最温暖的色彩，因此也是一种富足、温暖、幸福的色彩。如图4-3所示即为以橙色为基调的图片。

◆ **黄色**：黄色是亮度最高的颜色，在高明度下能够保持很强的纯度。黄色如同太阳，因此代表灿烂、光辉、活力等。同时黄色有金色的光芒，因此又象征财富和权利。如图4-4所示即为以黄色为基调的图片。

◆ **绿色**：绿色是大自然中非常常见的颜色，是植物的颜色，常常表现出丰富、充实、宁静与希望、和平与信仰等情感元素。此外，绿色又十分宽容大度，常用于象征青春、生命和健康等。如图4-5所示即为以绿色为基调的图片。

图4-2 以红色为基调的图片 图4-3 以橙色为基调的图片

图4-4 以黄色为基调的图片 图4-5 以绿色为基调的图片

- **蓝色**：蓝色是一种博大的色彩，天空和大海的景色都呈蔚蓝色。同时，蓝色是最冷的颜色，代表平静、理智与纯净。当蓝色呈现出昏暗、浑浊等效果时，又会体现出痛苦、绝望、恐惧等情感色彩。如图4-6所示即为以蓝色为基调的图片。
- **紫色**：波长最短的可见光是紫色光。紫色是非知觉的颜色，通常神秘、高贵、优雅，让人印象深刻，有时也会给人以压迫感。如图4-7所示即为以紫色为基调的图片。

图4-6 以蓝色为基调的图片 图4-7 以紫色为基调的图片

4.1.3 调色命令的分类

Photoshop CC的图像处理功能为用户提供调整图像色调和颜色的各种命令，这些命令包括几种不同的类型，主要集成在“图像”菜单和“调整”面板中，如图4-8所示。下面分别对各类型进行介绍。

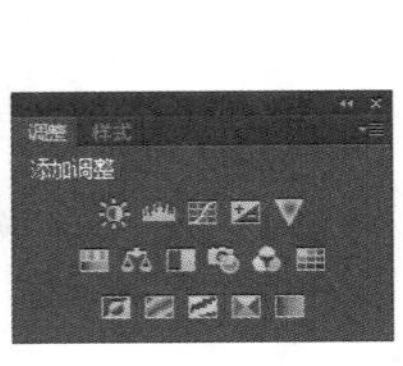

图4-8 “图像”菜单和“调整”面板

- **快速调整命令**：主要包括“自动色调”、“自动对比度”和“自动颜色”命令，可以自动对图像的颜色和色调进行快速调整。
- **图像色彩的基本调整命令**：包括“色阶”、“曲线”、“亮度/对比度”和“曝光度”命令等。“色阶”和“曲线”命令主要用于调整颜色和色调，使用频率较高；“曝光度”命令用于调整色调；“亮度/对比度”命令则主要用于调整图像的色调范围。
- **图像色调的高级调整命令**：包括“自然饱和度”“色相/饱和度”“色彩平衡”“照片滤镜”“通道混合器”“反相”“阈值”“去色”“渐变映射”“可选颜色”“匹配颜色”“替换颜色”命令等。“色相/饱和度”和“自然饱和度”命令主要用于调整色彩；“匹配颜色”、“替换颜色”、“可选颜色”和“通道混合器”命令可以对多个图像之间的颜色进行匹配，也可替换指定颜色，调整颜色通道；“去色”命令可以将图像中的颜色去掉，使其成为灰度图像；“反相”“阈值”“色调分离”“渐变映射”是特殊的颜色调整命令，作用是将图片转换为负片效果、将图片简化为黑白图像、分离图像色彩和用渐变颜色转换图片中的原有颜色。

◆ 特殊颜色调整命令：包括“阴影/高光”“变化”“HDR色调”命令等。“阴影/高光”命令主要用于恢复图像中过亮或过暗造成的细节损失；“变化”命令的效果简单且直观，能对图像的色彩、饱和度和明度等进行统一调整；“HDR色调”命令主要用于修补图像中太暗或太亮的效果。

读书笔记

4.2 快速调整命令

快速调整命令有若干种比较适合初学者使用的基础图像调整命令，在“图像”菜单中选择“自动色调”、“自动对比度”、“自动颜色”命令即可快速对图像的颜色和色调进行调整。下面分别对这几种快速调整命令进行介绍。

4.2.1 自动色调

“自动色调”命令能够对颜色较暗的图像色彩进行调整，使图像中的黑色和白色变得平衡，以增加图像的对比度。打开色调偏灰暗的图片，使用“自动色调”命令，即可使图像色调变得清晰。使用“自动色调”命令的方法是：打开需要调整对比度的图像，选择“图像”/“自动色调”命令，Photoshop CC自动调整图像色调，使图像变得清晰。如图4-9所示即为调整图片色调前后的效果。

图4-9　自动色调

4.2.2 自动对比度

“自动对比度”命令可以自动调整图像的对比度效果，使阴影颜色更暗，高光颜色更亮。其方法是：打开需要调整的图像，选择“图像”/“自动对比度”命令，Photoshop CC自动调整图像的对比度。如图4-10所示即为调整图像对比度前后的效果。

图4-10　自动对比度

4.2.3 自动颜色

“自动颜色”命令常用于校正图片偏色，能够对图像中的阴影、中间调和高光进行搜索，从而对图像的对比度和颜色进行调整。其方法是：打开需要调整的图像，选择“图像”/“自动颜色”命令，

Photoshop CC自动调整图像的色彩。如图4-11所示即为调整图像颜色前后的效果。

图4-11　自动颜色

技巧秒杀

色彩可以靠对比增强和减弱来表现效果，如饱和度对比可以让鲜艳的颜色更鲜艳，浑浊的颜色更浑浊；明度对比可以对色彩明暗程度进行体现；冷暖对比中的暖色给人以活力、热情、向上感，冷色给人以平静、低落和消极感。

读书笔记

4.3 图像色彩的基本调整

快速调整命令虽然简单，但无法适用于所有图片。此时，用户可以通过Photoshop CC提供的其他命令来完善和调整图像的色彩效果，如“亮度/对比度”“色阶”“曲线”“曝光度”等。下面分别对这些命令的作用和效果进行介绍。

4.3.1 亮度/对比度

使用“亮度/对比度”命令可以对图像的色调范围进行调整，即将灰暗的图像变亮并增加图像的明暗对比度，反之亦可。其方法为：选择“图像”/“调整”命令，在弹出的子菜单中选择“亮度/对比度”命令，在打开的“亮度/对比度”对话框中拖动“亮度”或“对比度”栏中的滑块，调整完成后单击 确定 按钮即可，如图4-12所示即为图片调整亮度/对比度前后的效果图。

图4-12　调整亮度/对比度

知识解析：“亮度/对比度”对话框

- 亮度：用于调整图片的亮度，值越小，亮度越小，反之越大。
- 对比度：用于调整图像的明暗对比度，值越小，对比度越弱，反之越强。
- 取消 按钮：取消对图像的调整，若需还原图片的原始参数，可以按住Alt键，此时该按钮变为 复位 按钮，单击 复位 按钮即可还原原始参数。
- 预览：选中该复选框，则在对图像的亮度和对比度进行调整时，在操作界面中可以直接查看图像的效果。
- 使用旧版：选中该复选框，则调整的效果与Photoshop的旧版效果一致。

4.3.2 色阶

色阶表示图像中高光、暗调和中间调的分布情况。“色阶”命令是图像处理中使用最频繁的命令之一，不仅可以对图像的明暗对比效果进行调整，还可以对阴影、高光和中间调进行调整。

实例操作：制作泛黄老照片

- 光盘\素材\第4章\人物.jpg
- 光盘\效果\第4章\人物.psd
- 光盘\实例演示\第4章\制作泛黄老照片

本例使用“色阶”命令调整“人物.jpg”，分别设置不同通道的高光、阴影和中间调，然后调整图像的色阶，使人物图像呈现泛黄效果。调整前后的效果如图4-13和图4-14所示。

图4-13　原图效果

图4-14　设置后效果

Step 1 ▶ 打开“人物.jpg”图片。选择“图像”/“调整”/“色阶”命令，打开“色阶”对话框，在“通道”下拉列表框中选择“红”选项，在“输入色阶”栏的3个文本框中分别输入0、1.00、234，在“输出色阶”栏左侧的文本框中输入30，单击 确定 按钮，如图4-15所示。此时，即可查看调整红色通道后的图片效果，如图4-16所示。

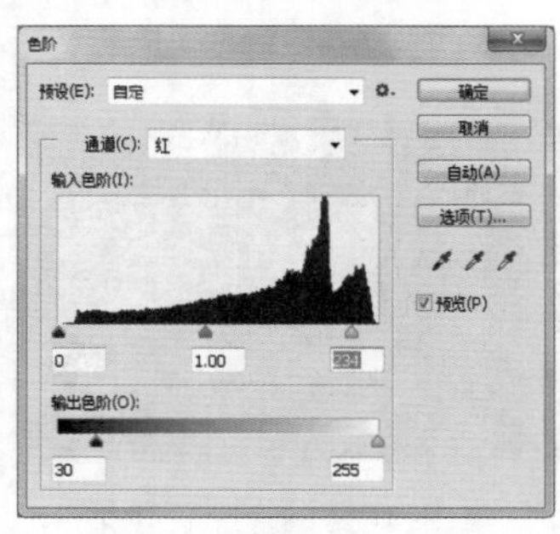
图4-15　调整红色通道

图4-16　查看效果

技巧秒杀

在Photoshop CC工作界面中按Ctrl+L组合键可以快速打开“色阶”对话框。

Step 2 ▶ 在“通道”下拉列表框中选择“绿”选项，在“输入色阶”栏的3个文本框中分别输入7、1.05、243，单击 确定 按钮，如图4-17所示。此时，图片效果如图4-18所示。

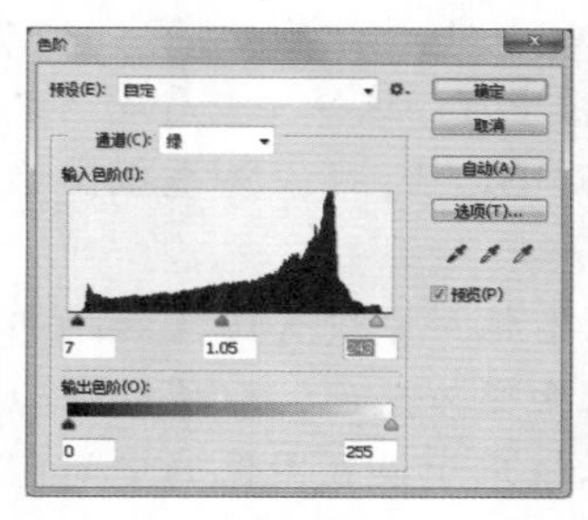
图4-17　调整绿色通道

图4-18　查看效果

Step 3 ▶ 打开“色阶”对话框，在“通道”下拉列表框中选择“蓝”选项，在“输入色阶”栏的3个文本框中分别输入20、0.77、246，在“输出色阶”栏的两个文本框中分别输入5、247，单击 确定 按钮，如图4-19所示。此时，图片效果如图4-20所示。

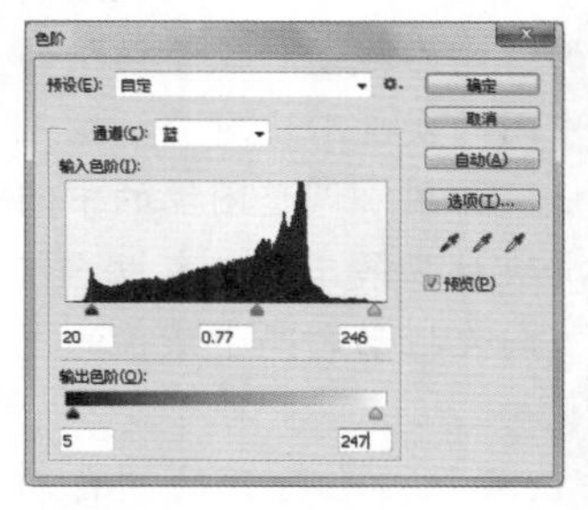
图4-19　调整蓝色通道

图4-20　查看效果

Step 4 ▶ 在新窗口中打开“划痕.jpg”图像，然后将其拖入“人物.jpg”图像中。选择“窗口”/“图层”命令，打开“图层”面板，选择“图层1”图层，在“图层混合模式”下拉列表框中选择“叠加”选项，在“不透明度”文本框中输入60%，如图4-21所示。设置后即可查看图像效果，如图4-22所示。

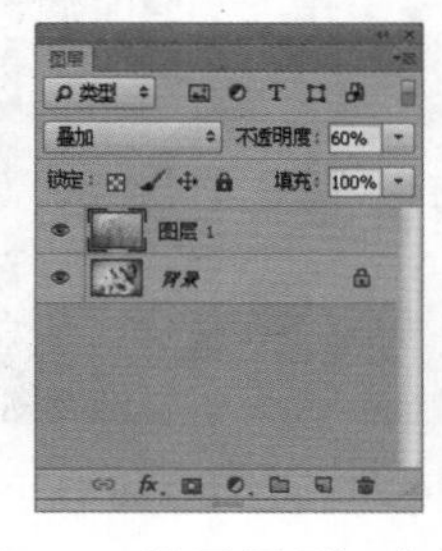
图4-21　设置图层混合模式

图4-22　查看效果

技巧秒杀

本例中所使用的图层的相关知识将在第5章中进行详细讲解。

知识解析：“色阶”对话框

- **通道**：在该下拉列表框中可以选择要查看或调整的颜色通道。若选择RGB选项，表示对整幅图像进行调整。
- **输入色阶**：第一个文本框用于设置图像的暗部色调，低于该值的像素变为黑色，取值范围为0～253；第二个文本框用于设置图像的中间色调，取值范围为0.10～9.99；第三个文本框用于设置图像的亮部色调，高于该值的像素变为白色，取值范围为1～255。
- **输出色阶**：第一个文本框用于提高图像的暗部色调，取值范围为0～255；第二个文本框用于降低图像的亮度，取值范围为0～255。
- **直方图**：该对话框的中间部分是直方图。直方图最左端的滑块代表暗调，向右拖动时低于该值的图像像素变为黑色；中间的灰度滑块对应“输入色阶”的第二个文本框，即用于调整图像的中间色调；最右端的全白滑块对应第三个文本框，即用于调整图像的高光，向左拖动时高于该值的图像像素变为白色。
- **选项(T)...按钮**：单击该按钮，在打开的“自动颜色校正选项”对话框中可以分别设置单色对比度、通道对比度、深色与浅色及亮度和对比度的算法，如图4-23所示。
- **“在图像中取样以设置黑场”按钮**：单击图像选择颜色，图像上所有像素的亮度值都会减去选取色的亮度值，使图像变暗，如图4-24所示。

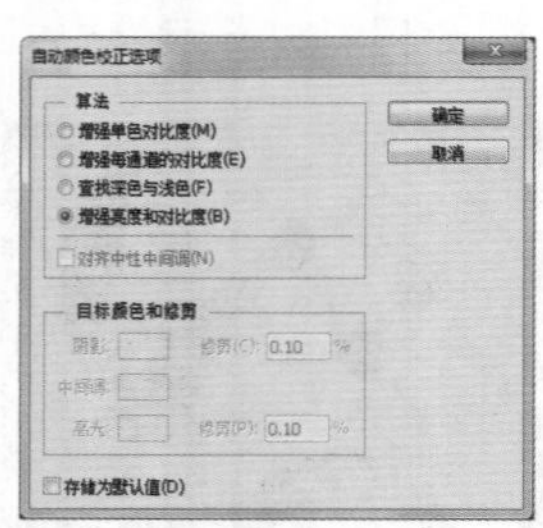

图4-23 “自动颜色校正选项”对话框

图4-24 设置黑场

- **“在图像中取样以设置灰场”按钮**：单击图像选择颜色，Photoshop CC用吸管单击处的像素亮度来调整图像所有像素的亮度，如图4-25所示。
- **“在图像中取样以设置白场”按钮**：用白色吸管单击图像，图像上所有像素的亮度值都会加上该选取色的亮度值，使图像变亮，如图4-26所示。

图4-25 设置灰场

图4-26 设置白场

4.3.3 曲线

使用“曲线”命令可以对图像的色彩、亮度和对比度进行综合调整，使图像色彩更加具有质感；可以在暗调到高光色调范围内对多个不同的点进行调整，使原本色彩昏暗的图像变得清晰、明亮。

实例操作：调整图像为亮色

- 光盘\素材\第4章\灯.png
- 光盘\效果\第4章\灯.psd
- 光盘\实例演示\第4章\调整图像为亮色

本例使用“曲线”命令调整“灯.jpg”图片的明暗、对比度和色彩，使人物图像更加明亮，颜色更协调。调整前后的效果如图4-27和图4-28所示。

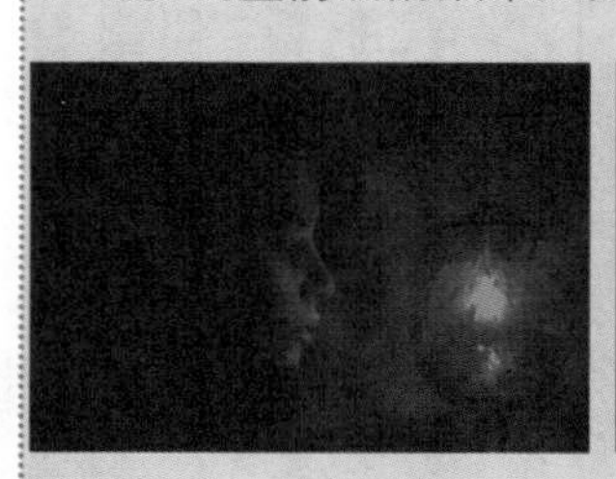

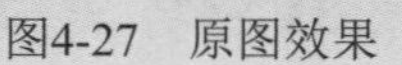
图4-27 原图效果

图4-28 设置后效果

Step 1 打开“灯.png”图片。选择“窗口”/“图层”命令，打开“图层”面板，如图4-29所示。在其中选择“图层0”图层，按Ctrl+J组合键复制图层，在“图层混合模式”下拉列表框中选择“滤色”选项，如图4-30所示。

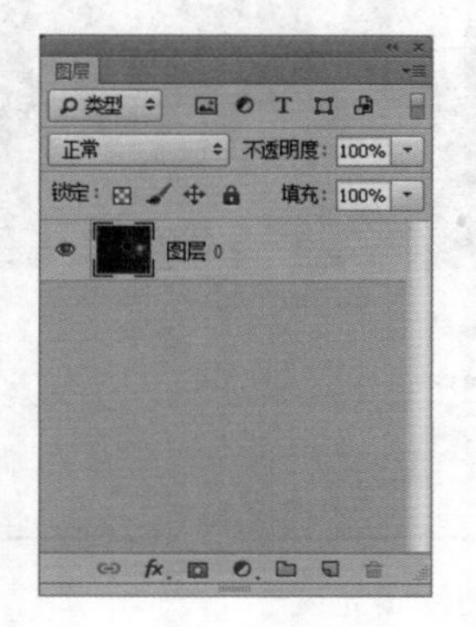
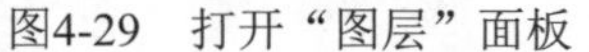

图4-29　打开“图层”面板

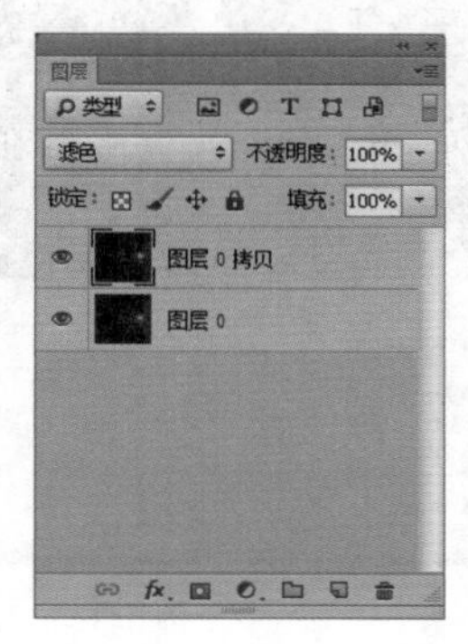

图4-30　复制图层一

Step 2 选择被复制的图层，按两次Ctrl+J组合键执行两次复制操作，如图4-31所示。此时可查看图像的整体效果，如图4-32所示。

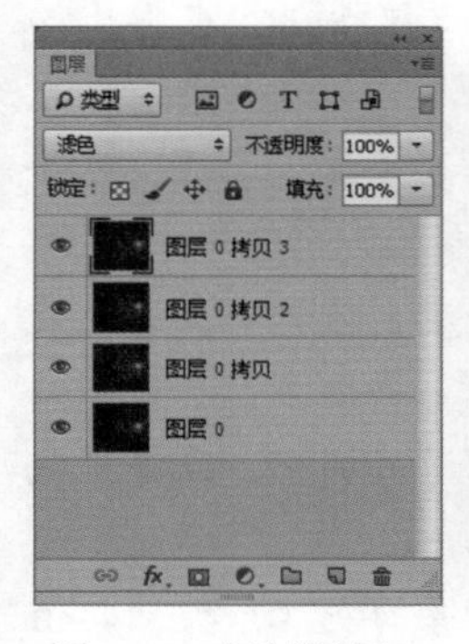

图4-31　复制图层二

图4-32　查看效果

Step 3 选择“图像”/“调整”命令，在其子菜单中选择“曲线”命令，或按Ctrl+M组合键打开“曲线”对话框。在“通道”下拉列表框中选择“红”选项，在曲线编辑框中的斜线上单击创建一个控制点，拖动控制点进行调整，或在“输出”和“输入”文本框中分别输入17和47，如图4-33所示。设置完成后，即可查看到图像亮度和偏色都得到了改善。

读书笔记

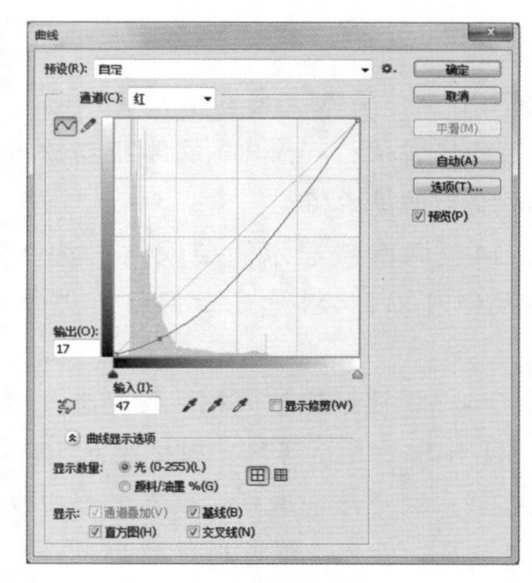

图4-33　调整红色通道

知识解析：“曲线”对话框

- **预设**：“预设”下拉列表框提供9种曲线选项，是Photoshop CC预设的曲线效果，直接选择需要的选项即可应用相应的曲线效果。
- **“预设选项”按钮**：单击该按钮，在弹出的下拉列表中选择“存储预设”选项，可对当前参数进行存储；选择“载入预设”选项，可导入已保存的参数文件。
- **图表**：水平轴表示原来图像的亮度值，即图像的输入值；垂直轴表示图像处理后的亮度值，即图像的输出值。单击图表下边的光谱条，可在黑色和白色之间切换。在图表上的暗调、中间调或高光部分区域的曲线上单击，将创建一个相应的调节点，然后通过拖动调节点即可调整图像的明暗度。
- **“编辑点以修改曲线”按钮**：用于在图表中添加调节点。为将曲线调整成比较复杂的形状，可以添加多个调节点并进行调整。对于不需要的调整点，可以单击选择后按Delete键删除。
- **“通过绘制来修改曲线”按钮**：用于随意在图表上画出需要的色调曲线。单击该按钮，然后将鼠标指针移至图表中，鼠标指针变成形状时，可用画笔徒手绘制色调曲线。
- **平滑(M) 按钮**：可以通过单击该按钮对使用“通过绘制来修改曲线”按钮绘制的曲线进行平

滑处理。

◆ 输入/输出："输入"文本框指输入色阶，显示调整前的像素值；"输出"文本框指输出色阶，显示调整后的像素值。

◆ "以1/4色调增量显示简单网格"按钮田：单击该按钮可以1/4增量显示网格，是默认网格选项。

◆ "以10%增量显示详细网格"按钮▦：单击该按钮可以1/10增量显示网格，网格线更加精确。

◆ 通道叠加：选中该复选框，则在复合曲线中可同时查看红色、蓝色、绿色通道的曲线。

◆ 基线：选中该复选框，可显示基线曲线值的对角线。

◆ 交叉线：选中该复选框，可以显示出用于确定点位置的交叉线。

4.3.4 曝光度

曝光度与照片好坏存在直接的关系。若照片出现曝光过度或者曝光不足的现象，可以通过Photoshop CC的"曝光度"命令对曝光效果进行调整。在Photoshop CC中，主要可以通过曝光度、位移和灰度系数校正来调整照片的曝光效果，其方法是：选择"图像"/"调整"/"曝光度"命令，打开"曝光度"对话框，在其中拖动曝光度、位移和灰度系数校正栏中的滑块，或在其后的文本框中输入具体的数值，然后单击 确定 按钮，即可完成曝光度调整。如图4-34所示即为图片调整曝光度前后的效果图。

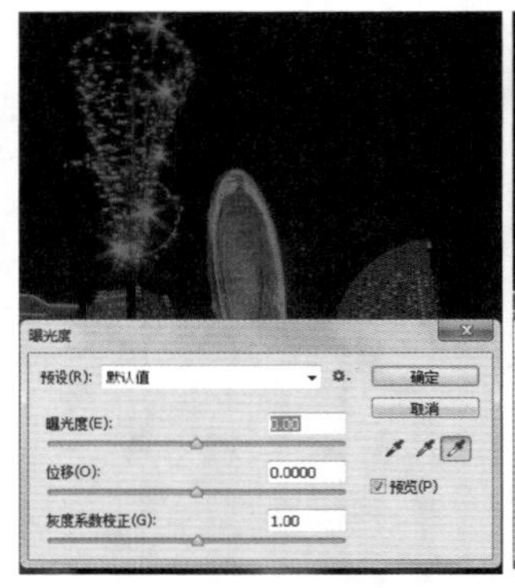
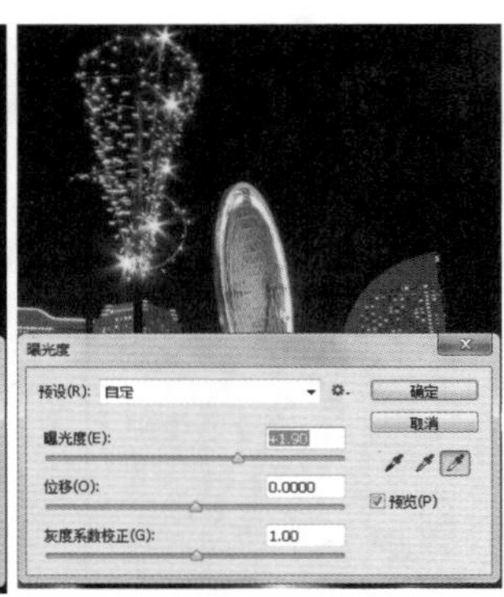

图4-34 调整图片曝光度

知识解析："曝光度"对话框

◆ 预设："预设"下拉列表框提供4种曝光度选项，直接选择需要的选项即可应用相应的效果。

◆ "预设选项"按钮 ⚙：单击该按钮，在弹出的下拉列表中选择"存储预设"选项可对当前曝光度参数进行存储；选择"载入预设"选项，可导入已保存的曝光度参数文件。

◆ 曝光度：用于调整图像曝光度，值越小，曝光效果越弱，反之则越强。

◆ 位移：可以对阴影和中间调进行调整，设置光线的偏移位置。

◆ 灰度系数校正：用于调整图像的灰度系数，其值越大，灰度越强。

技巧秒杀

若将图片的曝光度设置得过高，可能会使图像的细节丢失。

4.4 图像色调的高级调整

Photoshop CC为用户提供了很多种图像色彩调整功能，通过这些功能可以调整各种风格的图片效果，如通过"色相/饱和度"功能更改图片的颜色、通过"黑白"功能打造黑白照片效果等。下面对这些效果进行具体介绍。

4.4.1 自然饱和度

"自然饱和度"命令主要用于调整图像色彩的饱和度，在增加饱和度的同时，又能防止颜色过于饱和而溢色，在处理人物图像时使用频率很高。其方法是：选择"图像"/"调整"/"自然饱和度"命令，打开"自然饱和度"对话框，在"自然饱和度"和"饱和度"文本框中进行设置即可。如图4-35所示即为自然饱和度调整前后的效果。

图4-35 调整自然饱和度

知识解析：“自然饱和度”对话框

- 自然饱和度：用于调整颜色的自然饱和度，可以平衡徐缓地调整颜色，让色调不至于失衡。值越小，饱和度越低；值越大，饱和度越高。
- 饱和度：用于调整所有颜色的饱和度。值越小，饱和度越低；值越大，饱和度越高。

4.4.2 色相/饱和度

使用“色相/饱和度”命令可以调整图像全图或单个通道的色相、饱和度和明度，常用于处理图像中不协调的单个颜色。

读书笔记

实例操作：改变头发的颜色

- 光盘\素材\第4章\对望.jpg
- 光盘\效果\第4章\对望.jpg
- 光盘\实例演示\第4章\改变头发的颜色

本例使用“色相/饱和度”命令调整“对望.jpg”图片中人物头发的颜色，通过调整，改变图片中的某种颜色。调整前后的效果如图4-36和图4-37所示。

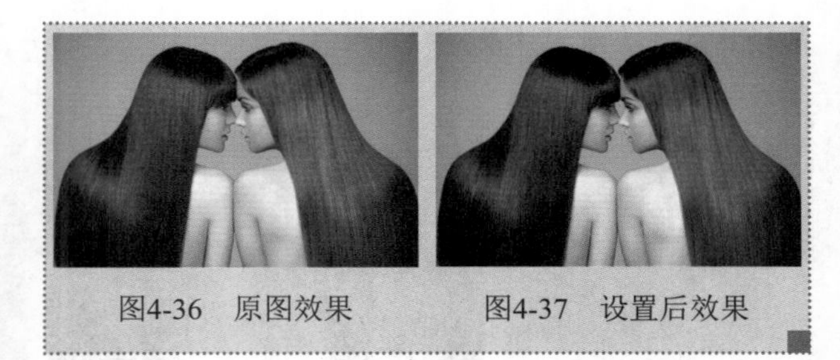

图4-36 原图效果　　图4-37 设置后效果

Step 1 ▶ 打开“对望.jpg”图片。选择“图像”/“调整”/“色相/饱和度”命令，打开“色相/饱和度”对话框。在“预设”下面的下拉列表框中选择“全图”选项，在“色相”文本框中输入-80，在“饱和度”文本框中输入+18，在“明度”文本框中输入0，然后单击 确定 按钮，如图4-38所示。

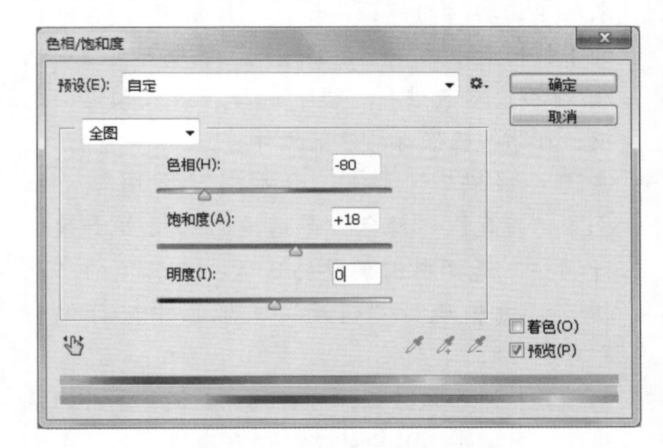

图4-38 调整色相/饱和度

Step 2 ▶ 此时，图片中右边人物的头发颜色由黄色更改为红色，如图4-39所示。在工具箱中选择快速选择工具绘制右边人物的头发选区，然后按Shift+Ctrl+I组合键反选图像，如图4-40所示。

图4-39 调整后效果　　图4-40 选择选区

Step 3 ▶ 打开“历史记录”面板，标记图片初始状态，如图4-41所示。在工具箱中选择历史记录画笔工具，对选区中被改变的颜色进行涂抹，使其恢复到最初状态，如图4-42所示，然后按Ctrl+D组合键取消选区，查看图片最终的效果。

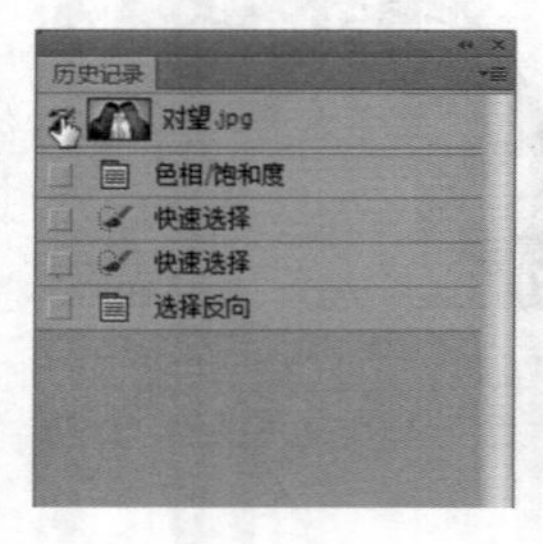

图4-41　标记初始状态　　图4-42　涂抹需还原的部分

知识解析：“色相/饱和度”对话框

- **预设：**“预设”下拉列表框提供8种色相/饱和度选项，直接选择需要的选项即可应用相应的效果。单击其后的“预设选项”按钮，在弹出的下拉列表中选择“存储预设”选项可对当前色相/饱和度参数进行存储。选择“载入预设”选项，可导入已保存的参数文件。
- **通道：**提供7个选项，分别对“全图”“红色”“黄色”“绿色”等通道的色相/饱和度进行调整。选择所需调整的通道，在其下的“色相”“饱和度”“明度”文本框中进行调整即可。
- **按钮：**单击该按钮，可直接拖动调整图片的饱和度。先单击图片中的某处进行取样，然后向右拖动鼠标可增加图像的饱和度，向左拖动鼠标可降低图像的饱和度。
- **着色：**选中该复选框，图像整体偏向一种单一的颜色，通过拖动“色相”“饱和度”“明度”3个滑块可以调整图像的色调。

4.4.3 色彩平衡

使用“色彩平衡”命令可以控制全图的整体颜色分布，纠正图像中的偏色现象，使颜色分布更加平衡。

实例操作：调整海浪的颜色

- 光盘\素材\第4章\冲浪.jpg
- 光盘\效果\第4章\冲浪.jpg
- 光盘\实例演示\第4章\调整海浪的颜色

本例使用“色彩平衡”命令调整“冲浪.jpg”图片的颜色，通过对中间调和高光等进行设置，使海浪颜色更明亮饱满。调整前后的效果如图4-43和图4-44所示。

图4-43　原图效果

图4-44　设置后效果

Step 1 ▶ 打开“冲浪.jpg”图片。选择“图像”/“调整”/“色彩平衡”命令，打开“色彩平衡”对话框，在“色调平衡”栏中选中 中间调(D) 单选按钮。在“色彩平衡”栏的“色阶”文本框中分别输入+51、+25和+34，如图4-45所示。

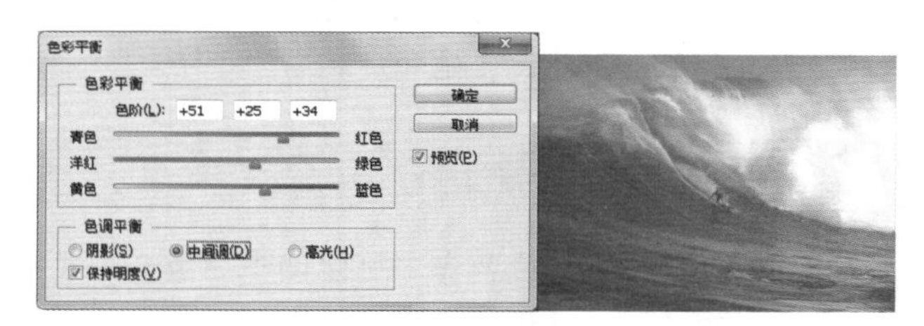

图4-45　调整中间调

Step 2 ▶ 选中 阴影(S) 单选按钮。在“色彩平衡”对话框的“色阶”文本框中分别输入-15、+8和+17。单击 确定 按钮完成设置，如图4-46所示。

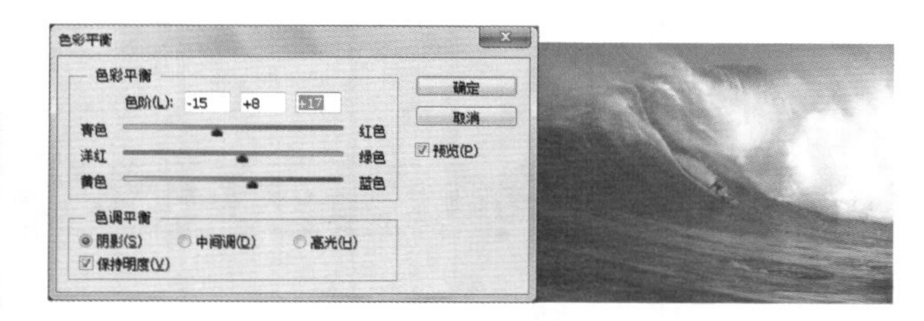

图4-46　调整阴影

知识解析：“色彩平衡”对话框

- **色彩平衡：**用于调整“青色-红色”“洋红-绿色”“黄色-蓝色”在图像中所占的比例。将“青色”滑块向左拖动可增加青色，减少红色；

向右拖动可增加红色，减少青色。

◆ 色调平衡：包括◉中间调(D)、◉阴影(S)和◉高光(H)3个单选按钮，选中不同的单选按钮，可分别对色彩平衡方式进行调整。选中☑保持明度(V)复选框，可在调整色彩时保证明度不发生变化。

4.4.4 黑白

使用“黑白”命令能够将彩色照片转换为黑白照片，并能对图像中各颜色的色调深浅进行调整，使黑白照片更有层次感。

实例操作：制作黑白照片

- 光盘\素材\第4章\照片.jpg
- 光盘\效果\第4章\照片.jpg
- 光盘\实例演示\第4章\制作黑白照片

本例使用“黑白”命令将“照片.jpg”图片调整为带怀旧色彩的黑白颜色效果，调整前后的效果如图4-47和图4-48所示。

图4-47　原图效果　　图4-48　设置后效果

Step 1 打开“照片.jpg”图片。选择“图像”/“调整”/“黑白”命令，打开“黑白”对话框，选中☑色调(T)复选框，单击其后的色块，打开“拾色器（色调颜色）”对话框，在其文本框中输入如图4-49所示的数据，单击 确定 按钮。

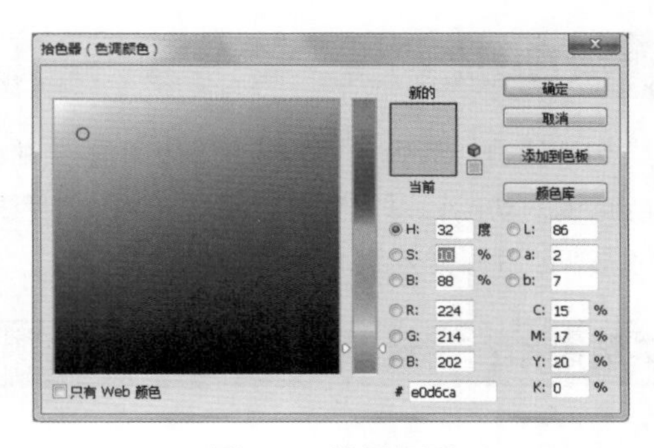

图4-49　设置色调

Step 2 返回“黑白”对话框，在“红色”“黄色”“绿色”“青色”“蓝色”“洋红”文本框中分别输入96、34、60、195、141、154，在“色调”栏的“色相”和“饱和度”文本框中分别输入42、18，如图4-50所示，单击 确定 按钮。设置完成后，即可查看图片效果。

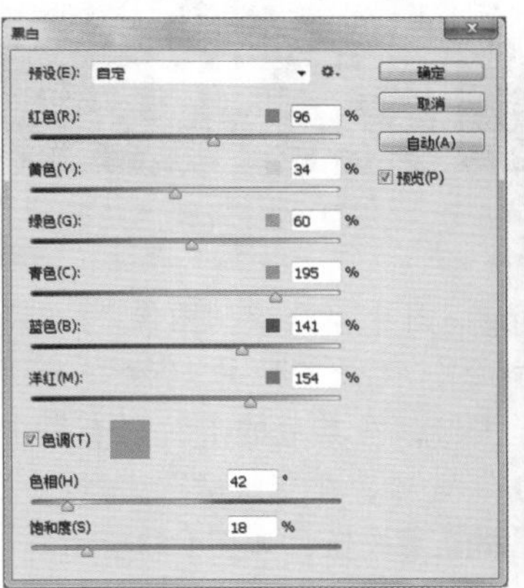

图4-50　调整其他颜色

技巧秒杀

“黑白”命令不仅可以将彩色图像转换为黑白效果，还可以为灰度着色，使图像呈单色效果。

知识解析：“黑白”对话框

◆ **预设**：提供了12种黑白预设效果，选择相应选项即可对图像进行调整。

◆ **颜色**：分别用于设置红色、黄色、绿色、青色、蓝色和洋红等颜色的色调深浅。其值越大，颜色越深。

◆ **色调**：选中该复选框，可为灰度着色，单击其后的色块，可在打开的对话框中设置着色的颜色。

◆ **色相**：用于设置着色颜色的色相，只有选中☑色调(T)复选框才能激活该选项。

◆ **饱和度**：用于设置着色颜色的饱和度，只有选中☑色调(T)复选框才能激活该选项。

4.4.5 照片滤镜

“照片滤镜”命令主要用于模仿相机镜头前面添加彩色滤镜的功能，以调整通过镜头传输光的色彩平衡、色温和胶片曝光效果。

实例操作：制作夕照暖色调照片

- 光盘\素材\第4章\芦苇.jpg
- 光盘\效果\第4章\芦苇.jpg
- 光盘\实例演示\第4章\制作夕照暖色调照片

本例使用“照片滤镜”命令对“芦苇.jpg”图片的色调进行调整，使其呈现出夕照的暖色调效果，调整前后的效果如图4-51和图4-52所示。

图4-51 原图效果

图4-52 设置后效果

Step 1 打开“芦苇.jpg”图片。选择“图像”/“调整”/“照片滤镜”命令，打开“照片滤镜”对话框，选中 滤镜(F): 单选按钮，在其后的下拉列表框中选择“加温滤镜（81）”选项，在“浓度”文本框中输入40，然后单击 确定 按钮，如图4-53所示。

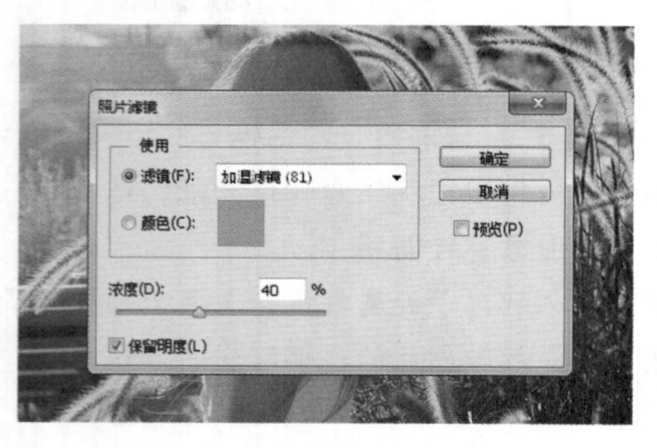

图4-53 设置滤镜色温

Step 2 设置完成后即可查看图片效果，如图4-54所示。

读书笔记

图4-54 查看效果

知识解析：“照片滤镜”对话框

- ◆ 滤镜：选中该单选按钮，在其后的下拉列表中可选择预设的滤镜效果，并将其应用到图像中。
- ◆ 颜色：选中该单选按钮，单击其后的色块可以自动设置颜色。
- ◆ 浓度：调整滤镜颜色的浓淡对比，值越大，颜色浓度越高，反之则越低。
- ◆ 保留明度：选中该复选框，可以保证调整滤镜颜色时图片明度不变。

4.4.6 通道混合器

使用“通道混合器”命令可以对图像中某一通道的颜色进行调整，使图像呈现出不同的色调效果。

实例操作：制作淡雅初秋风格图片

- 光盘\素材\第4章\林间.jpg
- 光盘\效果\第4章\林间.jpg
- 光盘\实例演示\第4章\制作淡雅初秋风格图片

本例使用“通道混合器”命令调整“林间.jpg”图片的颜色，使图片风格淡雅清新，调整前后的效果如图4-55和图4-56所示。

图4-55 原图效果

图4-56 设置后效果

Step 1 打开“林间.jpg”图片。选择“图像”/“调整”/“通道混合器”命令，打开“通道混合器”对话框。在“输出通道”下拉列表框中选择“红”选项，在“红色”“绿色”“蓝色”文本框中分别输入+126、+34、-72，如图4-57所示。

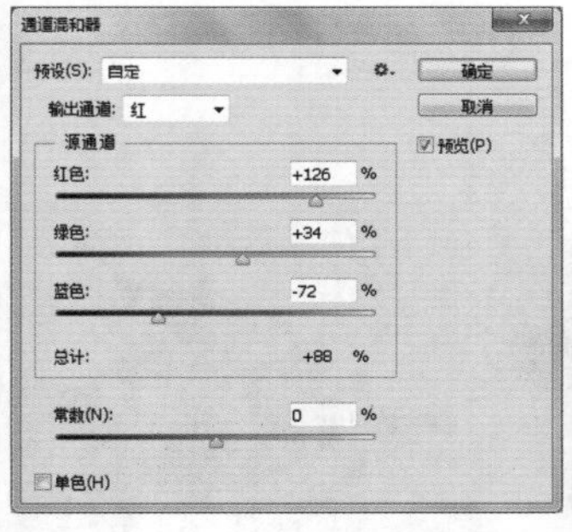

图4-57　调整红色通道

Step 2 ▶ 在“输出通道”下拉列表框中选择“蓝”选项，在“红色”“绿色”“蓝色”文本框中分别输入+16、+88、0，单击 确定 按钮，设置完成后即可查看图片效果，如图4-58所示。

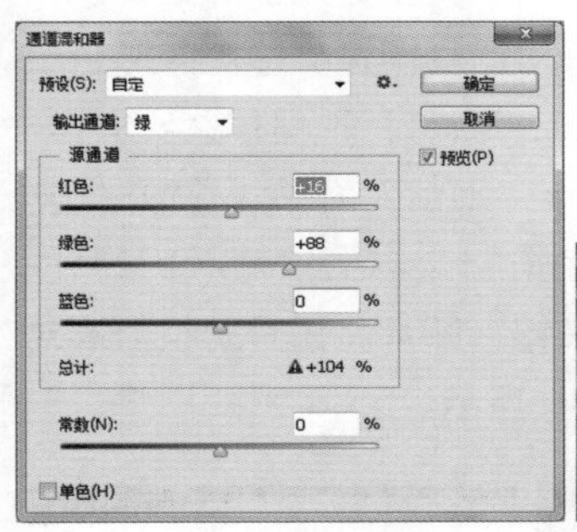

图4-58　查看效果

Step 3 ▶ 选择“编辑”/“渐隐通道混合器”命令，打开“渐隐”对话框，在其中设置“模式”为“颜色”，“不透明度”为100%，如图4-59所示。选择“图像”/“调整”/“色相/饱和度”命令，将“绿色”通道中的“色相”设置为-15，将“黄色”通道中的“饱和度”设置为-20，如图4-60所示。设置完成后单击 确定 按钮，即可查看图像效果。

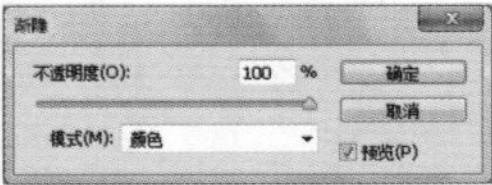

图4-59　设置渐隐

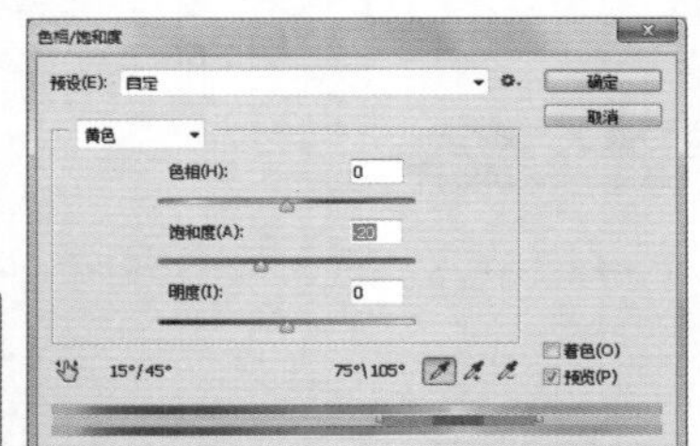

图4-60　设置色相/饱和度

知识解析：“通道混合器”对话框

- **预设：** 提供了6种通道混合器的预设效果，选择相应选项即可对图像进行调整。单击其后的“预设选项”按钮，在弹出的下拉列表中可存储或载入参数。
- **输出通道：** 在该下拉列表框中可选择一种通道对图像进行调整。
- **源通道：** 在其中主要有“红色”“绿色”“蓝色”3个文本框，用于调整输出通道颜色各自所占的比例，值越小，输出的百分比越低，反之则越高。“总计”主要用于显示源通道的值，若计数值高于100，则值前出现感叹号，表示部分阴影或高光的细节丢失。
- **常数：** 用于设置输出通道的灰度值，正值增加白色，负值增加黑色。
- **单色：** 选中该复选框，图像变为黑白效果，可通过“源通道”栏进行详细调整。

4.4.7 颜色查找

“颜色查找”命令主要用于调整图像的风格化效果，Photoshop CC主要提供了 3DLUT 文件、摘要和设备链接3个单选按钮，选中相应的单选按钮，即可激活其后的下拉列表，在其中设置图像的不同风格化效果。其方法是：选择“图像”/“调整”/“颜色查找”命令，选中 3DLUT 文件、摘要 或 设备链接 单选按钮，在其后的下拉列表框中选择合适的选项，并单击 确定 按钮即可。如图4-61和图4-62所示即为设置前后的效果。

图4-61　设置前效果

图4-62　设置后效果

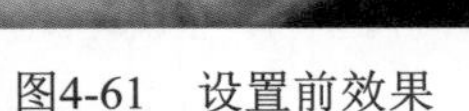

读书笔记

4.4.8 反相

使用“反相”命令可将图像中的颜色替换为相对应的补色，但不会丢失图像颜色信息。反相后可将正常图像转换为负片，再次执行该命令即可将负片还原为正常图像。其方法是：打开图像文件，选择“图像”/“调整”/“反相”命令，此时原图像调整为负片效果，如图4-63所示。

图4-63　设置图像反相效果

4.4.9 去色

使用“去色”命令可去掉图像中除黑色、灰色和白色以外的颜色。其方法是：打开一张彩色图片，选择“图像”/“调整”/“去色”命令，即可将图像中的彩色去掉，如图4-64所示。

图4-64　设置图像去色效果

4.4.10 色调分离

“色调分离”命令主要用于为图像中的每个通道指定亮度数量，并将这些像素映射到最接近的匹配色调上，以减少图像分离的色调。其方法是：在Photoshop CC中选择“图像”/“调整”/“色调分离”命令，打开“色调分离”对话框，在其中拖动“色阶”滑块即可调整分离的色阶值。如图4-65所示即为调整前后的效果。

图4-65　色调分离

4.4.11 阈值

使用“阈值”命令可将彩色或灰度图像转换为只有黑、白两种颜色的高对比度图像，即删除彩色信息，保存黑白颜色。其方法是：打开一张彩色图片，选择“图像”/“调整”/“阈值”命令，打开“阈值”对话框，在“阈值色阶”文本框中输入1~255的整数，单击 确定 按钮，即可将图片转换为高对比度的黑白图像，如图4-66所示。

图4-66　阈值效果

读书笔记

4.4.12 色调均化

使用“色调均化”命令可将图像中各像素的亮度值重新分配，以便更均匀地呈现所有范围的亮度级，一般是图像中最亮值呈现为白色，最暗值呈现为黑色，中间值则均匀地分布在整个灰度色调中。其方法是：打开一张彩色图片，选择“图像”/“调整”/“色调均化”命令，即可重新分配图像中各像素的亮度值，如图4-67所示。

图4-67　色调均化

4.4.13 渐变映射

“渐变映射”命令可以将灰度图像范围映射到指定的渐变填充色中，以应用渐变重新调整图像。

实例操作：制作橙黄暖色照片效果

- 光盘\素材\第4章\背影.jpg
- 光盘\效果\第4章\背影.jpg
- 光盘\实例演示\第4章\制作橙黄暖色照片效果

本例使用“渐变映射”命令制作橙黄色的唯美暖色效果。调整前后的效果如图4-68和图4-69所示。

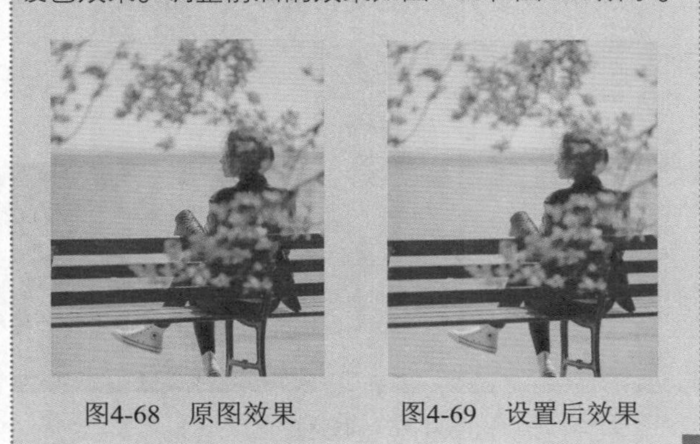

图4-68　原图效果　　图4-69　设置后效果

Step 1 打开“背影.jpg”图片，在“图层”面板中单击“新建”按钮，新建一个图层，将其填充色设置为“白色”，并设置为“叠加”效果。选择“图像”/“调整”/“渐变映射”命令，打开“渐变映射”对话框，在“灰度映射所用的渐变”栏中单击渐变条，如图4-70所示。

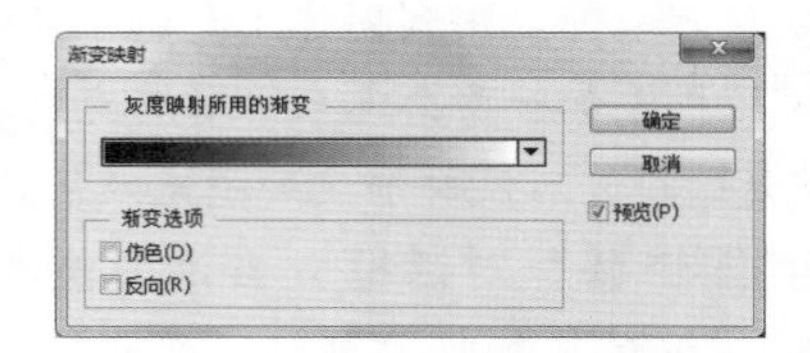

图4-70　“渐变映射”对话框

Step 2 打开“渐变编辑器”对话框，在“渐变类型”下拉列表框中选择“杂色”选项，在“颜色模型”栏中调整RGB值，如图4-71所示。

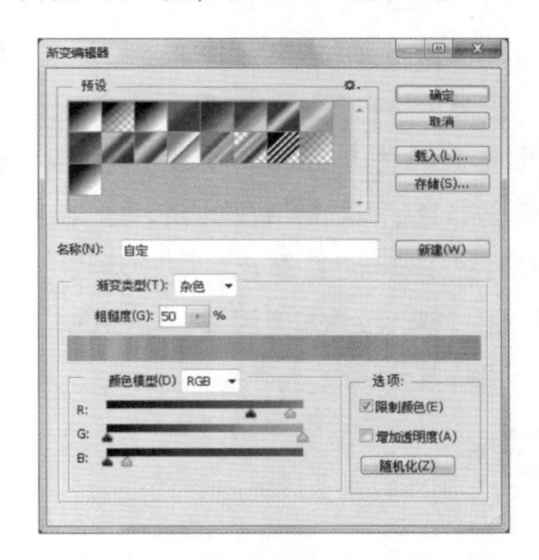

图4-71　“渐变编辑器”对话框

Step 3 设置完成后单击“确定”按钮，返回“渐变映射”对话框，再次单击“确定”按钮，即可查看设置后的图片效果，如图4-72所示。

图4-72　查看效果

知识解析：更多“渐变映射”知识

- “渐变映射”对话框：主要包含“灰度映射所用的渐变”栏以及☑仿色(D)和☑反向(R)复选框。其中，单击“灰度映射所用的渐变”栏中的渐变条，可打开“渐变编辑器”对话框，在其中可自定义渐变映射效果并应用到图像上。选中☑仿色(D)复选框，可随机添加一些杂色来平滑渐变效果。选中☑反向(R)复选框，可反转渐变的填充效果。
- “渐变编辑器”对话框：当渐变类型为“实底”时，该对话框主要包括“预设”栏、“渐变类型”栏和“色标”栏。“预设”栏提供Photoshop CC预设的17种渐变映射效果，直接选择相应的选项即可应用该效果。“渐变类型”栏包括“渐变类型”下拉列表框、“平滑度”文本框和色标渐变条，其中“渐变类型”下拉列表框提供“实底”和“杂色”两个选项，“平滑度”文本框用于调整渐变的平滑度，色标渐变条用于调整渐变颜色，双击相应的滑块，在打开的对话框中即可选择和设置颜色。“色标”栏主要用于对色标进行调整，包括调整“不透明度”、“颜色”和“位置”等。

读书笔记

4.4.14 可选颜色

使用“可选颜色”命令可以对图像中的颜色进行修改，而不影响图像中的主要颜色。它主要针对印刷油墨的含量进行控制，包括青色、洋红、黄色和黑色。

实例操作：将黄色花朵调整成粉色花朵

- 光盘\素材\第4章\花朵.jpg
- 光盘\效果\第4章\花朵.jpg
- 光盘\实例演示\第4章\将黄色花朵调整成粉色花朵

本例使用“可选颜色”命令调整“花朵.jpg”图片的颜色。调整前后的效果如图4-73和图4-74所示。

图4-73　原图效果

图4-74　设置后效果

Step 1 ▶ 打开“花朵.jpg”图片，选择快速选择工具绘制花朵选区。选择“图像”/“调整”/“可选颜色”命令，打开“可选颜色”对话框，在“颜色”下拉列表框中选择“红色”选项，在“青色”“洋红”“黄色”“黑色”文本框中分别输入+100、-20、+100、0，如图4-75所示。

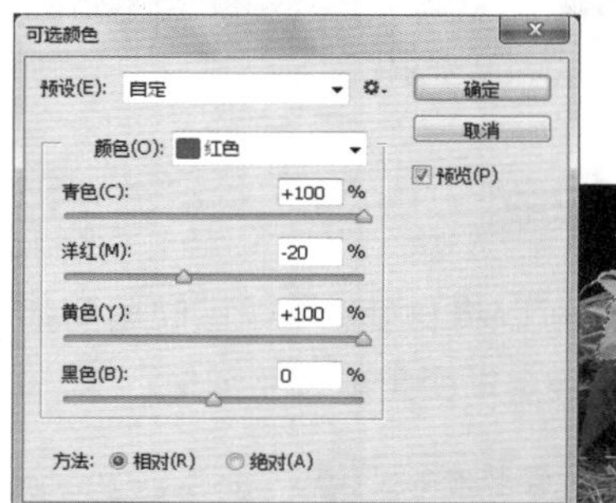

图4-75　调整红色

Step 2 ▶ 在“颜色”下拉列表框中选择“黄色”选项，在“青色”“洋红”“黄色”“黑色”文本框中分别输入+44、+44、-100、+18，单击 确定 按钮，按Ctrl+D组合键取消选区后如图4-76所示。

图4-76　调整黄色

4.4.15 匹配颜色

使用“匹配颜色”命令可以匹配不同图像之间的颜色，即将一张图片的颜色匹配到另一张图片上，该命令常用于图像合成。

实例操作：制作晚霞斜照效果

- 光盘\素材\第4章\背景.jpg、人像.jpg
- 光盘\效果\第4章\人像.jpg
- 光盘\实例演示\第4章\制作晚霞斜照效果

本例使用“匹配颜色”命令为“人像.jpg”图片匹配颜色，并制作出晚霞斜照的背景效果。制作前后的效果如图4-77和图4-78所示。

图4-77 原图效果

图4-78 设置后效果

Step 1 打开“背景.jpg”和“人像.jpg”图片，将“人物.jpg”图像作为当前图像。选择“图像”/“调整”/“匹配颜色”命令，打开“匹配颜色”对话框，在“源”下拉列表框中选择“背景.jpg”选项。此时，图像窗口中人像图片的颜色已与背景图片窗口中的颜色进行匹配，如图4-79所示。

技巧秒杀

为了匹配出更好看的效果，用户可使用多张图片和多次匹配命令对图像颜色进行匹配。在进行过一次匹配操作后，需另存为图片，才可继续匹配其他图片的颜色。

Step 2 拖动“渐隐”滑块，将其值设置为45，单击 确定 按钮。此时，即可在图像窗口中查看到匹配后的效果，如图4-80所示。

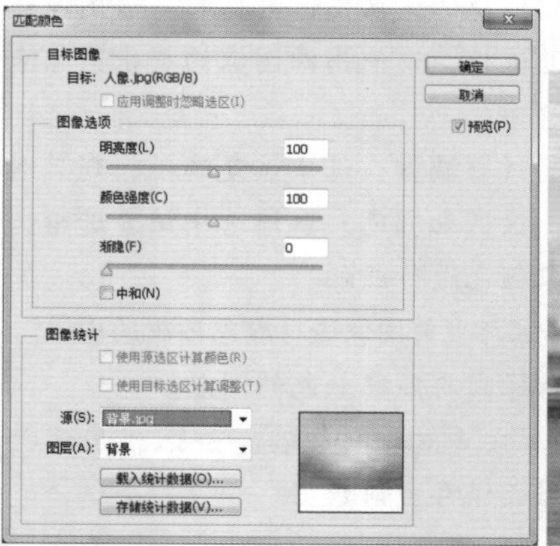

图4-79 自动匹配颜色

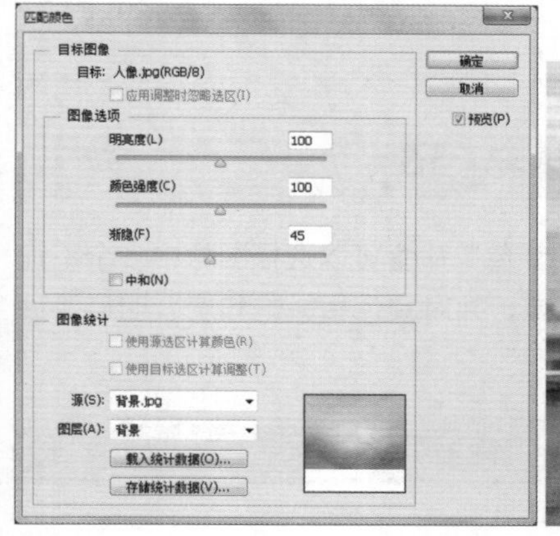

图4-80 调整渐隐

知识解析：“匹配颜色”对话框

- **目标**：显示当前图像名称和颜色模式。
- **应用调整时忽略选区**：选中该复选框，则在匹配颜色时不影响选区；取消选中该复选框，则只对选区内容进行调整。
- **明亮度**：用于增加或降低图像的亮度，值越大，亮度越高，反之越低。
- **颜色强度**：用于调整颜色饱和度，值越大，饱和度越高。当值为1时，图像呈灰度效果显示。
- **渐隐**：用于调整匹配颜色的匹配度，即多少比例的颜色匹配到图像中。值越大，匹配度比例越低。
- **中和**：选中该复选框，可消除图像中出现的偏色现象。

- **使用源选区计算颜色**：选中该复选框，则可以使用在源图像中创建的选区图像来匹配当前图像；取消选中该复选框，则使用源图像的整张图像来匹配当前图像。
- **使用目标选区计算调整**：选中该复选框，则只对当前图像的选区匹配颜色；取消选中该复选框，则对整张图像颜色进行匹配。
- **源**：用于选择需与当前图像进行颜色匹配的图像。
- **图层**：用来选择需要匹配颜色的图层。
- **载入统计数据(O)...**、**存储统计数据(V)...** 按钮：用于导入已有的数据或保存当前数据。

读书笔记

4.4.16 替换颜色

使用“替换颜色”命令可以选择图像中多个不连续的相同颜色区域，并对其色相、饱和度、明度等进行设置和替换。

实例操作：改变苹果的颜色

- 光盘\素材\第4章\苹果.jpg
- 光盘\效果\第4章\苹果.jpg
- 光盘\实例演示\第4章\改变苹果的颜色

本例使用“替换颜色”命令对“苹果.jpg”图片中苹果的颜色进行替换，使其呈现出不同的颜色。制作前后的效果如图4-81和图4-82所示。

图4-81　原图效果

图4-82　设置后效果

Step 1 ▶ 打开“苹果.jpg”图片。选择“图像”/“调整”/“替换颜色”命令，打开“替换颜色”对话框，移动鼠标指针到图像窗口中，在需要替换的颜色位置单击，以提取颜色，如图4-83所示。

图4-83　取色

Step 2 ▶ 拖动“颜色容差”滑块，调整需要替换的颜色范围，然后在“替换”栏的“色相”文本框中输入-62，在“饱和度”文本框中输入+10，在“明度”文本框中输入0，单击 确定 按钮完成设置，如图4-84所示。

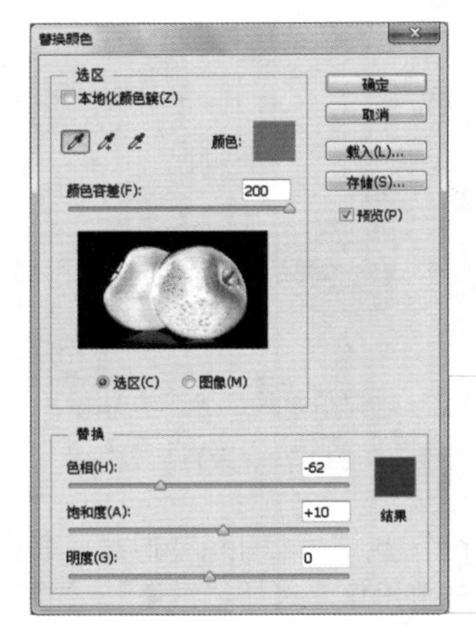

图4-84　设置

技巧秒杀

在“颜色容差”栏中，白色代表图像中被选中的颜色范围。

知识解析：“替换颜色”对话框

- **本地化颜色簇**：选中该复选框，配合3个吸管工具，可以选择多个颜色，并让选择范围更细致。
- **吸管工具**：单击该按钮，可提取需替换的颜色。
- **添加到取样工具**：单击该按钮，可以在图像中添加新的颜色。

- 从取样中减去工具：单击该按钮，可以从图像中减少颜色。
- 颜色：用于显示当前提取的颜色。
- 颜色容差：用于控制颜色的选择范围，值越大，选择范围和精确度越高。
- 选区/图像：选中 选区(C) 单选按钮，可在预览区中查看代表选区范围的蒙版，其中白色表示已选择，黑色表示未选择，灰色表示选择部分区域。选中 图像(M) 单选按钮，则显示当前图像内容。
- 替换：主要包括“色相”、“饱和度”和“明度”3个选项，用于调整替换颜色的色相、饱和度和明度。此外，也可单击该栏中的色块，直接选择需要替换的颜色。

4.5 特殊色彩调整

在Photoshop CC中，通过众多不同的色调调整命令可以制作出种类丰富、风格各异的图像效果。除了前面介绍过的命令之外，用户还可以通过“阴影/高光”“HDR色调”“变化”“应用图像”等命令对色彩进行调整。下面分别对这些特殊色调调整进行介绍。

4.5.1 阴影/高光

“阴影/高光”命令主要用于调整图像中特别亮或特别暗的区域，如可以校正由强逆光而形成的剪影照片，也可校正因太接近相机闪光灯而亮度过高的图像。

实例操作：调出色调分明的图片

- 光盘\素材\第4章\海岸.jpg
- 光盘\效果\第4章\海岸.jpg
- 光盘\实例演示\第4章\调出色调分明的图片

本例使用“阴影/高光”命令对“海岸.jpg”图片的阴影和高光效果进行调整，使其色调更明亮清晰。制作前后的效果如图4-85和图4-86所示。

图4-85 原图效果

图4-86 设置后效果

Step 1 打开“海岸.jpg”图片。选择“图像”/“调整”/“阴影/高光”命令，打开“阴影/高光”对话框，如图4-87所示，选中复选框，展开详细的设置选项。

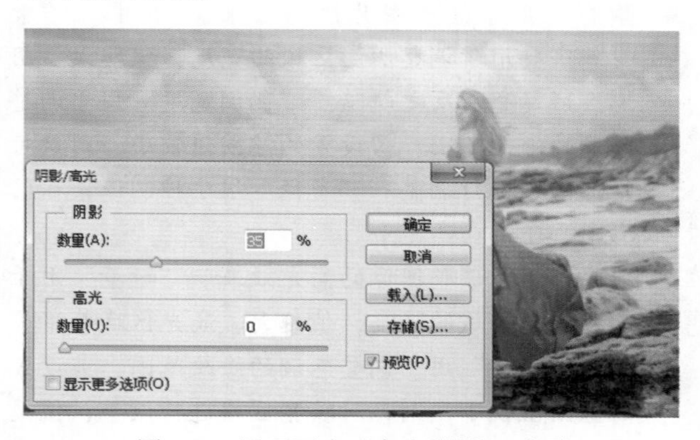

图4-87 展开更多“高光/阴影”选项

Step 2 在展开对话框的“阴影”、“高光”和“调整”栏中分别调整各自的效果，调整完成后单击 确定 按钮完成设置，如图4-88所示。

读书笔记

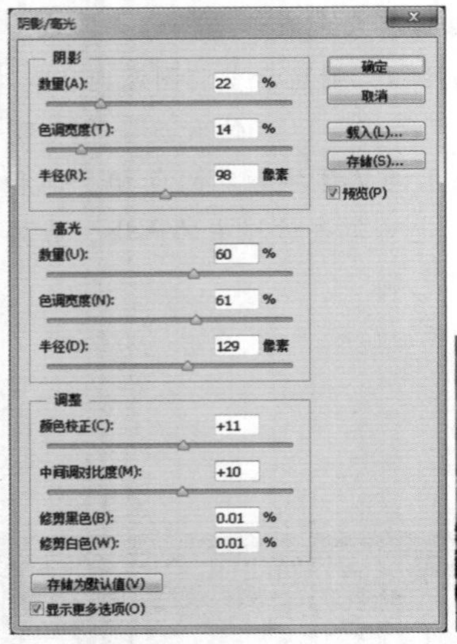

图4-88　设置“阴影”、“高光”和“调整”效果

知识解析：“阴影/高光”对话框

- **阴影**：用于调整图片阴影效果。其中，“数量”主要用于调整阴影区域的亮度，值越大，阴影区域越亮，反之越暗。“色调宽度”用于调整色调的修改范围，若设置的范围值较小，则只对暗部区域进行调整。“半径”用于控制像素在阴影中，还是在高光中。
- **高光**：用于调整图像的高光效果。“数量”用于调整高光区域的强度，值越大，高光区域越暗。“色调宽度”用于调整色调的修改范围，若设置的范围值较小，则只对较亮区域进行调整，值越大，可控制的色调越多。“半径”用于调整局部相邻像素的大小。
- **调整**：主要包括“颜色校正”、“中间调对比度”、“修剪黑色”和“修剪白色”选项。其中，“颜色校正”用于调整区域的色彩，当通过“数量”设置将暗部区域的颜色显示出来之后，可以通过“颜色校正”使这些颜色更鲜艳。“中间调对比度”用于调整中间调的对比度，值越小，对比度越低，反之对比度越高。“修剪白色”和“修剪黑色”可以指定将图像中多少阴影和高光剪到新的阴影中。
- **显示更多选项**：选中该复选框，显示全部的“阴影”和“高光”选项；取消选中该复选框，则隐藏详细选项。

4.5.2 HDR色调

HDR色调是一种高动态范围渲染的色调效果，可以修补过亮或过暗的图像，制造出具有高动态感的图像效果。

实例操作：打造奇幻天空效果

- 光盘\素材\第4章\天空.jpg、闪电.jpg
- 光盘\效果\第4章\天空.psd
- 光盘\实例演示\第4章\打造奇幻天空效果

本例使用“HDR色调”命令对“天空.jpg”的颜色进行调整，使其呈现出深邃的奇幻色彩。制作前后的效果如图4-89和图4-90所示。

图4-89　原图效果

图4-90　设置后效果

Step 1 打开“天空.jpg”图片。选择“图像”/“调整”/“HDR色调”命令，打开“HDR色调”对话框，分别在“边缘光”“色调和细节”“高级”栏中对各项数据进行调整，如图4-91所示。

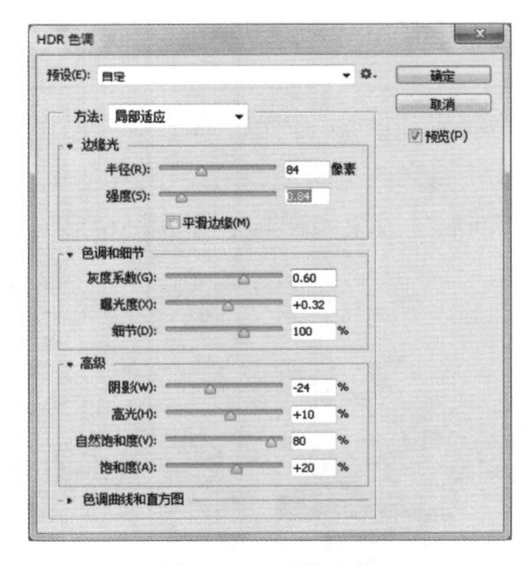

图4-91　调整参数

Step 2 单击 确定 按钮，查看效果。打开“闪电.jpg”图像，将其拖动至“天空.jpg”图像中并调整位置，在“图层”面板中设置其混合模式为“排

除”，“不透明度”为80%，如图4-92所示。

图4-92 查看效果

知识解析：“HDR色调”对话框

- 预设：选择预设的HDR效果。
- 方法：选择图像采取的HDR方式。
- 边缘光：用于调整图像边缘光的强度。
- 色调和细节：用于调整图像的色调和细节。
- 高级：用于调整图像的整体阴影效果、高光效果、自然饱和度及饱和度效果。
- 色调曲线和直方图：用于调整图形的色调曲线。

4.5.3 变化

Photoshop CC的“变化”命令提供多种选项，用于调整图像的中间调、高光、阴影和饱和度等信息，不仅可以预览变化后的效果，还可以与原图像进行对比。其方法是：打开图片，选择“图像”/“调整”/“变化”命令，打开“变化”对话框，如图4-93所示。在其中选择相应的选项进行调整，完成后单击 确定 按钮即可。

读书笔记

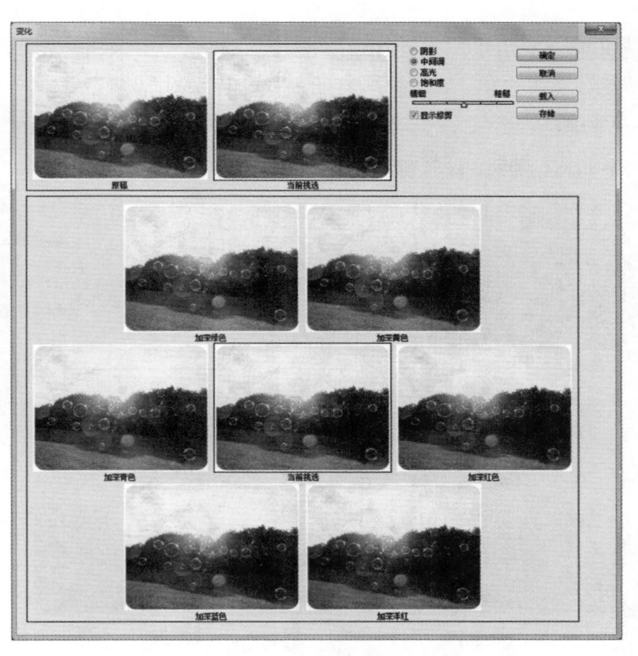

图4-93 “变化”对话框

实例操作：制作清新明信片

- 光盘\素材\第4章\水边.jpg
- 光盘\效果\第4章\水边.psd
- 光盘\实例演示\第4章\制作清新明信片

本例使用“变化”命令对“水边.jpg”的颜色进行调整，然后为图像添加渲染滤镜效果，以美化图像。制作前后的效果如图4-94和图4-95所示。

图4-94 设置前效果

图4-95 设置后效果

Step 1 ▶ 打开“水边.jpg”图片。选择“图像”/“调整”/“变化”命令，打开“变化”对话框，选中 中间调 单选按钮，单击“加深黄色”缩略图，然后单击 确定 按钮，如图4-96所示。

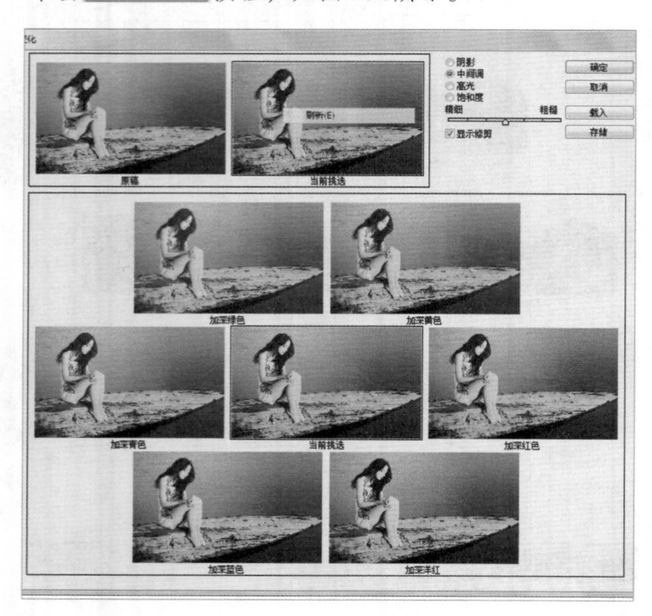

图4-96 设置加深黄色

Step 2 ▶ 打开“图层”面板，在按住Alt键的同时单击 按钮，打开“新建图层”对话框，在“模式”下拉列表框中选择“叠加”选项，选中 填充叠加中性色(50% 灰)(F) 复选框，然后单击 确定 按钮，新建一个中性色图层，如图4-97所示。

图4-97 新建中性色图层

Step 3 ▶ 选择“滤镜”/“渲染”/“镜头光晕”命令，打开“镜头光晕”对话框，在其中选中 50-300 毫米变焦(Z) 单选按钮，在“亮度”文本框中输入70，在预览框中通过拖动鼠标调整光晕的位置，调整完成后单击 确定 按钮，如图4-98所示。

图4-98 添加镜头光晕滤镜效果

Step 4 ▶ 设置完成后，即可查看添加滤镜后的图片效果。使用文字工具为图片添加文字，并设置文字属性，效果如图4-99所示。

图4-99 查看效果

知识解析：“变化”对话框

- **原稿/当前挑选**：“原稿”缩略图显示原图效果，“当前挑选”缩略图显示调整后效果。
- **阴影/中间调/高光**：分别用于调整图像的阴影、中间调和高光。
- **饱和度**：用于调整图像饱和度，选中该单选按钮后，显示“减少饱和度”、“当前挑选”和“增加饱和度”3个选项。
- **显示修剪**：选中该复选框，可显示超出饱和度范围的颜色。
- **精细/粗糙**：用于控制阴影、高光等对象的调整量。

知识大爆炸
——“变化”命令使用技巧

在使用“变化”命令打开“变化”对话框后，可以查看Photoshop CC预设的7个调色选项，“变化”对话框中提供的“预设”选项是基于色轮来进行颜色调整的，所以在7个预设的缩略图中，处于对角位置的颜色互为补色，当单击其中一个缩略图增加一种颜色的浓度时，与之对应的补色的颜色浓度自动减少，如选择增加红色，则减少青色。在“变化”对话框中对图像颜色进行调整之后，若对调整结果不满意，计划重新进行调整，可以单击“原图”缩略图，返回图像最初的状态。

读书笔记

01 02 03 04 05 06 07 08 09 10 11 12 13 14……

使用图层

本章导读

图层是Photoshop CC中组成图像最基本的单位之一，一个图像可以包含一个或多个图层，这些图层组合在一起的效果就是一张完整的图像，相比传统的单一平面图像，多图层模式的图像编辑空间更大、更精确。本章对图层的相关知识进行介绍，帮助用户掌握图层的编辑和使用方法。

5.1 图层概述

图层如同含有多层透明文字或图形等元素的图片，按某种顺序叠放在一起，组合起来形成图像的最终效果。在Photoshop CC中，几乎所有的高级图像处理都需要图层。图层是Photoshop CC最重要的组成部分之一。下面对图层的相关知识进行介绍。

5.1.1 图层的作用

图层可以对图像中的元素进行精确排列和定位，从而帮助用户制作出各种独一无二的图像效果。图层中可以加入文本、图片、表格、插件，也可以在里面再嵌套图层，每个图层上都可以保存不同的图像。用户可以透过上方图层的透明区域看到下方图层中的图像，如图5-1所示。

图5-1　多图层图像

用户可通过移动图层和调整图层顺序等方法让图像产生更多的效果。如图5-2所示为在图5-1的基础上将“圆形”图层移动到“内容”图层下的效果。

图5-2　调整图层顺序的效果

除“背景”图层外，用户还可以对其他图层的不透明度和图层混合模式进行设置。如图5-3所示为将“标题”图层混合模式设置为“溶解”、“不透明度”设置为80%的效果。

图5-3　设置图层混合模式和不透明度

5.1.2 图层的类型

图层包含的元素非常多，与之相应的图层类型也很多，增加或删除任意图层都可能影响整个图像。图5-4即列举常见的图层类型。下面分别对其进行介绍。

- **填充图层**：可填充纯色、渐变和图案来创建具有特殊效果的图层。
- **剪贴蒙版图层**：用于使下方一个图层中的图像控制其上方多个图层的显示区域。
- **智能对象图层**：在其中包含智能对象的图层。
- **调整图层**：用于调整图像的颜色、色调等，不对图层中

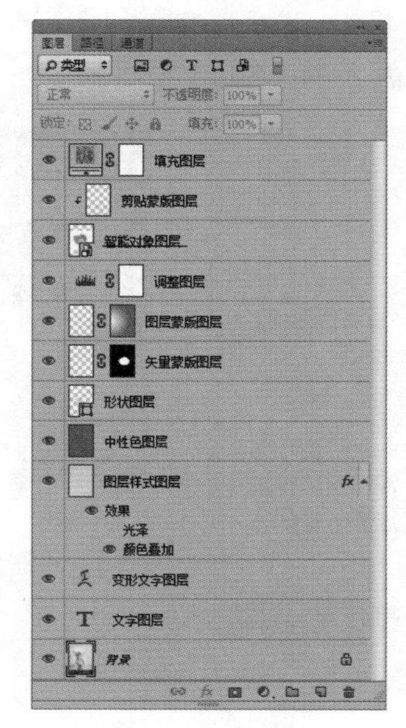

图5-4　图层类型

的像素有实际的影响，且参数可以反复调整。

◆ 图层蒙版图层：用于为图层添加蒙版，可控制图像在图层中的显示区域。

◆ 矢量蒙版图层：可创建带矢量形状的蒙版图层。

◆ 形状图层：使用钢笔工具绘制形状后产生的图层。图层自动使用前景色进行填充。

◆ 中性色图层：填充中性色的特殊图层，结合使用一些图层混合模式可以叠加出特殊的图像效果。

◆ 图层样式图层：添加图层样式的图层，可快速创建特效效果。

◆ 变形文字图层：为文字设置变形效果的文字图层。

◆ 文字图层：输入文字后自动生成的图层。

◆ 背景图层：新建图像时产生的图层始终位于面板底层，且使用斜体显示图层名称。

技巧秒杀

除了上述图层类型之外，Photoshop CC中还有一些特殊图层，如置入3D对象或新建3D对象时出现的3D图层和包含视频文件帧的“视频”图层等。

5.1.3 “图层”面板

“图层”面板是对图层进行操作的主要场所，可对图层进行新建、重命名、储存、删除、锁定和链接等操作。选择“窗口”/“图层”命令，即可打开如图5-5所示的“图层”面板。

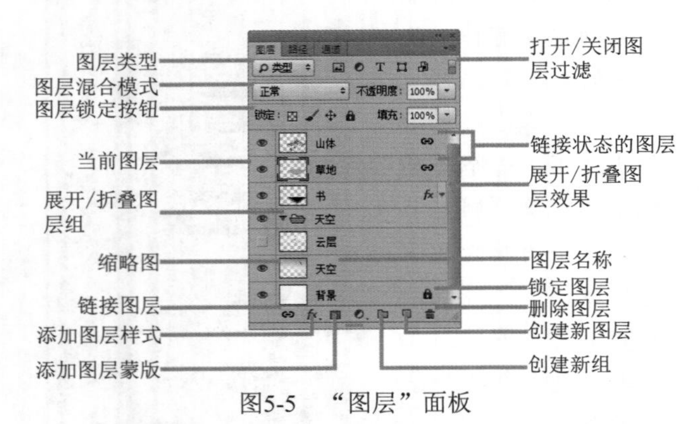

图5-5 “图层”面板

读书笔记

知识解析：“图层”面板

◆ 图层类型：当图像中图层过多时，在该下拉列表框中选择一种图层类型。选择图层类型后，“图层”面板中只显示该类型的图层。

◆ 打开/关闭图层过滤：单击该按钮，可将图层的过滤功能打开或关闭。

◆ 图层混合模式：用于为当前图层设置图层混合模式，使图层与下层图像产生混合效果。

◆ 不透明度：用于设置当前图层的不透明度。

◆ 填充：用于设置当前图层的填充不透明度。调整填充不透明度，图层样式不受影响。

◆ 锁定透明像素：单击▩按钮，只能对图层的不透明区域进行编辑。

◆ 锁定图像像素：单击✓按钮，不能使用绘图工具对图层像素进行修改。

◆ 锁定位置：单击✥按钮，图层中的像素不能被移动。

◆ 锁定全部：单击🔒按钮，对处于这种情况下的图层进行任何操作。

◆ 显示/隐藏图层：当图层缩略图前出现👁图标时，表示该图层为可见图层；当图层缩略图前出现▢图标时，表示该图层为不可见图层。单击图标可显示或隐藏图层。

◆ 链接状态的图层：可对两个或两个以上的图层进行链接，链接后的图层可以一起进行移动。此外，图层上出现🔗图标。

◆ 展开/折叠图层效果：单击▾按钮，可展开图层效果，并显示当前图层添加的效果名称。再次单击，折叠图层效果。

◆ 展开/折叠图层组：单击▾按钮，可展开图层组中包含的图层。

◆ 当前图层：为当前选中的图层，呈蓝底显示。用户可对其进行任何操作。

◆ 图层名称：用于显示该图层的名称，当面板中图层很多时，为图层命名可快速找到图层。

◆ 缩略图：用于显示图层中包含的图像内容。其中，棋格区域为图像中的透明区域。

◆ 链接图层：选中两个或两个以上的图层，单击🔗按钮，可将选中的图层链接起来。

- 添加图层样式：单击fx.按钮，在弹出的快捷菜单中选择一个图层样式命令，可为图层添加一种图层样式。
- 添加图层蒙版：单击◘按钮，可为当前图层添加图层蒙版。
- 创建新的填充或调整图层：单击◐.按钮，可在弹出的快捷菜单中选择相应的命令，创建对应的填充图层或调整图层。
- 创建新组：单击▭按钮，可创建一个图层组。
- 创建新图层：单击◘按钮，可在当前图层上方新建一个图层。
- 删除图层：单击🗑按钮，可将当前的图层或图层组删除。在选中图层或图层组时，按Delete键也可删除图层。

5.2 创建图层

新建或打开一个图像文档后，用户即可根据需要在其中创建一个新的图层。Photoshop CC提供多种新建图层的方法，可以通过“图层”面板快速新建图层，也可以通过菜单命令新建图层。下面对不同的图层创建方法进行介绍。

5.2.1 在“图层”面板中创建图层

在“图层”面板中创建图层的方法十分常用，直接单击◘按钮，即可在当前图层上方新建一个图层，如图5-6所示。若用户拟在当前图层下方新建一个图层，可按住Ctrl键，同时单击◘按钮。

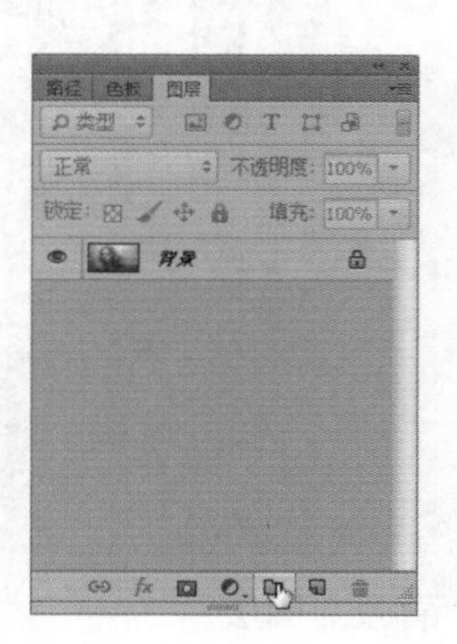

图5-6　通过“图层”面板创建图层

技巧秒杀

在“图层”面板中拖动一个图层到底部的“创建新图层”按钮◘上，然后释放鼠标可复制并新建一个当前图层的副本。

5.2.2 通过“新建”命令创建图层

在Photoshop CC工作界面中选择“图层”/“新建”/“图层”命令或按Shift+Ctrl+N组合键，打开“新建图层”对话框，在其中设置图层的名称、颜色、模式和不透明度后，单击 确定 按钮，如图5-7所示，即可新建一个图层。

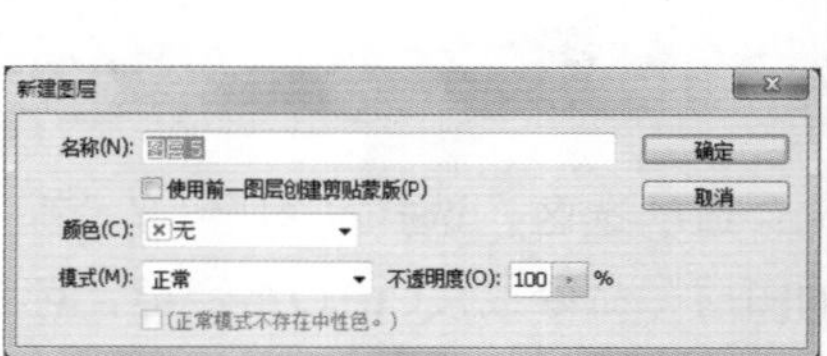

图5-7　通过“新建”命令创建图层

技巧秒杀

在“新建图层”对话框中的“颜色”下拉列表框中选择一种颜色后，新建的图层在“图层”面板中显示为该颜色。为不同类型的图层设置不同的颜色，可以帮助用户快速选择和区分图层。

5.2.3 将“背景”图层转换为普通图层

“背景”图层始终位于面板底层，不能调整“背景”图层的叠放顺序，也不能设置图层的不透明度和混合模式等。若需对“背景”图层进行操作，需先将其转换为普通图层。其方法是：双击“背景”图层，打开“新建图层”对话框，在其中重新为图层设置名称，然后单击 确定 按钮即可将其转换为普通图层，如图5-8所示。

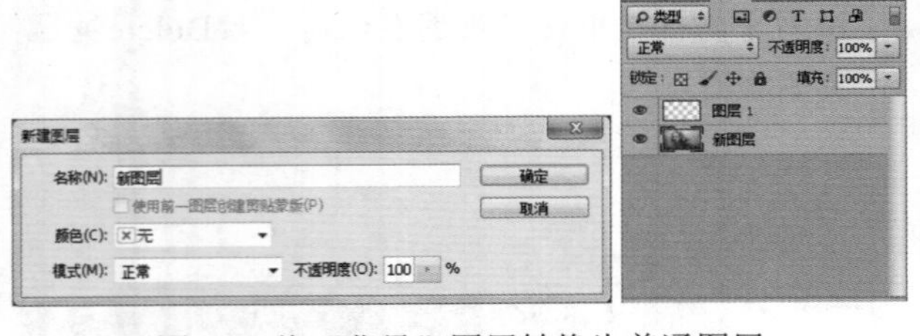

图5-8　将“背景”图层转换为普通图层

读书笔记

技巧秒杀

按住Alt键并双击“背景”图层，可以快速将其转换为普通图层。

5.2.4 使用“通过拷贝的图层”命令

在图像中创建合适的选区，选择“图层”/“新建”/“通过拷贝的图层”命令或按Ctrl+J组合键，可将选区中的图像复制为一个新的图层，如图5-9所示。

图5-9 使用“通过拷贝的图层”命令新建图层

5.2.5 使用“通过剪切的图层”命令

在图像中创建合适的选区，选择“图层”/“新建”/“通过剪切的图层”命令或按Shift+Ctrl+J组合键，可将选区中的图像剪切为一个新的图层，如图5-10所示。

图5-10　使用“通过剪切的图层”命令新建图层

5.2.6 创建“背景”图层

在新建图像文件后，使用白色或背景色作为背景内容，则“图层”面板的最下方是“背景”图层。若将“背景内容”设置为“透明色”，则没有“背景”图层，此时，可选择一个图层，选择“图层”/“新建”/“背景图层”命令，即可将当前图层转换为“背景”图层，如图5-11所示。

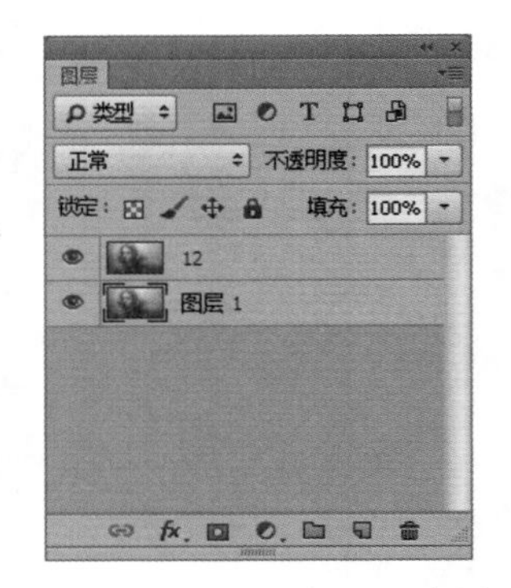

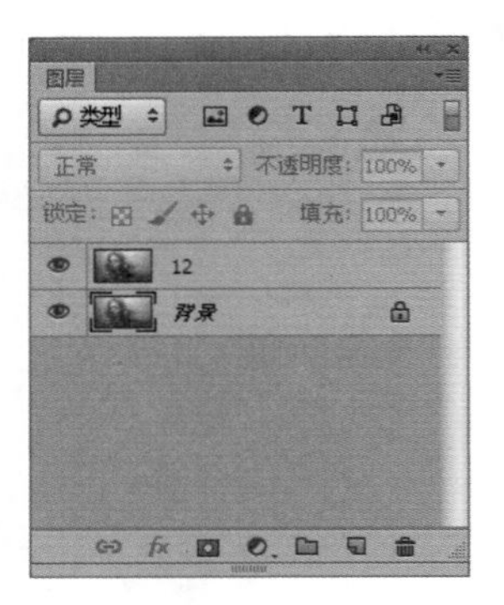

图5-11　创建“背景”图层

5.2.7 创建“调整”图层

“调整”图层可以调整当前图像的颜色和色调，而不破坏图像中的图层信息。新建“调整”图层的方法主要有3种，下面分别进行介绍。

- 通过命令新建：通过命令新建“调整”图层的方法与新建普通图层很类似，选择“图层”/“新建调整图层”命令，在其子菜单中选择所需的“调整”图层命令即可，如图5-12所示。

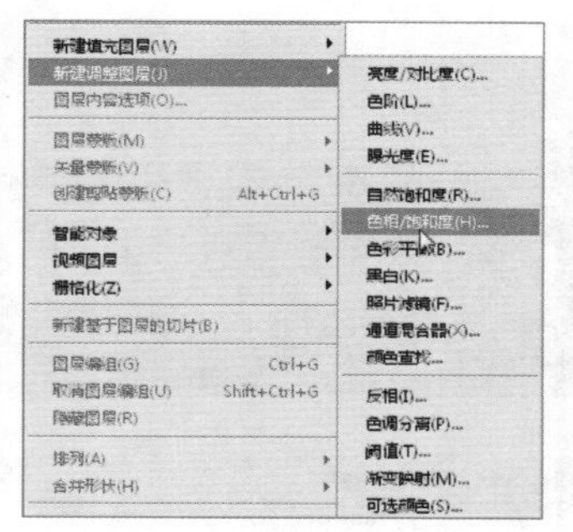
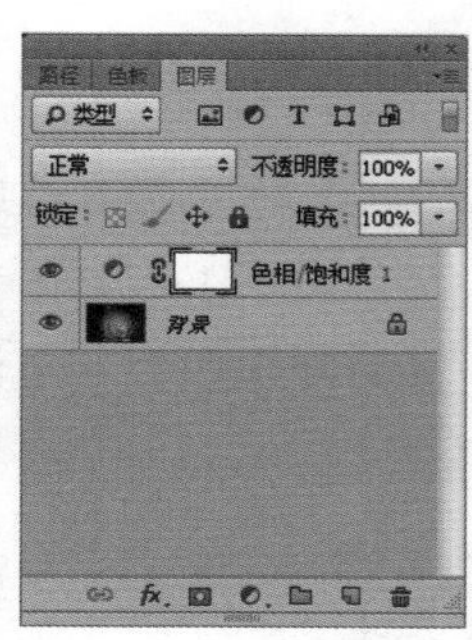

图5-12　通过命令新建“调整”图层

- **通过“图层”面板新建：** 在“图层”面板中单击“创建新的填充或调整图层”按钮，在弹出的快捷菜单中选择相应的命令，即可创建对应的“调整”图层，如图5-13所示。
- **通过“调整”面板：** 在“调整”面板中单击所需按钮，可创建一个相应的图层，如图5-14所示。

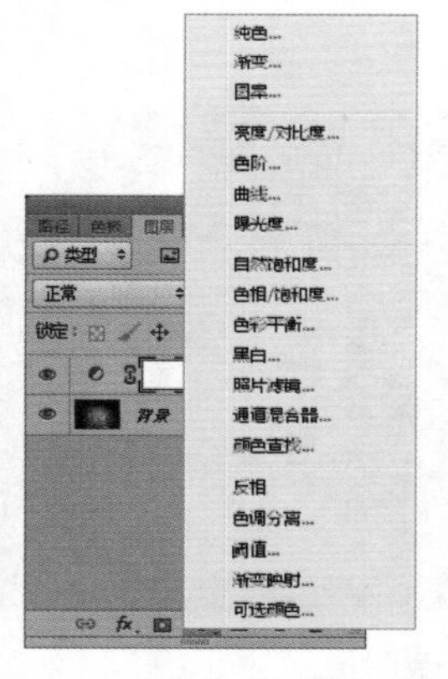

图5-13　通过“图层”面板　图5-14　通过“调整”面板

5.2.8 创建“填充”图层

创建“填充”图层的方法与创建“调整”图层基本一致，用户可以根据需要创建纯色、渐变、图案3种“填充”图层样式。

- **创建纯色“填充”图层：** 选择“图层”/“新建填充图层”/“纯色”命令，打开“新建图层”对话框，在其中对图层的名称、不透明度、混合模式等进行设置后单击 确定 按钮，打开“拾色器（纯色）”对话框，在其中设置图层的填充色，然后单击 确定 按钮，如图5-15所示，即可完成图层的创建过程，如图5-16所示。

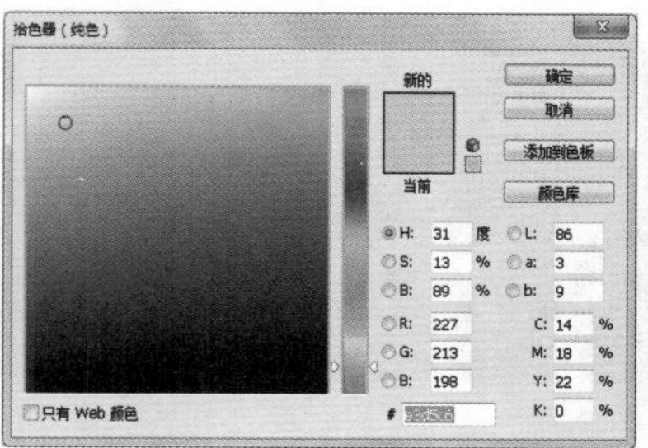
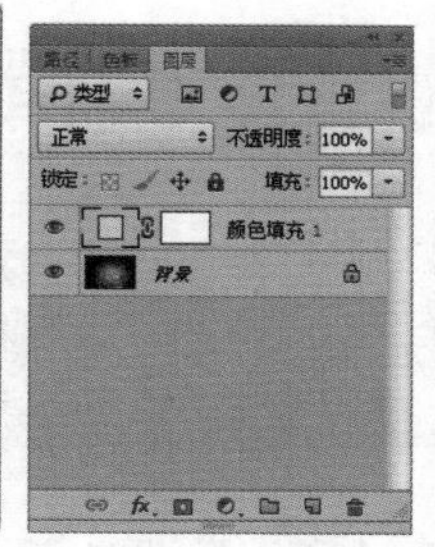

图5-15　设置图层颜色　　图5-16　图层创建完成一

- **创建渐变“填充”图层：** 选择“图层”/“新建填充图层”/“渐变”命令，在打开的“新建图层”对话框中设置图层，单击 确定 按钮，打开“渐变填充”对话框，在其中设置图层的渐变色，然后单击 确定 按钮，如图5-17所示，即可完成图层的创建过程，如图5-18所示。

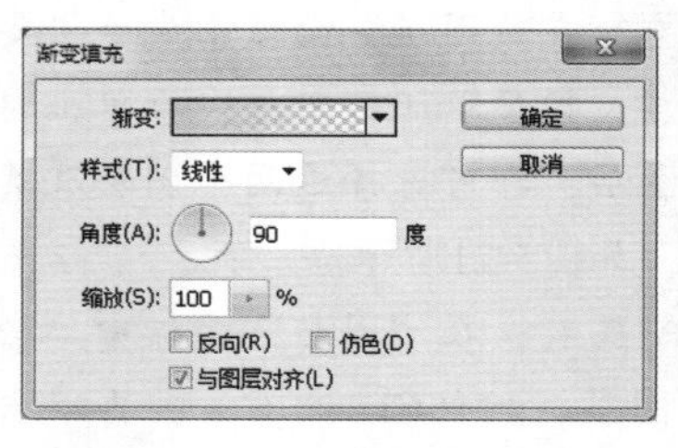
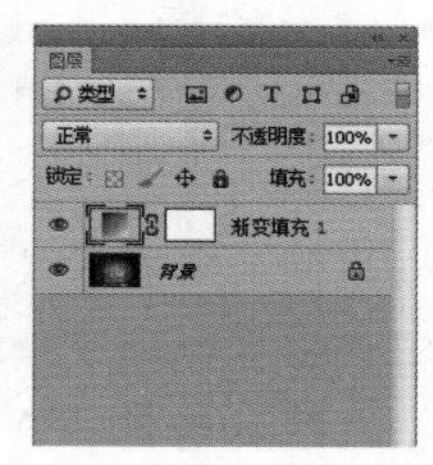

图5-17　设置图层渐变色　　图5-18　图层创建完成二

- **创建图案“填充”图层：** 选择“图层”/“新建填充图层”/“图案”命令，在打开的“新建图层”对话框中设置图层，单击 确定 按钮，打开“图案填充”对话框，在其中设置图层的填充图案，然后单击 确定 按钮，如图5-19所示，即可完成图层的创建过程，如图5-20所示。

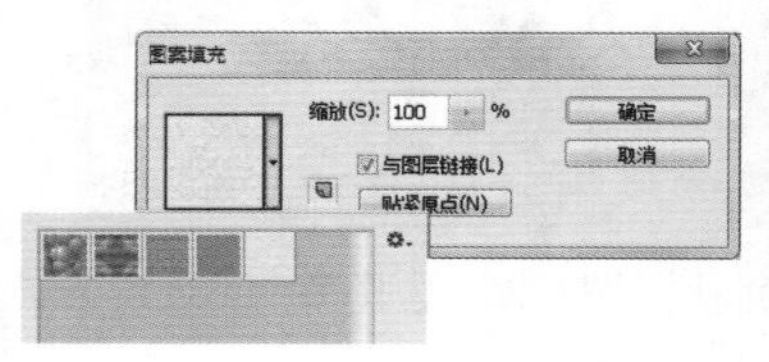
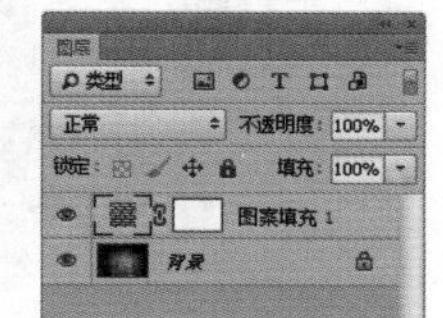

图5-19　设置填充图案　　图5-20　图层创建完成三

技巧秒杀

在“图层”面板中单击“创建新的填充或调整图层”按钮，在弹出的快捷菜单中选择“纯色”“渐变”“图案”命令，打开相应的对话框，可快速创建需要的图层。

5.3 编辑图层

在图像中创建图层后，为了使图层更满足图像的需要，还需对图层进行编辑，图层的编辑操作主要包括选择图层、隐藏和显示图层、删除和重命名图层、调整图层顺序、锁定和链接图层等。下面对这些图层编辑方法进行具体介绍。

5.3.1 选择图层

选择图层是操作图层的第一步，在Photoshop CC中，选择图层的方法主要有选择单个图层、选择多个连续的图层和选择多个不连续的图层等3种，其中选择单个图层的方法很简单，只需在“图层”面板中单击要选择的图层即可。下面主要对选择多个连续图层和多个不连续图层的方法进行介绍。

- **选择多个连续图层**：在“图层”面板中先单击要选择的第一个图层，按住Shift键不放，再单击要选择的最后一个图层，即可选择这两个图层及其之间的所有图层，如图5-21所示。
- **选择多个不连续的图层**：在“图层”面板中单击要选择的第一个图层，按住Ctrl键不放，再单击其他需要选择的图层，即可同时选择所有被单击的图层，如图5-22所示。

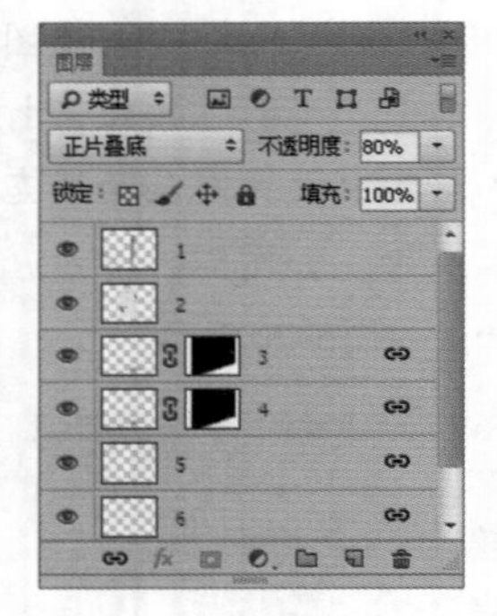

图5-21　选择多个连续图层

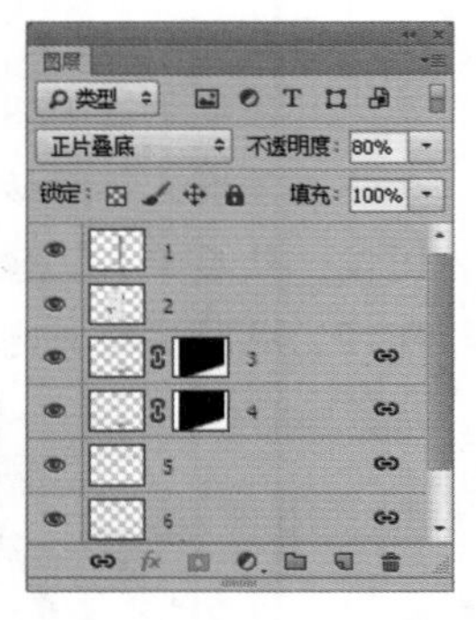

图5-22　选择多个不连续图层

技巧秒杀

在Photoshop CC工作界面中，选择“选择”/“所有图层”命令或按Ctrl+Alt+A组合键，可选择当前文档中除“背景”图层的所有图层。在“图层”面板中图层最下方的空白处单击，或选择“选择”/“取消选择图层”命令，可取消图层。

5.3.2 显示和隐藏图层

当图像中包含的图层太多，而不方便查看某一个或某几个图层效果时，可以先将其他图层隐藏，待查看完毕后再将其显示出来。其方法是：当图层前方出现图标时，表示该图层为可见图层，单击该图标，图标变为，即隐藏该图层，效果如图5-23所示。再次单击按钮，可将图层显示出来。若同时选择多个图层，选择“图层”/“隐藏图层”命令，可将选中的所有图层一并隐藏。

图5-23　隐藏图层

5.3.3 删除和重命名图层

创建多余的图层或不需要某个图层时，可以将其删除。为了更好地区分不同的图层，用户也可对图层进行重命名。下面介绍删除图层和重命名图层的方法。

1. 删除图层

图像中的图层过多时，会增加图像的大小，所以用户可以将不需要的图层删除。Photoshop CC提供多种删除图层的方法，下面介绍常用的方法。

- **通过“删除”命令删除**：选择需要删除的图层，再选择“图层”/“删除”/“图层”命令，可将选择的图层删除。

- **通过按钮删除：** 选择需要删除的图层，用鼠标将其拖动到“图层”面板中的按钮上，释放鼠标，即可删除图层。可选择需要删除的图层，直接单击按钮将其删除。

2. 重命名图层

在Photoshop CC中，默认情况下新建图层的名称是图层1、图层2、图层3……这种图层的命名方式不利于查找图层，此时，可对图层进行重命名操作。其方法是：在需要重命名的图层上双击图层名称，当图层变为白框蓝底的编辑状态时，在其中输入新图层的名称，然后按Enter键，如图5-24所示，即可完成图层的重命名操作。此外，用户也可以使用这样的方法对图层组进行重命名。

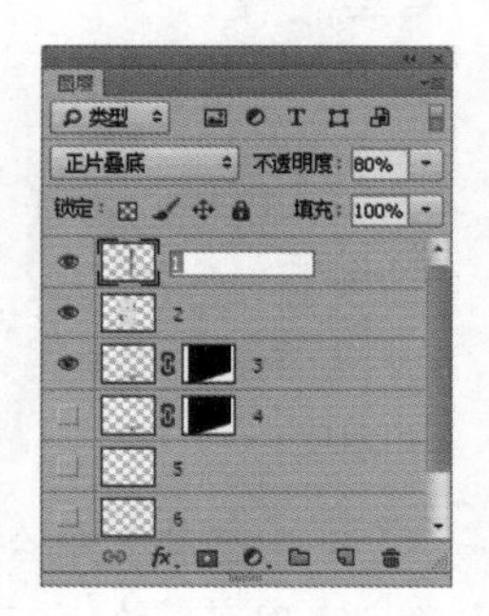

图5-24　重命名图层

5.3.4 调整图层顺序

由于图像中的图层是按照创建顺序覆盖叠放的，所以适当调整图层排列顺序便可以帮助用户制作出更为丰富的图像效果。下面介绍调整图层顺序的方法。

- **通过“图层”面板调整：** 选择图层，使用鼠标将所选的图层向上或向下拖动即可调整该图层的顺序，如图5-25所示。
- **通过命令调整：** 选择图层，选择“图层”/“排列”命令，在其子菜单中选择所需的选项，可调整图层的顺序，如图5-26所示。其中，“置为顶层”指将所选图层调整到最顶层。“前移一层”或“后移一层”指将所选图层向前或向后移动一个顺序。“置于底层”指将所选图层调整到最底层。“反向”指在“图层”面板中选择多个图层后通过该命令可以反转它们的叠放顺序。

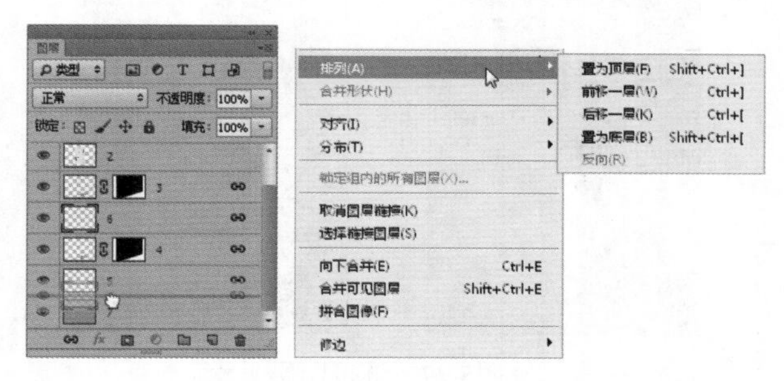

图5-25　拖动调整图层　　　图5-26　通过命令调整

5.3.5 锁定图层对象

“锁定”图层能够保护图层中的内容不被编辑。Photoshop CC提供的锁定方式有锁定透明像素、锁定图像像素、锁定位置、锁定全部等。用户只需在“图层”面板的“锁定”栏中单击相应按钮即可锁定对应的图层选项。

- **锁定透明像素：** 单击按钮后，只能对图层的图像区域进行编辑，而不能对透明区域进行编辑。
- **锁定图像像素：** 单击按钮，只能对图像进行如移动、变形等操作，而不能对图层使用画笔、橡皮擦、滤镜等工具。
- **锁定位置：** 单击按钮，图层不能被移动。
- **锁定全部：** 单击按钮，该图层的透明像素、图像像素、位置都被锁定。

5.3.6 链接图层

图层的链接是指将多个图层链接成一组，以便同时对链接的多个图层进行对齐、分布移动和复制等操作。其方法是：选择需要链接的图层，单击“图层”面板底部的按钮，此时链接后的图层名称右侧出现链接图标，表示被选择的图层已被链接，如图5-27所示。

在完成图层链接后，选择所有的“链接”图层，单击“图层”面板底部的链接图层按钮即可取消所有图层的链接关系。若只想取消某一个图层与其他图层间的链接关系，只需选择该图层，再单击“图层”

面板底部的🔗按钮即可。

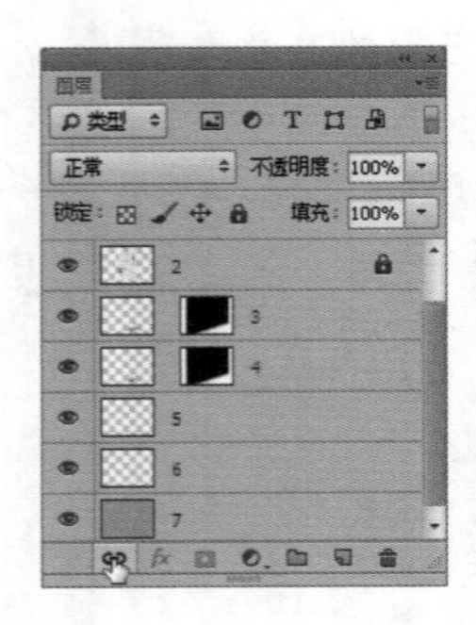
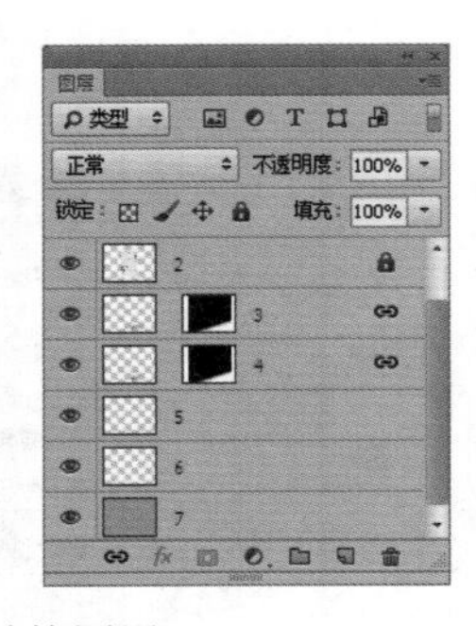

图5-27　链接图层

5.3.7 栅格化图层对象

Photoshop CC包含矢量数据的“文字”“形状”“矢量蒙版”“智能对象”等图层是无法直接进行编辑的，需要先对其进行栅格化操作。其方法是：选择图层，选择“图层”/“栅格化”命令，在其子菜单中选择栅格化的图层类型即可，如图5-28所示；选择图层，在其上右击，在弹出的快捷菜单中选择需栅格化的图层类型，如图5-29所示。

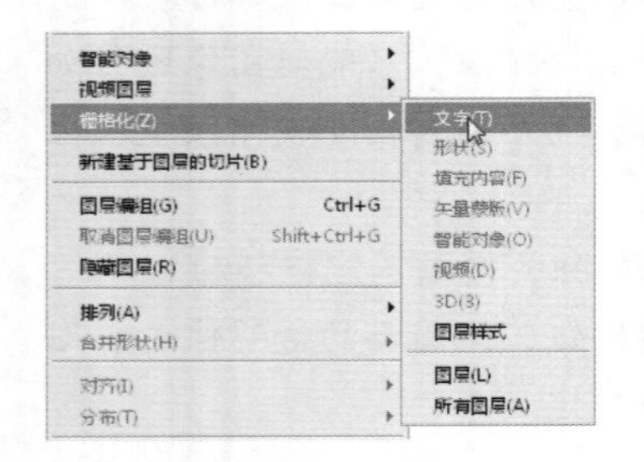

图5-28　通过命令

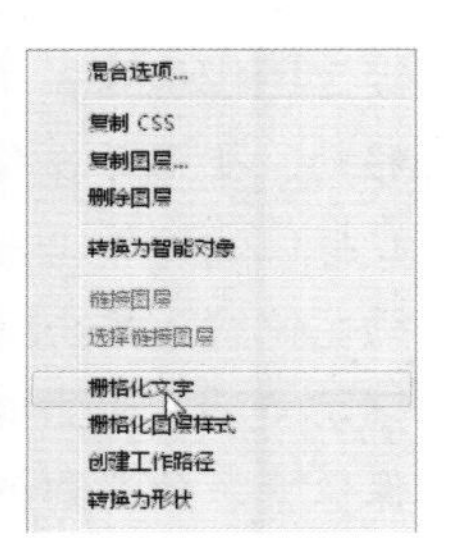

图5-29　通过右键快捷菜单

技巧秒杀

在图像上右击，在弹出的快捷菜单中也可执行“栅格化”命令。

5.3.8 合并与盖印图层

图像中的图层、图层组或图层样式过多，会占用较多的系统空间，所以用户可对相同属性的图层进行合并，以方便对图层进行管理。合并和盖印都能将两个或两个以上的图层合并到一个图层。下面分别对其方法进行介绍。

1. 合并图层

在编辑较复杂的图像后，一般都产生大量的图层，影响电脑运行速度，这时可根据需要对图层进行合并，分为向下合并、合并图层、合并可见图层和拼合图像共4种。

- **向下合并：**选择一个图层后，选择需要合并的图层，再选择“图层”/“向下合并”命令，或按Ctrl+E组合键，可将当前图层与它下方的第一个图层合并，合并后的图层名称为原来下方图层的名称，如图5-30所示。

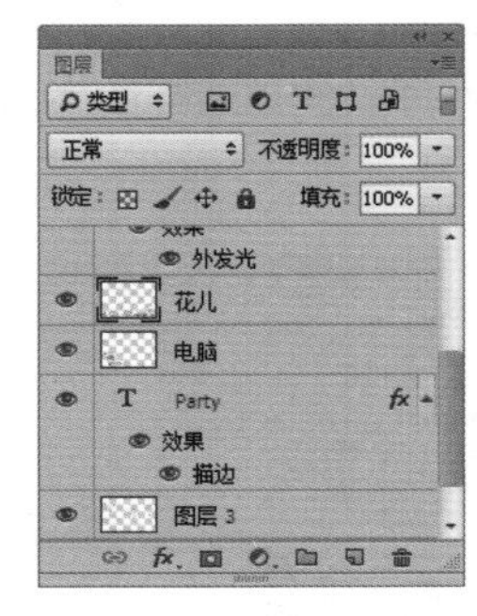
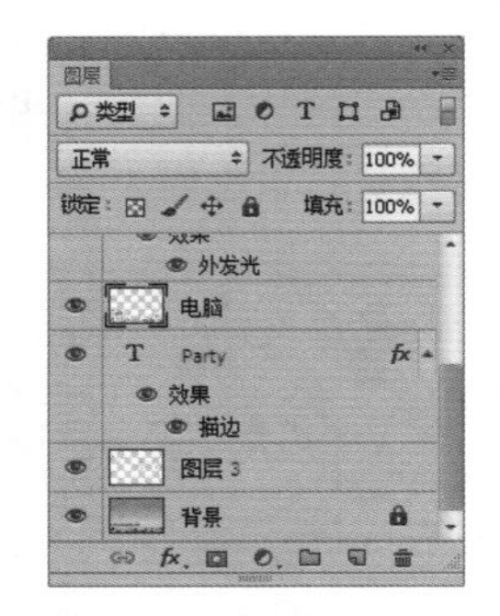

图5-30　向下合并图层

- **合并图层：**选择“图层”/“合并图层”命令，可以合并两个或两个以上的多个图层，合并后的图层名称使用上面图层的名称。
- **合并可见图层：**选择“图层”/“合并可见图层”命令，或按Shift+Ctrl+E组合键，可将所有呈显示状态的图层合并为一个图层，合并后的图层名称为合并前所选择的可见图层名称。
- **拼合图像：**选择“图层”/“拼合图像”命令，打开“提示”对话框，询问是否扔掉隐藏的图层。单击 确定 按钮，即可将所有呈显示状态的图层进行合并，而呈隐藏状态的图层被丢弃，拼合后的图层自动变为“背景”图层。

技巧秒杀

在“图层”面板中选择需要合并的图层后右击，在弹出的快捷菜单中选择相应的命令也可进行合并图层的操作。

2. 盖印图层

盖印图层，可以将多个图层中的图像内容合并到一个新的图层中，同时不改变其他图层的信息。盖印图层的方法主要有以下几种。

- **向下盖印图层**：选择一个图层，按Ctrl+Alt+E组合键，可将图层中的图像盖印到下面的图层中，而原图层中的内容保持不变。
- **盖印多个图层**：选择多个图层，按Ctrl+Alt+E组合键，可将这几个图层盖印到一个新的图层中，而原图层中的内容保持不变，如图5-31所示。

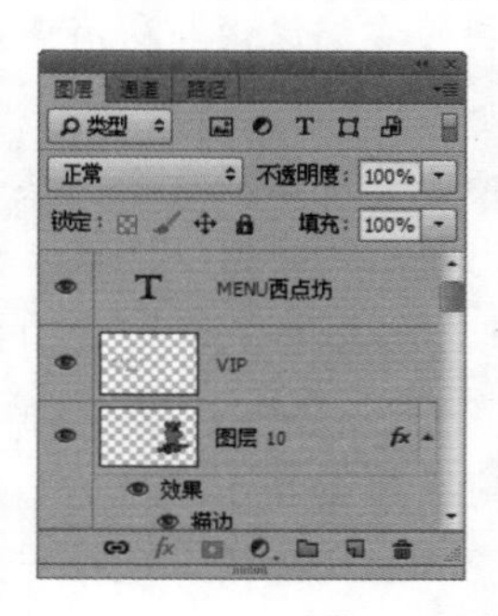
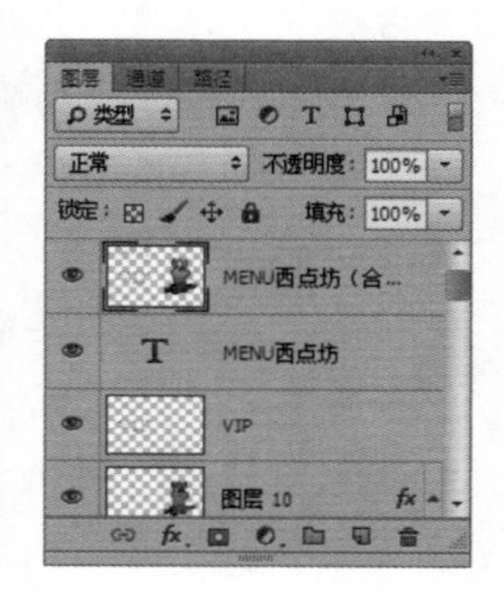

图5-31 盖印多个图层

- **盖印可见图层**：选择多个图层，按Shift+Ctrl+Alt+E组合键，可将可见图层盖印到新的图层中。

技巧秒杀

合并图层可以减少图层数量，而盖印则增加图层数量。

5.3.9 设置图层不透明度

通过“图层”面板中的“不透明度”和“填充”选项可以控制图层的不透明度，从而改变图像的显示效果。其方法是：打开图像文件，选择“窗口”/“图层”命令，打开“图层”面板。选择需设置不透明度的图层，在“图层”面板的“不透明度”文本框中输入相应的数值即可，如图5-32所示。此外，在“图层”面板中设置“填充”数值，也可以设置图层的不透明度。不同的是，若为图层应用如外发光等效果后设置图层的不透明度效果，则图层所应用效果的不透明度也发生变化。设置图层的填充不透明度，则只更改图像的不透明度，不更改图层效果的不透明度，如图5-33所示。

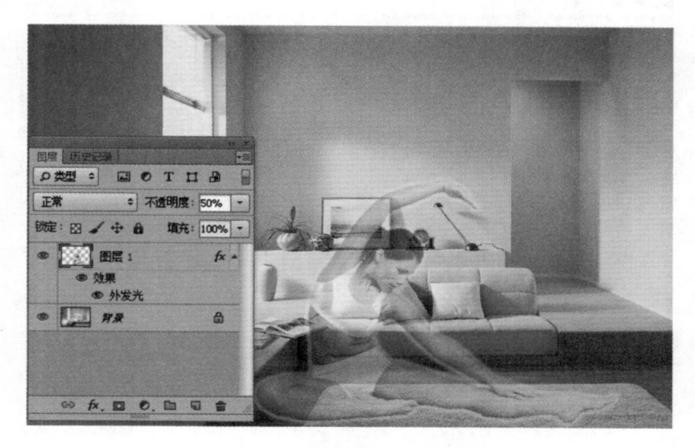

图5-32 设置不透明度

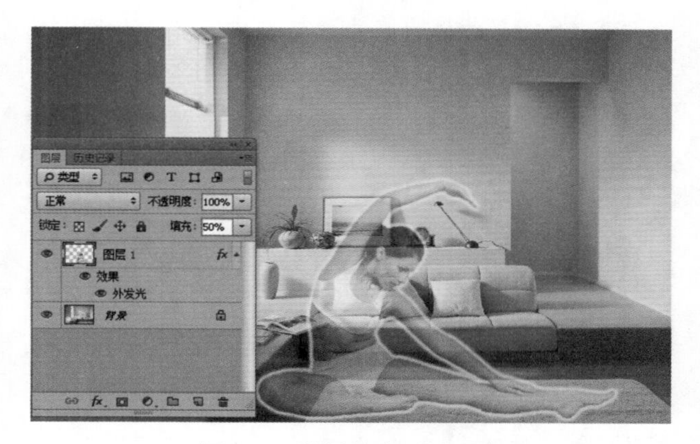

图5-33 设置填充不透明度

技巧秒杀

用户在没有使用画笔、图章、橡皮擦以及修饰工具时，直接在键盘上按数字键可快速改变图层的不透明度。按1键，当前图层的不透明度被设置为10%；按3键，当前图层的不透明度被设置为30%。

5.3.10 对齐与分布图层

“对齐图层”是指将多个图层中的图像以其中某一个图像作为参照物进行对齐。“分布图层”是指将3个或3个以上图层中的图像按某种方式在水平或垂直方向上进行等距分布，使图层更加整齐。对齐和分布的操作方法十分类似：选择“图层”菜单，在弹出的菜单中选择“对齐”或“分布”命令，在弹出的子菜单中选择需要的对齐或分布方式命令即可。

实例操作：排列水果

- 光盘\素材\第5章\水果.psd
- 光盘\效果\第5章\水果.psd
- 光盘\实例演示\第5章\排列水果

本例在“水果.psd”图片中通过“对齐”与“分布”命令对各个水果图层进行排列，使其排列在同一水平线上。

Step 1 ▶ 打开“水果.psd”图像，如图5-34所示。在“图层”面板中选择“图层1”图层，按住Shift键不放，再选择“图层3”图层，同时选择3个图层。然后选择“图层”/“对齐”/“垂直居中”命令，使图层以3个图层的垂直居中线为基准对齐，如图5-35所示。

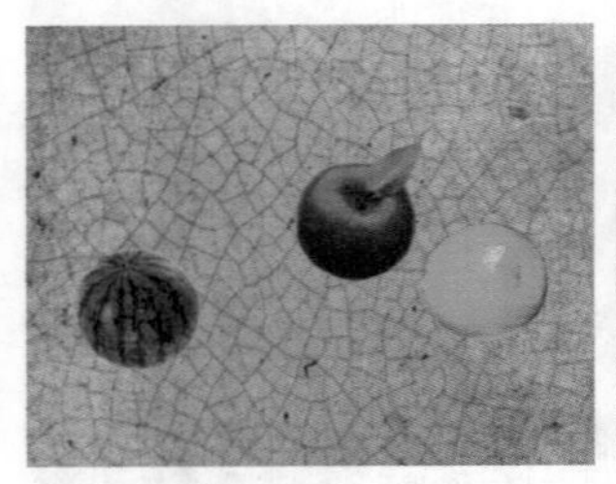
图5-34　原图效果

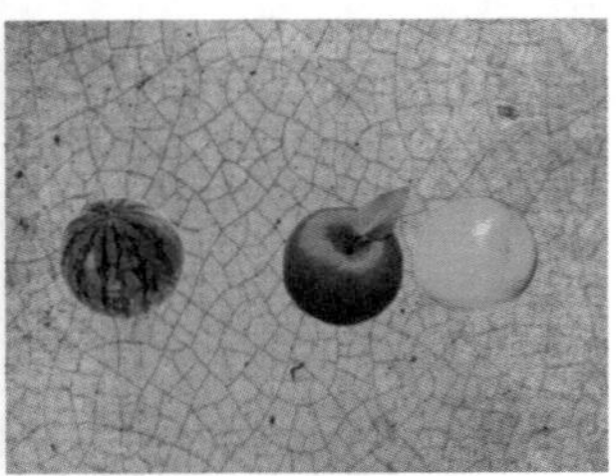
图5-35　垂直居中

Step 2 ▶ 保持选择状态不变，选择“图层”/“分布”/“水平居中”命令，使图层水平分布对齐，如图5-36所示。继续保持选择状态不变，按Ctrl+J组合键复制图层，然后按住Shift键水平移动图层，完成水果的排列过程，如图5-37所示。

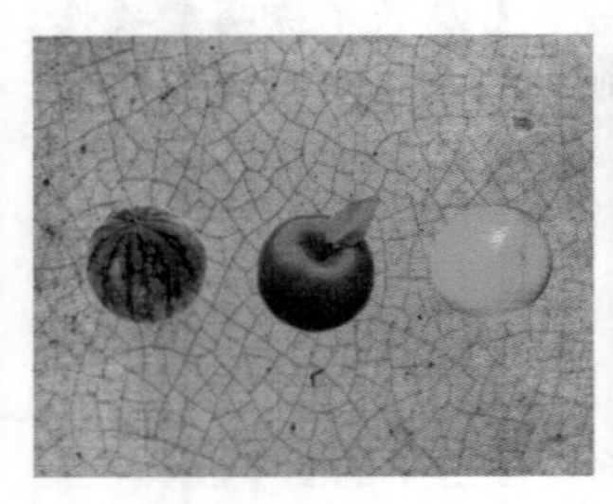
图5-36　水平分布

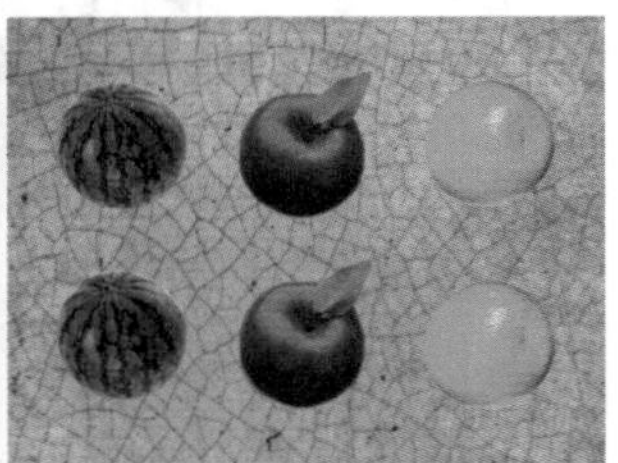
图5-37　复制图层

技巧秒杀

选择图层，按Ctrl+J组合键可以快速复制所选择的图层。

知识解析：“对齐”与“分布”图层选项

- “对齐”图层选项：“顶边”表示将所有所选图层的顶端像素与所有图层中最顶端的像素进行对齐。“垂直居中”表示将每个所选图层上的垂直中心像素与所有图层的垂直中心像素进行对齐。“底边”表示将所选图层上的底端像素与所有图层中最底端的像素进行对齐。“左边”表示将所选图层上左端像素与最左端图层的左侧像素进行对齐。“水平居中”表示将所选图层上的水平中心像素与所有图层的水平中心像素进行对齐。“右边”表示将所选图层的右端像素与所有图层中最右端的像素进行对齐。
- “分布”图层选项：“顶边”表示从每个图层的顶端像素开始间隔均匀地分布图层。“水平居中”表示从每个图层的水平中心开始间隔均匀地分布图层。“垂直居中”表示从每个图层的垂直中心像素开始间隔均匀地分布图层。“底边”表示从每个图层的底端像素开始间隔均匀地分布图层。“左边”表示从每个图层的左端像素开始间隔均匀地分布图层。“右边”表示从每个图层的右端像素开始间隔均匀地分布图层。

技巧秒杀

选择移动工具和需要进行对齐和分布的图层后，也可单击工具栏中的按钮或按钮进行图层的对齐和分布操作。

5.3.11 图层组的创建与管理

当“图层”面板中的图层过多时，为了能快速选择和查找图层，可以将有关联的图层创建为图层组。下面对创建图层组的方法进行介绍。

1. 通过“新建”命令创建图层组

选择“图层”/“新建”/“组”命令，打开“新建组”对话框。在其中对组的名称、颜色、模式和不透明度进行设置，然后单击 确定 按钮即可，如图5-38所示。

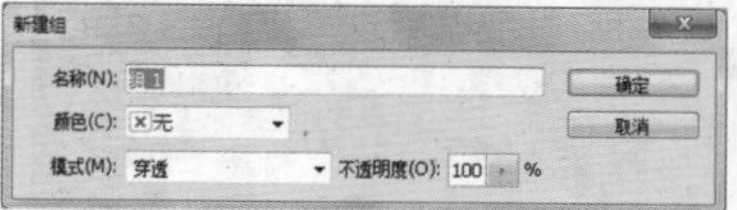
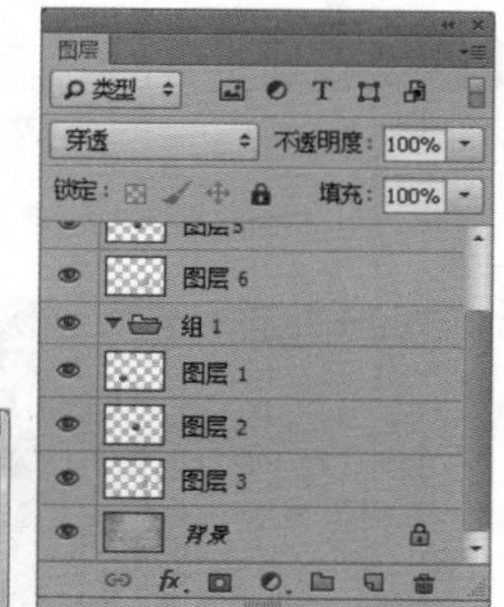

图5-38　通过“新建”命令创建组

2. 通过“图层”面板创建图层组

在“图层”面板中，选择需要添加到组中的图层。使用鼠标光标将它们拖动到按钮上，即可看到所选择的图层都被存放在新建的组中，如图5-39所示。

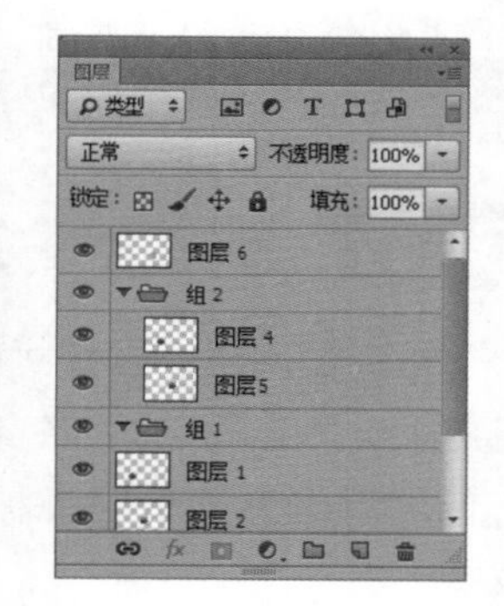

图5-39　通过“图层”面板创建组

3. 创建嵌套结构图层组

在使用Photoshop CC绘制一些复杂的图像时，用户可能创建多个图层组，用于存放不同的图层。但有时由于图像太复杂，创建多个图层组后仍然不容易找到需要的图层。此时，用户可尝试使用嵌套结构的图层组存放图层和图层组。嵌套结构的图层组就是指在图层组中再存放图层组。其创建方法是：将已创建的图层组拖动到按钮上即可，如图5-40所示，新建的图层组成为原始图层组的母级。

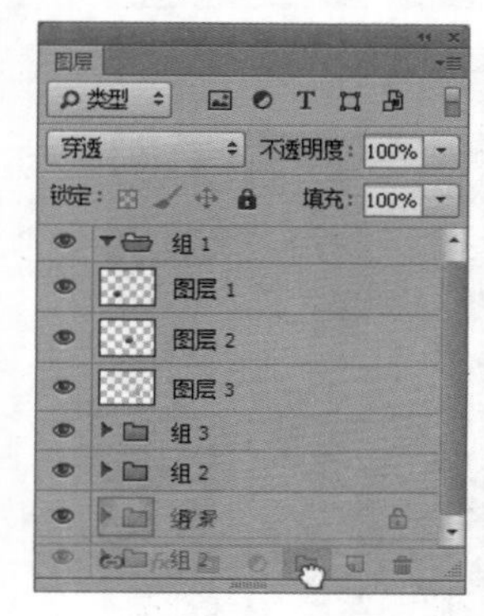

图5-40　创建嵌套结构图层组

技巧秒杀

图层组的显示与隐藏、删除、重命名等操作方法与图层基本一样。

5.4 图层的混合模式

Photoshop CC的图层混合模式功能可以将选择的图层与下面图层的颜色进行色彩混合，从而制作出特殊的图像效果。Photoshop CC主要提供27种图层混合模式，不同混合模式的方法和各种混合模式的效果及原理均不相同。

5.4.1 设置图层混合模式

为图层设置不同图层混合模式的方法都是相似的，在应用图层混合模式后，为了让图层效果更完善，还可通过其他设置项对图层进行美化。下面介绍设置图层样式的方法。

实例操作：设置夜空闪电效果

- 光盘\素材\第5章\城市.psd、电光.jpg
- 光盘\效果\第5章\城市.psd
- 光盘\实例演示\第5章\设置夜空闪电效果

本例通过图层透明度功能和图层混合模式功能

为城市夜空添加闪电效果，设置前后的效果如图5-41和图5-42所示。

图5-41　设置前效果

图5-42　设置后的效果

Step 1 ▶ 打开“城市.psd”图像，把“电光.jpg”图片从素材文件夹中拖动到编辑区中，按Enter键确认置入。在“图层”面板的“电光”图层中右击，在弹出的快捷菜单中选择“栅格化图层”命令，如图5-43所示。然后在“图层”面板的“图层混合模式”下拉列表框中选择“排除”选项，在“不透明度”文本框中输入80%，如图5-44所示。

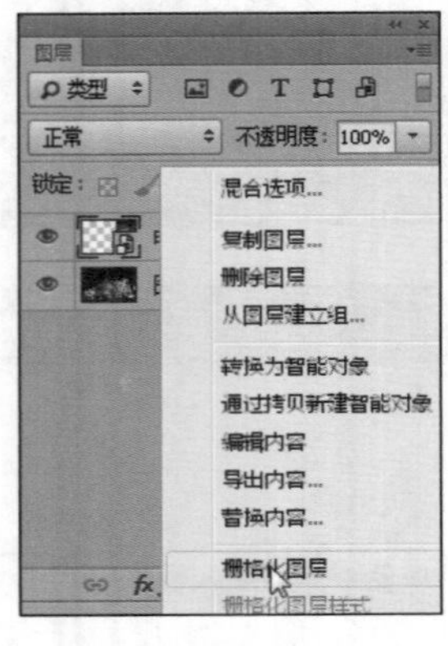

图5-43　栅格化图层

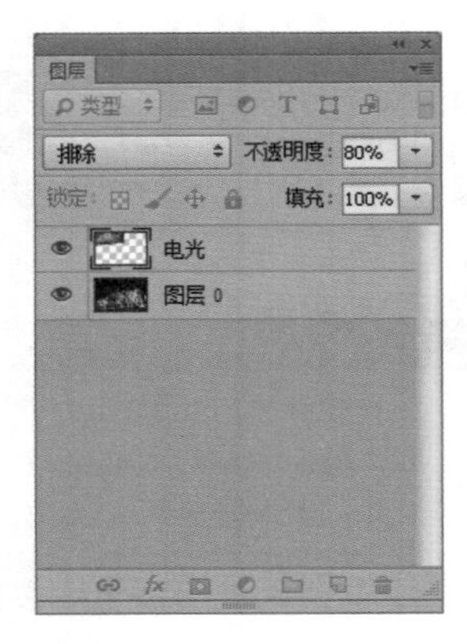

图5-44　设置图层混合模式

Step 2 ▶ 选择“电光”图层，按Ctrl+T组合键对图像的形状、大小和位置进行调整，如图5-45所示。调整完成后保存图像，即可完成操作。

图5-45　调整图层的形状、大小和位置

技巧秒杀

图层样式不能直接用于“背景”图层，必须先将“背景”图层转换为普通图层。

5.4.2 图层混合模式的种类

不同的图层混合模式可以实现不一样的效果，用户需要详细了解它们各自的效果，才能更好地使用它们。下面分别讲解各种图层混合模式可产生的效果。

- 正常：Photoshop CC默认的混合模式。图层不透明度为100%时，上方的图层可完全遮盖下方的图层。如图5-46所示为将图层不透明度设置为70%时的效果。
- 溶解：选择该混合模式，并将图层的不透明度降低时，半透明区域中的像素出现颗粒化的效果，如图5-47所示。

图5-46　“正常”模式

图5-47　“溶解”模式

- 变暗：将上层图层和下层图层比较，上层图层中较亮的像素被下层较暗的像素替换，而亮度值比底层像素低的像素保持不变，如图5-48所示。

- 正片叠底：上层图层图像中的像素与下层图层图像中白色的重合区域颜色保持不变。与下层图层图像中黑色的重合区域颜色替换，使图像变暗，如图5-49所示。

图5-48 “变暗”模式

图5-49 “正片叠底”模式

- 颜色加深：加深深色图像区域的对比度，下面图层中的白色不发生变化，如图5-50所示。
- 线性加深：通过减小亮度的方法来使像素变暗，其颜色比“正片叠底”模式丰富，如图5-51所示。

图5-50 “颜色加深”模式

图5-51 “线性加深”模式

- 深色：比较上下两个图层所有颜色通道值的总和，然后显示颜色值较低的部分，如图5-52所示。
- 变亮：其效果与“变暗”模式正好相反，上层图层中较亮的像素替换下层图层中较暗的像素，而较暗的像素则被下层图层中较亮的像素代替，如图5-53所示。

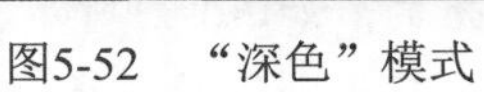

图5-52 “深色”模式

图5-53 “变亮”模式

- 滤色：其效果与“正片叠底”模式正好相反，可产生图像变白的效果，如图5-54所示。
- 颜色减淡：其效果与“颜色加深”模式正好相反。它通过降低对比度的方法来加亮下层图层的图像，使图像颜色更加饱和，颜色更艳丽，如图5-55所示。

图5-54 “滤色”模式

图5-55 “颜色减淡”模式

- 线性减淡（添加）：其效果与“线性加深”模式效果正好相反。它通过增加亮度的方法来减淡图像颜色，如图5-56所示。
- 浅色：比较上下两个图层所有颜色通道值的总和，然后显示颜色值较高的部分，如图5-57所示。

图5-56 “线性减淡（添加）”模式

图5-57 “浅色”模式

- 叠加：增强图像颜色的同时，保存底层图层的高光与暗调图像效果，如图5-58所示。
- 柔光：通过上层图层决定图像变亮或变暗。上层图层中的像素比50%灰色亮，图像变亮；上层图层中的像素比50%灰色暗，图像变暗，如图5-59所示。

图5-58 “叠加”模式

图5-59 “柔光”模式

◆ **强光**：上方图层亮于50%灰色的区域将变得更亮，暗于50%灰色的区域将更暗，其程度远大于“柔光”模式，用此模式得到的图像对比度较大，适合于为图像增加强光照射效果，如图5-60所示。

◆ **亮光**：上层图层中颜色像素比50%灰度亮，通过增加对比度方法使图像变亮；上层图层中颜色像素比50%灰度暗，通过增加对比度方法使图像变暗。混合后的图像颜色变饱和，如图5-61所示。

图5-60 “强光”模式

图5-61 “亮光”模式

◆ **线性光**：上层图层中颜色像素比50%灰度亮，通过增加亮度方法使图像变亮；上层图层中颜色像素比50%灰度暗，通过增加亮度方法使图像变暗，如图5-62所示。

◆ **点光**：上层图层中颜色像素比50%灰度亮，则替换暗像素；上层图层中颜色像素比50%灰度暗，则替换亮像素，如图5-63所示。

图5-62 “线性光”模式

图5-63 “点光”模式

◆ **实色混合**：上层图层中颜色像素比50%灰度亮，下层图层变亮；上层图层中颜色像素比50%灰度暗，下层图层变暗，如图5-64所示。

◆ **差值**：上层图层中白色颜色区域让下层图层颜色区域产生反相效果，但黑色颜色区域不发生变化，如图5-65所示。

技巧秒杀

用不同的混合模式结合其他“图像效果调整”功能可以得到更为丰富多彩的图像效果。

图5-64 “实色混合”模式

图5-65 “差值”模式

◆ **排除**：混合原理与“差值”模式基本相同。该混合模式可创建对比度更低的混合效果，如图5-66所示。

◆ **减去**：在目标通道中应用的像素基础上减去源通道中的像素值，如图5-67所示。

图5-66 “排除”模式

图5-67 “减去”模式

◆ **划分**：查看每个通道中的颜色信息，再从基色中划分混合色，如图5-68所示。

◆ **色相**：上层图层的色相应用到下层图层的亮度和饱和度中，可改变下层图层图像的色相，但并不对其亮度和饱和度进行修改。此外，图像中的黑区域、白区域、灰区域也不受影响，如图5-69所示。

图5-68 “划分”模式

图5-69 “色相”模式

◆ **饱和度**：将上层图层的饱和度应用到下层图层的亮度和色相中，并改变下层图层的饱和度。不改变下层图层的亮度和色相，如图5-70所示。

◆ **颜色**：将上层图层的色相和饱和度应用到下层图层中，不影响下层图层的亮度，如图5-71所示。

◆ **明度**：将上层图层中的亮度应用到下层图层的颜

色中，并改变下层图层的亮度。不改变下层图层的色相和饱和度，如图5-72所示。

图5-70 “饱和度”模式

图5-71 “颜色”模式

图5-72 “明度”模式

?答疑解惑：

很多图层混合模式的效果比较相近，它们有什么联系？

根据图层混合模式的作用和效果，可以将图层混合模式的种类分为6类，每一类都包含各自共同的特性，分别介绍如下。

- “组合”模式组：包括“正常”和“溶解”两种。该模式只能降低图层的不透明度才能产生效果。
- “加深”模式组：包括“变暗”“正片叠底”“颜色加深”“线性加深”“深色”5种。该模式可使图像变暗，在混合时当前图层的白色将较深的颜色所代替。
- “减淡”模式组：包括“变亮”“滤色”“颜色减淡”“线性减淡（添加）”“浅色”5种。该模式可使图像变亮，在混合时当前图层的黑色被较浅的颜色所代替。
- “对比”模式组：包括“叠加”“柔光”“强光”“亮光”“线性光”“点光”“实色混合”7种。该模式可增强图像的反差程度，在混合时50%的灰度消失，亮度高于50%灰色的像素可加亮图层颜色，亮度低于50%灰色的图像可降低图像颜色。
- “比较”模式组：包括“差值”“排除”“减去”“划分”4种。该模式可比较当前图层和下方图层，若有相同的区域，该区域变为黑色。不同的区域则显示为灰度层次或彩色。若图像中出现白色，则白色区域显示下方图层的反相色，但黑色区域不发生变化。
- “彩色”模式组：包括“色相”“饱和度”“颜色”“明度”4种。该模式可将色彩分为色相、饱和度和亮度3种成分，然后将其中的一种或两种成分混合。

5.5 应用图层样式

通过为图层应用图层样式，可以使图像内容的效果更加丰富。使用Photoshop CC时，用户可以为图层设置“投影”“发光”“浮雕”等图层样式，以制作出水晶、玻璃等效果。下面讲解为图层应用图层样式的方法，以及各图层样式的特点。

5.5.1 添加图层样式

Photoshop CC为用户提供多种添加图层样式的方法，下面分别进行介绍。

- 通过命令打开：选择“图层”/“图层样式”命令，在弹出的子菜单中选择一种命令。此时，Photoshop CC打开“图层样式”对话框，并展开对应的设置面板，如图5-73所示。

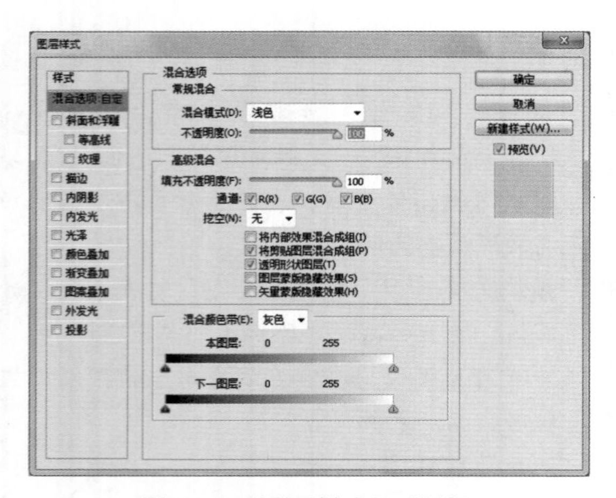

图5-73　“图层样式”对话框

- **通过按钮打开**：在“图层”面板底部单击fx按钮，在弹出的快捷菜单中选择需要创建的样式命令。打开“图层样式”对话框，并展开对应的设置面板。
- **通过双击图层打开**：在需要添加图层样式的图层上双击，Photoshop CC打开“图层样式”对话框，并展开对应的设置面板。

5.5.2 斜面和浮雕

Photoshop CC的“斜面和浮雕”效果可以为图层添加高光和阴影的效果，让图像看起来更有立体感。如图5-74所示为“斜面和浮雕”设置面板。

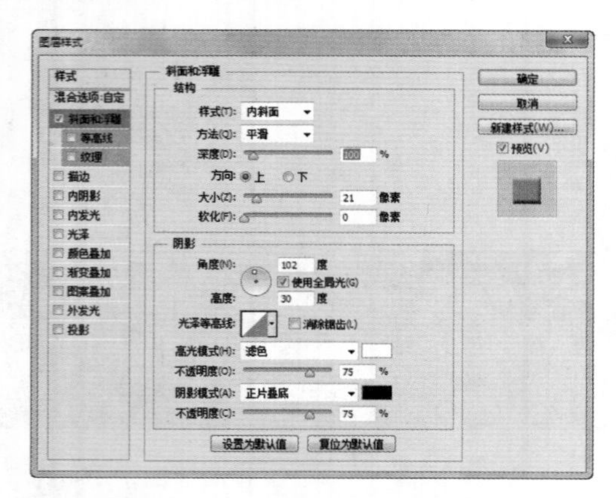

图5-74　“斜面和浮雕”设置面板

1. 设置斜面和浮雕

使用Photoshop CC可快速对图层的斜面和浮雕进行设置。如图5-75所示为为图层添加“斜面和浮雕”样式前后的效果。

图5-75　为图层添加“斜面和浮雕”样式

知识解析：“斜面和浮雕”设置面板

- **样式**：用于设置斜面和浮雕的样式，包括“外斜面”“内斜面”“浮雕效果”“枕状浮雕”“描边浮雕”等。
- **方法**：用于设置创建浮雕的方法，包括“平滑”“雕刻清晰”“雕刻柔和”。
- **深度**：用于设置浮雕斜面的深度，数值越大，图像立体感越强。
- **方向**：用于设置光照方向，以确定高光和阴影的位置。
- **大小**：用于设置斜面和浮雕中阴影面积的大小。
- **软化**：用于设置斜面和浮雕的柔和程度，数值越小，图像越硬。
- **角度**：用于设置光源的照射角度。
- **高度**：用于设置光源的高度。在设置高度和角度时，用户可直接在文本框中输入数值，也可使用鼠标拖动圆形中的空白点直观地对角度和高度进行设置。
- **使用全局光**：选中☑使用全局光(G)复选框，可以让所有浮雕样式的光照角度保持一致。
- **光泽等高线**：单击旁边的按钮，在弹出的选择列表框中可为斜面和浮雕效果添加光泽。创建金属质感的物体时，经常使用该下拉列表。
- **消除锯齿**：选中☑消除锯齿(L)复选框，可消除设置光泽等高线出现的锯齿效果。
- **高光模式**：用于设置高光部分的混合模式、颜色以及不透明度。
- **阴影模式**：用于设置阴影部分的混合模式、颜色以及不透明度。

2. 设置等高线

在“图层样式”的“样式”选项栏中选中☑等高线复选框，可切换到如图5-76所示的“等高线”设置面板，在其中可对图层的“凹凸”“起伏”进行设置，其中的各选项参数与斜面和浮雕相似。

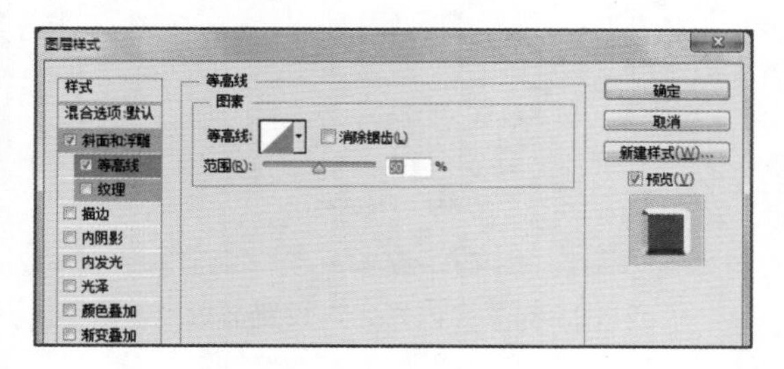

图5-76 设置等高线

3. 设置纹理

在“图层样式”的“样式”选项栏中选中☑纹理复选框，可切换到如图5-77所示的“纹理”设置面板。

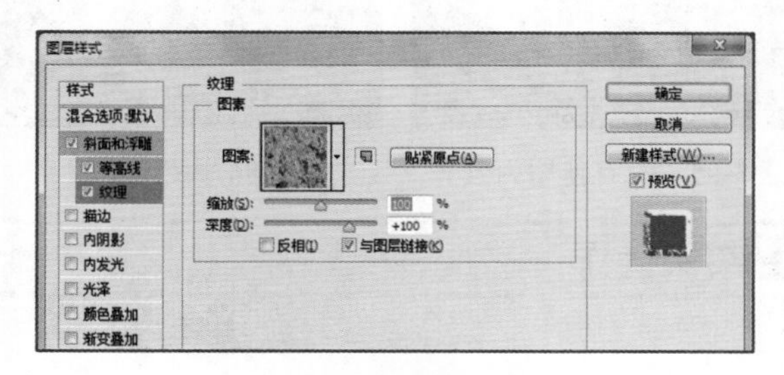

图5-77 设置纹理

“纹理”设置面板中各选项的作用如下。

- 图案：单击右边的按钮，可在打开的选择列表框中选择一个图案，并将其应用于“斜面和浮雕”效果中。
- 从当前图案创建新的预设：单击按钮，可为当前设置的图案创建一个新的预设图案，新图案保留在“图案”的选择列表中。
- 缩放：用于调整图案的缩放大小。
- 深度：用于设置图案纹理的应用程度。
- 反相：选中☑反相(I)复选框，可反转图案纹理的凹凸方向。
- 与图层链接：选中☑与图层链接(K)复选框，将图案与图层链接，对图层进行操作时，图案随着变化。

单击贴紧原点(A)按钮，可将图案的原点与图像的原点对齐。

5.5.3 描边

“描边”效果可以使用颜色、渐变或图案等对图层边缘进行描边，其效果与“描边”命令类似。为图层添加“描边”样式更自由、更灵活。如图5-78所示为“描边”设置面板。

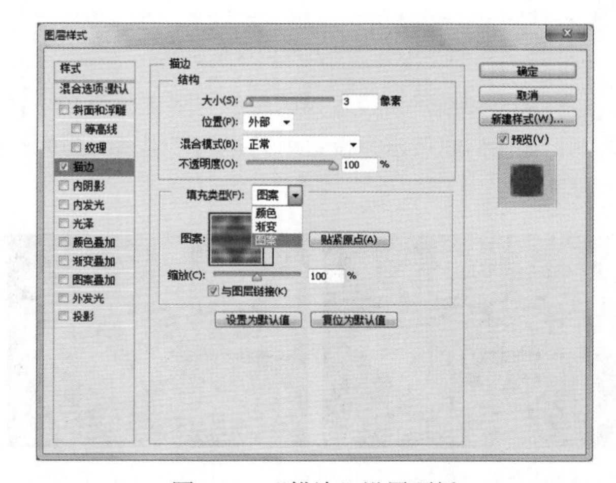

图5-78 “描边”设置面板

“描边”效果常用于编辑文字、硬边形状等。如图5-79所示为渐变描边的效果，如图5-80所示为图案描边的效果。

图5-79 渐变描边

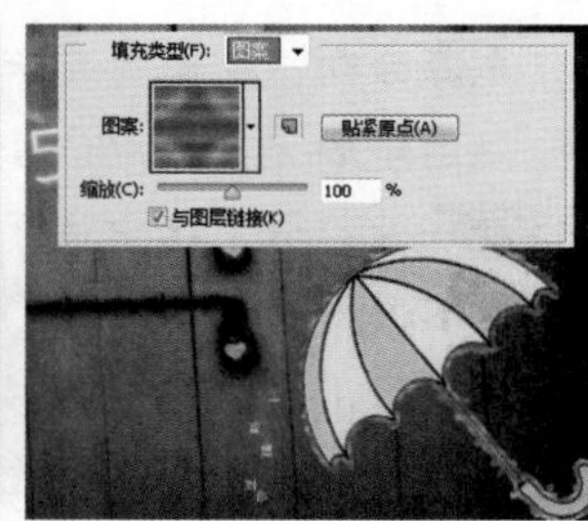

图5-80 图案描边

5.5.4 内阴影

“内阴影”效果可以在图层内容的边缘内侧添加阴影效果，使图层呈现出凹陷的视觉效果。如图5-81所示为“内阴影”设置面板。

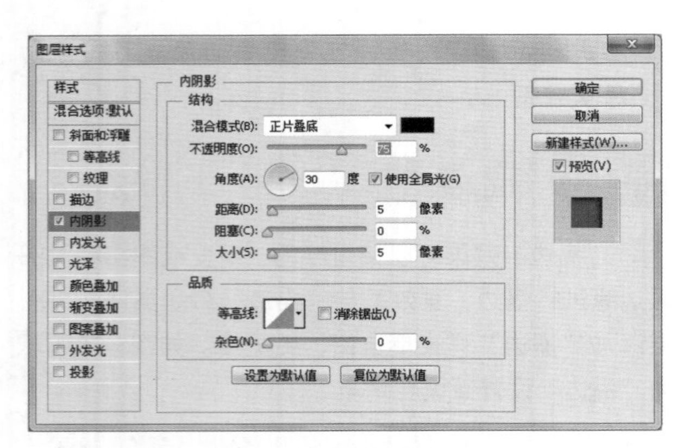

图5-81　“内阴影”设置面板

如图5-82所示为设置内阴影的“阻塞”为40%的效果，如图5-83所示为设置内阴影的“阻塞”为90%的效果。

图5-82　设置“阻塞”为40%　图5-83　设置“阻塞”为90%

知识解析：“内阴影”设置面板

- **混合模式：** 用于设置内阴影与图层混和模式，单击右侧颜色块，可设置内阴影的颜色。
- **角度：** 用于设置内阴影的光照角度。指针方向为光源方向，反向则表示投影方向。
- **使用全局光：** 选中该复选框，可保持所有光照角度一致；取消选中该复选框，则可为不同图层应用不同光照角度。
- **距离：** 用于设置内阴影偏移图层内容的距离。
- **阻塞：** 用于控制阴影边缘的渐变程度。
- **大小：** 用于设置投影的模糊范围，值越大，范围越大。
- **等高线：** 在其中可设置阴影的轮廓形状。
- **杂色：** 在其中可设置是否使用杂色点来对阴影进行填充。

5.5.5 内发光

“内发光”效果可沿图层内容边缘内侧添加发光效果。如图5-84所示为“内发光”设置面板。

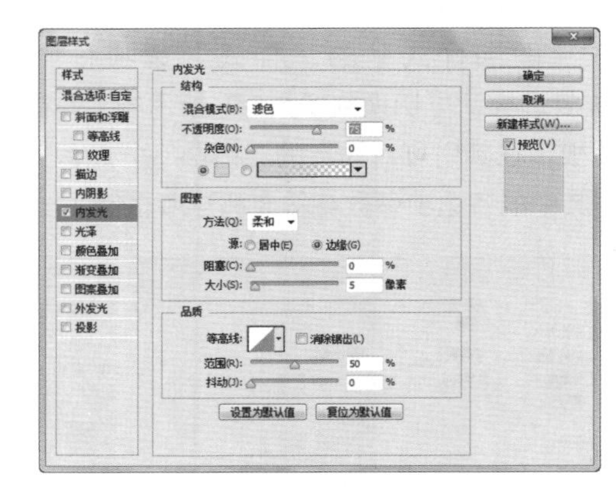

图5-84　“内发光”设置面板

如图5-85所示为没有使用内发光的效果，如图5-86所示为使用内发光的效果。

图5-85　没有使用内发光　　图5-86　使用内发光

实例操作：制作七彩文字

- 光盘\素材\第5章\七彩文字.psd
- 光盘\效果\第5章\七彩文字.psd
- 光盘\实例演示\第5章\制作七彩文字

本例使用“内发光”功能制作七彩文字，设置前后的效果如图5-87和图5-88所示。

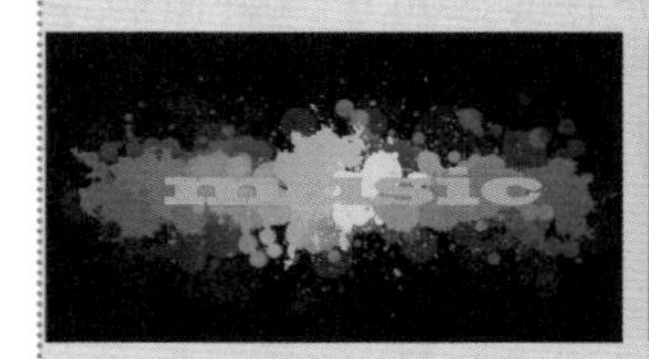

图5-87　设置前效果　　图5-88　设置后效果

Step 1 ▶ 打开“七彩文字.psd”图像。选择music图层，设置图层混合模式为“减去”，如图5-89所示。在“图层”面板底部单击“添加图层样式”按钮fx，在弹出的快捷菜单中选择“内发光”命令，如图5-90所示。

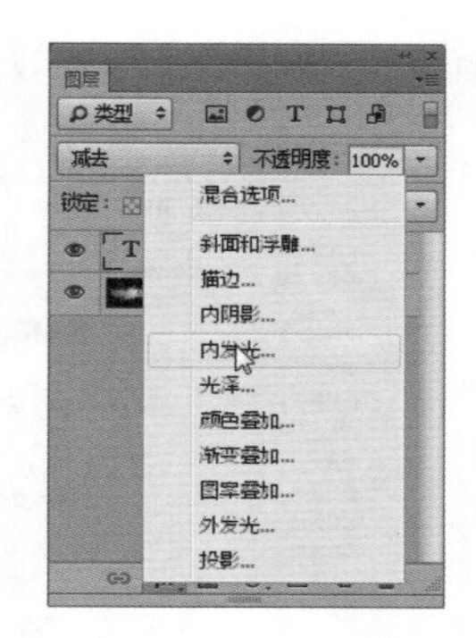

图5-89　设置图层模式　　图5-90　选择“内发光”命令

Step 2 ▶ 打开“图层样式”对话框，设置“混合模式”为“颜色减淡”，“不透明度”为78%，颜色为“白色”，选中 居中(E) 单选按钮，设置“阻塞”为10%，“大小”为3像素，“范围”为40%，单击 确定 按钮，如图5-91所示。

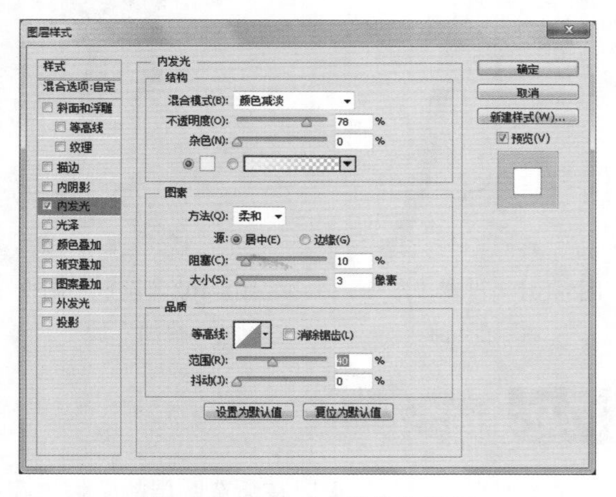

图5-91　设置“内发光”效果

Step 3 ▶ 选择music图层，按Ctrl+J组合键复制一个图层，设置图层混合模式为“颜色减淡”，“不透明度”为40%，如图5-92所示。效果如图5-93所示。

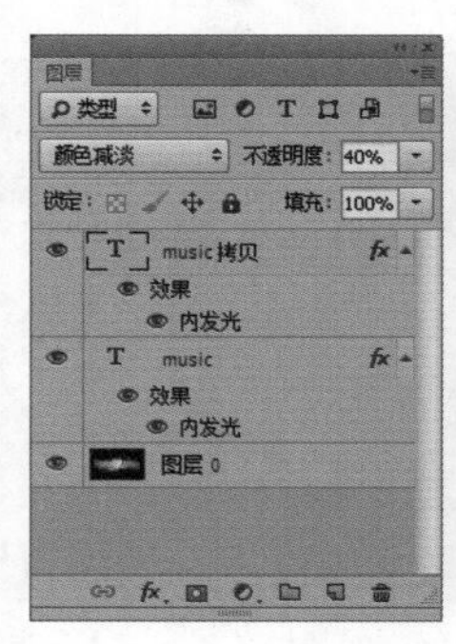

图5-92　设置图层模式　　　　图5-93　查看效果

知识解析：“内发光”设置面板

◆ 源：用于控制发光光源的位置。其中，选中 居中(E) 单选按钮，从图层内容中间发光；选中 边缘(G) 单选按钮，从图层内容边缘发光。

◆ 阻塞：用于设置模糊收缩内发光的杂边边界，值越小，效果越轻。

5.5.6 光泽

“光泽”效果可以使图像上方产生一种光线遮盖的效果，为图层图像添加光滑的内部阴影，常用于模拟金属的光泽效果。如图5-94所示为“光泽”设置面板。

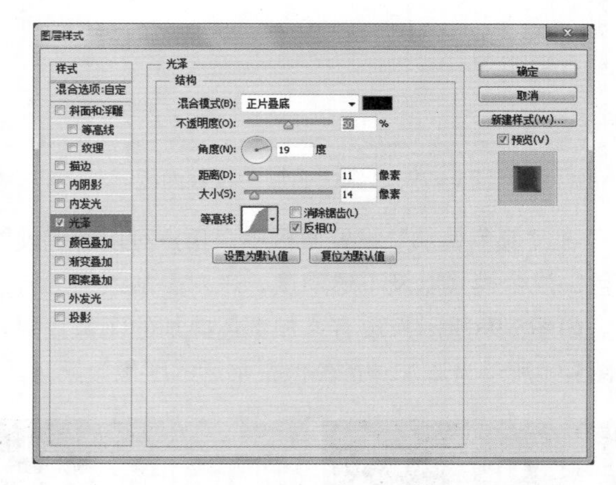

图5-94　“光泽”设置面板

“光泽”设置面板可通过使用“等高线”选项来控制光泽的样式。如图5-95和图5-96所示为设置“光泽”效果前后的效果图。

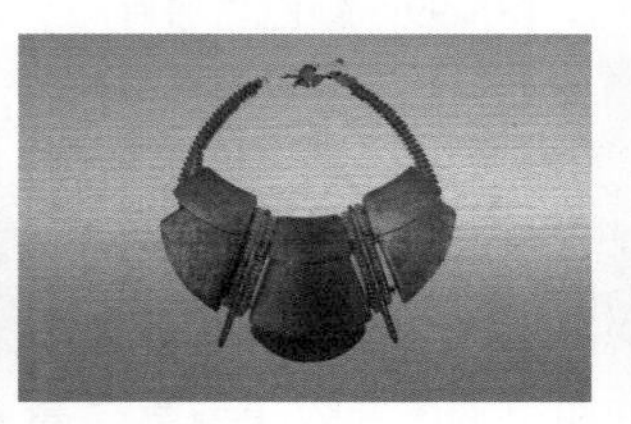

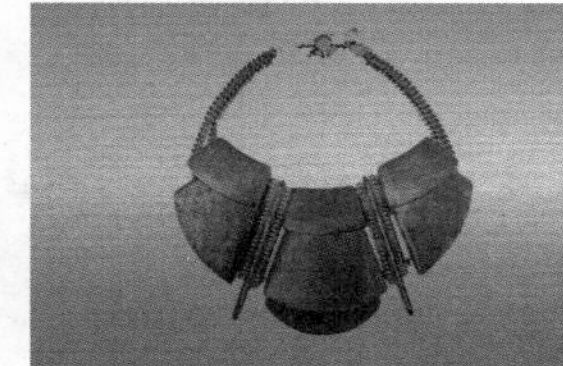

图5-95　等高线为线性　　图5-96　等高线为环形

读书笔记

5.5.7 颜色叠加

“颜色叠加”效果可以将某颜色覆盖在所选图层的图像上，制作出图像和颜色的混合效果。如图5-97所示为“颜色叠加”设置面板。

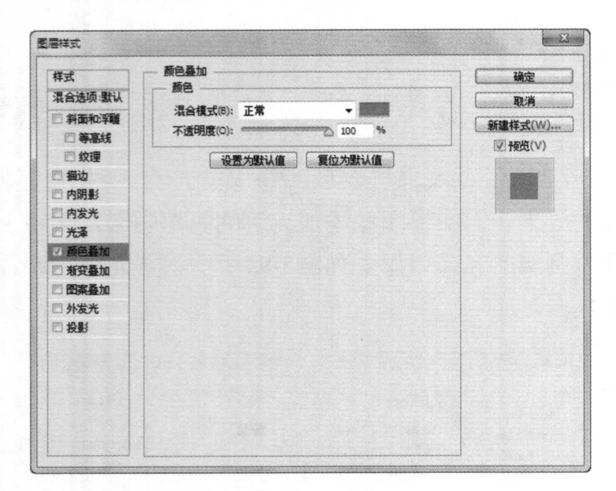

图5-97 “颜色叠加”设置面板

在“颜色叠加”设置面板中，用户可以通过设置颜色、混合模式以及不透明度，来对叠加效果进行设置。如图5-98所示为没有添加颜色叠加的图像效果，如图5-99所示为添加绿色颜色叠加后的图像效果。

图5-98 颜色叠加前

图5-99 颜色叠加后

5.5.8 渐变叠加

“渐变叠加”效果可为图层图像中单纯的颜色添加渐变色，制作出具有多种颜色的图像效果或具有高光效果的三维图像。如图5-100所示为“渐变叠加”设置面板。

在“渐变叠加”设置面板中，用户可以根据需要设置渐变叠加颜色、混合模式和不透明度等。如图5-101所示为没有添加“渐变叠加”的效果，如图5-102所示为设置“渐变叠加”的效果。

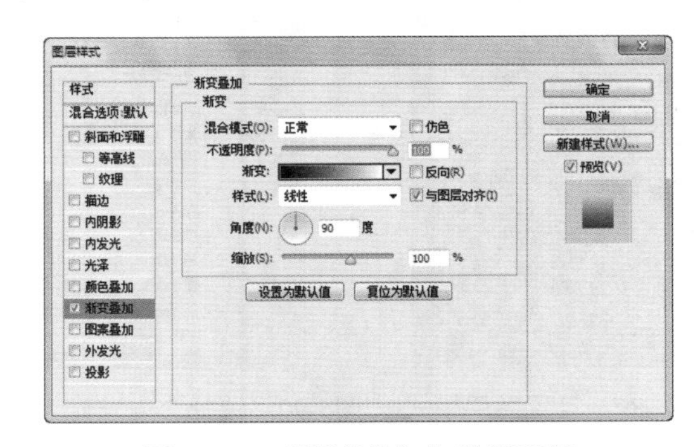

图5-100 “渐变叠加”设置面板

图5-101 设置“渐变叠加”前

图5-102 设置“渐变叠加”后

5.5.9 图案叠加

“图案叠加”效果可以在所选图层的图像上覆盖一个新的图案。如图5-103所示为“图案叠加”设置面板。

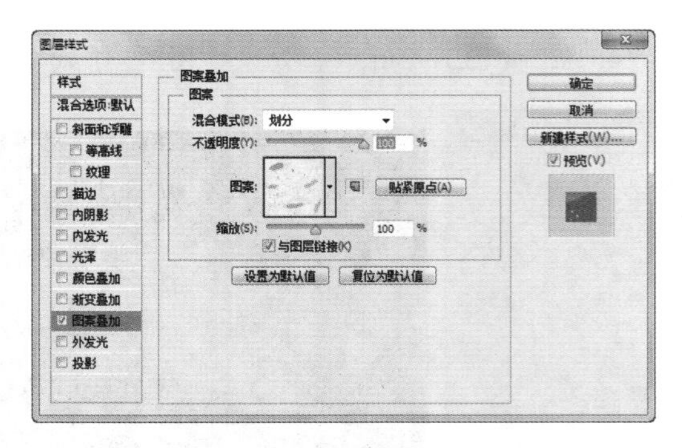

图5-103 “图案叠加”设置面板

在“图案叠加”设置面板中，用户可以通过设置

“缩放”、不透明度和混合模式，来对叠加的图案效果进行更改。如图5-104所示为没有使用“图案叠加”的效果，如图5-105所示为使用“图案叠加”的效果。

图5-104　使用“图案叠加”前

图-105　使用“图案叠加”后

5.5.10 外发光

“外发光”效果可以为图层中的图像边缘添加向外创建的发光效果。如图5-106所示为“外发光”设置面板。

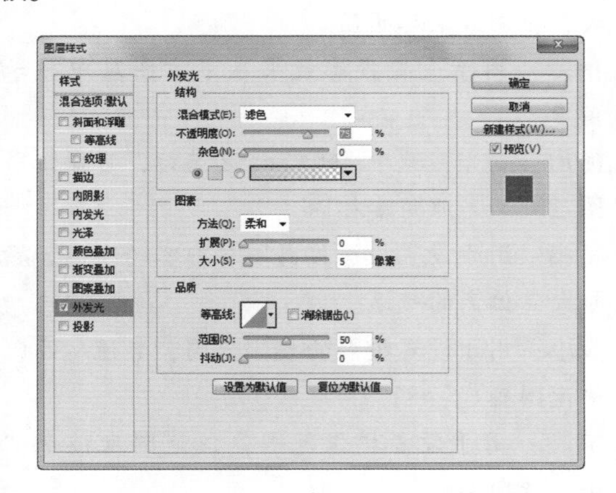
图5-106　“外发光”设置面板

实例操作：制作外发光文字

- 光盘\素材\第5章\外发光文字.psd
- 光盘\效果\第5章\外发光文字.psd
- 光盘\实例演示\第5章\制作外发光文字

本例使用“外发光”效果，结合“滤镜”等功能制作外发光文字。

Step 1 打开“外发光文字.psd”图像。在工具箱中选择横排文字工具T，输入stark，颜色为“黑色”，并设置文字字体样式为Snap ITC，字号为“200点”。按Ctrl+J组合键复制“文字”图层，隐藏原先的“文字”图层。在复制的“文字”图层上双击，打开“图层样式”对话框，选中☑外发光复选框，并设置其参数，如图5-107所示，单击确定按钮。

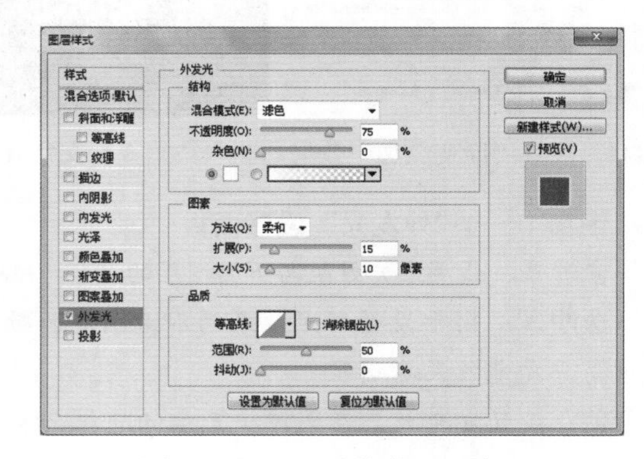
图5-107　设置“外发光”效果

Step 2 选择复制的“文字”图层，在“图层”面板中将其“填充”设为0%，如图5-108所示。然后查看文字效果，如图5-109所示。

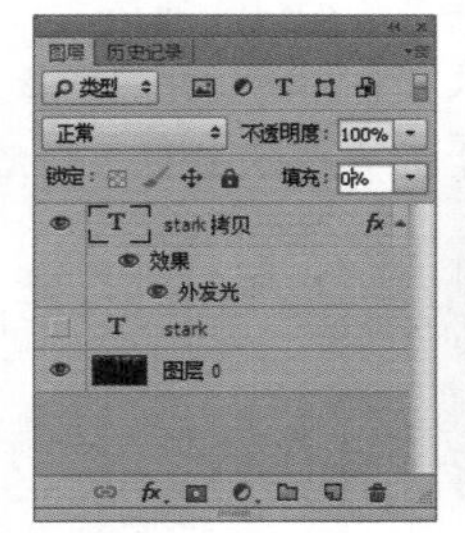
图5-108　设置“填充”

图5-109　查看效果

Step 3 新建一个空白图层，选择新建的图层和复制的“文字”图层，按Ctrl+E组合键合并图层，选择“滤镜”/“风格化”/“风”命令，在打开的对话框中选中◉风(W)和◉从右(R)单选按钮，然后单击确定按钮，如图5-110所示。

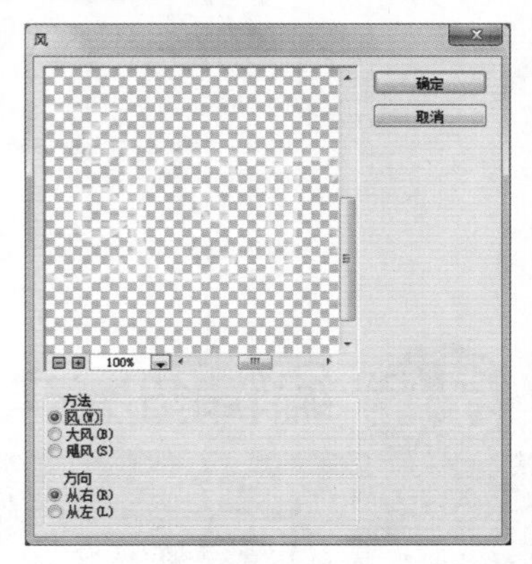
图5-110　设置“滤镜”效果

Step 4 打开“图层样式”对话框，选中☑渐变叠加复选框，设置其参数，如图5-111所示。然后查看外发光文字效果，如图5-112所示。

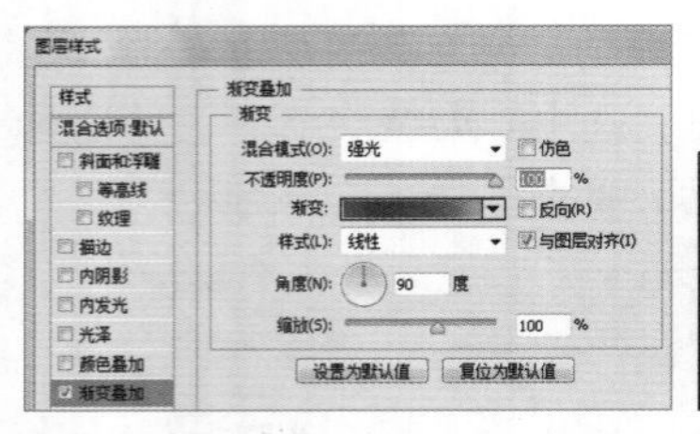

图5-111 设置“渐变叠加”效果 图5-112 查看文字效果

知识解析：**“外发光”设置面板**

- **混合模式**：设置发光效果与下面图层的混合方式。
- **不透明度**：用于设置发光效果的不透明度，数值越高，发光效果越明显。
- **杂色**：设置发光效果在图像中产生的随机杂点。
- **发光颜色**：用于设置发光效果的颜色。单击左侧的色块，在打开的“拾色器”对话框中可设置发光颜色。单击右边的渐变条，在打开的“渐变编辑器”对话框中可设置渐变颜色。
- **方法**：用于设置发光的方式，控制发光的准确程度。
- **扩展**：用于设置发光范围的大小。
- **大小**：用于设置发光效果产生的光晕大小。

5.5.11 投影

“投影”效果可为图层图像添加投影效果，使图像更具立体感。如图5-113所示为“投影”设置面板。

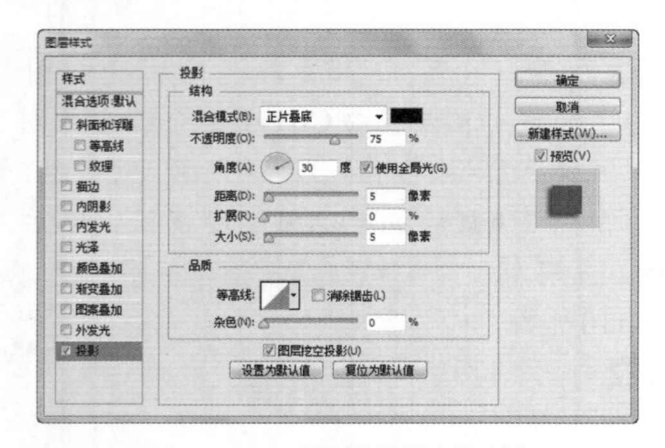

图5-113 “投影”设置面板

如图5-114所示为没有使用投影的效果，如图5-115所示为使用投影的效果。

图5-114 投影前

图5-115 投影后

知识解析：**“投影”设置面板**

- **混合模式**：用于设置投影与下面图层的混合方式。
- **投影颜色**：单击颜色块，在打开的“拾色器”对话框中可设置投影颜色。
- **不透明度**：用于设置投影的不透明度，数值越大，投影效果越明显。
- **角度**：用于设置投影效果在下方图层中显示的角度。
- **使用全局光**：选中☑使用全局光(G)复选框，可保证所有图层中的光照角度相同。
- **距离**：用于设置投影偏离图层内容的距离，数值越大，偏离的越远。
- **大小**：用于设置投影的模糊范围，数值越高，模糊范围越广。
- **扩展**：用于设置扩张范围，该范围直接受“大小”选项影响。
- **等高线**：用于控制投影的影响。
- **消除锯齿**：混合等高线边缘的像素，平滑像素渐变。
- **杂色**：用于控制在投影中添加杂色点的数量。数值越高，杂色点越多。

5.6 编辑图层样式

在完成图层的新建和操作后，经常还需要对图层样式进行编辑，如修改图层样式、复制与粘贴图层、清除图层样式等。下面介绍编辑图层样式的方法。

读书笔记

5.6.1 修改图层样式

对于设置好的图层样式，如果发现其中存在瑕疵，还可随时进行修改，以优化图像整体效果。其方法是：在“图层”面板中双击需修改的效果名称，如图5-116所示，即可打开相应的“图层样式”对话框，对所选的效果进行设置，设置完成后单击 确定 按钮。

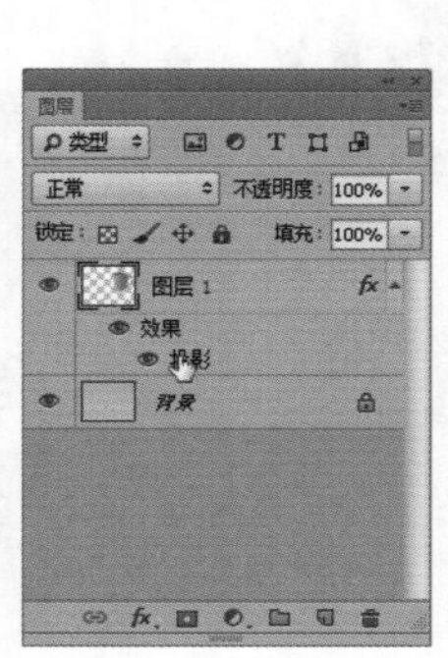

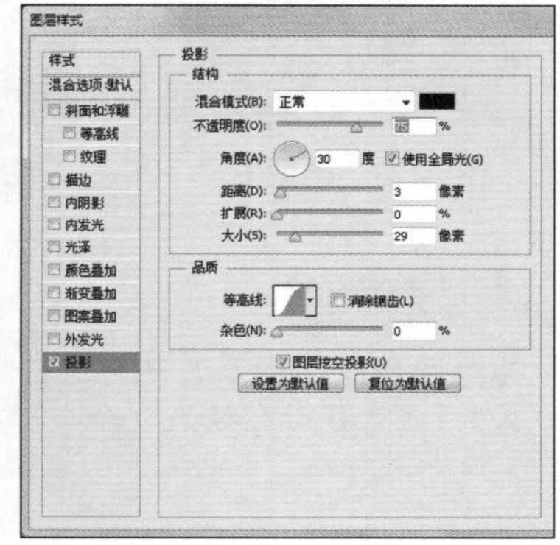

图5-116 修改图层样式

5.6.2 复制与粘贴图层样式

在编辑有些图像时，需要在其中添加多个相同或相近的图层，此时若单独添加，不但可能因为参数设置的细微差别影响图层样式的一致程度，而且浪费大量的时间。为了加快编辑速度，用户可以使用复制和粘贴图层样式的方法快速、轻松地解决这类问题。下面介绍复制和粘贴图层样式的方法。

- **复制图层样式：** 选择“图层”/“图层样式”/“拷贝图层”命令，或右击已添加图层样式的图层，在弹出的快捷菜单中选择“拷贝图层样式”命令，如图5-117所示。
- **粘贴图层样式：** 选择需要粘贴图层样式的图层，选择“图层”/“图层样式”/“粘贴图层样式”命令，或右击需要粘贴图层样式的图层，在弹出的快捷菜单中选择“粘贴图层样式”命令，如图5-118所示。

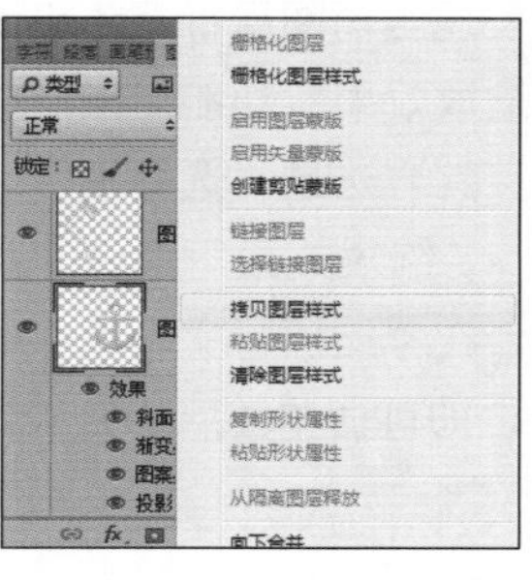

图5-117 拷贝图层样式

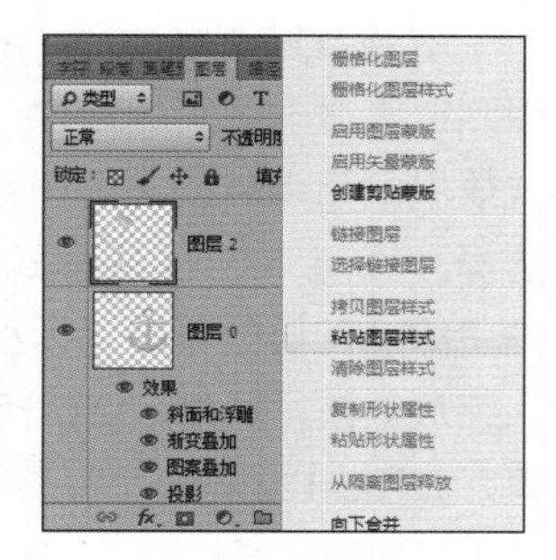

图5-118 粘贴图层样式

技巧秒杀

按住Alt键不放，将已编辑的图层样式拖动到目标图层样式的图层中，即可完成图层样式的移动操作。直接拖动样式，即可完成图层样式的复制操作。

5.6.3 清除图层样式

为图层添加图层样式后，若不需要该样式，可以将其删除。其方法是：选择要删除的效果，将其拖动到“图层”面板下方的🗑按钮上，如图5-119所示。为将一个图层的所有图层效果删除，可选择“效果”，将其拖动到“图层”面板下方的🗑按钮上，如图5-120所示。

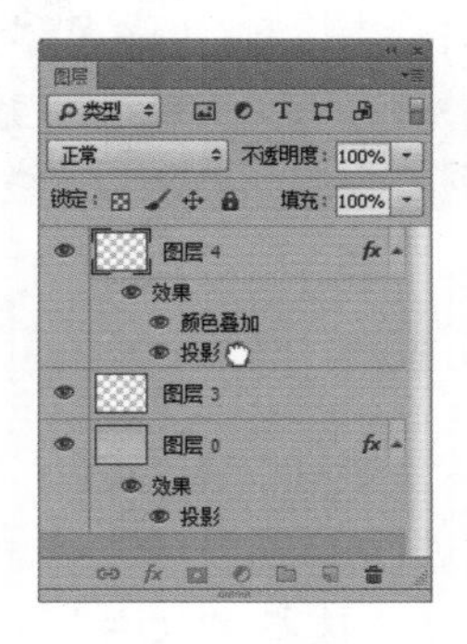

图5-119 删除一种图层效果

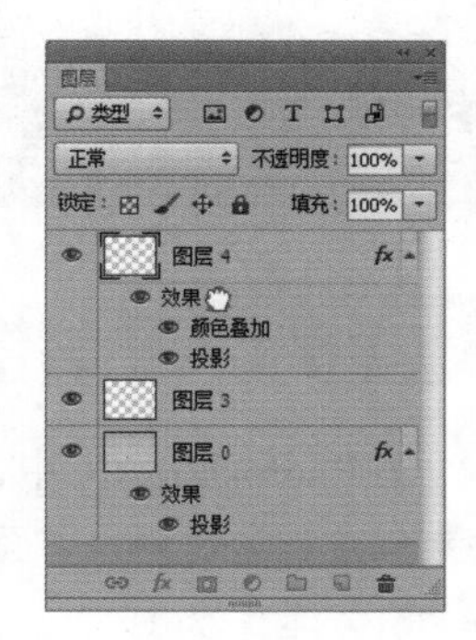

图5-120 删除所有图层效果

技巧秒杀

选择需删除图层样式的图层，选择“图层”/“图层样式”/“清除图层样式”命令，也可将所有图层样式删除。

5.6.4 缩放效果

在设置图层样式后，若发现当前图层样式效果太强烈或太微弱，可以通过“缩放效果”功能对图层样式效果的强弱程度进行调整。其方法是：选择图层，选择“图层”/“图层样式”/“缩放效果”命令，打开“缩放图层效果”对话框，在“缩放”文本框中输入缩放数值，如图5-121所示，即可调整图层样式的效果，如图5-122所示。

图5-121　设置缩放效果

图5-122　查看效果

5.6.5 隐藏效果

为了更清楚地查看单个图层样式的效果，可将其他图层样式效果隐藏。其方法是：在“图层”面板中单击👁图标，即可将其隐藏。将该图层所有的图层样式都隐藏，可单击“效果”前的👁图标，如图5-123示。为显示已隐藏的图层样式，可在原👁图标处单击，即可重新显示图层样式，如图5-124所示。

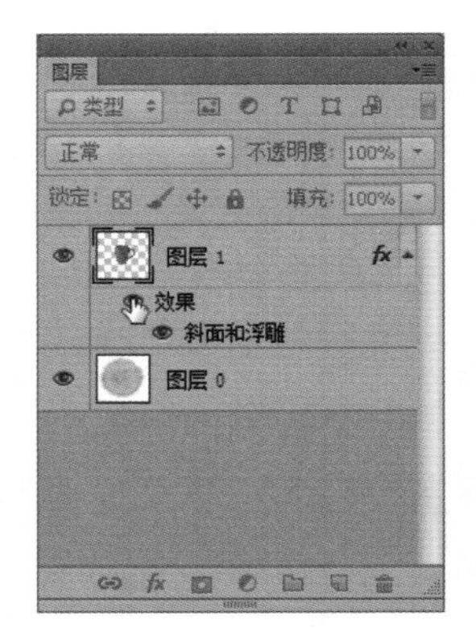

图5-123　隐藏图层

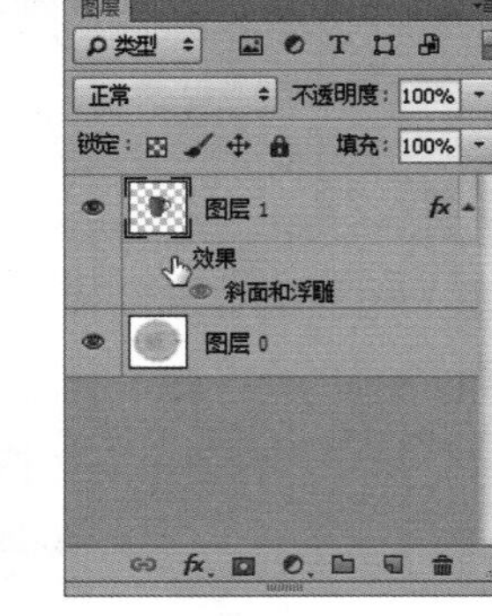

图5-124　显示图层

技巧秒杀

为隐藏所有的图层，还可选择“图层”/“图层样式”/“隐藏所有效果”命令。

5.7 使用智能对象

智能对象是指嵌入到当前文档中的一个文件。智能对象可以包括图像，也可以包括矢量图形。智能对象与普通图层不同，用户对其所做的修改结果不会直接应用到对象的原始数据中。下面介绍创建智能对象、编辑智能对象的方法。

5.7.1 创建智能对象

在Photoshop CC中，用户主要可以通过4种方法来创建智能对象，下面分别进行介绍。

- **将文件作为智能对象打开**：选择“文件”/“打开为智能对象”命令，选择需要打开的文件即可，如图5-125所示。选择文件后，在“图层”面板中可以看到“智能对象”图层的缩略图右下角显示智能对象图表，如图5-126所示。

图5-125　选择文件

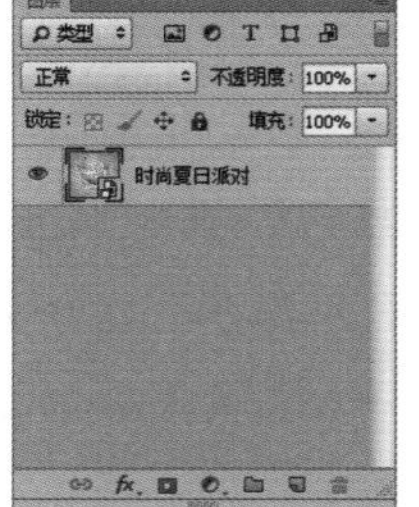

图5-126　查看“图层”面板

- 在文档中置入智能对象：打开文件，选择“文件”/“置于”命令，可以将其作为智能对象置入文档中。
- 将图层中的对象创建为智能对象：在“图层”面板中选择一个或多个图层，选择“图层”/“智能对象”/“转换为智能对象图层”命令，即可将其创建为智能对象图层。
- 将Illustrator中的图形粘贴为智能对象：在Illustrator中选择对象，按Ctrl+C组合键复制该对象，切换到Photoshop CC中，按Ctrl+V组合键粘贴，打开“粘贴”对话框，在其中选择“智能对象”选项，即可将该对象粘贴为智能对象。

5.7.2 创建链接的智能对象实例

在Photoshop CC中创建智能对象后，选择该智能对象，选择“图层”/“新建”/“通过拷贝的图层”命令，可以复制出一个新的智能对象，所复制的智能对象即称为智能对象实例，如图5-127所示。

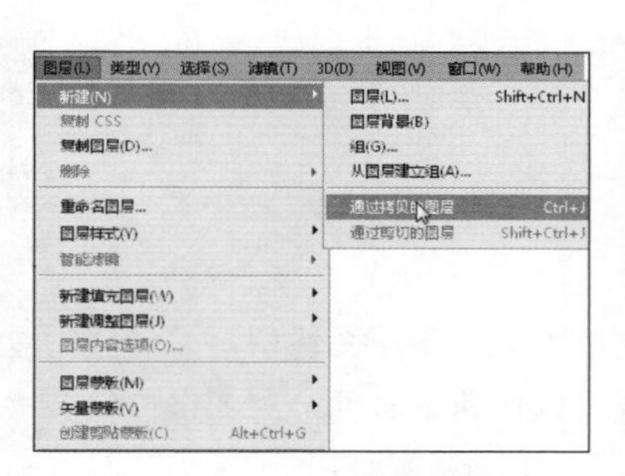
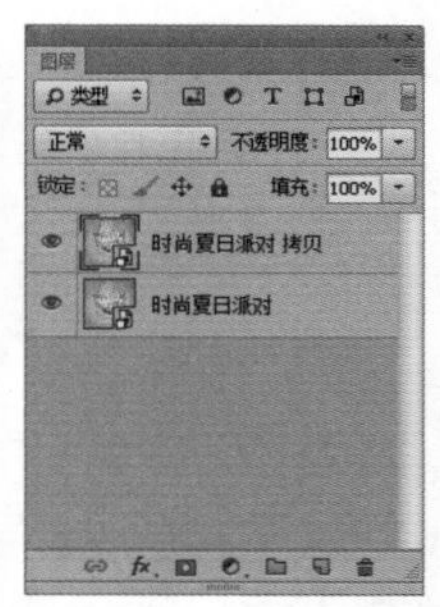

图5-127　创建链接的智能对象实例

5.7.3 创建非链接的智能对象实例

根据实际需要，用户可以创建非链接的智能对象。其方法是：选择“智能对象”图层，选择“图层”/“智能对象”/“通过拷贝新建智能对象”命令，即可新建一个非链接的智能对象实例，如图5-128所示。

读书笔记

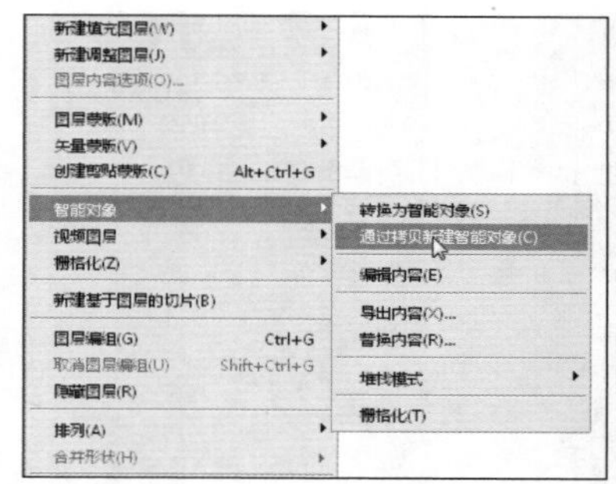
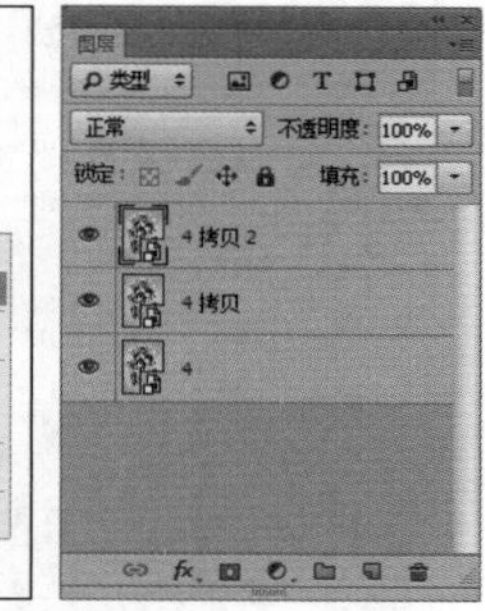

图5-128　创建非链接的智能对象实例

5.7.4 编辑智能对象内容

在创建智能对象后，用户可以根据需要对智能对象进行编辑。若智能对象为栅格数据或相机原始数据文件，可以在Photoshop CC中编辑该对象；如果是矢量EPS或PDF文件，则在Illustrator中打开该对象。

编辑智能对象的方法是：选择智能对象，选择“图层”/“智能对象”/“编辑内容”命令，在打开的对话框中单击 确定 按钮，此时，即可在新的窗口中打开智能对象的原始文件，然后对其进行编辑，如图5-129所示。存储修改后的智能对象时，文档中所有与之链接的智能对象实例都显示所做的修改痕迹。

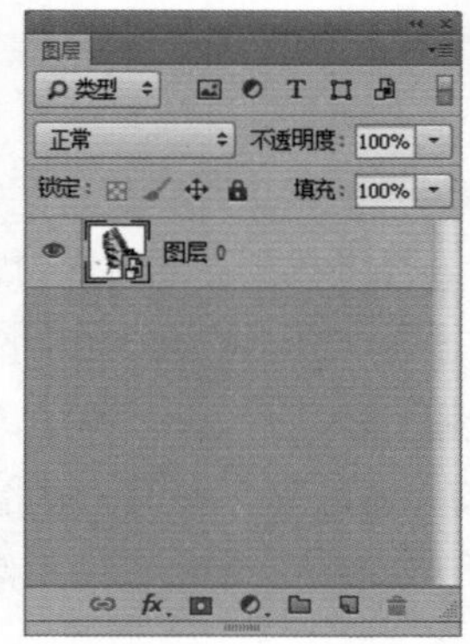

图5-129　编辑智能对象

5.7.5 智能对象转换到图层

“智能对象”图层也可以转换为普通图层，其方法是：选择“智能对象”图层，选择“图层”/“智能对象”/“栅格化”命令，即可将“智能对象”图层转换为普通图层，如图5-130所示。

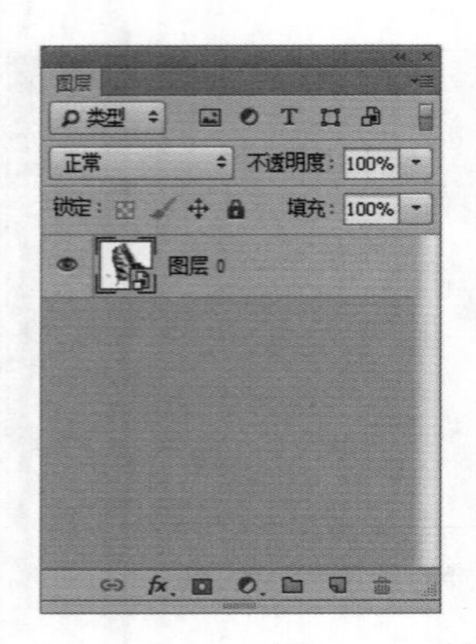
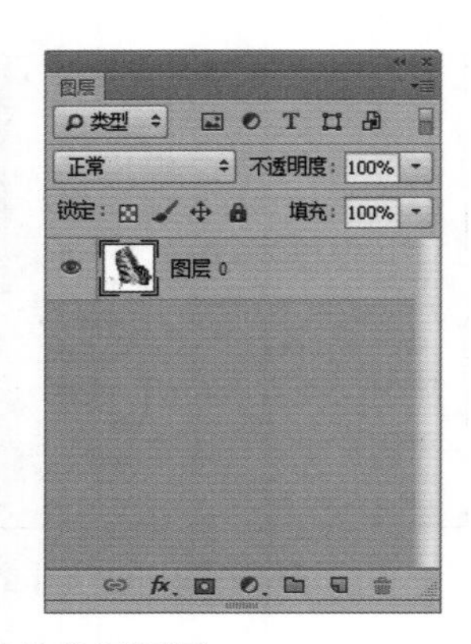

图5-130　转换为普通图层

5.7.6 导出智能对象内容

在Photoshop CC中完成对智能对象的编辑后，可以将其导出以备使用。其方法是：选择智能对象，选择“图层”/“智能对象”/“导出内容”命令，在打开的对话框中设置导出内容需保存的名称和地址，即可导出智能对象，如图5-131所示。若对图层执行“导出”命令，则Photoshop CC默认以PSD格式导出。

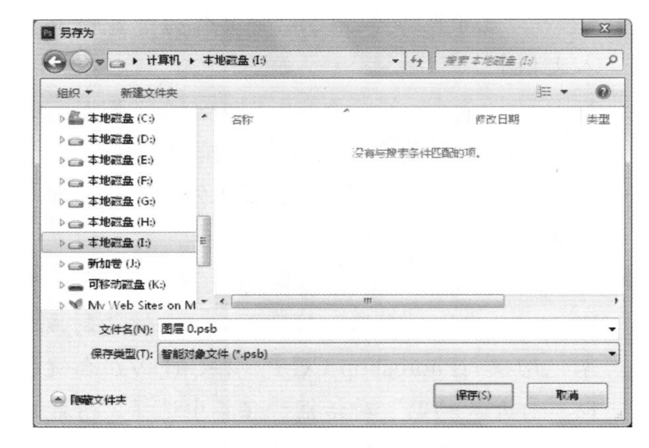

图5-131　导出智能对象

技巧秒杀

选择“智能对象”图层，选择“图层”/“智能对象”/“替换内容”命令，在打开的对话框中选择其他矢量文件，可将当前“智能对象”图层替换为所选的智能对象。

知识大爆炸——“调整”图层相关知识

1. “调整”图层的作用和特点

“调整”图层是一类比较特殊的图层，它是将图像“调整”命令以图层的方式作用于图像中，“调整”图层只包含某个调整图层命令，而没有实际的像素内容。通过“调整”图层可以快速、方便地对图像进行各种调整操作。由于其图层状态特殊，所以“调整”图层具有以下几个特点。

（1）不直接修改图像像素

“调整”图层产生的图像调整效果不直接对某个图层的像素本身进行修改，所有的修改内容都在“调整”图层内体现，可以避免在反复调整过程中损失图像的颜色细节。

（2）更强的可编辑功能

“调整”图层可以随时对“调整”命令的设置进行修改，同时可以使用图层蒙板、剪贴蒙板和矢量蒙板等内容控制调整范围。

（3）可以同时调整多个图层的图像

“调整”图层产生的图像调整效果影响其下面所有可见的图层内容，并可通过改变“调整”图层在图层面板的排列顺序而控制具体哪些图层产生的影响。

（4）支持混合模式和不透明度的设置

“调整”图层与普通图层一样，具有不透明度和混合模式属性，通过调整这些属性内容可以使图像产生更多特殊的图像调整效果。

2. “调整”图层与“调整”命令的区别

（1）与“调整”命令的区别

选择图层，选择“图像”/“调整”命令，可以看到弹出的子菜单与单击“图层”面板所创建新的“填充”或“调整”图层按钮弹出的菜单并不完全相同。“调整”图层菜单中的命令比调整子菜单的命令少一些，也就是说，不是所有的图像“调整”命令都可以用“调整”图层的方式来应用。

（2）调整图像结果的区别

选择图层后，选择“图像”/“调整”/“色彩平衡”命令，在打开的对话框中进行设置，不产生新的图层。如果单击“图层”面板下创建新的“填充”或“调整”图层，则产生一个新的图层。

（3）调整范围的区别

“调整”命令只能对当前图层起作用，而“调整”图层可以对多个图层起作用。如果要调整图层中某一部分的图像内容，“调整”命令需要选区来控制影响范围，而“调整”图层则可以利用蒙版来控制。同时，“调整”图层在调整范围控制上更灵活，也就是在同等操作情况下，“调整”图层可直接复制应用于另一个图像中。

（4）编辑修改调整参数的区别

“调整”图层创建后可以随时通过双击图层面板中的缩览图来打开对话框进行参数设置，还可以通过选择“图层”/“更改图层内容”命令，在其子菜单中选择不同的“调整”命令来转换调整的效果。图像“调整”命令一旦应用，就只能通过撤销操作后重新执行命令并设置新的参数选项，或选择不同的“调整”命令改变效果。

3. 如何控制“调整”图层的应用效果

在使用“调整”图层处理图像时，可以采用蒙版、图层属性设置等多种灵活的方法来控制调整的效果，以达到最佳的设计效果和更高的工作效率。

读书笔记

01 02 03 04 05 06 07 08 09 10 11 12 13 14……

颜色设置与填充

本章导读

Photoshop CC为用户提供很多非常强大的图像美化功能，如为使图像效果更丰富，可以对图像设置颜色。此外，还可对图像进行填充和描边，或使用渐变工具来美化图像。

6.1 颜色设置的方法

颜色可以让图像效果更加丰富饱满，文字输入、画笔绘图、填充、描边等操作都需要颜色功能。Photoshop CC为用户提供多种颜色设置的方式，包括“拾色器”、吸管工具、“颜色”面板、“色板”面板等。下面分别进行讲解。

6.1.1 前景色与背景色

若要绘制图形，都需设置前景色和背景色。在Photoshop CC中，前景色主要用于绘制图像、填充等操作，如图6-1所示翅膀的颜色为前景色，灰白色背景则为背景色。Photoshop CC工具箱底部中的色块分别代表“前景色”和“背景色”选择框，单击它们即可设置前景色和背景色。

图6-1　前景色和背景色

“前景色”和“背景色”按钮如图6-2所示，它们所代表的意义分别介绍如下。

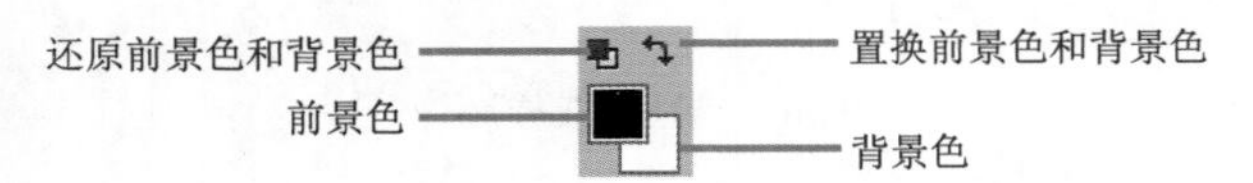

图6-2　“前景色”和“背景色”按钮

知识解析：“前景色”和“背景色”按钮

- 前景色：单击“前景色”按钮，打开“拾色器（前景色）”对话框，在该对话框中选择一种颜色即可设置为前景色。
- 背景色：单击“背景色”按钮，打开“拾色器（背景色）”对话框，在该对话框中选择一种颜色即可设置为背景色。
- 置换前景色和背景色：单击按钮，Photoshop CC置换前景色与背景色。如图6-3所示为置换前景色和背景色的效果。

图6-3　置换前景色和背景色

- 还原前景色和背景色：单击按钮，前景色和背景色还原为默认状态。

技巧秒杀

在Photoshop CC中，按D键可还原前景色和背景色，按X键可置换前景色和背景色。需要注意的是，在使用快捷键进行切换时，应检查程序的输入法是否是英文输入法。

6.1.2 使用拾色器设置颜色

拾色器即拾取颜色的工具，多呈吸管状，在颜色上单击就能拾取单击处的颜色。如单击“前景色”按钮，即可打开“拾色器（前景色）”对话框，如图6-4所示。在“拾色器”对话框中，单击相应的颜色区域即可选择相应的颜色。此外，也可在对话框右侧的文本框中输入具体的数值来确定颜色。

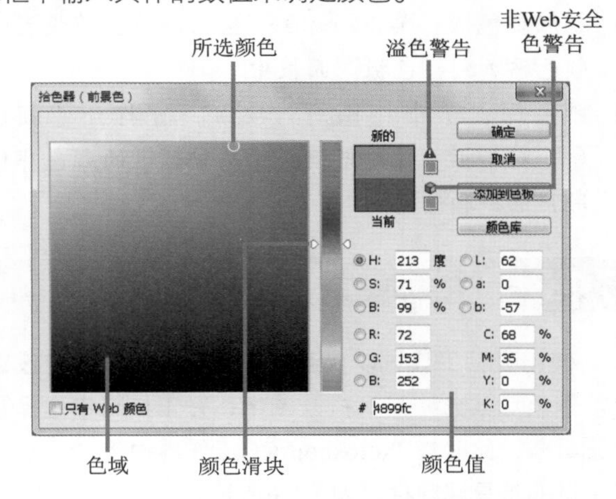

图6-4　“拾色器（前景色）”对话框

知识解析：“拾色器（前景色）”对话框

- **色域**：用于显示当前可以选择的颜色范围。
- **所选颜色**：在色域上拖动鼠标可设置可供选择的颜色。
- **溢色警告**：用于一些颜色模式的颜色在CMYK模式中没有对应的颜色，这些颜色就是“溢色”。出现溢色时，“拾色器”对话框中出现▲标志。单击▲标志下方的色块，可将溢色替换为最接近的CMYK颜色，如图6-5所示。

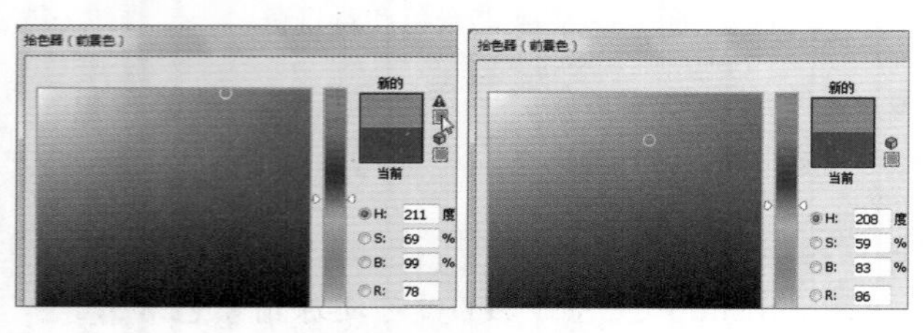

图6-5 替换溢色

- **非Web安全色警告**：若当前颜色是网络上无法正常显示的颜色，则出现标志。单击标志下方的色块，可将无法正常显示的颜色替换为最接近的Web安全颜色。
- **颜色滑块**：拖动颜色滑块可以更改当前可选的色域。
- **颜色值**：用于显示当前所设置颜色的数值，在该区域中可以通过输入数据来设置精确的颜色。
- **只有Web颜色**：选中☑只有 Web 颜色复选框，色域只显示Web安全色。
- **添加到色板**：单击添加到色板按钮，将当前设置的颜色添加到“色板”面板中。
- **颜色库**：单击颜色库按钮，可打开“颜色库”对话框。该对话框提供几种预设的颜色库供用户选择和使用。

6.1.3 使用吸管工具设置颜色

使用吸管工具可以快速将图像中的任意颜色设置为前景色。其方法是：打开图像，在工具箱中选择吸管工具，此时在Photoshop CC工作界面上方显示吸管工具的工具属性栏，如图6-6所示。

图6-6 吸管工具属性栏

将鼠标指针移动到需要取色的位置处单击，即可将此处颜色设置为前景色，如图6-7所示即为将默认的黑色前景色设置为图像中的颜色。

图6-7 使用吸管工具设置前景色

知识解析：吸管工具属性栏

- **取样大小**：用于设置工具的取样范围大小。
- **样本**：用于设置从“当前图层”，还是“所有图层”中采集颜色。
- ☑显示取样环**复选框**：选中该复选框后，图像在取色时显示取样环，如图6-8所示为显示取样环前后的对比效果。

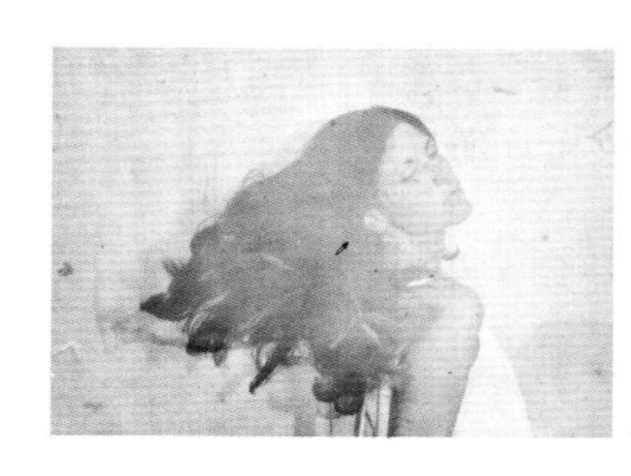

图6-8 显示取样环

技巧秒杀

在使用吸管工具吸取颜色时，按住Alt键的同时单击，可将吸取的颜色作为背景色。

6.1.4 使用“色板”面板设置颜色

“色板”面板默认位于Photoshop CC工作区右侧的面板组中。选择“窗口”/“色板”命令可打开“色板”面板，将鼠标指针移动到色板中，当鼠标指针变为形状时，在面板中单击相应的颜色块即可获取该颜色，如图6-9所示。

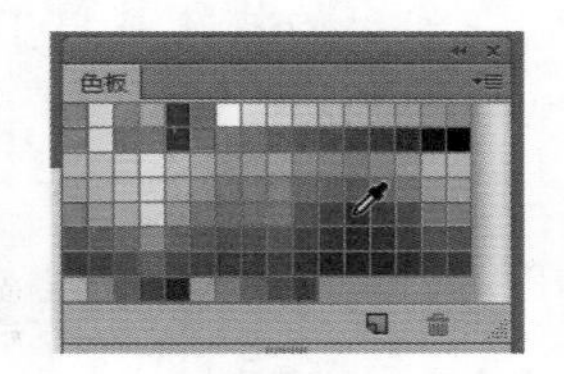

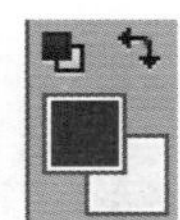

图6-9 “色板”面板

知识解析：“色板”面板

◆ **创建新前景色的新色板**：使用吸管工具吸取一种颜色后单击按钮，可将吸取的颜色添加到“色板”对话框中，如图6-10所示。若需要为某个色板设置名称，可直接双击需要修改名称的颜色，在打开的“色板名称”对话框中进行设置。

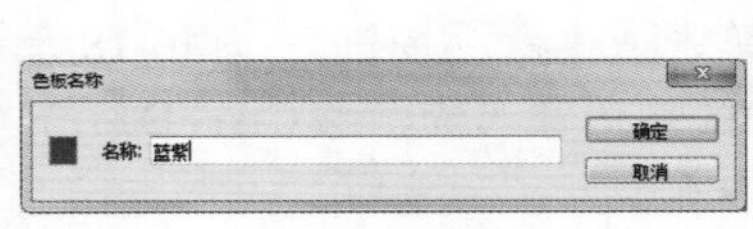

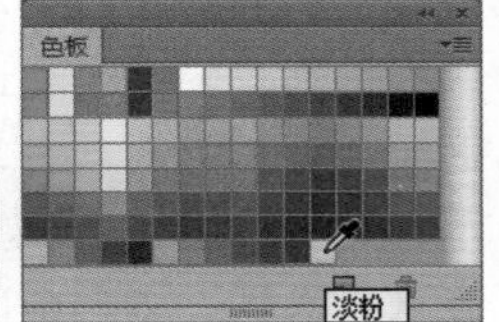

图6-10 创建新颜色

◆ **删除色板**：为将已添加的色板删除，可将鼠标指针移动到该色板上，按住鼠标左键的同时将要删除的色板拖动到按钮上，也可按Alt键并将鼠标指针移动到要删除的色板上，此时鼠标指针变为“剪刀”形状，单击需要删除的面板即可删除。

6.1.5 使用“颜色”面板设置颜色

“颜色”面板默认位于Photoshop CC工作区右侧的面板组中，用户可在“颜色”面板中对图像的前景色和背景色进行调整。其方法是：选择“窗口”/“颜色”命令，打开“颜色”面板，在R、G、B共3个文本框中直接输入需要的数值或拖动滑块设置RGB颜色值，如图6-11所示。可以使用鼠标在下方的色条上单击鼠标，以快速获取颜色，如图6-12所示。

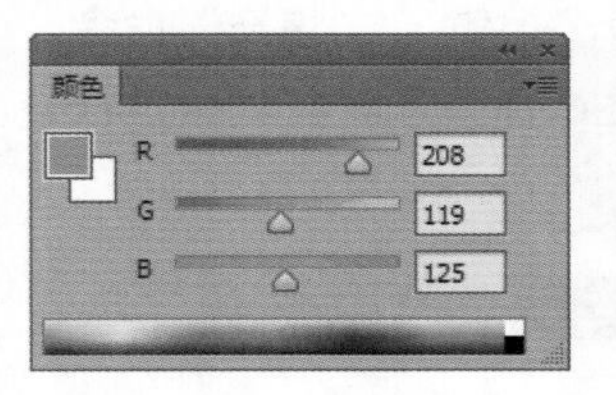

图6-11 “颜色”面板

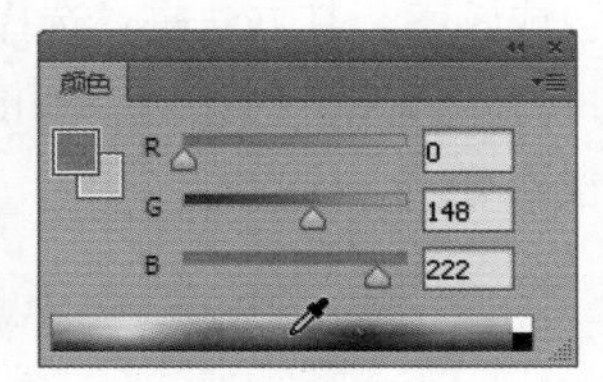

图6-12 吸取颜色值

知识解析：“颜色”面板

◆ **前景色**：用于显示当前选择的前景色，单击“前景色”图标可打开“拾色器”对话框。

◆ **背景色**：用于显示当前选择的背景色，单击“背景色”图标可打开“拾色器”对话框。

◆ **面板菜单**：单击按钮，弹出面板菜单。在这些菜单命令中切换不同的模式滑块和色谱。

◆ **颜色滑块**：拖动滑块可以改变当前所设置的颜色。

◆ **四色曲线图**：将鼠标指针移动到四色曲线图上，鼠标光标变为形状，单击即可将失去的颜色作为前景色。在按住Alt键的同时，单击即可将拾取的颜色作为背景色。

读书笔记

6.2 填充与描边

“填充”是指在图像或选区内填充指定的颜色，“描边”是指为选区添加指定的边缘。一般在编辑一些颜色较单一的图像时，用户经常通过填充颜色或者描边的方式对图像进行编辑。下面讲解填充颜色以及描边的具体方法。

6.2.1 通过“填充”命令

“填充”命令可以在图层或选区中填充指定的颜色或图案。其方法是：选择“编辑”/“填充”命令，打开“填充”对话框，如图6-13所示，在其中进行设置即可。

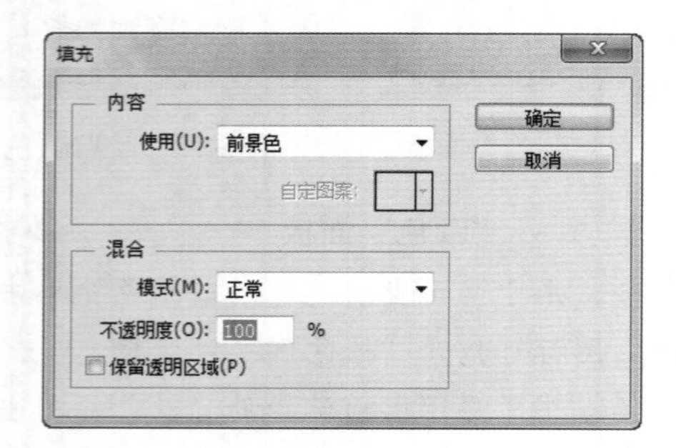

图6-13 “填充”对话框

实例操作：为衣服填充花纹

- 光盘\素材\第6章\美女.jpg
- 光盘\效果\第6章\美女.psd
- 光盘\实例演示\第6章\为衣服填充花纹

本例使用“填充”命令为衣服填充花纹，以更改选区内的填充效果，填充前后的效果如图6-14和图6-15所示。

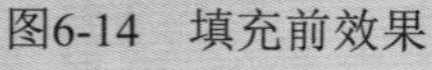

图6-14 填充前效果

图6-15 填充后效果

Step 1 ▶ 打开“美女.jpg”图像。选择快速选择工具，使用鼠标在图像上拖动以为衣服的白色区域建立选区，如图6-16所示。新建图层，然后选择“编辑”/“填充”命令，打开“填充”对话框，在“使用”下拉列表框中选择“图案”选项，在“自定图案”下拉列表框右侧单击按钮。在弹出的“样式”列表框中单击按钮，在弹出的快捷菜单中选择“彩色纸”选项，如图6-17所示。

图6-16 确认选区

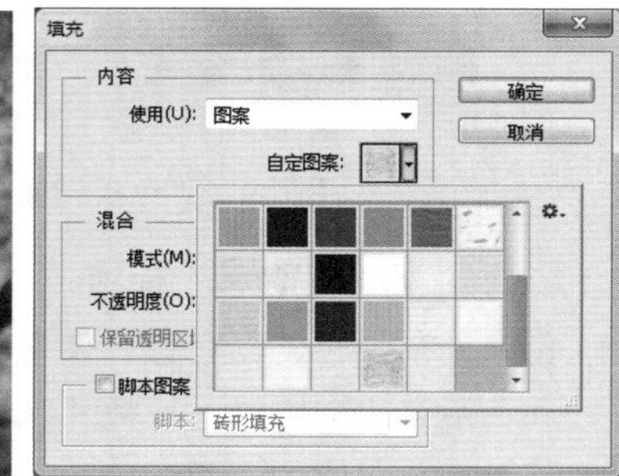

图6-17 设置图案样式

Step 2 ▶ 在打开的对话框中单击 确定 按钮。在返回的“样式列表”面板中选择选项，在“填充”对话框中选中☑脚本图案复选框，在“脚本”下拉列表框中选择“螺线”选项，单击 确定 按钮，如图6-18所示，此时图像区域选区被图像填充。按Ctrl+D组合键取消选区，如图6-19所示。

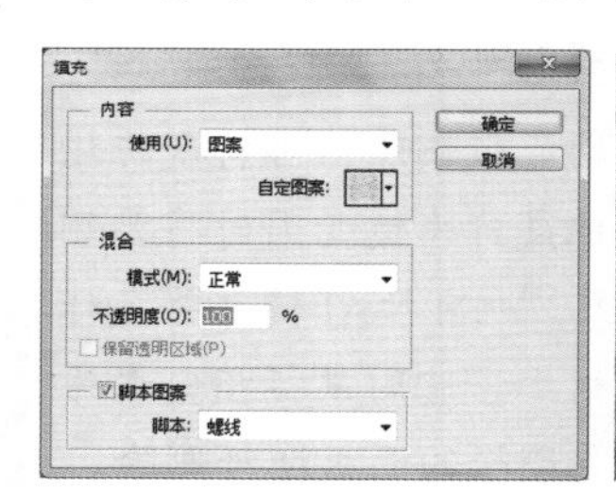

图6-18 设置填充效果

图6-19 完成填充

Step 3 ▶ 在“图层”面板中设置图层样式为“正片叠底”，如图6-20所示。设置完成后即可查看设置好的效果，如图6-21所示。

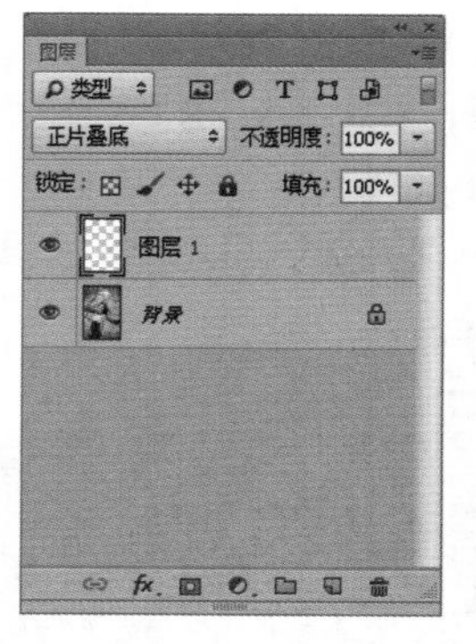

图6-20 设置图层混合模式

图6-21 查看效果

知识解析："填充"对话框

- 使用：用于设置使用什么填充的对象，如前景色、背景色、颜色、图案等。
- 图案：当前者填充"使用图案"时激活，在弹出的下拉列表框中可选择需要填充的图案。
- 模式：用于设置填充内容的混合模式。
- 不透明度：用于设置填充内容填充后的不透明度。
- 保留透明区域：选中该复选框后，不对透明区域有所影响。

6.2.2 通过油漆桶工具填充

油漆桶工具主要用于在选区或图层中填充颜色或图案，常用于制作背景或更换选区内容。在工具箱中选择油漆桶工具，在 Photoshop CC 工作界面上方显示油漆桶工具的工具属性栏，如图 6-22 所示。下面介绍使用油漆桶工具填充的方法。

图6-22　油漆桶工具属性栏

实例操作：为手机添加图案

- 光盘\素材\第6章\海豚.jpg、手机.psd
- 光盘\效果\第6章\手机.psd
- 光盘\实例演示\第6章\为手机添加图案

本例使用油漆桶工具为"海豚.jpg"图像填充颜色，然后将填充好的图案移动到手机，填充前后的效果如图6-23和图6-24所示。

图6-23　填充前效果

图6-24　填充后效果

Step 1 打开"海豚.jpg"图像，如图6-25所示。在工具箱中选择油漆桶工具，在其工具属性栏中设置填充颜色为"前景"。选择"窗口"/"颜色"命令，打开"颜色"面板，在其中设置前景色为"蓝色"（R:70 G:187 B:254），如图6-26所示。

图6-25　打开图像

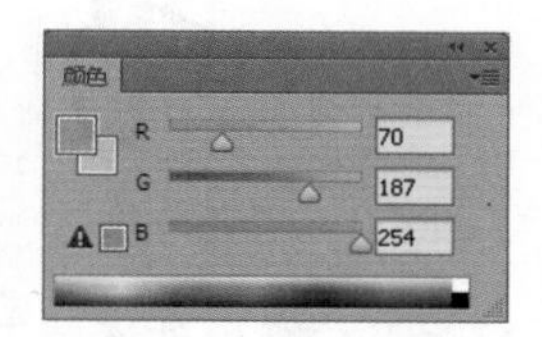

图6-26　设置颜色

Step 2 使用鼠标为海豚的身体填充蓝色，如图6-27所示。在"颜色"面板中设置前景色为"浅蓝色"（R:147 G:214 B:252），如图6-28所示。

图6-27　填充纯色

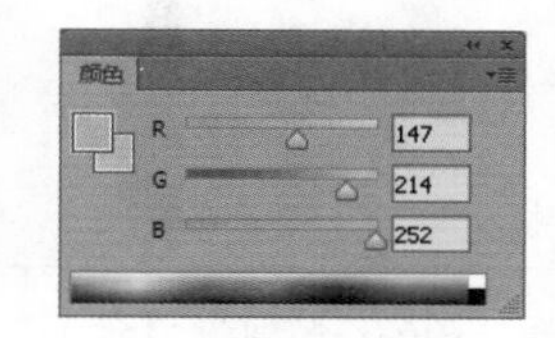

图6-28　设置颜色

Step 3 使用鼠标在海豚脸上的小圆圈中单击，为其填充浅蓝色，如图6-29所示。在"颜色"面板中设置前景色为"白色"（R:250 G:250 B:250），如图6-30所示。

图6-29　填充浅蓝色

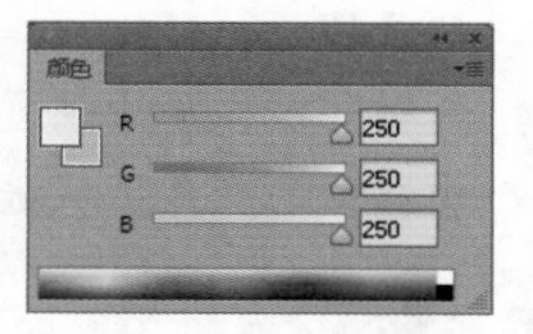

图6-30　设置颜色

Step 4 在海豚的肚上单击，为其填充白色，设置后的效果如图6-31所示。打开"手机.psd"图像，使用移动工具将"海豚"图像移动到"手机"图像中，调整

"海豚"图像的形状、大小和位置，如图6-32所示。

图6-31　填充白色

图6-32　调整图像

知识解析：油漆桶工具属性栏

- **填充模式**：用于设置图像的填充模式，包括"前景"和"图案"两个选项。如图6-33所示为使用"前景"填充的效果，如图6-34所示为使用"图案"填充的效果。

图6-33　前景填充

图6-34　图案填充

- **模式**：用于设置填充内容的混合模式。
- **不透明度**：用于设置填充内容的不透明度。
- **容差**：用于设置填充的像素范围，将容差设置得比较大，可填充大面积的图像。
- **消除锯齿**：选中该复选框，可平滑填充选区的边缘。
- **连续的**：选中该复选框，只填充与图像范围连接的区域。
- **所有图层**：选中该复选框，可以对所有可见图层中相似的颜色区域进行填充。

6.2.3 自定义填充图案

自定义填充图案是指将某个图层或选区中的内容自定义为图案，用户在完成自定义图案后，即可将该图案填充到其他的图层或选区中。下面介绍自定义填充图案，并将自定义图案填充到其他对象中的方法。

实例操作：为白裙子填充花纹图案

- 光盘\素材\第6章\花.jpg、白裙.jpg
- 光盘\效果\第6章\花裙子.jpg
- 光盘\实例演示\第6章\为白裙子填充花纹图案

本例为白裙填充漂亮的花纹图案，制作前后的效果如图6-35和图6-36所示。

图6-35　原图效果

图6-36　填充图案效果

Step 1 ▸ 打开"花.jpg"图像。选择"编辑"/"定义图案"命令，在打开对话框的"名称"文本框中输入"花.jpg"，以为其命名，单击 确定 按钮，如图6-37所示。

图6-37　"图案名称"对话框

Step 2 ▸ 打开"白裙.jpg"图像。选择快速选择工具，使用鼠标在图像上拖动，以为白裙部分建立选区，如图6-38所示。然后新建图层，并单击"图层"面板底部的按钮，在弹出的快捷菜单中选择"图案"命令，打开"图案填充"对话框，在其中设置"缩放"为100%，单击 确定 按钮，如图6-39所示。

图6-38 确定选区

图6-39 “图案填充”对话框

Step 3 ▶ 填充完成后返回“图像”窗口，在“图层”面板中设置“填充”图层的混合模式为“颜色加深”，如图6-40所示。设置完成后即可查看裙子的填充效果，如图6-41所示。

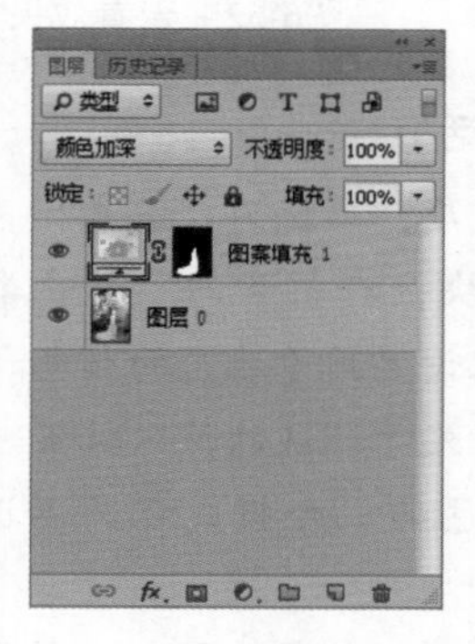

图6-40 设置图层混合模式

图6-41 查看填充效果

6.2.4 通过“描边”命令填充

在Photoshop CC中，用户可根据需要使用“描边”命令为图像制作描边效果。选择“编辑”/“描边”命令，打开“描边”对话框，如图6-42所示，在其中即可对描边的各选项进行设置。

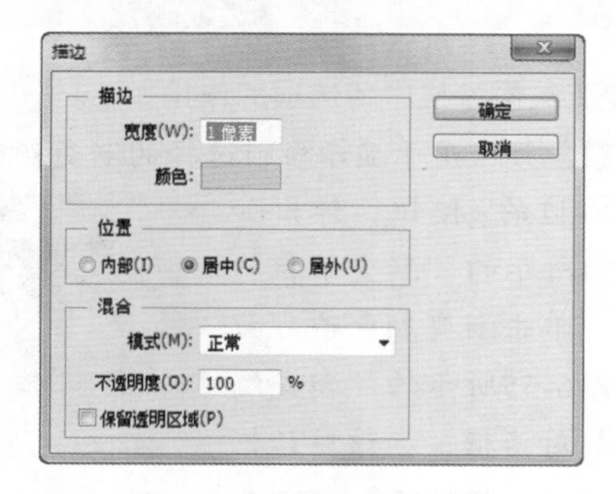

图6-42 “描边”对话框

实例操作：制作海报

- 光盘\素材\第6章\海报.psd
- 光盘\效果\第6章\海报.psd
- 光盘\实例演示\第6章\制作海报

本例为“海报.psd”图像添加描边效果，然后输入文本，并添加描边效果，调整前后的效果如图6-43和图6-44所示。

图6-43 填充前效果

图6-44 填充后效果

Step 1 ▶ 打开“海报.psd”图像，为图像中的人物建立选区，如图6-45所示。建好选区后，新建一个图层，如图6-46所示。

图6-45 创建选区

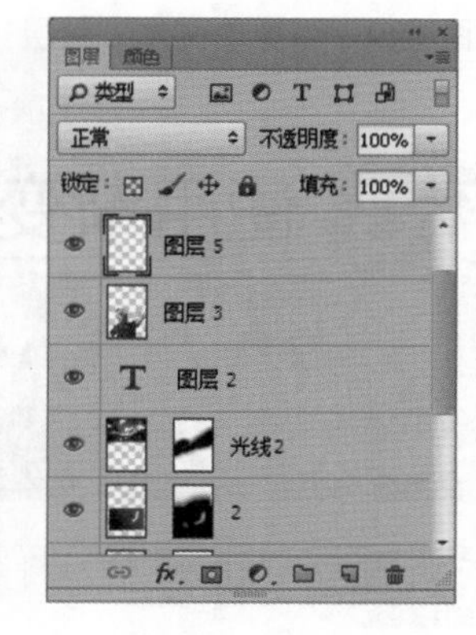

图6-46 创建图层

Step 2 ▶ 选择“编辑”/“描边”命令，打开“描边”对话框，设置“宽度”“颜色”分别为“15像素”“白色”（R:250 G:250 B:250），然后选中 ◉居外(U) 单选按钮，并单击 确定 按钮，如图6-47所示。按Ctrl+D组合键取消选区，查看图像的描边效果，如图6-48所示。

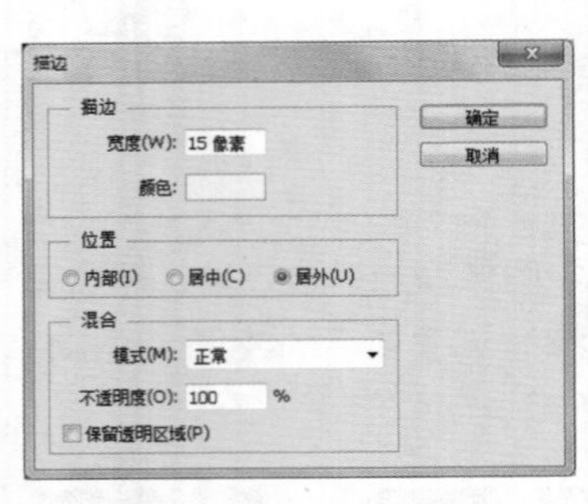

图6-47　设置描边选项

图6-48　查看效果

Step 3 ▶ 创建新图层，选择横排文字工具T，输入"美丽佳人"，设置字体的样式，并调整字体的方向，如图6-49所示。选择"文本"图层，在其上右击，在弹出的快捷菜单中选择"栅格化文字"命令，如图6-50所示。

图6-49　添加"文本"图层

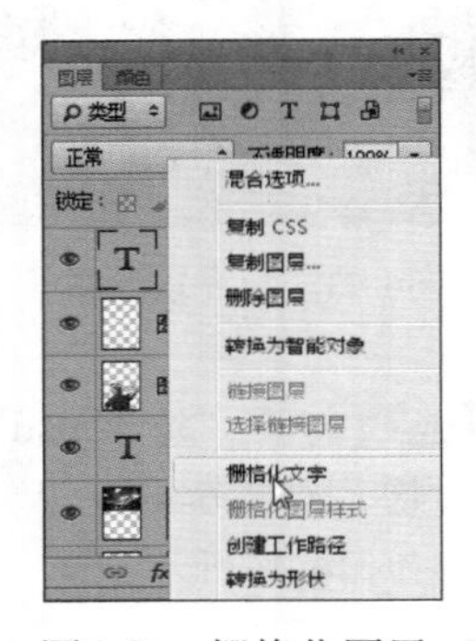

图6-50　栅格化图层

Step 4 ▶ 选择"文本"图层，选择"编辑"/"描边"命令，打开"描边"对话框，设置"宽度""颜色"分别为"5像素""黄色"（R:244 G:234 B:73），然后选中◉内部(I)单选按钮，单击 确定 按钮，如图6-51所示。设置完成后即可查看海报效果，如图6-52所示。

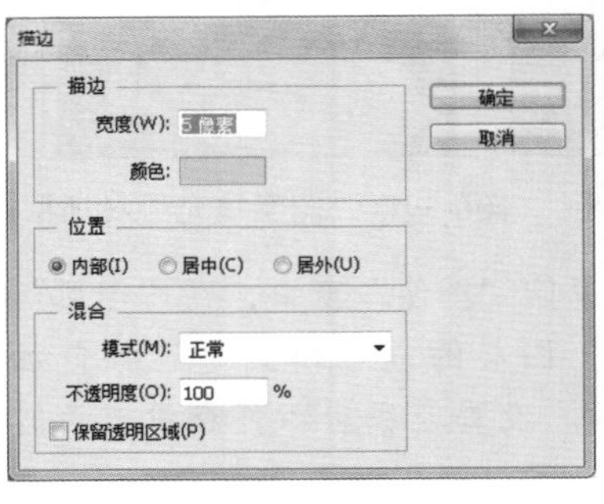

图6-51　设置描边选项

图6-52　查看效果

知识解析："描边"对话框

- 宽度：用于设置描边的宽度，单位为"像素"。
- 颜色：单击右侧的颜色块，在打开的"拾色器（描边）"对话框中可以设置用于填充的颜色。
- 位置：用于设置描边位置处于选区的什么位置。
- 混合：用于设置描边颜色的混合模式以及不透明度。
- 保留透明区域：选中☑保留透明区域(P)复选框，只对像素的区域描边。

6.3 使用渐变工具

通过Photoshop CC的渐变工具，可以为整个文档或指定的选区填充渐变颜色，使单一的颜色效果变得更为丰富自然。它不仅可以填充图像，还可以填充图层蒙版、快速蒙版和通道。下面讲解渐变工具在图像处理中的使用方法。

6.3.1 渐变工具选项

在Photoshop CC中，绘制渐变颜色都是通过渐变工具完成的，在工具箱中选择渐变工具，在其工具选项栏中可设置渐变类型、渐变颜色和混合模式等，如图6-53所示。

图6-53　渐变工具属性栏

渐变工具属性栏中各选项的作用如下。

- 渐变颜色条：用于显示当前选择的渐变颜色。单击其右边的▾按钮，弹出如图6-54所示的"渐变下拉"面板。单击渐变颜色条可打开如图6-55所示的"渐变编辑器"对话框，在该对话框中可以编辑渐变颜色。

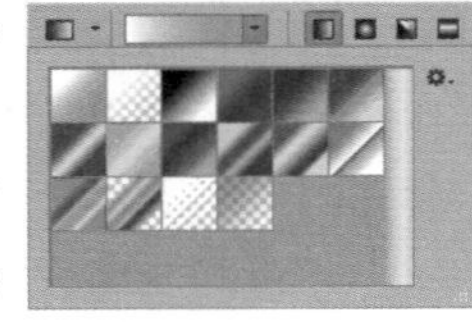

图6-54　"渐变下拉"面板

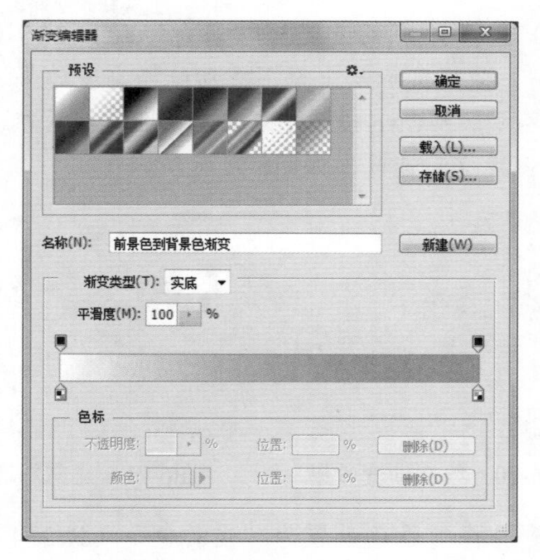

图6-55　“渐变编辑器”对话框

◆ 渐变样式：用于设置绘制渐变的样式。单击“线性渐变”按钮，可绘制以直线为起点和终点的渐变效果，如图6-56所示；单击“径向渐变”按钮，可绘制以圆形图像从起点到终点的渐变效果，如图6-57所示；单击“角度渐变”按钮，可以创建围绕起点且以逆时针方向为起点的渐变效果，如图6-58所示；单击“对称渐变”按钮，可创建使用匀称的线性渐变，如图6-59所示；单击“菱形渐变”按钮，可创建以菱形方式从起点到终点的渐变效果，如图6-60所示。

图6-56　线性渐变

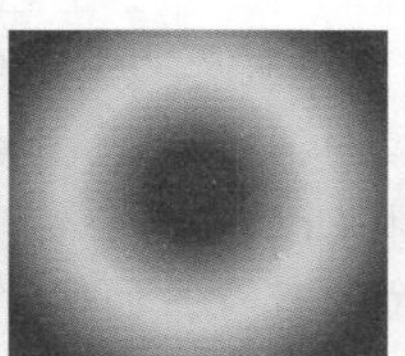
图6-57　径向渐变

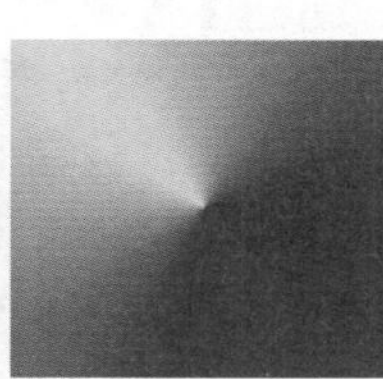
图6-58　角度渐变

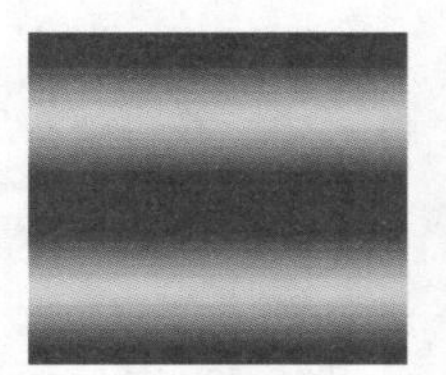
图6-59　对称渐变

图6-60　菱形渐变

◆ 模式：用于设置渐变颜色的混合模式。
◆ 不透明度：用于设置渐变颜色的不透明度。
◆ 反向：选中☑反向复选框，改变渐变颜色的顺序。如图6-61所示为选中该复选框和未选中该复选框的效果。

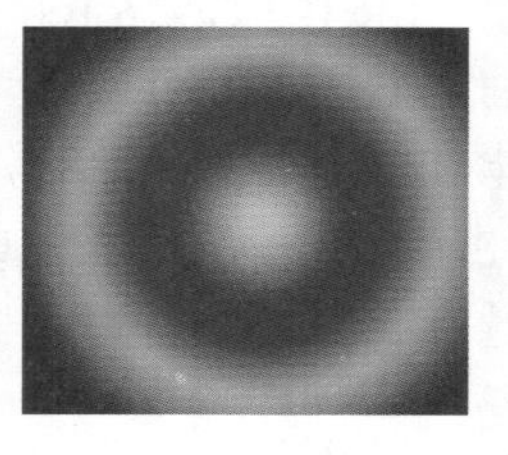
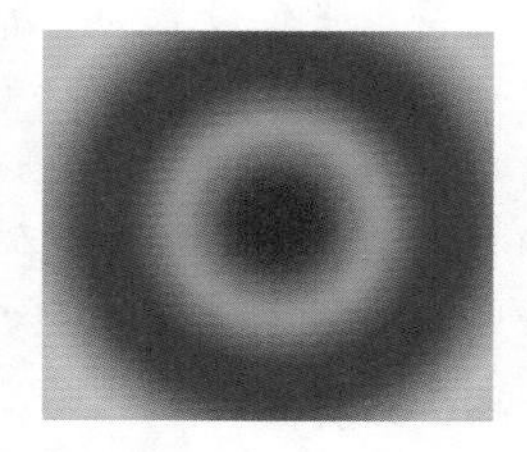
图6-61　渐变效果对比

◆ 仿色：选中☑仿色复选框，可以使渐变颜色过渡得更加自然。
◆ 透明区域：选中☑透明区域复选框，可以创建包含透明像素的渐变效果。

> **技巧秒杀**
> 使用打印机时，打印出的图像不出现条带画的效果。在创建渐变效果前，在渐变工具的工具属性栏中选中☑仿色复选框。

6.3.2 设置渐变颜色

通过渐变功能可以填充很多不同样式的渐变效果，如彩虹字、水晶按钮等。

实例操作：制作彩虹字

- 光盘\素材\第6章\彩虹字.psd
- 光盘\效果\第6章\彩虹字.psd
- 光盘\实例演示\第6章\制作彩虹字

本例使用渐变工具在“彩虹字.psd”图像中为文本添加“彩虹”效果，制作前后的效果如图6-62和图6-63所示。

图6-62　设置前效果

图6-63　设置后效果

Step 1 ▶ 打开“彩虹字.psd”图像。选择快速选择工具，单击“全”字的上半部分，建立选区，如图6-64所示。将前景色设置为“绿色”（R:122 G:216 B:0），设置背景色为“绿色”（R:180 G:250 B:0）。在工具箱中选择渐变工具，在其工具属性栏中单击渐变颜色条右侧的按钮，在弹出的“渐变”面板中选择“前景色到背景色渐变”选项，然后单击按钮，如图6-65所示。

图6-64 设立选区

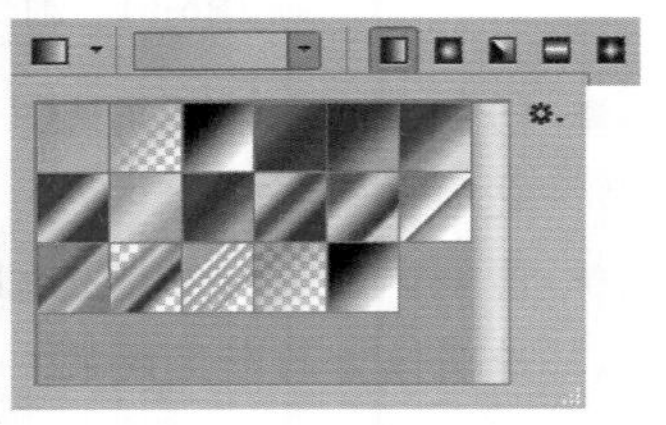

图6-65 设置渐变颜色

Step 2 ▶ 将鼠标指针移动到选区上方，从上至下拖动，完成后释放鼠标，以为选区部分填充渐变色，如图6-66所示。按Ctrl+D组合键取消选区，在“全”字下侧建立新选区，如图6-67所示。

图6-66 填充渐变色

图6-67 建立新选区

Step 3 ▶ 将前景色设置为“绿色”（R:180 G:250 B:0），将背景色设置为“黄绿色”（R:216 G:193 B:0）。使用鼠标从上至下拖动绘制渐变效果，如图6-68所示。按Ctrl+D组合键取消选区，然后在“新”字上侧建立新选区，如图6-69所示。

图6-68 绘制渐变效果

图6-69 建立新选区

Step 4 ▶ 将前景色设置为“黄绿色”（R:216 G:193 B:0），将背景色设置为“黄色”（R:255 G:222 B:0），使用鼠标从上至下拖动绘制渐变效果，如图6-70所示。按Ctrl+D组合键取消选区，然后在“新”字下侧建立新选区，如图6-71所示。

图6-70 绘制渐变效果

图6-71 建立新选区

Step 5 ▶ 将前景色设置为“浅黄色”（R:234 G:226 B:59），将背景色设置为“红色”（R:217 G:97 B:117），使用鼠标从上至下拖动绘制渐变效果，如图6-72所示。按Ctrl+D组合键取消选区，然后在“上”字上侧建立新选区，如图6-73所示。

图6-72 绘制渐变效果

图6-73 建立新选区

Step 6 ▶ 将前景色设置为“蓝色”（R:31 G:74 B:159），将背景色设置为“浅蓝色”（R:110 G:197 B:210），使用鼠标从上至下拖动绘制渐变效果，如图6-74所示。按Ctrl+D组合键取消选区，然后在“上”字下侧建立新选区，如图6-75所示。

图6-74 绘制渐变效果

图6-75 建立新选区

Step 7 ▶ 将前景色设置为“蓝白色”（R:164 G:189 B:238），将背景色设置为“蓝紫色”（R:92 G:41 B:196），使用鼠标从上至下拖动绘制渐变效果，如图6-76所示。按Ctrl+D组合键取消选区，然后在

“市”字上侧建立新选区，如图6-77所示。

图6-76　绘制渐变效果

图6-77　建立新选区

Step 8 ▶ 将前景色设置为“紫色”（R:132 G:0 B:216），将背景色设置为“红色”（R:237 G:51 B:83），使用鼠标从上至下拖动绘制渐变效果，如图6-78所示。按Ctrl+D组合键取消选区，然后在“市”字下侧建立新选区，如图6-79所示。

图6-78　绘制渐变效果

图6-79　建立新选区

Step 9 ▶ 将前景色设置为“红色”（R:231 G:88 B:135），将背景色设置为“深灰色”（R:125 G:117 B:120），使用鼠标从上至下拖动绘制渐变效果，如图6-80所示。按Ctrl+D组合键取消选区，然后选择“图层1”图层，将混合模式设置为“线性加深”，如图6-81所示。

图6-80　绘制渐变效果

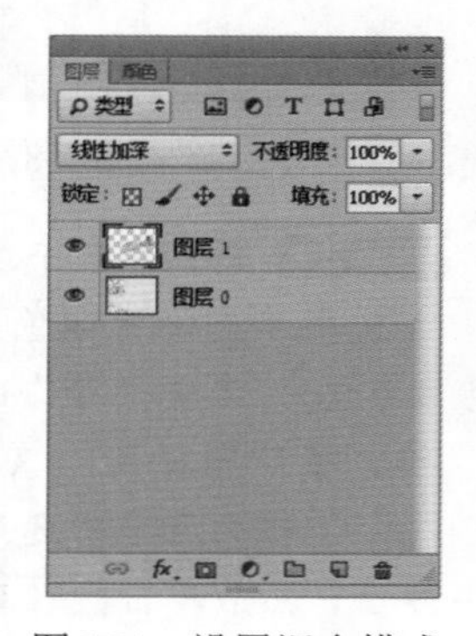

图6-81　设置混合模式

Step 10 ▶ 选择“图层1”图层，选择“编辑”/“描边”命令，打开“描边”对话框。分别设置“宽度”“颜色”“不透明度”为“5像素”、“灰白色”（R:189 G:187 B:188）和60%；选中 ◉ 居外(U) 单选按钮，单击 确定 按钮，如图6-82所示。

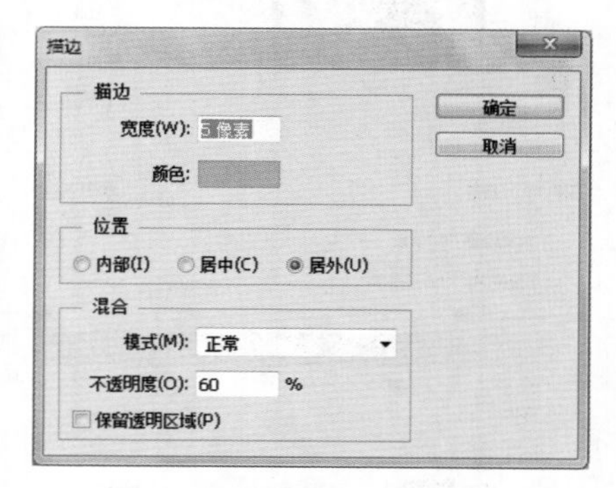

图6-82　设置描边效果

Step 11 ▶ 设置完成后，返回Photoshop CC编辑区，即可查看设置好的效果，如图6-83所示。

图6-83　查看设置效果

6.3.3 编辑渐变效果

在设置图像的渐变效果后，还可对渐变效果进行更改和编辑。编辑渐变效果通过“渐变编辑器”对话框完成。单击渐变工具属性栏上的渐变颜色条，即可打开“渐变编辑器”对话框，如图6-84所示。

读书笔记

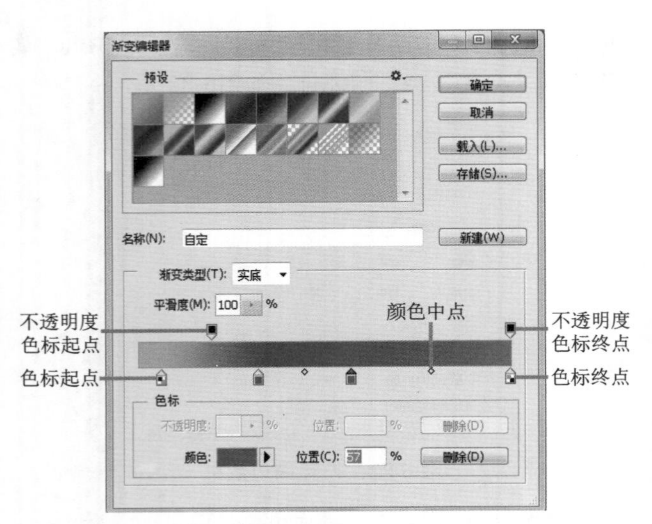

图6-84 “渐变编辑器”对话框

“渐变编辑器”对话框中各选项的作用如下。

◆ 预设：用于显示Photoshop CC预设的渐变效果。单击⚙按钮，在弹出的快捷菜单中可选择一些Photoshop CC预设的渐变效果。
◆ 名称：用于显示当前渐变色名称。
◆ 渐变类型：用于设置渐变的类型，其中“实底”是默认的渐变效果；“杂色”包含制定范围内随机分布的颜色，其颜色变化更加丰富。
◆ 平滑度：用于设置渐变色的平滑程度。
◆ 不透明度色标：鼠标拖动可以调整不透明度在“渐变”上的位置。此外，选中色标后在“色标”选项组下可精确设置色标的不透明度和位置。
◆ 颜色中点：用于设置当前色标的中心点位置。当其在不透明度色标上时，变为不透明度中点。
◆ 色标：鼠标拖动可以调整颜色在“渐变”上的位置。在“色标”选项组中可以精确设置色标的位置和颜色。
◆ 删除：单击 删除(D) 按钮，可删除不透明度色标或色标。

6.3.4 杂色渐变效果

“杂色渐变”是指在指定颜色范围中随机分布的一种渐变颜色。与常用的渐变效果相比，杂色渐变的颜色更加丰富。

实例操作：制作放射线背景

- 光盘\效果\第6章\放射背景.psd
- 光盘\实例演示\第6章\制作放射线背景

本例通过杂色渐变功能制作放射线背景，制作前后的效果如图6-85和图6-86所示。

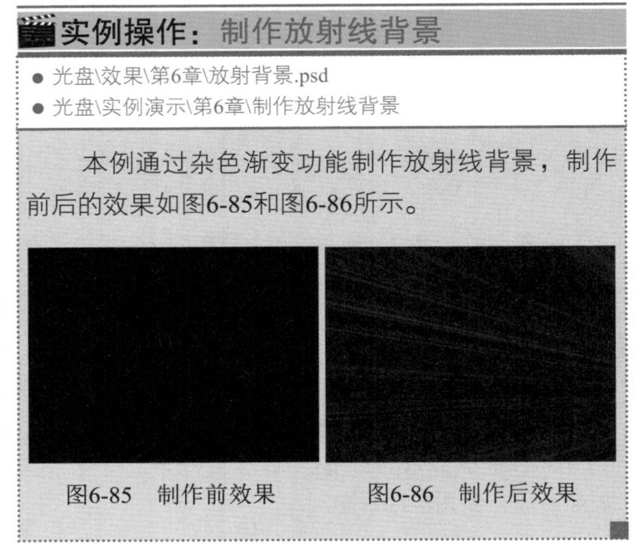

图6-85 制作前效果　　图6-86 制作后效果

Step 1 ▶ 打开Photoshop CC，新建一个1000像素×700像素的图像文件，将背景色填充为“黑色”，然后按Shift+Ctrl+N组合键新建一个图层，如图6-87所示。

图6-87 新建图像文件

Step 2 ▶ 在工具箱中选择渐变工具■，在其工具属性栏中单击渐变颜色条，打开“渐变编辑器”对话框，在“渐变类型”下拉列表框中选择“杂色”选项，在“粗糙度”文本框中输入100，在“颜色模型”下拉列表框中选择LAB选项，并分别调整Lab的数值，然后单击 确定 按钮，如图6-88所示。

Step 3 ▶ 在渐变工具属性栏中单击“角度渐变”按钮■，将鼠标指针移动到图层上，从右到左拖动，绘制渐变效果，如图6-89所示。

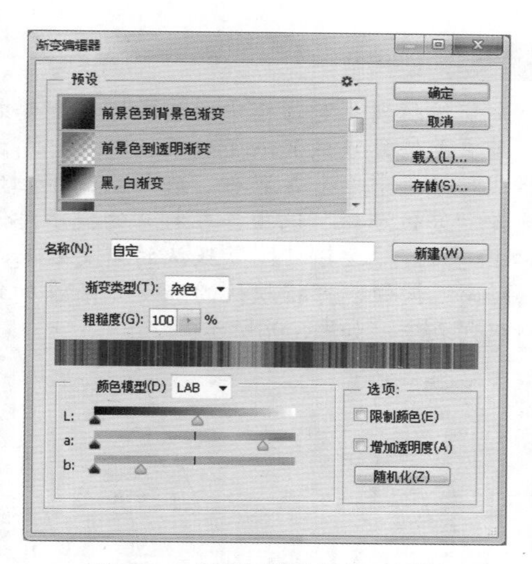

图6-88 “渐变编辑器”对话框

图6-89 绘制杂色渐变效果

Step 4 ▶ 选择“图层1”图层，将图层混合模式设置为“颜色”，如图6-90所示，即可查看设置后的效果。

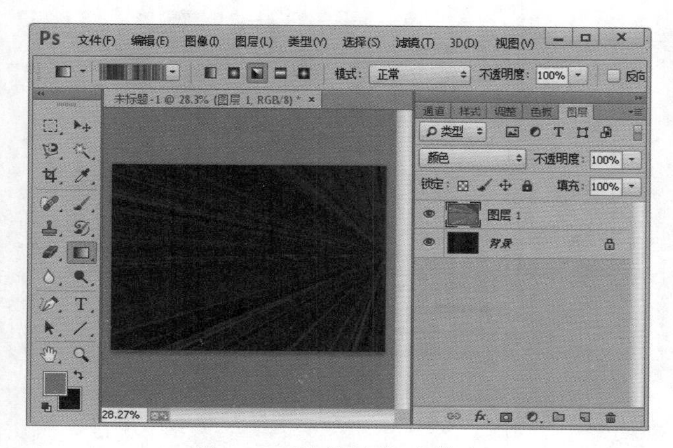

图6-90 设置图层混合模式

知识解析：“杂色渐变”选项

- 粗糙度：设置渐变颜色的粗糙度，值越大，颜色越丰富，同时颜色过渡越粗糙。如图6-91所示，粗糙度为50%；如图6-92所示，粗糙度为100%。

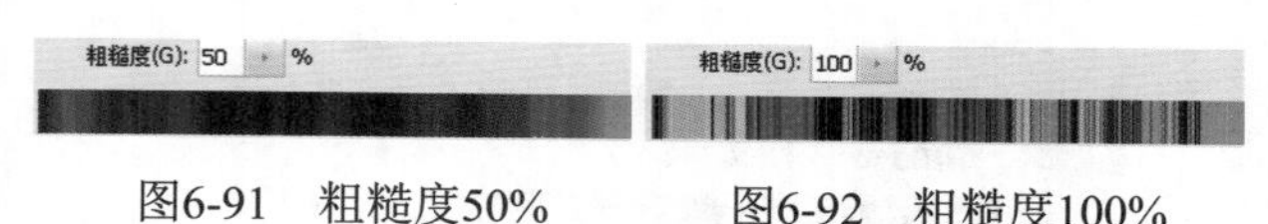

图6-91 粗糙度50%　　图6-92 粗糙度100%

- 颜色模型：该下拉列表提供RGB、HSB和LAB共3个选项，每一种颜色模型都有对应的3个选项，拖动每个选项中的滑块即可设置其渐变颜色。
- 限制颜色：选中 ☑限制颜色(E) 复选框，用于设置颜色的饱和程度，可以将颜色限制在打印范围。
- 增加透明度：选中 ☑增加透明度(A) 复选框，可以在渐变中添加透明像素。
- 随机化：单击 随机化(Z) 按钮，随机生成一个新的渐变颜色，如图6-93所示即为不同的渐变效果。

图6-93 随机更换颜色

6.3.5 存储渐变效果

用户在完成渐变的调整和设置后，可以将渐变效果保存起来以备使用。其方法是：打开“渐变编辑器”对话框，在其中设置渐变效果，在“名称”文本框中输入渐变名称，单击 新建(W) 按钮，如图6-94所示即为保存好的渐变效果。

技巧秒杀

在“渐变编辑器”对话框中单击 存储(S)... 按钮，可以将渐变列表中所有的渐变效果保存为一个渐变库。

读书笔记

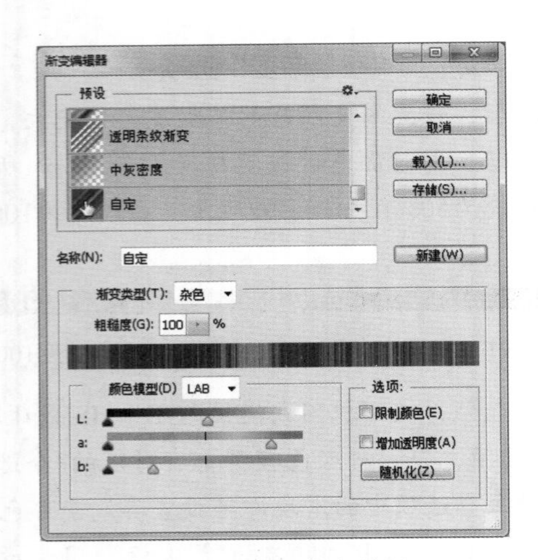

图6-94　存储渐变效果

6.3.6 载入渐变库

除了保存渐变效果，用户也可将渐变库载入Photoshop CC中使用。其方法是：在“渐变编辑器”对话框中单击⚙.按钮，在弹出的下拉列表中包含Photoshop CC提供的预设渐变库，选择一个渐变库，此时打开一个提示框，单击 确定 按钮可载入渐变库并替换当前列表中的渐变选项。单击 追加(A) 按钮，可在原有渐变的基础上添加载入的渐变选项，如图6-95所示。

图6-95　载入渐变库

技巧秒杀

在“渐变编辑器”对话框中单击 载入(L)... 按钮，可以载入硬盘中的渐变库。

技巧秒杀

在“渐变编辑器”对话框中取消或增加渐变效果后，若需要恢复默认的渐变效果，可在“渐变编辑器”对话框中单击⚙.按钮，在弹出的下拉列表中选择“复位渐变”选项，在打开的提示对话框中单击 确定 按钮可恢复默认的渐变效果。单击 追加(A) 按钮，可将默认的渐变效果添加到当前渐变列表中，如图6-96所示。

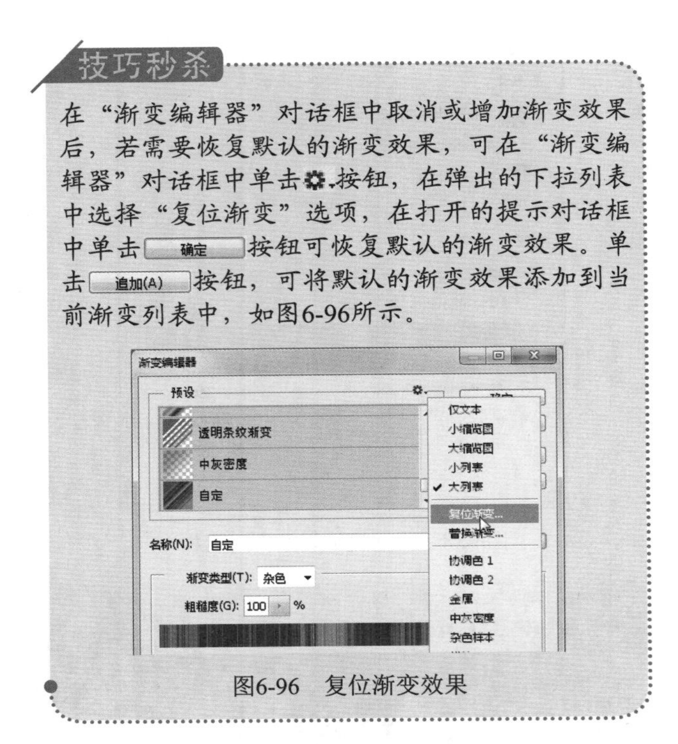

图6-96　复位渐变效果

6.3.7 重命名与删除渐变效果

为了区分不同的渐变效果，用户可对渐变名进行重命名。重命名渐变的方法是：在需要重命名的“渐变”名上右击，在弹出的快捷菜单中选择“重命名渐变”命令，打开“渐变名称”对话框，在“名称”文本框中输入“渐变”的名称，并单击 确定 按钮即可，如图6-97所示。

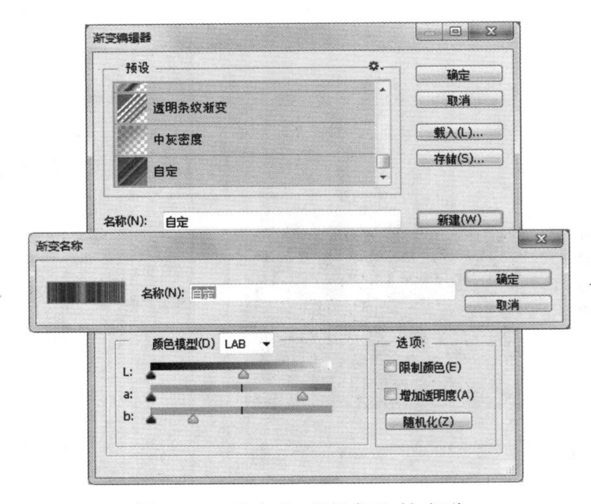

图6-97　重命名“渐变”的名称

对于不需要的渐变效果，也可将其删除。其方法是：选择需删除的渐变效果，在其上右击，在弹出的快捷菜单中选择“删除渐变”命令，如图6-98所示，即可删除。

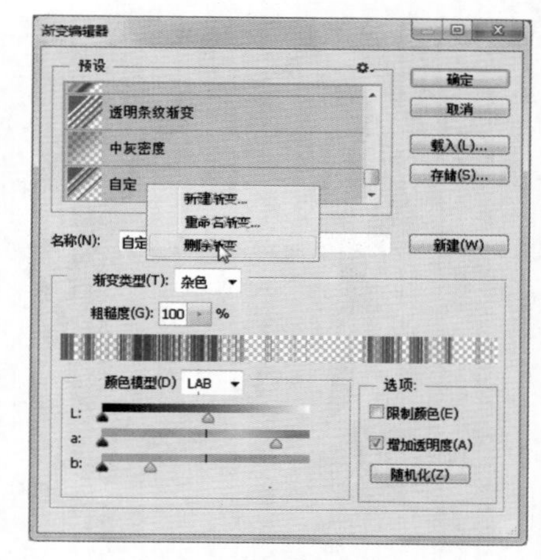

图6-98　删除“渐变”

读书笔记

知识大爆炸——更多色板的知识

在默认情况下，“色板”面板中一般都保留最常用的颜色种类。与“渐变”一样，“色板”提供很多色板库选项，通过选择相应的选项即可打开和载入相应的色板库。其方法是：在“色板”面板中单击按钮，在弹出的下拉列表中选择所需的色板库选项。在打开的提示对话框中单击确定按钮可载入新色板库选项。单击追加(A)按钮，可将所选色板库添加到当前色板库中，如图6-99右侧所示即为新载入的色板库。

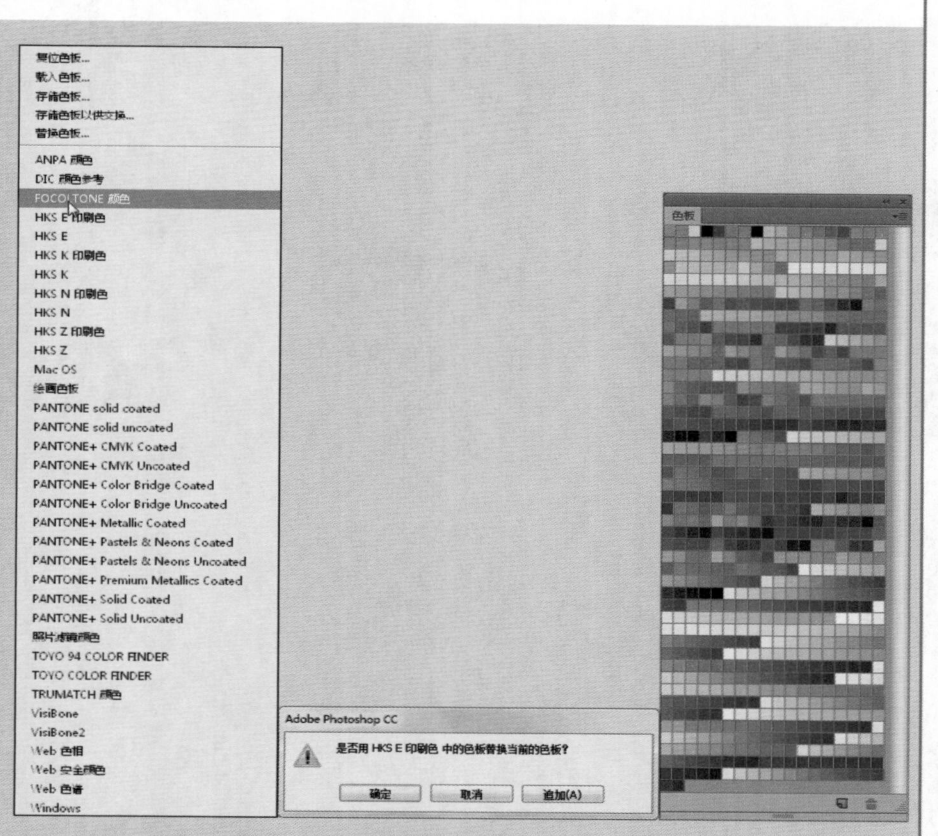

图6-99　载入色板库

01 02 03 04 05 06 07 08 09 10 11 12 13 14……

绘画工具

本章导读

绘画是Photoshop CC中不可或缺的一部分，因为图形都是由简单的图块或线条一笔一点构成的，从而形成一个完整的整体。下面具体介绍常见的绘图工具和设置面板，包括“画笔”面板、画笔的编辑和使用画笔编辑图形等。

7.1 使用与设置“画笔”面板

画笔是Photoshop CC绘制图形时使用最为频繁的绘制工具之一。下面具体介绍“画笔预设”与“画笔”面板、画笔笔尖形状、形状动态、散布、纹理、双重画笔、颜色动态、传递和画笔笔势等。

7.1.1 “画笔预设”与“画笔”面板

“画笔”与“画笔预设”并不是只针对画笔工具属性的设置，而是针对以画笔模式进行工作的工具。下面具体介绍“画笔预设”面板与“画笔”面板的设置方法。

1. “画笔预设”面板

“画笔预设”面板主要为系统提供各种不同的预设画笔，主要包括大小、形状和硬度等属性。用户在使用时可通过在“画笔预设”面板中选择不同形状的画笔形状进行绘制。用户只需选择“窗口”/“画笔预设”命令，即可打开“画笔预设”面板，如图7-1所示。

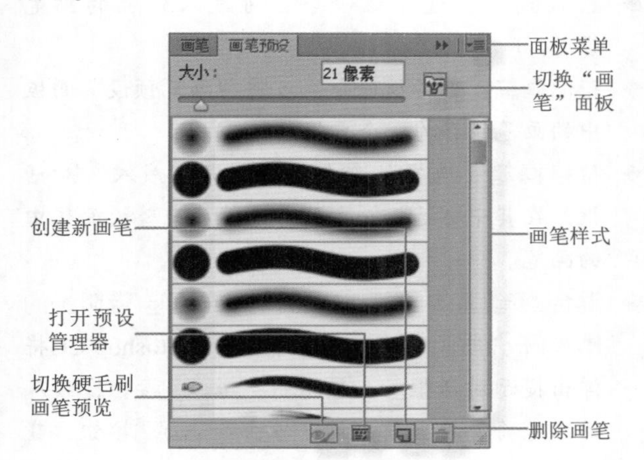

图7-1 “画笔预设”面板

该面板中各选项与按钮的含义分别如下。

- **大小**：通过输入数值或拖动下方滑块来调整画笔的大小。
- **切换“画笔”面板**：单击按钮，可打开“画笔”面板。
- **切换硬毛刷画笔预览**：单击按钮，即可在使用毛刷笔尖时，在画布中实时显示笔尖样式。
- **打开预设管理器**：单击按钮，可打开“预设管理器”对话框，在其中选择画笔。
- **创建新画笔**：单击按钮，可将当前设置的画笔保存为新设置的预设画笔。
- **删除画笔**：选中画笔后，单击按钮，可将选中的画笔删除，还可直接将画笔拖动到该按钮上将其删除。
- **画笔样式**：在中间的列表框中选择一种画笔样式即可显示预设画笔的笔刷样式。
- **面板菜单**：单击按钮，可打开“画笔预设”菜单。在其中可进行画笔的各种设置，如图7-2所示。

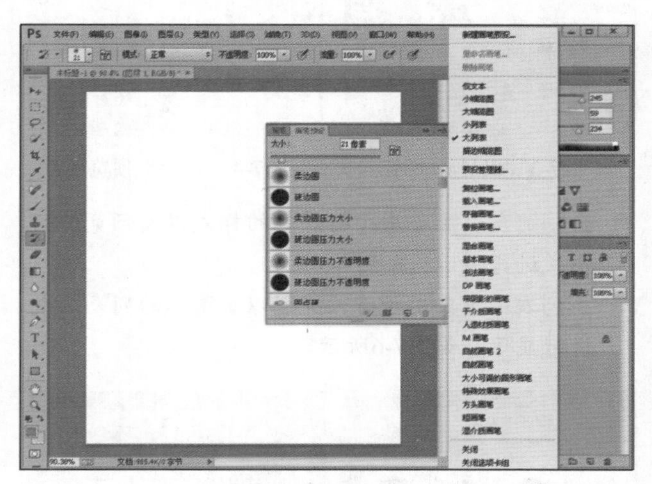

图7-2 “画笔预设”菜单

读书笔记

知识解析：“画笔预设”菜单各选项

- 新建画笔预设：主要用于将当前设置的画笔保存为新的预设画笔。
- 重命名画笔：主要用于对画笔进行重命名设置，使其以另一个名称体现。
- 删除画笔：主要用于对选择的画笔进行删除。
- 仅文本：主要用于设置画笔在“画笔预设”中仅使用文本进行显示。使用“仅文本”命令后，只显示画笔名称，如图7-3所示。
- 小缩览图：主要用于将画笔的样式以小预览图的形式进行显示，如图7-4所示。

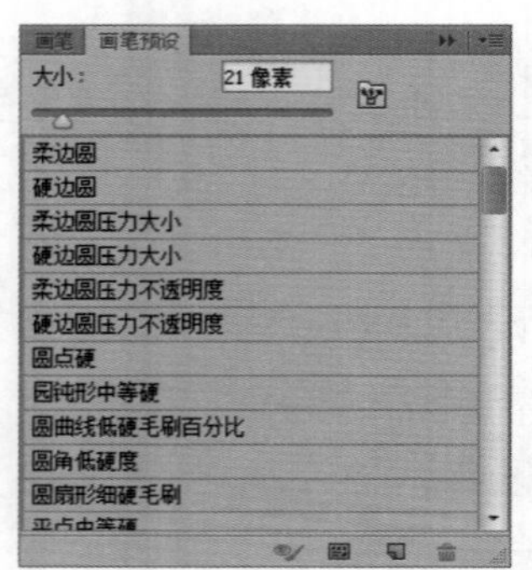

图7-3 仅显示文本

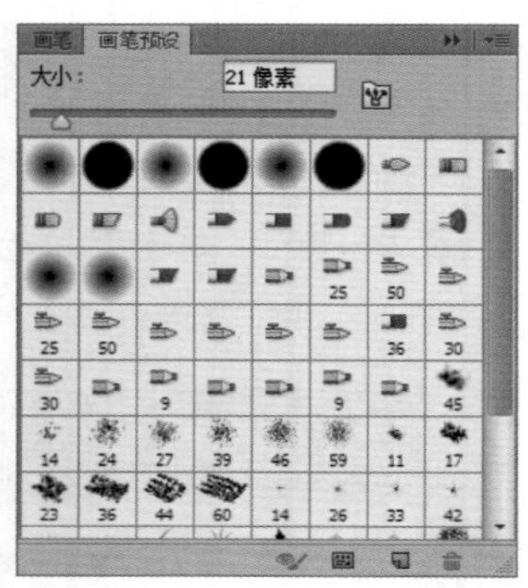

图7-4 显示小预览图

- 大缩览图：主要用于将画笔的样式以大预览图的形式进行显示，如图7-5所示。
- 小列表：主要用于将预览图以小图标的列表形式进行显示，如图7-6所示。

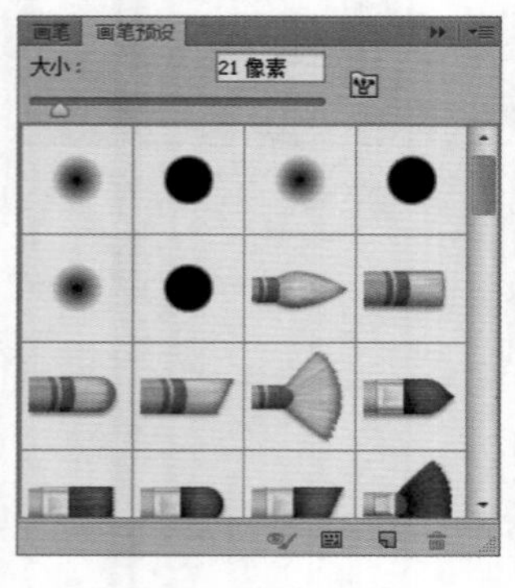

图7-5 显示大预览图

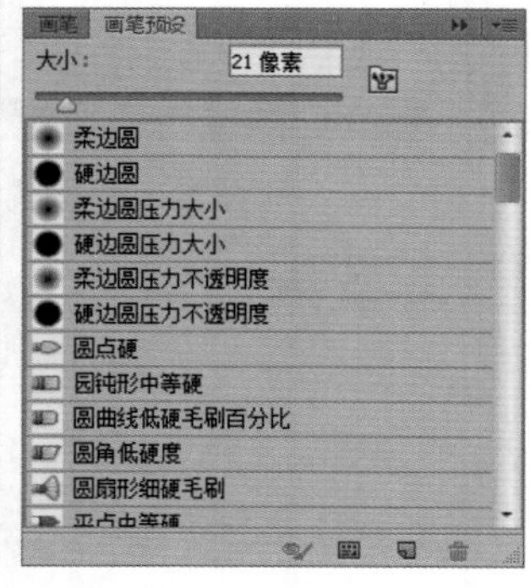

图7-6 以小列表形式显示

- 大列表：主要用于将预览图以较大的图标列表形式进行显示。
- 描边缩览图：主要用于将图形样式以描边缩略图的形式进行显示。
- 预设管理器：选择该命令，即可打开“预设管理器”对话框，在其中可对画笔进行存储、重命名和删除操作，同时也可载入外部的画笔资源，如图7-7所示。

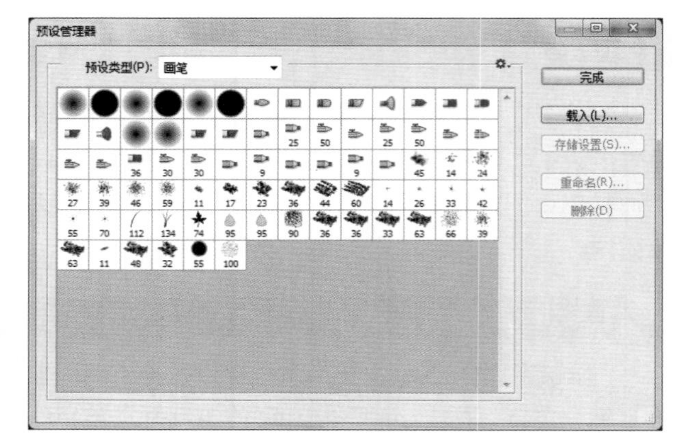

图7-7 预设管理器

- 复位画笔：选择该命令，可将面板恢复到默认的画笔状态。
- 载入画笔：选择该命令，可载入外部的画笔资源。
- 存储画笔：选择该命令，可将“画笔预设”面板中的画笔保存为一个画笔库。
- 替换画笔：选择该命令，将打开“载入”对话框，在其中可选择一个外部画笔库来替换面板中的画笔。
- 混合画笔/基本画笔/书法画笔/DP画笔/带阴影的画笔/干介质画笔等：选择命令，Photoshop CC将弹出提示对话框。如果单击 确定 按钮，载入的画笔将替换当前画笔；单击 追加(A) 按钮，载入的画笔将追加到已存在的画笔后面，如图7-8所示。

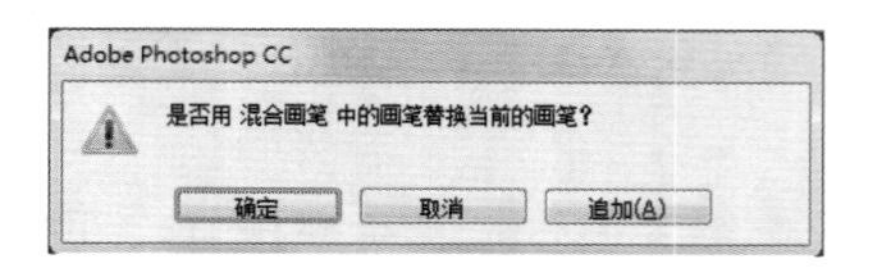

图7-8 提示对话框

- 关闭：选择该命令，只关闭“画笔预设”面板。
- 关闭选项卡组：选择该命令，关闭“画笔预设”

面板以及同面板的其他选项卡。

2. “画笔”面板

“画笔”面板是Photoshop CC中最重要的面板之一，与“画笔预设”处于同一面板，使用该面板可设置绘画工具和形状等。用户只需选择“窗口”/“画笔”命令或按F5键，即可打开如图7-9所示的“画笔”面板。

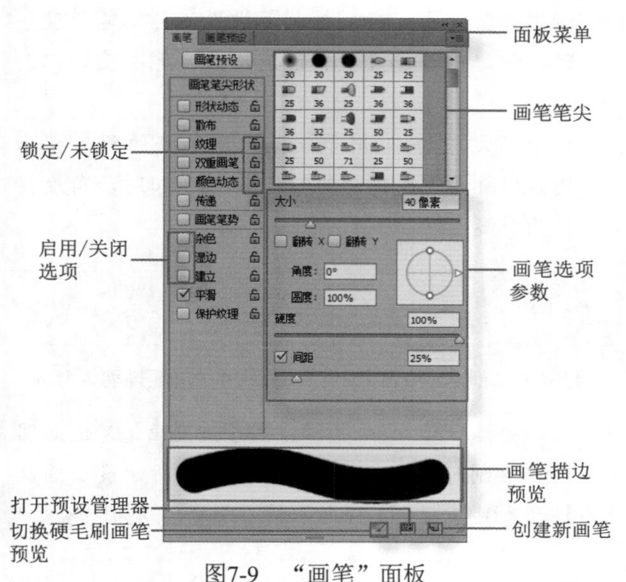

图7-9 “画笔”面板

“画笔”面板中各选项的作用如下。

- ◆ 锁定/未锁定：出现图标时表示该选项已被锁定，出现图标时表示该选项未被锁定。单击图标可在锁定状态和未锁定状态之间切换。
- ◆ 启用/关闭选项：用于设置画笔的设置选项。选中状态的选项表示该选项已启用，未选中状态的选项表示该选项未启用。
- ◆ 画笔笔尖：用于显示预设的笔尖形状。
- ◆ 画笔选项参数：用于设置画笔的相关参数。
- ◆ 画笔描边预览：用于显示设置的各参数后，绘制画笔时出现的画笔形状。
- ◆ 打开预设管理器：单击按钮，可打开“预设管理器”对话框。
- ◆ 切换硬毛刷画笔预设：单击按钮，在使用笔刷笔尖时，在画布中显示出笔尖的形状。
- ◆ 创建新画笔：单击按钮，可将当前设置的画笔保存为一个新的预设画笔。

7.1.2 画笔笔尖形状

在“画笔笔尖样式”选项面板中可对画笔的形状、大小、硬度等进行设置。下面具体介绍“画笔笔尖样式”选项面板中各选项的作用。

- ◆ 大小：主要用于控制画笔的大小，在其中可直接通过拖动“大小”滑块设置画笔的大小。
- ◆ 翻转X/翻转Y：选中复选框，画笔笔尖在X轴上翻转；选中复选框，画笔笔尖在Y轴上翻转。如图7-10所示为没有选中翻转的效果；如图7-11所示为选中翻转X和翻转Y的效果。

图7-10 未选中翻转

图7-11 选中翻转

- ◆ 角度：用于设置椭圆画笔与样本画笔的长轴在水平方向旋转的角度。如图7-12所示，表示角度为45°。
- ◆ 圆度：用于设置画笔长轴和短轴的比率。圆度为100%时表示圆形画笔，如图7-13所示；圆度为0%时表示线性画笔，如图7-14所示；介于0%~100%之间时表示椭圆画笔，如图7-15所示。

图7-12 角度为45°

图7-13 圆度为100%

图7-14 圆度为0%

图7-15 圆度为30%

- ◆ 硬度：用于控制画笔硬度中心的大小。数值越大，硬度中心越大，画笔边缘更加刚硬。如图7-16所示硬度为0%，如图7-17所示硬度为100%。

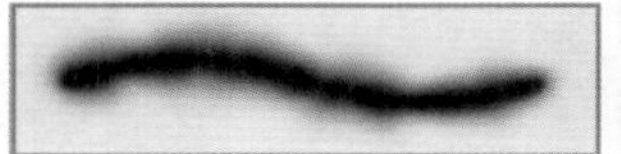

图7-16 硬度为0%

图7-17 硬度为100%

◆ 间距：选中该复选框后，可调整两个画笔笔迹之间的距离。数值越大，间距越大。如图7-18所示间距为0%；如图7-19所示间距为130%。

图7-18　间距为0%

图7-19　间距为130%

7.1.3 形状动态

“形状动态”选项卡可用于设置画笔笔迹的变化，如设置绘制画笔的大小抖动、圆度抖动、角度抖动等产生的随机效果。如图7-20所示为“形状动态”选项面板。

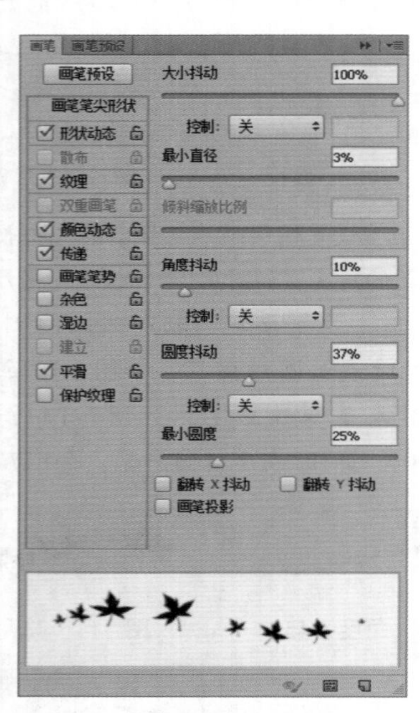

图7-20　“形状动态”选项面板

“形状动态”选项面板中各选项的作用如下。

◆ 大小抖动：用于设置画笔笔迹大小的改变方向。数值越大，画笔轮廓越不规则。如图7-21所示大小抖动为0%，如图7-22所示大小抖动为50%。

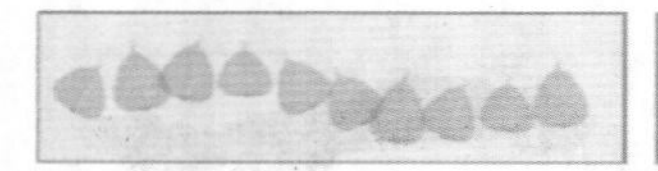

图7-21　大小抖动为0%

图7-22　大小抖动为50%

◆ 控制：在该下拉列表框中可设置大小抖动的方式。选择“关”选项，表示不同画笔笔迹的大小变换；选择“渐隐”选项，按照指定数量的步长在初始直径和最小直径间渐隐画笔笔迹大小，使笔迹产生逐渐淡出的效果。

◆ 最小直径：设置大小抖动后，使用该选项可设置画笔笔迹缩放的最小百分比。数值越小，直径越小。

◆ 倾斜缩放比例：当“控制”设置为“钢笔斜度”时，该选项可设置旋转前应用于画笔高度的比例因子。

◆ 角度抖动/控制：用于设置画笔笔迹的角度，如图7-23所示角度抖动为0%，如图7-24所示角度抖动为45%。

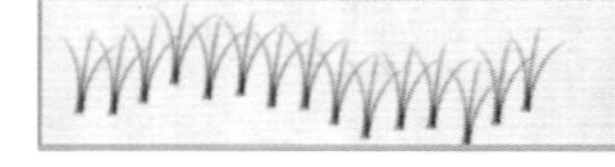

图7-23　角度抖动为0%

图7-24　角度抖动为45%

◆ 圆度抖动/控制/最小圆度：用于设置画笔笔迹的圆度在绘制时的变化方式。如图7-25所示最小圆度抖动为0%，如图7-26所示最小圆度抖动为75%。

图7-25　最小圆度抖动为0%

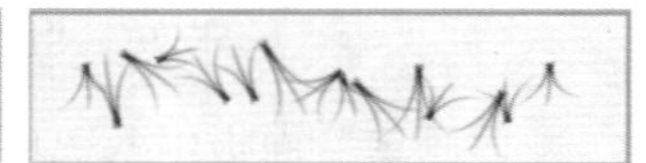

图7-26　最小圆度抖动为75%

技巧秒杀

在画笔工具的工具属性栏中单击按钮，也可打开“画笔”面板。

实例操作：制作天空图样

- 光盘\素材\第7章\天空.jpg
- 光盘\效果\第7章\天空.psd
- 光盘\实例演示\第7章\制作天空图样

本例打开“天空.jpg”图像，新建图层。选择画笔工具，设置“画笔”面板，最后拖动鼠标绘制梦幻效果。制作前后的效果如图7-27和图7-28所示。

图7-27　原始图形

图7-28　最终效果

Step 1 ▶ 打开“天空.jpg”图像，并新建名称为“图层1”的图层，在工具箱中选择钢笔工具，在天空.jpg中绘制心形造型，如图7-29所示为绘制的路径。在其上右击，在弹出的快捷菜单中选择“自由变换路径”命令，如图7-30所示。

图7-29　绘制路径

图7-30　选择“自由变换路径”命令

技巧秒杀

在路径中，除了可自定义进行绘制外，还可在“路径”面板中选择对应的路径选项，并进行路径绘制。

Step 2 ▶ 将鼠标指针移动到对应的4个点上，旋转图形，旋转后的效果如图7-31所示。在工具箱中选择画笔工具，然后选择“窗口”/“画笔”命令，打开“画笔”面板，在其中选择30画笔，设置“大小”为“50像素”，并设置“间距”为40%，选中“散布”复选框，设置散布值为100%，如图7-32所示。

图7-31　旋转图形

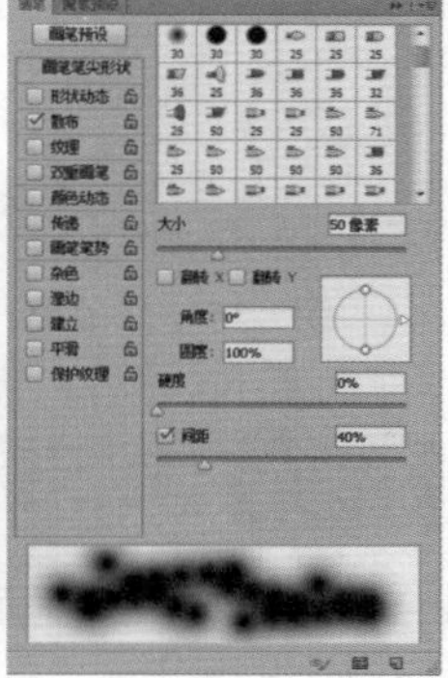

图7-32　设置画笔工具

Step 3 ▶ 新建一个名称为“图层2”的图层，然后设置前景色为“白色”，按Enter键沿路径进行描边，如图7-33所示。

Step 4 ▶ 切换到“路径”面板，然后将“路径1”拖动到“创建新路径”按钮上，复制一个“路径1拷贝”，如图7-34所示。

图7-33　查看描边效果

图7-34　复制路径

Step 5 ▶ 选择路径选择工具，将路径移动到适当位置，再对其进行调整，如图7-35所示。

读书笔记

Step 6 ▶ 切换到“图层”面板，在工具箱中选择画笔工具，并设置大小为15，按Enter键对调整的路径进行描边，再按Delete键删除路径，完成后的效果如图7-36所示。

图7-35　修改路径

图7-36　完成后的效果

7.1.4 散布

“散布”选项面板主要对描边中的笔迹设置数量和位置进行设置。如图7-37所示为“散布”选项面板。

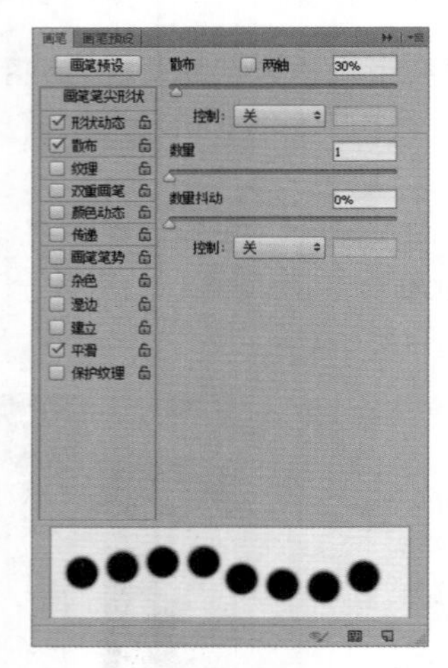

图7-37　“散布”选项面板

“散布”选项面板中各选项的作用如下。

◆ 散布：主要用于设置笔迹在描边中的分散情况。数值越大，分散效果越强烈。如图7-38所示设置散布为0%，如图7-39所示设置散布为150%。

图7-38　散布为0%

图7-39　散布为150%

◆ 两轴/控制/数量：选中☑两轴复选框，笔迹以中心点为基准向两边散开。“控制”用于设置画笔笔迹的分散方式。“数量”用于设置每个间距间隔之间应该有的画笔笔迹数量，数值越大，笔迹数量越多。如图7-40所示设置数量为1，如图7-41所示设置数量为2。

图7-40　数量为1

图7-41　数量为2

◆ 数量抖动/控制：用于指定画笔笔迹的数量如何对间距间隙产生影响。“控制”用于控制数量抖动的方式。如图7-42所示设置数量抖动为1%，如图7-43所示设置数量抖动为100%。

图7-42　数量抖动为1%

图7-43　数量抖动为100%

读书笔记

实例操作：制作蝶恋散布花纹

- 光盘\素材\第7章\蝶恋.jpg
- 光盘\效果\第7章\蝶恋.psd
- 光盘\实例演示\第7章\制作蝶恋散布花纹

本例打开“蝶恋.jpg”图像，新建图层。选择画笔工具，通过设置“画笔”面板，制作星光线条效果，如图7-44和图7-45所示。

图7-44　原始效果

图7-45　最终效果

Step 1 打开“蝶恋.jpg”图像，如图7-46所示。新建图层，在工具箱中选择画笔工具。按F5键打开“画笔”面板，设置画笔笔尖样式为42，再分别设置“大小”“间距”为“40像素”和100%，如图7-47所示。

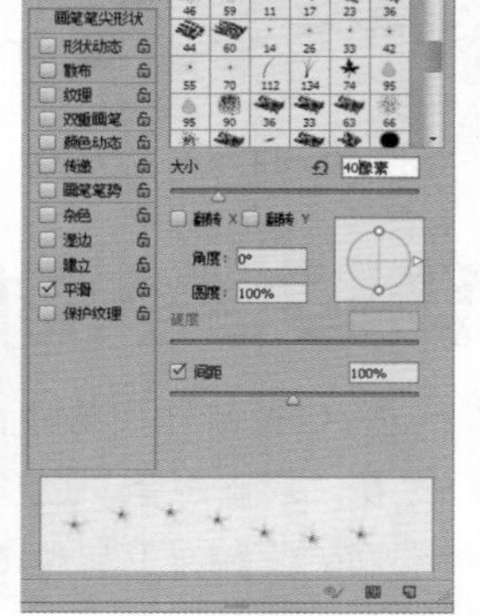

图7-46　打开图像　　图7-47　设置画笔笔尖形状

Step 2 在“画笔”面板中选中☑形状动态复选框，如图7-48所示。在“画笔”面板中选中☑散布复选框，如图7-49所示。

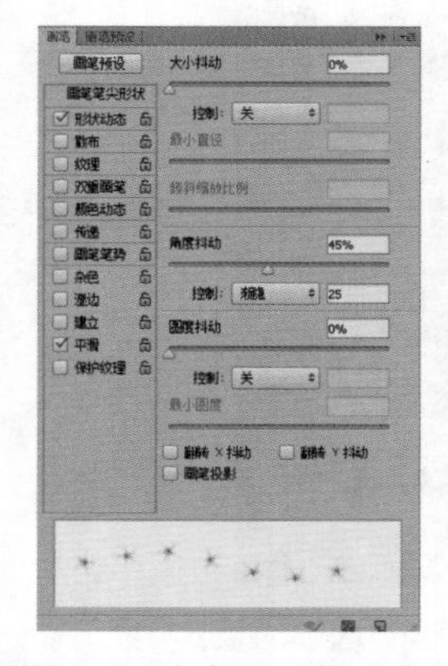

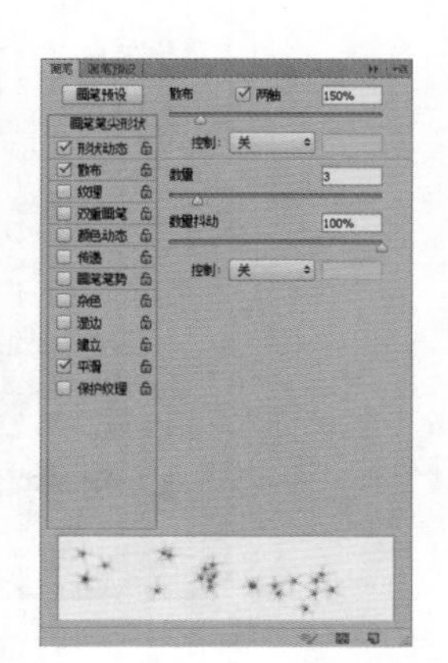

图7-48　选中“形状动态”复选框　　图7-49　选中“散布”复选框

读书笔记

Step 3 将前景色设置为“紫色”，使用鼠标在图像上拖动绘制星光线条，如图7-50所示。新建图层2，使用相同的方法绘制不同颜色的星光线条，并在“图层”面板中设置图层混合模式为“划分”，效果如图7-51所示。

图7-50　绘制形状　　图7-51　设置图层混合模式

Step 4 选择图层2，按Ctrl+J组合键复制图层。在“图层”面板中将图层混合模式设置为“颜色减淡”，再使用移动工具将图层向上稍微移动，让画笔痕迹不重叠，效果如图7-52所示。

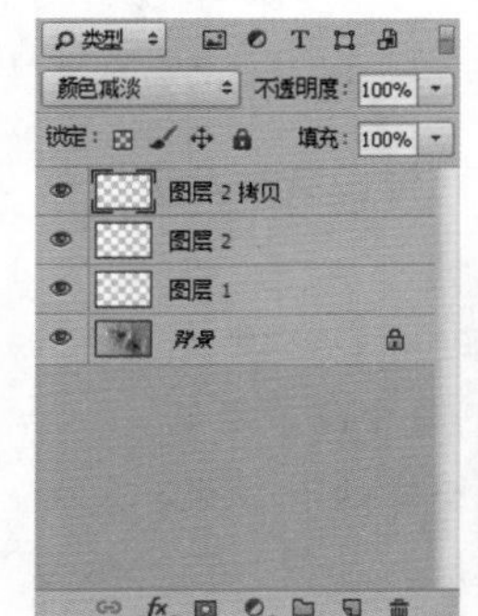

图7-52　设置为“颜色减淡”并调整图层

7.1.5 纹理

在“纹理”选项面板中设置参数，可让笔迹在绘制时出现纹理质感。如图7-53所示为“纹理”选项面板。

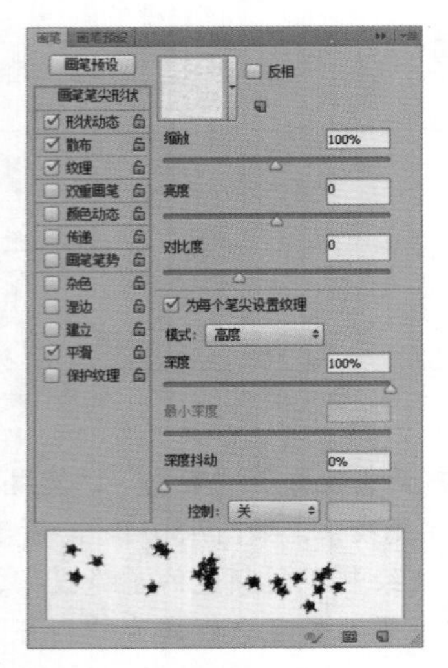

图7-53　“纹理”选项面板

“纹理”选项面板中各选项的作用如下。

◆ 纹理：单击图像缩略图右侧的下拉按钮，在弹出的图案下拉列表中选择需要的图案，即可将该图案设置为纹理。

◆ 反相：选中☑反相复选框，可以根据图案中的色调反转纹理中的亮点和暗点部分。如图7-54所示为未选中该复选框的效果，如图7-55所示为选中该复选框后的效果。

图7-54　未选中的效果

图7-55　选中后的效果

◆ 缩放：用于设置图案的缩放比例，数值越大，纹理越少。

◆ 为每个笔尖设置纹理：选中☑为每个笔尖设置纹理复选框，为纹理单独应用画笔描边中的每个画笔笔迹。

◆ 模式：主要用于设置画笔与图案的混合模式。如图7-56所示为选择叠加的效果，如图7-57所示为颜色减淡后的效果。

图7-56　叠加

图7-57　颜色减淡

◆ 深度：用于设置油彩纹理的深度，数值越大，深度越大。如图7-58所示是深度为45%的效果，如图7-59所示是深度为100%的效果。

图7-58　深度为45%

图7-59　深度为100%

◆ 最小深度：用于设置油彩添加到纹理的最小深度。当“深度抖动”下方的“控制”选项设置为“渐隐”、“钢笔压力”、“钢笔斜度”或“光笔轮”选项，并选中☑为每个笔尖设置纹理复选框时，该选项用于设置纹理的深度。

◆ 深度抖动/控制：用于设置深度改变的方式。如图7-60所示深度抖动为0%，如图7-61所示深度抖动为100%。

图7-60　深度抖动为0%

图7-61　深度抖动为100%

7.1.6 双重画笔

在“画笔”面板中除了可设置前面的效果外，还可在“双重画笔”选项面板中通过为画笔添加两种画笔效果使画面更加自由。如图7-62所示为“双重画笔”选项面板。

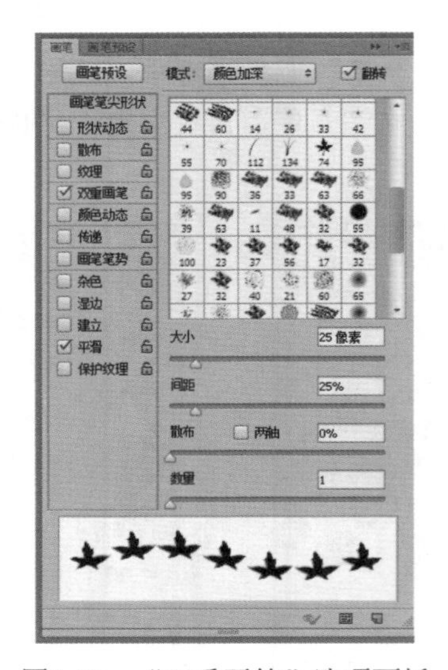

图7-62　“双重画笔”选项面板

其参数非常简单，选项的设置方法与前面所介绍的相同，但为得到更好的效果，可在“模式”下拉列表框中为主画笔和第二画笔设置混合模式，使其更加美观。

7.1.7 颜色动态

若需设置颜色动态，可在“颜色动态”选项面板中为笔迹设置颜色的变化效果。如图7-63所示为“颜色动态”选项面板。

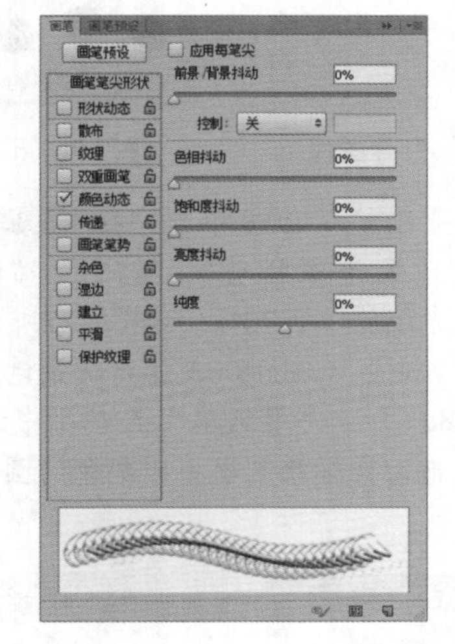

图7-63 “颜色动态”选项面板

“颜色动态”选项面板中各选项的作用如下。

◆ **前景/背景抖动/控制**：用于设置前景色和背景色之间的颜色变化方式。数值小，变化后的颜色越接近前景色；数值大，变化后的颜色越接近背景色。如图7-64所示为设置前景色和背景色后，再设置前景/背景抖动后的效果。

图7-64 设置背景抖动

◆ **色相抖动**：设置颜色变化范围。数值越大，笔迹颜色越丰富；数值越小，颜色越接近前景色。如图7-65所示是色相抖动为0%的效果，如图7-66所示是色相抖动为100%的效果。

图7-65 色相抖动为0%　　图7-66 色相抖动为100%

◆ **饱和度抖动**：用于设置颜色饱和度的变化范围。数值越大，饱和度越低；数值越小，饱和度越高。如图7-67所示是饱和度抖动为0%的效果，如图7-68所示是饱和度抖动为100%的效果。

图7-67 饱和度抖动为0%　　图7-68 饱和度抖动为100%

◆ **亮度抖动**：用于设置颜色的亮度变化范围。数值越大，颜色亮度越低；数值越小，颜色亮度越高。如图7-69所示是亮度为0%的效果，如图7-70所示是亮度为100%的效果。

图7-69 亮度抖动为0%　　图7-70 亮度抖动为100%

◆ 纯度：用于设置颜色的纯度变化范围。数值越小，笔迹的颜色越接近黑白色；数值越大，笔迹的颜色饱和度越高。如图7-71所示是纯度为-50%的效果，如图7-72所示是纯度为+100%的效果。

图7-71　纯度为-50%

图7-72　纯度为+100%

实例操作：制作彩色粉笔效果

- 光盘\素材\第7章\海报.jpg
- 光盘\效果\第7章\海报.psd
- 光盘\实例演示\第7章\制作彩色粉笔效果

本例打开“海报.jpg”图像，设置前景色和背景色。再设置画笔样式，使绘制在图像上的画笔出现彩色粉笔的效果。效果如图7-73和图7-74所示。

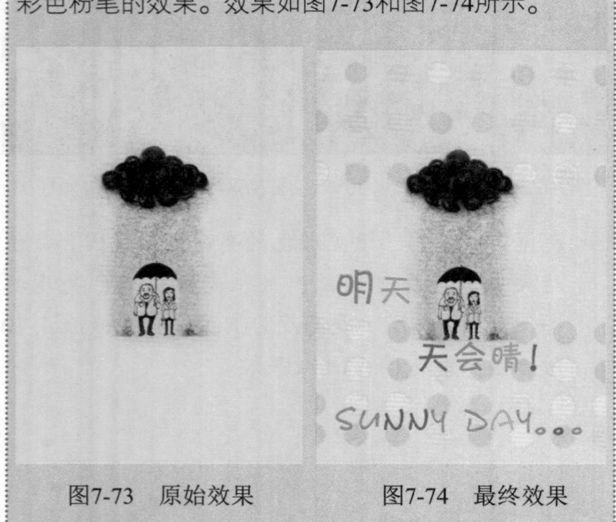

图7-73　原始效果　　图7-74　最终效果

Step 1 打开“海报.jpg”图像，并新建“图层1”，如图7-75所示。在工具箱中选择画笔工具，并打开“画笔”面板，选择画笔笔尖样式为35。分别设置“大小”“间距”为“40像素”、170%，如图7-76所示。

图7-75　打开图像

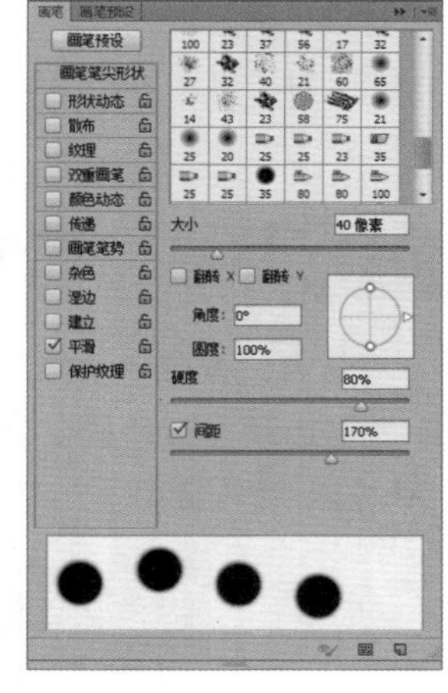
图7-76　设置参数

Step 2 在“画笔”面板中选中☑颜色动态复选框。分别设置“前景/背景抖动”“控制”“色相抖动”为80%、“光笔轮”、70%，如图7-77所示。将前景色设置为“黄色”（#fcde00），将背景色设置为“粉色”（#ffd8d7）。使用钢笔工具在图中绘制一条直线，沿直线拖动鼠标绘制出不同颜色的圆，如图7-78所示。

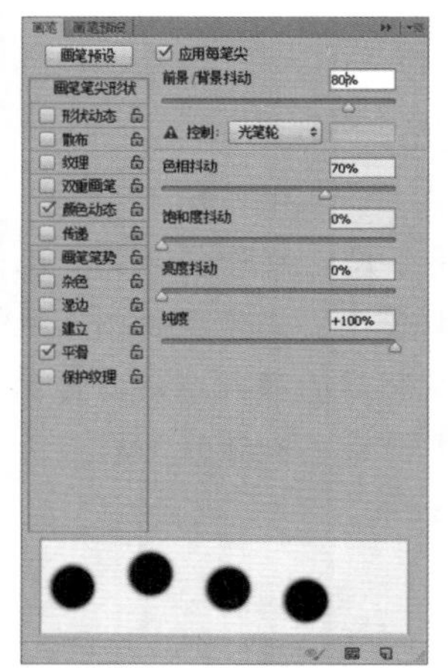
图7-77　设置“颜色动态”

图7-78　绘制直线和圆

Step 3 切换到“路径”面板，然后将“路径1”拖动到“创建新路径”按钮上，复制6个“路径副本”，如图7-79所示。选择“路径1 拷贝”选项，返回绘图区，并将路径移动到适当位置，如图7-80所示。

Step 4 切换到“图层”面板，在工具箱中选择画笔工具，按Enter键，将其应用于钢笔路径，如图7-81所示。根据以上方法，使用路径选择工具将复制的路径进行移动，并选择画笔工具，然后按Enter键绘制出不同颜色的圆，效果如图7-82所示。

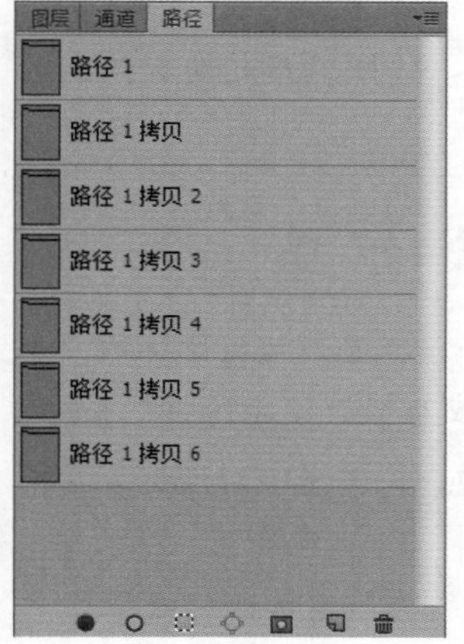

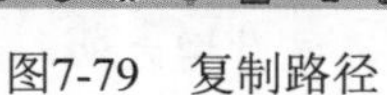

图7-79　复制路径

图7-80　移动钢笔路径

图7-81　添加画笔样式

图7-82　复制路径

Step 5 ▶ 在“图层”面板中设置“图层1”的混合模式为“色相”，如图7-83所示。使用横排文字工具在图像中输入文字并为文字设置颜色，如图7-84所示。

读书笔记

图7-83　设置“色相”混合模式

图7-84　添加文字

7.1.8 传递

在“传递”选项面板中可对笔迹的不透明度、流量、湿度、混合等抖动参数进行设置，从而确定色彩描边线路中的改变方式。如图7-85所示为“传递”选项面板。

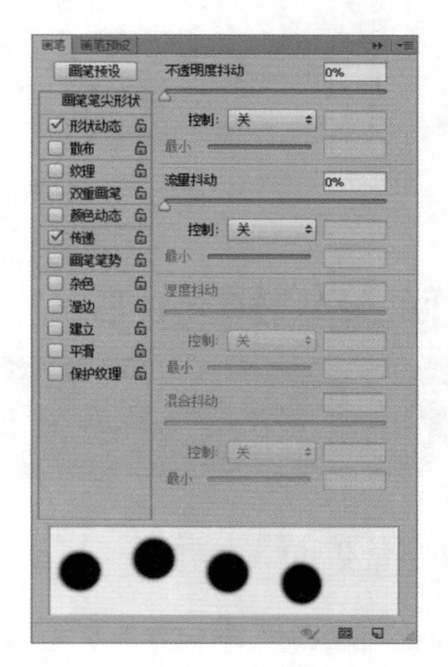

图7-85　“传递”选项面板

“传递”选项面板中各选项的作用如下。

◆ **不透明度抖动/控制**：用于设置画笔绘制时油彩不透明度的变化方式。最高值是选项栏中指定不透明度的值。

◆ **流量抖动/控制**：用于设置画笔笔迹中各种油彩流量的变化。

◆ 湿度抖动/控制：用于设置画笔笔迹中油彩湿度的变化程度。

◆ 混合抖动/控制：用于设置画笔笔迹中油彩混合的变化。

7.1.9 画笔笔势

在“画笔笔势”选项面板中可调整画笔笔尖、侵蚀画笔笔尖的角度，使其更加美观。如图7-86所示为“画笔笔势”选项面板。

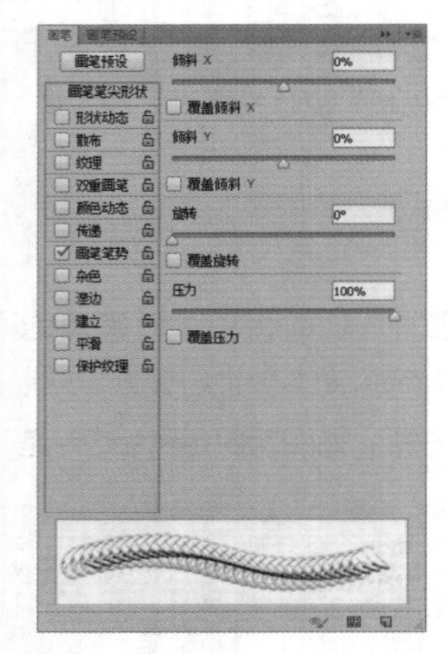

图7-86 “画笔笔势”选项面板

“画笔笔势”选项面板中各选项的作用如下。

◆ 倾斜X/倾斜Y：用于调整笔尖沿X轴或Y轴倾斜。

◆ 旋转：用于设置笔尖的旋转效果。

◆ 压力：用于设置压力值。绘制速度越快，绘制的线条越粗糙。

7.1.10 其他选项

除了以上选项面板外，“画笔”面板中还有“杂色”“湿边”“建立”“平滑”“保护纹理”5个选项。上述选项无须调整参数，只需选中对应的复选框即可直接使用。

◆ 杂色：用于为一些特殊的画笔增加随机效果。

◆ 湿边：用于在使用画笔绘制笔迹时增大油彩量，从而产生水彩效果。

◆ 建立：用于模拟喷枪效果，使用时根据鼠标的单击程度来确定画笔线条的填充量。

◆ 平滑：在使用画笔绘制笔迹时产生平滑的曲线。若使用压感笔作画，该选项效果最为明显。

◆ 保护纹理：用于将相同图案和缩放功能应用到具有纹理的所有画笔预设中。借助该选项，使用多种纹理画笔，可以绘制出统一的纹理效果。

7.2 画笔编辑操作

在Photoshop CC中，除了使用“画笔”面板对图形进行绘制外，用户还可根据需要对设置的画笔进行编辑，包括新建画笔预设、载入画笔、存储画笔和替换画笔，下面分别进行介绍。

7.2.1 新建画笔预设

在Photoshop CC中，可以直接新建画笔预设，新建完成后画笔预设可直接使用，其方法是：绘制好需要的画笔后选择“编辑”/“定义画笔预设”命令，在打开的对话框中输入新建的画笔或预设的名称即可，如图7-87所示。

读书笔记

图7-87 “画笔名称”对话框

7.2.2 载入画笔

如果Photoshop CC中的预设工具不能满足用户的需要，可在网上下载需要的工具，再进行载入即可。下面具体介绍载入画笔的方法。

实例操作：添加画笔样式

- 光盘\素材\第7章\画笔1.abr
- 光盘\实例演示\第7章\添加画笔样式

本例通过载入画笔的方法，将“画笔1.abr”载入到画笔的预设面板中，并在打开的预设面板查看载入后的效果。

Step 1 启动Photoshop CC，选择画笔工具，并单击“画笔”按钮，打开“画笔”对话框，选择“画笔预设”选项卡，在其右上角单击“菜单”按钮，打开“预设管理器”对话框，如图7-88所示。

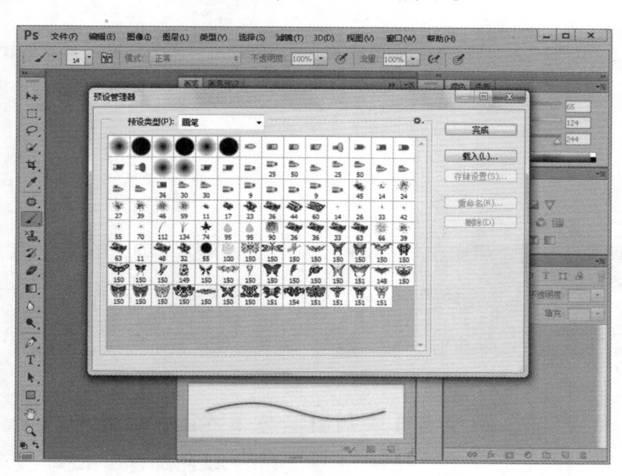

图7-88　“预设管理器”对话框

读书笔记

技巧秒杀

还可直接将需要载入的图形拖动到列表或Photoshop CC窗口，以快速进行画笔的载入与查看。

Step 2 单击 载入(L)... 按钮，打开“载入”对话框，在其中选择需要载入的图形文件，这里选择“画笔1.abr”选项，单击 载入(L) 按钮，如图7-89所示。

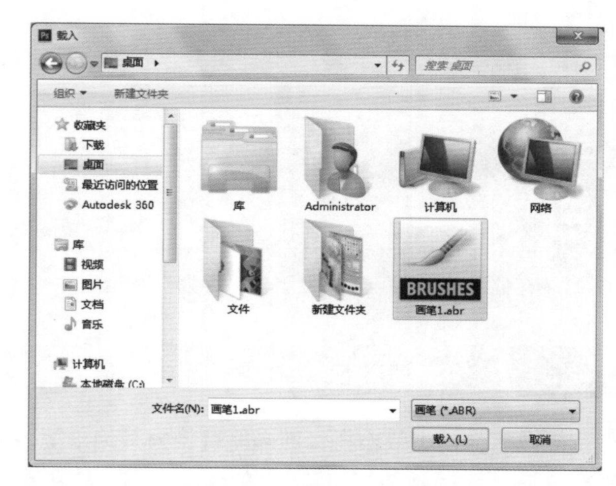

图7-89　“载入”对话框

Step 3 返回“预设管理器”对话框，在其中可查看插入后的效果。单击 完成 按钮，画笔载入完成，如图7-90所示。

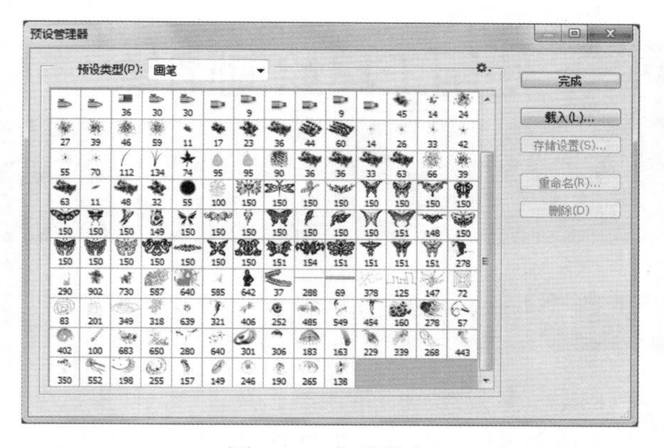

图7-90　完成载入

7.2.3 存储画笔

用户也可以自行绘制图形，将其存储为画笔，当需要使用时，再将其载入。选择画笔工具，在其工具属性栏中单击按钮，在弹出的下拉列表中选择“存储画笔”选项，如图7-91所示。Photoshop CC自动打开对应的“另存为”对话框，在其中设置存储的名称后单击 保存(S) 按钮，即可将其存储到对应的位置，如图7-92所示。

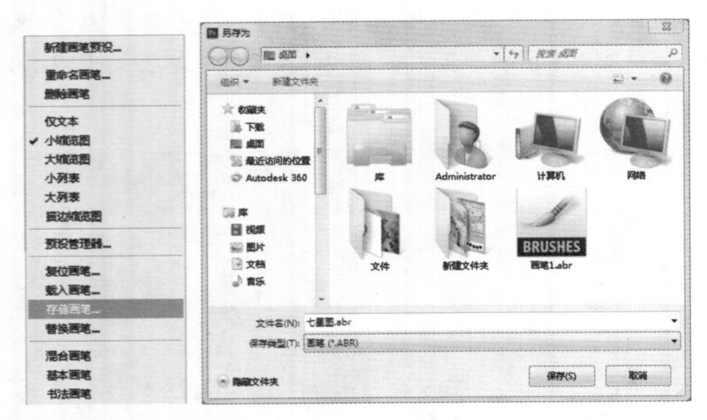

图7-91 存储画笔 图7-92 “另存为”对话框

7.2.4 替换画笔

替换画笔，主要指将当前画笔替换为其他画笔，其方法是：选择画笔工具，在其工具属性栏中单击按钮，在弹出的下拉列表中选择“替换画笔”选项，打开提示对话框，在其中单击是(Y)按钮，如图7-93所示。打开“另存为”对话框，输入文件名称，并单击保存(S)按钮，然后打开“载入”对话框，在其中选择需要载入的对象即可，如图7-94所示。

图7-93 打开提示对话框

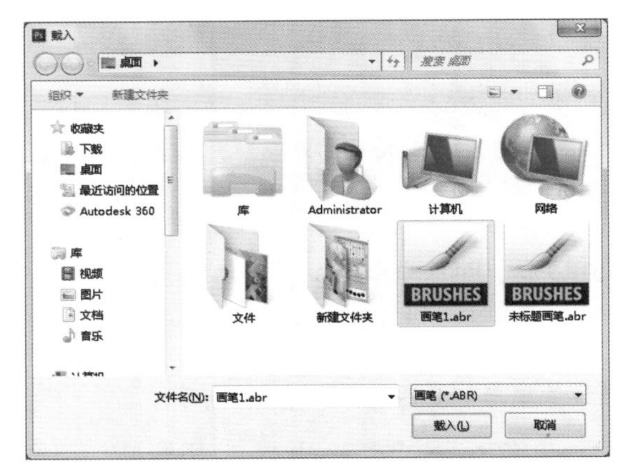

图7-94 选择替换的对象

7.3 使用工具绘制图像

在Photoshop CC中能对画笔进行设置，还可使用对应的工具绘制图像，常用的绘图工具有画笔工具、铅笔工具、颜色替换工具、混合器画笔工具和历史记录画笔工具等。下面对绘图方法进行介绍。

7.3.1 画笔工具

画笔工具是绘图时常用的工具之一，使用它可在前景色绘制各种线条。在工具箱中选择画笔工具，显示如图7-95所示的画笔工具属性栏。

图7-95 画笔工具属性栏

画笔工具属性栏中各选项的作用如下。

◆ 画笔预设：单击按钮，可弹出“画笔预设”下拉列表，在其中可以设置笔尖、画笔大小和硬度等。

◆ 模式：用于设置绘制图像与下方图像像素的混合模式。如图7-96所示为使用“颜色加深”混合模式的效果，如图7-97所示为使用“划分”混合模式的效果。

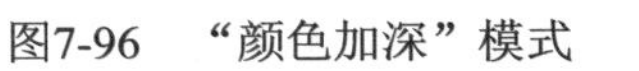

图7-96 “颜色加深”模式 图7-97 “划分”模式

◆ **不透明度**：主要用于设置画笔绘制出的颜色的不透明度。数值越大，画笔越明显，如图7-98所示，不透明度为80%；数值越小，画笔越接近透明，如图7-99所示，不透明度为30%。

图7-98　不透明度80%

图7-99　不透明度30%

◆ **流量**：主要设置将指针移动到某个区域上时快速应用颜色的速率。在绘制图像中，不断使用鼠标在同一区域中进行涂抹将增加该区域的颜色深度。

技巧秒杀

“流量”也有快捷键，只需按Shift+0~9的数字组合键，即可快速设置流量。

◆ **启用喷枪模式**：单击按钮，启动喷枪功能。Photoshop CC根据鼠标左键的单击次数来确定画笔笔迹的深浅。关闭喷枪模式后，一次单击只能绘制一个笔迹，如图7-100所示。开启喷枪模式后，一直按住鼠标，继续绘制笔触，如图7-101所示。

图7-100　关闭前效果

图7-101　开启后效果

◆ **绘图板压力控制大小**：单击按钮，使用压感笔时，压感笔的即时数据自动覆盖“不透明度”和“大小”设置结果。

实例操作：为帽子换色

- 光盘\素材\第7章\帽子换色.jpg
- 光盘\效果\第7章\帽子换色.psd
- 光盘\实例演示\第7章\为帽子换色

本例打开“帽子换色.jpg”图像，使用画笔工具对图像中人物的帽子进行上色，使图像颜色对比度更强，效果如图7-102和图7-103所示。

图7-102　原图效果

图7-103　最终效果

Step 1 打开“帽子换色.jpg”图像，新建图层，如图7-104所示。在工具箱中选择画笔工具，在其工具属性栏的“画笔预设”栏中选择第2种画笔笔刷，设置“大小”为“60像素”，“不透明度”为50%，“流量”为90%，如图7-105所示。

Step 2 将前景色设置为“红色”，将鼠标指针移动到图像中人物帽子的位置处，按住鼠标不放对该区域进行涂抹，如图7-106所示。

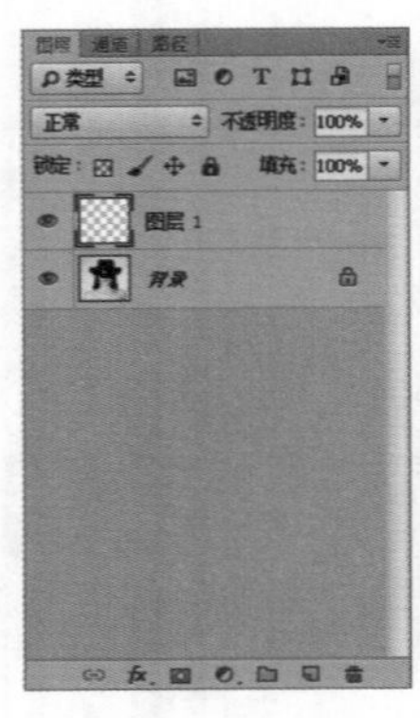

图7-104　新建图层

图7-105　设置数值

图7-106　为帽子上色

Step 3 ▶ 在画笔工具属性栏中设置画笔大小为“3像素”，“不透明度”为80%，使用鼠标在人物嘴唇上进行涂抹，绘制口红，如图7-107所示。

图7-107　绘制口红

技巧秒杀

在使用画笔工具为图像绘制帽子形状时，上衣边缘应将画笔工具调小后进行涂抹。这样可以使图像边缘更加规整。

7.3.2 铅笔工具

铅笔工具与画笔工具类似都用于绘制图像，其使用方法也基本相同。铅笔工具绘制的效果比较硬。用户在工具箱中选择铅笔工具，则在工具栏中显示其属性栏，如图7-108所示。

图7-108　铅笔工具属性栏

铅笔工具属性栏中各选项的作用如下。

- 画笔预设：单击按钮，弹出“画笔预设”下拉列表。在其中可以对笔尖、画笔大小和硬度等进行设置。
- 模式：主要用于设置绘画的颜色与下方像素的混合方法。
- 不透明度：用于设置绘制画笔图像的不透明度。数值越大，绘制出的笔迹越不透明；数值越小，绘制出的笔迹越透明。
- 自动抹除：选中☑自动抹除复选框后，将鼠标指针的中心放在包含前景色的区域上，可将该区域涂抹为背景色。如果鼠标指针放置的区域不包括前景色，则将该区域涂抹成前景色。

?答疑解惑：

为什么使用“自动抹除”功能没有效果？

“自动抹除”功能只能用于原始图像，如果是新建图层，即使在其中进行涂抹，也不产生效果。

7.3.3 颜色替换工具

颜色替换工具可以将指定的颜色替换为另一种颜色，选择颜色替换工具后显示如图7-109所示的工具属性栏。

图7-109　颜色替换工具属性栏

颜色替换工具属性栏中各选项的作用如下。

- 模式：用于选择替换颜色的模式，包括“色相”、“饱和度”、“颜色”和“明度”等4个模式。
- 取样：用于设置颜色的取样方式。单击“取样：连续”按钮，在拖动鼠标时，可对颜色进行取样。单击“一次”按钮，只替换第1次单击的颜色区域。单击“背景色板”按钮，替换包含背景色的图像区域。

- 限制：用于限制替换的条件。选择“连续”选项时，只替换与光标下颜色接近的区域。选择“不连续”选项时，替换出在光标下任何位置的样本颜色。选择“查找边缘”选项时，替换包括样本颜色的连续区域，同时保留形状边缘的细节。
- 容差：用于设置替换工具的影响范围，数值越高时，绘制时的影响范围越大。
- 消除锯齿：若选中☑消除锯齿复选框，去除替换颜色区域的锯齿效果。

实例操作：为气球换色

- 光盘\素材\第7章\气球.jpg
- 光盘\效果\第7章\气球.psd
- 光盘\实例演示\第7章\为气球换色

本例将打开“气球.jpg”图像，通过颜色替换工具将气球的颜色替换为另一种颜色，并添加一些光点，以制作唯美照片效果，如图7-110和图7-111所示。

图7-110 原始效果

图7-111 最终效果

Step 1 ▶ 打开“气球.jpg”图像，按Ctrl+J组合键复制图层，如图7-112所示。选择颜色替换工具，在其工具属性栏中设置画笔“大小”“模式”“限制”分别为50、“颜色”和“不连续”，单击按钮并选中☑消除锯齿复选框，如图7-113所示。

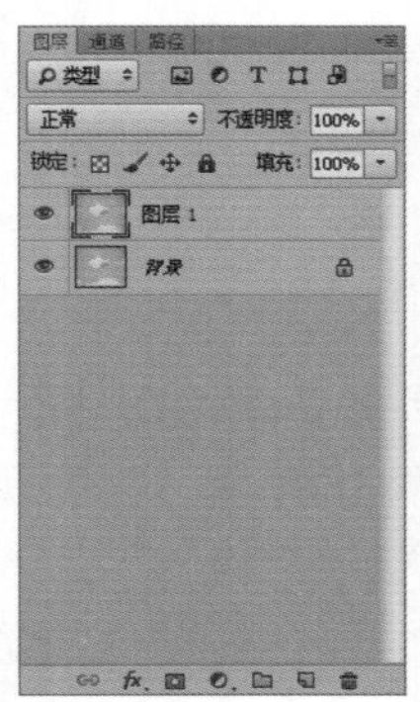

图7-112 复制图层

图7-113 设置参数

Step 2 ▶ 将前景色设置为“粉色”（#ffd7fe），使用鼠标在白色气球上涂抹，如图7-114所示。

图7-114 涂抹颜色

Step 3 ▶ 再次新建图层。在工具箱中选择多边形套索工具，在其工具属性栏中设置“羽化”为“20像素”，单击按钮。使用鼠标在图像上创建几个选区，如图7-115所示。将前景色设置为“浅粉色”（#f2b6f4），按Alt+Delete组合键使用前景色填充选区，如图7-116所示。

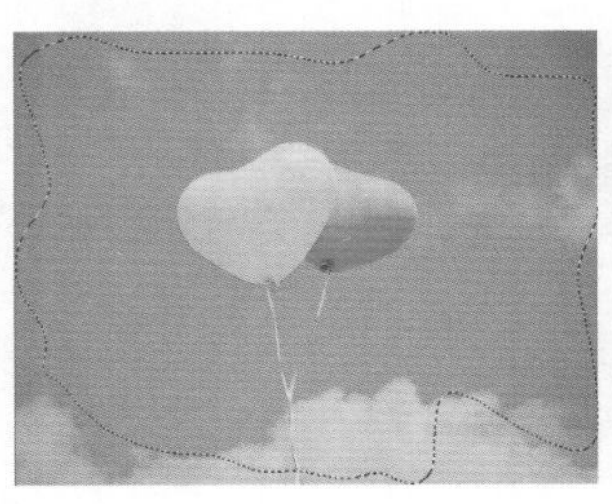

图7-115 创建选区

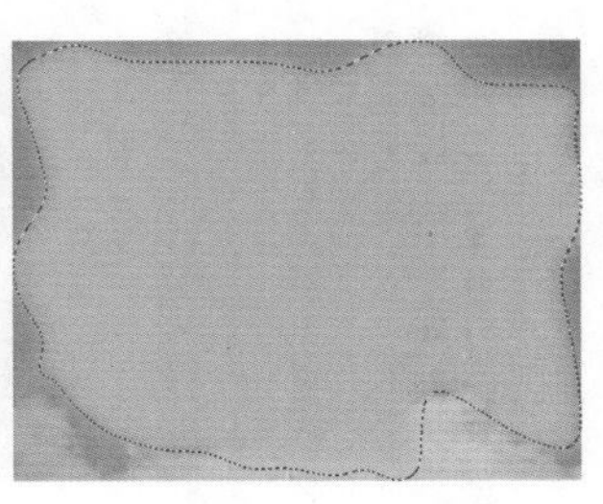

图7-116 填充颜色

读书笔记

Step 4 ▶ 在“图层”面板中设置图层混合模式为“叠加”，“不透明度”为70%，如图7-117所示。

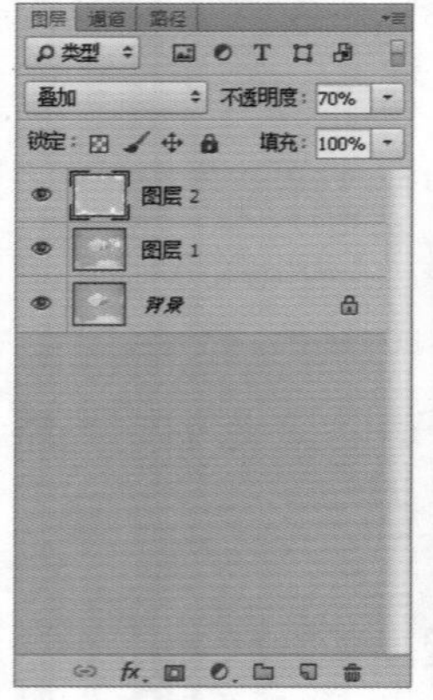

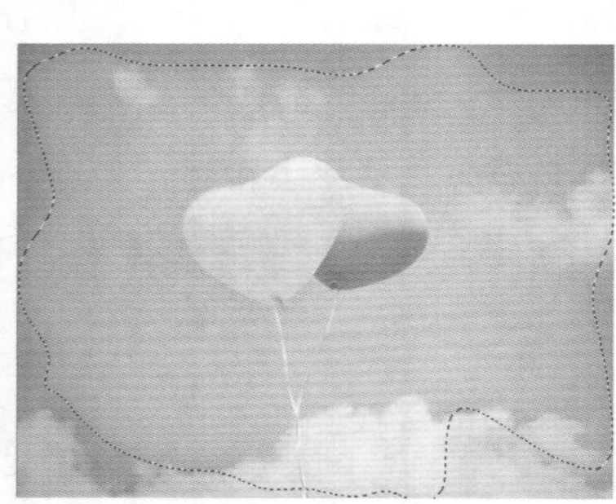

图7-117　设置混合模式和不透明度

Step 5 ▶ 新建图层。在工具箱中选择椭圆工具，在图层中绘制对应的圆，在其属性栏中设置填充色为“浅黄色”（#ecf585），在图层中绘制圆形，再在“图层”面板中将图层混合模式设置为“叠加”，“不透明度”为80%，其效果如图7-118所示。

图7-118　完成椭圆的绘制过程

7.3.4 混合器画笔工具

混合器画笔工具可以绘制出逼真的手绘效果，可以通过设置笔触的颜色、潮湿度和混合颜色等属性，来绘制出更为细腻的效果图。选择混合器画笔工具，则显示其工具属性栏，如图7-119所示。

图7-119　混合器画笔工具属性栏

混合器画笔工具属性栏中各选项的作用如下。

- 预设：用于选择预设的画笔组合。
- 自动载入：单击按钮，鼠标涂抹的区域与前景色融合。如图7-120所示为将前景色设置为“绿色”并使用自动载入前后的效果。

图7-120　使用自动载入前后的效果

- 清除：单击按钮，可以清除油彩。
- 潮湿：用于控制画笔从画布拾取的油彩量，设置得越高，痕迹越明显。如图7-121所示潮湿量为20%，如图7-122所示潮湿量为80%。

图7-121　潮湿量为20%　　图7-122　潮湿量为80%

读书笔记

- 载入：用于设置储槽中添加的颜色量。数值越小，绘制时描边干燥的速度越快。
- 混合：用于控制画布颜色量与储槽中颜色的比例。当数值为100%时，所有颜色从画布中拾取；当数值为0%时，所有颜色从储槽中拾取。
- 对所有图层取样：选中☑对所有图层取样复选框，可拾取所有可见图层中的画布颜色。

实例操作：制作水粉画

- 光盘\素材\第7章\装饰画.jpg
- 光盘\效果\第7章\装饰画.psd
- 光盘\实例演示\第7章\制作水粉画

本例打开“装饰画.jpg”图像，并复制图层，再通过混合器画笔工具将图像转换为水粉效果，效果如图7-123和图7-124所示。

图7-123　原图效果

图7-124　转换后效果

Step 1 ▶ 打开“装饰画.jpg”图像，按Ctrl+J组合键复制图层。选择混合器画笔工具，在其工具属性栏中设置画笔“大小”为100；单击按钮，并设置混合为“湿润，深混合”，如图7-125所示。

图7-125　设置参数

Step 2 ▶ 使用鼠标在图像边框周围和花篮的四周自上而下进行涂抹。涂抹时可稍微左右晃动鼠标，这样制作的效果更加接近手绘，如图7-126所示。使用相同的方法，将整个花篮周围来回涂抹以便将花篮图像转换为水粉画效果，如图7-127所示。

图7-126　涂抹花篮

图7-127　完成涂抹

操作解谜

涂抹时，应注意以花篮为界面，再向四周扩展，并且在对应的树叶部分也应进行简单的虚化处理，使图像的水粉质感更加强烈。

Step 3 ▶ 使用相同的方法对花篮中后方的花朵进行混合，使其更具有水粉画的效果，如图7-128所示。再使用横排文字工具在图像上输入文字，如图7-129所示。

图7-128　涂抹花篮的花朵　　图7-129　添加文字

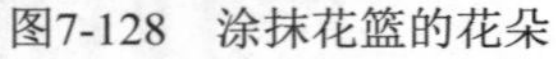

7.3.5 历史记录画笔工具

历史记录画笔工具主要用于对某一区域的某一步操作进行真实的还原操作。它可以将编辑的历史记录状态用作原数据对图像进行修改。其选项栏与画笔工具的属性栏基本相同，这里不再讲述。效果如图7-130和图7-131所示。

图7-130　源效果

图7-131　还原的历史效果

技巧秒杀

历史记录画笔工具通常与“历史记录”面板共同使用。其中，“历史记录”面板已在1.4.4中介绍。

7.3.6 历史记录艺术画笔工具

历史记录艺术画笔工具与历史记录画笔工具类似，也可将标记的历史记录状态或快照用作数据对图像进行修改。不同之处是，历史记录艺术画笔工具在使用原始数据的同时，也可对图像创建不同的颜色和风格。其工具属性栏如图7-132所示。

图7-132　历史记录艺术画笔工具属性栏

历史记录艺术画笔工具属性栏中各选项的作用如下。

- 样式：用于设置绘画描边的形状，包括“绷紧短”、“绷紧中”和“绷紧长”等。如图7-133所示为“绷紧短”样式效果，如图7-134所示为“轻涂”样式效果。

图7-133　“绷紧短”样式效果

图7-134　“轻涂”样式效果

- 区域：主要用于设置绘制的覆盖区域。数值越大，覆盖的面积越大。
- 容差：主要用于限定应用绘画描边的区域。其中，容差高，绘画描边限定在与源状态中颜色明显不同的区域；容差低，可在图像中任何地方绘制无数条描边。

读书笔记

7.4 清除图像

当图像中出现多余的图像或绘制的图像出现错误时，用户可通过清除工具对图像进行清除。Photoshop CC包含橡皮擦工具、背景橡皮擦工具和魔术橡皮擦工具3种擦除工具。下面具体介绍各种清除图像的方法。

7.4.1 使用橡皮擦工具擦除图像

橡皮擦工具主要用于擦除不需要的图像，使用时只需按住鼠标拖动即可进行擦除，被擦除的区域变为背景色或透明区域。选择橡皮擦工具后，显示如图7-135所示的橡皮擦工具属性栏。

图7-135　橡皮擦工具属性栏

橡皮擦工具属性栏中各选项的作用如下。

- **模式**：用于选择橡皮擦的种类。选择“画笔”选项时，可创建柔和的擦除效果，如图7-136所示。选择“铅笔”选项时，创建明显的擦除效果。选择“块”选项时，擦除效果接近块状，如图7-137所示。

图7-136　柔和的擦除效果　图7-137　接近块状的擦除效果

- **不透明度**：用于设置工具的擦除效果，数值越大，被擦除的区域越干净。如图7-138所示不透明度为20%，如图7-139所示不透明度为80%。

图7-138　不透明度20%　　图7-139　不透明度80%

- **流量**：主要用于设置橡皮擦工具的涂抹速度。
- **抹到历史记录**：选中☑抹到历史记录复选框，在“历史记录”面板中选择一个快照或状态，可快速将图像恢复为指定状态。

7.4.2 使用背景橡皮擦工具擦除背景

背景橡皮擦工具是一种根据色彩差异进行擦除的智能化擦除工具，通常用于抠图。设置好背景色后，使用该工具可在抹除背景的同时保留前景对象。选择背景橡皮擦工具后，即可显示如图7-140所示的背景橡皮擦工具属性栏。

图7-140　背景橡皮擦工具属性栏

背景橡皮擦工具属性栏中各选项的作用如下。

- **取样**：用于设置取样方式。单击按钮，拖动鼠标时，可对所有经过的颜色像素取样，如图7-141所示。单击按钮，将只会替换第1次单击的颜色区域。单击按钮，将替换包含背景色的图像区域，如图7-142所示。

图7-141　连续取样　　图7-142　背景色取样

- **限制**：用于限制替换的条件。选择“连续”选项时，只替换与鼠标指针下颜色接近的区域。选择“不连续”选项时，只替换出现在鼠标指针下任何位置的样本颜色。选择“查找边缘”选项时，替换包括样本颜色的连续区域，但同时保留形状边缘的细节。
- **容差**：主要用于设置颜色的容差范围。
- **保护前景色**：选中☑保护前景色复选框后，可以防止擦除与前景色匹配的区域。

7.4.3 使用魔术橡皮擦工具擦除图像

魔术橡皮擦工具可以分析图像的边缘，若“背景”图层锁定，透明区域的图层使用该工具，则被擦除的图像区域变为背景色。在其他图层中使用该图层，则被擦除的图像区域变为透明区域。选择魔术橡皮擦工具后，显示如图7-143所示的魔术橡皮擦工具属性栏。

图7-143 魔术橡皮擦工具属性栏

魔术橡皮擦工具属性栏中各选项的作用如下。

- **容差**：用于设置可擦除的颜色范围。数值越大，可擦除的颜色区域越多。
- **清除锯齿**：选中消除锯齿复选框，可以使擦除区域的边缘变得平滑。
- **连续**：选中连续复选框，可擦除与单击点像素临近的像素。若取消选中该复选框，可擦除图像中所有相似的像素。
- **对所有图层取样**：选中对所有图层取样复选框，可对所有图层取样。
- **不透明度**：用于设置擦除强度。数值越大，擦除效果越强。

技巧秒杀

使用魔术橡皮擦工具擦除背景时，背景自动转换为普通图层。

实例操作：制作梦幻图像

- 光盘\素材\第7章\人物.jpg、紫蓝色星星.jpg
- 光盘\效果\第7章\紫蓝色星星.psd
- 光盘\实例演示\第7章\制作梦幻图像

本例打开“人物.jpg”图像，使用魔术橡皮擦工具将人物从图像中抠取出来。再打开“紫蓝色星星.jpg”图像，使用移动工具将人物移动到该图像中。最后使用调整命令将图像整体调整为亮色调，效果如图7-144和图7-145所示。

图7-144 原图效果　　图7-145 最终效果

Step 1 ▶ 打开“人物.jpg”图像，如图7-146所示。在工具箱中选择魔术橡皮擦工具，单击图像上的粉色区域，将多余的背景颜色删除，如图7-147所示。

图7-146 打开图像　　图7-147 删除多余的背景色

Step 2 ▶ 打开“紫蓝色星星.jpg”图像，使用移动工具将人物图像移动到当前图像，如图7-148所示。在“图层”面板中选择“背景”图层，按Ctrl+J组合键复制图层，如图7-149所示。

读书笔记

图7-148 应用效果

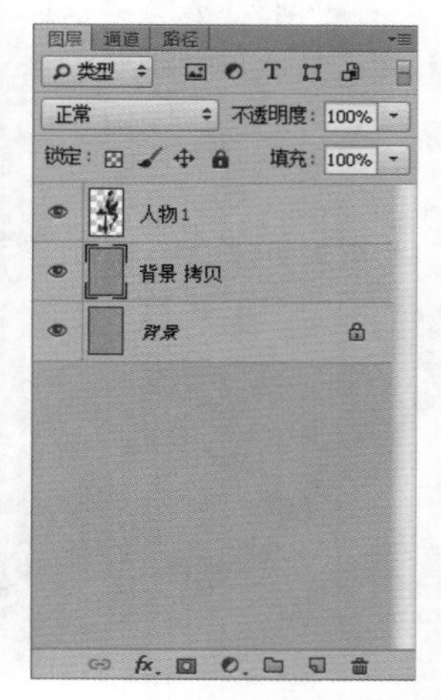

图7-149 复制图层

Step 3 ▶ 选择“图像”/“调整”/“亮度/对比度”命令，打开“亮度/对比度”对话框。设置“亮度”“对比度”分别为40、75，单击 确定 按钮，如图7-150所示。在“图层”面板中设置图层混合模式为“变暗”，其最终效果如图7-151所示。

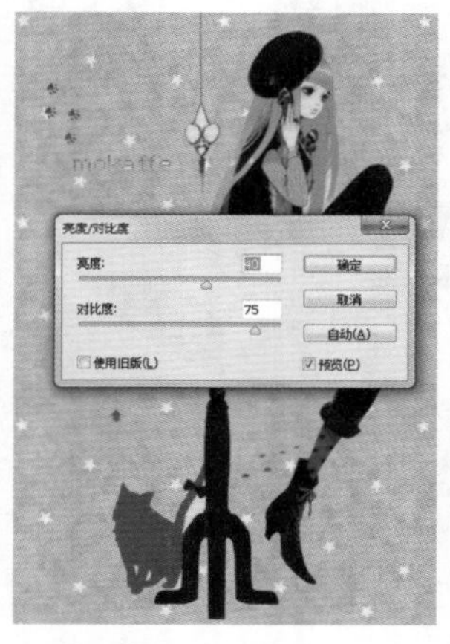

图7-150 设置亮度与对比度

图7-151 设置完成

知识大爆炸——笔刷的获取方法与类型

1. 笔刷的获取方法

在Photoshop CC中，笔刷是很重要的部分，通过它可以使绘制的图像效果更加美观，常用的获取方法主要是通过浏览器下载。用户只需在搜索文本框中输入笔刷类型，再进行下载即可。

2. 笔刷的类型

了解笔刷的获取方法后，还需选择不同的笔刷类型进行下载，常见的笔刷类型有花纹笔刷、睫毛笔刷、翅膀笔刷、星光笔刷、水墨喷溅、发丝、心形笔刷、文字符号、蝴蝶昆虫、眼睛眼珠和潮流艺术等，用户只需载入笔刷即可使用笔刷绘制图像。

读书笔记

01 02 03 04 05 06 07 08 09 10 11 12 13 14……

形状的绘制

本章导读

在Photoshop CC中，除了认识并使用不同的绘图工具外，还需了解如何绘制不同的形状，如绘制某个图形的轮廓和对图形添加路径等。下面具体介绍各种形状的绘制方法。

8.1 绘图基础

在使用Photoshop CC绘制图形前，需了解该类软件可绘制出什么样的图形，才能绘制图形，也就是人们常说的绘图模式。当然，还需对路径的创建方法和锚点进行认识。下面分别对其进行介绍。

8.1.1 了解绘图模式

绘图模式是指绘制图形后，图像形状所呈现的状态，包括路径、形状和像素等3种模式。用户在选择矢量工具后，在其工具属性栏中即可进行选择。

下面对这3种绘图模式的作用和特点进行讲解。

- "形状"模式：指绘制的图形位于一个单独的形状图层中。它由形状和填充区域等两部分组成，是一个矢量的图形。用户可以根据需要对形状的描边颜色、样式以及填充区域的颜色等进行设置。选择"形状"模式后，用户可单独在"形状"图层中创建形状，且出现在"路径"面板中。如图8-1所示为使用"形状"模式绘制的形状。

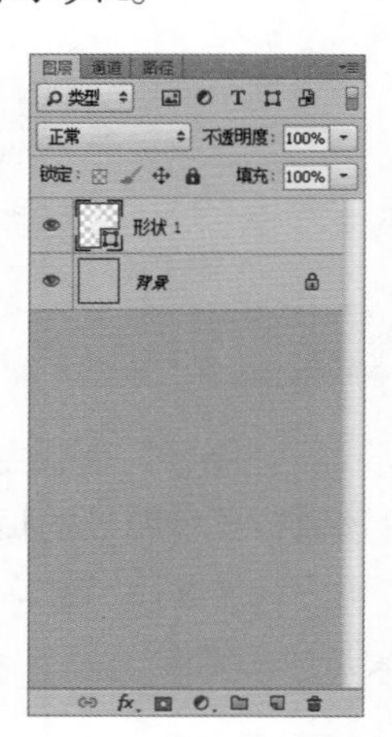

图8-1 "形状"模式

- "路径"模式：选择"路径"模式后，用户可创建路径，此时绘制的形状出现在"路径"面板中。此外，路径还可转换为选区和矢量蒙版，它在Photoshop CC处理图像时经常使用。如图8-2所示为使用"路径"模式绘制的路径。
- "像素"模式：选择"像素"模式后，在图层上绘制的图形自动被栅格化。由于图像绘制出来后被自动栅格化，所以在"路径"面板中并不会出现路径。如图8-3所示为使用"像素"模式绘制的图形。

图8-2 "路径"模式

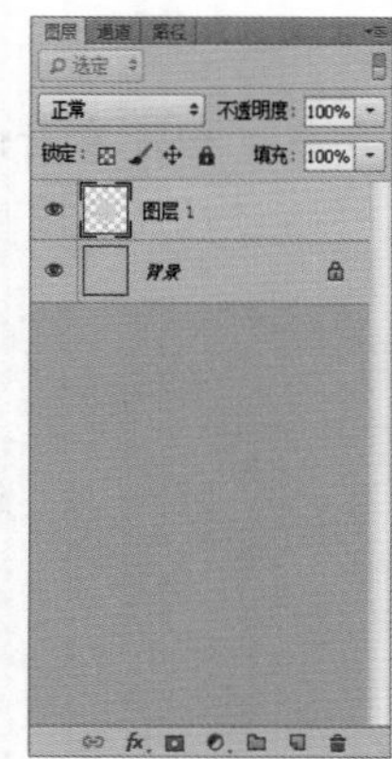

图8-3 "像素"模式

读书笔记

8.1.2 认识路径

路径是一种轮廓形式，用户可根据使用颜色填充功能或描边功能进行路径填充，路径还可作为矢量蒙版控制图层的显示区域。路径既可以根据起点与终点的情况分为闭合路径、开放式路径，也可以根据线条的类型分为直线路径和曲线路径。下面分别对其进行介绍。

◆ 闭合路径：是指路径线段为一个封闭的图形，起点和终点完全重合（即无起点和终点）。如图8-4所示为闭合路径的图形。

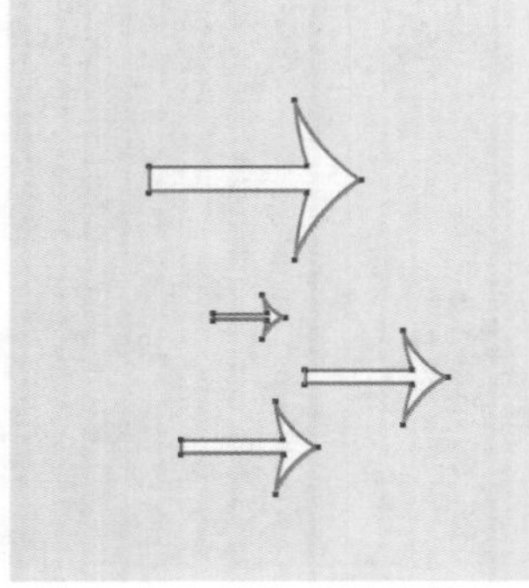

图8-4　闭合路径

◆ 开放式路径：是指路径线段既有起点，又有终点，但没有封闭的图形。如图8-5所示为开放式路径对应的图形。

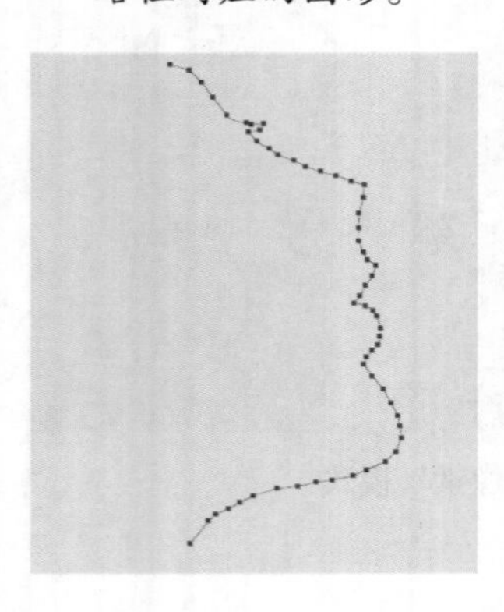
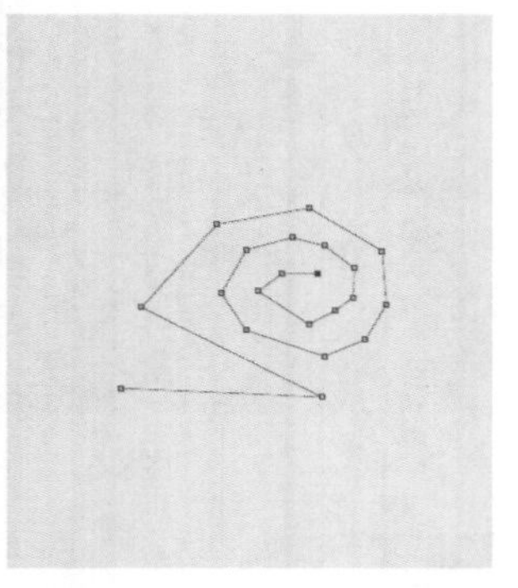

图8-5　开放式路径

◆ 直线路径：是指线条笔直，没有弧度，可以是水平、垂直或斜线路径。如图8-6所示为直线路径对应的图形。

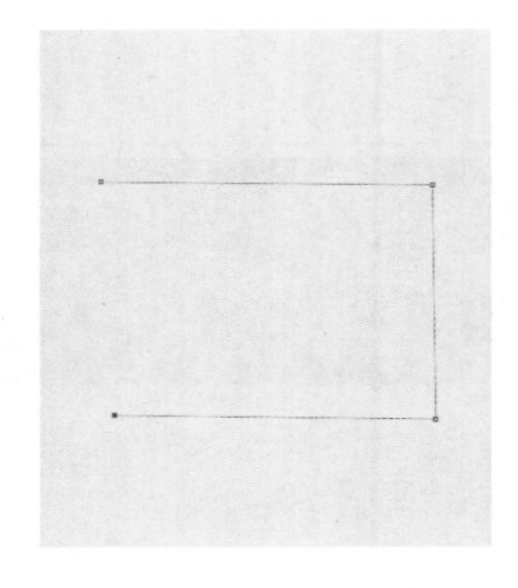
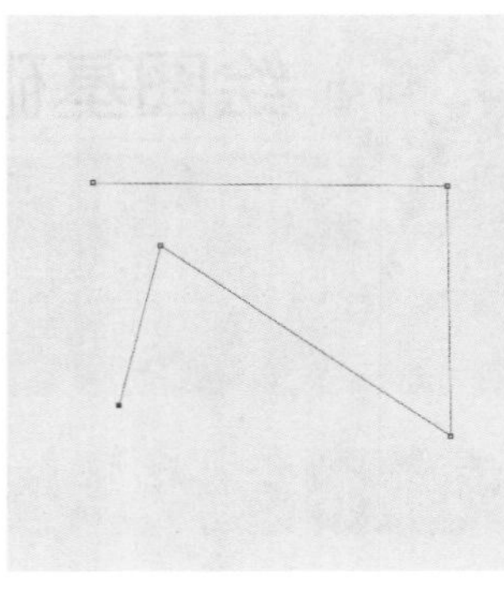

图8-6　直线路径

◆ 曲线路径：是指线条有弧度，可以是圆、弧线等，曲线路径能组合成为复杂的图形。如图8-7所示为曲线路径对应的图形。

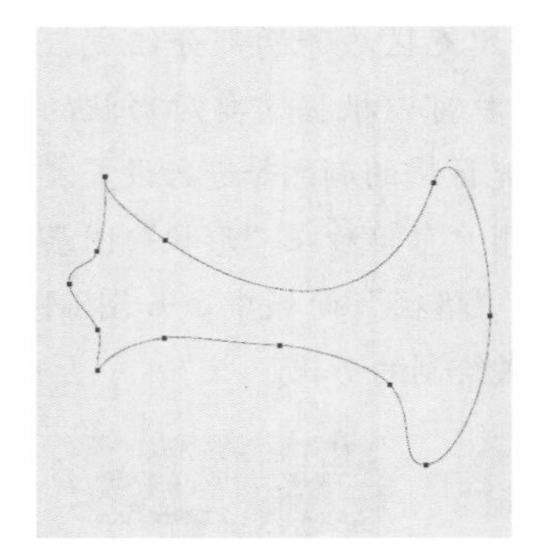

图8-7　曲线路径

8.1.3 了解“路径”面板

“路径”面板主要用于存储、管理与调用路径，该面板显示路径的相关名称、路径类型、缩略图等。用户只需选择“窗口”/“路径”命令，可打开如图8-8所示的面板。

读书笔记

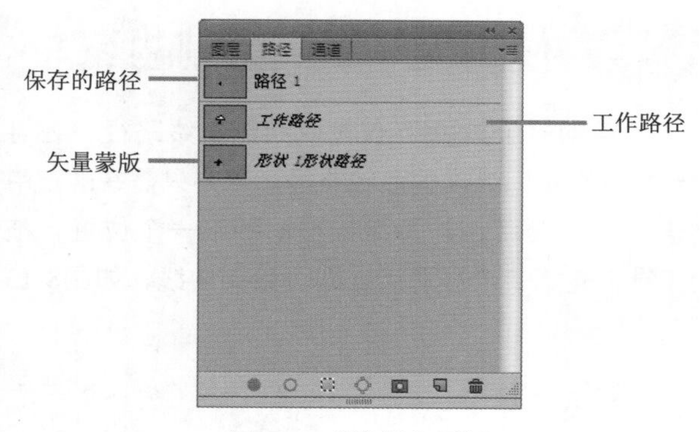

图8-8 “路径”面板

“路径”面板中各按钮的作用如下。

- 用前景色填充路径：单击●按钮，使用前景色对绘制的路径填充颜色。
- 用画笔描边路径：单击○按钮，使用当前已设置好的画笔样式对路径进行描边。
- 将路径作为选区载入：单击按钮，可将当前路径转换为选区。
- 从选区生成工作路径：单击按钮，将选区转换为工作路径保存。
- 添加图层蒙版：单击按钮，将当前选区的图层创建蒙版。
- 创建新路径：单击按钮，可新建一个路径层，而且后面所绘制的图层都在该路径层中。
- 删除当前路径：单击按钮，可将当前选中的路径删除。

8.1.4 认识锚点

路径由一个或多个直线段或曲线段组成，而锚点就是线段两头的端点。路径是由锚点来连接的，通过它可以对路径的形状、长度等进行调整。

在路径中，锚点的类型主要有两种：一种是平滑点，另一种是角点。其中，平滑点可以组成圆滑的形状，如图8-9所示。角点可以形成直线或转折曲线，如图8-10所示。

图8-9 平滑点

图8-10 角点

8.2 使用钢笔工具绘制

钢笔工具是绘制图形的工具，是常用的路径绘制工具。下面具体介绍钢笔工具的选项，以及使用钢笔工具绘制直线、使用该工具绘制曲线、使用钢笔工具绘制自定义图形、使用磁性钢笔工具和使用自由钢笔工具的方法。

8.2.1 钢笔工具选项

钢笔工具是最基本和最常用的路径绘制工具，通过它可绘制任意形状的直线或曲线。用户只需选择钢笔工具，可显示如图8-11所示的钢笔工具属性栏。

图8-11 钢笔工具属性栏

钢笔工具属性栏中特有的选项作用如下。

- 绘图模式：用于选择钢笔工具的绘图模式，包括“路径”、“形状”和“像素”，默认为“路径”。
- 选区... 按钮：单击该按钮，可将路径转换为“选区”形式。
- 蒙版 按钮：单击该按钮，可将路径转换为“蒙版”形式。

◆ 形状按钮：单击该按钮，可将路径转换为“形状”方式。

◆ “路径操作”按钮：单击该按钮，在弹出的下拉列表中可对路径进行相应的设置，包括“合并形状”、“减去顶层形状”、“与形状区域相交”、“排除重叠形状”和“合并形状组件”等。

◆ “路径对齐方式”按钮：单击该按钮，可用于控制绘制路径之间的对齐方式，通常在绘制多个路径时使用。

◆ “路径排列方式”按钮：单击该按钮，可用于控制绘制路径的排列图层。

◆ 工具选项：单击按钮，在弹出的选项栏中选中☑橡皮带复选框，可以在移动鼠标时预览两次单击之间的路径线段。

◆ 自动添加/删除：选中☑自动添加/删除复选框，将鼠标指针移动到路径上，指针变为添加锚点工具状态。将鼠标指针移动到路径上，指针变为删除锚点工具状态。

8.2.2 使用钢笔工具绘制直线

使用钢笔工具可以快速绘制直线路径，并将其连接到一个整体图形，其方法是：选择钢笔工具，在工具属性栏中选择“路径”选项，将指针移动到绘图区中，单击一点创建锚点，并释放鼠标，将指针移动至下一点单击创建第二个锚点，将两个锚点连接成一个由角点定义的直线路径，如图8-12所示。

图8-12　使用钢笔工具绘制直线

8.2.3 使用钢笔工具绘制曲线

使用钢笔工具不仅可以绘制直线路径，还可绘制出具有不同弧度的曲线路径。用户只需在画布中创建一个平滑点，并将指针移动到下一个位置，拖动指针创建第二个平滑点，即可绘制曲线，如图8-13所示。

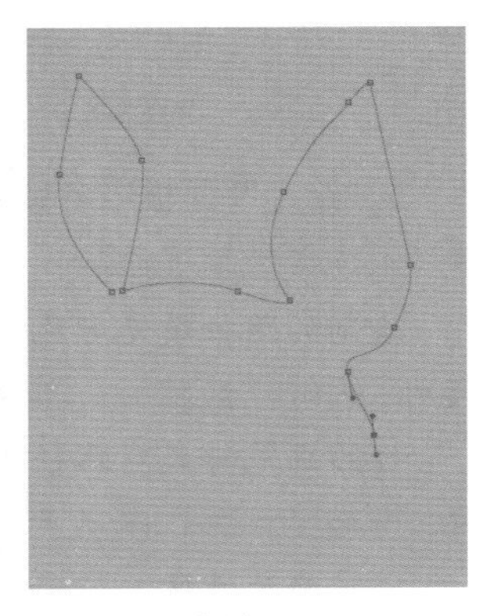

图8-13　使用钢笔工具绘制曲线

实例操作：绘制装饰图标

- 光盘\效果\第8章\装饰图标.jpg
- 光盘\实例演示\第8章\绘制装饰图标

本例新建一个图像，在该图像中使用钢笔工具绘制装饰图标，并对绘制的路径填充纯色、渐变色等，效果如图8-14所示。

图8-14　最终效果

Step 1 选择“文件”/“新建”命令，打开“新建”对话框，在其中设置“名称”“宽度”“高度”分别为“装饰图标”、600、600，单击 确定 按钮，如图8-15所示。

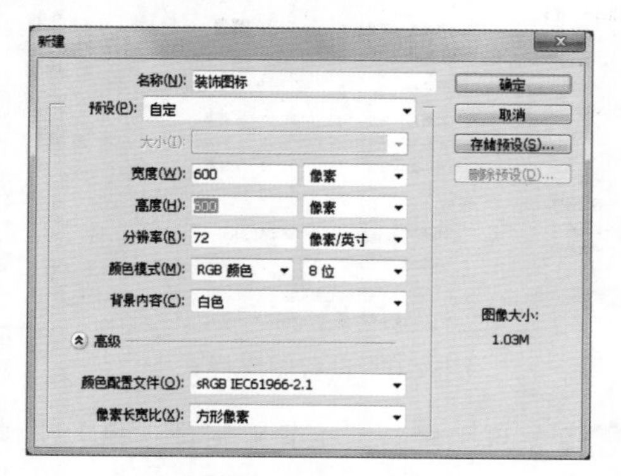

图8-15 设置参数

Step 2 将前景色设置为“紫色”（#d547f4），按Alt+Delete组合键填充图像，如图8-16所示。选择“视图”/“显示”/“网格”命令，将图像中的网格显示出来，如图8-17所示。

图8-16 填充颜色

图8-17 显示网格

Step 3 选择钢笔工具，捕捉中心点，并在图像上单击创建锚点，如图8-18所示。再在图像上单击绘制另一个锚点，绘制直线，如图8-19所示。

图8-18 绘制锚点

图8-19 绘制直线

Step 4 在第2个锚点垂直处下方单击，并按住鼠标向垂直方向拖动，绘制一个曲线，如图8-20所示。再在锚点的下方单击，绘制直线，使用相同的方法绘制其他轮廓线，如图8-21所示。

图8-20 绘制曲线

图8-21 绘制外框

Step 5 新建图层，再打开“路径”面板，单击按钮，如图8-22所示，将路径转换为选区。使用白色填充选区，并将该图层的不透明度设置为80%。取消网格显示，如图8-23所示。

图8-22 将路径转换为选区

图8-23 填充颜色

Step 6 取消选区。选择“图层”/“图层样式”/“描边”命令，打开“图层样式”对话框。选中 描边 复选框，设置描边颜色为“深紫色”（#61026a），再选中 投影 复选框，设置“距离”“扩展”“大小”分别为“10像素”、“5%”、“25像素”，单击 确定 按钮，如图8-24所示。

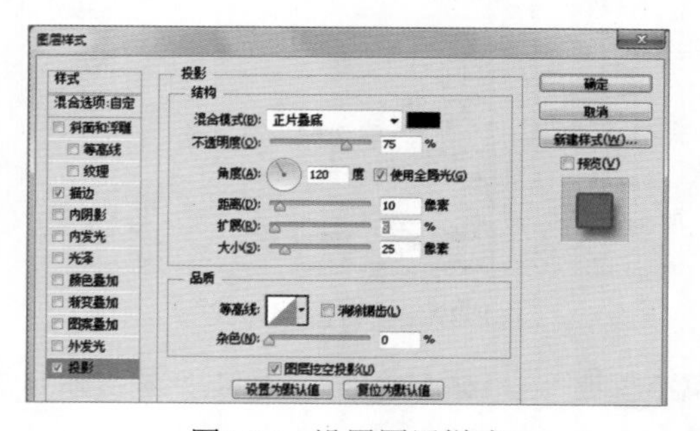

图8-24 设置图层样式

Step 7 ▶ 新建图层，在图像上单击以绘制曲线，如图8-25所示。按住鼠标左键可将其进行圆角处理，并绘制图形，完成后的效果如图8-26所示。

图8-25　绘制曲线

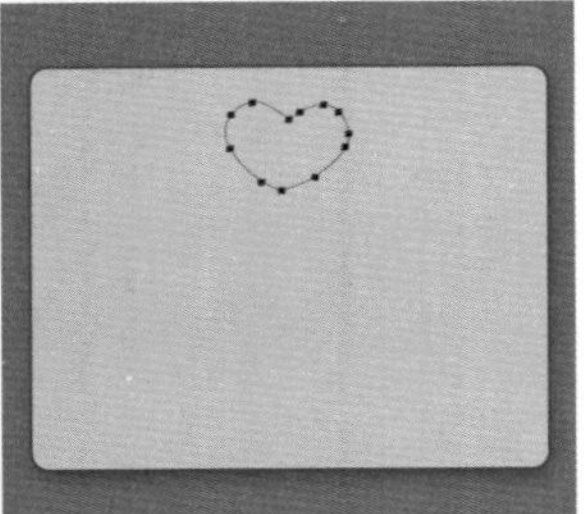

图8-26　绘制桃心

Step 8 ▶ 将前景色设置为“红色”（#fa0611），按Ctrl+Enter组合键将路径转换为选区，使用前景色填充选区，如图8-27所示。使用相同的方法绘制其他桃心，并对其填充颜色，完成后的效果如图8-28所示。

图8-27　填充颜色

图8-28　绘制其他桃心

Step 9 ▶ 选择“图层”/“图层样式”/“内阴影”命令，打开“图层样式”对话框。设置内阴影的“不透明度”为30%，再选中 内发光 复选框，且不透明度为30%，颜色为“白色”，单击 确定 按钮，如图8-29所示。

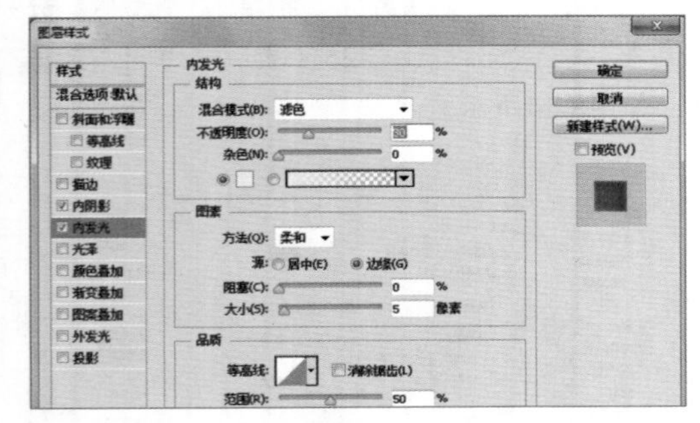

图8-29　设置图层样式一

Step 10 ▶ 选中 投影 复选框，设置“不透明度”为50%，设置“距离”“扩展”“大小”分别为“20像素”、“10%”、“20像素”，单击 确定 按钮，如图8-30所示。

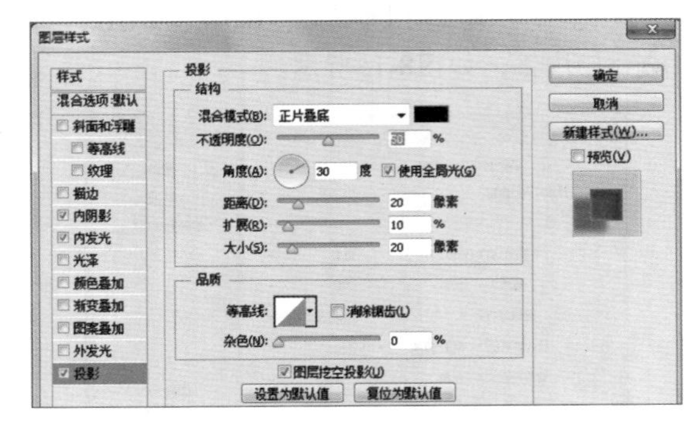

图8-30　设置图层样式二

Step 11 ▶ 使用文字输入工具在图像上输入文字，并设置文字阴影和文字颜色，如图8-31所示。使用相同的方法输入其他文字，并对字号和字体颜色进行调整，如图8-32所示。

图8-31　输入文字

图8-32　输入其他文字

Step 12 ▶ 新建图层，选择“图层”/“图层样式”/“投影”命令，打开“图层样式”对话框，设置“不透明度”为40%，单击 确定 按钮，如图8-33所示。使用椭圆工具，在属性栏中设置“工具”模式为“像素”，设置前景色为“灰色”（#bdbfb5），在图像上绘制一个30大小的灰色正圆，如图8-34所示。

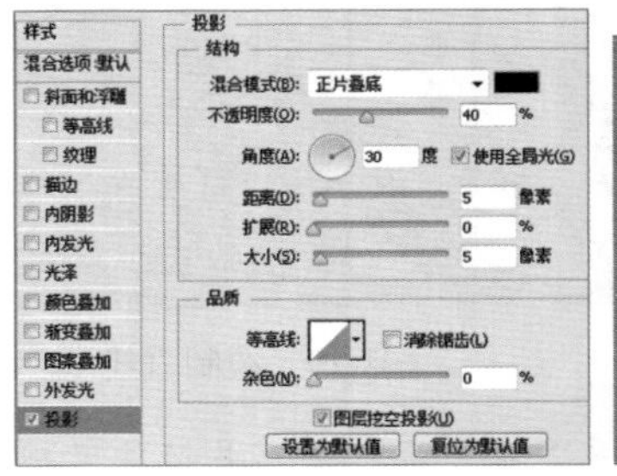

图8-33　设置投影一

图8-34　绘制正圆

Step 13 选择“图层”/“图层样式”/“投影”命令，打开“图层样式”对话框，设置“不透明度”为80%，单击 确定 按钮，如图8-35所示。选择图层3，按Ctrl+J组合键复制3个正圆，并将它们放置在图像的3个角上，如图8-36所示。

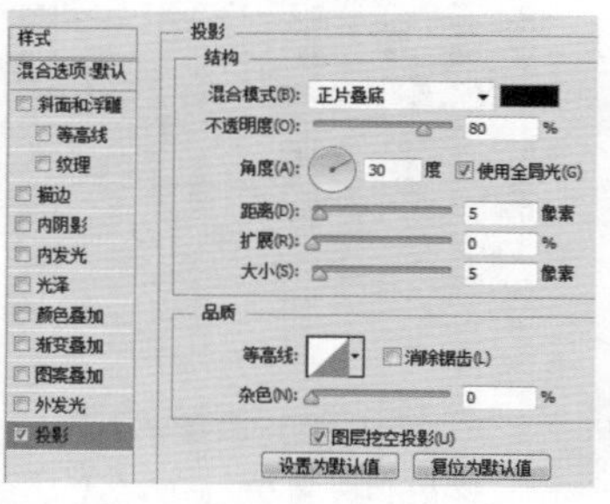

图8-35 设置投影二

图8-36 复制正圆

8.2.4 使用磁性钢笔工具

要使用磁性钢笔工具，需先选中自由钢笔工具属性栏中的 磁性的 复选框，此时自由钢笔工具切换为磁性钢笔工具，使用该工具可快速勾勒出对象的轮廓。

实例操作：提取宠物形状

- 光盘\素材\第8章\小狗.jpg
- 光盘\效果\第8章\小狗.psd
- 光盘\实例演示\第8章\提取宠物形状

本例使用磁性钢笔工具提取“小狗.jpg”图像，并将背景部分变为粉色，其效果如图8-37和图8-38所示。

图8-37 原始图

图8-38 效果图

Step 1 打开“小狗.jpg”图像，如图8-39所示，按Ctrl+J组合键复制图层，并将背景图层隐藏，如图8-40所示。

图8-39 打开图像

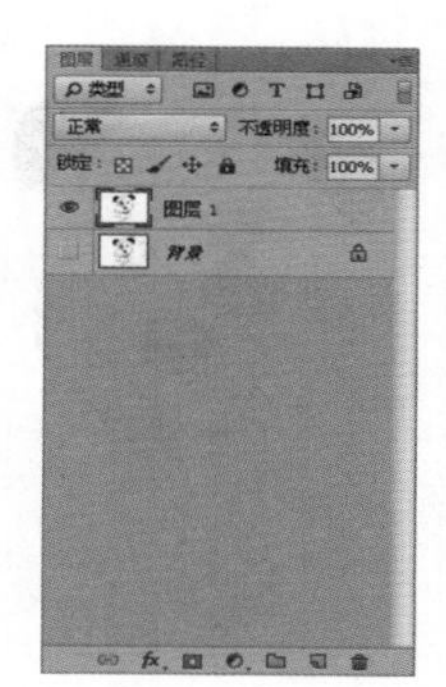

图8-40 复制并隐藏图层

Step 2 单击工具栏中的自由钢笔工具，并在选项栏中选中 磁性的 复选框，此时光标变为磁性钢笔工具形状，在“小狗”前沿交界处拖动鼠标选择部分区域，此时可发现已创建的新路径，如图8-41所示为创建后的效果。

图8-41 创建新路径的效果图

Step 3 在闭合处右击，在弹出的快捷菜单中选择“建立选区”命令，如图8-42所示。打开“建立选区”对话框，单击 确定 按钮，如图8-43所示。

图8-42　选择“建立选区”命令

图8-43　新建选区

Step 4 ▶ 此时所选择的区域呈套索工具显示，如图8-44所示。按Shift+Ctrl+I组合键反选，按Delete键删除选区部分，如图8-45所示。

图8-44　套索显示

图8-45　删除选择区域

Step 5 ▶ 再次新建图层，并将该图层的颜色设置为“粉色”（#f889fc），将创建的图层移动到第二个图层下方，如图8-46所示。选择画笔工具，再按F5键，打开“画笔”面板：设置画笔笔尖形状为23，再设置“大小”“间距”分别为“30像素”、140%；选择“图层1”，设置填充颜色为“白色”，然后在画图中绘制画笔样式，如图8-47所示。

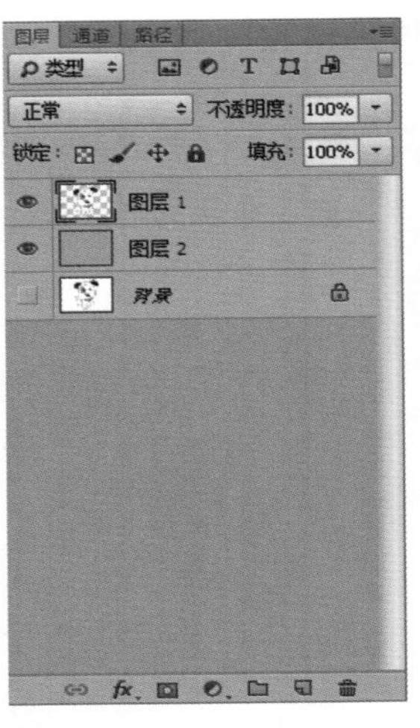

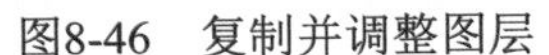

图8-46　复制并调整图层

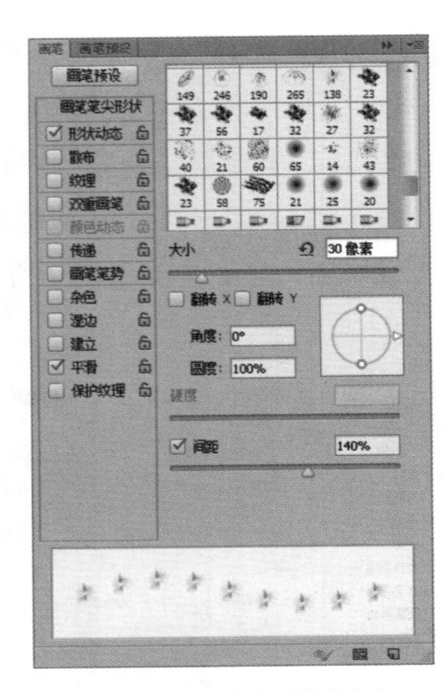

图8-47　设置画笔样式

8.2.5 使用自由钢笔工具

使用自由钢笔工具绘制图形时，可自动添加锚点，而无须确定锚点位置。和自由钢笔工具相比，钢笔工具可以绘制出更加自然的路径。其使用方法是：选择自由钢笔工具，在图像中单击即可绘制路径。如图8-48所示为使用自由钢笔工具绘制路径前后的效果。

图8-48　使用自由钢笔工具效果对比

8.3 编辑路径

路径不仅可以绘制，还可以编辑。下面介绍如何选择与移动锚点和路径、添加锚点与删除锚点，介绍转换点工具、路径的常见操作、对齐与分布路径等。

8.3.1 选择与移动锚点和路径段

在使用钢笔工具绘制图形时，绘制的图形不一定是特定的路径。此时可通过选择与移动锚点、路径段和路径调整绘制的图形，用户只需选择直接选择工具，再单击某个锚点即可将该锚点选中，而选中的锚点呈现实心圆显示，未选中的锚点则为空心圆显示。此外，使用“直接选择”工具拖动路径与路径段进行调整。如图8-49所示，单击处为选中的锚点，其他为未选中的锚点。如图8-50所示为使用直接选择工具选中并移动的路径段。

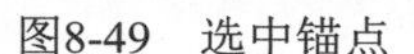

图8-49　选中锚点

图8-50　移动路径段

8.3.2 添加锚点与删除锚点

绘制完路径后，如果对路径形状不满意，可以为路径添加锚点，即通过锚点工具调整路径的形状。如锚点过多，可删除对应的锚点。下面分别进行介绍。

1. 添加锚点

当需要对路径段添加锚点时，可在工具箱中选择添加锚点工具，鼠标指针移动到路径上，当鼠标光标变为形状时单击，在单击处添加一个锚点，如图8-51所示。

读书笔记

图8-51　添加锚点

2. 删除锚点

在路径上除可添加锚点，还可对锚点进行删除。用户选择删除锚点工具或钢笔工具，将鼠标指针移动到绘制好的路径锚点上，当鼠标指针呈形状时，单击，可将锚点删除，如图8-52所示。

图8-52　删除锚点

8.3.3 转换点工具

在绘制路径时，会因为路径的锚点类型不同而影响路径的形状。转换点工具主要用于转换锚点的类型，从而调整路径的形状。用户只需选择转换点工具，并在角点上单击，角点转换为平滑点，使用鼠标拖动，以调整锚路径形状，如图8-53所示。

图8-53　角点转换为平滑点

选择转换点工具![]后，再次在平滑点上单击，平滑点转换为角点，如图8-54所示。

图8-54 平滑点转换为角点

8.3.4 调整路径形状

路径不是固定不变的，除了前面的调整方法外，也可像选区和图形一样进行自由变换，从而对路径的形状进行调整。

用户选择钢笔工具组中的任意工具，并在路径中任意位置右击，在弹出的快捷菜单中选择“自由变换点”命令，此时路径周围显示变换框，这时拖动变换框上的节点即可实现路径变换，如图8-55所示。为限制路径的变换方式，可再右击，然后在弹出的快捷菜单中选择一种变换方式即可。

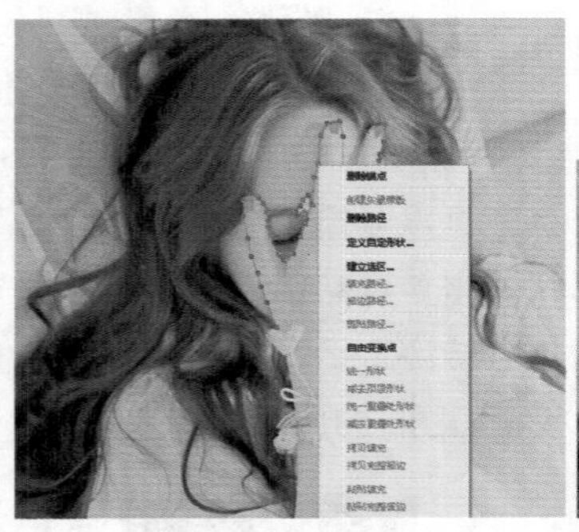

图8-55 自由变换点

8.3.5 路径的常见操作

在路径的编辑过程中对路径进行的操作包括创建“路径”图层、显示与隐藏路径、复制路径、删除路径、路径与选区转换、存储工作路径、填充路径和描边路径。下面分别进行介绍。

1. 创建“路径”图层

在“路径”面板中可以直接新建“路径”图层，然后再在“路径”图层中进行绘制，绘制的路径自动存储在当前选中的“路径”图层中。在“路径”面板中单击“创建新路径”按钮![]，自动在当前“路径”图层的下方新建一个“路径”图层。或单击右上角的![]按钮，在弹出的下拉列表中选择“新建路径”选项，打开“新建路径”对话框，在其中输入路径的名称即可创建，如图8-56所示。

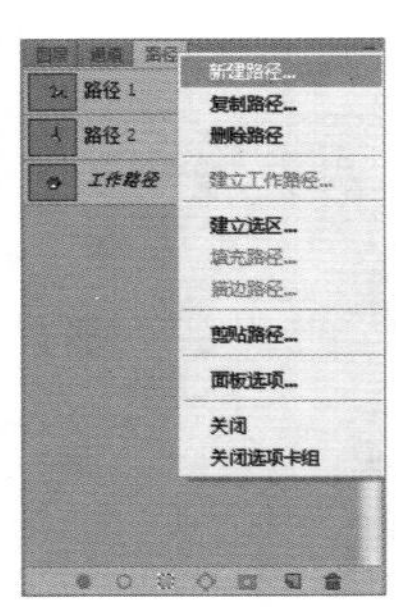

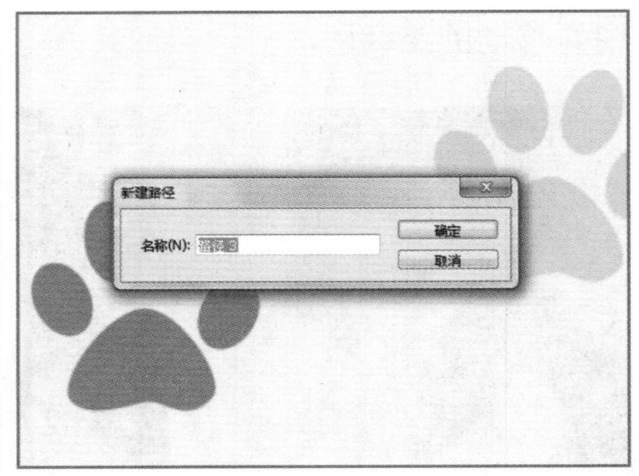

图8-56 新建路径

2. 显示与隐藏路径

在绘制路径过程中常需要对路径进行隐藏操作，以方便查看，在需要时将其显示，可通过显示与隐藏路径的方法对其进行应用。在使用时如果需要将路径在文档窗口中显示出来，可在“路径”面板中单击需要显示的路径，即可在窗口中显示，如图8-57所示。同理，若需要对路径进行隐藏，可在“路径”面板的空白区域单击，即可将其隐藏，如图8-58所示。

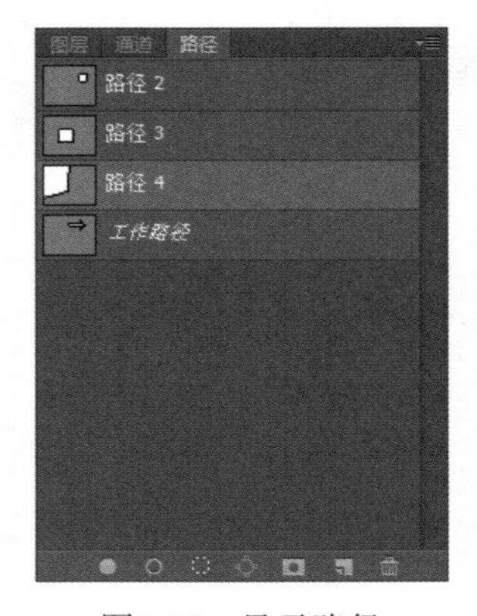

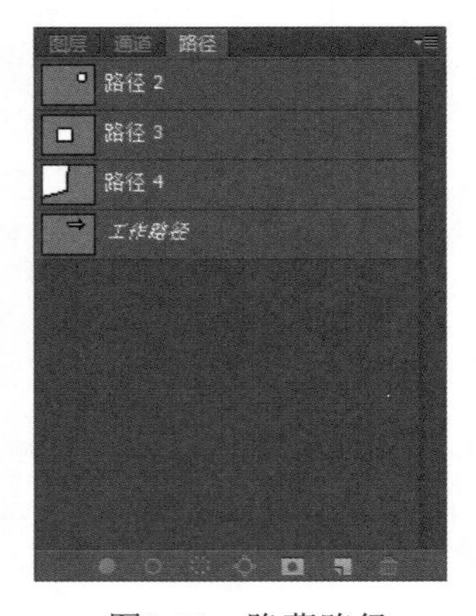

图8-57 显示路径　　图8-58 隐藏路径

3. 复制路径

如果需要绘制的图形是由多个相同的形状组合而成的，可通过复制路径的方法快速将图形组合成一个完整的图像。其方法是：在“路径”面板中选择一个需要复制的路径，右击，在弹出的快捷菜单中选择“复制路径”命令，打开“复制路径”对话框，在“名称”文本框中输入复制路径的名称，单击 确定 按钮即可，如图8-59所示。

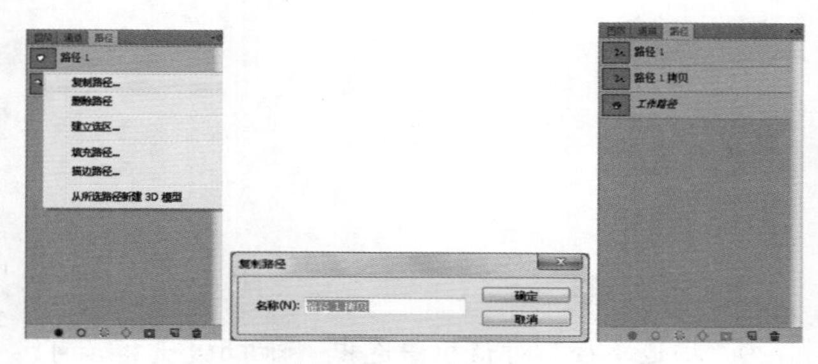

图8-59 复制路径

4. 删除路径

路径除了可新建外，还可删除，其方法除了通过单击面板中的按钮，还可在需要删除的路径上右击，在弹出的快捷菜单中选择“删除路径”命令，即可将选择的路径进行删除，或单击右上角的按钮，在弹出的下拉列表中选择“删除路径”选项，对路径进行删除，如图8-60所示。

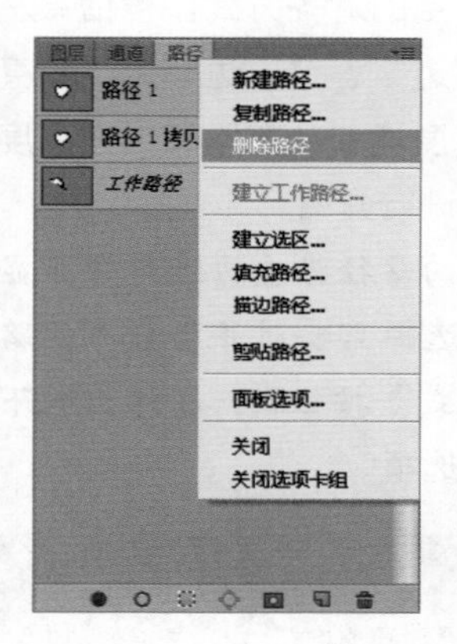

图8-60 删除路径

5. 路径与选区转换

为了使图像绘制更加方便，用户经常将路径和选区来回转换。Photoshop CC提供多种将路径转换为选区的操作方法。

- 按Ctrl键的同时，在“路径”面板中单击路径缩略图，或单击按钮，可将路径转换为选区。
- 选中路径后，按Ctrl+Enter组合键，将路径转换为选区。
- 在路径上右击，在弹出的快捷菜单中选择“建立选区”命令，在打开的“建立选区”对话框中设置参数后单击 确定 按钮即可完成转换，如图8-61所示。

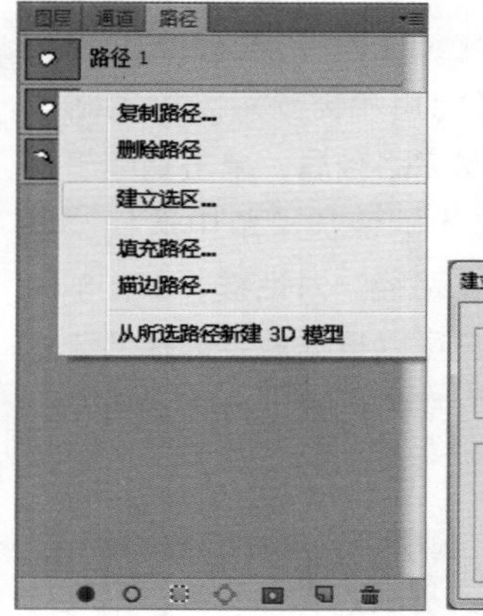

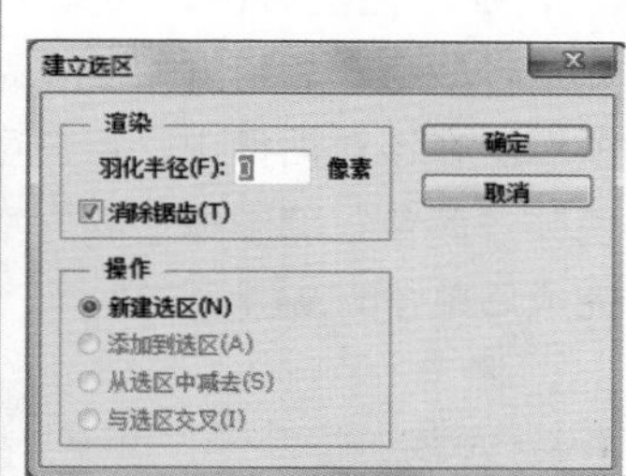

图8-61 选区转换

6. 存储工作路径

前面讲解了路径的复制方法，该方法只针对临时的路径。若再绘制一个路径，原来的工作路径被新绘制的路径取代。若绘制的路径不只是一个临时路径，可将路径存储起来。

其方法是：在“路径”面板中双击需要存储工作路径的缩略图，或单击右上角的按钮，在弹出的下拉列表中选择“储存路径”命令，如图8-62所示。在打开的“存储路径”对话框中，设置名称后单击 确定 按钮，如图8-63所示。此时，“路径”面板中的工作路径存储起来。

读书笔记

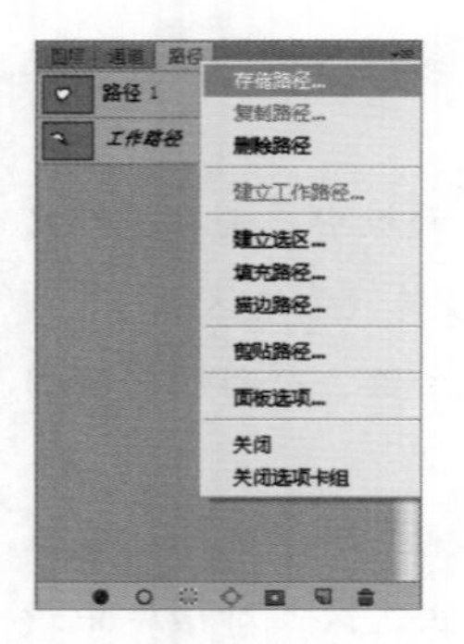

图8-62　选择“存储路径”命令

图8-63　输入存储名称

7. 填充路径

在编辑图像时，有可能用户需要对绘制的路径进行填充。用户只需在绘制完路径后，单击钢笔工具，在路径上右击，在弹出的快捷菜单中选择“填充路径”命令，打开“填充路径”对话框，如图8-64所示。在该对话框中，用户可以根据需要选择“背景色”“颜色”“图像”等方案为元素进行路径填充，完成后单击确定按钮。

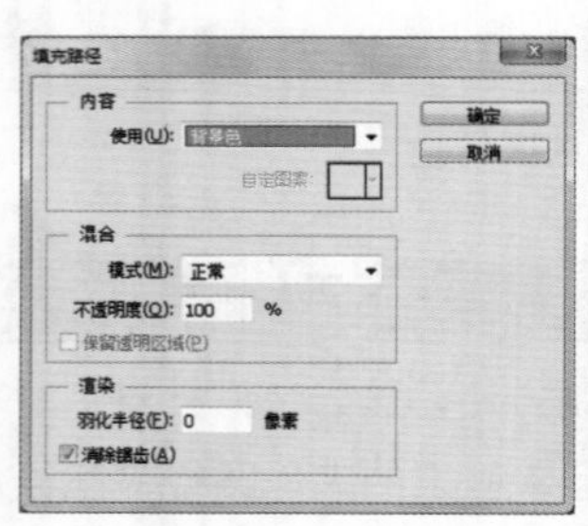

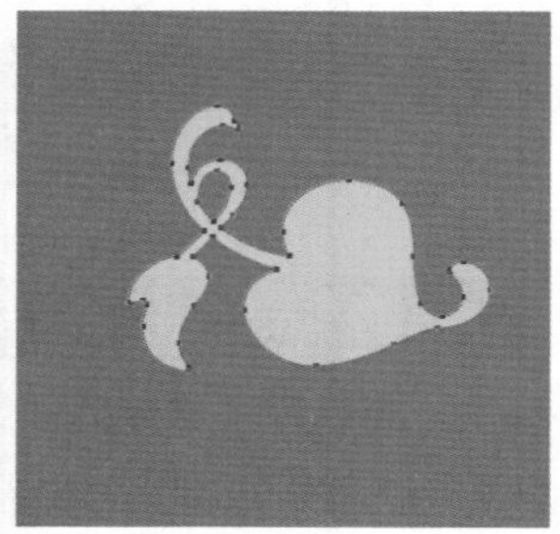

图8-64　填充路径

8. 描边路径

“描边路径”命令使用一种图像绘制工具或修饰工具沿路径绘制图像或修饰图像进行描边。“描边路径”命令可以对所有绘制的路径进行描边。该命令绘制效果比“描边”命令更好。用户可为画笔、铅笔、橡皮擦或仿制图章等进行描边。

用户只需在绘制完路径后，选择钢笔工具，在路径上右击，在弹出的快捷菜单中选择“描边路径”命令，打开“描边路径”对话框，在“工具”下拉列表框中即可选择需要进行描边的工具。如图8-65所示为使用橡皮擦工具描边后的效果。

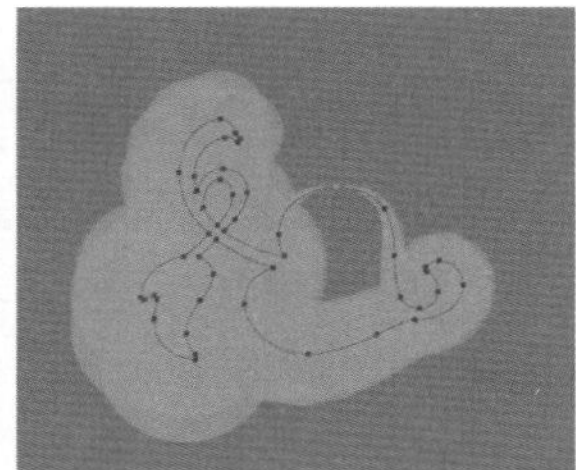

图8-65　描边路径效果

读书笔记

技巧秒杀

在“描边路径”对话框中选中☑模拟压力复选框，可出现更多的描边工具，如“涂抹”、“加深”和“减淡”等，可使描边的图形更具有视觉效果。

8.3.6 对齐与分布路径

人们在绘制路径时不一定按照特定的路径分布进行绘制。若需要将绘制的图形按照一定的规律进行对齐分布，可先对其进行设置，常用的设置方法主要通过在工具属性栏中单击“路径对齐方式”按钮，在弹出的下拉列表中显示常用的对齐方式，包括“左边”、“水平居中”、“右边”、“顶边”、“垂直居中”、“底边”、“按宽度均匀分布”和“按高度均匀分布”。下面分别对其进行介绍。

- **左边**：该选项指将选择的路径沿左边进行分布显示。如8-66所示为用户选择需要对齐与分布的路径，单击“路径对齐方式”按钮，在弹出的下拉列表中选择“左边”选项。

图8-66　路径左边对齐

◆ 水平居中：该选项指将选择的路径水平居中对齐分布。如图8-67所示为用户选择需要对齐与分布的路径，单击“路径对齐方式”按钮，在弹出的下拉列表中选择“水平居中”选项后的效果。

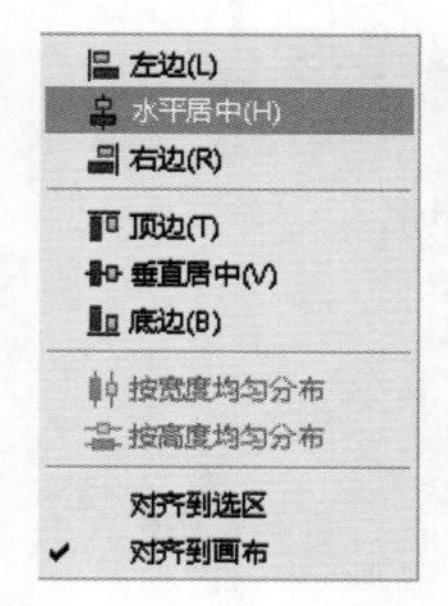

图8-67 路径水平居中

◆ 右边：该选项指将选择的路径右对齐。如图8-68所示为用户选择需要对齐与分布的路径，单击“路径对齐方式”按钮，在弹出的下拉列表中选择“右边”选项后的效果。

图8-68 路径右边对齐

◆ 顶边：该选项指将选择的路径顶边对齐。其方法与右对齐类似，其效果如图8-69所示。

◆ 垂直居中：该选项指将选择的路径以选择图形的中线垂直居中对齐，其效果如图8-70所示。

图8-69 顶边对齐

图8-70 垂直居中

◆ 底边：该选项指将选择的路径底边进行对齐，其方法与顶边相同。

◆ 按宽度均匀分布：该选项指将选择的图形按宽度进行均匀分布，需要注意的是，分布的图形必须为3个以上的图形，其效果如图8-71所示。

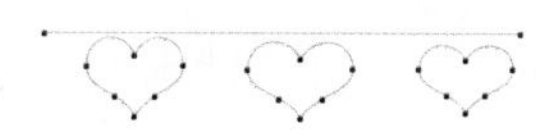

图8-71 按宽度分布

◆ 按高度均匀分布：该选项指将选择的路径按高度进行均匀分布，而且分布的图形也必须为3个以上图形，其效果如图8-72所示。

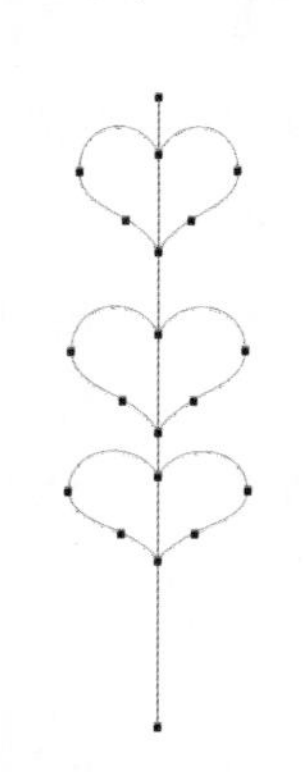
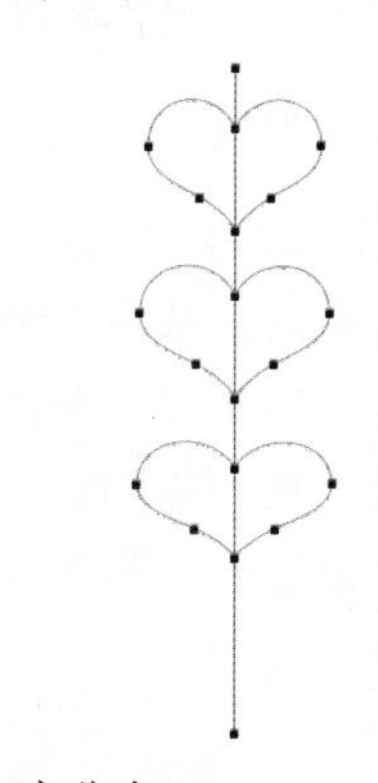

图8-72 按高度分布

8.4 使用形状工具组绘制形状

形状工具组中的工具是常用的绘图工具，通过各种形状的拼接可使绘制的图形具有生命力。形状工具组包括矩形工具、圆角矩形工具、椭圆工具、多边形工具、直线工具、自定形状工具等，下面分别对其进行介绍。

8.4.1 矩形工具

矩形工具属于常用工具中的一种，也是编辑图形中必不可少的工具。用户选择矩形工具，即可绘制正方形和矩形，其中绘制时单击一点并按住Alt键可绘制矩形，如图8-73所示。绘制时按住Shift键可以绘制出正方形，如图8-74所示。按住Shift+Alt组合键，并单击一点，可以以该点为中心绘制矩形，如图8-75所示。在选项栏中单击⚙按钮，在打开的下拉列表中可对矩形工具进行如图8-76所示的设置操作。

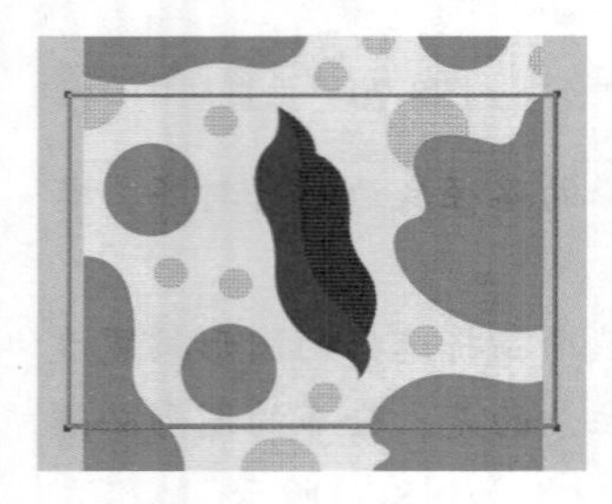

图8-73 按住Alt键绘制矩形

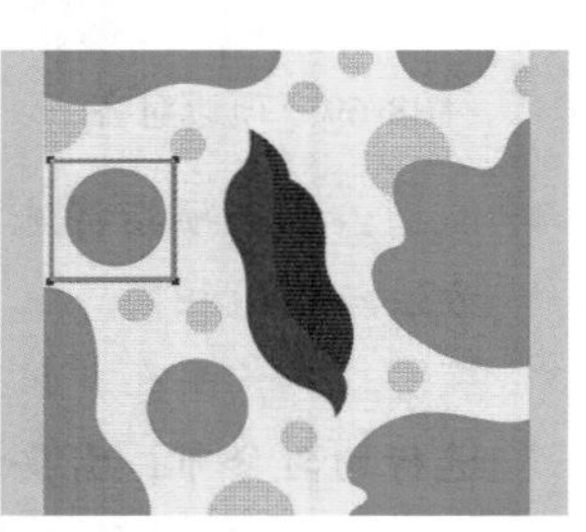

图8-74 按住Shift键绘制正方形

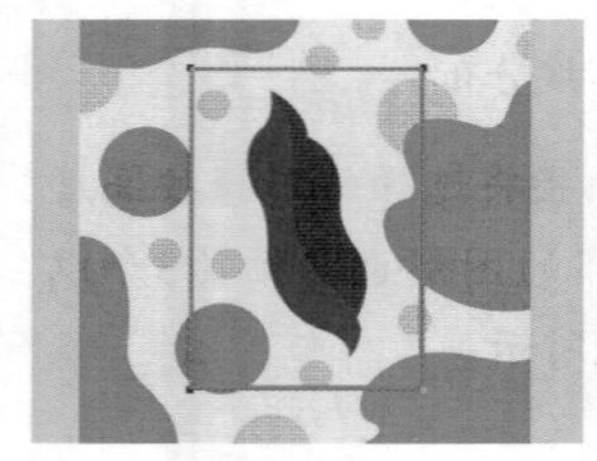

图8-75 组合键绘制矩形

图8-76 矩形工具下拉列表

下拉列表中各选项的含义如下。

◆ **不受约束**：选中⊙不受约束单选按钮，可绘制出任意大小的矩形，如图8-77所示。

◆ **方形**：选中⊙方形单选按钮，可绘制出任意大小的方形图形，如图8-78所示。

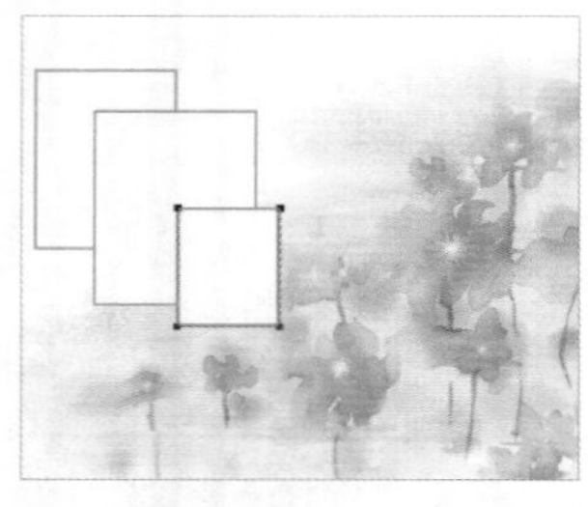

图8-77 任意大小的矩形

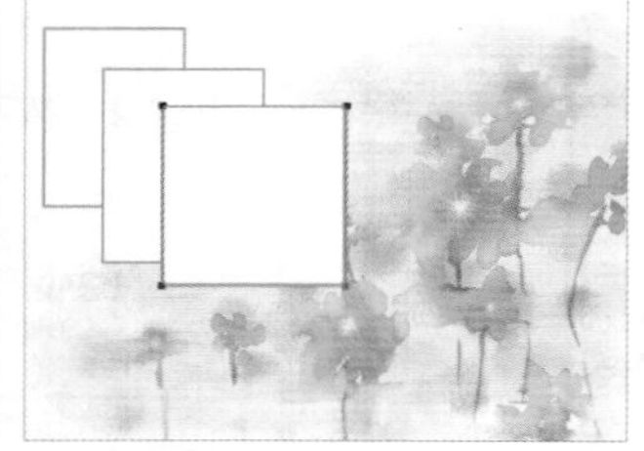

图8-78 任意大小的方形

◆ **固定大小**：选中⊙固定大小单选按钮，可在其后的文本框中输入宽度和高度值，然后在图像上右击即可创建出该尺寸的矩形，如图8-79所示。

◆ **比例**：选中⊙比例单选按钮，可在后面的文本框中输入宽度和高度值，而创建后的矩形始终保持该比例值，如图8-80所示。

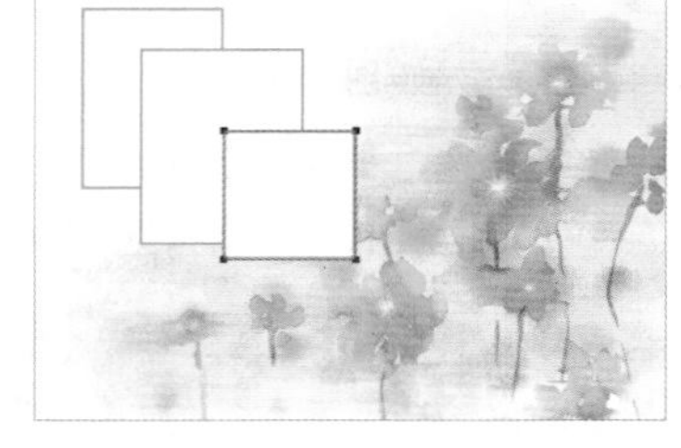

图8-79 固定大小的矩形

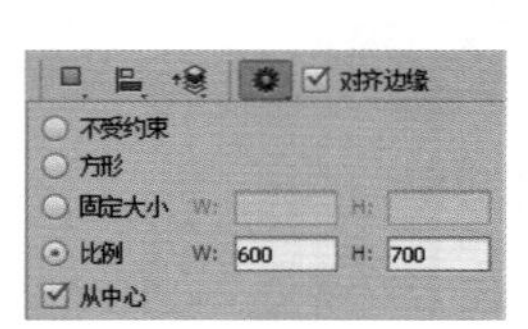

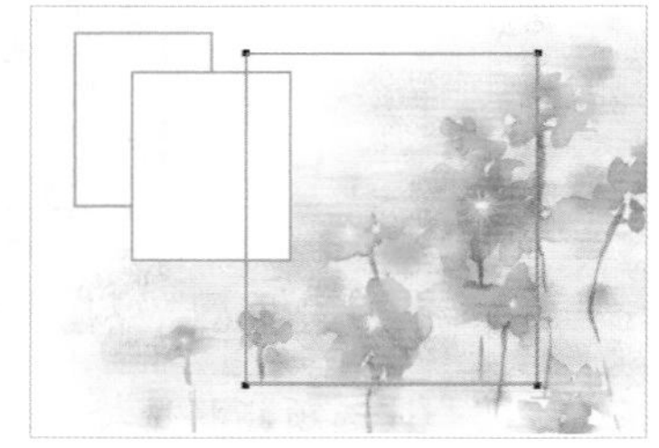

图8-80 比例一定的矩形

◆ **从中心**：选中☑从中心复选框，在创建矩形时，在图形中单击一点，将以矩形的中心进行绘制。

8.4.2 圆角矩形工具

在制作与美化相片的过程中，常常需要圆角矩形工具对照片进行修饰，使其更具有时尚感，而且其创建方法与矩形工具完全相同，只需在工具属性栏中对“半径”值进行设定即可，数值越大，圆角越大。如图8-81所示圆角为60的圆角矩形，如图8-82所示圆角为30的圆角矩形。

图8-81 “60”的圆角矩形

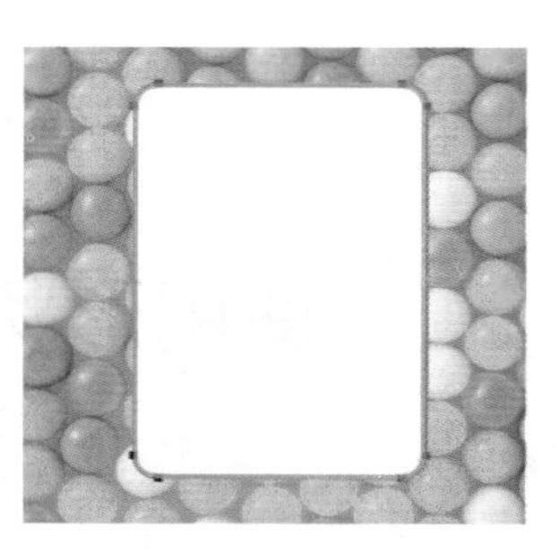

图8-82 “30”的圆角矩形

读书笔记

实例操作：绘制“刷新”按钮

- 光盘\素材\第8章\按钮.png
- 光盘\效果\第8章\“刷新”按钮.psd
- 光盘\实例演示\第8章\绘制“刷新”按钮

本例使用圆角矩形工具在文件中绘制圆角矩形，并将其转换为路径，填充颜色，结果如图8-83所示。

图8-83 最终效果

Step 1 ▶ 按Ctrl+N组合键，打开“新建”对话框，新建大小为1000像素×1000像素的文件，如图8-84所示。将前景色设置为“黑色”，选择工具箱中的圆角矩形工具，在工具属性栏中设置类型为“像素”，半径为“60像素”，在“图层1”中按Shift键绘制大小合适的圆角矩形，如图8-85所示。

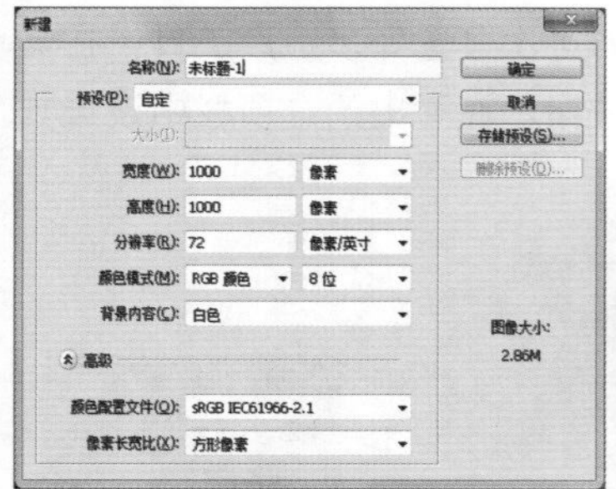

图8-84 “新建”对话框

图8-85 绘制圆角矩形

Step 2 ▶ 新建图层。再次使用圆角矩形工具，绘制略小的圆角矩形；建立选区，选择工具箱中的渐变工具，在工具属性栏中单击“渐变条”按钮，在打开的对话框中选择“从前景色到背景色（黑白）”选项，单击 确定 按钮返回到图像，使用鼠标从下到上进行拖动，以填充“线性渐变”；按Ctrl+D组合键取消选区。效果如图8-86所示。

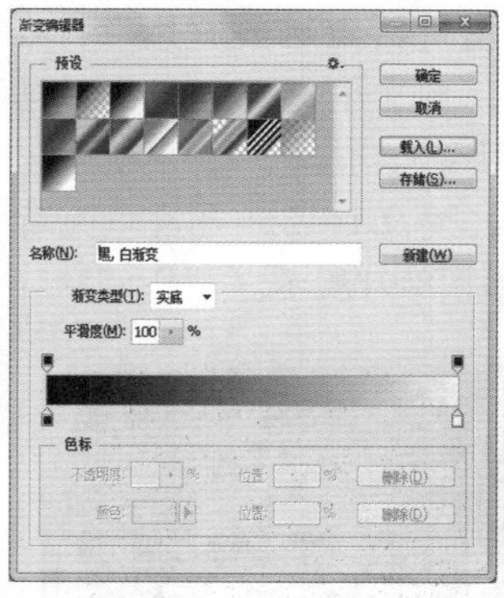

图8-86 填充渐变色一

Step 3 ▶ 新建“图层2”，如图8-87所示。将前景色设置为“灰色”，并使用圆角矩形工具绘制略小的圆角矩形，调整到适当位置。使用相同的方法填充图形，如图8-88所示。

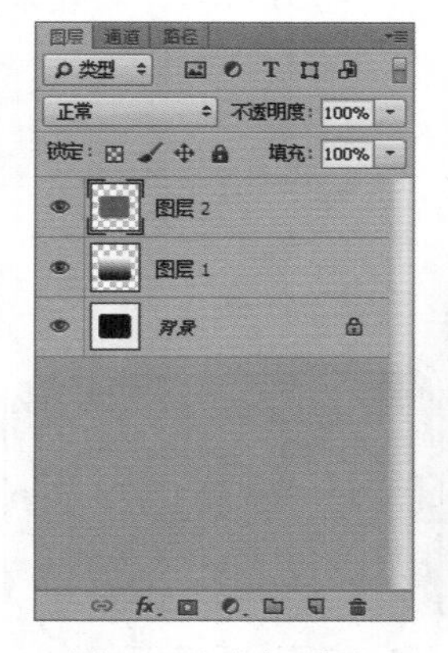

图8-87 建立图层

图8-88 填充图形

Step 4 ▶ 新建“图层3”。使用圆角矩形工具绘制略小的圆角矩形，建立选区，再次填充“黑灰色渐变”，其效果如图8-89所示。

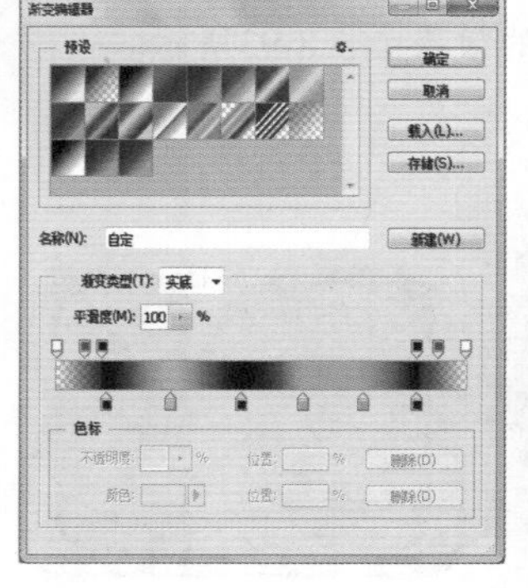

图8-89 填充渐变色二

Step 5 ▶ 新建“图层4”。使用圆角矩形工具绘制略小的圆角矩形，建立选区，再次填充灰色渐变，其效果如图8-90所示。新建图层5，使用“圆角矩形”工具绘制略小的圆角矩形，建立选区，再次填充背景色为“黑色”，其效果如图8-91所示。

图8-90　填充渐变色三

图8-91　绘制并填充圆角矩形

Step 6 ▶ 新建“图层6”。使用圆角矩形工具绘制略小的圆角矩形，建立选区，再次填充“深绿渐变”（#374422）到“浅绿渐变”（#495f34），其效果如图8-92所示。

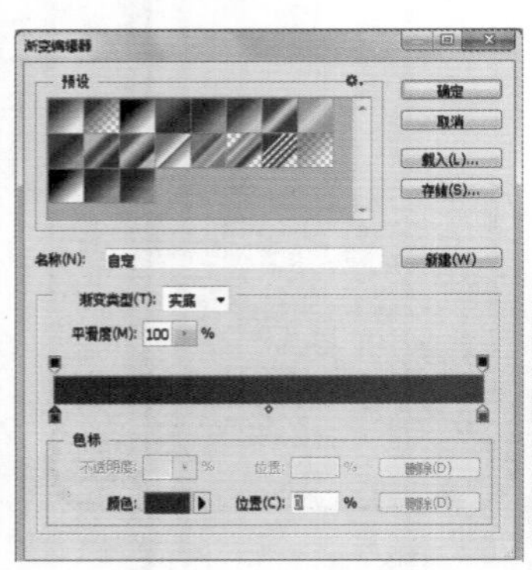

图8-92　填充渐变色四

Step 7 ▶ 复制“图层6”，并将“不透明度”设置为80%。选择“图像”/“调整”/“色阶”命令，打开“色阶”对话框，设置“输出色阶”为26，单击 确定 按钮，其完成后的效果如图8-93所示。

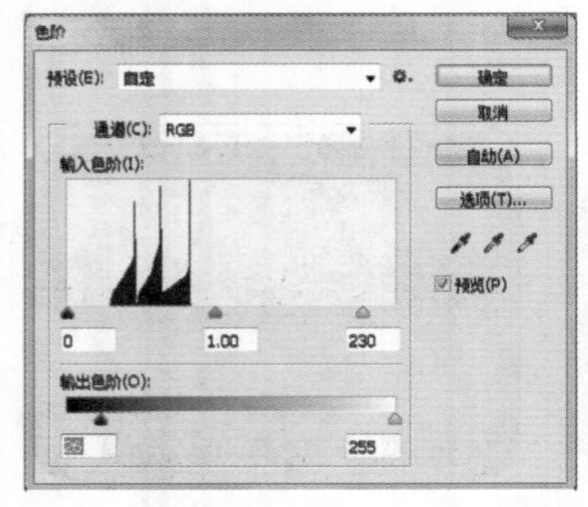

图8-93　设置输出色阶值

Step 8 ▶ 选择“文件”/“置入”命令，将“按钮.png”图形文件置入图形中，并对其进行保存，查看完成后的效果。

8.4.3 椭圆工具

椭圆工具是形状工具组中的一种，可绘制椭圆或正圆，其使用方法和设置参数方法与矩形工具相同，如图8-94所示为使用椭圆工具绘制的椭圆。选择椭圆工具，在其工具属性栏中单击按钮，在弹出的选项栏中可设置椭圆工具的参数，如图8-95所示。

图8-94　绘制椭圆

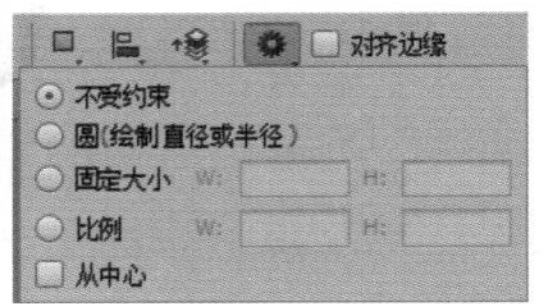

图8-95　设置参数

8.4.4 多边形工具

多边形工具可以创建正多边形和星形，如图8-96所示。用户只需选择多边形工具，在绘图区中单击一点作为起点进行绘制即可；可选择多边形工具，在其工具属性栏中单击按钮，在弹出的选项栏中设置其参数，如图8-97所示。

图8-96　绘制多边形

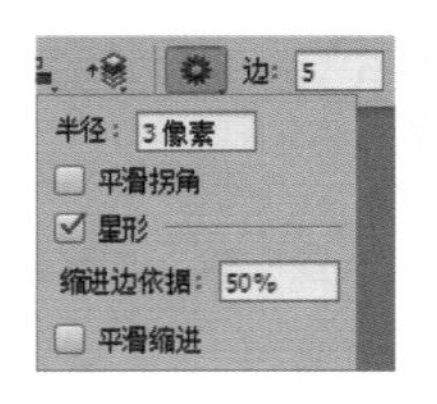

图8-97　设置参数

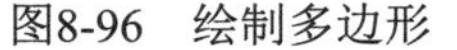

读书笔记

实例操作：绘制唱片

- 光盘\素材\第8章\海报.jpg
- 光盘\效果\第8章\海报.psd
- 光盘\实例演示\第8章\绘制唱片

本例使用多边形工具在“海报.jpg”素材文件中绘制“音乐”按钮并对其进行编辑，其效果如图8-98和图8-99所示。

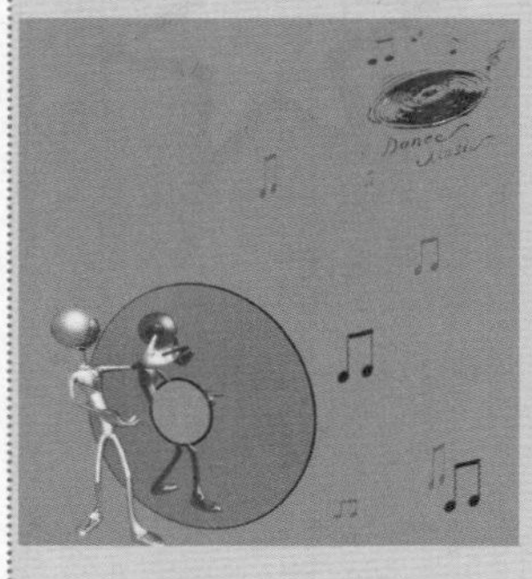

图8-98 背景图片

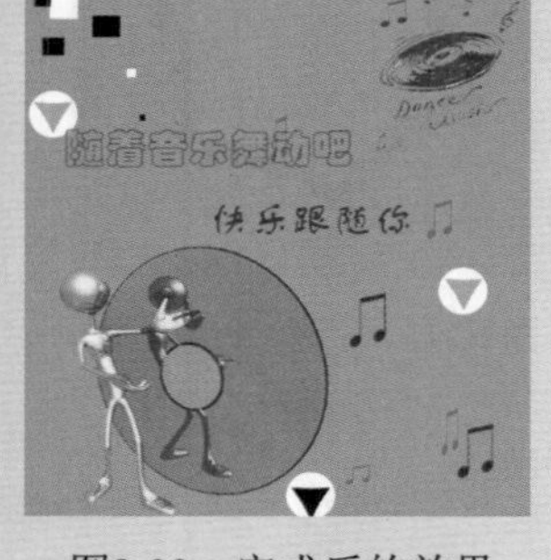

图8-99 完成后的效果

Step 1 打开“海报.jpg”图像，在形状工具组中选择矩形工具。在其工具属性栏中单击“填充”选项后的色块，在打开的对话框中设置颜色为“黑色”，如图8-100所示。鼠标指针移动到画布左上角，按住鼠标左键进行拖动，绘制出合适大小的矩形后释放鼠标，依照此方法绘制6个大小不同的矩形并对其添加颜色，如图8-101所示。

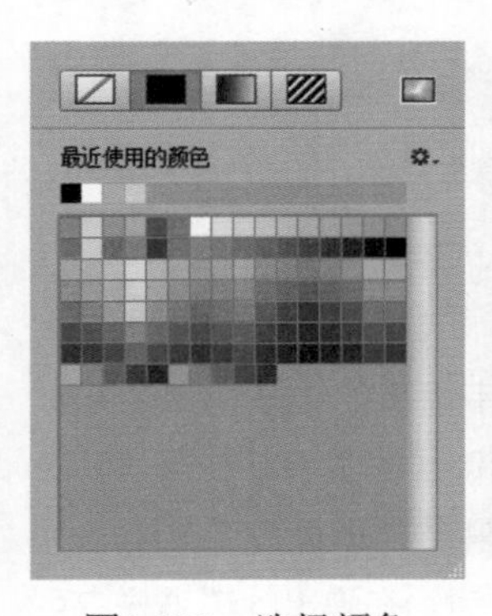

图8-100 选择颜色

图8-101 绘制矩形

Step 2 在形状工具组中选择椭圆工具，在属性工具栏中将填充颜色设置为“白色”，并单击按钮，设置圆的固定大小为“2厘米”，如图8-102所示。在图像右侧的音符下方单击，以完成圆的绘制过程，如图8-103所示。

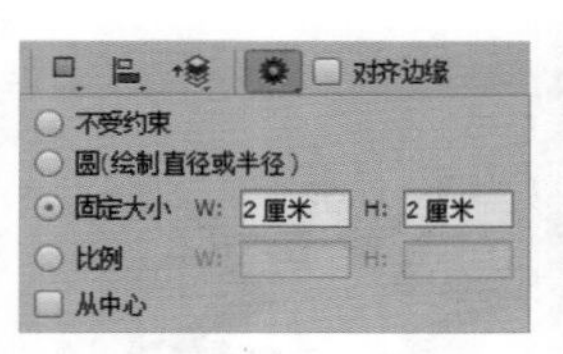

图8-102 设置固定大小

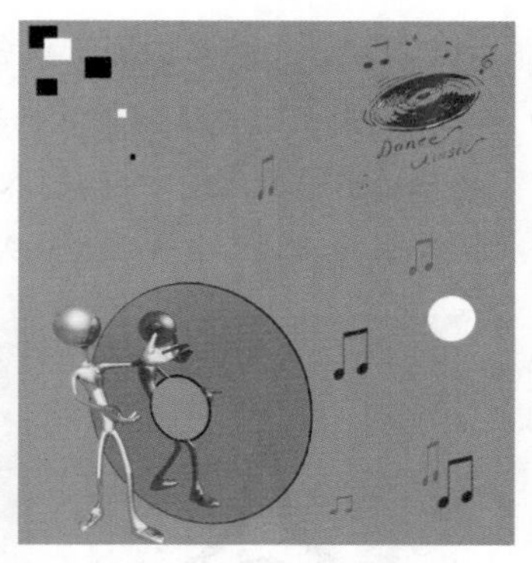

图8-103 绘制圆

Step 3 在形状工具组中选择多边形工具，在其工具属性栏中设置填充颜色为“灰色”，在其工具属性栏的“边”文本框中输入3，并单击按钮，设置半径值为“25像素”，“缩进边依据”为10%，如图8-104所示。在绘制的圆上单击，完成多边形的绘制流程，如图8-105所示。

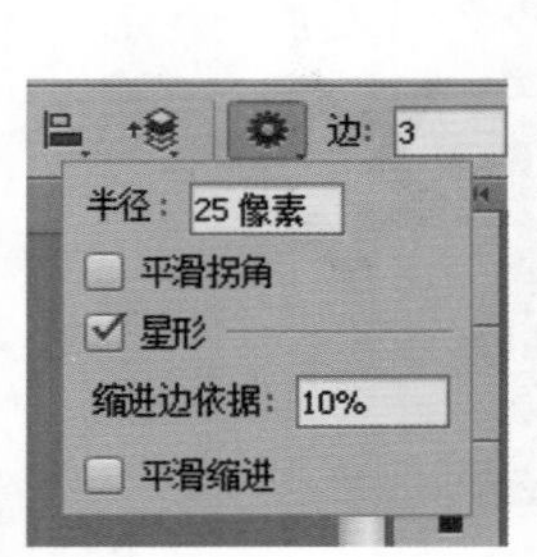

图8-104 设置多边形参数

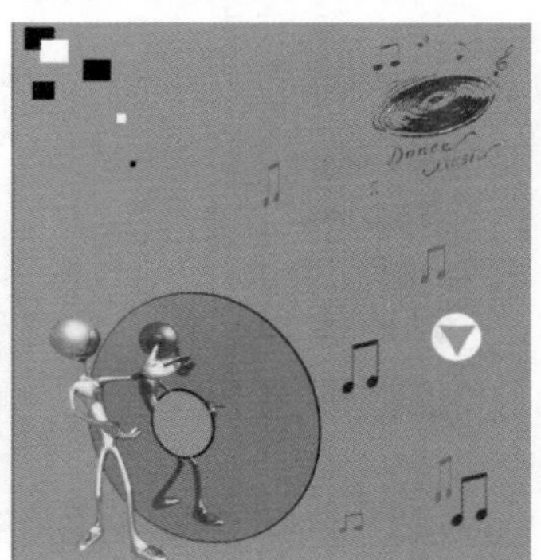

图8-105 绘制三边形

Step 4 使用相同的方法绘制其他按键，其效果如图8-106所示。使用横排文字工具对图像添加文字，其效果如图8-107所示。

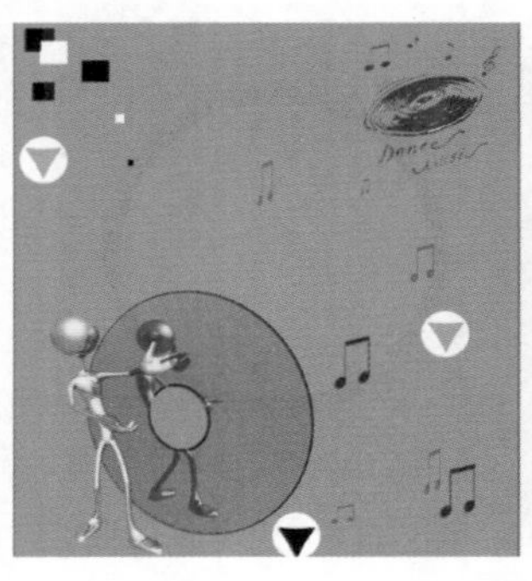

图8-106 绘制其他按键

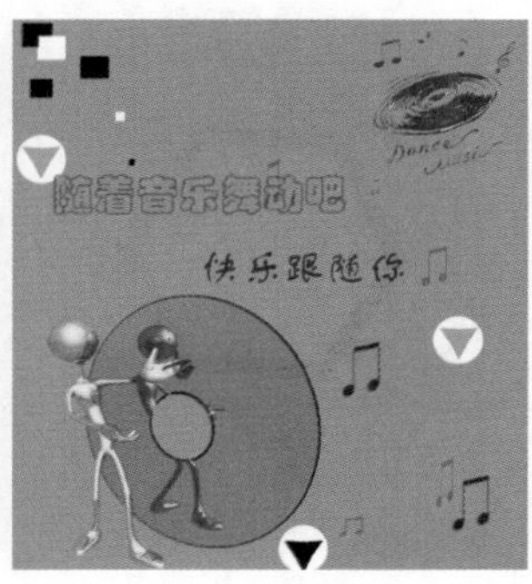

图8-107 添加文字

知识解析：多边形工具各参数的作用

◆ **边**：用于设置绘制形状的边数。输入3时，可绘制三边形；输入8，可绘制八边形。如图8-108所示为绘制的三边形，如图8-109所示为绘制的八边形。

图8-108　三边形

图8-109　八边形

◆ **半径**：用于设置多边形或星形的半径长度，数值越小，绘制出的图形越小。如图8-110所示为设置半径大小为90像素后所绘制的图形。

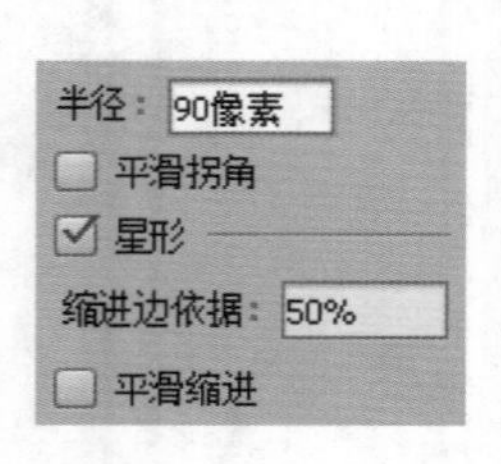

图8-110　设置半径为90像素

◆ **平滑拐角**：选中☑平滑拐角复选框，可创建有平滑拐角效果的多边形或星形。如图8-111所示为没有选中复选框的效果，如图8-112所示为选中复选框的效果。

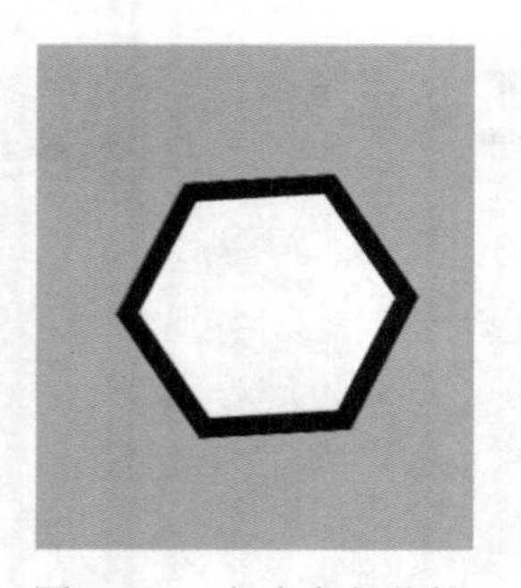
图8-111　未选中复选框

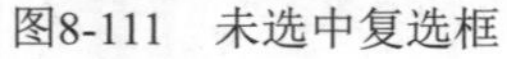

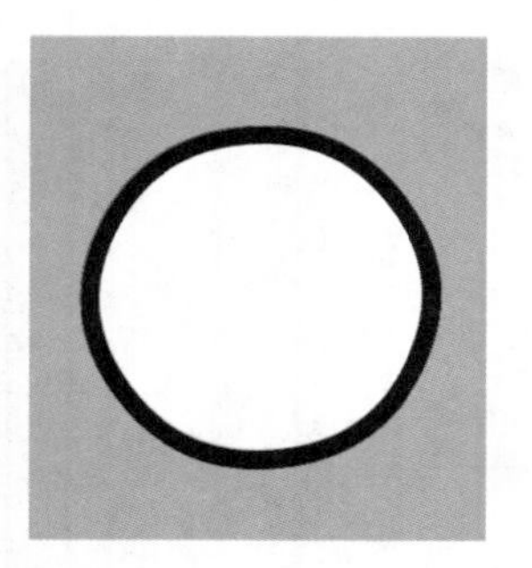
图8-112　选中复选框

◆ **星形**：选中☑星形复选框，可绘制星形。其下方的"缩进边依据"文本框用于设置星形边缘向中心缩进的百分比。数值越大，星形角越尖。如图8-113所示"缩进边依据"为10%，如图8-114所示"缩进边依据"为50%。

图8-113　"缩进边依据"为10%

图8-114　"缩进边依据"为50%

◆ **平滑缩进**：选中☑平滑缩进复选框，绘制的星形每条边向中心缩进。如图8-115所示为未选中复选框的效果，如图8-116所示为选中复选框的效果。

图8-115　未选中复选框效果

图8-116　选中复选框效果

8.4.5 直线工具

直线工具可绘制直线或带箭头的线段，用户在针对特定的海报，或是需要绘制箭头的情况下使用，其表现形式如图8-117所示。用户只需选择直线工具，并且在其工具属性栏中单击按钮，在弹出的选项栏中可设置直线工具的参数，如图8-118所示。

读书笔记

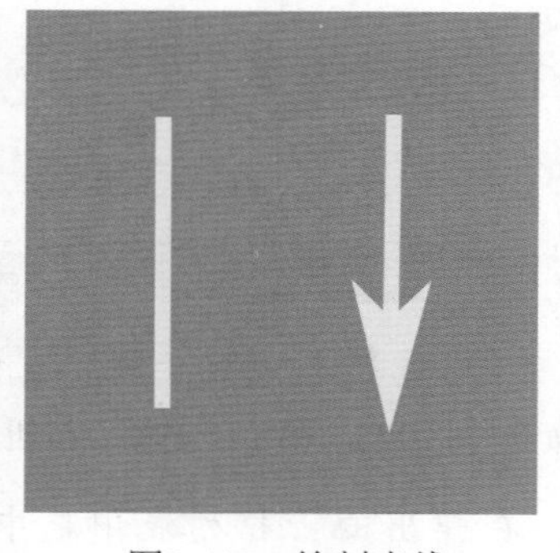

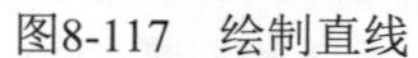

图8-117　绘制直线　　图8-118　设置参数

参数的含义如下。

- **起点**：选中☑起点复选框，可为绘制的直线起点添加箭头，如图8-119所示。
- **终点**：选中☑终点复选框，可为绘制的直线终点添加箭头，如图8-120所示。

图8-119　起点添加箭头

图8-120　终点添加箭头

- **宽度**：该栏用于设置箭头宽度与直线宽度的百分比，只需在其后的文本框中输入对应的数值即可。如图8-121所示宽度为400%，如图8-122所示宽度为1000%。

图8-121　宽度为400%

图8-122　宽度为1000%

- **长度**：用于设置箭头长度与直线宽度的百分比。如图8-123所示长度为200%，如图8-124所示长度为600%。

图8-123　长度为200%

图8-124　长度为600%

- **凹度**：用于设置箭头的凹陷程度。当数值为0%时，箭头尾部平齐；当数值大于0%时，箭头尾部将向内凹陷，如图8-125所示；当数值小于0%时，箭头尾部将向外凹陷，如图8-126所示。

图8-125　凹度设置20%

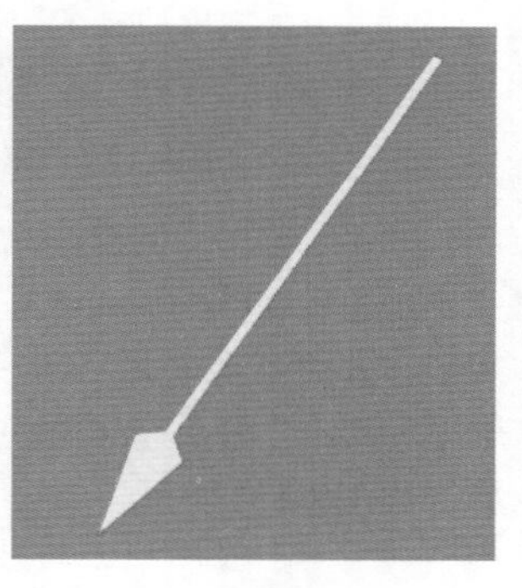

图8-126　凹度设置-20%

8.4.6 自定义形状工具

自定义形状工具可以快速创建出Photoshop CC预设的多个形状，如图8-127所示为使用自定义形状工具绘制的图像。选择自定义形状工具，在其工具属性栏中单击按钮，在弹出的选项栏中可设置自定义形状工具的参数，如图8-128所示。

图8-127　绘制自定义形状

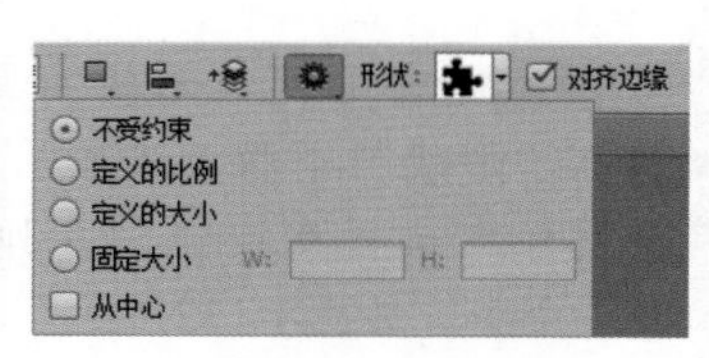

图8-128　设置参数

实例操作：绘制盾牌图标

- 光盘\效果\第8章\盾牌图标.psd
- 光盘\实例演示\第8章\绘制盾牌图标

本例新建图纸，并将其填充颜色，再使用自定义形状工具添加不同的形状，其最终效果如图8-129所示。

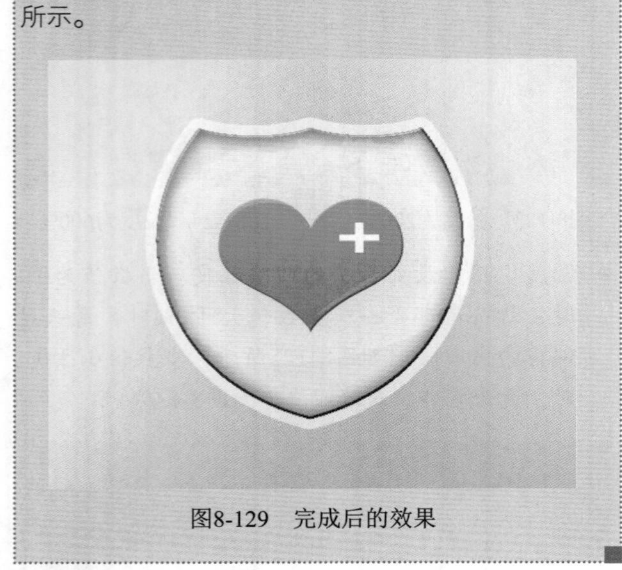

图8-129　完成后的效果

Step 1 启动Photoshop CC，新建500像素×500像素的文件，并为其填充颜色为“渐变浅蓝色”，如图8-130所示。在“图层”面板中单击按钮新建一个图层，如图8-131所示。

图8-130　新建背景

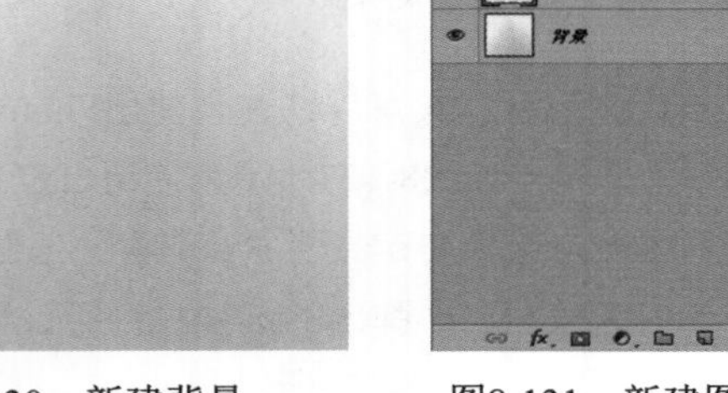

图8-131　新建图层

Step 2 选择自定义形状工具，在工具属性栏中单击“形状”下拉列表框右边的按钮。在弹出的选项栏中单击按钮，在弹出的菜单中选择“全部”命令。如图8-132所示。在打开的对话框中单击追加(A)按钮，如图8-133所示。

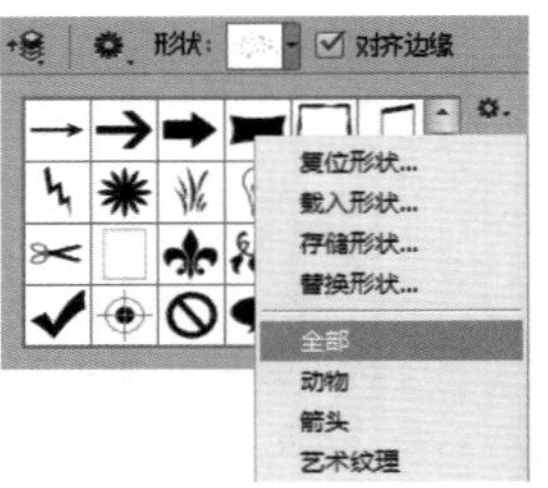

图8-132　选择“全部”命令　图8-133　单击“追加”按钮

Step 3 单击按钮，在弹出的下拉列表中选中固定大小单选按钮，并设置宽度和高度均为“10厘米”，如图8-134所示，再在“形状”栏中选择，按住Shift键，使用鼠标在图像上拖动绘制一个“浅蓝色”（#d3faff）的形状，如图8-135所示。

图8-134　设置固定大小

图8-135　绘制形状

Step 4 选择“图层”/“图层样式”/“混合选项”命令，打开“图层样式”对话框，选中投影复选框，设置“混合模式”为“正片叠底”，“不透明度”为50%，“角度”为“90度”，再设置“距离”为“2像素”，单击确定按钮，如图8-136所示。

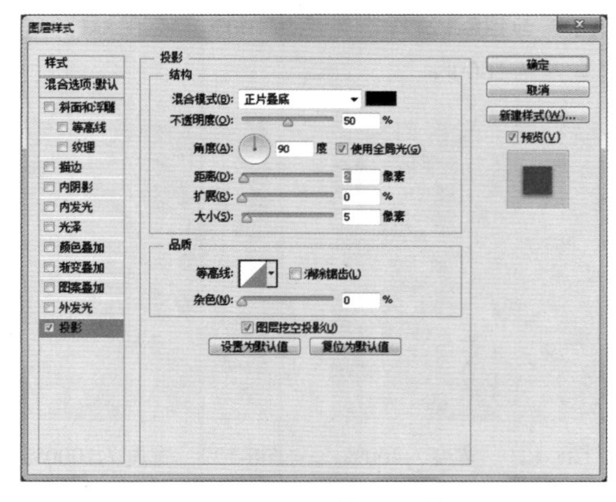

图8-136　设置投影参数

Step 5 打开“图层样式”对话框，选中☑内阴影复选框，设置“混合模式”为“正片叠底”，“距离”为“0像素”，“阴影”为0%，“大小”为“20像素”，如图8-137所示。

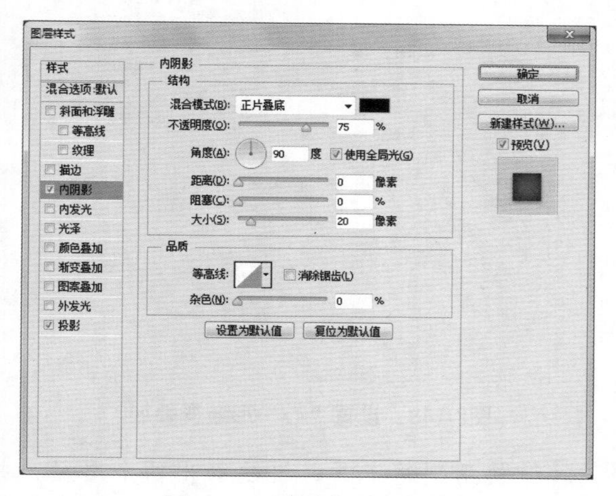

图8-137　设置内阴影参数

Step 6 选中☑斜面和浮雕复选框，设置“深度”为1000%，“大小”为“1像素”，“软化”为“0像素”，如图8-138所示。

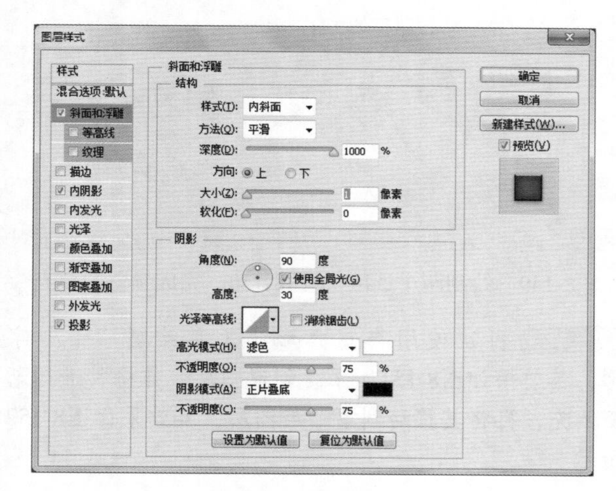

图8-138　斜面和浮雕

Step 7 选中☑渐变叠加复选框，设置“混合模式”为“正常”，“渐变”为“绿黄渐变”，“样式”为“径向”，单击确定按钮，如图8-139所示。

Step 8 打开“图层样式”对话框，选中☑描边复选框，设置“大小”为“10像素”，“不透明度”为70%，并设置“颜色”为“白色”，单击确定按钮，如图8-140所示。

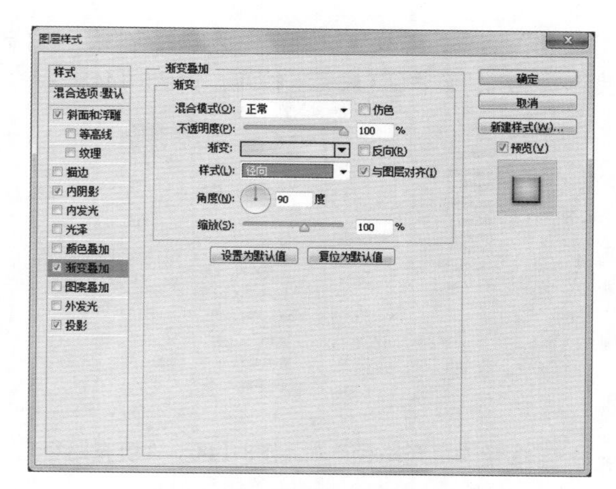

图8-139　设置渐变叠加参数

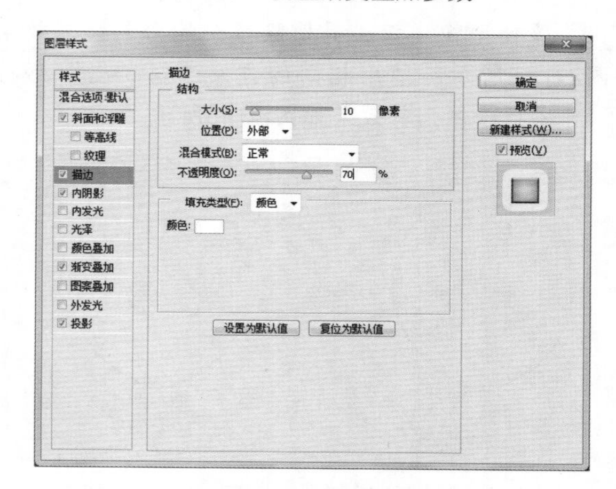

图8-140　设置描边参数

Step 9 返回绘图区，即可查看完成后的效果，如图8-141所示。新建图层，使用钢笔工具绘制如图8-142所示的形状。

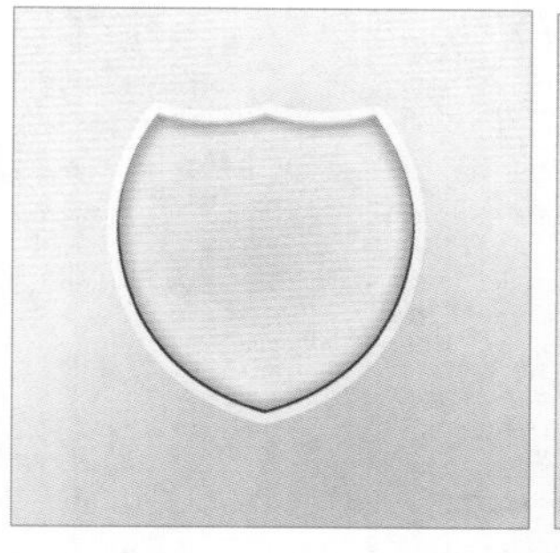

图8-141　查看完成后的效果

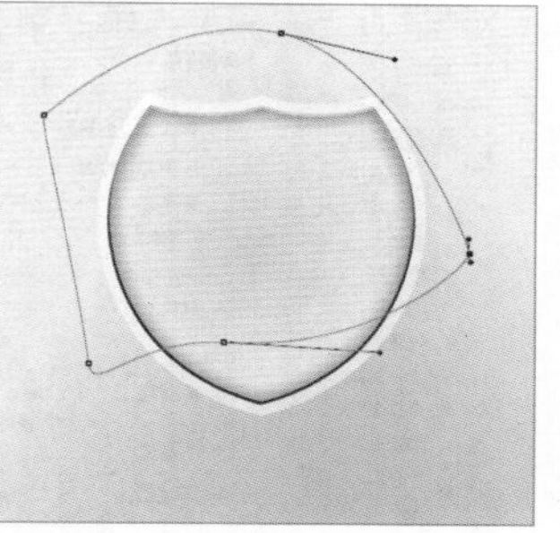

图8-142　绘制形状

Step 10 在绘制的路径上右击，在弹出的快捷菜单中选择“填充路径”命令，如图8-143所示，打开“填充路径”对话框，在“使用”下拉列表框中选择“颜色”选项，并设置“颜色”为“白色”，“不透明度”为30%，单击 确定 按钮，如图8-144所示。

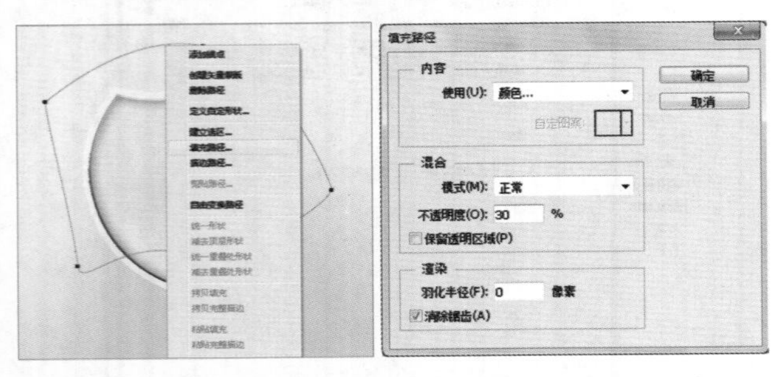

图8-143　选择“填充路径”命令　　图8-144　“填充路径”对话框

Step 11 ▶ 使用橡皮擦工具擦除多余的白色，其效果如图8-145所示。使用相同的方法选择“心”形符号，并进行绘制，其效果如图8-146所示。

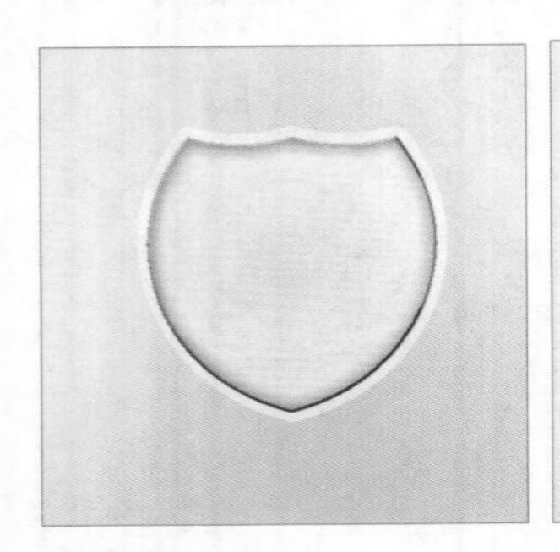

图8-145　查看完成后的效果　　图8-146　绘制形状

Step 12 ▶ 打开“图层样式”对话框，选中 ☑ 斜面和浮雕 复选框，设置“深度”为1000%，“大小”为“0像素”，“角度”为“120度”，如图8-147所示。

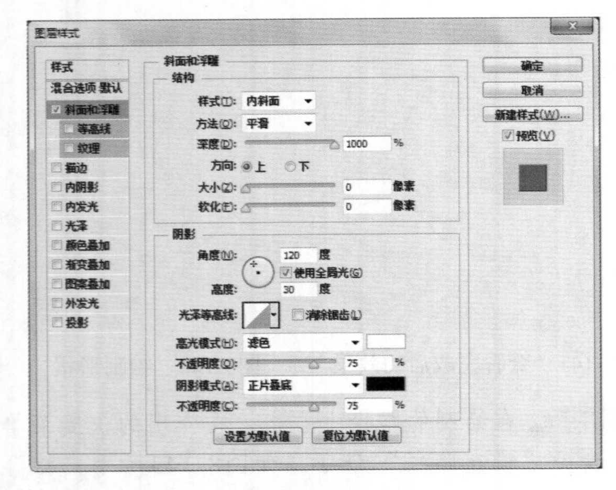

图8-147　设置深度、大小和角度

Step 13 ▶ 选中 ☑ 渐变叠加 复选框，设置“渐变”为“红色渐变”，并设置“缩放”为150%，单击 确定 按钮，如图8-148所示。

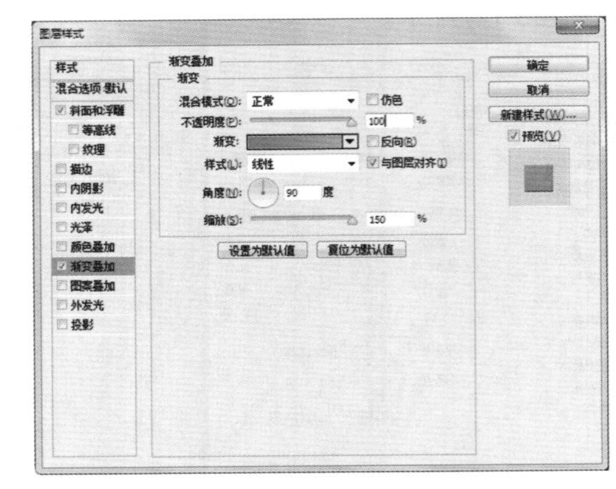

图8-148　设置“心”形渐变叠加

Step 14 ▶ 使用钢笔工具，再次画出两个路径，并将其转换为选区，如图8-149所示。选区填充“白色”，然后设置“不透明度”为20%，其完成后的效果如图8-150所示。

图8-149　绘制两个选区　　图8-150　完成颜色的填充

Step 15 ▶ 再次使用自定义形状工具绘制“十”字形，其效果如图8-151所示。创建图层，并将其进行渐变填充，再将其移动到第二层图层，其效果如图8-152所示。

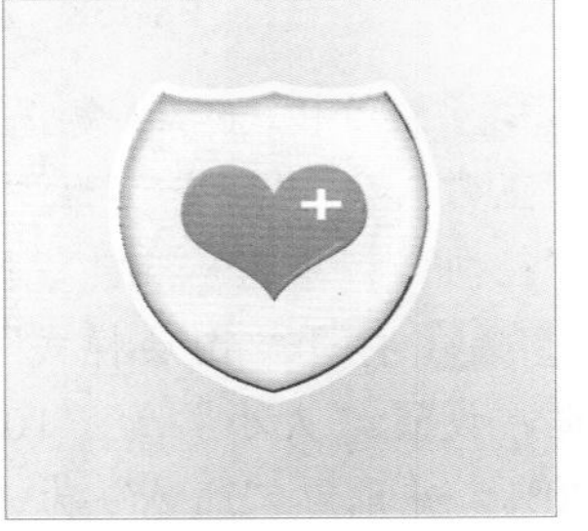

图8-151　绘制“十”字形　　图8-152　调整并填充图层

知识大爆炸——路径的运算

创建多个路径或形状时，可以在工具属性栏中单击相应的运算按钮，可设置子路径重叠区域的交叉结果，路径的运算包括“合并形状”“减去顶层形状”“与形状区域交叉”“排除重叠形状”等，下面分别进行介绍。

◆ 合并形状：单击“路径运算”按钮，在弹出的下拉列表中选择“合并形状”选项，此时所绘制的图形添加到原有的图形中。

◆ 减去顶层形状：单击“路径运算”按钮，在弹出的下拉列表中选择“减去顶层形状”选项，可以从原有的图形中减去新绘制的图形。

◆ 与形状区域交叉：单击“路径运算”按钮，在弹出的下拉列表中选择“与形状区域交叉”选项，可以得到新图形与原有图形的交叉区域。

◆ 排除重叠形状：单击“路径运算”按钮，在弹出的下拉列表中选择“排除重叠形状”选项，可以得到新图形与原有图形重叠部分以外的区域。

读书笔记

01 02 03 04 05 06 07 08 09 10 11 12 13 14……

修复照片的方法

本章导读

在编辑与绘制图形图像时，由于前期的各种原因导致制作的效果达不到要求，此时应先对图像或素材进行编辑。了解修复照片的方法是编辑照片的前提条件，同时还能保证制作出的图像质量。本章讲解快速修复照片的一些方法，包括修复照片和为图像局部添加色调。

9.1 修复照片

在拍摄图像时，常因为一些原因，影响图像效果。使用Photoshop CC可对有瑕疵的图片进行修复，修复工具有污点修复画笔工具、修补工具、内容感知移动工具、红眼工具、仿制图章工具和图案图章工具等。下面分别进行介绍。

9.1.1 “仿制源”面板

使用图案工具或修复工具进行图像修复时，用户可通过“仿制源”面板设置不同的样本源、显示样本源叠加，以便用户控制修复效果。用户选择“窗口”/“仿制源”命令，打开如图9-1所示的“仿制源”面板。

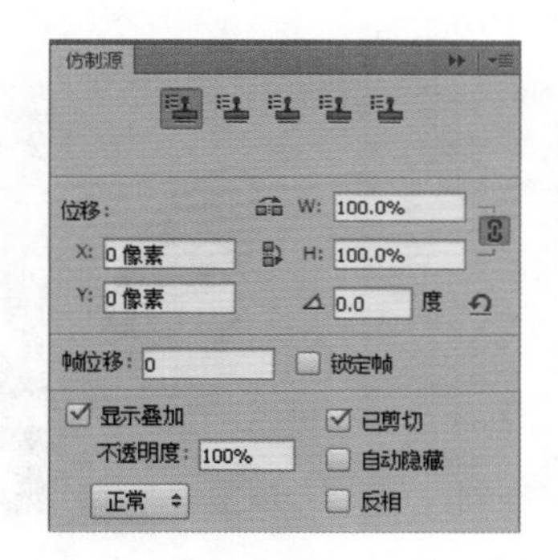

图9-1 “仿制源”面板

“仿制源”面板中各选项的作用如下。

- **仿制源**：单击“仿制源”按钮且按住Alt键的同时使用图章工具或图像修复工具在图像中单击，可设置取样的点；单击“仿制源”按钮，使用相同的方法可以设置第2个取样点，最多可设置5个取样点。设置的取样点存储在样本源中，直到关闭该图像。
- **位移**：用于精确指定X和Y的像素位移，同时可在相对与取样点的精确位置进行仿制。
- **W/H**：输入W（宽度）和H（高度）值，可将原图像进行缩放，如图9-2所示为将宽度、高度缩放一半后使用仿制图章工具修复图像的效果。

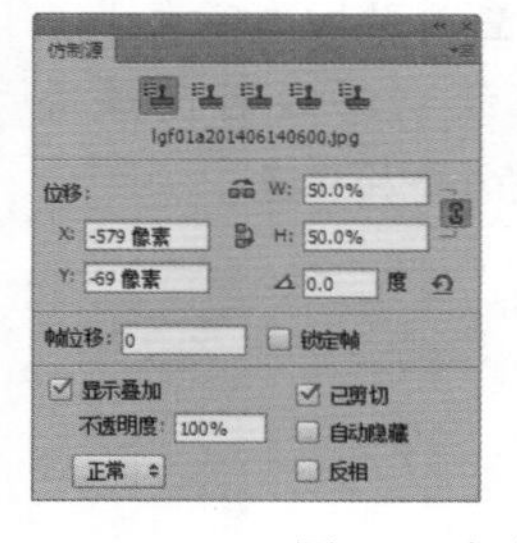

图9-2 宽度和高度缩放后的效果

- **翻转**：单击按钮，可将绘制的图像水平翻转，如图9-3所示；单击按钮，可将绘制的图像垂直翻转，如图9-4所示。

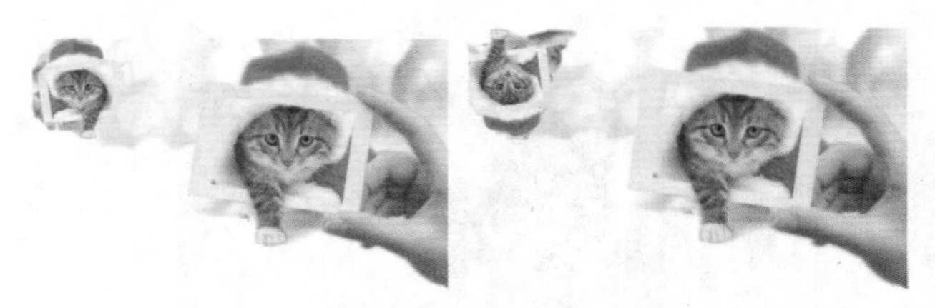

图9-3 水平翻转　　图9-4 垂直翻转

- **旋转**：在该文本框中可输入绘制图像的旋转角度，如图9-5所示为将旋转角度设置为60° 后的效果。

图9-5 设置旋转角度后的效果

- **重置转换**：单击按钮，可将设置的参数恢复到初始状态。
- **帧位移**：用于设置与初始取样帧相关的特定帧的绘制方式。数值为正时，使用帧在初始取样帧之

后；为负数时，则使用帧在初始取样帧之前。

◆ 锁定帧：选中☑锁定帧复选框，使用帧总使用与初始取样相同的帧进行仿制。

◆ 显示叠加：选中☑显示叠加复选框，在使用仿制图章工具和修复画笔工具时可重叠与下方颜色像素的效果。不透明度用于设置重叠图像的不透明度。选中☑已剪切复选框，可叠加剪切画笔大小；选中☑自动隐藏复选框，可在绘制描边时隐藏叠加；选中☑反相复选框，可反向叠加颜色。

实例操作：仿制蝴蝶图像

- 光盘\素材\第9章\蝴蝶.jpg
- 光盘\效果\第9章\蝴蝶.jpg
- 光盘\实例演示\第9章\仿制蝴蝶图像

本例打开“蝴蝶.jpg”图像。在“仿制源”面板中设置参数，并将其应用到该图像中，其效果如图9-6所示。

图9-6 完成后的效果

Step 1 打开“蝴蝶.jpg”图像，如图9-7所示。选择工具箱中的仿制图章工具，选择“窗口”/“仿制源”命令，如图9-8所示。

读书笔记

图9-7 打开素材文件

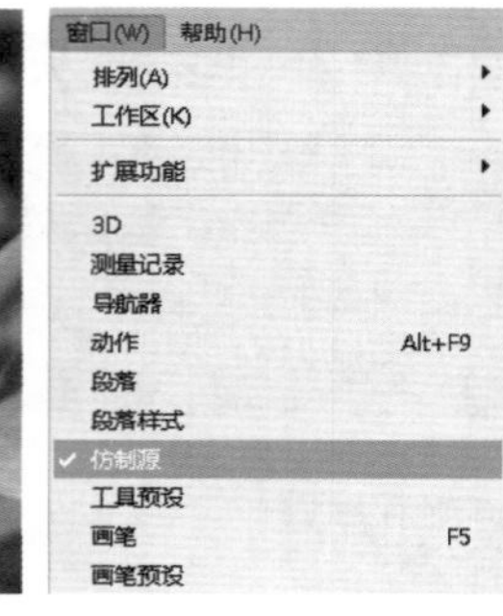

图9-8 选择命令

Step 2 打开“仿制源”面板，单击按钮，并设置其W和H值均为70%，角度为“45.0度”，如图9-9所示。在选项栏中设置图章大小，按住Alt键单击，采集“蝴蝶”，在右边处，进行涂抹并绘制“蝴蝶”，如图9-10所示。

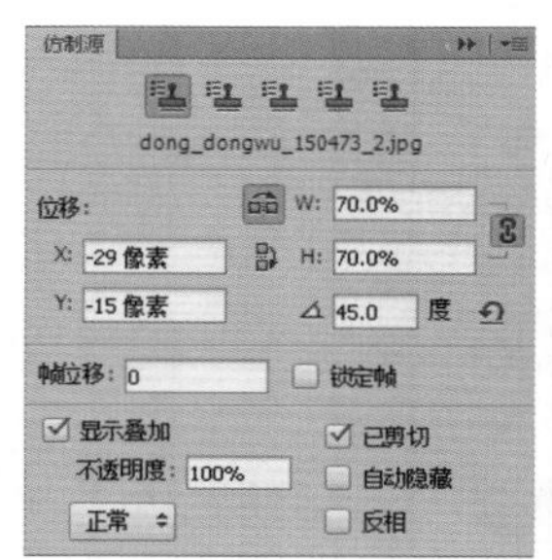

图9-9 设置参数

图9-10 涂抹图形

9.1.2 污点修复画笔工具

污点修复画笔工具可以消除图像中的污点，在处理人像时经常使用。使用污点修复画笔工具可调整修复图像区域的颜色、阴影和透明度等。选择污点修复画笔工具，显示如图9-11所示的工具属性栏。

图9-11 污点修复画笔工具属性栏

污点修复画笔工具属性栏中各选项的作用如下。

◆ 模式：用于设置修复图像时使用的混合模式，除了“滤色”和“正片叠底”等模式外，还可使用“替换”模式，以保留画笔描边边缘处的杂色、胶片颗粒和纹理。图9-12~图9-17为不同的模式对应的效果。

图9-12　原图

图9-13　“正常”模式

图9-14　“替换”模式

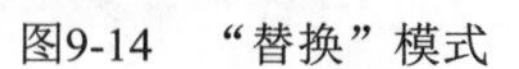

图9-15　变暗

图9-16　线性减淡（添加）

图9-17　颜色

◆ **类型**：用于设置修复方式。选中 近似匹配 单选按钮，可使用选区周围的像素来查找要作为选定区域修补的图像区域；选中 创建纹理 单选按钮，可使用选区中所有像素创建一个用于修复该区域的纹路；选中 内容识别 单选按钮，可使用选区周围的像素进行修复。

◆ **对所有图层取样**：选中 对所有图层取样 复选框，在编辑多个图层的图像时，可以对所有可见图层中的数据进行取样。

读书笔记

实例操作：去除耳套与雪

- 光盘\素材\第9章\雪景.jpg
- 光盘\效果\第9章\雪景.jpg
- 光盘\实例演示\第9章\去除耳套与雪

本例打开“雪景.jpg”图像，使用污点修复画笔工具去除人物身上的雪花，再去除耳套，最终效果如图9-18和图9-19所示。

图9-18　源图像

图9-19　完成后的效果

Step 1 打开“雪景.jpg”图像。选择污点修复画笔工具，在其工具属性栏中设置“画笔大小”为16，选中 内容识别 单选按钮，如图9-20所示。

模式：正常　类型：○近似匹配　○创建纹理　⊙内容识别　☑对所有图层取样

图9-20　设置工具

Step 2 鼠标指针移动到人物衣服上的雪点处单击，去除人物衣服上的雪点，如图9-21所示。

Step 3 使用相同的方法去除人物身上其他部分的雪景，如图9-22所示。再次使用污点修复画笔工具，选择耳套修复污点，并查看完成后的效果，如图9-23所示。

图9-21　去除雪景

图9-22　去除其他雪景

图9-23　去除耳套

9.1.3 修复画笔工具

修复画笔工具主要用于修复图像中的瑕疵。修复画笔工具在对图像进行修复时根据被修复区域周围的颜色调整取样点的透明度、颜色、明暗程度，从而使制作的效果更加柔和。选择修复画笔工具，显示如图9-24所示的工具属性栏。

图9-24　修复画笔工具属性栏

修复画笔工具属性栏中各选项的作用如下。

- **模式**：用于设置修复图像的混合模式。
- **源**：用于设置修复的图像来源。选中 取样 单选按钮，可直接从图像上取样复制图像，如图9-25所示；选中 图案 单选按钮，可在其后方的图案下拉列表中选择一个图样为取样来源，如图9-26所示。

图9-25　直接从图像上取样复制图像

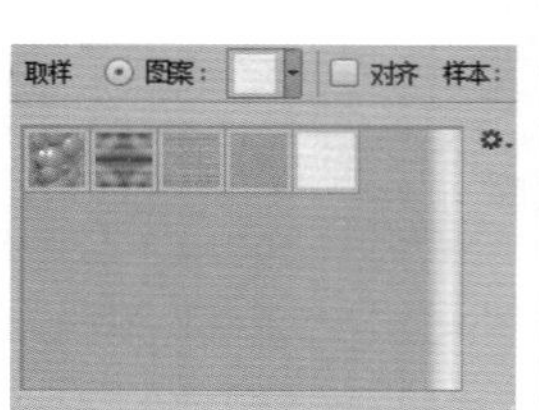

图9-26　选择图案并添加图案

读书笔记

实例操作：使用修复画笔工具修复眼袋

- 光盘\素材\第9章\美女图片.jpg
- 光盘\效果\第9章\美女图片.jpg
- 光盘\实例演示\第9章\使用修复画笔工具修复眼袋

本例以“美女图片.jpg”图像中修复人物眼睛周围的眼袋和脖子上的细纹为例，讲解该工具的使用方法，如图9-27和图9-28所示。

图9-27　原图

图9-28　效果图

Step 1 ▶ 打开“美女图片.jpg”素材图像，在污点修复工具组上右击，在弹出的面板中选择修复画笔工具。在工具属性栏中设置画笔的大小为16，选中 取样 单选按钮，如图9-29所示。

图9-29　设置工具参数

Step 2 ▶ 在需要修复的图像附近按住Alt键并单击，获取图像修复的源像素，在眼睛下面的眼袋上拖动鼠标进行修复，此时系统自动根据获取的图像像素对涂抹的区域进行修复，如图9-30所示。

图9-30　修复右眼眼袋

Step 3 ▶ 根据眼睛的走向进行移动，可对右眼睛的眼袋进行详细处理，完成后的效果如图9-31所示。

Step 4 ▶ 使用相同的方法，在左眼附近按住Alt键并单击，获取图像修复的源像素，在左眼拖动鼠标进行修复，其效果如图9-32所示。

图9-31　修复右眼袋效果

图9-32　修复左眼眼袋效果

技巧秒杀

在取样和修复图像的过程中，最好将图像像素放大，以便查看最接近于修复区域的像素，使图像修复后的效果更加逼真。

读书笔记

9.1.4 修补工具

修补工具可将目标区域中的图像复制到需修复的区域中。使用方法与污点修复画笔工具的使用方法有所不同，应选择源或目标区域。选择修补工具，显示如图9-33所示的工具属性栏。

图9-33 修补工具属性栏

修补工具属性栏中各选项的作用如下。

◆ **选区创建方式**：用于设置修补的选区范围。单击□按钮，可创建一个新选区；单击按钮，可在当前绘制的选区基础上再绘制一个或多个选区；单击按钮，可在原始的选区基础上减去新绘制的选区；单击按钮，可得到原始选区和新选区相交区域的选区。

◆ **修补**：用于设置修补方法。其中，选中⊙源单选按钮，可将选区移动到要修补的区域后释放鼠标，使用当前选区中的图像修补原来选中区域中的内容，如图9-34所示选择需要修补的图形，并移动鼠标指针向空白区域移动，此时修补的图形呈移动的图形；选中⊙目标单选按钮，则可将选中的图像复制到目标区域，如图9-35所示为在选择图形后将选中的图像移动到右边人物上的效果。

图9-34 选择“源”

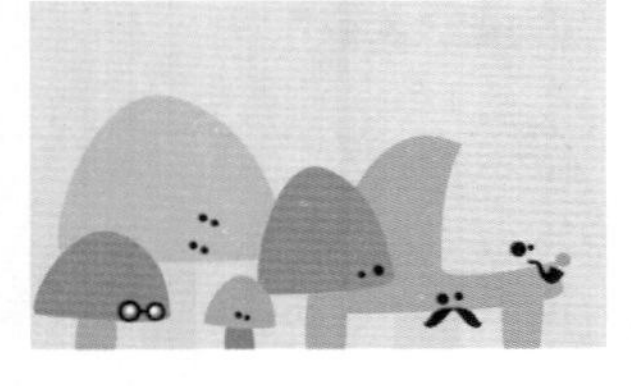

图9-35 选择“目标”

◆ **透明**：选中☑透明复选框，可使修复的图像与原始图像叠加产生透明感。常用于修补纯色背景或渐变背景，如图9-36所示为使用透明效果图。

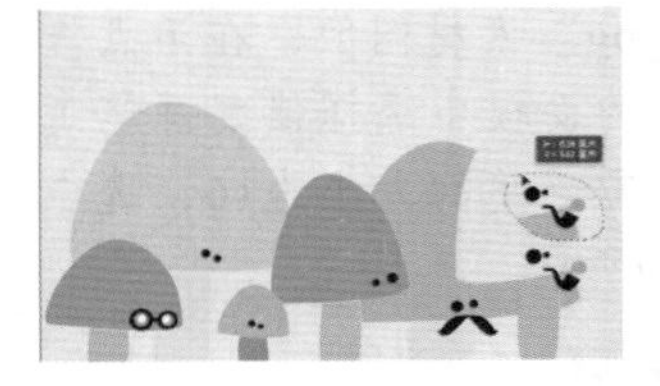

图9-36 使用透明效果图

◆ **使用图案**：使用修补工具创建选区后在图案下拉列表中选择一种图案，再单击使用图案按钮。可使用图案对选区中的图像进行修补，如图9-37所示。

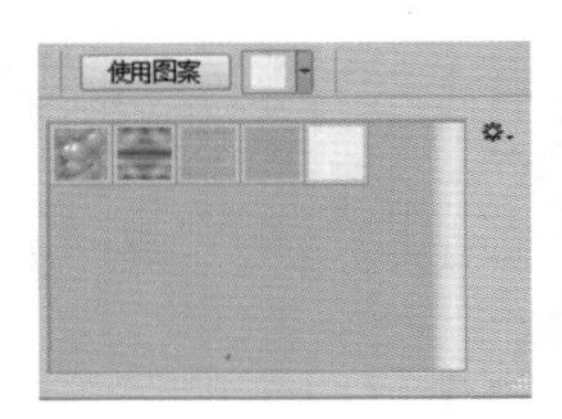

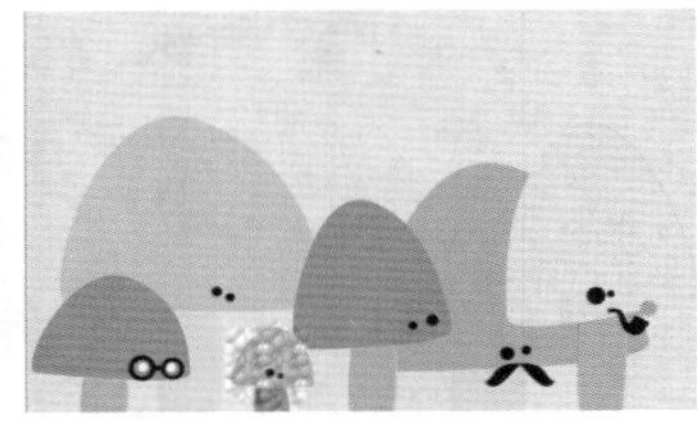

图9-37 使用图案修补图像

读书笔记

实例操作：去除图像中多余杂色

- 光盘\素材\第9章\兔子.jpg
- 光盘\效果\第9章\兔子.psd
- 光盘\实例演示\第9章\去除图像中多余杂色

本例打开“兔子.jpg”图像，使用修补工具将图像中草坪上出现的杂物去除并设置透明度。再使用“调色”命令和渐变工具调整图像颜色。图像整体看起来比较柔和，如图9-38和图9-39所示。

图9-38 原图像

图9-39　最终效果

Step 1 ▶ 打开“兔子.jpg”图像，按Ctrl+J组合键复制图层。选择修补工具，在其工具属性栏中单击按钮，再选中 源 单选按钮，如图9-40所示。

图9-40　设置工具

Step 2 ▶ 鼠标指针在图像上拖动，对待删除的图像区域建立选区，如图9-41所示。鼠标指针移动到选区上并按住鼠标左键，选区向上方移动，将取样点定位在图像中空旷的草地上，如图9-42所示。

图9-41　选中修复区域一　　图9-42　设置取样点一

Step 3 ▶ 按Ctrl+D组合键，取消选区。使用相同的方法，使用鼠标指针在图像上拖动，对待删除的图像区域建立选区，并按Shift键添加一个选区，如图9-43所示。鼠标指针移动到选区上并按住鼠标左键，选区向右移动，将取样点定位在草地的阴影处，如图9-44所示。

图9-43　选中修复区域二　　图9-44　设置取样点二

Step 4 ▶ 按Ctrl+D组合键，取消选区，并选中 目标 单选按钮，鼠标指针在图像上拖动，对待复制的图像区域建立选区，如图9-45所示。将鼠标指针移动到选区上并按住鼠标左键，将选区向右移动，取样点定位到草丛右侧复制操作，如图9-46所示。

图9-45　选中目标区域　　图9-46　复制图样

Step 5 ▶ 复制图层，并将前景色、背景色分别设置为“浅黄色”（#e7bef2）和“淡粉色”（#f8aleq）。选择“图像”/“调整”/“渐变映射”命令，打开“渐变映射”对话框，设置渐变样式为“从前景色到背景色渐变”，选中 仿色(D) 复选框，单击 确定 按钮，如图9-47所示。

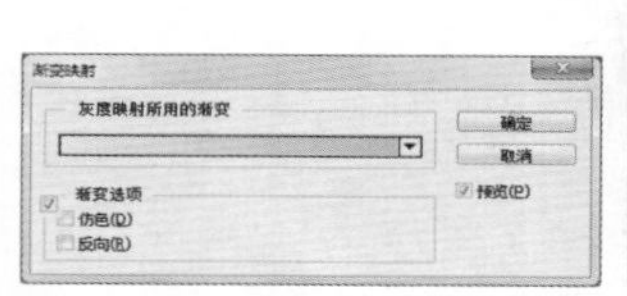

图9-47　添加渐变映射

Step 6 ▶ 在“图层”面板中，设置图层混合模式为“颜色加深”，并查看完成后的效果，如图9-48所示。

图9-48　设置图层混合模式

读书笔记

9.1.5 内容感知移动工具

内容感知移动工具主要用于复制图像中的其他区域，对所选选区中的图像进行重构，其使用方法和工具属性栏与修补工具类似，这里不再赘述。如图9-49和图9-50所示即为使用内容感知移动工具将图像中的部分内容复制到指定的区域。

图9-49 选择移动图像

图9-50 移动后的效果

内容感知移动工具属性栏各选项的作用如下。

- **模式**：用于设置图像的移动方式。
- **适应**：用于设置图像修复精度。
- **对所有图层取样**：选中☑对所有图层取样复选框，可对图像中的所有图层取样。

?答疑解惑：

什么是移动和复制选择区域？

使用内容感知移动工具重构图像时，若在其工具属性栏的“模式”下拉列表框中选择“移动”选项，则把源选区直接移动到目标区域；若选择“扩展”选项，则在目标区域复制一个与源区域完全相同的内容。

9.1.6 红眼工具

在拍照过程中，有时因为图像背景或闪光灯的原因造成人物红眼的现象，此时可以使用Photoshop CC中的红眼工具来快速消除这种现象，使图像恢复正常效果。下面具体进行介绍。

读书笔记

实例操作：去除人像红眼

- 光盘\素材\第9章\人物.jpg
- 光盘\效果\第9章\人物.psd
- 光盘\实例演示\第9章\去除人像红眼

本例打开“人物.jpg”图像，使用红眼工具将人物眼睛中的红眼去掉，并使用“调色”命令矫正图像颜色，效果如图9-51和图9-52所示。

图9-51 原图像

图9-52 完成后的效果

Step 1 ▶ 打开“人物.jpg”图像，按Ctrl+J组合键复制图层。选择红眼工具，在其工具属性栏中设置“变暗量”为60%。单击左眼，如图9-53所示。

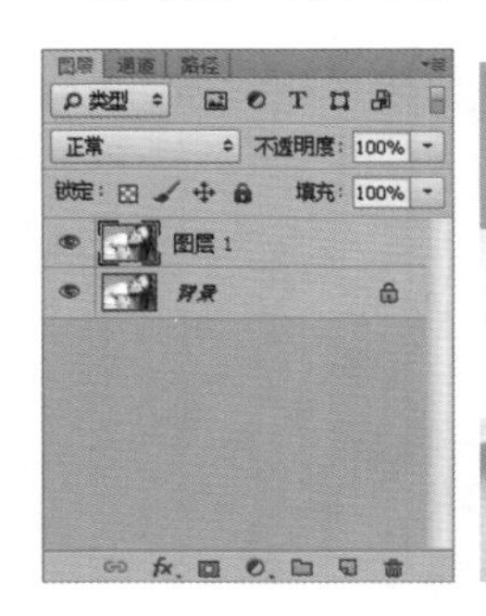

图9-53 修复左眼

Step 2 ▶ 单击右眼，修复右眼的红眼，如图9-54所示。

图9-54 修复右眼

Step 3 ▶ 在“图层”面板中单击按钮，在弹出的快捷菜单中选择“可选颜色”命令，如图9-55所示。在“属性”面板中设置“颜色”为“黄色”，再设置“青色“洋红”“黄色”“黑色”分别为-15%、+25%、+10%、+10%，如图9-56所示。

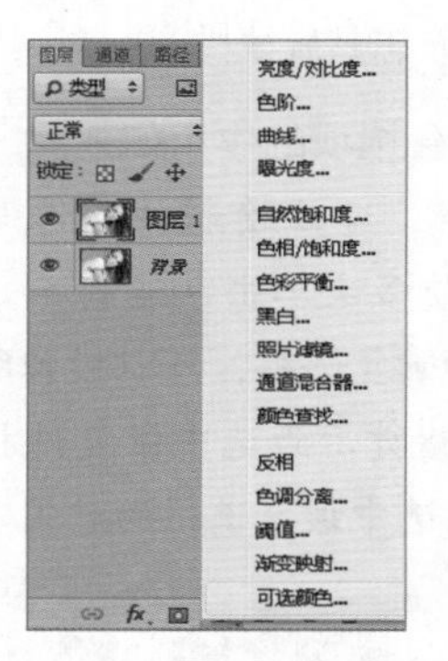

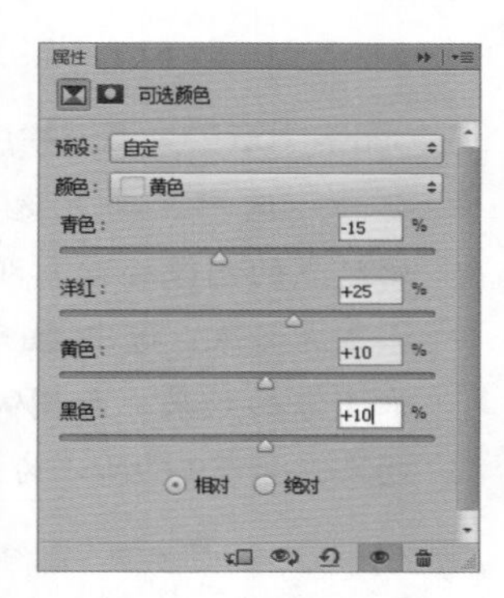

图9-55 选择“可选颜色”命令　　图9-56 设置黄色

Step 4 ▶ 再次设置“颜色”为“青色”，“青色”“洋红”“黄色”“黑色”分别为-12%、+35%、+25%、-40%，如图9-57所示。使用相同的方法，设置“颜色”为“中性色”，“青色”“洋红”“黄色”“黑色”分别为+10%、+10%、-10%、0%，如图9-58所示。

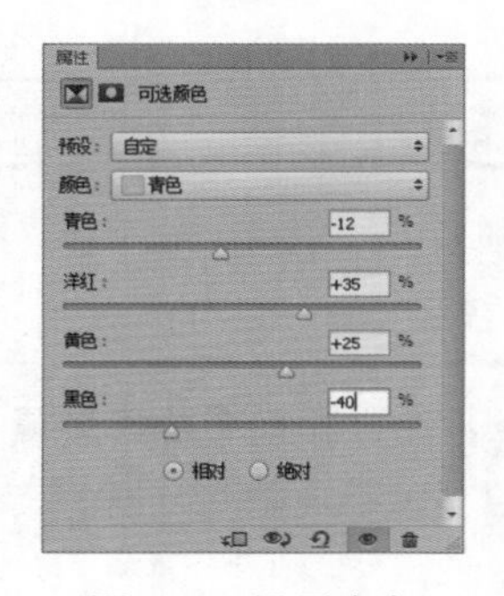

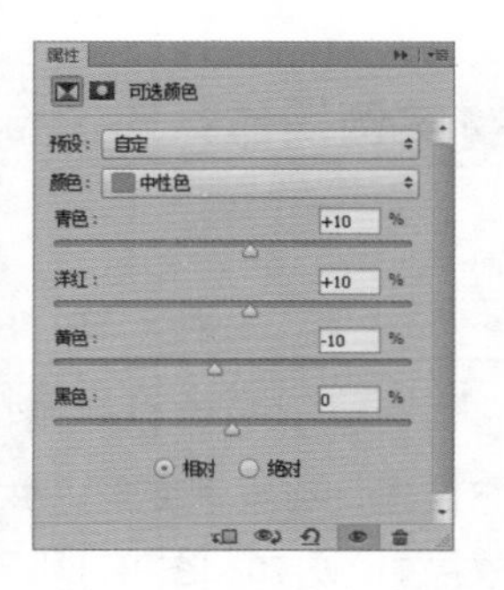

图9-57 设置青色　　图9-58 设置中性色

9.1.7 仿制图章工具

仿制图章工具可将图像的一部分复制到同一图像的另一位置。仿制图章工具在复制图像或修复图像时经常使用到。选择仿制图章工具，显示如图9-59所示的工具属性栏。

图9-59 仿制图章工具属性栏

仿制图章工具属性栏中各选项的作用如下。

◆ 切换“画笔”面板：单击按钮，打开“画笔”面板，在打开的面板中可设置不同的画笔样式。
◆ 切换“仿制源”面板：单击按钮，打开“仿制源”面板，在其中可设置图章的样式。
◆ 对齐：选中☑对齐复选框，可对连续的颜色像素进行取样。释放鼠标时，不影响取样点。
◆ 样本：用于指定从哪个图层中进行取样。

读书笔记

实例操作：去除人物多余图样

● 光盘\素材\第9章\闲逸.jpg
● 光盘\效果\第9章\闲逸.psd
● 光盘\实例演示\第9章\去除人物多余图样

打开“闲逸.jpg”图像，使用仿制图章工具将图像中右侧手链删除，再使用相同的方法去除饮料杯部分，其效果如图9-60和图9-61所示。

图9-60 原图像　　图9-61 完成后的效果

Step 1 打开“闲逸.jpg”图像，按Ctrl+J组合键复制图层。选择仿制图章工具，在其工具属性栏中选择一款柔边的画笔样式，并设置”画笔大小”“不透明度”“流量”分别为20、80%、80%，如图9-62所示。

图9-62 设置工具属性

Step 2 按住Alt键的同时使用鼠标在图像右手下方单击，设置取样点，如图9-63所示。使用鼠标对右侧手链进行涂抹，如图9-64所示。

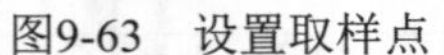

图9-63 设置取样点　　图9-64 涂抹手链一

Step 3 释放鼠标，继续使用鼠标对图像进行涂抹，其效果如图9-65所示。使用相同的方法，对饮料杯进行取样，再进行涂抹，其最终效果如图9-66所示。

图9-65 涂抹手链二　　图9-66 完成后的效果

读书笔记

技巧秒杀

在使用仿制图章工具时，除可使用鼠标对图像进行涂抹外，还可使用单击的方式修复图像，使其更加自然。此外，对于一些比较复杂的图像区域，可以先对图像进行一次修复，然后再对该图像区域进行第二次修复。

9.1.8 图案图章工具

图案图章工具的作用与仿制图章工具类似，用户在使用时可以使用指定的图案对鼠标涂抹的区域进行填充。选择图案图章工具，显示如图9-67所示的图案图章工具属性栏。

图9-67 图案图章工具属性栏

图案图章工具属性栏中各选项的作用如下。

- **对齐：** 选中☑对齐复选框，可让绘制的图像与原始起点的图像连续，即使多次单击也连续。
- **印象派效果：** 选中☑印象派效果复选框，可以模拟印象派图像的效果。如图9-68所示为选中该复选框的效果，如图9-69所示为未选中该复选框的效果。

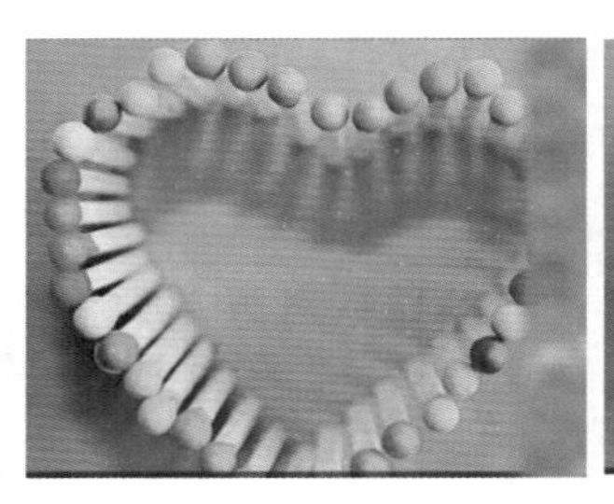

图9-68 选中复选框的效果

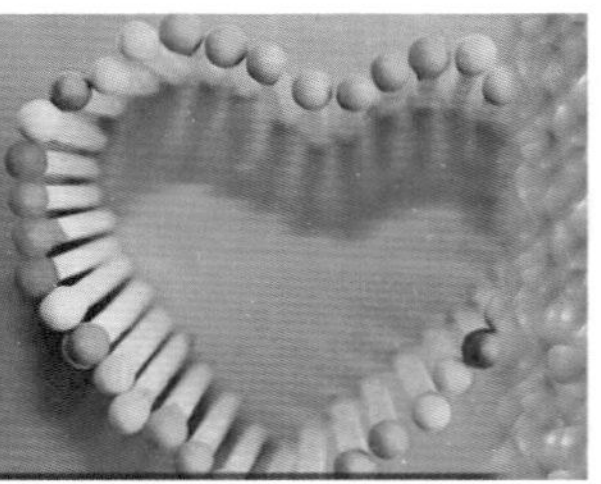

图9-69 未选中复选框的效果

实例操作：制作特殊纹理

- 光盘\素材\第9章\图样.jpg
- 光盘\效果\第9章\图样.psd
- 光盘\实例演示\第9章\制作特殊纹理

打开“图样.jpg”图像，通过图案图章工具填充纹理，将纹理变形，并绘制出不规则的方格。其效果如图9-70和图9-71所示。

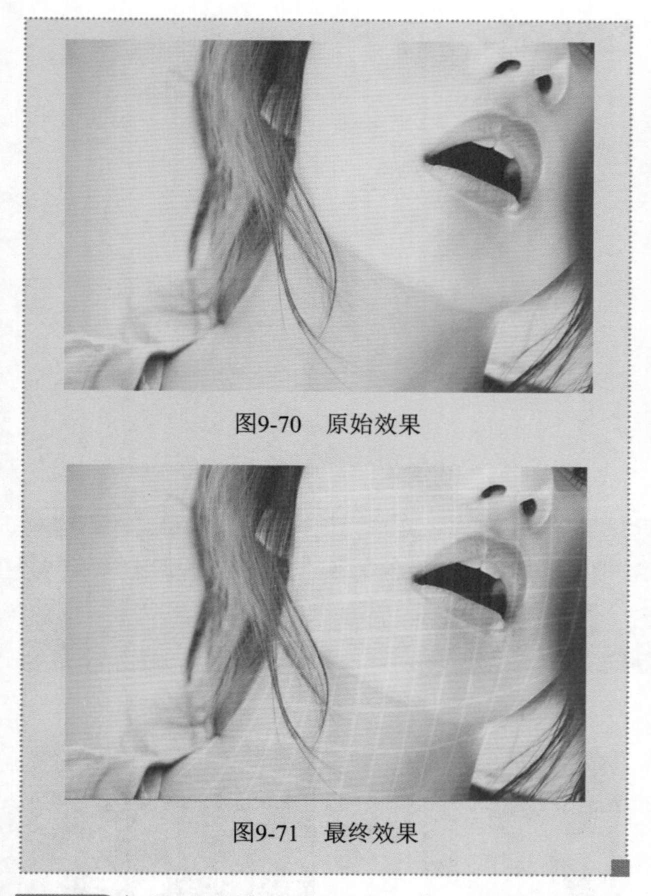
图9-70 原始效果

图9-71 最终效果

Step 1 ▶ 打开“图样.jpg”图像。按Ctrl+J组合键，复制“图层1”图层，隐藏“背景”图层，再新建一个空白的“图层2”图层，如图9-72所示。在“图层2”图层中选择矩形工具，绘制一个覆盖面部的选区，如图9-73所示。

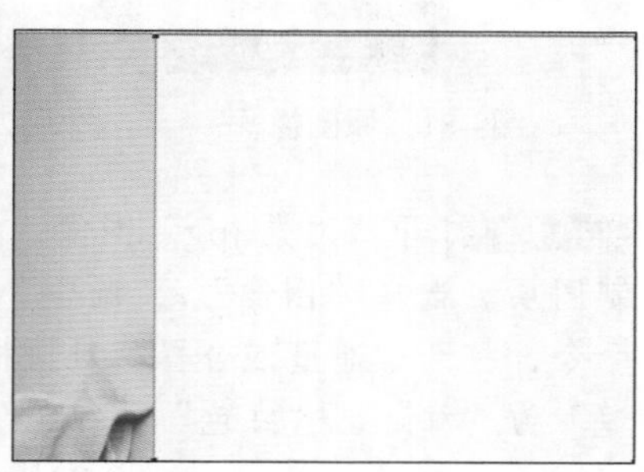
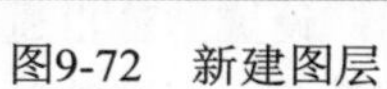
图9-72 新建图层　　图9-73 绘制矩形

Step 2 ▶ 在工具箱中选择图案图章工具。设置其画笔大小为100，并设置图案为“拼贴-平滑（128像素×128像素，灰度模式）”。使用鼠标在选区中进行涂抹，绘制拼贴格子图案，如图9-74所示。

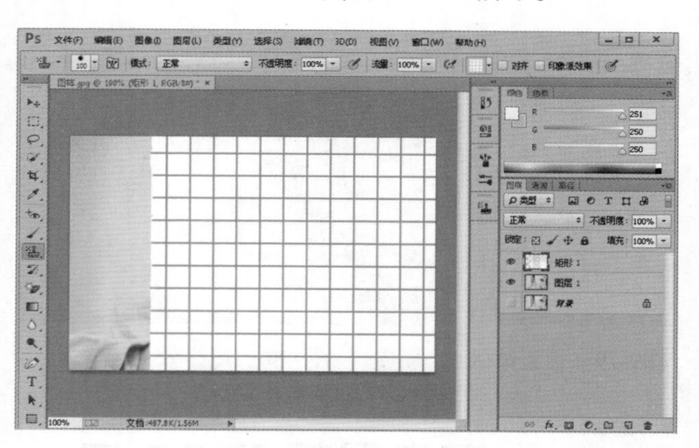
图9-74 绘制格子图案

Step 3 ▶ 设置“图层2”的图层混合模式为“划分”，如图9-75所示。其显示效果如图9-76所示。

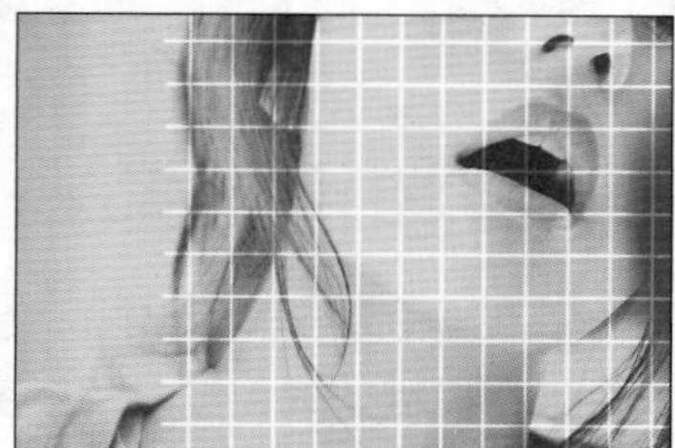
图9-75 设置“划分”模式　　图9-76 划分效果

Step 4 ▶ 在图像中按Ctrl+T组合键，切换到自由编辑状态，在其上右击，在弹出的快捷菜单中选择“变形”命令，如图9-77所示，然后进行如图所示的变形，完成后按Enter键确认，再按Ctrl+D组合键取消选区，如图9-78所示。

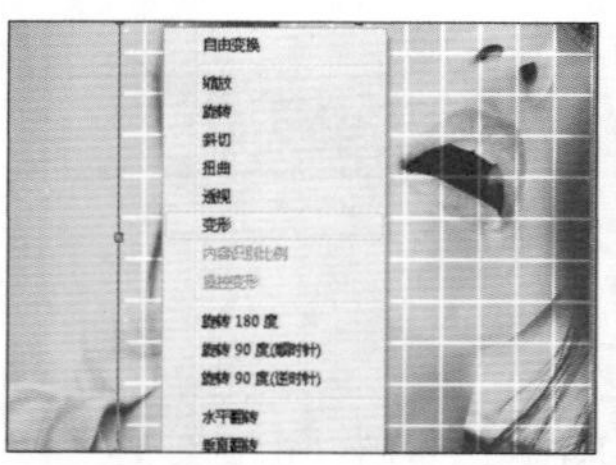
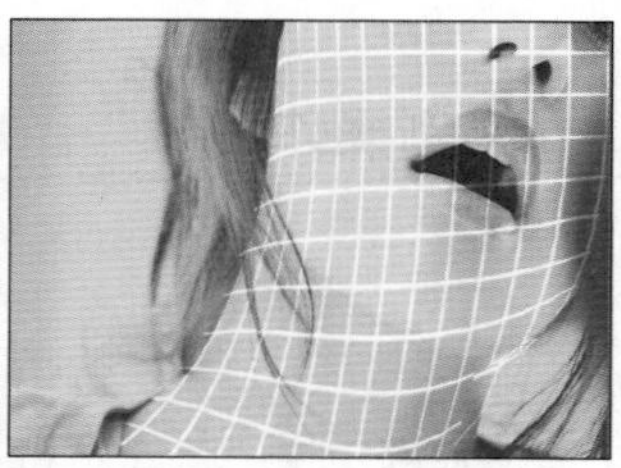
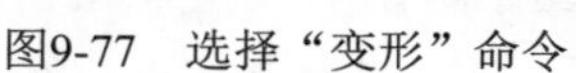
图9-77 选择“变形”命令　　图9-78 取消选区

Step 5 ▶ 选择“图层”/“图层蒙版”/“显示全部”命令，创建图层蒙版，如图9-79所示。选择画笔工具，在脸部图案区进行涂抹，对图层进行处理，如图9-80所示。

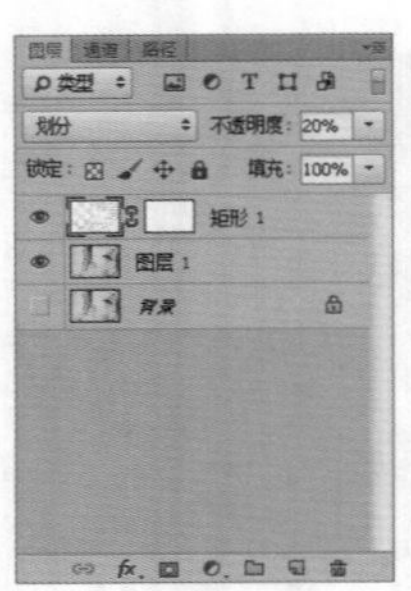

图9-79 设置蒙版

图9-80 最终效果

读书笔记

9.2 为图像局部添加色调

在拍摄图像时，不同的光线给人带来不同的效果，而需要某种特定色调效果时，可通过为图像添加色调来解决。下面具体介绍为图像局部添加色调的工具，即模糊与锐化工具、减淡与加深工具、涂抹工具和海绵工具。

9.2.1 模糊与锐化工具

在图像的处理过程中，会因为背景太强而需对背景进行模糊处理，或对单个图像进行轮廓的锐化处理。下面对模糊与锐化工具分别进行介绍。

1. 模糊工具

模糊工具位于工具箱的模糊工具组中，通过该工具可柔滑图像的边缘和图像中的细节。使用时用户只需使用鼠标光标在图像上涂抹即可，而涂抹的次数越多，涂抹区域越模糊。

实例操作：制作朦胧雨景效果

- 光盘\素材\第9章\雨景.jpg
- 光盘\效果\第9章\雨景.psd
  光盘\实例演示\第9章\制作朦胧雨景效果

本例打开“雨景.jpg”图像，使用“调色”命令为图像调色，再使用模糊工具对人物图像中的背景进行虚化，为照片制作虚化效果，效果如图9-81和图9-82所示。

图9-81 原图像

图9-82 完成后的效果

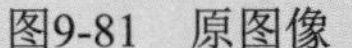

Step 1 打开“雨景.jpg”图像，按Ctrl+J组合键复制图层。选择“图像”/“调整”/“通道混合器”命令，打开“通道混合器”对话框。设置“输出通道”为“红”，“红色”“绿色”“蓝色”分别为+130%、-10%、+7%，如图9-83所示。设置“输出通道”为“绿”，“红色”“绿色”“蓝色”“常数”分别为+20%、+100%、-26%、0%，如图9-84所示。

Step 2 使用相同的方法，设置“输出通道”为“蓝”，“红色”“绿色”“蓝色”分别为+30%、

+10%、+80%，并单击确定按钮，如图9-85所示。其设置后的效果如图9-86所示。

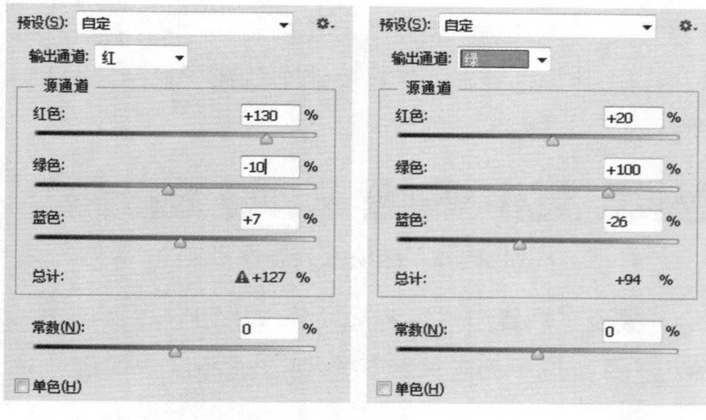

图9-83　设置“红”通道　　图9-84　设置“绿”通道

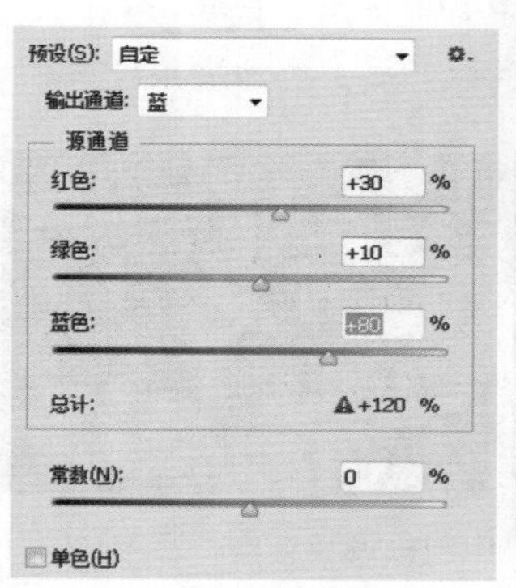

图9-85　设置“蓝”通道

图9-86　设置后的效果

Step 3 按Ctrl+J组合键复制图层，如图9-87所示。选择模糊工具，在其工具属性栏中设置“画笔大小”“强度”分别为“100像素”、100%。对图像背景、植物等反复进行涂抹，以制作模糊效果，如图9-88所示。

技巧秒杀

在使用模糊工具时，有时因为模糊的过重使表现的物体失去轮廓，此时可通过锐化工具加深轮廓进行查看。

读书笔记

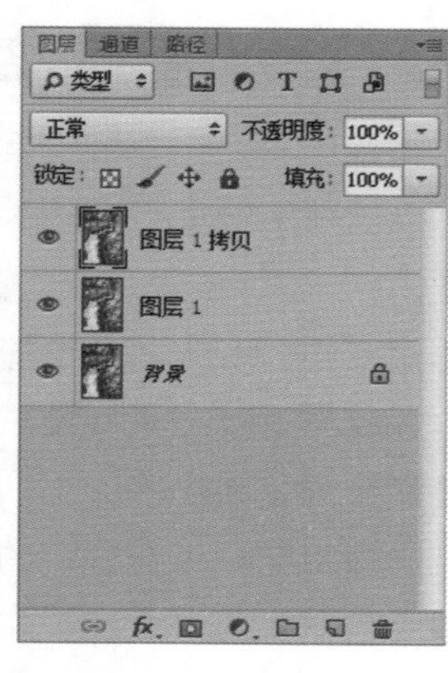

图9-87　复制图层

图9-88　模糊效果

Step 4 新建空白图层，将前景色设置为“白色”，如图9-89所示。选择画笔工具，按F5键，打开“画笔”面板。设置画笔笔尖为，“大小”为“25像素”，“间距”为300%，如图9-90所示。

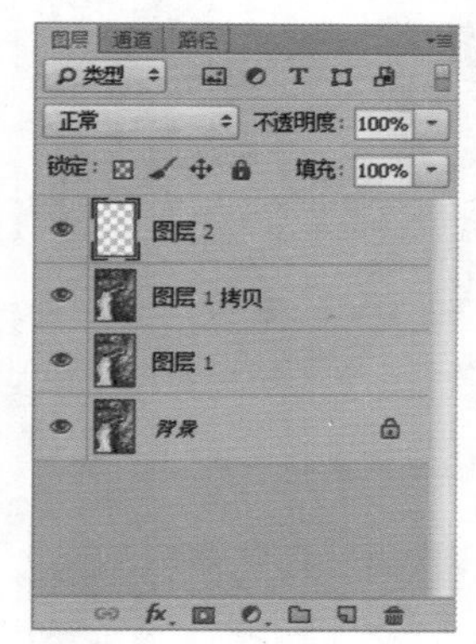

图9-89　新建图层

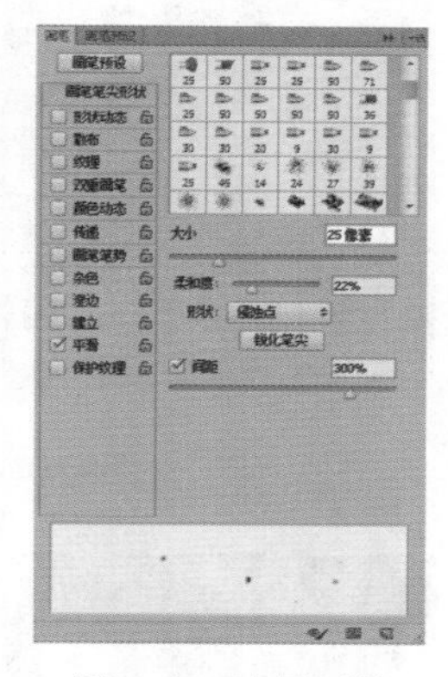

图9-90　选择画笔

Step 5 选中散布复选框并显示选项栏，设置“散布”“数量”“数量抖动”分别为100%、2、40%，如图9-91所示。在图像上绘制雨点，如图9-92所示。

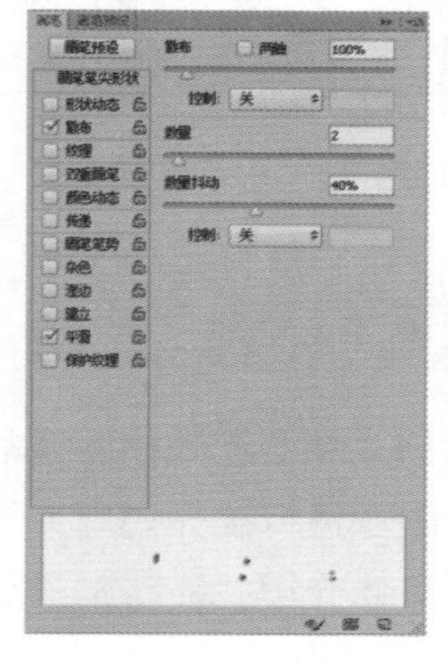

图9-91　设置参数

图9-92　雨点效果

2. 锐化工具

锐化工具也位于工具箱的模糊工具组中，该工具主要用于加强颜色的对比度，从而使图像变得清晰，而且使用方法和模糊工具类似。

在工具箱中的模糊工具组上右击，在弹出的快捷菜单中选择“锐化工具”命令，然后在其工具属性栏中选择画笔的样式、大小，并设置锐化强度的大小，选中☑保护细节复选框，最后在图像中需要进行锐化的部分进行涂抹，直到图像像素变色明显即可。在锐化过程中，可不断调整画笔的大小和强度，以使图像效果更加真实。如图9-93和图9-94所示即为对左边熊猫进行锐化前后的效果。

图9-93　锐化前效果

图9-94　锐化后效果

9.2.2 减淡与加深工具

在美化图像过程中，常常因为某些原因使图像的效果不理想，此时需对暗色的图像进行提亮处理或将亮部地区进行加深处理。下面具体介绍减淡与加深工具的使用方法。

1. 减淡工具

减淡工具主要用于为图像的亮部、中间调和暗部分别进行减淡处理。使用该工具在某一区域涂抹的次数越多，图像颜色越淡。选择减淡工具，显示如图9-95所示的工具属性栏。

图9-95　减淡工具属性栏

减淡工具属性栏中各选项的作用如下。

◆ 范围：用于设置修改的色调。选择“中间调”选项时，只修改灰色的中间色调，如图9-96所示为中间色调与原图；选择“阴影”选项时，只修改图像的暗部区域，如图9-97所示；选择“高光”选项，只修改图像的亮部区域，如图9-98所示。

图9-96　中间色调

图9-97　阴影

图9-98　高光

◆ 曝光度：用于设置减淡的强度。如图9-99和图9-100所示为20的曝光度与100的曝光度对比。

图9-99　20曝光度

图9-100　100曝光度

◆ 保护色调：选中☑保护色调复选框，即可保护色调不受工具的影响。

实例操作：淡化背景

- 光盘\素材\第9章\婚礼.jpg
- 光盘\效果\第9章\婚礼.psd
- 光盘\实例演示\第9章\淡化背景

本例打开“婚礼.jpg”图像，使用减淡工具对图像中的背景进行涂抹，以淡化背景，并对其色调进行调整，效果如图9-101和图9-102所示。

图9-101 原图像　　图9-102 完成后的效果

Step 1 ▶ 打开“婚礼.jpg”图像，按Ctrl+J组合键复制图层。选择减淡工具，在其工具属性栏中设置“大小”“范围”“曝光度”分别为120、“中间调”和80%，选中☑保护色调复选框，如图9-103所示。

图9-103 减淡工具属性栏

Step 2 ▶ 对人物背景进行涂抹，其效果如图9-104所示。

技巧秒杀

如果对涂抹的效果不很满意，可通过“删除效果”图层或通过“返回”命令，返回前面操作的步骤再操作。

读书笔记

图9-104 涂抹后的效果

Step 3 ▶ 单击“图层”面板中的“调整图层”按钮，在弹出的快捷菜单中选择“色阶”命令，如图9-105所示。打开“曲线”面板，在“预设”栏中选择“中对比度（RGB）”选项，如图9-106所示。

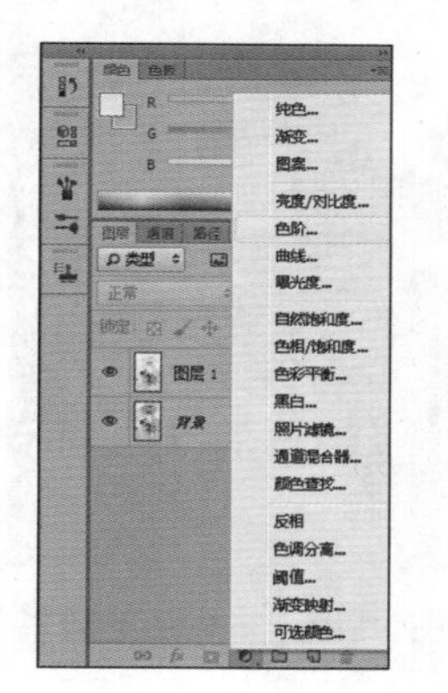

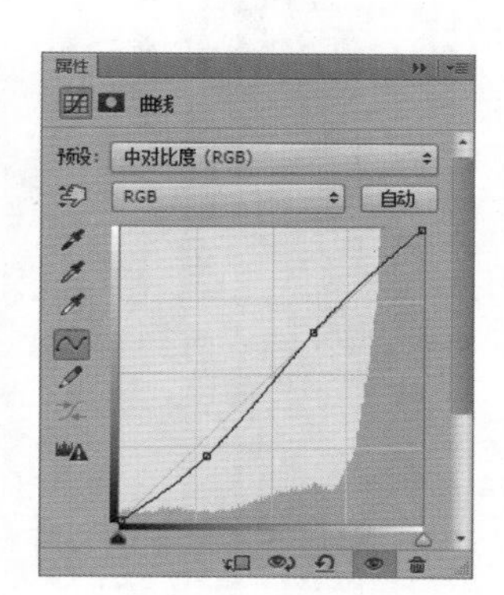

图9-105 选择“色阶”命令　图9-106 设置“预设”栏

Step 4 ▶ 在RGB栏中选择“红”选项，设置其效果，如图9-107所示。完成后关闭面板，其完成后的效果如图9-108所示。

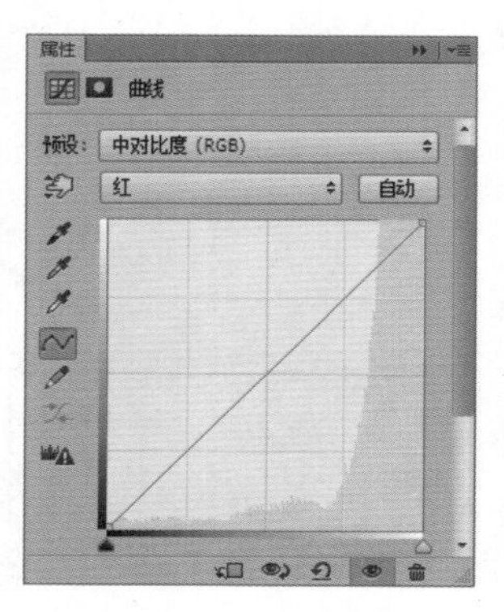

图9-107 设置颜色

图9-108 完成后的效果

2. 加深工具

加深工具主要用于对图像的局部颜色进行加深，而且用户在某一区域涂抹的次数越多，图像颜色越深。其使用方法与工具属性栏中的减淡工具相同，这里不再赘述。

实例操作：加深人物立体感

- 光盘\素材\第9章\美女.jpg
- 光盘\效果\第9章\美女.psd
- 光盘\实例演示\第9章\加深人物立体感

本例打开“美女.jpg”图像，使用加深工具将人物的阴影部分加暗，从而增强人物的立体感，效果如图9-109和图9-110所示。

图9-109 原图像

图9-110 完成后的效果

Step 1 打开“美女.jpg”图像，按Ctrl+J组合键复制图层，如图9-111所示。选择“图像”/“调整”/“亮度/对比度”命令，打开“亮度/对比度”对话框，设置“亮度”“对比度”分别为-20、20，如图9-112所示。

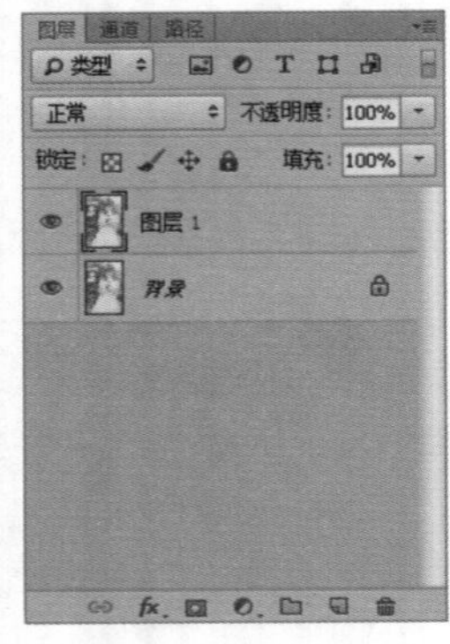

图9-111 复制图层

图9-112 设置亮度与对比度

> **操作解谜**
>
> 设置亮度与对比度的原因是因为该图像偏亮。单个操作需要很多时间，而使用该工具，不但使图形的增减效果更加统一，而且方便查看调整后的效果。

Step 2 选择加深工具，在其工具属性栏中设置“画笔大小”“曝光度”分别为50、30%，并选中“保护色调”复选框，如图9-113所示。

图9-113 加深工具属性栏

Step 3 使用鼠标指针在人物脸颊处进行涂抹，再对人物的内侧头发进行涂抹，其效果如图9-114所示。

图9-114 对面部和内侧头发进行涂抹

Step 4 使用鼠标指针对人物的手臂内侧等阴影部分进行涂抹，如图9-115所示。再将“画笔大小”设置为40，对人物对应的背景区域进行整体调整，完成后的效果如图9-116所示。

图9-115 调整手臂阴影

图9-116 完成整体阴影

读书笔记

9.2.3 涂抹工具

涂抹工具可以模拟手指划过湿油漆时所产生的效果。使用时，只需选择需要涂抹的颜色并按住鼠标左键在需要涂抹的轮廓上拖动，即可完全涂抹操作。选择涂抹工具，显示如图9-117所示的工具属性栏。

模式: 正常 强度: 50% 对所有图层取样 手指绘画

图9-117 涂抹工具属性栏

涂抹工具属性栏中各选项的作用如下。

◆ **模式**：用于设置涂抹后的混合模式，主要包括"正常"、"变暗"、"变亮"、"色相"、"饱和度"、"颜色"和"明度"。"变暗"选项的效果如图9-118所示；"颜色"选项的效果如图9-119所示。

图9-118 "变暗"效果

图9-119 "颜色"效果

◆ **强度**：用于设置涂抹强度。

◆ **手指绘画**：选中☑手指绘画复选框，可使用前景色对图像进行涂抹。如图9-120所示为设置前景色为"白色"并选中该复选框的效果，如图9-121所示为未选中该复选框的效果。

图9-120 选中复选框的效果

图9-121 未选中复选框的效果

实例操作：调整卧室地毯毛料

- 光盘\素材\第9章\卧室.jpg
- 光盘\效果\第9章\卧室.jpg
- 光盘\实例演示\第9章\调整卧室地毯毛料

本例打开"卧室.jpg"图像，并使用涂抹工具将地毯制作出毛料质感效果，效果如图9-122和图9-123所示。

图9-122 原图像

图9-123 完成后的效果

Step 1 打开“卧室.jpg”图像，选择涂抹工具，并在涂抹工具属性栏中设置“画笔大小”“强度”分别为30、50%，如图9-124所示。

图9-124　涂抹工具属性栏

Step 2 在图像的边缘地区捕捉一点，如图9-125所示。沿地毯边缘向外拖动，使其形成地毯边框模糊的效果，如图9-126所示。

图9-125　捕捉一点

图9-126　拖动边缘

Step 3 继续在地毯内部不同的地方沿左上或右上不断拖动并涂抹，如图9-127所示。完成后的效果如图9-128所示。

图9-127　拖动内部

图9-128　拖动其他内部地毯

Step 4 在涂抹工具属性栏中将“画笔大小”设置为10，然后沿地毯边缘向深处涂抹，以增加毛料的细节，如图9-129所示。继续在地毯内部沿已生成的毛料图像涂抹，以增加地毯内部毛料的细节，并对床上方的毛毯进行涂抹，使其更具有毛料质感，如图9-130所示。

技巧秒杀

在使用涂抹工具对图像进行操作时，要注意鼠标拖动速度不要太快，否则容易造成图像变形，或过大。

图9-129　调整内部纹理

图9-130　调整毛毯

9.2.4 海绵工具

海绵工具主要用于增加或减少指定图像区域的饱和度，而使用该工具可通过灰阶远离或靠近中间灰度来增加或降低对比度。选择海绵工具，显示如图9-131所示的工具属性栏。

图9-131　海绵工具属性栏

海绵工具属性栏中各选项的作用如下。

- **模式**：用于设置编辑区域的饱和度变化方式。若选择“加色”选项，增加色彩的饱和度，如图9-132所示；选择“去色”选项，降低色彩的饱和度，如图9-133所示。

图9-132　加色图像

图9-133　去色图像

- **流量**：用于设置工具的流量。其数值越大，效果越明显。
- **自然饱和度**：选中☑自然饱和度复选框，在使用工具时可防止颜色过于饱和而溢色。

实例操作：突出照片主题

- 光盘\素材\第9章\女孩.jpg
- 光盘\效果\第9章\女孩.psd
- 光盘\实例演示\第9章\突出照片主题

本例打开“女孩.jpg”图像，使用海绵工具将背景区域颜色去掉，再为图像中的人物添加颜色，效果如图9-134和图9-135所示。

图9-134　原始效果　　图9-135　完成后的效果

Step 1 ▶ 打开“女孩.jpg”图像，按Ctrl+J组合键复制图层。选择海绵工具，在其工具属性栏中设置“画笔大小”“模式”“流量”分别为100、“去色”、50%，选中☑自然饱和度复选框，如图9-136所示。

模式：去色　流量：50%　☑自然饱和度

图9-136　海绵工具属性栏

Step 2 ▶ 使用鼠标指针在图像中的背景拾取一点进行涂抹，再根据以上方法涂抹全部背景，如图9-137所示。

图9-137　涂抹背景

Step 3 ▶ 在海绵工具的工具属性栏中设置“模式”为“加色”，选中☑自然饱和度复选框。使用鼠标指针在图像中的人物处进行涂抹，完成后的效果如图9-138所示。

图9-138　涂抹人物

知识大爆炸——修复老照片的技巧

在修复照片时，常常因为老照片保存不当，使照片效果不完整，此时可通过一定的技巧使修复的效果更加完整，常用的修复方法是在新图层上制作修复图层。这种方法不破坏图像层，如果修复错误只需将该层删除即可。 在修复时应注意，如果人物的衣服颜色比较统一，则非常容易修复：可以用较大的笔头修复大块的纯色区域；用极小的笔头，放大画面后，对细节的地方进行覆盖修复。 如果照片中有楼房，而且楼房的拐角正处于破损的边缘，修复起来非常困难，可以从附近找相似的图像，例如有窗户的地方，从窗户取样，然后定位到要修复的位置，将鼠标指针放在窗户的一点上开始覆盖，这样可以保证十分精确的对位。 如果有些地方的修复效果并不好，暂时不进行操作，以后再使用画笔或者加深或减淡工具重绘与修饰，这样老照片更加易于修复到拍照时的样子。

01 02 03 04 05 06 07 08 09 10 11 12 13 14……

认识并使用文字

本章导读

在日常生活工作中，文字的应用范围非常广泛。在图形图像处理中，文字同样是一种传达信息的有效手段，能够丰富图像内容，对图像进行说明，使图像效果更加完整和美观。

10.1 认识文字

文字是生活中十分常见的信息传递工具。在设计作品中，文字同样也是一种非常重要的元素，不仅能传递图像信息，还能起到丰富图像内容、美化图像、强化主题的作用。下面对文字的类型和文字工具属性栏进行介绍。

10.1.1 文字的类型

文字的创建方法不同，创建出的文字类型也不一样：根据文字的排版方向，可分为横排文字和直排文字；根据创建的内容，可分为点文字、段落文字和路径文字；根据样式，可分为普通文字和变形文字；根据文字形式，可分为文字和文字蒙版。

- **横排文字：**指文字方向平行于水平线，可通过工具箱中的横排文字工具T创建，如图10-1所示。
- **直排文字：**指文字在垂直方向上平行于垂直水平线，可通过直排文字工具IT创建，如图10-2所示。

图10-1　横排文字　　图10-2　直排文字

- **点文字：**点文字即一行文字，可以是横排或直排的文字，如图10-3所示。
- **段落文字：**指在定界框中输入可以自动换行、调整文字区域大小等操作的段落文本，如图10-4所示。

图10-3　点文字

图10-4　段落文字

- **路径文字：**指根据路径的形状来创建文字，可以对文字中的锚点进行编辑，以改变文字的样式，使文字效果更为丰富，如图10-5所示。
- **变形文字：**指形状变形的文字，而不是规则的正方形文字，主要通过文字属性工具栏进行设置，如图10-6所示即为鱼形的文字。

图10-5　路径文字　　图10-6　鱼形文字

- **文字蒙版：**指创建的内容不是一般的文本，而是以选区的形式存在。在创建时将先在蒙版状态下输入文字，输入完成后再转换为选区，如图10-7所示。

图10-7　文字蒙版

10.1.2 文字工具属性栏

选择相应的文字工具后可显示对应的工具属性栏，在其中可设置字体、字体大小、颜色等效果。各文字工具属性栏选项作用基本相同。如图10-8所示为横排文字工具的属性栏。

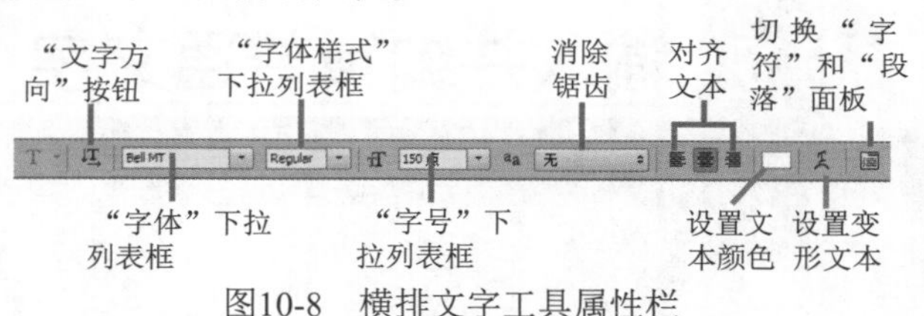

图10-8　横排文字工具属性栏

横排文字工具属性栏各部分的作用如下。

◆ “文字方向”按钮：单击该按钮，可对文字的方向进行改变，如单击横排文字工具属性栏中的该按钮，即可将横排文字转换为直排文字。

◆ “字体”下拉列表框：位于“文字方向”按钮后，用于设置文字的字体，可先在其中选择一种字体，再创建文字。若对字体不满意，可再次进行修改。

◆ “字体样式”下拉列表框：位于“字体”下拉列表框之后，用于设置字体的样式，包括Regular（常规）、Italic（斜体）、Bold（粗体）、Bold Italic（粗斜体）和Black（粗黑体）等，其具体的选项根据所选择的字体发生变化。如图10-9~图10-12所示即为常规、斜体、粗体和粗斜体的不同效果。

图10-9　常规

图10-10　斜体

图10-11　粗体

图10-12　粗斜体

◆ “字号”下拉列表框：单击其右侧的下拉按钮，在弹出的下拉列表框中可选择所需的字体大小，也可直接输入字体大小的值。值越大，文字显示得越大。

◆ 消除锯齿：用于设置消除文字锯齿。如图10-13所示为选择“无”选项的效果，如图10-14所示为设置“锐利”选项的效果。

图10-13　选择“无”选项

图10-14　选择“锐利”选项

◆ 对齐文本：用于设置文字对齐方式，从左至右分别为“左对齐”、“居中”和“右对齐”。当文字为直排时，3个按钮变为，从左到右分别为“顶对齐”“居中”“底对齐”。

◆ 设置文本颜色：用于设置文字的颜色，单击色块可以打开“（拾色器）文本颜色”对话框，从中选择字体的颜色。

◆ 设置变形文本：选择具有该属性的某些字体后单击按钮，可在打开的“变形文字”对话框中为输入的文字增加变形属性。

◆ 切换“字符”和“段落”面板：单击按钮，可以显示或隐藏“字符”和“段落”控制面板，调整输入的文字格式和段落格式。

读书笔记

10.2 输入并编辑普通文字

为了使图像中的元素更丰富，用户可以自由选择文字工具，然后在图像中输入文字。在完成文字的输入后，还可根据实际需要对文字进行编辑。下面介绍创建各种不同类型的文字、设置文字属性和设置字符样式的方法。

10.2.1 创建点文字

点文字的创建方法很简单，在工具箱中选择横排文字工具T或直排文字工具IT，在图像需要添加文字的地方单击，然后直接输入文字即可。

实例操作：制作广告词

- 光盘\素材\第10章\酒瓶.psd
- 光盘\效果\第10章\酒瓶.psd
- 光盘\实例演示\第10章\制作广告词

在制作一些海报时，需要在图像上添加与之相对应的说明语或广告语，也可使用中英文结合的方法设计广告词的样式，效果如图10-15和图10-16所示。

图10-15　原图效果

图10-16　最终效果

Step 1 打开“酒瓶.psd”图像。在工具箱中选择横排文字工具T。在工具属性栏中设置字体为“方正大标宋简体”，字号为“30点”，消除锯齿为“平滑”，字体颜色为“白色”，如图10-17所示。

图10-17　设置字体属性

Step 2 将鼠标指针定位在图像中，此时出现光标闪烁点，切换到常用输入法以输入需要的文本，这里输入“时光逝　情永恒”，完成后单击工具属性栏中出现的✔按钮，此时自动生成文本图层，如图10-18所示。

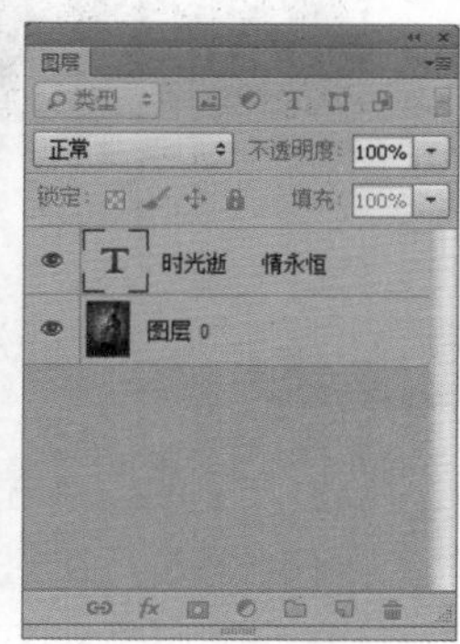

图10-18　输入文本

Step 3 使用相同的方法，输入LAMORETTA，然后选择输入的文字，在工具属性栏中设置字体为Charlemagne Std、字号为“40点”，消除锯齿为“犀利”，字体颜色为“白色”，如图10-19所示。然后使用移动工具将制作好的两个文字图层移动到合适的地方，如图10-20所示。

图10-19　输入文字

图10-20　调整文字的位置

Step 4 在工具箱中的横排文字工具T上单击，在弹出的面板中选择直排文字工具IT。在其工具属性栏中设置字体为“微软雅黑”，字号为“24点”，消除锯齿为“平滑”，字体颜色为“金色”，然后输入竖排文本“尊享品质”，如图10-21所示。

图10-21　输入直排文字

10.2.2 创建段落文字

段落文字的创建方法与点文字的创建方法大致一样。所不同的是，在创建段落文字前，需要先绘制定界框，以定义段落文字的边界，则此时输入的文字位于指定的大小区域内。

选择横排文字工具T或直排文字工具IT，在图像窗口中拖动鼠标指针绘制大小合适的定界框。在工具属性栏中设置字体属性，其设置方法与点文字相同，然后将鼠标指针定位到定界框中，并输入文本，如图10-22所示。

图10-22　创建段落文字

技巧秒杀

输入文本后，单击"图层"面板中当前的文本图层，也可确认文本输入。

10.2.3 创建蒙版文字

创建蒙版文字指以选区的形式创建文字，在创建文字时先在蒙版状态下输入文字。其创建方法与创建点文字的方法比较类似。

实例操作：制作海报文字

- 光盘\素材\第10章\海报.psd
- 光盘\效果\第10章\海报.psd
- 光盘\实例演示\制作海报文字

根据海报的风格，通常需要为其制作独具特色的广告词或宣传语。本例制作浮雕效果海报字，制作前后效果如图10-23和图10-24所示。

图10-23　原图效果

图10-24　最终效果

Step 1 ▶ 打开"海报.psd"图像，新建一个图层。选择横排文字蒙版工具T，在其属性栏中设置字体、字号分别为Goudy Stout、"50点"，在图像上单击，然后输入文本TRIP，如图10-25所示。

图10-25　创建蒙版文字

Step 2 ▶ 按Ctrl+Enter组合键，确认文字输入，生成文字选区。选择“选择”/“变换选区”命令，使用鼠标指针旋转并移动选区，如图10-26所示。按Enter键确定选区，然后将蒙版文字的背景色填充为“黑色”，如图10-27所示。

图10-26 移动选区

图10-27 填充背景色

Step 3 ▶ 按Ctrl+D组合键取消选区，然后双击该图层，打开“图层样式”对话框，选中☑图案叠加复选框，在“图案”下拉列表框中设置图案填充，如图10-28所示。

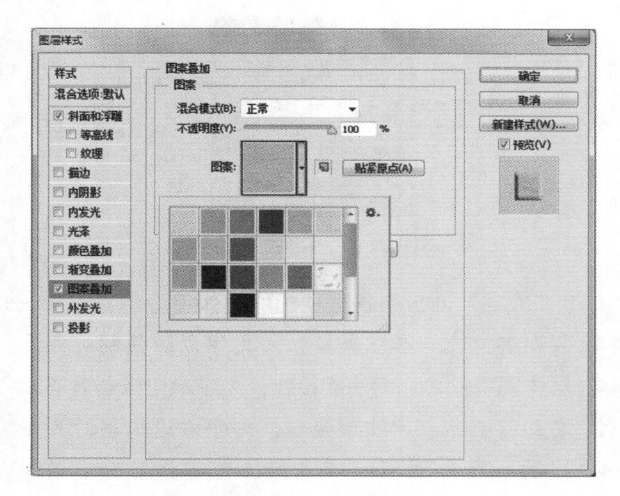

图10-28 设置图案填充

Step 4 ▶ 选中☑斜面和浮雕复选框，在“结构”区域中设置蒙版文字的浮雕效果，然后单击 确定 按钮，如图10-29所示。

技巧秒杀

文字选区与一般的选区一样，用户可以在选区变换状态下右击，在弹出的快捷菜单中选择其他的变换命令，如“扭曲”、“透视”和“变形”等。

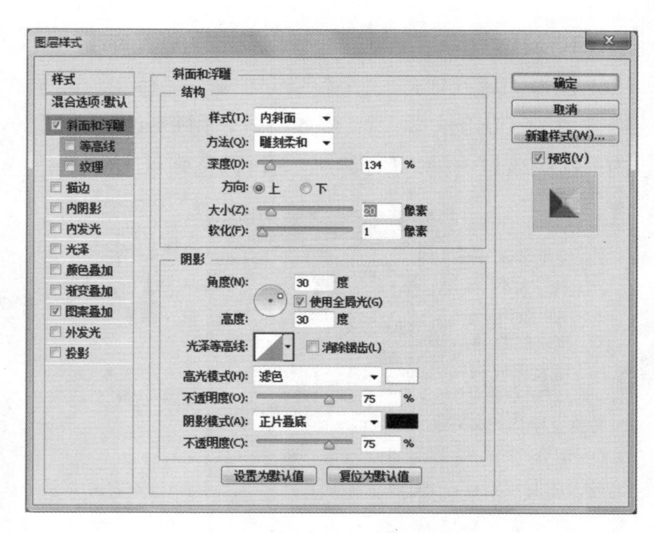

图10-29 设置浮雕效果

Step 5 ▶ 再次新建图层。选择横排文字蒙版工具，在其属性栏中设置字体、字号分别为“宋体”和“20点”，然后在图像上单击，输入文本“在沙漠中行走的人”。打开“图层样式”对话框，设置蒙版文字的浮雕效果和渐变叠加效果，如图10-30所示。设置完成后即可查看蒙版文字效果，如图10-31所示。

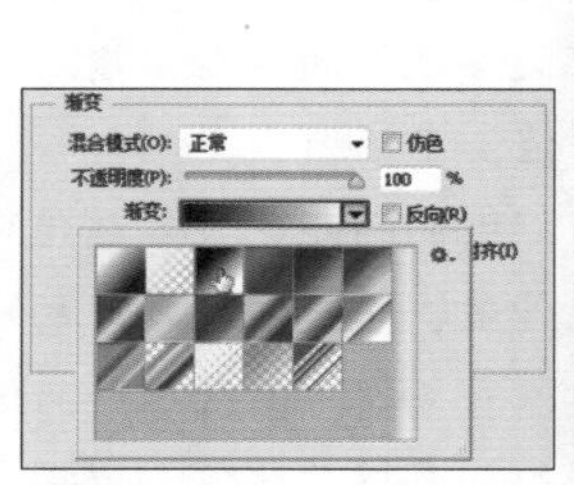

图10-30 设置渐变叠加效果

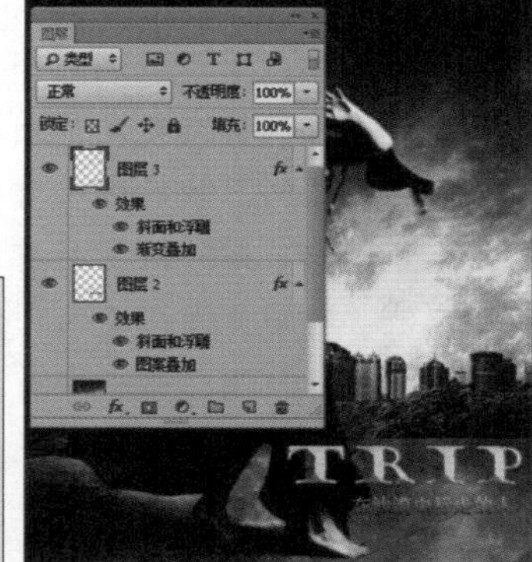

图10-31 查看蒙版文字效果

10.2.4 设置字符样式

之前介绍了根据文字的工具属性栏设置字符样式的方法，除此之外，还可通过“字符”面板来进行设置。文字工具属性栏包含部分字符属性，而“字符”面板则集成所有的字符属性。在文字工具属性栏中单击按钮，或选择“窗口”/“字符”命令，即可打开如图10-32所示的“字符”面板。在“字符”面板中，可供设置的属性包括“字体”“字号”“行距”“字距微调”“比例间距”“缩放”等，用户只需在相应的下拉列表框中输入所需数值进行调整即可。

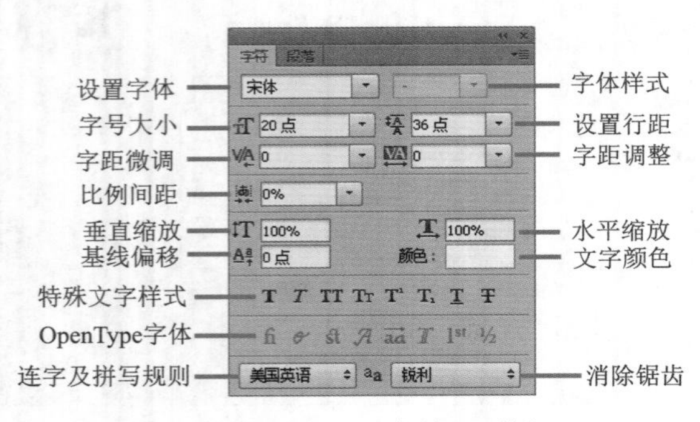

图10-32　“字符”面板

“字符”面板中各选项的含义和作用介绍如下。

◆ 字号大小：用于设置文字的字号，直接在其中选择或输入需要的值即可。
◆ 设置行距：用于设置上一行文字与下一行文字之间的距离。选择文字图层后，在“字符”面板中的“设置行距”下拉列表框中输入或选择需要的值即可。
◆ 字距微调：用于微调两个字符之间的字距。在设置前可将鼠标光标定位到需要进行字距微调的两个字符之间，然后输入需要调整的值即可。
◆ 字距调整：用于设置所有文字之间的字距。输入正值，字距变大；输入负值，字距缩小。
◆ 比例间距：用于设置字符周围的间距，设置该值后，字符本身不被挤压或伸展，而是字符之间的间距被挤压或伸展。
◆ 垂直缩放：用于设置文字的垂直缩放比例，以调整文字的高度。
◆ 水平缩放：用于设置文字的水平缩放比例，以调整文字的宽度。
◆ 基线偏移：用于设置文字与文字基线之间的距离。为正值时文字上移；为负值时文字下移。
◆ 文字颜色：用于设置文字的颜色，单击“颜色”色块，可打开“拾色器（文本颜色）”对话框，在其中可修改文字颜色。
◆ 消除锯齿方式：与文字工具属性栏中的“消除锯齿”完全一致，包括“无”、“锐利”、“犀利”、“浑厚”和“平滑”。
◆ 文字样式：包括T *T* TT Tr T¹ T₁ T T按钮，分别代表“仿粗体”、“仿斜体”、“全部大写字母”、“小型大写字母”、“上标”、“下标”、“下划线”和“删除线”共8种，单击对应的按钮即可应用样式。应用一种样式后，再单击另一种样式，在其样式上进行叠加，但“全部大写字母”和“小型大写字母”除外。

10.2.5 设置段落属性

当用户在图像中添加一段或几段文字时，可根据需要设置段落的属性。文字的段落格式包括“对齐方式”、“缩进方式”、“避头尾法则设置”和“间距组合设置”等。选择“窗口”/“段落”命令，即可打开如图10-33所示的“段落”面板。

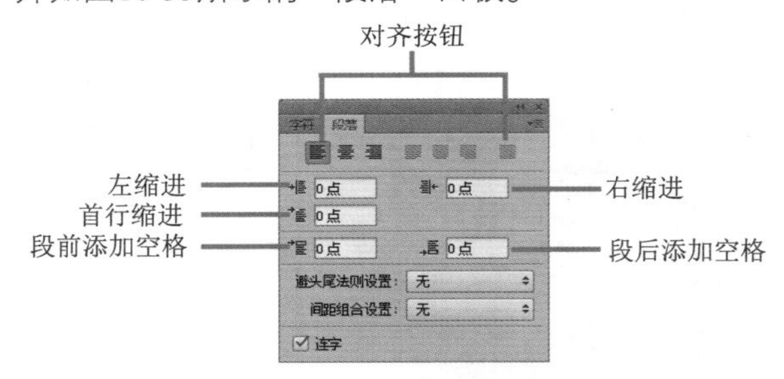

图10-33　“段落”面板

“段落”面板中各选项的作用如下。

◆ 左对齐文本：单击■按钮，文字左边强制对齐。
◆ 居中对齐文本：单击■按钮，文字中间强制对齐。
◆ 右对齐文本：单击■按钮，文字右边强制对齐。
◆ 最后一行左对齐：单击■按钮，最后一行左对齐，文字两端和文本框强制对齐。
◆ 最后一行居中对齐：单击■按钮，最后一行居中对齐，其他行两端强制对齐。

读书笔记

◆ 最后一行右对齐：单击按钮，最后一行右对齐，其他行两端强制对齐。

◆ 全部对齐：单击按钮，文字两端强制对齐。

◆ 左缩进：横排文字工具可设置左缩进值，直排文字工具设置顶端缩进。

◆ 右缩进：横排文字工具可设置右缩进值，直排文字工具设置底端缩进。

◆ 首行缩进：设置文字首行缩进值。

◆ 段前添加空格：用于设置选中段与上一段之间的距离。

◆ 段后添加空格：用于设置选中段与下一段之间的距离。

◆ 避头尾法则设置：用于设置避免第一行显示标点符号的规则。

◆ 间距组合设置：用于设置自动调整字间距时的规则。

◆ ☑连字复选框：选中该复选框可以将文字的最后一个外文单词拆开，形成连字符号，使剩余的部分自动换到下一行。

10.3 创建并编辑路径文字

在制作一些具有特殊效果的图像时，为了使文字效果与图像效果更和谐融合，用户常常需要在图像中添加具有一定路径效果的文字，以增强图像的整体美感。Photoshop CC一般通过创建路径文字的方法来调整文字的排列形式。

10.3.1 创建路径文字

在Photoshop CC中创建路径文字，需结合钢笔工具。下面介绍创建路径文字的方法。

实例操作：制作路径文字

- 光盘\素材\第10章\旅行.psd
- 光盘\效果\第10章\旅行.psd
- 光盘\实例演示\制作路径文字

本例在图像中绘制路径，并设置路径文字的文字属性，设置前后的效果如图10-34和图10-35所示。

图10-34 原图效果

图10-35 最终效果

Step 1 打开“旅行.psd”图像，选择钢笔工具，在工具属性栏中选择“路径”选项，沿曲线绘制路径，如图10-36所示。

图10-36 绘制路径

Step 2 选择横排文字工具，将鼠标光标移动到路径上，当其变为状时，单击以设置文字插入点，并输入文本“人生如同旅行，重要的不是目的地，而是沿途的风景。”，所输入的文本沿所绘制的路径排列，如图10-37所示。选择所输入的文字，打开“字符”面板，在其中将其文字属性设置为“汉仪细圆简”“20点”“黑色”，单击“仿粗

体”按钮T，然后将鼠标指针定位于“途”字后，按两次Space键，并将“字距微调”设置为200，如图10-38所示。设置完成后按Enter键完成。

图10-37　输入文字

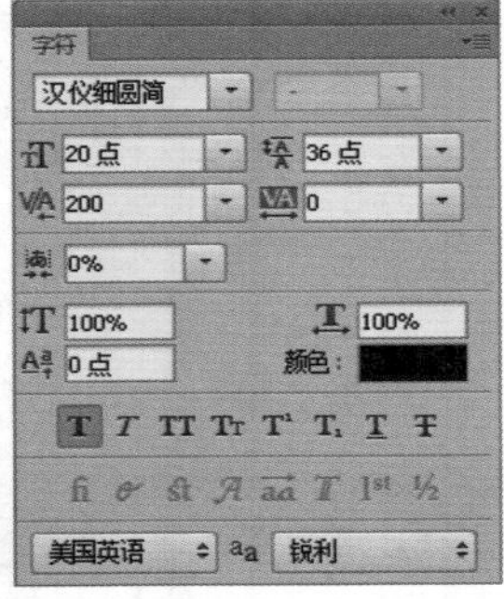

图10-38　设置文字属性

10.3.2 移动和翻转路径文字

在完成路径文字创建后，用户还可对其进行移动和翻转，使其更加适应图像。下面介绍移动和翻转路径文字的方法。

- **移动路径文字**：选择直接选择工具或路径选择工具，将鼠标光标定位于路径文字上，此时指针变为状，如图10-39所示。单击并沿路径拖动文字，即可移动文字，如图10-40所示。

图10-39　定位指针

图10-40　移动路径文字

- **翻转路径文字**：选择直接选择工具或路径选择工具，将鼠标指针定位于路径文字上，单击，然后朝路径的另一侧拖动鼠标，即可翻转文字，如图10-41所示。

图10-41　翻转路径文字

> **技巧秒杀**
>
> 选择已绘制的路径，按住鼠标左键不放进行拖动，可以移动路径文字的位置。

10.3.3 编辑路径文字

若用户在制作路径文字时，发现路径文字的路径效果不够完美，可以对路径进行编辑。其方法是：选择路径文字，选择直接选择工具，将锚点显示出来，移动锚点或调整方向线以修改路径的形状，此时文字的路径效果发生改变，如图10-42所示。

图10-42　编辑文字路径

读书笔记

10.4 创建并编辑变形文字

为了制作出精美且更具个性化的文字效果，Photoshop CC为用户提供文字变形功能，通过该功能用户可以根据图像的需要将文字变形为其他形状，并可对变形文字的样式进行编辑。下面介绍创建变形文字、编辑变形文字格式和重置变形的方法。

10.4.1 创建变形文字

Photoshop CC可以对文字进行变形，以制作出一些如扇形、弧形、拱形和旗帜等具有特殊效果的文字。

实例操作：制作变形文字

- 光盘\素材\第10章\镜湖.psd
- 光盘\效果\第10章\镜湖.psd
- 光盘\实例演示\制作变形文字

本例在图像中输入文字，并为文字制作变形效果，设置前后的效果如图10-43和图10-44所示。

图10-43　原图效果

图10-44　最终效果

Step 1 ▶ 打开“镜湖.psd”图像，在工具箱中选择横排文字工具T。在其工具属性栏中设置字体为“方正细珊瑚简体”，字号为“32点”，“消除锯齿”为“锐利”，字体颜色为“白色”。然后在图像窗口中单击，在出现的闪烁文本插入点后输入文本“翡翠天境”，如图10-45所示。

技巧秒杀

输入文字后，任意选择其他工具，可确认文字输入。

图10-45　输入文字

Step 2 ▶ 单击工具属性栏中的“变形”按钮，打开“变形文字”对话框，在“样式”下拉列表框中选择“花冠”选项。在“弯曲”、“水平扭曲”和“垂直扭曲”文本框中分别输入15、0和0。单击 确定 按钮完成变形设置，如图10-46所示。然后返回工具属性栏，单击✓按钮确认设置，查看变形效果，如图10-47所示。

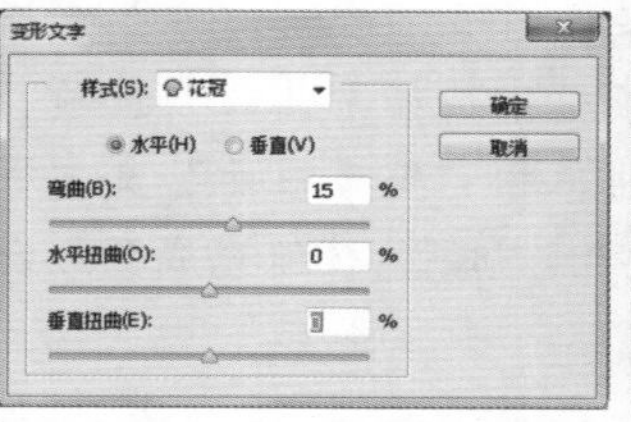

图10-46　设置变形属性

图10-47　查看效果

读书笔记

Step 3 ▶ 双击“翡翠天境”图层，打开“图层样式”对话框，选中☑渐变叠加复选框，单击“渐变”栏中的渐变条，打开“渐变编辑器”对话框，设置渐变颜色分别为R:108 G:77 B:41、R:132 G:116 B:66、R:150 G:113 B:66，设置位置分别为15%、45%、85%，然后单击 确定 按钮，如图10-48所示。

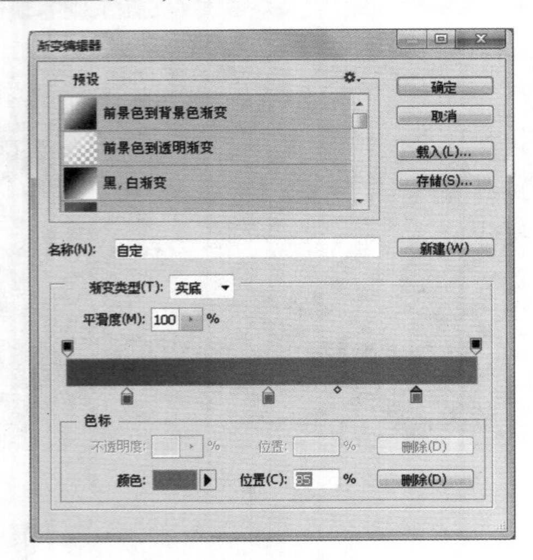

图10-48 设置渐变叠加效果

Step 4 ▶ 选择横排文字工具T。在其工具属性栏中设置字体为Engravers MT，字号为“10点”，“消除锯齿”为“锐利”，字体颜色为“白色”。然后在图像窗口中单击，在出现的闪烁文本插入点后输入文本IADE PARADISE，如图10-49所示。单击工具属性栏中的“变形”按钮，打开“变形文字”对话框，在“样式”下拉列表框中选择“凸起”选项；在“弯曲”、“水平扭曲”和“垂直扭曲”文本框中分别输入-4、0和0。单击 确定 按钮完成变形设置，如图10-50所示。

图10-49 输入文字

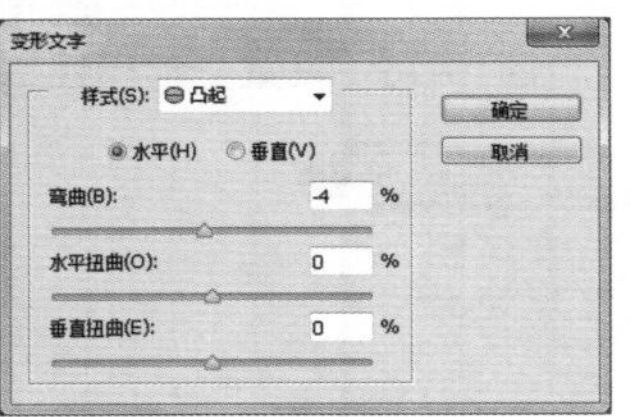

图10-50 文字变形

Step 5 ▶ 选择横排文字工具T，依次在图像中添加不同字号的其他文字，并设置文字字体为“宋体”，“颜色”为“白色”，设置完成后对各个文字图层的位置进行调整和排列，使效果如图10-51所示。

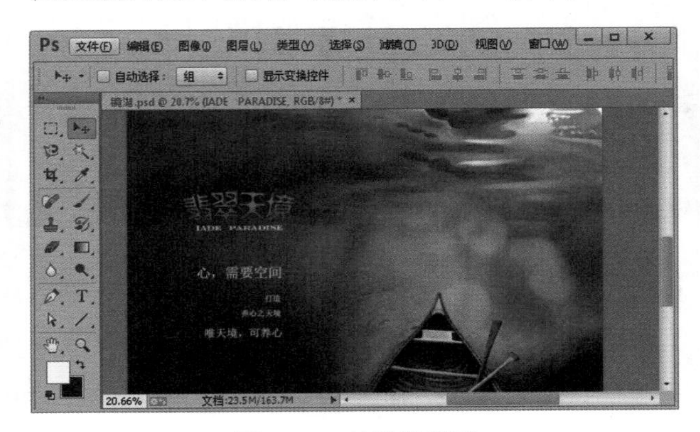

图10-51 效果设置图

知识解析：“变形文字”对话框

- 样式：用于设置变形的样式，该下拉列表框预设15种变形样式。
- 水平：选中◉水平(H)复选框，文字扭曲的方式为水平方向。
- 垂直：选中◉垂直(V)复选框，文字扭曲的方式为垂直方向。
- 弯曲：用于设置文本的弯曲程度。
- 水平扭曲/垂直扭曲：可以让文本产生透视扭曲效果。

10.4.2 重置与取消变形

使用文字工具对文字进行变形后，只要没有对图层进行栅格化操作，即可随意对变形文字的变形参数进行修改，也可取消变形。下面分别介绍重置变形和取消变形的方法。

- 重置变形：选择需重置变形的文字，再选择文字工具。在其工具属性栏中单击按钮，或选择“文字”/“文字变形”命令，在打开的“文字变形”对话框中可重置变形参数。
- 取消变形：选择需取消变形的文字，再选择文字工具。在其工具属性栏中单击按钮，或选择“文字”/“文字变形”命令，在打开的“文字变形”对话框中将“样式”设置为“无”，再单击 确定 按钮，则可取消当前文字已设置的变形效果。

10.5 文本的其他操作

在图像中完成文字的输入操作后，为了使文字更加符合设计要求，用户除了可以使用“字符”和“段落”面板对文字格式进行编辑设置之外，还可以通过查找和替换文本、更换所有文字图层等方式对文本进行编辑设置。

10.5.1 拼写检查

在不确定所拼写的英文单词是否正确时，用户可对英文进行拼写检查。其方法是：选择要检查的文字，再选择“编辑”/“拼写检查”命令，打开“拼写检查”对话框，若出现拼写错误的情况，则在该对话框中用户可查看到Photoshop CC提供的修改建议，如图10-52所示。

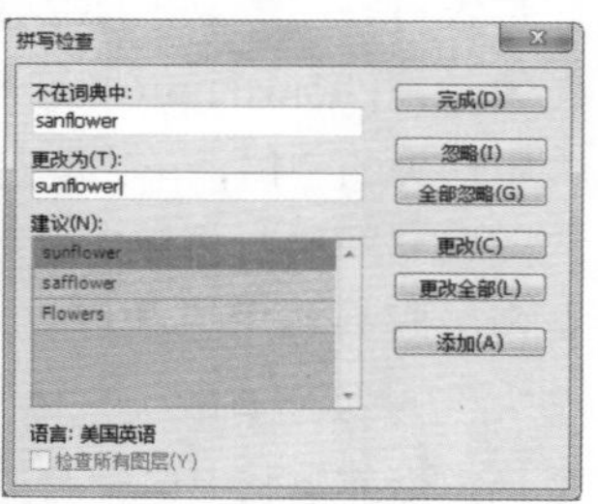

图10-52 “拼写检查”对话框

知识解析：“拼写检查 ”对话框

- 不在词典中：用于显示错误的单词。
- 更改为/建议：在“建议”列表框中选择单词后，“更改为”文本框中显示选中的单词。
- 忽略：单击 忽略(I) 按钮，继续检查文本而不更改文本。
- 全部忽略(G) 按钮：单击该按钮，忽略拼写检查中有问题的字符。
- 更改(C) 按钮：单击该按钮，更改拼写错误的字符。
- 更改全部(L) 按钮：单击该按钮，校正文档中出现的所有拼写错误。
- 添加(A) 按钮：单击该按钮，可将无法识别的正常单词存储在词典中。下次使用时，不会被检查为拼写错误的文字。
- 检查所有图层(Y) 复选框：选中该复选框，可以对图像中的所有文字图层进行检查。

10.5.2 查找和替换文本

若当前文字内容中有需要修改的文字、单词或标点，可以通过Photoshop CC的查找和替换功能对错误内容进行修改。其方法是：打开要替换和查找文字的图像，选择“编辑”/“查找和替换文本”命令，打开“查找和替换文本”对话框。在“查找内容”和“更改为”文本框中分别输入需查找和替换的文字，然后单击 更改(H) 按钮或 更改全部(A) 按钮，即可完成，如图10-53所示。

图10-53 查找和替换文字

知识解析：“查找和替换文本”对话框

- 完成(D) 按钮：单击该按钮，关闭“查找和替换文本”对话框。
- 查找内容：用于输入要查找的内容。
- 更改为：用于输入要更改的内容。
- 查找下一个(I) 按钮：单击该按钮，用于查找下一个需要更改的内容。
- 更改(H) 按钮：单击该按钮，可将当前查找到的内容更改为指定的文字内容。
- 更改全部(A) 按钮：单击该按钮，可将所有查找到的内容都更改为指定的文字内容。

◆ ☑搜索所有图层(S) 复选框：选中该复选框，对该图像中所有的图层进行搜索。

◆ ☑向前(O) 复选框：选中该复选框，可从文本插入点向前搜索。若没有选中，则不管文本插入点在何处，都将对图层中的所有文本进行搜索。

◆ ☑区分大小写(E) 复选框：选中该复选框，可搜索与“查找内容”文本框中的文本大小写完全匹配的一个或多个文字。

◆ ☑全字匹配(W) 复选框：选中该复选框，可忽略嵌入在更长字中的搜索文本。

◆ ☑忽略重音(G) 复选框：选中该复选框，用于忽略搜索文字中的重音字。

10.5.3 点文字和段落文字转换

在图像中输入点文字或段落文字后，若发现当前文字类型并不适合图像的要求，可对文字的类型进行转换。其方法是：选择点文字“文字”图层后，选择“类型”/“转换为段落文字”命令，可将点文字转换为段落文字，如图10-54和图10-55所示为将点文字转换为段落文字前后效果图。此外，选择“段落文字”图层后，选择“类型”/“转换为点文字”命令，可将段落文字转换为点文字。

图10-54 转换前的点文字

图10-55 转换后的段落文字

读书笔记

10.5.4 替换所有的缺失字体

若需要在不同的电脑中打开制作好的PSD图像文件，此时很可能因为两台电脑中所安装字体不一致，而导致打开图像时出现字体缺失的情况。在打开这类图像时，Photoshop CC打开一个提示对话框，显示图像中缺失的字体，单击 确定 按钮。此时，在打开的图像“图层”面板中可发现缺失字体图层上有一个黄色感叹号标志，如图10-56所示。用户可选择“类型”/“替换所有缺失字体”命令，即可将缺失的字体替换为当前电脑中已安装的文字，如图10-57所示。

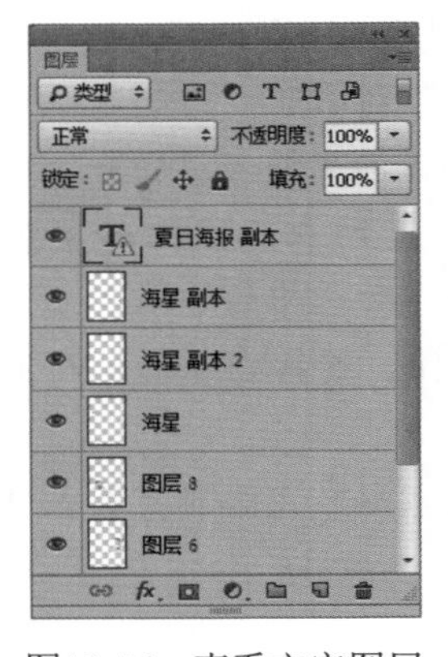

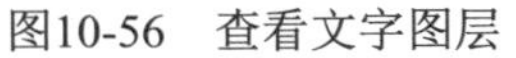

图10-56 查看文字图层

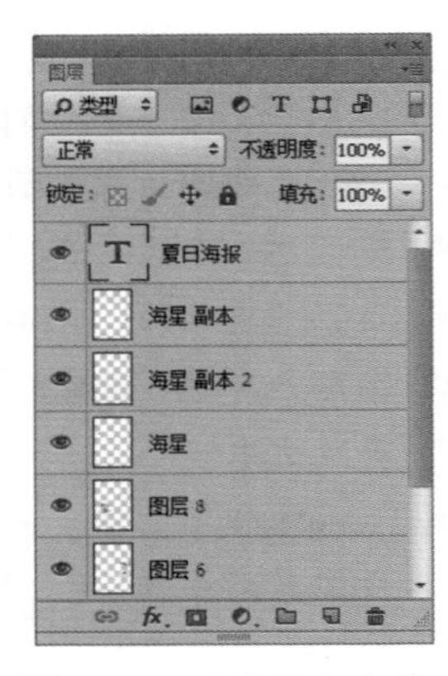

图10-57 替换缺失字体

10.5.5 基于文字创建工作路径

为对文字的形状进行更加细致的调整，可将文字转换为工作路径。其方法是：选择“类型”/“创建工作路径”命令，或在“文字”图层上右击，在弹出的快捷菜单中选择“创建工作路径”命令，即可快速将文字轮廓转换为工作路径，如图10-58所示。生成的路径可以添加描边、填充等效果，或通过编辑锚点得到变形文字。

图10-58　文字转换为工作路径

10.5.6 文字转换为形状

与基于文字创建工作路径一样，用户也可将文字转换为形状。其方法是：选择“类型”/“转换为形状”命令，或在“文字”图层上右击，在弹出的快捷菜单中选择“转换为形状”命令，即可将文字转换为形状，如图10-59所示。

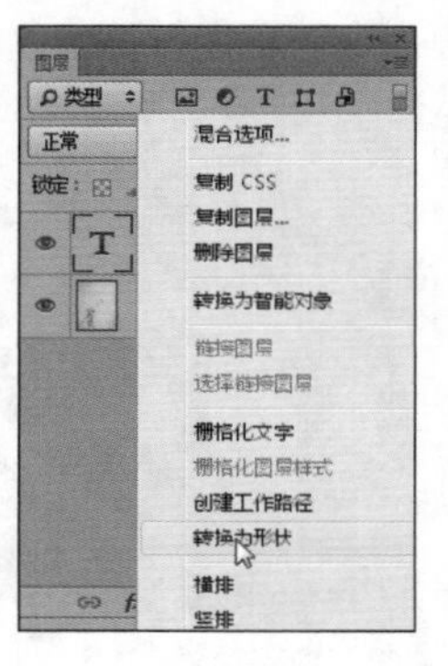

图10-59　文字转换为形状

技巧秒杀

用户可将“文字”图层转换为普通图层，从而对图层中的文字使用滤镜或者进行涂抹绘画等操作。其方法是：在“图层”面板中右击“文字”图层，在弹出的快捷菜单选择“栅格化文字”命令，将“文字”图层转换为普通图层。

知识大爆炸——OpenType字体

OpenType字体是一种可缩放字型，采用PostScript格式，由Microsoft公司与Adobe公司联合开发，是用来替代TrueType字型的新字型。OpenType字体图标为O，如图10-60所示。使用OpenType字体后，可通过“字符”面板的OpenType字体属性设置栏为OpenType字体设置格式，如图10-61所示，或选择“类型”/OpenType命令，在弹出的子菜单中设置OpenType字体格式，如图10-62所示。

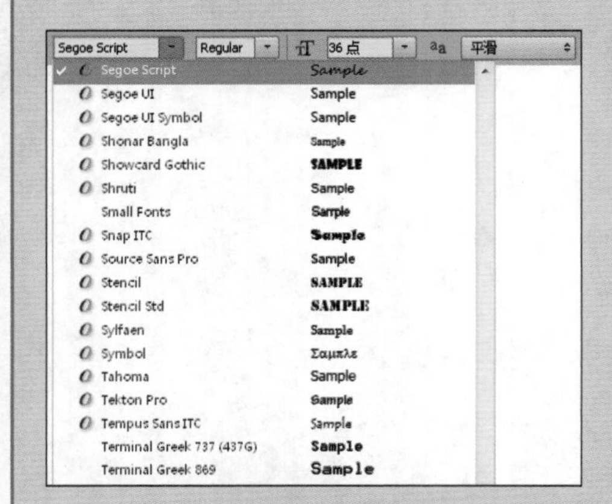

图10-60　查看OpenType字体

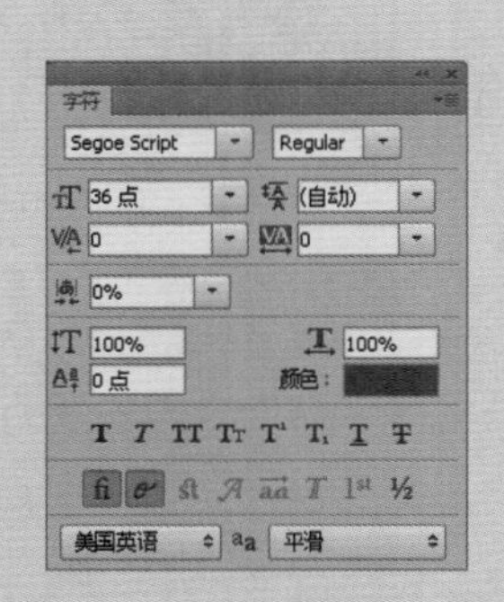

图10-61　通过“字符”面板设置

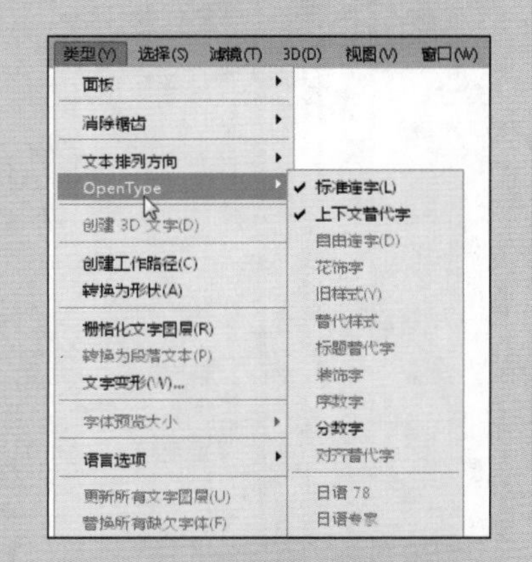

图10-62　通过命令设置

01 02 03 04 05 06 07 08 09 10 **11** 12 13 14……

使用蒙版和通道

本章导读

蒙版和通道在Photoshop CC处理图像的过程中使用得比较频繁，通过它们可以制作出更多复杂、美观的图像以及特殊效果。本章将讲解蒙版在处理图像时的使用方法，包括矢量蒙版、剪贴蒙版以及图层蒙版等，然后对通道的简单应用和高级应用进行讲解，包括通道的种类、创建各种通道的方法、通道的基础操作和通道的高级操作等。掌握这些知识有利于对图像的处理和制作。

11.1 认识蒙版

蒙版是一种非常重要的图像编辑工具，可以让用户轻松合成图像。使用蒙版不但能避免用户使用橡皮擦、删除工具造成的误操作，用户还可通过对蒙版使用滤镜，制作出一些让人惊奇的效果。下面对蒙版的相关基础知识进行讲解。

11.1.1 蒙版的作用

蒙版是一种独特的图像处理方式，主要用于隔离和保护图像中的某个区域，并可将部分图像处理成透明和半透明效果。对图像的其余区域进行颜色变化和其他效果处理时，被蒙版蒙住的区域不发生变化。同时，可只对蒙住的区域进行处理，而不改变图像的其他部分。蒙版是256色的灰度图像，以8位灰度通道存放在图层或通道中，可以使用绘图编辑工具对它进行修改。

11.1.2 蒙版的类型

Photoshop CC为不同的编辑方法提供4种蒙版，用户在编辑时可根据情况进行选择。这4种蒙版的作用如下。

- **快速蒙版**：有创建和编辑选区的功能，在第3章中已讲解过。
- **剪贴蒙版**：可使用一个对象的形状来控制其他图层的显示范围。
- **矢量蒙版**：通过路径或矢量形状控制图像的显示范围。
- **图层蒙版**：通过蒙版中的灰度信息控制图像的显示范围。

11.1.3 认识蒙版“属性”面板

用户在创建矢量蒙版和图层蒙版时，选择“窗口”/“属性”命令，可打开“属性”面板，如图11-1所示为图层蒙版的“属性”面板。矢量蒙版和图层蒙版的“属性”面板基本相同。

图层蒙版“属性”面板中各选项的作用如下。

- **选择的蒙版**：用于显示当前选中的蒙版。

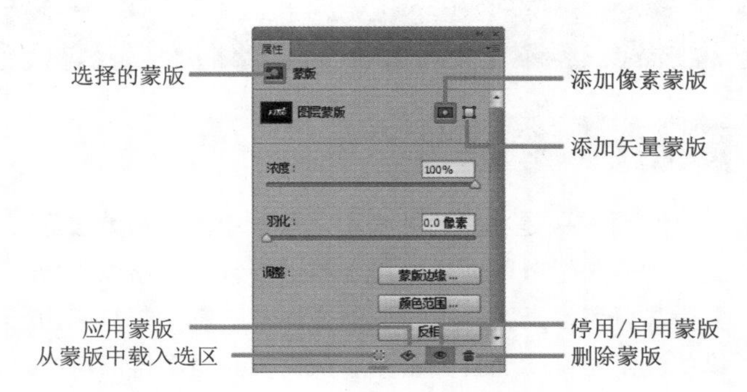

图11-1 图层蒙版的“属性”面板

- **添加像素蒙版**：单击按钮，可为当前图层添加一个像素蒙版。
- **添加矢量蒙版**：单击按钮，可为当前图层添加一个矢量蒙版。
- **浓度**：用于控制蒙版的透明度，可以影响蒙版的遮罩效果。
- **羽化**：用于控制蒙版边缘的柔化程度。数值越大，柔化效果越强。
- **蒙版边缘**：单击 蒙版边缘... 按钮，可打开“调整蒙版”对话框，在其中可以对蒙版边缘进行修改，其设置方法与“调整边缘”对话框相同。
- **颜色范围**：单击 颜色范围... 按钮，打开“颜色范围”对话框，在其中可通过修改颜色容差来调整蒙版边缘的位置。
- **反相**：单击 反相 按钮，可以翻转蒙版的遮盖区域，蒙版中的黑色变为白色，白色变为黑色。
- **从蒙版中载入选区**：单击按钮，可从蒙版中生成选区。
- **应用蒙版**：单击按钮，可将蒙版应用到图像中，并删除蒙版以及被蒙版遮盖的区域。
- **停用/启用蒙版**：单击按钮，可停用或启动蒙版。停用蒙版后，“图层”面板中的蒙版缩略图出现✕。

◆ 删除蒙版：单击■按钮，可以删除当前所选择的蒙版。

11.2 使用矢量蒙版

矢量蒙版是用钢笔工具和各种形状工具等创建的蒙版，可以在图层上绘制路径形状，以控制图像显示与隐藏，并且可以调整与编辑路径节点，所以通过矢量蒙版可以制作出精确的蒙版区域。下面对矢量蒙版的使用方法进行讲解。

11.2.1 创建矢量蒙版

矢量蒙版是将矢量图像引入蒙版中的一种蒙版形式。由于矢量蒙版通过矢量工具进行创作，所以矢量蒙版与分辨率无关，不论如何变形都不影响其轮廓边缘的光滑程度，而且矢量蒙版只需要一个图层即可存在。如图11-2所示为一个"矢量蒙版"图层。

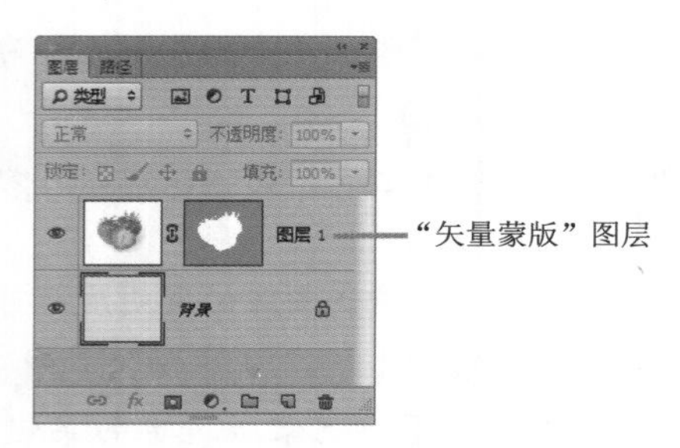

图11-2 "矢量蒙版"图层

实例操作：为照片添加相框

- 光盘\素材\第11章\相框.jpg、baby.jpg
- 光盘\效果\第11章\baby.psd
- 光盘\实例演示\第11章\为照片添加相框

本例baby.jpg图像移动到"相框.jpg"图像中，通过创建的矢量蒙版将baby.jpg图像嵌入到相框中，效果如图11-3和图10-4所示。

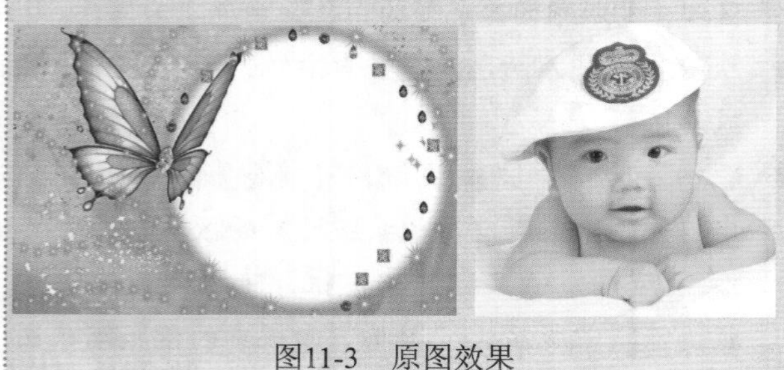

图11-3 原图效果

图11-4 最终效果

Step 1 ▶ 打开baby.jpg和"相框.jpg"图像文件，使用移动工具将baby.jpg图像移动到"相框.jpg"图像中，并将图像调整到合适的大小和位置，如图11-5所示。

图11-5 移动并调整图像

Step 2 ▶ 选择椭圆工具◯，在工具属性栏中设置"工具模式"为"路径"，使用鼠标指针在画框上绘制一个和相框大小相同的椭圆路径，如图11-6所示。然后选择"图层"/"矢量蒙版"/"当前路径"命令，即可在所选图层中创建一个矢量蒙版，如图11-7所示。

读书笔记

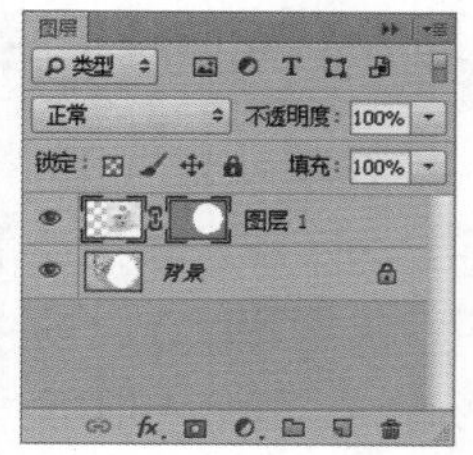

图11-6　绘制路径　　图11-7　添加矢量蒙版

Step 3 ▶ 路径外的区域被隐藏，选择“图层1”图层，将图层模式设置为“正片叠底”，按Enter键确认路径，然后在图像编辑区中即可查看效果，如图11-8所示。

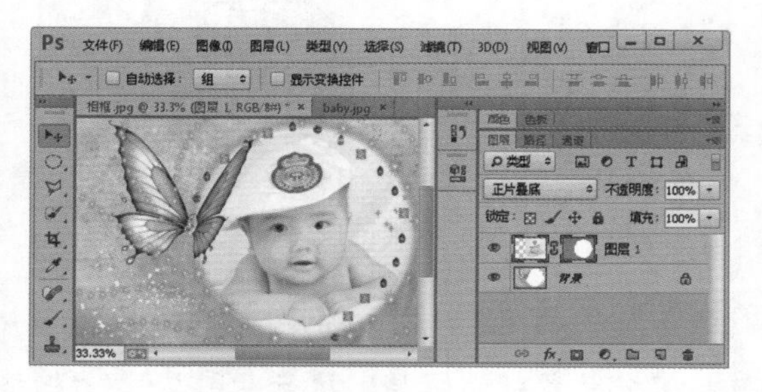

图11-8　设置图层混合模式

技巧秒杀

选择需要创建矢量蒙版的图层，在蒙版的“属性”面板中单击□按钮，为当前图层添加一个矢量蒙版；选择自定形状工具，设置“工具模式”为“路径”，使用鼠标指针在图像上绘制一个形状，形状外的区域被隐藏。

11.2.2 为矢量蒙版添加效果

对于添加矢量蒙版的图层来说，也可像普通图层一样添加需要的图层样式，但添加的图层样式只针对矢量蒙版中的内容起作用。

为矢量蒙版添加图层样式的方法与在普通图层中添加图层样式的方法一样，选择需要添加图层样式的“矢量蒙版”图层，选择“图层”/“图层样式”命令，打开“图层样式”对话框，在其中进行相应的效果设置即可。如图11-9所示为添加描边效果的“图层样式”对话框。如图11-10所示为矢量蒙版添加描边后的效果。

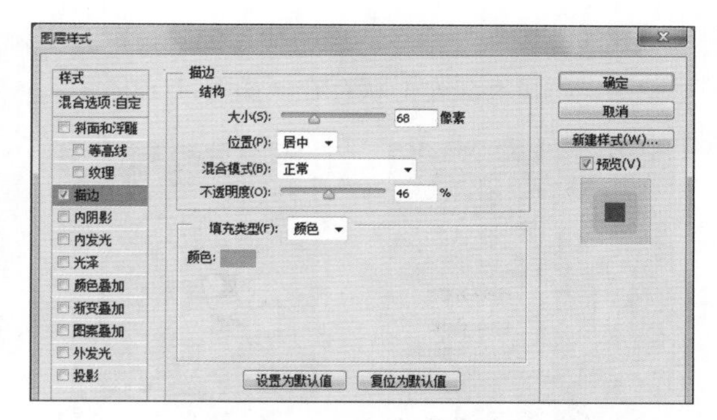

图11-9　设置描边参数

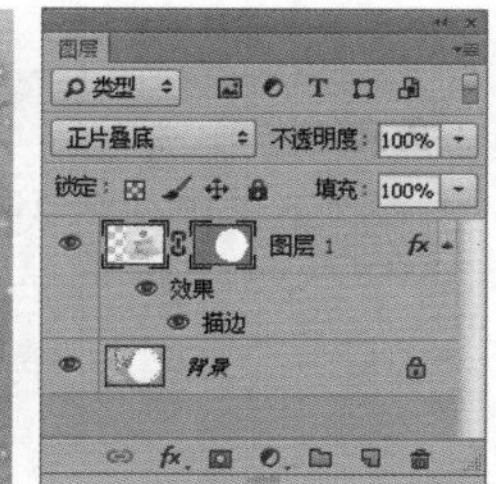

图11-10　查看添加的描边效果

11.2.3 为矢量蒙版添加形状

除了可对矢量蒙版添加效果外，还可添加一些形状，并对图像进行装饰。为矢量蒙版添加形状的方法很简单：选择矢量蒙版后，使用钢笔工具或自定形状工具在矢量蒙版中绘制形状，如图11-11所示。

图11-11　为矢量蒙版添加形状

11.2.4 编辑矢量蒙版

创建矢量蒙版后，用户也可对矢量蒙版进行编辑。下面讲解矢量蒙版的一些常见编辑方式。

1. 矢量蒙版转换为图层蒙版

在蒙版缩略图上右击，在弹出的快捷菜单中选择

“栅格化矢量蒙版”命令。栅格化后的矢量蒙版变为图层蒙版，不再有矢量形状存在，如图11-12所示。

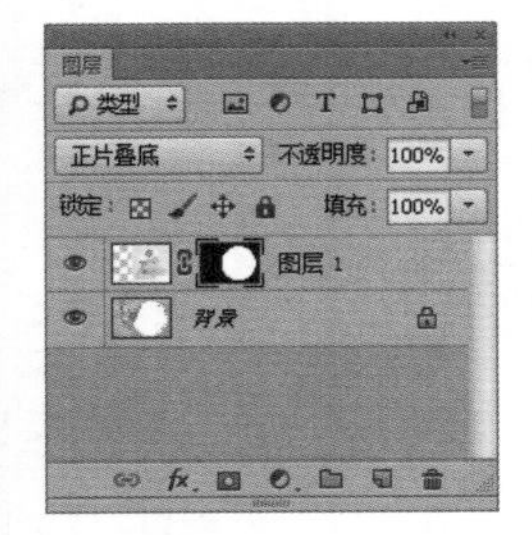

图11-12　矢量蒙版转换为图层蒙版

2. 删除矢量蒙版

对于不需要的矢量图蒙版，可将其删除。其方法是：在蒙版缩略图上右击，在弹出的快捷菜单中选择“删除矢量蒙版”命令，即可将矢量蒙版删除，如图11-13所示。

图11-13　删除矢量蒙版

3. 链接/取消链接矢量蒙版

在默认情况下，图层和矢量蒙版之间有个图标，表示图层与矢量蒙版相互链接。移动或交换图层时，矢量蒙版随之变化。若不变换图层或矢量蒙版时影响与之链接的图层或矢量蒙版，可单击图标，将它们之间的链接取消，如图11-14所示。若恢复链接，可直接单击取消链接的位置。

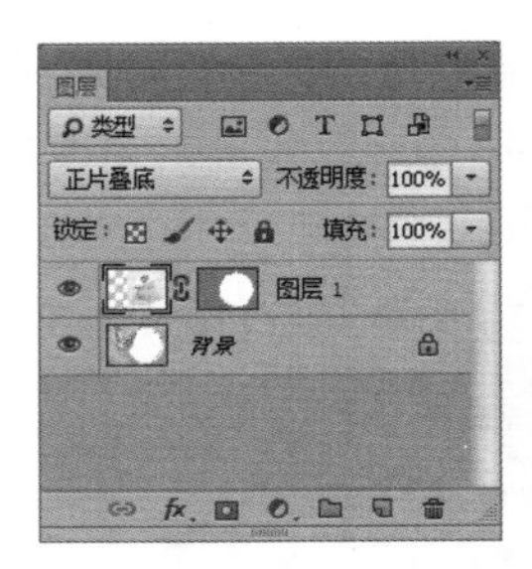
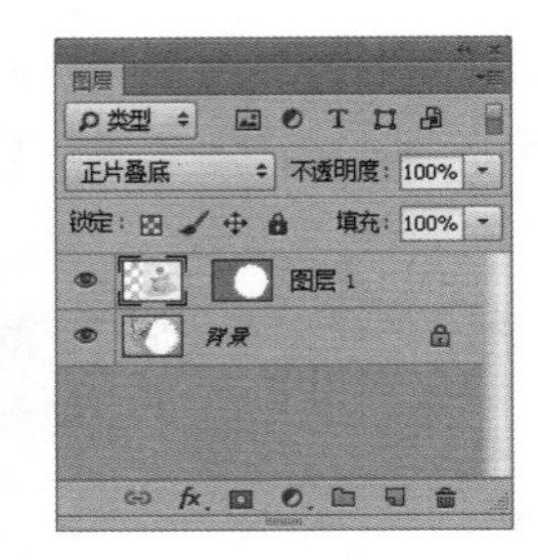

图11-14　取消链接矢量蒙版

技巧秒杀

选择带矢量蒙版的图层，执行“图层”/“栅格化”/“矢量蒙版”命令，可将矢量蒙版转换为图层蒙版；执行“图层”/“矢量蒙版”/“删除”命令，可删除矢量蒙版；执行“图层”/“矢量蒙版”/“取消链接”命令，可取消矢量蒙版的链接；执行“图层”/“矢量蒙版”/“链接”命令，可绘制矢量蒙版的链接。

11.3 使用剪贴蒙版

剪贴蒙版与矢量蒙版最大的不同是，矢量蒙版只能控制一个图层的显示区域，而剪贴蒙版可以通过一个图层来控制多个图层的显示区域，常用于广告制作中。

11.3.1 创建剪贴蒙版

剪贴蒙版由基底图层和内容图层组成，其中内容图层位于基底图层上方。基底图层用于限制图层的最终形式，而内容图层则用于限制最终图像显示的图案，如图11-15所示为一个完成的剪贴蒙版结构。需要注意的是：一个剪贴蒙版只能拥有一个基底图层，但可以拥有多个内容图层。

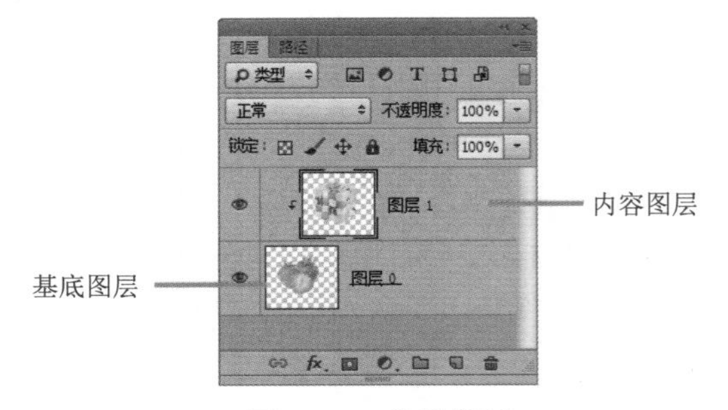

图11-15　剪贴蒙版

在Photoshop CC中创建剪贴蒙版的方法有多种，下面分别进行介绍。

- **执行菜单命令创建：**在“图层”面板中选择需要创建剪贴蒙版的图层，选择“图层”/“创建剪贴蒙版”命令即可。如图11-16所示为将“蝴蝶”图层创建为剪贴蒙版的效果。

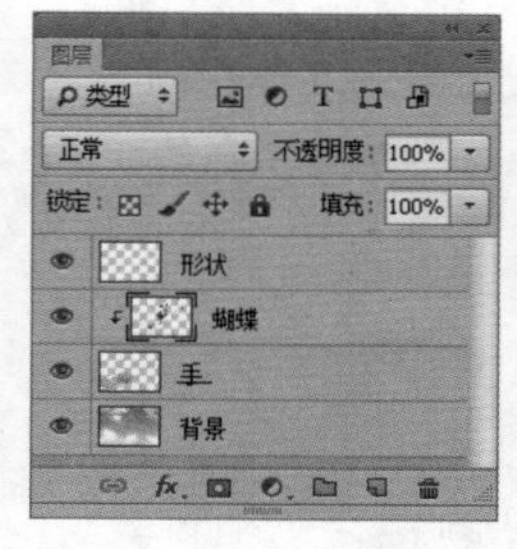

图11-16　将“蝴蝶”图层创建为剪贴蒙版

- **通过快捷菜单命令创建：**在“图层”面板中需要创建剪贴蒙版的图层上右击，在弹出的快捷菜单中选择“创建图层蒙版”命令即可。如图11-17所示为将“形状”图层创建为剪贴蒙版的效果。

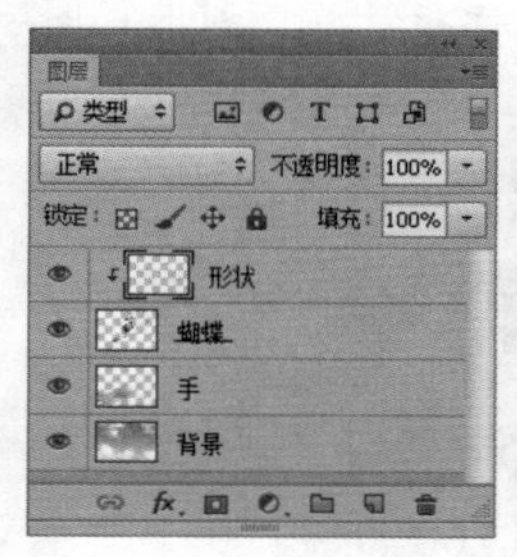

图11-17　将“形状”图层创建为剪贴蒙版

- **通过鼠标指针拖动创建：**按住Alt键，将鼠标指针移动到需创建剪贴蒙版的图层与下一图层的分割线上，当鼠标指针变成↓□形状时单击，即可创建剪贴蒙版，如图11-18所示。

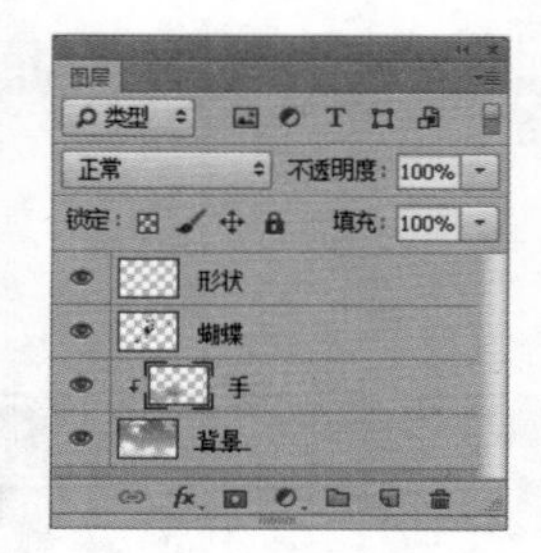

图11-18　创建剪贴蒙版

技巧秒杀

在“图层”面板中选择需创建剪贴蒙版的图层，按Ctrl+Alt+G组合键也可创建剪贴蒙版。

11.3.2　设置剪贴蒙版的不透明度

为图层创建剪贴蒙版后，该图层自动应用基底图层的透明度。如果对透明度不满意，可以单独设置剪贴蒙版的透明度。其方法是：选择剪贴蒙版，在“图层”面板中设置不透明度的参数值即可，如图11-19所示。

图11-19　设置剪贴蒙版的不透明度

11.3.3　设置剪贴蒙版的混合模式

如果剪贴蒙版的混合模式不能满足需要，也可像设置普通图层的混合模式一样设置剪贴蒙版的混合模式：如图11-20所示为“颜色加深”混合模式，如图11-21所示为“明度”混合模式。

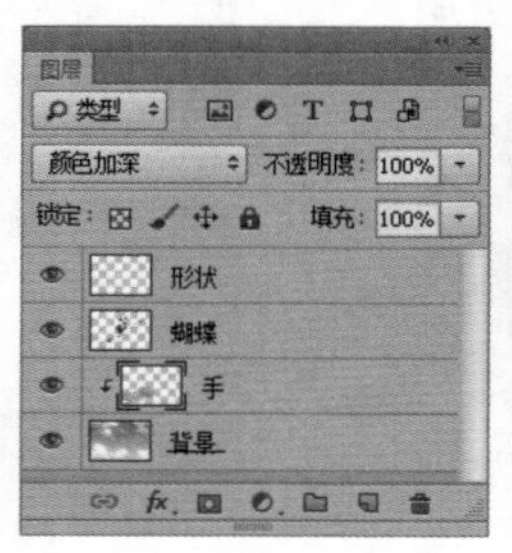

图11-20　“颜色加深”混合模式

技巧秒杀

调整“剪贴蒙版”图层的不透明度和混合模式时，不影响剪贴蒙版组中的其他图层。

图11-21 “明度”混合模式

11.3.4 图层加入/移出剪贴蒙版组

创建剪贴蒙版后，如果图像的效果不满意，可根据需要将图层加入或移出剪贴蒙版组。其方法分别介绍如下。

- **加入剪贴蒙版组**：在已建立剪贴蒙版的基础上，将一个普通图层移动到基底图层上方，该普通图层转换为内容图层，如图11-22所示。

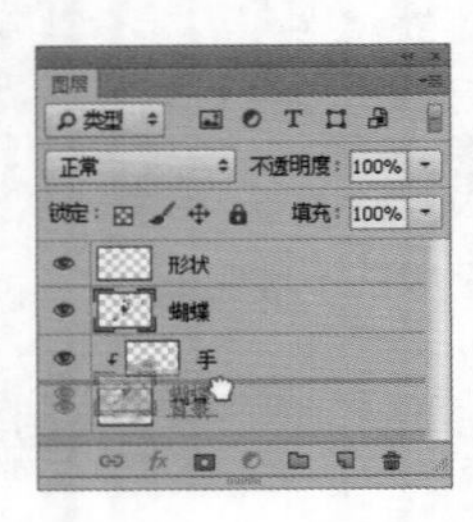

图11-22 加入剪贴蒙版

- **移出剪贴蒙版**：将内容图层移出基底图层的下方，即可移出剪贴蒙版，如图11-23所示。

图11-23 移出剪贴蒙版

11.3.5 释放剪贴蒙版

为图层创建剪贴蒙版后，若觉得效果不佳，可将剪贴蒙版取消，即释放剪贴蒙版。释放剪贴蒙版的方法有如下几种。

- **通过菜单命令**：选择要释放的剪贴蒙版，再选择“图层”/“释放剪贴蒙版”命令释放剪贴蒙版。
- **通过快捷菜单**：在内容图层上右击，在弹出的快捷菜单中选择“释放剪贴蒙版”命令即可，如图11-24所示。

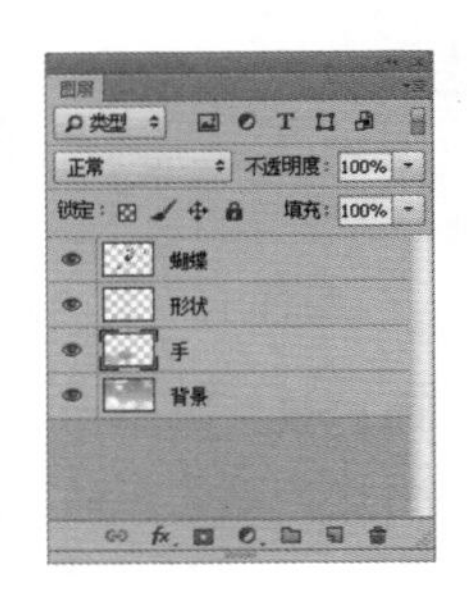

图11-24 释放剪贴蒙版一

- **通过拖动**：按住Alt键，将鼠标指针放置到内容图层和基底图层中间的分割线上。当鼠标指针变为形状时单击，释放剪贴蒙版，如图11-25所示。

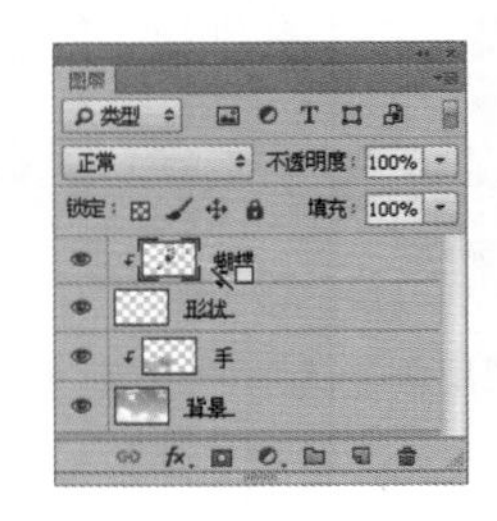

图11-25 释放剪贴蒙版二

技巧秒杀

选择要释放的剪贴蒙版，按Ctrl+Alt+G组合键也可释放剪贴蒙版。

11.4 使用图层蒙版

图层蒙版常应用于合成图像，覆盖于图层上方，起到遮盖作用。图层蒙版其实是一个拥有256级色阶的灰度图像，自身并不可见，可用于控制调色或滤镜范围。

11.4.1 图层蒙版的原理

图层蒙版拥有不用的灰度颜色。其中，白色的图像区域为可见区域，灰色为半透明区域，黑色为透明区域。灰色越深，图像越透明。若用户计划隐藏图层中的某些区域，而不对该区域进行不可恢复的操作时，就可为图层添加图层蒙版，再将需要隐藏的图像区域涂黑，如图11-26所示。

图11-26　使用图层蒙版

图层蒙版是位图图像，可以通过所有的绘图工具来进行编辑。为将被图层蒙版隐藏的区域显示出来，可使用白色的画笔对需要的区域进行涂抹，如图11-27所示。

图11-27　显示被隐藏的区域

11.4.2 创建图层蒙版

创建图层蒙版的方法很简单，在“图层”面板中选择需要创建图层蒙版的图层，单击底部的“图层蒙版”按钮即可创建图层蒙版。

实例操作：更换图像场景

- 光盘\素材\第11章\美女.jpg、幕帘.jpg
- 光盘\效果\第11章\场景.psd
- 光盘\实例演示\第11章\更换图像场景

打开“幕帘.jpg”和“美女.jpg”图像，将“美女.jpg”图像移动到“幕帘.jpg”图像中，再对相应的图层创建图层蒙版，然后使用画笔工具对图像进行擦除，使人物融入幕帘背景，效果如图11-28和图11-29所示。

图11-28　原图效果

图11-29　最终效果

Step 1 ▶ 打开“幕帘.jpg”和“美女.jpg”图像文件，使用移动工具将“美女.jpg”图像移动到“幕帘.jpg”图像中，并将图像调整到合适的大小和位置，如图11-30所示。

图11-30　移动并调整图像

Step 2 ▶ 在“图层”面板中选择“图层1”图层，单击底部的“图层蒙版”按钮，为“图层1”创建图层蒙版，如图11-31所示。

Step 3 ▶ 选择画笔工具，将其画笔大小设置为60，并将前景色设置为“黑色”，然后在“美女.jpg”图像的黑色背景上涂抹，删除背景，使“美女.jpg”图像与“幕帘.jpg”图像融合，如图11-32所示。

图11-31　创建图层蒙版

图11-32　涂抹并删除背景

?答疑解惑：

如果不小心擦除了图层蒙版中需要的区域，有没有什么办法恢复？

很简单，只需将前景色设置为“白色”，然后使用画笔工具在需要恢复的区域进行涂抹，被擦除的区域可恢复，如图11-33所示。

图11-33　恢复擦除的区域

11.4.3 应用图层蒙版

使用图层蒙版制作出需要的图像效果，并确认不必修改，可通过应用蒙版的方法将图层蒙版转换为普通图层，并且该图层原来包含的内容发生变化。其方法是：在图层蒙版上右击，在弹出的快捷菜单中选择“应用图层蒙版”命令，即可将图层蒙版转换为普通图层，如图11-34所示。

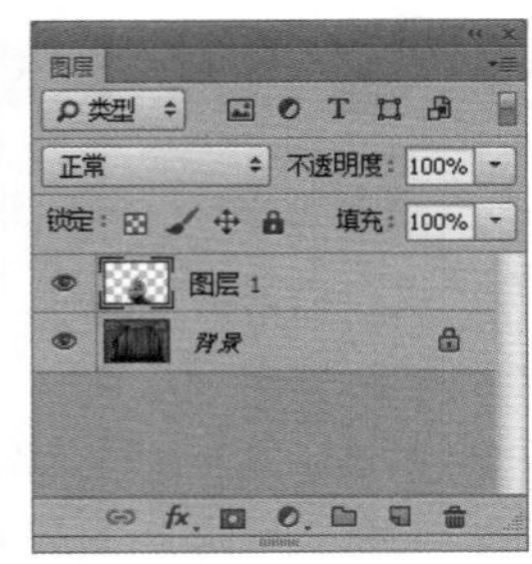

图11-34　图层蒙版转换为普通图层

11.4.4 停用/启用/删除图层蒙版

对于已创建的图层蒙版，用户还可以根据实际情况对其进行停用、启用和删除等操作。下面对其方法分别进行介绍。

1. 停用图层蒙版

若暂时将图层蒙版隐藏，以查看图层的原始效果，可将图层蒙版停用。被停用的图层蒙版在“图层”面板的图层蒙版上显示为☒，停用图层蒙版的方法有如下3种方法。

- 通过命令：选择“图层”/“图层蒙版”/“停用”命令，即可将当前选中的图层蒙版停用。
- 通过快捷菜单：在需要停用的图层蒙版上右击，在弹出的快捷菜单中选择“停用图层蒙版”命令，如图11-35所示，即可停用之。

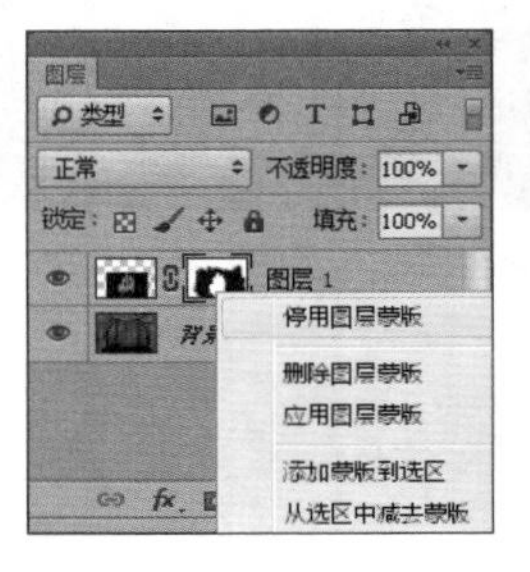

图11-35　通过快捷菜单停用

- 通过“属性”面板：选择要停用的图层蒙版，在“属性”面板下单击◉按钮，即可在“属性”面板中看到图层已被停用。

2. 启用图层蒙版

停用图层蒙版后，还可将其重新启用，继续实现遮罩效果。启用图层蒙版同样有3种方法。

- **通过命令**：选择“图层”/“图层蒙版”/“启用”命令，即可将当前选中的图层蒙版启用。
- **通过“图层”面板**：在“图层”面板中单击已经停用的图层蒙版，即可启用图层蒙版，如图11-36所示。

图11-36　通过“图层”面板启用

- **通过“属性”面板**：选择要启用的图层蒙版，在“属性”面板下单击按钮，即可在“属性”面板中看到图层已被启用。

3. 删除图层蒙版

如果不需要已创建的图层蒙版，可将其删除。其方法是：在“图层”面板中选择图层蒙版，选择“图层”/“图层蒙版”/“删除”命令，或在图层蒙版上右击，在弹出的快捷菜单中选择“删除”命令，即可删除图层蒙版，如图11-37所示。

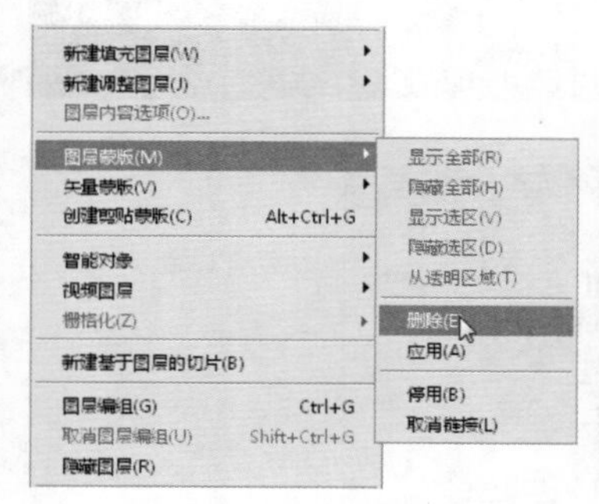
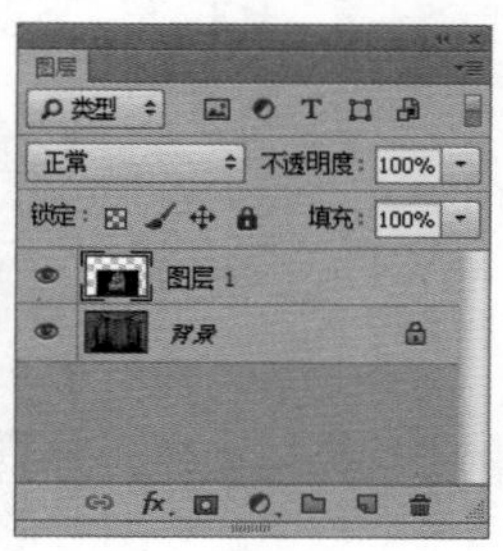

图11-37　删除图层蒙版

技巧秒杀

添加图层蒙版后，如果对图层蒙版进行操作，那么需要在图层中选择图层蒙版缩略图；如果要编辑图像，只需在图层中选择图像缩略图即可。

11.4.5 复制与转移图层蒙版

复制图层蒙版，指将该图层中创建的图层蒙版复制到另一个图层中，这两个图层同时拥有创建的图层蒙版；转移图层蒙版，指将该图层中创建的图层蒙版移动到另一个图层中，原图层中的图层蒙版不再存在。复制和转移图层蒙版的方法分别介绍如下。

- **复制图层蒙版**：将鼠标指针移动到图层蒙版上，按住Alt键，然后拖动鼠标将图层蒙版拖动到另一个图层上，最后释放鼠标，即可将图层蒙版复制到该图层蒙版中，如图11-38所示。

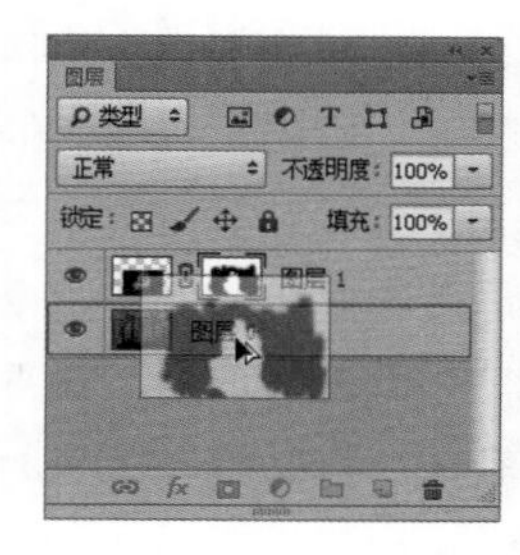
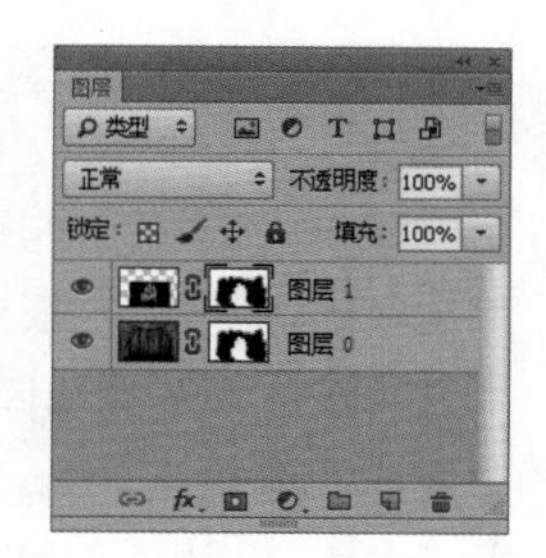

图11-38　复制图层蒙版

- **转移图层蒙版**：复制图层蒙版时，不按Alt键，即可将该图层蒙版移动到目标图层中，原图层中不再有图层蒙版，如图11-39所示。

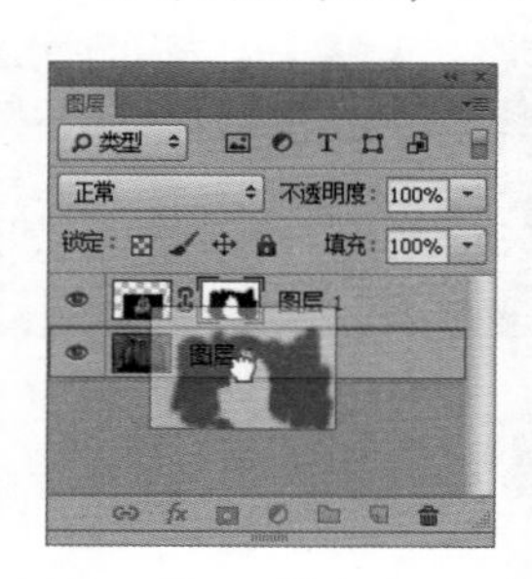

图11-39　转移图层蒙版

11.4.6 链接与取消链接图层蒙版

与矢量蒙版一样，创建图层蒙版后，图层中图像缩略图和图层蒙版缩略图之间有个图标，表示图层与图层蒙版相互链接。对图像进行变形操作时，图层蒙版随之变化。为使图层蒙版与图像不同时变化，可单击图标，将它们之间的链接取消，如图11-40所示。为恢复链接，可直接单击取消链接的位置，即可

重新进行链接。

图11-40　取消链接图层蒙版

11.4.7 图层蒙版与选区的运算

在使用蒙版时，用户可以通过对选区的运算得到复杂的蒙版。在图层蒙版缩略图上右击，在弹出的快捷菜单中有3个关于蒙版与选区的命令，其作用如下。

- **添加蒙版到选区：** 若当前没有选区，选择该命令可载入图层蒙版的选区，如图11-41所示。若当前有选区，选择该命令，可以将蒙版的选区添加到当前选区中，如图11-42所示。

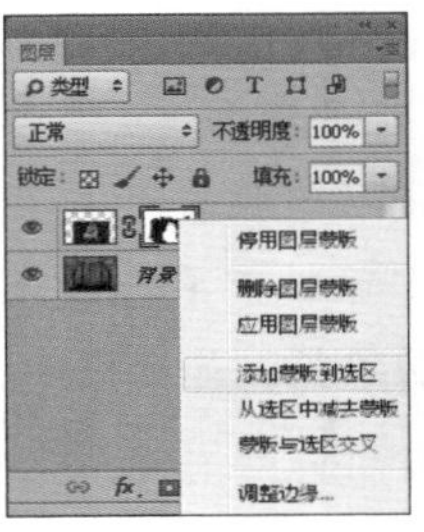

图11-41　载入图层蒙版选区

图11-42　将选区载入图层蒙版

- **从选区中减去蒙版：** 若当前有选区，选择该命令可以从当前选区中减去蒙版的选区。
- **蒙版与选区交叉：** 若当前有选区，选择该命令可以得到当前选区与蒙版选区的交叉区域。

11.5 认识通道

通道用于存放颜色和选区信息，一个图像最多可以有56个通道。在实际应用中，通道是选取图层中某部分图像的重要工具。用户可以分别对每个颜色通道进行明暗度、对比度调整，甚至可以对颜色通道单独执行滤镜功能，从而产生各种图像特效。

11.5.1 认识“通道”面板

和通道的相关操作都是在“通道”面板中完成的，选择“窗口”/“通道”命令，打开“通道”面板，如图11-43所示。

读书笔记

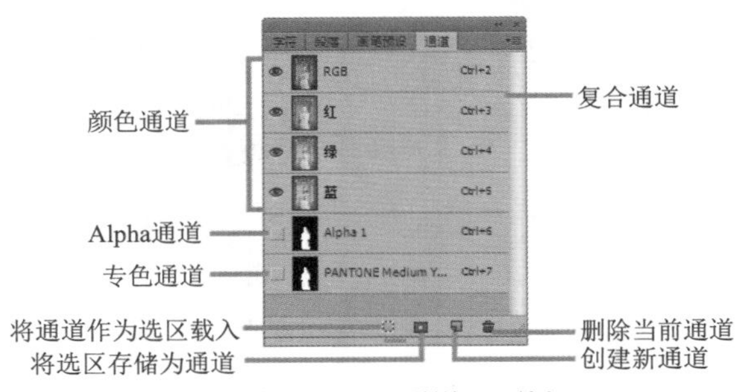

图11-43　“通道”面板

“通道”面板中各选项的作用如下。

- **颜色通道：** 用于记录图像颜色信息的通道。
- **复合通道：** 用于预览编辑所有的颜色通道。

◆ 专色通道：用于保存专色油墨的通道。
◆ Alpha通道：用于保存选区的通道。
◆ 将通道作为选区载入：单击按钮，可载入所选通道中的选区。
◆ 将选区存储为通道：单击按钮，可以将图像中的选区保存在通道中。
◆ 创建新通道：单击按钮，创建Alpha通道。
◆ 删除当前通道：单击按钮，可删除除复合通道以外的任意通道。

11.5.2 通道的分类

Photoshop CC中存在3种类型的通道，它们的作用和特征都有所不同。在使用通道处理图像前务必知晓它们的作用，以便用户使用通道处理图像。

1. 颜色通道

颜色通道的效果类似于摄影胶片，用于记录图像内容和颜色信息。由不同的颜色模式产生的通道数量和名字都有所不同，如RGB图像包括“复合通道”、“红”通道、“绿”通道、“蓝”通道，如图11-44所示；CMYK图像包括“复合通道”、“青色”通道、“洋红”通道、“黄色”通道、“黑色”通道，如图11-45所示；Lab图像包括“复合通道”、“明度”通道、a通道、b通道，如图11-46所示。

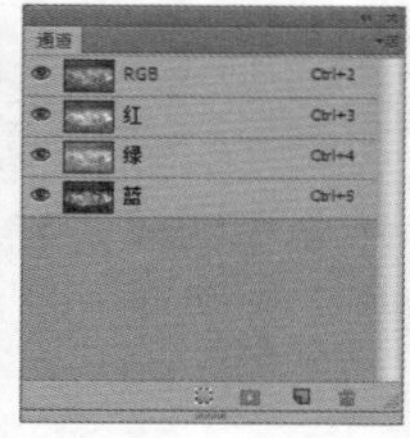

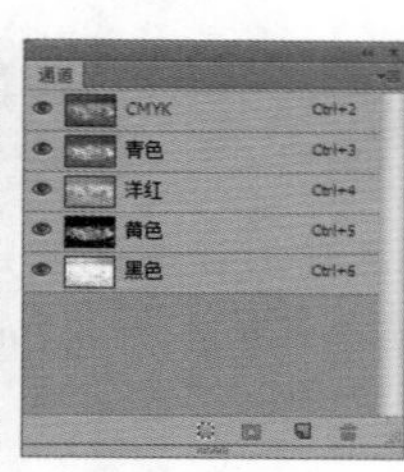

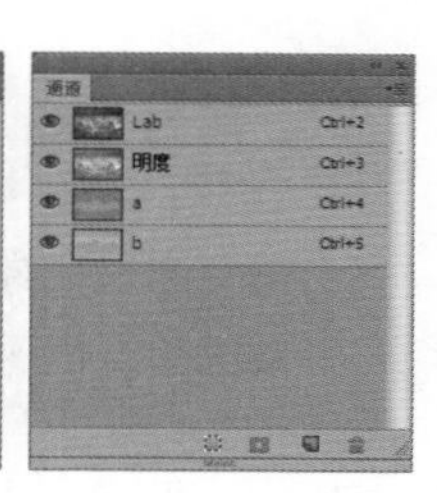

图11-44 RGB图像 图11-45 CMYK图像 图11-46 Lab图像

> **技巧秒杀**
>
> 位图和索引颜色模式的图像只有一个位图通道和一个索引通道。

2. Alpha通道

Alpha通道的作用和选区相关。用户可通过Alpha通道保存选区，也可将选区存储为灰度图像，便于通过画笔、滤镜等修改选区，还可从Alpha载入选区。

在Alpha通道中，白色为可编辑区域，黑色为不可编辑区域，灰色为部分可编辑区域（羽化区域）。使用白色涂抹通道可扩大选区，使用黑色涂抹通道可缩小选区，使用灰色涂抹通道可扩大羽化区域，如图11-47所示为在Alpha通道中由一个灰度阶梯选区提取出的图像。

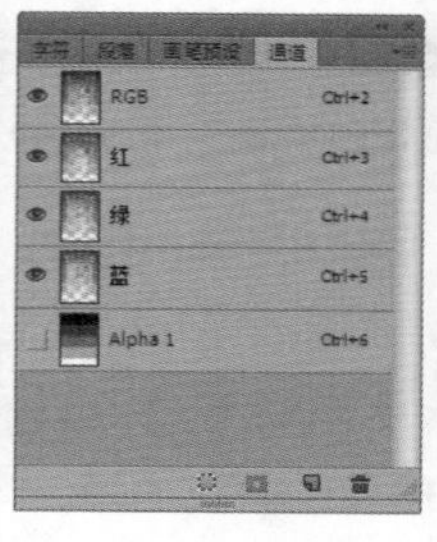

图11-47 在Alpha通道中制作一个灰度阶梯

3. 专色通道

专色通道用于存储印刷时使用的专色，专色是为印刷出特殊效果而预先预混合的油墨。它们可替代普通的印刷色油墨。在一般情况下，专色通道都以专色的颜色命名。

读书笔记

11.6 通道的基本操作

通道是Photoshop CC中比较高级且实用的工具，通过对通道的编辑可以完成很多意想不到的效果。下面对通道的一些基础操作进行讲解，如选择、显示、隐藏、创建、重命名、复制、删除、分离与合并等。

11.6.1 快速选择通道

在“通道”面板中单击某个通道即可选中需要的通道。此外，在每个通道后面都会有对应的快捷键，如图11-48所示。“蓝”通道后有Ctrl+5组合键，此时按Ctrl+5组合键即可选中“蓝”通道，如图11-49所示。选中该通道后，图像只显示“蓝”通道中的颜色信息，整个图像显示为灰色效果。

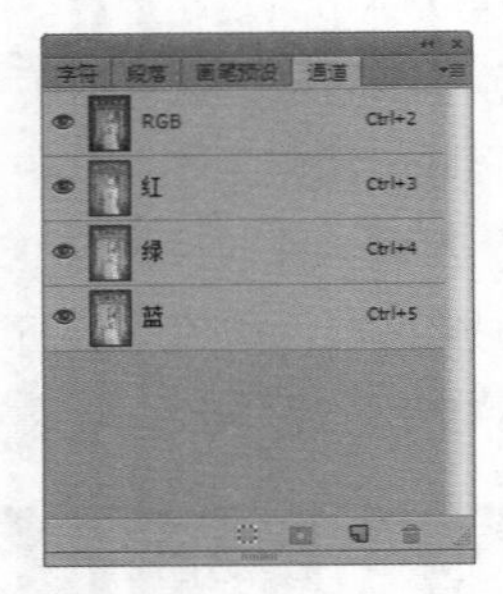

图11-48　通道后显示组合键

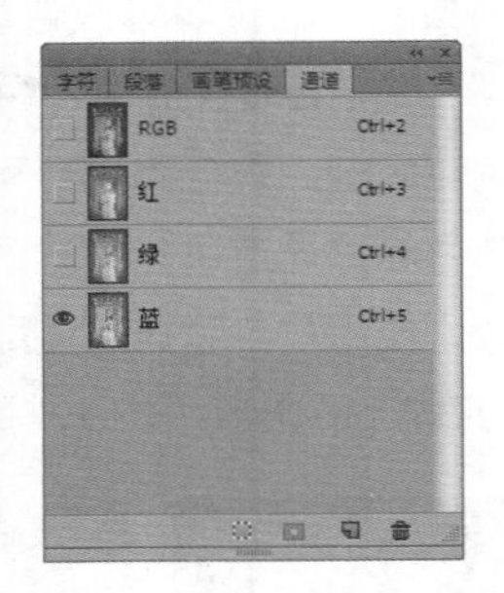

图11-49　选择“蓝”通道

在“通道”面板中按Shift键，并单击，可一次选择多个颜色通道或多个Alpha通道和专色通道。如图11-50所示为一次选中专色通道和Alpha通道，如图11-51所示为选中多个颜色通道。需要注意的是，颜色通道不能与Alpha通道和专色通道一起选中。

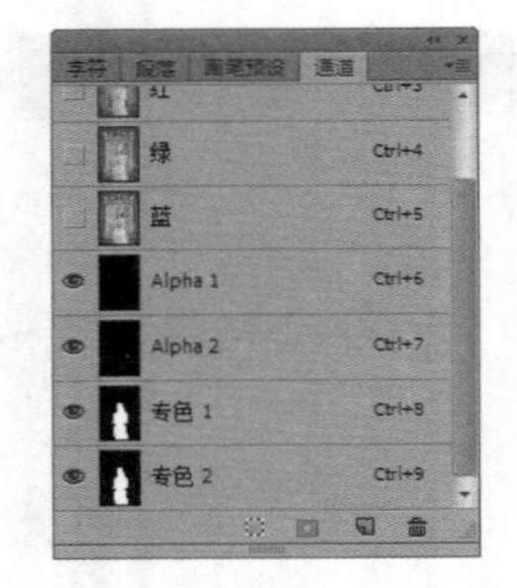

图11-50　选中专色通道和Alpha通道

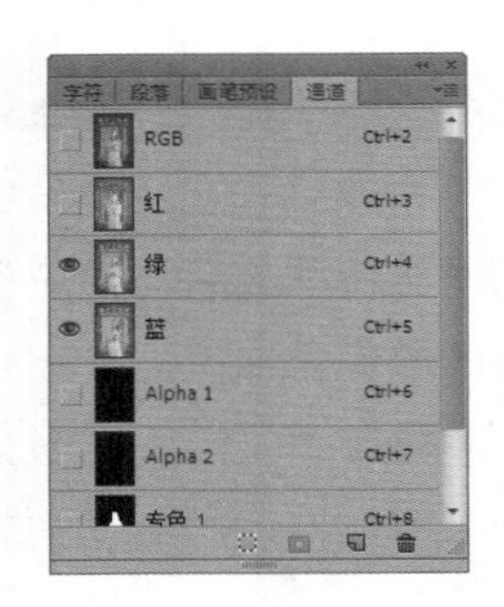

图11-51　选中颜色通道

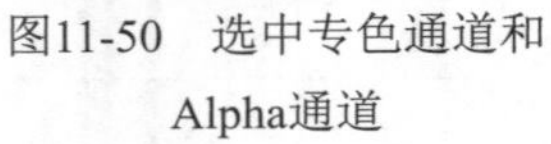

技巧秒杀

在默认情况下，在任何颜色模式的图像中，复合通道都可按Ctrl+2组合键来选择。

11.6.2 显示/隐藏通道

与图层一样，在默认情况下，每个通道的左侧都有一个👁图标，该图标用于隐藏和显示通道。单击该图标，可以使相应的通道隐藏，此时👁图标变成□图标；单击□图标，被隐藏的通道显示出来。如图11-52所示为隐藏“红”通道的效果。

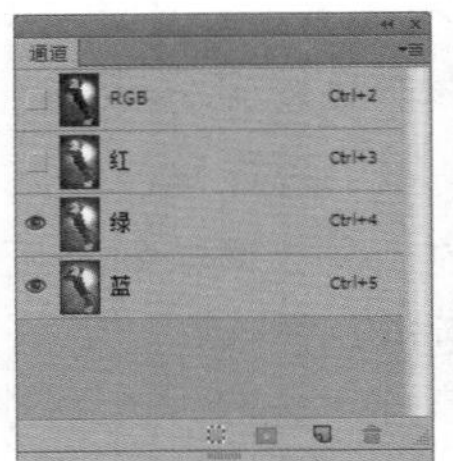

图11-52　隐藏通道

技巧秒杀

在隐藏通道时，任何一个通道隐藏，复合通道都隐藏，而在所有颜色通道显示的情况下，复合通道不能单独隐藏。

读书笔记

11.6.3 新建通道

在“通道”面板中默认显示的只有颜色通道，如果在编辑图像的过程中需要Alpha通道和专色通道，用户可以创建。

1. 新建Alpha通道

对于Alpha通道，用户可以根据需要进行新建，并且可对新建的Alpha通道颜色效果进行编辑。

实例操作：调整图像背景颜色

- 光盘\素材\第11章\聆听.psd
- 光盘\效果\第11章\聆听.psd
- 光盘\实例演示\第11章\调整图像背景颜色

打开“聆听.psd”图像文件，然后通过新建和编辑Alpha通道，以调整图像的背景颜色，效果如图11-53和图11-54所示。

图11-53　原图效果

图11-54　最终效果

Step 1 ▶ 打开“聆听.psd”图像文件。在“通道”面板中单击“创建新通道”按钮，新建一个Alpha通道，并将隐藏的颜色通道全部显示出来，此时图像颜色偏向红色，如图11-55所示。

图11-55　新建Alpha通道

操作解谜：新建Alpha通道后，图像所有的颜色通道都被隐藏，看不到图像的效果，所以本例才将所有的颜色通道显示出来。

Step 2 ▶ 双击Alpha通道缩略图，打开“通道选项”对话框，然后单击“颜色”色块，打开“拾色器（通道颜色）”对话框，设置Alpha通道颜色，设置后单击 确定 按钮，如图11-56所示。

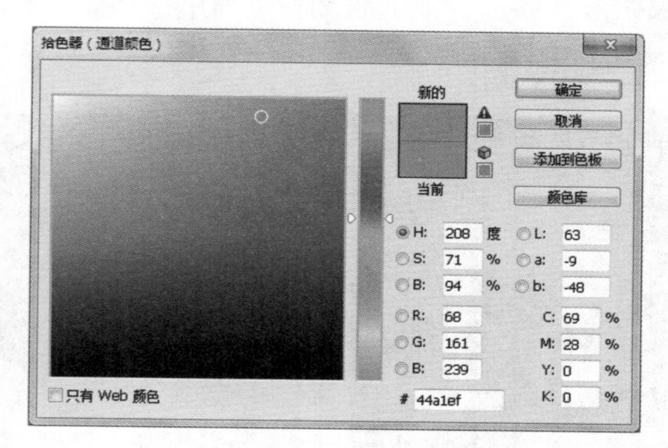

图11-56　设置Alpha通道颜色

Step 3 ▶ 返回“通道选项”对话框，在“颜色”栏中可以查看设置的Alpha通道颜色，在“不透明度”文本框中输入55，如图11-57所示。单击 确定 按钮，返回图像编辑区，可查看到图像的颜色，如图11-58所示。

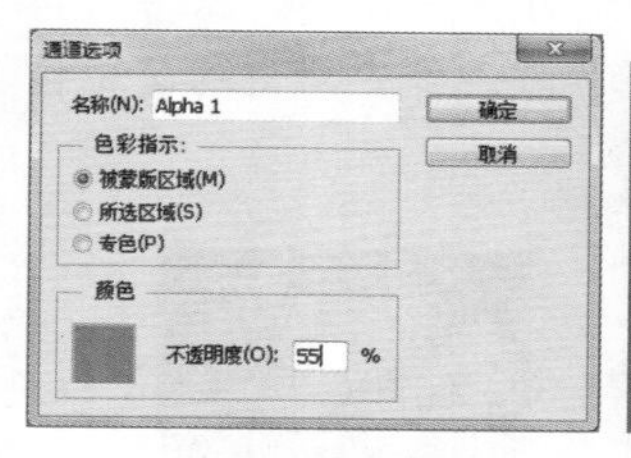

图11-57　设置不透明度

图11-58　查看效果

知识解析：“通道选项”对话框

- 名称：用于设置当前通道的名称。
- 色彩指示：用于设置通道颜色的范围。
- 颜色：用于设置通道的颜色和不透明度。

读书笔记

2. 新建专色通道

如果当前图像的专色通道不能满足需要，用户可根据需要对其进行新建，并可对其进行相应的编辑。

实例操作：通过专色通道调整图像颜色

- 光盘\素材\第11章\艺术照.psd
- 光盘\效果\第11章\艺术照.psd
- 光盘\实例演示\第11章\通过专色通道调整图像颜色

打开“艺术照.psd”图像文件，然后通过新建和编辑专色通道，以调整图像整体的颜色，效果如图11-59和图11-60所示。

图11-59　原图效果

图11-60　最终效果

Step 1 打开“艺术照.psd”图像文件。在“通道”面板中隐藏除“红”通道外的所有通道；单击“将通道作为选区载入”按钮，把图像中对应的区域作为选区，如图11-61所示。

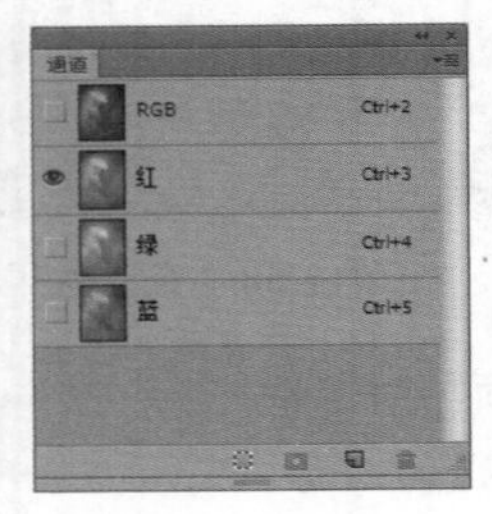

图11-61　将通道载入选区

Step 2 单击面板右上角的按钮，在弹出的快捷菜单中选择“新建专色通道”命令，如图11-62所示。打开“新建专色通道”对话框，单击“油墨特性”栏中的“颜色”色块，如图11-63所示。

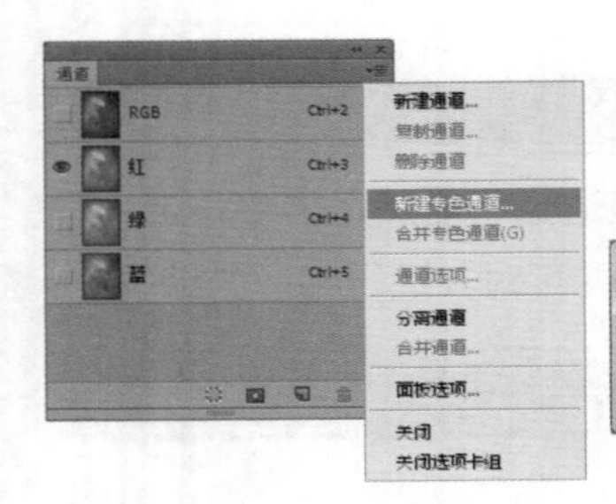

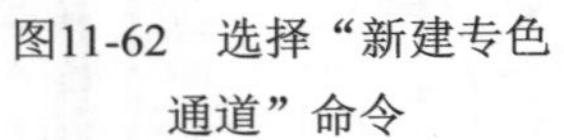

图11-62　选择“新建专色通道”命令

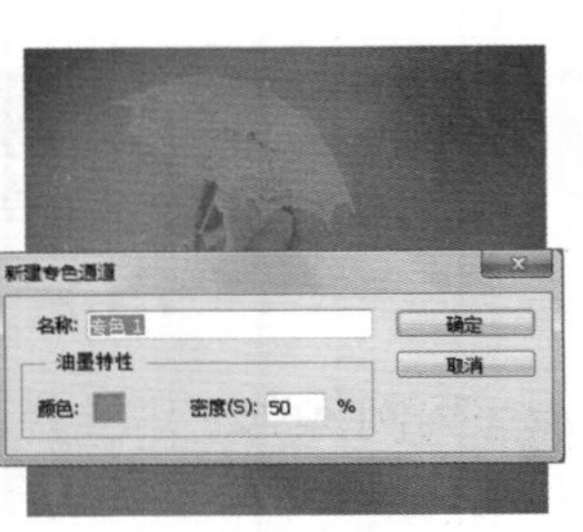

图11-63　“新建专色通道”对话框

技巧秒杀

新建专色通道的默认颜色是红色。新建专色通道后，图像的颜色根据专色通道的颜色而发生变化。

Step 3 打开“拾色器（专色）”对话框，单击 颜色库 按钮，打开“颜色库”对话框，在左侧的列表框中选择需要的颜色，如图11-64所示，然后单击 确定 按钮。

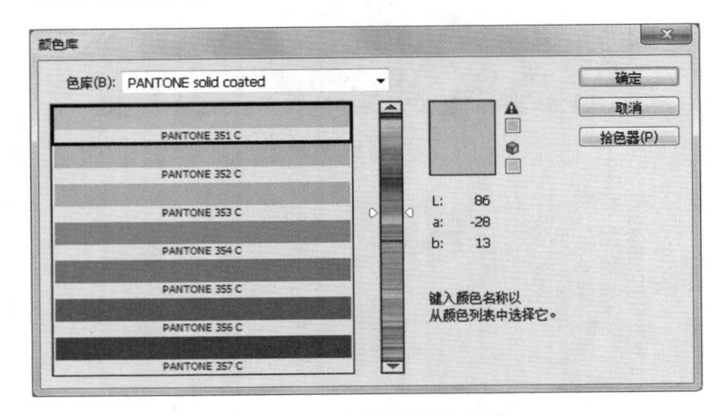

图11-64　选择所需的颜色

技巧秒杀

在“拾色器（专色）”对话框中也可设置专色通道的颜色，其设置方法与设置Alpha通道颜色的方法相同。

Step 4 返回“新建专色通道”对话框，在“颜色”栏中可以查看设置的专色通道颜色，在“密度”文本框中输入80，单击 确定 按钮，如图11-65所示。“通道”面板将所有的通道显示出来，可查看到图像的颜色，如图11-66所示。

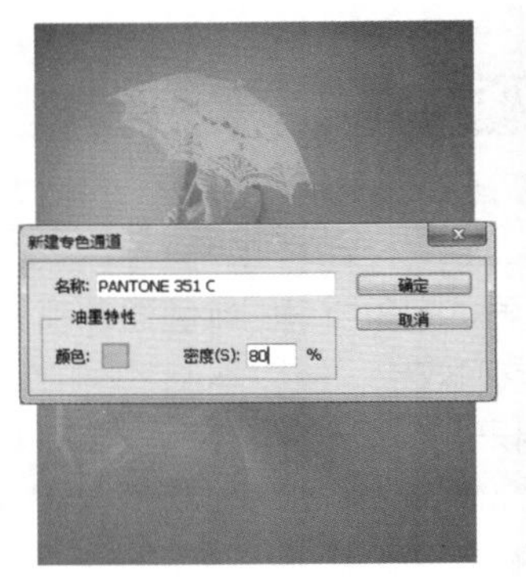

图11-65　设置专色通道的密度

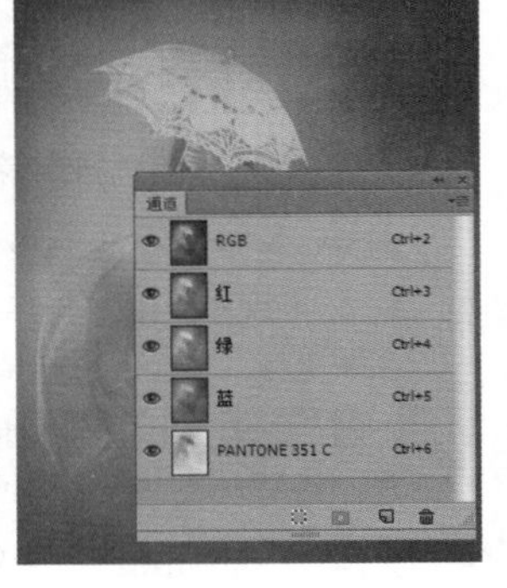

图11-66　显示所有通道

11.6.4 重命名、复制与删除通道

对于“通道”面板中的通道，用户还可进行重命名、复制和删除等操作，以使其符合需要。

1. 重命名通道

如果Alpha通道或专色通道的名称不便于识别，可对其进行重命名操作。其方法是：在“通道”面板中需要重命名的Alpha通道和专色通道名称上双击，激活文本框，即可在其中输入通道的新名称，按Enter键完成重命名操作，如图11-67所示。需要注意的是，不能对默认的颜色通道进行重命名操作，而且新通道的名称不能与默认颜色通道的名称完全相同。

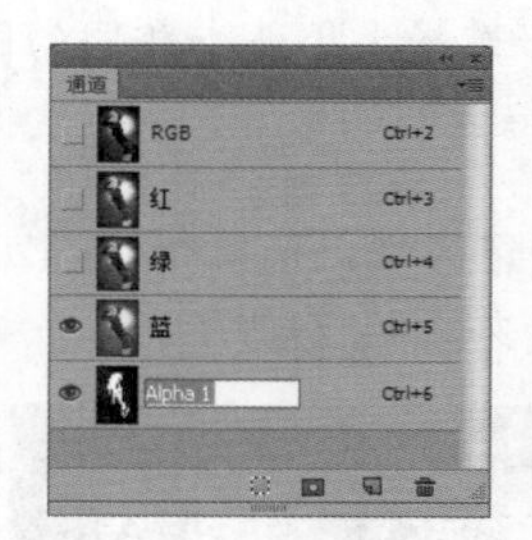
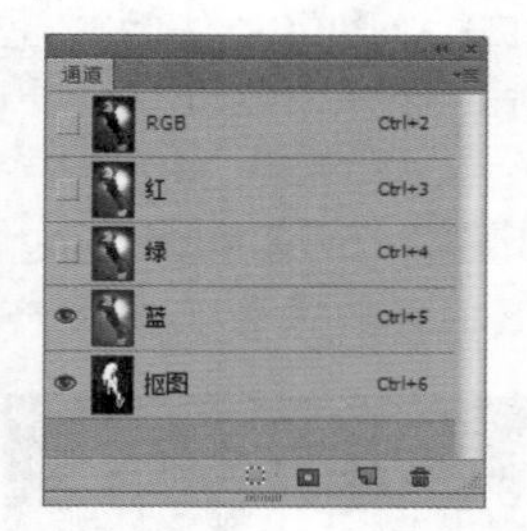

图11-67 重命名通道

2. 复制通道

在制作一些特殊的图像效果时，经常需要复制通道。Photoshop CC有3种复制通道的方式，其操作方法如下。

- **通过面板菜单**：在“通道”面板中选择需要复制的通道，单击右上角的按钮，在弹出的快捷菜单中选择“复制通道”命令，再在打开的“复制通道”对话框中单击确定按钮即可，如图11-68所示。

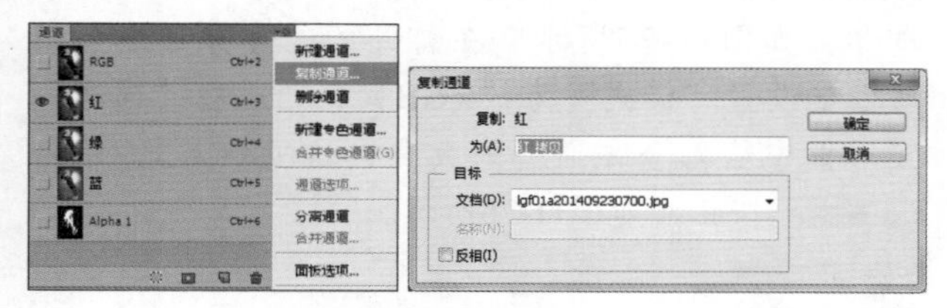

图11-68 通过面板菜单复制通道

- **通过快捷菜单**：在“通道”面板中，在需要复制的通道上右击，在弹出的快捷菜单中选择“复制通道”命令，在打开的“复制通道”对话框中单击确定按钮即可，如图11-69所示。

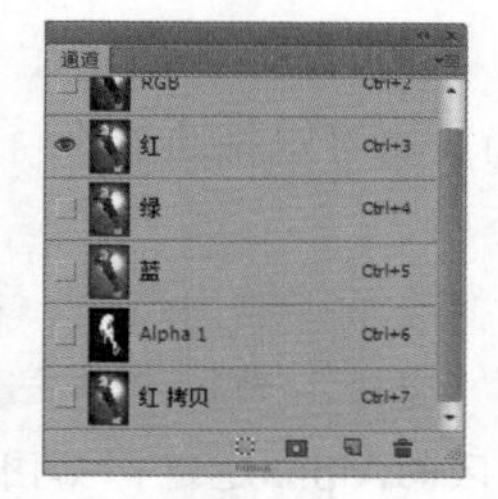

图11-69 通过快捷菜单复制通道

- **通过“新建”按钮**：将需要复制的通道拖动到“通道”面板底部的按钮上，再释放鼠标，即可复制通道，如图11-70所示。

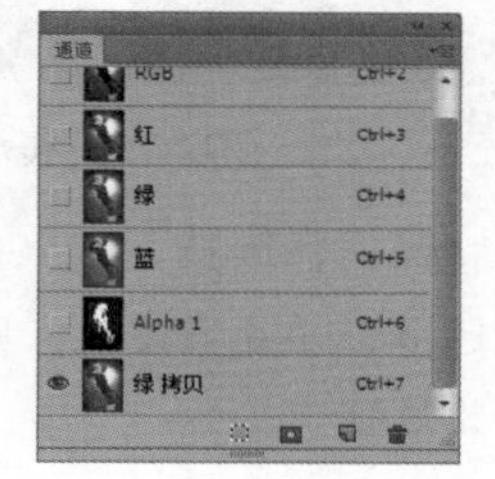

图11-70 通过“新建”按钮复制通道

知识解析：“复制通道”对话框

- **为**：用于设置当前通道的名称。
- **文档**：显示当前通道的名称。
- **名称**：如果在“文档”下拉列表框中选择的是“新建”选项，那么“名称”文本框被激活，在其中可设置新建通道的名称。
- **反相**：用于设置“通道”面板中通道缩略图显示的颜色。

3. 删除通道

当图像中的通道过多时，会影响图像的大小。此时可将通道删除，删除通道的方法分别介绍如下。

- **通过“删除”按钮**：选择需要删除的通道，再单击按钮，删除通道。
- **通过拖动**：将需要删除的通道拖动到按钮上，释放鼠标即可删除通道。
- **通过快捷菜单**：在需要删除的通道上右击，在弹

出的快捷菜单中选择“删除通道”命令即可。

11.6.5 存储与载入通道

在Photoshop CC中，既可以将当前的选区存储为通道，也可以将通道作为选区载入。其方法分别介绍如下。

◆ **将选区存储为通道：** 在图像中创建选区，然后在“通道”面板中单击■按钮，即可新建一个该选区的Alpha通道，如图11-71所示。

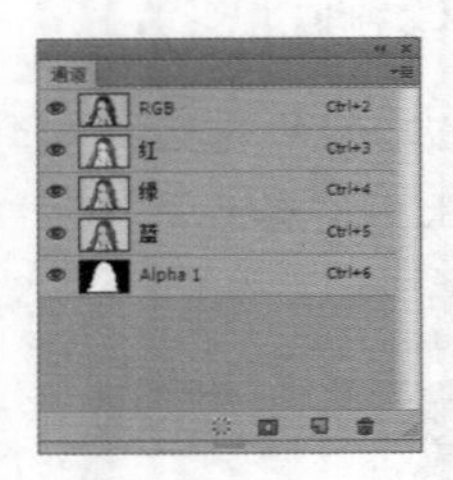

图11-71　将选区存储为通道

◆ **将通道作为选区载入：** 在“通道”面板中创建的通道，单击■按钮，即可将该通道中的对象创建为选区。

11.6.6 合并与分离通道

由于通道是由多个灰色通道组成的，所以通过合并不同的灰度模式图像可以制作出一些特殊的效果。除此之外，还可对通道进行分离操作。

1. 合并通道

合并通道都是通过“合并通道”命令完成的，但要合并的图像必须为灰度模式图像，并且图像分辨率、尺寸相同才可以。

实例操作：制作梦幻图像效果

- 光盘\素材\第11章\梦幻\
- 光盘\效果\第11章\梦幻.psd
- 光盘\实例演示\第11章\制作梦幻图像效果

本例打开“梦幻”文件夹中的图像，将它们转换为灰度模式，再使用“合并通道”命令将图像通过通道合并，以制作梦幻效果。

Step 1 ▶ 打开1.jpg图像文件，如图11-72所示。选择“图像”/“模式”/“灰度”命令，在打开的提示对话框中单击 扔掉 按钮，如图11-73所示，将图像转换为灰度模式。

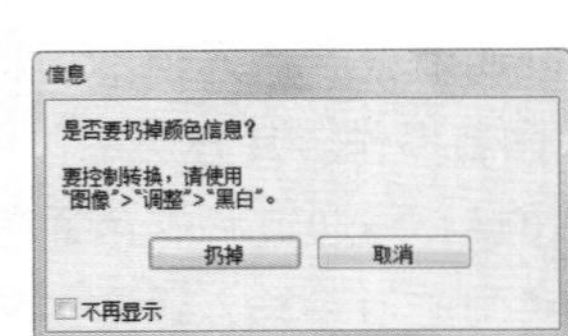

图11-72　打开图像　　　　图11-73　去掉颜色

技巧秒杀

在选择图像文件时，最好选择大小基本相同的图片，这样才能进行合并通道操作。

Step 2 ▶ 打开2.jpg和3.jpg图像文件，使用相同的方法将它们都转换为灰度模式，如图11-74所示。

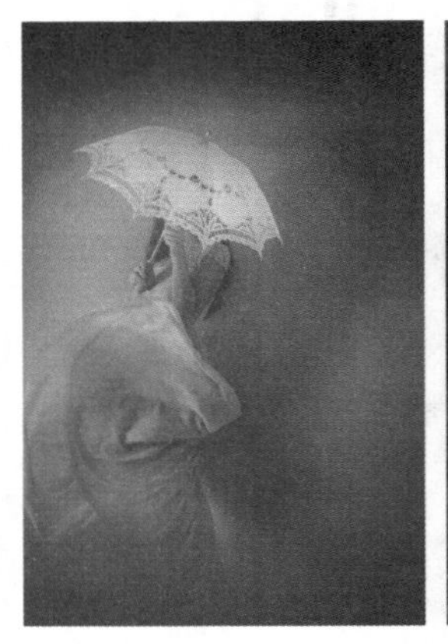

图11-74　图像转换为灰度模式

Step 3 ▶ 选择1.jpg图像文件，在“通道”面板中单击■按钮，在弹出的快捷菜单中选择“合并通道”命令，如图11-75所示。在打开的“合并通道”对话框中设置“模式”为“RGB颜色”；在“通道”文本框中输入合并通道的数量，这里输入3，单击 确定 按钮，如图11-76所示。

读书笔记

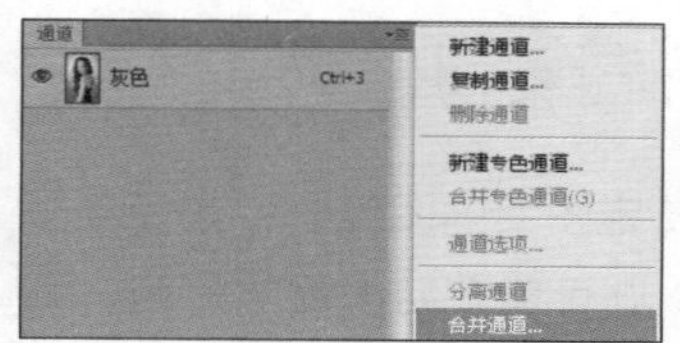

图11-75　选择“合并通道”命令　　图11-76　选择模式

Step 4 ▶ 打开“合并RGB通道”对话框，设置“红色”“绿色”“蓝色”分别为3.jpg、1.jpg、2.jpg，单击 确定 按钮，效果如图11-77所示。

图11-77　指定通道

2. 分离通道

通道既可以根据需要进行合并，又可以根据需要进行分离。分离的图像数量与原始图像文件的通道数相同，且被分离的图像都以灰度模式存在。选择需要分离RGB颜色模式的图像，在“通道”面板中单击按钮，在弹出的快捷菜单中选择“分离通道”命令，如图11-78所示。如图11-79所示为分离出的3个灰度图像文件。

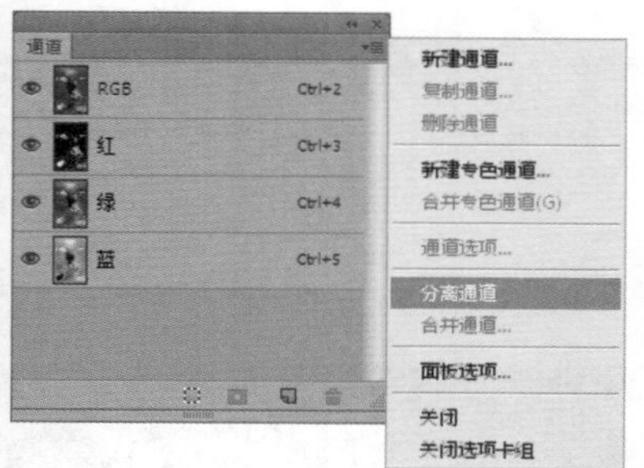

图11-78　选择“分离通道”命令

图11-79　分离出的3个灰度图像文件

11.6.7 将通道内容粘贴到图像中

在编辑图像的过程中，为对图像效果进行细致的调整，可以将通道中的图像粘贴到图层中，再编辑粘贴的通道图像。

实例操作：通过通道美白皮肤

- 光盘\素材\第11章\美白.psd
- 光盘\效果\第11章\美白.psd
- 光盘\实例演示\第11章\通过通道美白皮肤

本例打开“美白.psd”图像文件。复制通道中的图像，再新建图层并粘贴通道中的图像。最后设置图层的图层混合模式，并美白人物的皮肤，效果如图11-80和图11-81所示。

图11-80　原图效果　　图11-81　最终效果

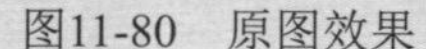

Step 1 ▶ 打开“美白.psd”图像文件。选择“窗口”/“通道”命令，打开“通道”面板，在其中选择肤色颜色最亮的“红”通道，如图11-82所示。按Ctrl+A组合键选择所有图像，再按Ctrl+C组合键复制

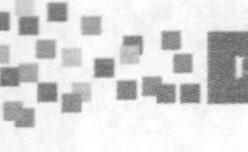

通道中的图像，如图11-83所示。

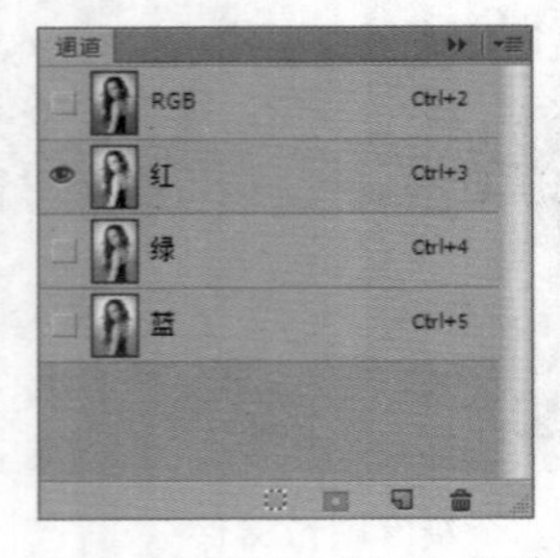

图11-82　选择“红”通道

图11-83　复制通道图像

Step 2 ▶ 显示复合图层。在“图层”面板中单击按钮，新建空白图层，如图11-84所示。按Ctrl+V组合键粘贴通道图像，如图11-85所示。

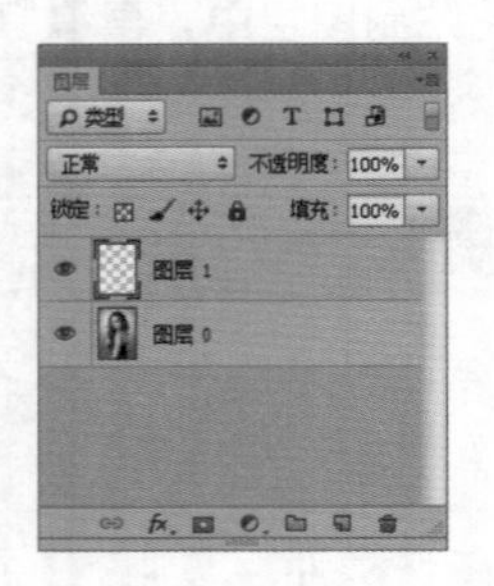

图11-84　新建空白图层

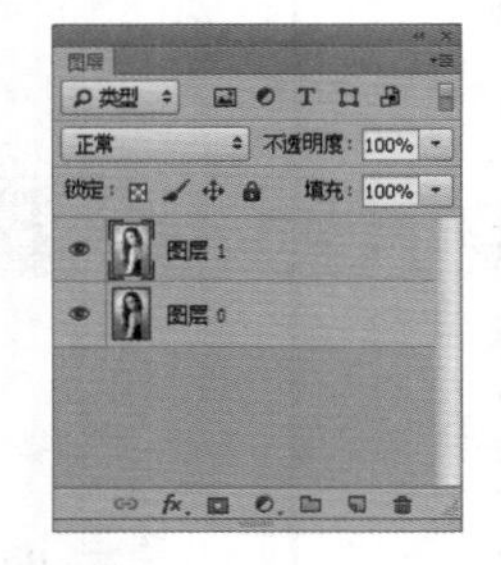

图11-85　粘贴通道图像

Step 3 ▶ 将图层的混合模式设置为“强光”，“不透明度”设置为56%，再为图层添加图层蒙版，如图11-86所示。使用黑色的画笔对人物以外的背景区域进行涂抹，使变白的只有人物，如图11-87所示。

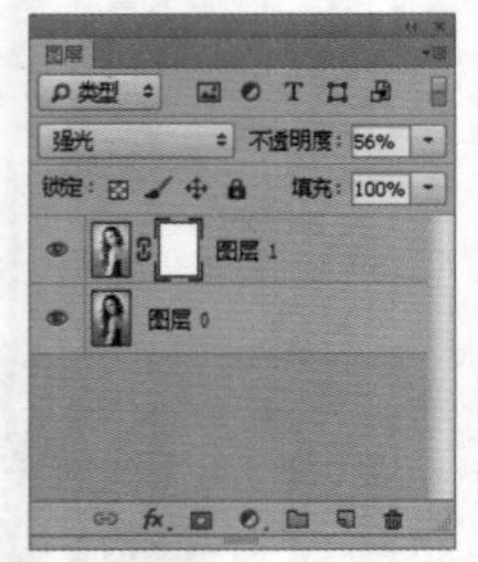

图11-86　添加图层蒙版

图11-87　编辑蒙版

11.6.8 将图像粘贴到通道中

在制作一些复杂或特定图案的图像时，如使用画笔工具对通道进行编辑，则可能花费大量的时间，为了避免这种情况，用户可将图像中的内容粘贴到通道中，以方便后面的编辑。

将图像中的内容粘贴到通道中的方法是：选中待复制的图像，按Ctrl+C组合键复制图像，如图11-88所示。在“通道”面板中单击按钮，新建一个空白通道，如图11-89所示，再按Ctrl+V组合键粘贴图像，如图11-90所示。如图11-91所示显示Alpha通道和复合通道后的效果。

图11-88　复制图像

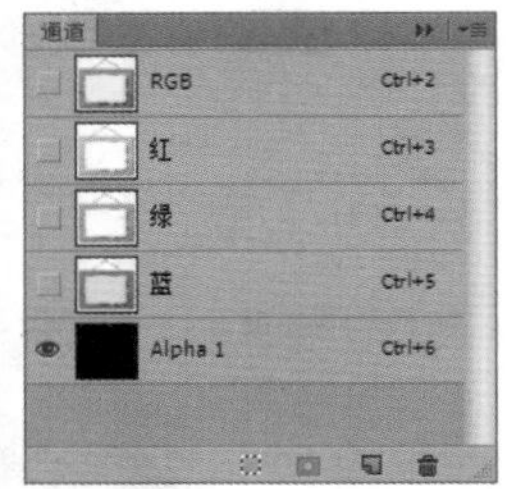

图11-89　新建通道

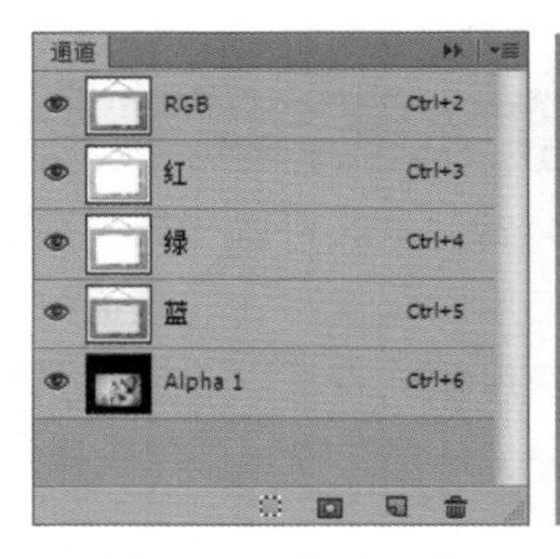

图11-90　粘贴图像

图11-91　粘贴图像后的效果

读书笔记

11.7 通道的高级操作

通道的功能非常强大，不仅可以存储选区，还经常应用于混合图像、调整图像颜色以及抠图等方面。下面讲解在图像处理时通道的高级应用方法。

11.7.1 使用“应用图像”命令

使用“应用图像”命令可以混合通道图像，以制作出不同氛围的图像效果。

实例操作：制作合成图像效果

- 光盘\素材\第11章\柔和\
- 光盘\效果\第11章\柔和.psd
- 光盘\实例演示\第11章\制作合成图像效果

本例打开“光点.jpg”和“人物.jpg”图像。使用移动工具将“光点.jpg”图像移动到“人物.jpg”图像中，再通过“应用图像”命令将“光点.jpg”图像与“人物.jpg”图像混合，制作柔和风格的合成图像，效果如图11-92所示。

图11-92 最终效果

Step 1 ▶ 打开“人物.jpg”图像，如图11-93所示。打开“光点.jpg”图像，如图11-94所示。

图11-93 “人物”图像

图11-94 “光点”图像

Step 2 ▶ 使用移动工具将“光点.jpg”图像移动到“人物”图像中，并将“光点.jpg”图像放大到与“人物.jpg”图像一样大小，如图11-95所示。选择“图像”/“应用图像”命令，打开“应用图像”对话框，设置“图层”“混合”分别为“背景”“滤色”，单击 确定 按钮，如图11-96所示。

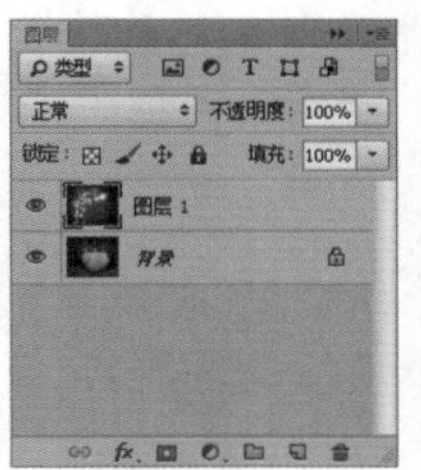

图11-95 移动图像

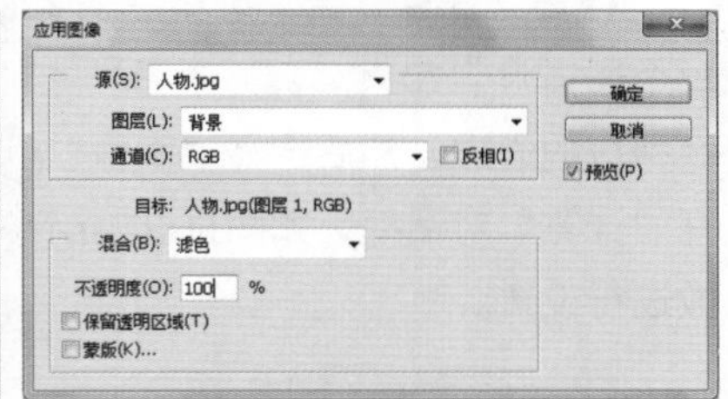

图11-96 “应用图像”对话框

知识解析：“应用图像”对话框

- 源：用于选择混合通道的文件。需要注意的是，只有打开的图像才能进行选择。
- 图层：用于选择参与混合的图层。
- 通道：用于选择参与混合的通道。
- 反相：选中 ☑反相(I) 复选框，可使通道先反向，再进行混合。
- 目标：用于显示被混合的对象。
- 混合：用于设置混合模式。
- 不透明度：用于控制混合的程度。
- 保留透明区域：选中 ☑保留透明区域(T) 复选框，将混合效果限制在图层的不透明区域范围内。
- 蒙版：选中 ☑蒙版(K)... 复选框，显示出蒙版的相关选项，用户可将任意颜色通道或Alpha通道作为蒙版。

读书笔记

11.7.2 使用“计算”命令混合通道

使用“计算”命令可将一个图像或多个图像中的单个通道混合起来。其方法是：在“通道”面板中选择相应的通道，然后选择“图像”/“计算”命令，打开“计算”对话框，如图11-97所示，在其中对计算参数进行设置。

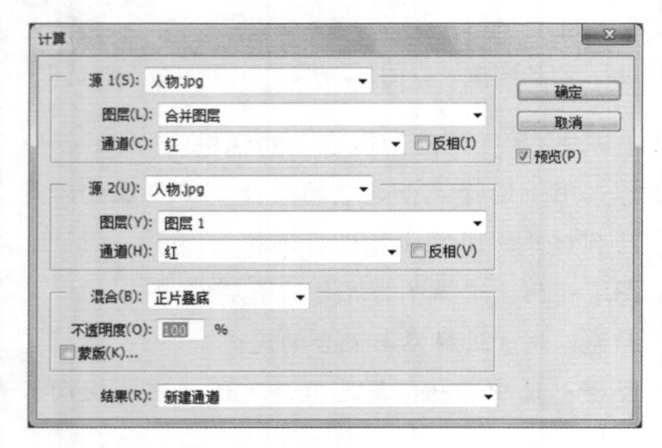

图11-97 “计算”对话框

“计算”对话框中各选项的作用如下。

- **源1**：用于选择参加计算的第1个源图像、图层或通道。
- **源2**：用于选择参加计算的第2个源图像、图层或通道。
- **图层**：源图像中包含多个图层时，通过该图层进行选择。
- **混合**：用于设置混合方式。
- **结果**：用于设置计算完成后的结果。选择“新建文档”选项，得到一个灰度图像；选择“新建的通道”选项，计算的结果保存到一个新的通道中；选择“选区”选项，生成一个新的选区。

技巧秒杀

使用“计算”命令混合两个图像前，一定要保证用于混合的两个源图像的像素、尺寸都相同，用户才能对图像进行混合。

11.7.3 使用通道调整颜色

如果需要为图像中的单种色调进行调色，可以通过通道来实现。使用通道调色的方法很简单，在“通道”面板中选择需要调色的通道，然后使用“调色”命令对通道中的图像进行调色即可，如图11-98所示为原图效果。如图11-99所示，该图像显示通过“蓝”通道进行调色后的效果。

图11-98 原图效果

图11-99 最终效果

11.7.4 通道抠图

在使用Photoshop CC为图像抠图时，除了可以通过选区工具组、钢笔工具等抠取外，用户还可通过通道调整图像色相差别或明度差别来创建选区，使用通道或配合使用画笔工具等对通道进行调整，最后得到比较精确的选区，再对图像进行抠取。

实例操作：更换图像的背景

- 光盘\素材\第11章\背景.jpg、小女孩.jpg
- 光盘\效果\第11章\小女孩.psd
- 光盘\实例演示\第11章\更换图像的背景

本例打开“小女孩.jpg”图像。复制一个颜色对比度高的通道，对通道进行涂抹，增强背景和人物的对比度；通道载入选区，人像与背景图像脱离。打开“背景.jpg”图像，使用移动工具将人物图像移动到背景图像中，为人物图像调整颜色并添加阴影，使人物融入到背景中。效果如图11-100和图11-101所示。

图11-100　原图效果

图11-101　最终效果

Step 1 ▶ 打开“小女孩.jpg”图像。打开“通道”面板，选择颜色对比度最高的“红”通道，如图11-102所示。

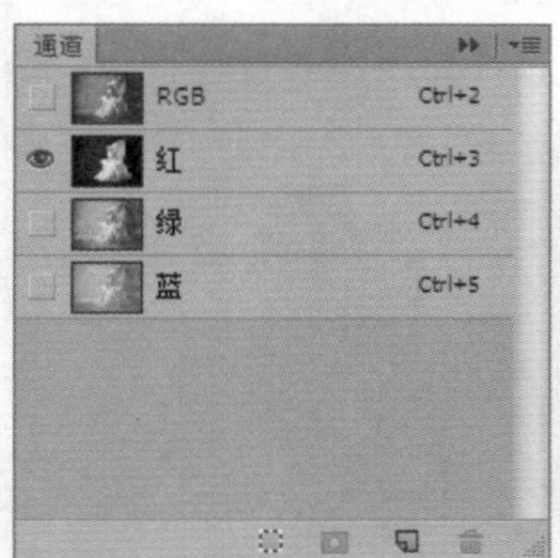

图11-102　选择通道

Step 2 ▶ 复制“红”通道，如图11-103所示。选择“图像”/“调整”/“色阶”命令，打开“色阶”对话框，设置“输入色阶”为26、1.66、211，单击 确定 按钮，如图11-104所示。

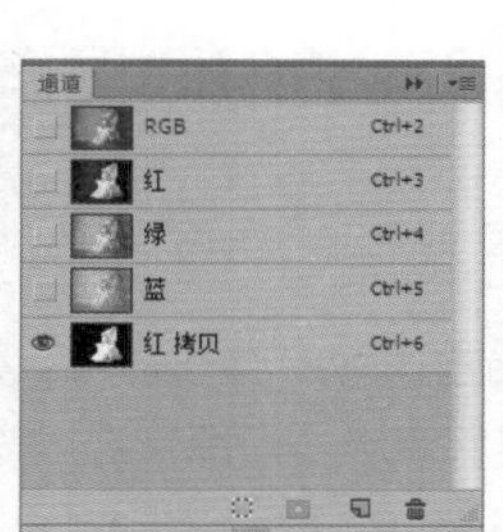

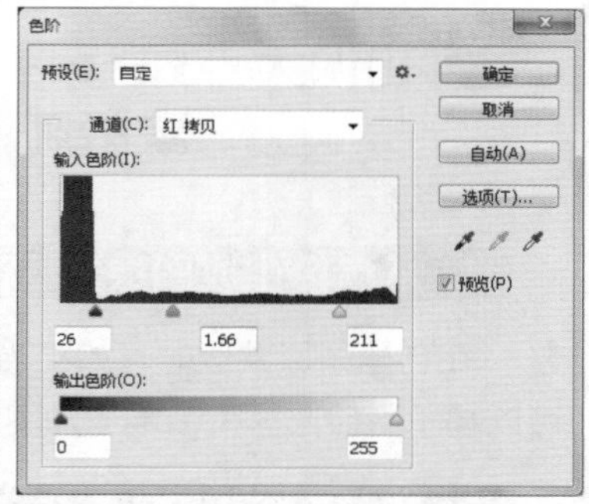

图11-103　复制通道　图11-104　设置“输入色阶”参数

Step 3 ▶ 使用快速选择工具选择“红 拷贝”通道中的图像，然后显示“通道”面板中所有的通道，即可在图像中查看选区，如图11-105所示。

图11-105　创建选区

Step 4 ▶ 打开“背景.jpg”图像文件，使用移动工具将“小女孩.jpg”图像中的选区移动到背景中，并将其调整到合适的大小，如图11-106所示。

图11-106　移动并调整图像大小

读书笔记

知识大爆炸——蒙版和通道的其他操作

1. 从选区生成图层蒙版

在创建图层蒙版时，如果当前图像中存在选区，则单击“图层”面板底部的“添加图层蒙版”按钮，可以基于当前选区为图层添加图层蒙版，而图像选区外的区域被隐藏，如图11-107所示。

图11-107　从选区生成图层蒙版

2. 替换图层蒙版

为使一个图层的图层蒙版替换另一个图层的图层蒙版，可将该图层的蒙版缩略图拖动到另一个蒙版缩略图上，在打开的提示对话框中单击 是(Y) 按钮。此时，替换的图层蒙版代替被替换的图层蒙版，并出现在图层蒙版缩略图的位置处。

3. 调整图层蒙版效果

在图层中创建图层蒙版后，如果图层蒙版中图像的边缘有齿痕，或边缘处理得不干净，这时通过调整蒙版功能对图层蒙版中的图像效果进行调整，该功能与调整选区边缘的功能基本相同，都是对图像的边缘进行调整。其方法是：在图层蒙版中创建图像选区，然后在图层蒙版上右击，在弹出的快捷菜单中选择“调整蒙版”命令，然后在打开的“调整蒙版”对话框中对选区边缘效果进行设置即可，如图11-108所示。

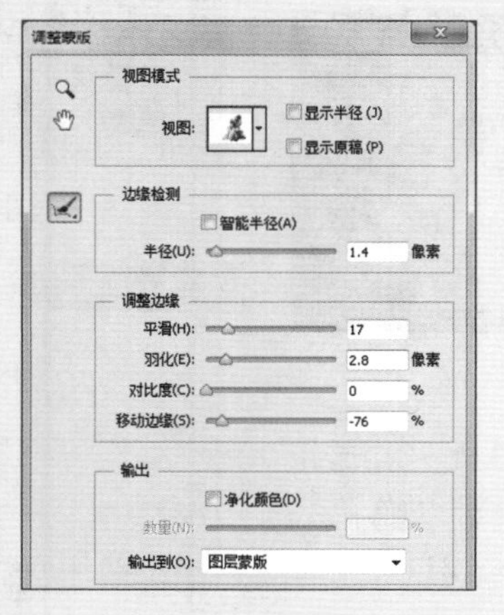

图11-108　调整图层蒙版效果

4. 更改通道缩略图的大小

每个通道都有一个缩略图，以方便查看和操作。通道缩略图的大小并不是固定不变的，如果有需要，用户也可对其大小进行调整。其方法是：在“通道”面板的空白区域右击，在弹出的快捷菜单中提供通道缩略图的大小选项，用户根据需要进行选择即可。需要注意的是，通道缩略图的大小是统一进行更改的，不能只对某一个通道的缩略图进行修改。

5. 调整通道位置

如果“通道”面板中包含的通道很多，除图像默认的通道顺序不能进行调整外，其他通道都可以像调整图层一样对其位置进行调整。通道的位置进行调整后，图像中的效果也会相应地变化。

读书笔记

01 02 03 04 05 06 07 08 09 10 11 12 13 14……

12 使用滤镜

本章导读

用户使用Photoshop CC制作的很多奇妙效果基本都是通过Photoshop CC的滤镜完成的。Photoshop CC内置很多各异的滤镜效果，使用它们可以很轻松地对图像进行处理。本章对滤镜的使用方法及各滤镜效果进行说明。

12.1 认识滤镜

在Photoshop平面设计领域，用户在为图像制作图案背景以及字体时，经常需要使用滤镜。为了更好地使用滤镜，下面对滤镜的相关知识进行讲解。

12.1.1 滤镜的作用

滤镜能在很短的时间内制作出很多奇特的效果。滤镜不但能将图像制作出油画的效果，还能为图像添加扭曲效果、马赛克效果和浮雕等效果。

12.1.2 滤镜的种类

选择“滤镜”菜单，即可显示如图12-1所示的所有滤镜。在Photoshop CC中，滤镜分为特殊滤镜、滤镜组、外挂滤镜等3类。

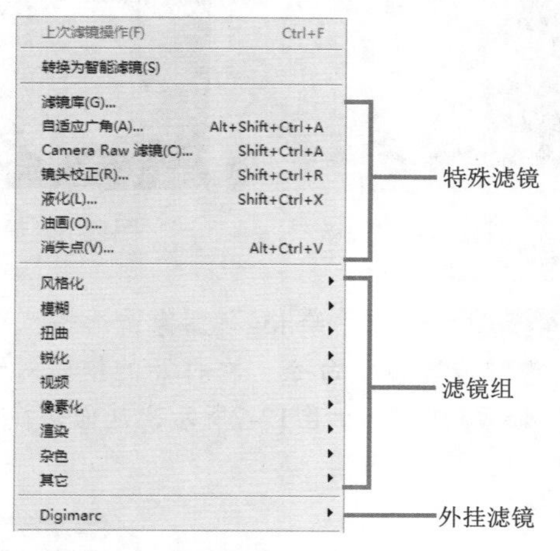

图12-1 “滤镜”命令

Photoshop CC预设的滤镜主要有两种用途，一种创建具体的图像效果，如“素描”“粉笔画”“纹理”等。该类滤镜数量众多，部分滤镜放置在滤镜库中使用，如“风格化”“画笔描边”“扭曲”“素描”等。另一种滤镜则用于减少图像杂色、提高清晰度等，如“模糊”“锐化”“杂色”等滤镜组。

技巧秒杀

- 外挂滤镜显示在“滤镜”命令的最底下方。

12.1.3 内置滤镜的使用技巧

滤镜命令只能作用于当前正在编辑的可见图层或图层中的所选区域。如图12-2所示为在选区中应用滤镜的效果，如图12-3所示为在可见图层中应用滤镜的效果。

图12-2 在选区中应用滤镜

图12-3 在图层中应用滤镜

需要注意的是，滤镜可以反复应用，但一次只能应用在一个目标区域中。要对图像使用滤镜，必须了解图像色彩模式与滤镜的关系。其中，RGB模式的图像可以使用Photoshop CC下所有的滤镜，不能使用滤镜的图像色彩模式有位图模式、16位灰度图模式、索引模式、48位RGB模式。有的色彩模式图像只能使用部分滤镜，如在CMYK模式下不能使用“画笔描边”、“素描”、“纹理”、“艺术效果”和“视频”类滤镜。

12.1.4 提高滤镜效率的技巧

在使用一些滤镜或对高分辨率的图像使用滤镜时，会消耗大量的电脑内存，造成处理速度慢。此时，为了避免这种情况，用户可先在图像中的部分区域试用滤镜。滤镜效果调整好后，再对整个图像应用。此外，在使用滤镜前退出多余的程序，也可空出不少的内存空间。

12.2 智能滤镜

滤镜可以修改图像的外观，而智能滤镜则是具有还原作用的滤镜，即应用滤镜后用户可以轻松还原滤镜效果，无须担心，滤镜如实对画面有所影响。下面讲解智能滤镜的使用方法。

12.2.1 创建智能滤镜

选择“滤镜”/“转换为智能滤镜”命令，在打开的提示对话框中单击确定按钮，即可创建智能滤镜。此时，可看到“图层”面板中的图层下方出现一个图标，表示该图层已转换为“智能滤镜”图层，如图12-4所示。

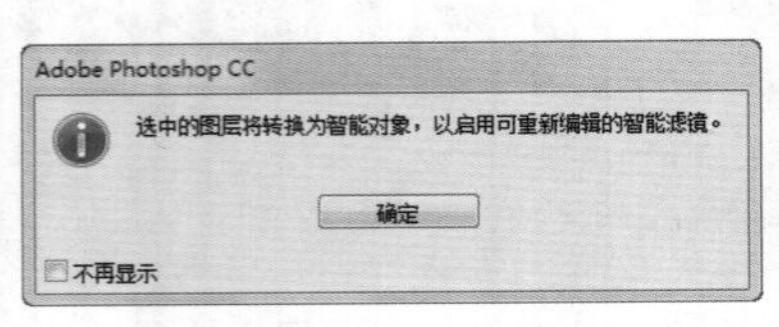

图12-4　将图层转换为“智能滤镜”图层

12.2.2 编辑智能滤镜

在将普通图层转换为“智能滤镜”图层后，用户可以为“智能滤镜”图层添加智能滤镜。添加智能滤镜后，还可以对智能滤镜重新进行设置。

读书笔记

实例操作：将图像转换为手绘风格

- 光盘\素材\第12章\手绘.jpg
- 光盘\效果\第12章\手绘.psd
- 光盘\实例演示\第12章\将图像转换为手绘风格

本例打开“手绘.jpg”图像，将图层转换为“智能滤镜”图层，再对图像应用“壁画”滤镜，效果如图12-5和图12-6所示。

图12-5　原图效果

图12-6　最终效果

Step 1 打开“手绘.jpg”图像，选择“滤镜”/“转换为智能滤镜”命令，在打开的提示对话框中单击确定按钮，如图12-7所示，从而转换为“智能滤镜”图层。

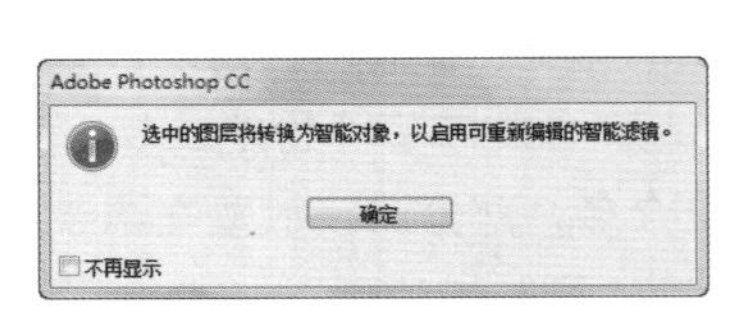

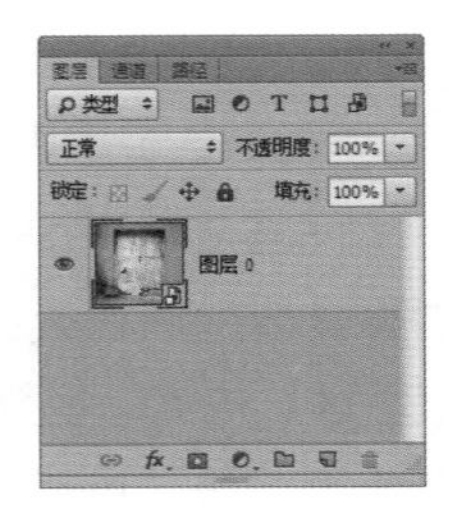

图12-7　转换为“智能滤镜”图层

Step 2 选择“滤镜”/“滤镜库”命令，打开“滤镜库”对话框。在中间列表框中选择“艺术效果”选项下的“壁画”选项，单击确定按钮，如图12-8所示。

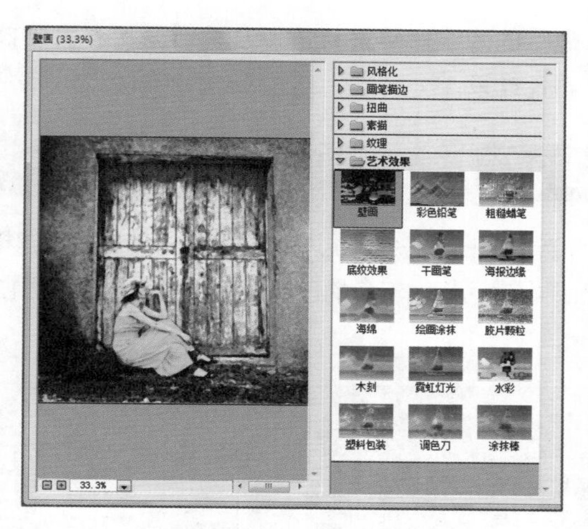

图12-8　应用“壁画”选项

Step 3 ▶ 返回到图像操作界面即可看到被应用滤镜的图像，以及“图层”面板中的智能滤镜，如图12-9所示。

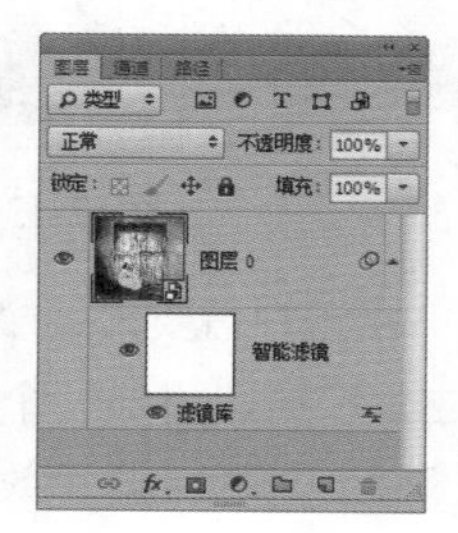

图12-9　查看效果

技巧秒杀

为重新对智能滤镜进行设置，可双击智能滤镜旁的按钮，在打开的对话框中即可对智能滤镜进行设置。

技巧秒杀

“液化”和“消失点”等少数滤镜不能使用智能滤镜。大部分滤镜都能使用智能滤镜。

12.2.3 停用/启用智能滤镜

与普通滤镜相比，智能滤镜更像一个图层样式，单击滤镜前的按钮，即可隐藏滤镜效果，如图12-10所示。再次单击该位置，显示滤镜效果，如图12-11所示。

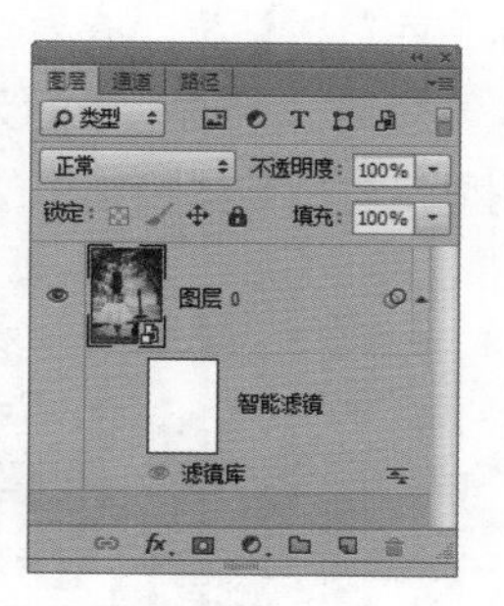

图12-10　隐藏智能滤镜

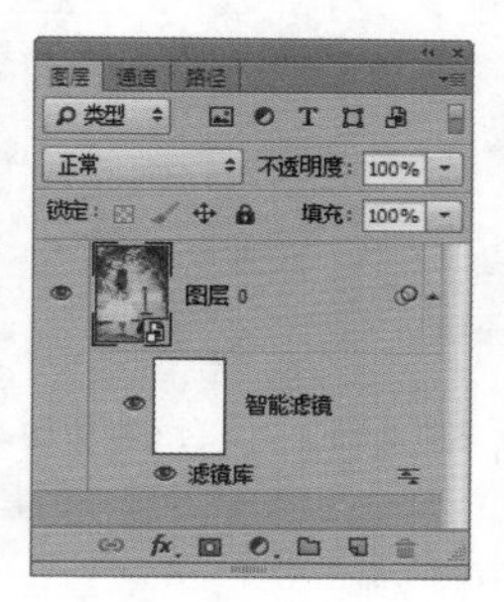

图12-11　显示智能滤镜

12.2.4 删除智能滤镜

一个“智能滤镜”图层可以包含多个智能滤镜。当用户需要删除单个智能滤镜时，可在“图层”面板中选中需要删除的智能滤镜，并将其拖动到按钮上，则可将选中的智能滤镜删除。

在一个“智能滤镜”图层中，为删除所有智能滤镜，可选择“图层”/“智能滤镜”/“清除智能滤镜”命令。

12.3 滤镜库

Photoshop CC中包含很多的滤镜。为了让用户快速浏览滤镜效果，用户可在为图像添加滤镜后使用滤镜库。此外，滤镜库还可为图像同时使用多种滤镜。

12.3.1 认识滤镜库

滤镜库中包含“风格化”“画笔描边”“扭曲”“素描”“纹理”“艺术效果”等滤镜组。选择“滤镜”/“滤镜库”命令，打开如图12-12所示的“滤镜库”对话框。在对话框左侧的预览框中可预览该滤镜效果，对话框中间为可选择的滤镜组，对话框右侧显示与当前滤镜相应的参数设置选项。

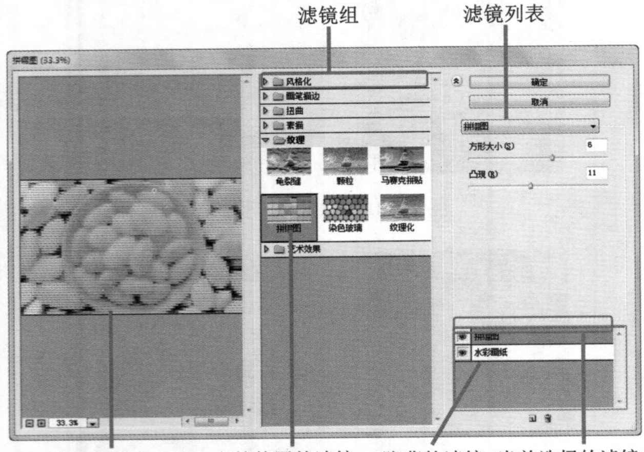

图12-12 “滤镜库”对话框

知识解析：“滤镜库”对话框

- **效果预览窗口**：用于预览滤镜效果。
- **缩放预览窗口**：单击⊟按钮，可缩小预览窗口显示比例。单击⊞按钮，可放大预览窗口显示比例。
- **“显示/隐藏滤镜缩略图”按钮**：单击按钮，可以隐藏滤镜缩略图，扩大预览窗口的显示面积。
- **滤镜列表**：用于显示当前选择的滤镜名称，也可在该下拉列表中选择滤镜。
- **参数设置面板**：用于设置当前滤镜的滤镜参数。
- **当前使用的滤镜**：当前正在使用的滤镜。
- **滤镜组**：用于存放一个分类的多个滤镜，单击▷按钮，展开该滤镜组。
- **新建效果图层**：单击按钮，可新建一个效果图层。
- **删除效果图层**：单击按钮，可删除选中的效果图层。
- **当前选择的滤镜**：单击一个效果图层，可选择该滤镜。
- **隐藏的滤镜**：单击效果图层前的图标，可隐藏滤镜效果。

12.3.2 效果图层

当用户在“滤镜库”中选择一个滤镜后，该滤镜名称出现在对话框右下角的已应用滤镜列表中，如图12-13所示。

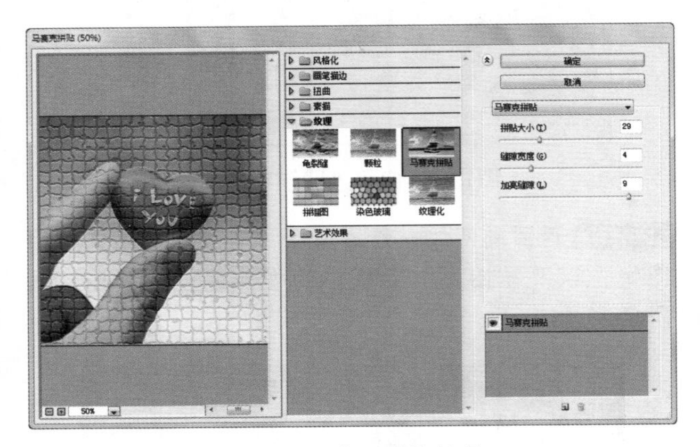

图12-13 应用滤镜效果

当用户需要为一个图像堆栈多个滤镜效果时，可单击按钮，添加一个效果图层。完成后再选择另一个滤镜，可叠加滤镜效果。此时，已应用滤镜列表出现已经应用的多个滤镜名称，左边则出现应用多个滤镜后的效果，如图12-14所示。

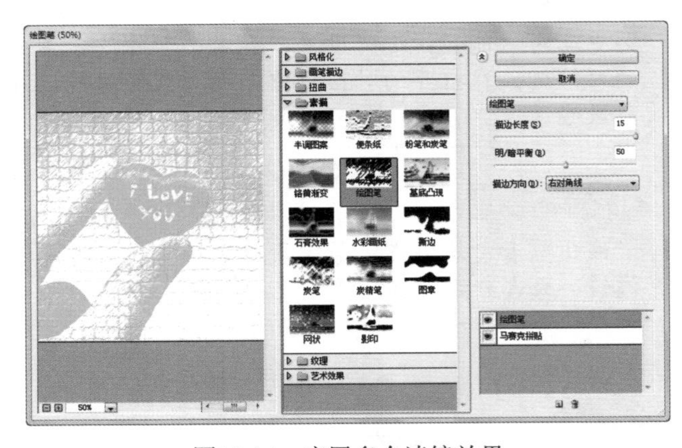

图12-14 应用多个滤镜效果

读书笔记

12.4 特殊滤镜

滤镜组有多个滤镜，而特殊滤镜则只有一个。独立滤镜往往不好分类，但使用频率较高，所以将其单独放置。下面讲解Photoshop CC中各特殊滤镜的使用方法。

12.4.1 “自适应广角”滤镜

为图像制作具有视觉冲击力的图像，如增强图像的透视关系，可通过“自适应广角”滤镜来处理。

实例操作：制作猫眼镜效果

- 光盘\素材\第12章\猫眼镜.jpg
- 光盘\效果\第12章\猫眼镜.psd
- 光盘\实例演示\第12章\制作猫眼镜效果

本例打开“猫眼镜.jpg”图像。使用“自适应广角”滤镜，将平面的图像效果转换为猫眼镜所拍摄的效果，如图12-15和图12-16所示。

图12-15 原图效果

图12-16 最终效果

Step 1 打开“猫眼镜.jpg”图像。选择“滤镜”/“自适应广角”命令，打开“自适应广角”对话框，设置“校正”“缩放”“焦距”“裁剪因子”分别为“透视”、100%、1.97毫米、3.78，如图12-17所示。在对话框中单击按钮，将鼠标指针由左下角向右上角拖动，绘制一条直线，设置约束调整透视感，如图12-18所示。

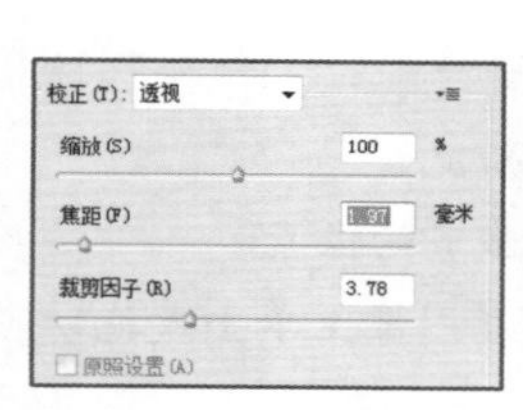

图12-17 设置参数

图12-18 设置约束调整透视感

Step 2 将直线中出现的白色点向右上角拖动，调整直线长短，如图12-19所示。使用相同的方法，在图像右边和上方绘制“约束”，并调整直线长短，如图12-20所示。

图12-19 调整“约束”

图12-20 绘制其他“约束”

读书笔记

Step 3 ▶ 单击 确定 按钮，返回图像编辑窗口。选择裁剪工具，对图像中的空白像素进行裁剪，如图12-21所示。最后按Enter键确定裁剪。

图12-21　裁剪图像

知识解析：“自适应广角”对话框

- 校正：用于选择校正的类型。
- 缩放：用于设置图像的缩放情况。
- 焦距：用于设置图像的焦距情况。
- 裁剪因子：用于设置待进行裁剪的像素。
- 约束工具：单击按钮，再在图像上单击或拖动设置线性约束。
- 多边形约束工具：单击按钮，再单击设置“多边形约束”。
- 移动工具：单击按钮，拖动鼠标可移动图像内容。
- 抓手工具：单击按钮，放大图像后使用该工具移动显示区域。
- 缩放工具：单击按钮，即可缩放显示比例。

技巧秒杀

为图像添加越多的“约束”，可以更加细致地对图像进行调整。

12.4.2 “镜头校正”滤镜

使用相机拍摄照片时可能因为一些外在因素造成镜头失真、晕影、色差等情况。这时，可通过“镜头校正”滤镜对图像进行校正，修复因为镜头的关系而出现的问题。选择“滤镜”/“镜头校正”命令，打开如图12-22所示的“镜头校正”对话框。

图12-22　“镜头校正”对话框

知识解析：“镜头校正”对话框

- 移去扭曲工具：单击按钮，使用鼠标拖动图像可校正镜头失真。
- 拉直工具：单击按钮，使用鼠标拖动绘制一条直线，可将图像拉直到新的横轴或纵轴。
- 移动网格工具：单击按钮，使用鼠标可移动网格，使网格和图像对齐。
- 几何扭曲：用于配合移去扭曲工具校正镜头失真。当数值为负值时，图像向外扭曲，如图12-23所示。当数值为正值时，图像向内扭曲，如图12-24所示。

图12-23　几何扭曲为负值

图12-24　几何扭曲为正值

- 色差：用于校正图像的色边。
- 晕影：用于校正因为拍摄原因产生边缘较暗的图像。其中，“数量”选项用于设置沿图像边缘变亮或变暗的程度：如图12-25所示为将晕影变亮的效果，如图12-26所示为将晕影变暗的效果。“中点”选项用于控制校正的范围区域。

图12-25　晕影变亮

图12-26　晕影变暗

◆ 变换：用于校正相机向上或向下而出现的透视问题。设置“垂直透视”为-100时图像变为俯视效果。设置“水平透视”为100时图像变为仰视效果。“角度”选项用于旋转图像，可校正相机的倾斜程度。“比例”选项用于控制镜头校正的比例。

12.4.3 Camera Raw滤镜

单反相机和高端的卡片机都提供Raw格式让用户拍摄无损照片，Raw是未处理和压缩的格式。用户可以后期对图像的ISO、快门速度、光圈值、白平衡等进行设置。在Photoshop CC中，用户可以使用Camera Raw滤镜对普通图像进行Raw文件的设置。选择“滤镜”/Camera Raw滤镜命令，打开如图12-27所示的Camera Raw对话框。

图12-27　Camera Raw对话框

读书笔记

实例操作：调整图像白平衡

- 光盘\素材\第12章\白平衡.jpg
- 光盘\效果\第12章\白平衡.jpg
- 光盘\实例演示\第12章\调整图像白平衡

本例打开“白平衡.jpg”图像。使用Camera Raw滤镜，对图像中的白平衡进行调整，使用偏黑的颜色恢复为正常的颜色，如图12-28和图12-29所示。

图12-28　原图效果

图12-29　最终效果

Step 1 ▶ 打开“白平衡.jpg”图像。选择“滤镜”/“Camera Raw滤镜”命令，打开Camera Raw对话框，单击按钮。单击人物的皮肤，修正人物皮肤，如图12-30所示。

图12-30　修正皮肤

Step 2 ▶ 设置“阴影”“白色”“黑色”分别为+28、+26、+22，再设置“色温”“色调”为-38、-26，如图12-31所示。此时，Camera Raw对话框左边的预览框中显示的效果如图12-32所示，单击 确定 按钮。

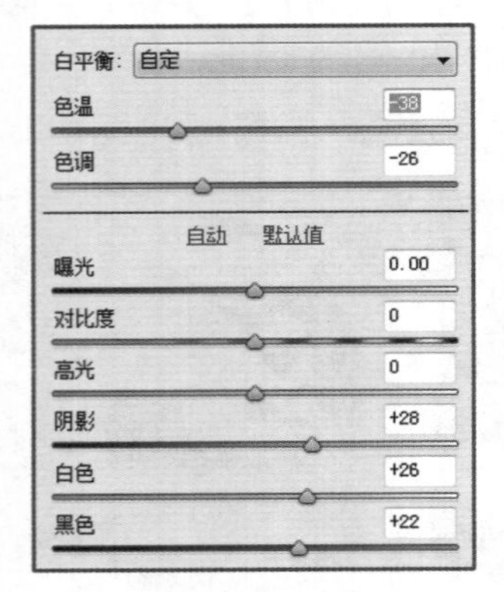

图12-31　设置参数

图12-32　效果预览

技巧秒杀

在调整白平衡时，一定要先调整曝光、对比度、高光、阴影、白色、黑色等参数。再对色温、色调进行调整。这样可以两次通过色温、色调修正颜色偏差。

实例操作：调整图像对比度

- 光盘\素材\第12章\对比度.jpg
- 光盘\效果\第12章\对比度.jpg
- 光盘\实例演示\第12章\调整图像对比度

本例打开“对比度.jpg”图像，使用Camera Raw滤镜中的曲线对图像的对比度进行调整。

Step 1 ▶ 打开“对比度.jpg”图像，如图12-33所示。选择“滤镜”/“Camera Raw滤镜”命令，打开Camera Raw对话框，单击按钮，显示“色调曲线”选项。设置“高光”“亮调”“暗调”“阴影”分别为+48、+7、+100、+46，如图12-34所示。

图12-33　打开图像

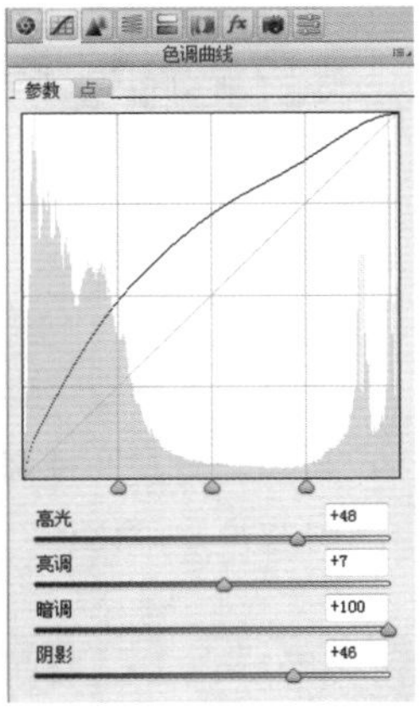

图12-34　设置曲线

Step 2 ▶ 调整完成后，对话框左边的预览框中显示的效果如图12-35所示，单击 确定 按钮。

图12-35　调整后的效果

知识解析：Camera Raw工具和“调整”选项卡

- ◆ 缩放工具：单击按钮，单击预览框，可以放大显示图像比例，按Alt键的同时单击图像可缩小图像比例。
- ◆ 抓手工具：单击按钮，放大显示比例后，鼠标拖动以移动图像。
- ◆ 白平衡工具：单击按钮，在白色或灰色图像内容上单击，可校正图像的白平衡。双击该按钮，可将图像的白平衡恢复为原始状态。
- ◆ 颜色取样器工具：单击按钮，在图像上单击，可在对话框顶层显示取样像素的颜色值，便于用户观察颜色变化。

◆ 目标调整工具：单击按钮，在弹出的下拉列表中选择一种选项，如“参考曲线”“色相”“饱和度”“明亮度”等。然后在图像中拖动鼠标指针即可应用调整。
◆ 污点去除：单击按钮，可使用图像中的一个区域样本修复另一个区域中的图像。
◆ 红眼去除：单击按钮，使用鼠标在眼睛区域拖动绘制一个选区。释放鼠标后，Camera Raw根据实际情况选中红眼区域，再设置“调整”滑块，修正红眼。
◆ 调整画笔/渐变滤镜/径向滤镜：单击、和按钮，可对图像局部进行曝光度、亮度、对比度、饱和度、清晰度等的设置。
◆ 基本：单击按钮，打开“基本”选项卡，在其中可调整白平衡、颜色饱和度和色调等信息。
◆ 色调调整：单击按钮，打开“色调调整”选项卡，可对“参数”曲线和“点”曲线等进行设置，从而对色调进行调整。
◆ 细节：单击按钮，打开“细节”选项卡，可对图像进行锐化处理，并减少杂色。
◆ HSL/灰度：单击按钮，打开“HSL/灰度”选项卡，可对色相、饱和度和明亮度进行调整并调整颜色。
◆ 分离色调：单击按钮，打开“分离色调”选项卡，可对单色图像添加颜色。
◆ 镜头校正：单击按钮，打开“镜头校正”选项卡，可补偿相机照成的色差和晕影。
◆ 效果：单击按钮，打开“效果”选项卡，可在图像中添加颗粒和晕影效果。
◆ 相机校准：单击按钮，打开“相机校准”选项卡，用于校正阴影中的色调和调整非中性色。
◆ 预设：单击按钮，打开“预设”选项卡，可将主图像调整设置存储起来，方便以后调用。

12.4.4 “液化”滤镜

“液化”滤镜可以随意对图像任意区域进行变形，在人像处理和创意广告中经常使用到。选择“滤镜”/“液化”命令，打开如图12-36所示的“液化”对话框。

图12-36 “液化”对话框

实例操作：制作融化的水果

● 光盘\素材\第12章\水果.jpg
● 光盘\效果\第12章\水果.psd
● 光盘\实例演示\第12章\制作融化的水果

本例打开“水果.jpg”图像。复制水果图像，使用“液化”滤镜，对图像中的水果进行液化处理，制作出水果融化的效果，如图12-37和图12-38所示。

图12-37 原图效果

图12-38 最终效果

Step 1 ▶ 打开“水果.jpg”图像。使用选区工具选中水果，如图12-39所示。按两次Ctrl+J组合键，复制两个图像，如图12-40所示。

图12-39 建立选区

图12-40 复制图像

Step 2 ▶ 选择“图层1”，选择“滤镜”/“液化”命令，打开“液化”对话框，单击按钮，设置画笔大小为208，对梨下方涂抹，让梨下方变形，如图12-41所示。

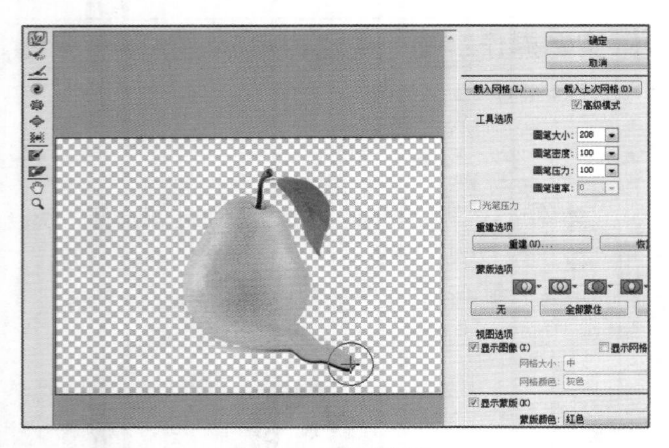

图12-41 设置液化

Step 3 ▶ 释放鼠标。使用相同的方法将梨下部分进行液化，制作融化的效果，单击 确定 按钮，如图12-42所示。选择“图层 1 拷贝”图层，再选择橡皮擦工具，将“不透明度”“流量”设置为40%、40%。对梨底部阴影进行涂抹，如图12-43所示。

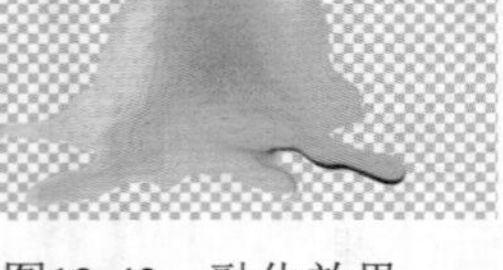
图12-42 融化效果

图12-43 涂抹图像

Step 4 ▶ 选择“背景”图层，如图12-44所示。将前景色设置为“蓝绿色”（R:35 G:149 B:140），按Alt+Delete组合键，使用前景色填充图像，如图12-45所示。

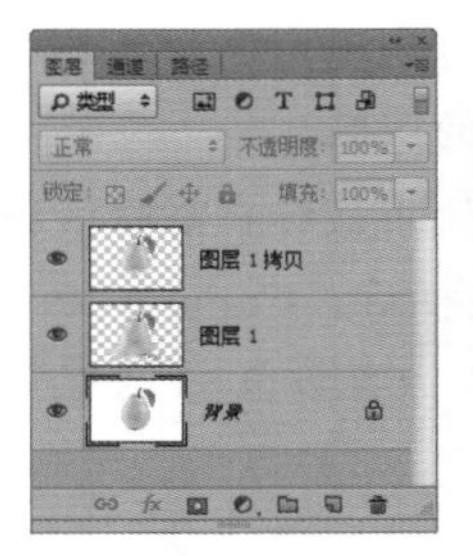

图12-44 选择“背景”图层

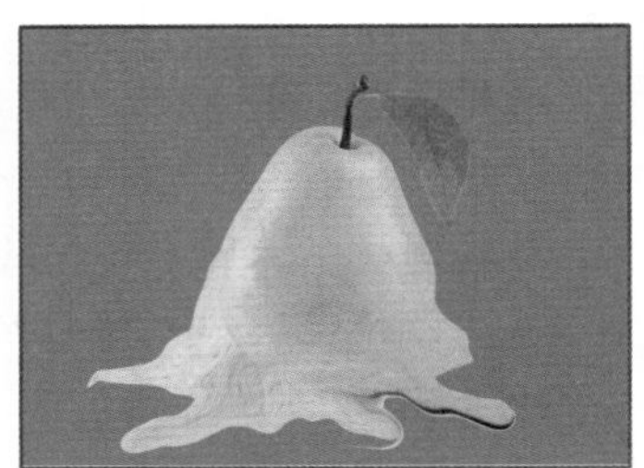
图12-45 填充颜色

知识解析：“液化”对话框

◆ 向前变形工具：单击按钮，可向前推动像素，如图12-46所示。

◆ 重建工具：单击按钮，可将液化的图像区域恢复为之前的效果，如图12-47所示。

图12-46 使用向前变形工具

图12-47 使用重建工具

◆ 平滑工具：单击按钮，可将轻微扭曲的边缘抚平，如图12-48所示。

图12-48 使用平滑工具

◆ 顺时针旋转扭曲工具：单击按钮，在图像中单击或拖动鼠标指针可以顺时针旋转图像，如

图12-49所示。按住Alt键的同时单击或拖动鼠标指针，可逆时针旋转图像，如图12-50所示。

图12-49 顺时针扭曲　　图12-50 逆时针扭曲

◆ 褶皱工具：单击按钮，可以使图像向画笔的中心移动，产生收缩的效果。

◆ 膨胀工具：单击按钮，图像向画笔中心外移动，产生膨胀的效果。

◆ 左推工具：单击按钮，垂直向上拖动鼠标指针图像向左移动。向下拖动，图像向右移动。按Alt键垂直向上拖动，图像向右移动。按Alt键向下拖动，图像向左移动。

◆ 冻结蒙版工具：单击按钮，可使用鼠标指针对不必编辑的图像区域进行涂抹，被涂抹的图像不能被编辑。如图12-51所示为使用冻结蒙版工具对图像进行涂抹后该区域被冻结。

图12-51 冻结蒙版工具

◆ 解冻蒙版工具：单击按钮，将冻结的区域解除冻结。

◆ 抓手工具：单击按钮，当图像在“液化”对话框预览中没有显示完整的图像时，按住鼠标拖动可将未显示的图像显示出来。

◆ 缩放工具：单击按钮，单击可放大预览图。按Alt键单击可缩小预览图。

◆ 画笔大小：用于设置扭曲图像的画笔宽度。

◆ 画笔密度：用于设置画笔边缘的羽化范围。

◆ 画笔压力：用于设置画笔在图像中产生的扭曲速度。为使图像造型更细腻，可将压力值设小后，慢慢对图像进行调整。

◆ 画笔速率：用于设置“旋转扭曲”等工具在预览图像中保持静止时扭曲所应用的速度。

◆ 光笔压力：当电脑连接数位板时，选中该复选框，Photoshop CC根据压感笔的实时压力控制图像。

◆ 替换选区：可设置图像中的选区、蒙版或透明度。

◆ 添加到选区：显示原图像中的蒙版，并可使用冻结蒙版工具将其添加到选区中。

◆ 从选区减去：从冻结区域中减去通道中的像素。

◆ 与选区交叉：只能使用处于冻结状态的选定像素。

◆ 反向选区：用于将当前冻结的区域反向。

◆ 无：单击 无 按钮，解冻所有的区域。

◆ 全部蒙住：单击 全部蒙住 按钮，图像的所有区域冻结。

◆ 全部反相：单击 全部反相 按钮，使冻结和解冻区域反向。

◆ 显示图像：选中 显示图像(I) 复选框，在预览区显示图像。

◆ 显示网格：选中 显示网格(E) 复选框，在预览区显示网格，如图12-52所示。如图12-53所示为编辑后的网格。显示网格后，用户可在“网格大小”选项中设置网格大小；在“网格颜色”选项中对“网格显示”进行设置。

图12-52 显示网格　　图12-53 编辑后的网格

◆ **显示蒙版**：选中 ☑显示蒙版(K) 复选框，显示被蒙版颜色覆盖的冻结区域。在“蒙版颜色”选项中可设置蒙版颜色。

◆ **显示背景**：选中 ☑显示背景(P) 复选框，可将本图像中的其他图层作为背景显示。选择“模式”选项，在其下拉列表中可以选择将背景放在当前图层的前面，还是后面。“不透明度”选项设置背景图层的不透明度。

12.4.5 “油画”滤镜

可通过“油画”滤镜使图像快速地出现油画效果。选择“滤镜”/“油画”命令，打开如图12-54所示的“油画”对话框，在对话框中设置参数，以制作油画效果。

图12-54 “油画”对话框

知识解析：“油画”对话框

◆ **描边样式**：用于设置笔触样式。

◆ **描边清洁度**：用于设置纹理的柔化程度。如图12-55所示为清洁度为0的效果，如图12-56所示为清洁度为10的效果。

图12-55 清洁度为0效果

图12-56 清洁度为10效果

◆ **缩放**：用于设置纹理的缩放效果。如图12-57所示缩放为0.1的效果，如图12-58所示缩放为0.7的效果。

图12-57 缩放为0.1效果

图12-58 缩放为0.7效果

◆ **硬毛刷细节**：用于设置画笔细节的丰富程度，数值越高，毛刷纹理越清晰。

◆ **角方向**：用于设置光线的照射角度。

◆ **闪亮**：可以提高纹理的清晰度，产生弱化效果，数值越高，纹理越明显。如图12-59所示设置闪亮为1.85的效果，如图12-60所示为设置闪亮为4.8的效果。

图12-59 设置“闪亮”为1.85效果

图12-60 设置“闪亮”为4.8效果

读书笔记

12.4.6 “消失点”滤镜

当图像包含如建筑侧面、墙壁、地面等产生透视平面的图像时，可以通过“消失点”滤镜来进行校正。选择“滤镜”/“消失点”命令，打开如图12-61所示的“消失点”对话框。

图12-61　“消失点”对话框

实例操作：替换屏幕图像

- 光盘\素材\第12章\消失点\
- 光盘\效果\第12章\屏幕.jpg
- 光盘\实例演示\第12章\替换屏幕图像

本例将打开“屏幕.jpg”和“人物.jpg”图像，使用“消失点”滤镜将人物图像置入到平板电脑屏幕中，如图12-62所示。

图12-62　最终效果

Step 1 打开“人物.jpg”图像，如图12-63所示。按Ctrl+A组合键选择整个图像，再按Ctrl+C组合键复制图像。打开“屏幕.jpg”图像，如图12-64所示。

图12-63　打开“人物.jpg”　图12-64　打开“屏幕.jpg”

Step 2 选择“滤镜”/“消失点”命令，打开“消失点”对话框。单击按钮，在预览图中单击显示器的四角，以生成网格，如图12-65所示。

图12-65　绘制网格

Step 3 按Ctrl+V组合键粘贴图像，将粘贴的图像拖动到网格中使用，并调整其位置，完成后单击 确定 按钮，效果如图12-66所示。

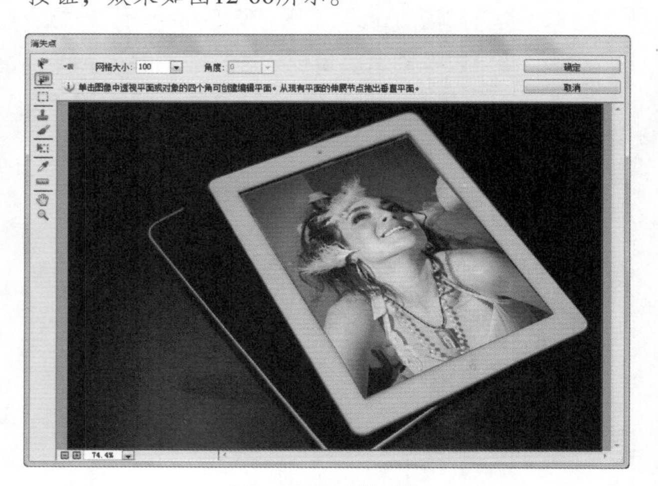

图12-66　调整网格

12.5 “风格化”滤镜组

该滤镜组包括“查找边缘”、“扩散”、“拼贴”、“凸出”和“照亮边缘”等9种滤镜。除“照亮边缘”滤镜需要在滤镜库中打开外，其他的滤镜使用时只需选择“滤镜”/“风格化”命令，在弹出的“风格化”滤镜组子菜单中选择相应的滤镜命令即可。

12.5.1 查找边缘

“查找边缘”滤镜可以查找图像中主色块颜色变化的区域，并为查找到的边缘轮廓描边，使图像看起来像用笔刷勾勒的轮廓一样。该滤镜无对话框，如图12-67所示为使用“查找边缘”滤镜前后的效果。

图12-67　使用“查找边缘”滤镜前后的效果

实例操作：制作绘画效果

- 光盘\素材\第12章\绘画.psd
  光盘\效果\第12章\绘图.psd
- 光盘\实例演示\第12章\制作绘画效果

本例打开“绘图.psd”图像，使用“中间值”“查找边缘”滤镜以及图层混合模式等，对“绘图.psd”图像进行编辑使其呈现出手绘的效果，如图12-68和图12-69所示。

图12-68　原图效果

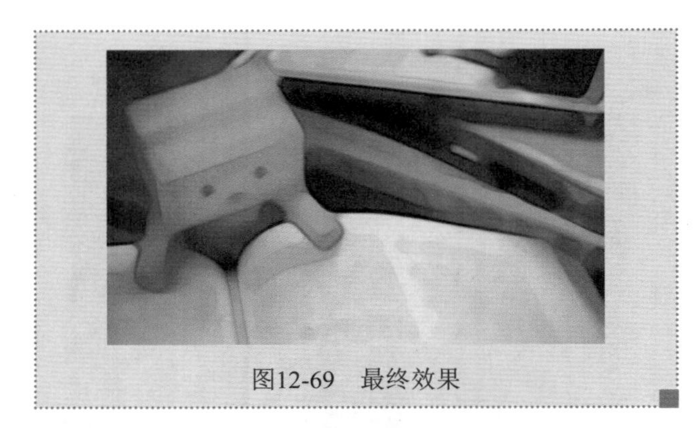

图12-69　最终效果

Step 1 ▶ 打开“绘图.psd”图像。选择“滤镜”/“杂色”/“中间值”命令，打开“中间值”对话框，设置半径为“15像素”，单击 确定 按钮，如图12-70所示。按Ctrl+J组合键复制图层，按Shift+Ctrl+U组合键为图像去除颜色，如图12-71所示。

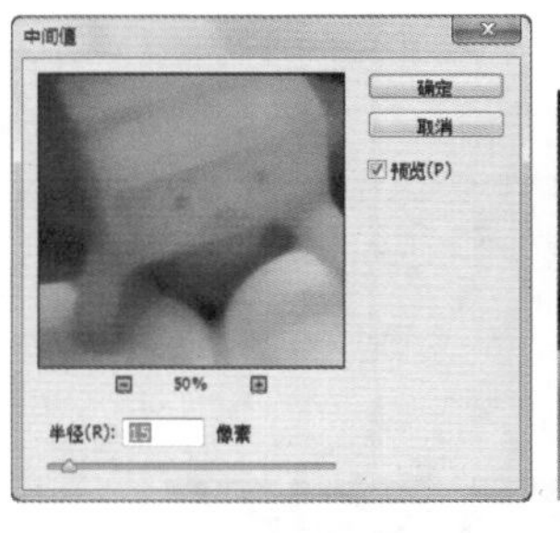

图12-70　设置中间值

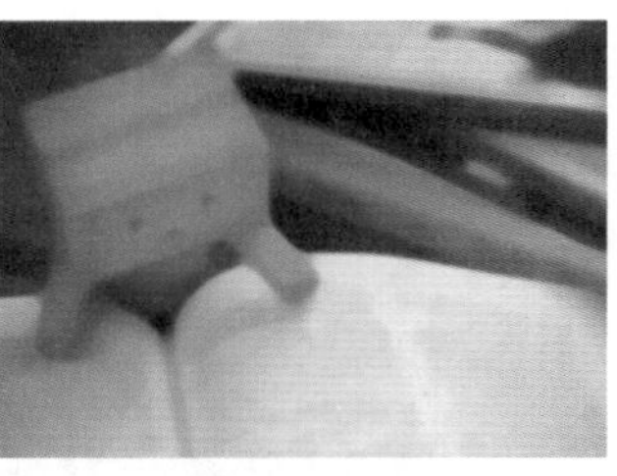

图12-71　为图像去色

读书笔记

Step 2 ▶ 选择"滤镜"/"风格化"/"查找边缘"命令，如图12-72所示。设置图层混合模式为"线性加深"，如图12-73所示。

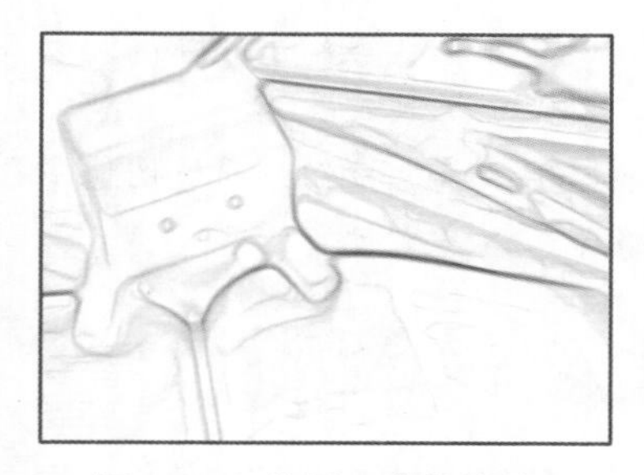

图12-72 使用"查找边缘"命令

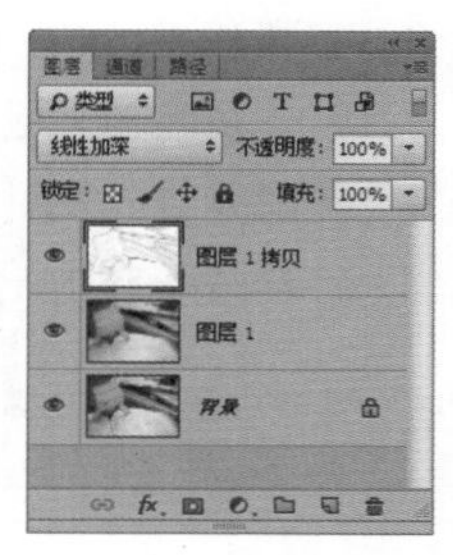

图12-73 设置图层混合模式

Step 3 ▶ 选择图层1，按Ctrl+J组合键复制图层。将图层移动到所有图层上方，如图12-74所示。按Shift+Ctrl+L组合键，自动调整色阶，如图12-75所示。

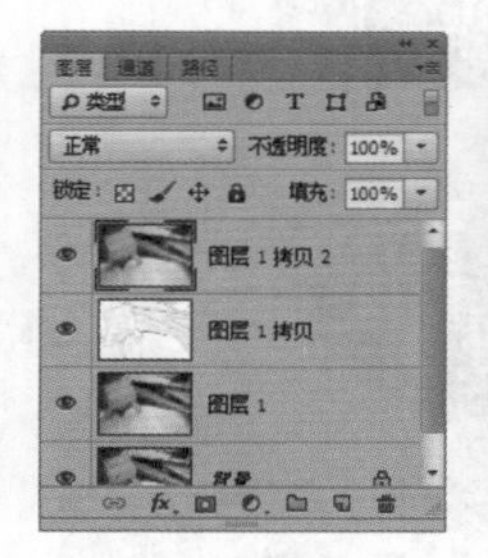

图12-74 复制图层

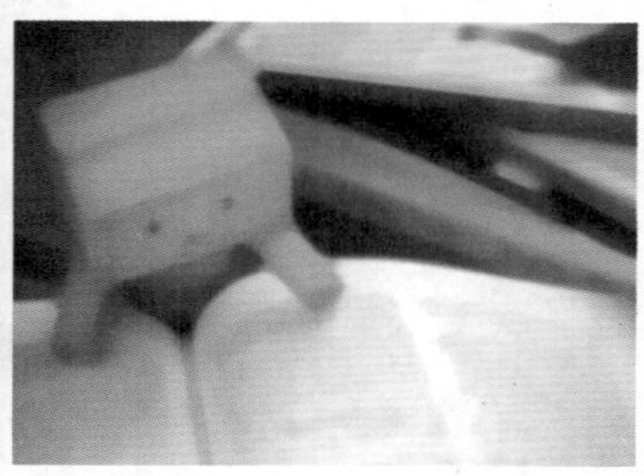

图12-75 调整色阶

Step 4 ▶ 设置图层的混合模式为"深色"，如图12-76所示。

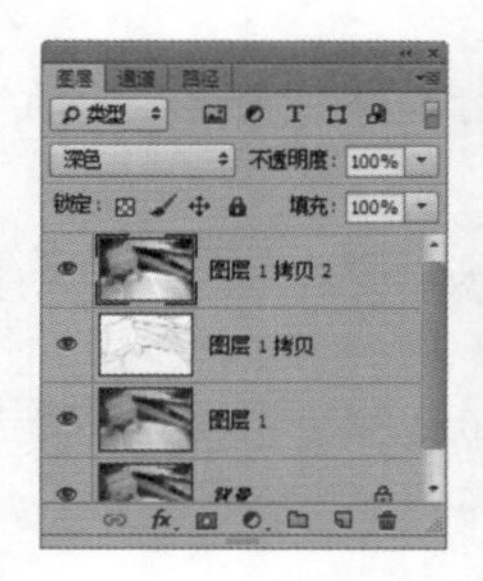

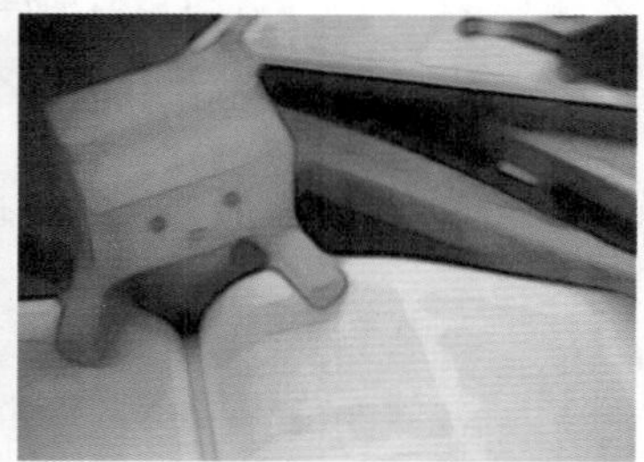

图12-76 设置图层混合模式

12.5.2 等高线

"等高线"滤镜可以沿图像亮部区域和暗部区域的边界绘制出颜色比较浅的线条效果。如图12-77所示为使用"等高线"滤镜后的效果。

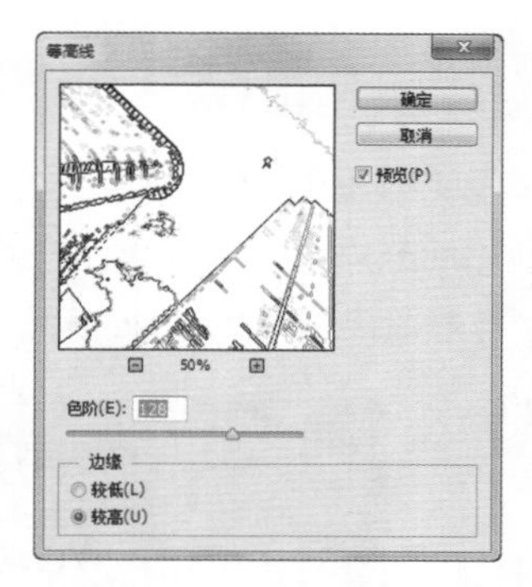

图12-77 使用"等高线"滤镜后的效果

知识解析："等高线"对话框

- 色阶：用于设置描绘轮廓的亮度级别。该值过大或过小，图像的等高线效果均不明显。
- 边缘：用于选择描绘轮廓的区域。选中◉较低(L)单选按钮，表示描绘较暗的区域；选中◉较高(U)单选按钮，表示描绘较亮的区域。

12.5.3 风

"风"滤镜一般使文字产生的效果比较明显，可以将图像的边缘以一个方向为准向外移动远近不同的距离，实现类似风吹的效果。如图12-78所示即为使用"风"滤镜后的效果。

图12-78 使用"风"滤镜后的效果

知识解析："风"对话框

- 方法：用于设置风吹的效果样式。
- 方向：用于设置风吹的方向。选中◉从右(R)单选按钮，表示风从右向左吹；选中◉从左(L)单选按钮，表示风从左向右吹。

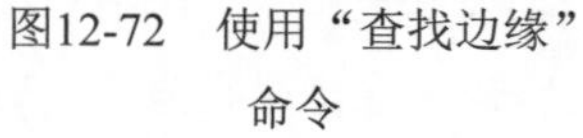

12.5.4 浮雕效果

“浮雕效果”滤镜可以将图像中颜色较亮的图像分离出来，再将周围的颜色降低，以生成浮雕效果。如图12-79所示为图片使用“浮雕效果”滤镜后的效果。

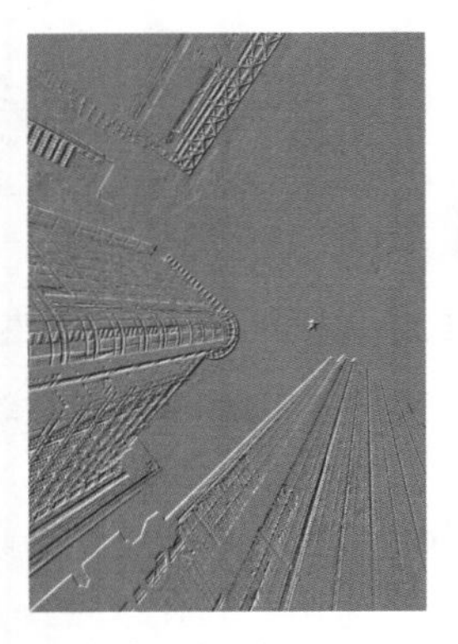

图12-79　使用“浮雕效果”滤镜后的效果

知识解析：“浮雕效果”对话框

◆ 角度：用于设置浮雕效果光源的方向。

◆ 高度：用于设置图像凸起的高度。

◆ 数量：用于设置源图像细节和颜色的保留范围。

12.5.5 扩散

“扩散”滤镜可以使图像产生看起来像透过磨砂玻璃一样的模糊效果。如图12-80所示为图片使用“扩散”滤镜后的效果。

图12-80　使用“扩散”滤镜后的效果

知识解析：“扩散”对话框

◆ 正常：选中 正常(N) 单选按钮，可以通过像素点的随机移动来实现图像的扩散效果，而图像的亮度不变。

◆ 变暗优化：选中 变暗优先(D) 单选按钮，用较暗颜色替换较亮颜色，以产生扩散效果。

◆ 变亮优化：选中 变亮优先(L) 单选按钮，用较亮颜色替换较暗颜色，以产生扩散效果。

◆ 各向异性：选中 各向异性(A) 单选按钮，通过图像中的较暗和较亮的像素，以产生扩散效果。

12.5.6 拼贴

“拼贴”滤镜可以根据对话框中设定的值将图像分成许多小贴块，看上去整幅图像像画在方块瓷砖上一样。如图12-81所示为图片使用“拼贴”滤镜后的效果。

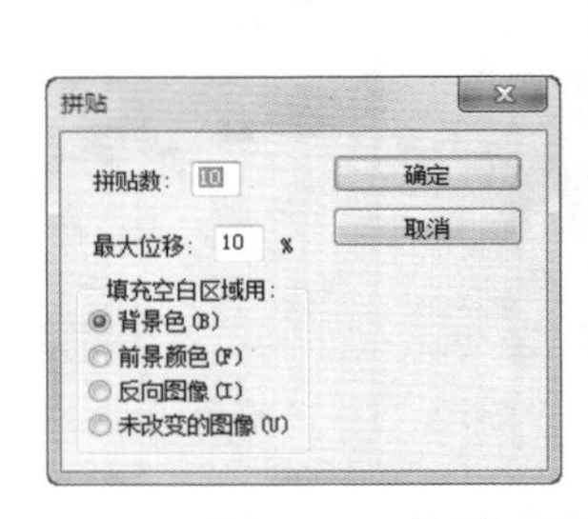

图12-81　使用“拼贴”滤镜后的效果

知识解析：“拼贴”对话框

◆ 拼贴数：用于设置在图像每行和每列中要显示的贴块数。

◆ 最大位移：用于设置允许贴块偏移原始位置的最大距离。

◆ 填充空白区域用：用于设置贴块间空白区域的填充方式。

12.5.7 曝光过度

“曝光过度”滤镜可以使图像的正片和负片混合，以产生类似于摄影中由于增加光线强度而产生过度曝光的效果。该滤镜无对话框。如图12-82所示为使用“曝光过度”滤镜前后的效果。

图12-82　使用“曝光过度”滤镜前后的效果

12.5.8 凸出

“凸出”滤镜可以将图像分成数量不等，但大小相同并有序叠放的立体方块，以用来制作图像的三维背景。如图12-83所示为使用“凸出”滤镜后的效果。

凸出
类型：◉块(B)　○金字塔(P)
大小(S)：30 像素
深度(D)：30　◉随机(R)　○基于色阶(L)
□立方体正面(F)
□蒙版不完整块(M)
确定
取消

图12-83　使用“凸出”滤镜后的效果

读书笔记

实例操作：制作晶体纹理

- 光盘\效果\第12章\晶体纹理.psd
- 光盘\实例演示\第12章\制作晶体纹理

本例新建文档，使用渐变工具以及“壁画”滤镜、“凸出”滤镜制作晶体纹理效果，如图12-84所示。

图12-84　最终效果

Step 1 ▸ 选择“文件”/“新建”命令，打开“新建”对话框，新建一个500像素×350像素、分辨率为300像素/英寸的图像。选择渐变工具，设置渐变颜色为“蓝绿色”（R:35 G:149 B:140）到“白色”，选中☑反向复选框，鼠标指针从图像中间向图像边缘拖动，绘制渐变效果，如图12-85所示。

图12-85　绘制渐变效果

Step 2 ▸ 选择“滤镜”/“滤镜库”命令，打开“滤镜库”对话框。选择“艺术效果”滤镜组，其中选择“壁画”选项，设置“画笔大小”“画笔细节”“纹理”分别为0、10、3，单击 确定 按钮，如图12-86所示。

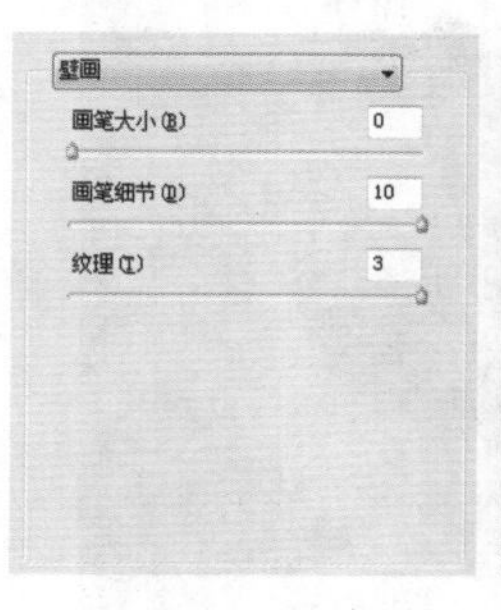

图12-86　设置“壁画”滤镜

Step 3 ▸ 选择“滤镜”/“风格化”/“凸出”命令，

打开“凸出”对话框，设置“大小”“深度”分别为“15像素”、30，单击确定按钮，如图12-87所示。

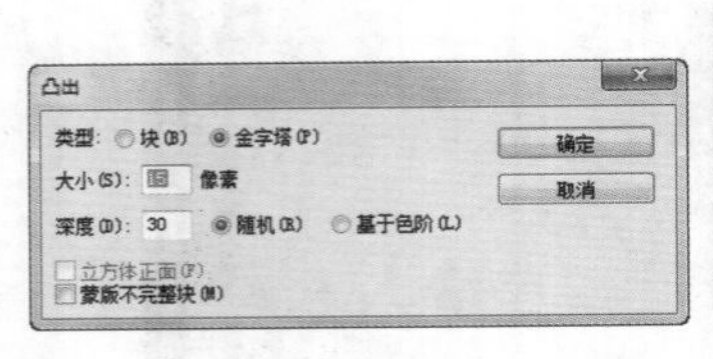

图12-87　设置“凸出”滤镜

Step 4 ▶ 选择横排文字工具T，设置字体、字号、颜色为“微软雅黑”“14点”“紫色”（R:171 G:50 B:240）。在图像中间输入文字，如图12-88所示。打开“图层样式”对话框，选中☑描边复选框，设置“大小”“不透明度”“填充类型”“渐变”“样式”分别为“7像素”、73%、“渐变”“紫，橙色渐变”“对称的”，单击确定按钮，如图12-89所示。

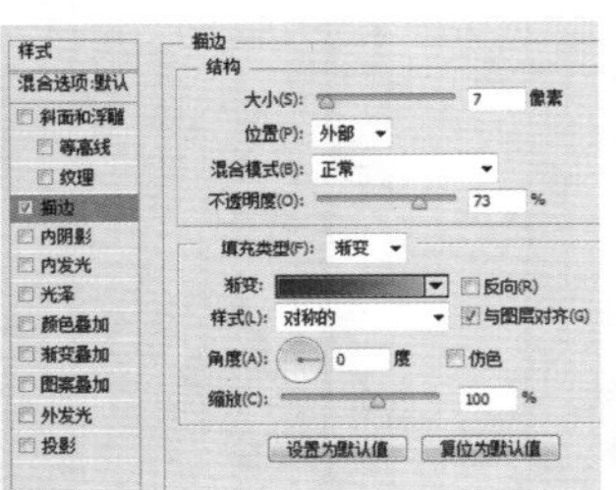

图12-88　输入文字　　图12-89　设置图层样式

知识解析：“凸出”对话框

◆ 类型：用于设置三维块的形状。如图12-90所示为选择“块”形状的效果，如图12-91所示为选择“金字塔”形状的效果。

图12-90　“块”形状效果　图12-91　“金字塔”形状效果

◆ 大小：用于设置三维块的大小。数值越大，三维块越大。

◆ 深度：用于设置凸出深度。

◆ 立方体正面：选中☑立方体正面(F)复选框，只对立方体的表面填充物体的平均色，而不是对整个图案。

◆ 蒙版不完整块：选中☑蒙版不完整块(M)复选框，将使所有的图像都包括在凸出范围之内。

12.5.9 照亮边缘

“照亮边缘”滤镜可以将图像边缘轮廓照亮，其效果与“查找边缘”滤镜很相似。选择“滤镜”/“滤镜库”命令，在打开的对话框中选择“风格化”滤镜组下的“照亮边缘”选项。如图12-92所示为使用“照亮边缘”滤镜后的效果。

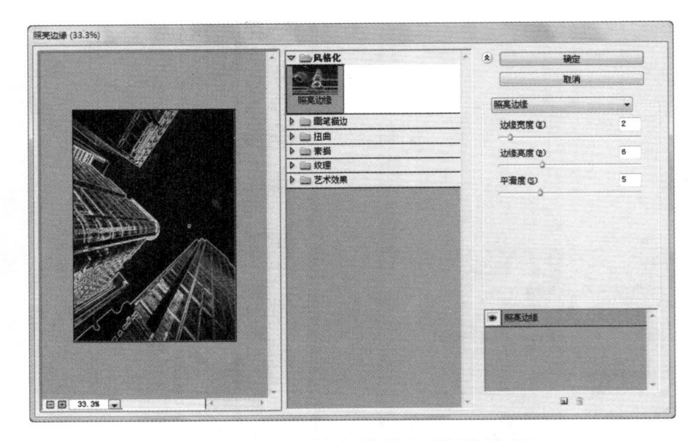

图12-92　“照亮边缘”滤镜效果

知识解析：“照亮边缘”对话框

◆ 边缘宽度：用于设置照亮边缘线条的宽度。数值越大，照亮边缘的宽度越宽。

◆ 边缘亮度：用于设置边缘线条的亮度。数值越大，边缘轮廓越亮。

◆ 平滑度：用于设置边缘线条的光滑程度。数值越大，图像边缘越平滑。

读书笔记

12.6 "模糊"滤镜组

在处理图像时，有时为突出主体而将非主体以外的物体模糊。"模糊"滤镜组共有14种滤镜，它们按模糊方式对图像产生不同的效果。使用时只需选择"滤镜"/"模糊"命令，在弹出的子菜单中选择相应的子命令即可。

12.6.1 表面模糊

"表面模糊"滤镜在模糊图像时可保留图像边缘，用于创建特殊效果以及去除杂点和颗粒。打开如图12-93所示的图像，使用"表面模糊"滤镜后图像如图12-94所示。

图12-93 编辑前的图像

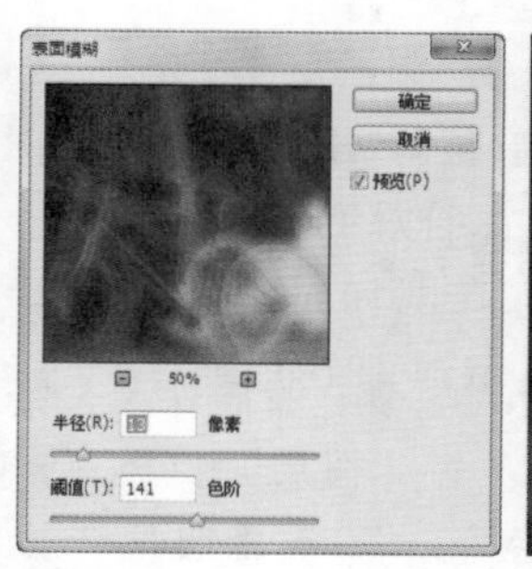

图12-94 使用"表面模糊"滤镜后的效果

知识解析："表面模糊"对话框

- 半径：用于指定模糊取样区域的大小。
- 阈值：用于控制相邻像素色调值与中心像素色调值相差多大时，才能成为模糊的一部分。色调值差小于阈值的像素排除在模糊之外。

12.6.2 动感模糊

"动感模糊"滤镜通过对图像中某一方向上的像素进行线性位移来产生运动的模糊效果。如图12-95所示为使用"动感模糊"滤镜后图像的效果。

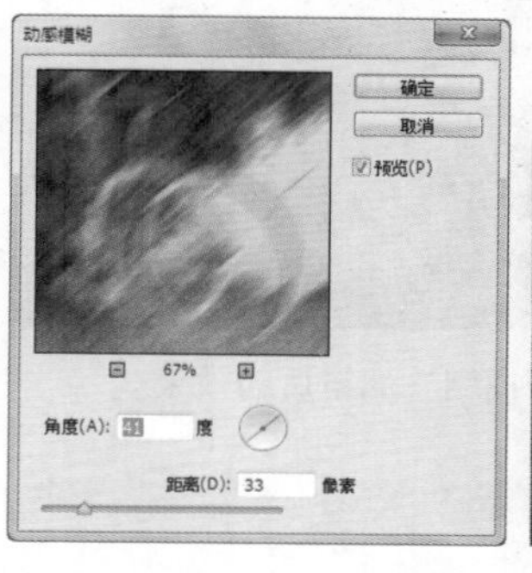

图12-95 使用"动感模糊"滤镜后的效果

知识解析："动感模糊"对话框

- 角度：用于控制动感模糊的方向，可以通过改变文本框中的数字或直接拖动右侧的方向盘指针进行调整。
- 距离：用于控制像素移动的距离，即模糊的强度。

12.6.3 方框模糊

"方框模糊"滤镜以邻近像素颜色平均值的颜色为基准值模糊图像。如图12-96所示为使用"方框模糊"滤镜后图像的效果。

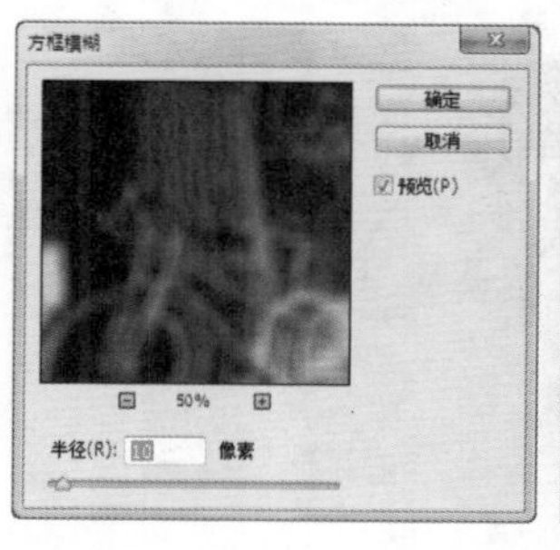

图12-96 使用"方框模糊"滤镜后的效果

12.6.4 高斯模糊

“高斯模糊”滤镜根据高斯曲线对图像有选择地模糊，以产生强烈的模糊效果，是比较常用的模糊滤镜。在“高斯模糊”对话框中，“半径”文本框可以调节图像的模糊程度，数值越大，模糊效果越明显。如图12-97所示为使用“高斯模糊”滤镜后图像的效果。

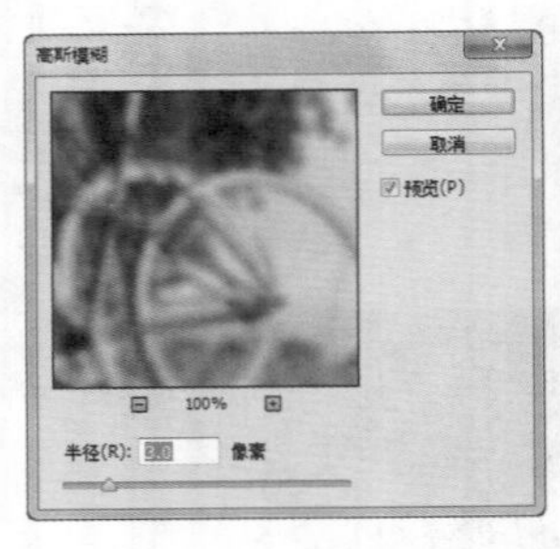

图12-97　使用“高斯模糊”滤镜后的效果

技巧秒杀

使用“高斯模糊”滤镜对人物进行磨皮，可以让处理后的图像变得朦胧，画面也变得比较梦幻。一般影楼拍比较梦幻的艺术照时都使用“高斯模糊”滤镜对人物进行磨皮。

实例操作：为人物磨皮

- 光盘\素材\第12章\人物.jpg
- 光盘\效果\第12章\人物.psd
- 光盘\实例演示\第12章\为人物磨皮

本例打开“人物.jpg”图像，复制图像。使用“高斯模糊”滤镜模糊图像。再使用图层蒙版对图像进行编辑，柔化图像中人物的脸部，最后设置图层混合模式，效果如图12-98和图12-99所示。

图12-98　原图效果

图12-99　最终效果

Step 1 打开“人物.jpg”图像，按Ctrl+J组合键复制图层，如图12-100所示。选择“滤镜”/“模糊”/“高斯模糊”命令，打开“高斯模糊”对话框。设置“半径”为“4像素”，单击 确定 按钮，如图12-101所示。

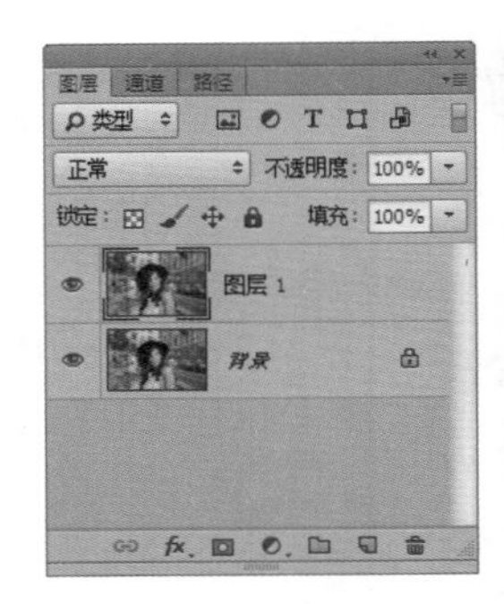

图12-100　复制图层　　图12-101　“高斯模糊”对话框

Step 2 新建图层蒙版，将前景色设置为“黑色”。选择画笔工具，设置“不透明度”“流量”分别为20%、20%。使用鼠标指针对眼睛、嘴唇以及头发进行涂抹，如图12-102所示。在“图层”面板中，设置图层混合模式为“滤色”，“不透明度”为80%，如图12-103所示。

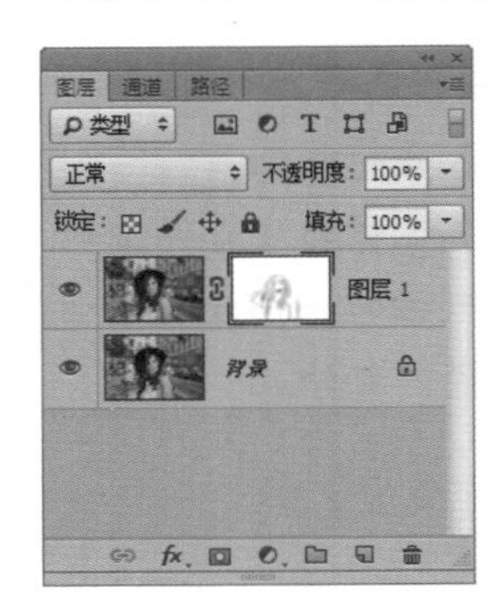

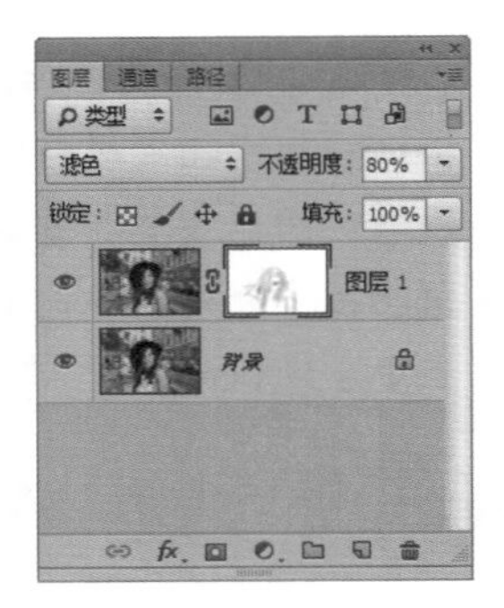

图12-102　编辑图层蒙版　图12-103　设置图层混合模式

12.6.5 进一步模糊

“进一步模糊”滤镜可以使图像产生一定程度的模糊效果。它与“高斯模糊”滤镜效果类似，该滤镜没有对话框。如图12-104所示为使用“进一步模糊”滤镜前后的对比效果。

图12-104 使用“进一步模糊”滤镜前后的效果

技巧秒杀

按Ctrl+F组合键，可以重复使用之前使用的滤镜和滤镜设置。在使用效果不明显的滤镜时经常需要使用这组快捷键。

12.6.6 径向模糊

“径向模糊”滤镜可以使图像产生旋转或放射状模糊效果，如图12-105所示为使用“径向模糊”滤镜后图像的效果。

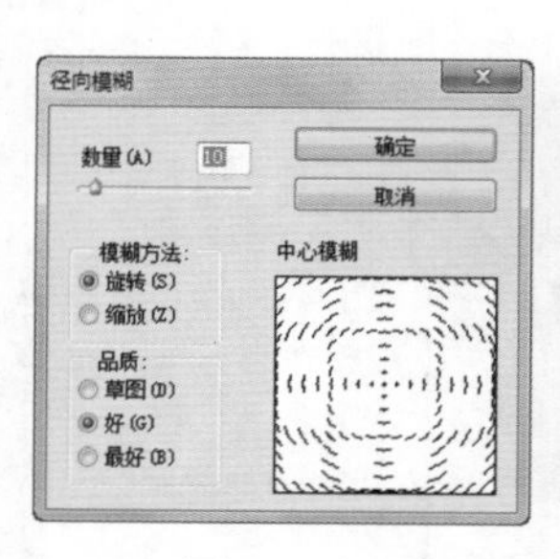

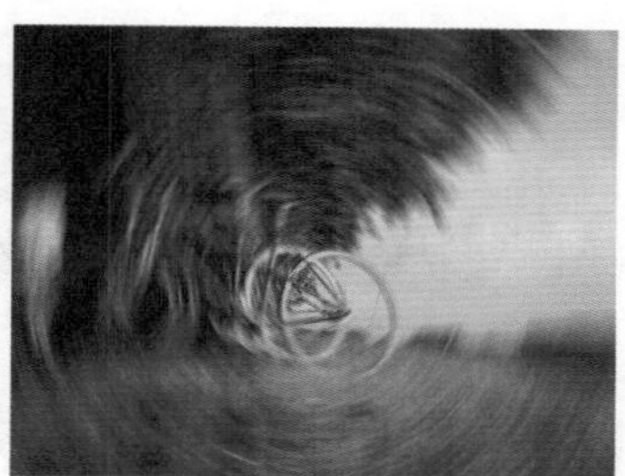

图12-105 使用“径向模糊”滤镜后的效果

实例操作：制作动感图片

- 光盘\素材\第12章\动感.jpg
- 光盘\效果\第12章\动感.psd
- 光盘\实例演示\第12章\制作动感图片

本例打开“动感.jpg”图像，使用调色工具对图像进行调整，以增强饱和度，再使用“径向模糊”滤镜制作镜头晃动的效果，如图12-106和图12-107所示。

图12-106 原图效果

图12-107 最终效果

Step 1 ▸ 打开“动感.jpg”图像，按Ctrl+J组合键复制图层。按Ctrl+M组合键打开“曲线”对话框，拖动鼠标指针调整曲线，增大图像的对比度，单击 确定 按钮，如图12-108所示。

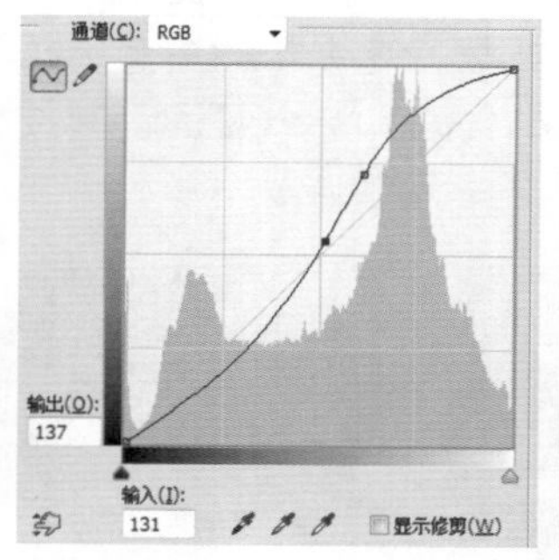

图12-108 调整图像曲线

读书笔记

Step 2 ▶ 选择“图像”/“调整”/“色相/饱和度”命令，打开“色相/饱和度”对话框，设置“色相”“饱和度”分别为-13、+32，单击 确定 按钮以调整图像颜色饱和度，如图12-109所示。

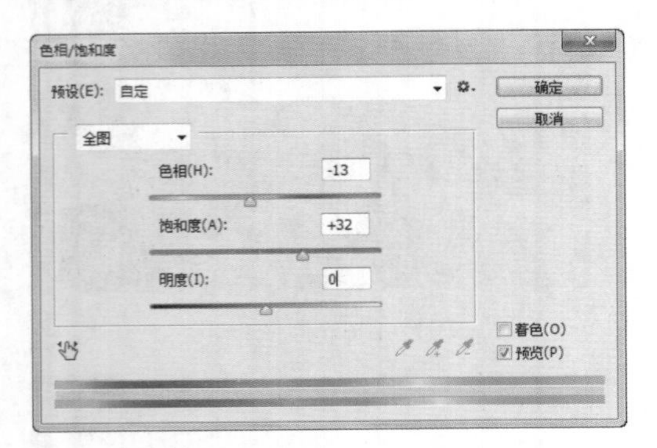

图12-109 设置色相/饱和度参数

Step 3 ▶ 按Ctrl+J组合键复制图层，如图12-110所示。

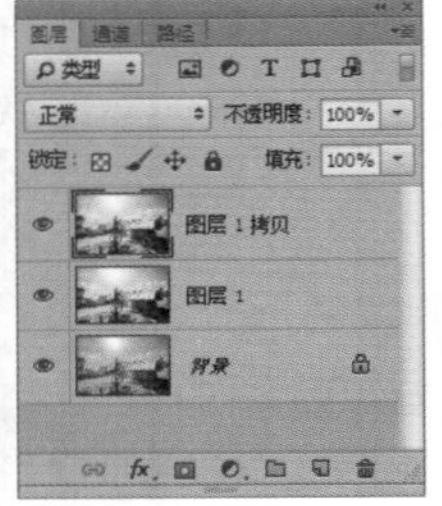

图12-110 复制图层

Step 4 ▶ 选择“滤镜”/“模糊”/“径向模糊”命令，打开“径向模糊”对话框，选中 ◉缩放(Z) 单选按钮，并设置“数量”为30，然后单击 确定 按钮，如图12-111所示。

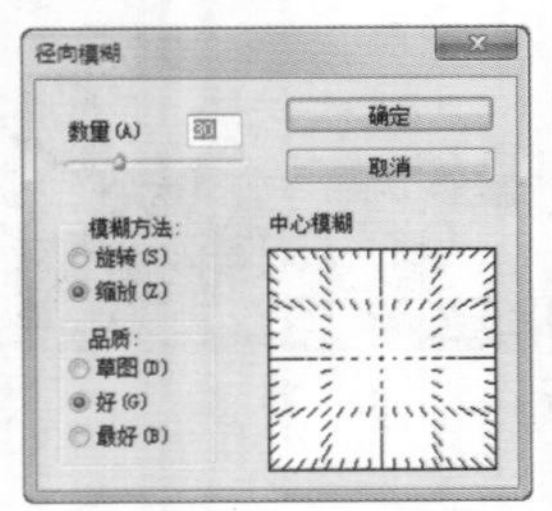

图12-111 设置径向模糊参数

Step 5 ▶ 新建图层蒙版，将前景色设置为“黑色”。选择画笔工具，设置“不透明度”“流量”分别为40%、40%。使用鼠标指针对人物区域以外的图像进行涂抹，如图12-112所示。

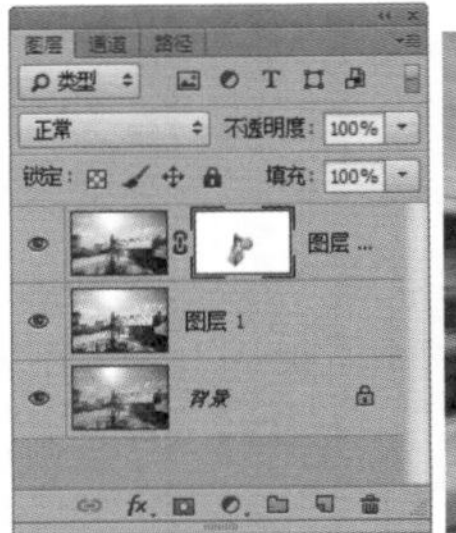

图12-112 编辑图层蒙版

知识解析：“径向模糊”对话框

- ◆ 数量：用于调节模糊效果的强度。数值越大，模糊效果越强。
- ◆ 中心模糊：用于设置模糊效果从哪一点开始向外扩散，单击预览图像框中的一点即可设置该选项的值。
- ◆ 旋转：选中 ◉旋转(S) 单选按钮，产生旋转模糊效果。
- ◆ 缩放：选中 ◉缩放(Z) 单选按钮，产生放射模糊效果，被模糊的图像从模糊中心处开始放大。
- ◆ 品质：用于调节模糊的质量。

12.6.7 镜头模糊

“镜头模糊”滤镜可使图像模拟摄像时因镜头抖动而产生模糊效果。如图12-113所示为“镜头模糊”对话框，在其中进行相应的设置即可。

图12-113 “镜头模糊”对话框

知识解析：“镜头模糊”对话框

- 更快：选中◉更快(F)单选按钮，可以快速预览调整参数后的效果。
- 更加准确：选中◉更加准确(M)单选按钮，可以精确计算模糊的效果，从而增加预览的时间。
- 深度映射：该栏用于调整镜头模糊的远近，通过拖动“模糊焦距”文本框下方的滑块，可改变模糊镜头的焦距。
- 光圈：该栏用于调整光圈的形状和模糊范围。
- 镜面高光：该栏主要用于调整模糊镜面亮度的强弱。
- 杂色：用于设置模糊过程中所添加杂点的多少和分布方式。

12.6.8 模糊

“模糊”滤镜通过对图像中边缘过于清晰的颜色进行模糊处理，来达到模糊效果。该滤镜无对话框。使用一次该滤镜命令，图形效果不太明显；重复使用多次该滤镜命令，效果才比较明显。

12.6.9 平均

“平均”滤镜通过对图像中的平均颜色值进行柔化处理，从而产生模糊效果。该滤镜无对话框，如图12-114所示为使用“平均”滤镜前后图像的效果。

图12-114 使用“平均”滤镜前后的效果

12.6.10 特殊模糊

“特殊模糊”滤镜通过找出图像的边缘以及模糊边缘以内的区域，从而产生一种边界清晰、中心模糊的效果。在“特殊模糊”对话框的“模式”下拉列表框中选择“仅限边缘”选项，模糊后的图像呈黑色的效果显示。如图12-115所示为使用“特殊模糊”滤镜后图像的效果。

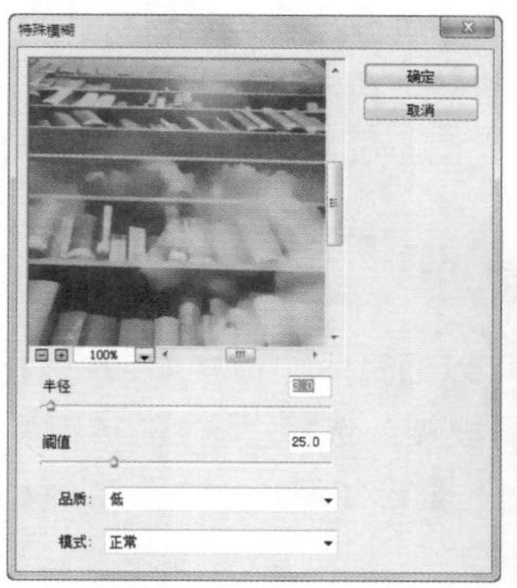

图12-115 使用“特殊模糊”滤镜后的效果

12.6.11 形状模糊

“形状模糊”滤镜使图形按照某一指定的形状作为模糊中心来进行模糊。如图12-116所示为使用“形状模糊”滤镜后图像的效果。

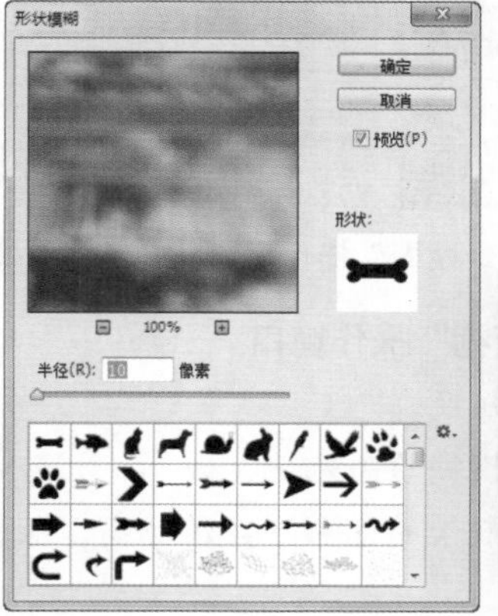

图12-116 使用“形状模糊”滤镜后的效果

读书笔记

知识解析：“形状模糊”对话框

- **半径：**用于设置形状的大小。数值越高，模糊效果越明显。
- **形状列表：**该列表中显示所有可产生模糊效果的形状。单击右边的⚙按钮，在弹出的下拉列表中可载入其他形状。

12.6.12 场景模糊

“场景模糊”滤镜可以通过一个或多个图钉对图像中的不透明区域进行模糊。选择“滤镜”/“模糊”/“场景模糊”命令，可显示如图12-117所示的操作窗口。

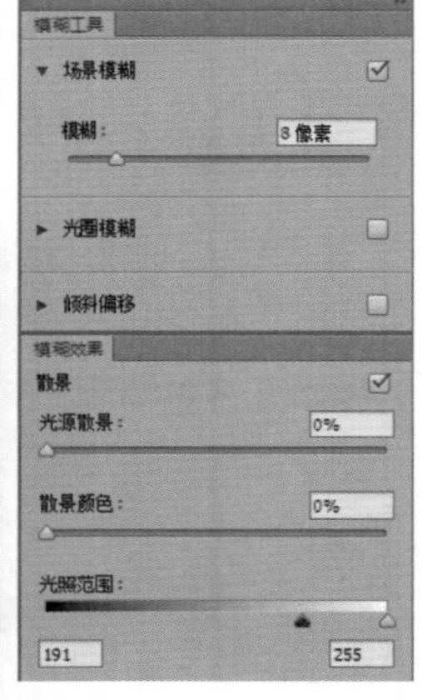

图12-117 “场景模糊”操作窗口

知识解析：“场景模糊”操作窗口

- **模糊：**用于设置模糊强度。
- **光源散景：**用于控制模糊的高光量。
- **散景颜色：**用于控制散景的色彩。数值越高，颜色饱和度越高。
- **光照范围：**用于控制散景出现的光照范围。

12.6.13 光圈模糊

“光圈模糊”滤镜可以锐化单个焦点，从而模仿因调整相机光圈产生的模糊效果。选择“滤镜”/“模糊”/“光圈模糊”命令，打开“光圈模糊”操作窗口，其参数与“场景模糊”滤镜相同。

实例操作：编辑动物图片

- 光盘\素材\第12章\动物.jpg
- 光盘\效果\第12章\动物.jpg
- 光盘\实例演示\第12章\编辑动物图片

本例打开“动物.jpg”图像。使用“光圈模糊”滤镜，对图像中非主体的区域进行模式，使图像中的动物得以突出，效果如图12-118和图12-119所示。

图12-118 原图效果

图12-119 最终效果

Step 1 ▸ 打开“动物.jpg”图像，按Ctrl+J组合键复制图层。选择“滤镜”/“模糊”/“光圈模糊”命令，打开操作窗口。调整虚化调整框，如图12-120所示。

图12-120 调整虚化调整框一

Step 2 ▸ 拖动调整虚化调节点，如图12-121所示。

图12-121　调整虚化调节点

Step 3 ▶ 在“模糊工具”面板中，设置“模糊”为“23像素”，如图12-122所示。在“模糊效果”面板中设置“光照范围”为82、159，如图12-123所示。

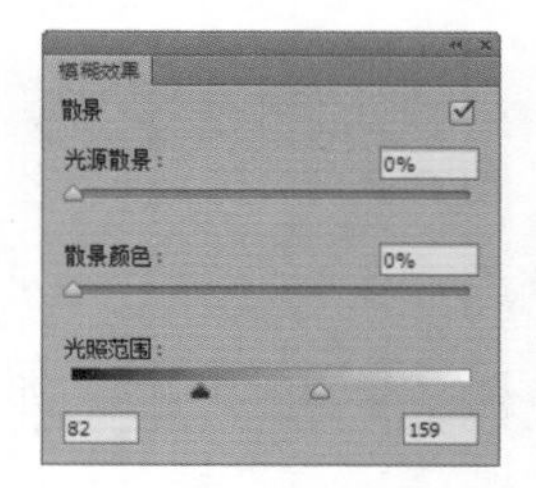

图12-122　设置“模糊”参数 图12-123　设置光照范围参数

Step 4 ▶ 在自行车车把上单击，添加图钉，如图12-124所示。

图12-124　添加图钉

Step 5 ▶ 拖动调整虚化调整框，如图12-125所示。在操作窗口上方单击 确定 按钮，以确定效果。

图12-125　调整虚化调整框二

12.6.14 倾斜偏移

“倾斜偏移”滤镜可以将普通的图像转换为使用移轴镜头拍摄的照片效果，该滤镜常用于对风景照进行模糊处理。选择“滤镜”/“模糊”/“倾斜偏移”命令，打开如图12-126所示的操作窗口。其中，“倾斜偏移”操作窗口中“模糊工具”面板的参数与“场景模糊”滤镜的“模糊工具”面板参数相同。

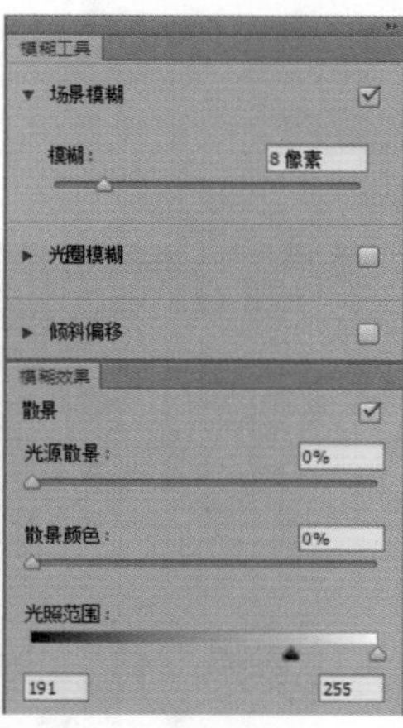

图12-126　“倾斜偏移”操作窗口

实例操作：制作微缩效果

- 光盘\素材\第12章\微缩.jpg
- 光盘\效果\第12章\微缩.jpg
- 光盘\实例演示\第12章\制作微缩效果

本例打开“微缩.jpg”图像，使用“倾斜偏移”滤镜调整图像模糊扭曲，制作微缩照片效果，如图12-127和图12-128所示。

图12-127　原图效果

图12-128　最终效果

Step 1 ▶ 打开“微缩.jpg”图像。选择“滤镜”/“模糊”/“倾斜偏移”命令，打开操作窗口。出现虚化调整框时，将鼠标指针移动到两条白色实线中间，拖动鼠标指针，调整虚化轴位置，如图12-129所示。

图12-129　调整虚化轴位置

Step 2 ▶ 将鼠标指针移到灰色虚线上，拖动虚线，调整上下两条虚线的位置，如图12-130所示。

Step 3 ▶ 在“模糊工具”面板中设置“模糊”“扭曲度”分别为“25像素”、-69%，如图12-131所示。在“模糊效果”面板中设置“光源散景”“散景颜色”分别为8%、40%；设置“光照范围”为102、204，如图12-132所示。

图12-130　调整虚线位置

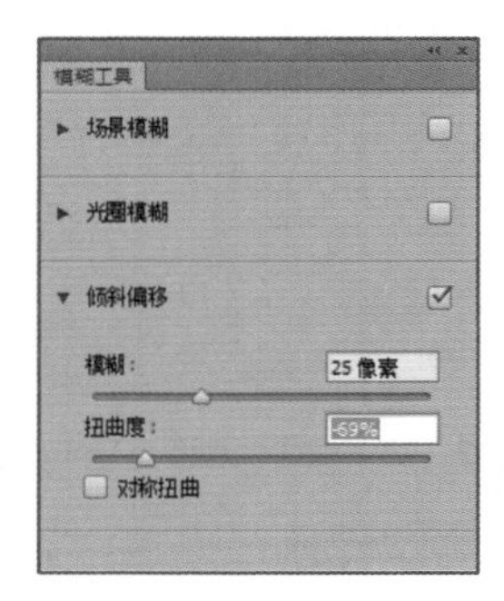

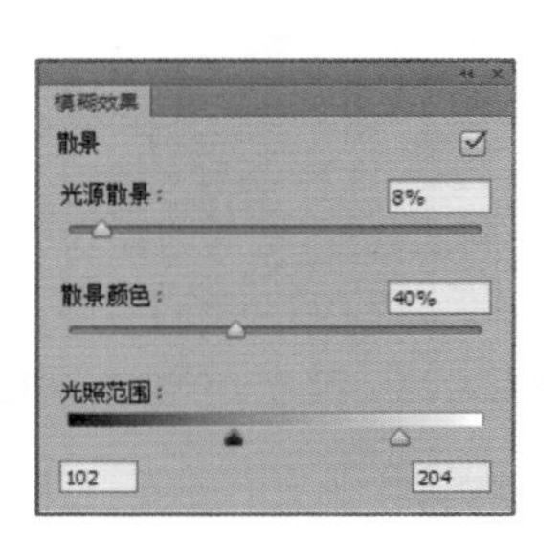

图12-131　设置模糊工具参数　图12-132　设置模糊效果参数

知识解析：“模糊工具”面板

- 模糊：用于设置模糊强度。
- 扭曲度：用于设置模糊的扭曲形状。
- 对称扭曲：选中该复选框，可以同时对两个方向的图像设置相同的扭曲效果。

12.7 “扭曲”滤镜组

为对图像进行扭曲，可利用“扭曲”滤镜组。其中，“扩散亮光”、“海洋波纹”和“玻璃”滤镜位于滤镜库中，其他滤镜可以通过“滤镜”/“扭曲”命令，在其弹出的子菜单中选择使用。下面讲解它们的使用方法。

12.7.1 波浪

“波浪”滤镜通过设置波长使图像产生波浪涌动的效果。打开如图12-133所示的图像，如图12-134所示为使用“波浪”滤镜后图像的效果。

读书笔记

图12-133　原图效果

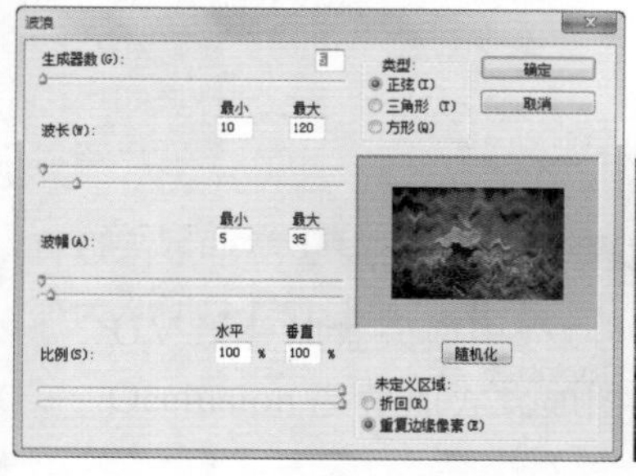

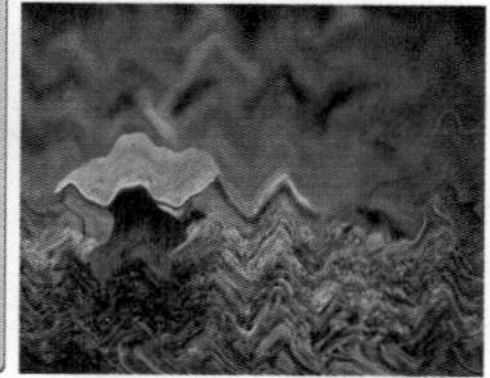

图12-134　使用“波浪”滤镜后的效果

知识解析：“波浪”对话框

◆ 生成器数：用于设置产生波浪的波浪数目，其数值在1～999之间。

◆ 波长：该文本框中包括两个，都是用于设置波峰间距的，两个数值必须是1～999之间的整数。

◆ 波幅：该文本框中包括两个，都是用于设置波动幅度的，两个数值必须是1～999之间的整数。

◆ 比例：该文本框中包括两个，用于调整水平和垂直方向的波动幅度，两个数值必须是1～100之间的整数。

◆ 类型：用于设置波动的类型。如图12-135所示为使用三角形的波动，如图12-136所示为使用方形的波动。

图12-135　三角形波动

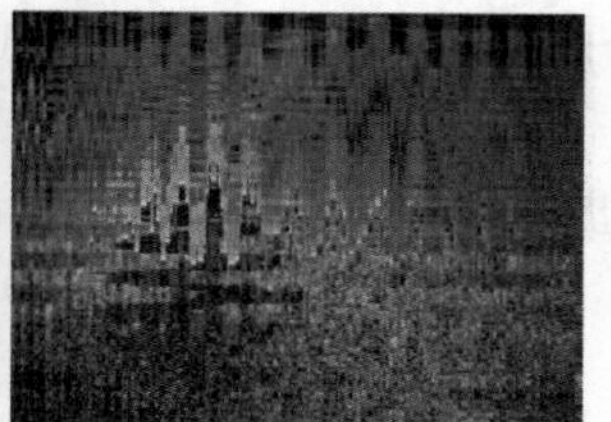

图12-136　方形波动

12.7.2 波纹

“波纹”滤镜可以使图像产生水波荡漾的效果，如图12-137所示为使用“波纹”滤镜后图像的效果。

图12-137　使用“波纹”滤镜后的效果

知识解析：“波纹”对话框

◆ 数量：该文本框用于设置波浪数量的多少，必须为-999～999之间的整数。

◆ 大小：用于设置波浪的大小。

12.7.3 极坐标

“极坐标”滤镜可以通过改变图像的坐标方式使图像极端变形。如图12-138所示为使用“极坐标”滤镜后图像的效果。

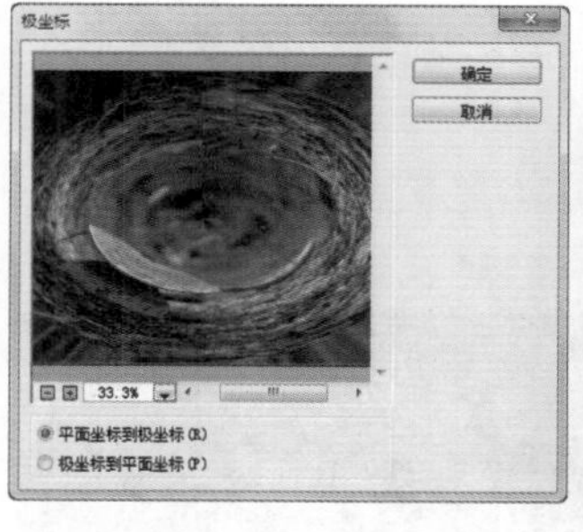

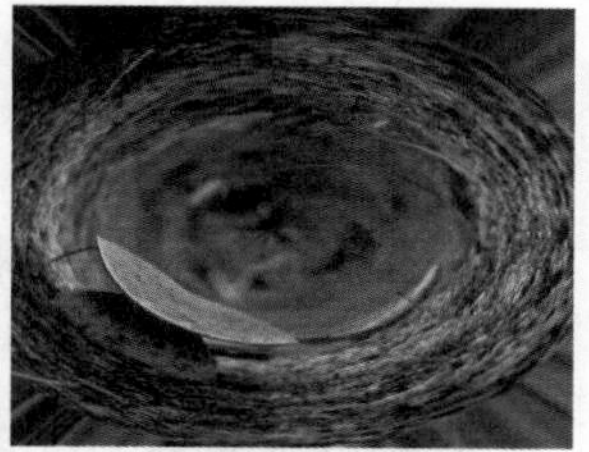

图12-138　使用“极坐标”滤镜后的效果

知识解析：“极坐标”对话框

◆ 平面坐标到极坐标：选中 平面坐标到极坐标(R) 单选按钮，图像将平面坐标改为极坐标。

◆ 极坐标到平面坐标：选中 极坐标到平面坐标(P) 单选按钮，图像将极坐标改为平面坐标。

读书笔记

12.7.4 挤压

“挤压”滤镜可以使图像产生向内或向外挤压变形的效果，通过在打开的“挤压”对话框“数量”文本框中输入数值来控制挤压效果：数值为负数时可向外凸出；数值为正数时图像内陷。如图12-139所示为使用“挤压”滤镜的效果。

图12-139　使用“挤压”滤镜后的效果

12.7.5 切变

“切变”滤镜可以使图像在竖直方向产生弯曲效果。在“切变”对话框左上侧方格框的垂直线上单击可创建切变点，拖动切变点可实现图像的切变变形。如图12-140所示为使用“切变”滤镜后图像的效果。

图12-140　使用切变后的效果

知识解析：“切变”对话框

- ◆ **曲线调整框**：借助控制曲线的弧度来控制图像的变换效果。
- ◆ **折回**：在图像的空白区域中填充溢出图像之外的图像内容，如图12-141所示。
- ◆ **重复边缘像素**：在图像边界不完整的空白区域填充扭曲边缘的像素颜色，如图12-142所示。

图12-141　填充溢出图像之外的图像内容

图12-142　填充扭曲边缘的像素颜色

12.7.6 球面化

“球面化”滤镜模拟图像包在球上并伸展来适合球面，从而产生球面化的效果。如图12-143所示为使用“球面化”滤镜后图像的效果。

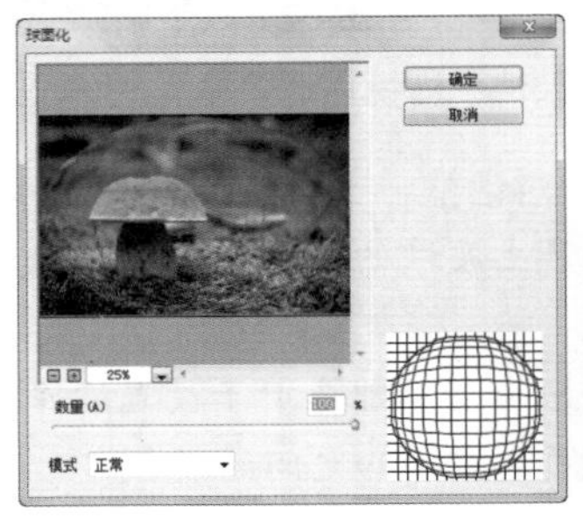

图12-143　使用“球面化”滤镜后的效果

知识解析：“球面化”对话框

- ◆ **数量**：用于设置挤压程度。当数值为负数时，图像向内收缩，如图12-144所示；当数值为正数时，图像向外凸出，如图12-145所示。

图12-144　图像向内收缩

图12-145　图像向外凸出

- ◆ **模式**：用于设置挤压方式，包括“正常”“水平优先”“垂直优先”等。

12.7.7 水波

“水波”滤镜可使图像产生起伏状的波纹和旋

转效果。如图12-146所示为使用“水波”滤镜图像的效果。

图12-146　使用“水波”滤镜后的效果

知识解析：“水波”对话框

- **数量**：用于设置波纹的凹凸状态。数值为负时，产生下凹的波纹；数值为正时，产生上凸的波纹。
- **起伏**：用于设置波纹的数量。数值越大，波纹越多。
- **样式**：用于设置生成波纹的方式。

12.7.8 旋转扭曲

“旋转扭曲”滤镜可产生旋转扭曲效果，且旋转中心为物体的中心。在“旋转扭曲”对话框中，“角度”用于设置旋转方向，为正数时顺时针扭曲，为负数时逆时针扭曲。如图12-147所示为使用“旋转扭曲”滤镜后图像的效果。

图12-147　使用“旋转扭曲”滤镜后的效果

读书笔记

实例操作：制作搅动的咖啡

- 光盘\素材\第12章\咖啡.jpg
- 光盘\效果\第12章\咖啡.jpg
- 光盘\实例演示\第12章\制作搅动的咖啡

本例打开“咖啡.jpg”图像，对图像中的咖啡区域建立选区。使用“旋转扭曲”滤镜制作咖啡搅动的效果，如图12-148和图12-149所示。

图12-148　原图效果

图12-149　最终效果

Step 1 ▶ 打开“咖啡.jpg”图像。使用椭圆选框工具，对咖啡杯中的咖啡建立选区，如图12-150所示。选择“选择”/“修改”/“羽化”命令，打开“羽化选区”对话框，设置“羽化半径”为“10像素”，单击确定按钮，如图12-151所示。

图12-150　绘制选区

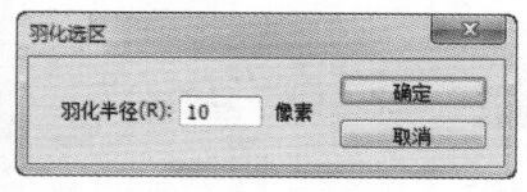

图12-151　“羽化选区”对话框

Step 2 ▶ 选择“滤镜”/“扭曲”/“旋转扭曲”命令，打开“旋转扭曲”对话框，设置“角度”为“-554度”，单击 确定 按钮，如图12-152所示。按Ctrl+D组合键取消选区，如图12-153所示。

图12-152 设置旋转扭曲参数

图12-153 取消选区

读书笔记

12.7.9 置换

“置换”滤镜可以使图像产生位移效果，位移的方向不仅和参数设置有关，还和位移图有密切关系。该滤镜需要两个文件才能完成，一个文件是要编辑的图像文件，另一个是位移图文件。位移图文件充当位移模板，用于控制位移的方向。如图12-154所示为“置换”对话框。

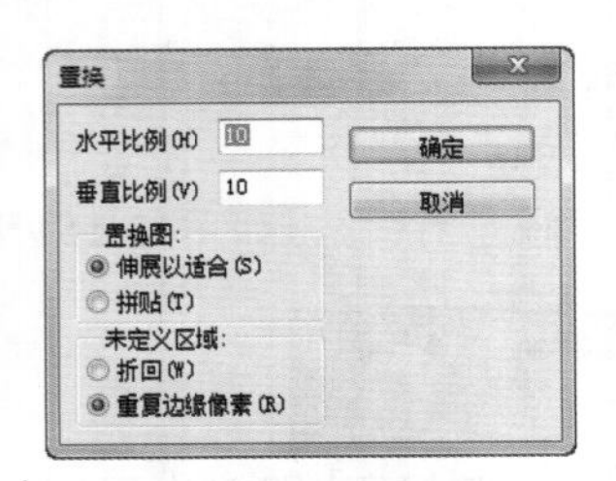

图12-154 “置换”对话框

实例操作：制作碎冰图像

- 光盘\素材\第12章\碎冰\
- 光盘\效果\第12章\碎冰.psd
- 光盘\实例演示\第12章\制作碎冰图像

本例打开“海豚.jpg”图像，调整图像颜色，使用“置入”命令将“玻璃.psd”图像置入“海豚”图像中，制作碎冰痕迹并输入文字，效果如图12-155和图12-156所示。

图12-155 原图效果

图12-156 最终效果

Step 1 ▶ 打开“海豚.jpg”图像。选择“图像”/“调整”/“色相/饱和度”命令，打开“色相/饱和度”对话框。设置“色相”“饱和度”分别为+16、+11，单击 确定 按钮，如图12-157所示。选择“滤镜”/“扭曲”/“置换”命令，打开“置换”对话框，设置“水平比例”“垂直比例”分别为8、8，单击 确定 按钮，如图12-158所示。

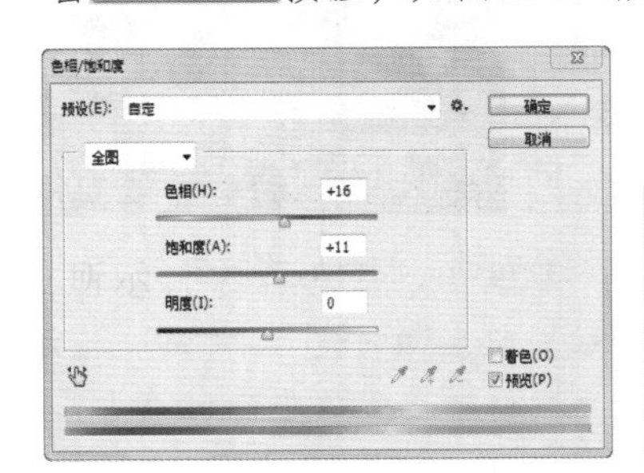

图12-157 设置色相和饱和度

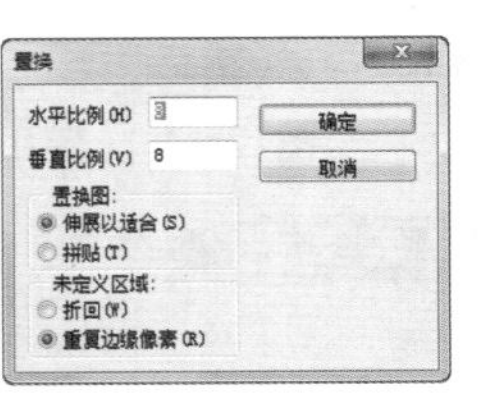

图12-158 设置置换参数

Step 2 ▶ 打开“选取一个置换图”对话框，选择“玻

璃.psd”图像，单击[打开(O)]按钮，如图12-159所示。

图12-159 设置置换图像

Step 3 复制图层。在“图层”面板中设置图层混合模式为“强光”，“不透明度”为90%，如图12-160所示。选择横排文字工具[T]，设置字体、字号、颜色分别为Trajan Pro、“72点”和“白色”；在图像中间单击，输入文字。为“文字”图层添加“投影”图层样式，效果如图12-161所示。

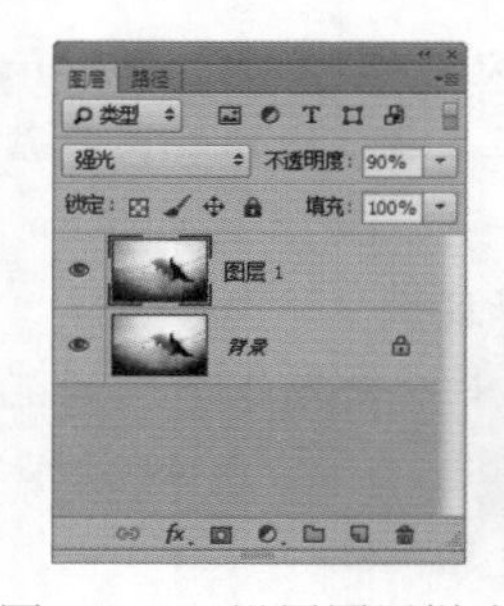

图12-160 设置图层样式　图12-161 输入文字后的效果

知识解析：“置换”对话框

- 水平比例/垂直比例：用于设置水平方向和垂直方向产生移动的距离。
- 置换图：用于设置置换的方式，选中[伸展以适合(S)]单选按钮，置换图像的尺寸自动调整到与当前图像一样的大小。选中[拼贴(T)]单选按钮，以拼贴的方式填补空白区域。
- 未定义区域：用于设置图像边界不完整的空白区域填入边缘的像素颜色。

12.7.10 玻璃

“玻璃”滤镜可以使图像产生一种透过玻璃观察图像的效果，打开如图12-162所示的图像。如图12-163所示为使用“玻璃”滤镜后图像的效果。

图12-162 打开图像

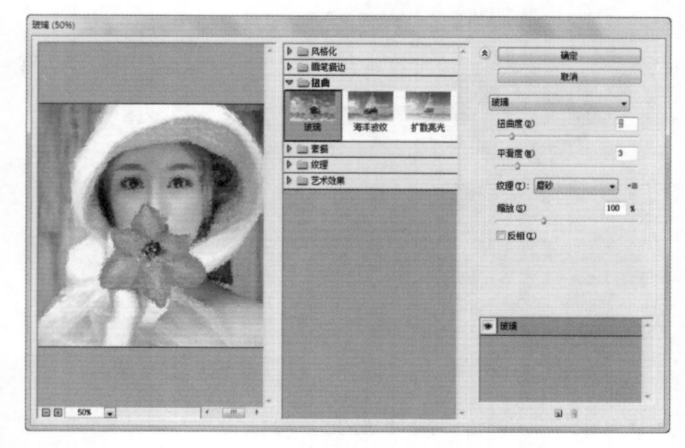

图12-163 使用“玻璃”滤镜后的效果

知识解析：“玻璃”对话框

- 扭曲度：用来调整图像扭曲变形的程度，必须是0~20之间的值。
- 平滑度：是用来调整玻璃的平滑程度，必须是1~15之间的值。
- 纹理：用来设置玻璃的纹理类型。如图12-164所示为“块”状纹理，如图12-165所示为“小镜头”纹理。

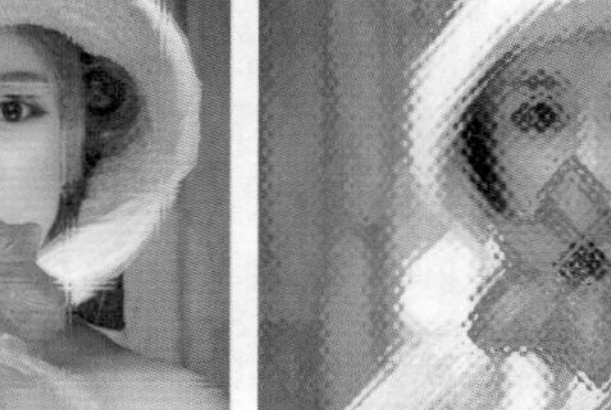

图12-164 “块”状纹理　图12-165 “小镜头”纹理

◆ 缩放：用来放大或缩小玻璃纹理，必须是50~200之间的值。

◆ 反相：选中☑反相(I)复选框，玻璃纹路反向显示。

12.7.11 海洋波纹

“海洋波纹”滤镜可以使图像产生一种在海水中漂浮的效果。如图12-166所示为使用“海洋波纹”滤镜后图像的效果。

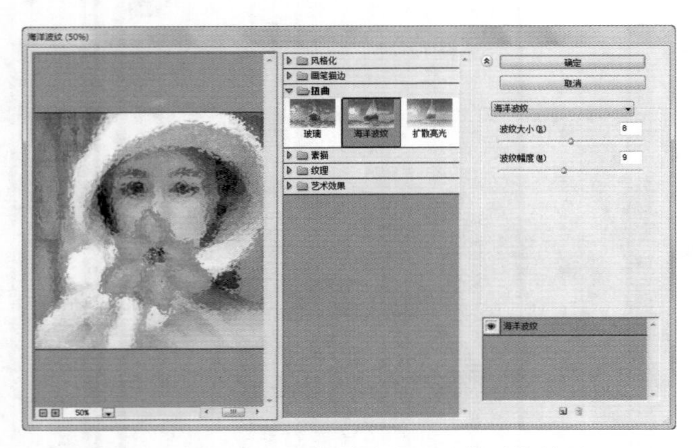

图12-166 使用“海洋波纹”滤镜后的效果

知识解析：“海洋波纹”对话框

◆ 纹理大小：用于设置图像中生成的波浪大小。

◆ 波纹幅度：用于设置波纹的变形程度。

12.7.12 扩散亮光

“扩散亮光”滤镜用于产生一种弥漫的光照效果，使图像中较亮的区域产生一种光照效果，亮光颜色由背景色确定。如图12-167所示为使用“扩散亮光”滤镜后图像的效果。

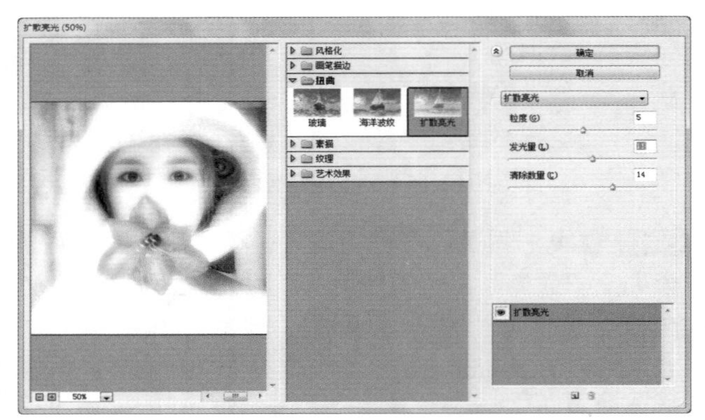

图12-167 使用“扩散亮光”滤镜后的效果

知识解析：“扩散亮光”对话框

◆ 粒度：用于确定光线的颗粒数量。数值越大，颗粒越明显。

◆ 发光量：用于确定光线的强度。

◆ 清除数量：用于确定图像中不受光线影响的范围，数值越大，范围越大。

12.8 “锐化”滤镜组

在处理模糊的照片时，一般会使用“锐化”滤镜组来对图像进行处理。过度使用“锐化”滤镜组，又会造成图像失真。“锐化”滤镜组包括“USM锐化”、“防抖”、“进一步锐化”、“锐化”、“锐化边缘”和“智能锐化”等6种滤镜。使用时只需选择“滤镜”/“锐化”命令，在弹出的“锐化”滤镜组的子菜单中相应选择即可。

12.8.1 USM锐化

“USM锐化”滤镜可以在图像边缘的两侧分别制作一条明线或暗线来调整边缘细节的对比度，使图像边缘轮廓锐化。打开如图12-168所示的原图。如图12-169所示为使用“USM锐化”滤镜后图像的效果。

图12-168 原图效果

图12-169　使用“USM锐化”滤镜后的效果

知识解析：“USM锐化”对话框

- ◆ **数量**：用于调节图像锐化的程度。数值越大，锐化效果越明显。
- ◆ **半径**：用于设置图像轮廓周围的锐化范围。数值越大，锐化的范围越广。
- ◆ **阈值**：用于设置锐化相邻像素的差值。只有对比度差值高于此值的像素才会锐化处理。

12.8.2 防抖

在拍摄时，由于快门的关系造成照片模糊。“防抖”滤镜能提高图像边缘细节的对比度，提高图像的清晰度。如图12-170所示为“防抖”对话框。

图12-170　“防抖”对话框

知识解析：“防抖”对话框

- ◆ **模糊描摹边界**：用于设置图像轮廓的清晰度，数值越大，锐化效果越明显。图像边缘对比程度明显加深，并会产生一定的晕影。
- ◆ **源杂色**：用于设置去除杂色的强度。
- ◆ **平滑**：用于设置图像的去噪程度，数值越高，去噪效果越明显。
- ◆ **伪像抑制**：用于控制锐化程度，数值越低，锐化效果越明显。

12.8.3 进一步锐化

“进一步锐化”滤镜可以增加像素之间的对比度，使图像变清晰，但锐化效果比较微弱。此外，该滤镜没有对话框。如图12-171所示为使用“进一步锐化”滤镜前后的效果。

图12-171　使用“进一步锐化”滤镜前后的效果

12.8.4 锐化

“锐化”滤镜和“进一步锐化”滤镜相同，都通过增强像素之间的对比度，以增强图像的清晰度，其效果比“进一步锐化”滤镜明显。该滤镜也没有对话框。

12.8.5 锐化边缘

“锐化边缘”滤镜锐化图像的边缘，并保留图像整体的平滑度，该滤镜没有对话框。如图12-172所示为使用“锐化边缘”滤镜前后的效果。

图12-172　使用“锐化边缘”滤镜前后的效果

12.8.6 智能锐化

“智能锐化”滤镜的功能很强大，用户可以设置锐化算法、控制阴影和高光区域的锐化量。如图12-173所示为“智能锐化”对话框。

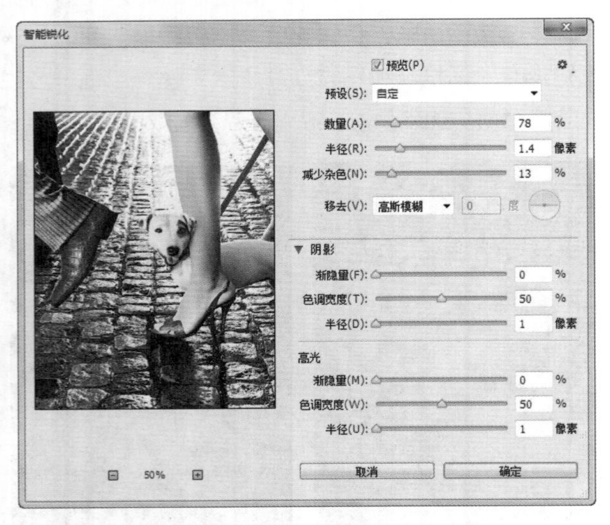

图12-173　“智能锐化”对话框

知识解析：“智能锐化”对话框

- 预设：用于选择Photoshop CC已经设置好的锐化方案。
- 数量：用于设置锐化的精细程度。数值越大，边缘对比度越高。
- 半径：用于设置受锐化影响的边缘像素数量。数值越大受影响面积越大，锐化效果越明显。
- 减少杂色：用于设置锐化后出现的杂色量。数量越高，杂色越少，图像也就越平滑。
- 移去：用于设置锐化图像的算法。当选择“动感模糊”选项时，将激活“角度”选项。设置“角度”选项后可减少由于相机或对象移动产生的模糊效果。
- 渐隐量：用于设置阴影或高光中的锐化程度。
- 色调宽度：用于设置阴影和高光中色调的修改范围。
- 半径：用于设置每个像素周围的区域大小。

读书笔记

12.9 “视频”滤镜组

“视频”滤镜组用于在隔行扫描方式的设备中提取图像，包含“NTSC颜色”和“逐行”两种滤镜。使用时只需选择“滤镜”/“视频”命令，在弹出的“视频”滤镜组的子菜单中相应选择即可。

12.9.1 NTSC颜色

“NTSC颜色”滤镜可以将图像的色域限制在电视机重现可接受的范围内，以防止过饱和颜色渗入电视扫描行中。

12.9.2 逐行

“逐行”滤镜可以移除视频图像中奇数或偶数隔行线，使在视频上捕捉的运动图像变得平滑。如图12-174所示为“逐行”对话框。

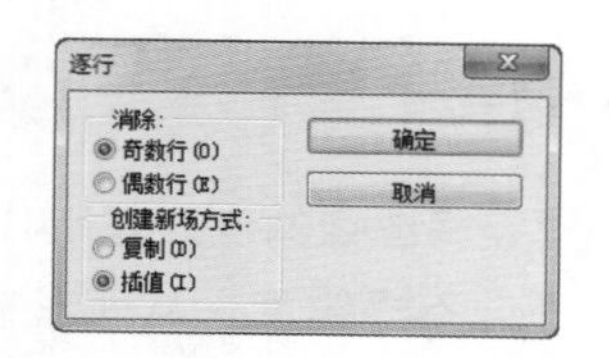

图12-174 “逐行”对话框

知识解析：“逐行”对话框

- 消除：用于控制消除逐行的方式。
- 创建新场方式：用于设置消除场以后用何种方式填充空白区域。

12.10 “像素化”滤镜组

“像素化”滤镜组主要通过将图像中相似颜色值的像素转换成单元格，使图像分块或平面化。“像素化”滤镜组用于增强图像的纹理，在制作一些需要强化图像边缘或者纹理的特效中经常使用。使用时只需选择“滤镜”/“像素化”命令，在弹出的子菜单中选择相应的滤镜命令即可。

12.10.1 彩块化

“彩块化”滤镜使图像中纯色或相似颜色凝结为彩色块，从而产生类似宝石刻画般的效果。该滤镜没有对话框。如图12-175所示为使用“彩块化”滤镜的前后效果。

图12-175 使用“彩块化”滤镜前后的效果

12.10.2 彩色半调

“彩色半调”滤镜可模拟在图像每个通道上应用半调网屏的效果。如图12-176所示为使用“彩色半调”滤镜后的效果。

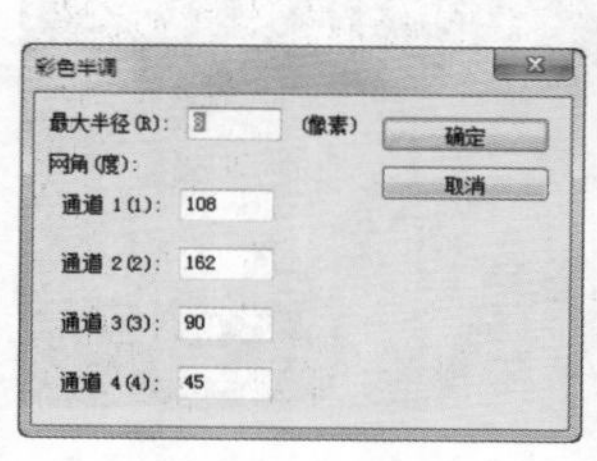

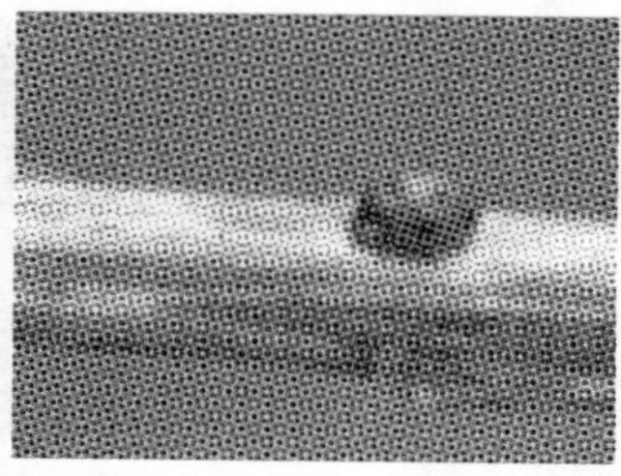

图12-176 使用“彩色半调”滤镜后的效果

知识解析：“彩色半调”对话框

- 最大半径：用于设置网点的大小，必须为4～127之间的整数。如图12-177所示半径为20的效果，如图12-178所示半径为40的效果。

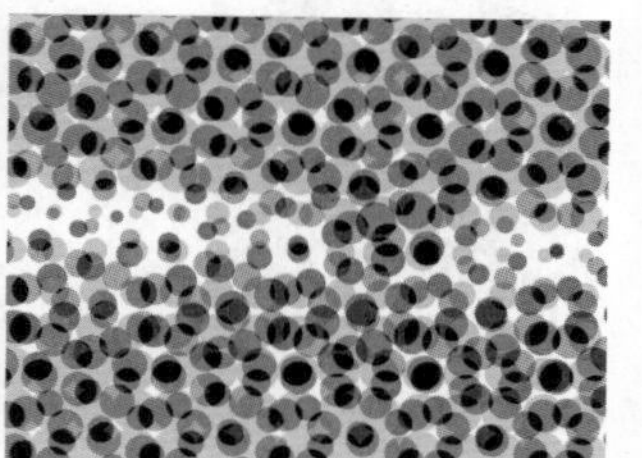

图12-177 半径为20的效果　图12-178 半径为40的效果

- 网角（度）：该栏中所有文本框都是设置每个颜色通道的网屏角度，其值必须为-360～360之间的整数。

技巧秒杀

对于相同的图像，若分辨率不同，即使使用相同的滤镜并设置相同的参数，所产生的效果也有所不同。

12.10.3 点状化

“点状化”滤镜在图像中随机产生彩色斑点，点与点间的空隙用背景色填充。在“点状化”对话框中，“单元格大小”文本框用于设置点状网格的大小。如图12-179所示为使用“点状化”滤镜后图像的效果。

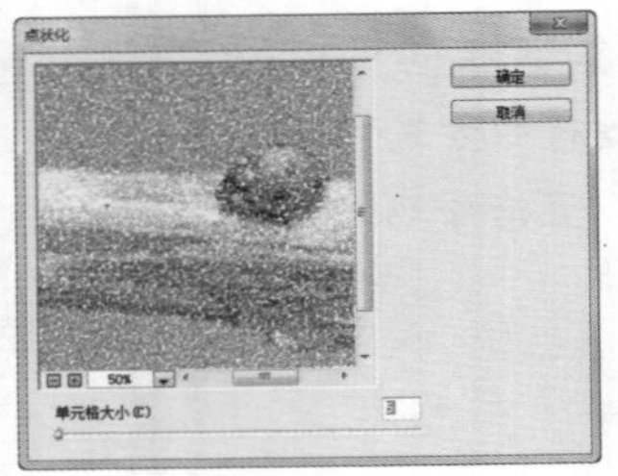

图12-179　使用“点状化”滤镜后的效果

12.10.4 晶格化

“晶格化”滤镜使图像中相近的像素集中到一个像素的多角形网格中，从而使图像清晰。如图12-180所示为使用“晶格化”滤镜后图像的效果。在“晶格化”对话框中，“单元格大小”文本框用于设置多角形网格的大小。

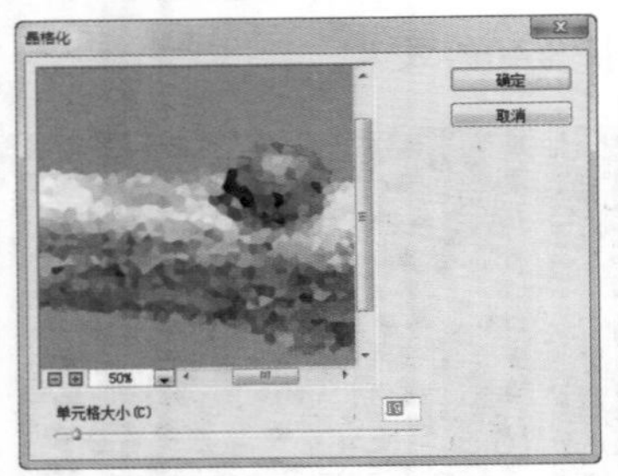

图12-180　使用“晶格化”滤镜后的效果

12.10.5 马赛克

“马赛克”滤镜把图像中具有相似彩色的像素统一合成更大的方块，从而产生类似马赛克的效果。如图12-181所示为使用“马赛克”滤镜后图像的效果。在“马赛克”对话框中，“单元格大小”文本框用于设置马赛克的大小。

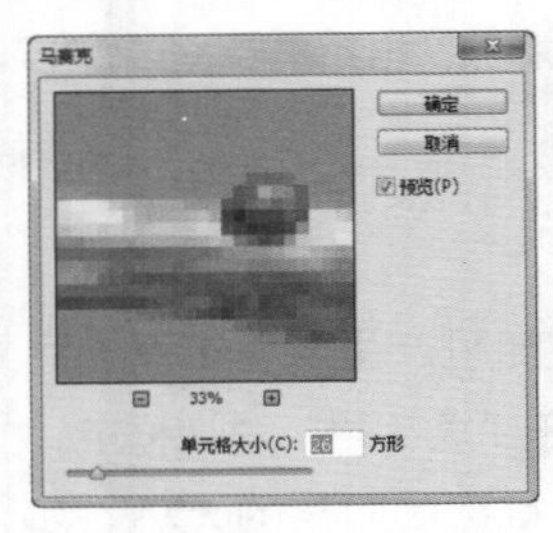

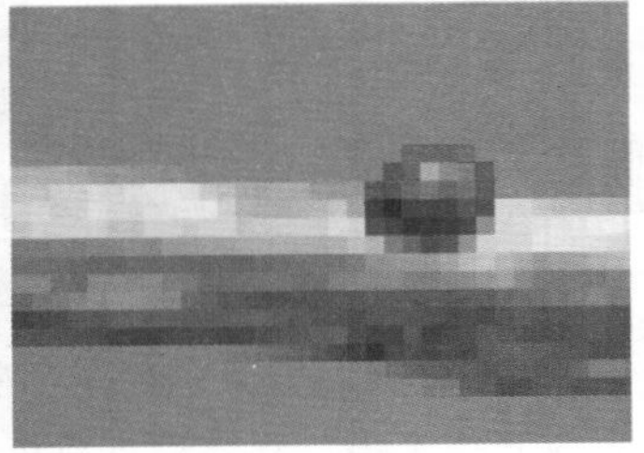

图12-181　使用“马赛克”滤镜后的效果

12.10.6 碎片

“碎片”滤镜将图像的像素复制4遍，然后将它们平均移位并降低不透明度，从而形成一种不聚焦的“四重视”效果，如图12-182所示。该滤镜没有对话框。

图12-182　使用“碎片”滤镜后的效果

12.10.7 铜版雕刻

“铜版雕刻”滤镜在图像中随机分布各种不规则的线条和虫孔斑点，从而产生镂刻的版画效果。如图12-183所示为使用“铜版雕刻”滤镜后图像的效果。在“铜版雕刻”对话框中，“类型”下拉列表框用于设置铜版雕刻的样式。如图12-184所示，设置类型为短直线；如图12-185所示，设置类型为粗网点。

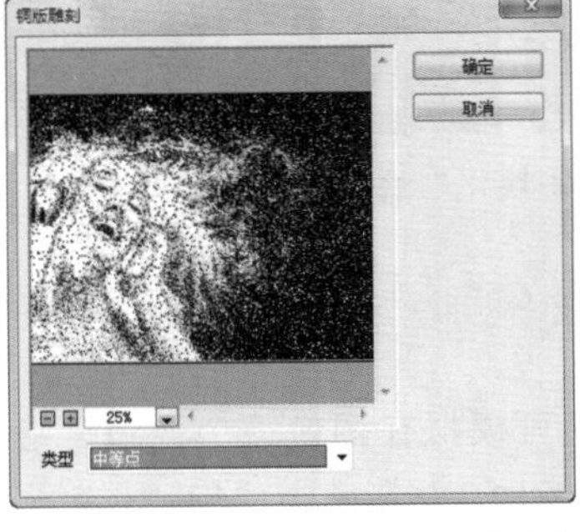

图12-183　使用“铜版雕刻”滤镜后的效果

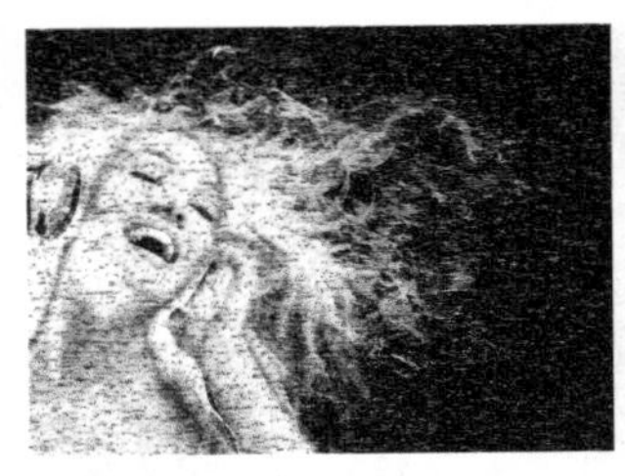
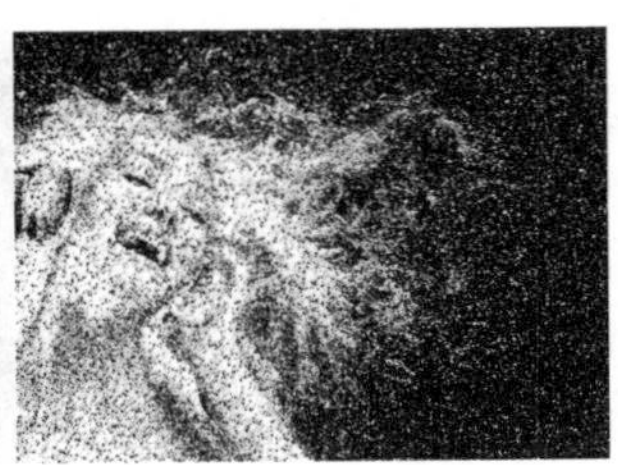

图12-184　类型为短直线　　图12-185　类型为粗网点

12.11 “渲染”滤镜组

用户可以使用“渲染”滤镜组来对图像进行渲染，以得到特殊的效果。使用时只需选择“滤镜”/“渲染”命令，再在弹出的子菜单中选择相应的命令即可。

12.11.1 分层云彩

“分层云彩”滤镜产生的效果与原图像的颜色有关，它会在图像中添加一个分层云彩效果。该滤镜无对话框。如图12-186所示为使用“分层云彩”滤镜前后图像的效果。

图12-186 使用“分层云彩”滤镜前后的效果

12.11.2 光照效果

“光照效果”滤镜的功能相当强大，可以设置光源、光色、物体的反射特性等，然后根据这些设定产生光照，模拟3D绘画效果。如图12-187所示为“光照效果”滤镜的工作界面。

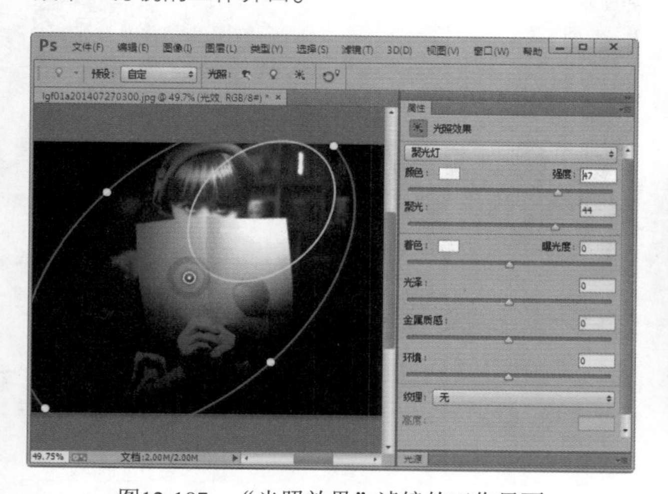

图12-187 “光照效果”滤镜的工作界面

使用时只需拖动出现的白色框线调整光源大小，再调整白色圈线中间的强度环，最后按Enter键即可。

知识解析：“光照效果”工作界面

- 灯光类型：该下拉列表中可以选择3种不同的灯光样式。
- 强度：用于设置灯光的光照强度。
- 颜色：单击后方的色块，在弹出的“选择光照颜色”对话框中可设置灯光的颜色。
- 聚光：选择灯光类型为“聚光灯”时激活，用于控制灯光的光照范围。
- 着色：单击用以填充整体光照。
- 曝光度：用于控制光照的曝光效果。数值为正值时，可以添加光照。
- 光泽：用于设置灯光的反射强度。
- 金属质感：用于设置反射的光线是光源颜色，还是本身的颜色。
- 环境：用于设置漫射光效果。数值为100时用此光源，数值为-100时移去此光源。
- 纹理：用于设置纹理的通道。
- 高度：设置纹理后，使用该选项可使应用纹理后的图像产生凸起的高度。
- 预设：该下拉列表中预设各种灯光效果。如图12-188所示为五处上射光，如图12-189所示为RGB光。

图12-188 五处上射光

图12-189 RGB光

- 聚光灯：单击按钮，可为图像新建一个聚光灯光源。

◆ 点光：单击按钮，可为图像新建一个点光光源。

◆ 无限光：单击按钮，可为图像新建一个无限光光源。

12.11.3 镜头光晕

“镜头光晕”滤镜通过为图像添加不同类型的镜头来模拟镜头产生眩光的效果，打开如图12-190所示的图像，如图12-191为使用“镜头光晕”滤镜后图像的效果。

图12-190 打开图像

图12-191 使用“镜头光晕”滤镜后的效果

知识解析：**“镜头光晕”对话框**

◆ 光晕中心：在对话框的缩览图上单击或拖动可制定光晕的中心。

◆ 亮度：用于控制光晕的强度，变化范围为10%~300%。

◆ 镜头类型：用于模拟出不同的镜头产生的光晕。

12.11.4 纤维

“纤维”滤镜可根据当前设置的前景色和背景色生成一种纤维效果。如图12-192所示为使用“纤维”滤镜后图像的效果。

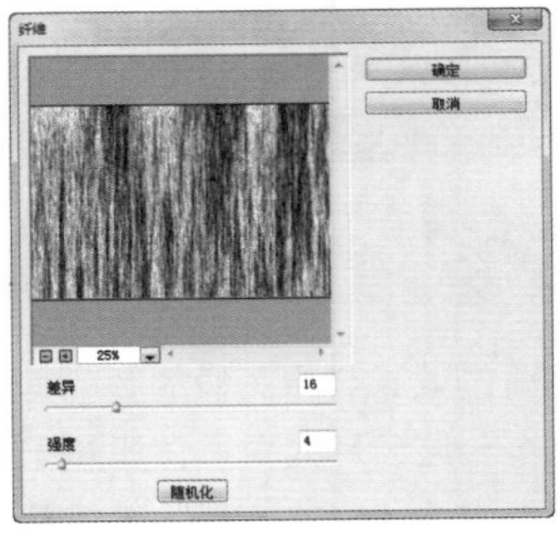

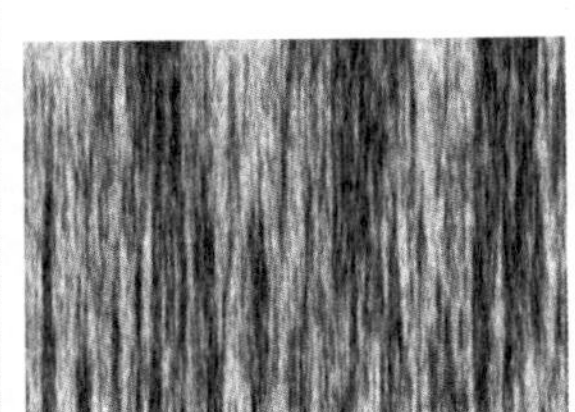

图12-192 使用“纤维”滤镜后的效果

知识解析：**“纤维”对话框**

◆ 差异：用于调整纤维的变化纹理形状。

◆ 强度：用于设置纤维的密度。

◆ 随机化：单击随机化按钮，可以随机产生一种纤维效果。

12.11.5 云彩

“云彩”滤镜通过在前景色和背景色之间随机抽取像素并完全覆盖图像，从而产生类似云彩的效果。该滤镜无对话框。如图12-193所示为使用“云彩”滤镜前后图像的效果。

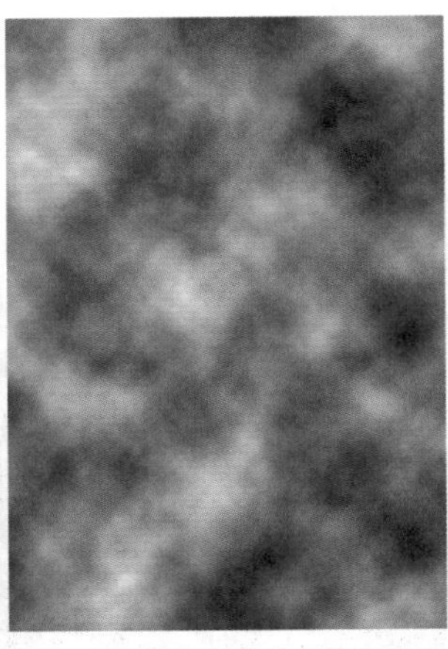

图12-193 使用“云彩”滤镜前后的效果

读书笔记

实例操作：制作星空

- 光盘\素材\第12章\星空\
- 光盘\效果\第12章\星空.psd
- 光盘\实例演示\第12章\制作星空

本例新建一个图像文档，使用“添加杂色”滤镜、“云彩”滤镜等制作云层和星星，然后通过“调色”命令为星空添加颜色。最后在制作的天空上加入星球，效果如图12-194所示。

图12-194　最终效果

Step 1 ▶ 新建一个1024像素×684像素的图像，使用黑色填充背景色。选择“滤镜”/“杂色”/“添加杂色”命令，打开“添加杂色”对话框，设置“数量”为24%，选中☑单色(M)复选框并选中◉高斯分布(G)单选按钮，最后单击 确定 按钮，如图12-195所示。选择“图像”/“调整”/“亮度/对比度”命令，打开“亮度/对比度”对话框，设置“亮度”“对比度”分别为-80、50，让图像中只显示较大的颗粒，使图像看起来更加整洁，如图12-196所示，单击 确定 按钮。

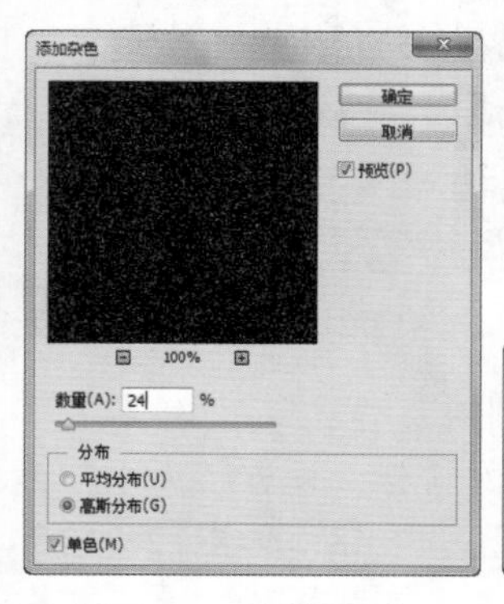

图12-195　添加杂色

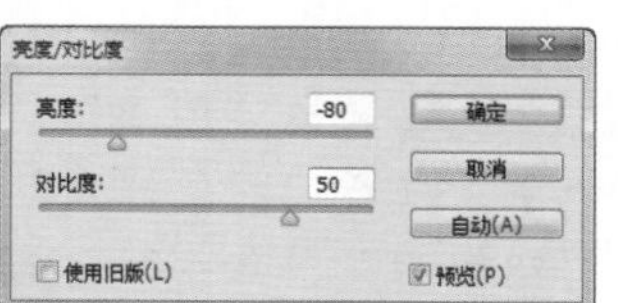

图12-196　设置亮度/对比度

Step 2 ▶ 新建图层，按D键重置前景色、背景色。选择“滤镜”/“渲染”/“云彩”命令，为图像添加云彩效果。按两次Ctrl+F组合键，重复两次滤镜，如图12-197所示。在“图层”面板中，设置图层混合模式为“强光”，“不透明度”为50%，如图12-198所示。

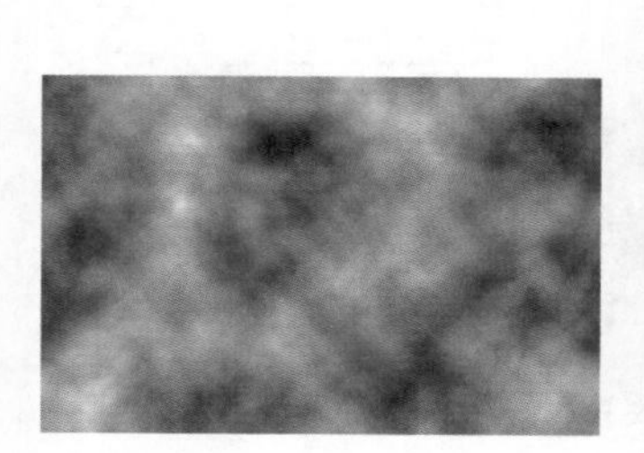

图12-197　添加云彩效果

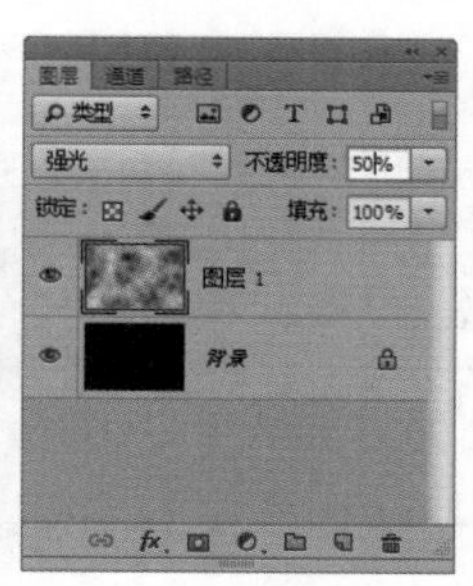

图12-198　设置图层混合模式

Step 3 ▶ 按Ctrl+B组合键，打开“色彩平衡”对话框，设置“色阶”为-100、0、+100，如图12-199所示。选中◉阴影(S)单选按钮，设置“色阶”为-100、+100、+100，如图12-200所示。

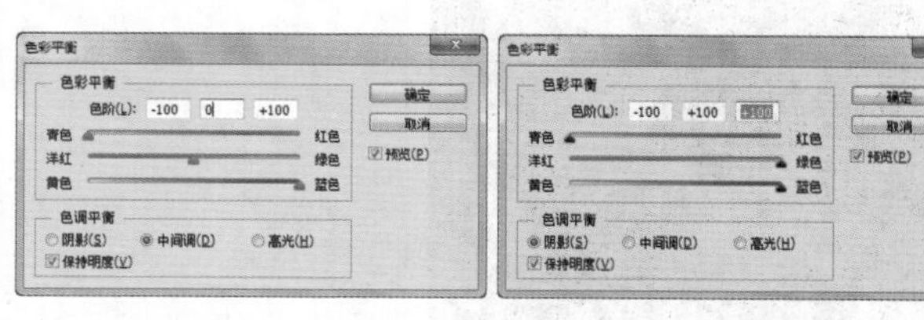

图12-199　设置中间调参数一　图12-200　设置阴影参数一

Step 4 ▶ 选中◉高光(H)单选按钮，设置“色阶”为25、0、0，如图12-201所示，单击 确定 按钮。

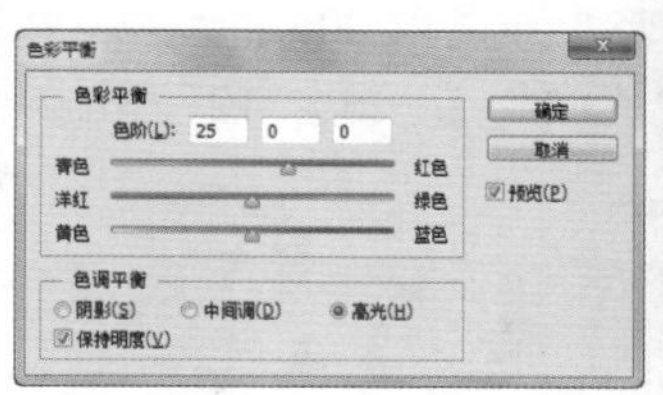

图12-201　设置高光参数

读书笔记

Step 5 ▶ 新建图层，对图层使用“云彩”滤镜。打开“色彩平衡”对话框，设置“色阶”为-56、+100、+100，如图12-202所示。选中◉阴影(S)单选按钮，设置“色阶”为+99、+100、-82，如图12-203所示。

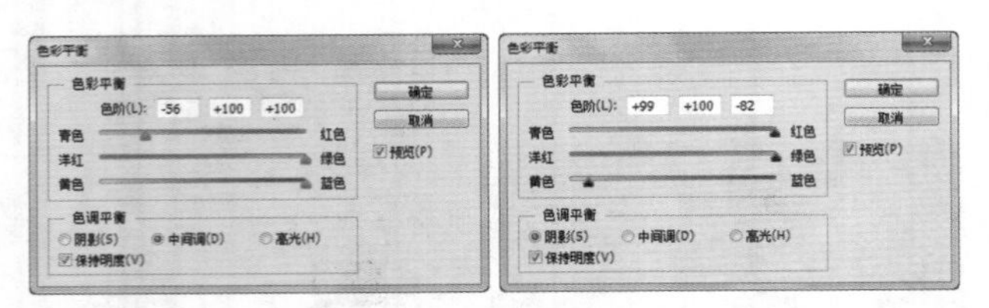

图12-202 设置中间调参数二 图12-203 设置阴影参数二

Step 6 ▶ 在“图层”面板中设置图层混合模式、“不透明度”分别为“强光”、40%。在“背景”图层上方新建一个“曲线”图层。在“属性”面板中调整图像的曲线，调亮图像中星星的亮度，如图12-204所示。

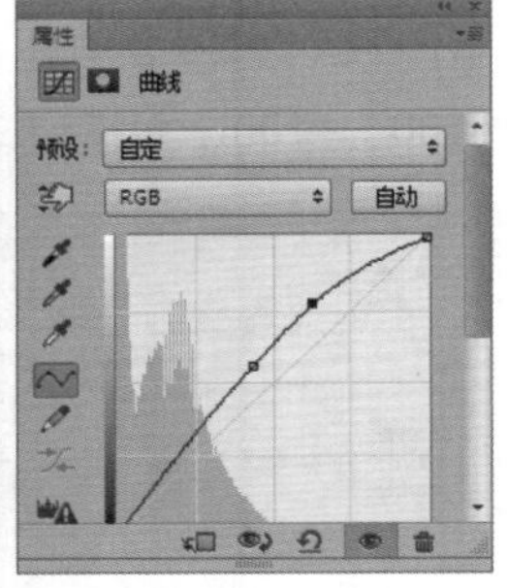

图12-204 设置图像曲线

Step 7 ▶ 新建图层，按两次Ctrl+F组合键，重复两次“云彩”滤镜。打开“色彩平衡”对话框，设置“色阶”为+63、+27、-75，如图12-205所示。选中◉阴影(S)单选按钮，设置“色阶”为+26、-12、-63，如图12-206所示。

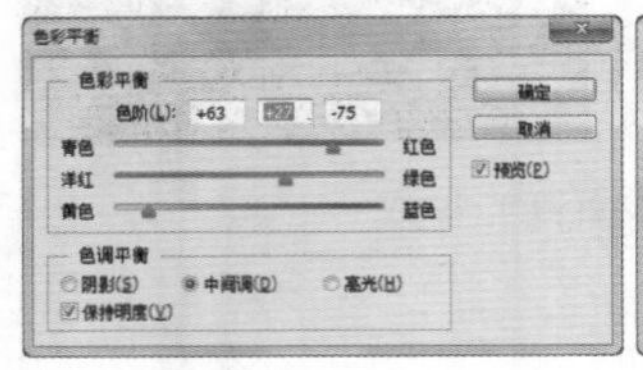

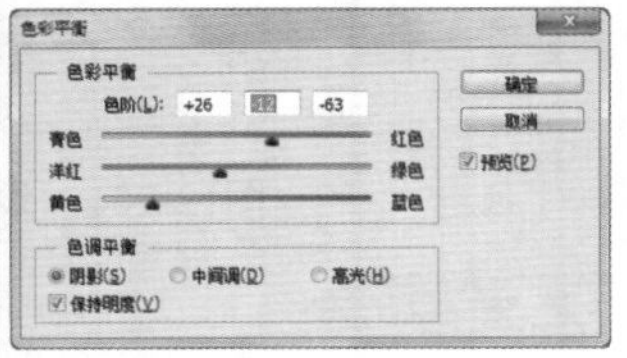

图12-205 设置中间调参数三 图12-206 设置阴影参数三

Step 8 ▶ 在“图层”面板中设置图层混合模式、“不透明度”分别为“强光”、25%，如图12-207所示。

Step 9 ▶ 选择图层3，为图层添加图层蒙版。选择画笔工具，设置“颜色”“不透明度”“流量”分别为“黑色”、40%、40%。使用画笔工具对蒙版进行涂抹，修改星空的形状，如图12-208所示。使用相同的方法编辑图层2，如图12-209所示。

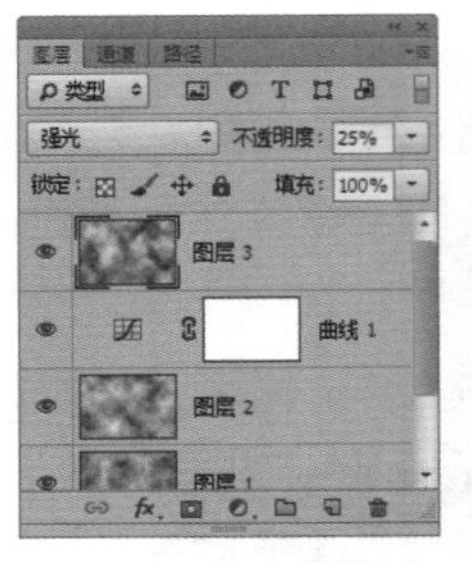

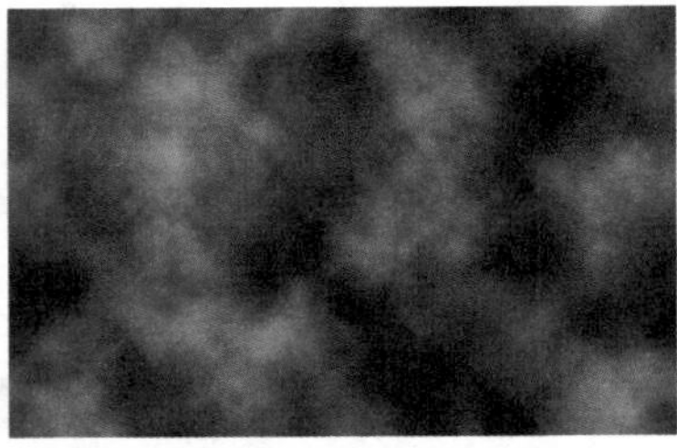

图12-207 设置图层混合模式

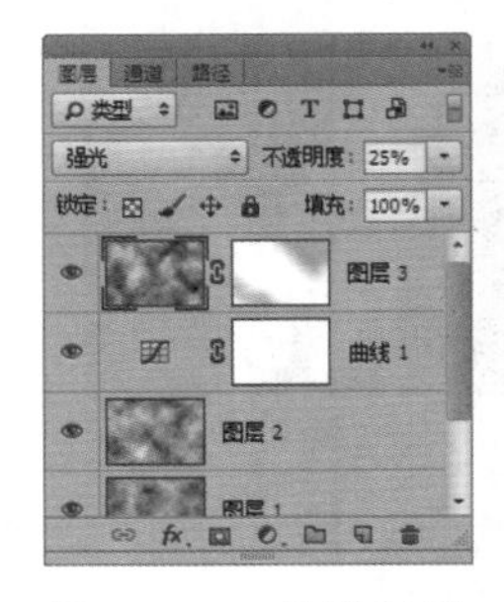

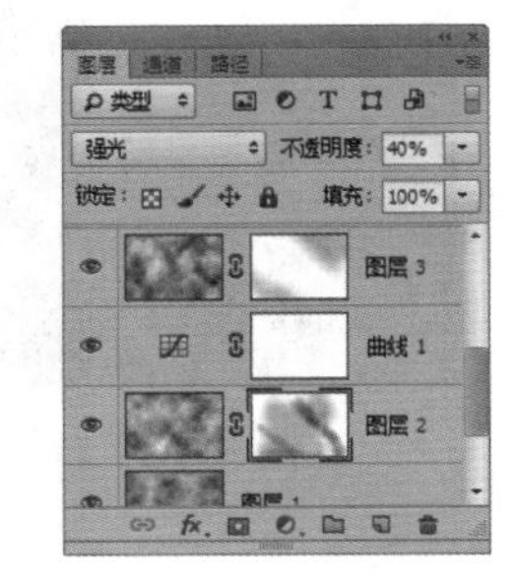

图12-208 编辑图层3 图12-209 编辑图层2

Step 10 ▶ 打开“月亮.jpg”图像，为“月亮”建立选区。使用移动工具将“月亮”移动到星空图像中，如图12-210所示。为图层新建图层蒙版，并使用黑色的画笔工具对“月亮”周围进行涂抹，如图12-211所示。

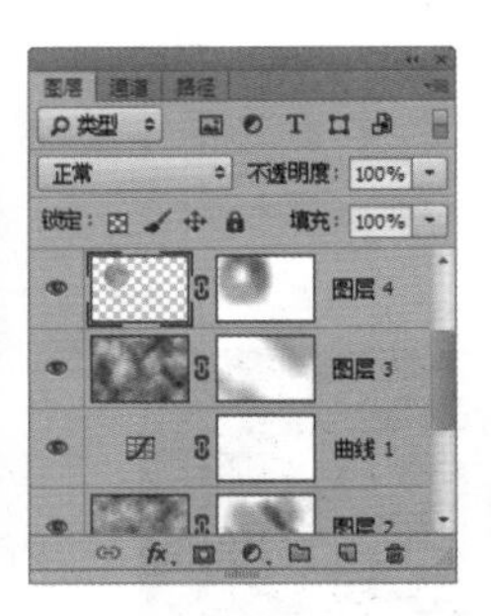

图12-210 添加月亮 图12-211 编辑图层蒙版

Step 11 ▶ 选择“图层”/“图层样式”/“外发光”命令，打开“图层样式”对话框。设置“大小”为“43像素”，单击 确定 按钮，如图12-212所示。打开“蝴蝶.jpg”图像，使用移动工具将“蝴蝶”移动到星空图像中，如图12-213所示。

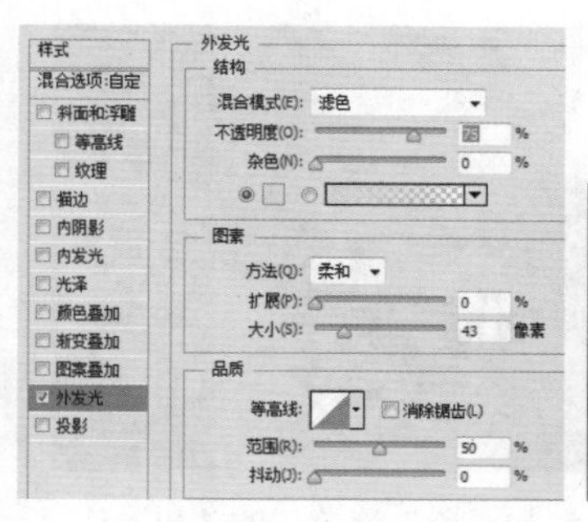

图12-212　设置图层样式

图12-213　添加图像

读书笔记

12.12 “杂色”滤镜组

在阴天或者夜晚拍摄的照片一般都有杂点，此时可以使用“杂色”滤镜组中的滤镜来进行处理。“杂色”滤镜组中有5种滤镜，只需选择“滤镜”/“杂色”命令，在弹出的子菜单中选择相应的命令即可选择。

12.12.1 减少杂色

“减少杂色”滤镜用来消除图像中的杂色。如图12-214所示为“减少杂色”对话框。

图12-214　“减少杂色”对话框

知识解析：“减少杂色”对话框

- **强度**：用于控制所有图像通道的亮度杂色减少量。
- **保留细节**：用于控制保留边缘和图像细节的程度。当值为100%时，保留大多数图像细节，但将亮度杂色减到最少。
- **减少杂色**：用于移去随机的颜色像素。值越大，减少的颜色越多。
- **锐化细节**：用于对图像进行锐化。
- **移去JPEG不自然感**：选中“移去 JPEG 不自然感(R)”复选框后，可减少由于使用低JPEG品质设置待存储的图像而导致的图像伪像和光晕。

技巧秒杀

在“减少杂色”对话框中，选中“高级(N)”单选按钮，可显示“高级”选项，如图12-215所示。其中的“整体”选项卡与“基础”的选项基本相同。“每通道”选项卡则可对各个颜色通道进行处理，如图12-216所示。为对亮度杂色中一个或两个通道的颜色进行调整，可选择“通道”选项后，再设置“强度”和“保留细节”选项。

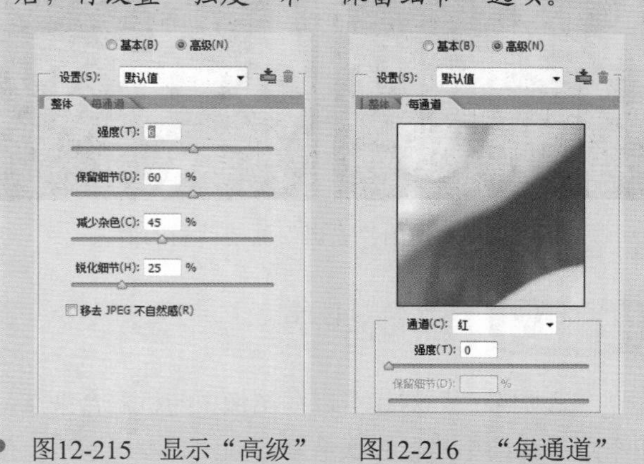

图12-215　显示“高级”选项　　图12-216　“每通道”选项卡

12.12.2 蒙尘与划痕

“蒙尘与划痕”滤镜将图像中有缺陷的像素融入周围的像素中，从而达到除尘和涂抹的效果，如图12-217所示。

图12-217 使用“蒙尘与划痕”滤镜后的效果

知识解析：“蒙尘与划痕”对话框

- 半径：用于调整清除缺陷的范围。
- 阈值：用于确定进行像素处理的阈值。值越大，图像所能容许的杂色越多，去杂色的效果越弱。

12.12.3 去斑

“去斑”滤镜通过对图像或选择区内的图像进行轻微的模糊、柔化，从而达到掩饰图像中细小斑点，并消除轻微折痕的效果。该滤镜无对话框，连续多次使用效果更加明显。如图12-218所示为去斑前后图像的效果对比。

图12-218 使用“去斑”滤镜前后的效果

12.12.4 添加杂色

“添加杂色”滤镜可以向图像中随机混合杂点，即添加一些细小的颗粒状像素。如图12-219所示为使用“添加杂色”滤镜后图像的效果。

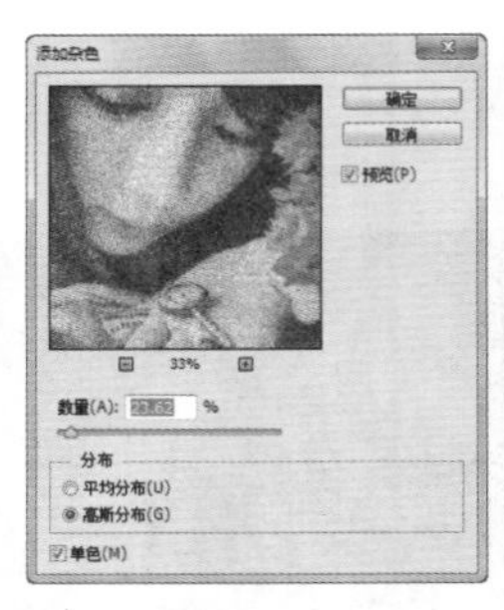

图12-219 使用“添加杂色”滤镜后的效果

知识解析：“添加杂色”对话框

- 数量：用于调整杂点的数量。值越大，效果越明显。
- 平均分布：选中 平均分布(U) 单选按钮，颜色杂点统一平均分布。
- 高斯分布：选中 高斯分布(G) 单选按钮，颜色杂点按高斯曲线分布。
- 单色：用于设置添加的杂点是彩色的，还是灰色的。选中 单色(M) 复选框，杂点只影响原图的亮度而不改变其颜色。

12.12.5 中间值

“中间值”滤镜可以采用杂点和其周围像素的折中颜色来平滑图像中的区域，如图12-220所示，其中“半径”文本框用于设置中间值效果的平滑距离。

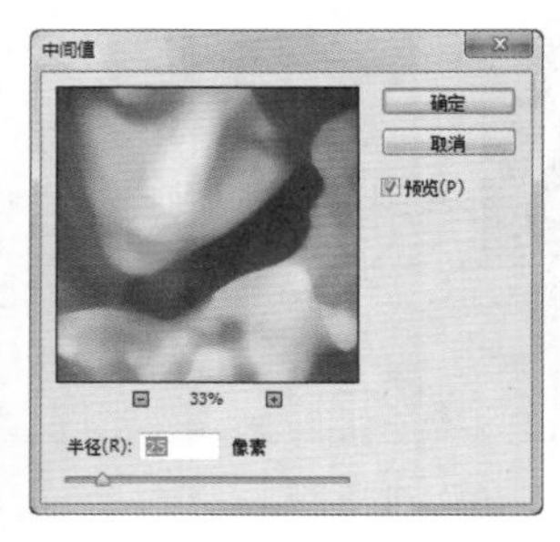

图12-220 使用“中间值”滤镜后的效果

技巧秒杀

一般在黑暗处拍摄的图像比较容易出现杂点，这时就可使用“中间值”滤镜去除照片的杂点。若效果不理想，可再使用“中间值”滤镜后使用“高斯模糊”滤镜对图像稍稍进行模糊化处理。

12.13 “其它”滤镜组

“其它”滤镜组主要用来修饰图像的某些细节部分，还可以让用户创建特殊效果。选择“滤镜”/“其它”命令，在弹出的子菜单中选择相应的命令即可。

12.13.1 高反差保留

“高反差保留”滤镜可以删除图像中色调变化平缓的部分而保留色彩变化最大的部分，使图像的阴影消失而亮点突出。其对话框中的“半径”文本框用于设定该滤镜分析处理的像素范围，值越大，效果图中所保留原图像的像素越多。打开如图12-221所示的图像，如图12-222所示为使用“高反差保留”滤镜后的效果。

图12-221 打开图像

图12-222 使用“高反差保留”滤镜后的效果

12.13.2 位移

“位移”滤镜可根据在“位移”对话框中设定的值来偏移图像，偏移后留下的空白可以用当前的背景色填充、重复边缘像素填充或折回边缘像素填充。如图12-223所示为使用“位移”滤镜后图像的效果。

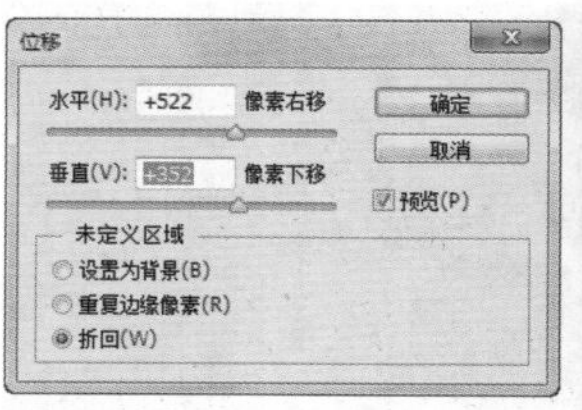

图12-223 使用“位移”滤镜后的效果

知识解析：“位移”对话框

◆ 水平：用于设置图像像素在水平方向移动的距离。数值越大，图像的像素在水平方向上移动的距离越大。如图12-224所示设置“水平”为正数的效果，如图12-225所示设置“水平”为负数的效果。

图12-224 “水平”为正数效果

图12-225 “水平”为负数效果

◆ 垂直：用于设置图像像素在垂直方向移动的距离。数值越大，图像的像素在垂直方向移动的距离越大。如图12-226所示设置“垂直”为正数的效果，如图12-227所示设置“垂直”为负数的效果。

图12-226 “垂直”为正数效果

图12-227 “垂直”为负数效果

◆ 未定义区域：用于设置偏移后空白处的填充方

式。选中◉设置为背景(B)单选按钮，将以背景色填充空缺部分；选中◉重复边缘像素(R)单选按钮，可在图像边界不完整的空缺部分填入扭曲边缘的像素颜色，如图12-228所示。选中◉折回(W)单选按钮，在空缺部分填入溢出图像之外的图像内容，如图12-229所示。

图12-228　重复边缘像素填充

图12-229　折回像素填充

12.13.3 自定

“自定”滤镜可以创建自定义的滤镜效果，如创建“锐化”、“模糊”和“浮雕”等滤镜效果。“自定”对话框中有一个5×5的文本框矩阵，最中间的方格代表目标像素，其余的方格代表目标像素周围相对应位置上的像素。在“缩放”文本框中输入一个值后，将以该值去除计算中包含像素的亮度部分，在“位移”文本框中输入的值则与缩放计算结果相加。如图12-230所示为“自定”对话框。

图12-230　“自定”对话框

12.13.4 最大值

“最大值”滤镜可以用来强化图像中的亮部色调，消减暗部色调。其对话框中的“半径”文本框用于设置图像中亮部的明暗程度。如图12-231所示为使用“最大值”滤镜后图像的效果。

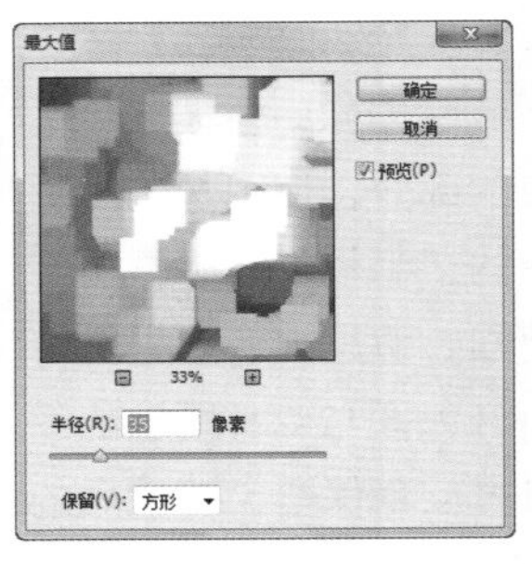

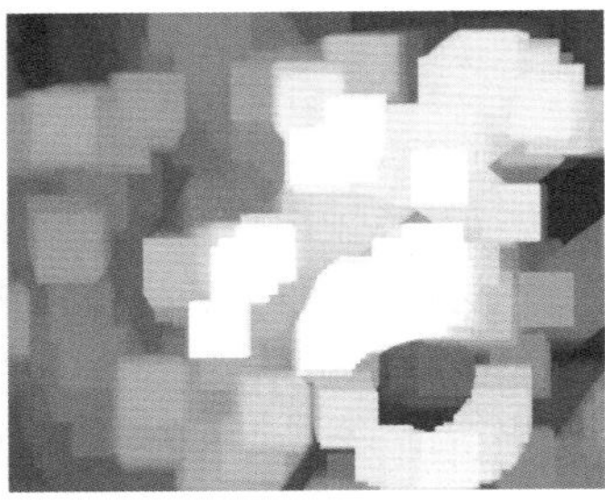

图12-231　使用“最大值”滤镜后的效果

12.13.5 最小值

“最小值”滤镜的功能与“最大值”滤镜的功能相反，它可以用来减弱图像中的亮部色调。其对话框中的“半径”文本框用于设置图像暗部区域的范围。如图12-232所示为使用“最小值”滤镜处理后图像的效果。

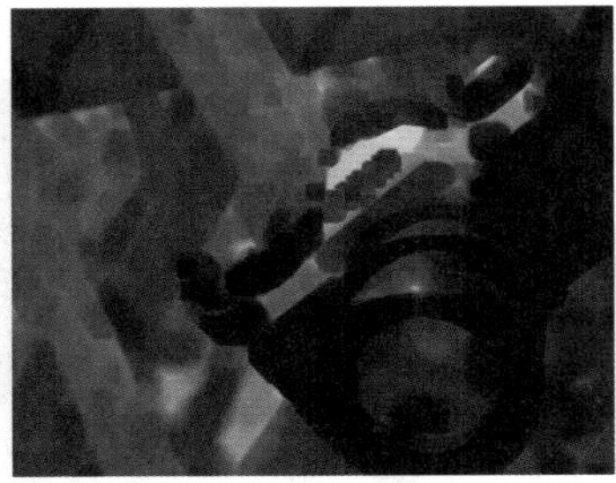

图12-232　使用“最小值”滤镜后的效果

12.14 Digimarc滤镜组

Digimarc滤镜组用于在图像中添加数字水印，以标示版权。需要注意的是，水印是一种以杂色的方式添加到图像中的数字代码，肉眼并不能看到。该滤镜组只有两种滤镜，选择“滤镜”/Digimarc命令，在弹出的子菜单中选择相应的命令即可。

12.14.1 嵌入水印

“嵌入水印”滤镜可以在图像上添加版权信息，选择“滤镜”/Digimarc/“嵌入水印”命令，打开“嵌入水印”对话框。在其中进行操作可将ID标识号和著作版权信息嵌入到图像中。需要注意的是，在嵌入水印前，必须在Digimarc公司进行注册，以获得Digimarc ID识别号。该服务需要一定的服务费。

12.14.2 读取水印

“读取水印”滤镜用于读取图像中嵌入的数字水印。当一个图像中包含数字水印信息时，状态栏和图像窗口最左侧会出现一个字母C。

读书笔记

12.15 “画笔描边”滤镜组

“画笔描边”滤镜组用于模拟不同的画笔或油墨笔刷来勾画图像，以产生绘画效果。选择“滤镜”/“滤镜库”命令，打开“滤镜库”对话框。在打开的“滤镜库”对话框中，选择相应的滤镜项进行设置。

12.15.1 成角的线条

“成角的线条”滤镜可以使图像中的颜色按一定的方向流动，从而产生类似于倾斜划痕的效果。如图12-233所示为原图，如图12-234所示为使用“成角的线条”滤镜后图像的效果。

图12-233 原图效果

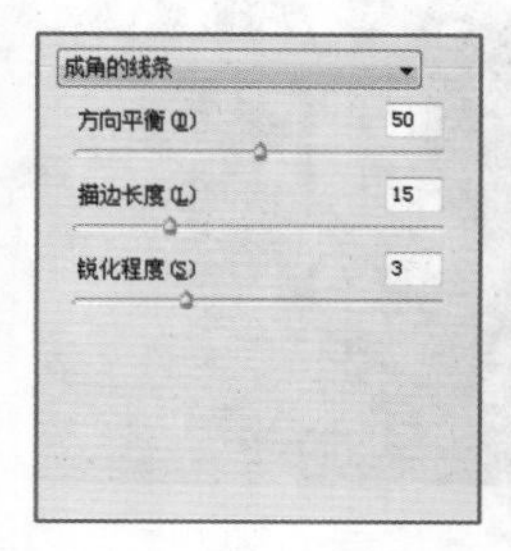

图12-234 使用“成角的线条”滤镜后的效果

知识解析：“成角的线条”对话框

- ◆ 方向平衡：用于调整笔触线条的倾斜方向。
- ◆ 描边长度：用于控制勾绘笔触的长度。
- ◆ 锐化程度：用于控制笔锋的尖锐程度。

12.15.2 墨水轮廓

“墨水轮廓”滤镜模拟使用纤细的线条在图像原细节上重绘图像，从而生成钢笔画风格的图像效果。如图12-235所示为使用“墨水轮廓”滤镜后图像的效果。

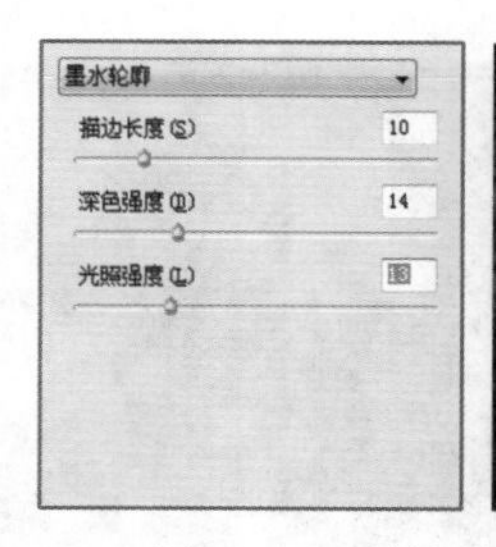

图12-235 使用“墨水轮廓”滤镜后的效果

知识解析：“墨水轮廓”对话框

- ◆ 描边长度：用于控制勾绘笔触的长度。
- ◆ 深色强度：用于设置线条阴影的强度。数值越高，图像越暗。
- ◆ 光照强度：用于设置线条高光的强度。数值越高，图像越亮。

12.15.3 喷溅

“喷溅”滤镜可以使图像产生类似于笔墨喷溅的自然效果。如图12-236所示为使用“喷溅”滤镜后图像的效果。

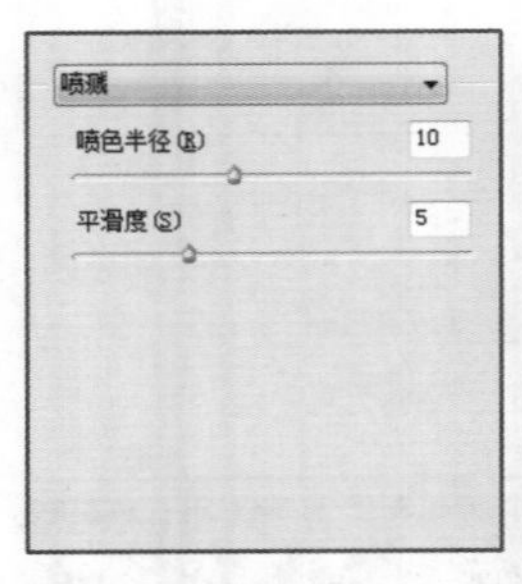

图12-236　使用“喷溅”滤镜后的效果

知识解析：“喷溅”对话框

- 喷色半径：用于调整喷色的半径大小，必须是0～25之间的值。
- 平滑度：用于设置喷色的平滑度，必须是1～15之间的值。

12.15.4 喷色描边

“喷色描边”滤镜和“喷溅”滤镜效果比较类似，可以使图像产生斜纹飞溅的效果。如图12-237所示为使用“喷色描边”滤镜后图像的效果。

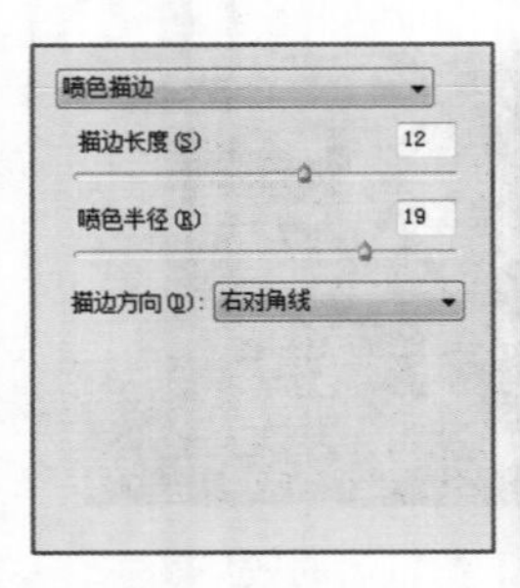

图12-237　使用“喷色描边”滤镜后的效果

知识解析：“喷色描边”对话框

- 描边长度：用于设置描边的长短程度，必须是0～20之间的值。
- 喷色半径：用于设置描边的半径，必须是0～25之间的值。
- 描边方向：设置描边的方向。

12.15.5 强化的边缘

“强化的边缘”滤镜可以对图像的边缘进行强化处理。如图12-238所示为使用“强化的边缘”滤镜后图像的效果。

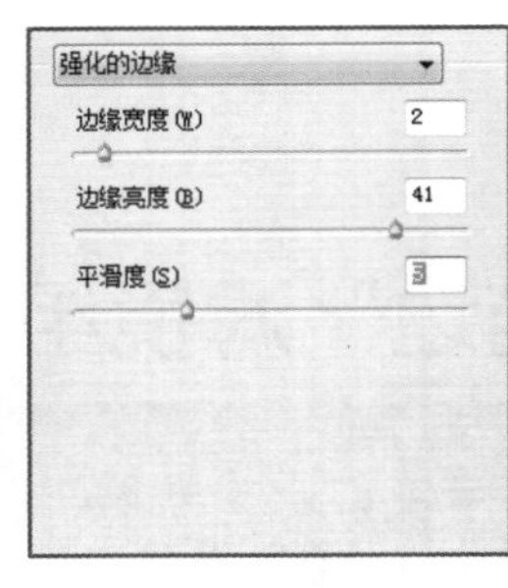

图12-238　使用“强化的边缘”滤镜后的效果

知识解析：“强化的边缘”对话框

- 边缘宽度：用于控制边缘宽度。数值越大，边缘越宽。
- 边缘亮度：用于调整边缘的亮度。数值较大，则强化效果与白色粉笔相似；数值较小，则强化效果与黑色油墨相似。
- 平滑度：用于调整边缘的平滑度。

12.15.6 深色线条

“深色线条”滤镜使用短而密的线条来绘制图像的深色区域，用长而白的线条来绘制图像的浅色区域。如图12-239所示为使用“深色线条”滤镜后图像的效果。

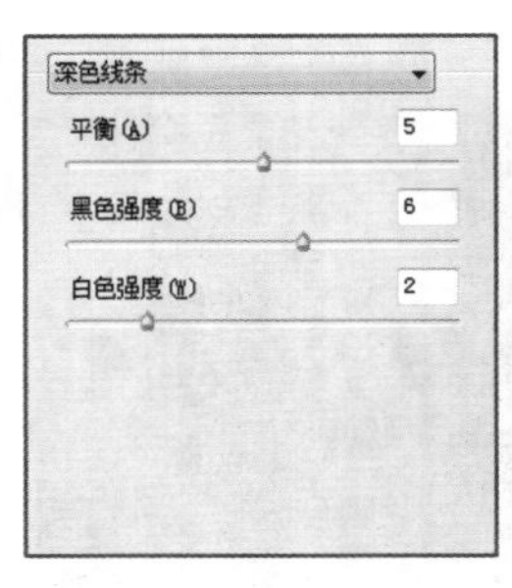

图12-239　使用“深色线条”滤镜后的效果

知识解析：“深色线条”对话框

- 平衡：用于控制线条的绘制方向，必须是0～10之间的值。
- 黑色强度：用于控制阴影区的强度，必须是0～10之间的值。
- 白色强度：用于控制白色区域的强度，必须是0～10之间的值。

12.15.7 烟灰墨

“烟灰墨”滤镜模拟使用蘸满黑色油墨的湿画笔在宣纸上绘画的效果。如图12-240所示为使用“烟灰墨”滤镜后的效果。

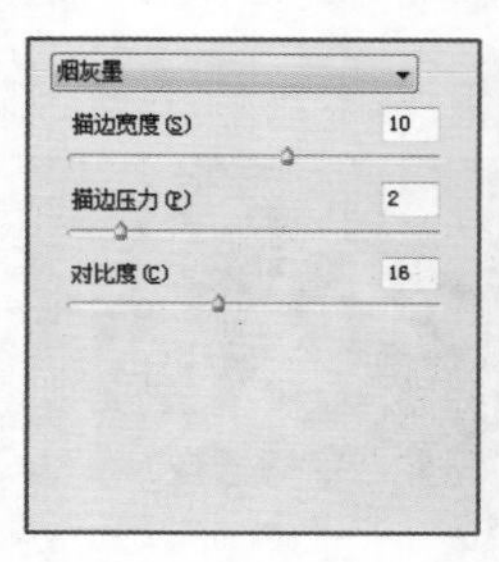

图12-240　使用“烟灰墨”滤镜后的效果

知识解析：“烟灰墨”对话框

- 描边宽度：用于控制描边的宽度。数值越大，效果越明显。
- 描边压力：用于控制描边的压力。数值越大，效果越明显。
- 对比度：用于控制图像整体对比度，必须是0～40之间的值。

12.15.8 阴影线

“阴影线”滤镜可以使图像表面生成交叉状倾斜划痕的效果。其中，“强度”文本框用来控制交叉划痕的强度。如图12-241所示为使用“阴影线”滤镜后图像的效果。

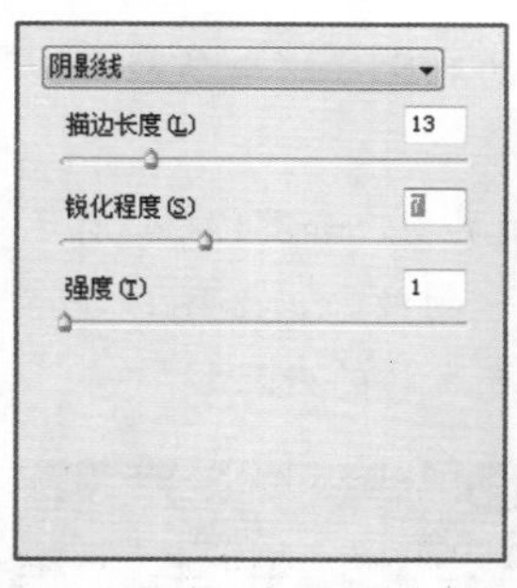

图12-241　使用“阴影线”滤镜后的效果

知识解析：“阴影线”对话框

- 描边长度：用于设置线条的长度。
- 锐化程度：用于设置线条的清晰程度。
- 强度：用于设置线条的数量和强度。

12.16 “素描”滤镜组

“素描”滤镜组中的滤镜效果比较接近素描效果，并且大部分是单色。素描类滤镜可根据图像中高色调、半色调和低色调的分布情况，使用前景色和背景色按特定的运算方式进行填充，使图像产生素描、速写及三维的艺术效果。选择“滤镜”/“滤镜库”命令，在打开的对话框中选择素描组，其中包括14种滤镜。

12.16.1 半调图案

“半调图案”滤镜可以使用前景色和背景色将图像以网点效果显示。打开如图12-242所示的原图。如图12-243所示为使用“半调图案”滤镜后图像的效果。

图12-242　打开图像

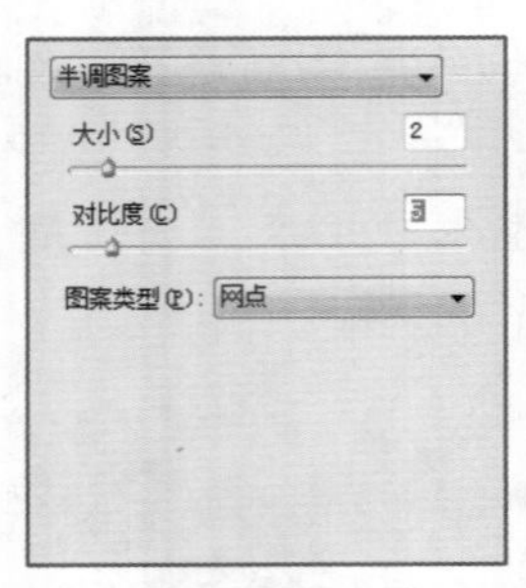

图12-243　使用“半调图案”滤镜后的效果

知识解析：“半调图案”对话框

- 大小：用于设置网点的大小。数值越大，网点越大。
- 对比度：用于设置前景色的对比度。数值越大，前景色的对比度越强。
- 图案类型：用于设置图案的类型。如图12-244所示为设置图案类型为“圆形”的效果，如图12-245所示为设置图案类型为“直线”的效果。

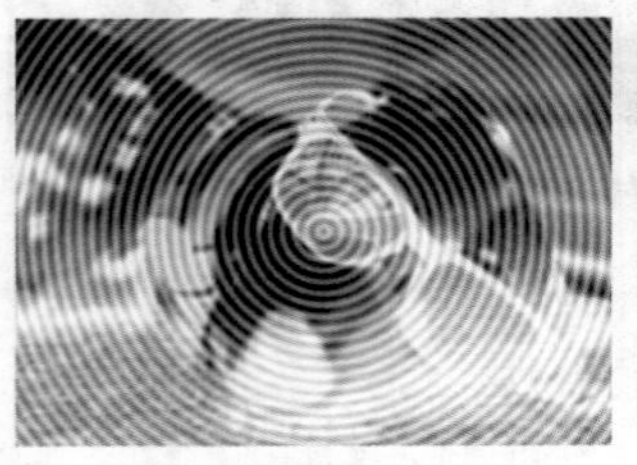
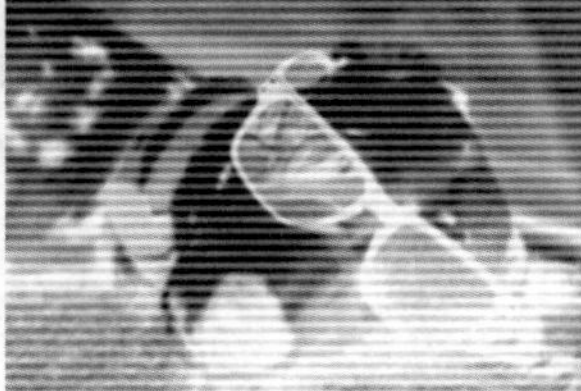

图12-244　圆形效果　　图12-245　直线效果

12.16.2 便条纸

“便条纸”滤镜可以使图像以当前前景色和背景色为基础混合产生凹凸不平的草纸画效果，其中前景色作为凹陷部分，而背景色作为凸出部分。如图12-246所示为使用“便条纸”滤镜后图像的效果。

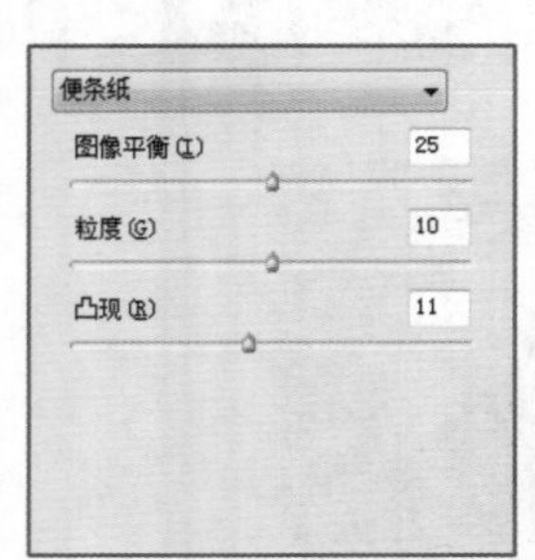

图12-246　使用“便条纸”滤镜后的效果

知识解析：“便条纸”对话框

- 图像平衡：用于调整前景色和背景色之间的面积大小。
- 粒度：用于调整图像产生颗粒的多少。
- 凸现：用于调节浮雕的凹凸程度。数值越大，浮雕效果越明显。

12.16.3 粉笔和炭笔

“粉笔和炭笔”滤镜可以产生粉笔和炭笔涂抹的草图效果。在处理过程中，粉笔使用背景色，用来处理图像较亮的区域；炭笔使用前景色，用来处理图像较暗的区域。如图12-247所示为使用“粉笔和炭笔”滤镜后图像的效果。

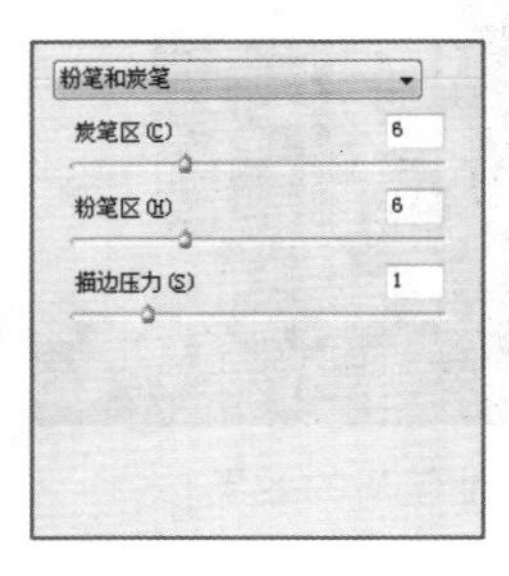

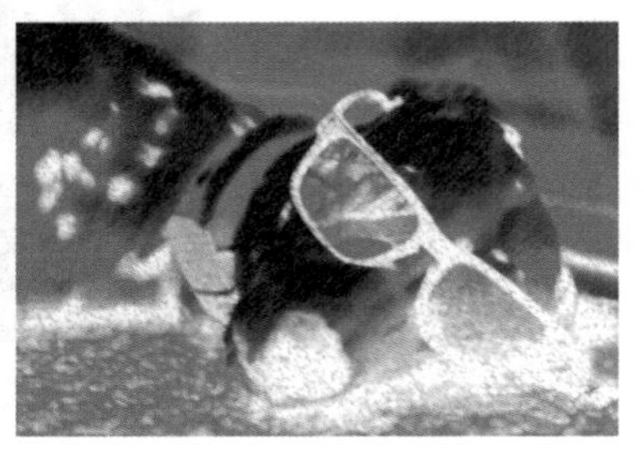

图12-247　使用“粉笔和炭笔”滤镜后的效果

知识解析：“粉笔和炭笔”对话框

- 炭笔区：用于设置炭笔涂抹的区域大小。
- 粉笔区：用于设置粉笔涂抹区域的大小。数值越大，产生的粉笔区范围越广。
- 描边压力：用于设置粉笔和炭笔涂抹的压力强度。

读书笔记

12.16.4 铬黄渐变

“铬黄渐变”滤镜可以模拟液态金属的效果。如图12-248所示为使用“铬黄渐变”滤镜后图像的效果。

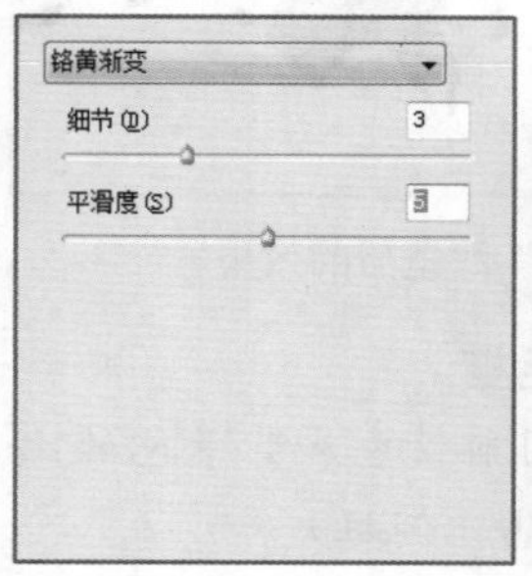

图12-248 使用“铬黄渐变”滤镜后的效果

知识解析：“铬黄渐变”对话框

- 细节：用于设置图像细节的保留程度。
- 平滑度：用于设置图像效果的光滑程度。

12.16.5 绘图笔

“绘图笔”滤镜使用前景色和背景色生成一种钢笔画素描效果，图像没有轮廓，只有变化的笔触效果。如图12-249所示为使用“绘图笔”滤镜后图像的效果。

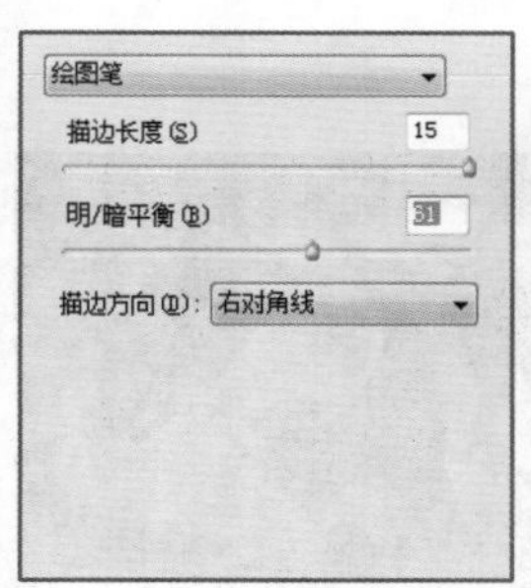

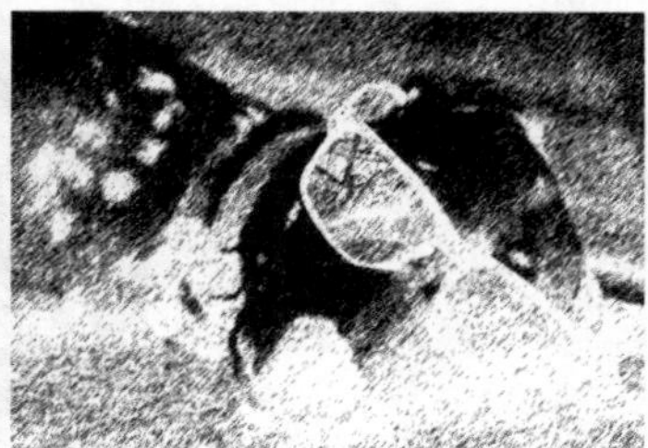

图12-249 使用“绘图笔”滤镜后的效果

知识解析：“绘图笔”对话框

- 描边长度：用于调节笔触在图像中的长短。
- 明/暗平衡：用于调整图像前景色和背景色的比例。当该数值为0时，图像被背景色填充；当数值为100时，图像被前景色填充。
- 描边方向：用于选择笔触的方向，有4种描边方向。

12.16.6 基底凸现

“基底凸现”滤镜主要用来模拟粗糙的浮雕效果。如图12-250所示为使用“基底凸现”滤镜后图像的效果。

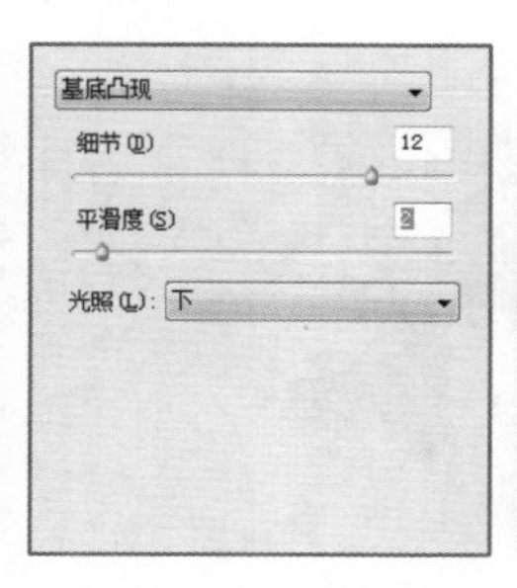

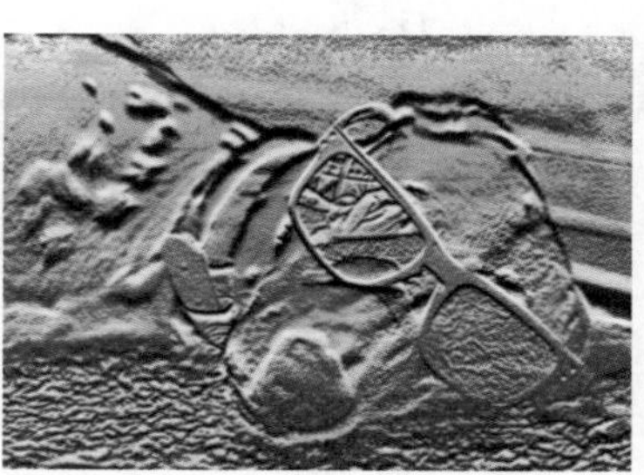

图12-250 使用“基底凸现”滤镜后的效果

知识解析：“基底凸现”对话框

- 细节：用于设置基底凸现效果的细节部分。数值越大，图像凸现部分刻画得越细腻。
- 平滑度：用于设置基底凸现效果的光洁度。数值越大，凸现部分越平滑。
- 光照：用于设置基底凸现效果的光照方向。

12.16.7 石膏效果

“石膏效果”滤镜可以产生一种石膏浮雕效果，且图像以前景色和背景色填充。如图12-251所示为使用“石膏效果”滤镜后图像的效果。

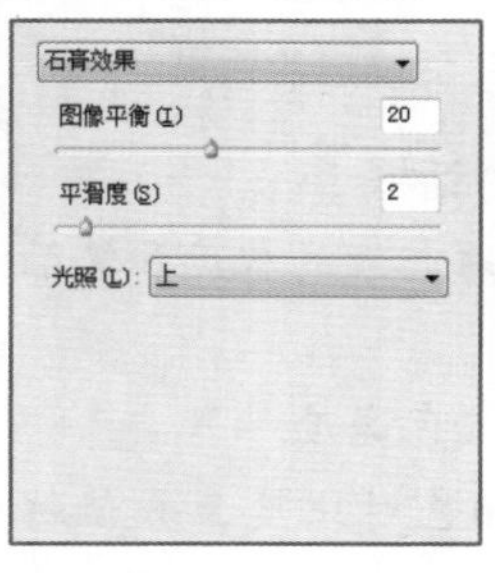

图12-251 使用“石膏效果”滤镜后的效果

知识解析：“石膏效果”对话框

- 图像平衡：用于调节前景色与背景色之间的比例关系。
- 平滑度：用于调节图像的粗糙程度。数值越大，图像越光滑。

◆ 光照：在其下拉列表框中可以选择光照的方向，有“下”、“左下”、“左”、“左上”、“上”、“右上”、“右”和“右下”等8个选项。如图12-252所示，设置“光照”为“右上”的效果；如图12-253所示，设置“光照”为“左下”的效果。

图12-252 “右上”效果

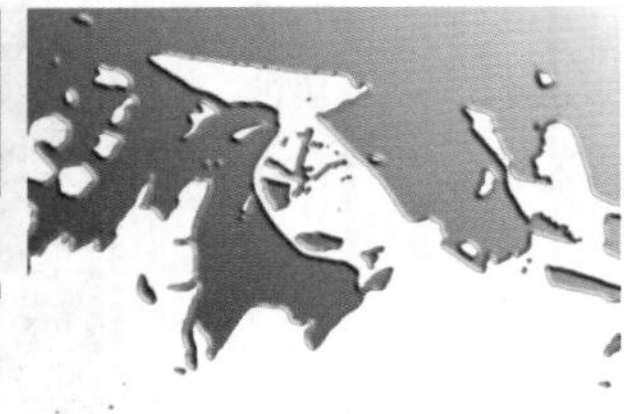

图12-253 “左下”效果

12.16.8 水彩画纸

“水彩画纸”滤镜能制作出类似于在潮湿的纸上绘图并产生画面浸湿的效果。如图12-254所示为使用“水彩画纸”滤镜后图像的效果。

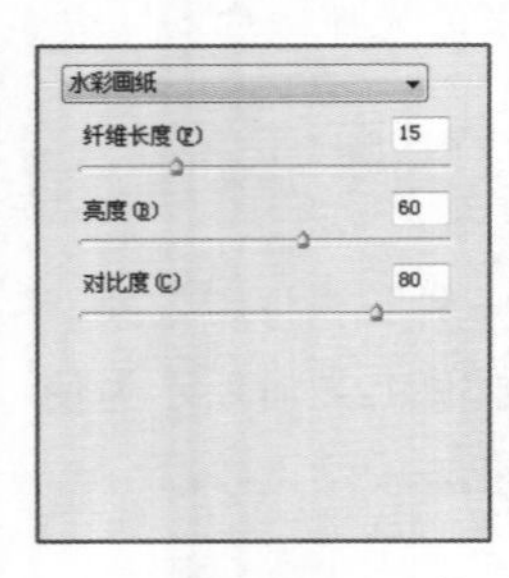

图12-254 使用“水彩画纸”滤镜后的效果

知识解析：“水彩画纸”对话框

◆ 纤维长度：用于设置使用边缘扩散的程度和笔触长度。

◆ 亮度：用于设置边缘笔触的颜色亮度。

◆ 对比度：用于设置边缘的颜色对比度，数值越大，对比度越高。

12.16.9 撕边

“撕边”滤镜可以在图像前景色和背景色的交界处生成粗糙及撕破纸片的形状效果。如图12-255所示为使用“撕边”滤镜后图像的效果。

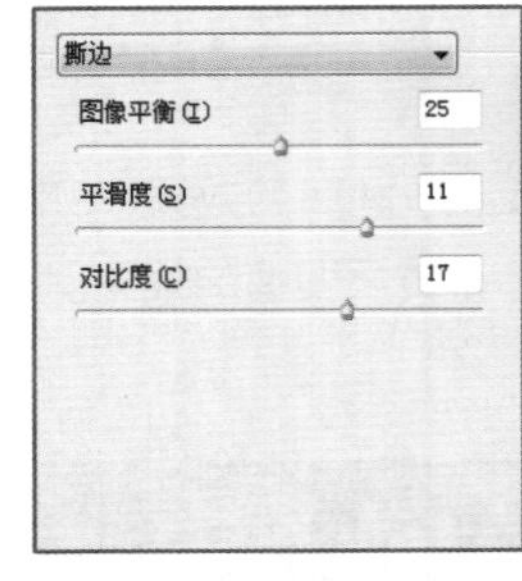

图12-255 使用“撕边”滤镜后的效果

知识解析：“撕边”对话框

◆ 图像平衡：用于调整所用前景色和背景色的比值。数值越大，前景色所占比例越大。

◆ 平滑度：用于设置图像边缘的平滑度。数值越大，图像边缘越平滑。

◆ 对比度：用于设置前景色和背景色两种颜色边界的混合程度。数值越大，图像明暗程度越明显。

12.16.10 炭笔

“炭笔”滤镜可以将图像以类似于炭笔画的效果显示出来。前景色代表笔触的颜色，背景色代表纸张的颜色。在绘制过程中，阴影区域用黑色对角炭笔线条替换。如图12-256所示为使用“炭笔”滤镜后图像的效果。

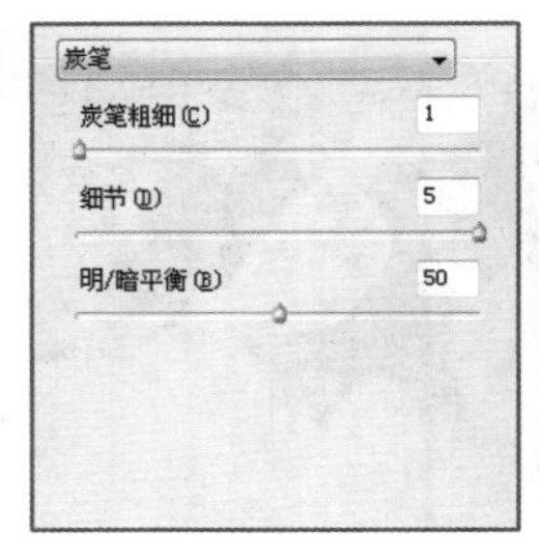

图12-256 使用“炭笔”滤镜后的效果

知识解析：“炭笔”对话框

◆ 炭笔粗细：用于设置笔触的粗细。数值越大，炭笔笔触越粗。

◆ 细节：用于设置图像细节的保留程度。数值越大，炭笔刻画得越细腻。

◆ 明/暗平衡：用于控制前景色与背景色的混合比例。

12.16.11 炭精笔

“炭精笔”滤镜可以在图像上模拟浓黑和纯白的炭精笔纹理效果。在图像中的深色区域使用前景色，在浅色区域使用背景色。如图12-257所示为使用“炭精笔”滤镜后图像的效果。

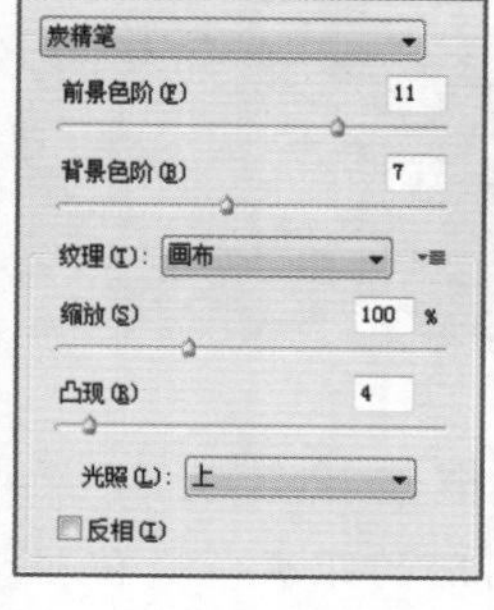

图12-257　使用“炭精笔”滤镜后的效果

知识解析：“炭精笔”对话框

- 前景色阶/背景色阶：用于调节前景色和背景色的平衡关系。哪种色阶的数值越高，颜色越突出。
- 纹理：用于选择预设的纹理。单击按钮，在弹出的快捷菜单中选择“载入纹理”命令。在打开的“载入纹理”对话框中，选择一个PSD格式文件作为产生纹理的模板。
- 缩放/凸现：用于设置纹理的大小和凹凸程度。
- 光照：用于选择光照方向。
- 反相：选中☑反相(I)复选框可使纹理反转显示。

12.16.12 图章

“图章”滤镜可以使图像产生类似于生活中印章的效果。如图12-258所示为使用“图章”滤镜后图像的效果。

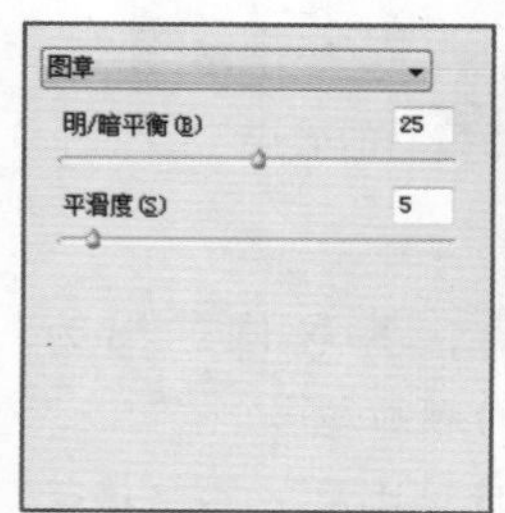

图12-258　使用“图章”滤镜后的效果

知识解析：“图章”对话框

- 明/暗平衡：用于设置前景色与背景色的混合比例。当数值为0时，图像显示为背景色；当数值大于50时，图像以前景色显示。
- 平滑度：用于调节图章效果显示为锯齿的程度。数值越大，图像越光滑。

12.16.13 网状

“网状”滤镜将用前景色和背景色填充图像，在图像中产生一种网眼覆盖效果。如图12-259所示为使用“网状”滤镜后图像的效果。

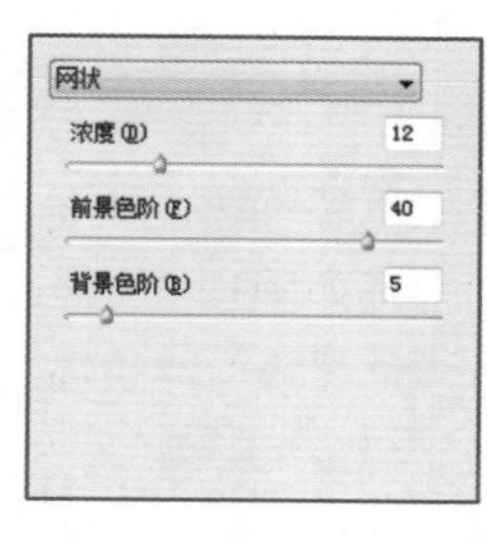

图12-259　使用“网状”滤镜后的效果

知识解析：“网状”对话框

- 浓度：用于设置网眼的密度。
- 前景色阶：用于设置前景色的层次。数值越大，实色块越多。
- 背景色阶：用于设置背景色的层次。

12.16.14 影印

“影印”滤镜可以模拟影印效果。其中，用前景色来填充图像的高亮度区，用背景色来填充图像的暗区。如图12-260所示为使用“影印”滤镜后图像的效果。

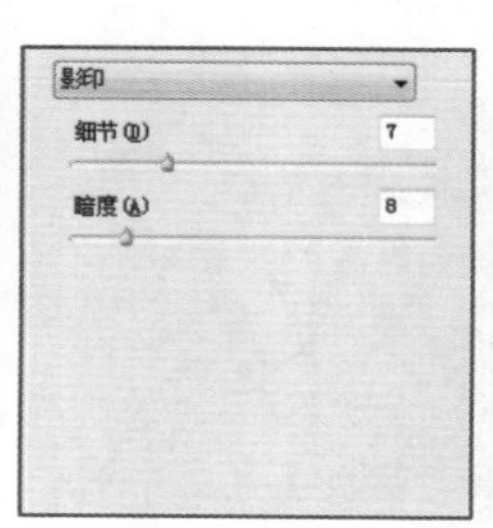

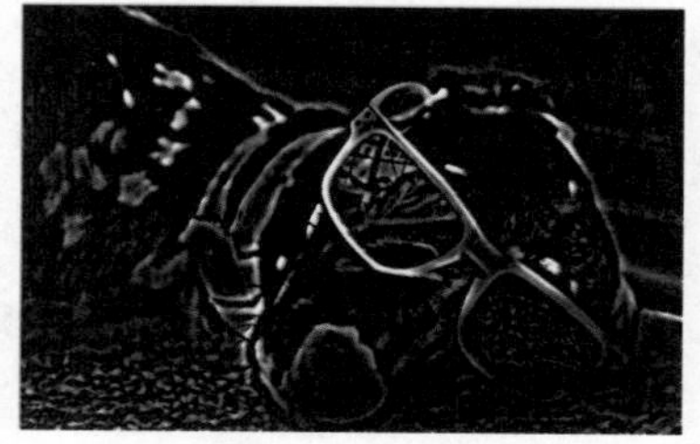

图12-260　使用“影印”滤镜后的效果

知识解析："影印"对话框

◆ 细节：用于调节图像变化的层次。
◆ 暗度：用于调节图像阴影部分黑色的深度。

读书笔记

12.17 "纹理"滤镜组

使用滤镜库中的"纹理"滤镜组可以在图像中模拟纹理效果。选择"滤镜"/"滤镜库"命令，在打开的对话框中选择"纹理"滤镜组，其中包括"龟裂缝"、"颗粒"、"马赛克拼贴"、"拼缀图"、"染色玻璃"和"纹理化"共6种滤镜效果，能轻松产生纹理效果。

12.17.1 龟裂缝

"龟裂缝"滤镜可以使图像产生龟裂纹理，从而制作出具有浮雕的立体图像效果。打开如图12-261所示的原图。如图12-262所示为使用"龟裂缝"滤镜后图像的效果。

图12-261 原图效果

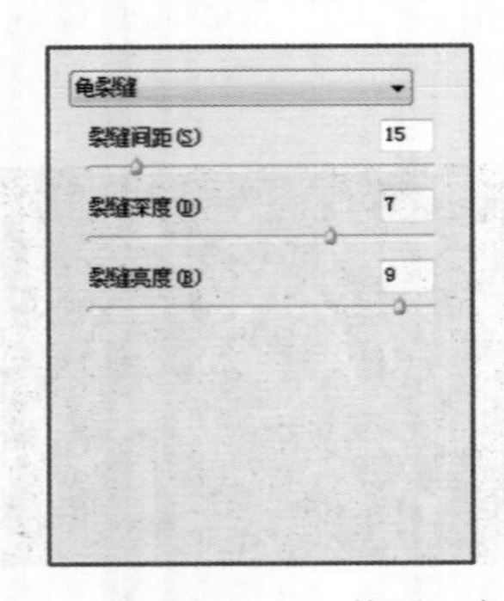

图12-262 使用"龟裂缝"滤镜后的效果

知识解析："龟裂缝"对话框

◆ 裂缝间距：用于设置裂纹间隔的距离。数值越大，纹理间的间距越大。
◆ 裂缝深度：用于设置裂纹深度。数值越大，纹理的裂纹越深。
◆ 裂缝亮度：用于设置裂纹亮度。数值越大，纹理裂纹的颜色更亮。

12.17.2 颗粒

"颗粒"滤镜可以在图像中随机加入不规则的颗粒来产生颗粒纹理效果。如图12-263所示为使用"颗粒"滤镜后图像的效果。

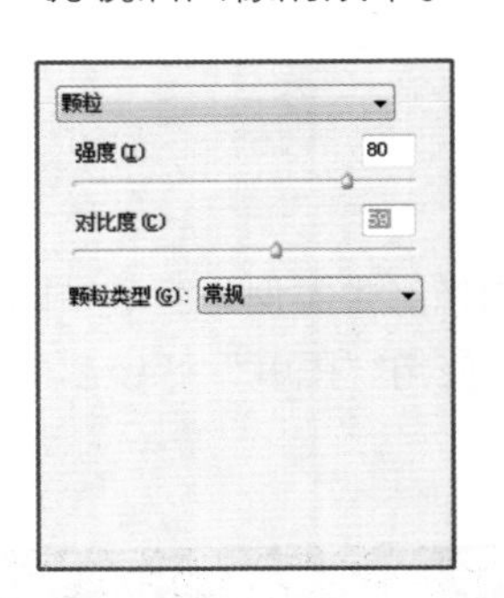

图12-263 使用"颗粒"滤镜后的效果

知识解析："颗粒"对话框

◆ 强度：用于设置颗粒密度，其取值范围为0～100。数值越大，图像中的颗粒越多。
◆ 对比度：用于调整颗粒的明暗对比度，其取值范围为0～100。

◆ 颗粒类型：用于设置颗粒的类型。如图12-264所示设置颗粒类型为“强反差”；如图12-265所示设置颗粒类型为“水平”。

图12-264　强反差效果　　图12-265　水平效果

12.17.3 马赛克拼贴

“马赛克拼贴”滤镜可以使图像产生马赛克网格效果，还可以调整网格的大小以及缝隙的宽度和深度。如图12-266所示为使用“马赛克拼贴”滤镜后图像的效果。

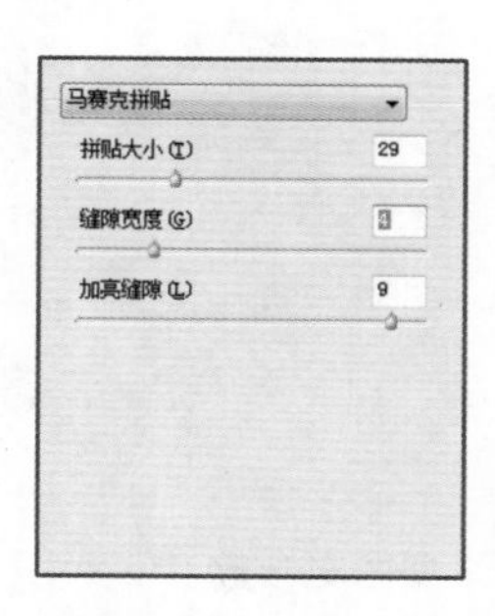

图12-266　使用“马赛克拼贴”滤镜后的效果

知识解析：“马赛克拼贴”对话框

◆ 拼贴大小：用于设置贴块大小。数值越大，拼贴的网格越大。
◆ 缝隙宽度：用于设置贴块间隔的大小。数值越大，拼贴的网格缝隙越宽。
◆ 加亮缝隙：用于设置间隔加亮程度。数值越大，拼贴缝隙的明度越高。

12.17.4 拼缀图

“拼缀图”滤镜可以将图像分割成数量不等的小方块，用每个方块内的像素平均颜色作为该方块的颜色，以模拟一种建筑拼贴瓷砖的效果，类似于生活中的拼图效果。如图12-267所示为使用“拼缀图”滤镜后图像的效果。

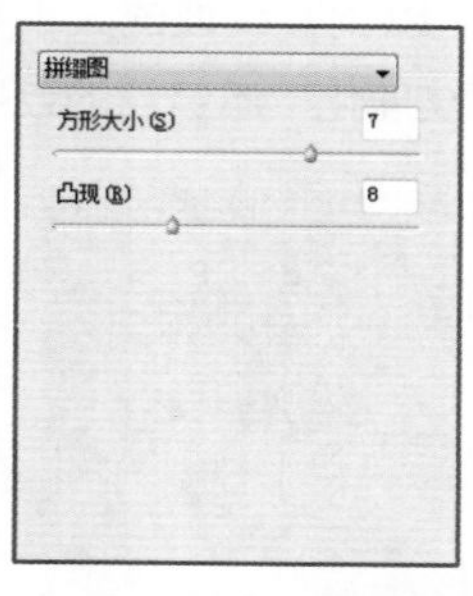

图12-267　使用“拼缀图”滤镜后的效果

知识解析：“拼缀图”对话框

◆ 方形大小：用于调整方块的大小。数值越小，方块越小，图像越精细。
◆ 凸现：用于设置拼贴瓷片的凹凸程度。数值越大，纹理凹凸程度越明显。

12.17.5 染色玻璃

“染色玻璃”滤镜可以在图像中产生不规则的玻璃网格，每格的颜色由该格的平均颜色来显示。如图12-268所示为使用“染色玻璃”滤镜后图像的效果。

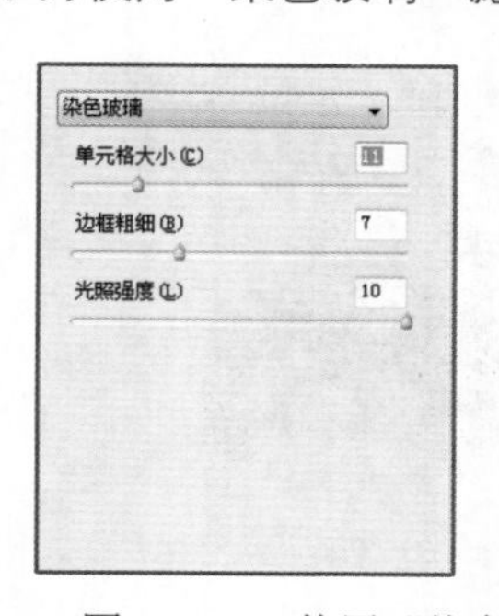

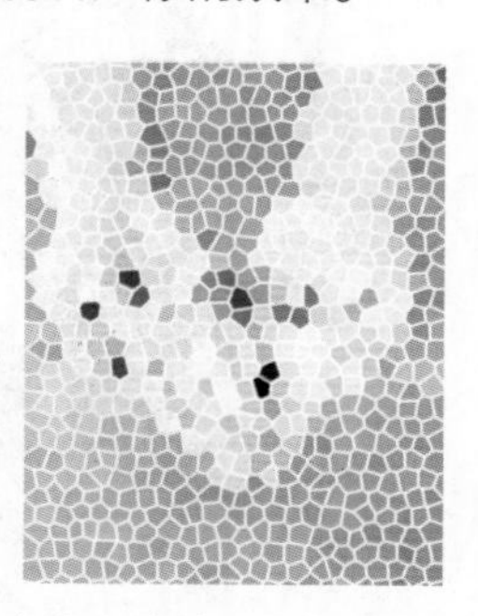

图12-268　使用“染色玻璃”滤镜后的效果

知识解析：“染色玻璃”对话框

◆ 单元格大小：用于设置玻璃网格的大小。数值越大，图像的玻璃网格越大。
◆ 边框粗细：用于设置网格边框的宽度。数值越大，网格的边缘越宽。
◆ 光照强度：用于设置照射网格的虚拟灯光强度。数值越大，图像中间的光照越强。

12.17.6 纹理化

“纹理化”滤镜可以为图像添加砖形、粗麻布、画布和砂岩等纹理效果，还可以调整纹理的大小和深度。如图12-269所示为使用“纹理化”滤镜后的效果。

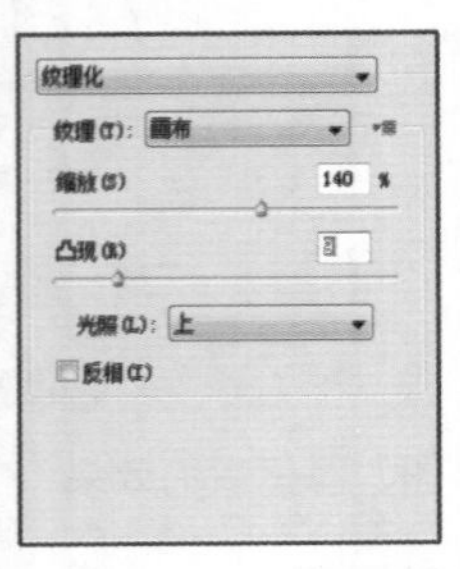

图12-269 使用“纹理化”滤镜后的效果

实例操作：制作牛仔布纹理

- 光盘\素材\第12章\草莓.jpg
- 光盘\效果\第12章\草莓.psd
- 光盘\实例演示\第12章\制作牛仔布纹理

本例打开“草莓.jpg”图像，为其创建选区，并为选区填充颜色。使用“半调图案”、“扩散”和“纹理化”滤镜制作牛仔布纹理。效果如图12-270和图12-271所示。

图12-270 原图效果

图12-271 最终效果

Step 1 ▶ 打开“草莓.jpg”图像，新建图层。使用钢笔工具为“草莓”创建路径，按Ctrl+Enter组合键转换为选区，如图12-272所示。将前景色设置为“深蓝色”（R:7 G:54 B:102），将背景色设置为“白色”。使用前景色填充选区，并取消选区，如图12-273所示。

图12-272 创建选区

图12-273 填充颜色

Step 2 ▶ 选择“滤镜”/“滤镜库”命令，打开“半调图案”对话框。在素描文件中选择“半调图案”选项，设置“大小”“对比度”“图案类型”分别为1、5、“网点”，如图12-274所示，单击 确定 按钮。

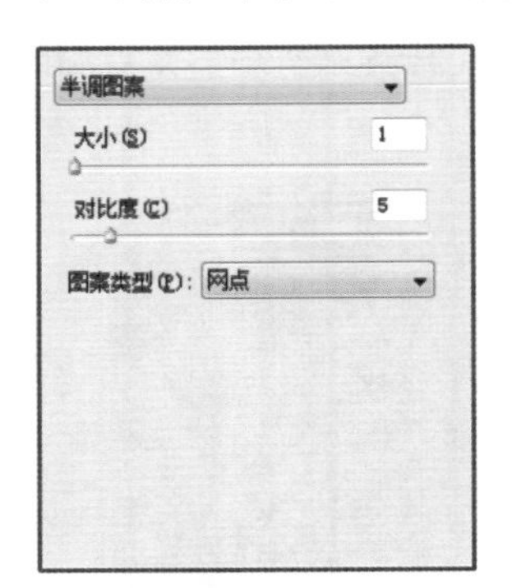

图12-274 设置半调图案参数

Step 3 ▶ 选择“滤镜”/“风格化”/“扩散”命令，打开“扩散”对话框。选中 ◉ 变暗优先(D) 单选按钮，如图12-275所示，然后单击 确定 按钮。

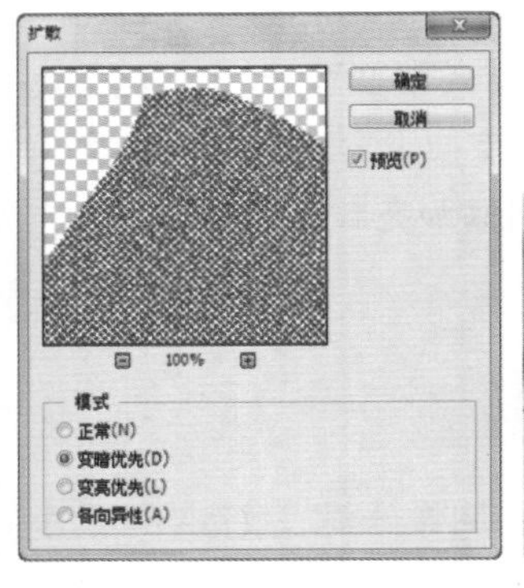

图12-275 “扩散”对话框

Step 4 ▶ 选择“滤镜”/“滤镜库”命令，打开“纹理化”对话框。在“纹理”文件下选择“纹理化”选项，再设置“纹理”“缩放”“凸现”“光照”分别为“画布”、103%、13、“右上”，然后选中☑反相(I)复选卡，如图12-276所示，最后单击 确定 按钮。

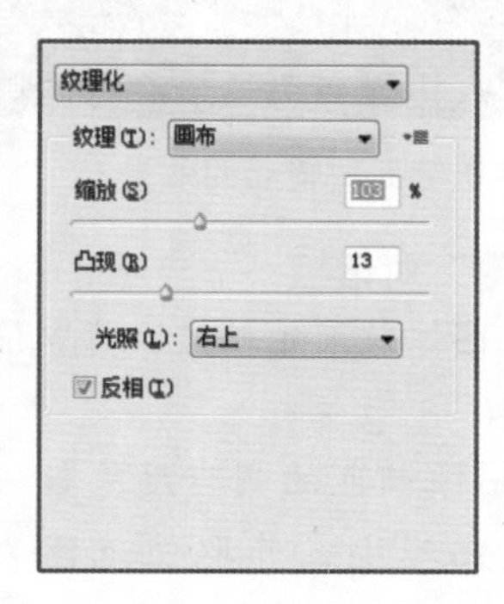

图12-276 “纹理化”对话框

Step 5 ▶ 按Shift+Ctrl+Alt+E组合键盖印图层。使用加深工具和模糊工具，对“草莓”的阴影处和边缘处进行涂抹，如图12-277所示。新建图层，使用钢笔工具在牛仔布上绘制一段曲线。选择画笔工具，设置画笔大小为“7像素”，使用画笔对路径进行描边，如图12-278所示。

图12-277 使用工具编辑图像 图12-278 使用画笔描边

Step 6 ▶ 按Ctrl+J组合键复制图层。使用移动工具将复制的图层稍向下移动，如图12-279所示。新建图层，选择画笔工具设置“不透明度”“流量”分别为40%、20%。使用画笔工具对牛仔布料进行涂抹，绘制牛仔布料的褶皱，如图12-280所示。

图12-279 移动图像 图12-280 绘制图像

知识解析：“纹理化”对话框

◆ 纹理：用于设置纹理样式，包含“砖形”、“粗麻布”、“画布”和“砂岩”等4种纹理类型。另外，用户还可选择“载入纹理”选项来装载自定义的以PSD文件格式存放的纹理模板。如图12-281所示，设置纹理为“粗麻布”；如图12-282所示，设置纹理为“砂岩”。

图12-281 纹理为“粗麻布” 图12-282 纹理为“砂岩”

◆ 缩放：用于调整纹理的尺寸大小。数值越大，纹理效果越明显。

◆ 凸现：用于调整纹理产生的深度。数值越大，图像的纹理深度越深。

◆ 光照：用于调整光照的方向。

◆ 反相：选中☑反相(I)复选框，反转光照方向。

12.18 “艺术效果”滤镜组

“艺术效果”滤镜组可以通过模仿传统手绘图画的方式绘制出15种不同风格的图像。使用时只需选择“滤镜”/“滤镜库”命令，在打开的对话框中选择“艺术效果”滤镜组，再选择不同的滤镜进行设置。

12.18.1 壁画

“壁画”滤镜可以使图像产生类似于壁画的效果，使图像看起来更加厚重。如图12-283所示为打开的原图。如图12-284所示为使用“壁画”滤镜后图像的效果。

图12-283 图像效果

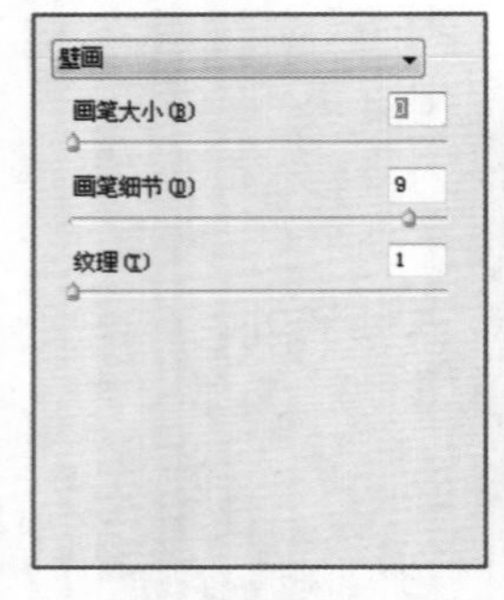

图12-284 使用“壁画”滤镜后的效果

知识解析：“壁画”对话框

◆ 画笔大小：用于设置画笔的大小。数值越大，画笔的笔触越大。

◆ 画笔细节：用于设置画笔刻画图像的细腻程度。数值越大，图像中的色彩层次越细腻。

◆ 纹理：用于调节效果颜色间过渡的平滑度。数值越大，图像效果越明显。

12.18.2 彩色铅笔

“彩色铅笔”滤镜可以将图像以彩色铅笔绘画的方式显示出来。如图12-285所示为使用“彩色铅笔”滤镜后图像的效果。

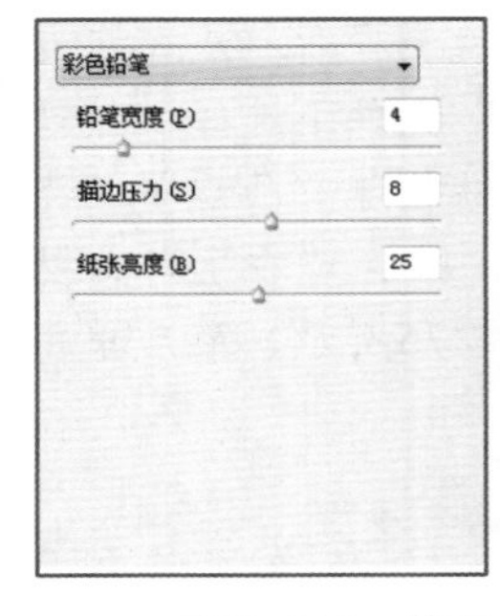

图12-285 使用“彩色铅笔”滤镜后的效果

知识解析：“彩色铅笔”对话框

◆ 铅笔宽度：数值越大，图像效果越粗糙，其取值范围为0～24。

◆ 描边压力：用于控制图像颜色的明暗度。数值越大，图像的亮度变化越小，其取值范围为0～15。

◆ 纸张亮度：用于控制背景色在图像中的明暗程度。数值越大，背景色越明亮。

12.18.3 粗糙蜡笔

“粗糙蜡笔”滤镜可以使图像产生类似于蜡笔在纹理背景上绘图而产生的一种纹理浮雕效果。如图12-286所示为使用“粗糙蜡笔”滤镜后图像的效果。

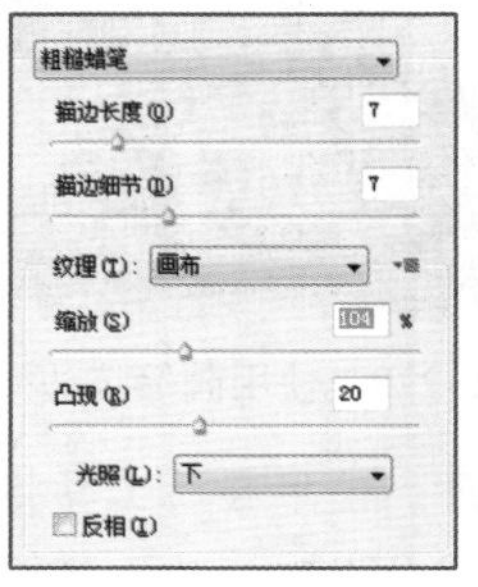

图12-286 使用“粗糙蜡笔”滤镜后的效果

知识解析：“粗糙蜡笔”对话框

◆ 描边长度：用于设置画笔线条的长度。数值越大，线条越长。

◆ 描边细节：用于设置线条刻画细节的程度。数值越大，图像细节越细腻。

◆ 纹理：用于设置纹理样式。如图12-287所示，设置纹理为“砖形”；如图12-288所示，设置纹理为“粗麻布”。

图12-287　纹理为“砖形”　图12-288　纹理为“粗麻布”

◆ 缩放：用于设置纹理的大小。数值越大，底纹的效果越明显。
◆ 凸现：用于调整覆盖纹理的深度。数值越大，纹理的深度越明显。
◆ 光照：用于调整灯光照射的方向。
◆ 反相：选中☑反相(I)复选框，反转光照方向。

12.18.4 底纹效果

“底纹效果”滤镜可以根据所选的纹理类型来使图像产生一种纹理效果。如图12-289所示为使用“底纹效果”滤镜后图像的效果。

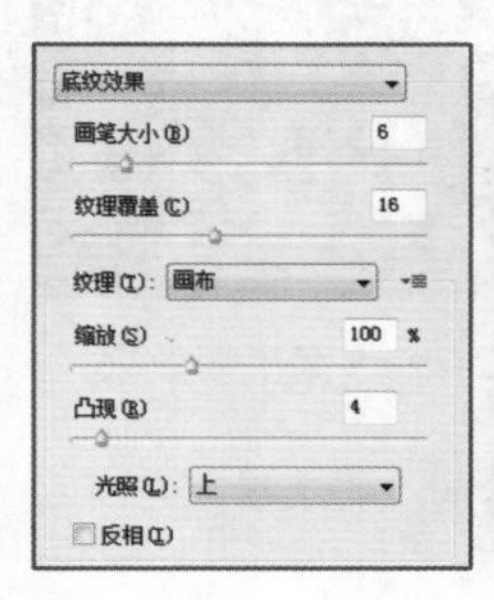

图12-289　使用“底纹效果”滤镜后的效果

知识解析：“底纹效果”对话框

◆ 画笔大小：用于设置笔触的大小。数值越小，画笔笔触越大。
◆ 纹理覆盖：用于设置笔触的细腻程度。数值越大，图像越模糊。如图12-290所示，设置“纹理覆盖”为4的效果；如图12-291所示，设置“纹理覆盖”为“35”的效果。
◆ 纹理：用于选择纹理的样式。
◆ 缩放：用于设置覆盖纹理的缩放比例。数值越大，底纹的效果越明显。

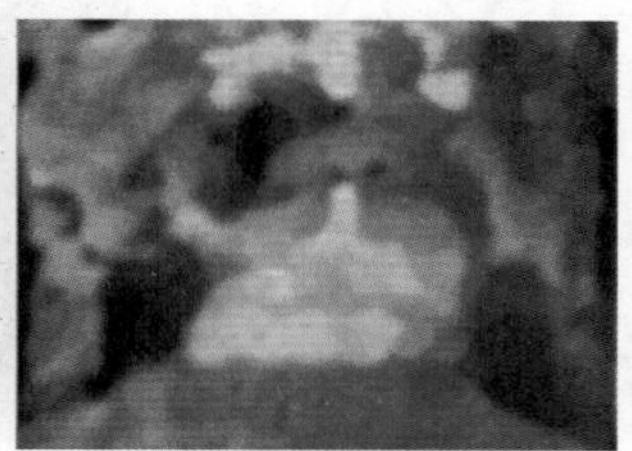

图12-290　“纹理覆盖”为4的效果　图12-291　“纹理覆盖”为35的效果

◆ 凸现：用于调整覆盖纹理的深度。数值越大，纹理的深度越明显。
◆ 光照：用于调整灯光照射的方向。
◆ 反相：选中☑反相(I)复选框，反转光照方向。

12.18.5 干画笔

“干画笔”滤镜可以使图像生成一种干燥的笔触效果，类似于绘画中的干画笔效果。如图12-292所示为使用“干画笔”滤镜后图像的效果。“干画笔”滤镜的参数与“壁画”滤镜的参数相同，这里不再赘述。

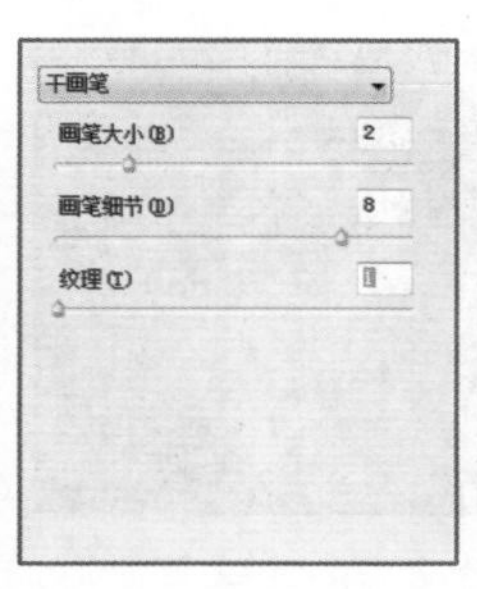

图12-292　使用“干画笔”滤镜后的效果

12.18.6 海报边缘

“海报边缘”滤镜可以使图像查找出颜色差异较大的区域，并将其边缘填充成“黑色”，使图像产生海报画的效果。如图12-293所示为使用“海报边缘”滤镜后图像的效果。

读书笔记

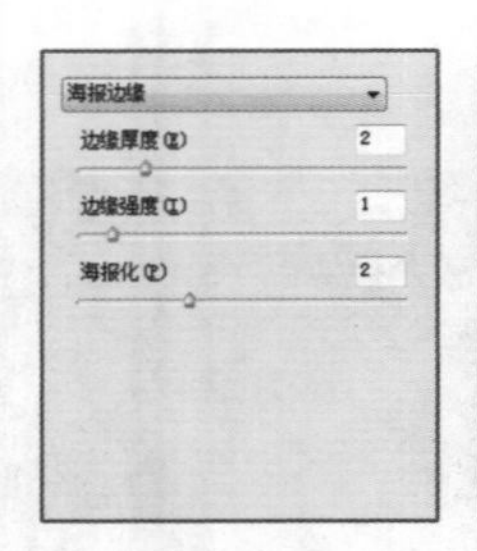

图12-293　使用“海报边缘”滤镜后的效果

知识解析：“海报边缘”对话框

◆ **边缘厚度**：用于调节图像黑色边缘的宽度。值越大，边缘轮廓越宽。
◆ **边缘强度**：用于调节图像边缘的明暗程度。值越大，边缘越黑。
◆ **海报化**：用于调节颜色在图像上的渲染效果。值越大，海报效果越明显。

12.18.7 海绵

“海绵”滤镜可以使图像产生类似于海绵浸湿的图像效果。如图12-294所示为使用“海绵”滤镜后图像的效果。

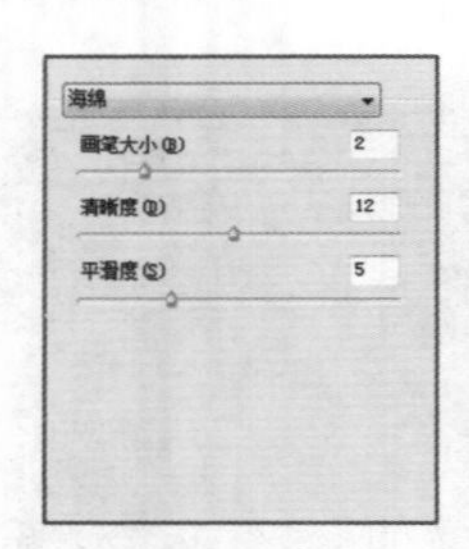

图12-294　使用“海绵”滤镜后的效果

知识解析：“海绵”对话框

◆ **画笔大小**：用于设置海绵画笔笔触的大小。数值越大，海绵效果的画笔笔触越大。
◆ **清晰度**：用于设置图像的清晰程度。数值越小，图像效果越清晰。
◆ **平滑度**：用于设置海绵颜色的平滑程度。

12.18.8 绘画涂抹

“绘画涂抹”滤镜可以使图像产生类似于手指在湿画上涂抹的模糊效果。如图12-295所示为使用“绘画涂抹”滤镜后图像的效果。

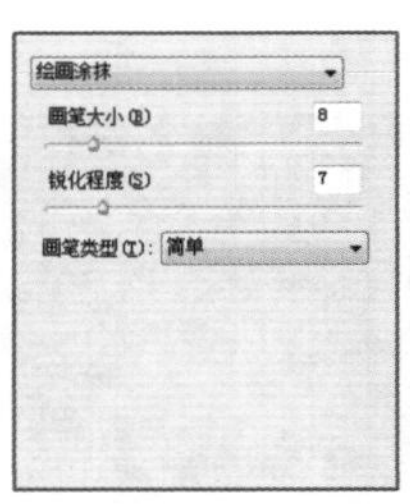

图12-295　使用“绘画涂抹”滤镜后的效果

知识解析：“绘画涂抹”对话框

◆ **画笔大小**：用于设置画笔的大小。数值越大，涂抹的画笔笔触越大。
◆ **锐化程度**：用于设置画笔的锐化程度。数值越大，图像效果越粗糙。
◆ **画笔类型**：用于选择画笔的类型，包括“简单”、“未处理光照”、“未处理深色”、“宽锐化”、“宽模糊”和“火花”共6种类型。如图12-296所示，“绘画涂抹”为“未处理光照”的效果；如图12-297所示，“绘画涂抹”为“宽模糊”的效果。

图12-296　未处理光照效果　　图12-297　宽模糊效果

12.18.9 胶片颗粒

“胶片颗粒”滤镜可以使图像产生类似于胶片颗粒的效果。如图12-298所示为使用“胶片颗粒”滤镜后图像的效果。

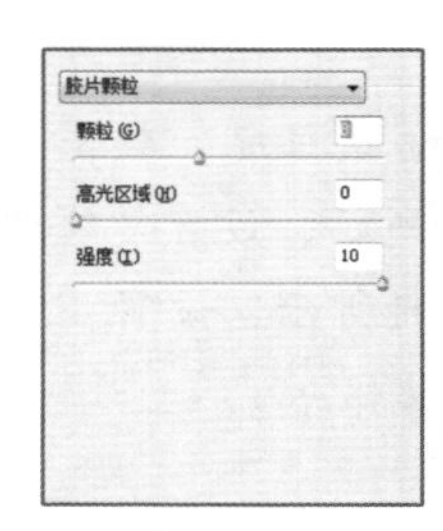

图12-298　使用“胶片颗粒”滤镜后的效果

知识解析：“胶片颗粒”对话框

- ◆ 颗粒：用于设置颗粒纹理的稀疏程度。数值越大，颗粒越多。
- ◆ 高光区域：用于设置图像中高光区域的范围。数值越大，亮度区域越大。
- ◆ 强度：用于设置图像亮部区域的亮度。数值越大，亮部区域颗粒越少。

12.18.10 木刻

“木刻”滤镜可以将图像制作出类似于木刻画的效果。如图12-299所示为使用“木刻”滤镜后图像的效果。

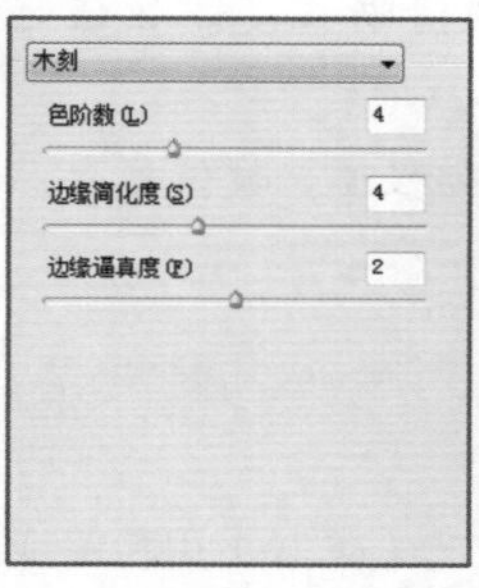

图12-299　使用“木刻”滤镜后的效果

知识解析：“木刻”对话框

- ◆ 色阶数：用于设置图像中色彩的层次。数值越大，图像的色彩层次越丰富、艳丽。如图12-300所示，色阶数为2的效果；如图12-301所示，色阶数为7的效果。

图12-300　色阶数为2的效果

图12-301　色阶数为7的效果

- ◆ 边缘简化度：用于设置图像边缘的简化程度。数值越小，边缘越明显。
- ◆ 边缘逼真度：用于设置产生痕迹的精确度。数值越小，图像痕迹越明显。

12.18.11 霓虹灯光

“霓虹灯光”滤镜可以使图像的亮部区域产生类似于霓虹灯的光照效果。如图12-302所示为使用“霓虹灯光”滤镜后图像的效果。

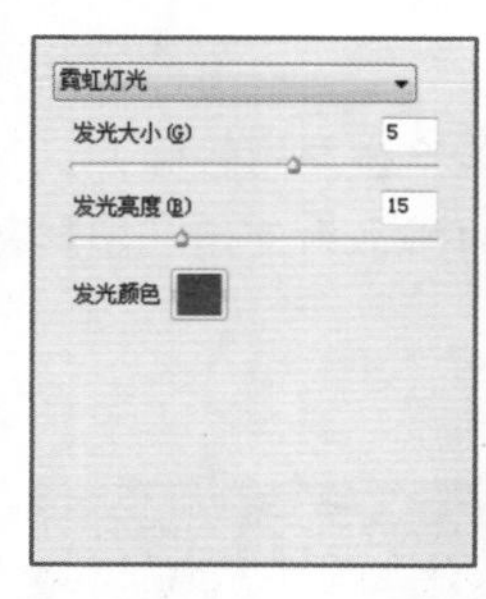

图12-302　使用“霓虹灯光”滤镜后的效果

知识解析：“霓虹灯光”对话框

- ◆ 发光大小：用于设置霓虹灯的照射范围。数值越大，灯光的照射范围越广。
- ◆ 发光亮度：用于设置霓虹灯灯光的亮度。数值越大，灯光效果越明显。
- ◆ 发光颜色：用于设置霓虹灯灯光的颜色。单击其右侧的颜色框，在打开的“拾色器”对话框中可以设置霓虹灯的发光颜色。

12.18.12 水彩

“水彩”滤镜可以将图像制作成类似于水彩画的效果。如图12-303所示为使用“水彩”滤镜后的效果。

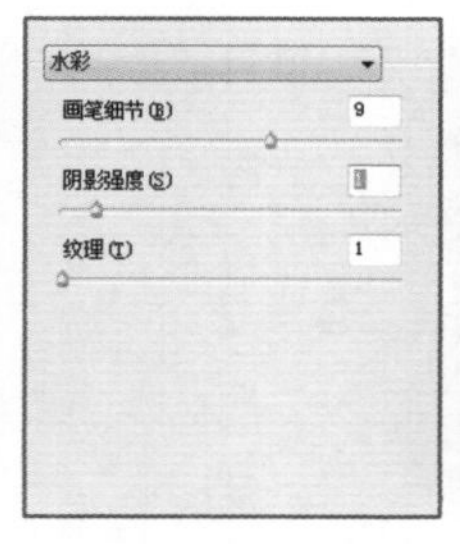

图12-303　使用“水彩”滤镜后的效果

知识解析：“水彩”对话框

- ◆ 画笔细节：用于设置画笔的精确程度。数值越大，图像的水彩效果越精细。

◆ 阴影强度：用来设置图像水彩暗部区域的强度，取值范围为0～10。当数值为10时，图像的暗调范围最广。

◆ 纹理：用于调节水彩的材质纹理。

12.18.13 塑料包装

“塑料包装”滤镜可以使图像产生质感较强并具有立体感的塑料效果。如图12-304所示为使用“塑料包装”滤镜后图像的效果。

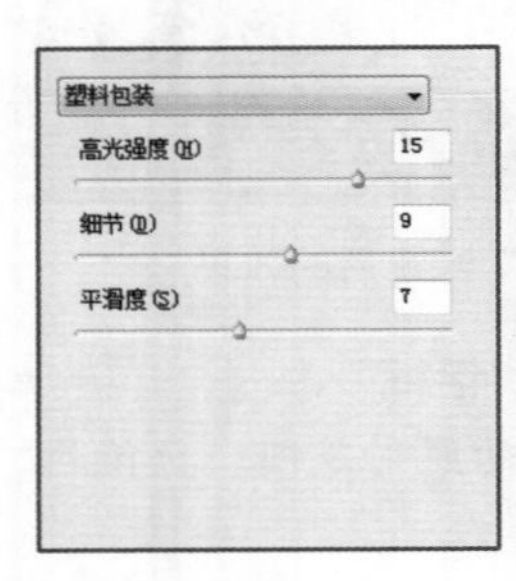

图12-304 使用“塑料包装”滤镜后的效果

知识解析：**“塑料包装”对话框**

◆ 高光强度：用于调节图像中高光区域的亮度。数值越大，图像产生的反光越强。

◆ 细节：用于调节作用于效果细节的精细程度。数值越大，塑料包装效果越明显。

◆ 平滑度：数值越大，产生的塑料包装效果越光滑。

读书笔记

12.18.14 调色刀

“调色刀”滤镜可以将图像的色彩层次简化，使相近的颜色融合，产生类似于粗笔画的绘图效果。如图12-305所示为使用“调色刀”滤镜后图像的效果。

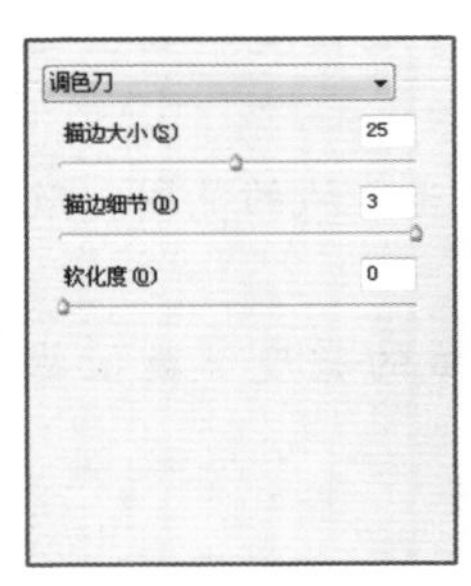

图12-305 使用“调色刀”后滤镜的效果

知识解析：**“调色刀”对话框**

◆ 描边大小：用于设置图像颜色混合的程度。数值越大，图像越模糊。

◆ 描边细节：用于设置边缘的清晰程度。数值越大，图像边缘越清晰。

◆ 软化度：用于设置图像的模糊程度。数值越大，图像越模糊。

12.18.15 涂抹棒

“涂抹棒”滤镜用于使图像产生类似于用粉笔或蜡笔在纸上涂抹的图像效果。如图12-306所示为使用“涂抹棒”滤镜后图像的效果。

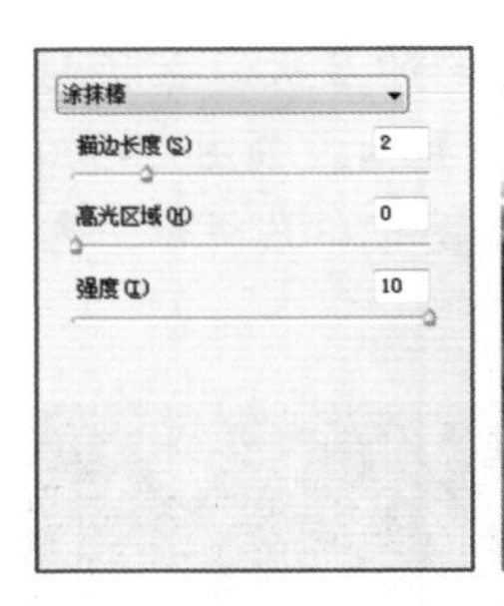

图12-306 使用“涂抹棒”滤镜后的效果

知识解析：**“涂抹棒”对话框**

◆ 描边长度：用于设置绘制的长度。数值越大，画笔的笔触越长。

◆ 高光区域：用于设置绘制的高光区域。数值越大，图像中的高光区域对比越强。

◆ 强度：用于设置图像的明暗强度。数值越大，图像中的明暗对比越强。

12.19 外挂滤镜

虽然Photoshop CC自带很多滤镜，能满足用户处理图片的基本要求，但在制作一些比较特殊的效果时，自带的滤镜可能并不能满足用户的创作需要。此时，用户不妨尝试使用第三方厂家开发的外挂滤镜。这类滤镜可以完成自带滤镜无法完成的效果。

12.19.1 安装外挂滤镜

外挂滤镜的安装方法很简单，其安装方法根据滤镜的存在方式不同而不同。安装完成，重新启动Photoshop CC后，可在“滤镜”菜单的底部看到新安装的外挂滤镜。

- 使用安装包安装：一些大型公司制作的外挂滤镜会以安装包的形式存在，用户只需双击可执行程序，并将外挂滤镜安装到Photoshop CC安装文件夹下的Plug-ins文件夹中，如图12-307所示。

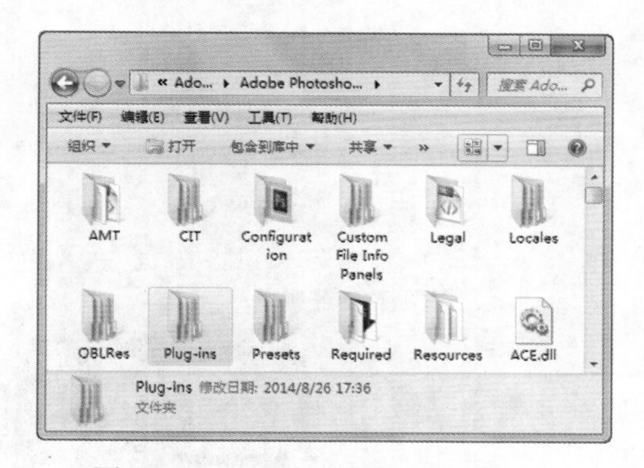

图12-307　Photoshop CC安装文件夹

- 直接安装：个人制作的外挂滤镜通常都没有安装文件。此时用户只需要直接将外挂滤镜复制到Plug-ins文件夹中。

12.19.2 常见的外挂滤镜

很多制作商都制作了效果各异的外挂滤镜。下面对几款常用的外挂滤镜进行讲解。

- KPT3：包含19种滤镜，可制作减半效果、三维图像，同时可添加杂质和材质。
- KPT5：包含10种滤镜，可制作3D按钮、羽毛效果等。
- KPT6：包含“均衡器”、“凝胶”、“透镜光斑”、“天空特效”、“投影机”、“黏性物”、“场景建立”和“湍流”等10种滤镜。
- KPT7：包含“墨水滴”、“闪电”、“流动”、“撒播”、“高级贴图”和“渐变”等滤镜。
- Eye Candy 4000：包含“铬合金”、“闪耀”、“发光”、“水滴”、“玻璃”、“烟幕”、“融化”和“火焰”等滤镜。
- Mask Pro：该滤镜用于人物抠图，可以将复杂的图像，如毛发轻松抠取。它是影楼和广告设计师常用的滤镜。
- Kodak：该滤镜用于磨皮，可减少数码照片中的杂色并保持毛发的细节。
- NeatImage：该滤镜同样用于抠图，不但能对人物进行抠取，也可以对玻璃、烟雾等进行抠取。

知识大爆炸——Photoshop CC增效工具

增效工具也称为插件，都是根据某种特定需求制作出的程序，如游戏插件、3D插件等。Photoshop CC中可使用的插件基本是以前版本中所包含的一些插件，如Web照片画廊、图片包、“抽出”滤镜、图案生成器等。这些插件并不被大部分用户所使用，Adobe在对Photoshop CC安装程序进行压缩时，将它们移除。用户可根据实际需要添加这些增效工具。

01 02 03 04 05 06 07 08 09 10 11 12 13 14……

自动化与Web应用

本章导读

当需要在Photoshop CC中进行大量重复操作或处理相同效果的图片时，可以通过自动化功能提高工作效率。制作完成后，还可将图片导出为Web可使用的格式，以方便在网络中传输。

13.1 创建与编辑动作

动作是将不同的操作、命令及命令参数记录下来，以一个可执行文件的形式存在，用相同的方式快速处理不同的图像，从而简化复杂、重复的操作，大大提高用户处理图像的效率。

13.1.1 认识“动作”面板

选择“窗口”/“动作”命令，可打开如图13-1所示的“动作”面板，在其中可以进行动作的创建、播放、修改和删除等操作。“动作”面板中的动作按照需要可以放在一个统一的组中，称为动作组。

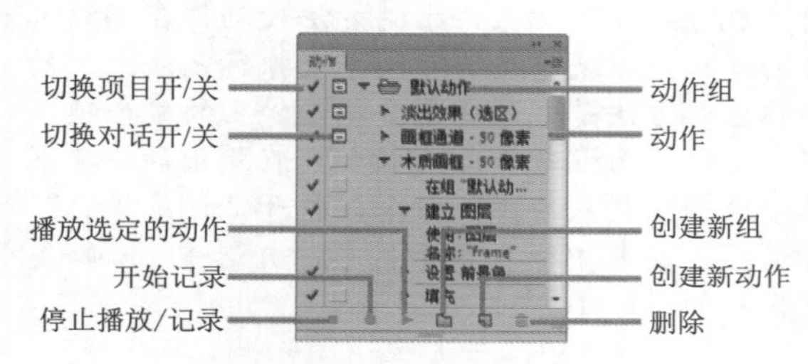

图13-1 “动作”面板

“动作”面板中各选项的作用如下。

- **切换项目开/关**：若动作组、动作和命令前显示图标，表示这些动作可以执行。若没有该图标，则不可被执行。
- **切换对话开/关**：若显示图标，表示执行到开关命令时，暂停并打开对应的对话框，用户可在该对话框中进行设置。单击“确定”按钮，动作继续往后执行。
- **停止播放/记录**：单击按钮，停止播放动作或停止记录动作。
- **开始记录**：单击按钮，开始记录新动作。
- **播放选定的动作**：单击按钮，播放当前动作或动作组。
- **创建新组**：单击按钮，可创建新的动作组。
- **创建新动作**：单击按钮，可创建一个新动作。
- **删除**：单击按钮，可删除当前动作或动作组。

13.1.2 创建动作

创建动作，又称为录制动作，用户可根据实际需要来录制。录制后的动作存储在系统中，用户可以在“动作”面板中指定的位置查看动作。

实例操作：录制黑白效果动作

- 光盘\素材\第13章\照片.jpg
- 光盘\效果\第13章\照片.jpg
- 光盘\实例演示\第13章\录制黑白效果动作

本例打开“照片.jpg”图像。通过新建并录制动作的方法，将图片效果转换为黑白。录制前后的图片效果如图13-2和图13-3所示。

图13-2 原图像

图13-3 最终效果

Step 1 打开“照片.jpg”素材文件。选择“窗口”/“动作”命令，打开“动作”面板，单击按钮。在打开的“新建组”对话框中设置“名称”为“特殊效果”，单击“确定”按钮，如图13-4所示。

图13-4 新建组

Step 2 返回“动作”面板中，即可查看到创建的动作组，然后单击“创建新动作”按钮，打开“新建动作”对话框，设置“名称”“功能键”“颜色”分别为“黑白效果”、F12、“灰色”，单击“记录”按钮，如图13-5所示。

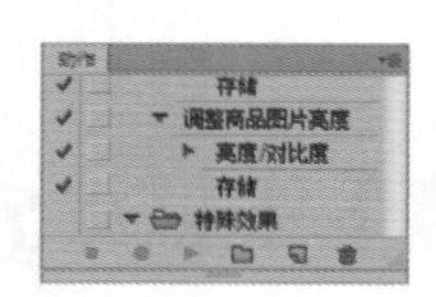

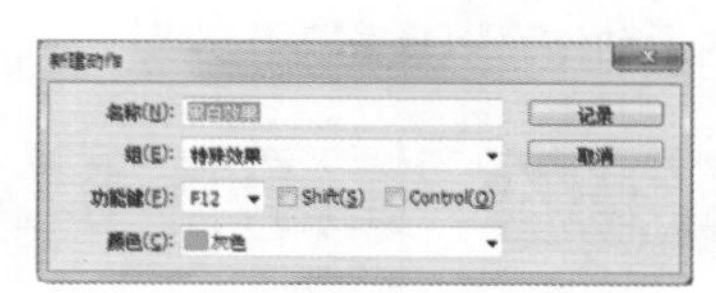

图13-5 新建动作

Step 3 选择“图像”/“调整”/“黑白”命令，打开“黑白”对话框，在“红色”“黄色”“绿色”“青色”“蓝色”“洋红”对应的文本框中分别输入-3、70、50、-121、20、80，单击 确定 按钮，如图13-6所示。选择“文件”/“存储”命令保存图片。在“动作”面板中单击“停止播放/记录”按钮■结束录制过程，如图13-7所示。

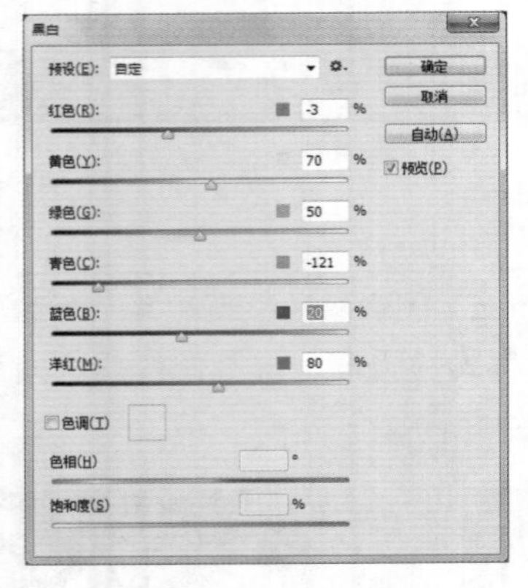

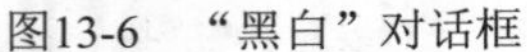

图13-6 “黑白”对话框

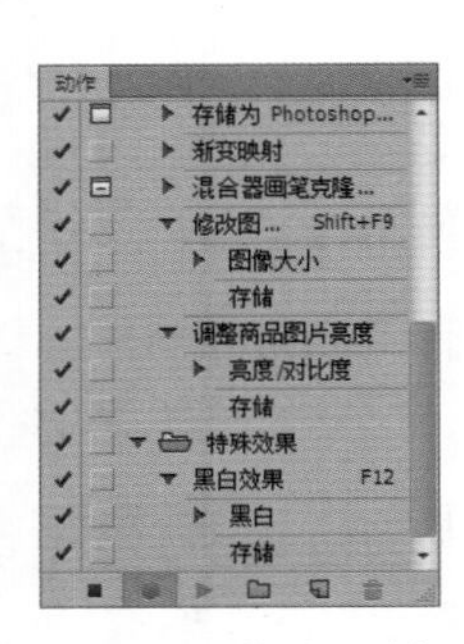

图13-7 停止录制

13.1.3 应用动作

不管是用户新建的动作，还是Photoshop CC预置的动作，都可以在“动作”面板中应用。其方法是：打开准备处理的图片文件，在“动作”面板中选择需要的动作，然后单击“播放选定的动作”按钮▶即可。如图13-8所示即为对图片应用“四分颜色”动作前后的效果。

图13-8 应用动作

若录制动作时设置了快捷键，也可直接按快捷键调用动作，以提高工作效率。

13.1.4 在动作中插入命令

在录制动作的过程中，若用户进行一些误操作造成动作不正确，可通过在动作中插入命令的方法来编辑动作。其方法是：选择需要插入命令的动作命令项，单击●按钮，开始记录动作。执行需要插入的命令，插入命令后单击■按钮，停止录制。如图13-9所示，在“黑白效果”命令中再添加一个“存储为”命令，并将图片格式设置为IFF效果。

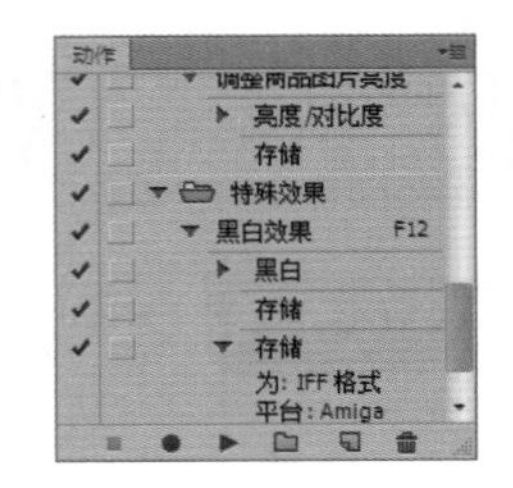

图13-9 插入命令

技巧秒杀

用户也可以通过插入停止的方法使动作在播放时自动停止，以便有足够时间手动执行无法录制的动作。其方法是：选择需要插入停止的命令项，在“动作”面板中单击☰按钮，在弹出的快捷菜单中选择“插入停止”命令，打开“记录停止”对话框，在其中输入提示信息，并选中 ☑允许继续 复选框，如图13-10所示。

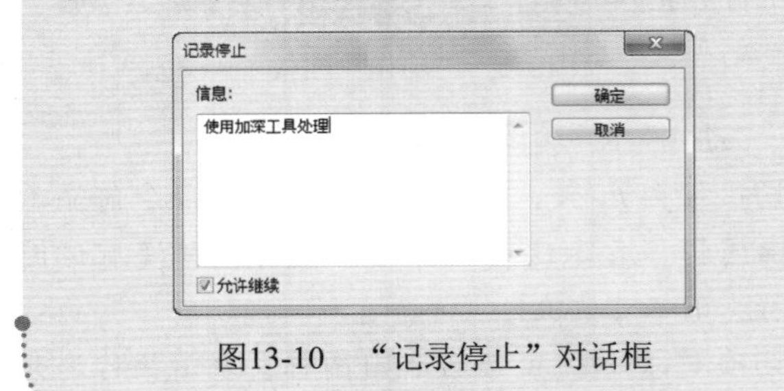

图13-10 “记录停止”对话框

13.1.5 指定回放速度

有的动作因时间太长而不能正常播放时，可以为其设置回放速度。其方法是：单击“动作”面板右上角的☰按钮，在弹出的快捷菜单中选择“回放选项”命令，打开如图13-11所示的“回放选项”对话框，在其中进行设置即可。

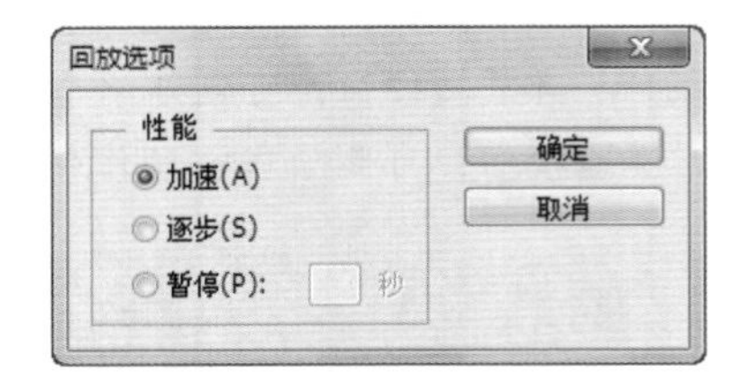

图13-11 “回放选项”对话框

知识解析：“回放选项”对话框

- **加速**：选中◉加速(A)单选按钮，以正常速度播放动作。
- **逐步**：选中◉逐步(S)单选按钮，动作完成每条命令并重绘图像，然后进入下一条命令。
- **暂停**：选中◉暂停(P)单选按钮，可在其后的文本框中输入Photoshop CC中执行命令的暂停时间。

13.2 管理动作和动作组

为了更好地对动作进行管理，使用户能够更便捷地使用它们，可以对动作和动作组进行管理。常见的操作包括调整动作排列顺序、复制与删除动作、重命名动作、存储与载入动作、复位动作和替换动作等，下面分别进行讲解。

13.2.1 调整动作排列顺序

“动作”面板中的动作默认情况下不发生任何变化，用户可根据需要将常用的动作调整到上方，方便选择。其方法是：在“动作”面板中选择需要调整顺序的动作或命令，将其拖动到同一动作或者另一动作的新位置即可，如图13-12所示。

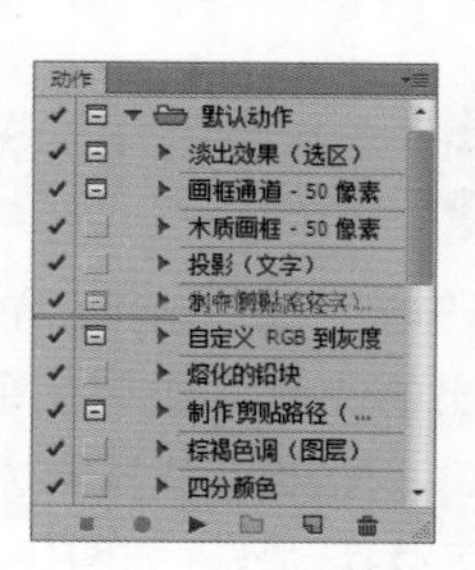
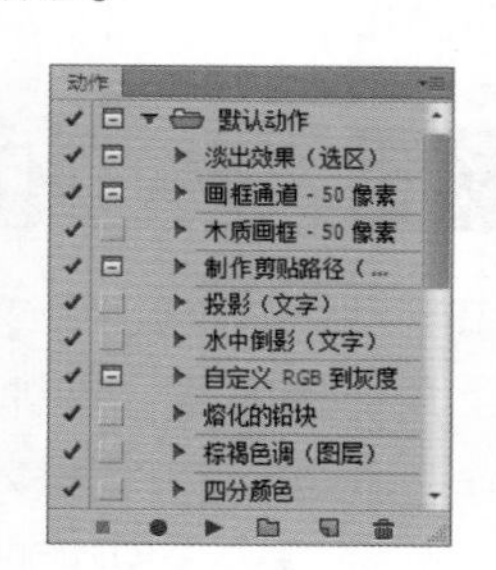

图13-12 调整动作排列顺序

技巧秒杀

选择一个组中的动作，将其拖动到另一个组所在的位置，即可调整不同组中动作的位置。

13.2.2 复制与删除动作

若需要某个动作，可对其进行复制操作。若不再使用某个动作，可对其进行删除操作。复制与删除动作的方法分别介绍如下。

- **复制动作**：选择待复制的动作和命令，按住Alt键不放的同时移动动作和命令，将其拖动到“创建新动作”按钮上即可。或者选择待复制的动作和命令，单击“动作”面板右侧的“菜单”按钮，在弹出的快捷菜单中选择“复制”命令，如图13-13所示。

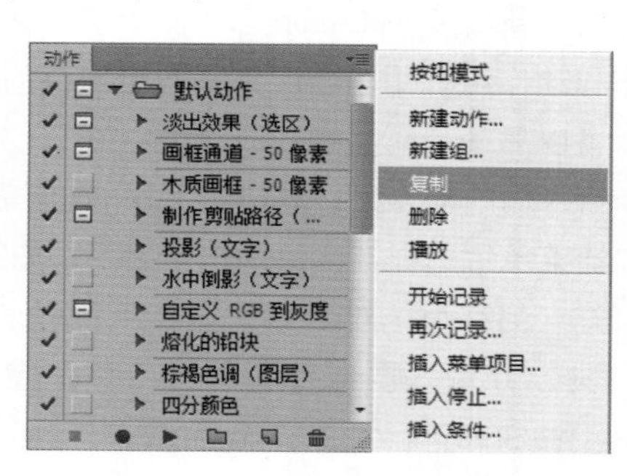

图13-13 选择“复制”命令

- **删除动作**：选择待删除的动作和命令，将其拖动到“删除”按钮上即可。或者选择待删除的动作和命令，单击“动作”面板右侧的“菜单”按钮，在弹出的快捷菜单中选择“删除”命令。

13.2.3 重命名动作

如果动作的名称不便于用户识别，可对其进行重命名操作。其方法与重命名图层的方法类似，只需在动作名称上连续单击两次，使动作名称变为蓝底白字的可编辑状态，重新输入名称后按Enter键即可，如图13-14所示。

读书笔记

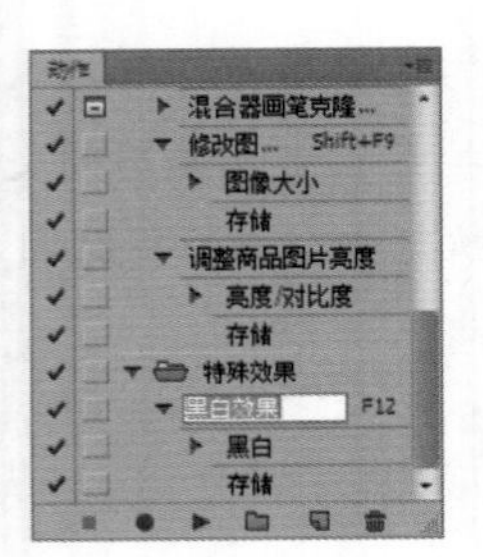

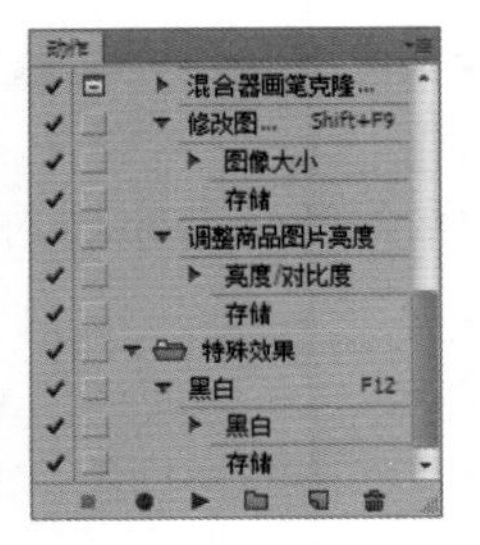

图13-14　重命名动作

13.2.4 存储与载入动作

为了保证Photoshop CC中的动作能够正常使用，可对其进行存储和载入操作，以备不时之需。

1. 存储动作

卸载或重新安装Photoshop CC后，用户无法使用自创的动作和动作组。用户可以将动作组保存为单独的文件，以备以后使用。其操作方法是：在“动作”面板中选择待存储的动作组，单击右上角的按钮，在弹出的快捷菜单中选择“存储动作”命令，如图13-15所示。打开“另存为”对话框，设置存放动作文件的目标文件夹，并输入要保存的动作名称，完成后单击 保存(S) 按钮即可，如图13-16所示。

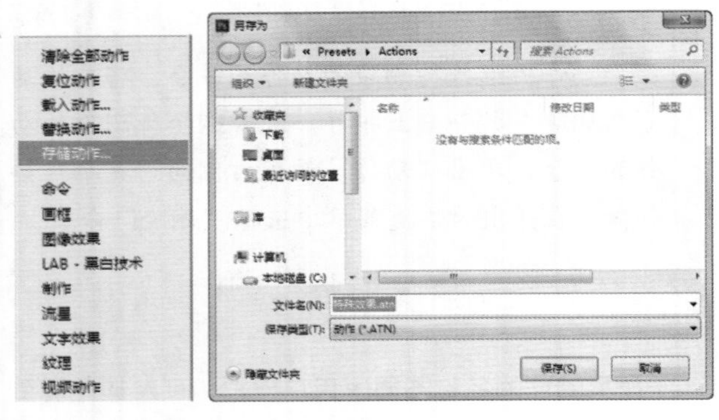

图13-15　“存储动作”命令　　图13-16　“另存为”对话框

2. 载入动作

在“动作”面板右上角单击按钮，在弹出的快捷菜单中选择“载入动作”命令，打开“载入”对话框，选择需要加载的动作，单击 载入(L) 按钮即可，如图13-17所示。

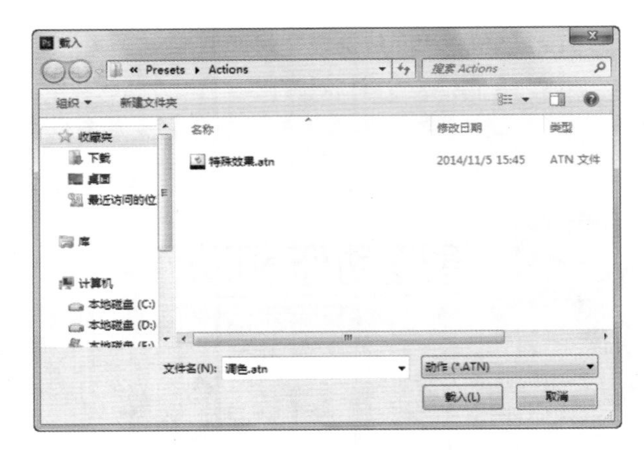

图13-17　“载入”对话框

13.2.5 复位动作

若对Photoshop CC中的动作进行了较大的改动，导致某些动作效果不能实现，可执行“复位动作”命令，使动作恢复修改前的状态。其方法是：单击“动作”面板右上角的按钮，在弹出的快捷菜单中选择“复位动作”命令即可。

13.2.6 替换动作

在“动作”面板中选择需要替换的动作，单击面板右上角的按钮，在弹出的快捷菜单中选择“替换动作”命令，打开“载入”对话框，选择需替换的动作，单击 载入(L) 按钮即可替换动作，如图13-18所示。替换动作后，“动作”面板中原有的动作不存在，并更新为替换后的动作。

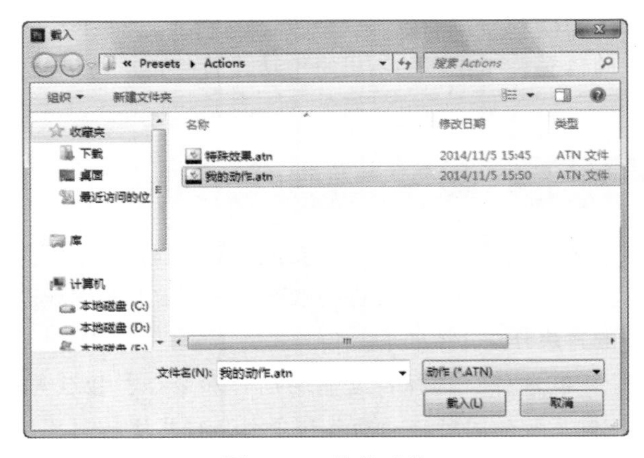

图13-18　替换动作

13.3 自动化处理图像

除了使用动作快速对图像进行处理外，还可通过批处理功能来达到相同的效果。与动作不同的是，批处理命令是有明确作用的操作。下面对自动化处理的方法进行详细介绍。

13.3.1 批处理图像

要应用动作同时对一个文件夹下的所有图像进行处理，可通过“批处理”命令来进行操作。在进行批处理操作前，可先将相关的图像整理到一个文件夹中，方便对其进行操作。

实例操作：统一为图像添加细雨效果

- 光盘\素材\第13章\细雨效果\
- 光盘\效果\第13章\添加细雨\
- 光盘\实例演示\第13章\统一为图像添加细雨效果

本例通过批处理功能为“细雨效果”文件夹中的所有图像添加细雨效果，并对图像重新进行排序和命名。

Step 1 ▶ 打开“动作”面板，单击右上角的按钮，在弹出的快捷菜单中选择“图像效果”命令，将“图像效果”动作组加载到“动作”面板中，如图13-19所示。

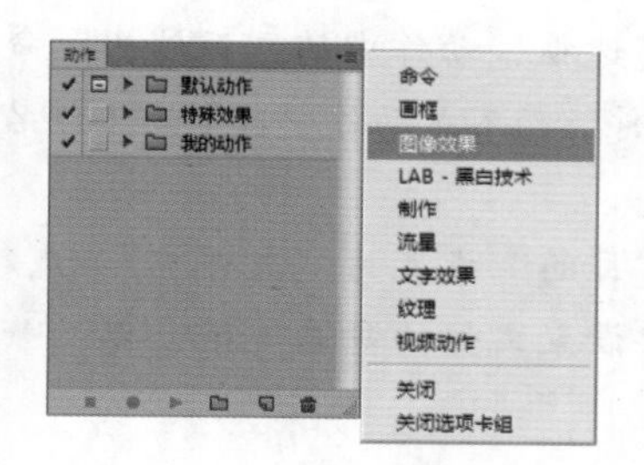

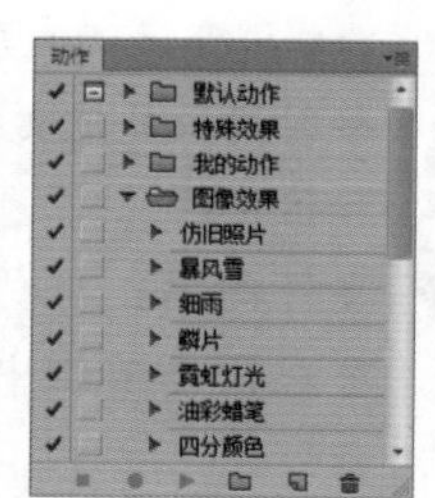

图13-19　载入动作组

操作解谜

只有载入到“动作”面板中的动作组才能在批处理时应用，所以为在批处理时使用Photoshop CC自带的一些动作，需要将它们载入到“动作”面板中。

Step 2 ▶ 选择“文件”/“自动”/“批处理”命令，打开“批处理”对话框。在其中设置“组”为“图像效果”，“动作”为“细雨”。单击 选择(C)... 按钮，在打开的“浏览文件夹”对话框中选择“细雨效果”文件夹中的所有文件，如图13-20所示。

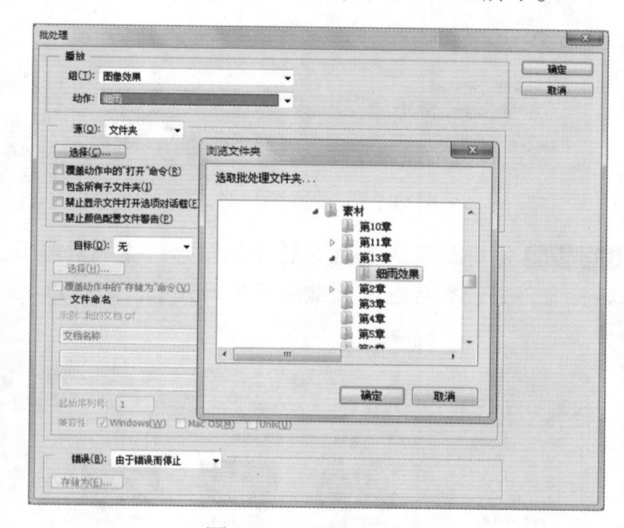

图13-20　选择文件夹

Step 3 ▶ 单击 确定 按钮，返回“批处理”对话框。在“目标”下拉列表框中选择“文件夹”选项，单击 选择(C)... 按钮，打开“浏览文件夹”对话框，将处理后的图像存放到“添加细雨”文件夹中。在“文件命名”栏中设置文件名分别为“细雨”“2位数序号”“扩展名（小写）”，如图13-21所示。

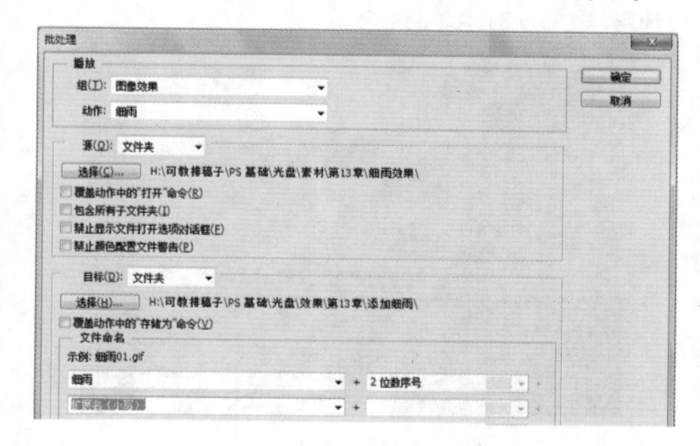

图13-21　设置目标文件

Step 4 ▶ 单击 确定 按钮，开始执行自动化处理。自动化处理完成后打开“另存为”对话框，设置图片的存储格式，这里设置为JPEG，如图13-22所示。

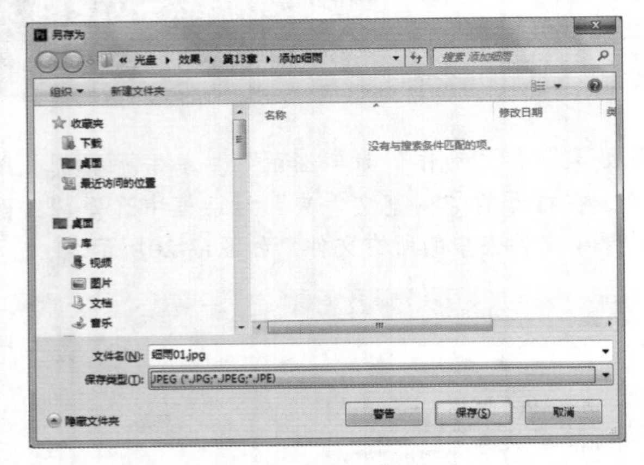

图13-22 设置图片格式

Step 5 ▶ 使用相同的方法存储其他图片。完成后打开目标文件夹，即可查看到批处理后的效果，如图13-23所示。

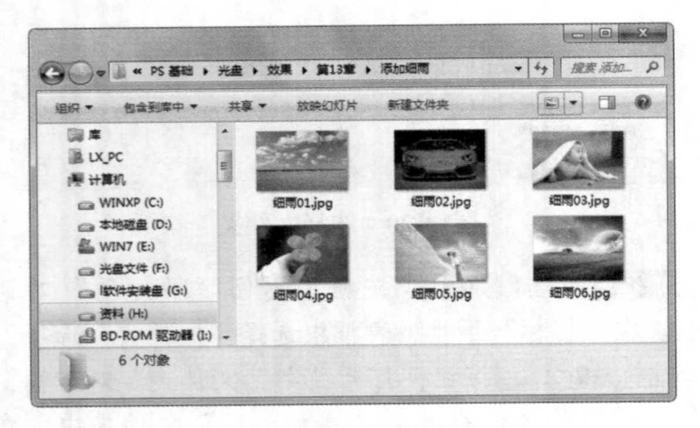

图13-23 查看目标文件夹

Step 6 ▶ 双击文件夹中的图片，即可查看到处理图片后的效果，如图13-24所示。

图13-24 查看图片效果

知识解析：“批处理”对话框

- 组：用于设置批处理效果的动作组。
- 动作：用于设置批处理效果的动作。
- 源：在“源”下拉列表框中可以指定要处理的文件。选择“文件夹”并单击 选择(C)... 按钮，可在打开的对话框中选择一个文件夹，以批处理该文件夹中的所有文件。
- 覆盖动作中的“打开”命令：选中 ☑覆盖动作中的"打开"命令(R) 复选框，在批处理时忽略动作中记录的“打开”命令。
- 包含所有子文件夹：选中 ☑包含所有子文件夹(I) 复选框，将批处理应用到所选文件夹中包含的子文件夹。
- 禁止显示文件打开选项对话框：选中 ☑禁止显示文件打开选项对话框(F) 复选框，将不再显示“打开文件”对话框。
- 禁止颜色配置文件警告：选中 ☑禁止颜色配置文件警告(P) 复选框，关闭颜色方案信息的显示功能。
- 目标：在“目标”下拉列表中选择完成批处理后文件的保存位置。选择“无”选项，不保存文件，文件保持打开状态；选择“存储并关闭”选项，可以将文件保存在原文件夹中，以覆盖原文件。单击 选择(C)... 按钮，可指定保存文件的文件夹。
- 覆盖动作中的“存储为”命令：选中 ☑覆盖动作中的"存储为"命令(V) 复选框，动作中的“存储为”命令引用批处理文件，而不是动作中自定的文件名和位置。
- 文件命名：将“目的”设置为“文件夹”后，可在该选项组中设置文件的命名规范，以及兼容性。

13.3.2 创建快捷批处理

“快捷批处理”是一个能够快速完成批处理的小程序，能简化批处理的操作方式。选择“文件”/“自动”/“创建快捷批处理”命令，打开如图13-25所示的“创建快捷批处理”对话框。其使用方法与“批处理”对话框类似。选择一个动作后，在“将快捷批处理存储为”栏中单击选择(C)...按钮，打开“存储”对话框，在其中设置创建快捷批处理的名称和保存位置。完成创建后，在创建的位置出现一个形状的可执行程序图标。此时，用户只需将图像与文件夹拖动到该图标上，即可完成批处理。需要注意的是，即使不启动Photoshop CC，也能通过快捷批处理来处理图像。

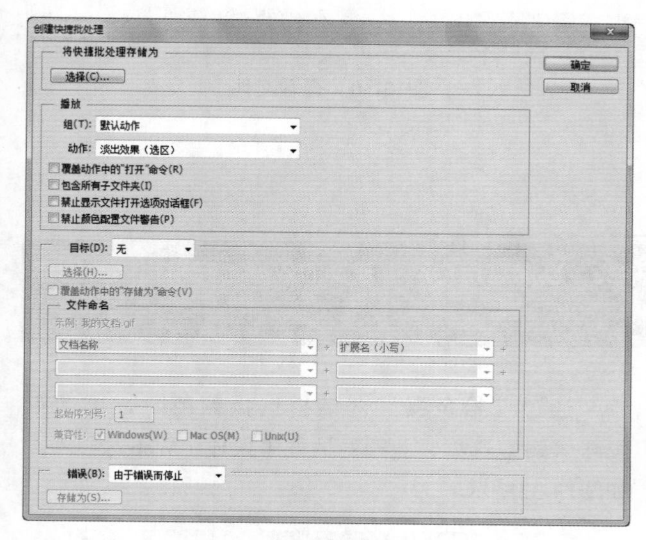

图13-25 “创建快捷批处理”对话框

13.3.3 PDF演示文稿

Photoshop CC还为用户提供了快速创建PDF和演示文稿的功能。它能够将用户选择的图片导出为多页面文档或可作为PDF幻灯片放映的演示文稿。

实例操作：输出可放映的演示文稿

- 光盘\素材\第13章\细雨效果\
- 光盘\效果\第13章\pdf演示文稿.pdf
- 光盘\实例演示\第13章\输出可放映的演示文稿

本例添加“细雨效果”文件夹中的所有图像，并将其导出为演示文稿格式。

Step 1 选择“文件”/“自动”/“PDF演示文稿”命令，打开“PDF演示文稿”对话框，单击浏览(B)...按钮，打开“打开”对话框，选择“细雨效果”文件夹中的所有图片，单击确定按钮，添加源文件。此时，“PDF演示文稿”对话框中显示已添加的文件，如图13-26所示。在“输出选项”栏中选中演示文稿(P)单选按钮，在“演示文稿选项”栏中选中在最后一页之后循环(L)复选框，其他保持默认设置不变，如图13-27所示。

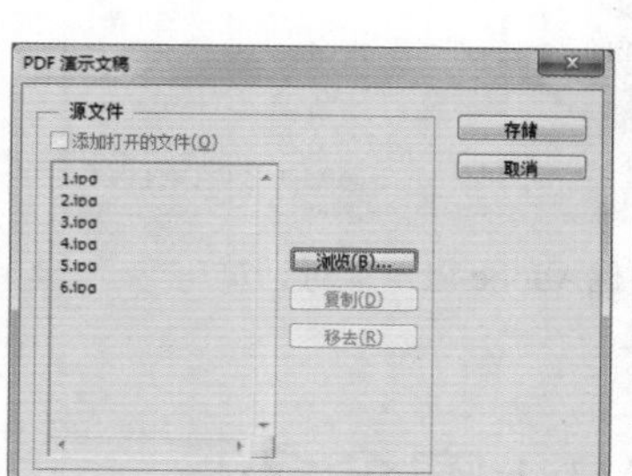

图13-26 添加源文件

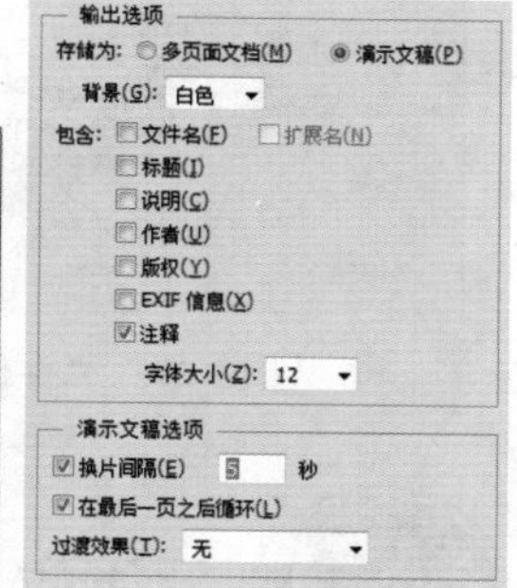

图13-27 设置“输出选项”和“演示文稿选项”

Step 2 单击存储按钮，打开“另存为”对话框，设置PDF文件的保存名称，如图13-28所示。

图13-28 设置存储名称

Step 3 单击保存(S)按钮，打开“存储Adobe PDF”对话框，保持默认设置不变，单击存储 PDF按钮以完成操作，如图13-29所示。

Step 4 打开存储PDF文档的目标文件夹，即可查看导出后的效果，如图13-30所示。

读书笔记

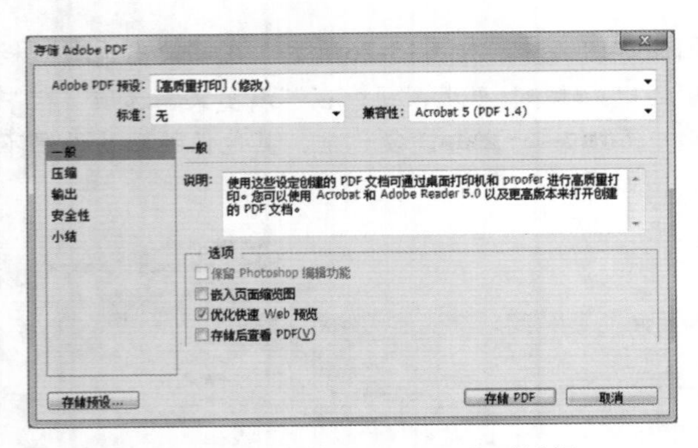

图13-29　“存储Adobe PDF”对话框

图13-30　查看文件

13.4 了解Web安全色

Photoshop CC还可以将图像输出为网页可使用的格式，以提高用户网页开发的效率。在输出网页图像前，需要先了解Web安全色，以为后面的操作奠定基础。

当用户把在自己电脑上制作的图像通过其他途径进行展示时，可能因为电脑系统设置、Web浏览器等原因呈现出不同的效果，造成颜色的差异。为了防止这种情况，用户在制作图像时，要尽可能地使用Web安全色。当在“拾色器（前景色）”对话框或者“颜色”面板中选取颜色时，若出现图标，表示该图像已经超出Web安全色的范围。此时，单击图标可将当前颜色替换为最接近的Web安全色，如图13-31所示。

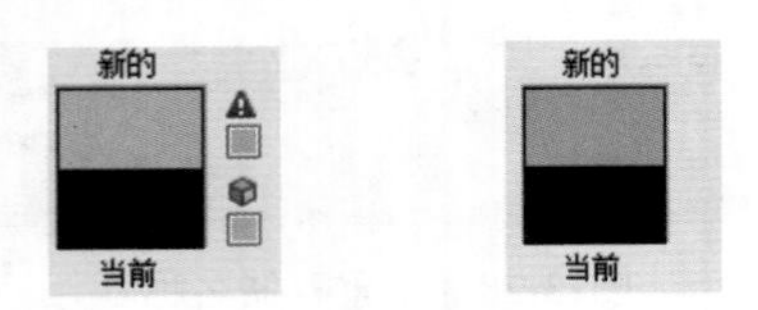

图13-31　将颜色转换为安全色

通过“拾色器”对话框选择颜色时，可选中☑只有 Web 颜色复选框，此时对话框中只显示Web安全色，如图13-32所示。

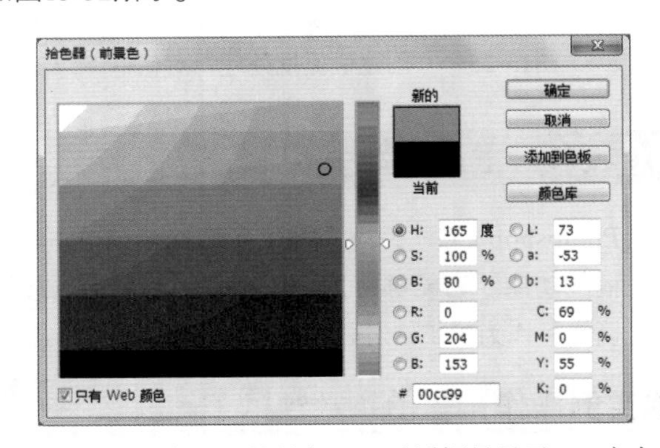

图13-32　“拾色器（前景色）”对话框只显示Web安全色

13.5 创建与编辑切片

使用Photoshop CC输出网页图像，其实质就是对图像进行切片，将图片切割为若干个小块，以确保网页图像的下载速度。这些切割后的小图片通过网页设计器编辑，组合为一个完整的图像，再通过Web浏览器进行显示，这样既可保证图像的显示效果，又可提高用户的网页体验。下面具体讲解创建和编辑切片的相关方法。

13.5.1 了解切片和切片工具

要对图像进行切片，需要先了解切片和切片工具的基本使用方法。下面分别进行讲解。

1. 切片的类型

在Photoshop CC中，有两种切片类型，即用户切片和自动切片。用户切片是指用户通过切片工具手动创建的切片；自动切片是指Photoshop CC自动生成的切片。

创建新切片时，将生成附和的自动切片来占据图像的区域，自动切片可以填充图像中用户切片或基于图层切片中未定义的空间。每次添加或编辑切片都生成自动切片。如图13-33所示，蓝底白字图片区域即为用户切片，灰底白字图片区域即为自动切片。

图13-33　切片类型

2. 切片工具

切片工具用于创建切片。选择该工具后，直接拖动鼠标在图像上绘制需要切片的区域即可。该工具的属性栏如图13-34所示，在“样式”下拉列表框中可以选择切片区域的绘制模式，包括“正常”“固定长宽比”“固定大小”3个选项。其含义与矩形选框工具等的工具含义相同，这里不再赘述。

样式：正常　宽度：　高度：　基于参考线的切片

图13-34　切片工具属性栏

切片选择工具用于选择切片，其工具属性栏如图13-35所示。其中，单击提升按钮可将图层切片转换为用户切片，单击划分...按钮可对图片进行划分操作，单击隐藏自动切片按钮可以隐藏自动切片。

提升　划分...　隐藏自动切片

图13-35　切片选择工具属性栏

13.5.2 创建切片

选择切片工具后，在图像中绘制切片区域即可创建切片。需要注意的是，切片前最好创建参考线，并规划好切片区域。

实例操作：切片登录页面

- 光盘\素材\第13章\登录.jpg
- 光盘\效果\第13章\登录.psd
- 光盘\实例演示\第13章\切片登录页面

本例以对登录界面创建切片为例，讲解切片的创建方法。

Step 1 打开“登录.jpg”素材文件。选择“视图”/“标尺”命令显示标尺，直接拖动水平和垂直方向上的标尺线在图像中创建参考线，如图13-36所示。

Step 2 在工具箱中选择切片工具，将鼠标指针移动到“用户名”文本框左上角，按住鼠标左键不放向右下角拖动，至文本框被全部框住后释放鼠标，完成第一个用户切片的创建，如图13-37所示。此时，Photoshop CC自动创建其他图层的切片。

图13-36　创建参考线　图13-37　创建第一个用户切片

Step 3 将鼠标指针移动到“密码”文本框左上角，按住鼠标左键不放向右下角拖动，至文本框被全部框住后释放鼠标，完成第二个用户切片的创建，如图13-38所示。使用相同的方法，为下方的文本区域和“登录”按钮创建切片，效果如图13-39所示。

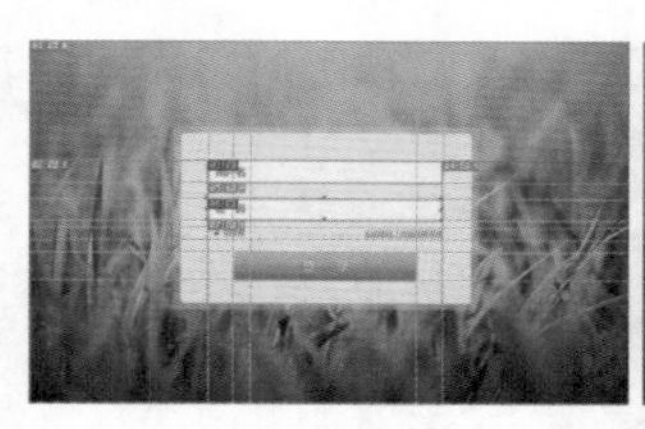

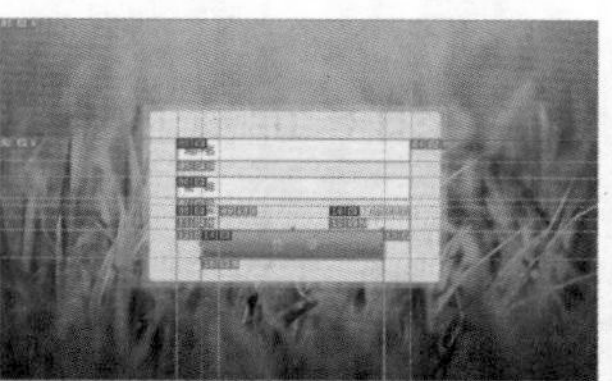

图13-38　创建第二个用户切片　图13-39　创建其他切片

13.5.3 选择与移动切片

在切片绘制完成后，用户还可对切片进行选择或移动。其方法分别介绍如下。

◆ 选择切片：选择切片选择工具，在图像中单击需要选择的切片，即可选中该切片。按Shift键的同时使用切片选择工具单击切片可选择多个切片。

◆ 移动切片：在选择切片后，按住鼠标拖动，即可移动选中的切片。

13.5.4 调整切片

选中切片，将鼠标指针移动到切片四周，此时鼠标指针将变为↕形状，按住鼠标左键不放拖动，可调整切片的大小。其原理与调整选区的大小相同。

13.5.5 删除切片

若不需要某个切片，可对其进行删除操作。常用的删除切片方法如下：

◆ 选择切片后，按Delete键或Backspace键，即可删除选中的切片。

◆ 选择切片后，选择“视图”/“清除切片”命令，可删除所有的用户切片和图层切片。

◆ 选择切片后右击，在弹出的快捷菜单中选择“删除切片”命令，即可删除切片。

13.5.6 锁定切片

当图像中的切片过多，且需要进行切片的编辑操作时，最好将需要编辑的部分锁定，以免造成误操作。选择需要锁定的切片，再选择“视图”/“锁定切片”命令，即可将切片锁定。移动被锁定的切片时，打开如图13-40所示的提示对话框。

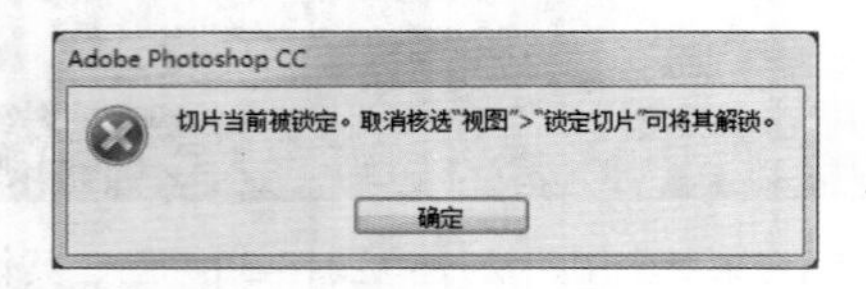

图13-40　提示对话框

13.5.7 转换切片

要对自动切片进行更加细致的设置，必须先将自动切片转换为用户切片。转换切片的方法主要有如下两种：

◆ 选择需要转换的切片，在切片选择工具属性栏上单击 提升 按钮，可将所选择的自动切片转换为用户切片。

◆ 在需要转换的切片上右击，在弹出的快捷菜单中选择“提升到用户切片”命令，可将所选择的自动切片转换为用户切片。

13.5.8 划分切片

选择需要被划分的切片，在切片选择工具属性栏中单击 划分... 按钮，或右击，在弹出的快捷菜单中选择“划分切片”命令，打开“划分切片”对话框，如图13-41所示。在该对话框中选中 ☑水平划分为 复选框，在其中可设置水平方向的划分切片；选中 ☑垂直划分为 复选框，可在垂直方向划分切片。

图13-41　“划分切片”对话框

13.5.9 设置切片选项

创建切片后，用户还可对切片的信息进行编辑。在需要设置的切片上右击，在弹出的快捷菜单中选择“编辑切片选项”命令，打开“切片选项”对话框，在其中设置切片类型、名称、URL、目标、信息文本、Alt标记及切片的尺寸、背景即可，如图13-42所示。需要注意的是，必须将自动切片转换为用户切片，才可以进行切片选项的设置。

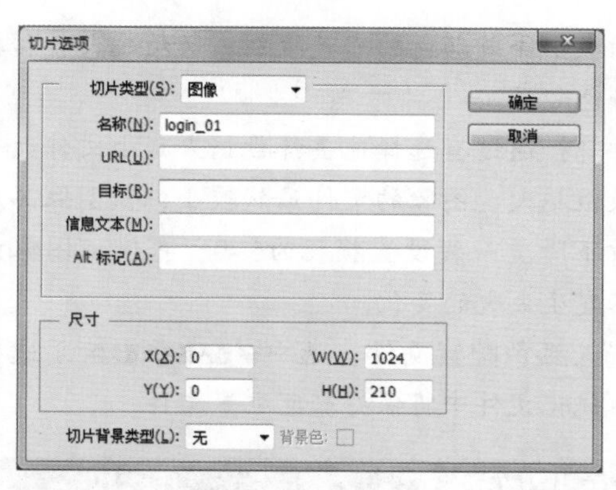

图13-42 “切片选项”对话框

13.5.10 组合切片

选择两个或两个以上切片，右击，在弹出的快捷菜单中选择“组合切片”命令，即可将两个切片组合为一个切片。组合切片后，图像中的切片名称自动变化。

> **技巧秒杀**
>
> 若想复制切片，可先使用切片选择工具选择切片，再按Alt键，当鼠标指针变为形状时单击并拖动鼠标即可复制出新的切片。

13.6 优化与输出图像

创建并编辑完成切片后，即可对其进行优化和输出操作。网页中的图片格式一般为GIF（静态及动画）、JPG及PNG格式，用户可以根据需要进行输出设置。下面对其进行详细介绍。

13.6.1 存储为Web所用格式

完成切片操作后，选择“文件”/“存储为Web所用格式”命令，打开“存储为Web所用格式”对话框，如图13-43所示。

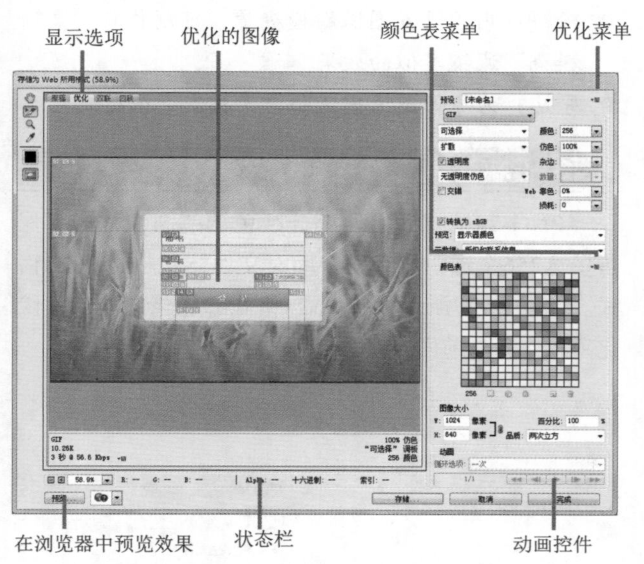

图13-43 “存储为Web所用格式”对话框

该对话框中各选项的作用介绍如下。

- **显示选项**：单击“原稿”标签，可在窗口中显示没有优化的图像；单击“优化”标签，可在窗口中显示优化后的图像；单击“双联”标签，可并排显示应用当前优化前后的图像；单击“四联”标签，可并排显示图像的4个版本，每个图像下面都提供优化信息，如优化格式、文件大小、图像估计下载时间等，方便进行比较。
- **抓手工具**：选择该工具，拖动图像，可移动查看图像。
- **切片选择工具**：当图像包含多个切片时，可使用该工具选择窗口中的切片，并对其进行优化。
- **缩放工具**：选择该工具，可放大图像显示比例。按Alt键单击则可缩小显示比例。
- **吸管工具**：选择该工具，可吸取单击处的颜色。
- **吸管颜色**：用于显示吸管工具吸取的颜色。
- **切换切片可见性**：单击按钮，可显示或隐藏切片的定界框。
- **优化菜单**：在其中可进行如存储设置、链接切片、编辑输出设置等操作。
- **颜色表菜单**：在其中可进行和颜色相关的操作，如新建颜色、删除颜色和对颜色进行排序等。

◆ **颜色表**：在对图像格式进行优化时，可在颜色表中对图像颜色进行优化设置。
◆ **图像大小**：将图像大小调整为指定的像素尺寸或原稿大小的百分比。
◆ **状态栏**：显示指针所在位置的颜色信息。
◆ **在浏览器中预览效果**：单击按钮，在打开的浏览器中显示图像的题注。

13.6.2 Web图形优化选项

要输出的图片文件格式不同，需要进行的优化设置也不相同。打开"存储为Web所用格式"对话框，可以选择需要优化的切片，在右侧的文件格式下拉列表中选择一种文件格式，以对其进行细致的优化。

1. GIF格式和PNG-8格式

GIF格式常用于压缩具有单色调或细节清晰的图像，是一种无损压缩格式。PNG-8格式与GIF格式的特点相同，其选项也相同，如图13-44和图13-45所示。

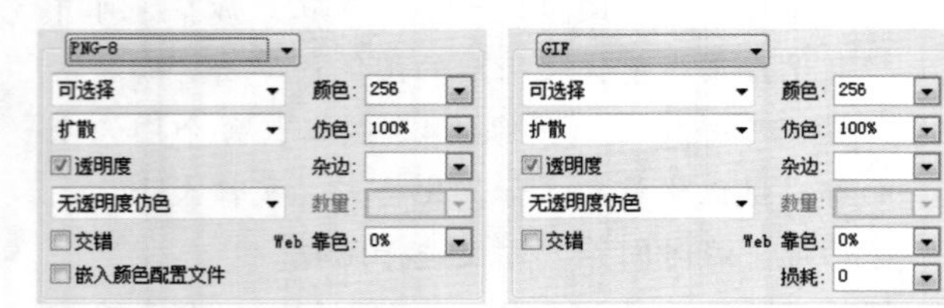

图13-44　PNG-8格式优化选项　图13-45　GIF格式优化选项

GIF格式和PNG-8格式的优化选项作用如下。

◆ **减低颜色深度算法/颜色**：指定用于生成颜色查找表的方法，以及在颜色查找表中使用的颜色数据。
◆ **仿色算法/仿色**：通过模拟电脑的颜色来显示系统中未提供的颜色。较高的仿色能使图像中出现更多的新颜色和细节，但会增加文件的大小。
◆ **透明度/杂边**：用于确定优化图像中的透明像素。
◆ **交错**：选中☑交错复选框，当图像正在被下载时，浏览器先显示图像的低分辨率部分，然后慢慢加载高分辨率部分。
◆ **Web靠色**：用于指定将颜色转换为最接近的Web面板中等效颜色的容差级别。数值越大，转换的颜色越多。
◆ **损耗**：通过有选择地丢掉数据来减小文件大小。数值越大，图像的文件虽然较小，但图像品质有所下降。一般设置损耗为5~9，可保证图像效果不发生太大的变化。
◆ **嵌入颜色配置文件**：选中☑嵌入颜色配置文件复选框，在优化文件中将保存颜色配置文件。

2. JPEG格式

JPEG格式可以压缩颜色丰富的图像，将图像优化为JPEG时使用有损压缩方法。如图13-46所示为JPEG格式的优化选项。

JPEG格式的优化选项作用如下。

◆ **缩放品质/品质**：用于设置压缩程度。"品质"数值越大，图像细节越多，图像文件也更大。
◆ **连续**：选中☑连续复选框，在Web浏览器中以渐进方式显示图像。
◆ **优化**：选中☑优化复选框，创建文件大小稍小的增强型JPEG图像。
◆ **嵌入颜色配置文件**：选中☑嵌入颜色配置文件复选框，在优化文件中将保存颜色配置文件。
◆ **模糊**：用于设置图像的模糊量，可制作与"高斯模糊"滤镜类似的效果。
◆ **杂边**：为原始图像中透明像素指定一个填充色。

3. PNG-24格式

PNG-24格式适合压缩连续色调的图像，可以保留多达256个透明度级别，同时文件体积超过JPEG格式。如图13-47所示为PNG-24格式的优化选项。其优化项和作用与前面3种格式相同。

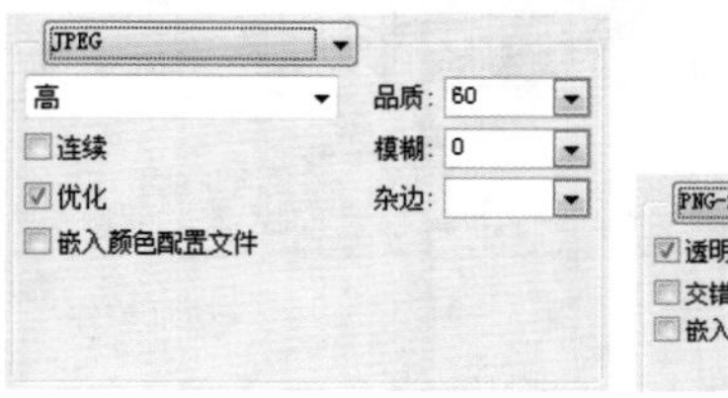

图13-46　JPEG格式优化选项

图13-47　PNG-24格式优化选项

4. WBMP格式

WBMP格式适合优化移动设备的图像，如图13-48所示为WBMP的优化选项。

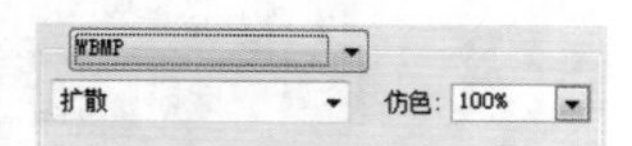

图13-48　WBMP格式优化选项

13.6.3 Web图形输出

在“存储为Web所用格式”对话框的“优化菜单”中选择“编辑输出设置”命令，可打开“输出设置”对话框。在其中可设置HTML文件的格式、命令文件和切片等属性，如图13-49所示。

设置完成后，返回“存储为Web所用格式”对话框，单击 存储... 按钮，打开“将优化结果存储为”对话框，在“格式”下拉列表框中选择一种格式，包括“HTML和图像”、“仅限图像”和“仅限HTML”3种，并设置存储的文件名和位置，单击  按钮即可，如图13-50所示。

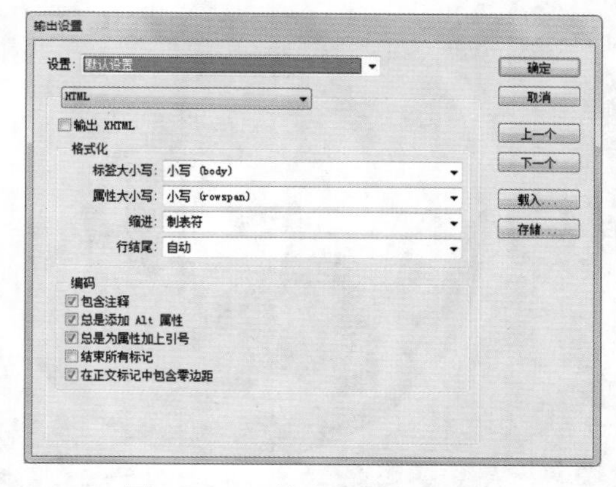

图13-49　“输出设置”对话框

图13-50　“将优化结果存储为”对话框

知识大爆炸——脚本和切片注意事项

1. 脚本

脚本可以让用户在处理图像时变得更加多元化，通过脚本可完成逻辑判断、重命名等操作。选择“文件”/“脚本”命令，在弹出的子菜单中可选择所有的脚本命令，分别介绍如下。

- 图像处理器：可以通过图像处理器转换和处理多个文件，该命令可以先不创建动作，而直接编辑图像。
- 删除所有空图层：可以删除打开图像中不需要的空图层，以减小图层文件的大小。
- 将图层复合导出到文件：可以将图层复合导出到单独的文件中。
- 将图层导出到文件：可以使用多种格式，如PSD、BMP、JPEG、PDF，将图层以单个文件导出和存储。
- 脚本事件管理器：可以将脚本和动作设置为自动运行，然后通过事件来触发Photoshop CC动作或脚本。
- 将文件载入堆栈：可以使用统计脚本自动创建或渲染图形堆栈。
- 浏览：若要运行存储在其他位置的脚本，可选择该命令，在电脑上浏览脚本。

2. 切片注意事项

切片时应遵循切片尽量最小化、隐藏不需要的内容、纯色背景不需要切片、渐变色背景只需要切片该图像的某一部分、重复多个对象只需要切片其中一个等原则，以提高切片的质量。

01 02 03 04 05 06 07 08 09 10 11 12 13 14

打印 图像

本章导读

用户在完成图像的制作后，很多时候都需要将制作好的图像输出并印刷。与打印一般文档不同，在打印Photoshop CC制作的图像文件时，还需要了解关于印刷、图像校正、打印设置、印刷流程和纸张方面的相关知识。

14.1 印刷图像前的准备工作

对于待印刷的图形图像来说，为了保证图像印刷的质量和效果，必须按实际需要和印刷要求对图像进行编辑，否则在后期印刷时可能出现不少问题。下面对印刷图像前的准备工作进行讲解。

14.1.1 选择图像色彩模式

在将图像进行印刷前，为使印刷出的颜色和预想的颜色相同，需先将图像的色彩模式转换为CMYK，否则因为颜色模式不同产生更多的色差。

14.1.2 选择图像分辨率

分辨率直接影响图像的清晰度，但越大的分辨率又使图像的文件容量变大。用户在进行印刷前，一般只须将图像的分辨率保持在300像素/英寸即可，最低不超过250像素/英寸。人肉眼的极限分辨能力是300像素/英寸，即当分辨率超过300像素/英寸时，人看不到更加清晰的图像。

14.1.3 选择图像存储格式

不同的图像文件格式适用于不同的应用领域，在为编辑好的图像输出格式时，应以图像的使用方向并结合各种图像格式的特性进行选择，如一般网络上的图像若不重要，或不强调图像清晰度时，则选择GIF格式、PNG格式的图像。在输入矢量图像并对清晰度等有要求时，则可考虑使用EPS这种通用格式。在输出位图并对图像清晰度有一定要求时，可使用JPG格式、JPEG格式进行输出。使用这类格式，图像文件并不大，且满足一般印刷输出的需要，它是图像输出的常用格式。在需要输出高清晰的位图时，一般选择TIF格式、TIFF格式，这种图像格式文件较大。

14.1.4 识别图像色域范围

在印刷前，用户还需对图像使用的色域范围进行确认，否则印刷时，因为采用的色域不同而使颜色丢失，这影响到图像的印刷效果。

读书笔记

14.2 了解图像印刷

“印刷”是指通过印刷机等机器设备将图像快速成批输出到某一载体上，是平面设计中的主要输出方式。衡量是否应该使用印刷的标准时，需考虑输入图像的量，若有大量的图像需要输出，应该选择印刷方式，它既可以降低成本，又可以提高速度。

14.2.1 图像印刷流程

“印刷”是广告设计、包装设计、海报设计等作品的主要输出方式，一般有大量或大型的文件需要输出，建议使用印刷方式，以降低成本。与“打印”相比，印刷的流程相对较复杂，首先需将作品以电子文件的形式打样，以便了解设计作品的色彩、文字字体、位置是否正确。样品校对无误后需送到输出中心进行分色处理，得到分色胶片。然后根据分色胶片进行制版，将制作好的印版装到印刷机上，进行印刷，如图14-1所示即为常见印刷流程。

打样 ➡ 送输出中心 ➡ 制版 ➡ 装机 ➡ 开始印刷

图14-1　印刷流程

14.2.2 图像印刷前的处理

为了确保印刷流程顺利进行，在将设计作品印刷之前，应把所有与设计有关的图片文件、设计软件中使用的素材文件准备齐全，并交给印刷机构。若作品运用某种特殊字体，在制作分色胶片时还应将特殊字体文件提供给印刷机构。需要注意的是，尽量不要使用特殊字体，若一定要使用特殊字体，可先将文字栅格化。

14.2.3 校正图像的色彩

在打印或印刷图像前必须对图像进行校对，以防止错误。校对的内容包括文字、排版和颜色等。需要注意的是，在打印或印刷时常出现打印或印刷出的颜色和显示器中不一致的情况。为了避免这种情况，需要对图像的色彩进行校对。图像色彩的校对包括显示器色彩校对、图像色彩校对和打印机色彩校对。校对方法分别介绍如下。

1. 显示器色彩校对

当同一个图像在不同的显示器上显示的颜色不同时，就需要对显示器进行色彩校对。部分显示器本身自带色彩校准软件，若没有色彩校准软件，可手动调节显示器的色彩。

2. 图像色彩校对

图像色彩校对是指处理图像时或完成处理后对图像颜色进行校对。使用Photoshop CC进行某些操作后可能造成图像颜色变化。此时，首先需检查图像颜色的CMYK颜色值是否改变，若改变，可通过“拾色器”对话框调整图像颜色。

3. 打印机色彩校对

在电脑显示屏幕上看到的颜色和用打印机打印到纸张上的颜色一般不能完全匹配，这主要是因为电脑产生颜色的方式和打印机在纸上产生颜色的方式不同。要让打印机输出的颜色和显示器上的颜色接近，必须设置打印机的色彩管理参数和调整彩色打印机的偏色规律，这是重要的途径。

14.2.4 图像的打样

“分色”指用彩色方式复制图像或文字。它包括了许多步骤，通过分色处理之后才能产生高质量的彩色复制品。“打样”是指确认印刷生产过程中的设置、处理和操作是否正确，并为客户提供最终印刷品的过程。为印刷出高质量的作品，一般在正式印刷之前均需要对图像进行分色和打样操作。下面分别进行详细讲解。

1. 分色

“分色”是在出片中心将制作好图像上的各种颜色分解为青（C）、品红（M）、黄（Y）、黑（K）4种颜色。其实是在电脑印刷设计或平面设计软件中，将扫描图像或其他来源图像的色彩模式转换为CMYK模式。

2. 打样

“打样”即是将分色后的图片印刷成青色、洋红色、黄色和黑色四色胶片，来检查图像的分色是否正确。打样的另一个重要目的是检验制版阶调与色调能否良好合成，并将复制再现的误差及应达到的数据标准提供给制版部门，作为修正或再次制版的依据。在打样校正无误后交付印刷中心进行制版、印刷。

读书笔记

14.3 设置打印属性

为了保证打印质量，在打印图像前一般必须对图像的输出属性进行设置，再进行打印预览并打印图像。打印属性设置内容一般包括打印机、打印份数、打印位置和大小、色彩、输出背景、出血边、图像边界等，另外，若遇特殊打印要求，如打印指定图层、指定选区和多图像打印时，还需要对图像进行特殊设置。

14.3.1 打印机设置

打印机设置是打印图像的基本设置，包括打印机、打印份数、版面等，它们都可在“Photoshop打印设置”对话框的“打印机设置”选项组中进行。选择“文件”/“打印”命令，即可打开“Photoshop打印设置”对话框，在其中即可展开和查看“打印机设置”选项组，如图14-2所示。

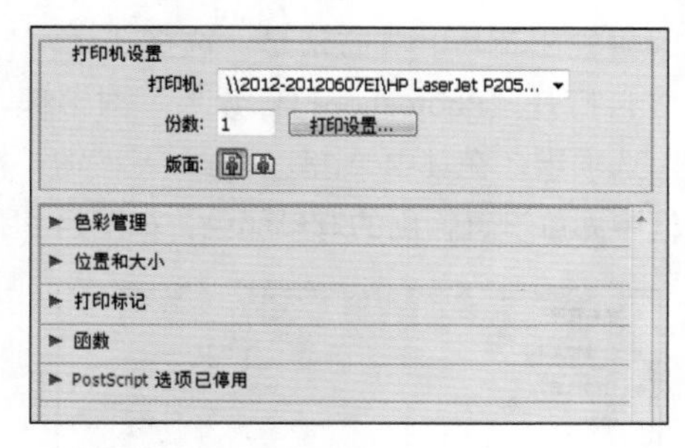

图14-2 打印机设置

知识解析：“打印机设置”选项组

- 打印机：用于选择进行打印的打印机。
- 份数：用于设置打印的份数。
- 打印设置...按钮：单击打印设置...按钮，在打开的对话框中可设置打印纸张的尺寸以及打印质量等相关参数。需要注意的是，安装的打印机不同，其中的打印选项也就有所不同。
- 版面：用于设置图像在纸张上打印的方向。单击按钮，可纵向打印图像；单击按钮，可横向打印图像。

14.3.2 色彩管理

在“Photoshop打印设置”对话框中，用户可以对打印图像的色彩进行设置。如图14-3所示为“Photoshop打印设置”对话框的“色彩管理”选项组。

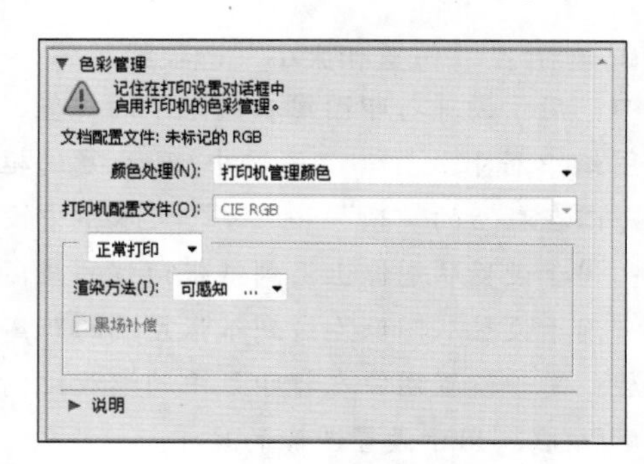

图14-3 色彩管理

知识解析：“色彩管理”选项组

- 颜色处理：用于设置是否使用色彩管理。如果使用色彩管理，则需要确定将其应用于程序中，还是打印设备中。
- 打印机配置文件：用于设置打印机和将要使用的纸张类型的配置文件。
- 渲染方法：指定颜色从图像色彩空间转换到打印机色彩空间的方式。

14.3.3 位置和大小

在“Photoshop打印设置”对话框中展开“位置和大小”选项组，可以对打印大小和位置进行设置，如图14-4所示。

读书笔记

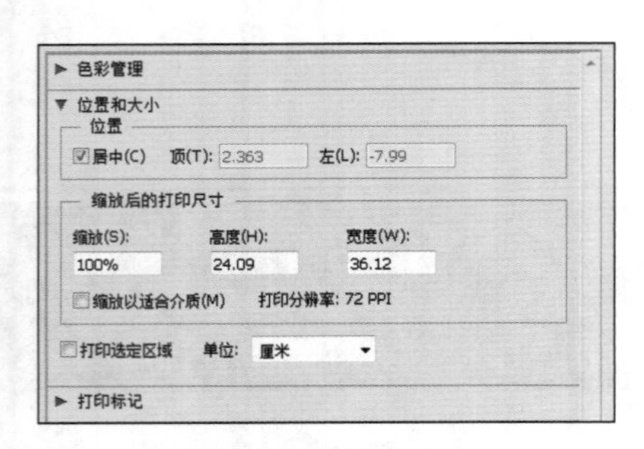

图14-4　位置和大小

知识解析：“位置和大小”选项组

◆ 居中：用于设置打印图像在图纸中的位置，默认在图纸中居中放置。取消选中居中(C)复选框后，就可以在激活的“顶”和“左”文本框中设置。

◆ 顶：用于设置从图像上沿到纸张顶端的距离。

◆ 左：用于设置从图像左边到纸张左端的距离。

◆ 缩放：用于设置图像在打印纸中的缩放比例。

◆ 高度/宽度：用于设置图像的尺寸。

◆ 缩放以适合介质：选中缩放以适合介质(M)复选框，自动缩放图像到适合纸张的可打印区域。

◆ 单位：用于设置“顶”和“左”文本框的单位。

14.3.4 打印标记

在“Photoshop打印设置”对话框中，用户可以通过“打印标记”设置指定页面标记。“打印标记”选项组如图14-5所示。

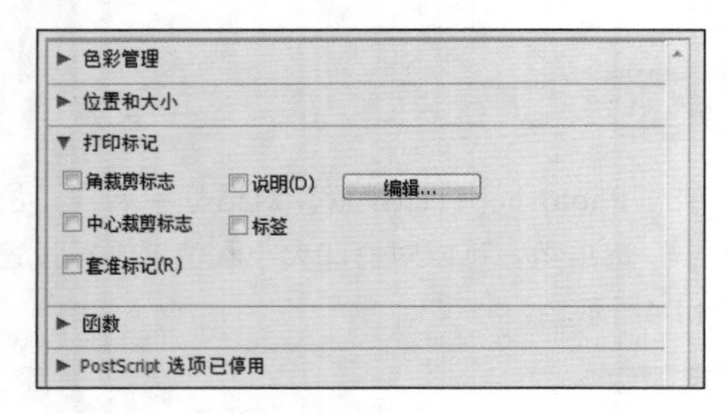

图14-5　打印标记

知识解析：“打印标记”选项组

◆ 角裁剪标志：选中角裁剪标志复选框，在图像4个角的位置打印出图像的裁剪标志。

◆ 中心裁剪标志：选中中心裁剪标志复选框，在图像4条边线的中心位置打印出裁剪标志。

◆ 套准标记：选中套准标记(R)复选框，在图像的4个角上打印出对齐的标志符号，用于图像中分色和双色调对齐。

◆ 说明：选中说明(D)复选框，打印在“文件简介”对话框中输入的文字。

◆ 标签：选中标签复选框，打印出文件名称和通道名称。

14.3.5 函数

在Photoshop中待设置图像的输出背景、图像边界和出血边等都在“函数”选项组中进行。下面分别介绍它们的设置方法。

1. 设置输出背景

在对Photoshop CC图像文件进行打印时，可以根据需要设置输出背景。其方法是：选择“文件”/“打印”命令，打开“Photoshop打印设置”对话框，展开“函数”选项组，在其中单击背景(K)...按钮，在打开的对话框中即可设置输出的背景颜色，如图14-6所示。

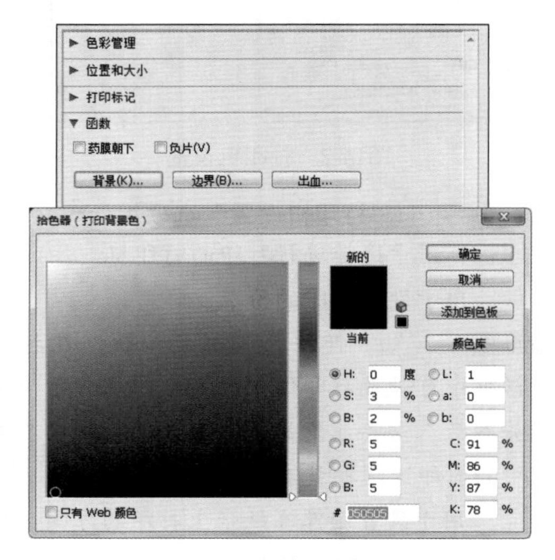

图14-6　输出背景

读书笔记

2. 设置出血边

图像文件在打印或印刷输出后，为了规范所有图像所在纸张的尺寸，一般进行裁切处理，裁切点就是打印和印刷工作中规定的出血线处，出血线以外的区域就是要裁切的区域。印刷时裁边，最多只能裁到出血线。在打印和印刷时，出血边一般设置为3毫米，不能过大，也不能过小。设置出血边的方法是：选择"文件"/"打印"命令，打开"Photoshop打印设置"对话框，展开"函数"选项组，在其中单击 出血... 按钮，打开"出血"对话框，在"宽度"文本框中输入所需数值，单击 确定 按钮，如图14-7所示，保存设置并关闭对话框，出血设置完毕。

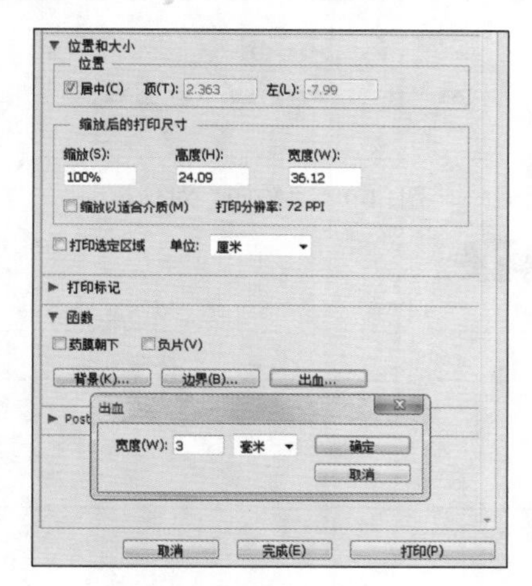

图14-7　设置出血边

3. 设置图像边界

边界是指图像边缘的黑色边框线。为图像打印边界后，即可对图像边界进行设置。其方法是：选择"文件"/"打印"命令，打开"Photoshop打印设置"对话框，展开"函数"选项组，在其中单击 边界(B)... 按钮，打开"边界"对话框，在"宽度"文本框中输入所需数值，单击 确定 按钮保存设置并关闭对话框，如图14-8所示。

技巧秒杀

在"函数"选项组中选中 ☑药膜朝下 复选框后，药膜朝下进行打印，以确保打印效果。选中 ☑负片(V) 复选框，按照图像的负片效果进行打印，也就是反向的效果。

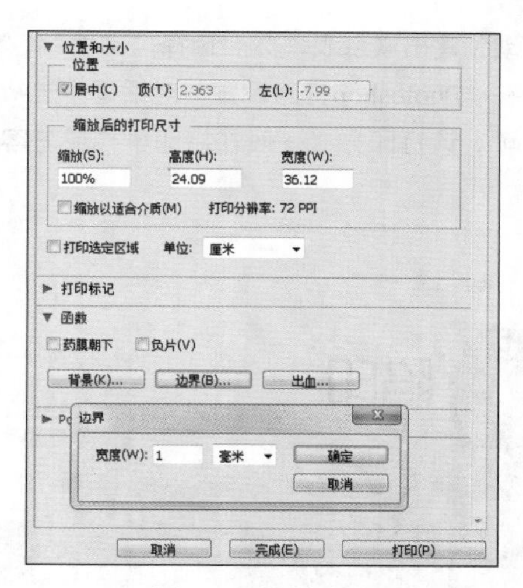

图14-8　设置边界

14.3.6 特殊打印

在默认情况下，打印图像是打印全图像。若打印图像时有特殊的要求，如只需要打印其中某个图层，那么一般打印方法无法打印，此时需针对此类特殊要求进行特殊打印。下面详细进行讲解。

1. 打印指定图层

待打印的图像文件中有多个图层，那么在默认情况下会把所有可见图层都打印到一张打印纸上。若只需要打印某个具体图层，则将待打印的图层设置为"可见图层"，然后隐藏其他图层，再进行打印即可。

2. 打印指定选区

如果要打印图像中的部分图像，可先使用工具箱中的矩形选框工具，在图像中创建一个图像选区，然后选择"文件"/"打印"命令，在打开的对话框中展开"位置和大小"选项组，选中 ☑打印选定区域 复选框，可打印指定选区中的内容。

3. 多图像打印

"多图像打印"是指一次将多幅图像同时打印到一张纸上，可在打印前将要打印的图像移动到一个图像窗口中，然后再进行打印。其方法是：通过"联系表II"命令，在"联系表II"对话框中打开图像，根据

设置自动创建出联系表，然后选择“文件”/“打印”命令，在“Photoshop打印设置”对话框中进行相关设置后即可。该打印方式一般在打印小样或与客户定稿时使用。

技巧秒杀

选择“文件”/“打印”命令，打开“Photoshop打印设置”对话框，在其中的左侧列表框中可以预览图像的打印效果。

14.4 陷印

在进行印刷时，有时因为纸张、油墨或印刷机的关系，使图像色块边缘由于没有对齐而出现细缝，此时一般需采用叠印来进行修正，通过设置陷印可以解决出现白边的问题。下面介绍使用陷印功能打印图像的方法。

设置陷印前必须保证图像色彩模式为CMYK，然后选择“图像”/“陷印”命令，打开如图14-9所示的“陷印”对话框，在其中设置宽度后单击 确定 按钮即可。

图14-9　“陷印”对话框

需要注意的是，是否需设置陷印值，一般由印刷商决定。若需要设置陷印，用户只需再将稿件交给印刷商前设置陷印值。

读书笔记

知识大爆炸——图像输出的相关知识

1. 输出前的注意事项

在图像输出之前需要注意5个问题，分别介绍如下。

- 如果图像是以RGB模式扫描的，在进行色彩调整和编辑过程中尽可能保持RGB模式，最后一步再转换为CMYK模式，然后在输出成胶片之前进行一些色彩微调。
- 在转换为CMYK模式之前，将RGB模式没有合并图层的图像存储为一个副本，方便以后进行其他编辑和进行重大修改。
- 如果图像是以CMYK模式扫描的，那么保持CMYK模式，没有必要将图像转换为RGB模式以进行色彩调整，然后再转换回CMYK模式以进行胶片输出，否则使像素信息受到影响。
- 在RGB模式下，图像输出更快，因为RGB模式下的文件比CMYK模式小25%。在RGB模式下，每个通道相当于总文件的1/3；在CMYK模式下，每个通道相当于总文件的1/4。
- 可以通过Photoshop CC提供的色彩调整图层改变图像的颜色，而不影响实际像素，这一功能对于图像的编辑和修改非常有帮助。

2. 专色设置

“专色”是指在印刷时，不是通过印刷四色合成这种颜色，而是专门用一种特定的油墨来印刷该颜色。专色油墨是由印刷厂预先混合好或油墨厂生产的。对于印刷品的每一种专色，在印刷时都有专门的一个色版对应。

使用专色可使颜色更准确，尽管不能准确地表示颜色，但通过标准颜色匹配系统的预印色样卡，能看到该颜色在纸张上的准确颜色。Pantone彩色匹配系统创建了很详细的色样卡。对于设计中设定的非标准专色颜色，印刷厂不一定能准确地调配出来，而且在屏幕上也无法看到准确的颜色，所以若不是特殊的需求，就不要轻易使用自定义的专色。

3. 印刷纸张分类

印刷物品前，首先要明确需要什么纸张才能尽可能好地展示出广告的效果。下面详细讲解印刷纸张的分类。

- 胶版纸：胶版纸主要供平版（胶印）印刷机或其他印刷机印制较高级的彩色印刷品，如彩色画报、画册、宣传画、彩印商标、一些高级书籍，以及书籍封面、插图等。胶版纸伸缩度小，对油墨的吸收功能均匀，平滑度好，质地紧密不透明，白度好，抗水性能强。
- 铜版纸：铜版纸又称为印刷涂料纸。这种纸是在原纸上涂抹一层白色浆料，经过压光而制成的，纸张表面光滑，白度较高，纸质纤维分布均匀，厚薄一致，伸缩度小，有较好的弹性和较强的抗水性能和抗张性能，对油墨的吸收与接收状态十分良好。铜版纸主要用于印刷画册、封面、明信片、精美的产品样本以及彩色商标等。
- 压纹纸：压纹纸是专门生产的一种封面装饰用纸。纸的表面有一种不十分明显的花纹。颜色分为灰、绿、米黄和粉红等，一般用来印刷单色封面。压纹纸性脆，装订时书脊容易断裂。
- 打字纸：打字纸是薄页型的纸张，纸质薄而富有韧性，打字时要求不穿洞，用硬铅笔复写时不被笔尖划破。主要用于印刷单据、表格以及多联复写凭证等。在书籍中用作隔页用纸和印刷包装用纸。
- 牛皮纸：牛皮纸具有很高的拉力，有单光、双光、条纹和无纹等。主要用于包装纸、信封、纸袋等和印刷机滚筒包衬等。

读书笔记

324 Chapter 15 字体设计制作

360 Chapter 16 特效制作

388 Chapter 17 影楼人像处理

412 Chapter 18 平面设计制作

实战篇

Instance

掌握Photoshop CC的基本使用方法后，就可以结合所讲的知识来制作和处理图像。本篇以字体设计制作、特效制作、人像处理、平面广告和包装设计为例，分别介绍不同领域中使用Photoshop CC设计与制作图像的方法，使用户能够对所学的知识融会贯通，并加以练习，达到举一反三的目的，以设计出独具风格的作品。

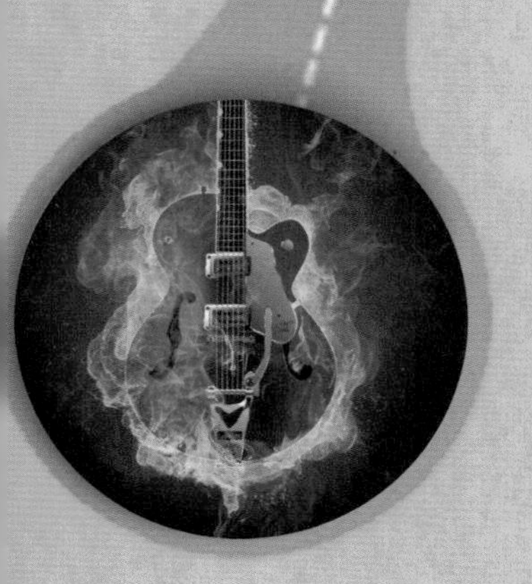

15

11 12 13 14 16 17 18

字体设计制作

本章导读

前面详细介绍了Photoshop CC中各种功能、命令、工具的应用方法，让用户全面了解并掌握软件的使用方法。本章灵活运用所学的知识，制作各种字体特效，包括数码霓虹字、彩色糖果字、积雪字、金属字、泼水字、钻石镶边字、可爱甜心字、斑驳字等。

15.1 制作数码霓虹字

图层样式的应用 调整图层设置参数 设置图层混合模式

本例制作数码霓虹字。首先对“墙壁”素材图像添加滤镜，并设置图层混合模式，再输入文字，为其添加“斜面和浮雕”等图层样式。制作后的效果如左图所示。

- 光盘\素材\第15章\墙壁.jpg、云雾.psd
- 光盘\效果\第15章\数码霓虹字.psd
- 光盘\实例演示\第15章\制作数码霓虹字

Step 1 打开“墙壁.jpg”图片，按Ctrl+J组合键复制背景图层，得到“图层1”，设置“图层1”的图层混合模式为“正片叠底”，如图15-1所示。

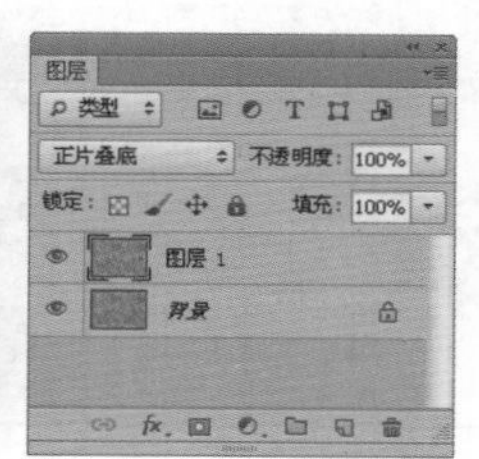

图15-1 设置图层属性

Step 2 选择“图层”/“新建调整图层”/“色相/饱和度”命令，默认设置后切换到“属性”面板，设置参数为0、-36、-79，如图15-2所示。

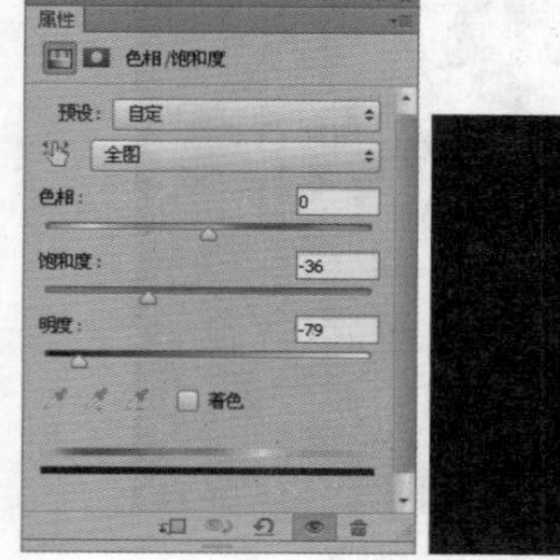

图15-2 新建图层

Step 3 打开“云雾.psd”图片，使用移动工具将其直接拖曳到当前编辑的图像中，放到画面中间，设置图层混合模式为“颜色减淡”，如图15-3所示。

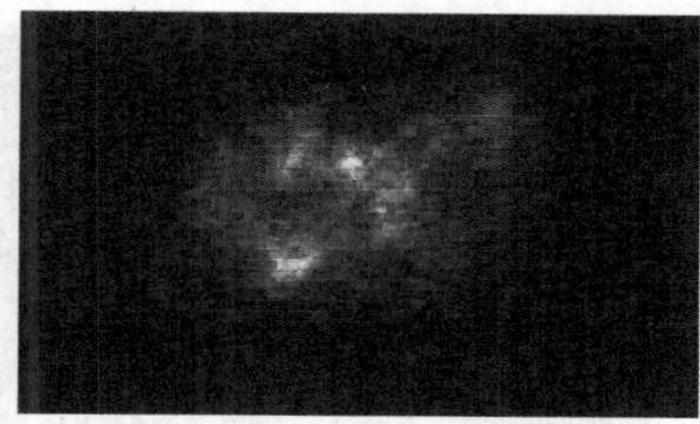

图15-3 添加素材图像

Step 4 选择横排文字工具T，在图像中输入文字I LOVE YOU，并在属性栏中设置字体为Neon，字号为“130点”，消除锯齿方法为“浑厚”，填充颜色为“白色”，如图15-4所示。

图15-4 添加内发光

Step 5 按Ctrl+J组合键复制一次“文字”图层，将其填充为“天蓝色”（R:56 G:193 B:245），在复制的“文字”图层上右击，在弹出的快捷菜单中选择“栅格化文字”命令，将其转换为普通图层，如图15-5所示。

图15-5 复制“文字”图层

Step 6 ▶ 选择“滤镜”/“模糊”/“高斯模糊”命令，打开“高斯模糊”对话框，设置“半径”为“10像素”，单击 确定 按钮得到文字模糊效果，如图15-6所示。

图15-6 添加光泽样式

Step 7 ▶ 再次复制原始“文字”图层，然后隐藏原始“文字”图层。选择“图层”/“图层样式”/“斜面和浮雕”命令，打开“图层样式”对话框，设置各项参数，如图15-7所示。

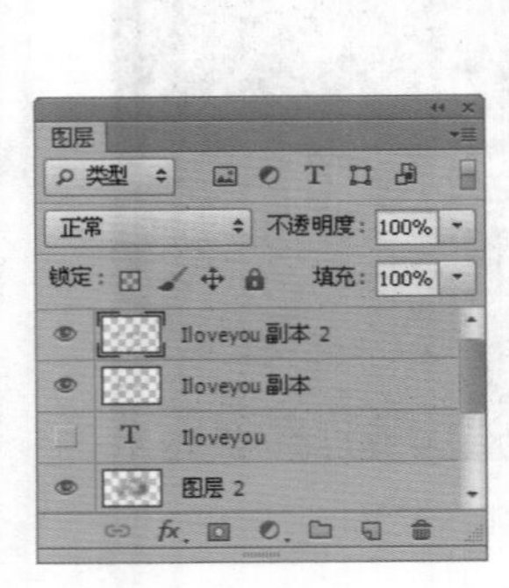

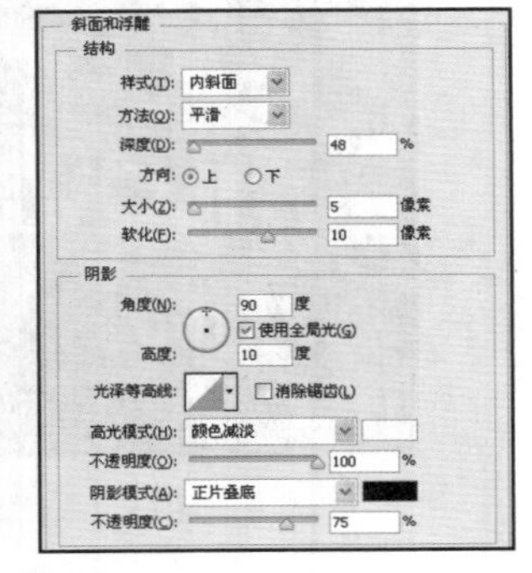

图15-7 隐藏图层并添加样式

Step 8 ▶ 在对话框中选中 ☑ 内阴影 复选框，设置各项参数，再选中 ☑ 颜色叠加 复选框，设置颜色为“天蓝色”（R:56 G:193 B:245），混合模式为“线性减淡（添加）”，如图15-8所示。

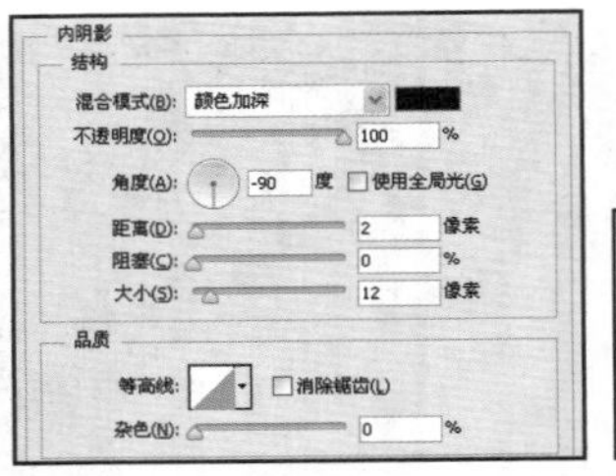

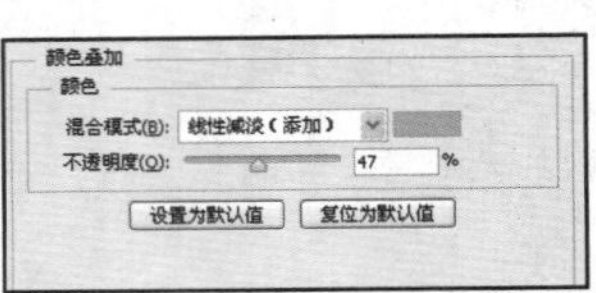

图15-8 设置图层样式一

Step 9 ▶ 选中 ☑ 外发光 复选框，设置外发光混合模式为“颜色减淡”、颜色为“白色”，然后设置其他参数；选中 ☑ 投影 复选框，设置混合模式为“正片叠底”、颜色为“黑色”，接着设置其他参数，如图15-9所示。

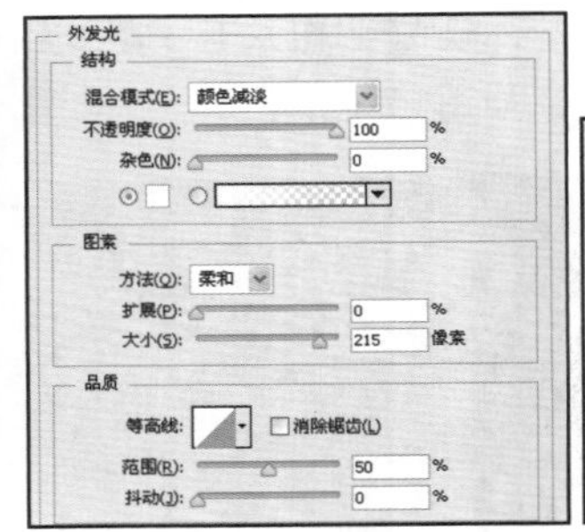

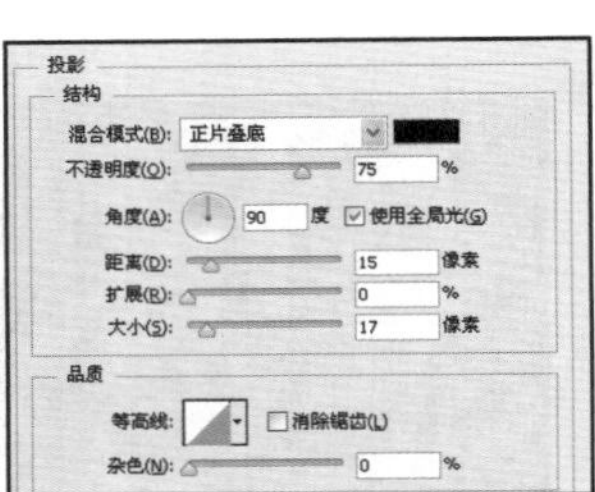

图15-9 设置图层样式二

Step 10 ▶ 单击 确定 按钮，得到添加图层样式后的文字，并在“图层”面板中设置该图层的“填充”为0%，效果如图15-10所示。

图15-10 图形得到文字效果

Step 11 ▶ 选择套索工具，在属性栏中设置羽化值为“50像素”，在图像中绘制一个不规则椭圆形选区，并得到羽化效果，如图15-11所示。

图15-11　绘制羽化选区

Step 12▶ 选择“图层”/“新建调整图层”/“曲线”命令，在打开的对话框中默认设置，单击 确定 按钮切换到“属性”面板，调整曲线，得到更加明亮的图像效果，如图15-12所示。

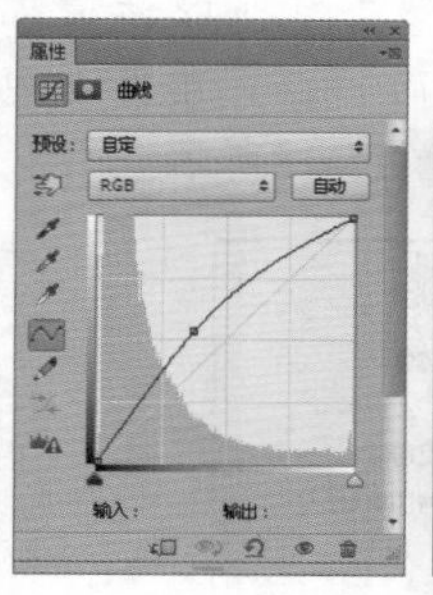

图15-12　调整亮度

Step 13▶ 关闭“属性”面板，查看效果，如图15-13所示。

图15-13　查看效果

还可以这样做？

在制作特效文字时，字体选择非常重要，常常可以用几种不同的字体来达到不同的特效效果。

读书笔记

15.2 制作彩色糖果字

文字工具 输入文字　图层样式 渐变叠加　图层样式 设置描边

本例制作一个糖果字，主要通过“渐变叠加”和“描边”等图层样式得到彩色文字效果。制作后的效果如左图所示。

- 光盘\素材\第15章\糖果背景.jpg
- 光盘\效果\第15章\彩色糖果字.psd
- 光盘\实例演示\第15章\制作彩色糖果字

Step 1 ▶ 打开“糖果背景.jpg”图片，选择横排文字工具T输入文字colours，设置字体为Arista2.0 Alternate，字号为“204点”，消除锯齿为“锐利”，填充颜色为“黑色”，如图15-14所示。

图15-14　输入文字

Step 2 ▶ 选择“图层”/“图层样式”/“斜面和浮雕”命令，打开“图层样式”对话框，设置“样式”为“内斜面”，再设置各项参数，最后设置“高光模式”为“颜色减淡”，颜色为“白色”，“阴影模式”为“颜色加深”，颜色为“深红色”（R:100 G:0 B:0），如图15-15所示。

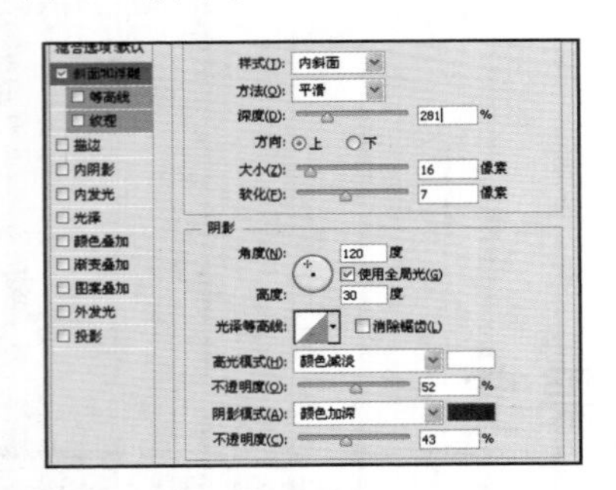

图15-15　添加斜面和浮雕样式

Step 3 ▶ 选中☑描边复选框，设置“大小”为“2像素”，“位置”为“外部”，“不透明度”为100%，“颜色”为“深红色”（R:119 G:0 B:0），如图15-16所示。

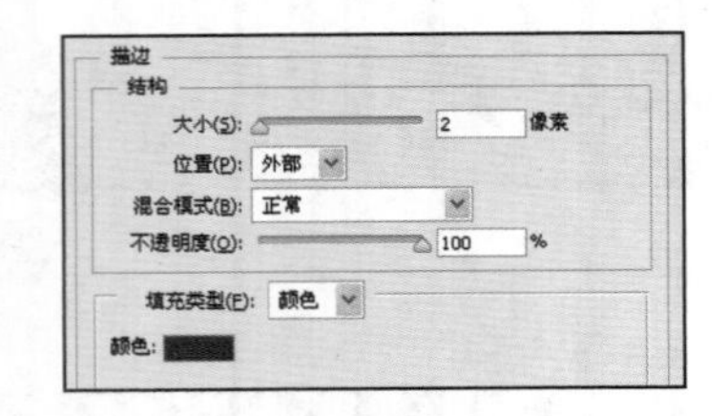

图15-16　设置描边样式

Step 4 ▶ 选中☑内阴影复选框，设置内阴影颜色为“橘黄色”（R:255 G:162 B:0），“不透明度”为75%、“距离”为“5像素”，“阻塞”为37%，“大小”为“2像素”，如图15-17所示。

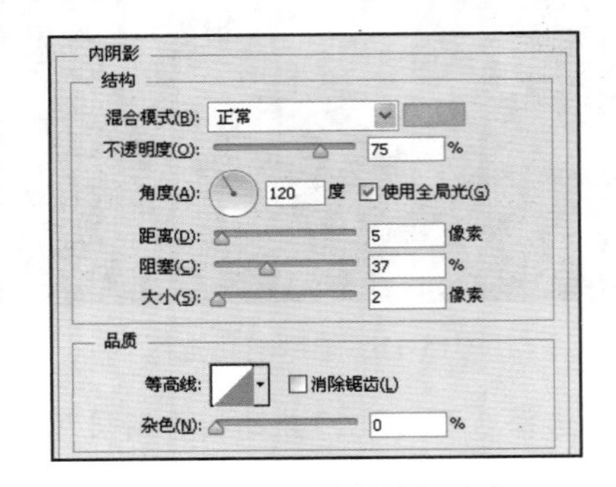

图15-17　设置内阴影样式

Step 5 ▶ 选中☑渐变叠加复选框，设置“混合模式”为“正常”，渐变颜色为各种彩色（可根据情况设置），再设置“样式”为“径向”，“角度”为“-1度”、“缩放”为150%，如图15-18所示。

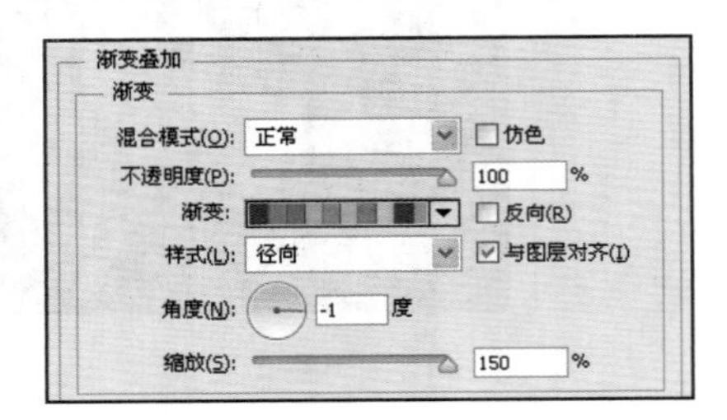

图15-18　设置渐变叠加样式

Step 6 ▶ 选中☑外发光复选框，设置“混合模式”为“正常”，外发光颜色选择“渐变”选项，并设置与渐变叠加相同的颜色，再设置“扩展”为0%、“大小”为“29像素”，如图15-19所示。

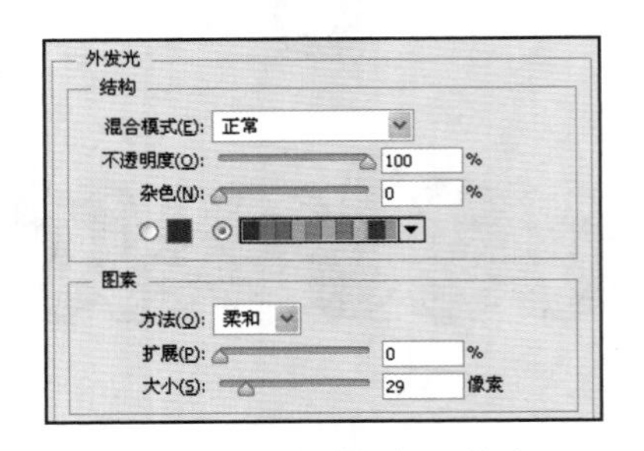

图15-19　设置外发光样式

Step 7 ▶ 选中☑投影复选框，设置“混合模式”为“正片叠底”，颜色为“暗黑色”（R:15 G:48 B:72），再设置“距离”为“19像素”，“扩展”

为57%，“大小”为“13像素”，如图15-20所示。

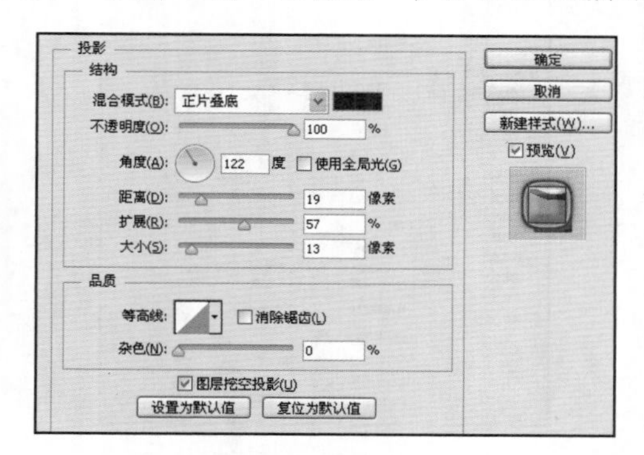

图15-20　设置投影样式

Step 8 ▶ 单击 确定 按钮，得到彩色糖果字效果，如图15-21所示。

图15-21　最终效果

15.3 画笔工具 绘制图像 图层样式 斜面和浮雕 设置图层 混合模式 制作积雪字

- 光盘\效果\第15章\积雪字.jpg
- 光盘\实例演示\第15章\制作积雪字

本例制作积雪字。首先使用画笔工具绘制出雪地图像效果，然后输入文字，通过添加多种图层样式得到浮雕文字，最后再绘制文字上面的积雪图像。下面讲解积雪字的制作方法。

Step 1 ▶ 选择“文件”/“新建”命令，打开“新建”对话框，设置文件名称为“积雪字”，“宽度”和“高度”分别为“28厘米”和“11厘米”，“分辨率”为“200像素/英寸”，如图15-22所示。

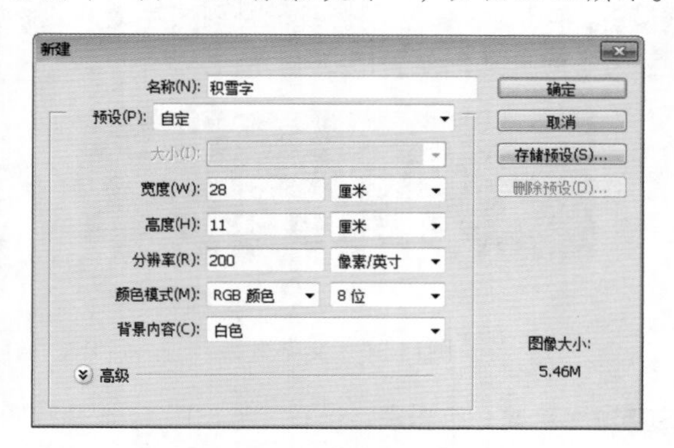

图15-22　“新建”对话框

Step 2 ▶ 设置前景色为“浅蓝色”（R:99 G:168 B:203），按Alt+Delete组合键将背景填充为“蓝色”，如图15-23所示。

图15-23　填充背景色

Step 3 ▶ 设置前景色为“白色”，选择画笔工具；在属性栏中设置画笔样式为“柔边”，“大小”为“8像素”；在图像中绘制多个圆点，得到积雪效果，如图15-24所示。

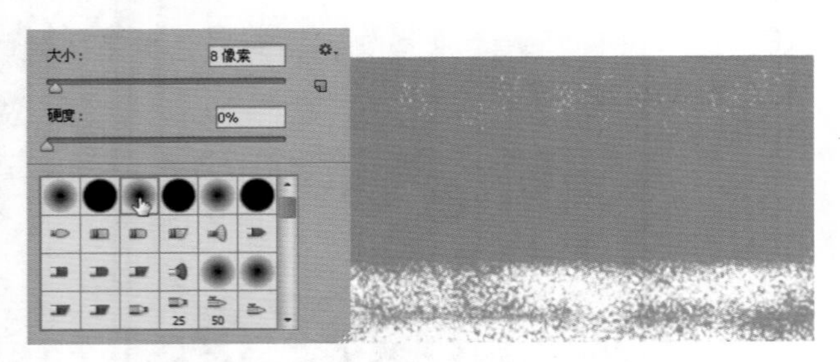

图15-24　绘制图像

Step 4 按F5键打开“画笔预设”面板，设置画笔样式为“星形”，“大小”为“160像素”。在图像上方绘制出雪花图像，如图15-25所示。

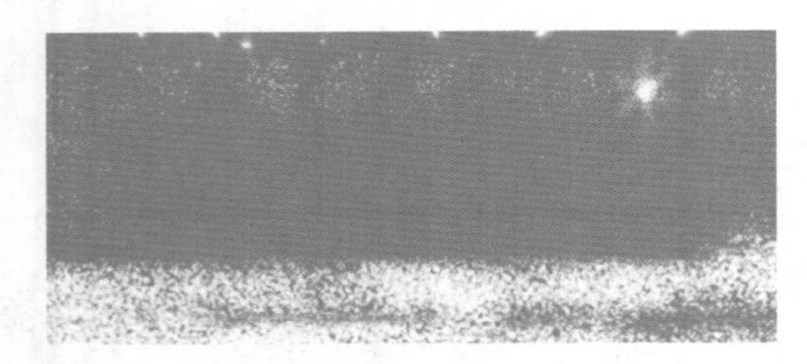

图15-25　绘制雪花

Step 5 选择横排文字工具 T，在图像中输入文字Snow，并填充为“红色”（R:255 G:51 B:51），设置字体，如图15-26所示。

图15-26　输入文字

> **操作解谜**
>
> 用户在输入文字后可以打开“段落”面板设置字体属性，还可以选择文字，并在属性栏中设置文字属性，包括字体、颜色、大小等。

Step 6 选择“图层”/“图层样式”/“斜面和浮雕”命令，打开“图层样式”对话框，设置“样式”为“内斜面”，“方法”为“雕刻柔和”，再设置其他选项参数，如图15-27所示。

Step 7 选中 ☑ 内阴影 复选框，设置“混合模式”为“颜色加深”，颜色为“黑色”，再设置其他参数；选中 ☑ 内发光 复选框，设置内发光颜色为“白色”，并设置各选项参数，如图15-28所示。

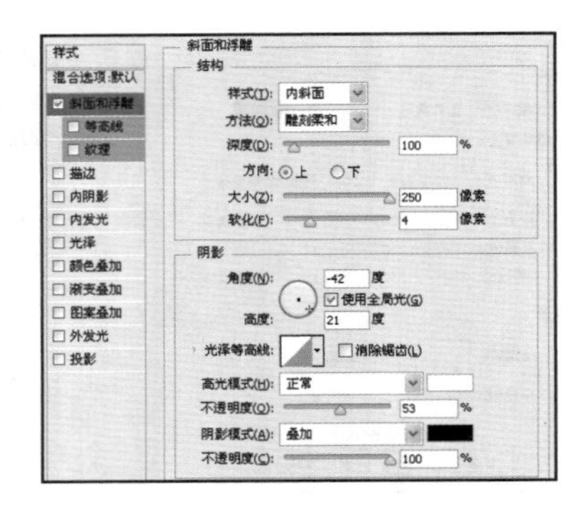

图15-27　设置斜面和浮雕样式一

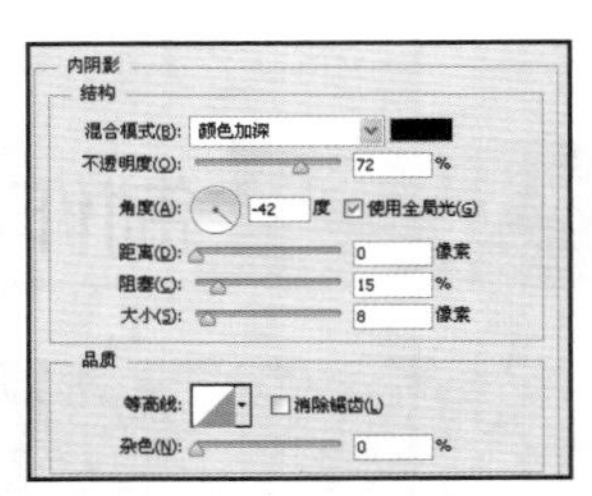

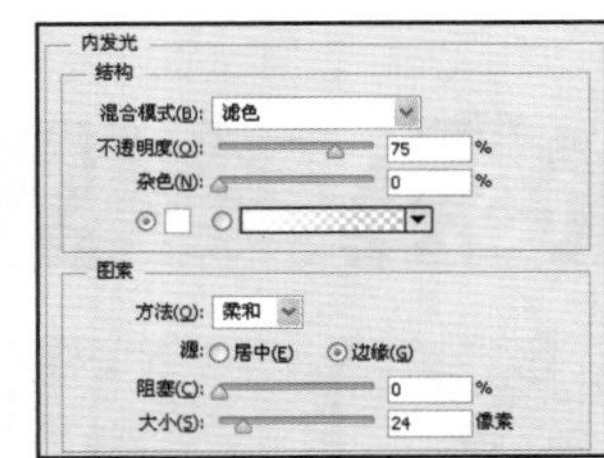

图15-28　设置内阴影和内发光样式

Step 8 选中 ☑ 渐变叠加 复选框，设置渐变颜色从“红色”（R253 G0 B0）到“深红色”（R:203 G:38 B:38），再设置选项参数；选中 ☑ 外发光 复选框，设置外发光颜色为“白色”，再设置其他参数，如图15-29所示。

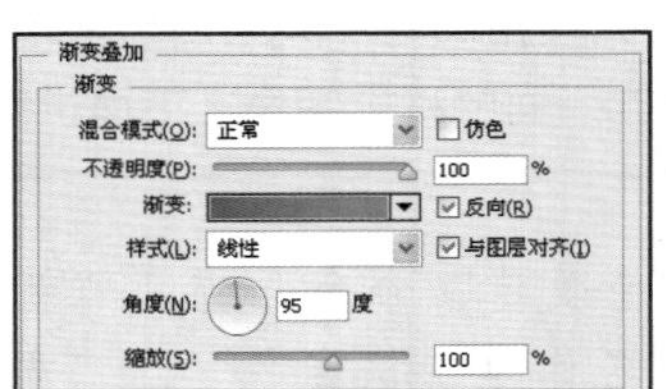

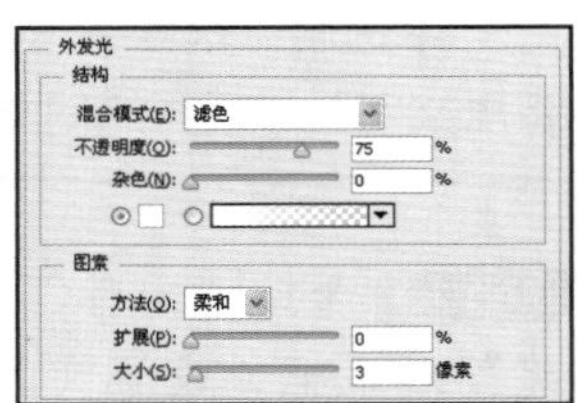

图15-29　设置渐变叠加和外发光样式

Step 9 单击 确定 按钮，得到文字效果，然后调整文字的位置，如图15-30所示。

图15-30　文字效果

Step 10 新建一个图层，得到“图层1”。选择画笔工具，在属性栏中设置画笔样式为“柔边”，“大小”

为30，并选择“模式”为“溶解”，如图15-31所示。

图15-31　设置画笔属性

Step 11▶ 设置前景色为“白色”，使用画笔在文字上方绘制，如图15-32所示。

图15-32　绘制图像

Step 12▶ 选择“图层”/“图层样式”/“斜面和浮雕”命令，打开“图层样式”对话框，设置“样式”为“内斜面”，“方法”为“雕刻清晰”，再设置其他选项参数，如图15-33所示。

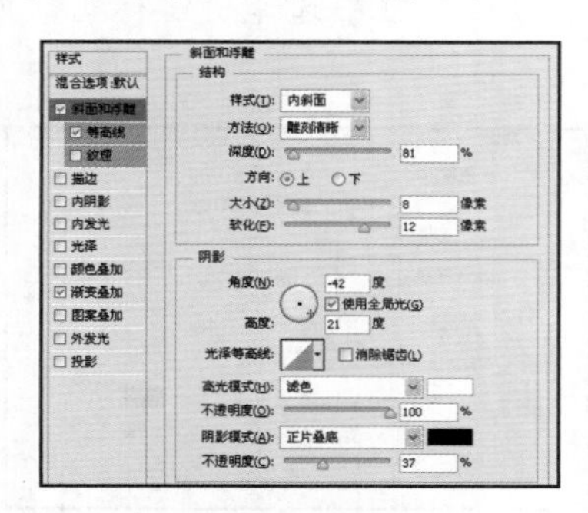

图15-33　设置斜面和浮雕样式二

Step 13▶ 选中☑渐变叠加复选框，单击渐变色条，在打开的对话框中设置渐变颜色从“蓝色”到“白色”，并将“蓝色”的色标调整到最左侧，再设置其他选项参数，如图15-34所示。

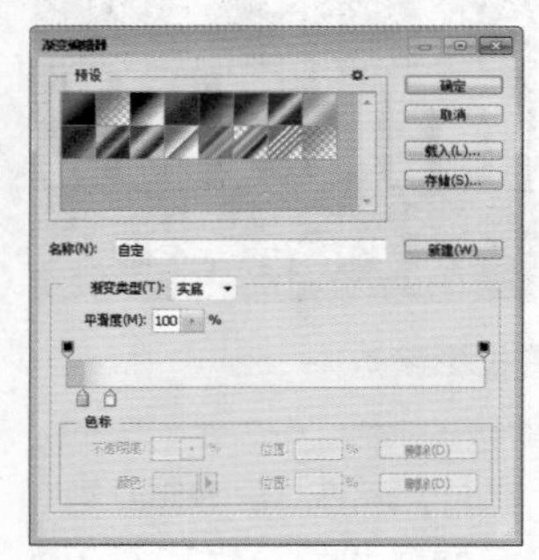

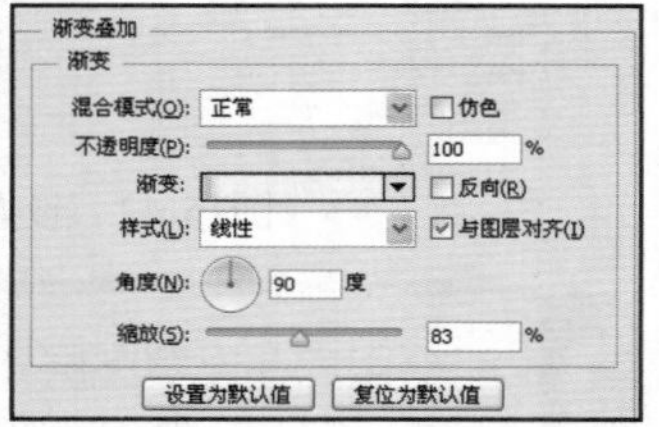

图15-34　设置渐变叠加样式

Step 14▶ 单击 确定 按钮，得到添加图层样式的效果，如图15-35所示。

图15-35　图像效果

Step 15▶ 在“图层”面板中选择“图层1”，右击，在弹出的快捷菜单中选择“拷贝图层样式”命令，如图15-36所示。

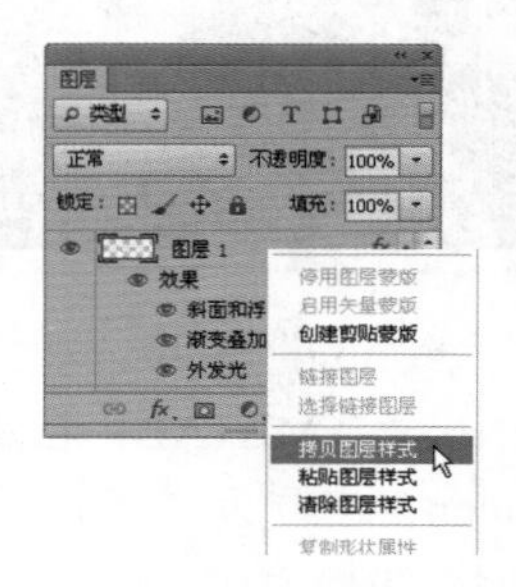

图15-36　拷贝图层样式

Step 16▶ 新建“图层2”。使用画笔在字母S底部绘制一个积雪图像，然后在“图层2”中右击，在弹出的快捷菜单中选择“粘贴图层样式”命令，得到积雪图像效果，如图15-37所示。

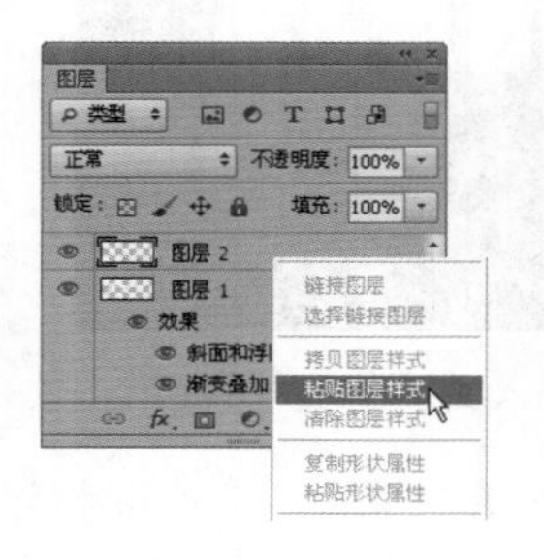

图15-37　粘贴图层样式

Step 17▶ 使用同样的方法绘制其他积雪效果，并粘贴图层样式，完成本实例的操作，如图15-38所示。

图15-38　最终效果

15.4 制作金属字

图层样式的应用　杂色滤镜的应用　剪贴蒙版的应用

本例制作金属字。首先为文字添加图层样式，然后添加杂色，并模糊对象，再添加“云彩”滤镜，并创建剪贴蒙版效果。制作后的效果如左图所示。

- 光盘\素材\第15章\木纹.jpg
- 光盘\效果\第15章\金属字.psd
- 光盘\实例演示\第15章\制作金属字

Step 1 打开“木纹.jpg”图片，选择横排文字工具T，在图像中输入文字METAL，在属性栏中设置字体为Neuralnomicon，字号为“166点”，填充颜色为“白色”，如图15-39所示。

图15-39　输入文字

Step 2 选择“图层”/“图层样式”/“斜面和浮雕”命令，打开“图层样式”对话框，设置“样式”为“内斜面”，再设置其他参数，如图15-40所示。

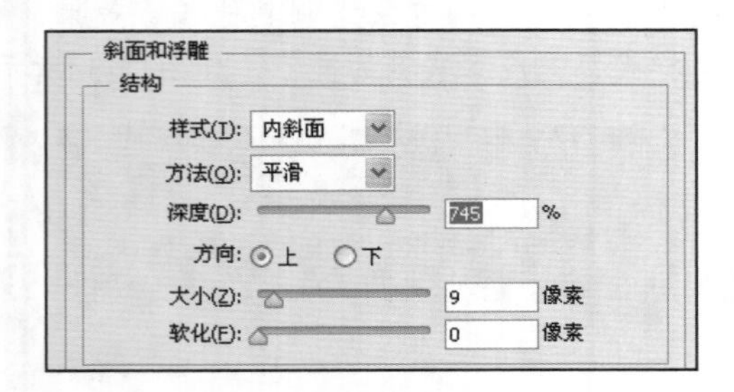

图15-40　设置斜面和浮雕样式

Step 3 单击“光泽等高线”右侧的下拉按钮，在弹出的下拉列表框中选择所需样式，如图15-41所示。

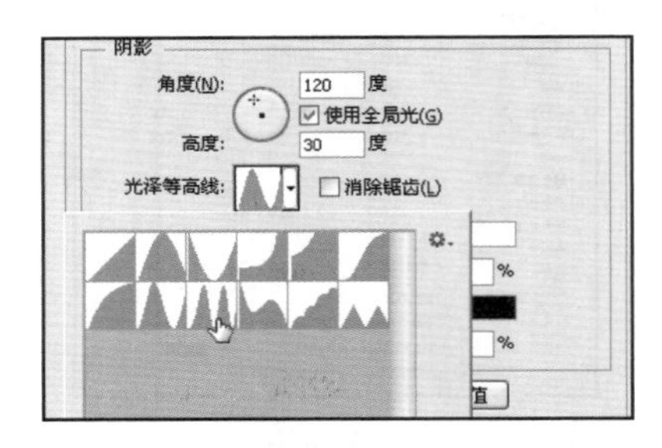

图15-41　设置光泽等高线样式

Step 4 选中☑投影复选框，设置投影颜色为“黑色”、“不透明度”为90%，再设置其他参数，单击 确定 按钮，得到投影效果，如图15-42所示。

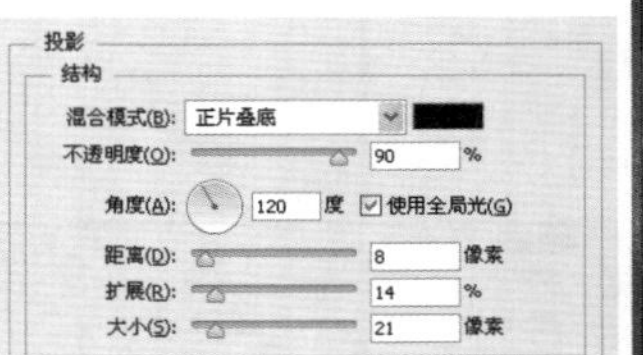

图15-42　设置投影参数

操作解谜

用户在设置图层样式时，若选中☑预览(V)复选框，即可预览到所设置的样式，这样更便于观察所设置的效果。

Step 5 ▶ 新建一个图层，填充为白色，选择“滤镜”/“杂色”/“添加杂色”命令，打开“添加杂色”对话框，设置“数量”为100%，再选中◉高斯分布单选按钮和☑单色(M)复选框，单击 确定 按钮，得到杂色效果，如图15-43所示。

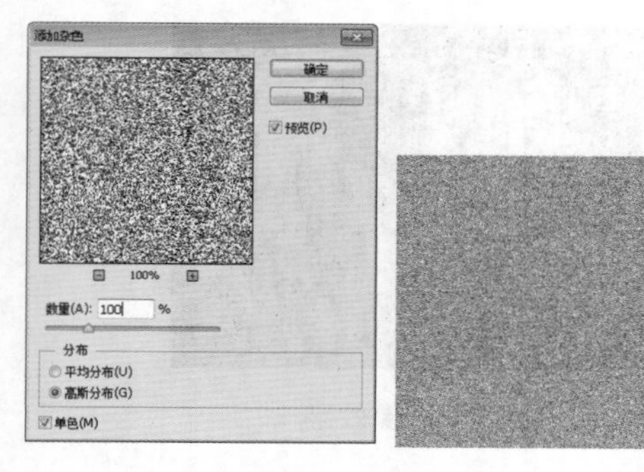

图15-43　“添加杂色”对话框

Step 6 ▶ 选择“滤镜”/“模糊”/“动感模糊”命令，打开“动感模糊”对话框，设置“角度”为“-25度”，“距离”为“162像素”，单击 确定 按钮，得到模糊效果，如图15-44所示。

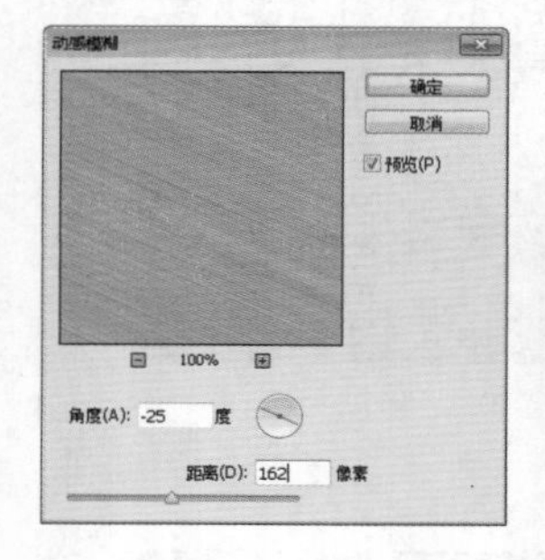

图15-44　设置动感模糊效果

Step 7 ▶ 选择“图层”/“创建剪贴蒙版”命令，在“图层”面板中得到剪贴图层，并将超出文字外的图像隐藏，如图15-45所示。

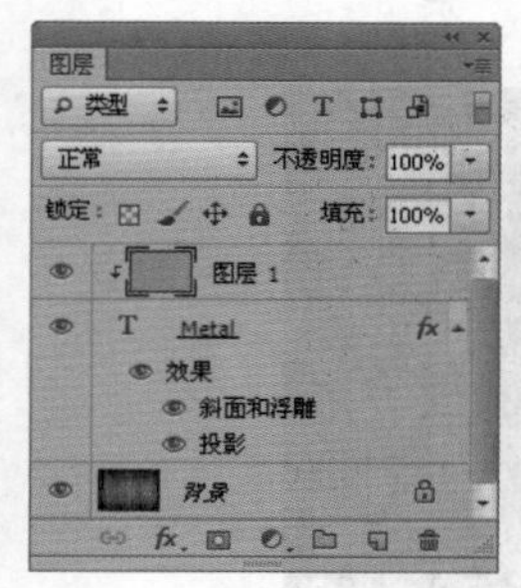

图15-45　应用剪贴图层

Step 8 ▶ 再新建一个图层，在工具箱底部设置前景色为“黑色”，背景色为“白色”。选择“滤镜”/“渲染”/“云彩”命令，然后按Ctrl+F组合键，重复两次滤镜，得到云彩效果，如图15-46所示。

图15-46　云彩效果

Step 9 ▶ 设置该图层的混合模式为“叠加”，“不透明度”为74%，再为其创建剪贴蒙版效果，得到剪贴图层，如图15-47所示。

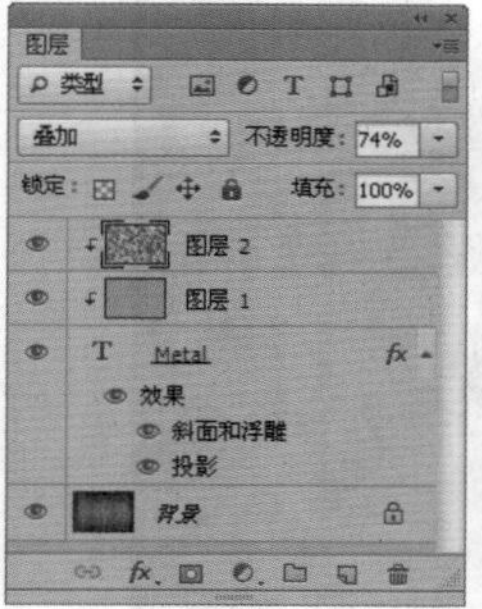

图15-47　设置图层属性

Step 10 ▶ 复制一次“图层1”，将其放到最顶层，并设置图层混合模式为“正片叠底”，“不透明度”为24%，同样为该图层创建剪贴蒙版，得到叠加文字效果，如图15-48所示。

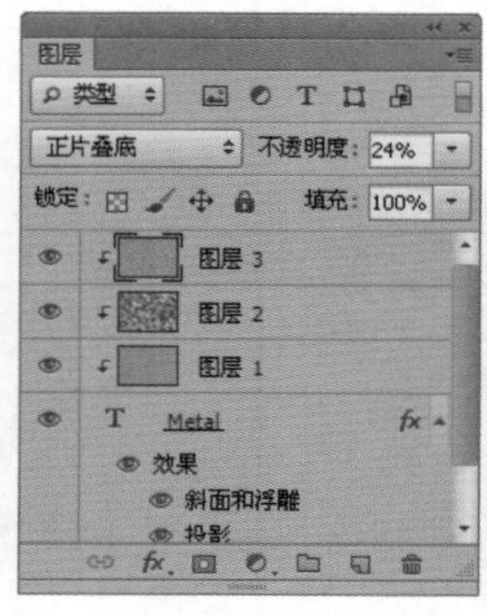

图15-48　复制图层

Step 11 ▶ 新建一个图层，将其填充为“黑色”，然后设置前景色为“白色”。选择画笔工具，在图像中绘制3条白色柔和线条，如图15-49所示。在“图层”面板中设置图层混合模式为“正片叠底”，“不透明度”为79%，得到与文字和背景相融合的图像效果，如图15-50所示。

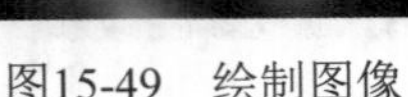

图15-49 绘制图像

图15-50 设置混合模式

Step 12 ▶ 选择“图层”/“新建调整图层”/“色阶”命令，在打开的对话框中保存默认设置。单击 确定 按钮，进入“属性”面板，设置“输入色阶”分别为7、1.00、243，然后关闭“属性”面板，查看效果，如图15-51所示。

图15-51 图像效果

15.5 素材图像的调整 调整图层的应用 设置图层不透明度 制作泼水字

本例制作泼水字。首先添加湖面图像，并调整该图像的色调，然后输入文字制作成浮雕效果，最后添加泼水图像。制作后的效果如左图所示。

- 光盘\素材\第15章\湖.jpg 、流水.jpg、雾.psd
- 光盘\效果\第15章\泼水字.psd
- 光盘\实例演示\第15章\制作泼水字

Step 1 ▶ 选择“文件”/“新建”命令，打开“新建”对话框，设置文件名称为“泼水字”，“宽度”和“高度”分别为“34厘米”和“24厘米”、“分辨率”为“150像素/英寸”，单击 确定 按钮，得到新建图像文件，如图15-52所示。

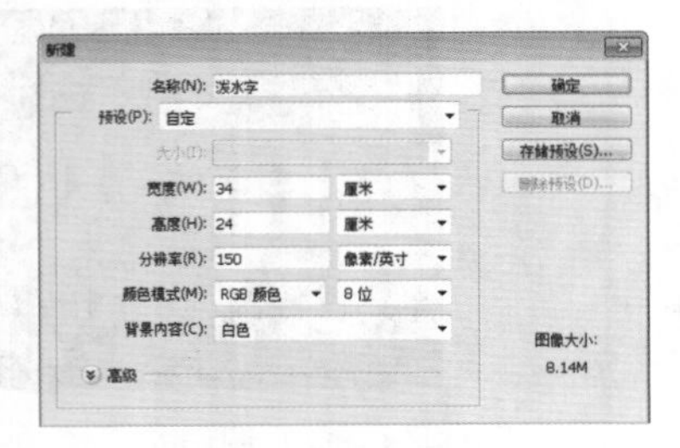

图15-52 新建文件

Step 2 ▶ 将背景填充为“黑色”，然后打开“湖.jpg”图片。选择套索工具，在属性栏中设置“羽化”为“20像素”，框选部分湖面图像，使用移动工具将其拖曳到新建文件中，如图15-53所示。

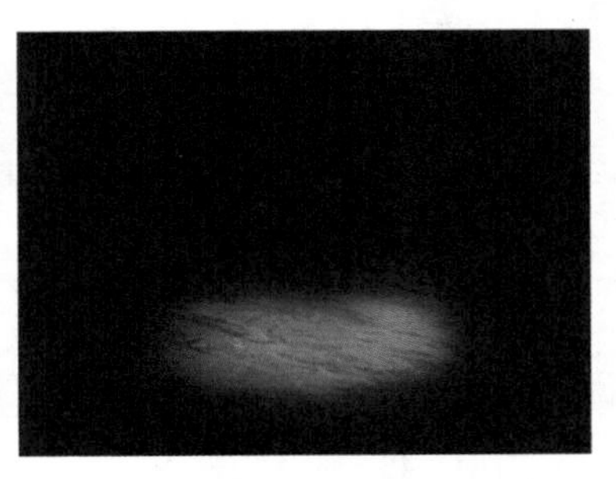

图15-53 添加“湖.jpg”图像

Step 3 这时，“图层”面板中自动添加“图层1”，设置“不透明度”为60%。按Ctrl+J组合键复制两次图层，适当调整图像大小和图层不透明度，如图15-54所示。

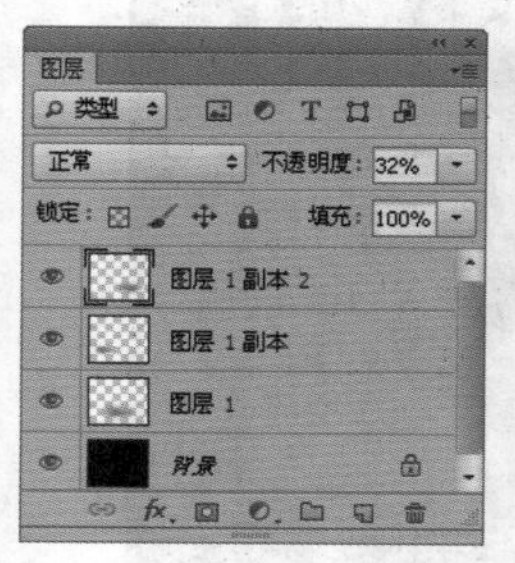

图15-54　复制图像

Step 4 再复制一次“图层1”，将其放到最顶层，然后适当缩小图像，并设置图层混合模式为“滤色”，如图15-55所示。

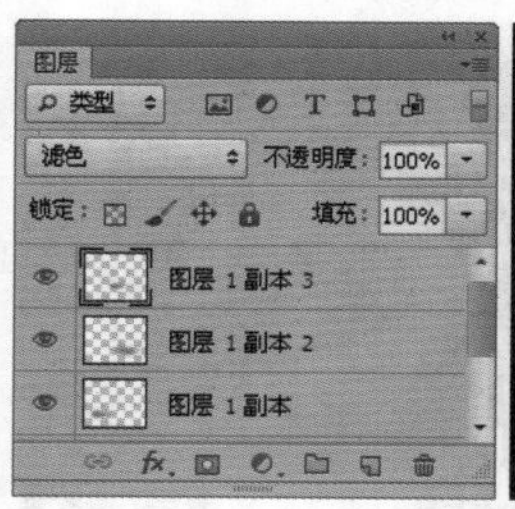

图15-55　设置图层混合模式

Step 5 选择“图层”/“新建调整图层”/“色阶”命令，在打开的对话框中保持默认设置，单击 确定 按钮。切换到“属性”面板，设置各项参数，如图15-56所示。

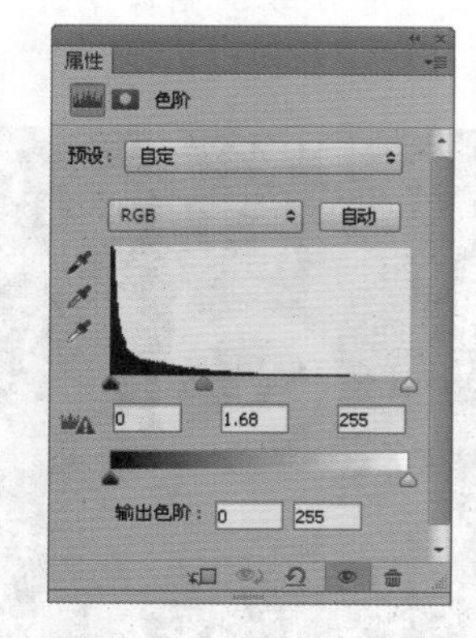

图15-56　设置各个参数

Step 6 选择“图层”/“新建调整图层”/“曲线”命令，在打开的对话框中保持默认设置，单击 确定 按钮。切换到“属性”面板，调整曲线，如图15-57所示。

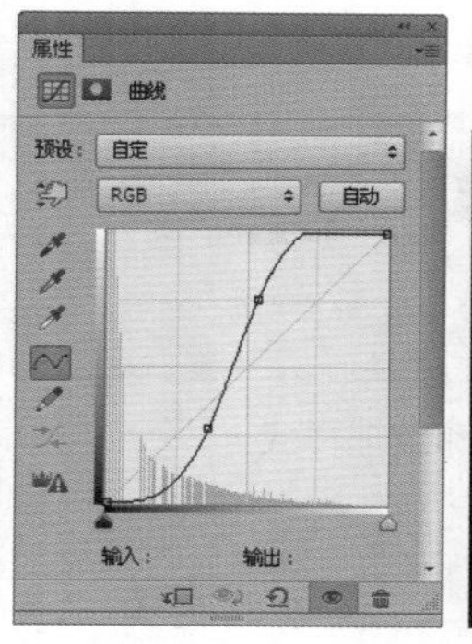

图15-57　调整曲线

Step 7 选择横排文字工具T，在水波图像中输入S，在属性栏中设置字体为“华文中宋”，字号为“404点”，“填充”为“白色”，如图15-58所示。

图15-58　输入文字

Step 8 选择“图层”/“图层样式”/“斜面和浮雕”命令，打开“图层样式”对话框，设置“样式”为“内斜面”，“深度”为100%，再设置其他参数，如图15-59所示。

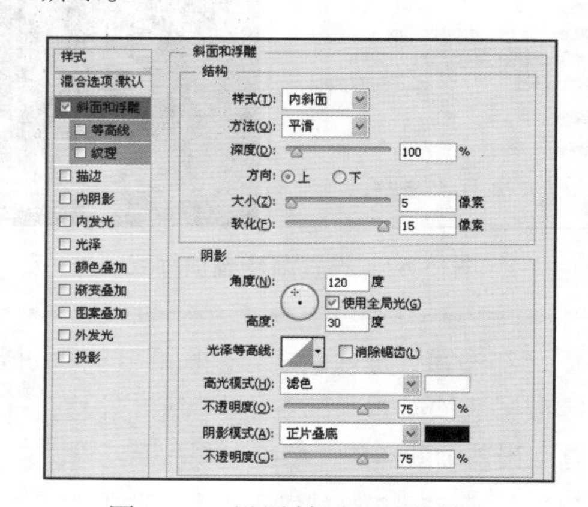

图15-59　设置斜面和浮雕样式

Step 9 ▶ 选中 ☑ 等高线 复选框，设置“范围”为50%；选中 ☑ 纹理 复选框，选择纹理样式为“黑白纹理”，如图15-60所示。

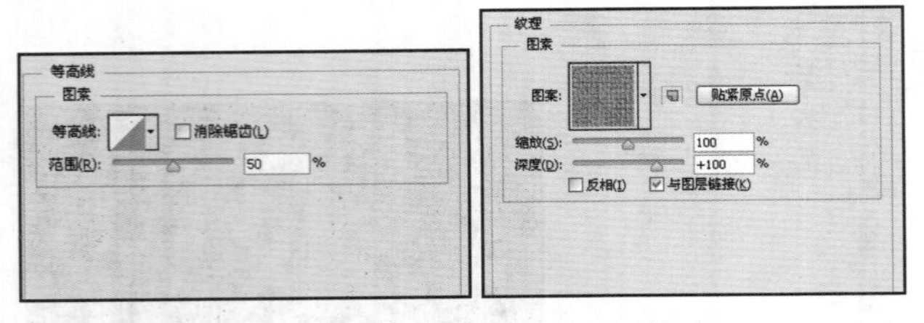

图15-60　设置等高线和纹理样式

Step 10 ▶ 选中 ☑ 描边 复选框，设置“大小”为“1像素”，“位置”为“外部”，描边颜色为“蓝色”（R:9 G:151 B:198），如图15-61所示。

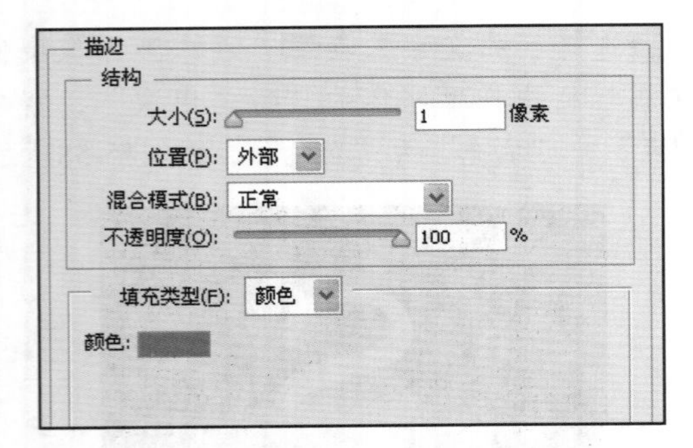

图15-61　设置描边样式

Step 11 ▶ 选中 ☑ 渐变叠加 复选框，设置渐变颜色从“深蓝色”（R:0 G:78 B:166）到“蓝色”（R:0 G:172 B:229），再设置其他参数，单击 确定 按钮，得到添加图层样式后的文字效果，如图15-62所示。

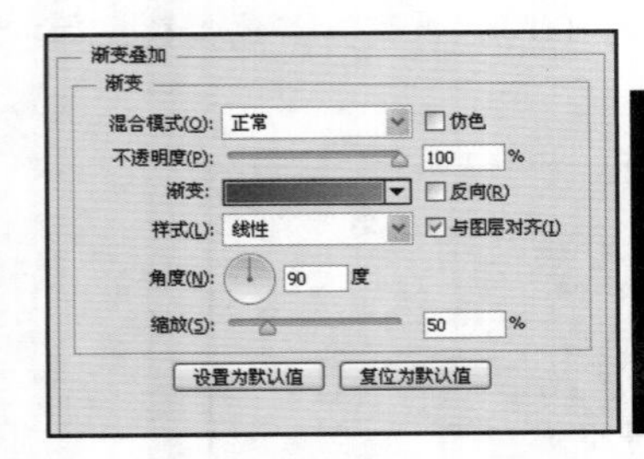

图15-62　设置渐变叠加样式

> **操作解谜**
>
> 在设置“渐变叠加”图层样式时，对话框中很多选项设置与渐变工具属性栏设置一样，可以设置渐变样式、颜色、混合模式等。

Step 12 ▶ 新建一个图层，设置前景色为“白色”。选择画笔工具，在属性栏中设置不透明度为50%，然后沿S周围绘制白雾图像，如图15-63所示。

图15-63　绘制白雾图像

Step 13 ▶ 设置该图层的图层混合模式为“叠加”，得到图像叠加效果，如图15-64所示。

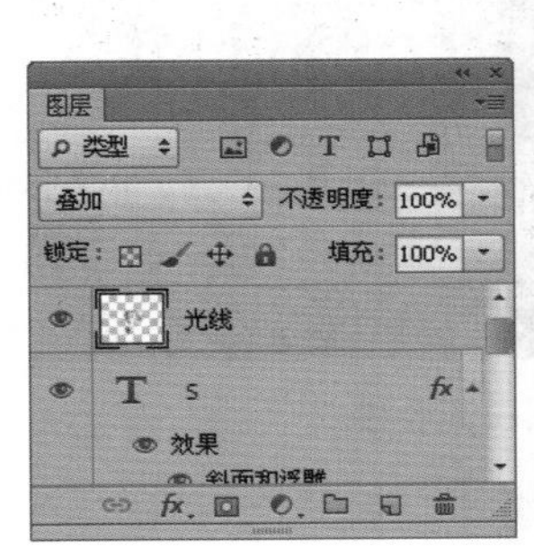

图15-64　设置图层属性

Step 14 ▶ 打开“流水.jpg”图片，使用移动工具将该图像拖曳到当前编辑的图像中，适当调整图像大小，放到S图像中，如图15-65所示。

图15-65　添加“流水.jpg”图像

Step 15▶ 打开“雾.jpg”图片，使用移动工具将该图像拖曳到当前编辑的图像中，设置该图层的“不透明度”和“填充”都为50%，如图15-66所示。

图15-66 添加“雾.psd”图像

Step 16▶ 选择文本图，然后选择“图层”/“新建调整图层”/“色彩平衡”命令，切换到“属性”面板中，设置各选项参数，如图15-67所示，完成本实例的操作。

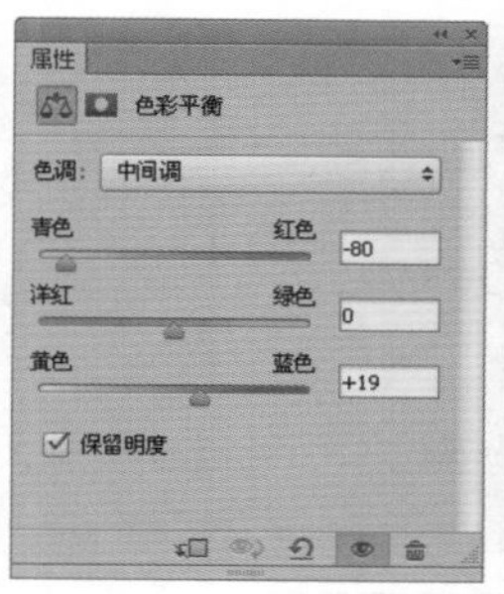

图15-67 最终效果

15.6 载入图像选区 设置描边路径效果 设置画笔面板 制作钻石镶边字

本例将制作钻石镶边字，主要载入文字选区，并转换为路径，然后通过铅笔工具制作出镶边钻石图，再为其添加图层样式，并改变颜色。制作后的效果如左图所示。

- 光盘\素材\第15章\彩色背景.jpg
- 光盘\效果\第15章\钻石镶边字.psd
- 光盘\实例演示\第15章\制作钻石镶边字

Step 1▶ 打开“彩色背景.jpg”素材图片，选择横排文字工具T，在图像中输入文字，并设置字体为Newcentwry Schlbk，字号为“130点”，填充为“红色”，如图15-68所示。

图15-68 设置图层属性

Step 2▶ 选择“图层”/“图层样式”/“斜面和浮雕”命令，打开“图层样式”对话框，设置“样式”为“内斜面”，再设置其他参数，如图15-69所示。

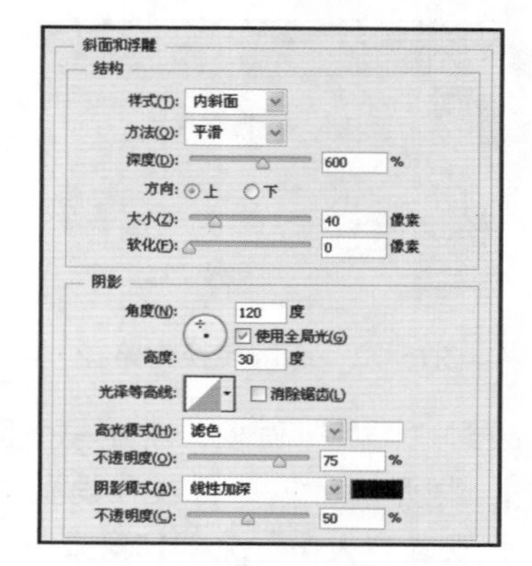

图15-69 设置斜面和浮雕样式

Step 3 ▶ 选中☑图案叠加复选框，设置“混合模式”为“滤色”，“不透明度”为32%，选择图案样式为“微粒”，“缩放”为220%，如图15-70所示。

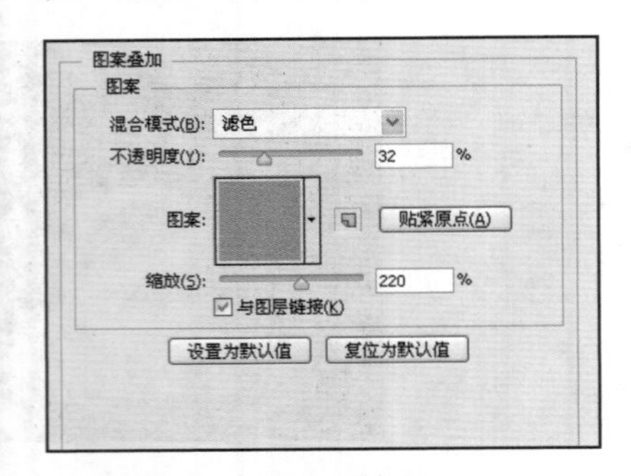

图15-70 设置图案叠加样式

Step 4 ▶ 选中☑投影复选框，设置“混合模式”为“正片叠底”，颜色为“黑色”，再设置其他各项参数，单击 确定 按钮，得到添加图层样式后的文字效果，如图15-71所示。

图15-71 设置投影样式

Step 5 ▶ 按住Ctrl键单击“文字”图层，载入文字选区。切换到“路径”面板，单击面板底部的“从选区生成工作路径”按钮，得到文字路径，如图15-72所示。

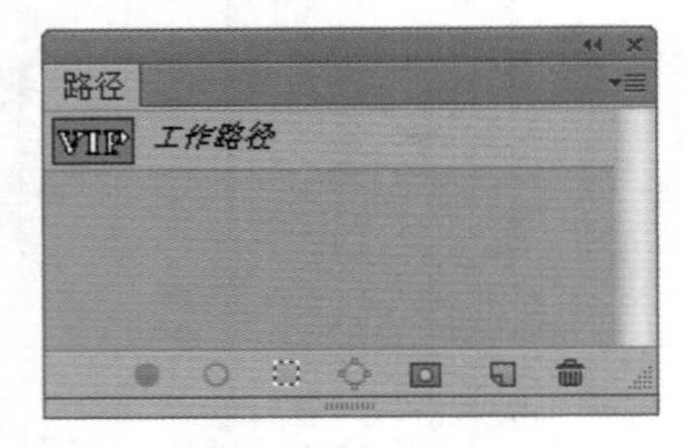

图15-72 选区转换为路径

Step 6 ▶ 切换到“图层”面板，新建一个图层，选择铅笔工具，打开“画笔”面板，设置画笔样式为“尖角30”，设置“大小”为“15像素”，“间距”为130%；在“路径”面板中选择路径，单击“用画笔描边路径”按钮，得到描边效果，如图15-73所示。

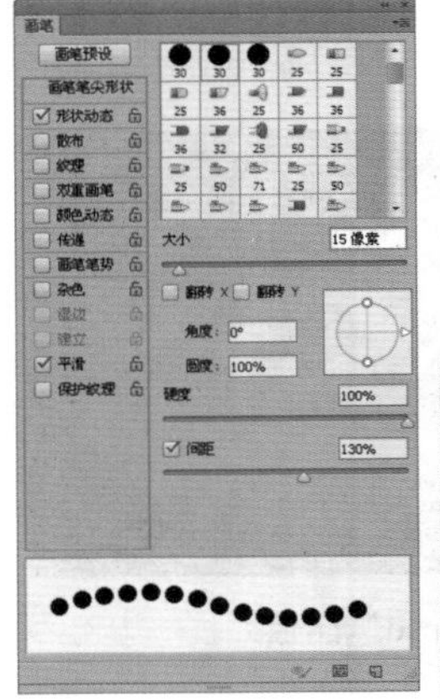

图15-73 描边路径

Step 7 ▶ 选择“图层”/“图层样式”/“斜面和浮雕”命令，打开“图层样式”对话框，选中☑内阴影复选框，再设置其他参数，然后选中☑颜色叠加复选框，设置颜色为“灰色”，如图15-74所示。

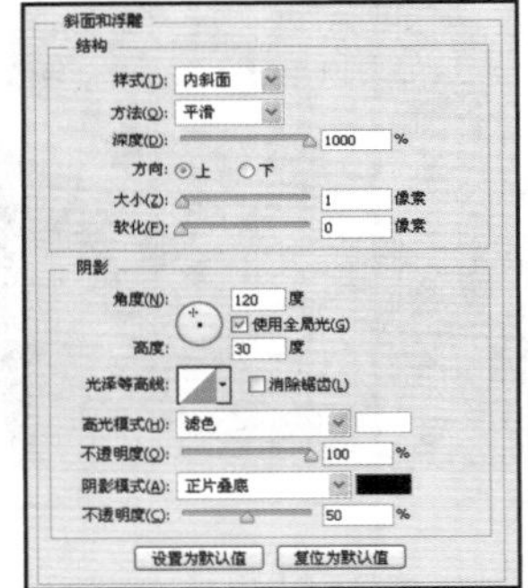

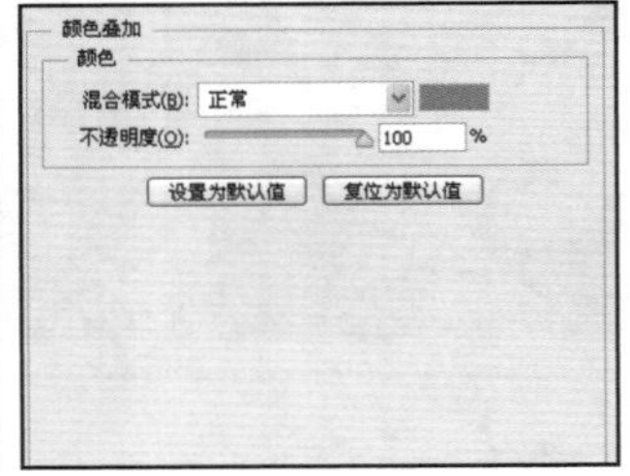

图15-74 设置图层样式

Step 8 ▶ 单击 确定 按钮，得到添加图层样式后的文字效果，如图15-75所示。

图15-75 文字效果

Step 9 ▶ 按住Ctrl键，单击“图层1”，载入镶边图像选区。选择“图层”/“新建调整图层”/“曲线”命令，在打开的对话框中保持默认设置，单击 确定 按钮。切换到“属性”面板中，调整曲线；关闭“属性”面板，选择“曲线1”中的“矢量蒙版缩略图”，右击，在弹出的快捷菜单中选择“删除矢量蒙版”命令，然后再使用同样的方法选择“色相/饱和度”命令，调整各项参数，如图15-76所示。

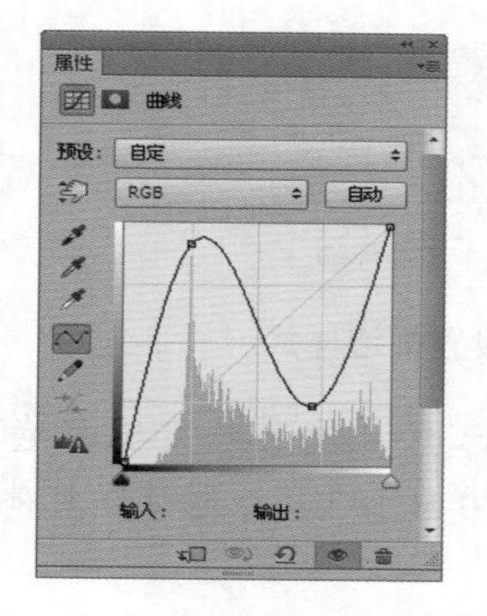

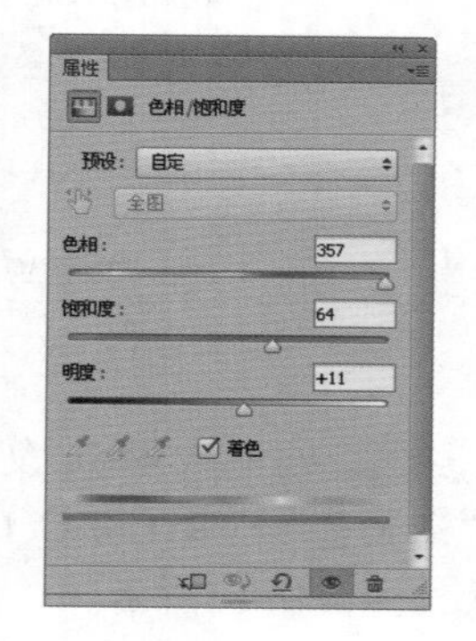

图15-76 调整曲线和颜色

Step 10 ▶ 调整好曲线和色调，得到钻石镶边效果，完成本实例的操作，如图15-77所示。

图15-77 最终效果

读书笔记

15.7 渐变工具的应用 图层样式的应用 纹理样式的添加 制作可爱甜心字

本例制作可爱甜心字。首先输入文字，并制作文字造型，然后通过多种图层样式的结合使用制作出立体文字效果，如左图所示。

- 光盘\效果\第15章\可爱甜心字.psd
- 光盘\实例演示\第15章\制作可爱甜心字

Step 1 ▶ 新建一个图像文件。选择渐变工具，在属性栏中设置渐变样式为“径向渐变”，然后设置渐变颜色从“暗粉红色”（R:164 G:107 B:139）到“白色”，在画布中间按住鼠标左键向右上角拖动，填充“渐变”，如图15-78所示。

操作解谜

使用渐变工具对图像应用渐变填充之前，需要在工具属性栏中设置好各项参数，包括渐变颜色、模糊、渐变类型等，设置好后再进行填充，才能得到相应的效果。

图15-78 渐变填充图像

Step 2 ▶ 选择横排文字工具，在图像中间输入一行英文文字，并在属性栏中设置字体为“方正粗圆简体”，字号为“256点”，填充为“黑色”，如图15-79所示。

图15-79　输入文字

Step 3 ▶ 在“文字”图层上右击，在弹出的快捷菜单中选择“栅格化文字”命令，将“文字”图层转换为普通图层。使用矩形选框工具框选T，按Ctrl+T组合键拉长图像，使用相同的方法将T上方的一横向右拉长，如图15-80所示。

图15-80　调整图像

Step 4 ▶ 按Ctrl+T组合键，图像四周出现变换框，按住Ctrl键执行透视操作，并选择椭圆选框工具在右侧绘制一个圆形，填充为“黑色”，如图15-81所示。

图15-81　透视变换图像

Step 5 ▶ 选择“图层”/“图层样式”/“描边”命令，打开“图层样式”对话框，设置“大小”为“11像素”，“颜色”为“淡紫色”（R:224 G:205 B:215），如图15-82所示。

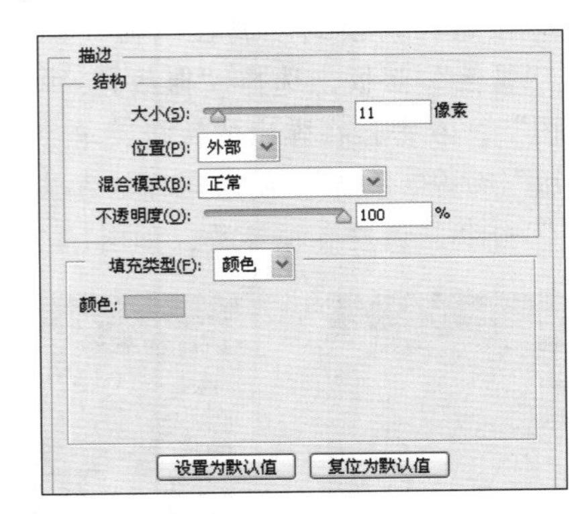

图15-82　设置描边样式

Step 6 ▶ 选中 外发光 复选框，设置外发光颜色为“浅紫色”（R:170 G:120 B:143），再设置其他参数，如图15-83所示。

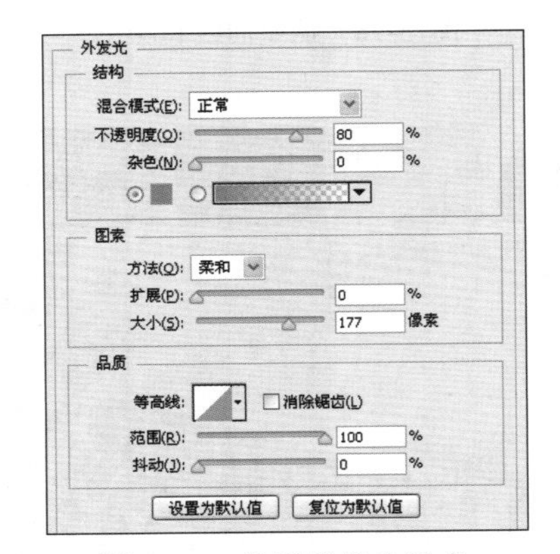

图15-83　设置外发光样式

Step 7 ▶ 选中 投影 复选框，设置投影颜色为“深紫色”（R:121 G:46 B:80），再设置其他参数，如图15-84所示。

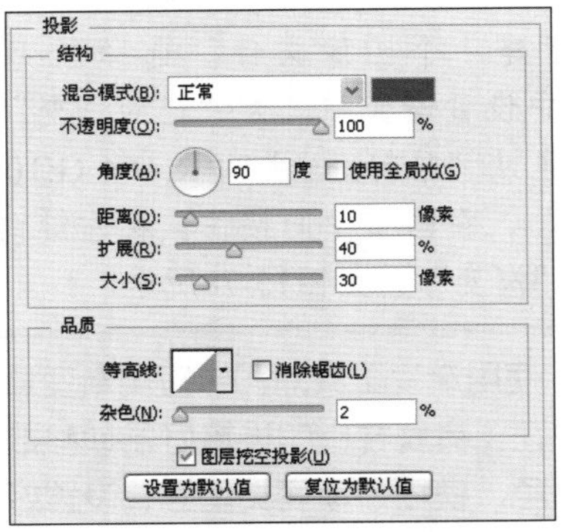

图15-84　设置投影样式

Step 8 ▶ 单击 确定 按钮，得到添加图层样式后的效果，如图15-85所示。

图15-85　图层样式效果

Step 9 ▶ 按Ctrl+J组合键复制一次“文字”图层，得到图层2，如图15-86所示。

图15-86　复制图层

Step 10 ▶ 双击已复制的图层，打开“图层样式”对话框，选择“斜面和浮雕”样式，单击“光泽等高线”右侧的下拉按钮，在弹出的面板中选择一种样式，再设置其他选项参数，如图15-87所示。

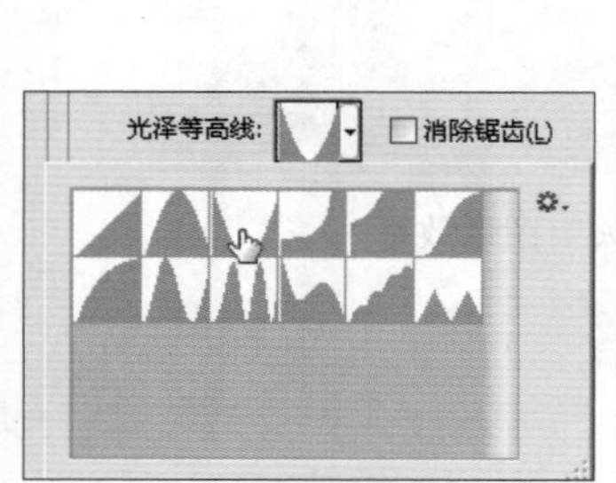

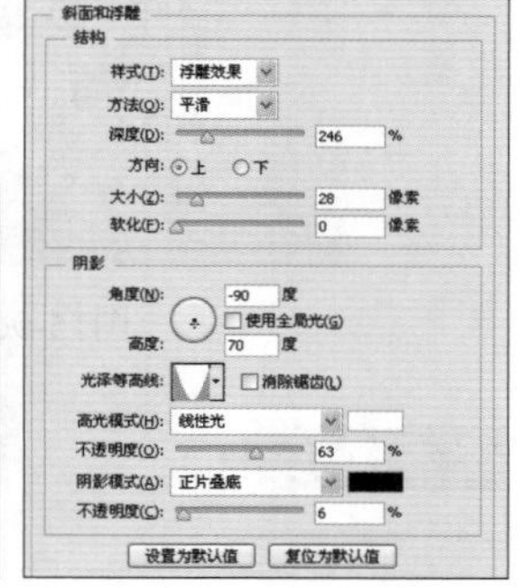

图15-87　设置斜面和浮雕样式

Step 11 ▶ 选中 描边 复选框，改变描边颜色为“白色”，再设置其他选项参数，如图15-88所示。

Step 12 ▶ 选中 内阴影 复选框，设置内阴影颜色为“黑色”，再设置其他选项参数，如图15-89所示。

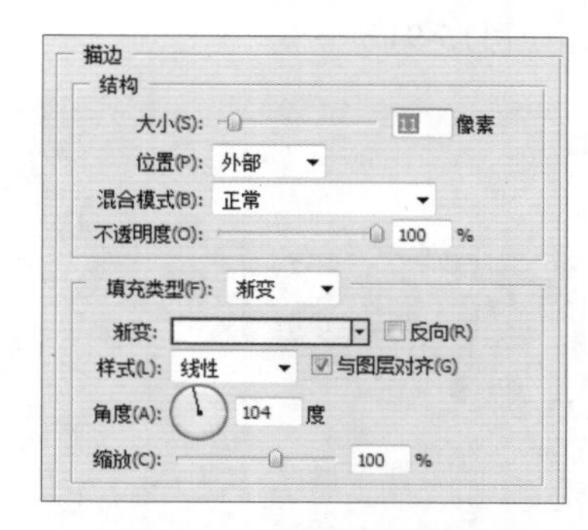

图15-88　设置描边样式

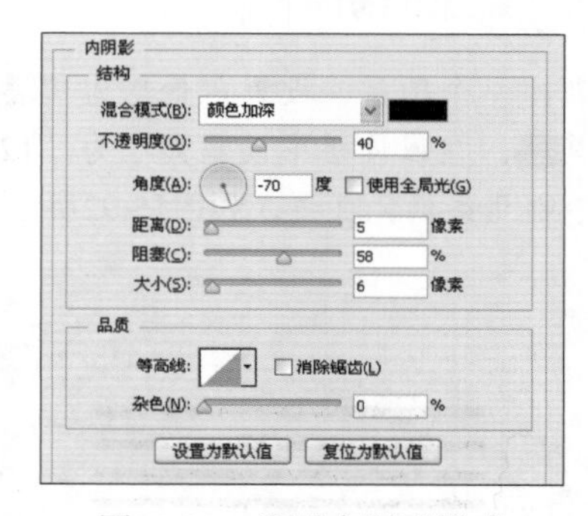

图15-89　设置内阴影样式

Step 13 ▶ 选中 渐变叠加 复选框，设置“混合模式”为“正常”，渐变颜色从“橘黄色”（R:220 G:124 B:39）到“玫红色”（R:208 G:42 B:114），再设置其他参数，然后取消选中 外发光 和 投影 复选框，如图15-90所示。

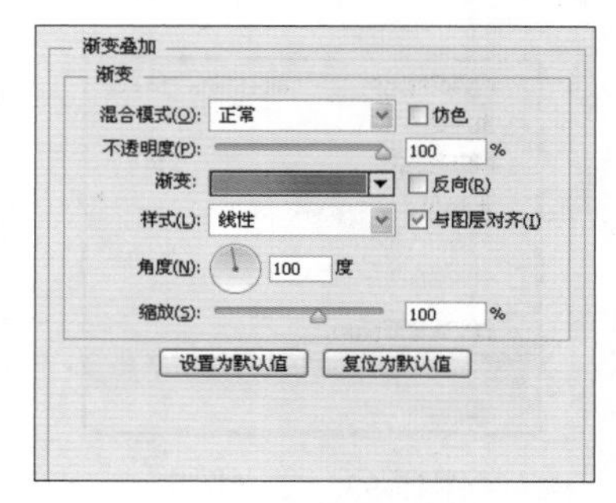

图15-90　设置渐变叠加样式

读书笔记

Step 14 ▶ 单击 确定 按钮，得到添加图层样式后的效果，如图15-91所示。

图15-91　图像效果

Step 15 ▶ 新建一个图层，设置前景色为“黑色”。选择铅笔工具，在属性栏中设置大小为“12像素”，在图像中绘制几条黑色直线，如图15-92所示。

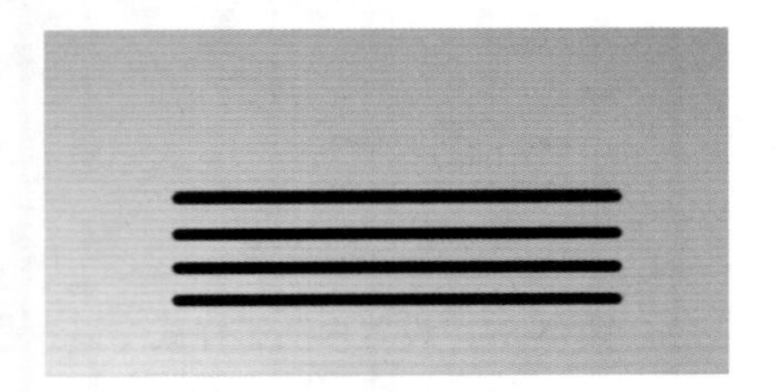

图15-92　绘制黑色线条

Step 16 ▶ 使用矩形选框工具对绘制的图形建立选区。选择“编辑”/“定义图案”命令，在打开的对话框中保持默认设置，单击 确定 按钮，如图15-93所示。

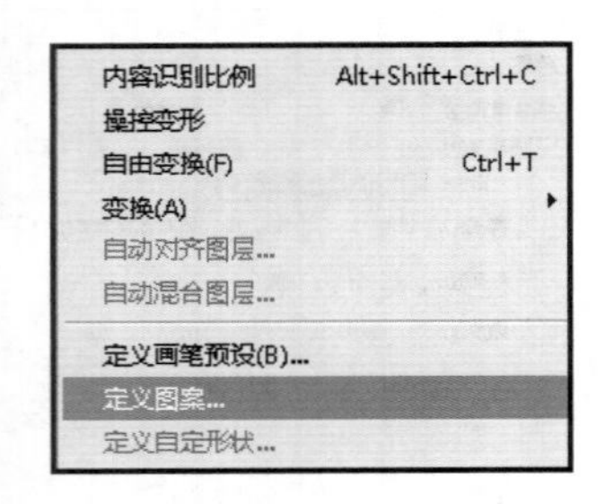

图15-93　定义图案

Step 17 ▶ 删除已绘制的“线条”图层。再次复制“文字”图层，双击该图层，打开“图层样式”对话框，取消所有图层样式。选择“斜面和浮雕”样式下面的“纹理”选项，单击图案右侧的下拉按钮，在弹出的面板中选择所定义的图案，再设置其他参数，如图15-94所示。

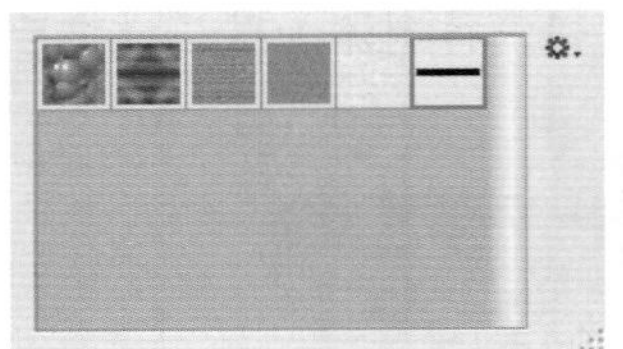

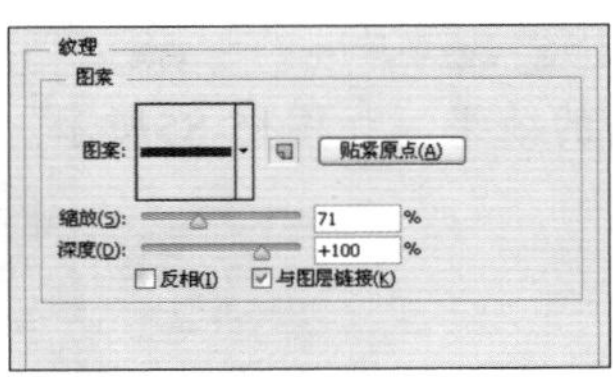

图15-94　设置纹理样式

Step 18 ▶ 选中 内阴影 复选框，设置“混合模式”为“线性减淡（添加）”，内阴影颜色为“白色”，再设置其他参数；选择“渐变叠加”选项，设置“混合模式”为“线性减淡（添加）”，颜色从“白色”到“透明”，再设置其他参数，如图15-95所示。

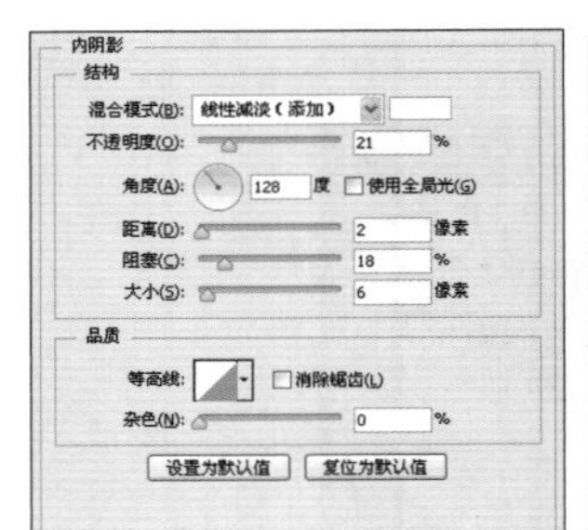

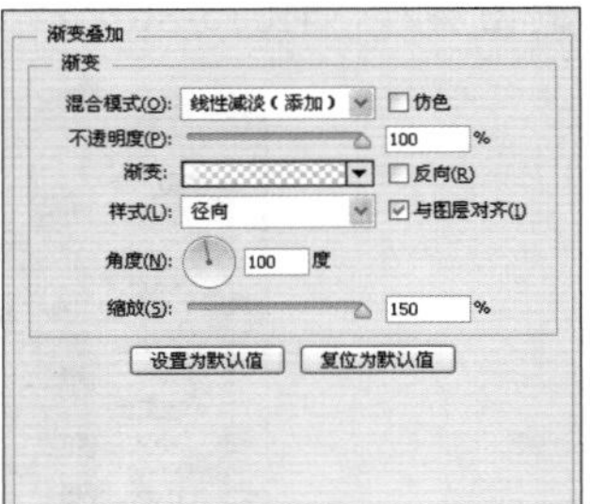

图15-95　设置内阴影和渐变叠加样式

Step 19 ▶ 单击 确定 按钮，得到添加图层样式后的效果，如图15-96所示，完成本实例的操作。

图15-96　图像效果

读书笔记

15.8 载入图像选区 设置羽化选区效果 动感模糊命令 制作斑驳文字

本例制作斑驳字，首先输入文字并旋转，然后对文字添加投影效果，再添加各种素材图像，得到斑驳效果，如左图所示。

- 光盘\素材\第15章\纹理.jpg、纸纹.psd
- 光盘\效果\第15章\斑驳字.psd
- 光盘\实例演示\第15章\制作斑驳字

Step 1 ▶ 新建一个图像文件，再新建图层。选择多边形套索工具，在图像中绘制一个不规则选区，填充为“红色”（R:200 G:4 B:27）。新建“图层2”，使用相同的方法再绘制一个不规则的图形，如图15-97所示。

图15-97　绘制不规则图形

Step 2 ▶ 打开“纸纹.psd”图像，选择移动工具将其拖曳到当前编辑的图像中，适当调整大小，使其布满整个画面，如图15-98所示。

图15-98　图像效果

Step 3 ▶ 选择横排文字工具T，在图像中输入文字，并在属性栏中设置字体为“方正超粗黑简体”，字号为“300点”，填充为“白色”，再适当旋转文字，如图15-99所示。

图15-99　输入文字

Step 4 ▶ 复制“文字”图层，并对其栅格化。新建一个图层，设置图层不透明度为39%。按住Ctrl键，单击“文字”图层，载入选区。选择“选择”/“修改”/“羽化”命令，在打开的对话框中设置“羽化半径”为“5像素”，填充为“黑色”，并将其移动到文字下方，如图15-100所示。

图15-100　羽化选区

Step 5 ▶ 使用同样的方法复制文字图像，载入选区，羽化后填充选区，并设置不同的图层不透明度，得到投影效果，如图15-101所示。

图15-101　制作投影

Step 6 ▶ 复制一次“投影”图层。选择“滤镜”/“模糊”/“动感模糊”命令，打开“动感模糊”对话框，设置“角度”为“-58度”，“距离”为“230像素”，如图15-102所示。单击 确定 按钮，得到模糊图像效果，如图15-103所示。

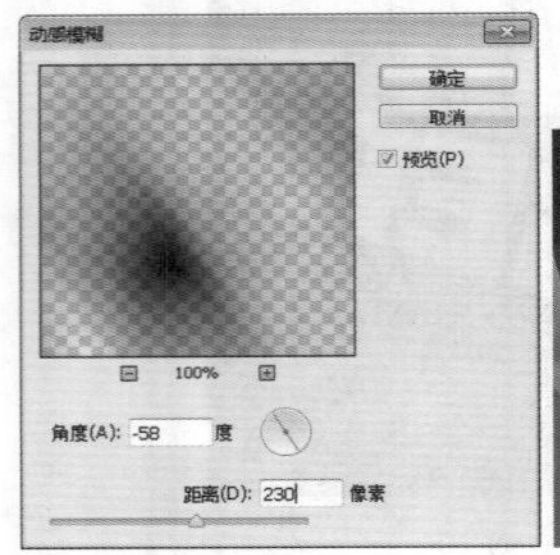

图15-102　设置动感模糊参数

图15-103　模糊图像效果

Step 7 ▶ 打开“纹理.jpg”图片，选择移动工具将其拖曳到当前编辑的图像中，适当调整图像大小，使其布满整个画面，并置于顶层，如图15-104所示。

图15-104　添加素材图像

Step 8 ▶ 设置该图层的混合模式为“叠加”，得到与底层融合的图像效果，如图15-105所示。

图15-105　图像效果

Step 9 ▶ 新建一个图层，设置前景色为“白色”，使用画笔工具绘制出大小不同的斑点图像，并设置该图层的混合模式为“叠加”，效果如图15-106所示。

图15-106　绘制斑点图像

Step 10 ▶ 选择未栅格化的“文字”图层，然后新建图层。选择“图层”/“创建剪贴蒙版”命令，使用渐变工具将其填充为“线性渐变”，从“黑色”到“灰色”（R:233 G:232 B:232），整个实例的操作完成，如图15-107所示。

图15-107　最终效果

15.9 制作金色焦糖字

载入图像选区 设置羽化选区效果 动感模糊命令

本例制作金色焦糖字。首先输入文字并旋转，然后对文字添加投影效果，再添加各种素材图像，得到金色焦糖效果，如左图所示。

- 光盘\素材\第15章\红色底纹.jpg
- 光盘\效果\第15章\金色焦糖字.psd
- 光盘\实例演示\第15章\制作金色焦糖字

Step 1 新建一个图像文件，新建“图层1”，设置前景色为“暗黄色”（#452c16），按Alt+Delete组合键填充背景，如图15-108所示。

图15-108 填充图像

Step 2 选择“图层”/“图层样式”/“图案叠加”命令，打开“图层样式”对话框，设置“图案”为“微粒”，再设置其他参数，如图15-109所示。

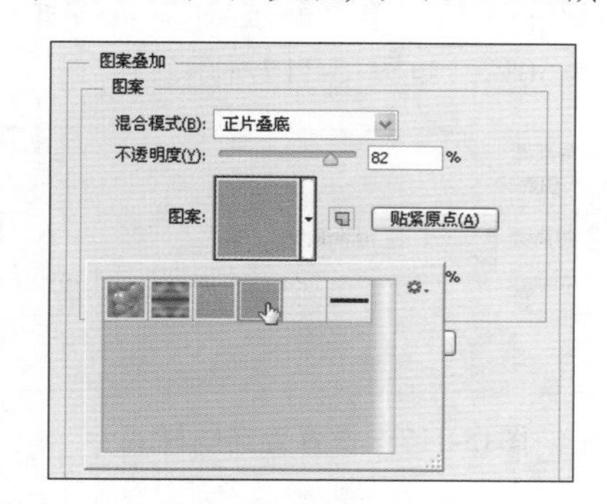

图15-109 “图层样式”对话框

Step 3 单击 确定 按钮，得到图案叠加效果，如图15-110所示。

图15-110 图案叠加效果

Step 4 打开“红色底纹.jpg”图片，使用移动工具将其拖曳到当前编辑的图像中，在“图层”面板中自动得到“图层2”。设置该图层混合模式为“叠加”，如图15-111所示。

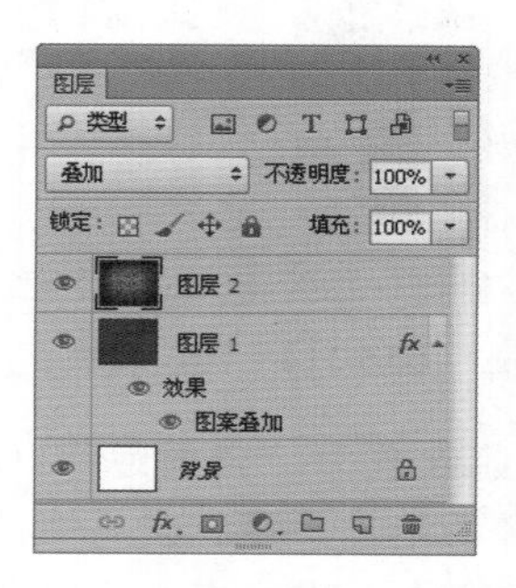

图15-111 设置图层混合模式

Step 5 ▶ 这时得到叠加的图像效果，如图15-112所示。

图15-112　图像效果

Step 6 ▶ 选择横排文字工具T，在图像中输入一行英文文字，并在属性栏中设置字体为False Positive Round BRK、字号为“430点”、填充为“土黄色”（R:179 G:122 B:55），如图15-113所示。

图15-113　输入文字

Step 7 ▶ 在文字图层上右击，在弹出的快捷菜单中选择“栅格化文字图层”命令，将文字图层转换为普通图层，如图15-114所示。

图15-114　图层转换

Step 8 ▶ 设置前景色为“淡黄色”（R:233 G:195 B:158），选择画笔工具，在属性栏中设置画笔大小为“5像素”，然后在文字中绘制出细小的圆点图像，如图15-115所示。

图15-115　绘制圆点图像

Step 9 ▶ 选择“图层”/“图层样式”/“斜面和浮雕”命令，打开“图层样式”对话框，设置“样式”为“内斜面”，“方法”为“雕刻柔和”，再设置其他参数。单击“光泽等高线”右侧的下拉按钮，在弹出的面板中选择“环形-双”样式，如图15-116所示。

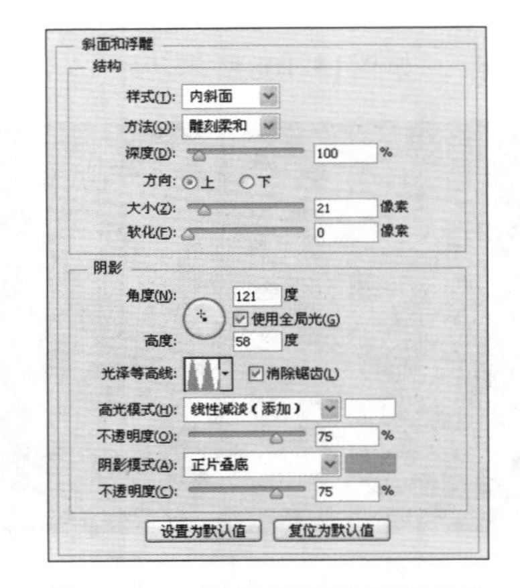

图15-116　设置斜面和浮雕参数

Step 10 ▶ 选择“图层样式”对话框左侧的“等高线”选项，单击“等高线”右侧的下拉按钮，在弹出的面板中选择“滚动斜坡-递减”样式，再设置“范围”为50%，如图15-117所示。

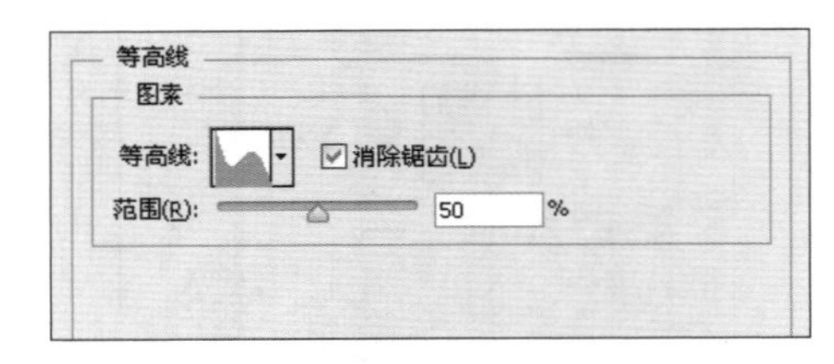

图15-117　设置等高线样式一

Step 11 ▶ 选中 ☑内阴影 复选框，设置内阴影颜色为

“土黄色”（R:169 G:152 B:74），再设置其他各项参数，如图15-118所示。

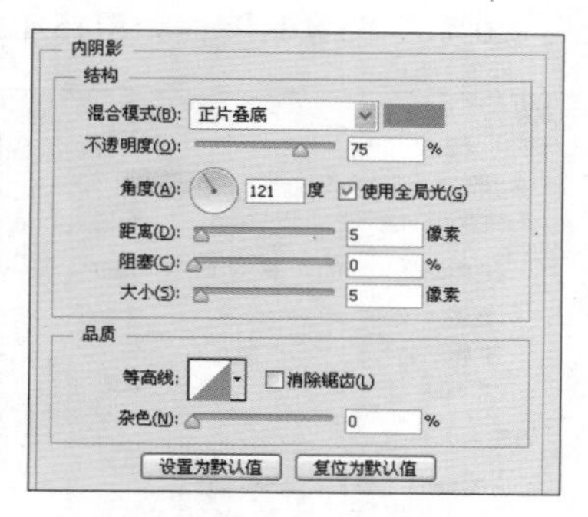

图15-118　设置内阴影样式

Step 12 ▶ 选中☑内发光复选框，设置“混合模式”为“叠加”，“不透明度”为75%，内发光颜色为“淡黄色”（R:234 G:223 B:162），再设置其他各项参数，如图15-119所示。

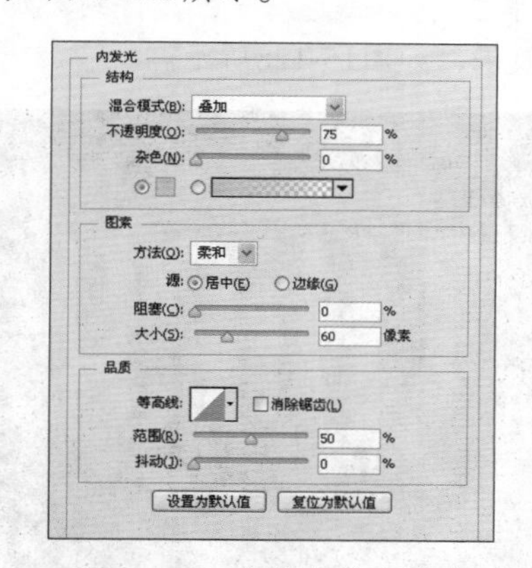

图15-119　设置内发光样式

Step 13 ▶ 选中☑投影复选框，设置投影颜色为“黑色”，再设置“距离”，“扩展”和“大小”参数分别为“5像素”、0%、“5像素”，如图15-120所示。

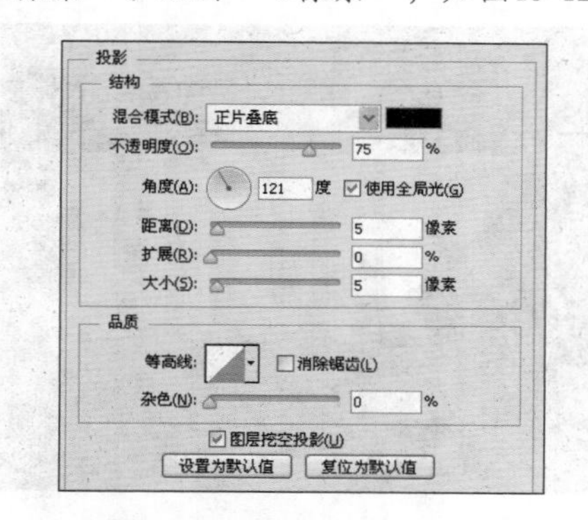

图15-120　设置投影样式一

Step 14 ▶ 单击 确定 按钮，得到添加图层样式后的文字效果，如图15-121所示。

图15-121　文字效果

Step 15 ▶ 按Ctrl+J组合键复制一次文字图层。选择“图层”/“图层样式”/“清除图层样式”命令，然后使用加深工具在文字中涂抹，加深部分图像，如图15-122所示。

图15-122　加深图像

Step 16 ▶ 设置该图层的混合模式为“柔光”，“不透明度”为90%，图像效果如图15-123所示。

图15-123　设置图层属性

Step 17 ▸ 再复制一次文字图层。选择“图层”/“图层样式”/“斜面和浮雕”命令，打开“图层样式”对话框，设置“样式”为“内斜面”，再设置其他各项参数，如图15-124所示。

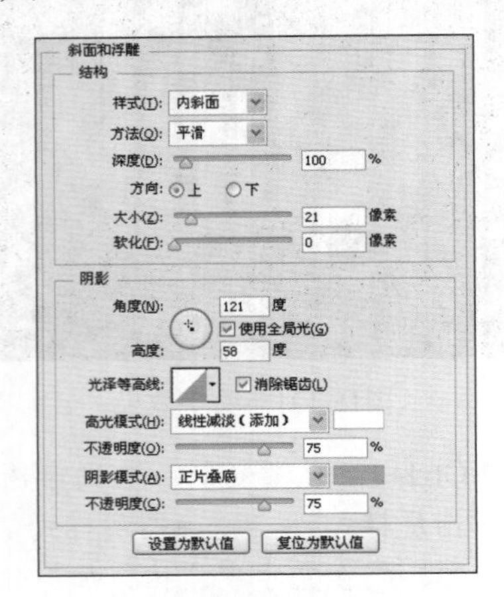

图15-124　设置斜面和浮雕样式

Step 18 ▸ 选中 ☑等高线 复选框，设置等高线样式为“半圆”，设置“范围”为50%，如图15-125所示。

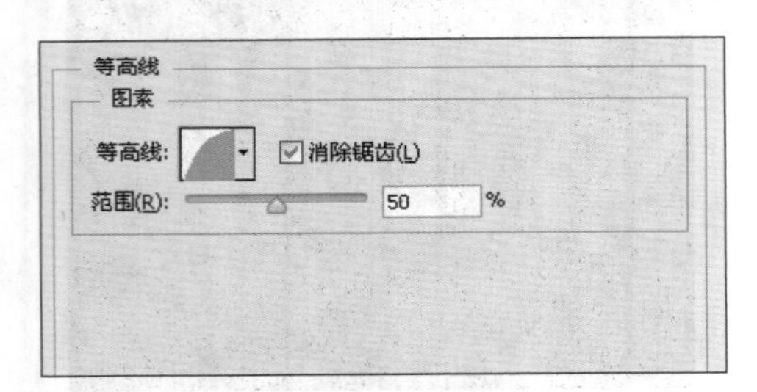

图15-125　设置等高线样式二

Step 19 ▸ 选中 ☑光泽 复选框，设置光泽颜色为“棕黄色”（R:153 G:94 B:0），再选择等高线样式为“环形”，如图15-126所示。

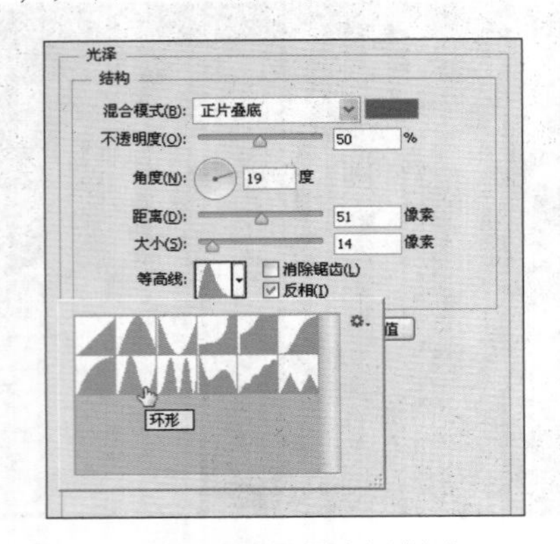

图15-126　设置光泽样式

Step 20 ▸ 选中 ☑投影 复选框，设置投影颜色为“黑色”，再设置“距离”、“扩展”和“大小”分别为“5像素”、0%、“5像素”，如图15-127所示。

图15-127　设置投影样式二

Step 21 ▸ 单击 确定 按钮，得到添加图层样式后的图像效果，如图15-128所示。

图15-128　图像效果

Step 22 ▸ 在“图层”面板中设置该文字图层的填充为0%，效果如图15-129所示。

图15-129　最终效果

15.10 添加素材 图像 输入 文字 添加图层 样式 制作玻璃字

本例制作玻璃字。主要使用“光泽”样式结合“内阴影”“内发光”等图层样式制作玻璃字效果，模拟出立体质感文字，效果如左图所示。

- 光盘\素材\第15章\青草背景.jpg
- 光盘\效果\第15章\玻璃字.psd
- 光盘\实例演示\第15章\制作玻璃字

Step 1 ▶ 打开“青草背景.jpg”图片，选择横排文字工具T，输入白色文字photoshop，并设置字体为“华文琥珀”，字号为“135点”，如图15-130所示。

图15-130 输入文字

Step 2 ▶ 双击文字图层，打开“图层样式”对话框，选择“混合选项：自定”选项，在“高级混合”栏中设置“填充不透明度”为0%。选中☑投影复选框，在右侧的“结构”栏中设置“大小”为“10像素”，其他选项保持默认，如图15-131所示。

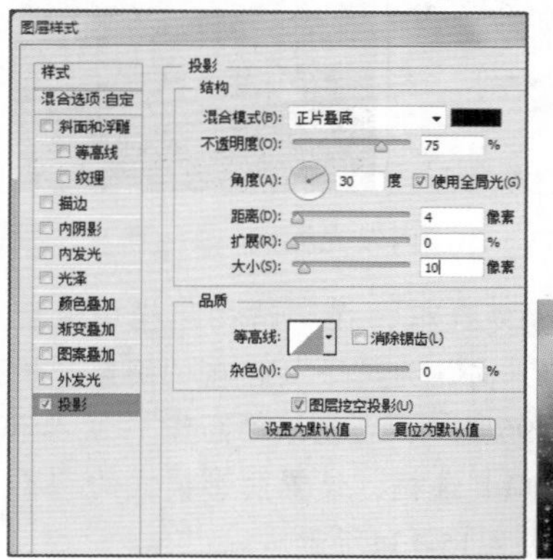

图15-131 添加投影样式

操作解谜

首先在“图层样式”对话框中的“高级混合”栏中设置“填充不透明度”为0%，是为了使白色文字呈透明效果。在添加图层样式后，文字才能体现出透明玻璃的质感。

读书笔记

Step 3 ▶ 选中☑内阴影复选框，在“结构”栏中设置“混合模式”为“变亮”，颜色为“白色”，“不透明度”为39%，“距离”为“7像素”，“阻塞”为7%，“大小”为“75像素”；在“品质”栏中设置“等高线”为“环形-双”样式。其他选项保持默认，如图15-132所示。

Step 4 ▶ 选中☑内发光复选框，在“图素”栏中设置“大小”为“4像素”，如图15-133所示。

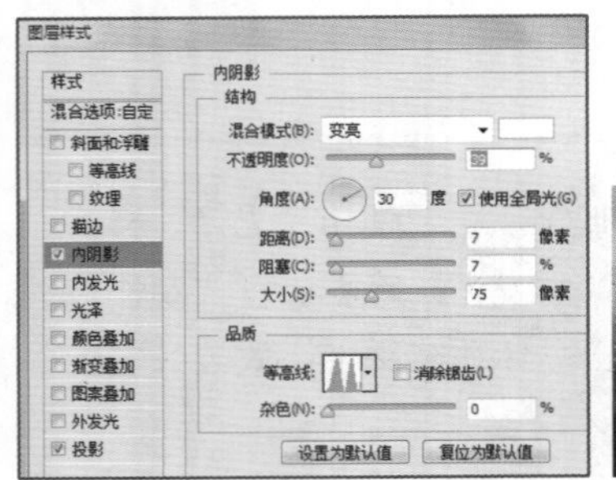

图15-132　添加内阴影样式

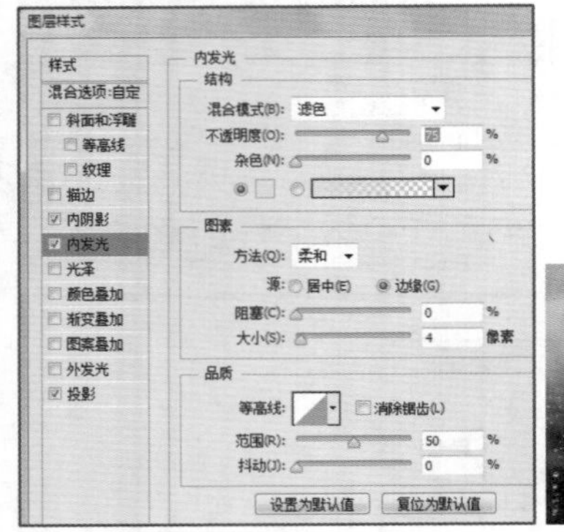

图15-133　添加内发光样式

Step 5 ▶ 选中☑斜面和浮雕复选框，在“结构”栏中设置“深度”为134%，“方向”为“下”。在“阴影”栏中设置“角度”为“-96度”，“光泽等高线”为“环形”，并选中☑消除锯齿(L)复选框，设置阴影模式的“不透明度”为“20”，如图15-134所示。

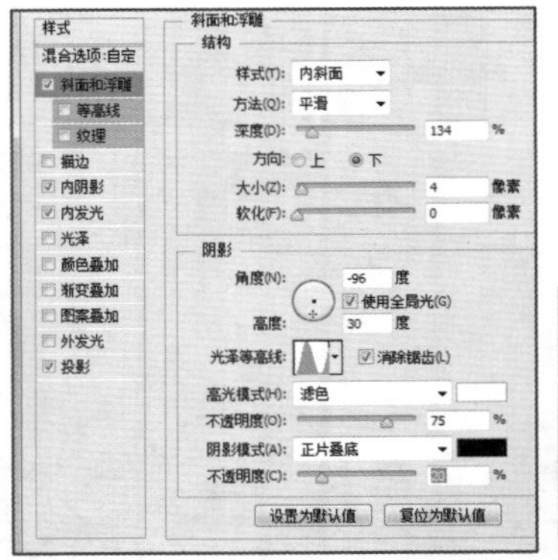

图15-134　添加斜面和浮雕样式

Step 6 ▶ 选中☑光泽复选框，在“结构”栏中设置颜色为“白色”，“不透明度”为75%，“角度”为“20度”，“距离”为“2像素”，“大小”为“5像素”。设置“等高线”为“环形”，如图15-135所示，单击 确定 按钮。

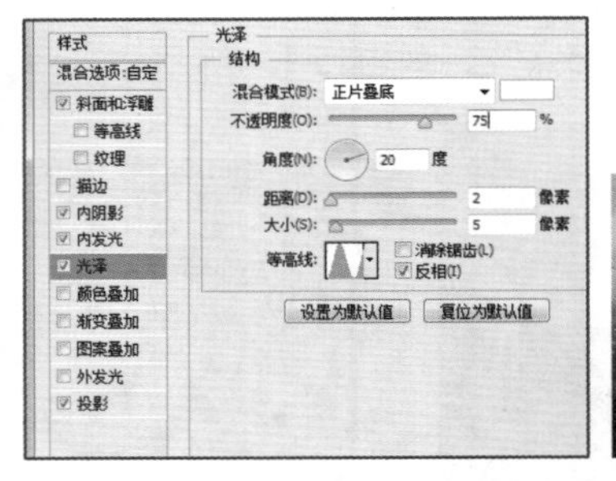

图15-135　添加光泽样式

15.11 制作水晶字

定义图案　输入文字　添加图层样式

本例制作水晶字。首先定义图案，然后输入文字，对文字添加各种图层样式效果，再对文字添加定义的纹理图案，以得到水晶字，效果如左图所示。

- 光盘\素材\第15章\背景.jpg、条纹.jpg
- 光盘\效果\第15章\水晶字.psd
- 光盘\实例演示\第15章\制作水晶字

Step 1 启动Photoshop CC，创建一个新的“水晶字”空白文档。设置“宽度”为“700像素”，“高度”为“550像素”，“分辨率”为“72像素/英寸”。选择“图层”/“复制图层”命令，打开“复制图层”对话框，在“为”文本框中输入“背景 图案”，单击确定按钮，即可在“图层”面板中查看到已复制的图层，如图15-136所示。

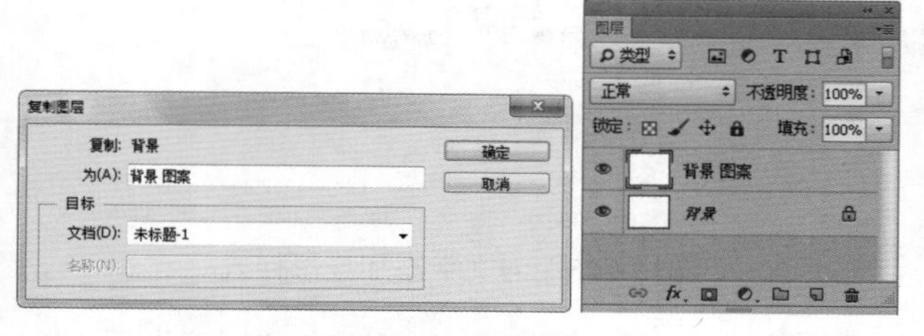

图15-136　复制图层

Step 2 打开“背景.jpg”图像素材。选择“编辑”/“定义图案”命令，打开“图案名称”对话框，保持设置不变，单击确定按钮，如图15-137所示。

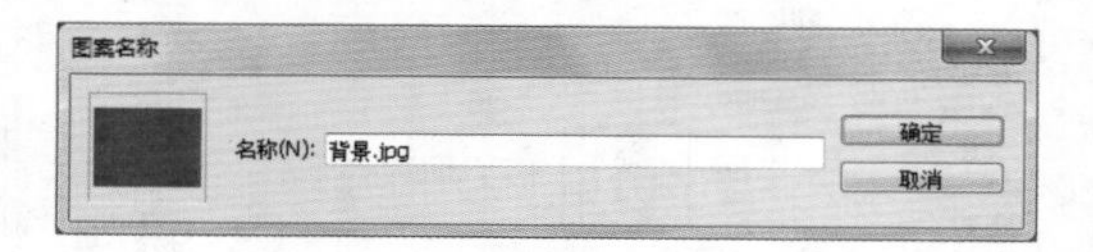

图15-137　“图案名称”对话框

Step 3 切换至“水晶字”文档中。在“图层”面板中双击“背景 图案”图层，打开“图层样式”对话框，在左侧列表中选中☑图案叠加复选框，在“图案”下拉列表框中选择需定义的图案，这里选择“背景.jpg”选项，如图15-138所示。

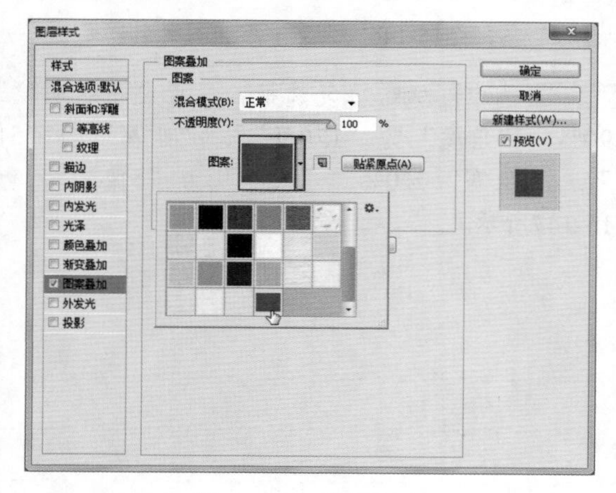

图15-138　选择图案

Step 4 选中☑内阴影复选框，设置“混合模式”为“正片叠底”，“角度”为“120度”，“距离”为“5像素”，“大小”为“140像素”，其他选项保持默认设置，如图15-139所示。

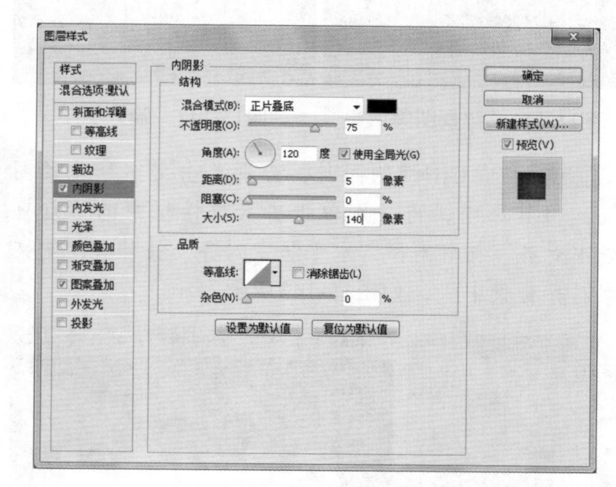

图15-139　设置内阴影样式

Step 5 选中☑渐变叠加复选框，在“渐变”下拉列表框中选择“黑，白渐变”选项，再选中☑反向(R)复选框，设置“不透明度”为20%，其他选项保持默认设置，如图15-140所示。

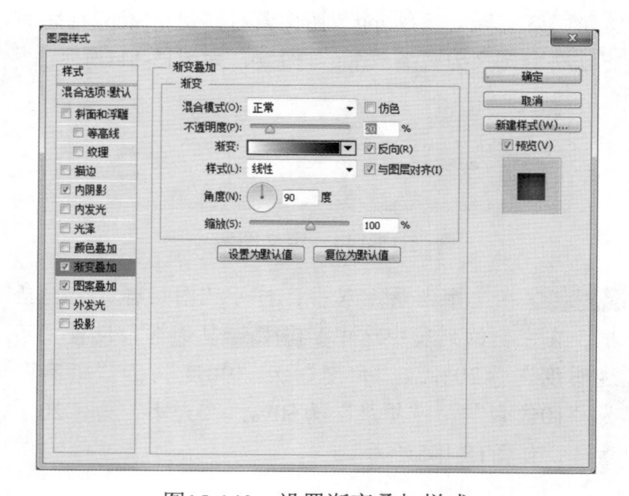

图15-140　设置渐变叠加样式

Step 6 单击确定按钮，返回工作界面，查看背景图案效果，如图15-141所示。选择文字工具T，在背景上输入大写字母DESIGN，设置字体为Anja Eliane，字号为“130点”，字体颜色为“白色”，如图15-142所示。

图15-141　背景图案效果　　　图15-142　输入文字

Step 7 ▶ 按住Ctrl键的同时，分别单击文字和背景图层，将其选中，再分别单击工具属性栏中的“垂直居中对齐”按钮和“水平居中对齐”按钮，使文字对齐背景中心，如图15-143所示。

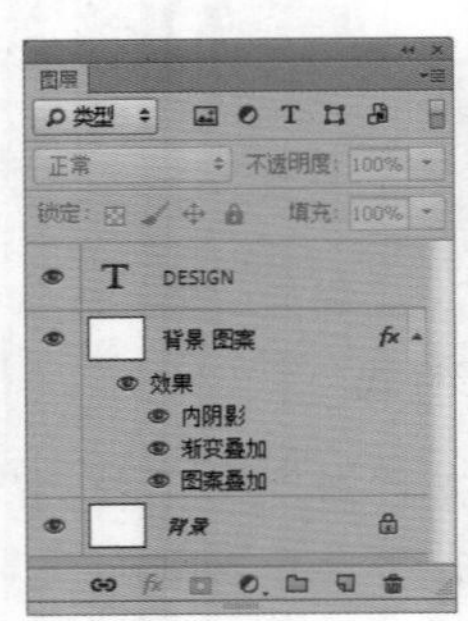

图15-143　文本与背景对齐

Step 8 ▶ 打开“条纹.jpg”图像素材，使用Step2相同的方法将其定义为“条纹.jpg”图案，如图15-144所示。

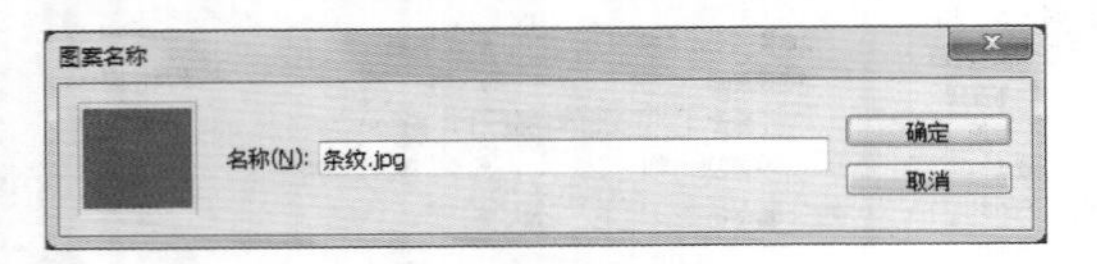

图15-144　定义图案

Step 9 ▶ 在文字图层上双击，打开“图层样式”对话框，在左侧的列表中选中 投影 复选框，设置“不透明度”为20%，“角度”为“90度”，“距离”为“10像素”，“扩展”为50%，“大小”为“20像素”，如图15-145所示。

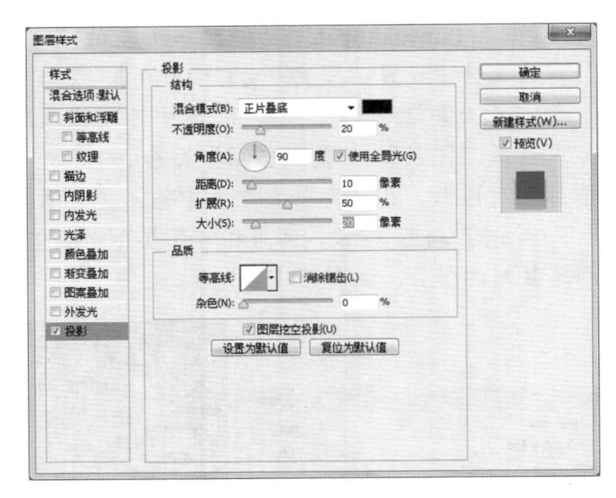

图15-145　为文字添加投影样式

Step 10 ▶ 选中 图案叠加 复选框，在“图案”下拉列表框中选择待定义的图案，这里选择“条纹.jpg”选项，如图15-146所示。

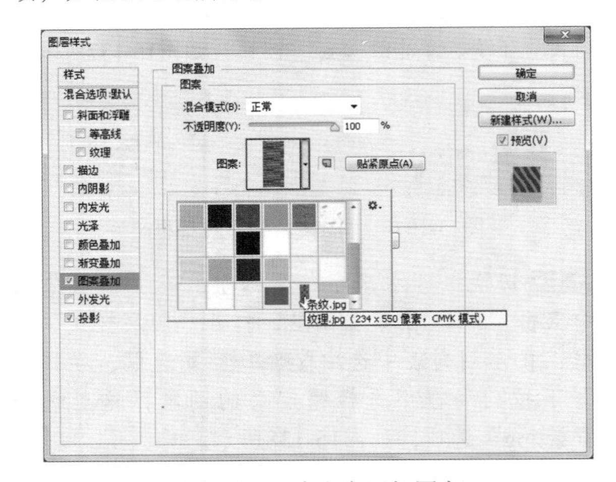

图15-146　为文字添加图案

Step 11 ▶ 选中 内阴影 复选框，设置“不透明度”为90%，“角度”为“170度”，“距离”为“5像素”，“阻塞”为0%，“大小”为“5像素”，如图15-147所示。

读书笔记

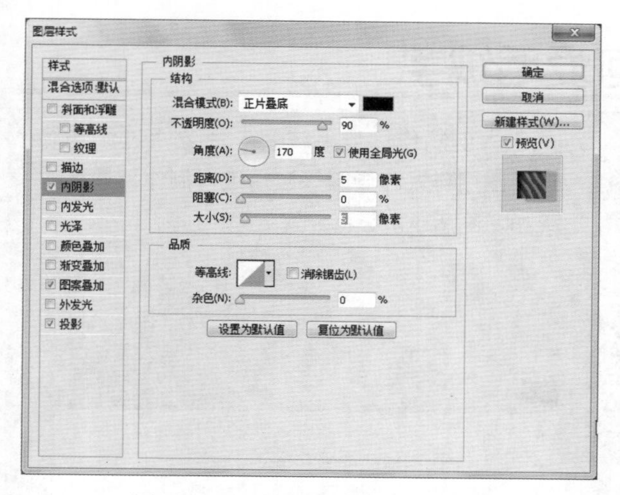

图15-147　为文字添加内阴影样式

Step 12 ▸ 选中☑外发光复选框，设置“混合模式”为“正片叠底”，“不透明度”为100%，“杂色”为0%，颜色为“深蓝色”（#0c3259）、“扩展”为0%、“大小”为“7像素”，“范围”为4%，如图15-148所示。

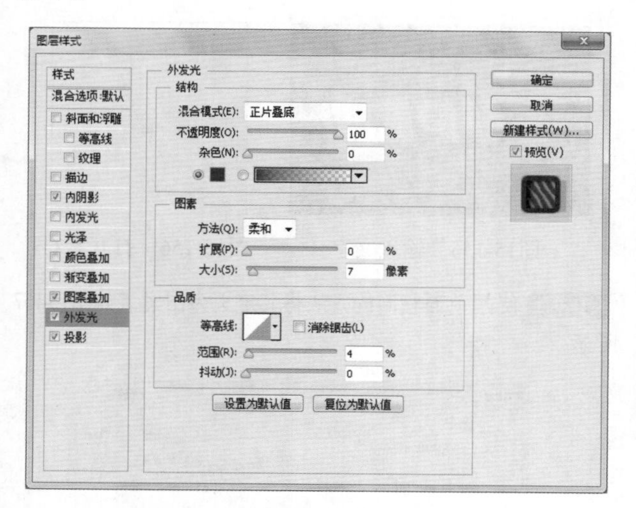

图15-148　为文字添加外发光样式

Step 13 ▸ 选中☑内发光复选框，设置“混合模式”为“滤色”，“不透明度”为30%，颜色为“浅黄色”（#e4da9b）。在“图素”栏的“方法”下拉列表框中选择“柔和”选项，选中◉边缘(G)单选按钮，“大小”为“8像素”，在“品质”栏中设置“范围”为50%，如图15-149所示。

Step 14 ▸ 选中☑斜面和浮雕复选框，设置“深度”为72%，“大小”为“6像素”，“软化”为“1像素”，“角度”为“90度”，“高度”为“80度”，“阴影模式”右侧的颜色设置为“蓝色”（#7394a4），如图15-150所示。

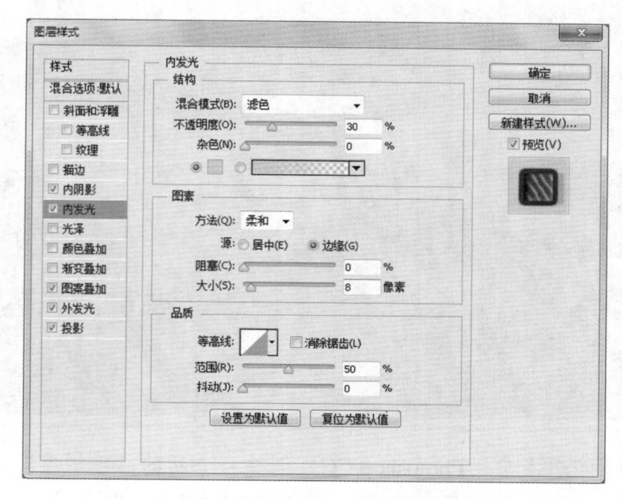

图15-149　为文字添加发光样式

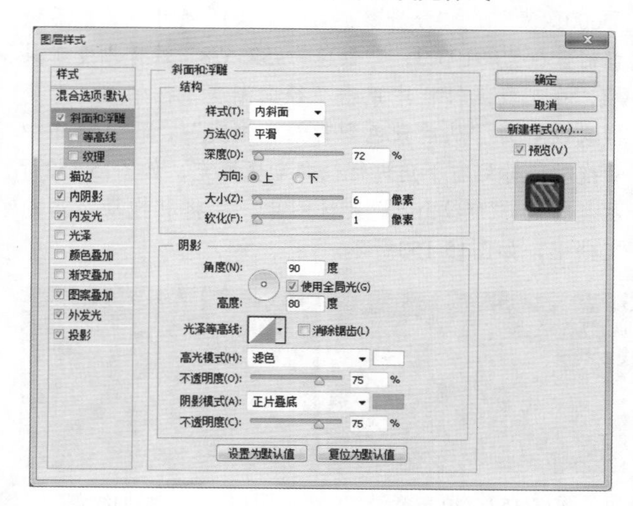

图15-150　为文字添加斜面和浮雕样式

Step 15 ▸ 单击 确定 按钮，返回工作界面，查看到文字的最终效果，如图15-151所示。

图15-151　文字效果

15.12 制作可爱毛绒字

添加图层样式 画笔的应用 滤镜的应用

本例制作可爱毛绒字。主要通过添加纹理、图层样式和画笔等应用进行制作，最终效果如左图所示。

- 光盘\素材\第15章\布纹.jpg、纹理图案.jpg
- 光盘\效果\第15章\毛绒字.psd
- 光盘\实例演示\第15章\制作可爱毛绒字

Step 1 启动Photoshop CC，创建一个新的“毛绒字”空白文档。设置“宽度”为“900像素”，“高度”为“600像素”，“分辨率”为“72像素/英寸”，然后设置前景色为#9193c3，背景色为#525578。选择渐变工具，在工具属性栏中单击“径向渐变”按钮，渐变样式设置为“从前景色到背景色渐变”，再从画布中心拖动鼠标到右下角进行径向渐变填充，如图15-152所示。打开“布纹.jpg”素材图片，并将其拖动至当前文档中，如图15-153所示。

图15-152 填充背景

图15-153 添加纹理

Step 2 在“图层”面板中设置混合模式为“正片叠底”，“不透明度”为25%，如图15-154所示。

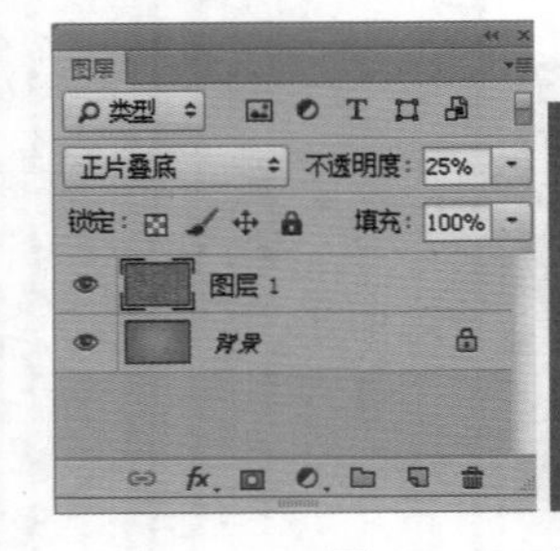

图15-154 设置图层混合模式

Step 3 选择横排文字工具，在背景上输入SUPER，设置字体为Titan One、字号为“180点”，字体颜色为“白色”，如图15-155所示。打开“纹理图案.jpg”素材图片，如图15-156所示。

图15-155 输入文字

图15-156 打开素材

Step 4 使用前面相同的方法将其定义为图案，如图15-157所示。

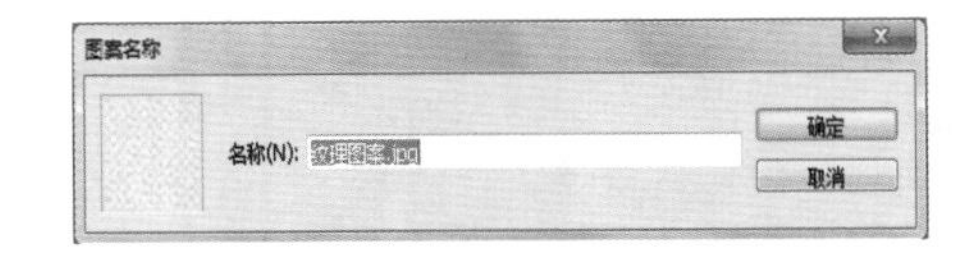

图15-157 定义图案

Step 5 在文字图层上双击，打开“图层样式”对话框，在左侧的列表中选中“斜面和浮雕”复选框，设置“深度”为100%，“大小”为“27像素”，“阴影模式”右侧的颜色设置为“浅灰色”（#6f6e6e），其他选项保持默认，如图15-158所示。

Step 6 选中“等高线”复选框，在“等高线”下拉列表框中选择“半圆”选项，并选中“消除锯齿(L)”复选框，设置“范围”为50%，如图15-159所示。

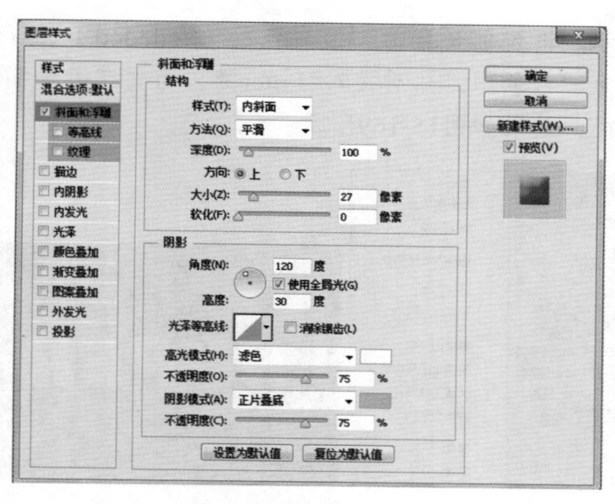

图15-158　为文字添加斜面和浮雕样式

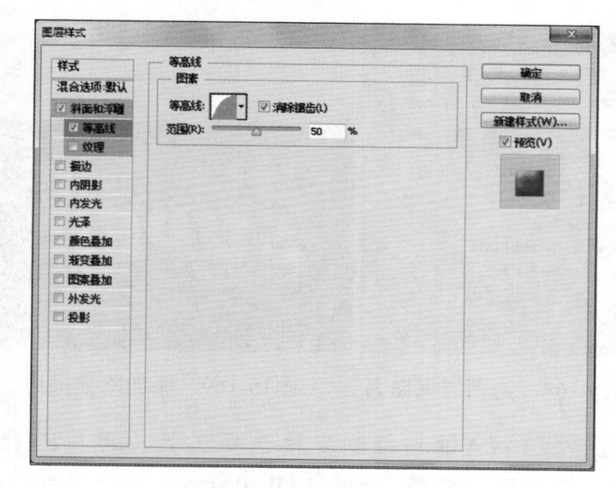

图15-159　设置等高线样式

Step 7 选中☑纹理复选框，在“图案”下拉列表框中选择“条纹图案”选项，并设置“深度”为+50%，如图15-160所示。

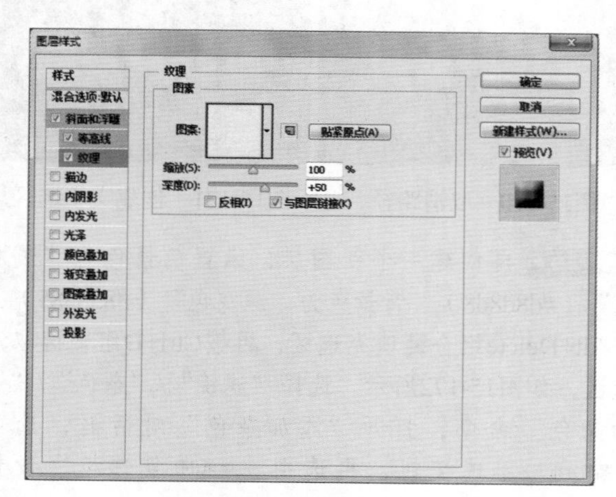

图15-160　设置纹理样式

Step 8 选中☑内阴影复选框，设置“颜色”为“灰色”（#bbbaba），“不透明度”为75%，“角度”为“120度”，“距离”为“0像素”，“阻塞”为0%，“大小”为“10像素”，其他选项保持默认，如图15-161所示。

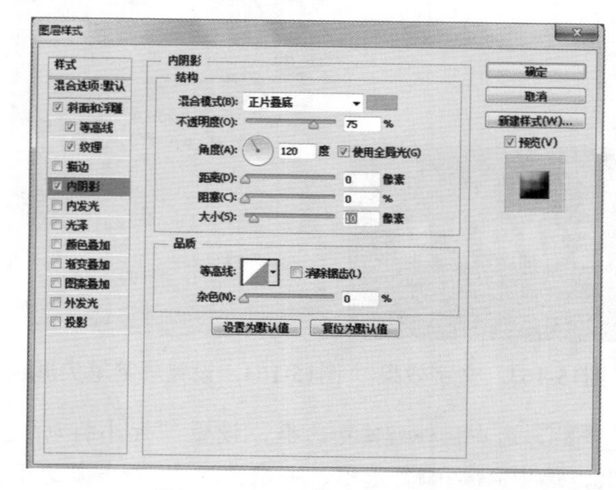

图15-161　添加内阴影样式

Step 9 选中☑投影复选框，设置“不透明度”为60%，“角度”为“120度”，“距离”为“8像素”，“扩展”为0%，“大小”为“10像素”，其他选项保持默认，如图15-162所示。

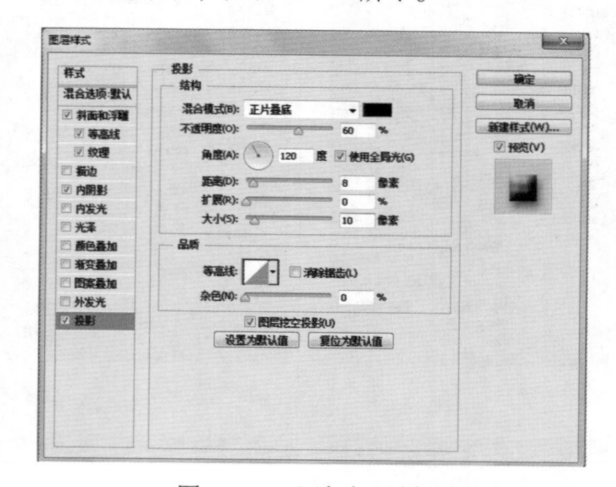

图15-162　添加投影样式

Step 10 单击 确定 按钮，返回工作界面，查看文字的效果，如图15-163所示。选择画笔工具，单击工具属性栏中的“切换画笔面板”按钮，打开“画笔”面板，在右侧的列表框中选择112画笔样式，设置“大小”为“15像素”，“间距”为1%，如图15-164所示。

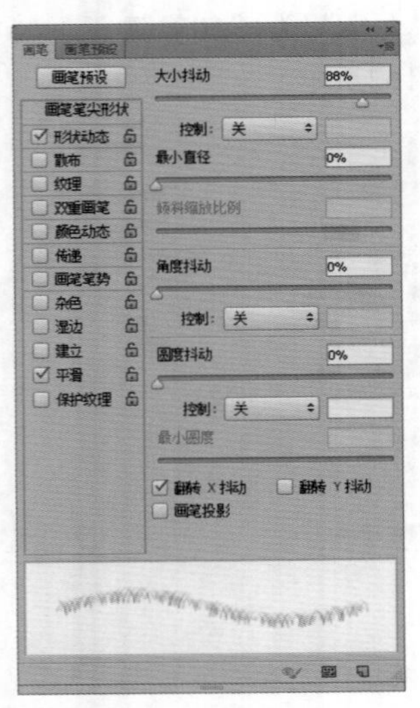

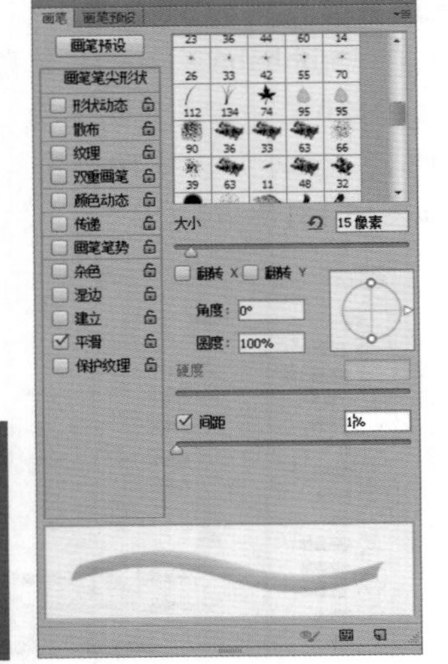

图15-163　文字效果　图15-164　设置画笔笔尖形状一

Step 11 ▶ 选中 ☑形状动态 复选框，设置“大小抖动”为88%，选中 ☑翻转 X 抖动 复选框，并取消选中 ☐画笔投影 复选框，其他选项保持默认，如图15-165所示。选中 ☑颜色动态 复选框，再选中 ☑应用每笔尖 复选框，设置“前景/背景抖动”为100%，其他选项保持默认，如图15-166所示。

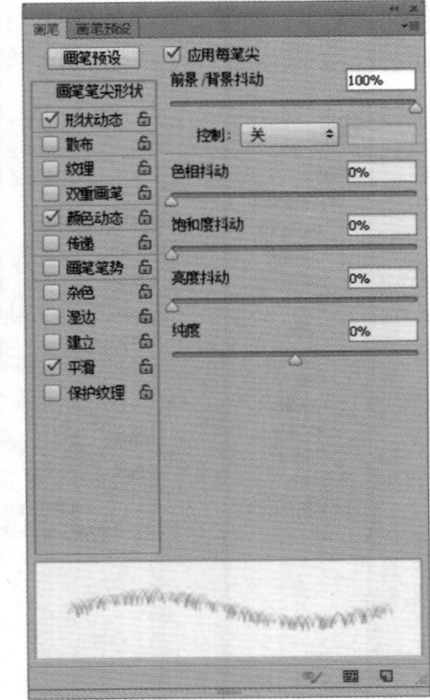

图15-165　设置形状动态一　图15-166　设置颜色动态

Step 12 ▶ 在文字图层上右击，在弹出的快捷菜单中选择“创建工作路径”命令，得到如图15-167所示的图形效果。

Step 13 ▶ 在“图层”面板上单击“创建新图层”按钮，得到一个新图层，在图层名称上双击，然后输入“画笔描边”文本，为图层重命名，如图15-168所示。设置前景色为“浅灰色”（#cdcdcd）、背景色为“白色”，然后按7次Enter键，为文字添加描边路径，效果如图15-169所示。

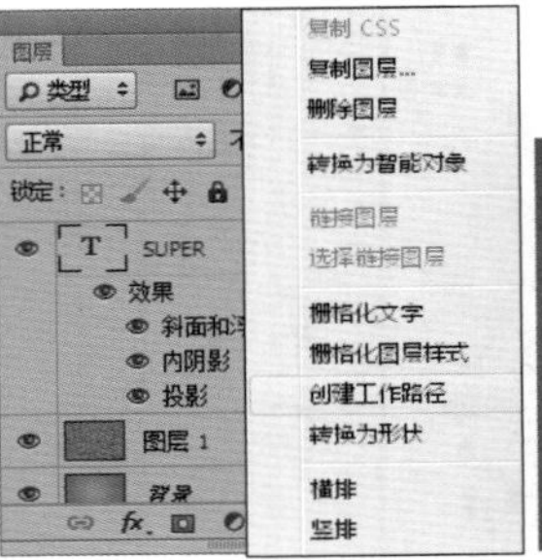

图15-167　创建工作路径

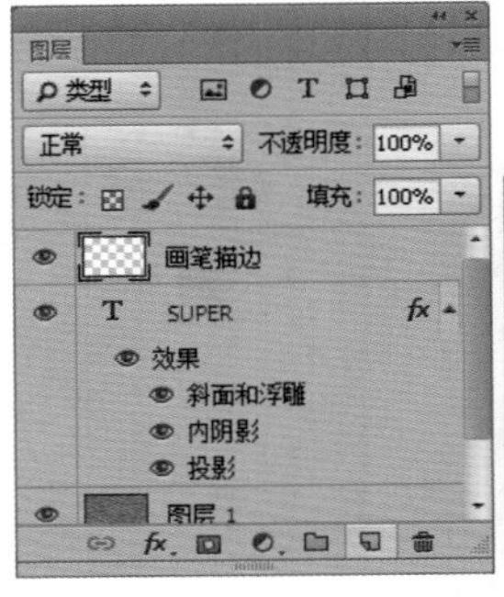

图15-168　为图层重命名　图15-169　添加路径描边

Step 14 ▶ 按A键切换到直接选择工具，再按Enter键，即可取消路径，如图15-170所示。然后按住Ctrl键的同时，并单击文字图层左侧的缩略图，创建文字选区，如图15-171所示。

图15-170　取消路径　图15-171　创建文字选区

Step 15 ▶ 再创建一个新图层，设置前景色为“浅灰色”（#d8d8d8）、背景色为“深灰色”（#858585），按Alt+Delete组合键填充选区，再按Ctrl+D组合键取消选区，如图15-172所示。选择“滤镜”/“杂色”/“添加杂色”命令，打开“添加杂色”对话框，选中 ◉高斯分布(G) 单选按钮，再选中 ☑单色(M) 复选框，设置“数量”为20%，如图15-173所示。

图15-172　填充选区

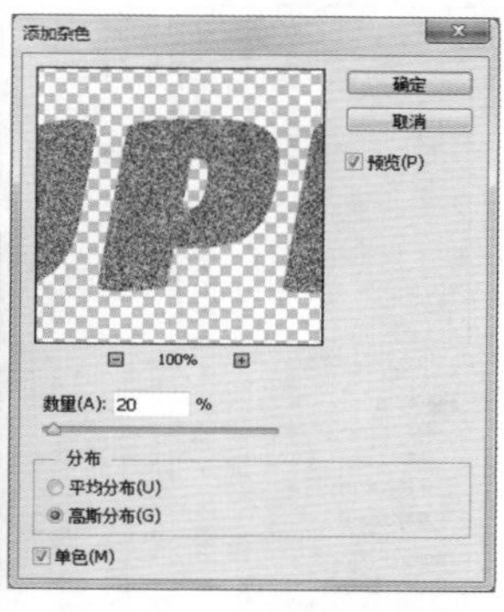

图15-173　“添加杂色”对话框

Step 16▶ 单击 确定 按钮，返回工作界面，查看文字的效果，并设置图层混合模式为“柔光”，效果如图15-174所示。使用前面相同的方法创建文字选区，并在图层2下面新建一个图层3，并设置混合模式为“线性加深”，如图15-175所示。

图15-174　设置图层混合模式

图15-175　创建图层

Step 17▶ 设置前景色为“粉紫色”（#c890e8），再选择画笔工具，并在工具属性栏中设置画笔为“硬边圆”，“大小”为“20像素”，如图15-176所示。按住Shift键的同时，在选区文字左侧和右侧分别单击，以绘制线条，并使用相同的方法继续在下方绘制两根线条，按Ctrl+D组合键取消选区，如图15-177所示。

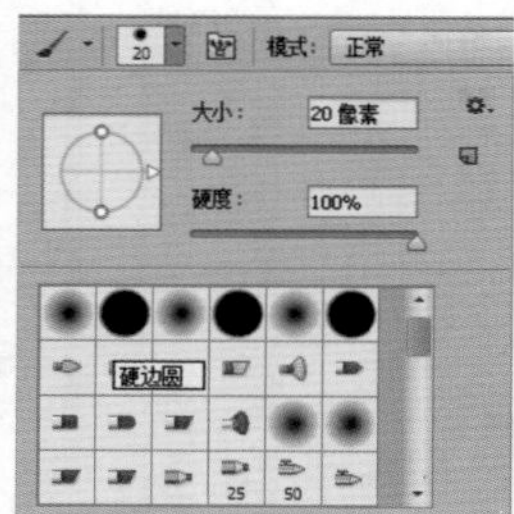

图15-176　设置画笔

图15-177　绘制线条

Step 18▶ 选择钢笔工具，在工具属性栏中设置工具模式为“路径”，然后在文字上绘制直线路径，效果如图15-178所示。选择橡皮擦工具，并打开“画笔”面板，设置画笔笔尖形状为Star 14选项，设置“大小”为“20像素”，“间距”为1%，如图15-179所示。

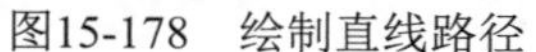

图15-178　绘制直线路径

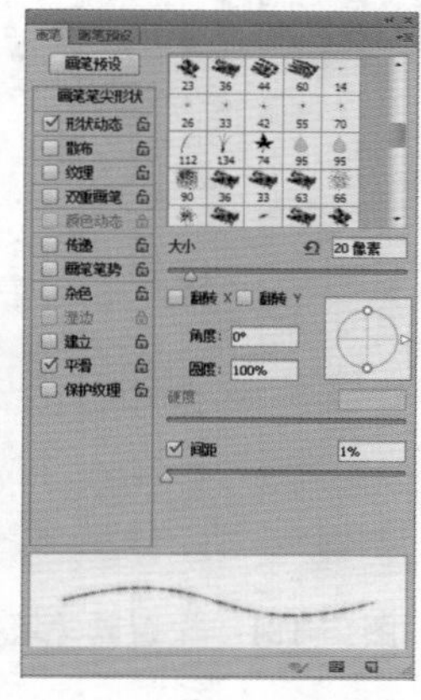

图15-179　设置画笔笔尖形状二

Step 19▶ 选中 形状动态 复选框，设置“大小抖动”为100%，并选中 翻转X抖动 复选框，关闭“画笔”面板。再按两次Enter键，即可为直线路径条纹添加柔和的边缘，如图15-180所示。

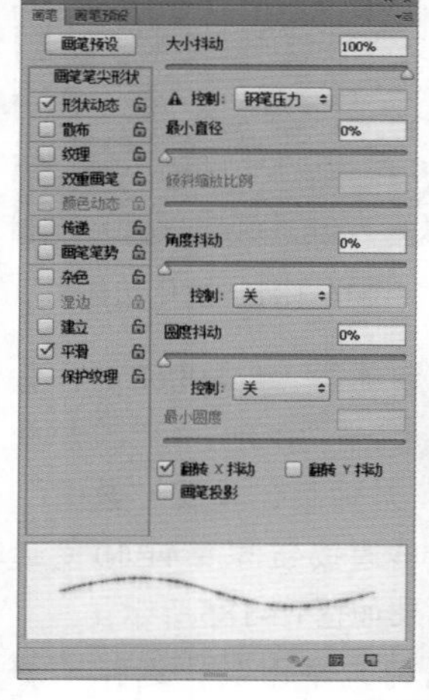

图15-180　设置形状动态二

Step 20▶ 再次打开“画笔”面板，设置画笔笔尖形状为Gress 134，“大小”为“15像素”，“间距”为25%，如图15-181所示。选中 形状动态 复选框，设置

“大小抖动”为88%，“角度抖动”为100%，其他选项保持默认，如图15-182所示。

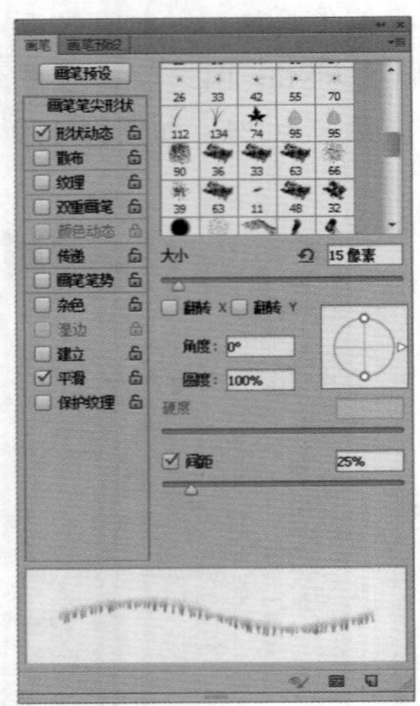

图15-181　设置画笔笔尖形状三

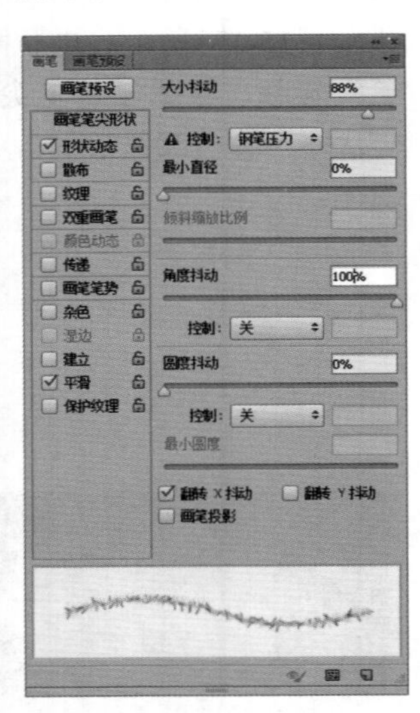

图15-182　设置形状动态三

Step 21 ▶ 返回工作区域，确认前景色为条纹颜色，然后按4次Enter键，加强边缘效果，如图15-183所示。单击工作区的其他位置，取消路径，选择“滤镜”/“锐化”/“锐化边缘”命令，效果如图15-184所示。

图15-183　加强边缘效果

图15-184　锐化边缘

Step 22 ▶ 设置前景色为“粉紫色”（#c890e8），背景色为“白色”。选择“滤镜”/“杂色”/“添加杂色”命令，打开“添加杂色”对话框，设置“数量”为5%，并分别选中 高斯分布(G) 单选按钮和 单色(M) 复选框，单击 确定 按钮，效果如图15-185所示。

Step 23 ▶ 选择添加图层样式的文字图层，选择“滤镜”/“杂色”/“添加杂色”命令，在弹出的提示框中直接单击 确定 按钮，将文字图层栅格化。打开“添加杂色”对话框，设置“数量”为15%。单击 确定 按钮，效果如图15-186所示。

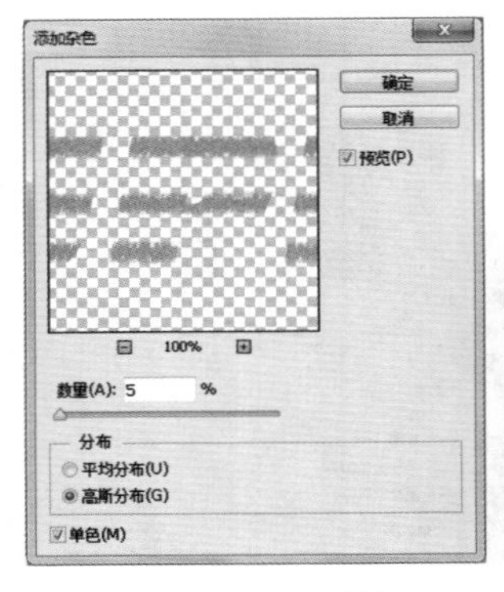

图15-185　锐化边缘

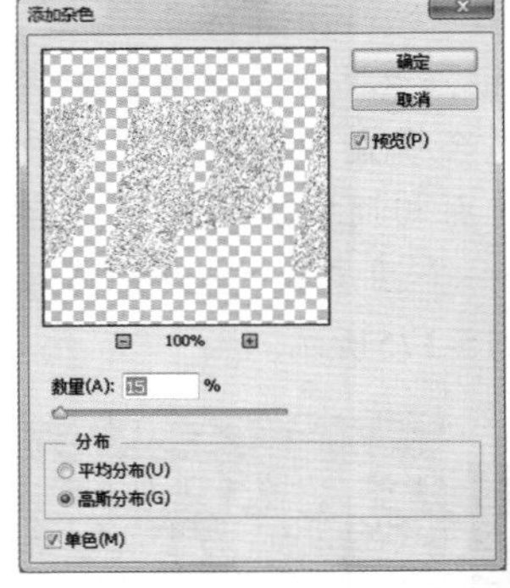

图15-186　添加杂色

Step 24 ▶ 选择图层2，将其拖动至“创建新图层”按钮上，复制一个图层，将其拖动至添加图层样式的文字层下方，再双击复制的图层，打开“图层样式”对话框，选中 投影 复选框，设置颜色为“灰色”（#5a5959），设置“不透明度”为58%，“角度”为“120度”，“距离”为“15像素”，“扩展”为0%，“大小”为“10像素”，其他选项保持默认，单击 确定 按钮，如图15-187所示。

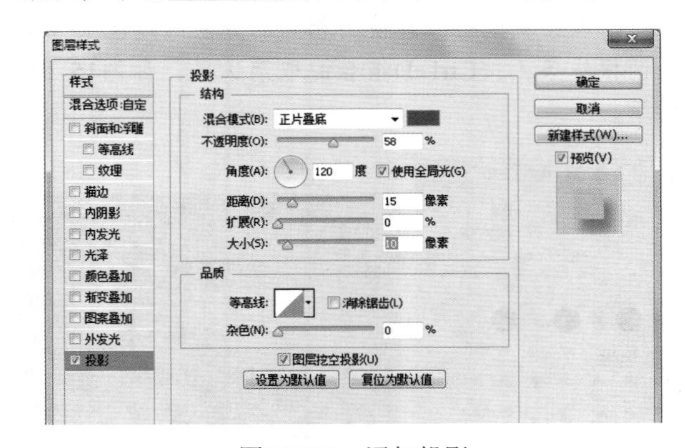

图15-187　添加投影

15.13 扩展练习

本章主要介绍特效文字的制作方法。下面通过两个练习进一步巩固特效文字在实际生活中的应用，使操作更加熟练，并能解决特效文字制作时出现错误的处理方法。

15.13.1 内发光文字

练习制作后的效果如图15-188所示，主要练习图层样式的设置，包括文字的内阴影、内发光、外发光，以及投影等样式的操作。

- 光盘\效果\第15章\内发光文字.psd
- 光盘\实例演示\第15章\内发光文字

图15-188 内发光文字的效果

15.13.2 玻璃文字

练习制作后的效果如图15-189所示，主要练习图层属性以及斜面和浮雕样式的设置，包括设置图层混合模式、图层样式以及滤镜等操作。

- 光盘\素材\第15章\玻璃背景.jpg
- 光盘\效果\第15章\玻璃文字.psd
- 光盘\实例演示\第15章\玻璃文字

图15-189 玻璃文字的效果

读书笔记

16

11 12 13 14 15 17 18

特效制作

本章导读

Photoshop CC中的滤镜命令和图层混合模式都能制作出特殊的图像效果，前面的章节详细介绍了滤镜和图层混合模式的应用。本章使用理论结合实际的方法，灵活使用多种滤镜和图层混合模式，并结合其他工具和命令制作出各种特效图像。

16.1 渐变工具的应用 设置图层不透明度 去除图像颜色 制作烟雾人像效果

本实例的烟雾人像效果类似于魔术中的场景。首先将人物中的头像进行处理，隐藏该部分图像，然后添加烟雾图像，并让烟雾与人像自然结合。下面讲解烟雾人像效果的制作方法。

Step 1 选择“文件”/“新建”命令，打开“新建”对话框，设置文件名称为“烟雾人像”，“宽度”和“高度”分别为“12厘米”和“15厘米”，如图16-1所示。

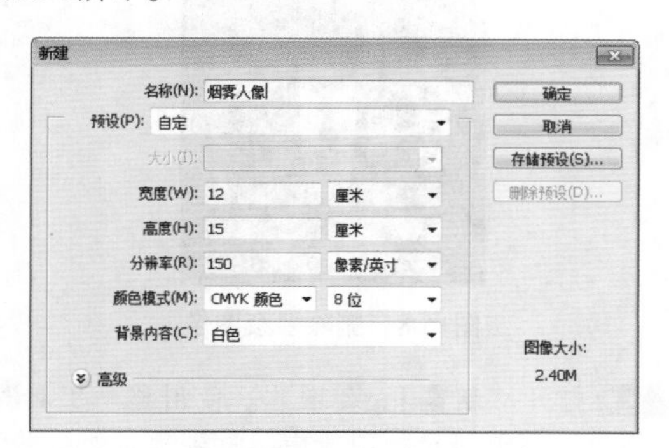

图16-1 “新建”对话框

操作解谜

在新建文件时，用户可以单击“新建”对话框中的“高级”按钮，即可展开高级选项，在其中可以设置“颜色配置文件”和“像素长宽比”选项。

Step 2 选择渐变工具，在属性栏中设置渐变颜色从“深蓝色”到“浅蓝色”，并单击“径向渐变”按钮，为背景应用“径向渐变填充”，效果如图16-2所示。

图16-2 径向渐变

Step 3 打开“山脉.jpg”图片。选择移动工具，将其拖曳到新建的图像中，并设置该图层的“不透明度”为10%，如图16-3所示。

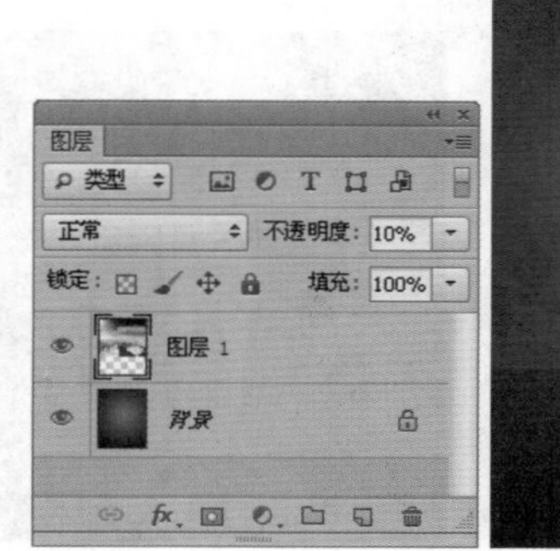

图16-3 添加“山脉.jpg”图像

Step 4 ▶ 选择橡皮擦工具，在属性栏中设置“不透明度”为100%，“画笔大小”为“100像素”，擦除图像的“山脉.jpg”图像底部，得到如图16-4所示的效果。

图16-4　擦除图像

Step 5 ▶ 打开“西装男士.jpg”图片，选择移动工具，将其拖曳到当前编辑的图像中，放到画面中间，然后使用磁性套索工具勾选人物身体，反选选区后，将背景和头部图像删除，如图16-5所示。

图16-5　删除背景和头像

Step 6 ▶ 选择“图像”/“调整”/“去色”命令，去除人物图像颜色，再选择“图像”/“调整”/“亮度/对比度”命令，调整图像对比度，如图16-6所示。

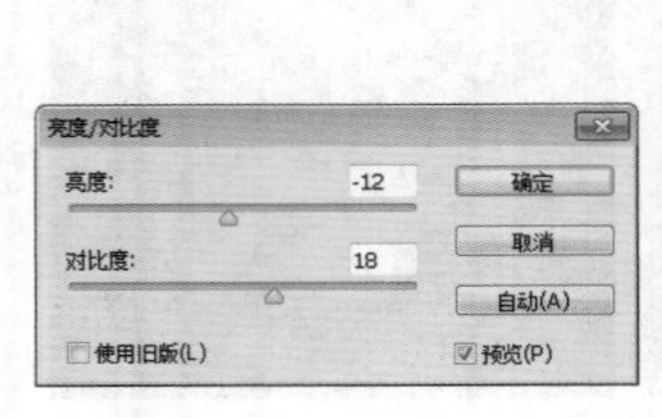

图16-6　调整对比度

Step 7 ▶ 打开“花纹.jpg”图片。选择移动工具，将花纹图像分别拖动到人物图像中，并设置图层“不透明度”为15%，再适当复制花纹调整位置，如图16-7所示。

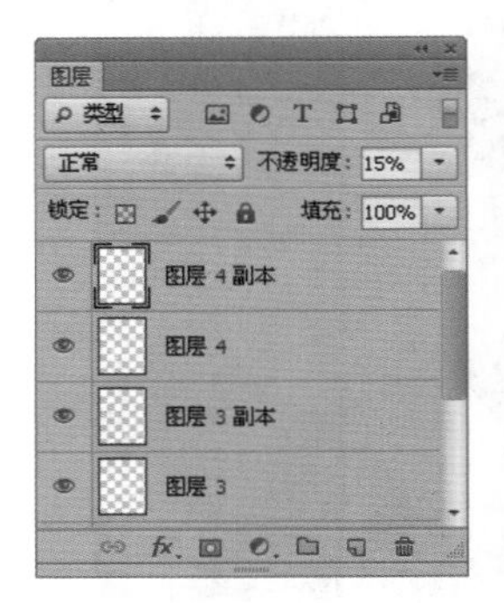

图16-7　添加“花纹.jpg”图像

Step 8 ▶ 选择所有“花纹.jpg”图像所在图层，按Ctrl+E组合键合并图层，然后按住Ctrl键单击“西装男士.jpg”图像所在图层，载入选区，并反选选区，删除图像，如图16-8所示。

图16-8　删除多余图像

Step 9 ▶ 打开“烟雾.jpg”图片。使用移动工具，将其拖曳到当前编辑的图像中，放到领口处，并设置该图层的混合模式为“叠加”，如图16-9所示。

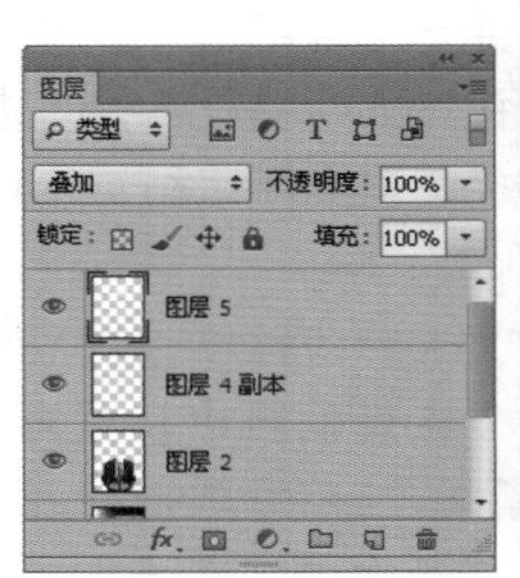

图16-9　添加“烟雾.jpg”图像

Step 10 ▶ 按Ctrl+J组合键复制“烟雾”图层，再适当降低复制图层的不透明度至60%，得到更加明显的烟雾效果，如图16-10所示。

图16-10　复制“烟雾.jpg”图像

Step 11 ▶ 新建一个图层，将其放到“西装男士.jpg”图像所在图层的下方。设置前景色为“黑色”，选择画笔工具，在属性栏中设置“不透明度”为30%，在领口处绘制阴影，如图16-11所示。

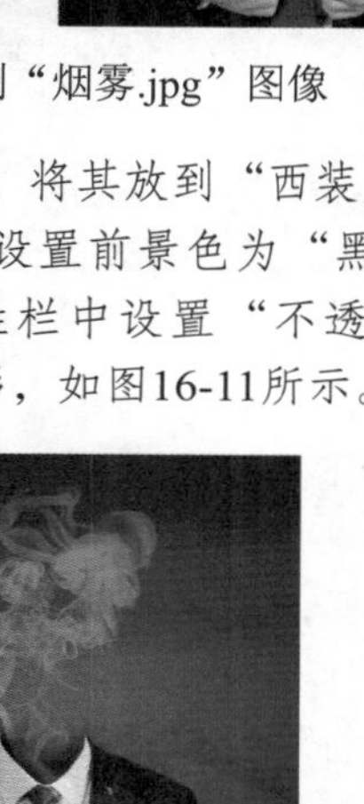

图16-11　绘制阴影

Step 12 ▶ 打开“帽子.jpg”图片，使用移动工具，将其拖曳到当前编辑的图像中，适当调整图像大小，放到“烟雾.jpg”图像中，如图16-12所示。

图16-12　加入“帽子.jpg”图像

Step 13 ▶ 复制一次“烟雾.jpg”图像，将其放到“图层”面板最顶层，然后使用橡皮擦工具对“烟雾.jpg”图像部分擦除，得到烟雾缭绕的效果，完成本实例的操作，如图16-13所示。

图16-13　最终效果

读书笔记

16.2 制作水下美女

波浪滤镜的应用 设置渐变填充 设置图层混合模式

本例使用多张图片组合成创意的水下海报特效效果。制作时，使用滤镜、画笔等工具来完成。主要突出颜色及光感的渲染、深色的底色并加上美女，使画面层次分明，主体突出，效果如左图所示。下面讲解合成水下美女特效的制作方法。

- 光盘\素材\第16章\海底.jpg、美女.jpg
- 光盘\效果\第16章\水下美女.psd
- 光盘\实例演示\第16章\制作水下美女

Step 1 ▶ 启动Photoshop CC，选择“文件”/“新建”命令，打开“新建”对话框，在“名称”文本框中输入“水下美女”，设置“宽度”和“高度”为“1024像素”和“1280像素”，“分辨率”分别为“300像素/英寸”，并在“背景内容”下拉列表框中选择“透明”选项，如图16-14所示，单击 确定 按钮。

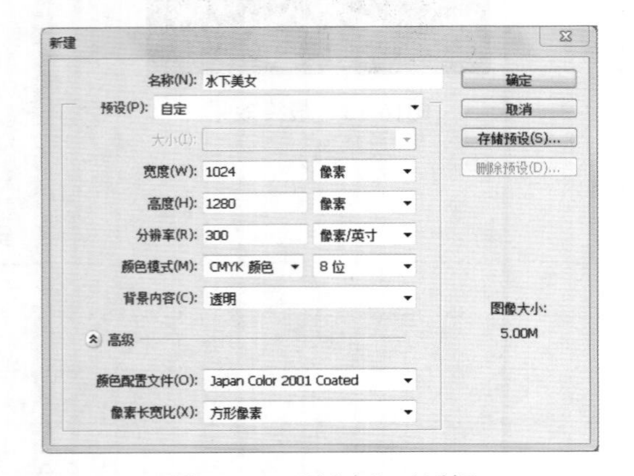

图16-14 “新建”对话框

Step 2 ▶ 建立文档后，在工具箱中选择渐变工具，在工具属性栏中单击“径向渐变”按钮，再单击左侧的“渐变条”下拉列表，打开“渐变编辑器”对话框，在其中设置渐变颜色从左到右分别为“浅蓝色”（#97c9ca）、“蓝色”（#0a4d56）、和“墨蓝色”（#061e1e），如图16-15所示，单击 确定 按钮。

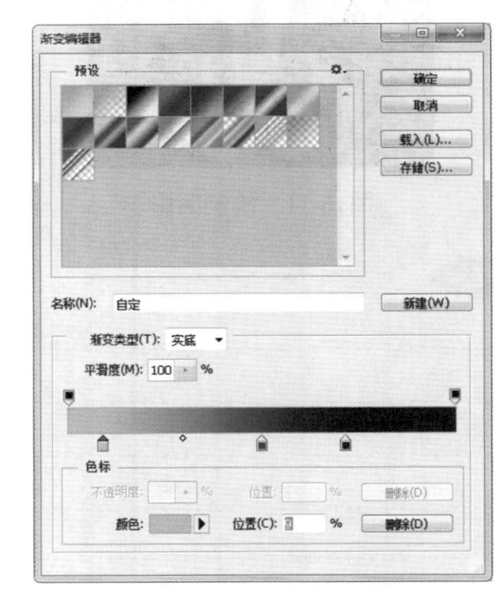

图16-15 设置渐变颜色

Step 3 ▶ 返回文档编辑窗口，在画板中的上方位置向下拖动鼠标，如图16-16所示。释放鼠标，即可将画板填充为设置的径向渐变颜色，效果如图16-17所示。

图16-16　拖动鼠标

图16-17　填充渐变颜色

Step 4 ▶ 按F7键打开“图层”面板，单击面板右下角的“创建新图层”按钮，新建一个图层，如图16-18所示。然后设置前景色为“深蓝色”（#0a4d56），背景色为“黑色”，再选择“滤镜”/“渲染”/“云彩”命令，得到如图16-19所示的效果。

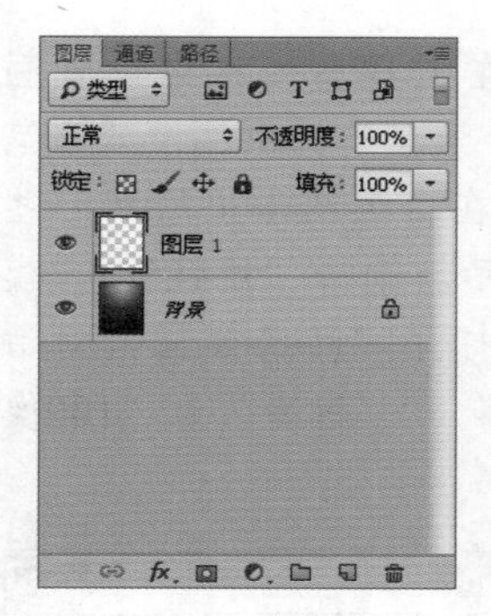

图16-18　新建图层

图16-19　应用“云彩”滤镜

Step 5 ▶ 在“图层”面板中设置图层混合模式为“颜色减淡”，效果如图16-20所示。

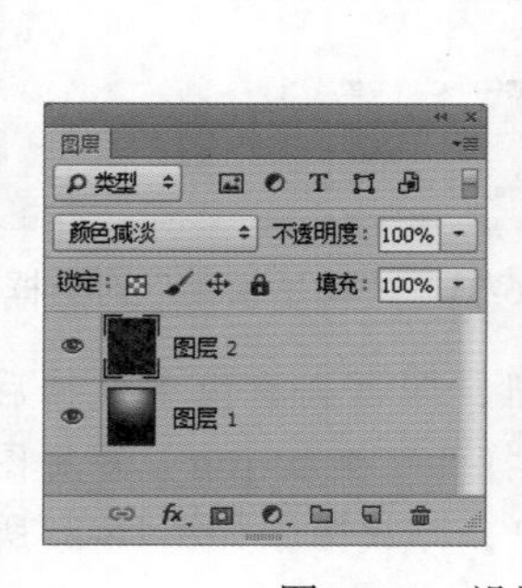

图16-20　设置图层混合模式

Step 6 ▶ 选择“云彩”图层，再单击“图层”面板底部的“添加图层蒙版”按钮，为其添加一个蒙版，如图16-21所示。确认保持选择渐变工具，并单击工具属性栏中的“线性渐变”按钮，在画板中从下至上拖动，为蒙版填充黑到白的线性渐变，效果如图16-22所示。

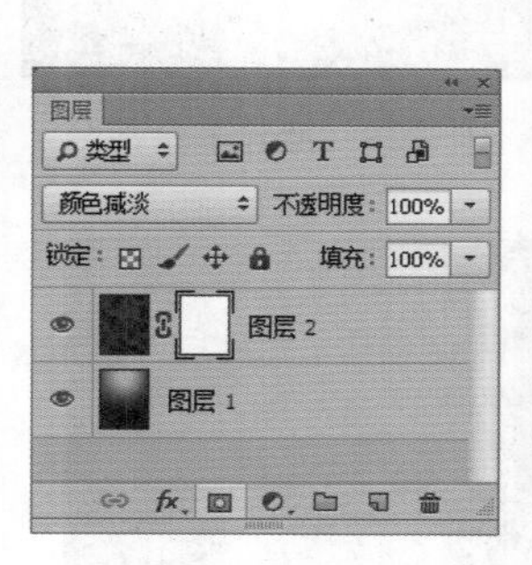

图16-21　为图层添加蒙版　图16-22　为蒙版填充渐变颜色

Step 7 ▶ 在“图层”面板中设置蒙版的“填充”为40%，得到如图16-23所示的图形效果。

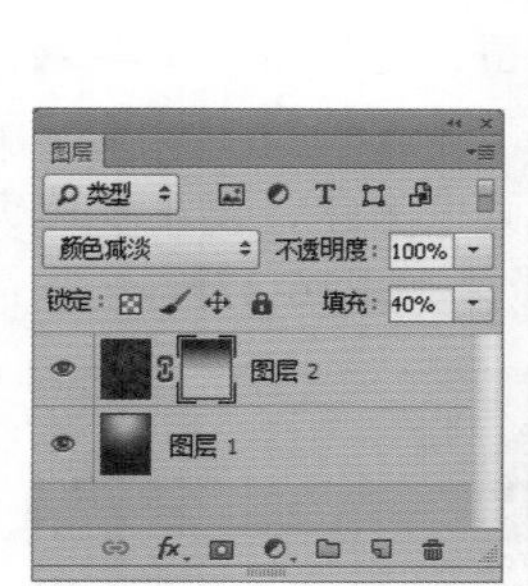

图16-23　设置蒙版填充

Step 8 ▶ 打开一张“海底.jpg”的素材图像，将素材图直接拖到当前文档中，并调整其大小和位置，如图16-24所示。然后使用前面相同的方法为图片添加蒙版，设置前景色为“黑色”，再选择画笔工具，并在工具属性栏中设置画笔大小为“175像素”，然后将画面中不要的部分擦掉，得到效果，如图16-25所示。

Step 9 ▶ 单击蒙版左侧的“图片”缩略图，将其选择，并设置混合模式为“柔光”，得到如图16-26所示的效果。

图16-24　添加“海底.jpg”图像　图16-25　擦除多余部分

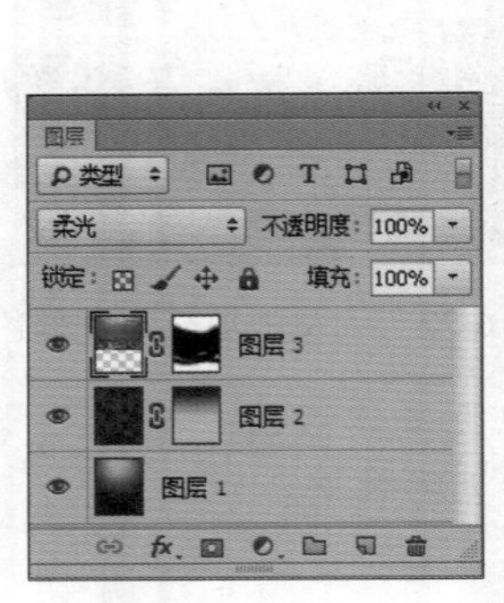

图16-26　设置图片混合模式

Step 10 ▶ 选择右侧蒙版缩略图，选择画笔工具，设置前景色为“白色”，在工具属性栏中设置“不透明度”为30%，然后在画面中涂抹，使生硬的衔接图片与背景融合，得到的效果如图16-27所示。

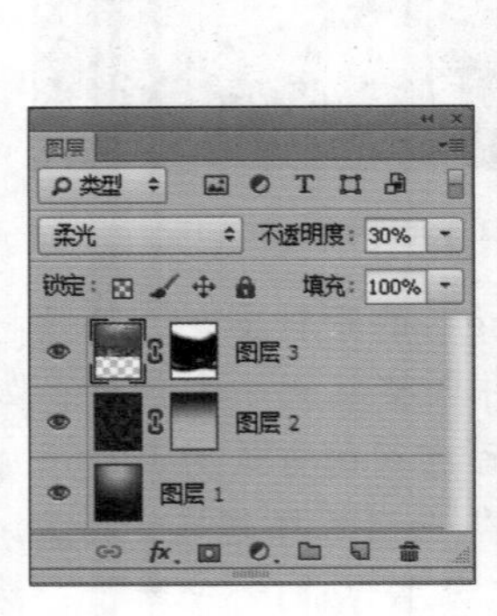

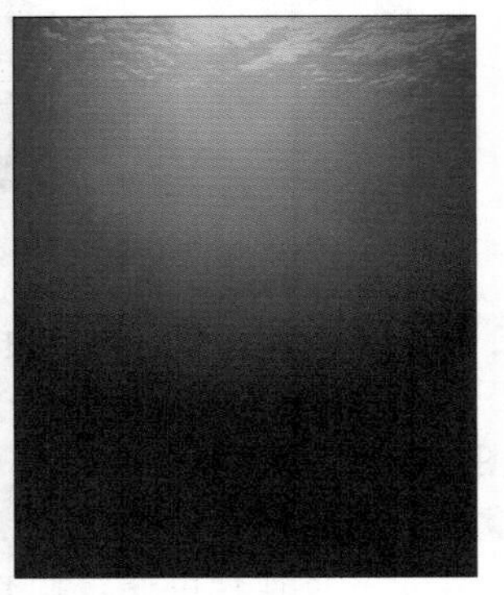

图16-27　融合背景

Step 11 ▶ 新建一个图层，设置前景色为“白色”，然后选择画笔工具，把硬度调小，画笔大小随意，画笔流量和不透明度都调到10%，如图16-28所示。在图像中涂抹，绘制出如图16-29所示的效果。

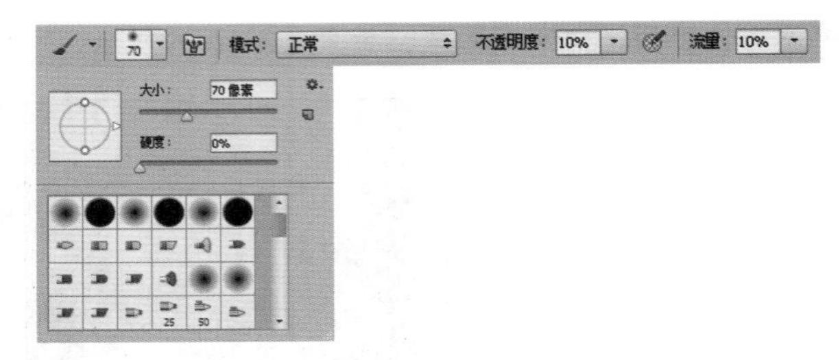

图16-28　设置画笔

图16-29　涂抹效果

Step 12 ▶ 新建一个图层，在工具属性栏中设置画笔“不透明度”为100%，“流量”为60%，“画笔大小”设置为“2像素”。在白色图形上绘制一些弯曲的线条，如图16-30所示。选择“滤镜”/“模糊”/“动感模糊”命令，打开“动感模糊”对话框，设置“角度”为“90度”，“距离”为“100像素”，如图16-31所示。

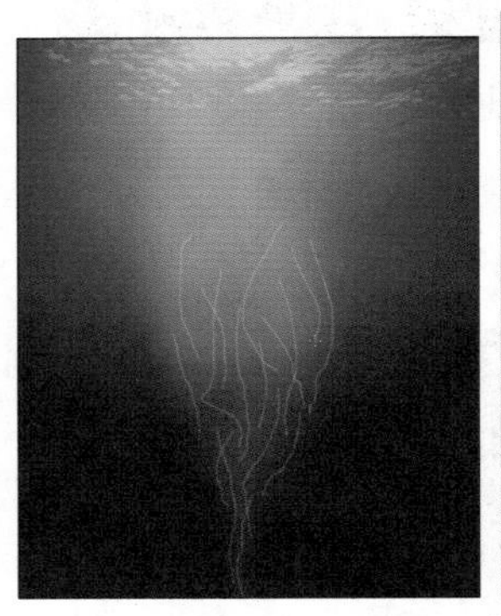

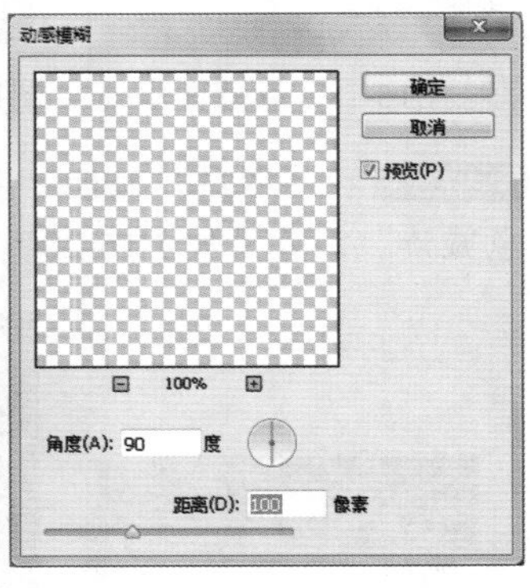

图16-30　绘制线条　　图16-31　“动感模糊”对话框

Step 13 ▶ 单击 确定 按钮，即可查看线条模糊后的效果，如图16-32所示。打开“美女.jpg”素材图像，将其拖动至当前文档中，并放置于如图16-33所示的位置。

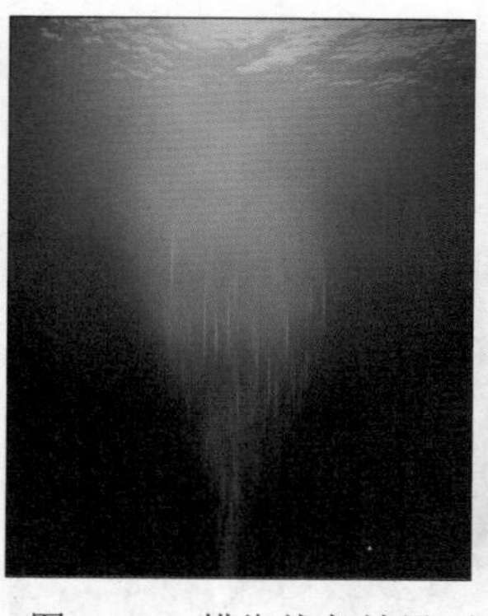

图16-32　模糊线条效果　图16-33　添加“美女.jpg”图像

Step 14 ▶ 按Ctrl+J组合键复制“美女”图层，如图16-34所示。选择“滤镜”/“模糊”/“高斯模糊”命令，打开“高斯模糊”对话框，设置“半径”为“2.0像素”，效果如图16-35所示。

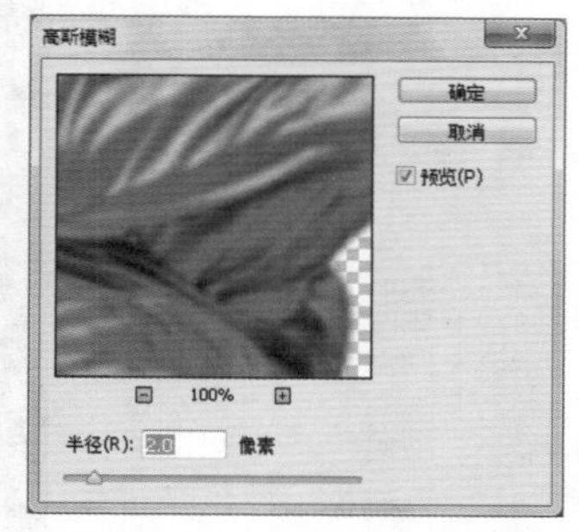

图16-34　复制“美女”图层　　图16-35　模糊图形

Step 15 ▶ 单击 确定 按钮，返回图像编辑区，即可查看模糊后的图形效果，如图16-36所示。在“图层”面板底部单击“创建调整图层”按钮，在弹出的快捷菜单中选择“照片滤镜”命令，如图16-37所示。

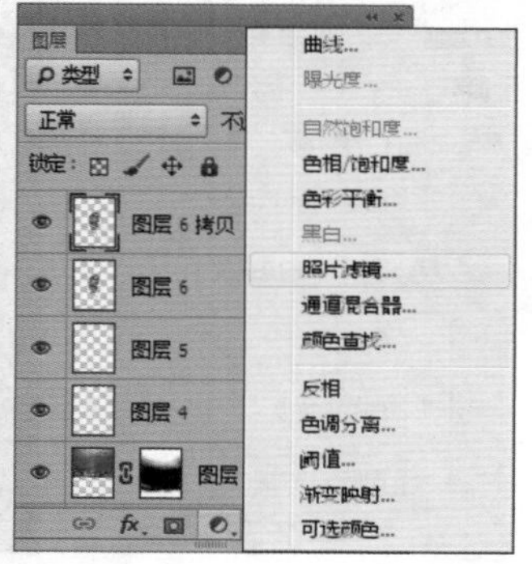

图16-36　模糊效果一　图16-37　创建“调整”图层

Step 16 ▶ 打开“属性”面板，在“滤镜”下拉列表框中选择“水下”选项，并设置“浓度”为85%，效果如图16-38所示。

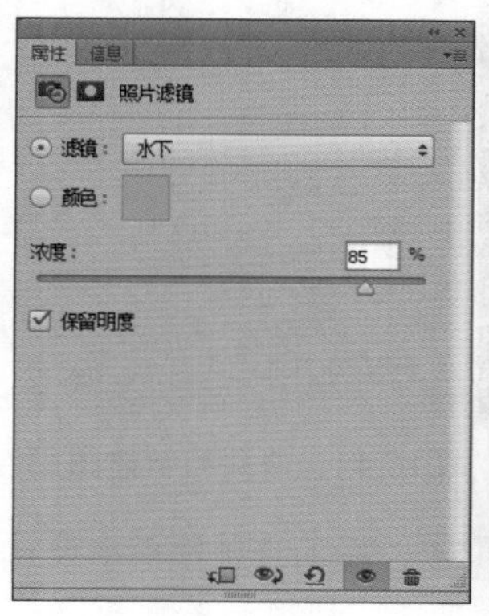

图16-38　设置“调整”图层属性

Step 17 ▶ 在“图层”面板中选择“美女”图层，如图16-39所示。选择“滤镜”/“模糊”/“动感模糊”命令，打开“动感模糊”对话框，设置“角度”为“65度”，“距离”为“50像素”，如图16-40所示。

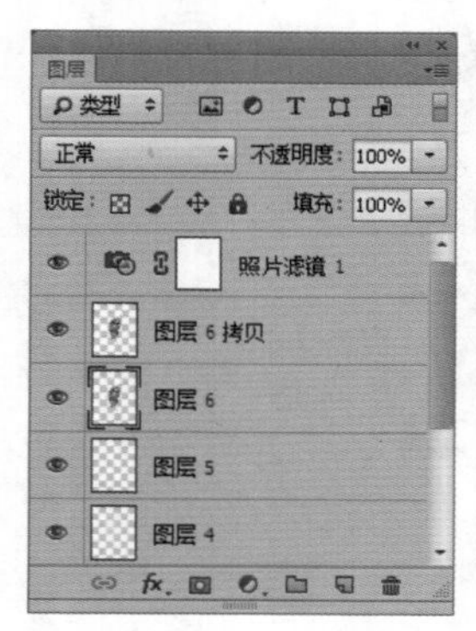

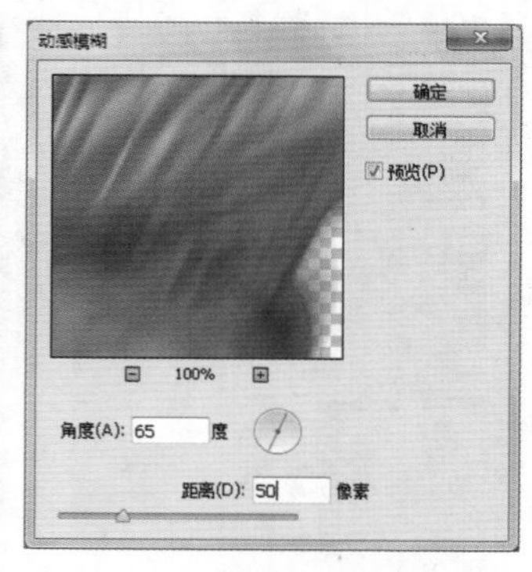

图16-39　选择图层　　图16-40　设置动感模糊参数

Step 18 ▶ 单击 确定 按钮，返回图像编辑区，即可查看模糊后的图形效果，如图16-41所示。选择两个“美女”图层，按Ctrl+E组合键将其合并，并在其下方新建一个图层，如图16-42所示。

读书笔记

图16-41 模糊效果二

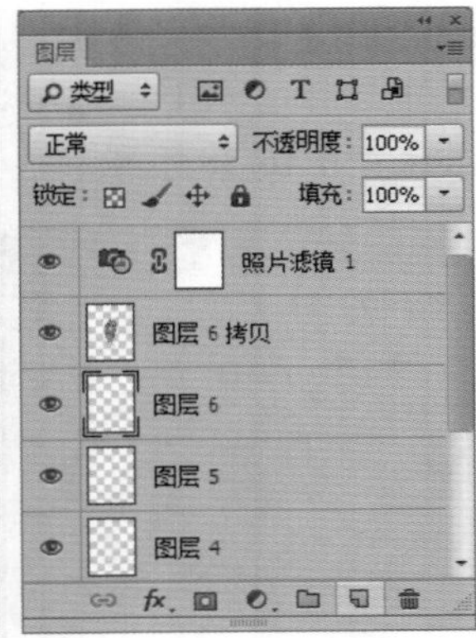

图16-42 合并与新建图层

Step 19 ▶ 选择“画笔”工具，在工具属性栏中设置“不透明度”为50%，然后单击“切换画笔面板”按钮，打开“画笔”面板，选择“画笔笔尖形状”选项，设置“大小”为“8像素”，“间距”为200%，如图16-43所示。选中☑形状动态复选框，设置“大小抖动”为50%，其他选项保持默认，如图16-44所示。

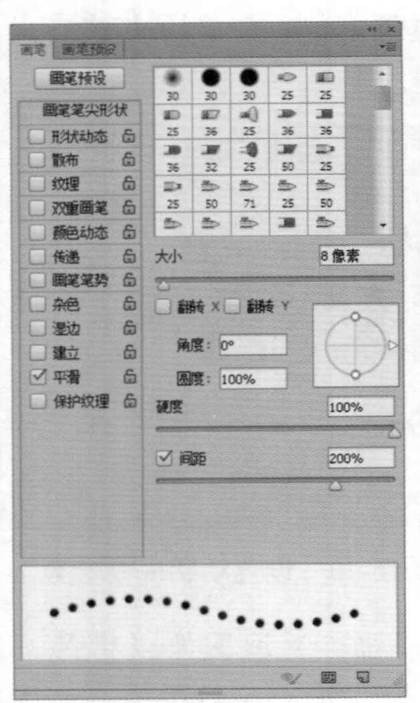

图16-43 设置画笔笔尖形状

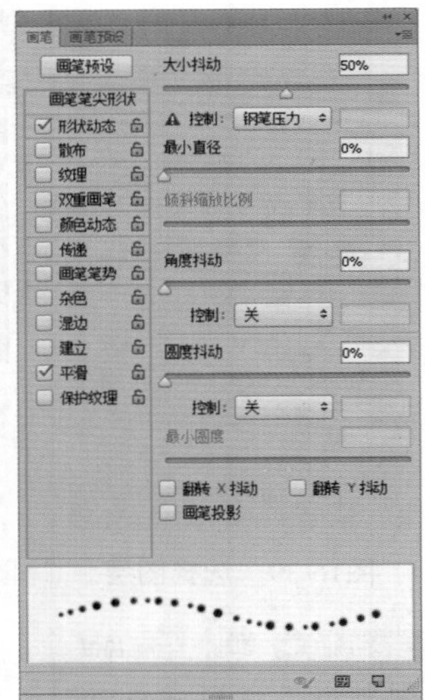

图16-44 设置形状动态

Step 20 ▶ 选中☑散布复选框，设置“散布”为1000%、“数量”为1，“数量抖动”为9%，如图16-45所示。返回图像编辑区中，拖动鼠标在美女下方绘制水泡，效果如图16-46所示。

Step 21 ▶ 在“美女”图层上方继续新建一个图层，并使用相同的方法继续绘制水泡，效果如图16-47所示。

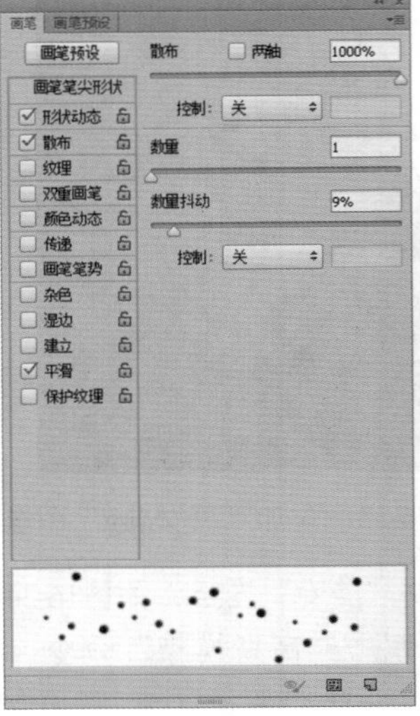

图16-45 设置散布参数

图16-46 绘制水泡

图16-47 美女上方的水泡效果

Step 22 ▶ 选择“白色线条”图层，按Ctrl+J组合键复制一个相同的图层，并将其调整至图层最上方，得到如图16-48所示的图像效果。

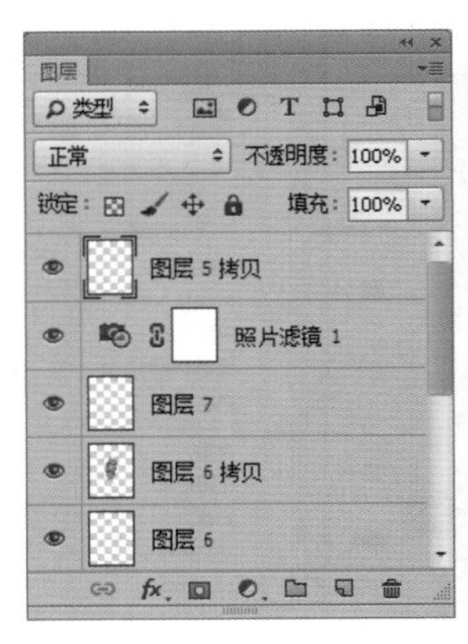

图16-48 最终效果

16.3 波浪滤镜的应用 设置渐变填充 设置图层混合模式 多图合成特效

本例利用素材合成超酷的视觉效果。制作的重点在滚动的球体部分，需要很多滤镜效果。下面讲解多图合成特效的制作方法。

- 光盘\素材\第16章\马路.jpg、人物.jpg、货车.psd
- 光盘\效果\第16章\多图合成特效.psd
- 光盘\实例演示\第16章\多图合成特效

Step 1 新建一个800像素×600像素的空白文档，将其命名为“多图合成特效”。打开“马路.jpg”图片，使用移动工具将其移动到当前文档中，效果如图16-49所示。

图16-49 新建文档并添加素材

Step 2 打开“人物.jpg”图片，使用相同的方法将其拖入到当前文档中。使用钢笔工具将人物的轮廓勾出来，效果如图16-50所示。

读书笔记

图16-50 勾画人物轮廓

Step 3 选择“窗口”/“路径”命令，打开“路径”面板，单击“将路径作为选区载入”按钮，如图16-51所示。

图16-51 载入选区

Step 4 ▶ 载入选区，然后单击“图层”面板底部“添加图层蒙版”按钮，为图层添加蒙版，效果如图16-52所示。

图16-52　添加蒙版

Step 5 ▶ 按Ctrl+T组合键进入“自由变换”模式，再调整图层大小及位置，调整完成后按Enter键确认，效果如图16-53所示。选择“图层1”图层，如图16-54所示。

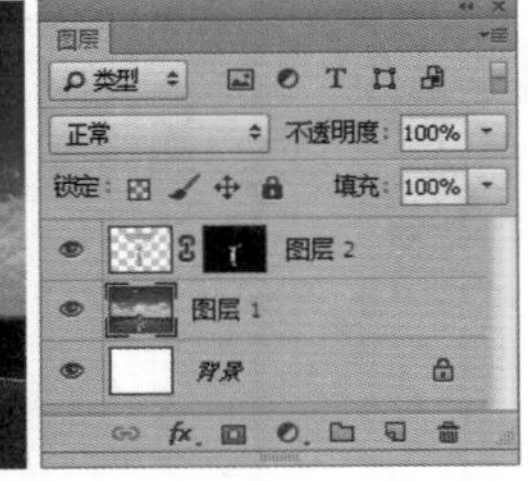

图16-53　调整人物大小及位置　　图16-54　选择图层

Step 6 ▶ 按Ctrl+M组合键，打开“曲线”对话框，使用鼠标向下方拖动中间的曲线，以调整图像亮度，如图16-55所示。

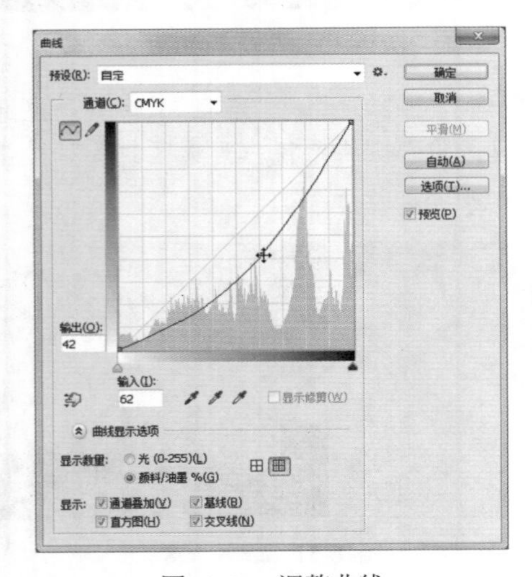

图16-55　调整曲线

Step 7 ▶ 返回图像编辑区，即可查看到图形效果，如图16-56所示。使用相同的方法将人物图像颜色调暗，效果如图16-57所示。

图16-56　调整图像亮度　　图16-57　调整图像暗度

Step 8 ▶ 执行“编辑”/“变换”/“水平翻转”命令，将人物翻转，如图16-58所示。然后按住Ctrl 键不放，单击“人物”图层的蒙版缩略图，以载入选区，效果如图16-59所示。

图16-58　翻转图像　　图16-59　创建蒙版选区

Step 9 ▶ 新建一个图层，按Ctrl+Delete组合键将选区填充为“黑色”效果，如图16-60所示，再按Ctrl+D组合键取消选区。按Ctrl+T组合键进入“自由变换”模式，并在其上右击，在弹出的快捷菜单中选择“扭曲”命令，如图16-61所示。

读书笔记

图16-60　填充选区

图16-61　进入“自由变换”模式

Step 10 ▶ 将鼠标光标置于变换框上方的控制点上，拖动控制点至左下侧，得到人物阴影效果，如图16-62所示，按Enter键确认。选择“滤镜”/“模糊”/“高斯模糊”命令，打开“高斯模糊”对话框，设置“半径”为“3像素”，如图16-63所示。

图16-62　制作阴影效果

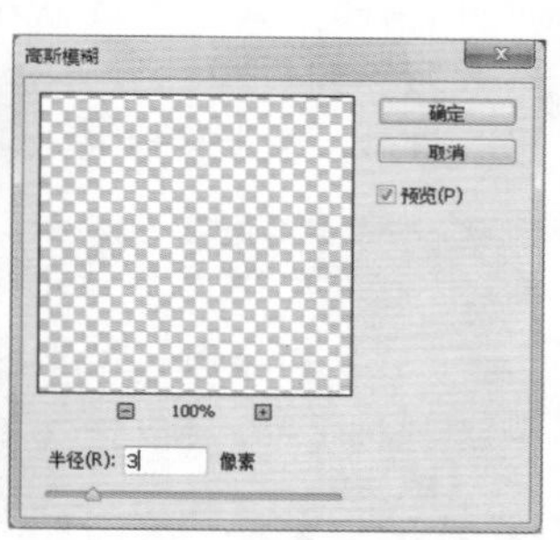

图16-63　模糊图形

Step 11 ▶ 单击 确定 按钮，返回图像编辑窗口，即可查看图像模糊效果，如图16-64所示。选择椭圆工具，在工具属性栏中选择“路径”方式，在画面中绘制如图16-65所示的正圆形路径。

图16-64　查看模糊效果

图16-65　绘制圆形路径

Step 12 ▶ 使用直接选择工具将路径调整为如图16-66所示的效果。新建一个图层，选择“滤镜”/“渲染”/“云彩”命令，得到如图16-67所示的效果。

图16-66　调整路径

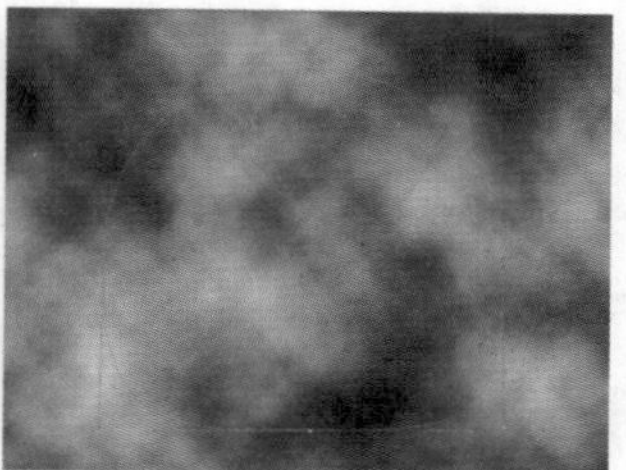

图16-67　应用“云彩”滤镜

Step 13 ▶ 打开“路径”面板，按住Ctrl键不放，单击“工作路径”的路径缩略图，载入选区，效果如图16-68所示。

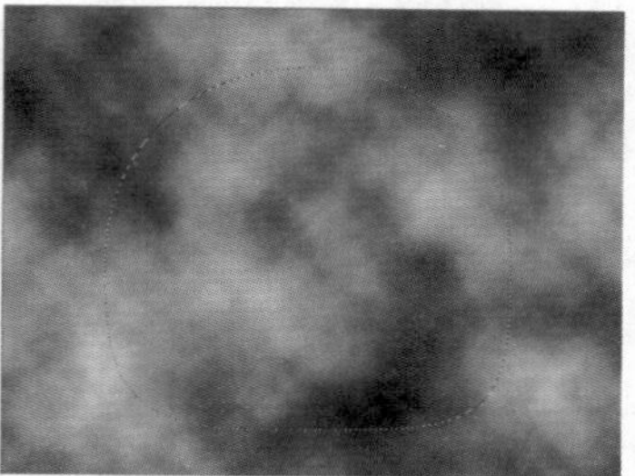

图16-68　载入选区效果

Step 14 ▶ 返回“图层”面板，单击面板下方的“添加矢量蒙版”按钮，为其添加图层蒙版，效果如图16-69所示。

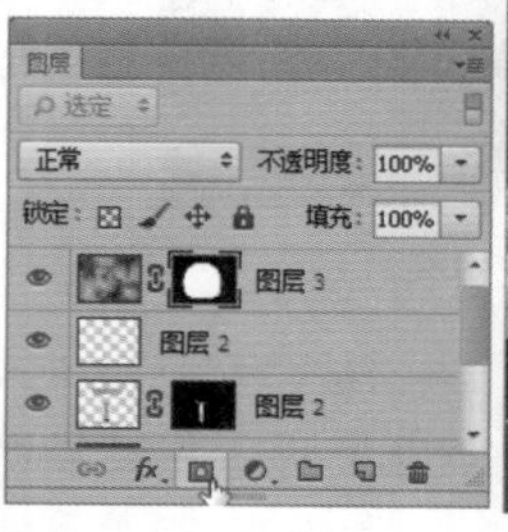

图16-69　添加蒙版

Step 15 ▶ 执行“滤镜”/“液化”命令，打开“液化”对话框，选择膨胀工具，选中 高级模式 复选框，展开高级选项，并设置参数为如图16-70所示的效果。

读书笔记

图16-70　设置“液化”滤镜参数

Step 16 ▶ 取消选中 显示背景(P) 复选框，使用膨胀工具在云彩上单击多次，直到得到满意的效果，如图16-71所示。

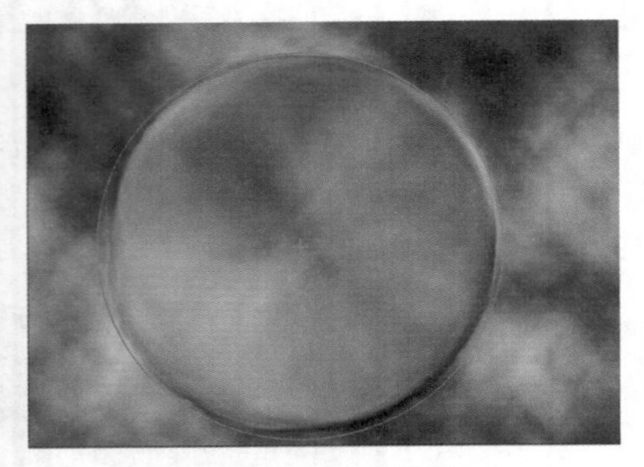

图16-71　液化效果

Step 17 ▶ 单击 确定 按钮，返回编辑窗口，即可查看图像液化效果，然后在“图层”面板中设置图层混合模式为“柔光”，即可得到如图16-72所示的效果。

图16-72　图像效果

Step 18 ▶ 选择“液化”图层，按两次Ctrl+J组合键复制图层，并分别设置图层混合模式为“正片叠底”和“颜色减淡”，效果如图16-73所示。

图16-73　设置图层混合模式一

Step 19 ▶ 单击“图层”面板下方的“创建新组”按钮，创建一个新组，将其命名为“云彩”，如图16-74所示。将3个云彩图层拖入“云彩”组中，然后选择“云彩”组，单击“添加矢量蒙版”按钮，为“云彩”组添加蒙版，如图16-75所示。

图16-74　创建新组　　图16-75　为图层组添加蒙版

Step 20 ▶ 选择画笔工具，设置前景色为“黑色”，并在工具属性栏中选择一个柔和的画笔样式，画笔大小自定，然后在图像中涂抹，得到如图16-76所示的效果。

读书笔记

图16-76　涂抹效果

Step 21 ▶ 新建一个图层，并填充为“白色”。打开“路径”面板，按住Ctrl键不放，单击“工作路径”的路径缩略图，载入选区，如图16-77所示。返回“图层”面板，单击面板下方的“添加矢量蒙版”按钮，为图层添加图层蒙版，效果如图16-78所示。

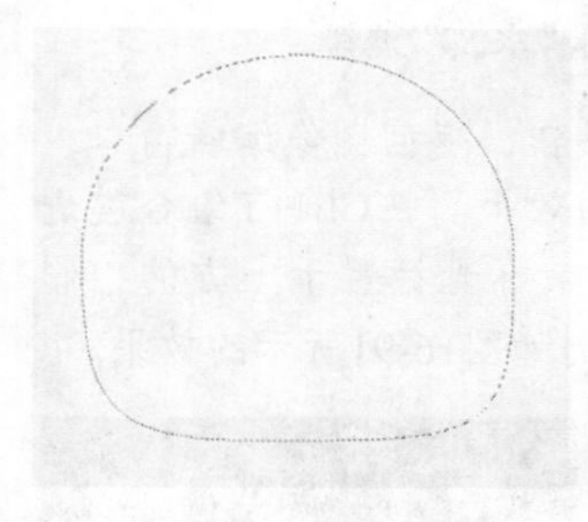

图16-77　新建图层　　图16-78　为图层添加蒙版

Step 22 ▶ 在“白色”图层上双击，打开“图层样式”对话框，在左侧的列表中选中 外发光 复选框，保持默认参数不变，直接单击 确定 按钮，如图16-79所示。

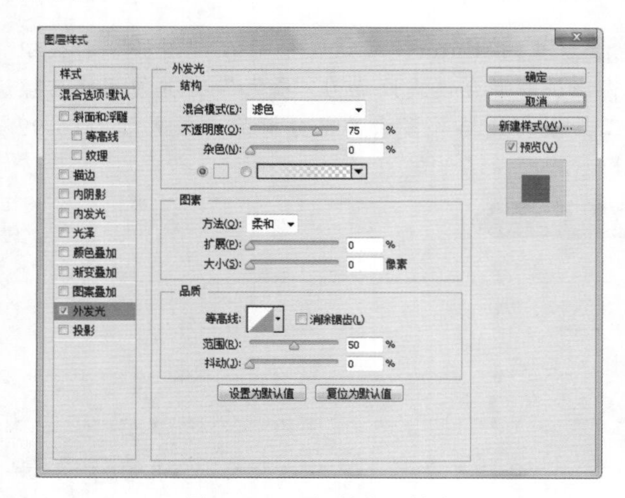

图16-79　添加外发光样式

Step 23 ▶ 选择“图层”/“图层样式”/“创建图层”命令，创建一个“外发光”的新图层，如图16-80所示。选择“白色”图层，将其拖动至右下角的“删除”按钮上，将该图层删除，如图16-81所示。

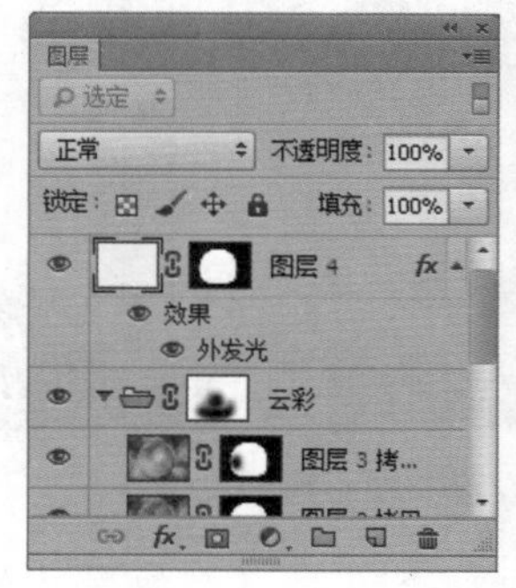

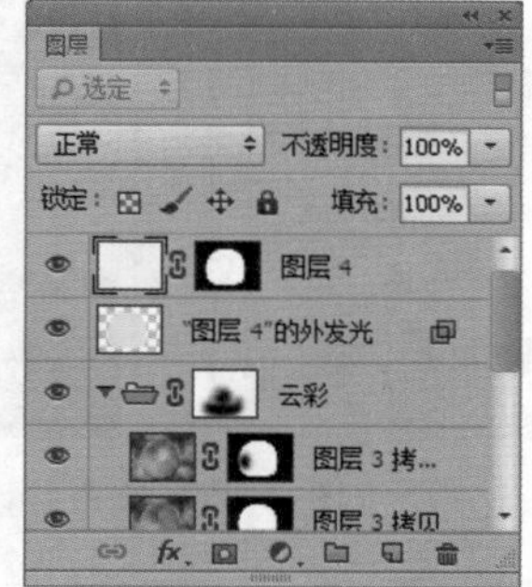

图16-80　创建图层样式

Step 24 ▶ 此时，即可得到如图16-82所示的外发光图像效果。单击“图层”面板下方的“添加矢量蒙版”按钮，为图层添加蒙版。确认前景色为“黑色”，选择一个柔和的画笔，在蒙版图形上涂抹，得到如图16-83所示的效果。

图16-81　删除图层　　图16-82　添加外发光效果

Step 25 ▶ 新建一个图层，选择椭圆选框工具，在人物脚部绘制一个椭圆选区，如图16-84所示。

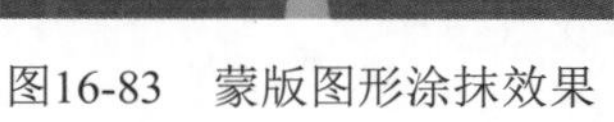

图16-83　蒙版图形涂抹效果　　图16-84　绘制选区

Step 26 ▶ 使用“黑色”填充选区，并在“图层”面板中将该层的图层“不透明度”设置为40%，效果如图16-85所示。

图16-85 填充并设置图层不透明度

Step 27 ▶ 单击“图层”面板下方的“添加图层蒙版”按钮，为“椭圆”图层添加蒙版。选择渐变工具，设置“渐变颜色”为“黑色”到“白色”，从左至右拖动鼠标创建一个“渐变”，效果如图16-86所示。

图16-86 填充渐变颜色

Step 28 ▶ 复制“椭圆”图层，选择“图层”/“图层蒙版”/“应用”命令，然后选择“编辑”/“变换”/“扭曲”命令，并扭曲图形为如图16-87所示的效果。在“背景”图层上新建一个图层，选择“滤镜”/“渲染”/“云彩”命令，得到如图16-88所示的效果。

图16-87 变换对象

图16-88 应用“云彩”滤镜效果

Step 29 ▶ 选择“滤镜”/“扭曲”/“水波”命令，打开“水波”对话框，设置“数量”为100、“起伏”为5，在“样式”下拉列表框中选择“水池波纹”选项，如图16-89所示。

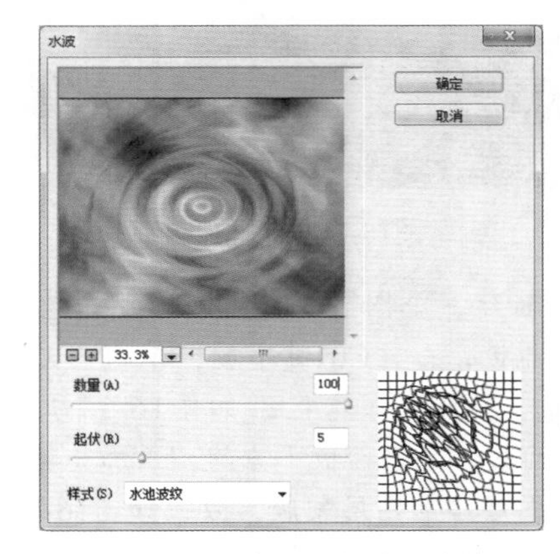

图16-89 应用“水波”滤镜

Step 30 ▶ 单击确定按钮，返回图像编辑窗口，即可得到如图16-90所示的效果。按Ctrl+T组合键进入“自由变换”模式，将鼠标光标置于上方的控制点上，向下拖动鼠标，得到如图16-91所示的效果。

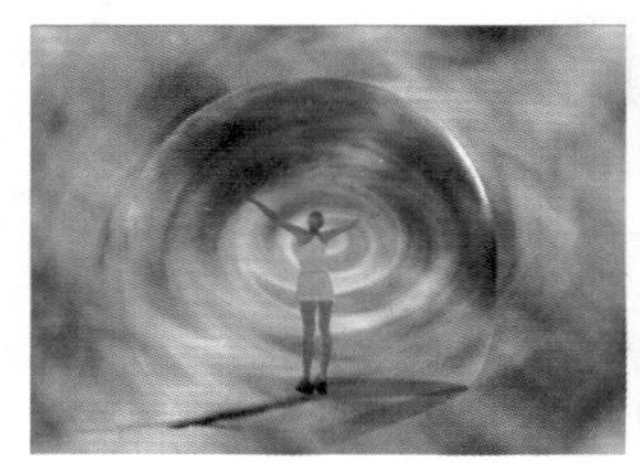

图16-90 水波效果

图16-91 变换图形

Step 31 ▶ 按Enter键确认，然后在“图层”面板中将该层的混合模式设置为“叠加”，并使用橡皮擦工具将道路外多余的部分擦除，效果如图16-92所示。

读书笔记

图16-92　设置图层混合模式二

Step 32 ▶ 新建一个图层，使用椭圆选框工具绘制一个椭圆选区，并填充为“黑色”，如图16-93所示。按Ctrl+D组合键取消选区，然后绘制一个小些的椭圆选区，按Delete键删除选区内容，如图16-94所示。

图16-93　绘制椭圆

图16-94　删除选区内容

Step 33 ▶ 使用魔棒工具单击黑色椭圆图形，将其变为选区，如图16-95所示。选择“背景”图层，将其拖动到“创建新图层”按钮上，复制图层，然后单击“添加图层蒙版”按钮，为图层添加蒙版，如图16-96所示。

图16-95　转换为选区

图16-96　复制图层并添加蒙版

Step 34 ▶ 删除原有的黑色“椭圆”图层，然后在创建蒙版的“背景”图层上双击，打开“图层样式”对话框，选中斜面和浮雕复选框，设置其具体参数为如图16-97所示的效果。

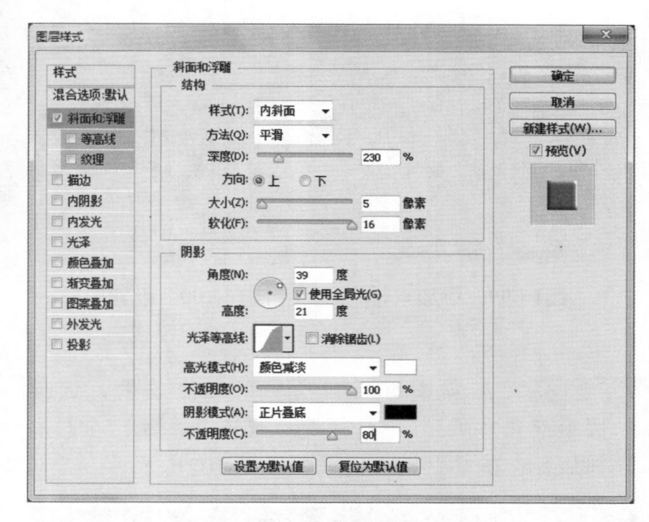

图16-97　设置斜面和浮雕样式

Step 35 ▶ 单击 确定 按钮，返回文档编辑区即可查看设置斜面和浮雕的效果。确认选择椭圆蒙版，然后在“图层”面板中设置“不透明度”为30%，效果如图16-98所示。

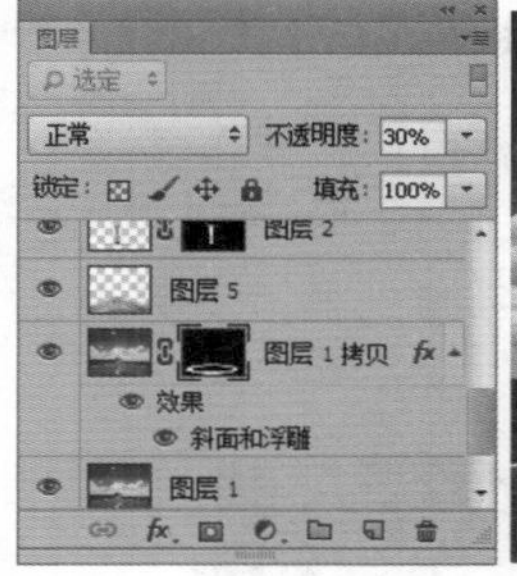

图16-98　设置图层不透明度

Step 36 ▶ 打开“云朵.jpg”图片，将其拖动至当前文档中，并置于最顶层，如图16-99所示。在“图层”面板中设置图层混合模式为“叠加”，如图16-100所示。

读书笔记

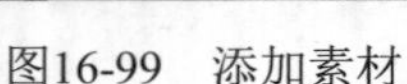

图16-99　添加素材

图16-100　设置图层混合模式三

Step 37 ▶ 得到如图16-101所示的图像效果，选择“圆形液化拷贝3”图层，选择减淡工具，在圆形顶部涂抹，使其变亮，效果如图16-102所示。

图16-101　图像设置效果

图16-102　图形减淡

Step 38 ▶ 打开“货车.psd”素材图像，使用移动工具将其拖动至当前图像中。选择“编辑”/“变换”/“水平翻转”命令，翻转图像，然后调整其大小及位置，如图16-103所示。

图16-103　图像翻转效果

Step 39 ▶ 按Ctrl+M组合键，打开“曲线”对话框，调整曲线为如图16-104所示的效果，将货车颜色加深。

Step 40 ▶ 单击 确定 按钮，返回图像编辑窗口，即可得到如图16-105所示的效果。使用矩形选框工具在左下角“货车”处绘制一个矩形选区，如图16-106所示。

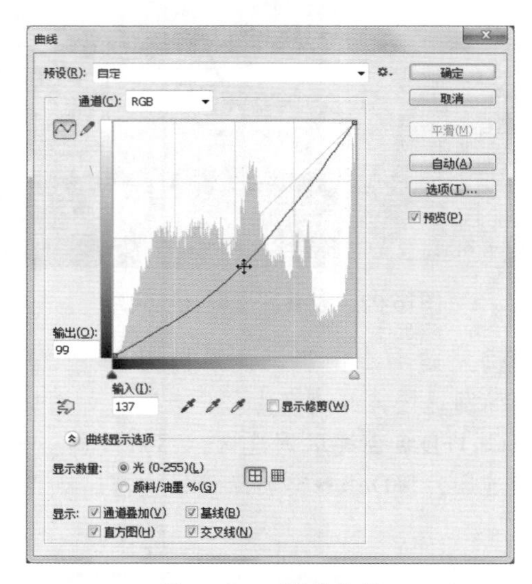

图16-104　调整曲线

图16-105　调整曲线效果

图16-106　绘制矩形选区

Step 41 ▶ 选择“滤镜”/“模糊”/“径向模糊”命令，打开“径向模糊”对话框，设置“数量”为2，并选中 最好(B) 单选按钮，效果如图16-107所示，单击 确定 按钮。

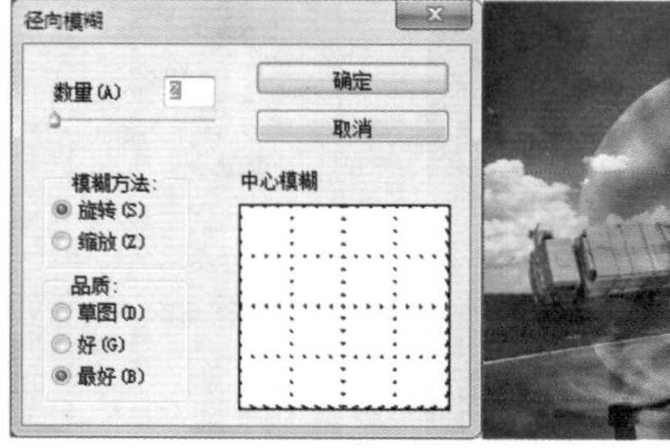

图16-107　设置径向模糊参数

Step 42 ▶ 选择“滤镜”/“模糊”/“动感模糊”命令，打开“动感模糊”对话框，设置“角度”为“-75度”，“距离”为“4像素”，单击 确定 按钮，再按Ctrl+D组合键取消选区，效果如图16-108

所示。

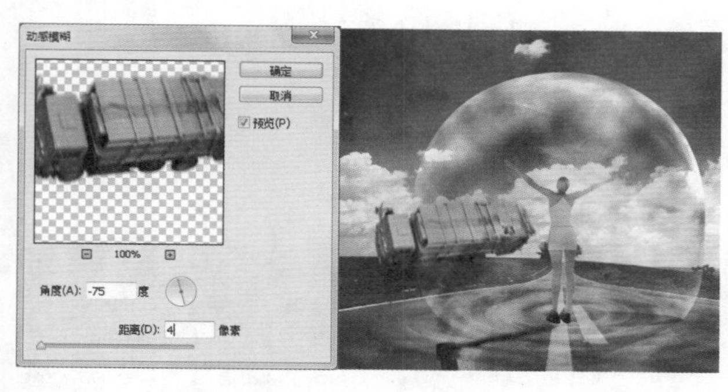

图16-108　设置动感模糊参数

Step 43 ▶ 新建一个图层，按住Ctrl键的同时单击“货车”缩略图，载入选区，然后填充为“黑色”，如图16-109所示。选择“编辑”/“变换”/“扭曲”命令，调整黑色图形位置，得到“货车”的阴影效果，如图16-110所示。

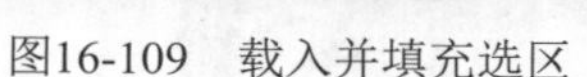

图16-109　载入并填充选区　　图16-110　扭曲图形

Step 44 ▶ 按Enter键确认。选择“滤镜”/“模糊”/“高斯模糊”命令，打开“高斯模糊”对话框，设置“半径”为“7像素”，单击 确定 按钮，并设置图层“不透明度”为50%，最终效果如图16-111所示。

图16-111　最终效果

读书笔记

16.4 制作水珠雾化玻璃特效

图层样式的应用　径向模糊的应用　垂直翻转图像

本例主要体现的是类似于透过结满水雾的玻璃看人物的效果。自然看到的效果是比较昏暗和模糊的。处理时需要把背景图片模糊及压暗处理。然后再装饰水珠、文字等即可。其效果如左图所示。下面讲解水珠雾化玻璃特效的制作方法。

- 光盘\素材\第16章\舞女.jpg
- 光盘\效果\第16章\水珠雾化玻璃特效.psd
- 光盘\实例演示\第16章\制作水珠雾化玻璃特效

Step 1 ▶ 新建一个24厘米×18厘米的空白文档，并将其命名为“水珠雾化玻璃特效”，然后为其填充颜色为“深灰色”（#2a2828），如图16-112所示。

图16-112　新建文档

Step 2 ▶ 在工具箱中选择画笔工具，按F5键，打开“画笔”面板，设置“大小”为“25像素”，“角度”为“90度”，“圆度”为88%，“间距”为1000%，如图16-113所示。选中☑形状动态复选框，设置“大小抖动”为100%，在“控制”列表框中选择“钢笔斜度”选项，设置“倾斜缩放比例”为200%，“角度抖动”为100%，“圆度抖动”为45%，“最小圆度”为48%，并选中☑翻转 X 抖动和☑翻转 Y 抖动复选框，如图16-114所示。

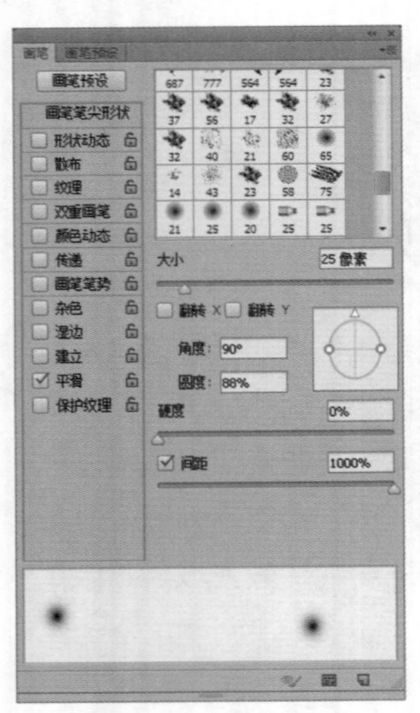

图16-113　设置画笔参数

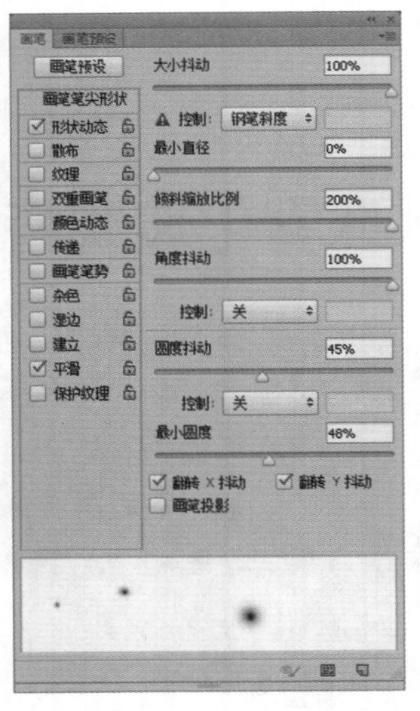

图16-114　设置形状动态

Step 3 ▶ 选中☑散布复选框，设置“散布”为1000%，选中☑两轴复选框，“数量”为2，“数量抖动”为0%，如图16-115所示。打开“图层”面板，单击面板下方的“创建新组”按钮，新建组，在组下新建一个图层，如图16-116所示。

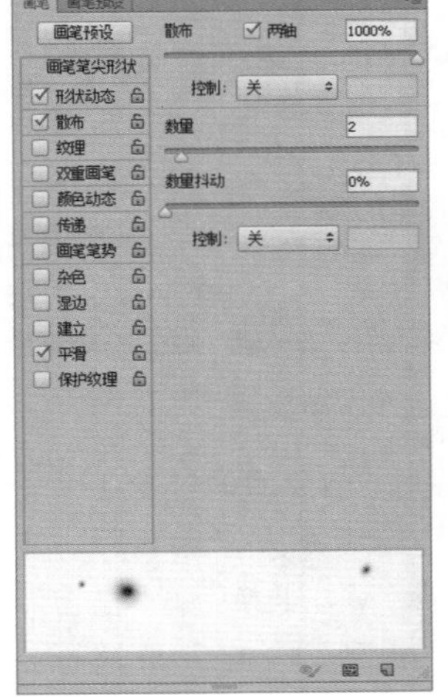

图16-115　设置散布参数

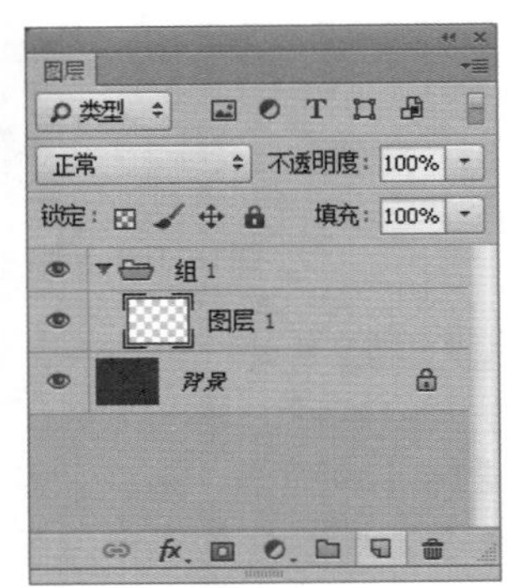

图16-116　新建组和图层

Step 4 ▶ 使用设置好的白色画笔在图层1上涂抹（可以按[或]键不断改变画笔的大小，效果更好），得到如图16-117所示的效果。

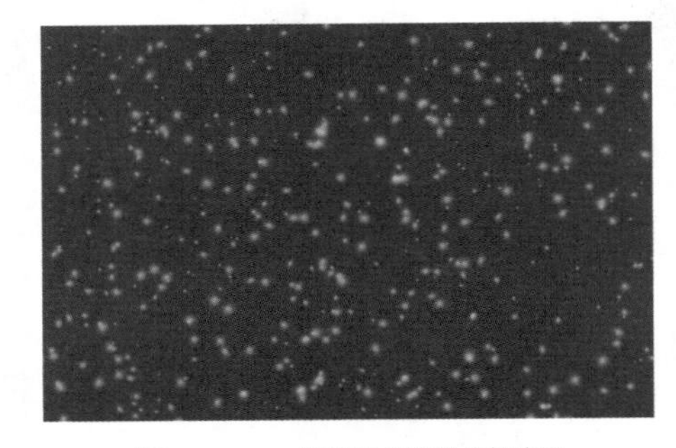

图16-117　使用画笔绘制图形

Step 5 ▶ 选择“背景”图层和组，按Ctrl+E组合键将其合并。按Ctrl+L组合键打开“色阶”面板，将“黑色”设置为100，“白色”设置为126，如图16-118所示。

读书笔记

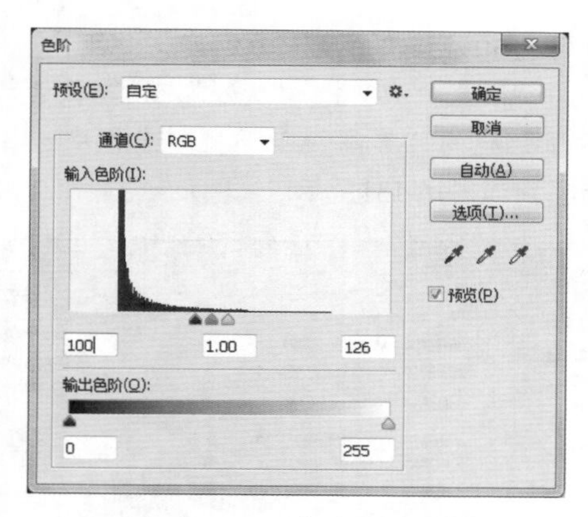

图16-118 “色阶”对话框

Step 6 ▶ 单击 确定 按钮，消除模糊的边缘，即可查看到效果，如图16-119所示。

图16-119 设置色阶后的效果

Step 7 ▶ 在“背景”图层上双击，打开“新建图层”对话框，在“名称”文本框中输入“水珠”，如图16-120所示，单击 确定 按钮，将“背景”图层转换为普通图层。

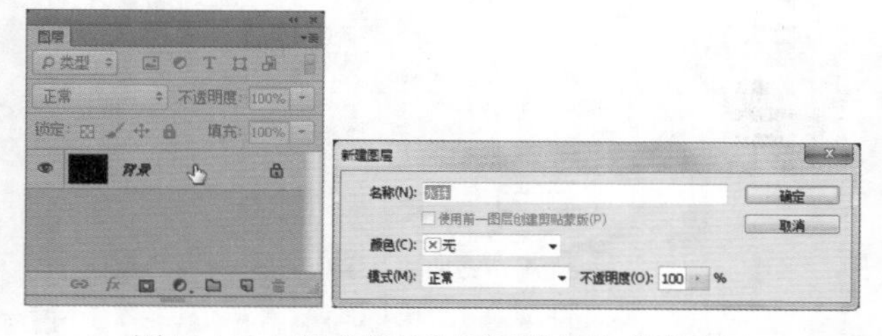

图16-120 将“背景”图层转换为普通图层

Step 8 ▶ 选择魔棒工具，在图像的深色背景区域单击以选取深色背景。然后在其上右击，在弹出的快捷菜单中选择“选取相似”命令，如图16-121所示。确保所有深色背景都被选中，然后按Delete键将其删除，并按Ctrl+D组合键取消选区，得到如图16-122所示的效果。

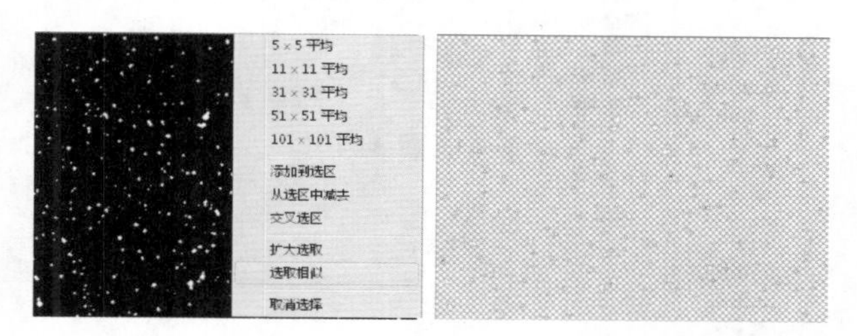

图16-121 选择“选取相似”命令　　图16-122 删除背景效果

Step 9 ▶ 导入“舞女.jpg”素材图片，调整其大小，并按Ctrl+J组合键复制图层，如图16-123所示。选择“滤镜”/“模糊”/“高斯模糊”命令，打开“高斯模糊”对话框，设置“半径”为“20像素”，如图16-124所示。

图16-123 导入素材　　图16-124 设置高斯模糊参数

Step 10 ▶ 单击 确定 按钮，即可看到图像模糊后的效果，如图16-125所示。在“图层”面板中单击“添加图层样式”按钮fx，在弹出的快捷菜单中选择“颜色叠加”命令，如图16-126所示。

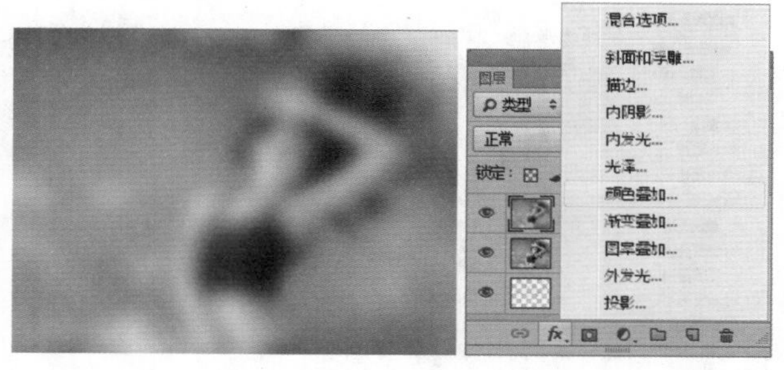

图16-125 模糊效果　　图16-126 添加图层样式

Step 11 ▶ 打开“图层样式”对话框，设置颜色为“灰色”（#818182），“不透明度”为“50%”，如图16-127所示。

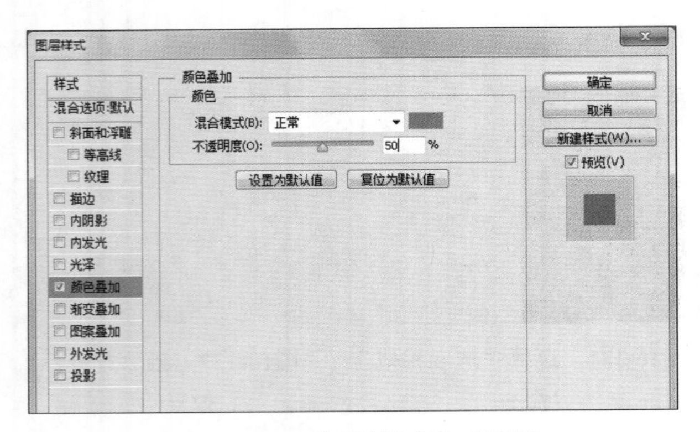

图16-127 “图层样式”对话框

Step 12 ▶ 单击 确定 按钮，返回图像编辑区中，即可看到图像的效果，如图16-128所示。将“水珠”图层拖动至图层最上方，如图16-129所示。

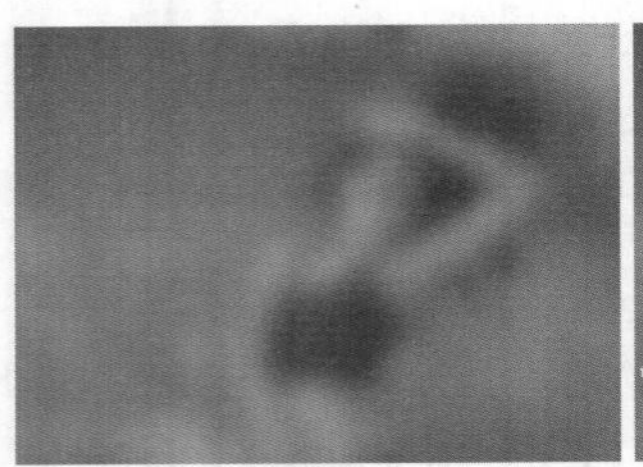

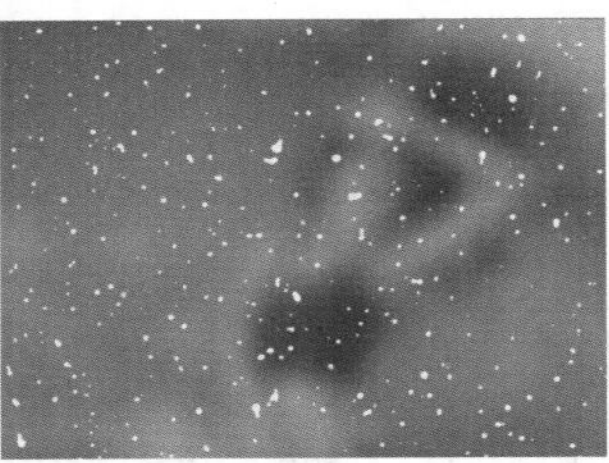

图16-128 添加图层样式效果 图16-129 调整图层效果

Step 13 ▶ 双击该图层，打开“图层样式”对话框，在左侧的列表框中选中 投影 复选框，设置“不透明度”为20%，“角度”为“90度”，“距离”为“9像素”，“扩展”为5%，“大小”为“10像素”，如图16-130所示。

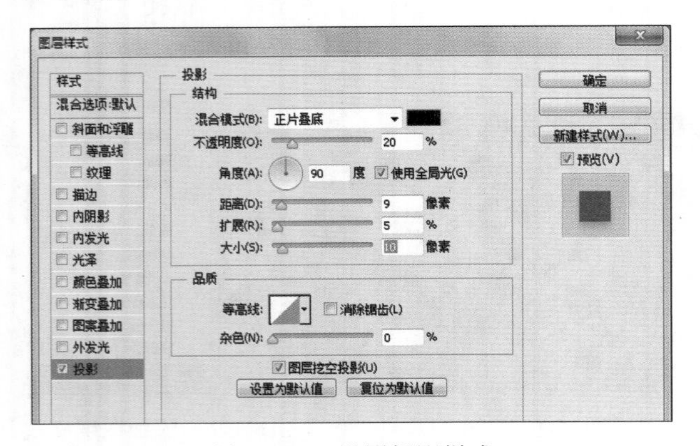

图16-130 设置投影样式

Step 14 ▶ 选中 内阴影 复选框，设置“混合模式”为“线性减淡（添加）”，颜色为“白色”，“不透明度”为50%，“角度”为54度，“距离”为“3像素”，“阻塞”为0%，“大小”为“5像素”，并在“品质”栏的“等高线”下拉列表框中选择“锥形”选项，如图16-131所示。

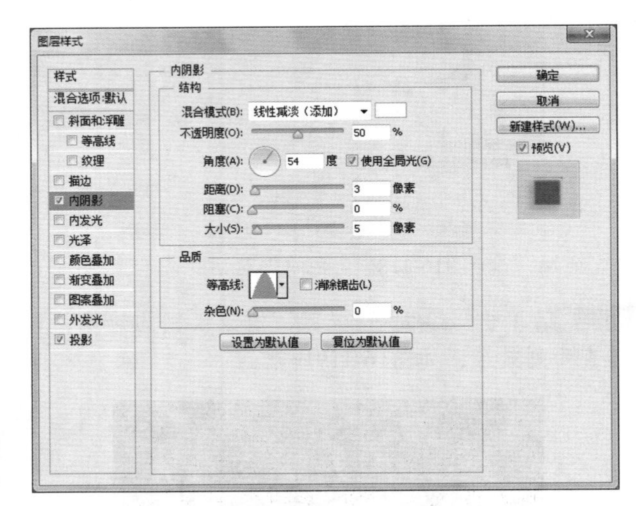

图16-131 设置内阴影样式

Step 15 ▶ 选中 内发光 复选框，设置“混合模式”为“变暗”，“不透明度”为“40%”，颜色为“黑色”，“方法”为“柔和”，“阻塞”为0%，“大小”为“25像素”，“范围”为50%，如图16-132所示。

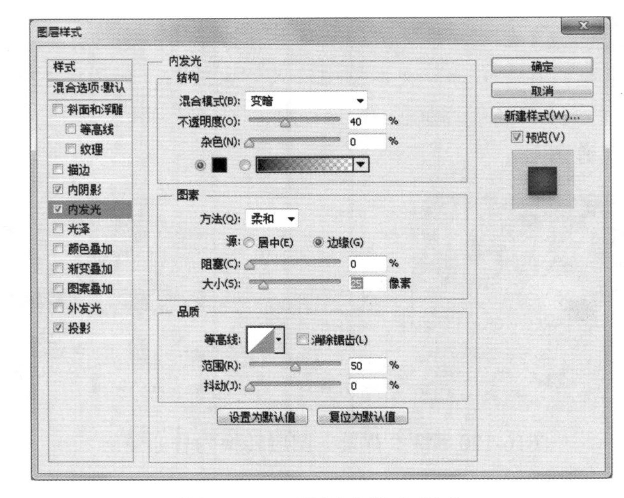

图16-132 设置内发光样式

Step 16 ▶ 选中 斜面和浮雕 复选框，设置“深度”为350%，选中 下 单选按钮，“大小”为“7像素”，“软化”为“5像素”，“角度”为“54度”，“高度”为“42度”，在“光泽等高线”下拉列表框中选择“内凹-深”选项，设置“高光模式”为“颜色减淡”，两个“不透明度”分别为80%和50%，如图16-133所示。

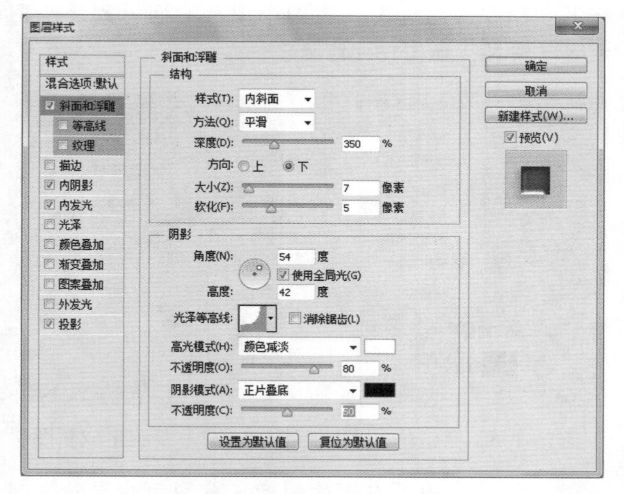

图16-133　设置斜面和浮雕样式

Step 17 ▶ 选中 颜色叠加 复选框，设置“混合模式”为“颜色减淡”，颜色为“土红色”（#a89688），“不透明度”为45%，如图16-134所示。

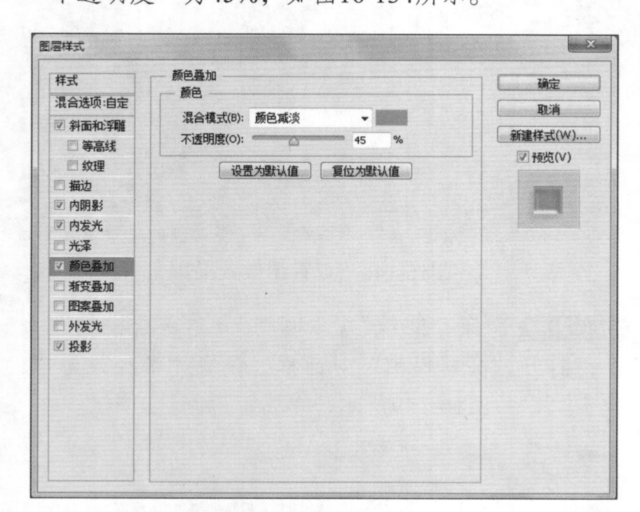

图16-134　设置颜色叠加样式

Step 18 ▶ 单击 确定 按钮，返回图像编辑区，在“图层”面板中设置“填充”为0%，即可得到如图16-135所示的水珠效果。

Step 19 ▶ 选择下方的原始人物素材图层，按Ctrl+J组合键复制图层，并放置于第一次复制的人物图像的上方，如图16-136所示。选择“滤镜”/“模糊”/“高斯模糊”命令，打开“高斯模糊”对话框，设置“半径”为“5像素”，如图16-137所示，单击 确定 按钮。

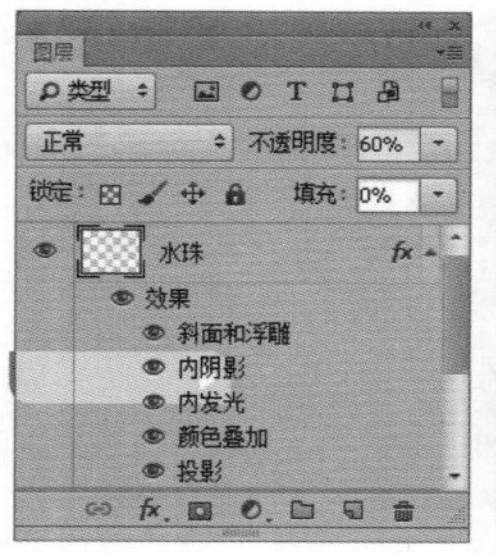

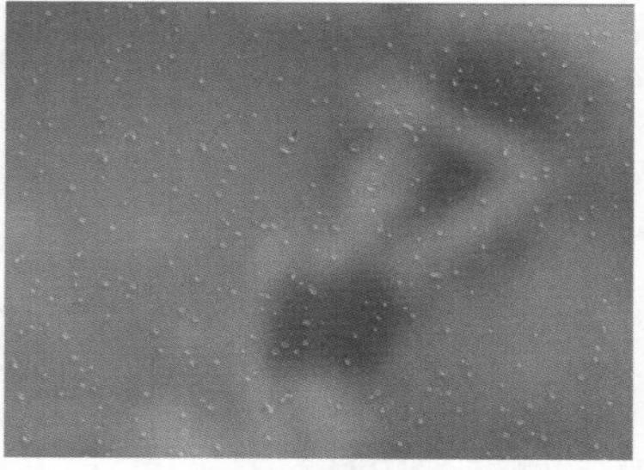

图16-135　设置图层样式和填充后的效果

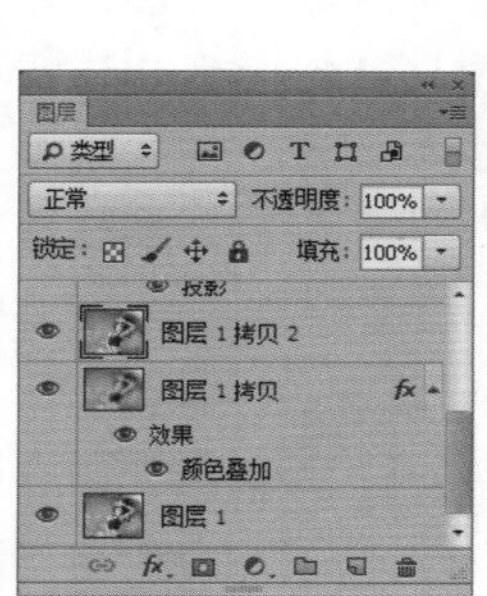

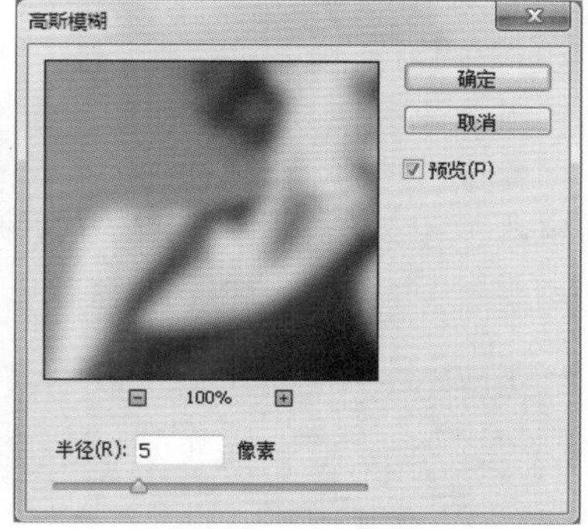

图16-136　复制图像　　　　图16-137　模糊图像

Step 20 ▶ 按住Ctrl键，单击水珠缩略图，载入选区，再选择“图层”/“图层蒙版”/“显示选区”命令，得到如图16-138所示的效果。选择“滤镜”/“模糊”/“动感模糊”命令，打开“动感模糊”对话框，设置“角度”为“-90度”，“距离”为“80像素”，如图16-139所示。

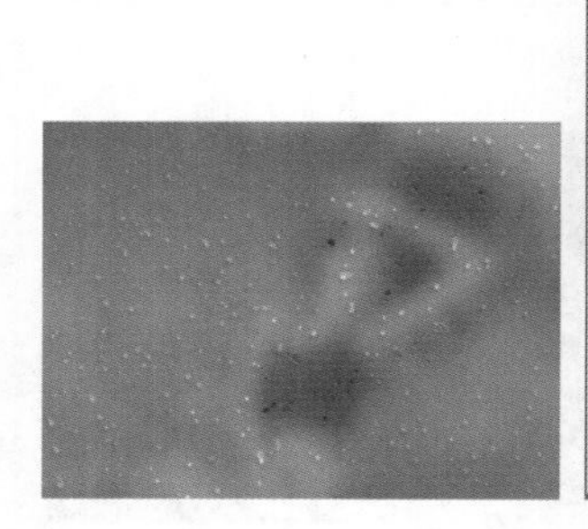

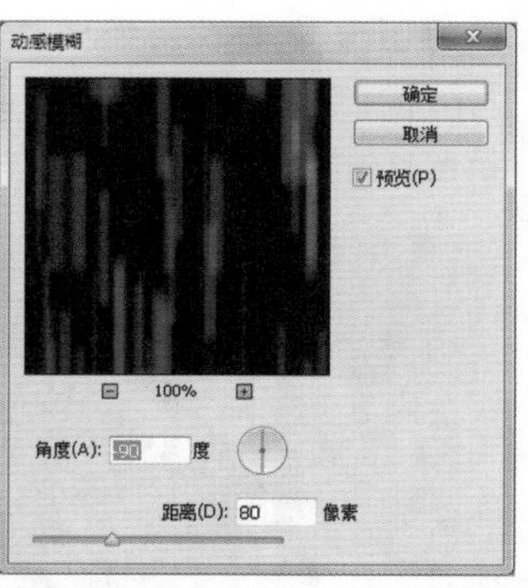

图16-138　创建蒙版效果 图16-139　“动感模糊”对话框

Step 21 ▶ 单击 确定 按钮，返回图像编辑区，即可得到水滴向下流动的图像效果，如图16-140所示。按Ctrl+L组合键，打开“色阶”对话框，设置“黑色”为20，“白色”为100，如图16-141所示。

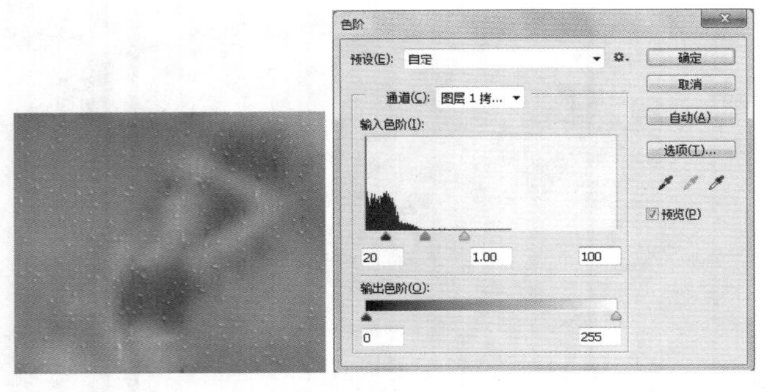

图16-140 动感模糊效果　　图16-141 设置色阶参数

Step 22 ▶ 单击 确定 按钮，返回图像编辑区，即可得到水流更明显的效果，如图16-142所示。选择“蒙版”图层，按Ctrl+J组合键复制图层，并在蒙版缩略图上右击，在弹出的快捷菜单中选择“删除图层蒙版”命令，如图16-143所示。

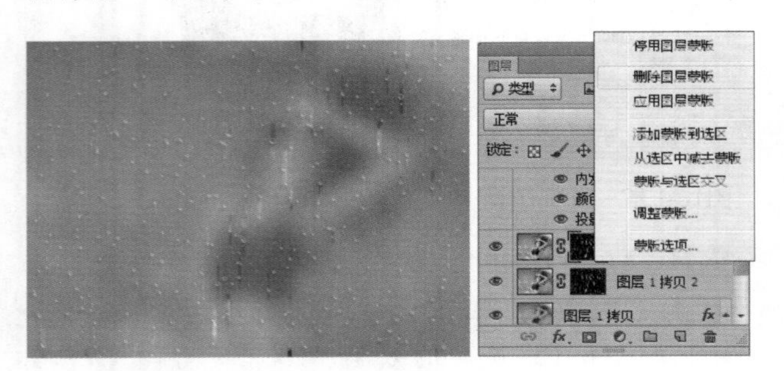

图16-142 水滴效果　　图16-143 选择“删除图层蒙版”命令

Step 23 ▶ 此时，删除图层蒙版，得到如图16-144所示的图像效果。选择横排文字工具T，在图像上输入rain，并设置字体为Script MT Bold、字号为250，如图16-145所示。

图16-144 删除蒙版效果　　图16-145 输入文字

Step 24 ▶ 在文字图层上右击，在弹出的快捷菜单中选择“栅格化文字”命令，将文字栅格化，如图16-146所示。然后按住Ctrl键，并单击文字缩略图，载入文字选区，然后选择下方的人物图像图层，按Ctrl+C组合键和Ctrl+V组合键，在两个图层中间得到一个图像文字图层，如图16-147所示。

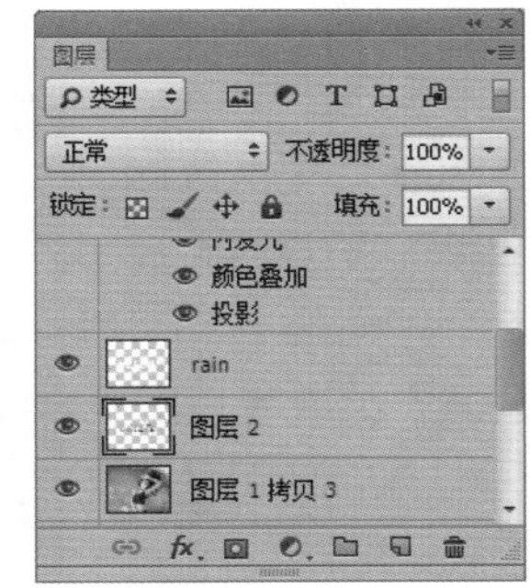

图16-146 栅格化文字　　图16-147 复制生成新图层

Step 25 ▶ 单击图层左侧的图标，分别隐藏原始文字图层和原人物图层，即可得到如图16-148所示的在玻璃上写字的图像效果。

图16-148 查看图像效果

Step 26 ▶ 选择“滤镜”/“模糊”/“高斯模糊”命令，打开“高斯模糊”对话框，设置“半径”为“1像素”，如图16-149所示，单击 确定 按钮。

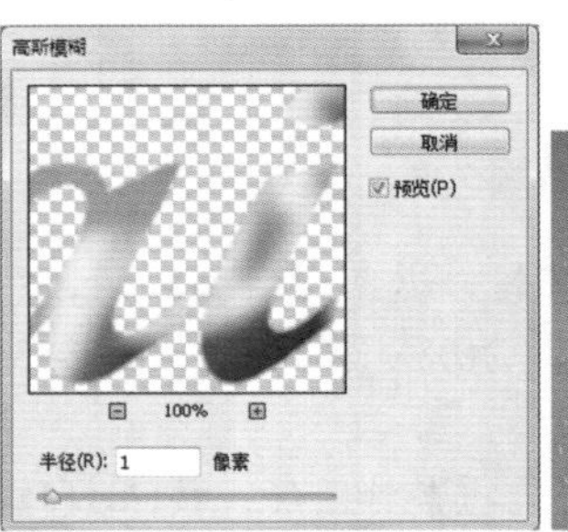

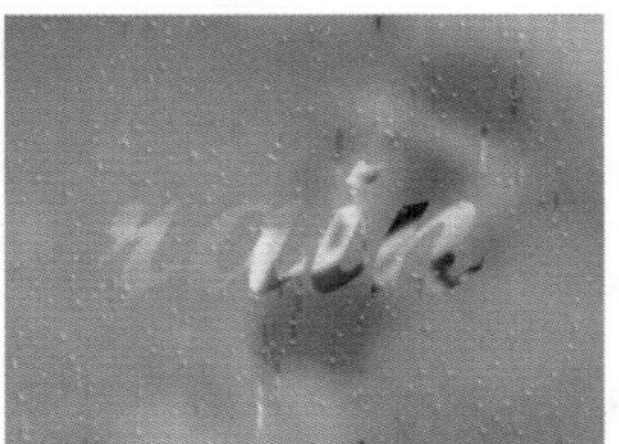

图16-149 查看图像效果

16.5 制作美女变恶魔特效

透视变换图像 | 复制图层的应用 | 样式面板的应用

Photoshop不仅能够把丑变美，同样也可以把美变丑。下面使用调色工具将美女快速变成恐怖的恶魔，其效果如左图所示。下面制作错位拼贴图像效果。

- 光盘\素材\第16章\美女变恶魔\
- 光盘\效果\第16章\美女变恶魔.psd
- 光盘\实例演示\第16章\制作美女变恶魔特效

Step 1 打开“女人.jpg”图片，如图16-150所示。按Ctrl+M组合键打开“曲线”对话框，调整曲线，如图16-151所示。

图16-150　打开图像

图16-151　调整曲线

Step 2 单击 确定 按钮，图像变暗，效果如图16-152所示。选择“图像”/“调整”/“色相/饱和度”命令，打开“色相/饱和度”对话框，选中 着色(O) 复选框，并分别设置“色相”、“饱和度”和“明度”分别为220、25和-10，如图16-153所示。

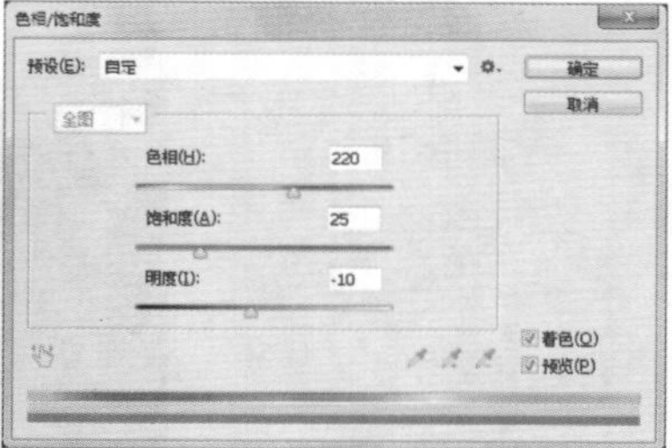

图16-152　图像变暗效果

图16-153　“色相/饱和度”对话框

Step 3 单击 确定 按钮，得到如图16-154所示的蓝色图像效果。在工具箱中选择椭圆选框工具，先在左侧眼珠上绘制椭圆，然后按住Shift键不放并在右侧眼珠上绘制椭圆，效果如图16-155所示。

图16-154　查看图像效果

图16-155　绘制椭圆

Step 4 按Ctrl+U组合键再次打开“色相/饱和度”对话框，选中 着色(O) 复选框，并分别设置“色相”、“饱和度”和“明度”为117、47、7，如图16-156所示。

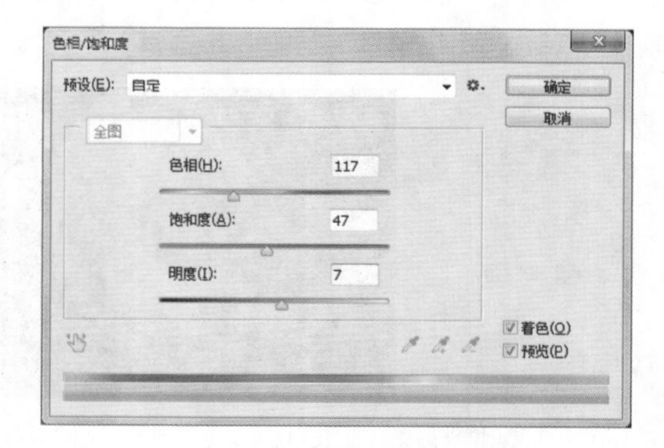

图16-156　设置色相/饱和度和明度

Step 5 单击 确定 按钮，眼珠变为绿色，效果如图16-157所示。保持眼珠的选择状态，在“图层”面板中新建一个图层，先选择“背景”图层，按Ctrl+C组合键，再选择新建的图层1，按Ctrl+V组合键复制图形，效果如图16-158所示。

图16-157　眼珠变色效果

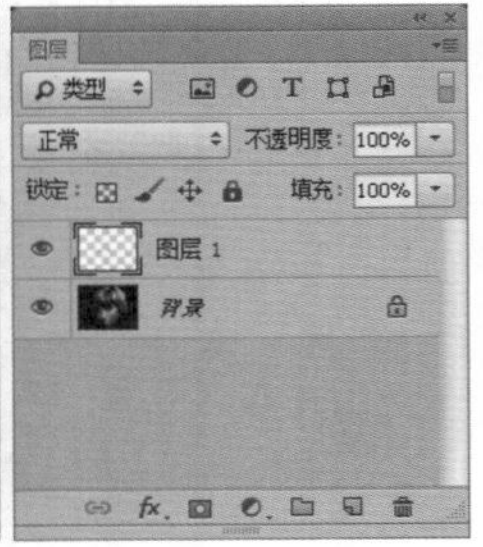

图16-158　新建图层并复制图形

Step 6 保持图层1的选择状态，设置图层混合模式为“正片叠底”，即可得到如图16-159所示的效果。

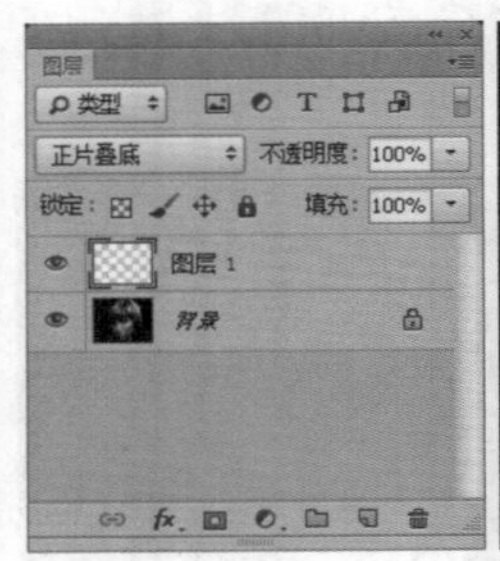

图16-159　设置图层混合模式

Step 7 设置前景色为“深蓝色”（#080938）。选择画笔工具，并在工具属性栏中设置画笔为“柔边圆”，“不透明度”为25%，“流量”为25%，如图16-160所示。然后在人的眼睛周围涂抹，得到如图16-161所示的图像效果。

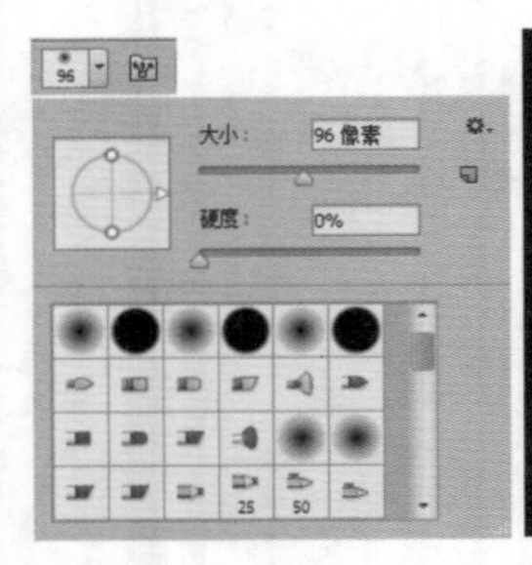

图16-160　设置画笔样式　图16-161　使用画笔涂抹效果

Step 8 然后使用前面相同的方法为嘴唇添加颜色，效果如图16-162所示。新建一个图层，并设置前景色为“蓝色”（#31425e）、背景色为“黑色”，再选择“滤镜”/“渲染”/“分层云彩”命令，得到如图16-163所示的效果。

图16-162　为嘴唇添加颜色　　图16-163　应用滤镜效果

Step 9 打开“玻璃.jpg”素材图像，效果如图16-164所示。选择“编辑”/“定义画笔预设”命令，打开“画笔名称”对话框，保持默认设置，如图16-165所示，单击 确定 按钮。

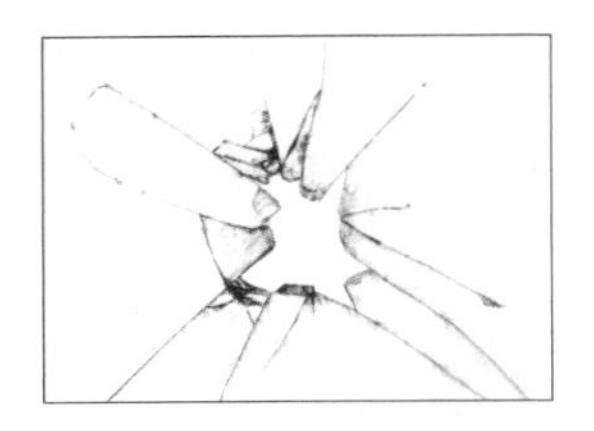

图16-164　打开素材图像

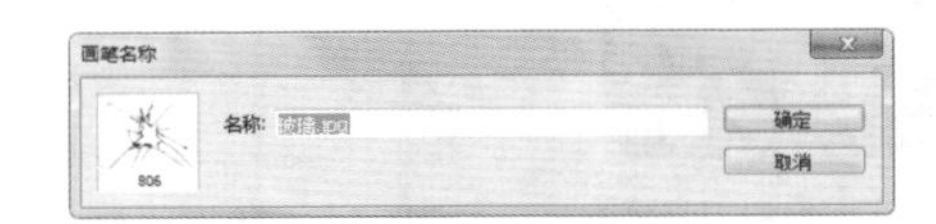

图16-165　“画笔名称”对话框

Step 10 选择画笔工具，单击工具属性栏中的“画笔”下拉按钮，在弹出的下拉列表框中选择已定义的画笔样式，如图16-166所示。再按]键放大画笔，在图形上的同一位置多次单击，得到如图16-167所示的图像效果。

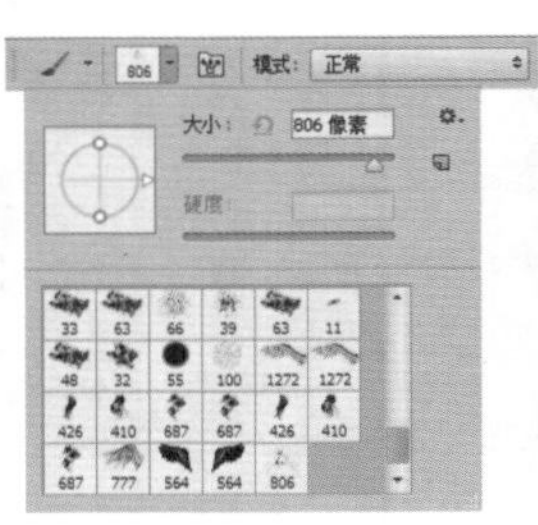

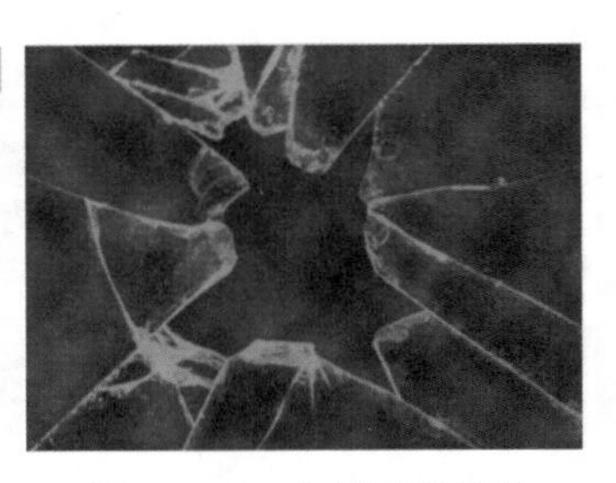

图16-166　选择画笔样式　　图16-167　应用画笔效果

Step 11 使用钢笔工具，沿玻璃中间的图像边缘绘制路径，并将其选中，如图16-168所示。按Ctrl+Enter组合键将路径转换为选区，然后按Delete键将选区内的图像删除，得到如图16-169所示的图像效果。

图16-168 绘制路径

图16-169 删除图像

Step 12 在玻璃图像上双击，打开“图层样式”对话框，选中投影复选框，设置“不透明度”为75%，“角度”为“120度”，“距离”为“10像素”，“扩展”为0%，“大小”为“10像素”，如图16-170所示。

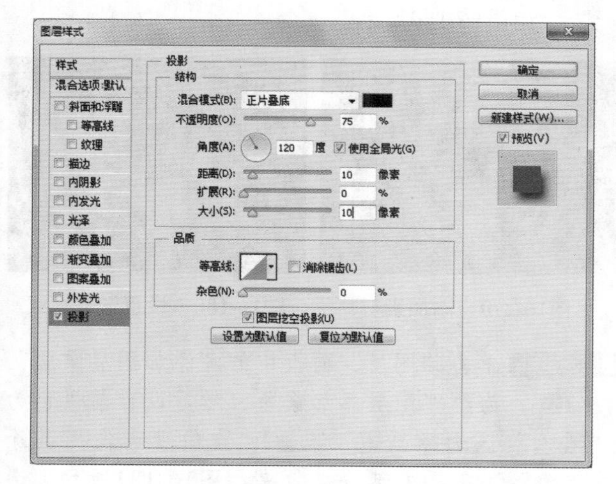

图16-170 设置投影样式

读书笔记

Step 13 单击确定按钮，得到如图16-171所示的图像效果。按住Ctrl键的同时，单击“玻璃”图层左侧的缩略图，载入图像选区，如图16-172所示。

图16-171 添加阴影的效果

图16-172 载入选区

Step 14 在“图层”面板中设置图层的“不透明度”为80%，然后按Ctrl+D组合键取消选区。此时，图像变为如图16-173所示的效果。

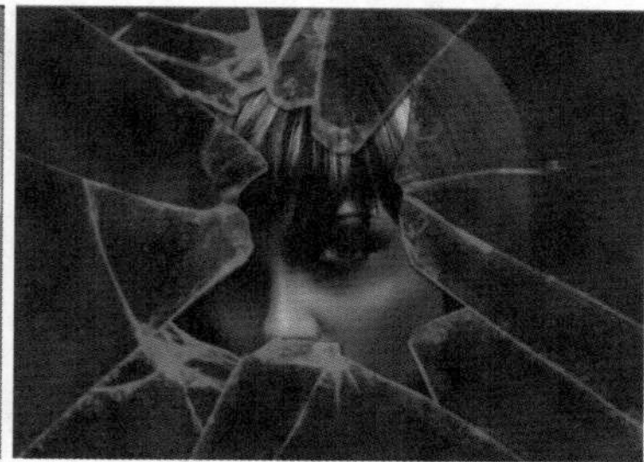

图16-173 图像效果

Step 15 按Ctrl+J组合键复制一个相同的图层。选择“滤镜”/“渲染”/“光照效果”命令，打开“光照效果”对话框，在“自定”列表框中选择“交叉光”选项，其他参数保持默认不变，效果如图16-174所示。

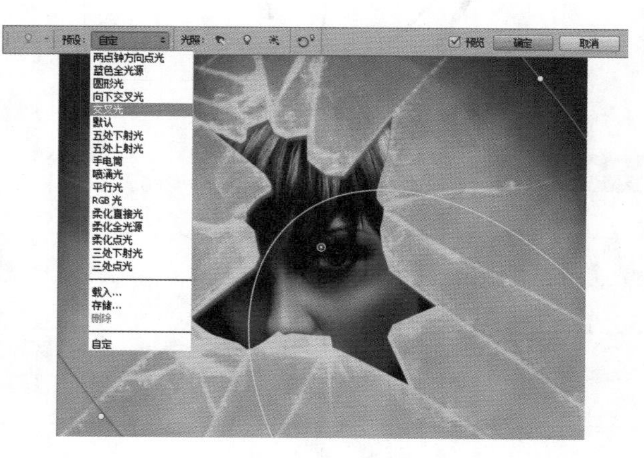

图16-174 设置光照效果

Step 16 ▶ 单击 确定 按钮，并在"图层"面板中设置图层的"不透明度"为20%，此时图像变为如图16-175所示的效果。

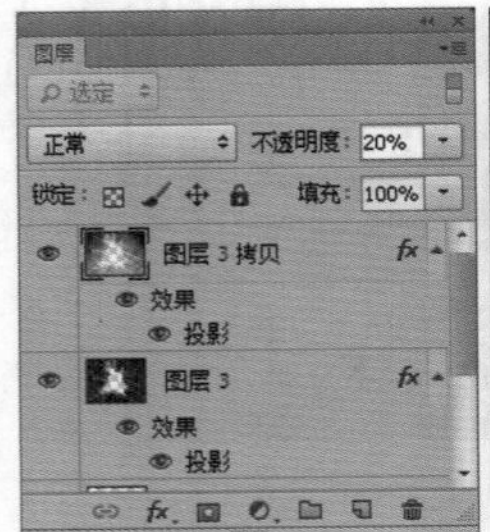

图16-175　设置图层不透明度后的效果

Step 17 ▶ 打开"墨迹1.jpg""墨迹2.jpg""墨迹3.jpg""墨迹4.jpg"图片。使用前面相同的定义画笔的方法将墨迹定义为画笔样式，如图16-176所示。

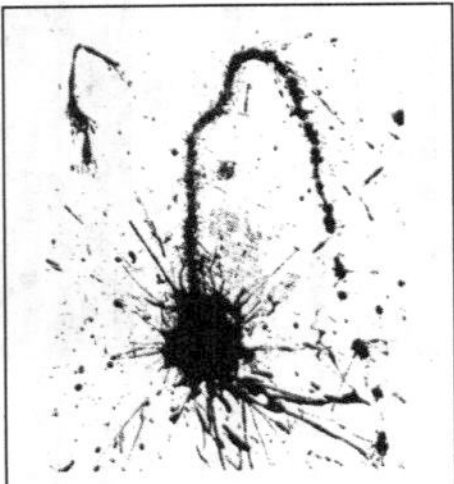
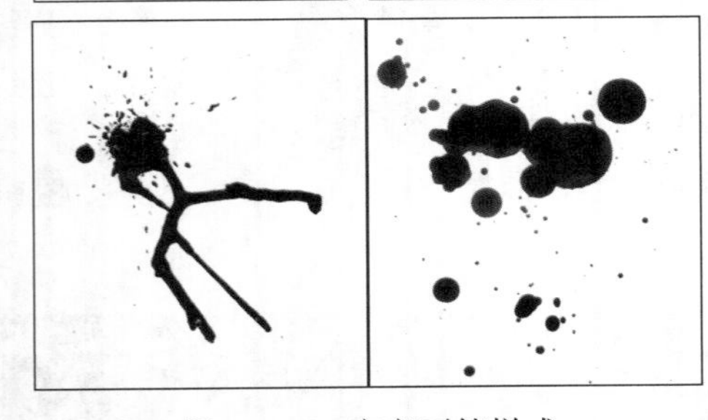

图16-176　定义画笔样式

读书笔记

Step 18 ▶ 新建一个图层。设置前景色为"深红色"（#4d160e），选择已定义的墨迹画笔样式，然后使用画笔工具在图像中的玻璃上绘制出血液，效果如图16-177所示。然后在"背景"图层上新建一个图层，并使用相同的方法绘制出血液效果，如图16-178所示。

图16-177　使用画笔绘制血液效果　　图16-178　绘制血液效果

Step 19 ▶ 打开"纹理.jpg"图片，将其移动至当前文档中，并调整大小和位置，效果如图16-179所示。选择"图像"/"调整"/"去色"命令，去除图像颜色，并在"图层"面板中设置图层混合模式为"强光"，如图16-180所示。

图16-179　添加素材　　图16-180　设置混合模式

Step 20 ▶ 单击"图层"面板中的"添加图层蒙版"按钮，为纹理图层添加蒙版，然后设置前景色为"黑色"。选择画笔工具，在纹理图像周围涂抹，擦除不需要的部分，效果如图16-181所示。选择"背景"图层，按Ctrl+M组合键，再次打开"曲线"对话框，调整曲线，将图像变亮，得到如图16-182所示的图像效果。

图16-181　擦除图像边缘　　图16-182　最终效果

16.6 扩展练习

本章主要介绍特效文字的制作方法。下面通过两个练习进一步巩固特效文字在实际生活中的应用，使操作更加熟练，并能找出特效文字制作时出现错误时的处理方法。

16.6.1 制作雪景特效

练习制作后的效果如图16-183所示，主要练习使用滤镜和“调整”图层来得到雪景效果。

- 光盘\素材\第16章\春天
- 光盘\效果\第16章\雪景.psd
- 光盘\实例演示\第16章\制作雪景特效

图16-183 雪景效果

16.6.2 制作液化鼠标

练习制作完成后的效果如图16-184所示，主要练习运用涂抹工具和选区工具制作出类似液滴的图形，然后加上纹理、高光等，与原图完美结合即可。

- 光盘\素材\第16章\鼠标.jpg
- 光盘\效果\第16章\液化鼠标.psd
- 光盘\实例演示\第16章\制作液化鼠标

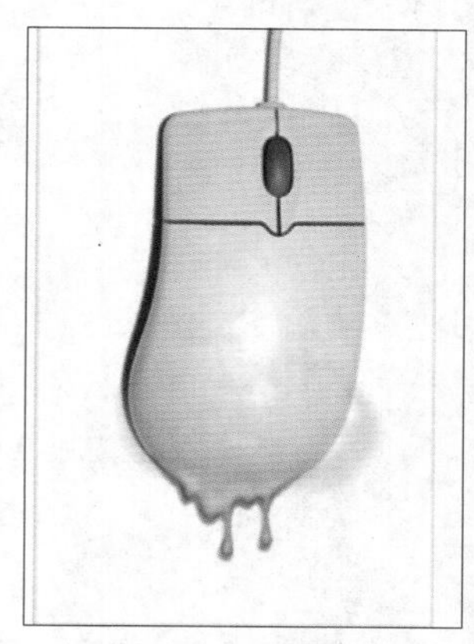

图16-184 液化鼠标效果

读书笔记

11 12 13 14 15 16 17 18

影楼人像处理

本章导读

Photoshop CC对色彩的调整、人像的处理有非常强大的功能。设计师能够通过各项色彩调整命令对图像应用调整，还可以通过图层属性和滤镜命令，得到多种特殊图像效果。本章讲解影楼人像的处理，包括美白人物肌肤、修改人物身形、调整小清新色调、调出怀旧色调和婚纱照的艺术制作等。

17.1 画笔工具的应用 设置图层不透明度 设置图层混合模式 美白人物皮肤

本实例制作美白人物面部肌肤的效果。首先使用画笔工具涂抹人物面部，然后对图层混合模式进行设置，得到柔和面部效果，然后再调整脸部图像的模糊程度，效果如左图所示。下面讲解美白人物肌肤的方法。

Step 1 打开“美女.jpg”素材图片，可以看到图中的美女面部肌肤较暗淡，如图17-1所示。下面对人物肌肤进行美白处理。

图17-1 打开素材图像

Step 2 新建图层1，设置前景色为“白色”，选择画笔工具，在属性栏中设置画笔大小为35。在人物脸部和颈部绘制图形，如图17-2所示。

> **操作解谜**
> 这里使用画笔工具对人物肌肤进行涂抹，并使用白色，主要是为了给面部增加亮白效果，并通过后面的图层混合模式，得到更加自然的美白肌肤。

图17-2 涂抹效果

Step 3 设置图层1的图层混合模式为“柔光”、“不透明度”为70%，如图17-3所示。

图17-3 设置图层属性

Step 4 ▶ 这时得到的人物图像已经有美白效果。使用橡皮擦工具将肌肤边缘处溢出的白色擦除，如图17-4所示。

图17-4　图像效果

Step 5 ▶ 按住Ctrl键，并单击图层1的缩略图，载入选区，然后选择“背景”图层，如图17-5所示。

图17-5　载入图像选区

Step 6 ▶ 选择“滤镜”/“模糊”/“高斯模糊”命令，在打开的“高斯模糊”对话框中设置“半径”为“2.5像素”，如图17-6所示。

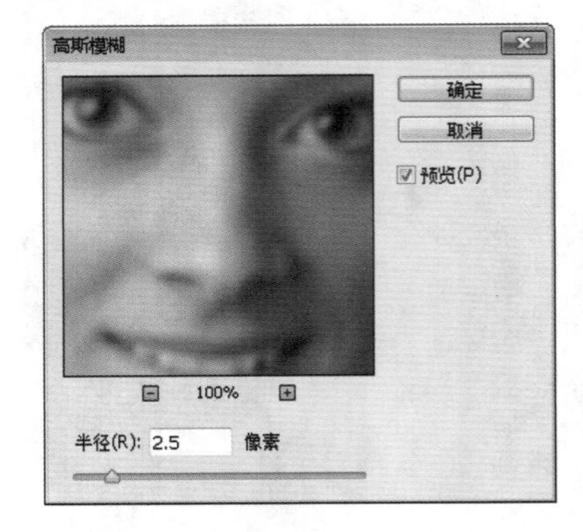

图17-6　设置高斯模糊参数

Step 7 ▶ 单击 确定 按钮，得到美白效果。按Ctrl+D组合键取消选区，完成本实例的操作，效果如图17-7所示。

图17-7　最终效果

读书笔记

17.2 液化滤镜的应用 向前变形工具 缩放工具的应用 修改人物身形

本例为人物瘦身，主要通过“液化”滤镜收缩人物的腰部和臀部位置。制作前后的效果如左图所示。

- 光盘\素材\第17章\街边.jpg
- 光盘\效果\第17章\修改人物身形.jpg
- 光盘\实例演示\第17章\修改人物身形

Step 1 打开“街边.jpg”图片，通过照片可以看到人物的腰部和臀部都较粗，没有女人特有的曲线美，如图17-8所示。

图17-8 素材图像

Step 2 选择“滤镜”/“液化”命令，打开“液化”对话框，如图17-9所示。

> **操作解谜**
>
> “液化”滤镜是修饰图像和创建艺术效果的强大工具，它可用于推、拉、旋转、反射、折叠和膨胀图像的任意区域。创建的扭曲效果可以是细微的，或剧烈的。

图17-9 “液化”对话框

Step 3 在左侧选择向前变形工具，在右边的“工具选项”栏中设置“画笔大小”为80，“画笔压力”为100，如图17-10所示。

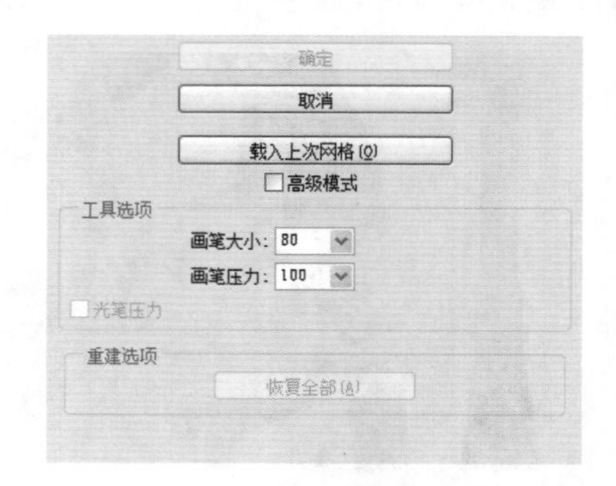

图17-10 设置画笔属性

Step 4 ▶ 设置好画笔大小后，先修整人物的右侧腰部，鼠标指针移动到右侧腰部图像中，按住鼠标左键向内拖动进行收缩处理，如图17-11所示。

图17-11　收缩右侧腰部图像

Step 5 ▶ 使用同样的方法对人物左边腰部图像进行收缩处理，如图17-12所示。

图17-12　收缩左侧腰部图像

Step 6 ▶ 使用缩放工具放大图像，观察整个图像，可以看到人物的臀部还有一些赘肉，如图17-13所示。

图17-13　放大图像

Step 7 ▶ 选择向前变形工具，适当调整画笔大小，对人物臀部右边图像进行收缩处理，如图17-14所示。

图17-14　收缩处理臀部右侧

Step 8 ▶ 对左侧腿部图像进行收缩处理，得到美腿效果，如图17-15所示。

图17-15　图像效果

Step 9 ▶ 单击 确定 按钮，得到塑身效果，完成本实例的操作，如图17-16所示。

图17-16　最终效果

17.3 亮度和对比度 新建调整图层 去色命令的应用 打造古铜色肌肤

本例打造人物古铜色肌肤，主要通过调整面部色调、添加黄色和金属效果来完成。制作前后的效果如左图所示。

- 光盘\素材\第17章\模特男.jpg
- 光盘\效果\第17章\打造古铜色肌肤.jpg
- 光盘\实例演示\第17章\打造古铜色肌肤

Step 1 打开“模特男.jpg”图片，按Ctrl+J组合键复制图层，得到“图层1”，如图17-17所示。

图17-17 复制图像

Step 2 选择“图像”/“调整”/“亮度/对比度”命令，打开“亮度/对比度”对话框，设置“亮度”为17、“对比度”为71，如图17-18所示。

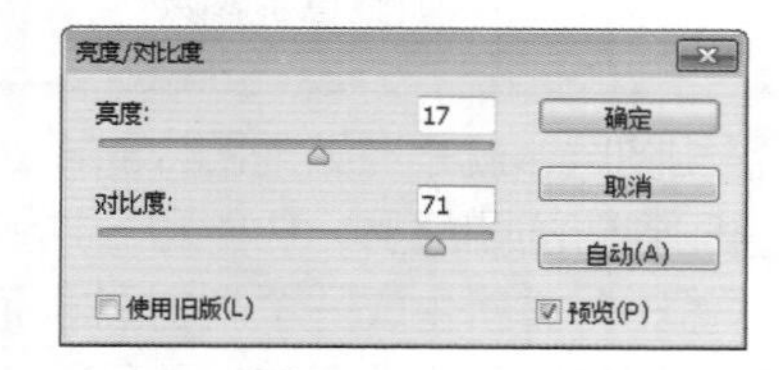

图17-18 调整图像亮度和对比度

Step 3 单击 确定 按钮，得到调整后的效果，如图17-19所示。

图17-19 图像效果

Step 4 选择“背景”图层，按Ctrl+J组合键复制一次图层，并将其放到最顶层，并调整该图层的“不透明度”为40%，如图17-20所示。

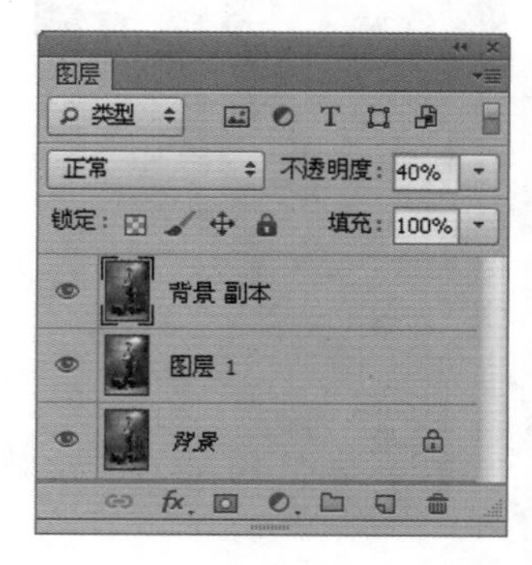

图17-20 复制图层并设置不透明度

Step 5 选择“图像”/“调整”/“去色”命令，去除图像颜色，效果如图17-21所示。

图17-21　去色效果

Step 6 新建一个图层，按Shift+Ctrl+Alt+E组合键盖印图层，得到“图层2”，如图17-22所示。

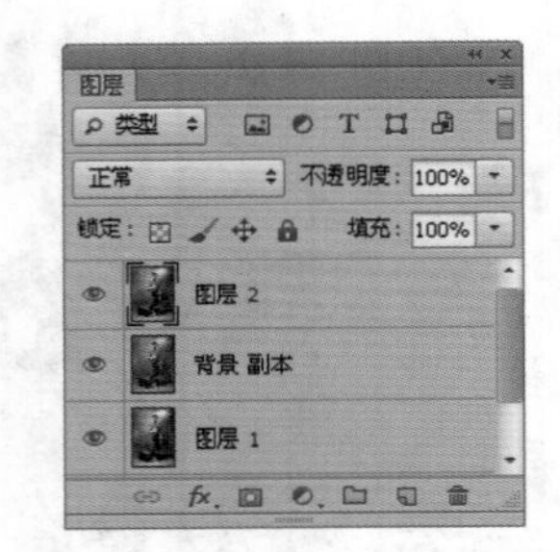

图17-22　盖印图层

Step 7 选择减淡工具，涂抹人物肌肤图像高光处，然后选择“滤镜”/“锐化”/“锐化”命令，按Ctrl+F组合键重复两次操作，得到锐化图像，如图17-23所示。

图17-23　锐化图像

Step 8 选择“图层”/“新建调整图层”/“通道混合器”命令，在打开的对话框中保持默认设置，单击 确定 按钮，进入“属性”面板，选择“蓝色”通道，设置参数为-40%、0%、+115%，如图17-24所示。

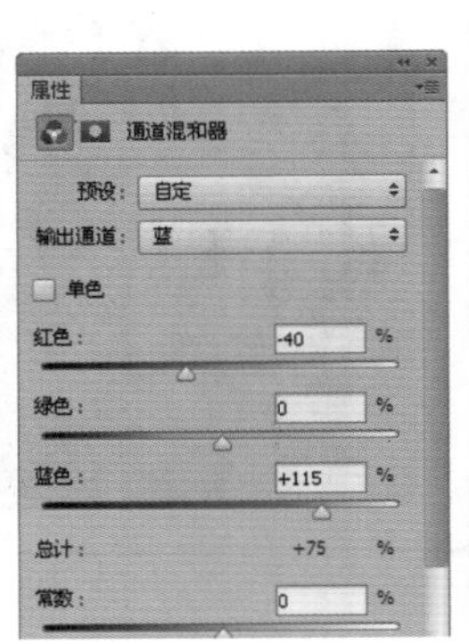

图17-24　调整通道混合器参数

Step 9 选择“图层”/“新建调整图层”/“色阶”命令，在打开的对话框中保持默认设置，单击 确定 按钮，进入“属性”面板，调整色阶参数分别为18、0.92、241，如图17-25所示。

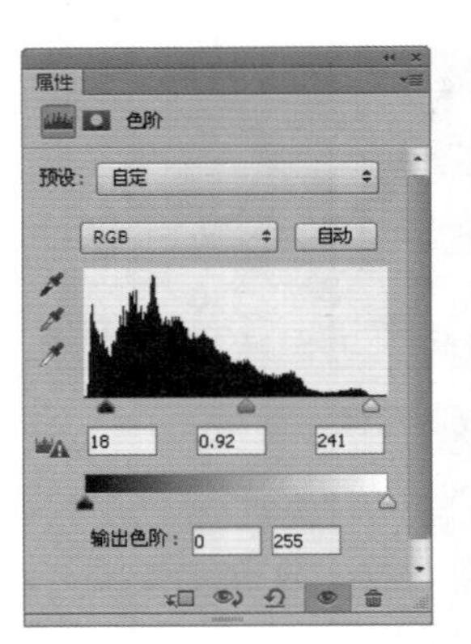

图17-25　调整色阶参数

操作解谜

盖印图层，就是在处理图片时将处理后的效果盖印到新的图层上，功能和合并图层差不多。“盖印”重新生成一个新的图层而不影响之前所处理的图层。这样的好处是，如果处理的效果不太满意，可以删除盖印的图层，之前的图层依然还在。

17.4 调出冷色系图像

色彩平衡的应用 | 动感模糊的应用 | 设置图层混合模式

- 光盘\素材\第17章\少女.jpg
- 光盘\效果\第17章\调出冷色系图像.psd
- 光盘\实例演示\第17章\调出冷色系图像

本实例为图像调出冷色系效果。首先复制图层并设置图层混合模式，然后使用“色彩平衡”命令和“曲线”命令，调整得到冷色调图像。下面讲解调出冷色系图像的制作方法。

Step 1 打开“少女.jpg”图像。下面为该图像制作冷色调效果，如图17-26所示。

图17-26 打开素材图像

Step 2 按Ctrl+J组合键复制图层，得到“图层1”，设置图层混合模式为“滤色”，“不透明度”为“75%”，如图17-27所示。

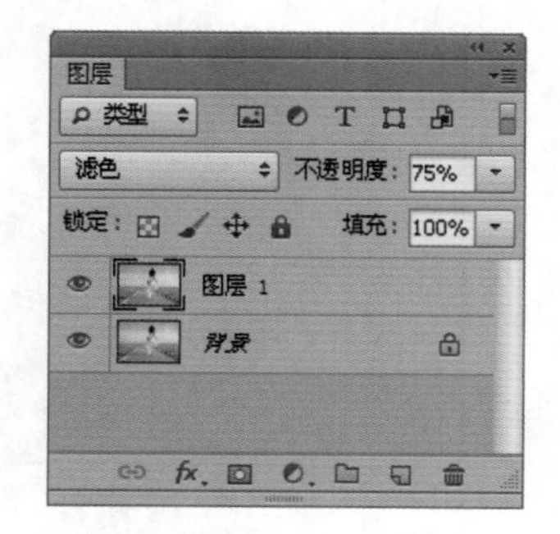

图17-27 设置图层属性

Step 3 选择“图层”/“新建调整图层”/“色彩平衡”命令，在打开的对话框中保持默认设置，单击 确定 按钮，进入“属性”面板，选择“中间调”，设置各项参数为-92、-3、+75，如图17-28所示。

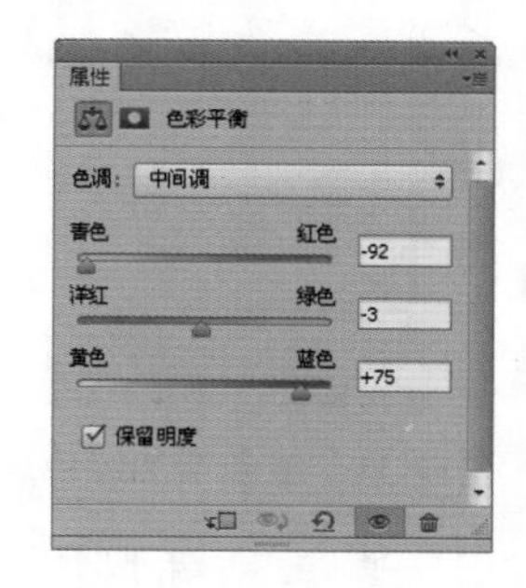

图17-28 调整色彩平衡

Step 4 调整后的图像显示偏蓝色调的效果，如图17-29所示。

图17-29 图像效果

Step 5 ▶ 选择“图层”/“新建调整图层”/“曲线”命令，在打开的对话框中保持默认设置，单击 确定 按钮，进入“属性”面板，选择“红”，调整曲线，如图17-30所示。

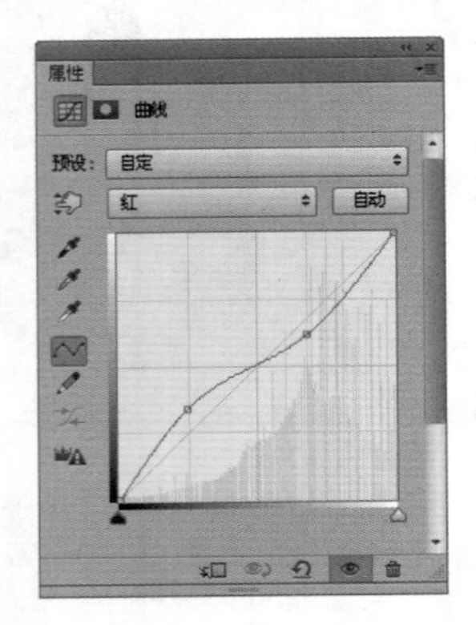

图17-30 调整红色曲线

Step 6 ▶ 选择“绿”通道，调整曲线，增加一些绿色，如图17-31所示。

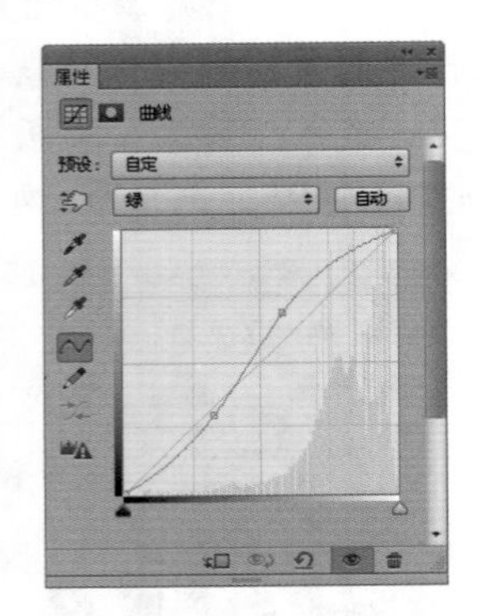

图17-31 线条增加绿色

Step 7 ▶ 选择“蓝”通道，应用调整曲线，得到的图像效果如图17-32所示。

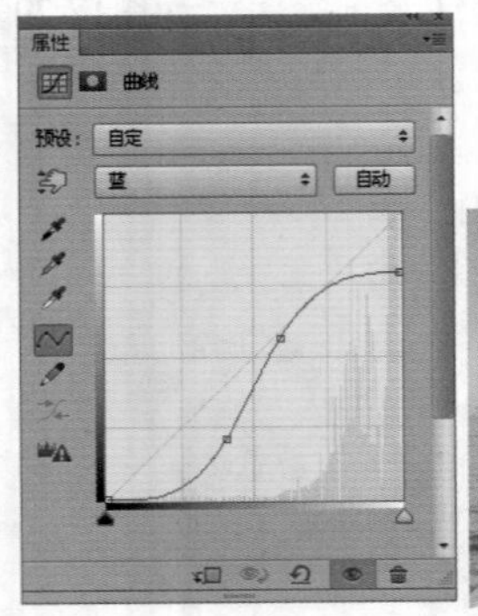

图17-32 调整蓝色曲线

Step 8 ▶ 新建一个图层，按Shift+Ctrl+Alt+E组合键盖印图层，得到“图层2”，如图17-33所示。

图17-33 盖印图层

Step 9 ▶ 选择“滤镜”/“模糊”/“动感模糊”命令，打开“动感模糊”对话框，设置“角度”为“50度”，“距离”为26像素，如图17-34所示。

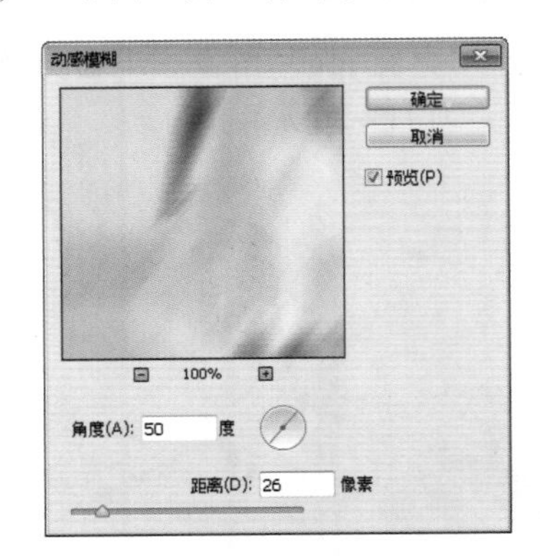

图17-34 设置模糊参数

Step 10 ▶ 单击 确定 按钮，得到模糊效果，并设置该图层的混合模式为“柔光”，如图17-35所示，本实例的操作完成。

图17-35 最终效果

17.5 曲线命令的应用 盖印图层的应用 移动工具的应用 调出阳光温暖色调

本例通过调整图层，为图像添加暖色调，得到阳光般温暖的图像效果。制作前后的效果如左图所示。

- 光盘\素材\第17章\邻家女孩.jpg、阳光.psd
- 光盘\效果\第17章\调出阳光温暖色调.psd
- 光盘\实例演示\第17章\调出阳光温暖色调

Step 1 打开“邻家女孩.jpg”图片。按Ctrl+J组合键复制得到“图层1”，设置图层混合模式为“滤色”，如图17-36所示。

图17-36 复制图层并设置图层混合模式

Step 2 选择“图层”/“新建调整图层”/“曲线”命令，在打开的对话框中保持默认设置，单击 确定 按钮。进入“属性”面板，调整曲线，增加图像的亮度和对比度，如图17-37所示。

> **操作解谜** “调整”图层，即可以在原有图像不变的情况下对图像处理各种颜色，如果觉得哪一种色调操作不合适，可以直接删除该“调整”图层，而不影响其他图层。

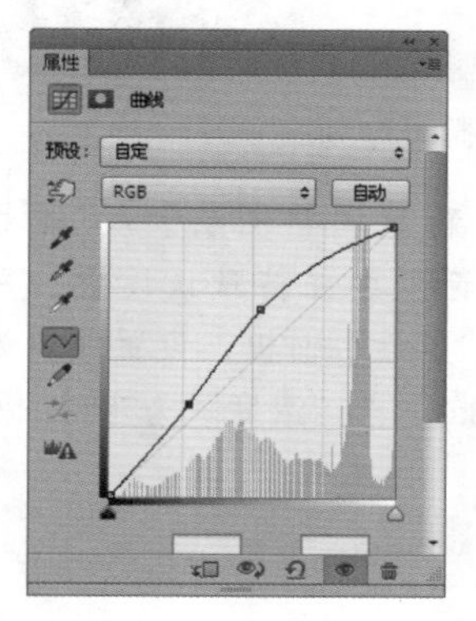

图17-37 增加图像的亮度和对比度

Step 3 选择“图层”/“新建调整图层”/“自然饱和度”命令，在打开的对话框中保存默认设置，单击 确定 按钮。进入“属性”面板，设置参数分别为+81、+11，如图17-38所示。

图17-38 设置相关的参数

Step 4 ▶ 选择“图层”/“新建调整图层”/“可选颜色”命令，在打开的对话框中保持默认设置，单击 确定 按钮。进入“属性”面板，选择“黄色”，设置参数分别为-100%、+43%、+16%、-23%，如图17-39所示。

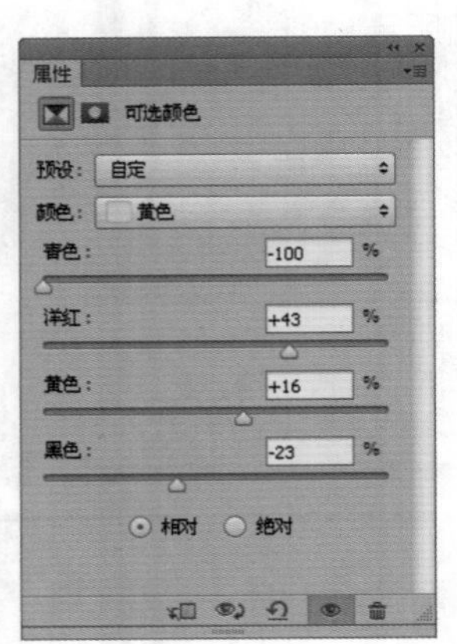

图17-39 调整可选颜色

Step 5 ▶ 选择“图层”/“新建调整图层”/“照片滤镜”命令，在打开的对话框中保持默认设置，单击 确定 按钮。进入“属性”面板，设置颜色为“橘黄色”（R:249 G:166 B:6），“浓度”为79%，如图17-40所示。

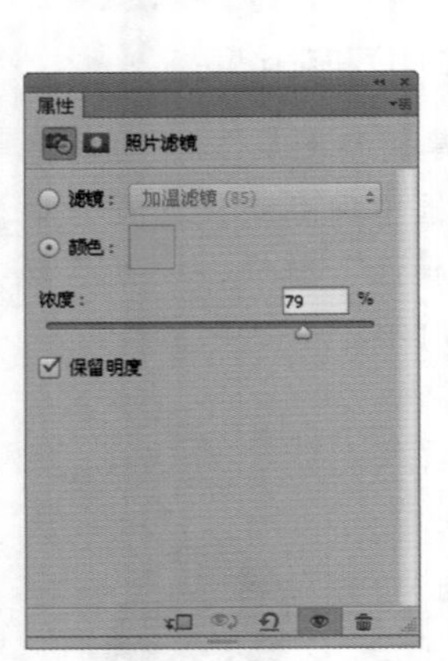

图17-40 调整照片滤镜

Step 6 ▶ 新建一个图层，按Shift+Ctrl+Alt+E键盖印图层，如图17-41所示。

Step 7 ▶ 选择“滤镜”/“模糊”/“高斯模糊”命令，打开“高斯模糊”对话框，设置“半径”为“3像素”，单击 确定 按钮，得到模糊效果。设置图层混合模式为“深色”，“不透明度”为85%，效果如图17-42所示。

图17-41 盖印图层

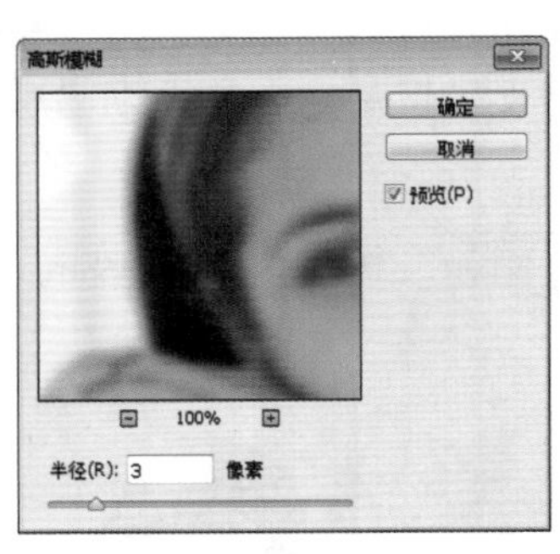

图17-42 模糊图像效果

Step 8 ▶ 打开“阳光.psd”图片，使用移动工具将其拖曳到当前编辑的图像中，适当调整大小，放到人物上方，如图17-43所示，本实例的操作完成。

图17-43 最终效果

17.6 设置图层混合模式 填充图层的应用 可选颜色的应用 调出小清新色调

本例制作小清新色调图像。首先为图像调整曲线，整体调亮图像，然后为其添加蓝色调。制作前后的效果如左图所示。

- 光盘\素材\第17章\水边.jpg
- 光盘\效果\第17章\调出小清新色调.psd
- 光盘\实例演示\第17章\调出小清新色调

Step 1 打开“水边.jpg”图片，按Ctrl+J组合键复制图层，得到图层1，如图17-44所示。

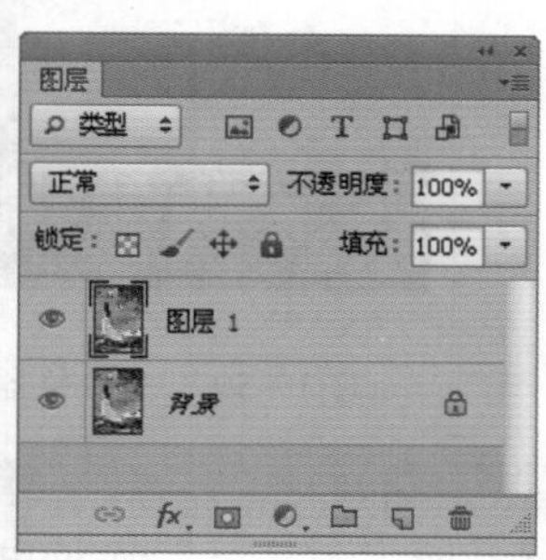

图17-44　素材图像

Step 2 设置图层1的混合模式为“滤色”，“不透明度”为52%，如图17-45所示。

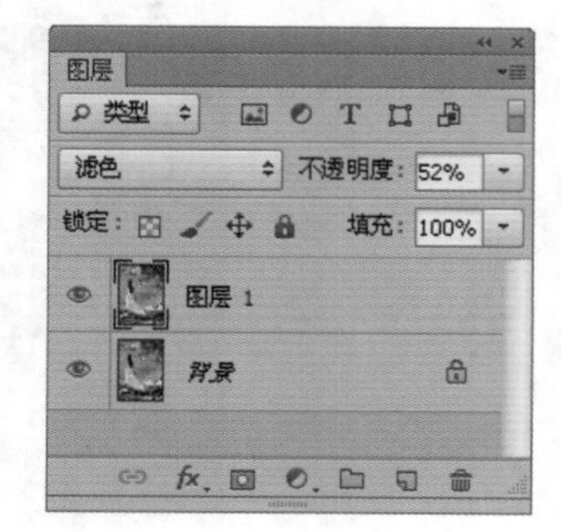

图17-45　设置图层属性

Step 3 选择“图层”/“新建调整图层”/“曲线”命令，在打开的对话框中保存默认设置，单击 确定 按钮。进入“属性”面板，调整图像亮度和对比度，如图17-46所示。

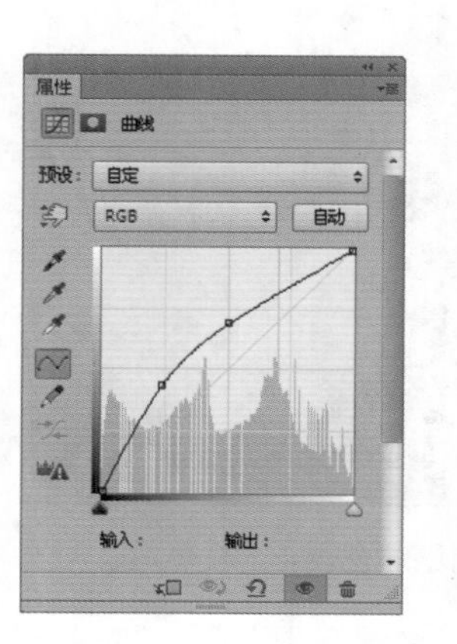

图17-46　调整曲线

还可以这样做?

很多时候使用“调整”图层，主要是为了方便今后对图像再次修改。如果对调整技术足够自信，用户可以直接选择“图像”/“调整”命令，在其子菜单中选择各种调整命令，对图像进行调整。调整出来的效果与“调整”图层一致，只是不能再次进行修改。

Step 4 ▶ 选择“图层”/“新建调整图层”/“可选颜色”命令，在打开的对话框中保持默认设置，单击 确定 按钮。进入“属性”面板，选择“黄色”，设置参数分别为+100%、+36%、-39%、+51%，得到的图像效果如图17-47所示。

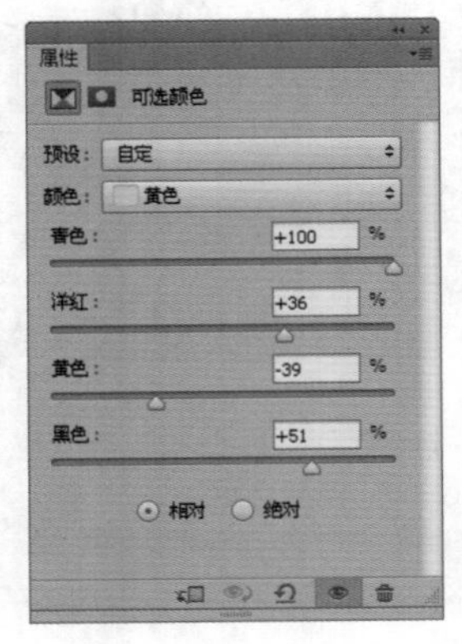

图17-47　调整黄色调

Step 5 ▶ 在“颜色”下拉列表中选择“绿色”，设置参数分别为+100%、-100%、+77%、0%，如图17-48所示。

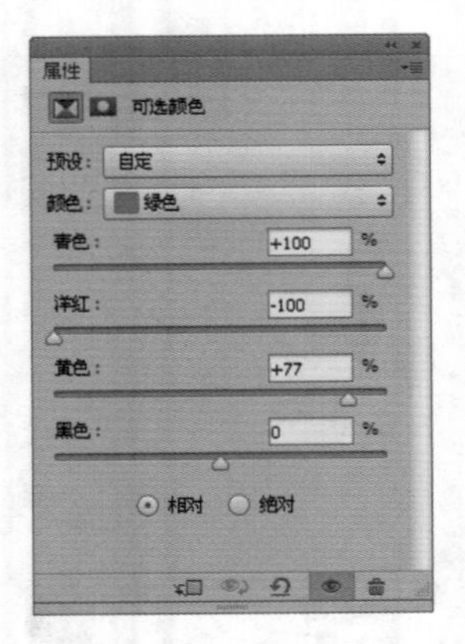

图17-48　调整绿色调

Step 6 ▶ 选择“图层”/“新建调整图层”/“照片滤镜”命令，在打开的对话框中保持默认设置，单击 确定 按钮。进入“属性”面板，设置颜色为“蓝色”（R:13 G:167 B:230），“浓度”为76%，得到冷色调图像，如图17-49所示。

操作解谜　使用“可选颜色”命令调整图像，可以选择图像中的某一种颜色，针对该颜色进行细致的调整，得到更加细腻的调整效果。该命令的使用方法也很简单，最适合用于彩色调整。

图17-49　应用照片滤镜

Step 7 ▶ 选择“图层”/“新建填充图层”/“纯色”命令，在打开的对话框中直接单击 确定 按钮后，系统自动打开“拾色器（纯色）”对话框，设置颜色为“浅蓝色”（R:20 G:196 B:217），如图17-50所示。

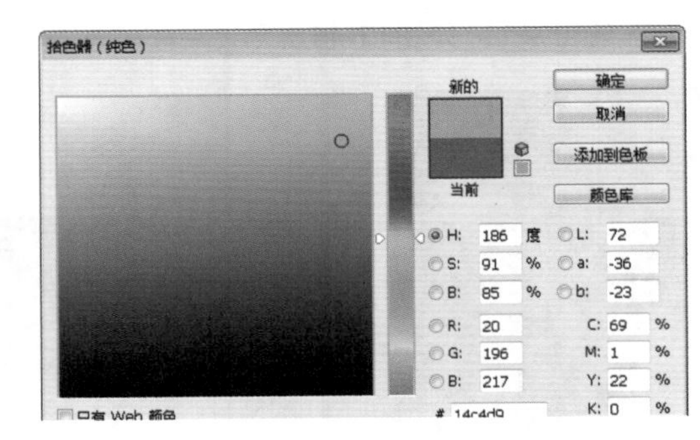

图17-50　“拾色器（纯色）”对话框

Step 8 ▶ 单击 确定 按钮，得到纯色填充效果，这时“图层”面板中得到一个“填充”图层，如图17-51所示。

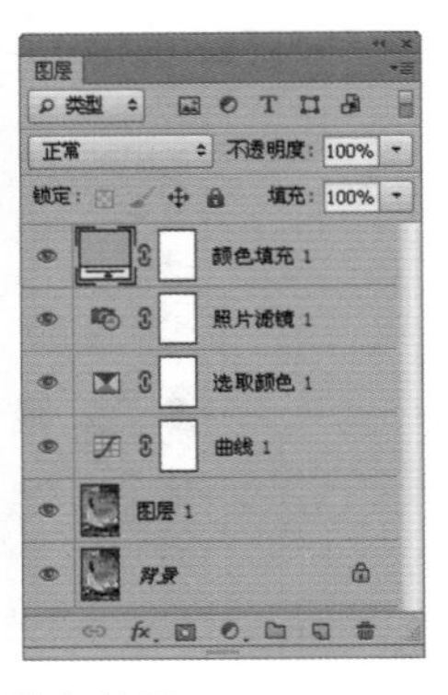

图17-51　纯色填充效果

Step 9 ▶ 选择图层蒙版缩略图，设置前景色为“黑色”，背景色为“白色”，再使用画笔工具涂抹图像中间，只保留上下蓝色图像，如图17-52所示。

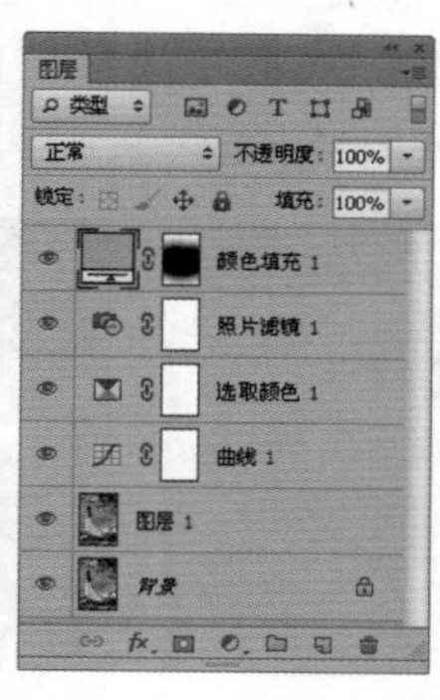

图17-52　应用图层蒙版

Step 10 ▶ 设置该图层的混合模式为“滤色”，“不透明度”为81%，得到透明叠加效果，完成本实例的操作，如图17-53所示。

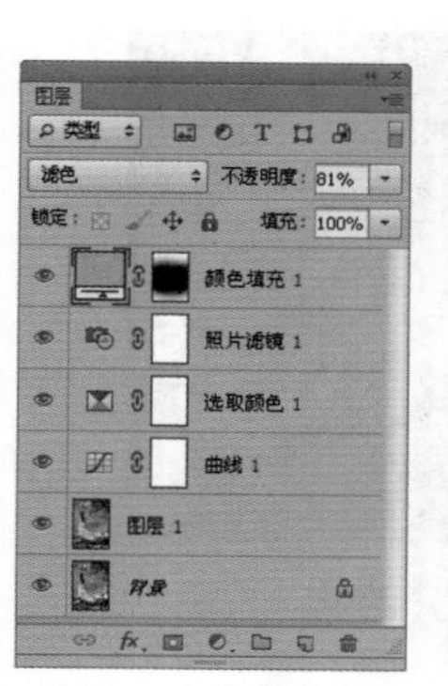

图17-53　最终效果

读书笔记

17.7 设置黑白命令 设置通道混合器 设置图层混合模式 调出怀旧色调

- 光盘\素材\第17章\儿童.jpg
- 光盘\效果\第17章\调出怀旧色调.psd
- 光盘\实例演示\第17章\调出怀旧色调

本实例对一张普通的照片进行调整，即去除图像颜色，应用黑白色调，再添加新的单色调，最终得到怀旧色调图像。下面讲解照片怀旧色调的制作方法。

Step 1 ▶ 打开“儿童.jpg”图片，如图17-54所示。

图17-54　打开图像

Step 2 ▶ 选择“图层”/“新建调整图层”/“黑白”命令，在打开的对话框中单击 确定 按钮。进入“属性”面板，设置各项参数，将图像转变为黑白色调，如图17-55所示。

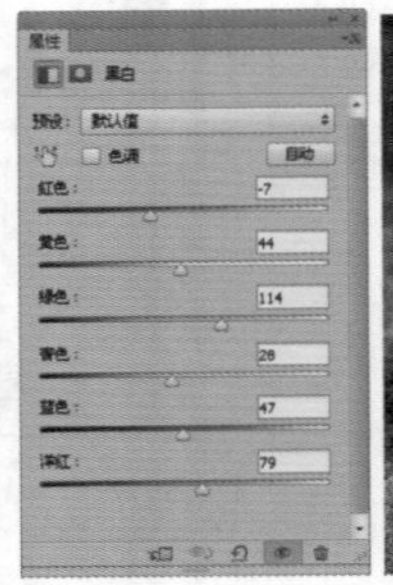

图17-55　制作黑白色调

Step 3 ▶ 在“图层”面板中设置该图层混合模式为“滤色”，得到的图像效果如图17-56所示。

图17-56　设置图层混合模式一

Step 4 ▶ 选择“图层”/“新建调整图层”/“通道混合器”命令，在打开的对话框中直接单击 确定 按钮。进入“属性”面板，在“预设”下拉列表框中选择“使用黄色滤镜的黑白”命令，如图17-57所示。

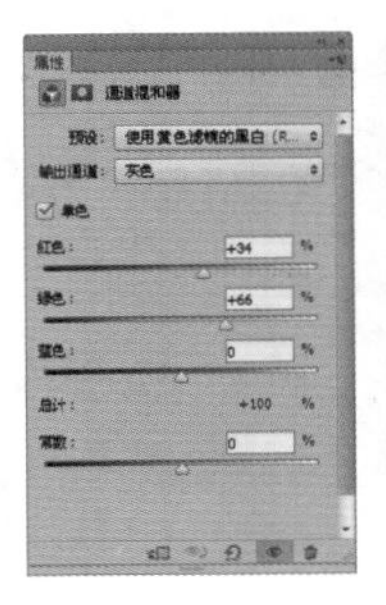

图17-57　调整通道混合器

Step 5 ▶ 在“图层”面板中设置混合模式为“叠加”，效果如图17-58所示。

图17-58　设置图层混合模式二

Step 6 ▶ 选择“图层”/“新建调整图层”/“纯色”命令，打开“拾色器（纯色）”对话框，设置颜色为“灰色”，单击 确定 按钮，得到纯色填充效果，如图17-59所示。

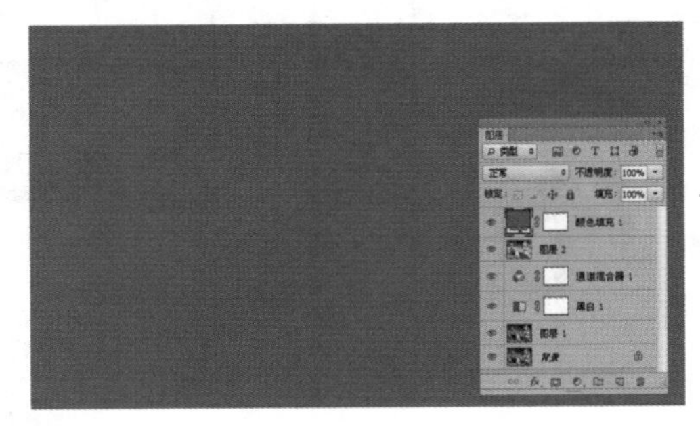

图17-59　纯色填充效果

Step 7 ▶ 选择图层蒙版缩略图，设置前景色为“黑色”，背景色为“白色”，选择画笔工具并在图像中间涂抹，隐藏部分图像，如图17-60所示。

图17-60　隐藏部分图像

Step 8 ▶ 设置该图层的混合模式为“滤色”，得到叠加图像效果，然后使用横排文字工具并在图像中输入文字，在属性栏中设置字体为“方正大黑简体”，填充为“白色”，如图17-61所示。

图17-61　添加文本

17.8 矩形选框工具　设置描边命令　剪贴蒙版的创建　制作唯美艺术照

本实例制作唯美艺术照。首先制作一个漂亮的背景，然后添加人物和素材图像，并巧妙融合，得到唯美图像效果。下面讲解唯美艺术照的制作方法，最终效果如左图所示。

- 光盘\素材\第17章\制作唯美艺术照\
- 光盘\效果\第17章\制作唯美艺术照.jpg
- 光盘\实例演示\第17章\制作唯美艺术照

Step 1 ▶ 新建一个图像文件，设置前景色为“土黄色”（R:205 G:183 B:134），按Alt+Delete组合键对背景颜色进行填充，如图17-62所示。

操作解谜　为对背景颜色进行填充，可以直接单击工具箱底部的前景色图标，在打开的对话框中设置颜色，然后对图像进行填充。

图17-62　填充背景

Step 2 ▶ 打开“灰色背景.jpg”图片，选择移动工具将该图像拖曳到当前编辑的图像中，适当调整图像大小，使其布满整个画面，如图17-63所示。

图17-63　添加素材图像一

Step 3 ▶ 这时，“图层”面板自动增加图层2，设置图层混合模式为“叠加”，得到的图像效果如图17-64所示。

图17-64　设置图层属性

Step 4 ▶ 选择工具箱中的加深工具，在属性栏中设置画笔大小为“350像素”，对图像四周边缘进行涂抹，以加深图像颜色，效果如图17-65所示。

图17-65　加深图像颜色

Step 5 ▶ 打开“边框.jpg”图片，选择移动工具将其拖曳到当前编辑的图像中，适当调整图像大小，使其布满整个画面，效果如图17-66所示。

图17-66　添加边框图像

Step 6 ▶ 新建一个图层，选择矩形选框工具，在图像右侧绘制一个矩形选区，填充为“土黄色”（R:205 G:183 B:134），按Ctrl+D组合键取消选区，如图17-67所示。

图17-67　绘制矩形一

Step 7 ▶ 选择工具箱中的橡皮擦工具，在属性栏中设置画笔大小为“300像素”，然后对矩形周围进行擦除，效果如图17-68所示。

图17-68　擦除图像

Step 8 打开“白鸽婚纱.jpg”图片，选择移动工具将其拖曳到当前编辑的图像中，适当调整图像大小，放到画面右侧，如图17-69所示。

图17-69　添加素材图像二

Step 9 选择“图层”/“创建剪贴蒙版”命令，创建“剪贴”图层，这时“婚纱”图像与下一层的淡黄色图像自动计算，遮盖部分“婚纱”图像，如图17-70所示。

图17-70　创建剪贴蒙版

Step 10 这时“婚纱”图像上方有部分图像还没有遮盖完，单击“图层”面板底部的“创建图层蒙版”按钮，使用画笔工具涂抹顶部图像，隐藏该图像，如图17-71所示。

图17-71　应用图层蒙版

Step 11 新建一个图层，选择矩形选框工具，在图像左侧上方绘制一个矩形选区，如图17-72所示。

图17-72　绘制矩形选区

Step 12 选择“编辑”/“描边”命令，打开“描边”对话框，设置描边宽度为“3像素”，“颜色”为“黑色”，“位置”为“居中”，单击确定按钮，如图17-73所示，得到描边效果。

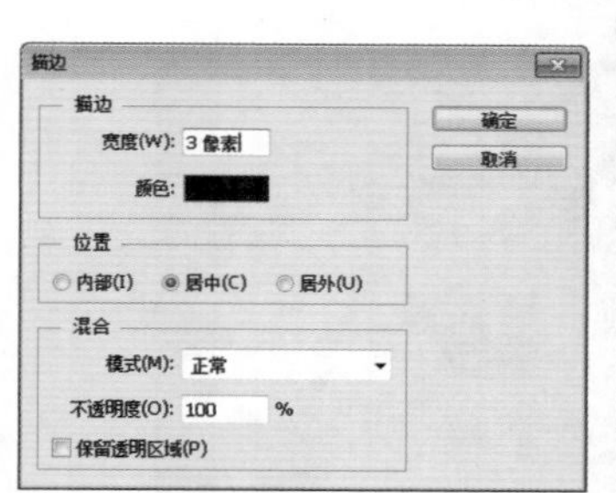

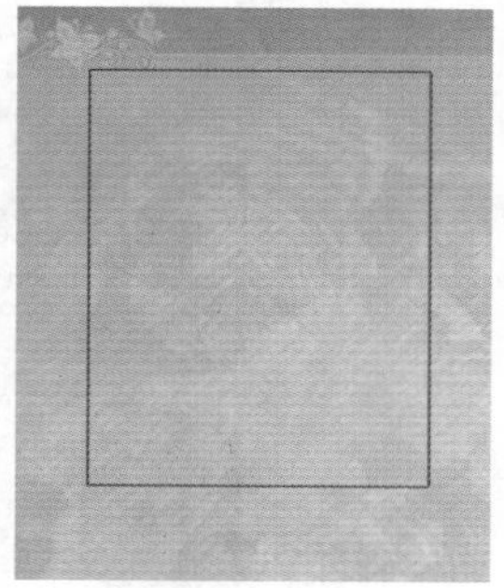

图17-73　描边效果

Step 13 新建一个图层，选择矩形选框工具在黑色边框图像中间再绘制一个矩形选区，填充为“黑色”，如图17-74所示。

图17-74　绘制矩形二

Step 14 ▶ 再次打开“白鸽婚纱.jpg”图片，使用矩形选框工具框选图像左侧的部分“鸽子”图像，然后使用移动工具将其直接剪切到当前编辑的图像中，放到黑色图像中，并调整位置及大小，如图17-75所示。

图17-75 添加“白鸽婚纱.jpg”图像

Step 15 ▶ 在“图层”面板中选择黑色边框和黑色矩形，按Ctrl+J组合键复制图层，并使用移动工具将其放到下方，如图17-76所示。

图17-76 复制图像

Step 16 ▶ 打开“粉红婚纱.jpg”图片，使用移动工具将其拖曳到当前编辑的图像中，适当调整图像大小，放到黑色矩形中，如图17-77所示。

图17-77 添加素材图像三

Step 17 ▶ 选择“图层”/“创建剪贴蒙版”命令，创建“剪贴”图层，得到与黑色矩形相同大小的婚纱图像效果，如图17-78所示。

图17-78 图像效果

Step 18 ▶ 调整已复制的黑色边框，选择横排文字工具T，在“粉红婚纱”图像下方输入文字，在属性栏中设置字体为“方正小标宋体简体”，填充“深蓝色”（R:0 G:0 B:103），字号“15点”，如图17-79所示。

图17-79 输入文字一

Step 19 ▶ 打开“花纹.jpg”图片，使用移动工具将其拖曳到当前编辑的图像中，放到文字下方，再输入其他英文文字，并合并这两个图层，如图17-80所示。

图17-80 添加素材图像和文字

Step 20 ▶ 选择横排文字工具 T，打开“字符”面板，设置字体为“方正小标宋简体”，颜色为“暗黄色”（R:132 G:108 B:85），并单击“仿斜体”按钮 T，得到倾斜的文字效果，如图17-81所示。

图17-81　输入文字二

Step 21 ▶ 输入其他英文文字，这里也可以输入自定义的文字内容，将其填充为“暗黄色”，效果如图17-82所示。

图17-82　最终效果

读书笔记

17.9 制作蓝色调婚纱照

反选命令的应用　设置图层不透明度　设置图层样式

本实例制作蓝色调婚纱照。首先添加“花朵”等背景图像，然后将“人物”图像作为背景应用到右侧，再添加其他素材图像，制作后的效果如左图所示。下面讲解蓝色调婚纱照的制作方法。

- 光盘\素材\第17章\制作蓝色调婚纱照\
- 光盘\效果\第17章\制作蓝色调婚纱照.jpg
- 光盘\实例演示\第17章\制作蓝色调婚纱照

Step 1 ▶ 新建一个图像文件，将背景填充为“白色”，然后新建一个图层，设置前景色为“蓝色”（R:44 G:143 B:182），按Alt+Delete组合键进行填充，如图17-83所示。

图17-83　填充图像

Step 2 ▶ 选择橡皮擦工具，对图像右侧的部分图像予以擦除，得到的效果如图17-84所示。

图17-84　擦除部分图像

Step 3 ▶ 打开“双人照.jpg”图片，使用移动工具将其拖曳到当前编辑的图像中，适当调整图像大小，放到画面右侧，如图17-85所示。

图17-85　添加素材图像

Step 4 ▶ 在“图层”面板中单击“添加图层蒙版”按钮，使用画笔工具对人物图像周围予以涂抹，隐藏部分图像，如图17-86所示。

图17-86　应用图层蒙版

Step 5 ▶ 打开“花朵底纹.jpg”图片，使用移动工具将其拖曳到当前编辑的图像中，适当调整图像大小，使其布满整个画面，如图17-87所示。

图17-87　添加“花纹”图像

Step 6 ▶ 为“花朵”图层添加图层蒙版，然后使用画笔工具对遮盖人物图像的位置予以涂抹，以隐藏该部分图像，效果如图17-88所示。

图17-88　隐藏部分图像

Step 7 打开“欧式花边”图片，使用移动工具将其拖曳到当前编辑的图像中，放到图像左上方，如图17-89所示。

图17-89　添加“花边”图像

Step 8 选择“图层”/“图层样式”/“外发光”命令，打开“图层样式”对话框，设置外发光颜色为“白色”，再设置其他参数，单击 确定 按钮，得到外发光效果，如图17-90所示。

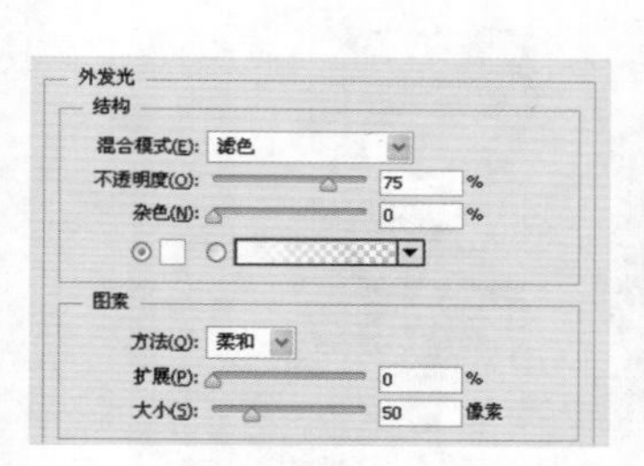

图17-90　应用外发光效果

Step 9 按Ctrl+J组合键复制“花边”图像，再选择“编辑”/“变换”/“垂直翻转”命令，将翻转后的图像放到下方，如图17-91所示。

图17-91　复制并翻转“花边”图像

Step 10 新建一个图层，选择椭圆选框工具，在图像中绘制一个椭圆形选区。选择“选择”/“反选”命令，得到反选选区，填充为“白色”，如图17-92所示。

图17-92　填充选区

Step 11 在“图层”面板中设置该图层的“不透明度”为47%，再添加图层蒙版，使用画笔工具对图像左侧进行涂抹，效果如图17-93所示。

图17-93　制作透明图像

Step 12 新建一个图层，选择套索工具在“人物”图像左侧绘制一个不规则选区，填充为“黑色”，如图17-94所示。

图17-94　绘制黑色图像

Step 13▶ 打开“捧花”图片，使用移动工具将其拖曳到当前编辑的图像中，放到黑色矩形中，调整得比黑色边框略大些，然后选择“图层”/“创建剪贴蒙版”命令，得到与黑色图像边框一致的图像效果，如图17-95所示。

图17-95　添加“捧花”图像

Step 14▶ 打开“蓝色边框”图片，使用移动工具将其拖曳到当前编辑的图像中，适当调整图像大小，放到“捧花”图像周围，如图17-96所示。

图17-96　添加蓝色边框

Step 15▶ 复制黑色图像，将其放到左侧，如图17-97所示。

图17-97　复制图像

Step 16▶ 打开“笑容”图片，使用移动工具将其拖曳到当前编辑的图像中，适当调整大小，放到已复制的黑色图像中，然后对其创建剪贴蒙版，效果如图17-98所示。

图17-98　添加“笑容”图像

Step 17▶ 将右侧的蓝色边框图像复制，向左移动，放到“人像”周围，效果如图17-99所示。

图17-99　左移蓝色边框

Step 18▶ 选择横排文字工具，在图像中输入文字，并在属性栏中设置合适的字体，此处可根据喜好设置，填充为“白色”，如图17-100所示。

图17-100　添加文字

17.10 扩展练习

本章主要介绍影楼人物图像的调色、特殊效果，以及艺术照片和婚纱照的制作方法。下面通过两个练习进一步巩固特效文字在实际生活中的应用，使操作更加熟练。

17.10.1 制作夕阳人物图像

练习制作前后的效果如图17-101和图17-102所示，主要调整图层中多种命令的应用和图层蒙版的操作。

图17-101 制作前的效果

图17-102 完成后的效果

- 光盘\素材\第17章\夕阳.jpg、带草帽的女孩.jpg
- 光盘\效果\第17章\制作夕阳人物图像.psd
- 光盘\实例演示\第17章\制作夕阳人物图像

17.10.2 制作单色图像

练习制作前后的效果如图17-103和图17-104所示，主要练习“色相/饱和度”命令中降低饱和度的功能。

图17-103 制作前的效果

图17-104 完成后的效果

- 光盘\素材\第17章\小孩.jpg
- 光盘\效果\第17章\制作单色图像.psd
- 光盘\实例演示\第17章\制作单色图像

Chapter

11 12 13 14 15 16 17 18

平面设计制作

本章导读

Photoshop CC是一种功能相当强大的图像软件，不仅能处理图像、制作特效，还能直接将该软件用于平面设计，包括海报设计、名片设计、包装设计和画册设计等。本章通过多个平面广告、包装设计等实例，让读者在学习软件应用的同时更灵活地将商业风格应用到广告设计中。

18.1 制作VIP卡

素材图像的添加　圆角矩形的绘制　画笔工具绘制图像

本例将制作VIP卡，首先添加素材图像，然后绘制出烟雾、图案等图像，再添加VIP立体文字，并添加效果。制作得到的效果如左图所示。

- 光盘\素材\第18章\深色背景.jpg、花朵.psd
- 光盘\效果\第18章\VIP卡.jpg
- 光盘\实例演示\第18章\制作VIP卡

Step 1 选择"文件"/"新建"命令，打开"新建"对话框，设置文件名称为"VIP卡"，"宽度"和"高度"分别为"9厘米"和"5.8厘米"，如图18-1所示。

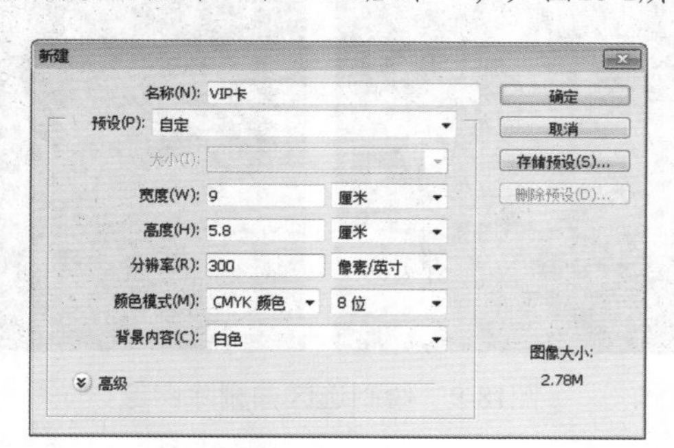

图18-1 "新建"对话框

Step 2 打开"深色背景.jpg"图片，使用移动工具将其拖曳到新建的图像中，适当调整图像大小，如图18-2所示。

图18-2 添加素材图像

Step 3 选择圆角矩形工具，在属性栏中设置半径为"50像素"，沿背景图像四周绘制一个圆角矩形，如图18-3所示。

图18-3 绘制圆角矩形

Step 4 按Ctrl+Enter组合键将路径转换为选区，然后选择"选择"/"反选"命令，再按Delete键删除选区的图像，并取消选区，如图18-4所示。

图18-4 取消选区

Step 5 设置前景色为“暗绿色”（#698700），选择画笔工具，在属性栏中设置画笔样式为“烟雾”，“大小”为“700像素”，“不透明度”为70%。在图像中绘制出烟雾图像，如图18-5所示。

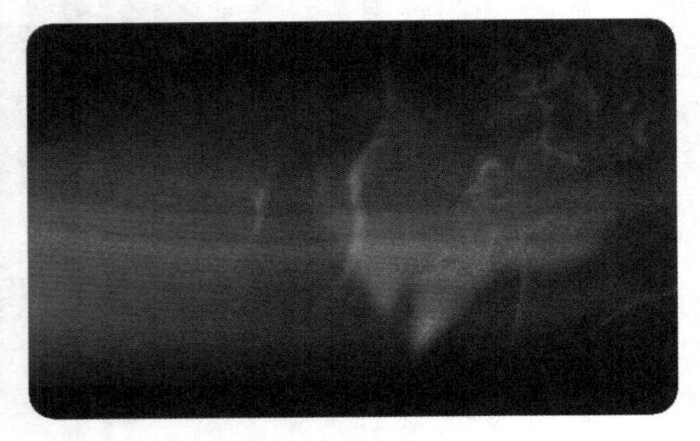

图18-5　绘制烟雾图像

Step 6 新建一个图层，选择矩形选框工具，绘制一个细长的矩形选区，填充为“橘黄色”（R:193 G:139 B:61），再适当调整图像，如图18-6所示。

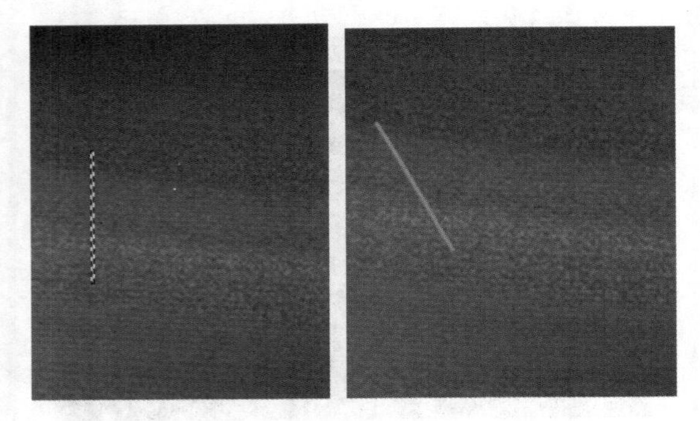

图18-6　绘制矩形选区

Step 7 多次按Ctrl+J组合键复制多个斜线图像，并列排放，得到并排的图像效果，如图18-7所示。

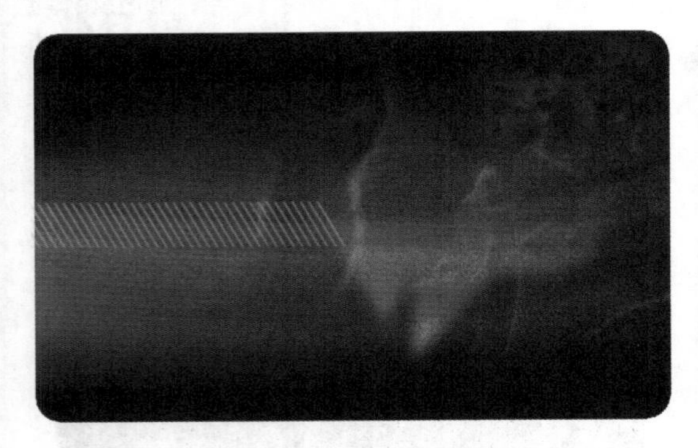

图18-7　复制并排列图像

Step 8 在“图层”面板中选择所有复制的线条图层，按Ctrl+E组合键合并图层，然后再复制合并的图层，将图像放到卡片右侧，如图18-8所示。

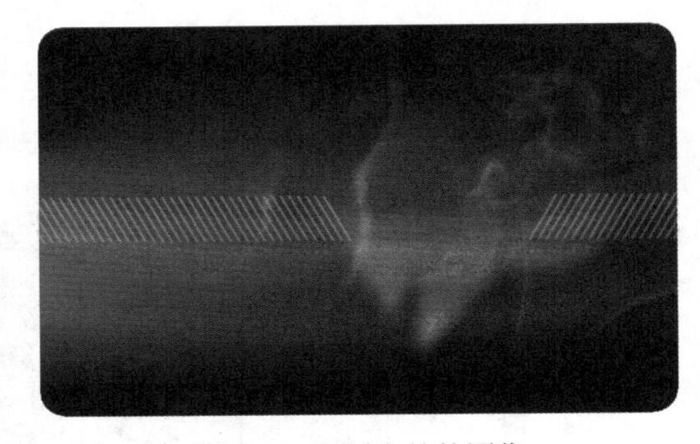

图18-8　复制合并的图像

Step 9 选择多边形套索工具，在右侧线条图像中绘制一个三角形选区，按Delete键删除图像，如图18-9所示。

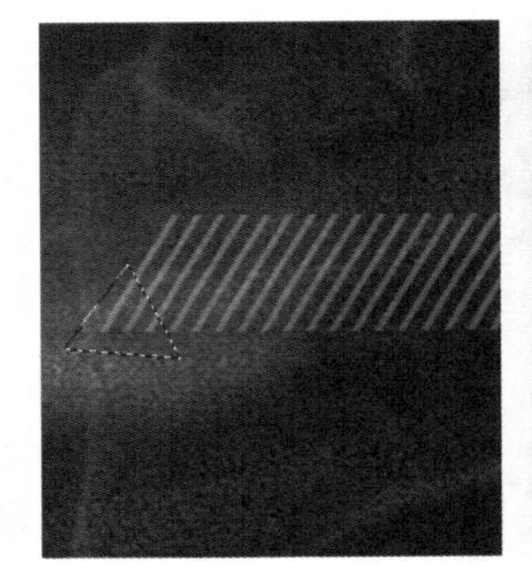
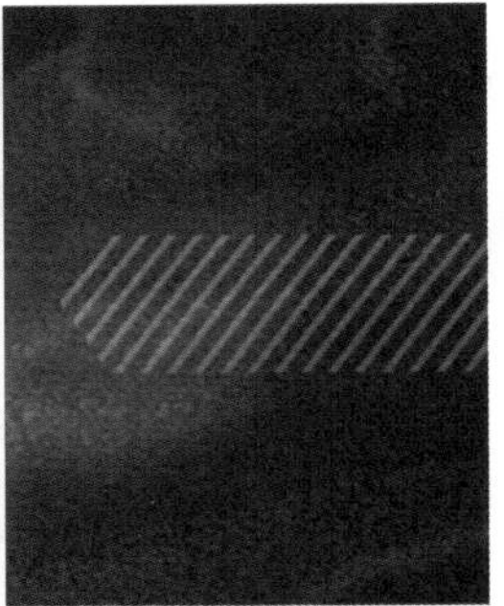

图18-9　绘制选区并删除图像

Step 10 打开“VIP卡”图片，选择移动工具将图像拖曳到当前编辑的图像中，适当调整图像大小，放到绘制的线条图像中间，如图18-10所示。

图18-10　添加素材图像

Step 11 ▸ 选择“图层”/“图层样式”/“斜面和浮雕”命令，打开“图层样式”对话框，设置“样式”为“外斜面”，再设置各项参数，如图18-11所示。

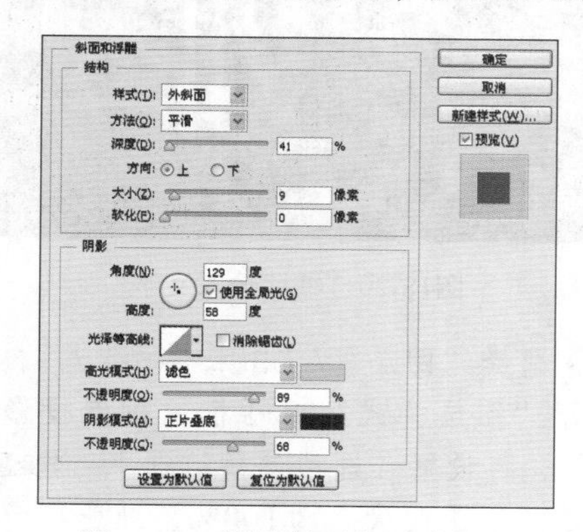

图18-11　设置斜面和浮雕样式

Step 12 ▸ 单击 确定 按钮，得到添加图层样式后的效果，如图18-12所示。

图18-12　图像效果

Step 13 ▸ 新建一个图层。选择多边形套索工具，在“VIP卡”图像下方绘制一个转折的矩形选区，如图18-13所示。

图18-13　绘制选区

Step 14 ▸ 选择渐变工具，对选区应用从白色到透明的线性渐变填充，如图18-14所示。

图18-14　渐变填充选区

Step 15 ▸ 使用相同的方法，在“VIP卡”图像下方绘制多个矩形选区，然后使用渐变工具分别对其应用线性渐变填充，并调整为“黄色”和“白色”等，如图18-15所示。

图18-15　应用线性渐变填充

Step 16 ▸ 选择多边形套索工具，沿着绘制的渐变矩形图像绘制一条折线选区，然后使用画笔工具对选区涂抹，设置颜色为不同深浅的黄色，如图18-16所示。

图18-16　绘制折线

Step 17 ▶ 打开“花朵.psd”图片，选择移动工具，将图像拖曳到当前编辑的图像中，适当调整图像大小，放到卡片左上方，如图18-17所示。

图18-17　添加素材图像

Step 18 ▶ 选择“图层”/“图层样式”/“投影”命令，打开“图层样式”对话框，设置投影颜色为“黑色”，再设置各选项参数，单击 确定 按钮，得到添加投影的图像，如图18-18所示。

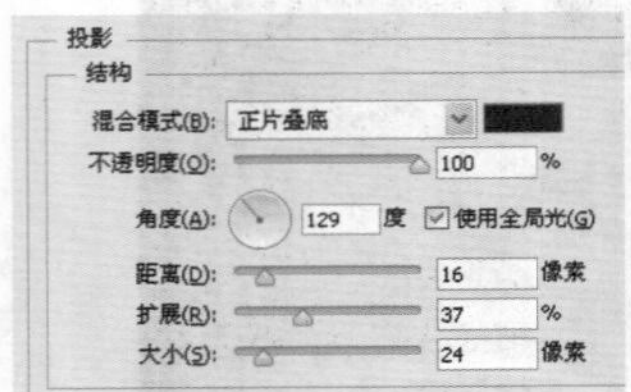

图18-18　设置投影样式

Step 19 ▶ 选择横排文字工具，在图像中输入文字“★品质服务 ★会员专享”，然后在属性栏中设置字体为“黑体”，填充为“淡黄色”（R:253 G:248 B:199），如图18-19所示。

图18-19　输入文字

Step 20 ▶ 继续在卡片的右上方和左下方输入文字，并适当调整文字大小，同样设置为“黑体”，如图18-20所示。

图18-20　继续输入文字

Step 21 ▶ 选择“图层”/“图层样式”/“投影”命令，打开“图层样式”对话框，设置投影颜色为“黑色”，再设置各选项参数；选中 渐变叠加 复选框，设置“不透明度”为100%、渐变颜色从“暗黄色”（R:187 G:124 B:16）到“淡黄色”（R:241 G:211 B:104）到“暗黄色”（R:187 G:124 B:16），再设置其他参数，如图18-21所示。

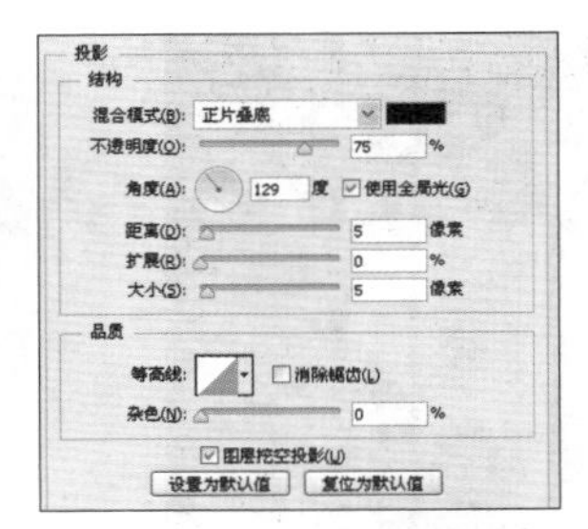

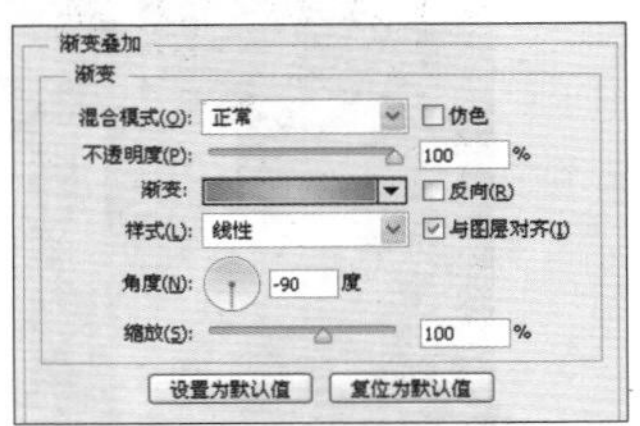

图18-21　设置图层样式

Step 22 ▶ 单击 确定 按钮，得到添加图层样式后的图像，复制该图层的图层样式，将其粘贴到另一个文字图层上，如图18-22所示。

图18-22　文字效果

Step 23 ▶ 选择横排文字工具，输入文字“贵宾卡”，并适当调整文字大小，在属性栏中设置字体为“方正宋体”，如图18-23所示。

图18-23　输入文字

Step 24 ▶ 复制上一次输入文字的图层样式，在“贵宾卡”图层中粘贴图层样式，得到复制的文字样式，如图18-24所示。

图18-24　文字效果

Step 25 ▶ 新建一个图层，设置前景色为“白色”，选择画笔工具，在图像中绘制出显光图像，并在卡片右下角输入编号文字，填充为“橘黄色”（R:186 G:137 B:56），完成卡片的正面图像制作，如图18-25所示。

图18-25　绘制星光图像

Step 26 ▶ 选择除“背景”图层的所有图层，按Ctrl+G组合键得到图层组，并将其命名为“正面”，如图18-26所示。

图18-26　组合图层

Step 27 ▶ 单击“图层”面板中的“创建新组”按钮，选择正面图像中的所有背景图像，复制该图层，并适当调整图像大小，制作成圆角矩形效果，如图18-27所示。

图18-27　制作圆角矩形效果

Step 28 ▶ 选择矩形选框工具，新建一个图层，在卡片上方绘制一个矩形选区，填充为“黑色”。新建一个图层，在下方绘制一个细长的矩形选区，使用渐变工具对其应用“线性渐变填充”，设置颜色从“暗黄色”（R:188 G:126 B:17）到“淡黄色”（R:241 G:211 B:104）到“暗黄色”（R:188 G:126 B:17），并取消选区，如图18-28所示。

图18-28　绘制矩形选区并填充颜色

Step 29 选择“图层”/“图层样式”/“投影”命令，打开“图层样式”对话框，设置投影颜色为“黑色”，再设置其他各项参数，单击 确定 按钮，得到投影效果，如图18-29所示。

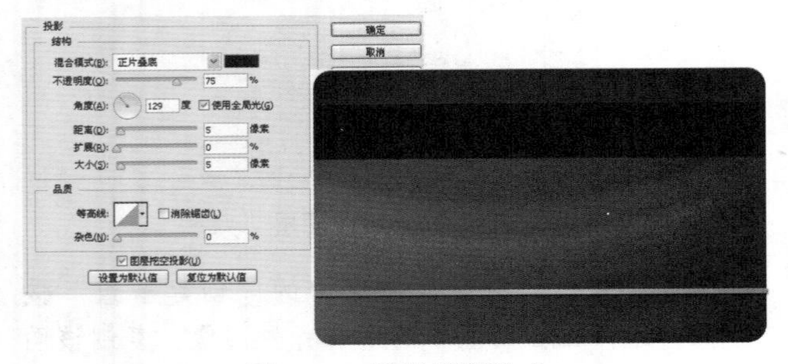

图18-29 设置投影样式

Step 30 选择横排文字工具，分别在背面图像中输入各类文字，并适当调整文字大小，如图18-30所示。

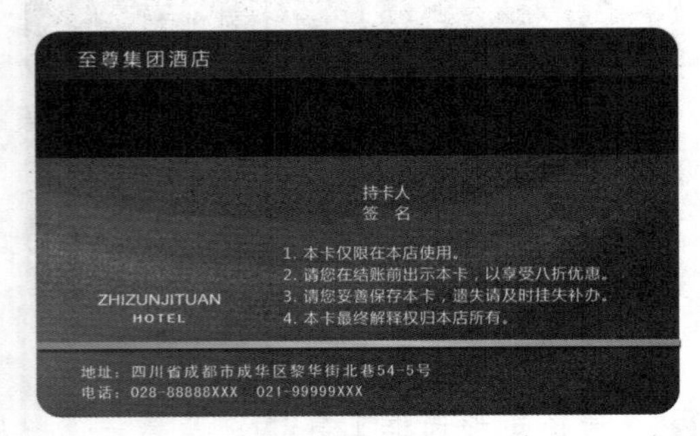

图18-30 输入文字

Step 31 复制卡片正面图中文字的图层样式，然后为背面图像中的英文文字粘贴图层样式，得到添加图层样式后的文字效果，如图18-31所示。

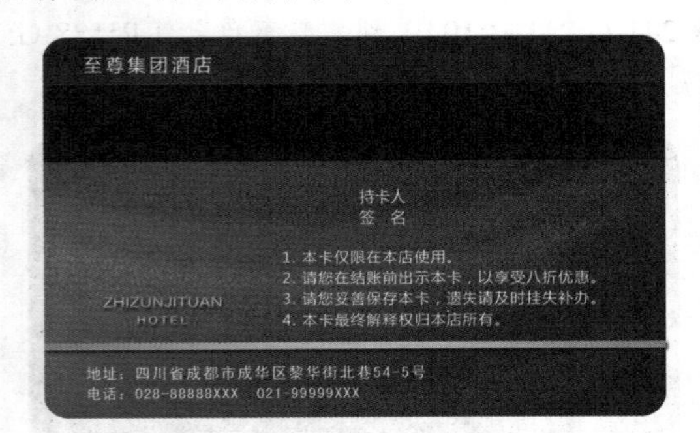

图18-31 粘贴图层样式

Step 32 选择自定形状工具，单击属性栏中“形状”右侧的下拉按钮，在弹出的面板中选择“百合花饰”图层，在渐变文字上方绘制出该图像，并添加相同的图层样式，如图18-32所示。

图18-32 绘制图像

Step 33 新建一个图层，选择矩形选框工具，在“持卡人签名”左侧绘制一个矩形选区，填充为灰白色的线性渐变，完成卡片背面图像的制作，如图18-33所示。

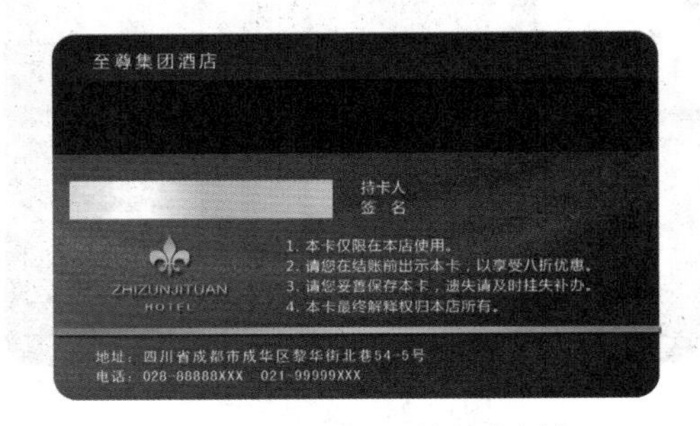

图18-33 绘制矩形并填充颜色

Step 34 分别合并所有背面图像所在图层，以及正面图像所在图层，得到“背面”和“正面”两个图层，如图18-34所示。

图18-34 合并图层

> **操作解谜**
>
> 图层组更有利于图层的管理，一个组的图层可以同时移动、调整不透明度等。要合并图层组中的图层，只需要选择该图层组，按Ctrl+G组合键即可。

Step 35 ▶ 适当调整正面图和背面图的大小，并适当旋转图像，如图18-35所示。

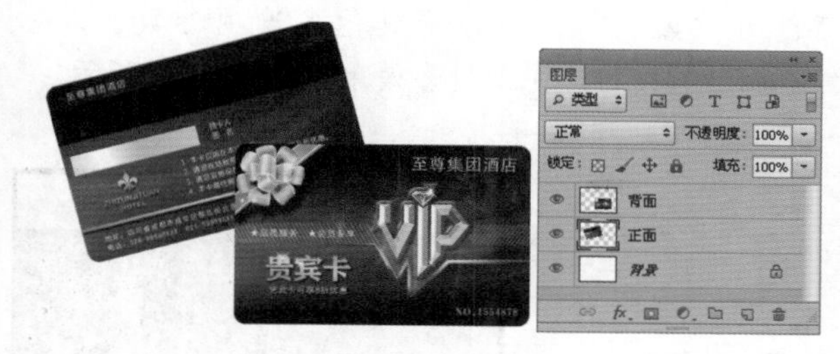

图18-35　调整图像大小

Step 36 ▶ 分别选择卡片所在图层，选择“图层”/“图层样式”/“投影”命令，打开“图层样式”对话框，设置投影颜色为“黑色”，再设置其他选项，单击 确定 按钮，得到图像的投影效果，如图18-36所示。

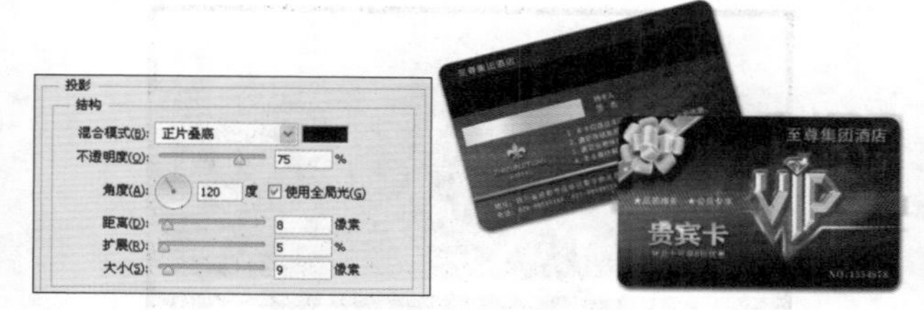

图18-36　图像的投影效果

Step 37 ▶ 选择背景图像，设置前景色为“黑色”，背景色为“白色”。选择“滤镜”/“杂色”/“添加杂色”命令，打开“添加杂色”对话框，设置“数量”为100%，再设置其他选项，单击 确定 按钮，得到杂色图像效果，如图18-37所示。

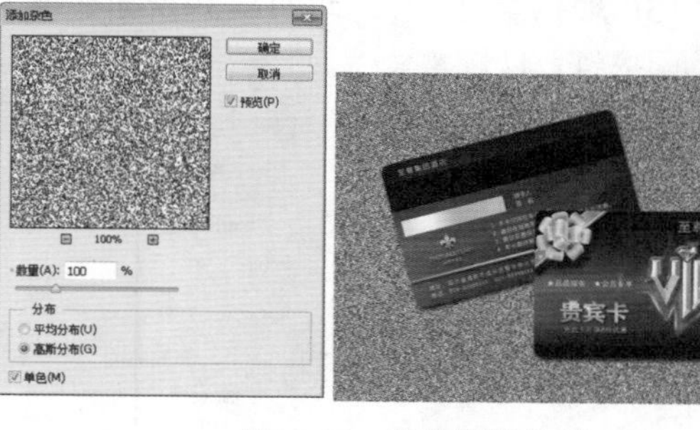

图18-37　杂色图像效果

Step 38 ▶ 选择“滤镜”/“模糊”/“动感模糊”命令，打开“动感模糊”对话框，设置“角度”为“-25度”，“距离”为“54像素”，单击 确定 按钮，得到模糊效果，完成本实例的制作，如图18-38所示。

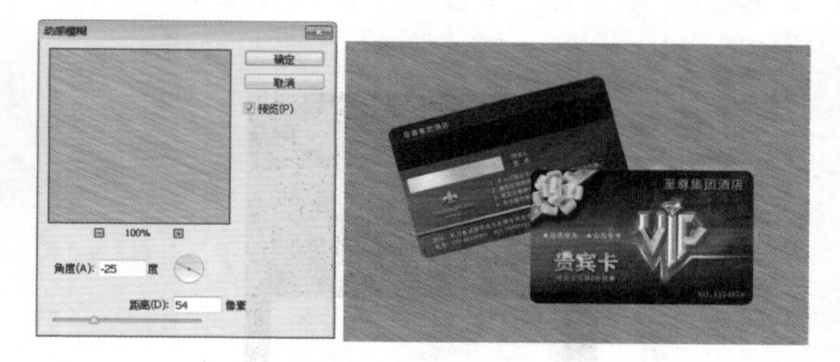

图18-38　动感模糊效果

18.2 制作企业名片

文字工具的应用　钢笔工具的应用　设置图层混合模式

本例制作企业名片。主要绘制矩形和线条来组合图像，再添加文字，并适当调整文字大小和字体等属性。制作后的效果如左图所示。

- 光盘\素材\第18章\曲线.psd 、箭头.psd
- 光盘\效果\第18章\企业名片.jpg
- 光盘\实例演示\第18章\制作企业名片

Step 1 ▶ 选择“文件”/“新建”命令，打开“新建”对话框，设置文件名称为“企业名片”，“宽度”和“高度”分别为11厘米和12厘米，“分辨率”为“150像素/英寸”，如图18-39所示，单击 确定 按钮，以新建文件。

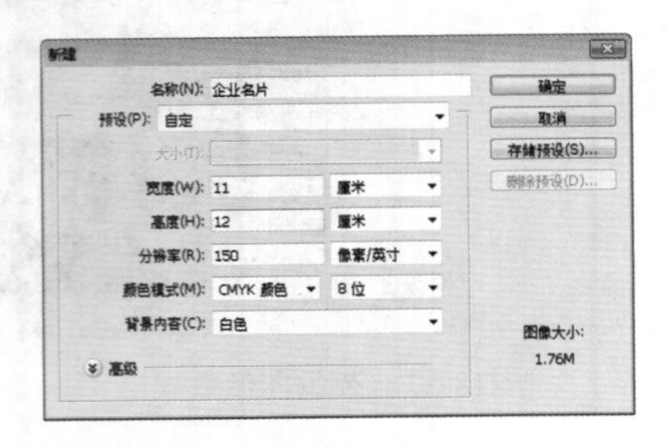

图18-39 “新建”对话框

Step 2 ▶ 将背景图像填充为“黑色”，新建一个图层，然后选择矩形选框工具，在图像下方绘制一个矩形选框，填充为“白色”，并取消选区，如图18-40所示。

图18-40 绘制矩形

Step 3 ▶ 新建一个图层，然后选择矩形选框工具，在白色矩形中绘制一个较矮的矩形选区，填充为“深蓝色”（R:37 G:43 B:99），再设置前景色为“浅蓝色”（R:95 G:200 B:216）。使用画笔工具对选区左侧进行涂抹，得到渐变图像效果，如图18-41所示。

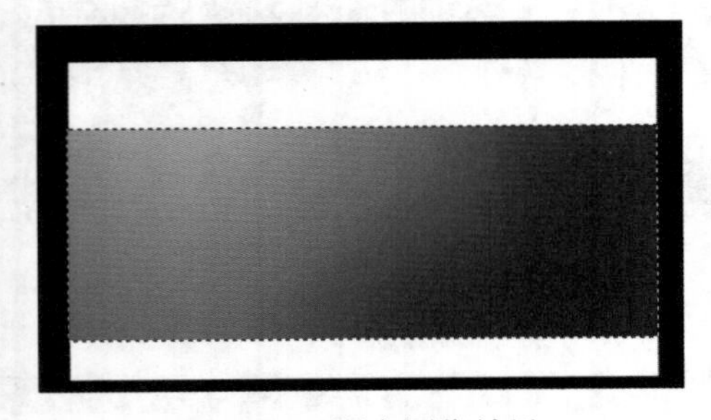
图18-41 渐变图像效果

Step 4 ▶ 取消选区。选择“图层”/“图层样式”/“投影”命令，打开“图层样式”对话框，设置投影颜色为“黑色”，再设置其他各选项参数，单击 确定 按钮，得到投影效果，如图18-42所示。

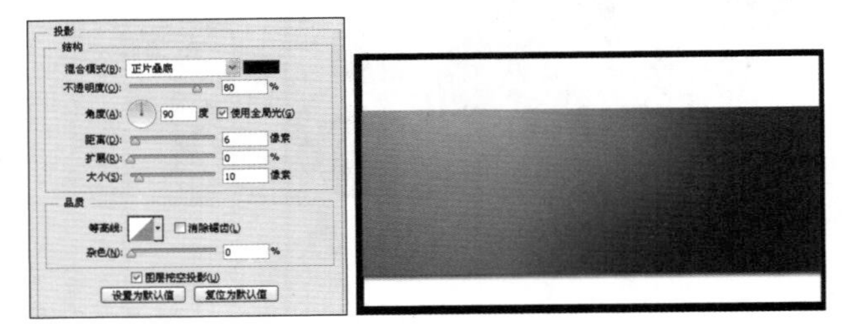
图18-42 添加投影样式

Step 5 ▶ 新建一个图层，选择多边形套索工具，在渐变图像下方绘制两个选区，填充为“白色”，如图18-43所示。

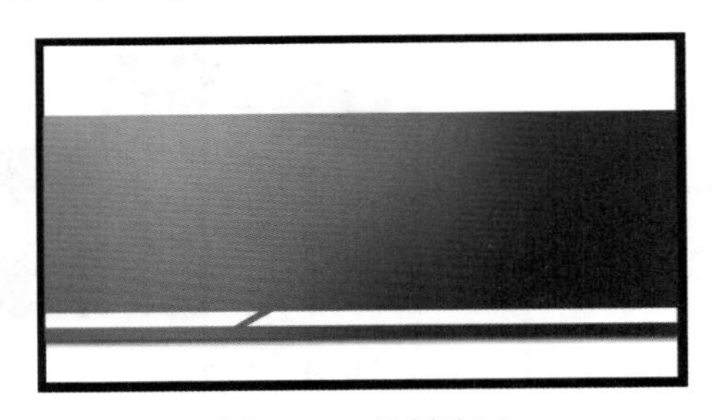
图18-43 绘制选区

Step 6 ▶ 选择“图层”/“图层样式”/“投影”命令，打开“图层样式”对话框，设置投影为“黑色”，再设置其他参数。选中 ☑ 渐变叠加 复选框，设置渐变颜色为不同深浅的“灰色”和“白色”，再设置其他选项，如图18-44所示。

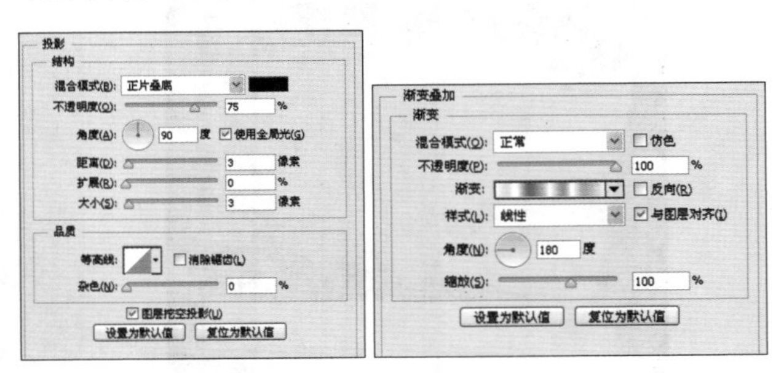
图18-44 设置图层样式

Step 7 ▶ 选择“斜面和浮雕”选项，设置“样式”为“内斜面”，再设置其他参数，单击 确定 按钮，得到添加图层样式后的图像效果，如图18-45所示。

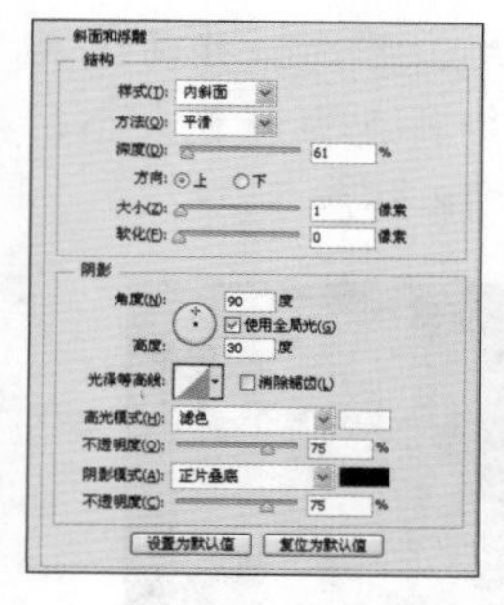
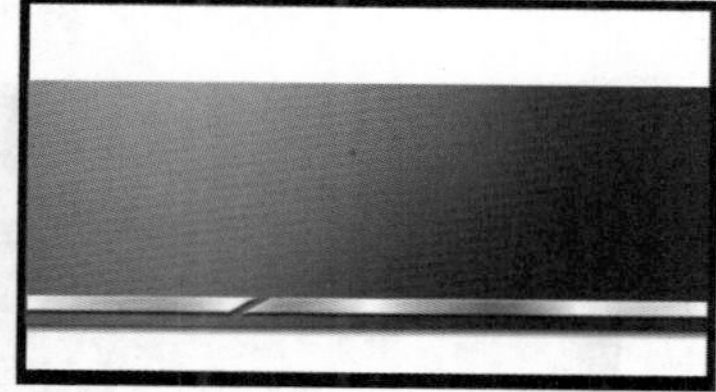

图18-45　设置斜面和浮雕样式

Step 8 ▶ 新建一个图层。选择钢笔工具，在名片左侧绘制一个半圆环图形，按Ctrl+Enter组合键将路径转换为选区，填充为“灰色”，如图18-46所示。

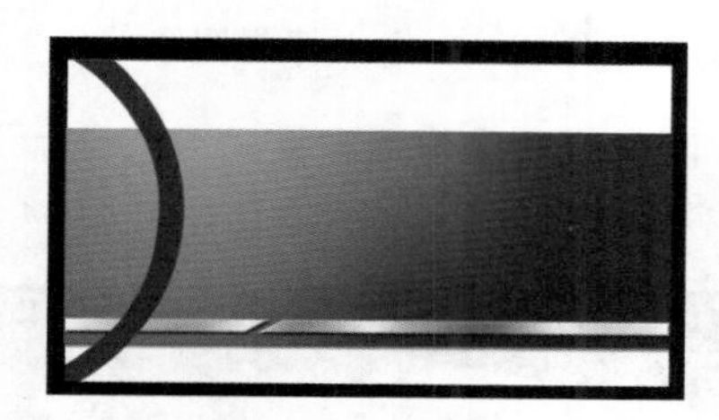

图18-46　绘制半圆形

Step 9 ▶ 在“图层”面板中设置该“填充”为80%，如图18-47所示。

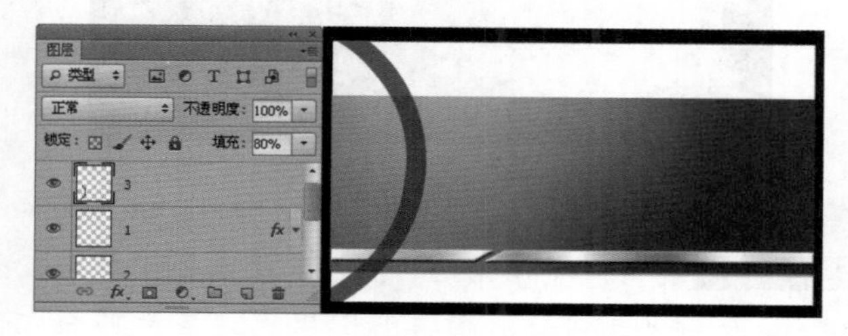

图18-47　设置填充参数

Step 10 ▶ 选择“图层”/“图层样式”/“投影”命令，打开“图层样式”对话框，设置投影为“黑色”，再设置其他参数，单击 确定 按钮，得到投影图像，如图18-48所示。

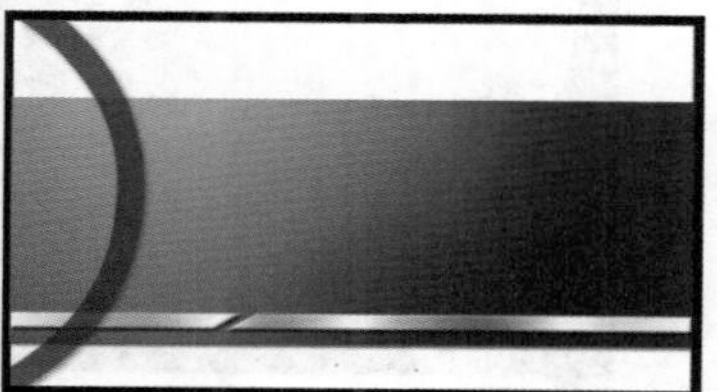

图18-48　投影样式

Step 11 ▶ 使用钢笔工具在名片左侧绘制一个半圆形，并对其应用线性渐变填充，设置颜色从上到下为“淡蓝色”（R:114 G:204 B:216）到“中蓝色”（R:48 G:115 B:156），如图18-49所示。

图18-49　绘制图像并填充颜色

Step 12 ▶ 使用钢笔工具分别在灰色圆环中绘制出多个圆环线段图像，填充为不同深浅的“灰色”，如图18-50所示。

图18-50　绘制多个图像并填充颜色

Step 13 ▶ 选择横排文字工具，在名片中输入人物名称和公司名称，在属性栏中设置文字为“白色”，字体为“方正粗黑简体”，如图18-51所示。

图18-51　输入文字

Step 14 ▶ 在名片中输入其他文字信息，包括公司地址、电话、手机号码等，并在属性栏中设置文字颜色为“白色”、字体为“Adobe 黑体 Std”，如图18-52所示。

图18-52　输入其他文字

Step 15 ▶ 选择白色矩形所在图层，按Ctrl+J组合键复制图像，将其移动到上方，并适当旋转图像，如图18-53所示。

图18-53　复制并移动图像

Step 16 ▶ 按住Ctrl键单击该图层，载入图像选区。选择渐变工具对图像应用径向渐变填充，设置颜色从“深蓝色”（R:37 G:43 B:99）到“浅蓝色”（R:95 G:200 B:216），然后取消选区，如图18-54所示。

图18-54　填充图像

Step 17 ▶ 打开“曲线.psd”图片，并选择移动工具将其拖曳到当前编辑的图像中，适当调整大小，同时放到名片上侧和右侧，如图18-55所示。

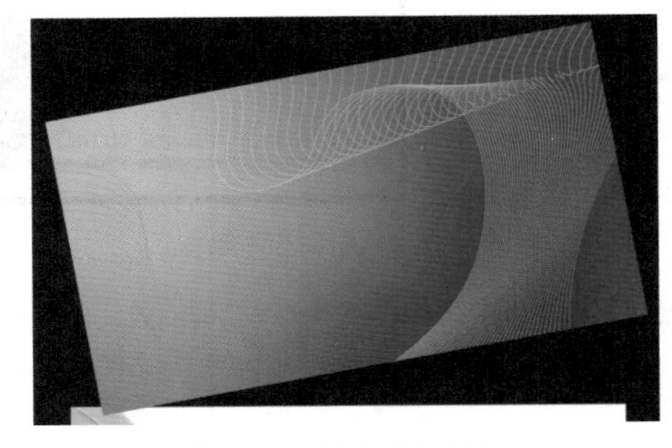

图18-55　添加素材图像

Step 18 ▶ 设置该图层的混合模式为“叠加”，得到叠加图像效果，如图18-56所示。

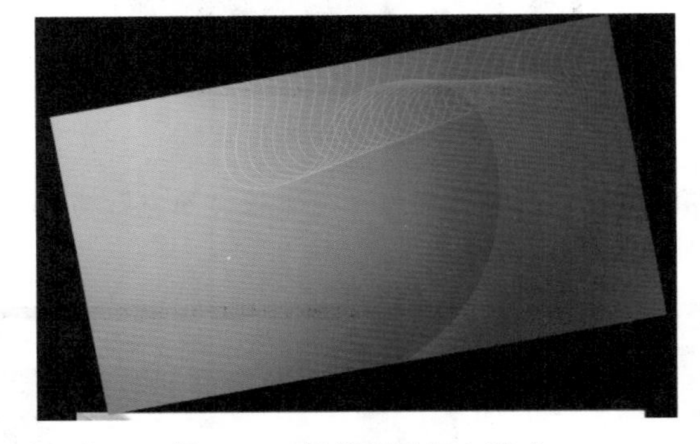

图18-56　设置图层混合模式

Step 19 ▶ 打开“箭头.psd”图片，然后使用移动工具将其拖曳到当前编辑的图像中，适当调整大小，放到图像中间，并设置该图层混合模式为“明度”，效果如图18-57所示。

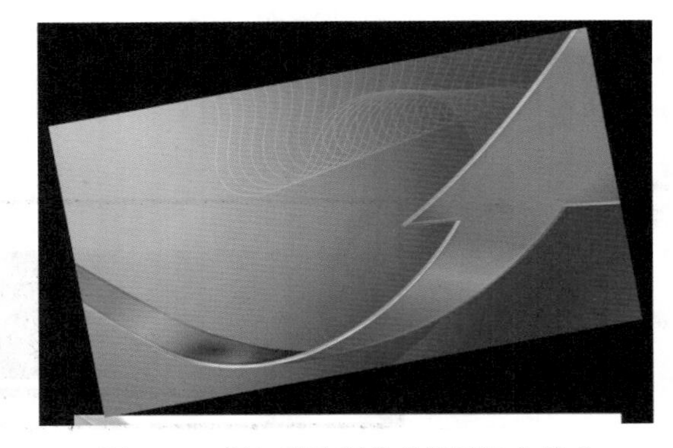

图18-57　添加箭头图像并设置混合模式

Step 20 ▶ 选择钢笔工具在背面名片图像左侧绘制一个标志图形，并将路径转换为选区，填充为“白色”，如图18-58所示。

图18-58 绘制标志图形

Step 21 ▶ 选择横排文字工具，在名片中输入公司名称，并在属性栏中设置字体为“方正黑体”，填充为“白色”，再适当旋转图像。本实例的操作完成，效果如图18-59所示。

图18-59 最终效果

读书笔记

18.3 制作企业画册

图层样式的应用 | 设置图层不透明度 | 设置图层混合模式

本例制作企业画册。首先需要通过渐变填充得到封面图像效果，再绘制出曲线图像，并填充不同的颜色，最后添加文字，得到的效果如左图所示。

- 光盘\素材\第18章\星球.psd
- 光盘\效果\第18章\企业画册.psd
- 光盘\实例演示\第18章\制作企业画册

Step 1 选择“文件”/“新建”命令，打开“新建”对话框，设置文件名称为“企业画册”，“宽度”和“高度”分别为42厘米和30厘米，如图18-60所示。

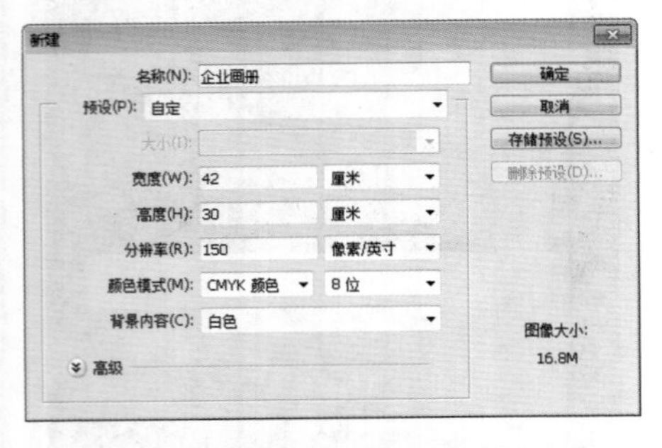

图18-60 “新建”对话框

Step 2 选择渐变工具，在属性栏中设置渐变方式为“径向”，再设置颜色从“蓝色”（R:0 G:92 B:172）到“浅蓝色”（R:0 G:160 B:233），并填充渐变颜色，如图18-61所示。

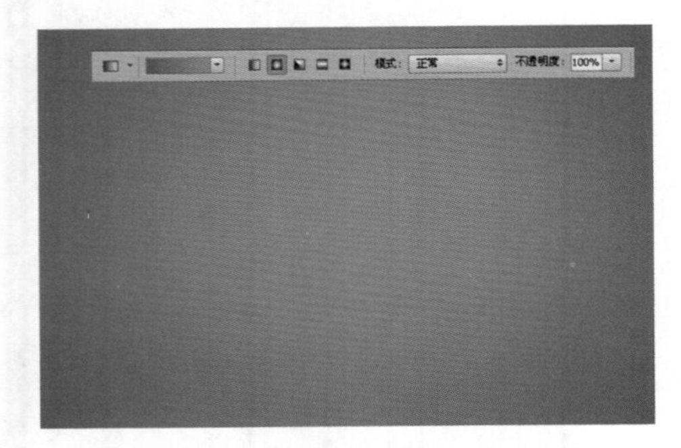

图18-61 设置渐变方式并填充颜色

Step 3 新建一个图层。选择钢笔工具，在图像中绘制一个弧线图形，将路径转换为选区。使用渐变工具对其应用从“白色”到“透明”的填充颜色，如图18-62所示。

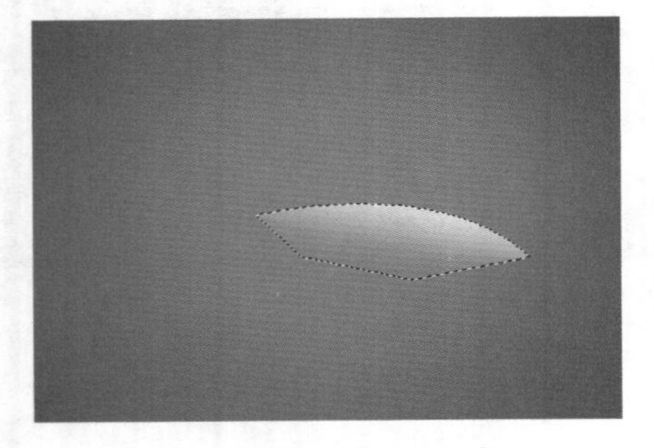

图18-62 渐变填充颜色

Step 4 按Ctrl+D组合键取消选区，然后设置该图层的“不透明度”为73%，如图18-63所示。

图18-63 设置图层不透明度

Step 5 打开“星球.psd”图片。选择移动工具将其拖曳到当前编辑的图像中，适当调整图像大小，放到画面左中下方，如图18-64所示。

图18-64 添加素材图像

Step 6 新建一个图层。选择钢笔工具绘制一个弧线图形，按Ctrl+Enter组合键将路径转换为选区后填充为“深蓝色”（R:27 G:44 B:85），接着选择减淡工具对图像右上方进行涂抹，以减淡图像效果，如图18-65所示。

图18-65 减淡的图像效果

Step 7 使用钢笔工具绘制一个较小的圆弧图形，将路径转换为选区，填充为“白色”，然后设置前景色为“浅灰色”（#bababa）。使用画笔工具在选区上方进行涂抹，并取消选区，如图18-66所示。

图18-66　涂抹选区

Step 8 使用钢笔工具分别绘制一个圆弧图形和一个交叉圆环图形，将路径转换为选区，填充上面的选区为“白色”，如图18-67所示。

图18-67　绘制白色图像

Step 9 使用渐变工具对下面绘制的交叉圆环选区应用线性渐变填充，设置颜色从“浅蓝色”（R:176 G:219 B:245）到“深蓝色”（R:22 G:51 B:105），如图18-68所示。

图18-68　选区填充颜色

Step 10 结合钢笔工具和渐变工具绘制出其他曲线图像，分别填充为不同深浅的“蓝色”，效果如图18-69所示。

图18-69　绘制其他图像并填充颜色

Step 11 设置前景色为“白色”，选择画笔工具，绘制多个白色图像，将其排列成圆环状，效果如图18-70所示。

图18-70　绘制“圆点”图像

Step 12 复制多次圆点图像，适当调整图像大小，参照如图18-71所示的方式进行排放。

图18-71　排列“圆点”图像

还可以这样做?

还可以运用钢笔工具绘制出更好的圆点图像，然后进行复制。

Step 13 新建一个图层，设置前景色为“白色”。选择画笔工具，在属性栏中设置画笔“样式”为“柔角”，“大小”为“5像素”，再设置“不透明度”为50%，以绘制出多条线段图像，并调整画笔大小，在中间绘制晕光，得到“星光”图像，如图18-72所示。

图18-72　绘制“星光”图像

Step 14 选择横排文字工具，在封面图像中输入一行英文和一行中文文字，在属性栏中设置字体为“黑体”，填充为“白色”，如图18-73所示。

图18-73　输入文字

Step 15 选择“图层”/“图层样式”/“投影”命令，打开“图层样式”对话框，设置投影颜色为“黑色”，再设置其他参数，单击 确定 按钮，得到投影效果，如图18-74所示。

图18-74　设置投影样式

Step 16 按Ctrl+T组合键复制文字，并将其放到封底图像中，适当调整文字大小，如图18-75所示。

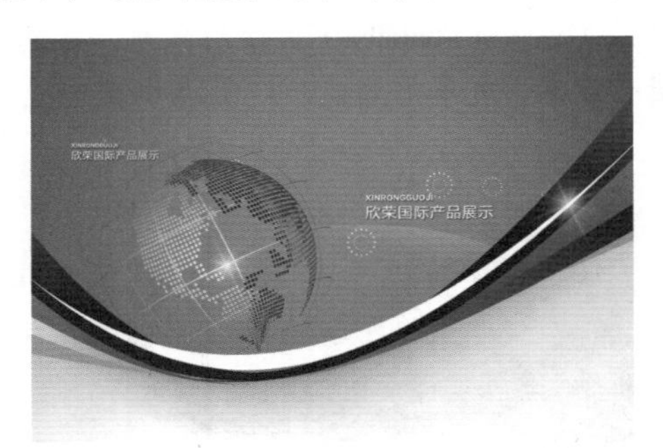

图18-75　复制文字

Step 17 选择自定义形状工具，然后单击属性栏中“形状”右侧的下拉按钮，在弹出的面板中选择“灯泡”图形，同时在属性栏中设置工具模式为“路径”，如图18-76所示。

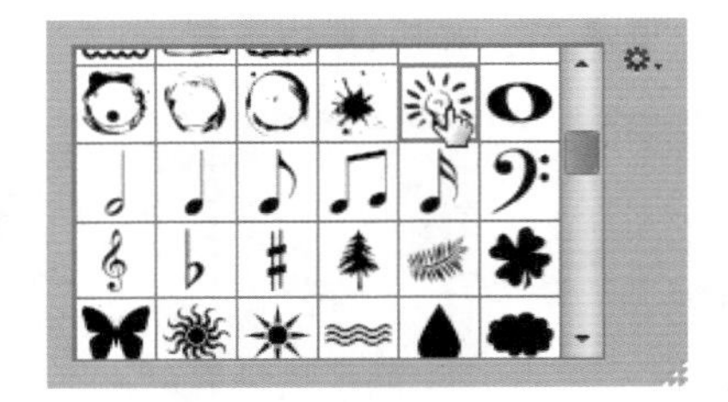

图18-76　选择图形

Step 18 在封面图像上方绘制一个“灯泡”图形，按Ctrl+Enter组合键将路径转换为选区，填充为“白色”，得到企业标志图像，如图18-77所示。

图18-77　绘制“灯泡”图形

Step 19 选择横排文字工具，在标志图像下方输入一行中文和一行英文文字，并在属性栏中设置字体为“黑体”，并填充为“白色”，如图18-78所示。

图18-78　输入文字

Step 20 选择横排文字工具，在封面和封底图像下方分别输入文字，并在属性栏中设置字体为“黑体”，颜色为“深蓝色”（R:27 G:44 B:86），如图18-79所示，得到画册平面效果图。

图18-79　画册平面效果

Step 21 按Ctrl+E组合键合并所有图层，然后选择矩形选框工具框选封面图像，并按Ctrl+J组合键复制图像，如图18-80所示。

图18-80　合并图层并复制图像

Step 22 新建一个图像文件。选择渐变工具对背景图像应用径向渐变填充，并设置渐变颜色从“浅灰色”到“深灰色”，如图18-81所示。

图18-81　设置渐变填充颜色

Step 23 选择之前制作的封面图像。使用移动工具将其移动到灰色渐变背景图像中，适当调整图像大小，如图18-82所示。

图18-82　移动图像

Step 24 按Ctrl+T组合键变换图像，并按住Ctrl键调整图像4个角，得到透视效果，如图18-83所示。

图18-83　变换图像

> **操作解谜**
>
> 选择“编辑”/“变换”/“透视”命令，然后对图像4个角分别拉伸，也可以得到图像的透视效果。

Step 25 ▶ 新建一个图层。选择多边形套索工具，在封面图像左侧和下方分别绘制一个侧面图像选区，如图18-84所示。

图18-84　绘制选区

Step 26 ▶ 将左侧的选区填充为“深灰色”，将下方的选区填充为“浅灰色”，得到立体的图像效果，如图18-85所示。

图18-85　绘制立体图像

Step 27 ▶ 选择“图层”/“图层样式”/“投影”命令，打开“图层样式”对话框，设置投影为“黑色”，再设置其他参数，单击 确定 按钮，得到投影效果，如图18-86所示。

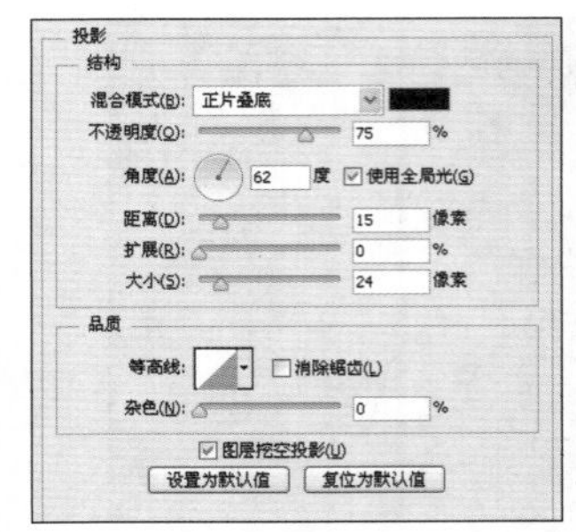

图18-86　设置投影样式

Step 28 ▶ 按Ctrl+E组合键合并图层，按Ctrl+J组合键复制该图层，并将复制的图层放到“背景”图层上方，如图18-87所示。

图18-87　复制图层

Step 29 ▶ 按Ctrl+T组合键适当旋转图像，并调整图像位置，完成本实例的操作，如图18-88所示。

图18-88　最终效果

读书笔记

18.4 制作餐饮店海报

渐变工具的应用 垂直翻转图像 设置文字属性

本例制作餐饮店宣传海报，在设计风格上偏中国风，然后添加素材并应用不同的图层混合模式，再绘制图像并添加文字。制作后的效果如左图所示。

- 光盘\素材\第18章\餐饮店海报\
- 光盘\效果\第18章\餐饮店海报.psd
- 光盘\实例演示\第18章\制作餐饮店海报

Step 1 新建一个图像文件。选择渐变工具，在属性栏中设置渐变方式为“径向渐变”，再设置颜色从“黑色”到“绿色”（R:0 G:153 B:146），然后对背景图像进行填充，如图18-89所示。

图18-89　渐变填充图像

Step 2 打开“古典背景”图片，使用移动工具将该图像拖曳到当前编辑的图中，这时“图层”面板中自动生成“图层1”，如图18-90所示。

图18-90　生成图层

Step 3 设置图层混合模式为“柔光”，得到与背景图像相融合的图像效果，如图18-91所示。

图18-91　设置图层混合模式一

Step 4 打开“芙蓉花”图片，将该图像移动到当前编辑的图中，并设置图层混合模式为“线性加深”，“不透明度”为50%，如图18-92所示。

图18-92　添加素材图像一

Step 5 打开“祥云”图像，使用移动工具将其拖曳到当前编辑的图像中，适当调整图像位置，如图18-93所示。

图18-93　添加素材图像二

Step 6 设置该图层的混合模式为“颜色减淡”，得到与底层相融合的图像，效果如图18-94所示。

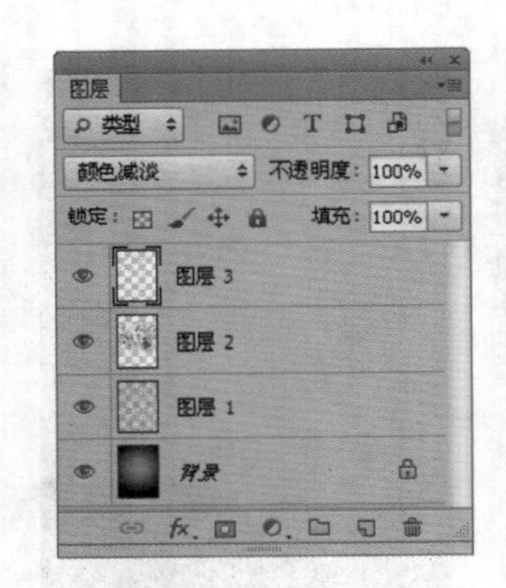

图18-94　设置图层混合模式二

Step 7 打开“文字”图像，使用移动工具将其拖曳到当前编辑的图像中，适当调整图像大小，效果如图18-95所示。

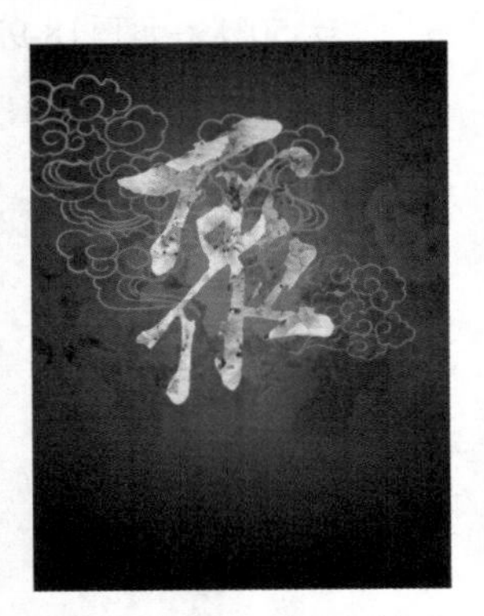

图18-95　添加素材图像三

Step 8 选择“图层”/“图层样式”/“内发光”命令，打开“图层样式”对话框，设置内发光颜色为“深灰色”（#292a2a），再设置其他参数，效果如图18-96所示。

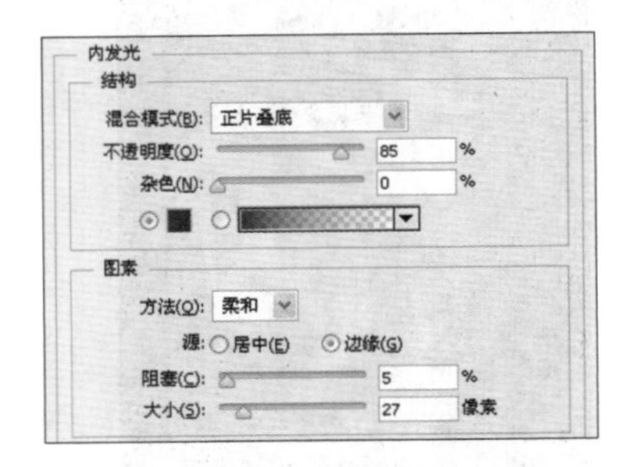

图18-96　设置内发光参数

Step 9 选中☑投影复选框，设置投影为“黑色”，再设置其他参数，单击 确定 按钮，得到添加图层样式后的图像，如图18-97所示。

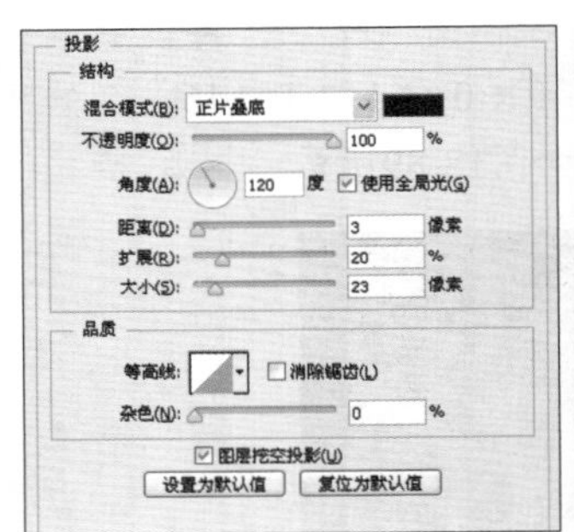

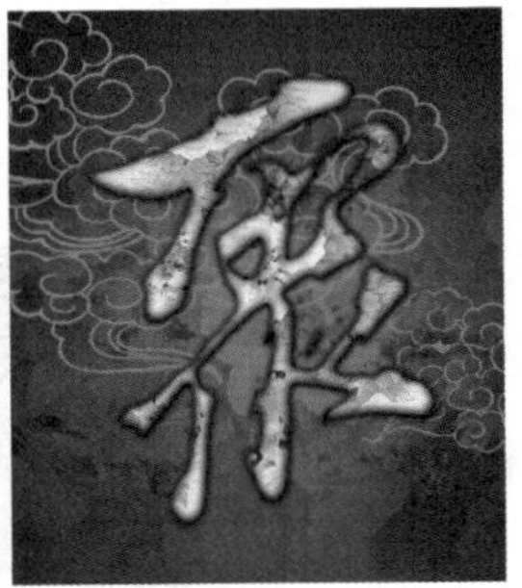

图18-97　设置投影参数

Step 10 打开“酒具”图像，使用移动工具将其拖曳到当前编辑的图像中，适当调整图像大小，并放到文字中，如图18-98所示。

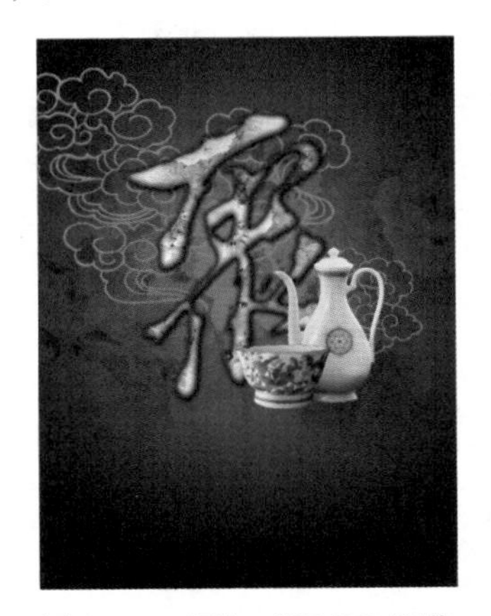

图18-98　添加“酒具”图像

Step 11 ▶ 选择画笔工具，在属性栏中设置画笔大小为“80像素”，再设置前景色为“灰色”。新建图层，然后绘制出酒杯和酒瓶之间的阴影，以及酒瓶后面的阴影图像，如图18-99所示。

图18-99　绘制投影

Step 12 ▶ 设置该图像的图层混合模式为“正片叠底”，得到更加自然的图像效果。再复制“酒具”图像，选择“编辑”/“变换”/“垂直翻转”命令，将复制的图像移动到酒具下方，如图18-100所示。

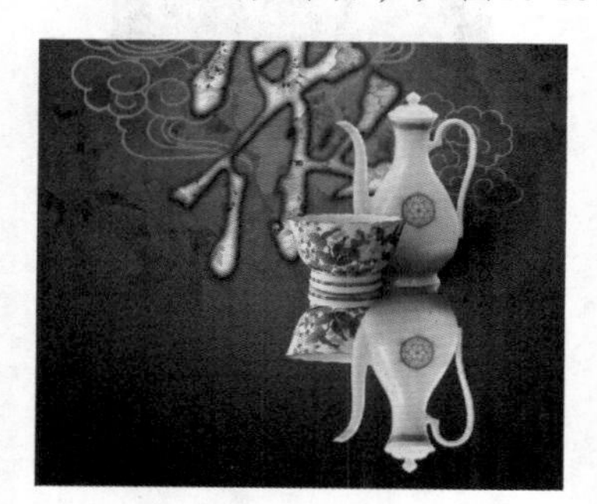

图18-100　复制图像

Step 13 ▶ 为复制的图像添加图层蒙版，并使用画笔工具对其涂抹，隐藏部分图像，得到倒影效果，如图18-101所示。

图18-101　倒影效果图

Step 14 ▶ 选择横排文字工具，在图像下方输入两行文字，并在属性栏中设置字体为“方正大黑简体”，填充为“白色”，并设置不同大小的文字，如图18-102所示。

图18-102　输入文字

Step 15 ▶ 选择“图层”/“图层样式”/“渐变叠加”命令，打开“图层样式”对话框，设置叠加颜色从“黄色”（R:236 G:228 B:40）到“白色”，再到“黄色”（R:243 G:237 B:99），单击 确定 按钮，得到渐变填充效果，如图18-103所示。

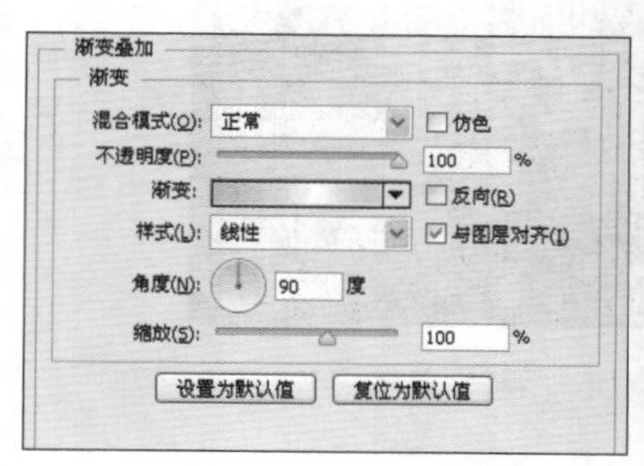

图18-103　设置渐变叠加效果

Step 16 ▶ 新建一个图层。选择椭圆选框工具，在文字下方绘制一个正圆形选区，填充为“红色”（R:218 G:0 B:15），再多次复制对象，排列成一行，合并已复制的图层，效果如图18-104所示。

图18-104　绘制圆形

Step 17 ▶ 选择“图层”/“图层样式”/“描边”命令，打开“图层样式”对话框，设置“描边”为“浅黄绿色”（R:177 G:193 B:99），“大小”为2像素，单击 确定 按钮，得到描边效果，如图18-105所示。

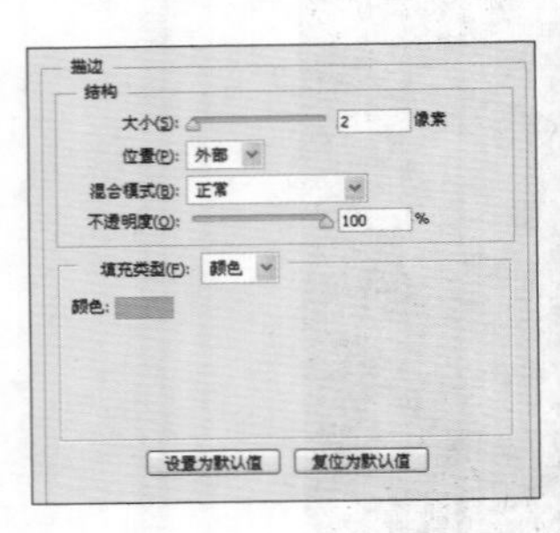

图18-105　设置描边图像

Step 18 ▶ 选择横排文字工具T，在每一个圆形图像中输入文字，并在属性栏中设置字体为“方正大宋简体”，填充为“黄色”（R:222 G:198 B:43），如图18-106所示。

图18-106　输入文字

Step 19 ▶ 继续输入其他文字。将地址文字填充为“白色”，并设置字体为“楷体”；输入电话号码，填充为“红色”，并设置字体为“汉仪粗黑简体”。适当调整文字大小，放到画面最下方，如图18-107所示。

图18-107　输入其他文字

Step 20 ▶ 选择横排文字工具T，在图像右上方输入餐馆名称和英文文字，并在属性栏中设置字体为“黑体”，填充为“白色”，适当调整文字大小。本实例的操作完成，效果如图18-108所示。

图18-108　最终效果

18.5 制作房地产广告

素材图像的应用　设置图层混合模式　描边样式的应用

本例制作房地产广告，并添加素材图像，得到方格背景，再输入文字，对文字应用图层样式，突出文字内容。制作后的效果如左图所示。

- 光盘\素材\第18章\制作房地产广告
- 光盘\效果\第18章\房地产广告.psd
- 光盘\实例演示\第18章\制作房地产广告

Step 1 ▶ 新建一个图像文件，设置前景色为“暗红色”（R:41 G:10 B:0），按Alt+Delete组合键对“背景”图层进行填充，如图18-109所示。

图18-109　填充背景颜色

Step 2 ▶ 打开“底纹图像”图像，使用移动工具将该图像拖曳到当前编辑的图像中，适当调整图像大小，使其布满整个画面，如图18-110所示。

图18-110　添加素材图像

Step 3 ▶ 这时“图层”面板自动得到图层1，设置该图层的混合模式为“明度”，“不透明度”为52%，得到叠加效果，如图18-111所示。

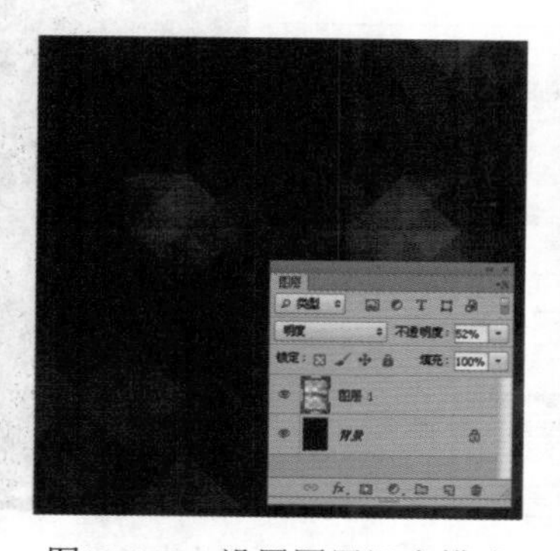

图18-111　设置图层混合模式

Step 4 ▶ 新建一个图层，选择矩形选框工具，在图像中沿边缘绘制一个矩形选区，如图18-112所示。

图18-112　绘制矩形选区

Step 5 ▶ 选择“编辑”/“描边”命令，打开“描边”对话框，设置描边“宽度”为“2像素”，“颜色”为“暗黄色”（R:146 G:101 B:50），并单击 确定 按钮，得到描边选区效果，然后取消选区，如图18-113所示。

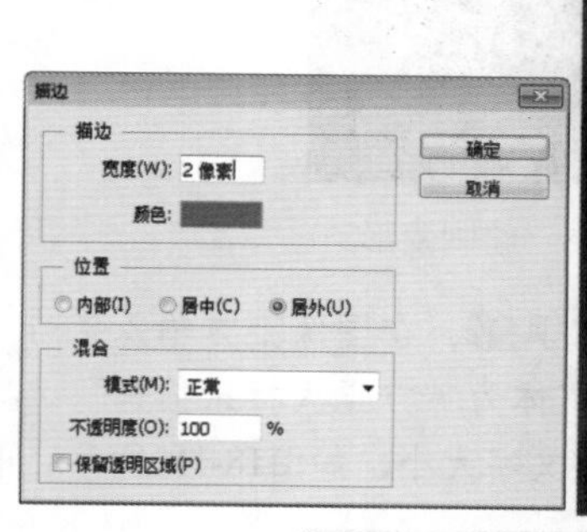

图18-113　设置描边选区

操作解谜

使用“描边”命令可以为选区应用描边效果，用户可以选择描边在选区边框线的外部、内部或者中间，并且可以设置混合模式，从而得到与背景相融合的描边效果。

Step 6 ▶ 在线框的上下两侧分别绘制一条细长的选区，填充为“暗黄色”（R:146 G:101 B:50），然后在左右两侧分别输入英文字母，并将该图层转换为普通图层，效果如图18-114所示。

图18-114 绘制其他图像

Step 7 新建一个图层。选择多边形套索工具，在上下线框中间各绘制一个菱形，填充为“白色”，如图18-115所示。

图18-115 绘制菱形

Step 8 选择横排文字工具，在图像上方输入广告文字，在属性栏中设置字体为“方正大标宋简体”，填充为“白色”，并调整文字大小，如图18-116所示。

图18-116 输入文字

Step 9 选择“图层”/“图层样式”/“斜面和浮雕”命令，打开“图层样式”对话框，设置样式为“内斜面”，再设置其他参数，如图18-117所示。

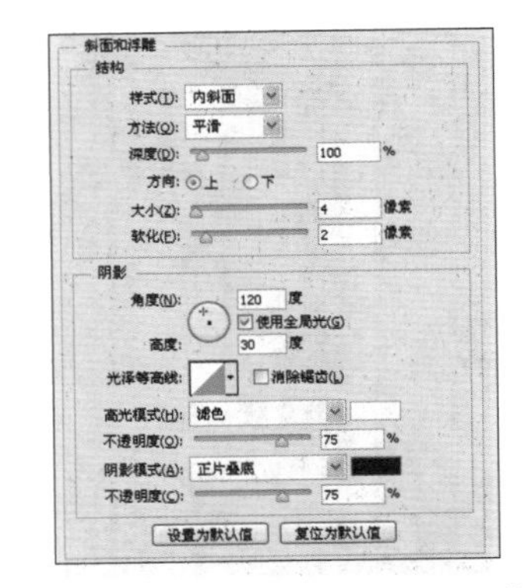

图18-117 设置斜面和浮雕参数

Step 10 选中描边复选框，设置描边大小为“7像素”、颜色为“黑色”；选中渐变叠加复选框，设置渐变颜色为不同深浅的“黄色”，再设置其他参数，如图18-118所示。

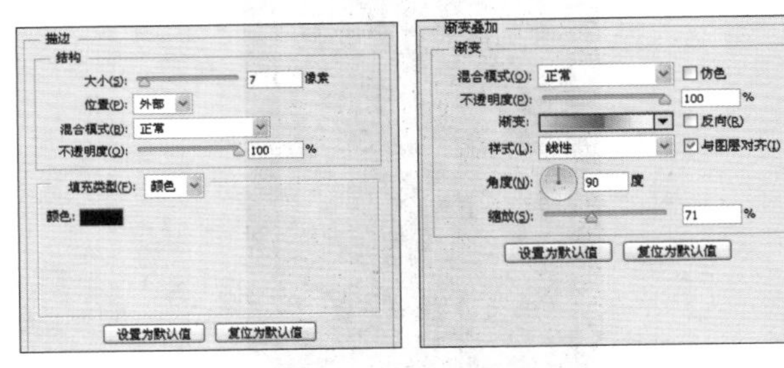

图18-118 设置描边和渐变叠加参数

Step 11 选中投影复选框，设置投影颜色为“黑色”，再设置其他参数，单击 确定 按钮，得到添加图层样式后的文字效果，如图18-119所示。

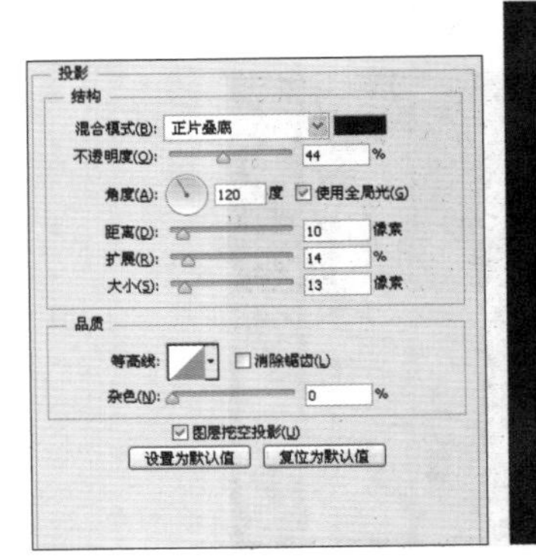

图18-119 投影效果

Step 12 ▶ 选择横排文字工具[T]，在中文字上方输入两行大写英文文字，并在属性栏中设置字体为“Adobe 宋体 std”，颜色为“土黄色”（R:238 G:198 B:155），如图18-120所示。

图18-120 输入文字

Step 13 ▶ 选择横排文字工具[T]，再输入两行文字，并在属性栏中设置字体为“黑体”，填充为“土黄色”（R:238 G:199 B:156），如图18-121所示。

图18-121 输入两行文字

Step 14 ▶ 打开“文字”图像，使用移动工具将“文字”和“花边”图像分别拖曳到当前编辑的图像中，适当调整图像大小，并参照如图18-122所示的方式进行排放。

图18-122 添加“文字”和“花边”图像

Step 15 ▶ 继续在渐变文字下方输入其他文字，设置字体为“微软雅黑”，并适当调整文字大小，分别填充为“土黄色”和“红色”，效果如图18-123所示。

图18-123 输入其他文字

Step 16 ▶ 打开“地图”图像，使用移动工具将该图像拖曳到当前编辑的图像中，放到画面的右下方，如图18-124所示。

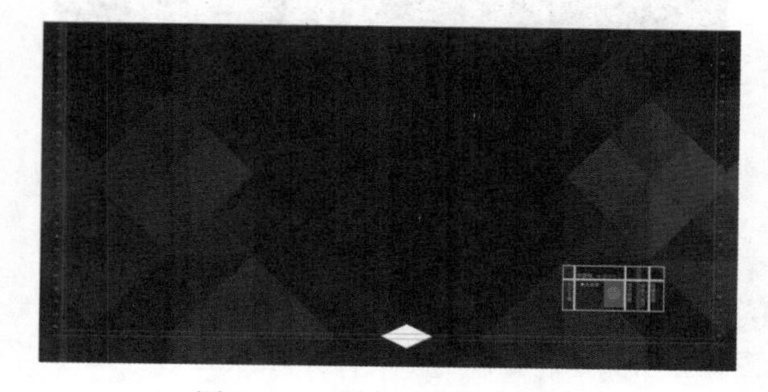

图18-124 添加“地图”图像

Step 17 ▶ 选择矩形选框工具，在“地图”周围绘制几条细长的选区，并填充为“土黄色”（R:238 G:199 B:156），如图18-125所示。

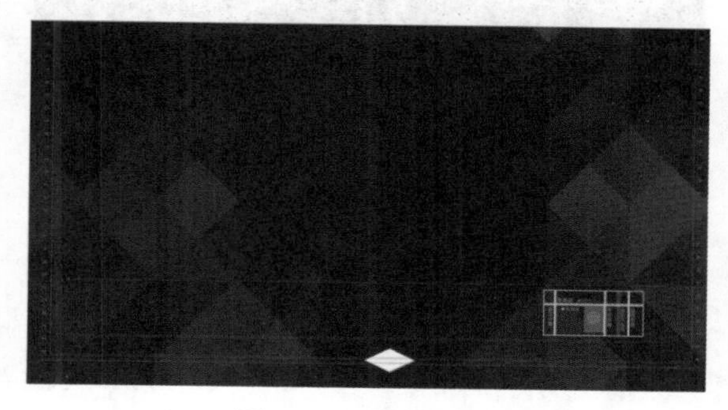

图18-125 绘制图像

Step 18 ▶ 选择横排文字工具 T，在“地图”左侧输入房产公司名称、电话和地址等文字信息，填充为“土黄色”（R:238 G:199 B:156），如图18-126所示。

图18-126　输入文字信息

Step 19 ▶ 打开“图案”图像，使用移动工具将图像拖曳到当前编辑的图像中，放到画面下方，并在每个图案中间绘制一条细长的淡黄色直线，起到间隔的作用，如图18-127所示。

图18-127　绘制淡黄色直线

Step 20 ▶ 选择横排文字工具 T，在每一个圆形图像下方输入相应的文字，并在属性栏中设置字体为“宋体”，填充为“土黄色”（R:238 G:199 B:156），如图18-128所示。

图18-128　输入文字

Step 21 ▶ 打开“十字架”图片，使用移动工具将图案拖曳到当前编辑的图像中，放到画面下方，如图18-129所示。

图18-129　添加素材图像一

Step 22 ▶ 选择“图层”/“图层样式”/“投影”命令，打开“图层样式”对话框，设置投影为“黑色”，再设置其他参数；选中 ☑描边 复选框，设置参数后，单击 确定 按钮，得到投影和描边效果，如图18-130所示。

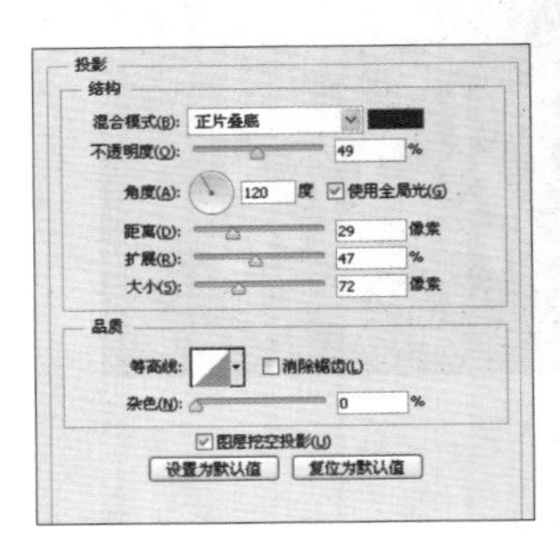

图18-130　添加图层样式

Step 23 ▶ 打开“花纹字”图片，使用移动工具将图案拖曳到当前编辑的图像中，放到“十字架”的下一层，如图18-131所示。

图18-131　添加素材图像二

Step 24 ▶ 选择“图层”/“图层样式”/“斜面和浮雕”命令，打开“图层样式”对话框，设置浮雕“样式”为“外斜面”，再设置其他参数，然后单击“光泽等高线”右侧的下拉按钮，在弹出的面板中选择一种曲线样式，并单击确定按钮，得到浮雕效果，如图18-132所示。

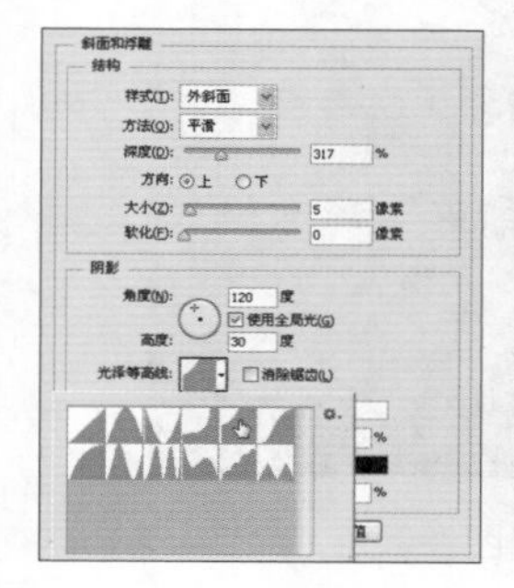

图18-132　设置浮雕样式

Step 25 ▶ 新建一个图层，选择画笔工具，设置前景色为“淡紫色”（R:227 G:159 B:196），在“十字架”图像中绘制出“光点”图像，然后将该图层混合模式设置为“滤色”，最终效果如图18-133所示。

图18-133　最终效果

18.6 钢笔工具的应用　渐变工具填充选区　画笔工具的应用　制作企业标志

本例制作企业标志，在颜色上采用3种颜色，并通过渐变的方式让每个颜色之间自然过渡。制作后的效果如左图所示。

- 光盘\效果\第18章\企业标志.psd
- 光盘\实例演示\第18章\制作企业标志

Step 1 ▶ 新建一个图像文件，然后选择工具箱中的矩形选框工具，在图像中绘制一个矩形选区，如图18-134所示。

操作解谜

在绘制矩形选区时，可以根据需要绘制长方形和正方形选区，按住Shift键即可绘制正方形选区。

图18-134　绘制矩形选区

Step 2 ▶ 选择渐变工具，在属性栏中设置渐变样式为“线性渐变”，再设置颜色从“浅蓝色”（R:112 G:199 B:235）到“深蓝色”（R:11 G:53 B:93），并从左下到右上方填充，得到渐变填充效果，然后取消选区，如图18-135所示。

图18-135　填充选区

Step 3 ▶ 选择加深工具，在属性栏中设置画笔大小为100，再设置“范围”为“中间调”，“曝光度”为“50%”，然后在图像左侧进行涂抹，得到加深效果，如图18-136所示。

图18-136　加深图像颜色

Step 4 ▶ 新建一个图层。选择矩形选框工具，在图像底部绘制一个矩形选区，如图18-137所示。

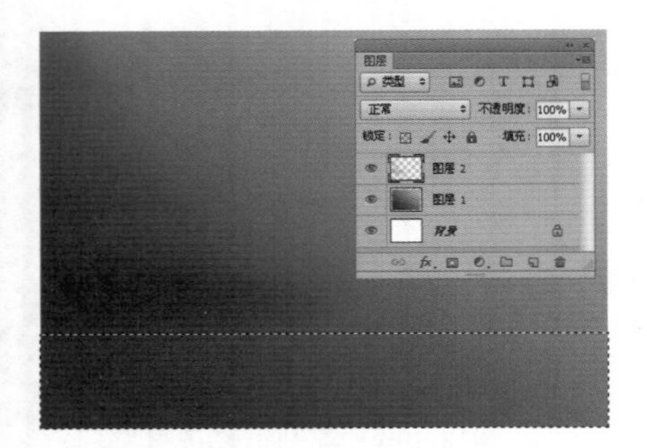

图18-137　绘制矩形选区

Step 5 ▶ 设置前景色为“蓝色”（R:19 G:80 B:155），按Alt+Delete组合键填充选区，然后使用减淡工具在选区下方进行涂抹，减淡底部图像颜色，并取消选区，如图18-138所示。

图18-138　减淡图像颜色

Step 6 ▶ 新建一个图层。选择椭圆选框工具，在属性栏中设置“羽化”为“20像素”，然后在深蓝色矩形交接处绘制一个细长的椭圆形选区，填充为“白色”，如图18-139所示。

图18-139　绘制白色图像

Step 7 ▶ 在“图层”面板中设置该图层的混合模式为“柔光”，“不透明度”为47%，然后再复制图层，适当压扁图像，得到光带效果，如图18-140所示。

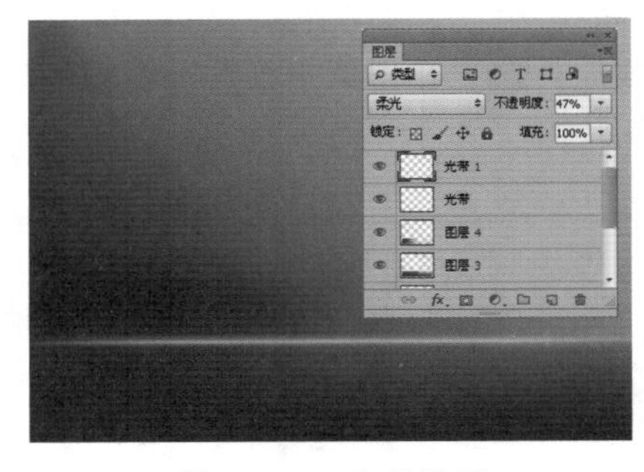

图18-140　光带效果

Step 8 ▶ 选择钢笔工具，在图像中绘制一个不规则路径图形，如图18-141所示。

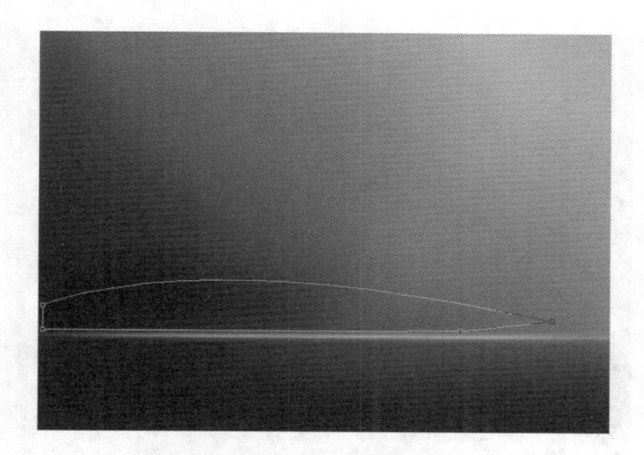

图18-141　绘制路径图形

Step 9 ▶ 按Ctrl+Enter组合键将路径转换为选区，然后选择“选择”/“羽化”命令，在打开的对话框中设置“羽化半径”为“5像素”，然后对选区填充不同深浅的“蓝色”，如图18-142所示。

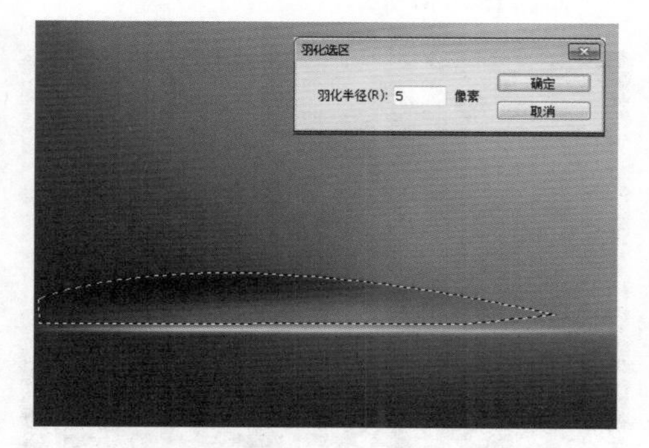

图18-142　填充不同深浅的蓝色效果

Step 10 ▶ 新建一个图层。选择钢笔工具，绘制一个“月牙”图形，将路径转换为选区，然后使用渐变工具对选区从上到下应用线性渐变填充，设置颜色从“深蓝色”（R:11 G:53 B:93）到“浅蓝色”（R:112 G:199 B:235），如图18-143所示。

图18-143　应用渐变填充一

Step 11 ▶ 绘制蓝色阴影面。使用钢笔工具绘制一个较小的“月牙”图形，将路径转换为选区后，使用较深的蓝色渐变填充，如图18-144所示。

图18-144　绘制阴影面一

Step 12 ▶ 新建一个图层。使用钢笔工具绘制绿色“月牙”图形，将路径转换为选区后对其应用不同深浅的“绿色”渐变填充，并将其放到蓝色“月牙”图像的下一层，如图18-145所示。

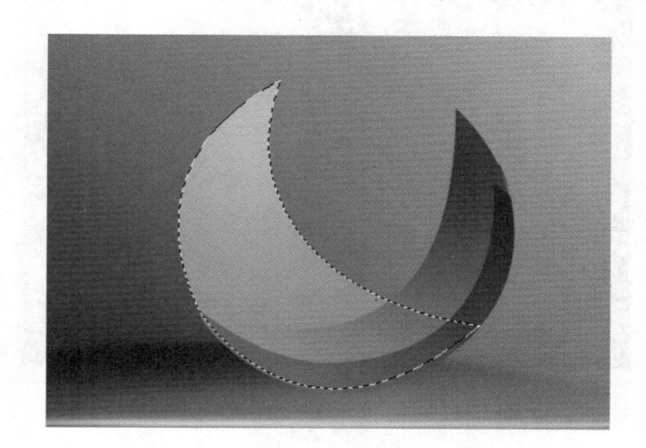

图18-145　应用渐变填充二

读书笔记

Step 13 ▶ 继续使用钢笔工具绘制绿色“月牙”阴影图形，然后将路径转换为选区，对其应用较深一些的绿色填充，如图18-146所示。

图18-146　绘制阴影面二

Step 14 ▶ 使用相同的方法绘制出上方的“月牙”图像，应用不同深浅的橘红色填充，如图18-147所示。

图18-147　绘制“月牙”图像

Step 15 ▶ 分别在红色和蓝色“月牙”图像的交界处绘制一个投影图像，都填充为“深蓝色”和“深红色”，如图18-148所示。

图18-148　绘制投影面

Step 16 ▶ 新建图层，分别在橘红色、蓝色和绿色图像中绘制高光图像，分别填充为“黄色”（R:241 G:244 B:6）和“蓝色”（R:28 G:138 B:204），如图18-149所示。

图18-149　绘制高光图像

Step 17 ▶ 新建一个图层。设置前景色为“黑色”，再使用画笔工具，在属性栏中设置“不透明度”为80%，为标志绘制投影图像，并将该图层移到图标下方，如图18-150所示。

图18-150　绘制投影图像

Step 18 ▶ 选择横排文字工具，在标志下方输入公司名称，并在属性栏中设置字体为“微软黑体”，填充为“白色”，如图18-151所示。

图18-151　输入文字

Step 19 ▶ 在公司名称下方输入一行大写的汉语拼音，填充为“白色”，然后再输入一行企业宣传语，设置字体为“微软雅黑”，填充为“白色”，最终如图18-152所示。

操作解谜

在输入文字后，用户可以在属性栏中设置文字属性，也可以选择“窗口”/“段落”命令，并打开“段落”面板，以便更加详细地设置。

图18-152 输入其他文字后的效果

18.7 制作茶品包装

绘制矩形选区 移动图像位置 设置图像透视变换

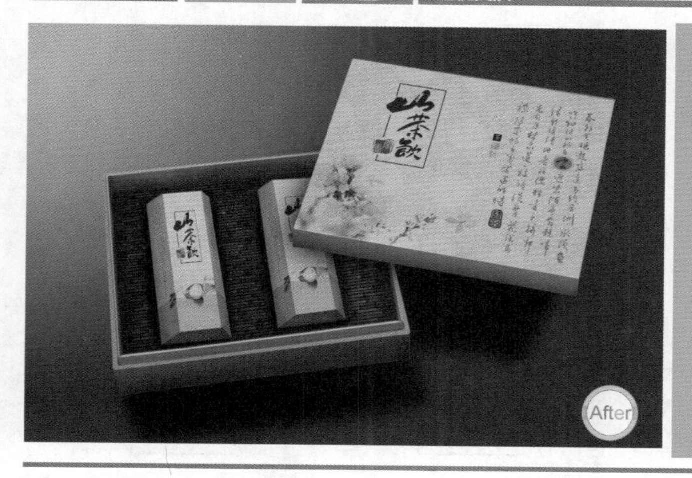

本例制作茶品包装盒，这是一个硬纸盒包装，所以特意制作盒盖和纸盒的厚度效果。制作后的效果如左图所示。

- 光盘\素材\第18章\制作茶品包装\
- 光盘\效果\第18章\茶品包装.psd
- 光盘\实例演示\第18章\制作茶品包装

Step 1 ▶ 首先制作包装盒盖的图像。新建一个图像文件，选择矩形选框工具绘制一个矩形选区，设置前景色为“淡黄色”（R:228 G:211 B:162），并按Alt+Delete组合键填充背景，如图18-153所示，然后取消选区。

图18-153 新建图像文件

Step 2 ▶ 打开“水墨画”图像。使用移动工具将该图像拖曳到当前编辑的图像中，放到画面左下方，如图18-154所示。

图18-154 添加“水墨画”图像

Step 3 ▶ 打开“花纹”图像。使用移动工具将该图像拖曳到当前编辑的图像中，适当调整图像大小，使其布满整个矩形，如图18-155所示。

图18-155　添加“花纹”图像

Step 4 ▶ 这时“图层”面板自动生成一个图层，将其命名为“底纹”，设置该图层的混合模式为“柔光”，“不透明度”为25%，得到与背景融合的效果，如图18-156所示。

图18-156　设置图层属性

Step 5 ▶ 打开“书法字”图像。使用移动工具将该图像拖曳到当前编辑的图像中，适当调整图像大小，放到图像的左侧，如图18-157所示。

图18-157　添加“书法字”图像

Step 6 ▶ 新建一个图层。选择矩形选框工具，在文字周围绘制一个矩形选区，然后选择“编辑”/“描边”命令，打开“描边”对话框，设置“宽度”为“4像素”，“颜色”为“暗红色”（R:60 G:20 B:1），如图18-158所示。

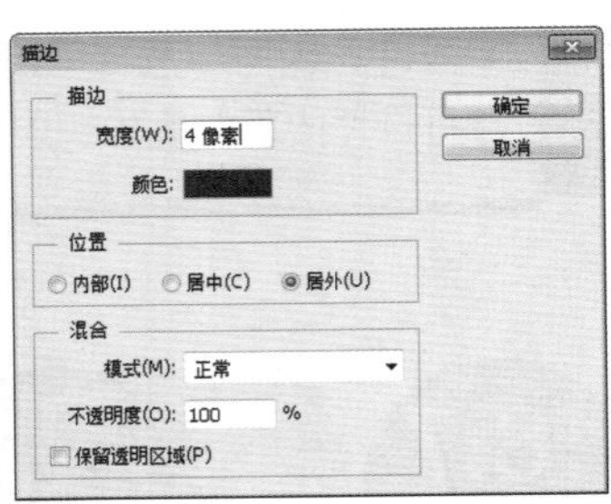

图18-158　设置描边参数

Step 7 ▶ 单击 确定 按钮，得到描边效果，然后使用矩形选框工具分别选择左侧与文字交叉的图像，删除该图像，如图18-159所示。

图18-159　删除交叉的图像

Step 8 ▶ 打开“书法”图像。使用移动工具将该图像拖曳到当前编辑的图像中，适当调整图像大小，放到图像的右侧，如图18-160所示。

图18-160　添加“书法”图像

Step 9 ▶ 选择横排文字工具T，在灰色书法字左侧输入3个较小的文字，并在属性栏中设置字体为书法字体，并填充为“白色”和“灰色”。新建图层，然后使用矩形选框工具分别绘制两个矩形选框，以将其框选，填充为“黑色”和“灰色”，如图18-161所示。

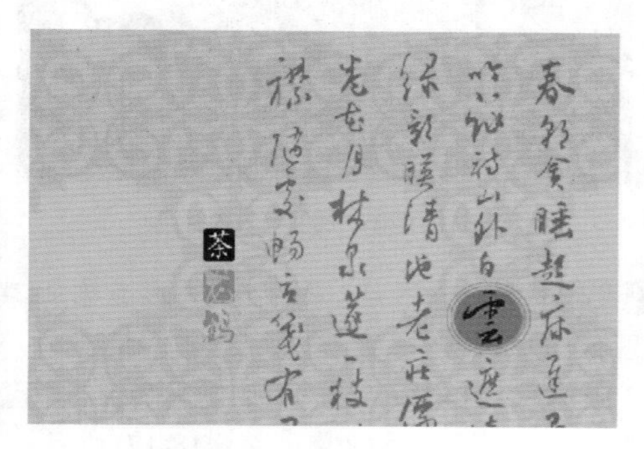

图18-161 输入文字

Step 10 ▶ 选择除“背景”图层外的所有图层，按Ctrl+G组合键组合图层，得到图层组1，如图18-162所示，完成包装盒盖的平面图设计。

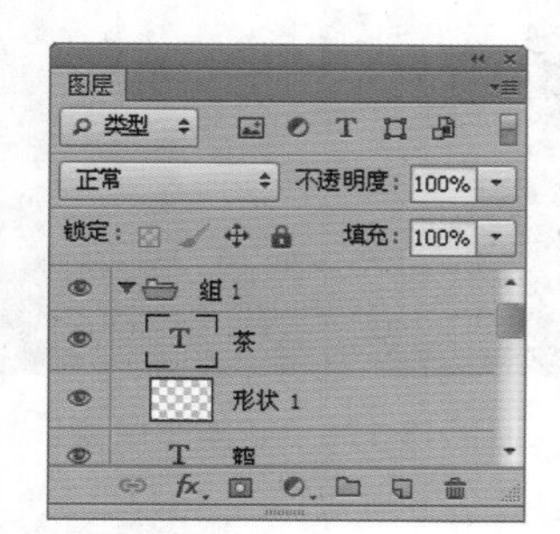

图18-162 组合图层

Step 11 ▶ 制作内部包装平面图。复制盒盖中的主要图像，参照如图18-163所示的样式调整图像位置。

图18-163 复制图像

Step 12 ▶ 新建一个图层。选择矩形选框工具，在图像下方绘制一个矩形选区，填充为“淡黄色”（R:199 G:166 B:121），如图18-164所示。

图18-164 绘制矩形选区

Step 13 ▶ 选择横排文字工具T，在图像左右两侧分别输入说明文字，并按Ctrl+T组合键旋转90°，得到如图18-165所示的效果。

图18-165 输入说明文字

Step 14 ▶ 打开“鸳鸯”图像。使用移动工具将该图像拖曳到当前编辑的图像中，放到淡黄色图像交接处，得到如图18-166所示的效果。

图18-166 添加“鸳鸯”图像

Step 15 ▶ 选择所有内部包装图像所在的图层，并按Ctrl+G组合键组合，得到图层组2，如图18-167所示。

图18-167　组合内部包装图像所在的图层

Step 16 ▶ 制作包装立体效果图。新建一个图层，使用渐变工具在属性栏中设置渐变方式为“径向渐变”，颜色从“浅灰色”到“深灰色”，然后对背景渐变填充，如图18-168所示。

图18-168　渐变填充图像

Step 17 ▶ 选择平面图文件中的组1，按Ctrl+E组合键合并图层，然后使用移动工具将其拖曳到渐变背景图像中，如图18-169所示。

图18-169　移动图像

Step 18 ▶ 选择“编辑”/“变换”/“斜切”命令，适当调整图像4个角，得到透视图像效果，如图18-170所示。

图18-170　透视变换图像

Step 19 ▶ 新建一个图层。选择多边形套索工具在盒盖图像下方绘制一个四边形选区，填充为“土黄色”（R:137 G:114 B:67），然后使用加深工具适当对边缘涂抹，得到立体效果，如图18-171所示。

图18-171　立体图像效果

Step 20 ▶ 选择多边形套索工具沿着包装盒正面图像边缘绘制细长的选区，并使用减淡工具对其进行涂抹，得到边缘高光图像效果，如图18-172所示。

图18-172　高光图像效果

Step 21 ▶ 新建一个图层，将其放到“盒盖”图像下一层。设置前景色为“黑色”，选择画笔工具在“盒盖”图像下方绘制一个投影图像，如图18-173所示。

图18-173　绘制投影图像

Step 22 ▶ 在平面图文件中选择内部包装盒图层组，按Ctrl+E组合键合并图层，并将图像显示出来，使用矩形工具框选中间部分图像，复制矩形部分的图像并隐藏其他部分，然后将其拖曳到当前编辑的图像中，适当调整图像大小并旋转图像，效果如图18-174所示。

图18-174　添加中间图像

Step 23 ▶ 分别选择左侧和右侧的图像，移动到合适的位置，进行透视调整，如图18-175所示。

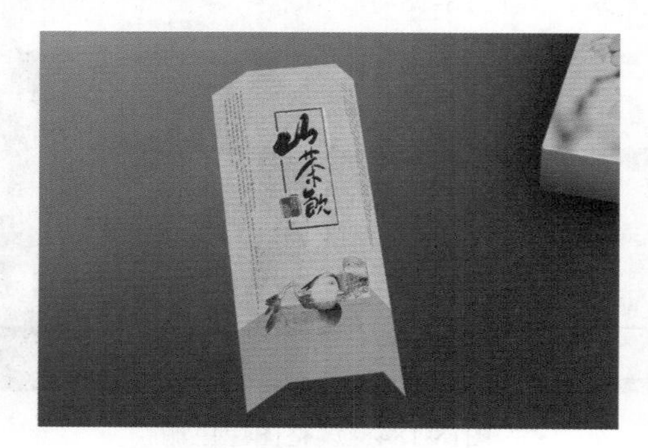

图18-175　调整侧面图像

Step 24 ▶ 新建一个图层，选择多边形套索工具，在包装盒底部绘制一个四边形选区，填充为“棕黑色”（R:90 G:65 B:43），如图18-176所示。

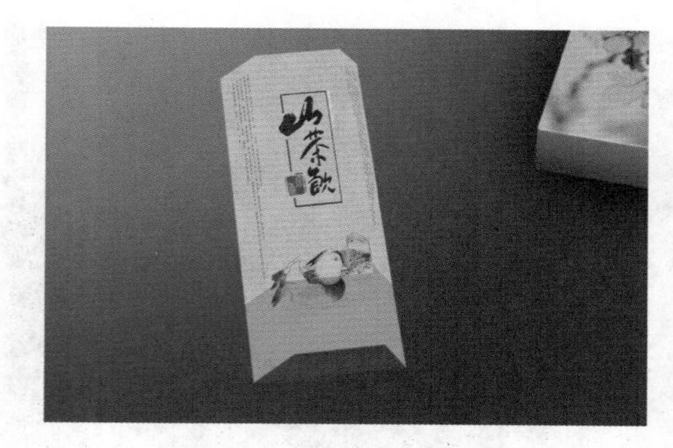

图18-176　绘制四边形选区

Step 25 ▶ 选择左侧图像所在图层，按住Ctrl键单击该图层，载入图层选区。选择“图层”/“调整”/“亮度/对比度”命令，打开“亮度/对比度”对话框，设置“亮度”为-30，“对比度”为0，单击 确定 按钮，调整后的效果如图18-177所示。

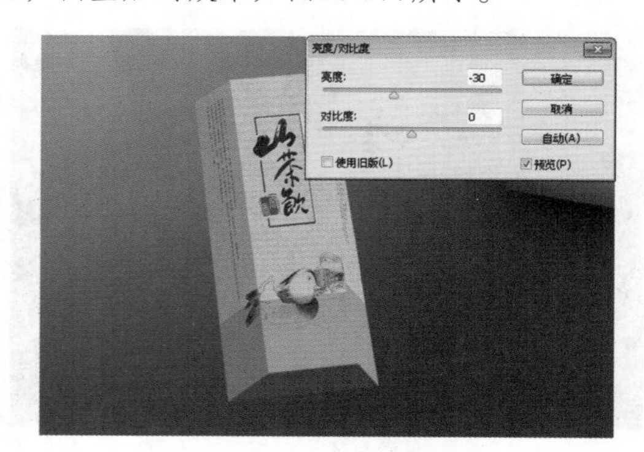

图18-177　降低图像亮度

Step 26 ▶ 使用同样的方法，对右侧图像降低亮度，对中间图像增加亮度，得到更有立体感的图像效果，如图18-178所示。

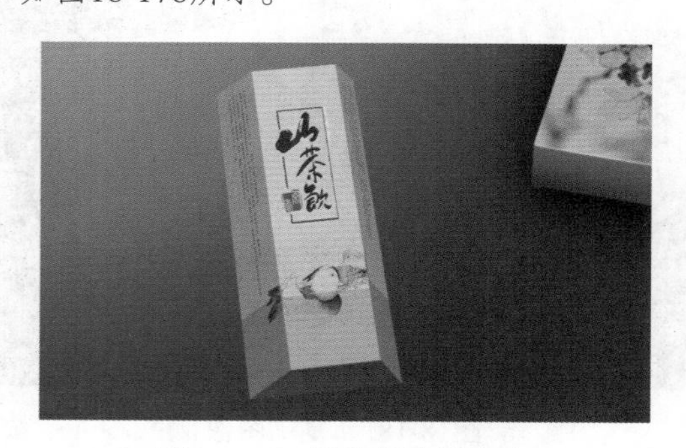

图18-178　调整图像的亮度

Step 27 ▶ 新建一个图层，设置前景色为“黑色”。选择画笔工具，在包装盒周围绘制黑色暗部图像，如图18-179所示。

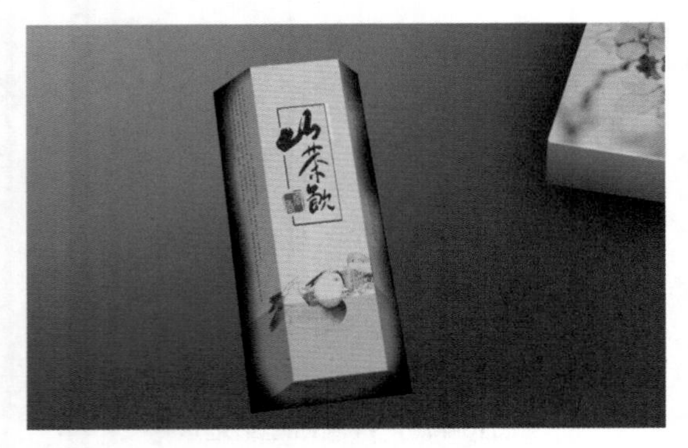

图18-179　绘制黑色暗部图像

Step 28 ▶ 设置该图层“不透明度”为20%，边缘绘制为暗部效果，然后再新建一个图层，放到“背景”图层上方，使用画笔工具在包装盒外边缘绘制投影效果，得到更有立体感的效果，如图18-180所示。

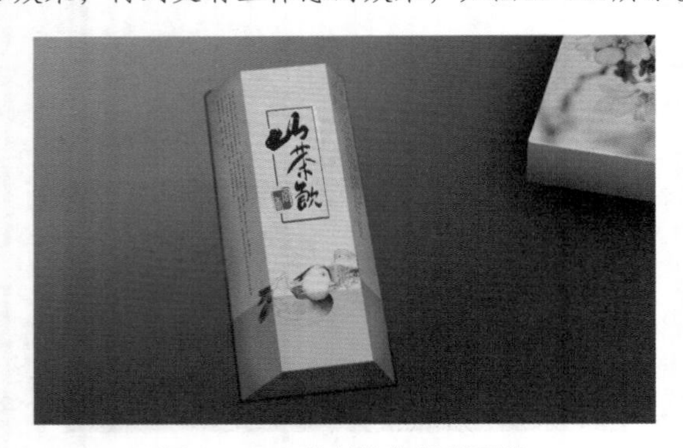

图18-180　绘制边缘投影图像

Step 29 ▶ 复制一个“茶罐包装盒”图像，将其放到右侧，并调整到“盒盖”图像下方，如图18-181所示。

图18-181　复制图像

Step 30 ▶ 打开“竹帘”图像。选择移动工具将其拖曳到当前编辑的图像中，适当调整图像大小，放到“茶罐包装”图像下方，如图18-182所示。

图18-182　添加“珠帘”图像

Step 31 ▶ 选择加深工具对“竹帘”图像周围进行涂抹，得到加深效果，再对“茶罐包装”图像边缘进行涂抹，得到“茶罐包装”图像放在“竹帘”图像上的投影效果，如图18-183所示。

图18-183　图像加深效果

Step 32 ▶ 选择“图像”/“调整”/“色相/饱和度”命令，打开“色相/饱和度”对话框，设置参数为17、-31、0，单击 确定 按钮，得到调整后的图像效果，如图18-184所示。

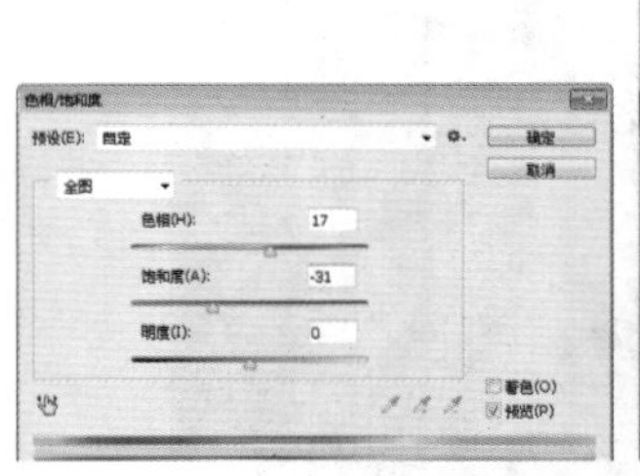

图18-184　调整图像色调

Step 33 ▶ 绘制包装盒里面的图像。选择多边形套索工具绘制出内部的图像选区，填充为“褐色”（R:149 G:84 B:49），再使用加深工具适当加深图像，效果如图18-185所示。

图18-185　绘制图像选区并加深颜色

Step 34 ▶ 继续绘制出其他边缘图像，填充为“浅黄色”（R:232 G:203 B:155），效果如图18-186所示。

图18-186　绘制其他图像

Step 35 ▶ 选择多边形套索工具新建图层，绘制包装盒的“厚度”图像，并填充为“深褐色”（R:83 G:60 B:30），如图18-187所示。

图18-187　绘制“厚度”图像

Step 36 ▶ 使用加深工具适当加深图像边缘，得到阴影效果，如图18-188所示。

图18-188　加深图像边缘

Step 37 ▶ 新建一个图层。设置前景色为“黑色”，使用画笔工具在包装盒底部绘制出“盒盖”和“内盒”图像的投影，效果如图18-189所示。

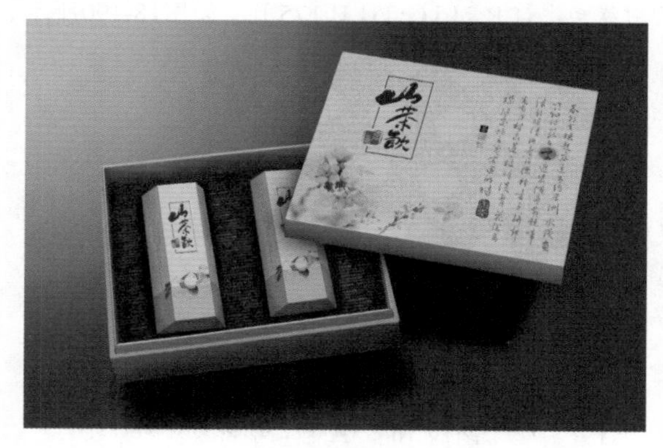

图18-189　最终效果

读书笔记

18.8 制作手提袋

图层样式的应用 | 设置图层不透明度 | 设置图层混合模式

本例将制作手提袋，首先绘制出手提袋的平面图像，然后再通过透视等操作，得到手提袋的立体效果，并添加手绳等。制作后的效果如左图所示。

- 光盘\素材\第18章\树叶.psd、线条.psd、叶片.psd
- 光盘\效果\第18章\手提袋.psd
- 光盘\实例演示\第18章\制作手提袋

Step 1 新建一个文件，再新建“图层1”，选择矩形选框工具，在图像中绘制一个矩形选区，填充为“白绿色”（R:215 G:231 B:175），如图18-190所示。

图18-190　绘制矩形选区

Step 2 打开“树叶.psd”图片，选择移动工具，将其拖曳到当前编辑的图像中，适当调整图像大小，如图18-191所示。

图18-191　添加“树叶.psd”图像

Step 3 这时，“图层”面板自动生成“图层2”，将图层混合模式设置为“正片叠底”，得到叠加图像效果，如图18-192所示。

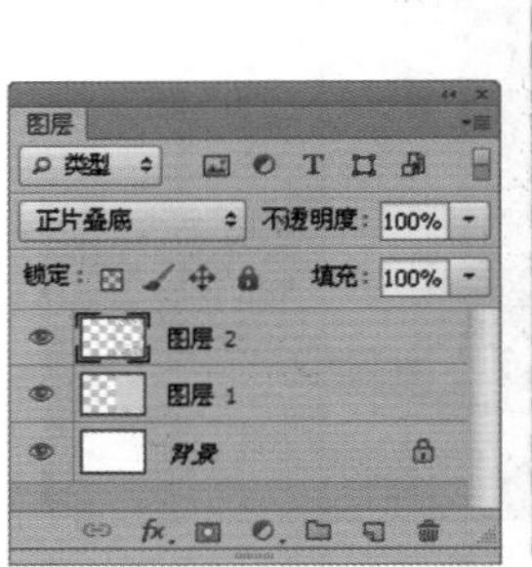

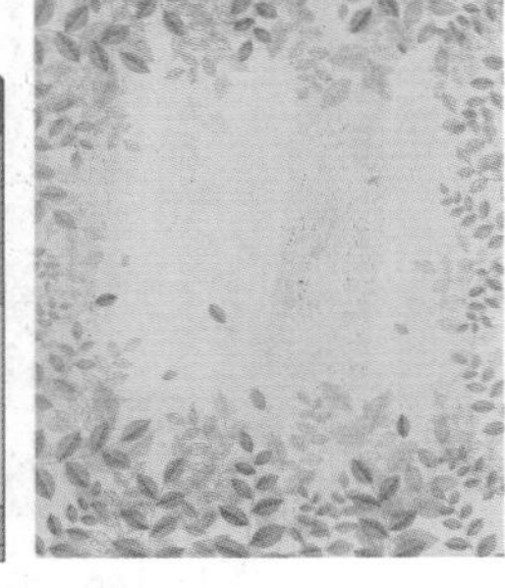

图18-192　设置图层混合模式

Step 4 打开“线条.psd”图像，使用移动工具将其拖曳到当前编辑的图像中，调整大小后放到画面下方，如图18-193所示。

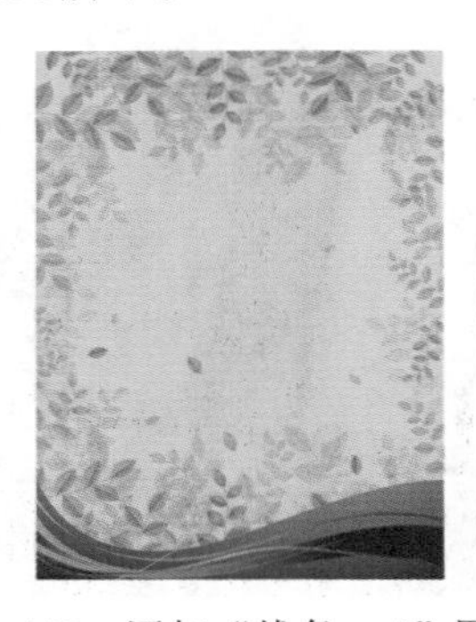

图18-193　添加“线条.psd”图像

Step 5 打开“叶片.psd”图像，选择移动工具将其拖曳到当前编辑的图像中，调整大小后置于“线条.psd”图像中，如图18-194所示。

图18-194　添加“叶片.psd”图像

Step 6 选择横排文字工具，在图像中输入产品的英文和中文名称，在属性栏中设置中文字体为“黑体”，英文字体为Swis721 Blk BT，填充为“深绿色”（R:0 G:100 B:40），如图18-195所示。

图18-195　输入文字

Step 7 新建一个图层，选择矩形选框工具，在文字中间绘制一个细长的矩形选区，填充为“深绿色”（R:0 G:100 B:40），如图18-196所示。

图18-196　绘制细长线条

Step 8 使用横排文字工具，在图像中输入其他文字，并在属性栏中设置字体为“方正粗倩简体”，填充为“白色”，如图18-197所示。

图18-197　输入其他文字一

Step 9 选择“图层”/“图层样式”/“描边”命令，打开“图层样式”对话框，设置描边颜色为“深绿色”（R:0 G:100 B:40），“大小”为“5像素”，单击 确定 按钮得到描边效果，如图18-198所示。

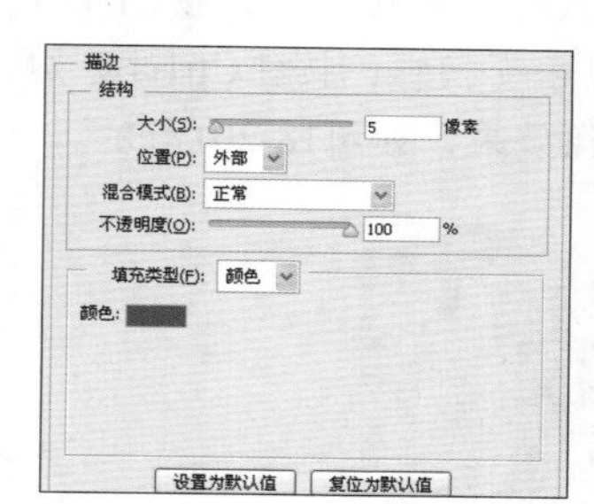

图18-198　添加描边效果

Step 10 继续输入其他文字，分别在属性栏中设置字体为“方正粗倩简体”和“黑体”，填充为“深绿色”（R:0 G:100 B:40），如图18-199所示。

图18-199　输入其他文字二

Step 11 ▶ 在“手提袋”图像底部输入公司名称，在属性栏中设置字体为“方正大标宋简体”，填充为“白色”，然后选择“图层”/“图层样式”/“描边”命令，打开“图层样式”对话框，设置描边颜色为“深绿色”（R:0 G:100 B:40），“大小”为“5像素”，单击 确定 按钮，得到描边效果，如图18-200所示。

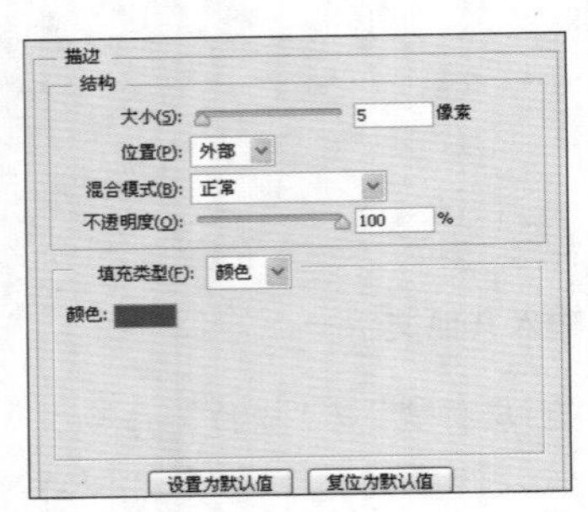

图18-200 输入文字并描边

Step 12 ▶ 合并所有图层，然后复制图层，按Ctrl+T组合键在图像周围出现自由变换框，按住Ctrl键分别调整4个角，得到透视图像效果，如图18-201所示。

图18-201 透视图效果

操作解谜

对图像执行透视变换时，需要注意4个角的拉伸状态，确保有立体透视效果，才能让图像更有真实感。

Step 13 ▶ 选择矩形选框工具，框选一部分“手提袋”图像，按Ctrl+J组合键复制图像，然后透视变换图像，制作出侧面图像效果，如图18-202所示。

图18-202 透视变换图像

Step 14 ▶ 选择“图像”/“调整”/“亮度/对比度”命令，打开“亮度/对比度”对话框，设置参数为-100、38，单击 确定 按钮，得到阴影面效果，如图18-203所示。

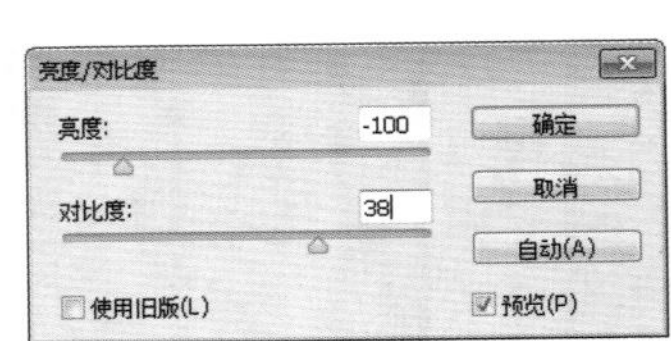

图18-203 降低图像亮度

Step 15 ▶ 选择“手提袋”正面图像，按Ctrl+J组合键复制图像，选择“编辑”/“变换”/“垂直翻转”命令，将图像放到下方，再按Ctrl+T组合键适当倾斜图像，如图18-204所示。

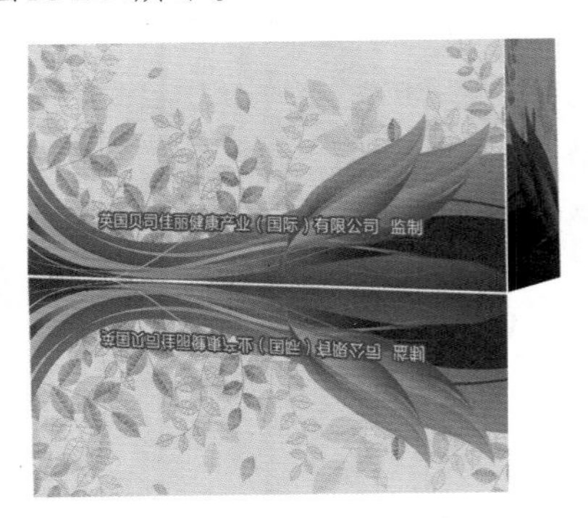
图18-204 变换图像

Step 16 单击“图层”面板中的“添加图层蒙版”按钮，为该图层添加图层蒙版。选择渐变工具，对图像从上到下应用从“白色”到“黑色”的渐变填充颜色，得到倒影效果，如图18-205所示。

图18-205 应用图层蒙版一

Step 17 选择“手提袋”侧面图像，复制对象，然后选择“编辑”/“变换”/“垂直翻转”命令，将图像放到下方，按Ctrl+T组合键适当倾斜图像，效果如图18-206所示。

图18-206 复制并变换图像

Step 18 为该图层添加图层蒙版，然后选择渐变工具，对图像从上到下应用从“白色”到“黑色”的渐变填充颜色，得到倒影效果，如图18-207所示。

图18-207 应用图层蒙版二

Step 19 新建一个图层，并放到所有“手提袋”图像的下一层。设置前景色为“黑色”，使用画笔工具在“手提袋”的正面和侧面以及倒影图像的交界处绘制图像，得到缝隙中的黑色效果，如图18-208所示。

图18-208 缝隙中的黑色效果

Step 20 设置前景色为“黑色”，选择多边形套索工具，在属性栏中设置羽化值为“50像素”，绘制出“手提袋”的投影选区，如图18-209所示。

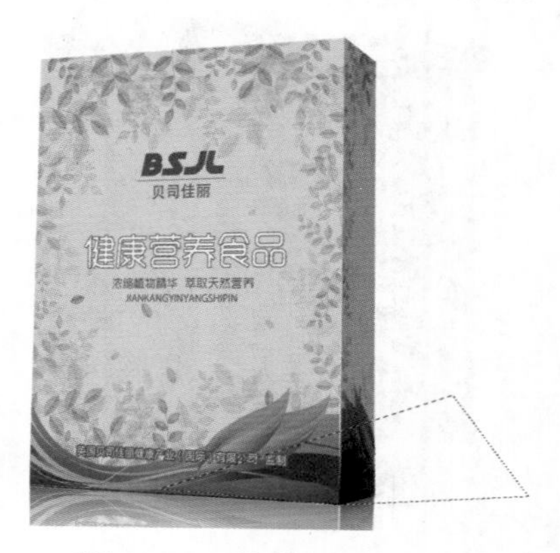

图18-209 绘制投影选区

读书笔记

Step 21 ▶ 选择渐变工具，在属性栏中设置渐变方式为“线性渐变”，然后设置颜色从“深灰色”到“透明”，并对选区应用渐变填充，得到投影效果，如图18-210所示。

图18-210　渐变填充选区

Step 22 ▶ 选择椭圆选框工具在“手提袋”上方绘制一个圆形选区，填充为“黑色”，然后复制对象，放到另一侧，得到“手提袋”上方的两个黑色圆形，如图18-211所示。

图18-211　绘制圆形

Step 23 ▶ 新建一个图层，选择钢笔工具绘制“绳子”图形，按Ctrl+Enter组合键将路径转换为选区，填充为“绿色”（R:99 G:172 B:33），如图18-212所示，得到“绳子”图像。

图18-212　绘制“绳子”图像

Step 24 ▶ 复制“绳子”图像，适当向右移动，并将其放到“手提袋”图像的下一层，如图18-213所示。

图18-213　最终效果

读书笔记

18.9 扩展练习

本章学习多个平面广告的制作，包括海报设计、标志设计、画册设计，以及包装设计等。下面通过两个练习让用户对广告设计有进一步的认识，并能设计出具有商业气息的广告画面。

18.9.1 狗粮宣传海报

练习制作狗粮的宣传海报。首先通过渐变工具填充得到渐变矩形背景，然后添加各种素材图像，再使用横排文字工具在图像中输入文字，并添加图层样式，为文字绘制描边、投影等效果，最后再添加各种素材图像，效果如图18-214所示。

图18-214 狗粮宣传海报的效果

- 光盘\素材\第18章\狗粮.psd、LOGO.psd、狗.psd
- 光盘\效果\第18章\狗粮宣传海报.psd
- 光盘\实例演示\第18章\制作狗粮宣传海报

18.9.2 商场打折海报

练习制作商场夏季打折的宣传海报，首先为背景渐变填充，然后添加一个“花纹”图像，设置图层混合模式为“正片叠底”，再添加其他素材图像，得到主要图像——立体字，最后使用钢笔工具绘制出“楼房”等图像，并渐变填充，再输入文字，效果如图18-215所示。

图18-215 商场打折的效果

- 光盘\素材\第18章\立体字.psd、礼物.psd、底纹.psd
- 光盘\效果\第18章\商场打折海报.psd
- 光盘\实例演示\第18章\制作商场打折海报

读书笔记

456 Chapter 19 创建与编辑3D图像

476 Chapter 20 视频和动画的编辑与制作

精通篇
Proficient

经过入门篇与实战篇的学习，用户已经能够使用Photoshop CC来制作所需的图像效果。除此之外，Photoshop CC还可以进行视频和3D对象的制作，使用户获得更丰富的图像类型，并提升用户对图片的处理能力。本篇对3D对象的创建、编辑和渲染，以及视频的创建与编辑等知识进行讲解。

>>>

16 17 18 19 20

创建与编辑3D图像

本章导读

使用传统的方法将平面的图像制作出立体效果很耗费时间，而使用3D功能就能快速制作出立体效果。在实际工作中，Photoshop CC经常用于对3D对象的材质进行设置和编辑，它能让用户快速对3D对象进行编辑和渲染。本章将讲解3D图像的知识，包括认识3D、创建3D对象、编辑3D对象、绘制并编辑3D对象的纹理、渲染3D对象、存储和导出3D文件等。掌握这些编辑方法有利于对图像进行特殊处理。

19.1 认识3D

一般用户制作、处理的都是平面的2D图像，这种2D图像在立体表现上远不及3D图像。3D图像不仅能让图像看起来更加立体，还能通过纹理、渲染和光照等元素使图像看起来更加真实。3D图像编辑原理以及方法与2D图像有所不同，在学习3D动画制作前需要对3D的基础概念进行一定的了解。

19.1.1 3D的作用

3D是3 Dimensions的简称。三维（3D）是空间的概念，三维是由X、Y、Z 3个轴组成的空间。相对于只有长和宽的二维平面而言，三维空间更加复杂，更有立体感。使用Photoshop CC打开3D文件时，显示3D界面，并显示3D模型的效果。如图19-1所示为打开一个3D图像的效果。使用Photoshop CC能对3D对象的纹理、渲染和光照信息进行编辑和存储。

图19-1　3D文件效果图

?答疑解惑：

只要是Photoshop CS3开始的版本都能试用3D功能吗？

并不是。从Photoshop CS3开始，Photoshop发布普通版和扩展版（Extended），只有扩展版才包含3D功能。

19.1.2 了解3D的组成元素

3D是由网格、材质、光源和相机等元素组成的，3D文件看起来和平面图像不同，是因为3D使用了与平面图像不一样的原理。一个3D文件可能包含一个或多个3D组成元素，而平面图像只包含一种元素。常见的3D组成元素与其特点如下。

1. 网格

网格控制3D对象的形状，看起来就像多个独立的多边形拼接成的框线。一个3D对象中至少包含一个网格。Photoshop CC可将预先准备的形状或现有的平面图层转换为3D网格。此外，用户还可以用2D图层创建3D网格，如图19-2所示为3D图层中的网格。

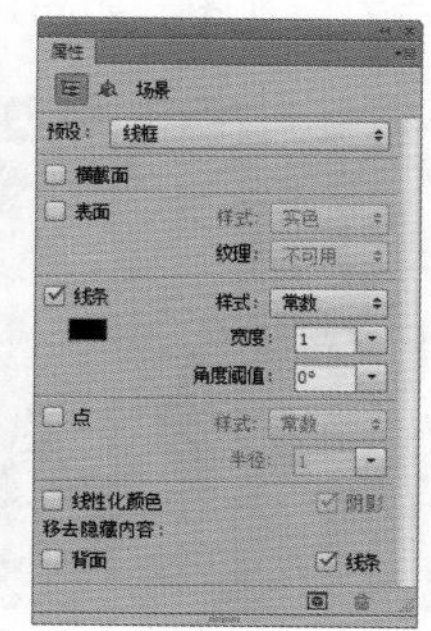

图19-2　3D网格

2. 材质

材质用于覆盖网格，用于模拟各种纹理和质感，以增强图像的真实感。一个网格可以使用一个或者多种材质。如图19-3所示为猫战士的纹理材质。

图19-3　怪物的纹理材质

3. 光源

光源用于照亮整个场景和3D对象。Photoshop CC有无限光、聚光灯和点光等3种光源。光源不同，相同材质、对象所呈现的状态也有所不同。如图19-4所示为点光，如图19-5所示为聚光灯，如图19-6所示为无限光。

图19-4　点光

图19-5　聚光灯

图19-6　无限光

4. 3D相机

3D相机可以改变与物体的视图关系，通过移动摄像机的位置以便得到最合适的图像效果。如图19-7所示为前视图，如图19-8所示为右视图。

图19-7　前视图

图19-8　右视图

19.1.3 认识3D轴

选择3D对象后，3D对象中心都出现一个3D轴，如图19-9所示。

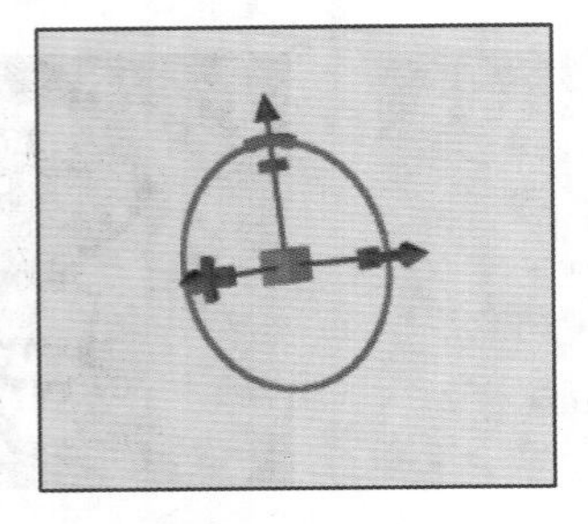

图19-9　3D轴

3D轴显示对象当前的X、Y和Z轴的位置。用户可以对3D轴中的对象进行移动、旋转以及缩放等操作，其方法如下。

- **使用3D轴移动对象：** 为移动对象，可使用鼠标指针拖动轴的锥尖处，对象根据选择的轴方向进行移动，如图19-10所示。
- **使用3D轴缩放对象：** 为缩放对象，可使用鼠标指针拖动两轴之间的中心交叉处，对象根据选择的轴方向进行缩放，如图19-11所示。

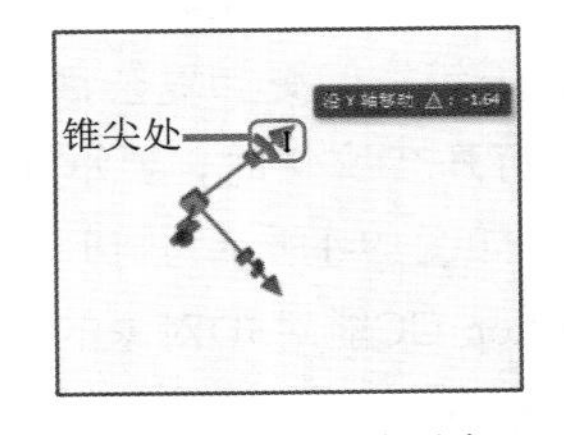

图19-10　移动对象

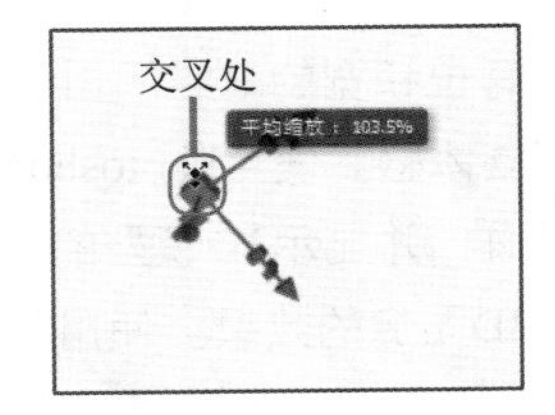

图19-11　缩放对象

- **使用3D轴旋转对象：** 为旋转对象，可单击轴锥尖处下方的旋转线段。此时出现暗黄色的旋转环，拖动旋转环即可旋转对象，如图19-12所示。
- **使用3D轴变形对象：** 为将对象进行拉长或变粗等操作，可使用鼠标指针拖动轴旋转线段下方的变形立方体，如图19-13所示。

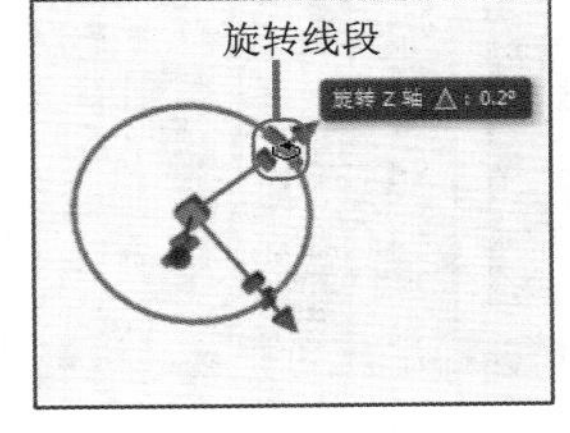
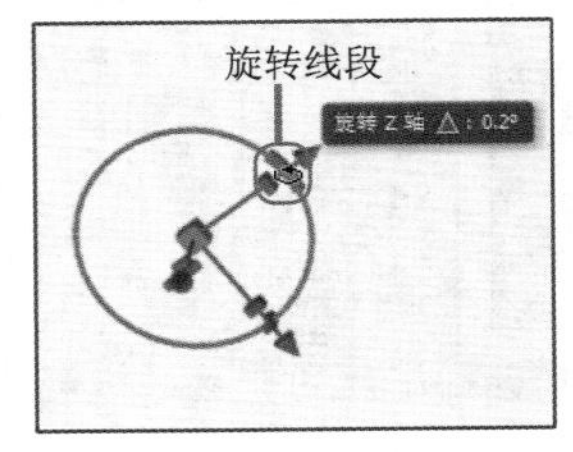

图19-12　旋转对象

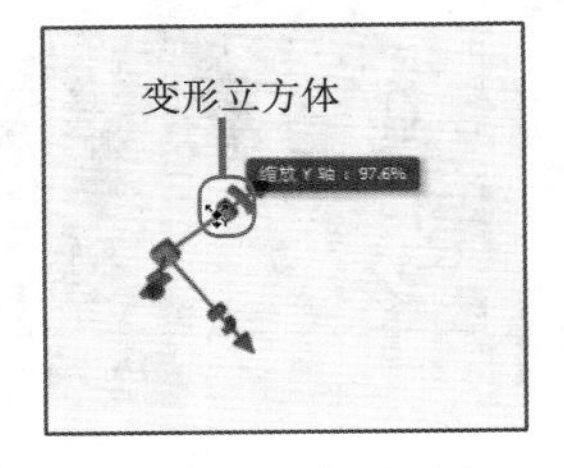

图19-13　变形对象

技巧秒杀

选择3D对象后不但能出现3D轴，用户在选择网格、光源后都会出现3D轴。

19.1.4 认识3D工具

使用Photoshop CC打开3D文件，并选择移动工具后，在工具选项栏中出现一个3D工具属性栏，如图19-14所示。使用它们可以对3D对象的位置、大小等进行调整。

3D模式：

图19-14 3D工具属性栏

知识解析：3D工具

- **旋转3D对象工具**：单击按钮后，将鼠标指针移动到3D对象上并按住鼠标左键，上下拖动可将对象水平旋转，左右拖动可将对象垂直旋转。如图19-15所示为原图，如图19-16所示为使用旋转3D对象工具将鼠标指针向右下拖动的效果。

图19-15 原图

图19-16 旋转3D对象

- **滚动3D对象工具**：单击按钮后，将鼠标指针移动到3D对象上并按住鼠标左键，左右拖动可使对象滚动。如图19-17所示为使用鼠标指针向右边拖动的效果。
- **拖动3D对象工具**：单击按钮后，将鼠标指针移动到3D对象上并按住鼠标左键，左右拖动可将对象水平移动，上下拖动可将对象垂直移动。如图19-18所示为使用鼠标指针向上拖动图像的效果。

图19-17 滚动3D对象

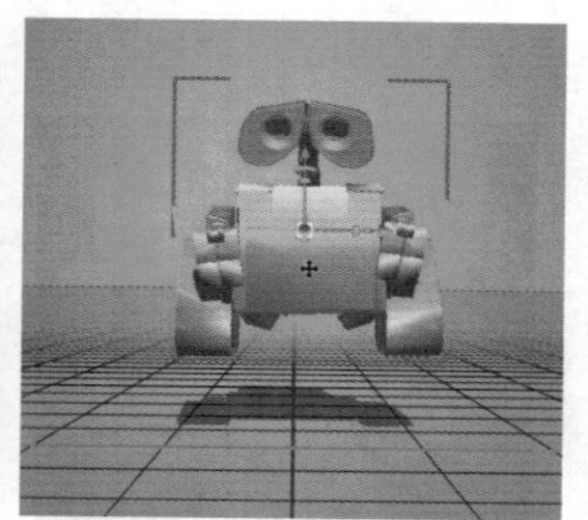

图19-18 拖动3D对象

- **滑动3D对象工具**：当鼠标在3D对象上操作时，单击按钮，可将鼠标指针移动到3D对象上并按住鼠标左键，上下拖动可放大或缩小对象。如图19-19所示为向下拖动鼠标指针放大对象的效果。
- **缩放3D对象工具**：单击按钮，向上向下拖动鼠标指针，可改变3D相机与对象的距离。如图19-20所示为向下拖动缩小对象的效果。

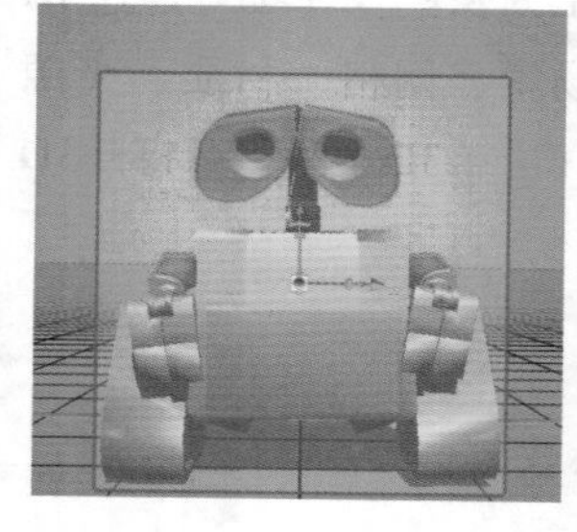

图19-19 滑动3D对象

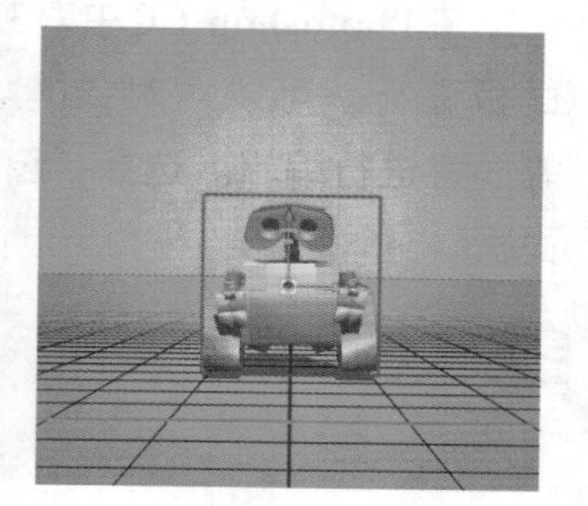

图19-20 缩放3D对象

技巧秒杀

打开3D文件后，选择3D材质吸管工具，在需要吸取材质的对象上单击，如图19-21所示。此时，在"属性"面板上可看到已吸取的材质，如图19-22所示。

图19-21 吸取材质

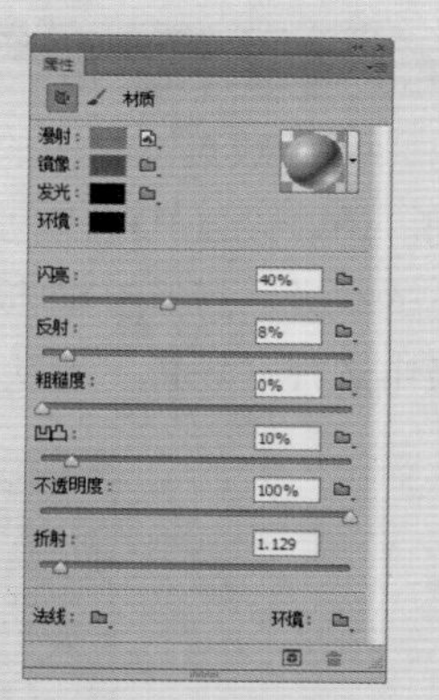

图19-22 被吸取的材质

技巧秒杀

选择3D材质拖放工具，在属性栏的"材质"下拉列表框中选择一种材质，再在需要赋予材质的3D对象上单击，如图19-23所示，可将选择的材质赋予3D对象，如图19-24所示。

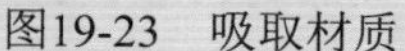

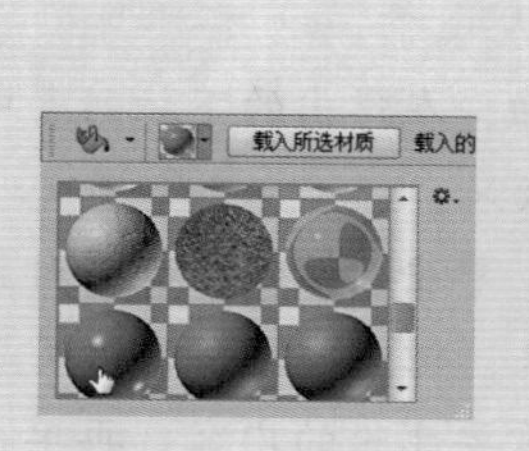

图19-23 吸取材质

图19-24 被吸取的材质

19.1.5 认识3D面板

在Photoshop CC中对3D对象的操作都可通过3D面板进行。可以对对象的场景、网格、材质、光源等内容进行编辑。选择“窗口”/3D命令，可打开3D面板。

读书笔记

---

1. 设置3D场景

用于放置图像中的对象以及网格等物体的虚拟空间。通过设置3D场景可以更改渲染模式，并改变对象上的纹理。打开3D面板，单击按钮，在其下方的列表中选择“场景”选项，如图19-25所示。

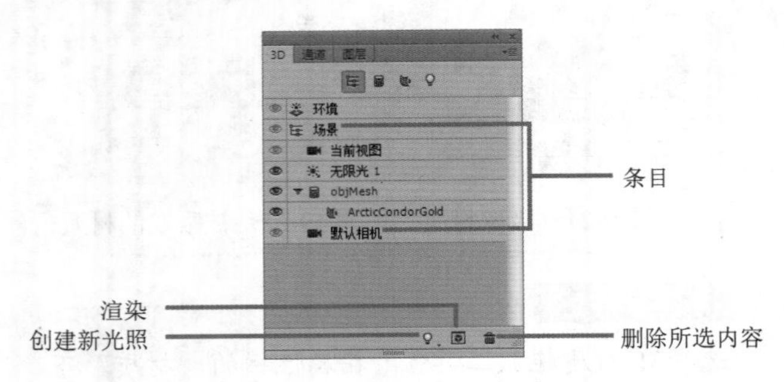

图19-25 “场景”选项

知识解析：“场景”选项

- 条目：选择条目中的选项，可在“属性”面板中进行相关的设置。
- 创建新光照：单击按钮，在弹出的下拉列表中可选择创建需要的光照效果。
- 渲染：设置对象效果后，单击按钮，可将对象的最终效果完全展示出来，但需要较多的时间。
- 删除所选内容：可选中需要删除的内容，再单击按钮。

选择“场景”选项后，再选择“窗口”/“属性”命令，打开如图19-26所示的“属性”面板。该面板可以设置对象的显示方法。

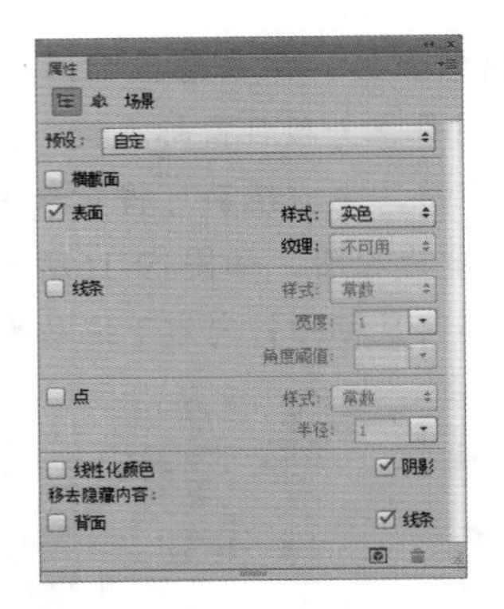

图19-26 场景“属性”面板

知识解析：场景“属性”面板

- 预设：用于设置对象的渲染方式，设置后图像出现不同的显示方式。打开如图19-27所示的3D图像，如图19-28所示为素描粗铅笔，如图19-29所示为着色线框，如图19-30所示为未照亮的纹理。

图19-27 原图

图19-28 素描粗铅笔

图19-29 着色线框

图19-30 未照亮的纹理

- 横截面：选中☑横截面复选框后，通过选择复选框下方的“切片”、“位移”、“倾斜”和“不透明度”等选项选择不同的角度与对象相交的平面横截面。可以切入模型内部，查看里面的内容。

- 表面：选中☑表面复选框后显示对象。在其后的“样式”下拉列表框中进行选择，用户可对对象的表面效果进行设置。
- 线条：选中☑线条复选框后可显示对象的边框，在其后方的选项中可设置样式、宽度、角度阈值等。
- 点：选中☑点复选框可显示对象中的网格点，在其后方的选项中可设置样式、半径等。
- 线性化颜色：选中☑线性化颜色复选框，对3D对象的整体颜色进行处理，使颜色看起来更加自然、绚丽。
- 阴影：选中☑阴影复选框，显示3D对象投影在地面上的阴影。取消选中该复选框，则不显示阴影。
- 背面：选中☑背面复选框，可隐藏3D对象的背面。
- 线条：选中☑线条复选框，可隐藏3D对象背面的线条。

技巧秒杀

在“场景”选项中选择“当前视图”条目，如图19-31所示。选择“窗口”/“属性”命令，打开如图19-32所示的“属性”面板，在“属性”面板的“视图”下拉列表框中可选择使用不同视角来观察模型。

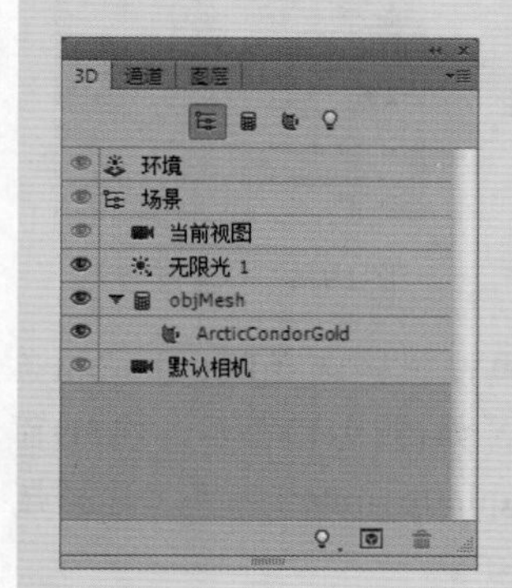

图19-31 “当前视图”条目

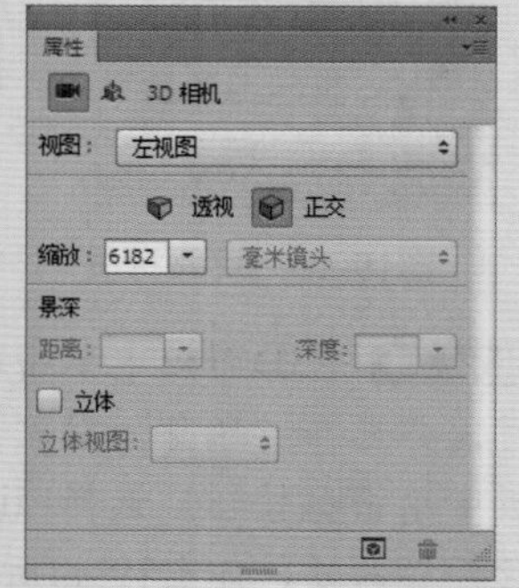

图19-32 “属性”面板

2. 设置3D网格

网格可控制对象的阴影关系。单击3D面板中的按钮，在其下方的列表中选择需要设置的“网格”选项，如图19-33所示。在打开的“属性”面板中即可设置网格，如图19-34所示。

图19-33 “网格”选项

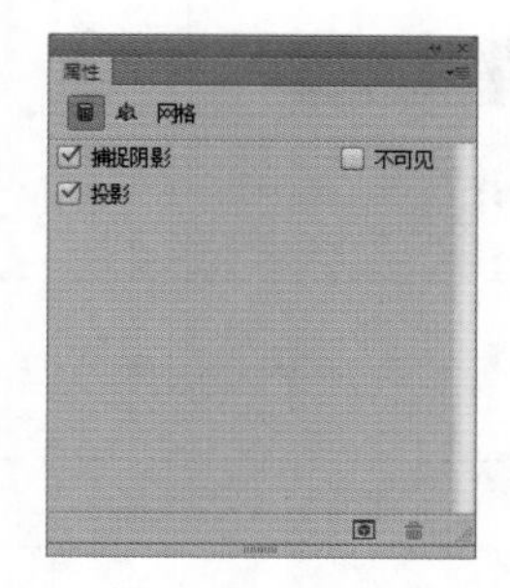

图19-34 网格“属性”面板

知识解析：网格“属性”面板

- 捕捉阴影：选中☑捕捉阴影复选框，对象出现阴影；未选中该复选框，对象不出现阴影。
- 投影：选中☑投影复选框，对象出现投影；未选中该复选框，对象不出现阴影，其效果和“捕捉阴影”相似。
- 不可见：选中☑不可见复选框后隐藏网格，仅显示对象产生的所有阴影和投影。

3. 设置3D材质

材质的使用是设置3D对象时最重要的一个环节，一个对象可使用一种或多种材质来进行设置。3D材质的调整主要从材质本身的物理属性出发进行分析，常见的物理属性包括“颜色”、“花纹”、“透明度”、“凹凸”、“是否发光”或“是否反光”等。单击3D面板中的按钮，在其下方的列表中选择需要设置的“材质”选项，如图19-35所示。在打开的“属性”面板中即可设置材质，如图19-36所示。

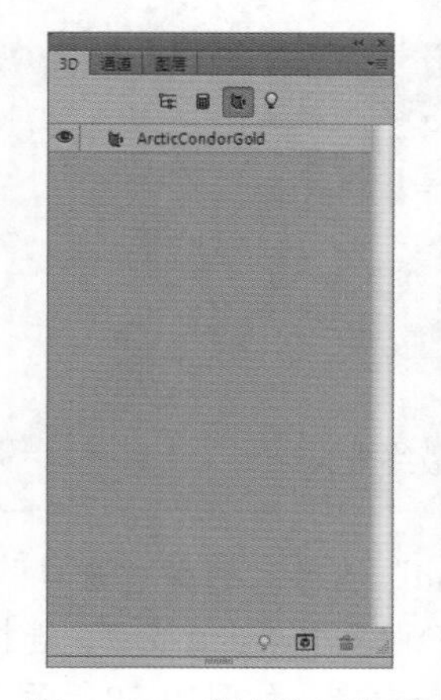

图19-35 “材质”选项

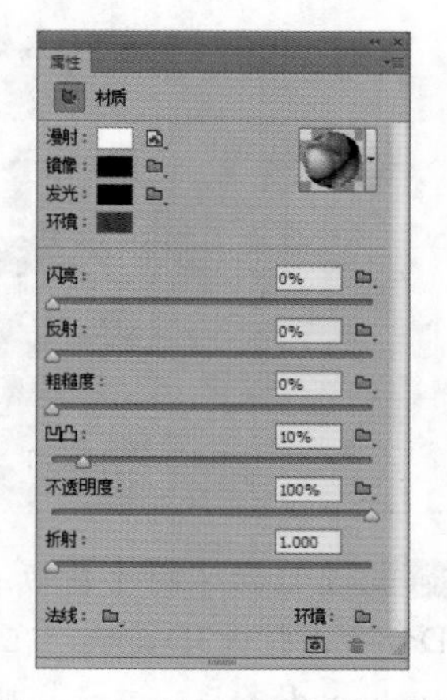

图19-36 材质“属性”面板

读书笔记

实例操作：为花生酱瓶赋予材质

- 光盘\素材\第19章\花生酱瓶\
- 光盘\效果\第19章\花生酱瓶.psd
- 光盘\实例演示\第19章\为花生酱瓶赋予材质

本例打开“花生酱瓶.psd”图像文件，并使用3D面板和“属性”面板为花生酱瓶赋予材质。效果如图19-37和图19-38所示。

图19-37　原图效果

图19-38　最终效果

Step 1 ▶ 打开“花生酱瓶.psd”图像。选择“窗口”/3D命令，打开3D面板，在3D面板中单击按钮，选择bouchon_de条目，并选择瓶盖对象，如图19-39所示。在3D面板中单击按钮，选择N02___Default条目，编辑瓶盖的材质，如图19-40所示。

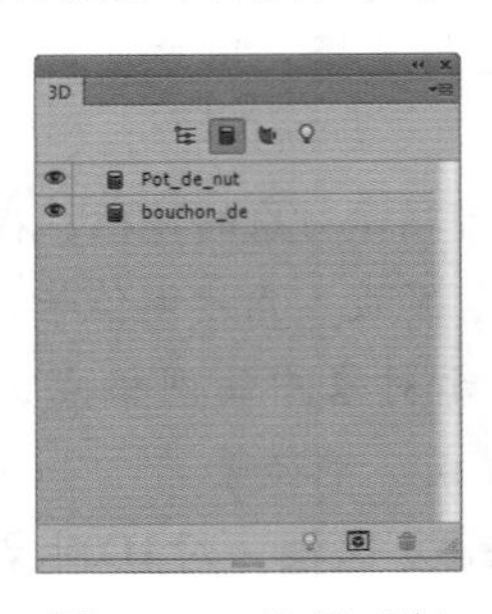

图19-39　选择“瓶盖”对象

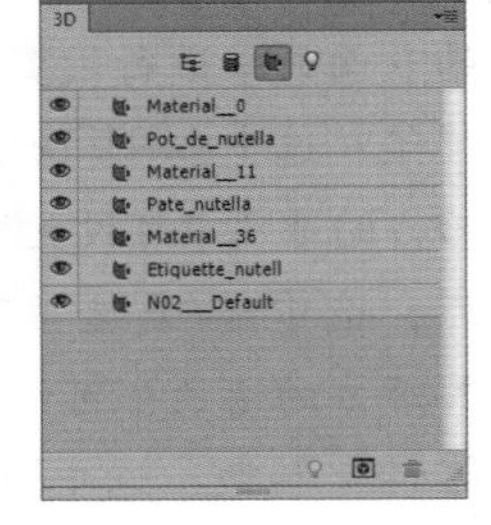

图19-40　选择N02___Default条目

Step 2 ▶ 选择“窗口”/“属性”命令，打开“属性”面板。在其中设置单击“漫射”选项后的按钮，在弹出的快捷菜单中选择“载入纹理”命令，如图19-41所示。打开“打开”对话框，选择“盖子.jpg”图像，单击打开(O)按钮。返回“属性”面板，设置“闪亮”“粗糙度”分别为67%、4%，如图19-42所示。

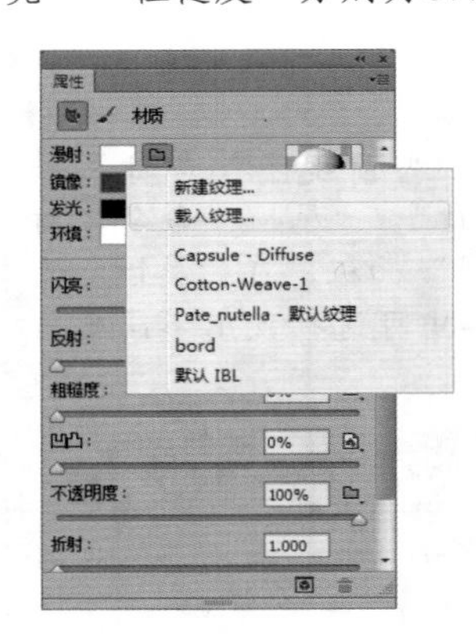

图19-41　载入材质

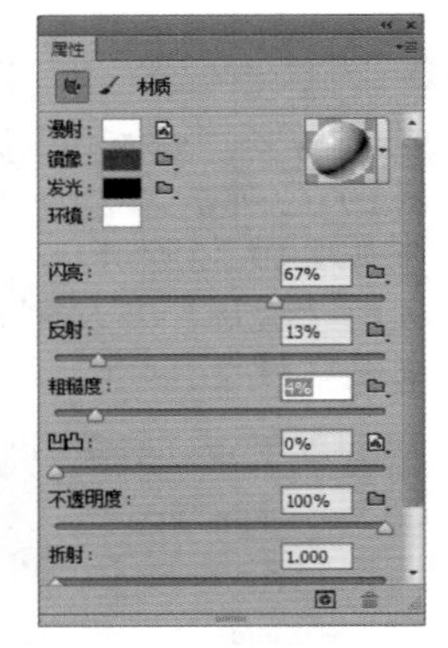

图19-42　设置参数

Step 3 ▶ 在3D面板中单击按钮，选择Pot_de_nut条目，并选择“瓶身”对象，如图19-43所示。在3D面板中单击按钮，选择Etiquette_nutell条目，选择瓶身标签部分，如图19-44所示。

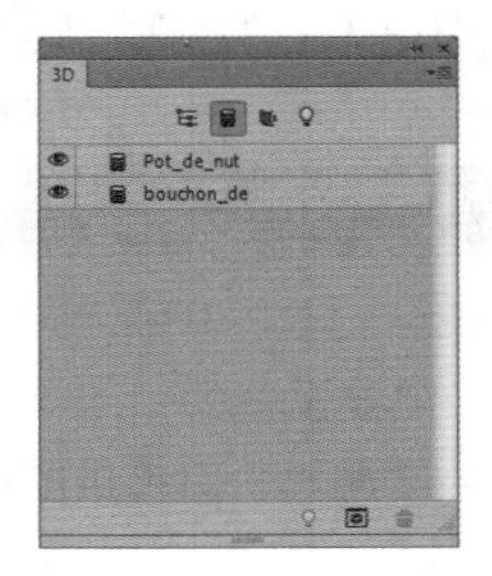

图19-43　选择瓶身一

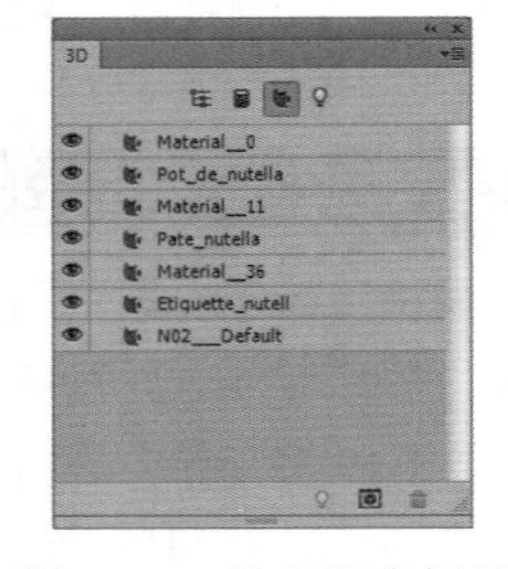

图19-44　选择瓶身标签

Step 4 ▶在“属性”面板中，单击“漫射”选项后的按钮，在其中载入“标签.jpg”图像。单击“镜像”后的色块，在“拾色器（镜像颜色）”对话框中设置颜色为“暗褐色”（R:107 G:90 B:90）。最后设置“反射”“凹凸”分别为22%、13%，如图19-45所示。在3D面板中，选择Pot_de_nutella条目，选择瓶身，如图19-46所示。

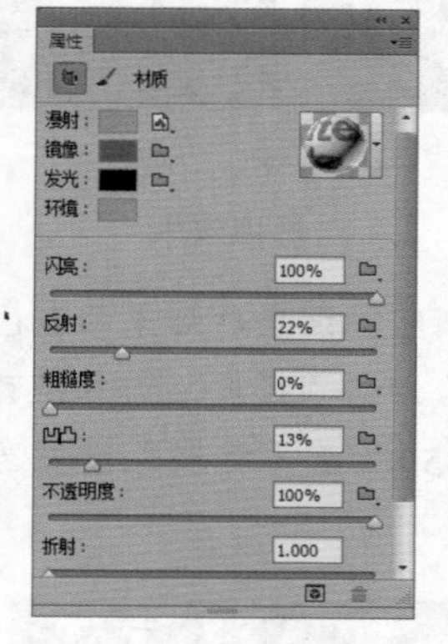

图19-45　设置漫射参数

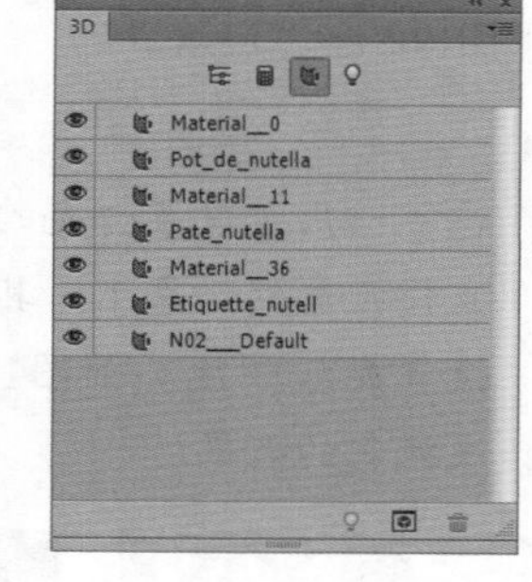

图19-46　选择瓶身二

Step 5 ▶在“属性”面板中，在其中单击材质球右边的按钮，在弹出的下拉选项框中选择“玻璃（磨砂）”材质，为瓶身赋予玻璃材质，如图19-47所示。在3D面板中，设置“不透明度”为15%，以降低玻璃的不透明度，效果如图19-48所示。

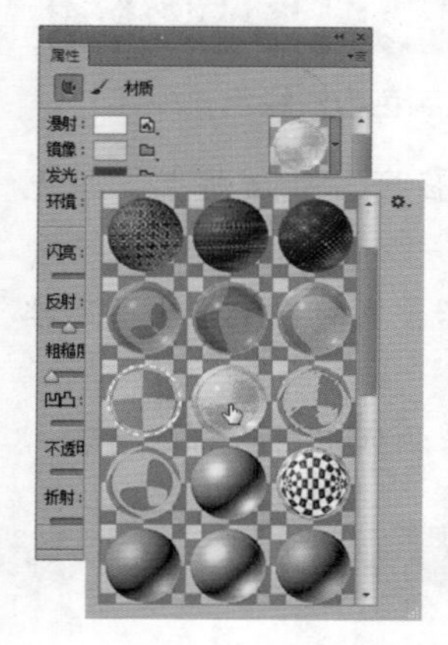

图19-47　赋予玻璃材质

图19-48　降低不透明度的效果

Step 6 ▶在3D面板中单击按钮，选择Pate_nutella条目，选择“花生酱”对象，如图19-49所示。在“属性”面板中，设置“闪亮”“反射”“粗糙度”“凹凸”分别为96%、10%、6%、27%，如图19-50所示。

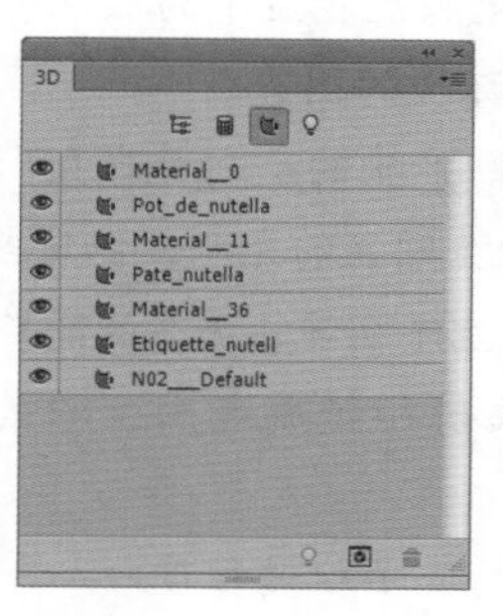

图19-49　选择条目

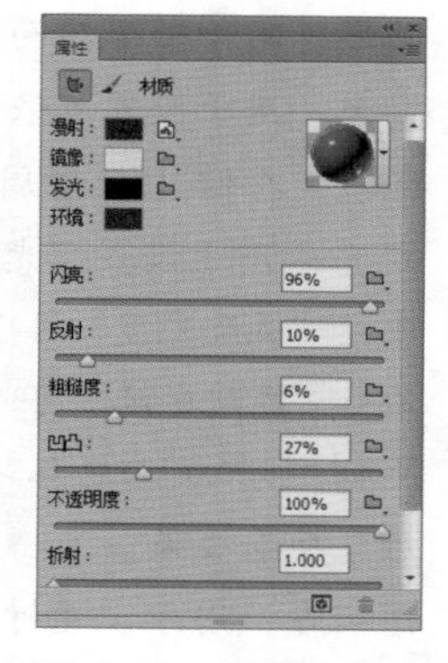

图19-50　设置各参数

知识解析：材质“属性”面板

◆ 材质球：单击材质球右边的按钮，在弹出的下拉选项栏中选择一种材质。如图19-51所示为Photoshop CC自带的部分材质，如图19-52所示为使用“丙烯酸塑料（蓝色）”为3D赋予材质的效果。

图19-51　自带的材质球

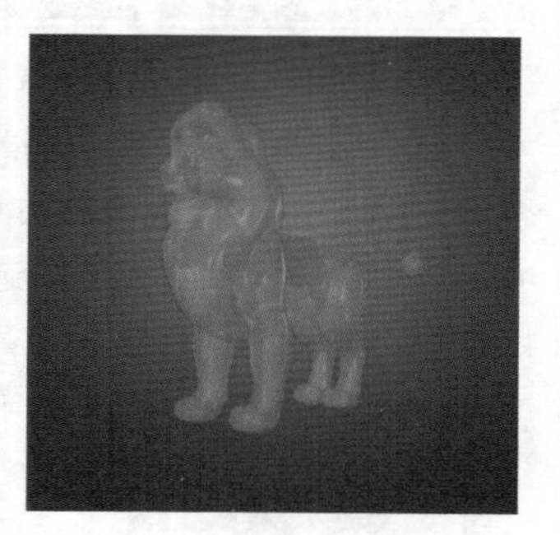

图19-52　丙烯酸塑料（蓝色）

◆ 漫射：用于设置材质的颜色。漫射映射也可以是实色或是2D图像。如图19-53所示，设置“漫射”为“黑色”；如图19-54所示，使用2D图像贴到3D对象表面。

图19-53　设置“漫射”为“黑色”

图19-54　设置“漫射”为“2D图像”

◆ 镜像：用于设置镜面高光的颜色。
◆ 发光：用于设置不依赖光照就能显示的颜色。
◆ 环境：存储3D模型周围环境的图像。
◆ 闪亮：用于设置“光泽”产生的反射光散射。其中，“低反光度”可以产生明显的光照，但焦点不足；“高反光度”可以产生不明显、更亮的高光。
◆ 反射：增加3D场环境映射和材质表面上的其他对象反射效果。
◆ 粗糙度：用于设置材质的显示粗糙程度。
◆ 凹凸：通过灰度图像在材质表面创建凹凸效果，但并不改变网格形状。
◆ 不透明度：用于设置材质的不透明度。
◆ 折射：用于增加3D场景、环境映射和材质表面上其他对象的反射效果。

4. 设置3D光源

若3D场景中没有光源，整个对象都显得暗淡无光。在不同角度为对象增加光源，可使对象看起来更有立体感。在3D面板中单击按钮，在其下方的列表中选择需要设置的“光源”选项，如图19-55所示。在打开的“属性”面板中，可设置对象的光照类型、强度和颜色等效果，如图19-56所示。

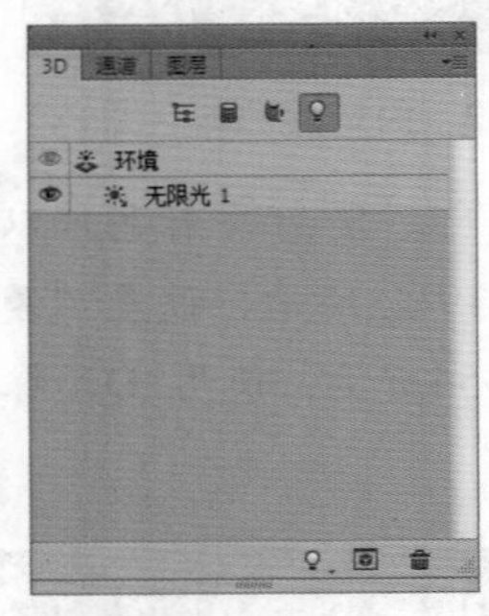

图19-55 “光源”选项

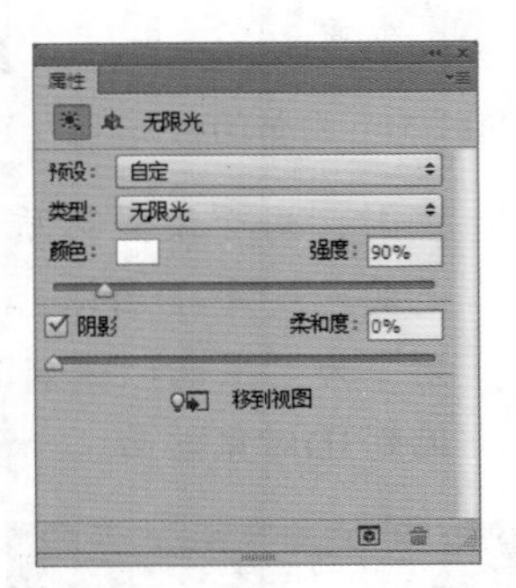

图19-56 无限光“属性”面板

知识解析：无限光“属性”面板

◆ 预设：用于选择不同场景中使用的灯光类型，便于更快地调整出光照效果。如图19-57所示为使用“狂欢节”选项的效果，如图19-58所示为使用“夜光”选项的效果。
◆ 类型：用于设置光源形状，如点光、聚光灯和无限光。点光可产生灯泡的效果；聚光灯能产生射灯的效果；无限光能产生太阳光照射的效果。

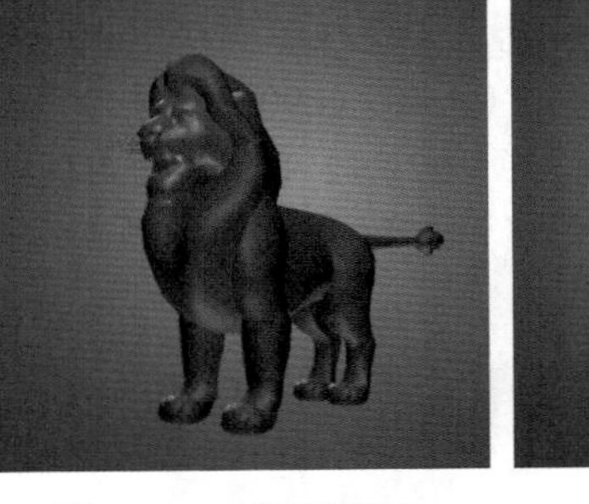
图19-57 “狂欢节”选项效果

图19-58 “夜光”选项效果

◆ 颜色：用于设置灯光的颜色，设置后灯光的颜色直接投影到对象上。其后方的“强度”文本框可设置光线强度。如图19-59所示为将颜色设置为浅绿色的效果。

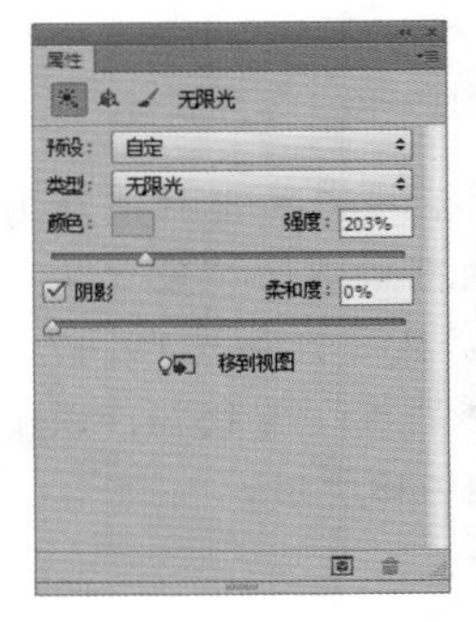

图19-59 设置灯光颜色为浅绿色

◆ 强度：用于设置光照的强度，数值越大，灯光越亮。
◆ 阴影：选中☑阴影复选框后，在对象上产生被遮挡的光源。
◆ 柔和度：用于设置光照后物体阴影的渐变效果。

19.1.6 调整光源

Photoshop CC有3种光源，这3种光源的使用和调整可以直接影响3D对象的效果。下面分别讲解它们的调整方法。

1. 调整点光

点光在Photoshop CC中显示为一个小球状，可向四周照射光线，但其亮度有限，如图19-60所示。用户使用拖动3D对象工具和滑动3D对象工具可调整点光位置，如图19-61所示为将点光从正前方移动到右边的效果。

图19-60 点光

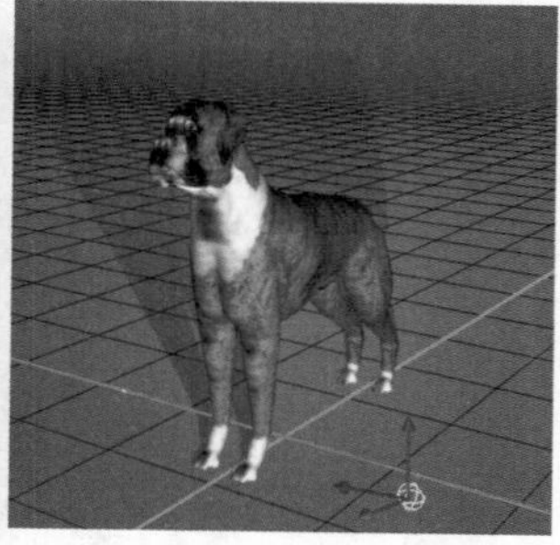

图19-61 移动点光位置

当用户创建并选中点光后，“属性”面板出现 光照衰减 复选框，选中 光照衰减 复选框，“内径”和“外径”选项变为可用状态，如图19-62所示。其中，“内径”和“外径”选项决定衰减的锥形、光源亮度与3D对象距离的变化情况。当3D对象接近“内径”数值时，光照亮度最强；当3D对象接近“外径”数值时，光照强度最弱。如图19-63所示为减小内径，并加大外径的效果。

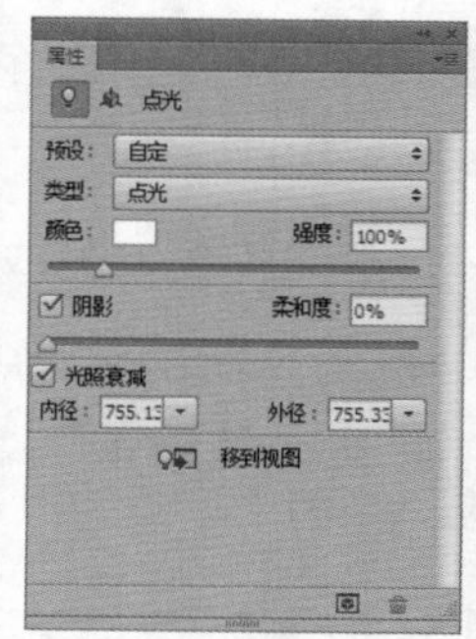

图19-62 点光“属性”面板

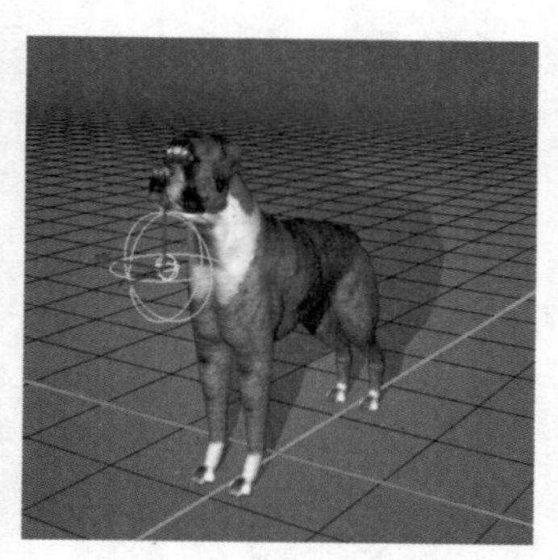

图19-63 调整内径和外径的效果

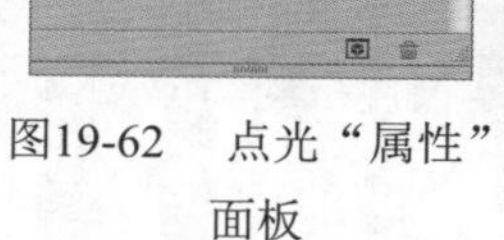

2. 调整聚光灯

聚光灯在Photoshop CC中显示为一个锥形，通过它用户可照出一种锥形的光线，如图19-64所示。用户使用拖动3D对象工具和滑动3D对象工具可调整点光位置，如图19-65所示为将点光从上方移动到右边的效果。

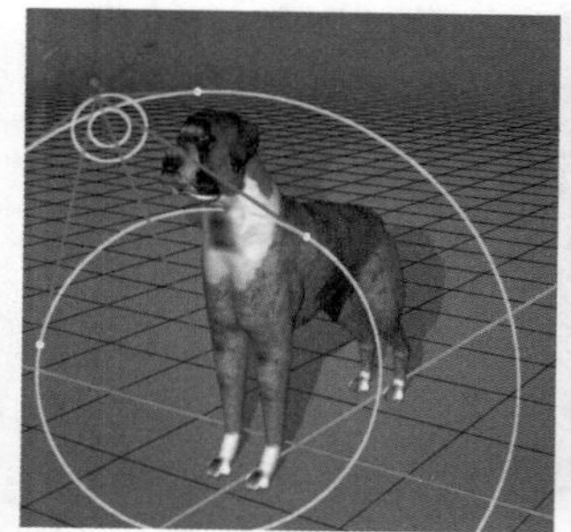

图19-64 聚光灯

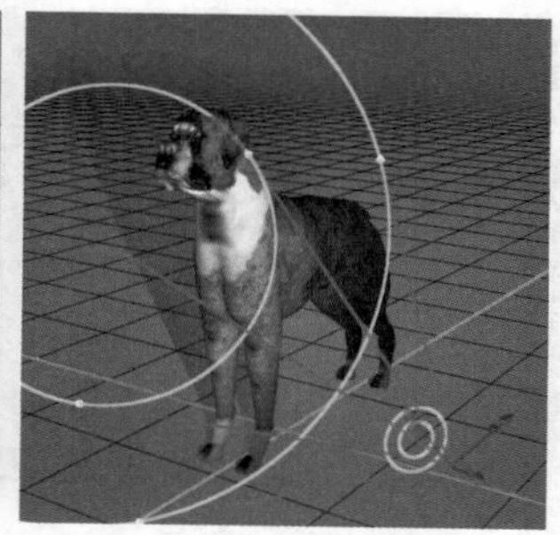

图19-65 移动聚光灯的效果

当用户创建并选中聚光灯后，在“属性”面板中除包含“光照衰减”复选框外，还有“聚光”和“锥形”选项，如图19-66所示。其中，“聚光”选项用于设置光源的外部宽度，“锥形”选项用于设置光源的发散范围，如图19-67所示为将聚光和锥形调小后的效果。

图19-66 聚光灯“属性”面板

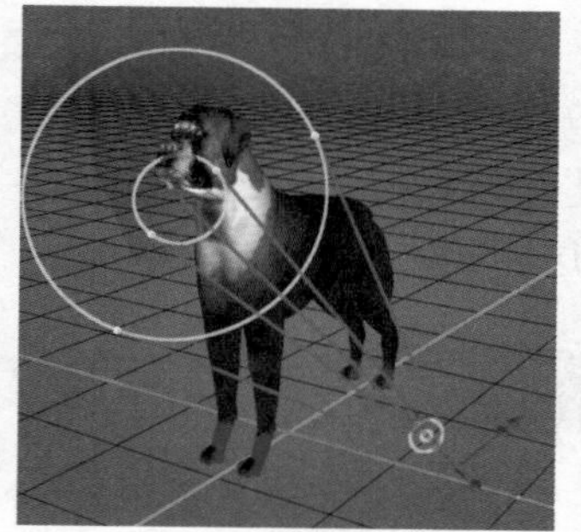

图19-67 调整聚光和锥形的效果

技巧秒杀

当用户将光源移动画布外，但又不好将其调整回画布时，可直接在“属性”面板中单击按钮，以将光源重新调回画布中。

3. 调整无限光

无限光在Photoshop CC中显示为半球状，通过它用户可照出一种锥形的光线，如图19-68所示。用户使用拖动3D对象工具和滑动3D对象工具可调整点光位置，如图19-69所示为将点光从正前方移动到右边的效果。此外，无限光只有“颜色”“强度”“阴影”等基本参数。

图19-68 无限光

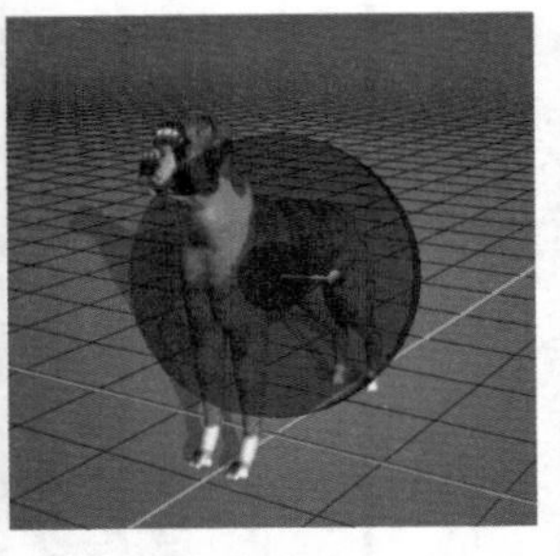

图19-69 移动无限光位置的效果

读书笔记

19.2 创建3D对象

在Photoshop CC中，用户不但能打开其他软件制作的3D图像，还能自行创建3D对象。在Photoshop CC中，创建3D对象的方法如下所述。

19.2.1 从3D文件新建图层

选择3D/“从文件新建3D图层”命令，打开“打开”对话框，在其中选择需要打开的3D文件后单击 打开(O) 按钮。被打开的3D文件作为3D图层出现在“图层”面板中。

19.2.2 从选区新建3D对象

如果用户已经绘制好2D图像，为将2D图像转换为3D图像，可对2D图像创建选区，再通过选区新建3D对象。

实例操作：制作巴士3D对象

- 光盘\素材\第19章\巴士.jpg
- 光盘\效果\第19章\巴士.psd
- 光盘\实例演示\第19章\制作巴士3D对象

本例打开“巴士.jpg”图像文件，再对图像创建选区。使用“从所选图层新建3D模型”命令将2D对象转换为3D对象，再旋转3D对象角度，让图像看起来更有立体感。

Step 1 ▶ 打开“巴士.jpg”图像，使用魔棒工具 单击背景，对背景建立选区。选择“选择”/“反向”命令，反选选区，如图19-70所示。选择“3D”/“从所选图层新建3D模型”命令，将2D图像转换为3D对象，如图19-71所示。

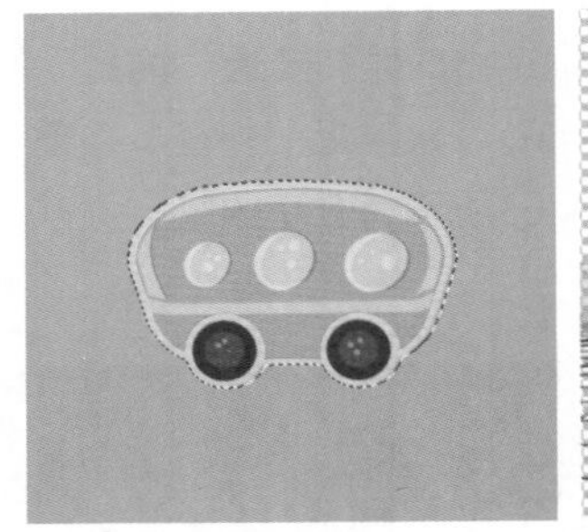

图19-70 创建并反选选区

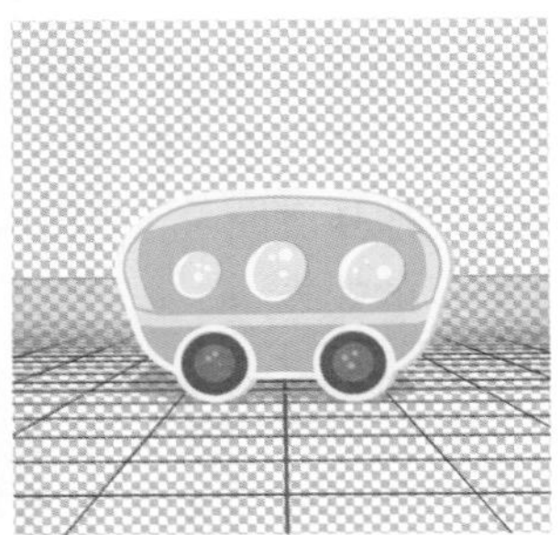

图19-71 图像转换为3D对象

Step 2 ▶ 使用3D旋转工具 旋转图像，如图19-72所示。在“3D”面板中，选择“背景 凸出材质”条目，编辑凸出部分，如图19-73所示。

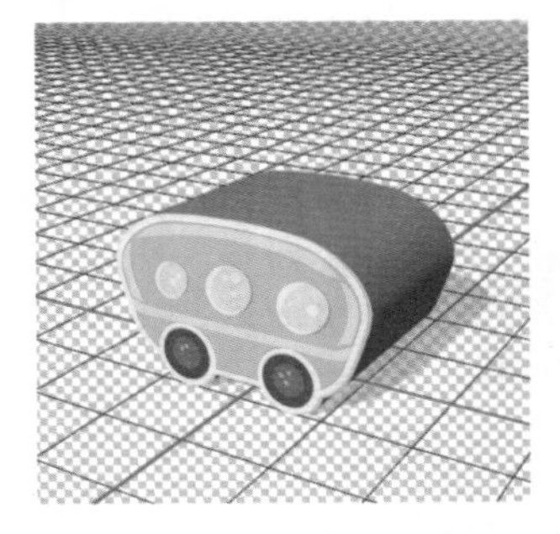

图19-72 旋转3D对象

图19-73 选择待编辑的对象

Step 3 ▶ 在“属性”面板中，单击“漫射”后的色块，在弹出的“拾色器（漫射颜色）”对话框中设置颜色为“浅蓝色”（R:27 G:206 B:208），如图19-74所示。

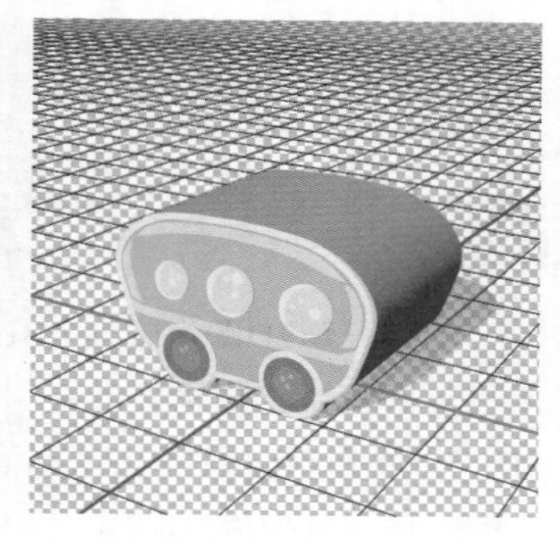

图19-74　设置漫射颜色

19.2.3 从路径创建3D对象

用户除可通过选区创建3D对象外，还可使用钢笔等路径工具绘制路径，以从路径创建3D对象。

实例操作：制作狗爪3D对象

- 光盘\效果\第19章\狗爪.psd
- 光盘\实例演示\第19章\制作狗爪3D对象

本例新建一个图像文件。使用渐变工具绘制一个“渐变”，再使用自定形状工具在图像上绘制一个路径。最后使用“从所选路径新建3D模型”命令将路径转换为3D对象，并为新创建的3D对象赋予材质，如图19-75所示。

图19-75　最终效果

Step 1 ▶ 新建一个800像素×600像素的图像。选择渐变工具，在属性栏中设置渐变颜色为“浅蓝色”（R:23 G:221 B:219）、“深灰色”（R:86 G:86 B:86）。单击按钮，鼠标指针从中间向边缘拖动绘制“渐变”，如图19-76所示。新建图层，如图19-77所示。

图19-76　绘制“渐变”

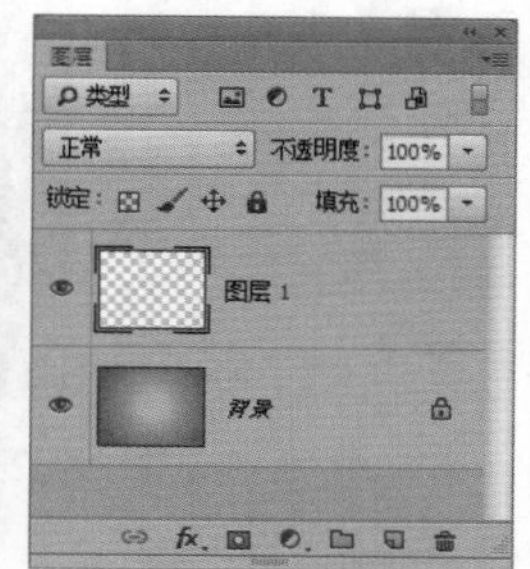

图19-77　新建图层

Step 2 ▶ 选择自定形状工具，在属性栏中设置“工具模式”“形状”分别为“路径”“爪印（狗）”，拖动鼠标在图像上绘制路径，如图19-78所示。选择“3D”/“从所选路径新建3D模型”命令，编辑凸出部分，如图19-79所示。

图19-78　绘制路径

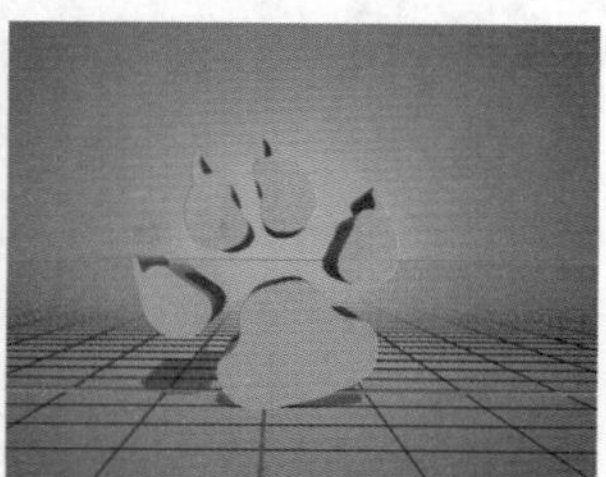

图19-79　新建3D对象

Step 3 ▶ 使用3D旋转工具旋转图像，如图19-80所示。在3D面板中选择“图层1”下方的所有条目，如图19-81所示。

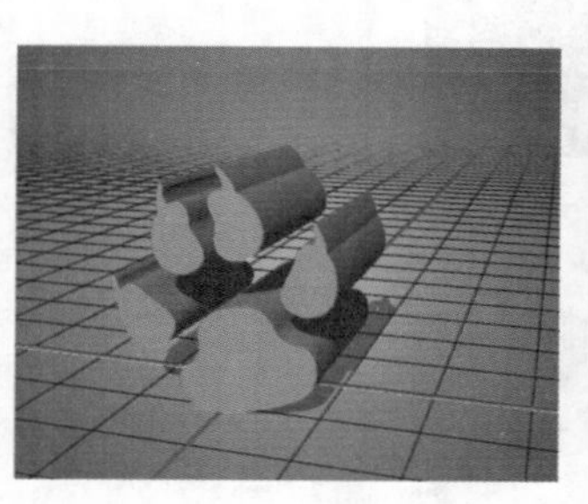

图19-80　旋转对象

图19-81　选择条目

Step 4 ▶ 在“属性”面板中设置“材质”“闪亮”“反射”“凹凸”分别为“金属——镉”、38%、46%、7%，如图19-82所示。

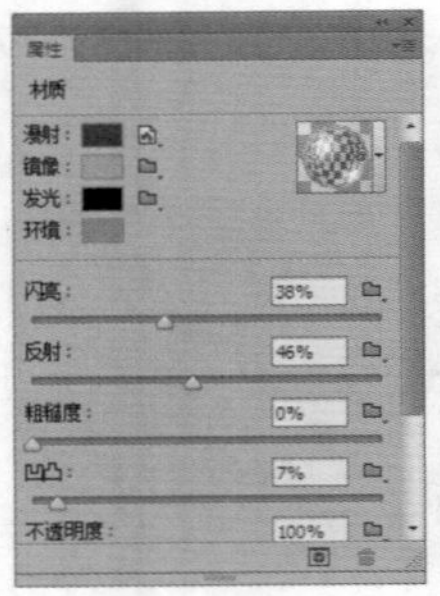
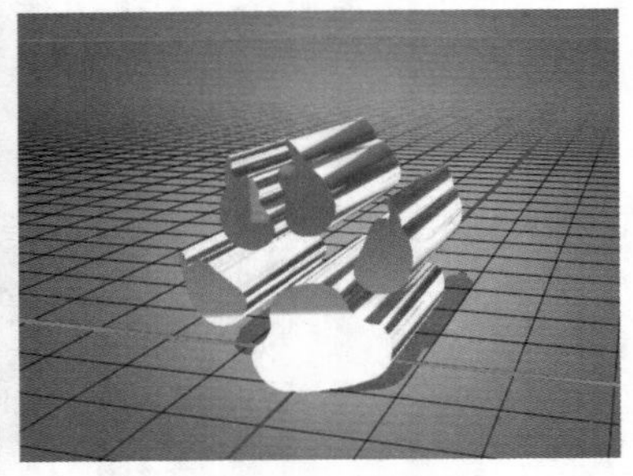

图19-82　设置材质参数

技巧秒杀

使用“凸出”命令创建的3D对象都是一个整体。为单独对某一部分进行编辑，可将3D对象拆分。其方法是：选择需要拆分的3D对象，选择3D/“拆分凸出”命令，即可将待分离的3D对象从一个整体变为多个对象。

19.2.4 从所选图层创建3D对象

除可通过选区、路径等方法创建3D对象外，用户还可以通过所选图层创建3D对象。选中需要转换为3D对象的图层，选择3D/“从所选图层新建3D模型”命令，将图层中的内容创建为3D对象。如图19-83所示为图层的原始状态，如图19-84所示为将图层中的对象创建为3D对象的效果。

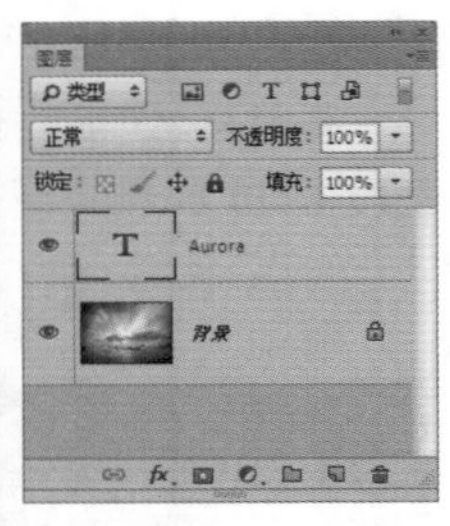

图19-83　未创建3D对象的图层

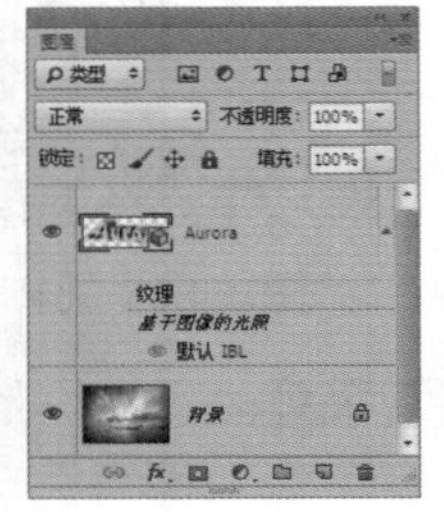

图19-84　图层中的对象创建为3D对象

技巧秒杀

使用“从所选图层新建3D模型”命令，可将普通图层、“智能对象”图层、“文字”图层、“填充”图层等转换为3D对象。

19.2.5 创建3D明信片

为将一张2D图像转换为3D对象，将图像转换为明信片即可。选择需要转换为明信片的图层，选择3D/“从图层新建网格”/“明信片”命令，即可将选中的明信片转换为3D对象，使用3D旋转工具可以对3D明星片进行旋转。打开如图19-85所示的图像，如图19-86所示为将2D图像转换为3D对象后旋转3D对象的效果。

图19-85　原图　　　图19-86　3D对象的旋转效果

19.2.6 创建3D形状

Photoshop CC预设了一些较为常用的3D形状，通过它们用户可以快速对3D形状进行创建。选择3D/“从图层新建网格”/“网格预设”命令，在弹出的子菜单中选择一个形状后即可将平面图像转换为3D图层，并得到一个3D对象。打开如图19-87所示的图像，如图19-88所示分别为选择“球体”和“汽水”命令的效果。

图19-87　原图

图19-88　“球体”和“汽水”效果

19.2.7 创建3D网格

“深度映射到”命令可将原图像中灰度映射转换为深度映射。明度值转换为较亮的值生成图形中凸出的区域，较暗的值生成图形中凹陷的区域，从而产生深浅不一的表面。选择3D/“从图层新建网格”/“深度映射到”命令，在弹出的子菜单中可选择得到的3D网格效果。如图19-89所示为将图像转换为3D平面时的效果对比图。

图19-89　图像转换为3D平面的效果对比

19.3 编辑3D对象

创建3D对象后，用户还可根据实际情况对创建的3D对象进行编辑，使已创建的3D对象更好地为图像服务。

19.3.1 将3D图层转换为2D图层

将3D图层转换为2D图层不仅可以让图像文件大小变小，而且能使Photoshop CC运行图像速度变快。选择需要转换的3D图层，在其图层名称上右击，在弹出的快捷菜单中选择“栅格化3D”命令，如图19-90所示。将3D图层栅格化后，3D图层变为普通图层，如图19-91所示。

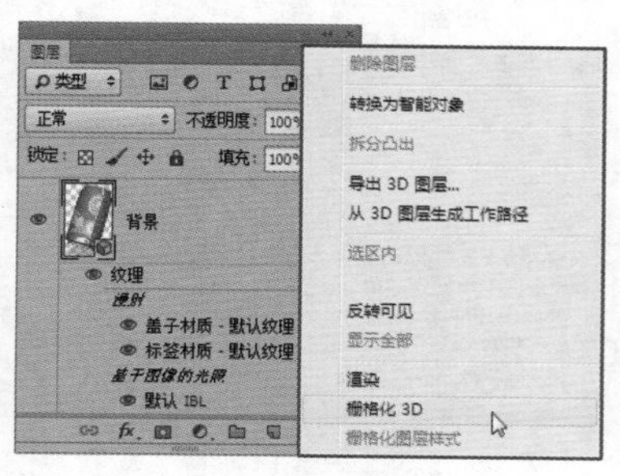

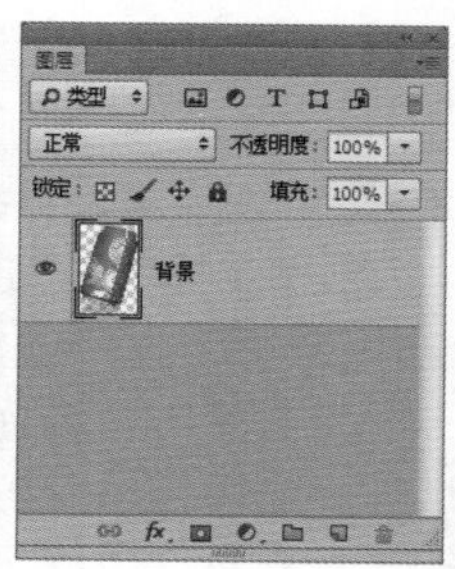

图19-90　选择“栅格化3D”命令　图19-91　图层转换

技巧秒杀

将3D图层栅格化后，3D图层变为2D图层。栅格化后的3D图层不能对图像中的渲染模式、纹理和光源等进行编辑。

19.3.2 将3D图层转换为智能对象

将3D图层转换为2D图层可以更便于用户编辑图像，而且可能影响用户后期对3D对象的编辑、处理。为避免这种情况，用户可将3D图层转换为智能对象。这样，用户通过双击智能对象的图层缩略图就可在打开的窗口中编辑、处理原始3D场景。将3D图层转换为智能对象的方法是：右击需要转换的3D图层，在弹出的快捷菜单中选择“转换为智能对象”命令，如图19-92所示。转换为智能对象的图层如图19-93所示。

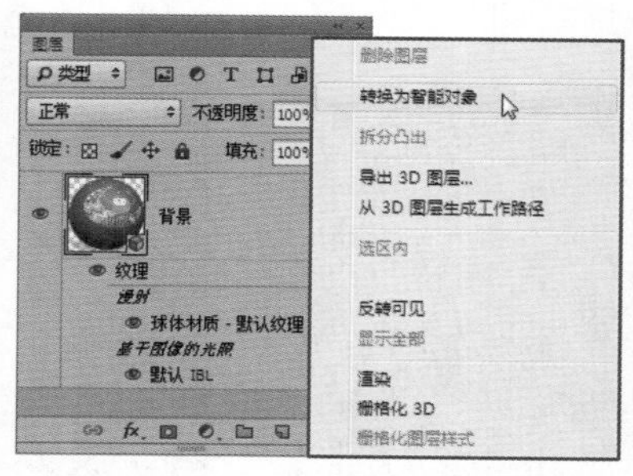

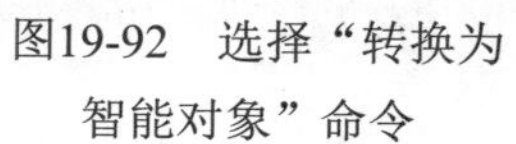

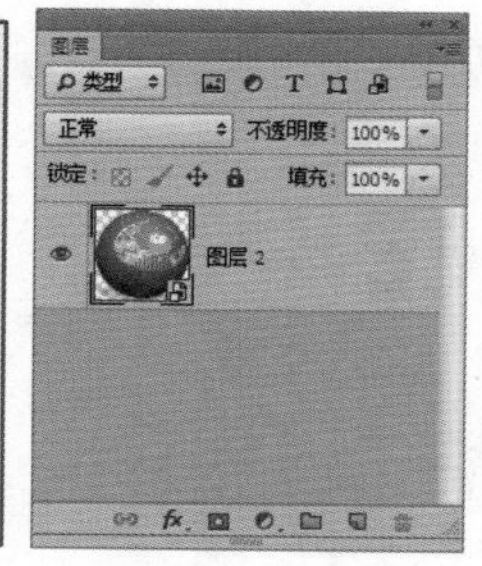

图19-92　选择“转换为智能对象”命令

图19-93　转换为智能对象

> **技巧秒杀**
>
> 右击智能图层，在弹出的快捷菜单中选择“从所选图层新建3D模型”命令，可将智能对象重新转换成3D对象。

19.3.3 从3D图层生成工作路径

为对已制作的3D对象造型进行修改，用户可将3D图层转换为工作路径，对工作路径的细致编辑影响3D对象的外观。从3D图层生成工作路径的方法是：首先确定3D图层，然后选择3D/“从3D图层生成工作路径”命令，可将当前对象生成路径。如图19-94所示为转换前的3D图像效果，如图19-95所示为转换后产生的路径。

图19-94　原3D图像效果

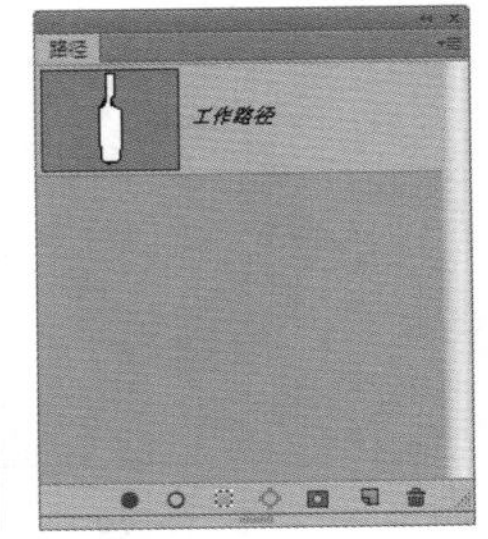

图19-95　转换后的路径

> **技巧秒杀**
>
> 当一个图像中出现多个3D图层时，用户可以将所有3D对象合并到一个3D图层中管理。选中需要合并的3D图层，选择3D/“合并3D图层”命令，即可将多个3D对象合并到一个3D图层中。

19.4 绘制并编辑3D对象的纹理

对3D对象的纹理处理直接影响3D图像渲染出来的效果。使用Photoshop CC打开3D图像时，作为纹理的2D图像和3D模型导入Photoshop CC中。用户可以使用绘制工具或是调整工具对纹理进行编辑或创建。

19.4.1 编辑2D格式的纹理

将2D纹理赋予3D对象后，用户若对纹理效果不满意除可重新载入备用的纹理外，还可以自行重新编辑已有的纹理。选择包含纹理的材质，在“属性”面板中单击“漫射”选项后的按钮，在弹出的快捷菜单中选择“编辑纹理”命令，如图19-96所示。纹理作为智能对象在窗口中打开，在该窗口中即可对纹理进行绘制和编辑，如图19-97所示。

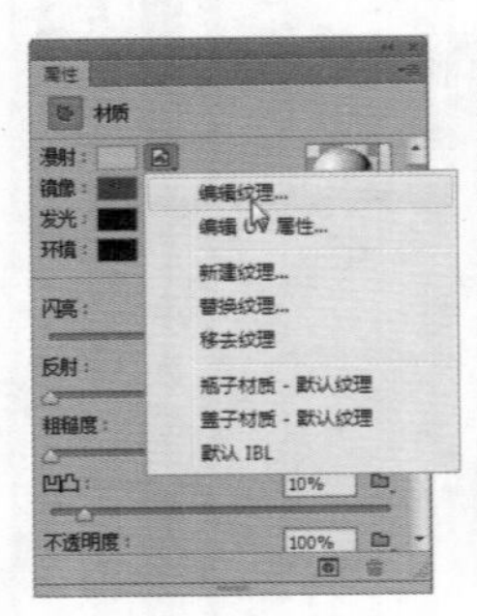

图19-96　选择“编辑纹理”命令

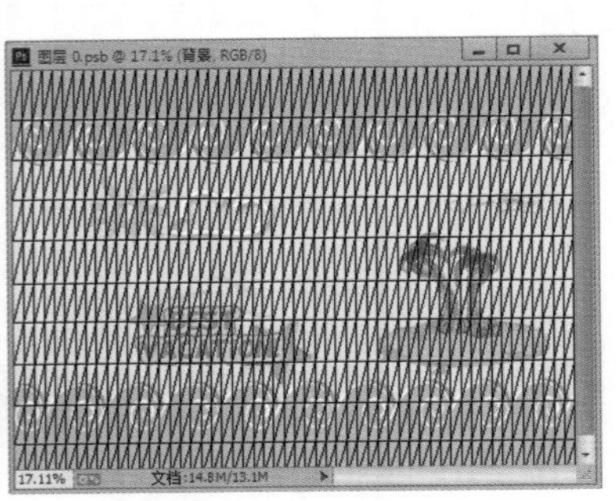

图19-97　纹理编辑窗口

> **技巧秒杀**
>
> 在“图层”面板中双击“纹理”条目，如图19-98所示，可快速打开纹理编辑窗口。
>
> 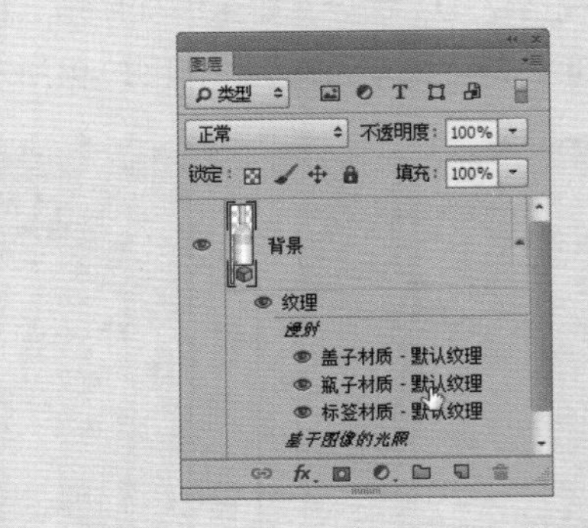
>
>
> 图19-98　双击“纹理”条目

19.4.2 显示或隐藏纹理

在对3D对象进行调整时，对面表层的纹理影响用户对3D对象的观察。若有需要可隐藏纹理，在“图层”面板中，单击“纹理”旁的图标，可隐藏纹理，如图19-99所示。再次单击该处，显示纹理，如图19-100所示。

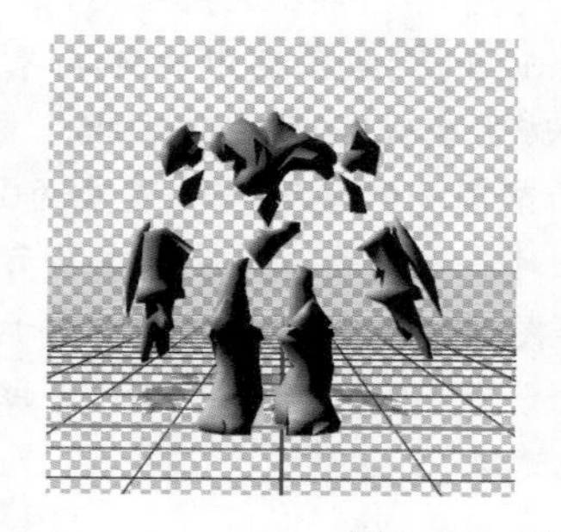
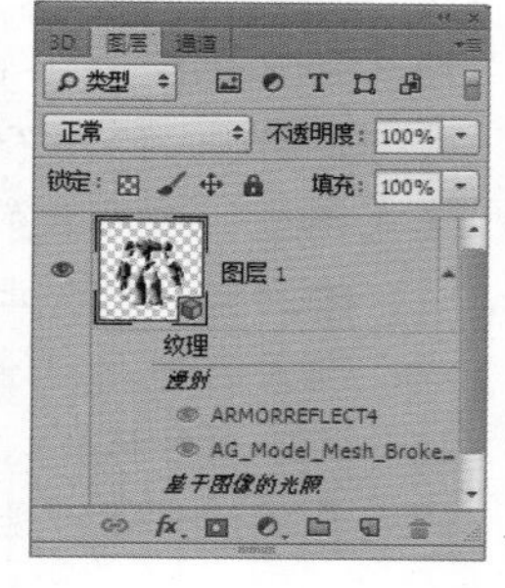

图19-99　隐藏纹理

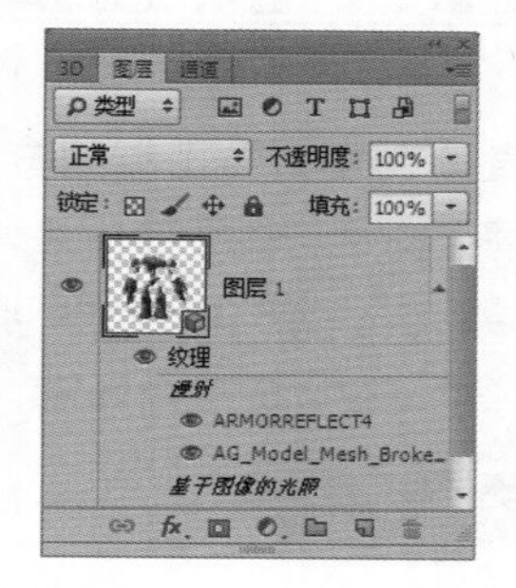

图19-100　显示纹理

19.4.3 创建绘制叠加

UV映射可将2D纹理映射中的坐标与3D模型上的特定坐标相匹配，使2D纹理能正确绘制到3D对象上。打开如图19-101所示的图像，在“图层”面板上双击“纹理”条目，如图19-102所示，在独立的文档窗口中打开纹理窗口。选择3D/“创建绘图叠加”命令，在弹出的子菜单中可将UV叠加作为附加图层添加到纹理的“图层”面板中。

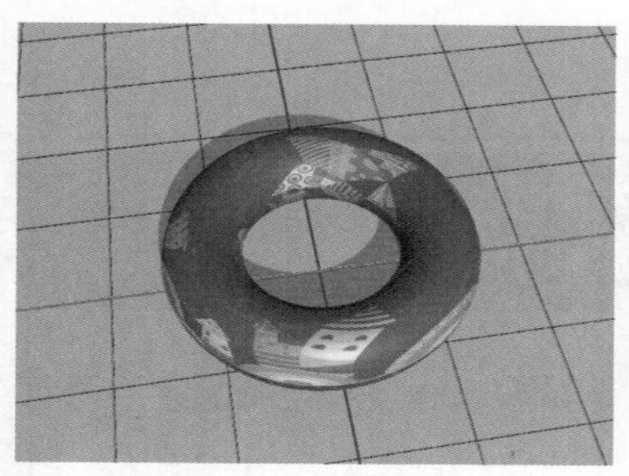

图19-101　打开图像

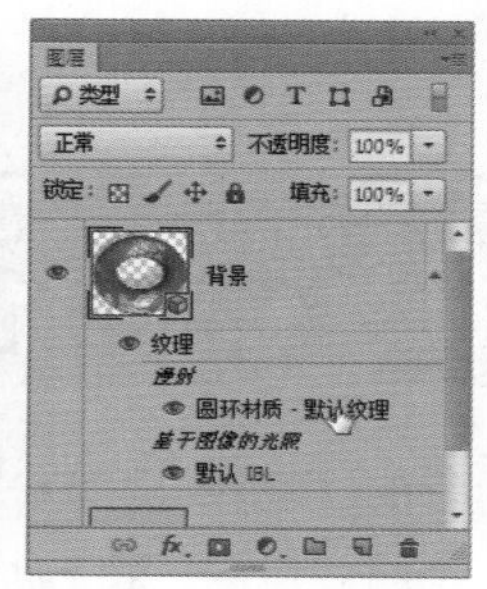

图19-102　双击“纹理”条目

知识解析：“绘图叠加”各子命令的作用

- 线框：用于显示UV映射的边缘数据。
- 着色：用于显示使用实色渲染模式的模型区域。
- 正常：用于显示转换为RGB值的几何正常值。

19.4.4 重新设置参数化纹理映射

在打开一些3D图像时，发现一些3D对象表面的纹理出现多余的裂痕、图案拉伸或压缩的情况。此时，用户可以重新对UV进行设置。选择3D/“重新生成UV”命令，重新将纹理映射到3D对象上，以校正扭曲并创建更有限的表面覆盖。如图19-103所示分别为重置前的3D对象效果和重置后的3D对象效果。

图19-103　重置前后的对比效果

需要注意的是，在执行“重新生成UV”命令后打开一个提示对话框，提示将“重新生成UV，当前UV将被删除”，单击 确定 按钮。打开如图19-104所示的提示对话框。

图19-104　提示对话框

在该对话框中，单击 低扭曲度 按钮，使纹理图案保持不变，但在模型表面产生较多的接缝。单击 较少接缝 按钮，可以使模型上出现的接缝最小化，但产生更多的纹理拉伸或挤压。

读书笔记

19.4.5 在3D对象上绘制纹理

在Phtoshop CC中，用户可以直接在3D对象上绘制纹理。此外，还可使用选区工具，在3D图像上创建选区，以在3D对象的特定区域中绘制图像。

1. 选择绘图表面

在有隐藏区域的3D对象上绘图，可使用选区工具直接在3D对象上创建一个选区，以限定绘制区域。选择3D/“显示隐藏多边形”命令，在弹出的子菜单中选择相应的命令，将部分3D对象隐藏。

知识解析：“显示隐藏多边形”各子命令

- **选区内：**该命令只显示完全包含在选区内的图形。取消该命令，隐藏选区所解除到的所有多边形。
- **反转可见：**该命令使当前可见表面不可见，不可见表面可见。
- **显示全部：**隐藏所有可见的表面。

2. 设置绘制衰减角度

在3D对象上进行绘制时，绘制衰减角度控制着表面在偏离正面视图时图像中的油墨量。选择3D/“绘图衰减”命令，打开“3D绘图衰减”对话框，如图19-105所示。

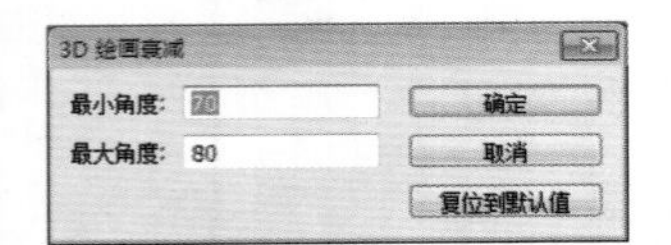

图19-105 “3D绘图衰减”对话框

知识解析：“3D绘图衰减”对话框

- **最小角度：**用于设置绘画随接近最大衰减角度而渐隐的范围。若最大衰角为60°，最小衰角为20°，那么当用户在20°~60°的衰减角度中对3D对象进行绘制时，绘图不透明度从100%减少为0%。
- **最大角度：**该参数的范围为0°~90°。设置为0时，绘图仅应用于正对前方的表面，没有减弱角度；设置为45时，绘图区域限制在未弯曲到大于45°的球面区域；设置为90时，绘图可以沿弯曲的表面延伸至其可见边缘。

3. 标识可绘制区域

由于3D视图不与2D纹理一一对应，所以用户直接在3D对象上绘制与在2D平面中绘制图像方法不同，而这可能导致用户无法明确判断应该在哪些区域绘画。选择3D/“选择可绘制区域”命令，可选择在模型上绘图的最佳区域。

读书笔记

19.5 渲染3D对象

在制作好3D对象后，用户还需要对3D对象进行渲染。因为用户在编辑3D对象时，为了能快速方便操作，使得操作时的预览效果并不精确。在渲染时，Photoshop CC对模型、光照、材质等进行最细致化的处理。

19.5.1 渲染

编辑完3D对象后，选择3D/“渲染”命令或是单击“属性”面板下方的按钮，即可渲染图像。3D对象的渲染时间因3D对象的复杂程度和电脑配置不同而不同。用户一般在将动画效果设置好后进行渲染。渲染时，Photoshop CC的左下方显示渲染进度和时间。按Esc键可停止渲染。

技巧秒杀

为加快图像的渲染速度，可在需要渲染的场景中新建一个小选区，在进行渲染时Photoshop CC只对选区中的3D对象进行渲染。

19.5.2 恢复渲染

在渲染3D对象时，如果用户进行了其他操作，Photoshop CC将终止渲染操作。此时，选择3D/"恢复渲染"命令或是按Shift+Ctrl+Alt+R组合键，可重新渲染3D对象。

需要注意的是，完全完成后用户对3D对象进行操作，使之前渲染的效果失效。

读书笔记

19.6 存储和导出3D文件

完成3D文件的编辑后，用户可对文件进行存储，也可为后期继续编辑造型导出为特定的3D文件。

19.6.1 存储3D文件

若要保存编辑3D文件中的效果，如位置、光源、渲染模式和横截面等，可选择"文件"/"存储为"命令，打开"存储为"对话框，然后将3D文件保存为PSD、PSB、TIFF或是PDF等格式的文件。

19.6.2 导出3D图层

Photoshop CC还可以将编辑制作的3D图层导出为专门的3D文件格式。选择需要导出的3D图层，选择3D/"导出3D图层"命令，打开"存储为"对话框。在"格式"下拉列表中选择导出为OBJ、U3D或Flash 3D、Gooogle Earth 4 KMZ、Collada DAE等格式的3D图层。

实例操作：制作3D文字

- 光盘\素材\第19章\音乐.jpg
- 光盘\效果\第19章\3D文字.psd
- 光盘\实例演示\第19章\制作3D文字

本例打开"音乐.jpg"图像文件，在其中输入文字，将文字转换为3D对象，并为3D文字设置材质，效果如图19-106和图19-107所示。

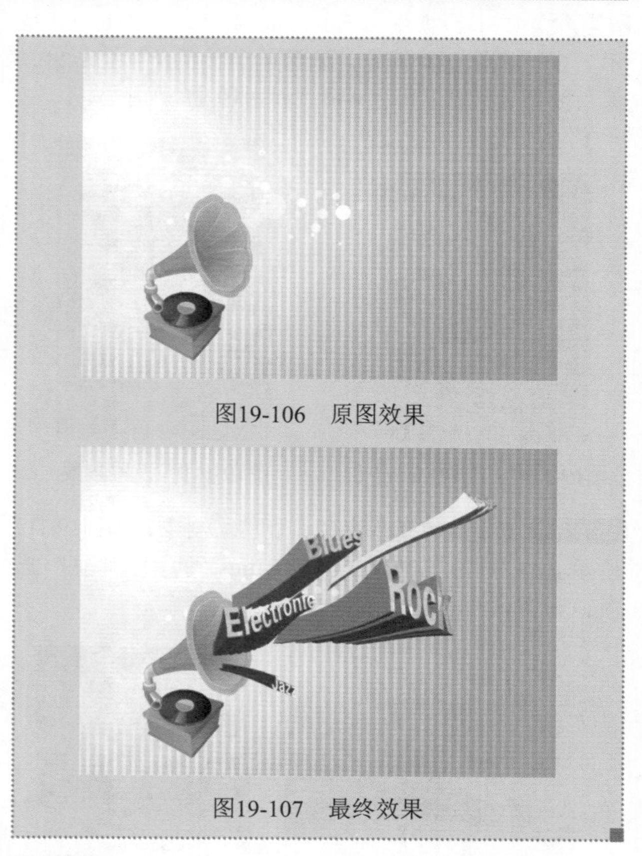

图19-106 原图效果

图19-107 最终效果

Step 1 ▶ 打开"音乐.jpg"图像。选择横排文字工具T，设置"字体""字号""颜色"分别为"方正综艺简体""36点""草绿色"（R:198 G:236

B:106），在图像中单击输入的文字，如图19-108所示。在“图层”面板中右击已创建的“文字”图层，在弹出的快捷菜单中选择“从所选图层新建3D模型”命令，将文字转换为3D对象，如图19-109所示。

图19-108　输入文字

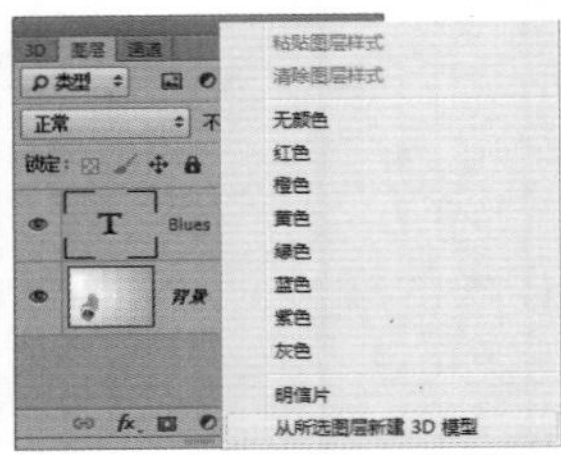

图19-109　转换图层

技巧秒杀

用户也可选择3D/“从所选图层新建3D模型”命令，将“文字”图层转换为3D图层。

Step 2 在3D面板中，选择Blues条目，如图19-110所示。在“属性”面板中，设置“形状预设”“凸出深度”分别为“凸出”、686，如图19-111所示。

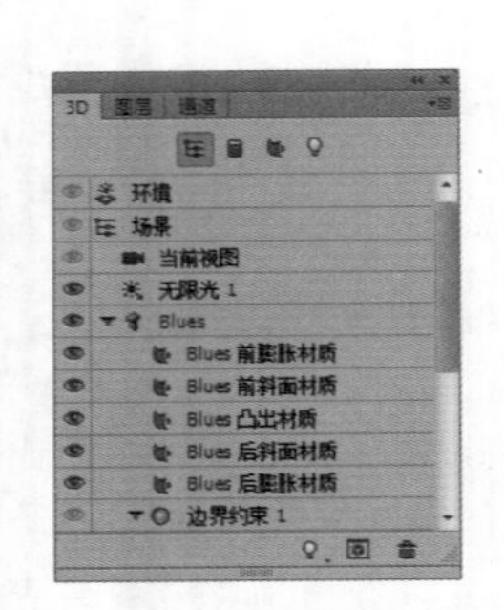

图19-110　选择Blues条目

图19-111　设置参数

Step 3 使用旋转3D对象工具旋转3D对象，如图19-112所示。在3D图层中，选择“Blues 前膨胀材质”选项，如图19-113所示。

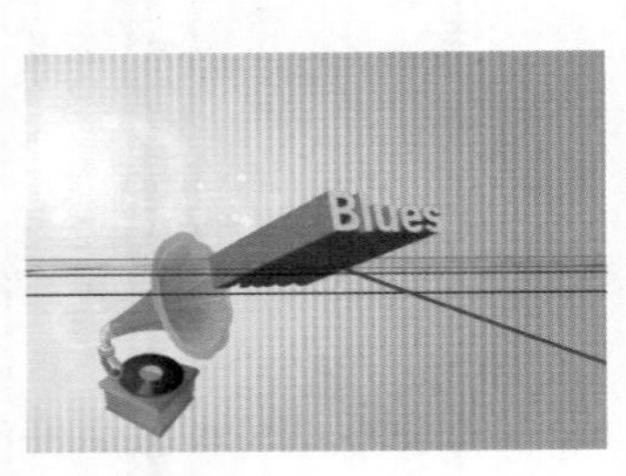

图19-112　旋转3D对象

图19-113　选择编辑对象

Step 4 在“属性”面板中，单击“漫射”后的按钮，在弹出的快捷菜单中选择“载入纹理”命令，如图19-114所示。打开“打开”对话框，选择“花纹.jpg”图像，单击按钮。在“属性”面板中继续设置“闪亮”“粗糙度”“凹凸”分别为66%、6%、28%，如图19-115所示。

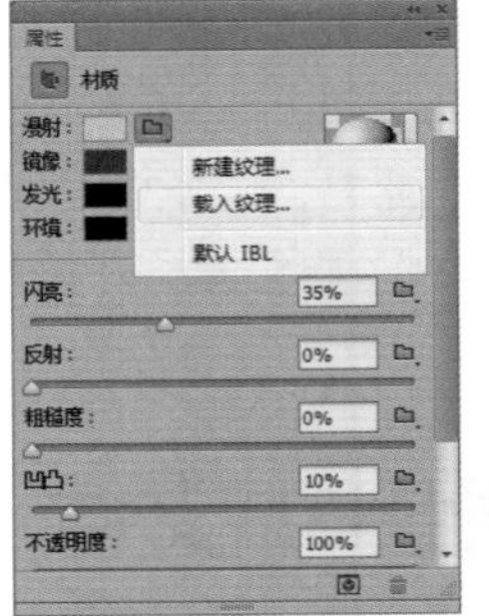

图19-114　选择“载入纹理”命令

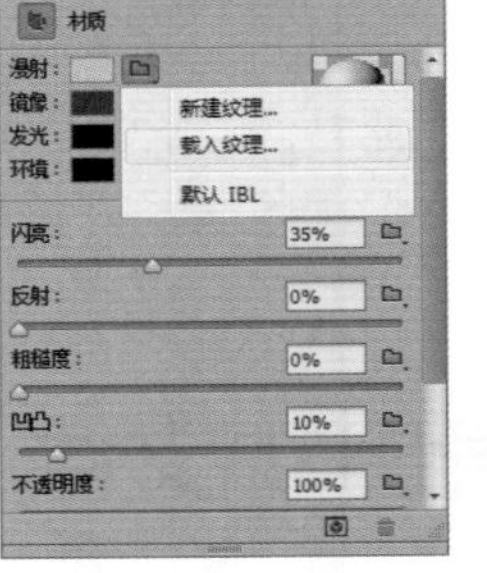

图19-115　设置纹理参数

Step 5 在“图层”面板中右击Blues图层，在弹出的快捷菜单中选择“转换为智能对象”命令，如图19-116所示。选择“编辑”/“变形”/“变形”命令，调整调整框并编辑文字形状，如图19-117所示。

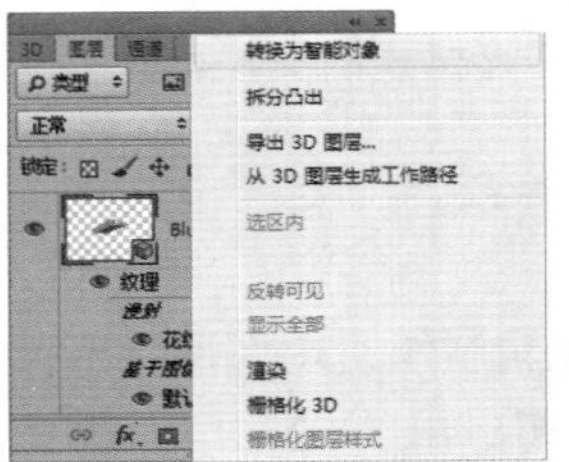

图19-116　“转换为智能对象”命令

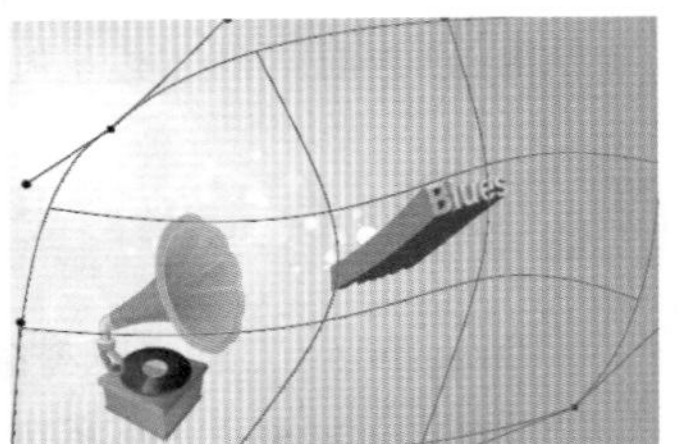

图19-117　变形文字

Step 6 按Enter键确定变化，并将图像移动到留声机上方，如图19-118所示。使用相同的方法输入文字并编辑、设置相同的3D效果，如图19-119所示。

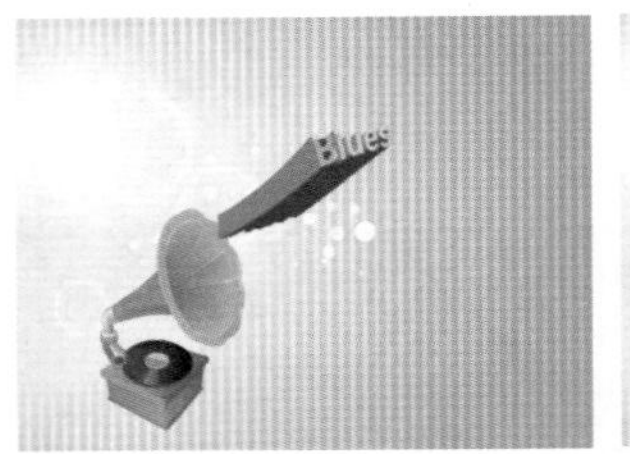

图19-118　调整文字位置

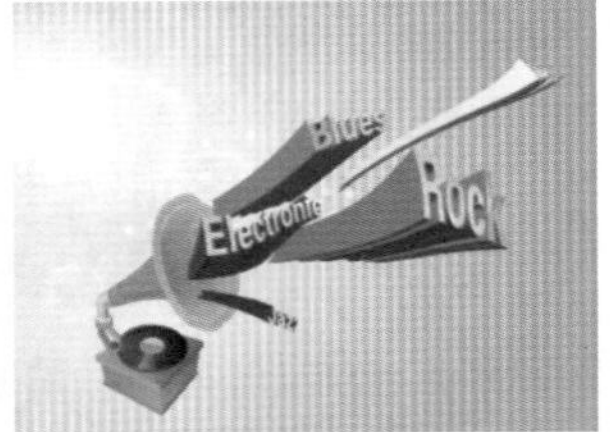

图19-119　编辑和设置3D效果

技巧秒杀

用户在编辑好文字的3D效果后，若发现3D文字中出现阴影。可在“图层”面板中双击需要编辑的智能图层，打开独立的编辑窗口。在3D面板中选择“无限光”条目，如图19-120所示。在“属性”面板中取消选中□阴影复选框，如图19-121所示。

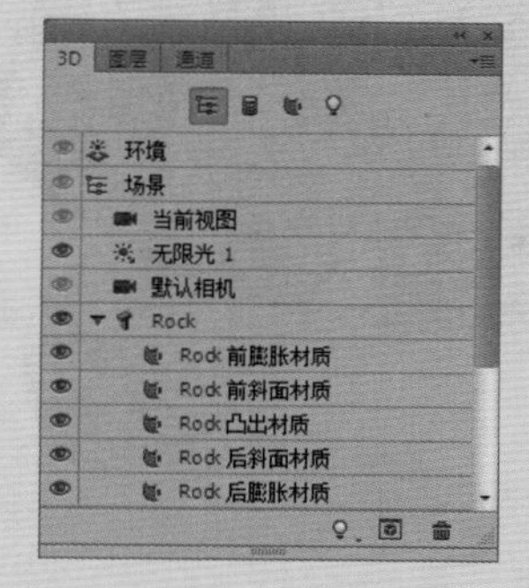

图19-120 选择条目

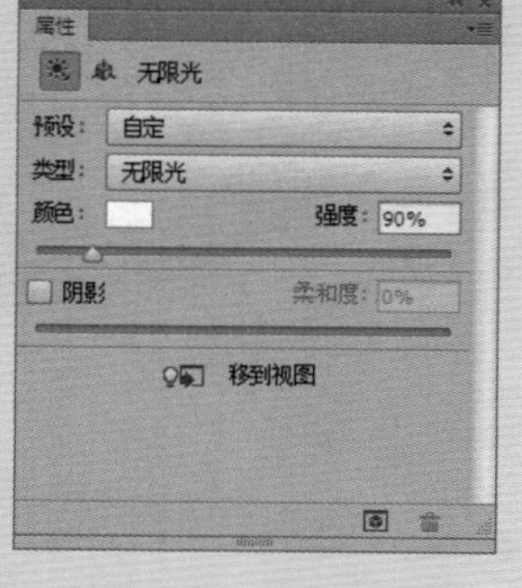

图19-121 取消选中“阴影”复选框

?答疑解惑:

除了Photoshop CC以外，还有什么软件可以制作3D对象?

Photoshop CC虽然可以制作3D动画，但Photoshop CC毕竟不是专业的3D制作软件。为制作更加专业的3D效果，用户还需要专业的3D软件。目前，常用的3D软件有3d Max、Maya等。其中，3d Max适合与建筑建模，而Maya适合为人物、动物等进行建模。

读书笔记

知识大爆炸——渲染软件

3D制作软件都有渲染功能，同时它们自带的渲染功能并不是很强大。为了提高渲染速度，并且渲染出更好的3D效果，用户可以使用一些渲染软件对3D图像进行渲染。常见的渲染软件有Lightscape、Artlantis、Maxwell Render、hyperShot、VRay、Cinema4D等。其特点分别如下。

- Lightscape：目前比较主流的渲染软件，用于对三维模型进行精确的光照模拟和灵活方便的可视化设计。它能精确模拟漫反射光线在环境中的传递过程，获得直接和间接的漫反射光线。用户不需要太多的3D制作经验就能得到真实自然的设计效果。
- Artlantis：用于建筑室内和室外场景的专业渲染软件，拥有极快的渲染速度与极高的渲染质量。
- Maxwell Render：它是一款可以不依附其他三维软件而独立运行的渲染软件，采用光谱的计算原理，突破长久以来光能传递等渲染技术，使结果更逼真。
- hyperShot：用于制作即时照片质量的图像软件。可以让使用者更加直观和方便地调节场景的各种效果，在很短的时间内制作出高品质的渲染效果图，甚至直接在软件中表达出渲染效果，最大限度缩短渲染时间。
- VRay：可以为不同领域的优秀3D建模软件提供高质量的图片和动画渲染功能。此外，VRay也可以提供单独的渲染程序，方便使用者渲染各种图片。
- Cinema4D：用于整合3D模型、动画与算图的高级三维绘图软件，并以高速图形计算速度著称，其渲染器在不影响速度的前提下，使图像品质大幅度提高。

14 15 16 17 18 19 20

视频和动画的编辑与制作

本章导读

在制作一些用于网络的图像或者广告时，为了使广告效果更加明显，一般使用视频或者动画对宣传商品进行展示。本章讲解视频和动画的制作知识与技巧，包括了解视频和动画、创建视频文档和视频图层、打开并导入视频文件、编辑视频、创建与编辑帧动画、输出视频和动画等，掌握这些知识有利于对图像进行特殊处理。

20.1 了解视频和动画

动画是由一系列图像和帧组成的，后一帧比前一帧有轻微的变化，再由快速的播放方式产生运动的效果。在Photoshop CC中，用户可以随意使用各种工具对视频进行编辑，还可以将编辑后的文档保存或导出，以方便更进一步的编辑或渲染。

20.1.1 认识“视频”图层

视频图层的图层缩略图右下角有▣图标，其余与普通图层相同，如图20-1所示。当用户在打开视频图层或序列的动画时，Photoshop CC先创建视频图层。需要注意的是，32位的Windows操作系统不能使用视频和动画功能。对于视频图层，用户可以使用画笔、滤镜、蒙版等工具进行编辑。如图20-2所示是为图层蒙版添加矢量蒙版后的效果。

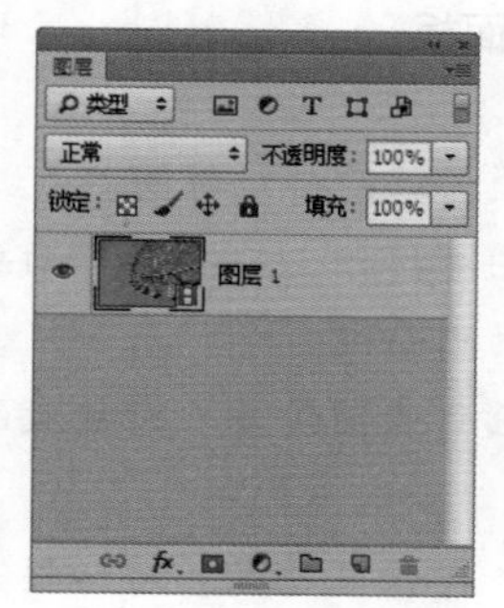

图20-1　视频图层

图20-2　添加矢量蒙版

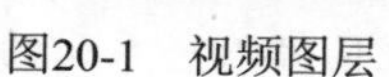

读书笔记

20.1.2 “时间轴”动画面板

在Photoshop CC中，制作动画图片和处理视频都是通过“时间轴”面板来实现的。“时间轴”面板有两种模式：“时间轴”动画面板和“帧”动画面板。视频时间轴模式是Photoshop CC默认的“时间轴”面板的模式。选择“窗口”/“时间轴”命令，可打开如图20-3所示的“时间轴”动画面板。该动画面板可显示图层帧的持续时间和动画属性。

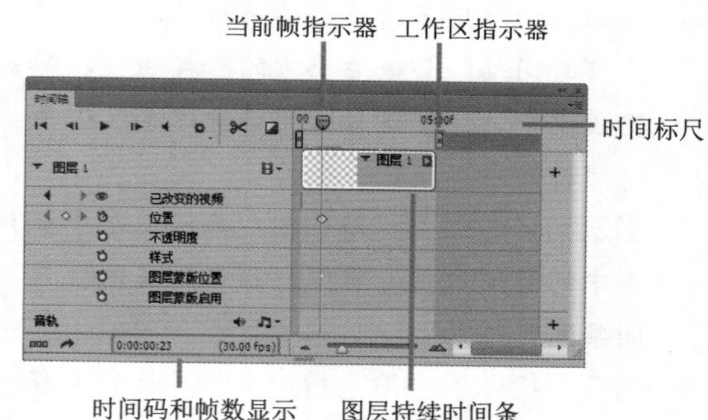

图20-3　“时间轴”动画面板

知识解析：“时间轴”动画面板

- 第一帧：单击⏮按钮，可选择时间轴中的第一帧。
- 上一帧：单击◀按钮，可选择当前帧的前一帧。
- 播放：单击▶按钮，可在图像窗口中播放动画，单击■按钮可暂停动画播放。
- 下一帧：单击▶按钮，可选择当前帧的后一帧。
- 音频控制：单击◀按钮，可播放声音。在动画播放时，不能对声音进行开关操作。
- 回放选项：单击⚙按钮，在弹出的下拉列表中可设置图像的分辨率。
- 在播放头处拆分：单击✂按钮，可从当前位置拆分视频，拆分后的视频段可以移动。

◆ 过渡效果：单击■按钮，在弹出的下拉列表中可选择过渡效果或已经过渡效果延迟的时间。

◆ 关键帧导航器：单击◀◇▶导航器两边的箭头按钮可移动到上一帧或下一帧，单击中间的黄色按钮可在当前位置添加或删除帧。

◆ 时间-变化秒表：单击■按钮可启用图层属性的帧设置，单击■按钮可取消图层属性的帧设置。

◆ 音轨：用于控制对动画添加声音。单击“音轨”轨道后的■按钮，可控制“音轨”轨道中声音的开关；单击■按钮，在弹出的快捷菜单中可执行添加音频、新建音轨等操作。

◆ 转换为帧动画：单击■按钮，“时间轴”面板由“时间轴”动画面板转换为“帧”动画面板。

◆ 时间码和帧数显示：用于显示当前帧的时间位置以及帧数位置。

◆ 时间标尺：用于显示文件的持续时间和帧数。单击“时间轴”面板右上方的■按钮，在弹出的快捷菜单中选择“设置时间轴帧速率”选项，可对持续时间以及帧数进行设置。

◆ 图层持续时间条：用于指定当前图层中视频和动画中的时间位置。将图层移动到其他位置，该时间条同时移动。

◆ 当前帧指示器：用于指示当前播放的进程，拖动指示器可调整播放进程。

◆ 工作区指示器：用于标记要预览或者导出的动画和视频的指定部分。

◆ 向轨道添加视频/音频：单击■按钮，打开一个对话框，用于将视频和音频添加到轨道中。

◆ 缩小/放大：用于缩小和放大时间标尺。其中，单击■按钮可缩短一定时间的时间轴；单击■按钮可延长一定时间的时间轴；拖动时间的滑块可自定义缩短或延长时间轴。

20.1.3 “帧”动画面板

使用“时间轴”动画面板可以很方便地对动画的全局情况进行掌握，比较适合制作并处理视频。与之对应的是“帧”动画面板，能将每帧的情况以及每个动画帧中图像的变化都一一掌握，常用于制作动画图片。

在“时间轴”动画面板中，单击■按钮，打开如图20-4所示的“帧”动画面板。

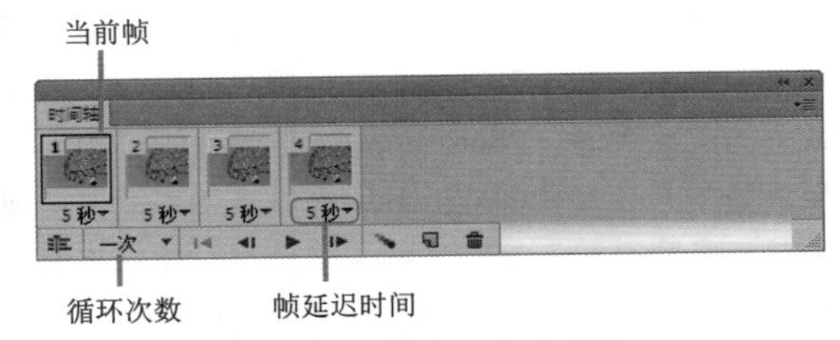

图20-4 “帧”动画面板

知识解析：“帧”动画面板

◆ 当前帧：当前选择的帧。

◆ 帧延迟时间：用于设置帧播放的持续时间。

◆ 转换为时间轴动画：单击■按钮，将“帧”动画面板转换为“时间轴”动画面板。

◆ 循环次数：用于设置动画作为图像导出时播放的次数。

◆ 过渡动画：单击■按钮，打开“过渡”对话框。通过该对话框可在两个帧之间插入一系列的帧，并使插入帧的过渡效果柔和。

◆ 复制所选帧：单击■按钮，可创建并复制动画帧。

◆ 删除所选帧：单击■按钮，可删除选中的动画帧。

读书笔记

20.2 创建视频文档和“视频”图层

当用户在准备制作视频或动画时，必须先新建视频文档或视频图层。视频图层不能使用创建普通图层的方法创建。下面讲解如何创建视频文档和视频图层。

20.2.1 创建视频文档

创建视频文档的方法和创建普通图层的方法相同。选择“文件”/“新建”命令，打开“新建”对话框，在“预设”下拉列表框中选择“胶片和视频”选项，如图20-5所示，然后单击“确定”按钮，即可创建视频文档。

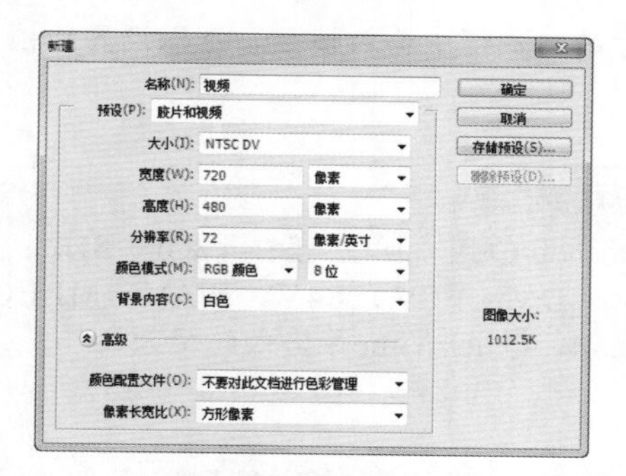

图20-5　创建视频文档

新建的文档带有不使用于打印的参考线，用于控制图像的动作安全区域和标题安全区域，如图20-6所示。

图20-6　显示的动作安全区域和标题安全区域

20.2.2 新建“视频”图层

使用Photoshop CC打开视频图层后，在视频组中只出现一个视频图层。若要进行一些特效编辑，则可能无法实现，此时需要增加视频图层才能进行编辑。新建视频图层的方法主要有以下两种。

- **新建空白视频图层：**选择“图层”/“视频图层”/“新建空白视频图层”命令，新建一个空白图层，如图20-7所示。
- **从文件新建：**选择“图层”/“视频图层”/“从文件新建视频图层”命令，可以将视频文件或图像序列以视频图层的形式导入打开的文档中，如图20-8所示。

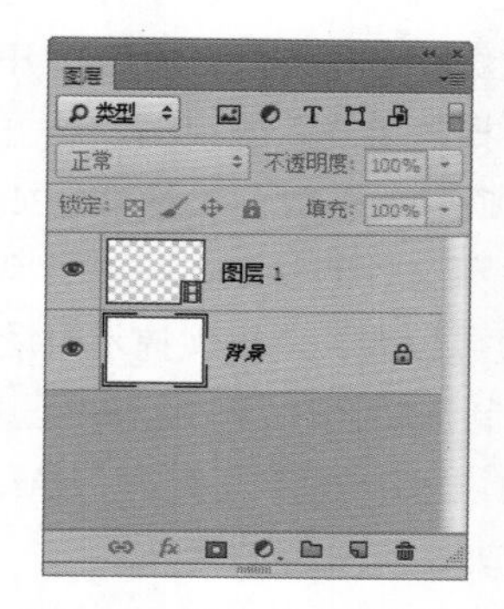

图20-7　新建空白视频图层

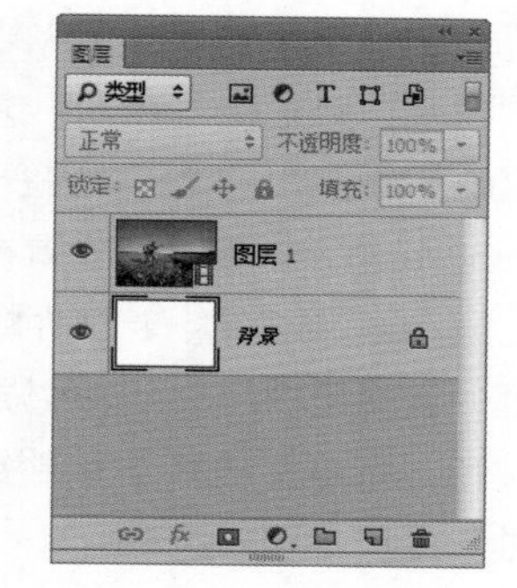

图20-8　从文件新建

读书笔记

20.3 打开并导入视频文件

在编辑视频和动画前，用户还需要打开视频文件并导入。此外，在编辑视频时，有时还需导入另外一些视频。Photoshop CC能轻松将视频导入到图层中，并以动画帧的形式在“图层”面板中自动分层。

20.3.1 打开视频

Photoshop CC用户可以直接打开视频文件。选择“文件”/“打开”命令，打开“打开”对话框，在其中选择需要打开的视频，单击 打开(O) 按钮，即可打开视频文件，此时“图层”面板自动新建一个视频图层，如图20-9所示。

读书笔记

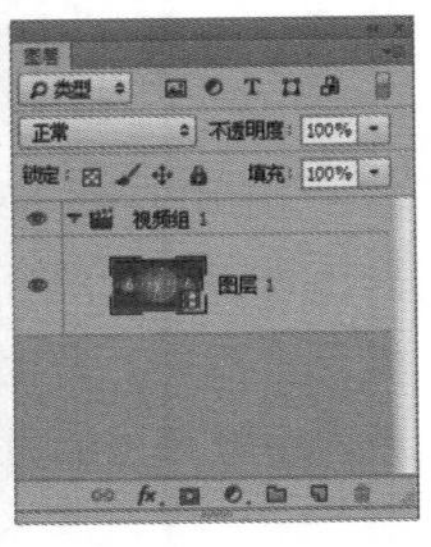

图20-9　打开视频

20.3.2 导入视频

在编辑一些视频文件时，有时需要导入另外的视频。Photoshop CC能轻松将视频导入到图层中，并以动画帧的形式在“图层”面板中自动分层。选择“文件”/“导入”/“视频帧到图层”命令，打开“打开”对话框，在其中选择需要载入的视频，单击打开(O)按钮。打开“将视频导入图层”对话框，如图20-10所示，在其中设置视频文件的参数，完成后单击确定按钮。若文件帧数过大，则出现提示对话框，询问是否将最大帧数限制在500帧，单击继续(C)按钮。稍等片刻即可看到图像已被分层，以及“动画轴”面板中导入的动画时间轴，如图20-11所示。

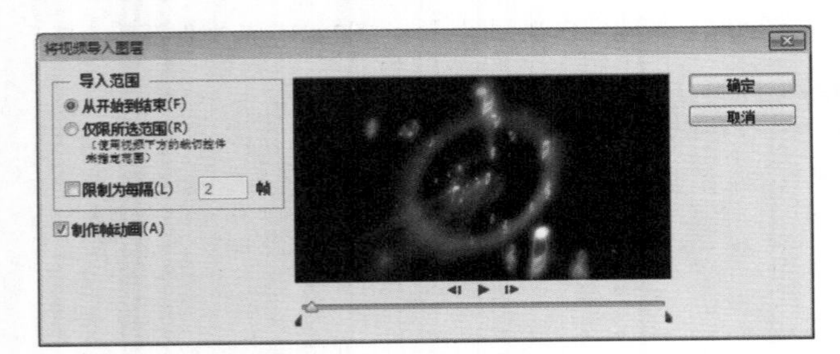

图20-10　“将视频导入图层”对话框

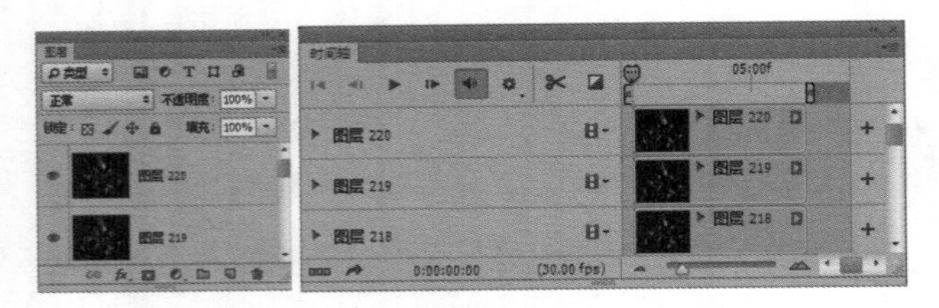

图20-11　导入的视频

知识解析：“将视频导入图层”对话框

◆ 从开始到结束：选中从开始到结束(F)单选按钮，可将选中视频全部导入到视频帧。

◆ 仅限所选范围：选中仅限所选范围(R)单选按钮，再调整“将视频导入图层”对话框时间轴下的两个小黑块位置设置选择范围，可将选择的位置导入到视频帧中。

◆ 限制为每隔：选中限制为每隔(L)复选框，可在其后方的文本框中输入帧数。每隔设置的帧数提取一帧。

技巧秒杀

在Phtoshop CC中，用户可打开3GP、3G2、AVI、MOV、DV、FLV、F4V、WAV、MPEG-1、MPEG-4、Quick Time等格式的视频文件。

20.3.3 导入图像序列

在制作动态图像时，用户通常使用一些图像序列。导入这种带图像序列的图像文件时，这些图像都变为“视频”图层上的帧。需要注意的是，这种序列图像必须大小相同，且包含在统一文件夹中，并按顺序命令。导入图像序列的方法是：选择“文件”/“打开”命令，在打开的“打开”对话框中选择需要导入的图像序列文件夹，选择第1个图像并选中图像序列复选框，单击打开(O)按钮，如图20-12所示。打开“帧速率”对话框，设置“帧速率”后单击确定按钮，如图20-13所示。最后，返回工作界面，即可看到导入的图像已变为视频图层。

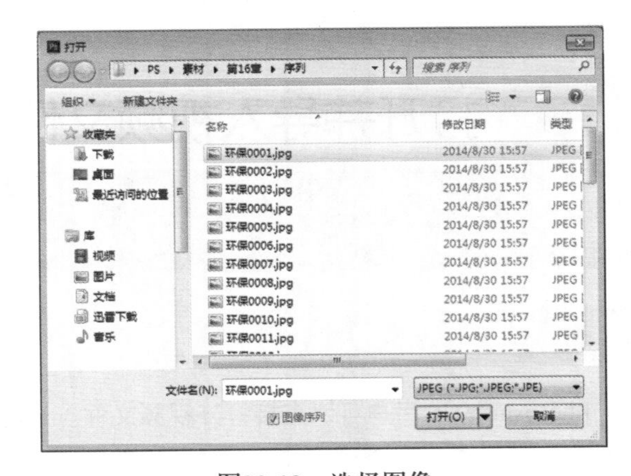

图20-12　选择图像

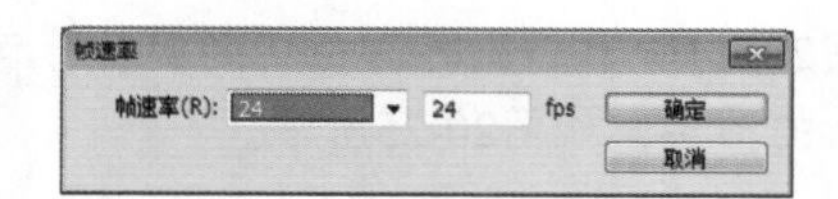

图20-13　设置帧速率

技巧秒杀

帧速率用于设置每秒播放的动画帧，为保证动画正常播放，一般选择24或24以上的帧速率。

20.4 编辑视频

在Photoshop CC中，用户可对视频进行编辑，一般通过校正像素长宽比、修正视频图层的属性，以及插入、复制和删除空白视频帧与替换素材等方式进行操作。

20.4.1 校正像素长宽比

像素长宽比用于在视频内描述帧中单个像素的宽度和高度比例，不同的视频标准使用不同的像素长宽比。将电脑中编辑的动画放到电视机上播放可能影响像素长宽比。选择“视图”/“像素长宽比校正”命令，在弹出的子菜单中可设置像素的规格。如图20-14所示为校正像素长宽比前后的效果。

图20-14　校正像素长宽比前后的效果

20.4.2 修改“视频”图层的属性

使用Photoshop CC的“时间轴”动画面板可以轻松制作一些动画效果，如字幕动画、带特殊风格的绘画动画等。这些动画效果都是通过修改视频图层的属性完成的。

读书笔记

实例操作：制作字幕动画

- 光盘\素材\第20章\字幕动画\
- 光盘\效果\第20章\字幕动画.psd
- 光盘\实例演示\第20章\制作字幕动画

本例打开“背景.jpg”图像，通过“从文件新建视频图层”命令，在图像中添加视频图层。再设置视频图层的不透明度，制作渐隐效果，最后输入文字，同时为文字设置不透明度，并制作渐隐效果。效果如图20-15所示。

图20-15　最终效果

Step 1 打开“背景.jpg”图像，如图20-16所示。选择“图层”/“视频图层”/“从文件新建视频图层”命令，打开“打开”对话框，在其中选择“音乐.mov”视频文件，单击[打开(O)]按钮。将“音乐”视频载入到“人物”图像中，如图20-17所示。

图20-16　打开图像

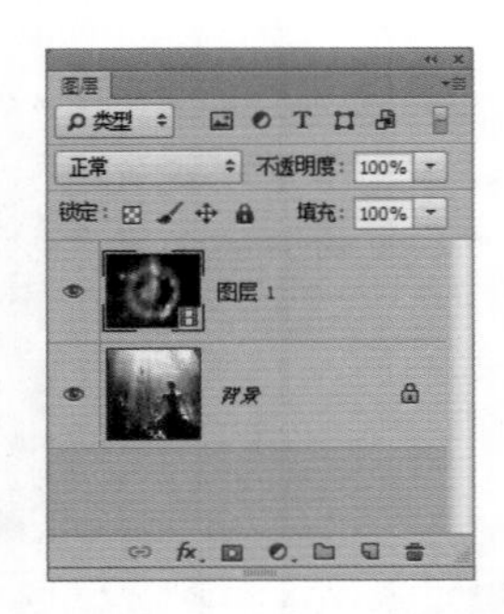

图20-17　载入视频

Step 2 ▶ 按Ctrl+T组合键，在打开的提示对话框中单击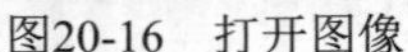按钮，如图20-18所示，将视频图层转换为智能图层。将视频放大到和图像一样大，如图20-19所示。

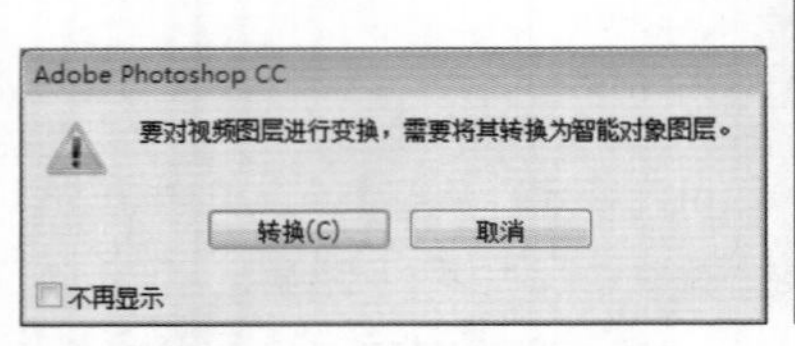

图20-18　转换图层

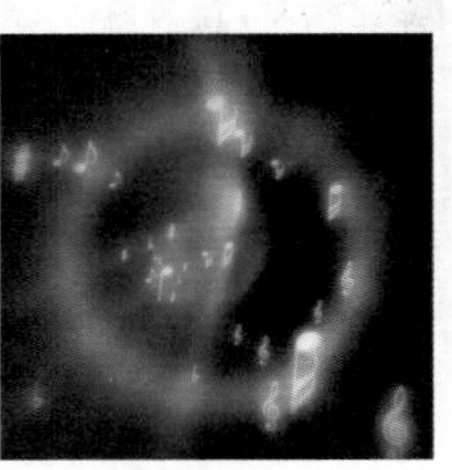

图20-19　放大图像

Step 3 ▶ 在“时间轴”面板中，单击“图层1”前面的▶按钮，展开图层1的设置选项，单击“不透明度”前面的按钮，添加关键帧，如图20-20所示。在“图层”面板中设置“不透明度”为5%，如图20-21所示。

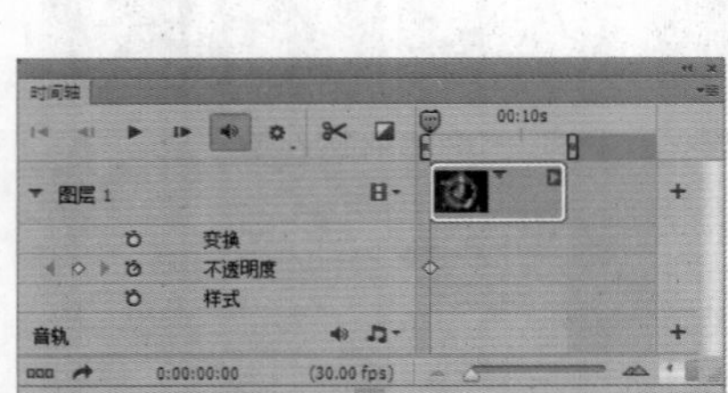

图20-20　设置关键帧

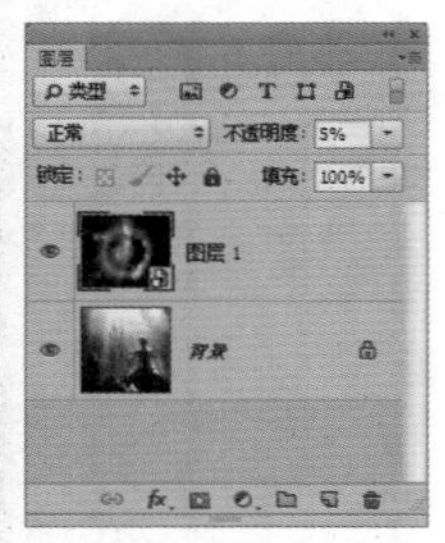

图20-21　设置不透明度

Step 4 ▶ 在“时间轴”面板中选择“图层1”，将帧数指示器移动到视频结束处。单击“不透明度”前面的◇按钮，添加第二个关键帧，如图20-22所示。在“图层”面板中设置“不透明度”为100%，如图20-23所示。

Step 5 ▶ 在“时间轴”面板中，将帧数指示器移动到07:00的位置。使用横排文字工具在图像下方输入文字，如图20-24所示。此时，在“时间轴”面板中出现一个新的图层，如图20-25所示。

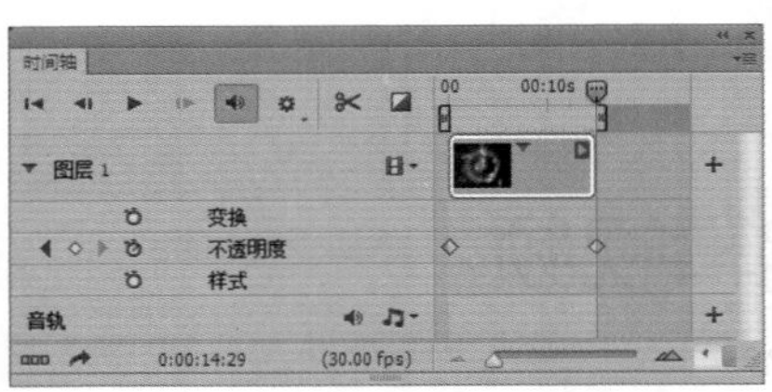

图20-22　设置第二个关键帧

图20-23　设置不透明度

图20-24　输入文字

图20-25　时间轴中出现的图层

Step 6 ▶ 将鼠标指针移动到文字图层，当鼠标指针变为形状时，将文字图层延长到视频图层结束的位置，如图20-26所示。

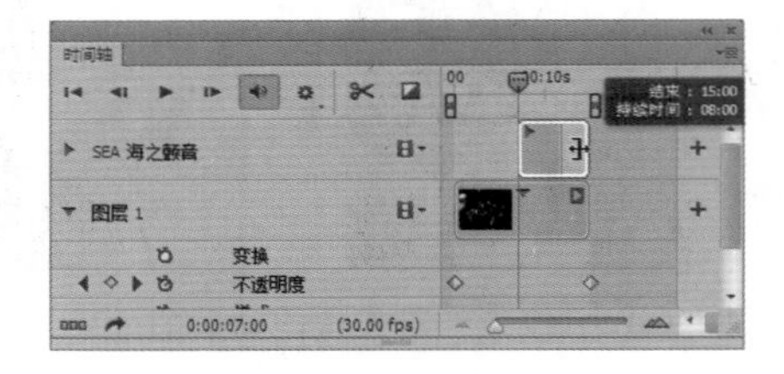

图20-26　延长文字图层时间轴

Step 7 ▶ 将帧数指示器移动到07:00的位置，选择文字图层。单击“不透明度”前面的按钮，添加关键帧，如图20-27所示。在“图层”面板中设置“不透明度”为0%，如图20-28所示。

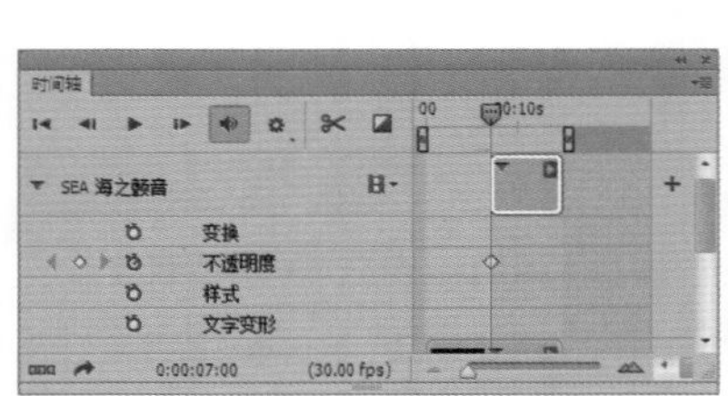

图20-27　设置第三个关键帧

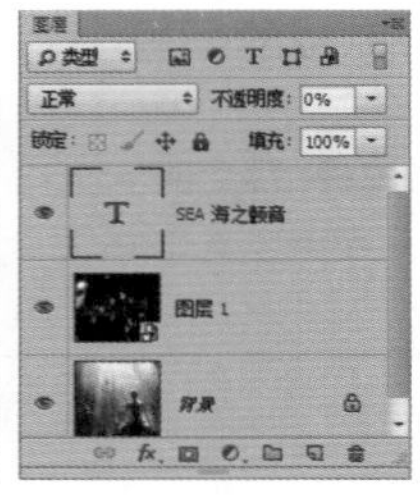

图20-28　设置不透明度

Step 8 ▶ 将帧数指示器移动到如图20-29所示的位置，并插入关键帧。在“图层”面板中设置“不透明度”为20%，如图20-30所示。

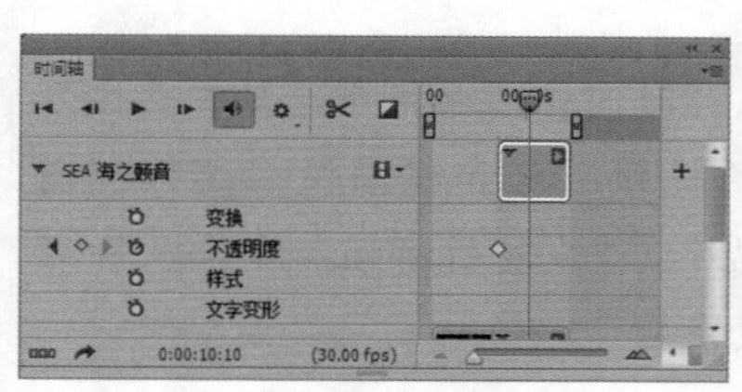

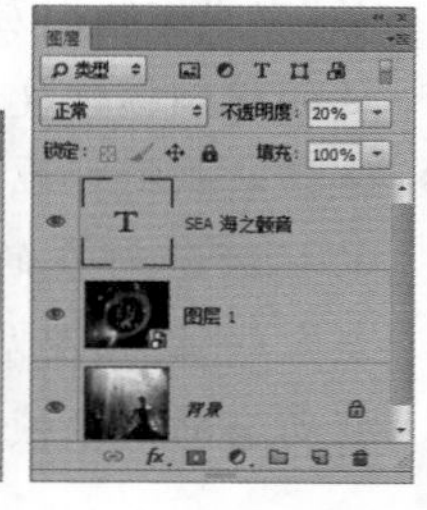

图20-29 设置第四个关键帧 图20-30 设置不透明度

Step 9 ▶ 将帧数指示器移动到如图20-31所示的位置，并插入关键帧。在“图层”面板中设置“不透明度”为0%，如图20-32所示。

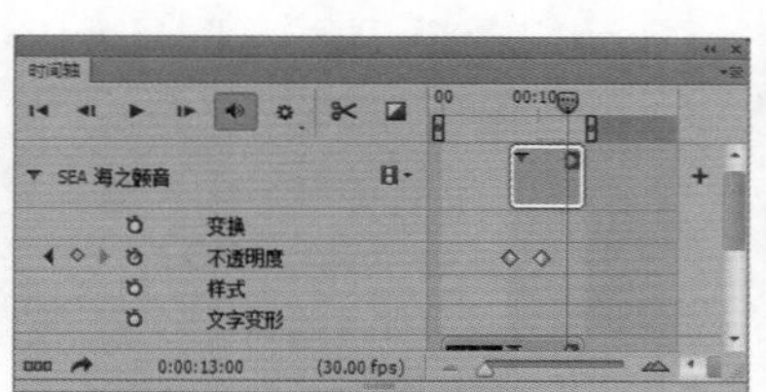

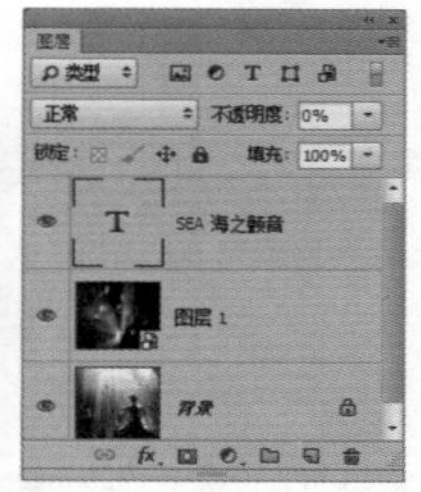

图20-31 设置第五个关键帧 图20-32 设置不透明度

Step 10 ▶ 将帧数指示器移动到视频结尾的位置，并插入关键帧，如图20-33所示。在“图层”面板中设置“不透明度”为60%，如图20-34所示。

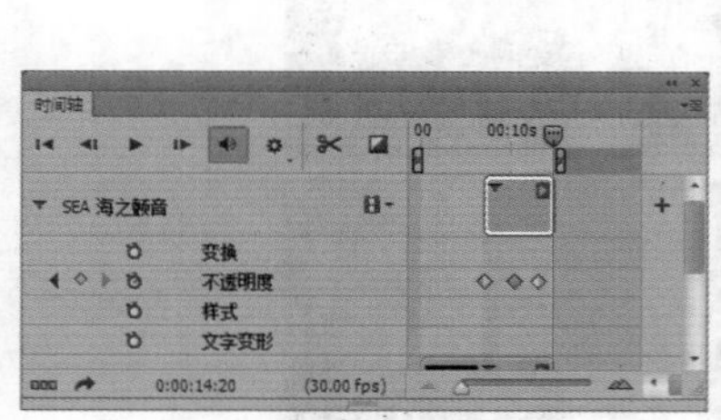

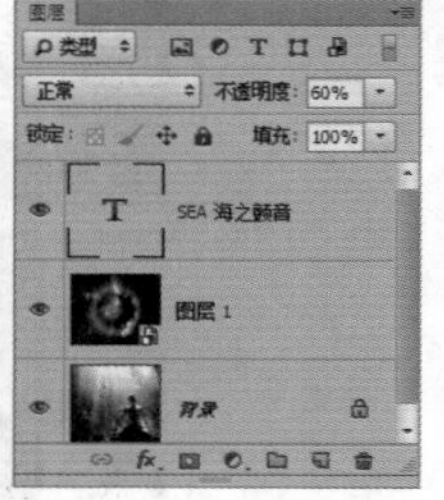

图20-33 设置第六个关键帧 图20-34 设置不透明度

20.4.3 插入、复制和删除视频帧

用户在空白视频图层中可对空白帧进行插入、复制或删除操作。其方法是：在空白视频图层上，将当前时间指示器移动到需要操作的帧位置。选择“图层”/“视频图层”命令，在弹出的子菜单中选择对应的“插入空白帧”、“删除帧”或“复制帧”命令，即可在当前时间位置插入空白帧、删除当前时间位置的视频帧、复制一个当前位置视频帧的副本。

20.4.4 替换素材

在制作动画时，若移动或重命名源视频数据，会造成视频图层和源文件之间的连接断开。此时，“图层”面板的视频图层上出现⚠图标，这种情况下视频图层无法编辑。为了能使视频图层正常编辑，就需重新对视频图层和源视频文件建立连接。选中需要重新建立连接的视频图层，选择“图层”/“视频图层”/“替换素材”命令，在打开的“打开”对话框中设置新的源素材文件位置，单击打开(O)按钮即可替换。

技巧秒杀

打开缺失连接的图像时，将打开Adobe Photoshop提示对话框，如图20-35所示。在其中单击选择(C)...按钮，在打开的“打开”对话框中选择设置新的源素材文件位置，返回Adobe Photoshop提示对话框，在其中单击确定按钮，也可替换素材。

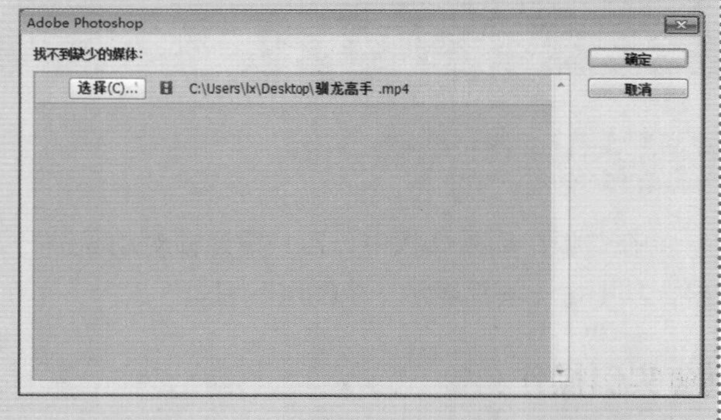

图20-35 Adobe Photoshop提示对话框

20.4.5 解释素材

若编辑的视频和动画中包含Alpha通道，为了制作出的视频能正常播放，需要在Photoshop CC中指定如何解释视频中的Alpha通道和帧速率。其方法是：在“时间轴”面板或“图层”面板中选择视频图层，选择“图层”/“视频图层”/“解释素材”命令，打

开如图20-36所示的对话框，在其中进行设置即可。

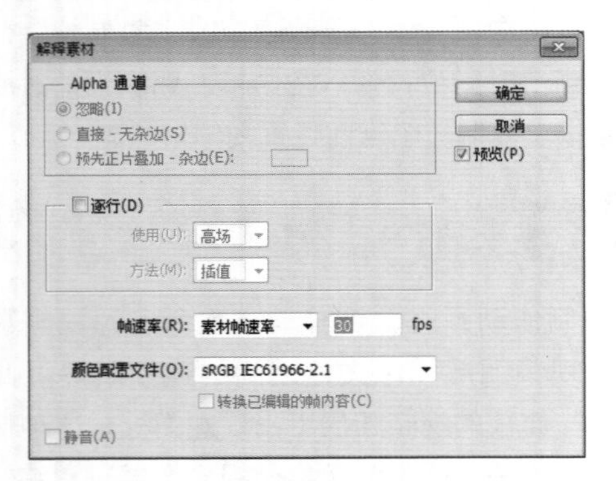

图20-36 “解释素材”对话框

20.4.6 恢复视频帧

用户在对视频帧进行操作，而又对操作结果不满意时，可对视频帧进行恢复操作，且可以对单个视频帧和所有视频帧进行恢复，其方法如下。

◆ 恢复帧：在“时间轴”面板中选择需要恢复的视频帧所在的视频图层和视频帧，选择“图层”/“视频图层”/“恢复帧”命令，即可将所选的视频帧恢复。

◆ 恢复所有帧：在“时间轴”面板中选择需要恢复的视频帧所在的视频图层和视频帧，选择“图层”/“视频图层”/“恢复所有帧”命令，即可将所有的视频帧恢复。

读书笔记

20.5 创建与编辑帧动画

对于重复和小型的动画，如GIF格式动画，用户可按编辑帧动画的方式编辑。在编辑帧动画时，不能使用编辑视频和动画的方法。下面讲解创建与编辑帧动画的方法。

20.5.1 创建帧动画

在“帧”动画面板中，用户需逐帧对动画进行调整，其中每一帧都表示一个图层配置。

实例操作：制作飘雪效果

- 光盘\素材\第20章\夜景.jpg
- 光盘\效果\第20章\飘雪.psd
- 光盘\实例演示\第20章\制作飘雪效果

本例打开“夜景.jpg”图像，在“帧”动画面板中创建帧动画。新建图层，使用画笔工具在图像上绘制雪点。使用“动感模糊”命令模糊部分图层，以制作雪快速飘过的残影效果。最后通过调整“帧”动画面板和“图层”面板，制作帧动画。效果如图20-37所示。

图20-37 最终效果

Step 1 打开“夜景.jpg”图像，选择“窗口”/“时间轴”命令，打开“时间轴”面板，单击创建视频时间轴按钮，创建视频时间轴，如图20-38所示。

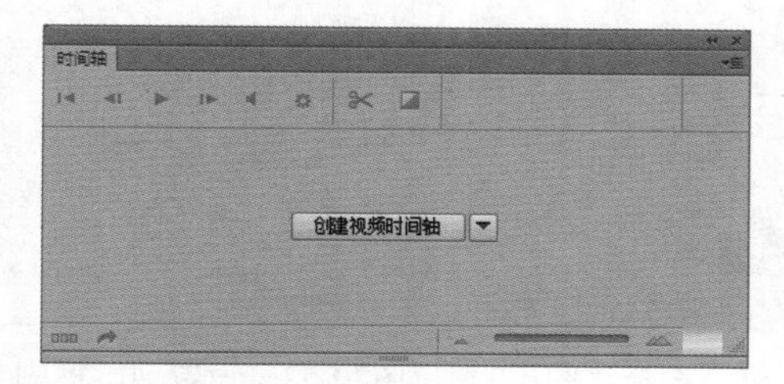

图20-38　“时间轴”面板

Step 2 单击“时间轴”面板左下角的按钮，将“时间轴”面板从“时间轴”动画面板转换为“帧”动画面板。新建图层1，如图20-39所示。将前景色设置为“白色”，并选择画笔工具。在属性栏中单击“画笔大小”旁边的按钮，在弹出的面板中单击按钮，在弹出的快捷菜单中选择“混合画笔”命令，如图20-40所示。载入新的画笔样式，在打开的对话框中单击追加(A)按钮。

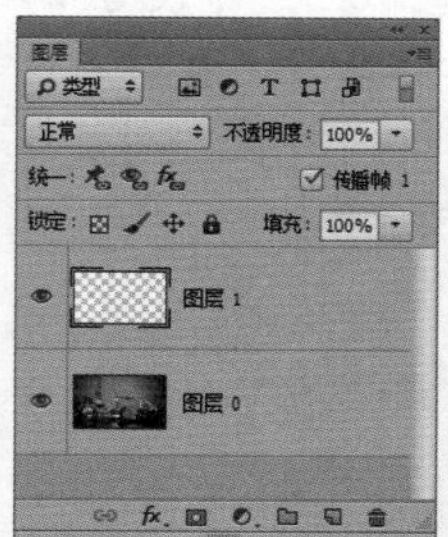

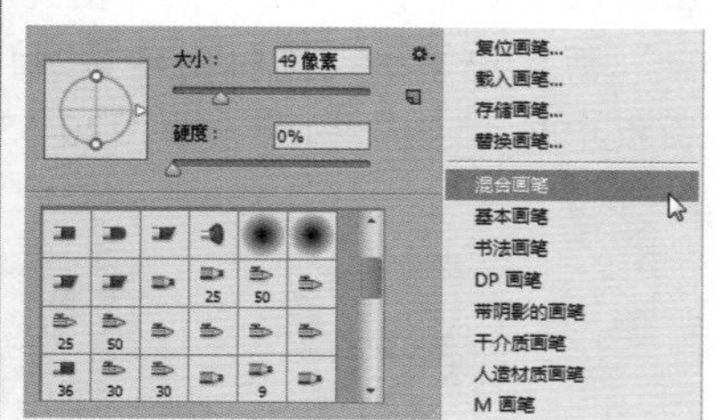

图20-39　新建图层1　图20-40　选择“混合画笔”命令

技巧秒杀

载入新画笔时，弹出如图20-41所示的对话框，单击追加(A)按钮，可保留已经载入到“画笔样式”栏中的原始画笔样式。

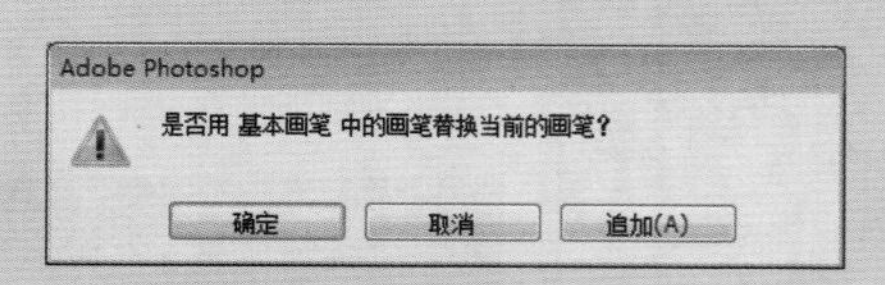

图20-41　保留已载入的画笔样式

Step 3 打开“画笔”面板，在“画笔样式”列表框中选择选项，并设置“大小”“间距”分别为“56像素”、250%，如图20-42所示。选中形状动态复选框，设置“大小抖动”“最小直径”“角度抖动”分别为73%、1%、51%，如图20-43所示。

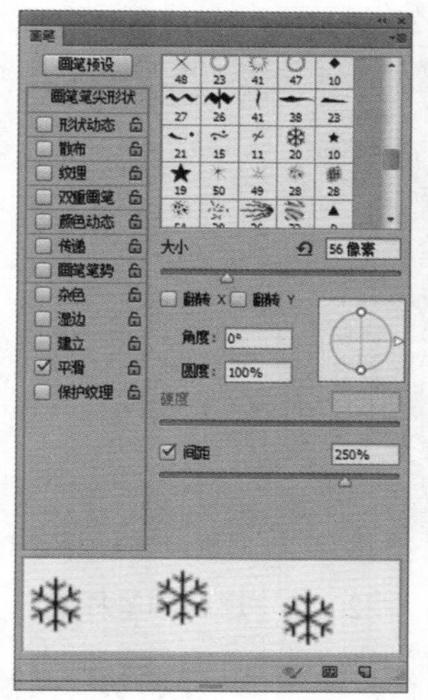

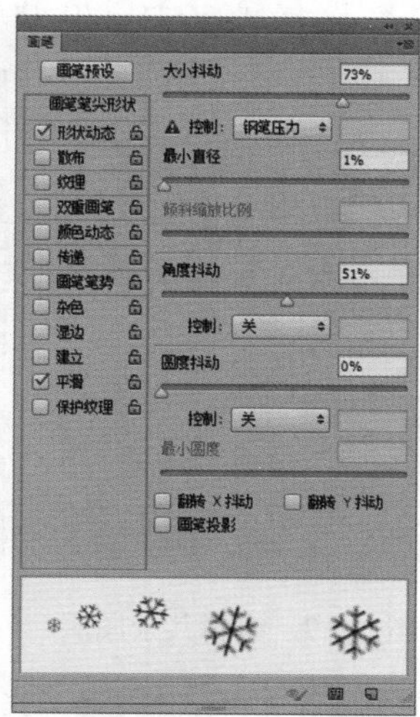

图20-42　选择画笔样式　图20-43　设置形状动态

Step 4 使用画笔工具在图像上单击绘制雪点，如图20-44所示。

图20-44　绘制雪点

Step 5 隐藏“图层1”，新建“图层2”，如图20-45所示。在图像上单击，继续绘制图像，如图20-46所示。

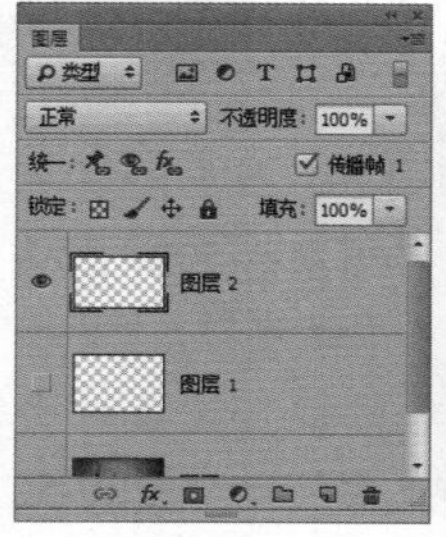

图20-45　新建图层2　图20-46　继续绘制雪点

Step 6 使用相同的方法再创建4个图层，并分别为它们绘制出不同的雪点，如图20-47所示。在“画笔”面板的“画笔形状”选项卡的“画笔样式”栏中选择选项，设置“大小”“间距”分别为“97像素”、65%，如图20-48所示。

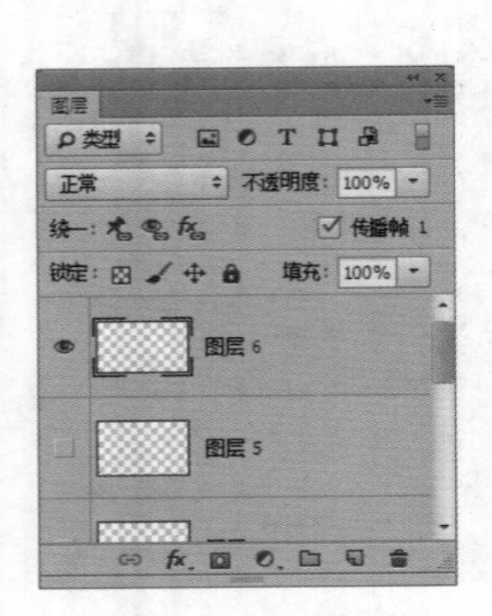

图20-47 编辑其余图层

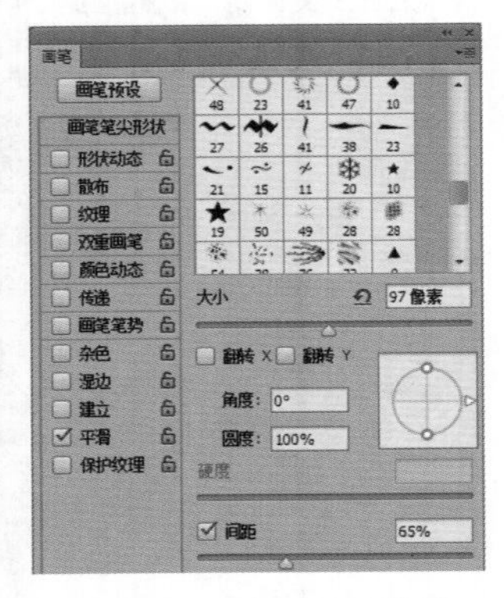

图20-48 选择画笔样式

Step 7 选中☑形状动态复选框，设置“大小抖动”“角度抖动”分别为96%、67%，如图20-49所示。在图像上单击，绘制星点以装饰图像，如图20-50所示。

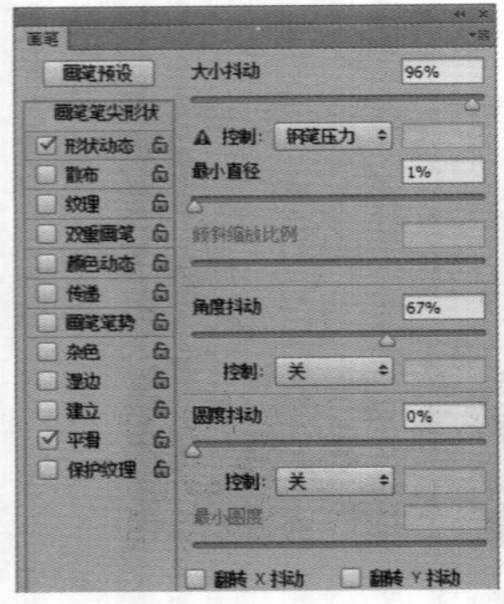

图20-49 设置形状动态

图20-50 绘制星点

> **技巧秒杀**
>
> 在绘制星点时，发现绘制的星点并不明显。此时，用户可在同一位置双击绘制星点。

Step 8 使用绘制雪点的方法为其他5个图层绘制雪点。隐藏除图层2和背景以外的所有图层，选择图层2，如图20-51所示。选择“滤镜”/“模糊”/“动感模糊”命令，打开“动感模糊”对话框。设置“角度”“距离”分别为“34度”“34像素”，如图20-52所示，单击 确定 按钮。

Step 9 分别显示并选中图层4、图层6，并按Ctrl+F组合键，对图层4、图层6应用“动感模糊”滤镜，如图20-53所示。

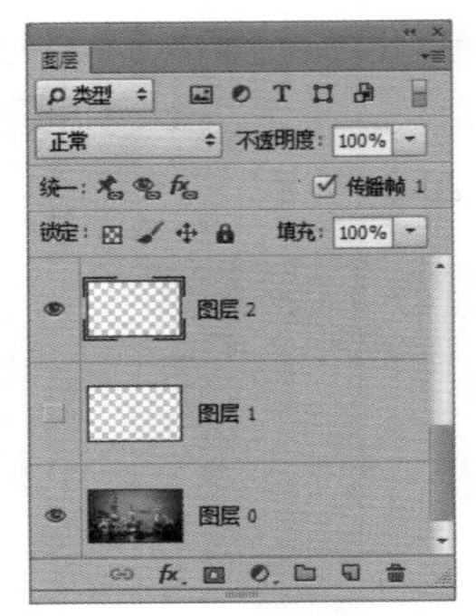

图20-51 选择“图层2”

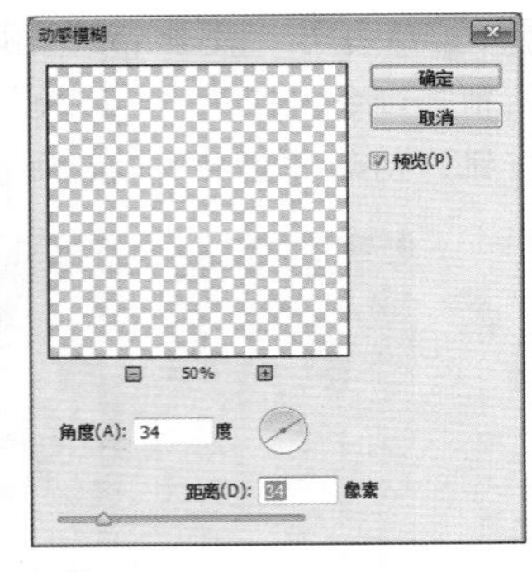

图20-52 设置动感模糊参数

图20-53 应用“动感模糊”滤镜效果

Step 10 在“时间轴”面板中单击第1帧缩略图下方的按钮，在弹出的下拉菜单中选择0.2，即设置第1帧的帧延迟时间为0.2秒，如图20-54所示。在“时间轴”面板中单击按钮创建第2帧，同时在“图层”面板中显示“图层1”，如图20-55所示。

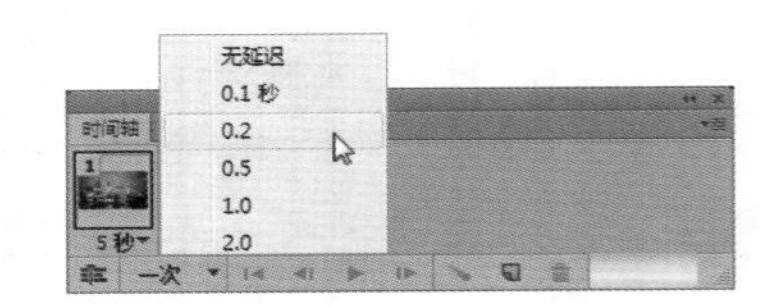

图20-54 设置帧延迟时间

Step 11 创建第3帧，只显示“背景”图层、“图层2”和“图层5”，如图20-56所示。创建第4帧，只显示“背景”图层和“图层3”，如图20-57所示。

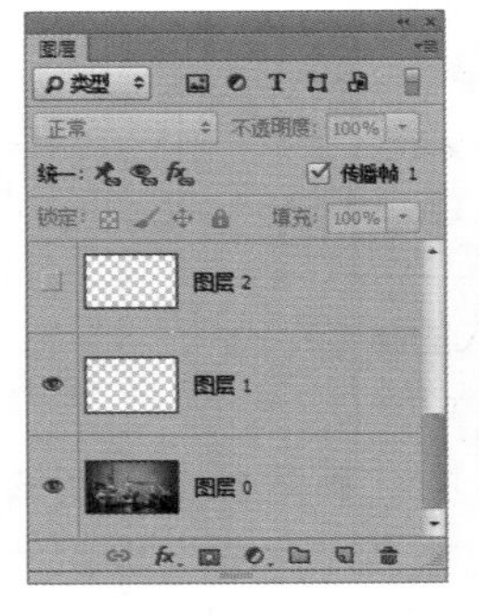

图20-55 显示图层

图20-56 编辑第3帧

Step 12 ▶ 创建第5帧，只显示“背景”图层、“图层1”和“图层4”，如图20-58所示。创建第6帧，只显示“背景”图层、“图层5”，如图20-59所示。

图20-57 编辑第4帧

图20-58 编辑第5帧

Step 13 ▶ 创建第7帧，只显示“背景”图层、“图层3”和“图层6”，如图20-60所示。

图20-59 编辑第6帧

图20-60 编辑第7帧

技巧秒杀

在制作帧动画时，新创建的一帧会沿用上一帧的设置。

Step 14 ▶ 在“时间轴”面板中设置循环次数为“永远”，如图20-61所示。

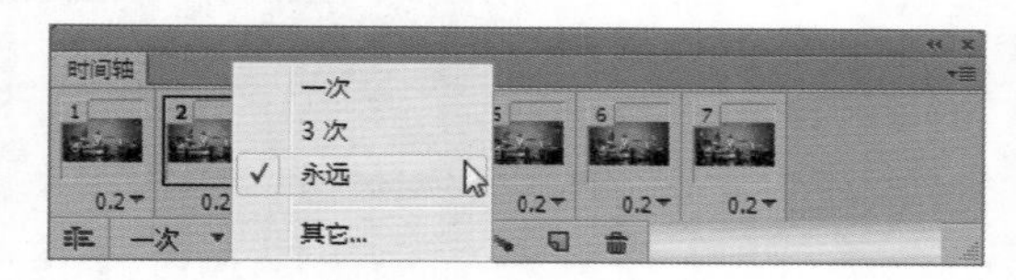

图20-61 设置循环次数

操作解谜

在创建帧动画时，为不同的帧设置不同帧延迟时间是为了增强图像的节奏感，播放时脉冲效果更有张力。

20.5.2 “帧”动画图层的属性

打开“帧”动画面板后，“图层”面板发生变化，出现“统一”选项和☑传播帧 1复选框，如图20-62所示。通过“帧”动画面板的变化，可对图像中动画的帧进行控制。

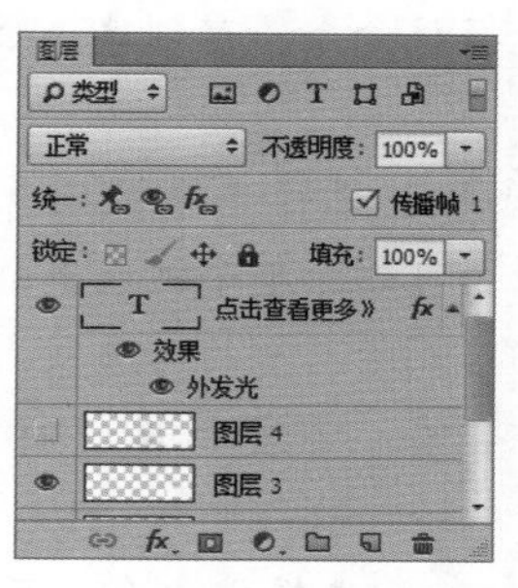

图20-62 帧动画图层的属性

知识解析：新添加的“帧”动画图层的属性

- **统一**：包括“统一图层位置”按钮、“统一图层可见性”按钮、“统一图层样式”按钮。使用这些按钮时，对当前图层进行的设置将影响其他图层。
- **传播帧**：选中☑传播帧 1复选框，并更改第1帧的属性后，现有图层中所有后续帧的属性随之更改，并保留已创建的动画。

20.5.3 编辑动画帧

在编辑动画帧时，用户经常需要对帧进行修改跳转和编辑。为了能制作出更好的帧动画效果，用户需要学会编辑动画帧的方法。在“帧”动画面板中单击按钮，弹出如图20-63所示的快捷菜单，可在其中选择编辑动画帧的操作。

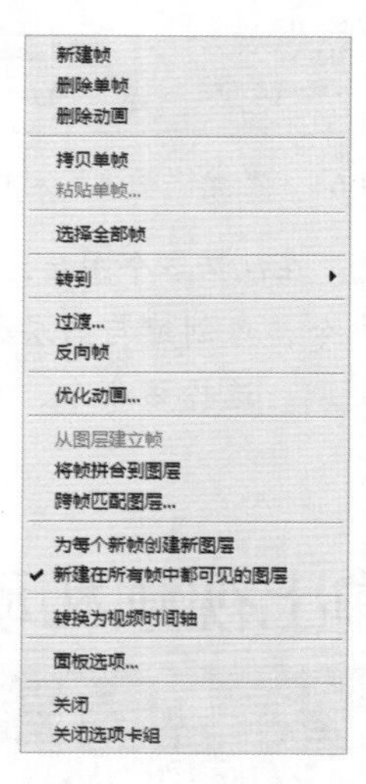

图20-63 面板菜单

知识解析：“面板”菜单命令

- **新建帧**：选择该命令，可创建一个和当前帧一样的帧。
- **删除单帧/多帧**：选择单个帧或多个帧后，在其中选择该命令可删除单个帧或多个帧。
- **删除动画**：可删除所有的动画帧。
- **复制单帧/多帧**：可复制当前所选的一帧或多个帧。
- **粘贴单帧/多帧**：选择该命令，可以将之前复制的图层配置到目标帧上。
- **选择全部帧**：选择该命令，可一次选中所有帧。
- **转到**：选择该命令，在弹出的子菜单中可快速转到下一帧/上一帧/第一帧/最后一帧。
- **过渡**：选择该命令，可在两个现有帧之间添加一系列帧，让动画显示得更加自然。
- **反向帧**：选择该命令，将当前所有帧的播放顺序翻转。
- **优化动画**：完成动画后选择该命令，打开如图20-64所示的对话框，在其中可以优化动画在Web浏览器中的下载速度。其中，选中☑外框(B)复选框，可将每一帧裁剪到相对于上一帧发生变化的区域，可使创建的图像变小；选中☑去除多余像素(R)复选框，可使帧中与前一帧保持相同的所有像素变透明。

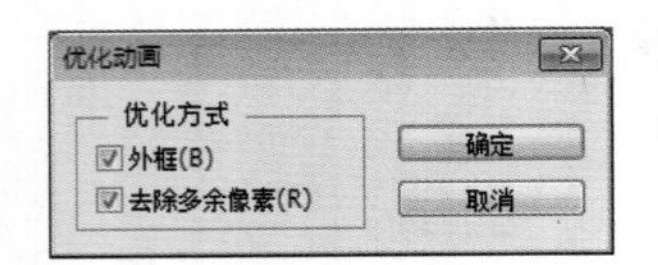

图20-64 “优化动画”对话框

- **从图层建立帧**：在包括多个图层，但只有一帧的文件中选择该命令，可创建与图层数量相等的帧。
- **将帧拼合到图层**：选择该命令，可将当前视频图层中每个帧的效果创建单一图层。为将视频帧作为单独的图像文件导出时，在图像堆栈中需要静态对象时也可使用该命令。
- **跨帧匹配图层**：选择该命令，可在相邻的帧和不相邻的帧之间匹配各图层位置、可见性、图层样式等属性。
- **为每个新帧创建新图层**：选择该命令，可在创建帧时，自动将新图层添加到图像中。
- **新建在所有帧中都可见的图层**：选择该命令，新建的图层自动在所有帧上显示。若再次选择该命令，新建的图层只显示当前帧。
- **转换为视频时间轴**：选择该命令，可将面板转换为“时间轴”动画面板。
- **面板选项**：选择该命令，在打开的“动画面板选项”对话框中对“帧”动画面板的缩略图显示方式进行设置。
- **关闭**：选择该命令，关闭“帧”面板。
- **关闭选项卡组**：选择该命令，将关闭“帧”面板所在的选项卡组。

读书笔记

20.6 输出视频和动画

在制作完视频和动画后，为了方便其他人浏览，需要将制作的视频和动画进行输出。输出视频和动画的方法和存储其他视频和动画的方法有所不同。

20.6.1 存储文件

在制作好视频和动画后，将其输出前，需要将其存储为PSD文件以便后期进行编辑。存储文件时，选择“文件”/“存储”命令或“文件”/“存储为”命令即可。

20.6.2 预览视频

在Photoshop CC中，用户可以直接在文档窗口中预览动画或者视频，当用户拖动“当前时间指示器”或播放帧时，Photoshop CC自动对这些帧进行高速缓存，使下一次播放变得更加流畅。如图20-65所示，在“时间轴”动画面板中通过拖动“当前时间指示器”来定位播放位置。

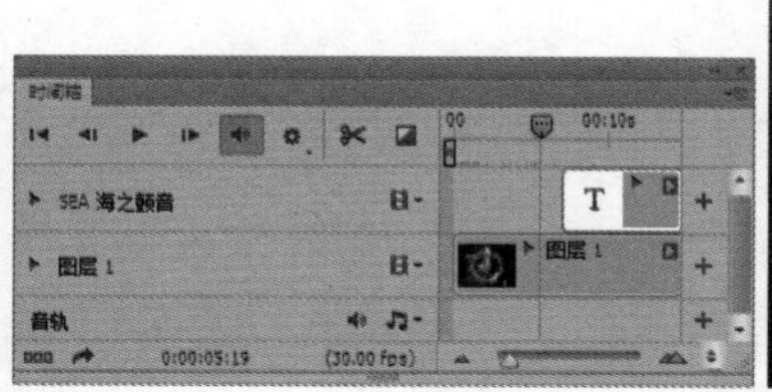

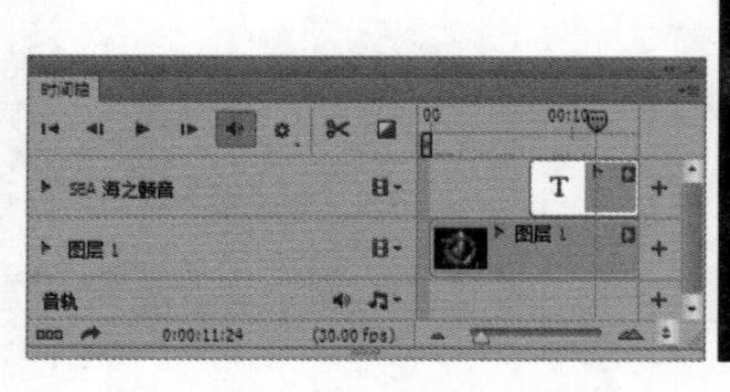
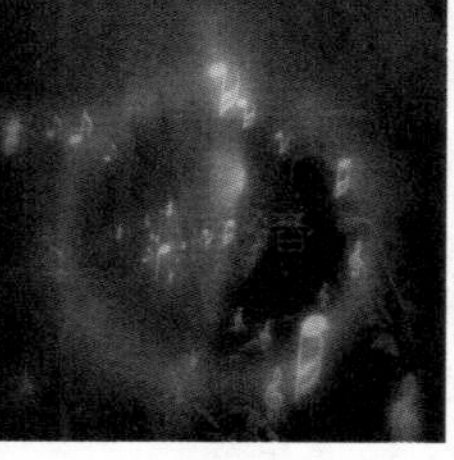

图20-65 使用“当前时间指示器”定位播放位置

在动画面板中直接单击▶按钮，或者按Space键，可以播放或暂停播放视频或动画。如图20-66所示为单击▶按钮播放视频的效果。

图20-66 播放视频效果

20.6.3 视频渲染输出

在Photoshop CC中，用户可将编辑后的视频图像渲染输出为视频或图像序列。选择“文件”/“导出”/“渲染视频”命令，打开如图20-67所示的“渲染视频”对话框。

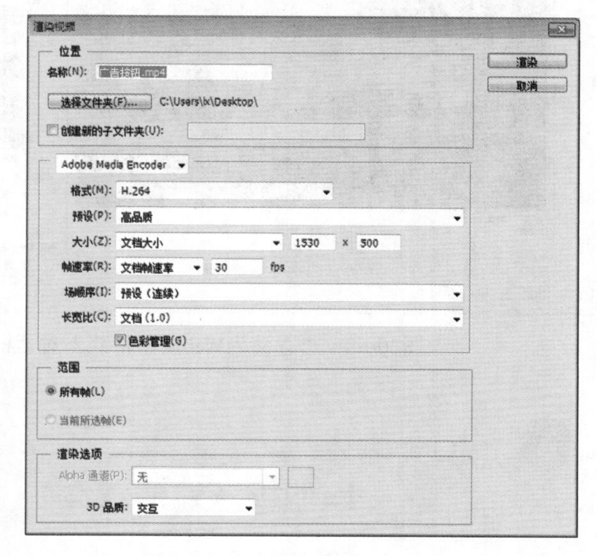

图20-67 “渲染视频”对话框

知识解析：“渲染视频”对话框

- 位置：用于设置文件的名称和位置。
- 文件选项：用于文件选项组中对渲染的类型进行设置。在该下拉列表中选择“Photoshop图像序列”选项则可将文件输出为图像序列。
- 范围：用于设置渲染的范围。
- 渲染选项：用于设置Alpha通道的渲染方法以及3D品质。

20.6.4 存储GIF动态图像

编辑好帧动画或是简单的视频和动画后，用户可以将其存储为GIF动态图像。选择“文件”/“存储为Web所用格式”命令，打开“存储为Web所用格式”对话框，设置“优化文件格式”为GIF，单击 存储... 按钮，将动画存储为GIF文件，如图20-68所示。在打开的“将优化结果存储为”对话框中，可设置存储的名称、位置以及格式。

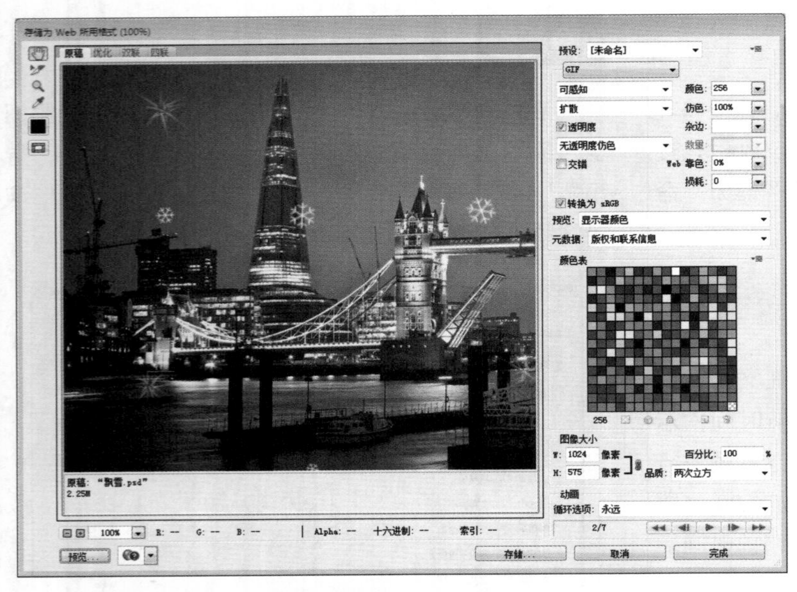

图20-68 “存储为Web所用格式”对话框

技巧秒杀

在“存储为Web所用格式”对话框中，设置“优化文件格式”为GIF后，单击对话框左下角的[预览...]按钮或是单击对话框右下角的[▶]按钮，可对已制作的视频或动画进行预览。需要注意的是，对话框右下角的[▶]按钮只有设置“优化文件格式”为GIF时才显示，选择其他选项都不显示。

知识大爆炸
——其他视频处理软件

虽然Photoshop CC可以处理视频，但它只能处理比较简单而且小型的视频。若用户想要制作一些大型或是精致的视频，就需要其他的视频软件。常用的视频处理软件有如下几种。

◆ Premiere：用于制作视频剪辑、合成。

◆ After Effects：对用户的能力要求较高，用于制作视频特效。

◆ 会声会影：操作方法简单，可快速对视频进行编辑、美化。

读书笔记